QUÍMICA

Charles E. Mortimer

Muhlenberg College

Grupo Editorial Iberoamérica

Río Atoyac 32 - 06500 México, D.F. - Tel. 2113128

Fotos en la cubierta, de arriba abajo:
Pamela S. Roberson
Werner H. Müller/Peter Arnold
Pamela S. Roberson
The Image Bank West/Gabe Palmer

Traductor:
Jaime Guerrero Santafé
Universidad Pedagógica Nacional
Bogotá, Colombia

Revisores:
Xorge A. Domínguez
ITESM Monterrey, México
Dr. Mario Aparicio
Universidad Autónoma Metropolitana-Iztapalapa.
M. en C. Guillermo Mendoza
Facultad de Química-UNAM

Grupo Editorial Iberoamérica
Río Atoyac 32 - Tel. 2113128 - 06500 México, D.F.

Wadsworth Internacional/Iberoamérica
10 Davis Dr.-Tel. 415/595-2350-Belmont,-California 94002

Versión en español de la obra *Chemistry,* 5th edition, por Charles E. Mortimer. La edición original en inglés ha sido publicada por Wadsworth Publishing Company, Belmont, California, EE.UU., © 1983.

ISBN 968-7270 10-1

Esta edición en español es la única autorizada.
Tipografía: World Composition Services, Inc.

Impreso en México

PREFACIO

Este texto no es sólo 'nuevo y mejor' (como parecen serlo todos los productos que se anuncian) en el verdadero sentido de las palabras, sino que básicamente retiene el carácter especial que tanto éxito ha dado a las ediciones anteriores. Este libro fue escrito para explicar la química, no sólo para exponer los datos químicos; por lo tanto, cada concepto es explicado en forma tan amplia como sea necesario para que pueda comprenderse mejor, y en los casos necesarios han sido simplificados pero nunca distorcionados.

La secuencia de los temas es muy importante. La estequiometría, núcleo de la comprensión de los conceptos químicos, es presentada al comienzo del libro (Capítulo 2). Como resultado, se puede extender y reforzar el uso de los principios estequiométricos durante todo el curso. Además, así se facilita el diseño de un programa de laboratorio coordinado.

La termoquímica (Capítulo 3) sigue a la estequiometría, enfatizando el hecho de que la química es una ciencia dedicada a la energía y la materia y que ambas pueden ser sometidas a tratamiento cuantitativo. La temprana presentación de la termoquímica prepara el camino al uso de los conceptos de energía (tales como energía reticular, energía de ionización y energía de enlace) en los temas siguientes.

Después del capítulo sobre las soluciones (Capítulo 10), sigue lógicamente el de las reacciones en soluciones acuosas (Capítulo 11). La explicación de estas reacciones, que constituyen una gran proporción de todas las reacciones químicas investigadas, sienta las bases para luego poder presentar el equilibrio iónico, los ácidos y bases, la electroquímica y la química descriptiva.

La electroquímica (Capítulo 18) no aparece hasta que después de la termodinámica (Capítulo 17) y el equilibrio (Capítulos 13, 14, 15, 16). Así, se pueden utilizar los principios de termodinámica (especialmente la energía libre de Gibbs) y el equilibrio (especialmente las expresiones del equilibrio) para desarrollar los conceptos electroquímicos (fuerza electromotriz, potenciales de los electrodos, la ecuación de Nernst). En el Capítulo 11 se habla acerca de los números de oxidación y las reacciones de oxido-reducción, mucho antes que lo que se acostumbra en otras exposiciones formales de la electroquímica.

La química descriptiva de los no metales (Capítulo 19, 20, 21, 22) aparece más adelante, de forma que continúe el tema de la electroquímica. Una explicación más que superficial de la química descriptiva requiere la comprensión de los conceptos electroquímicos tales como la electrólisis y los potenciales de los electrodos. La química del oxígeno y el hidrógeno entra ahora dentro del tratamiento de los no metales, en lugar de aparecer en un capítulo separado. La química descriptiva de los no metales es seguida por un capítulo acerca de los metales (Capítulo 23), y en ambos se hace énfasis en los aspectos industriales.

El capítulo dedicado a la química orgánica (Capítulo 26), junto con el de bioquímica (Capítulo 27) que lógicamente lo sigue, están al final del texto. Antes de ellos, está el de química nuclear (Capítulo 25).

Varios capítulos han sido divididos para dar más flexibilidad al texto y facilitar la preparación del programa de curso. Éste es el caso de la estequiometría (Capítulo 2) y la termoquímica (Capítulo 3), ambas por separado; los enlaces iónicos (Capítulo 5), los enlaces covalentes (Capítulos 6, 7), la cinética (Capítulo 12) y el equilibrio (Capítulo 13) también aparecen por separado. La química descriptiva de los no metales ha sido dividida en cuatro partes (Capítulos 19, 20, 21, 22).

Las secciones sobre la contaminación del ambiente, la corrosión del hierro y los usos industriales de los no metales dan actualidad a este texto.

Respecto al estudiante, los resúmenes y glosarios al final de cada capítulo le proporcionan rápida y fácil referencia acerca de los conceptos utilizados en el capítulo. Los términos nuevos e importantes resaltan en color en los capítulos donde son empleados por primera vez y aparece su definición. Se utilizan recuadros o cajas para detallar las instrucciones necesarias para la solución de los tipos básicos de problemas. Al final de cada capítulo están los problemas, unos 1200 en total, agrupados por tipo. Aproximadamente la mitad, los codificados en color, tienen sus respuestas en el Apéndice G. Los problemas más difíciles están señalados con un asterisco.

En todo el texto se emplean ejemplos para explicar cómo resolver los problemas químicos, especialmente en los primeros capítulos. Las fotos de científicos y temas de interés químico dan un toque de interés.

En los apéndices, aparecen notas sobre las operaciones matemáticas, explicaciones acerca del uso de los exponentes, la notación científica, los logaritmos comunes y naturales, y la fórmula cuadrática.

Quisiera agradecer los comentarios y consejos de
David L. Adams, North Shore Community College
John E. Bauman Jr., University of Missouri
Paul A. Barks, North Hennepin Community College
Neil R. Coley, Chabot College
John DeKorte, Northern Arizona University
Geoffry Davies, Northeastern University
Phil Davis, University of Tennessee
Lawrence Epstein, University of Pittsburgh
Patrick Garvey, Des Moines Area Community College
Peter J. Hansen, Northwestern College
Larry C. Hall, Vanderbilt University
David W. Herlocker, Western Maryland College
Delwin Johnson, St. Louis Community College at Forest Park
George B. Kauffman, California State University, Fresno
Robert P. Lang, Quincy College
Lester R. Morss, Argonne National Laboratory
John Maurer, University of Wyoming
William McCurdy, Ohio State University
Robert C. Melucci, Community College of Philadelphia
Lucy T. Pryde, Southwestern College
Fred H. Redmore, Highland Community College
Lewis Radonovich, University of North Dakota
Roland R. Roskos, University of Wisconsin
Larry Thompson, University of Minnesota
James A. Weiss, Penn State University, Scranton Campus

Agradecería cualquier comentario que tienda a mejorar la próxima edición de este texto.

Charles E. Mortimer

CONTENIDO BÁSICO

		Página
1.	Introducción	1
2.	Estequiometría	23
3.	Termoquímica	52
4.	Estructura atómica	74
5.	Propiedades de los átomos y el enlace iónico	116
6.	El enlace covalente	137
7.	Geometría molecular, orbitales moleculares	158
8.	Gases	182
9.	Líquidos y sólidos	219
10.	Soluciones	253
11.	Reacciones en solución acuosa	283
12.	Cinética química	314
13.	Equilibrio químico	345
14.	Teorías de ácidos y bases	363
15.	Equilibrio iónico, Parte I	380
16.	Equilibrio iónico, Parte II	421
17.	Elementos de termodinámica química	438
18.	Electroquímica	459
19.	Los no metales, Parte I: El hidrógeno y los halógenos	501
20.	Los no metales, Parte II: Los elementos del Grupo VI A	524
21.	Los no metales, Parte III: Los elementos del Grupo V A	549
22.	Los no metales, Parte IV: Carbono, silicio, boro y los gases nobles	574
23.	Metales y metalurgia	596
24.	Compuestos complejos	636
25.	Química nuclear	657
26.	Química orgánica	684
27.	Bioquímica	720
	Apéndices	741
	Índice	768

CONTENIDO ESPECÍFICO

	Prefacio	**I**
1	**Introducción**	**1**
1.1	La evolución de la química moderna	1
1.2	Elementos, compuestos y mezclas	5
1.3	El sistema métrico	8
1.4	Cifras significativas	11
1.5	Cálculos químicos	14
	Resumen/Glosario/Problemas	20
2	**Estequiometría**	**23**
2.1	Teoría atómica de Dalton	23
2.2	Pesos atómicos	24
2.3	Fórmulas	25
2.4	El mol	27
2.5	Derivación de fórmulas	31
2.6	Composición en porcentaje de los compuestos	34
2.7	Ecuaciones químicas	37
2.8	Problemas basados sobre ecuaciones químicas	38
2.9	Estequiometría de reacciones en solución	44
	Resumen/Glosario/Problemas	47
3	**Termoquímica**	**52**
3.1	Medida de la energía	52
3.2	Temperatura y calor	53
3.3	Calorimetría	55
3.4	Ecuaciones termoquímicas	57
3.5	La ley de Hess	60
3.6	Entalpías de formación	62
3.7	Energías de enlace	66
	Resumen/Glosario/Problemas	69
4	**Estructura atómica**	**74**
4.1	El electrón	74
4.2	El protón	77

4.3 El neutrón 78
4.4 El átomo nuclear 78
4.5 Símbolos atómicos 80
4.6 Isótopos 80
4.7 Pesos atómicos 82
4.8 Radiación electromagnética 84
4.9 Espectros atómicos 85
4.10 Número atómico y la Ley Periódica 89
4.11 Mecánica ondulatoria 92
4.12 Números cuánticos 95
4.13 Llenado de orbitales y Regla de Hund 98
4.14 Estructura electrónica de los elementos 102
4.15 Subniveles llenos y semillenos 109
4.16 Tipos de elementos 110
Resumen/Glosario/Problemas 110

5 Propiedades de los átomos y el enlace iónico 116

5.1 Tamaños atómicos 116
5.2 Energías de ionización 118
5.3 Afinidades electrónicas 121
5.4 El enlace iónico 123
5.5 Energías de redes cristalinas 124
5.6 Tipos de iones 127
5.7 Radio iónico 130
5.8 Nomenclatura de los compuestos iónicos 132
Resumen/Glosario/Problemas 134

6 Enlace covalente 137

6.1 El enlace covalente 137
6.2 Carga formal 139
6.3 Estructuras de Lewis 142
6.4 Resonancia 147
6.5 Transición entre enlace iónico y covalente 149
6.6 Electronegatividad 151
6.7 Nomenclatura de los compuestos binarios covalentes 154
Resumen/Glosario/Problemas 155

7 Geometría molecular; orbitales moleculares 158

7.1 Excepciones a la regla del octeto 158
7.2 Repulsiones de par electrónico y geometría molecular 159
7.3 Orbitales híbridos 166
7.4 Orbitales moleculares 168
7.5 Orbitales moleculares de especies poliatómicas 175
7.6 Enlace $p\pi$-$d\pi$ 177
Resumen/Glosario/Problemas 179

8 Gases 182

8.1 La presión 182
8.2 Ley de Boyle 184

8.3 Ley de Charles 186
8.4 Ley de Amontons 189
8.5 Ley del gas ideal 189
8.6 Teoria cinética de los gases 194
8.7 Derivación de la ley de un gas ideal a partir de la teoría cinética 195
8.8 Ley de los volumenes en combinación de Gay-Lussac y principio de Avogadro 197
8.9 Estequiometría y volúmenes de los gases 199
8.10 Ley de Dalton de las presiones parciales 203
8.11 Velocidades moleculares 205
8.12 Ley de difusión de Graham 207
8.13 Gases reales 209
8.14 Licuefacción de gases 212
Resumen/Glosario/Problemas 213

9 Líquidos y sólidos 219

9.1 Fuerzas intermoleculares de atracción 219
9.2 El enlace de hidrogeno 221
9.3 El estado líquido 224
9.4 Evaporación 225
9.5 Presión de vapor 226
9.6 Punto de ebullición 227
9.7 Entalpía de evaporación 229
9.8 Punto de congelación 229
9.9 Presión de vapor de un sólido 230
9.10 Diagramas de fase 231
9.11 Tipos de sólidos cristalinos 234
9.12 Cristales 236
9.13 Difracción de rayos X por cristales 240
9.14 Estructura cristalina de los metales 243
9.15 Cristales iónicos 244
9.16 Defectos de las estructuras 247
Resumen/Glosario/Problemas 248

10 Soluciones 253

10.1 Naturaleza de las soluciones 253
10.2 El proceso de solución 254
10.3 Iones hidratados 255
10.4 Entalpía de solución 257
10.5 Efecto de la temperatura y presión sobre la solubilidad 258
10.6 Concentraciones de soluciones 259
10.7 Presión de vapor de las soluciones 264
10.8 Punto de ebullición y de congelación de las soluciones 268
10.9 Ósmosis 272
10.10 Destilación 274
10.11 Soluciones de electrolitos 275
10.12 Atracciones interiónicas en solución 276
Resumen/Glosario/Problemas 278

11	**Reacciones en solución acuosa**	**283**
11.1	Reacciones de metátesis	283
11.2	Números de oxidación	288
11.3	Reacciones de óxido-reducción	291
11.4	Ácidos y bases según Arrhenius	298
11.5	Óxidos ácidos y básicos	300
11.6	Nomenclatura de ácidos y sales	301
11.7	Análisis volumétrico	304
11.8	Pesos equivalentes y soluciones normales	306
	Resumen/Glosario/Problemas	308
12	**Cinética química**	**314**
12.1	Velocidad de las reacciones	314
12.2	Concentración y velocidad de reacción	317
12.3	Reacciones de una sola etapa	320
12.4	Ecuaciones de velocidad para reacciones de una sola etapa	325
12.5	Mecanismos de las reacciones	327
12.6	Ecuaciones de velocidad de reacción y la temperatura	331
12.7	Catálisis	336
	Resumen/Glosario/Problemas	341
13	**Equilibrio químico**	**345**
13.1	Reacciones reversibles y equilibrio químico	345
13.2	Constantes de equilibrio	348
13.3	Constantes de equilibrio expresadas en términos de presión	353
13.4	El principio de Le Chatelier	357
	Resumen/Glosario/Problemas	360
14	**Teorías de ácidos y bases**	**363**
14.1	El concepto de Arrhenius	363
14.2	El concepto de Brønsted-Lowry	364
14.3	Fuerza de los ácidos y bases de Brønsted	365
14.4	La fuerza de los ácidos y la estructura molecular	368
14.5	El concepto de Lewis	372
14.6	Sistemas de disolventes	375
	Resumen/Glosario/Problemas	377
15	**Equilibrio iónico, Parte I**	**380**
15.1	Electrolitos débiles	380
15.2	La ionización del agua	387
15.3	*p*H	389
15.4	Indicadores	393

15.5 El efecto del ion común 395
15.6 Amortiquadores 396
15.7 Ácidos polipróticos 402
15.8 Iones que actúan como ácidos y bases 406
15.9 Titulaciones ácidos-base 411
Resumen/Glosario/Problemas 417

16 Equilibrio iónico, Parte II 421

16.1 El producto de solubilidad 421
16.2 Precipitación y producto de solubilidad 424
16.3 Precipitación de sulfuros 428
16.4 Equilibrios que comprenden iones complejos 431
16.5 Anfoterismo 434
Resumen/Glosario/Problemas 436

17 Elementos de termodinámica química 438

17.1 Primera ley de la termodinámica 438
17.2 Entalpía 440
17.3 Segunda ley de la termodinámica 443
17.4 Energía libre de Gibbs 445
17.5 Energías libres estándar 448
17.6 Entropías absolutas 449
17.7 Energía libre de Gibbs y equilibrio 452
Resumen/Glosario/Problemas 455

18 Electroquímica 459

18.1 Conducción metálica 459
18.2 Conducción electrolítica 460
18.3 Electrólisis 462
18.4 Estequiometría de la electrólisis 468
18.5 Pilas voltaicas 471
18.6 Fuerza electromotriz 473
18.7 Potenciales de los electrodos 475
18.8 Cambio de energía libre de Gibbs y fuerza electromotriz 480
18.9 Efecto de la concentración sobre los potenciales de las pilas 484
18.10 Concentración de las pilas 488
18.11 Potencial de los electrodos y electrólisis 489
18.12 La corrosión del hierro 490
18.13 Algunas pilas voltaicas de uso comercial 491
18.14 Pilas de combustible 493
Resumen/Glosario/Problemas 494

19 Los no metales, Parte I: El hidrógeno y los halógenos 501

Hidrógeno 501

19.1 Distribución y propiedades del hidrógeno 501
19.2 Producción industrial del hidrógeno 502
19.3 El Hidrógeno a partir de reacciones de desplazamiento 503
19.4 Reacciones del hidrógeno 504
19.5 Usos industriales del hidrógeno 507
Los halógenos **507**

19.6 Propiedades de los halógenos 507
19.7 Distribución y preparación industrial de los halógenos 509
19.8 Preparación de los halógenos en el laboratorio 511
19.9 Los compuestos interhalogenados 511
19.10 Los halogenuros de hidrógeno 513
19.11 Los halogenuros metálicos 514
19.12 Oxiácidos de los halógenos 516
19.13 Usos industriales de los halógenos 521
Resumen/Glosario/Problemas 522

20 Los no metales, Parte II: El grupo VI A de elementos **524**

20.1 Propiedades de los elementos del grupo VI A 524
20.2 Distribución y producción industrial del oxígeno 525
20.3 Preparación del oxígeno en el laboratorio 526
20.4 Reacciones del oxígeno 527
20.5 Usos industriales del oxígeno 530
20.6 El ozono 530
20.7 Contaminación del aire 531
20.8 Modificaciones alotrópicas del S, Se y Te 533
20.9 Distribución y preparación industrial del S, Se y Te 535
20.10 Compuestos hidrogenados de S, Se y Te 536
20.11 El estado de oxidación IV del S, Se y Te 538
20.12 El estado de oxidación VI del S, Se y Te 540
20.13 Diagramas del potencial del electrodo para el S 545
20.14 Usos industriales del S, Se y Te 545
Resumen/Glosario/Problemas 546

21 Los no metales, parte III: El grupo V A de elementos **549**

21.1 Propiedades de los elementos del grupo V A 549
21.2 El ciclo del nitrogeno 552
21.3 Distribución y preparación de los elementos del grupo V A 553
21.4 Nitruros y fosfuros 554
21.5 Compuestos con el hidrógeno 555
21.6 Compuestos halogenados 558
21.7 Óxidos y oxiácidos del nitrógeno 560
21.8 Óxidos y oxiácidos del fosforo 565
21.9 Óxidos y oxiácidos del arsénico, antimonio y bismuto 569
21.10 Usos industriales de los elementos del grupo V A 570
Resumen/Glosario/Problemas 571

22 **Los no metales, Parte IV: Carbono, silicio, boro y los gases nobles** 574

Carbono y silicio 574

22.1 Propiedades de los elementos del grupo IV A 574
22.2 Distribución y preparación del carbono y el silicio 576
22.3 Carburos y siliciuros 579
22.4 Óxidos y oxiácidos del carbono y el silicio 580
22.5 Compuestos del carbono con azufre, halógenos y nitrógeno 584

Boro 585

22.6 Propiedades de los elementos del grupo III A 585
22.7 Boro 586
22.8 Compuestos del boro 587

Gases nobles 590

22.9 Propiedades de los gases nobles 591
Resumen/Glosario/Problemas 594

23 **Metales y metalurgia** 596

23.1 El enlace metálico 596
23.2 Semiconductores 599
23.3 Propiedades fisicas de los metales 600
23.4 Distribución natural de los metales 603
23.5 Metalurgía: tratamiento preliminar de los minerales 604
23.6 Metalurgía: reducción 607
23.7 Metalurgía: refinación 612
23.8 Los metales del grupo I A 614
23.9 Los metales del grupo II A 617
23.10 Los metales de transición 621
23.11 Los lantánidos 626
23.12 Los metales del grupo III A 628
23.13 Los metales del grupo IV A 630
Resumen/Glosario/Problemas 632

24 **Compuestos complejos** 636

24.1 Estructura 636
24.2 Complejos inestables e inertes 641
24.3 Nomenclatura 642
24.4 Isomería 643
24.5 El enlace en los complejos 646
Resumen/Glosario/Problemas 654

25 **Química nuclear** 657

25.1 El núcleo 657
25.2 Radioactividad 660

25.3 Velocidad de la desintegración radioactiva 664
25.4 Serie de desintegración radioactiva 670
25.5 Reacciones de bombardeo nuclear 671
25.6 Fisión y fusión nuclear 675
25.7 Usos de los núclidos radioactivos 678
Resumen/Glosario/Problemas 680

26 Química orgánica 684

26.1 Los alcanos 684
26.2 Los alquenos 689
26.3 Los alquinos 690
26.4 Hidrocarburos aromáticos 691
26.5 Reacciones de los hidrocarburos 694
25.6 Alcoholes y éteres 699
26.7 Compuestos carbonilo 704
26.8 Acidos carboxílicos y esteres 707
26.9 Aminas y amidas 710
26.10 Polímeros 712
Resumen/Glosario/Problemas 715

27 Bioquímica 720

27.1 Proteínas 720
27.2 Carbohidratos 725
27.3 Grasas y aceites 728
27.4 Acidos nucleicos 729
27.5 Enzimas 733
27.6 Metabolismo 735
Resumen/Glosario/Problemas 737

Apéndices 741

A Sistema Internacional de unidades (SI) 741
B Valores de algunas constantes y factores de conversión 742
C Notas sobre operaciones matemáticas 743
D Logaritmos 749
E Potenciales del electrodo patrón a 25°C 751
F Constantes de equilibrio a 25°C 753
G Respuestas de los problemas codificados en color 755
Índice temático 768

INTRODUCCIÓN

CAPÍTULO 1

La **química** puede definirse como la ciencia que se ocupa de la caracterización, composición y transformaciones de la materia. Sin embargo esta definición no es la más adecuada. La interrelación entre las áreas de la ciencia moderna, ha hecho que los límites entre ellas estén poco definidos; es decir, sería casi imposible seleccionar un área y decir "esto es química". No solamente los intereses de los campos científicos se superponen, sino que los conceptos y métodos encuentran aplicación universal. Además, esta definición no expresa el espíritu de la química, puesto que ésta, como todas las ciencias es una actividad en pleno crecimiento y no una acumulación de conocimientos. La química misma es auto-generadora; la esencia natural de cada nuevo concepto químico, estimula nuevas observaciones y experimentaciones que conducen a un progresivo refinamiento como también al desarrollo de otros conceptos. A la luz del desarrollo científico, no es sorprendente que, a menudo, una determinada investigación sobrepase los límites artificiales establecidos por el hombre.

No obstante, hay una idea popular, aunque algo indefinida, sobre cuál es el campo de la química; por esto debemos volver a nuestra definición preliminar. A medida que se lea este libro, irá surgiendo un conocimiento más claro y amplio.

La química tiene que ver con la composición y estructura de las sustancias y con las fuerzas que las mantienen juntas. Las propiedades físicas de las sustancias se estudian porque proporcionan claves para las determinaciones estructurales, sirven como bases para la identificación y clasificación e indican posibles aplicaciones para materiales específicos. Sin embargo, la parte central de la química es probablemente la *reacción química*. El interés de la química se extiende a cada aspecto concebible de estas transformaciones e incluye consideraciones tales como: una descripción detallada de cómo y a qué velocidad ocurren las reacciones; las condiciones necesarias para que ocurran los cambios deseados y para evitar cambios indeseables; la energía que acompaña a las reacciones químicas; la síntesis de las sustancias presentes en la naturaleza y aquéllas que no tienen contrapartes naturales y las relaciones cuantitativas de masa entre los materiales involucrados en los cambios químicos.

1.1 La evolución de la química moderna

La química moderna, que se inició a fines del siglo XVIII, necesitó cientos de años para desarrollarse. La historia de su desarrollo puede dividirse aproximadamente en cinco periodos.

1. Las artes prácticas (—hasta 600 A.C.). La producción de metales a partir de minerales, la elaboración de cerámicas, la fermentación, el horneado de pan y la preparación de medicinas, tinturas y drogas son artes antiguas. Las evidencias arqueológicas demuestran que los habitantes del antiguo Egipto y de la Mesopotamia practicaban hábilmente estas artesanías, pero no se sabe cómo ni cuando las aprendieron. Estas artes, las cuales son procesos químicos, alcanzaron un alto desarrollo durante este periodo. Sin embargo, el desarrollo fue *empírico;* esto es, estaba basado solamente sobre experiencia práctica, sin referencia a los principios químicos involucrados. El artífice egipcio sabía cómo obtener cobre calentando el mineral malaquita con carbón, aunque no supo ni intentó saber cómo trabajaba el proceso y lo que ocurría en el fuego.

2. Los griegos (600 A.C. a 300 A.C.). El aspecto filosófico (o teórico) de la química comenzó en el periodo clásico griego, alrededor del año 600 A.C. Los fundamentos de la ciencia griega se basaban en la búsqueda de principios a través de los cuales se pudiese obtener una comprensión de la naturaleza. Dos teorías de los griegos se hicieron muy importantes en los siglos siguientes:

a) El concepto de que todas las sustancias terrestres están compuestas de cuatro elementos (tierra, aire, fuego y agua) en variadas proporciones se originó con los filósofos griegos de este periodo.

b) La teoría de que la materia consiste en unidades separadas y distintas, llamadas átomos fue propuesta por Leucipo y extendida por Demócrito en el siglo V A.C.

Platón propuso que los átomos de un elemento difieren de otros átomos en la forma. Por lo tanto, pensaba que los átomos de un elemento pueden cambiarse (o **transmutarse**) en otros átomos, cambiando la forma de los átomos.

El concepto de la transmutación se halla también en las teorías de Aristóteles, quien no creía en la existencia de los átomos; propuso que los elementos y por consiguiente todas las sustancias, estaban compuestos de la misma materia primaria y diferían solamente en la forma que asumía esta materia primaria. Para Aristóteles, la forma incluía no sólo la geometría, sino también las cualidades (tales como color y dureza) que distinguen una sustancia de las otras, y propuso que los cambios en la forma ocurren constantemente en la naturaleza y que todas las cosas materiales (animadas e inanimadas) crecen y se desarrollan de forma inmadura a formas adultas. (Durante la Edad Media se creía que los minerales podían crecer y que las minas se rellenaban después de que se habían extraído los minerales).

3. La alquimia (300 A.C. a 1650 D.C.). La tradición filosófica de los antiguos griegos y la tradición artesanal del antiguo Egipto, se encontraron en Alejandría (Egipto), la ciudad fundada por Alejandro el Grande en 331 A.C., y la **alquimia** fue el resultado de la unión. Los primeros alquimistas utilizaron técnicas egipcias para el manejo de materiales en la investigación de teorías concernientes con la naturaleza de la materia. Los libros escritos en Alejandría (los trabajos sobre temas químicos más antiguos) contenían diagramas de aparatos químicos y descripciones de muchas operaciones de laboratorio (por ejemplo destilación, cristalización y sublimación).

El contenido filosófico de la alquimia incorporó elementos de astrología y misticismo en las teorías de los griegos antiguos. Un interés dominante de los alquimistas era la transmutación de metales básicos como el hierro y plomo en el metal noble, el oro. Creían que un metal podía cambiarse alterando sus cualidades (particularmente su color) y que tales cambios se presentaban en la naturaleza y que los metales tendían hacia la perfección representada por el oro. Por consiguiente los alquimistas creían que estos cambios podían realizarse mediante una pequeña cantidad del agente transmutante (más tarde llamado la *piedra filosofal*). En el siglo VII D.C., los árabes conquistaron los centros de la civilización helenística (incluyendo Egipto en 640 D.C.) y la alquimia pasó a sus manos. Los textos griegos se tradujeron al árabe y sirvieron

El Alquimista, por el pintor flamenco David Teniers, 1648. *Fisher Scientific Company.*

de fundamento para el trabajo de los alquimistas árabes. Los árabes llamaron a la piedra filosofal *aliksir* (de donde se deriva *elixir*). Los alquimistas árabes creían que esta sustancia no solamente podía ennoblecer metales transmutándolos en oro, sino también podría ennoblecer la vida, curando todas las enfermedades. Durante muchos siglos, los dos objetivos principales de la alquimia fueron la transmutación de los metales básicos en oro y el descubrimiento de un *elixir de la vida* que podía hacer al hombre inmortal impidiendo la muerte.

En los siglos XII y XIII, la alquimia fue gradualmente introducida en Europa por medio de la traducción de los trabajos árabes al latín. La mayoría de las traducciones fueron hechas en España donde después de la conquista islámica en el siglo VIII, se estableció y prosperó una rica cultura mora.

Una escuela de **iatroquímica,** una rama de la alquimia concerniente con la medicina prosperó en los siglos XVI y XVII. Sin embargo, los alquimistas europeos contribuyeron muy poco que fuese nuevo a la teoría alquímica. La importancia de su trabajo reside en que preservaron la gran cantidad de datos químicos que recibieron del pasado, lo incrementaron y lo pasaron a alquimistas posteriores.

La alquimia perduró hasta el siglo XVII. Gradualmente las teorías y actitudes de los alquimistas comenzaron a ser cuestionadas. El trabajo de Robert Boyle, quien publicó *El químico escéptico* en 1661, es importante. Aunque Boyle creía que la transmutación de los metales conocidos en oro, pudiese ser posible, criticó severamente el pensamiento alquímico. Boyle recalcó que la teoría química debería obtenerse a partir de evidencia experimental.

4. Flogisto (1650 a 1790). A lo largo de la mayor parte del siglo XVIII la teoría del flogisto dominó la química. Esta teoría, que según se demostró más tarde era errónea, fue principalmente el trabajo de George Ernest Stahl. **El flogisto** (un principio de fuego), fue postulado como constituyente de cualquier sustancia combustible.

Después de la combustión, se creía que una sustancia perdía su flogisto y se reducía a una forma sencilla. Se creía que el aire actuaba en la combustión, sólo para eliminar el flogisto que quedaba en libertad. Así pensaríamos en la combustión de la madera en los siguientes términos:

madera + oxígeno gaseoso (del aire) → cenizas + oxígeno que contiene gases; de acuerdo a la teoría del flogisto,

madera → cenizas + flogisto (removido por el aire)

Por consiguiente, se creyó que la madera era un compuesto formado por cenizas del flogisto. Se pensó que los materiales fácilmente combustibles eran ricos en flogisto.

La teoría del flogisto interpreta la **calcinación** en una manera similar. La formación de un óxido metálico (llamado un cal) por calentamiento de un metal en el aire se le llamó calcinación:

metal + oxígeno gaseoso (del aire) → cal (óxido metálico)

De acuerdo a la teoría del flogisto, se supone que un metal es un compuesto integrado de un cal y flogisto). La calcinación, por consiguiente, se creyó ser la pérdida del flogisto por un metal:

metal → cal + flogisto (removido por el aire)

La teoría del flogisto se extendió para explicar muchos otros fenómenos químicos. La preparación de ciertos metales, por ejemplo, puede llevarse a cabo calentando el óxido metálico con carbón.

cal (óxido metálico) + carbón → metal + monóxido de carbono gaseoso.

En un proceso de este tipo, el carbono (supuestamente rico en flogisto) reemplazaba el flogisto perdido por calcinación:

cal + flogisto (del carbono) → metal

Una dificultad inherente a la teoría del flogisto nunca se explicó adecuadamente. Cuando se quema la madera, ésta supuestamente pierde flogisto y las cenizas resultantes pesan *menos* que la pieza de madera original. Por otra parte, en la calcinación, la *pérdida* de flogisto está acompañada por un aumento en peso, puesto que el cal (óxido metálico) pesa *más* que el metal original. Los partidarios de la teoría del flogisto reconocieron este problema, pero a lo largo de la mayor parte del siglo XVIII no se comprendía la importancia de pesar y medir.

Antoine Lavoisier, 1743–1794.
Smithsonian Institution.

5. La química moderna (1790—) El trabajo de Antoine Lavoisier a fines del siglo XVIII, es generalmente considerado como el comienzo de la química moderna. Lavoisier deliberadamente se propuso eliminar la teoría del flogisto y revolucionar la química. Dependió de los resultados cuantitativos de los experimentos (utilizó extensamente la balanza para poder explicar varios fenómenos químicos.

La ley de la conservación de la masa, establece que no hay ningún cambio observable en la masa durante el transcurso de una reacción química. En otras palabras, la masa de todos los materiales que entran en una reacción química es igual a la masa total de todos los productos de la reacción. Esta ley está implícita en las investigaciones anteriores, pero Lavoisier la enunció explícitamente y la utilizó como el pilar de su ciencia. Por lo tanto, para Lavoisier la teoría del flogisto era imposible.

El papel que los gases desempeñaron en las reacciones resultaron ser un obstáculo para el desarrollo de la teoría química. Cuando la ley de la conservación de la masa se aplica a una combustión o a una calcinación, las masas de los gases utilizados o producidos en estas reacciones deben de tomarse en cuenta. Por consiguiente la interpretación correcta de estos procesos tuvo que esperar hasta que los químicos identificaron los gases involucrados y diseñaron métodos para manejar y medir gases. Lavoisier se basó en los resultados del trabajo de otros científicos con gases para explicar estas reacciones.

En la interpretación de los fenómenos químicos, Lavoisier utilizó las definiciones modernas de elementos y de compuestos (sección 1.2). La teoría del flogisto considera a un metal como un *compuesto* formado de una cal y el flogisto. Lavoisier demostró que un metal es un *elemento* y que el correspondiente cal es un *compuesto* integrado de un metal y el oxígeno del aire.

En su libro Traité Elémentaire de Chimie (*Tratado elemental de química*) publicado en 1789, Lavoisier utilizó esencialmente terminología moderna. El lenguaje químico actual está basado en el sistema de nomenclatura que Lavoisier ayudó a diseñar.

Las contribuciones de los científicos, desde 1790, se describen a través de este libro.

Se ha aprendido más acerca de la química en los dos últimos siglos después de Lavoisier, que en los veinte siglos que le precedieron. La química ha desarrollado gradualmente cinco ramas principales, estas divisiones, sin embargo, son arbitrarias y la clasificación está sujeta a crítica.

a) Química orgánica La química de la mayoría de los compuestos del carbono. Durante algún tiempo se supuso que estos compuestos podían obtenerse solamente de plantas o animales o derivados de otros compuestos que se habían obtenido de material vivo.

b) Química inorgánica La química de todos los elementos excepto el carbono. Algunos compuestos de carbono sencillos (por ejemplo dióxido de carbono y carbonatos) están tradicionalmente clasificados como compuestos inorgánicos.

c) Química analítica Trata de la identificación y de la composición tanto cualitativa como cuantitativa de las sustancias.

d) Físicoquímica Tiene que ver con el estudio de los principios físicos que rigen la estructura de la materia y las transformaciones químicas.

e) Bioquímica Es la química de los sistemas vivos, plantas y animales.

1.2 Elementos, compuestos y mezclas

La **materia,** el material del cual está compuesto el universo, puede definirse como cualquier cosa que ocupa espacio y tiene masa. **Masa,** es la medida de la cantidad de materia. Un cuerpo que no se encuentre bajo la acción de alguna fuerza externa, tiene la tendencia a permanecer en reposo o, cuando está en movimiento, a continuar en movimiento uniforme en la misma dirección. Esta propiedad se conoce como **inercia.** La masa de un cuerpo es proporcional a la inercia del cuerpo.

La masa de un cuerpo es invariable, el peso del cuerpo no lo es. El **peso,** es la fuerza gravitacional de atracción ejercida por la tierra sobre el cuerpo; el peso de un cuerpo dado varía con la distancia de ese cuerpo del centro de la tierra. El peso de un cuerpo es directamente proporcional a su masa como también a la aceleración gravitacional de atracción de la tierra. En un mismo lugar, por lo tanto, dos objetos de igual masa tienen pesos iguales.

Los antiguos griegos desarrollaron el concepto de que toda la materia está formada por un número limitado de sustancias sencillas llamadas **elementos.** Los griegos creyeron que toda la materia terrestre se derivaba de cuatro elementos: *tierra, aire, fuego* y *agua*. Puesto que se creía que los cuerpos celestes eran perfectos e incambiables, se creyó que la materia celeste estaba compuesta de un elemento diferente, el *éter* el cual más tarde se conoció como *quintesencia* (del latín, cuyo significado es quinto elemento). Esta teoría griega dominó el pensamiento científico durante muchos siglos.

En 1661, Robert Boyle propuso una definición esencialmente moderna de un elemento en su libro *El químico escéptico:* Lo que entiendo por elementos. . . ciertos cuerpos primitivos y simples, o perfectamente independientes, los cuales sin estar hechos de ningún otro cuerpo, o el uno del otro, son los ingredientes de los cuales están inmediatamente compuestos todos aquellos cuerpos que se llaman cuerpos perfectamente mezclados, y en los compuestos en que finalmente se separan.

Boyle no hizo ningún intento para identificar sustancias específicas como elementos. Sin embargo, enfatizó que la prueba de la existencia de los elementos, como también su identificación, descansaba en la experimentación química.

El concepto de Boyle de elemento químico fue firmemente establecido por Antonio Lavoisier en el siglo siguiente. Lavoisier aceptó una sustancia como elemento, cuando ésta no podía descomponerse en otras sustancias más sencillas. Posteriormente demostró que un compuesto se obtiene por la unión de elementos. Lavoisier identificó correctamente 23 elementos (aunque incorrectamente incluyó la luz, el calor y varios compuestos simples en su lista).

En la actualidad, se conocen 106 elementos. De éstos, 85, se han obtenido de fuentes naturales, los restantes por reacciones nucleares (Sección 25.5)

A cada elemento se le asignan una o dos letras de **símbolo químico** que se ha decidido por acuerdo internacional. Mientras que el nombre de un elemento puede diferir de un idioma a otro, el símbolo no. El nitrógeno por ejemplo, se llama *azoto* en italiano y *stickstolf* en alemán, pero el símbolo para el nitrógeno es *N* en cualquier lengua.

La mayoría de los símbolos corresponden aproximadamente a los nombres de los elementos en castellano. Sin embargo algunos de ellos no corresponden. Otros símbolos para los elementos se han asignado teniendo en cuenta sus nombres en latín; estos elementos se hallan en la lista de la tabla 1.1. El símbolo para el tungsteno, W, se derivó del nombre del elemento en alemán, *wolfram*.

Los 15 elementos más abundantes en la corteza terrestre, cuerpos de agua y atmósfera aparecen en el listado de la Tabla 1.2. Esta clasificación incluye aquellas partes del universo de las cuales podemos obtener elementos. La tierra consiste de una parte central (la cual está compuesta probablemente de hierro y níquel), rodeada sucesivamente por un manto y una corteza delgada. La corteza terrestre tiene unos 35 a 60 km de espesor y constituye solamente alrededor del 1% de la masa de la tierra.

Si se considerara toda la tierra, resultaría una lista diferente de la de la Tabla 1.2, y el elemento más abundante sería el hierro. Por otra parte, el elemento más abundante en el universo como un todo, es el hidrógeno, el cual se cree constituye cerca del 75% de la masa total del universo.

Si un elemento encuentra un amplio uso comercial, esto no depende solamente de su abundancia sino también de la facilidad para obtenerlo. Algunos elementos conocidos

Tabla 1.1 Símbolos de los elementos derivados de los nombres en latín.

Nombre en castellano	Nombre en latín	Símbolo
Antimonio	Stibium	Sb
Cobre	Cuprum	Cu
Oro	Aurum	Au
Hierro	Ferrum	Fe
Plomo	Plumbum	Pb
Mercurio	Hydrargyrum	Hg
Potasio	Kalium	K
Plata	Argentum	Ag
Sodio	Natrium	Na
Estaño	Stannum	Sn

Tabla 1.2 Abundancia de los elementos (en la corteza terrestre, cuerpos de agua y atmósfera).

Orden	Elemento	Símbolo	Porcentaje en masa
1	Oxígeno	O	49.2
2	Silicio	Si	25.7
3	Aluminio	Al	7.5
4	Hierro	Fe	4.7
5	Calcio	Ca	3.4
6	Sodio	Na	2.6
7	Potasio	K	2.4
8	Magnesio	Mg	1.9
9	Hidrógeno	H	0.9
10	Titanio	Ti	0.6
11	Cloro	Cl	0.2
12	Fósforo	P	0.1
13	Manganeso	Mn	0.1
14	Carbono	C	0.09
15	Azufre	S	0.05
—	Todos los demás	—	0.56

(tales como el cobre, el estaño y el plomo) no son particularmente abundantes pero se hallan en la naturaleza en depósitos de minerales de los cuales se los puede obtener fácilmente. Otros elementos que son más abundantes (tales como el titanio, el rubidio y el circonio) no son de amplio uso, debido a que sus minerales no se encuentran abundantemente en la naturaleza o a que la extracción de los elementos de sus minerales es difícil o costosa.

Los **compuestos** son sustancias que están formadas por dos o más elementos en proporciones fijas. La **ley de las proporciones definidas** (propuesta primeramente por Joseph Proust en 1799) establece que un compuesto puro consiste siempre en los mismos elementos combinados en la misma proporción por peso. El compuesto *agua,* por ejemplo, está siempre formado por los elementos *hidrógeno* y *oxígeno,* en la proporción: 11.19% de hidrógeno a 88.81% de oxígeno. Se conocen más de diez mil compuestos inorgánicos, y más de un millón de compuestos orgánicos, se han sintetizado o se han separado de productos naturales. Los compuestos poseen propiedades que difieren de las propiedades de los elementos que los constituyen.

Un elemento o compuesto se llama **sustancia pura.** Las demás clases de materia son mezclas. Una **mezcla** consiste en dos o más sustancias puras y tienen composiciones variables. Las propiedades de una mezcla dependen de la composición de la mezcla y de las propiedades de las sustancias puras que forman la mezcla. Existen dos tipos de mezclas. Una **mezcla heterogénea** no es uniforme completamente y consiste de partes que son físicamente distintas. Una muestra que contiene hierro y arena, por ejemplo, es una mezcla heterogénea. Una **mezcla homogénea** aparece uniforme en su totalidad y generalmente se llama **solución.** El aire, la sal disuelta en agua y las aleaciones de oro-plata son ilustraciones de soluciones gaseosas, líquidas y sólidas respectivamente.

La clasificación de materia está resumida en la Figura 1.1. De la figura podemos ver que el único tipo de *materia heterogénea* es la mezcla heterogénea. La clasificación de *materia homogénea,* sin embargo, incluye mezclas homogéneas y sustancias puras (elementos y compuestos).

Una porción físicamente distinta de materia que es uniforme en su composición y propiedades se llama **fase.** Los materiales homogéneos consisten de una sola fase. Los materiales heterogéneos consisten de más de una fase. Las fases de mezclas heterogéneas tienen límites y por lo general son fácilmente reconocibles.

En la mezcla heterogénea de *granito,* por ejemplo, es posible identificar cristales rosados de feldespato, cristales incoloros de cuarzo y cristales negros brillantes de mica. Cuando se determina el número de fases en una muestra, todas las porciones de la misma clase se cuentan como una sola fase. Por lo tanto, se dice que el granito consiste en tres fases. Las proporciones relativas de las tres fases de granito pueden variar de una muestra a otra.

En la figura 1.1 se puede observar que ambos tipos de mezclas se pueden separar en sus componentes por *medios físicos,* pero esos compuestos sólo pueden separarse en sus elementos constituyentes por *medios químicos*. Cambios de estado (tales como la fusión de un sólido y la vaporización de un líquido), así como los cambios en la forma o estado de subdivisión, son ejemplos de **cambios físicos** —cambios que no involucran la obtención de nuevas especies químicas. Medios físicos (tales como filtración y destilación) pueden utilizarse para separar los componentes de una mezcla, pero una sustancia que no se encontraba en la mezcla original, nunca se podrá obtener por estos medios. Los **cambios químicos,** por otra parte, son transformaciones en las cuales ciertas sustancias se transforman en otras sustancias.

1.3 El sistema métrico

El sistema métrico de medidas se utiliza en todos los estudios científicos. Como resultado de un tratado firmado en 1875, las convenciones métricas se establecieron y se modificarían cuando fuese necesario por acuerdo internacional. De vez en cuando un grupo internacional, la Conferencia general de pesas y medidas, se reune para ratificar los adelantos en el sistema métrico. El **Sistema Internacional de Unidades** (*Le Système International d'Unitès,* oficialmente abreviado **SI**) corrientemente aprobado, es una modernización y simplificación de un sistema antiguo derivado de uno propuesto por la Academia Francesa de Ciencias en 1790. Lavoisier fue miembro del Comité que formuló el sistema original. El Sistema Internacional se estableció sobre siete **unidades básicas** y dos **unidades suplementarias** (Tabla 1.3 y el Apéndice).

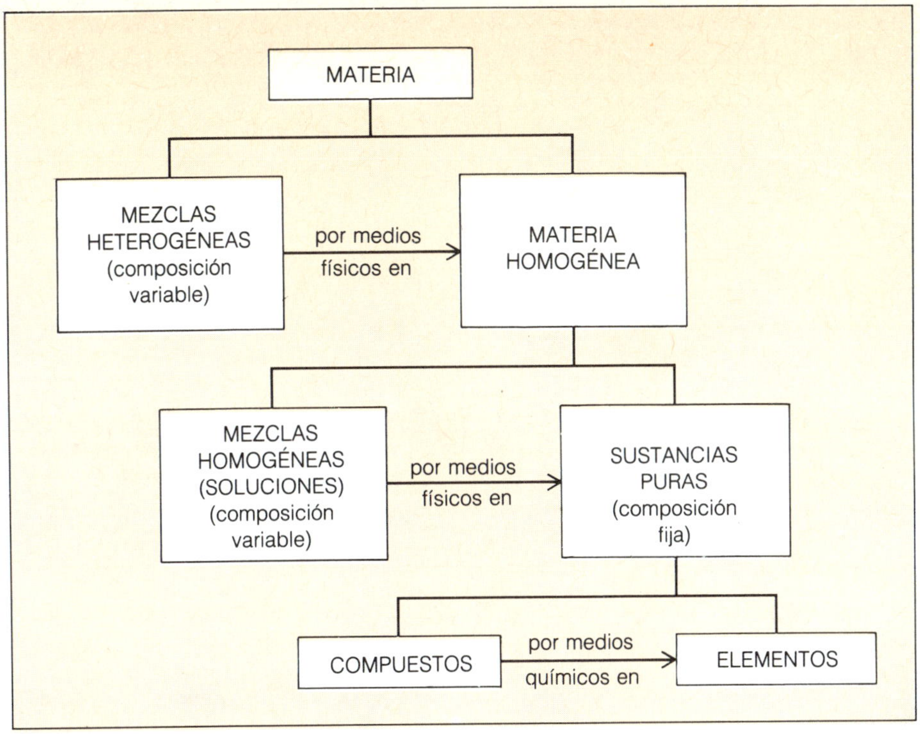

Figura 1.1 Clasificación de materia.

Por ejemplo, el patrón primario de masa, el kilogramo, se definió como la masa de un cilindro de una aleación de platino-iridio que se conserva en la Oficina Internacional de Pesas y Medidas en Sèvres, Francia. A través de los años, los patrones primarios para algunas unidades básicas se han cambiado cuando los nuevos patrones parecen superiores a los antiguos.

Los múltiplos o fracciones de las unidades básicas se han indicado mediante el uso de prefijos (Tabla 1.4). La unidad básica de longitud, el metro (m), no es generalmente utilizado para medir distancias entre ciudades. Una unidad mayor, el kilómetro (km), es más adecuado. El kilómetro es igual a 1000 metros, y el nombre para esta unidad

Tabla 1.3 Unidades básicas y suplementarias del Sistema internacional de unidades.

	Medida	Unidad	Símbolo
Unidades básicas	longitud	metro	m
	masa	kilogramo	kg
	tiempo	segundo	s
	corriente eléctrica	amperio	A
	temperatura	kelvin	K
	cantidad de sustancia	mol	mol
	intensidad luminosa	candela	cd
Unidades suplementarias	ángulo plano	radián,	rad
	ángulo sólido	esteradián	sr

Tabla 1.4 Prefijos utilizados para modificar las unidades en el sistema métrico.

Prefijo	Abreviatura	Factor	
tera-	T-	1 000 000 000 000 ×	o 10^{12}
giga-	G-	1 000 000 000 ×	o 10^{9}
mega-	M-	1 000 000 ×	o 10^{6}
kilo-	k-	1 000 ×	o 10^{3}
hecto-	h-	100 ×	o 10^{2}
deka-	da-	10 ×	o 10
deci-	d-	0.1 ×	o 10^{-1}
centi-	c-	0.01 ×	o 10^{-2}
mili-	m-	0.001 ×	o 10^{-3}
micro-	μ-	0.000 001 ×	o 10^{-6}
nano-	n-	0.000 000 001 ×	o 10^{-9}
pico-	p-	0.000 000 000 001 ×	o 10^{-12}
femto-	f-	0.000 000 000 000 001 ×	o 10^{-15}
atto-	a-	0.000 000 000 000 000 001 ×	o 10^{-18}

se obtiene agregando el prefijo *kilo* (el cual significa x 1000) al nombre de la unidad básica.

1 km = 1000 m

El centímetro (cm) es una unidad menor que el metro. El prefijo *centi* significa x 0.01, y 1 centímetro equivale a 0.01 metro.

1 cm = 0.01m

Observe que el nombre para la unidad básica masa, el kilogramo, contiene un prefijo. Los nombres de las demás unidades de masa se obtienen sustituyendo otros prefijos por el prefijo *kilo*. Los nombres de las unidades básicas no contienen ningún prefijo.

Otras unidades SI, llamadas **unidades derivadas,** se obtuvieron de las unidades básicas por combinación algebraica. Se tienen ejemplos de unidades SI para volumen, la cual es el metro cúbico (abreviado m^3), y la unidad SI para velocidad, la cual es el metro por segundo (abreviada m/s o $m.s^{-1}$).

Algunas unidades derivadas reciben nombres especiales. La unidad SI para fuerza, por ejemplo, es el newton, N. Esta unidad se obtuvo de las unidades básicas de masa (el kilogramo, kg); de longitud (el metro, m) y de tiempo (el segundo, s). El **newton** es la fuerza que comunica a una masa de 1 kg una aceleración de $1 m/s^2$ (Sección 3.1)

$$1N = 1kg \cdot m/s^2$$

La terminología corriente del Sistema Internacional ha sido desarrollada desde 1960. Algunas unidades que fueron definidas antes de esta fecha, no están de acuerdo con las reglas del sistema SI y por lo tanto no son unidades SI. Sin embargo, el uso de ciertas unidades está permitido. El litro, por ejemplo, se define como un decímetro cúbico (equivale a 1000 cm^3), puede utilizarse además de las unidades oficiales SI de volumen, el metro cúbico. Otras unidades que no forman parte del sistema SI deben ser retenidas por un período de tiempo limitado. El patrón atmósfera (atm, una unidad de presión), cae dentro de esta categoría. El uso, aun de otras unidades que están fuera del Sistema Internacional, no es conveniente. Por ejemplo, el Comité internacional de pesas y medidas considera que es preferible evitar el uso de la caloría como una unidad de energía.

No todos los científicos han adoptado el sistema SI de unidades, pero el uso del sistema parece estar creciendo. Sin embargo, la adhesión estricta al sistema internacional plantea un problema, puesto que elimina algunas unidades que previamente tuvieron amplio uso. Aunque buena parte de los datos registrados en la literatura química se hallan escritos en unidades que no son SI, uno debe familiarizarse con ambos sistemas de unidades.

1.4 Cifras significativas

Cada medida es incierta hasta cierto punto. Supóngase, por ejemplo, que se desea medir la masa de un objeto. Si se usa una balanza de plataforma, podemos determinar la masa hasta el 0.1g más cercano. Por otra parte, una balanza analítica está capacitada para producir resultados correctos hasta 0.0001g. La exactitud o precisión de la medida depende de las limitaciones del aparato de medida y de la habilidad con que éste se use. La precisión de una medida está indicada por el número de cifras utilizadas para obtenerla. Los dígitos, en una medida adecuadamente obtenida, son **cifras significativas.** Estas cifras incluyen todas aquéllas que son conocidas con certidumbre y además otra que es una aproximación.

Suponga que se utilizó una balanza granataria, y la masa de un objeto resultó ser 12.3 g. La probabilidad de que la masa real del objeto sea exactamente 12.3 g es pequeña. Estamos seguros de las dos primeras cifras (el 1 y el 2). Sabemos que la masa es mayor que 12. La tercera cifra (el 3), sin embargo, no es enteramente exacta. En el mejor de los casos indica que la verdadera masa está más cerca de 12.3g que de 12.2g ó 12.4g. Si, por ejemplo, la masa real fuese 12.28 . . . g ó 12.33 . . . g, el valor sería correctamente el obtenido en cualquier caso como 12.3 *hasta tres cifras significativas*.

Si en nuestro ejemplo, agregamos un cero a la medición, estamos indicando un valor que contiene *cuatro cifras significativas* (12.30g) lo cual es incorrecto y desconcertante. Este valor indica que la masa real está entre 12.29g. y 12.31g. Sin embargo no tenemos idea de la magnitud del número del segundo lugar decimal, puesto que hemos determinado el valor sólo hasta el 0.1g más próximo. El cero no indica que el segundo lugar decimal es desconocido o indeterminado, sino que debe interpretarse de la misma forma que cualquier otra cifra (ver, sin embargo, la regla 1 que sigue). Puesto que la incertidumbre en la medida radica en el 3 este dígito debe ser la última cifra significativa hallada.

Por otra parte no tenemos derecho a despreciar un cero; si es significativo. Un valor de 12.0g que se ha determinado hasta la precisión indicada, debería registrarse en esa forma. Es incorrecto registrar 12.g, puesto que esta medida de 12g. indica una precisión de sólo *dos* cifras significativas en vez de las *tres* cifras significativas de la medida.

Las siguientes reglas pueden ser utilizadas para determinar el número adecuado de cifras significativas que deben escribirse para una medida.

1. *Los ceros usados para localizar el punto decimal no son significativos*. Suponga que se determinó que la distancia entre dos puntos es 3 cm. Esta medida puede ser expresada también como 0.03 m. puesto que 1 cm es 0.01 m.

3 cm = 0.03 m

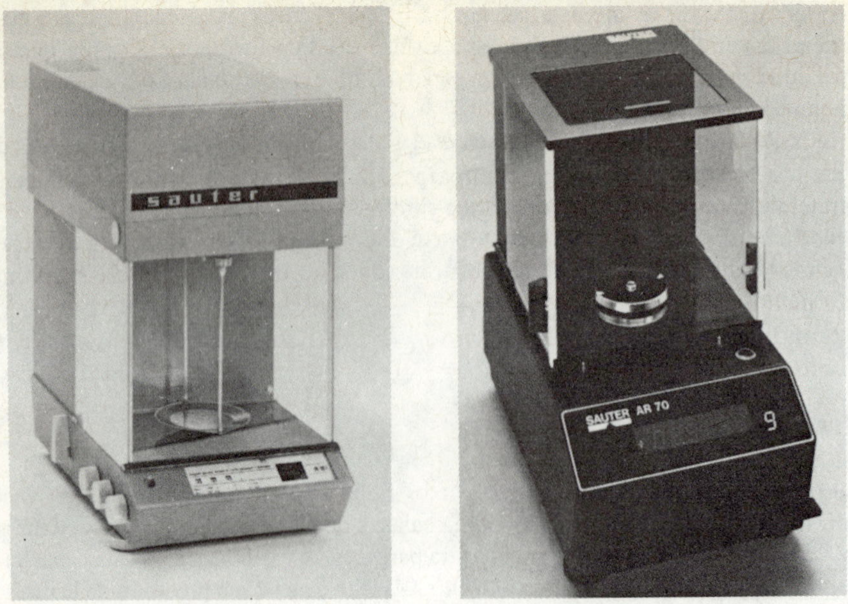

Figura 1.X Modernas balanzas analíticas capaces de dar resultados hasta 0.1 mg. *Izquierda:* balanza de platillo único. *Derecha:* balanza electrónica digital que puede interactuar con otro equipo. *Sauter Division of Metlier Instrument Corporation.*

Sin embargo, ambos valores contienen solamente *una* cifra significativa. Los ceros en el segundo valor sólo sirven para localizar el punto decimal y no son significativos. La precisión de una medida no puede aumentarse cambiando unidades.

Los ceros que aparecen como parte de la medida son significativos. El número 0.0005030 tiene cuatro cifras significativas. Los ceros después del cinco son significativos. Aquéllos que preceden al número 5 no son significativos debido a que se han agregado solamente para ubicar el punto decimal.

Ocasionalmente, es difícil interpretar el número de cifras significativas en un valor que contiene ceros, tal como 600. ¿Son los ceros significativos o sirven meramente para localizar el punto decimal? Este tipo de problema puede evitarse usando notación científica. El punto decimal se localiza por la potencia de 10 empleada; la primera parte del término contiene solamente cifras significativas. El valor 600, por otra parte, puede expresarse en cualquiera de las siguientes formas, dependiendo de la precisión con que se ha tomado la medida.

6.00×10^2 (tres cifras significativas)

6.0×10^2 (dos cifras significativas)

6×10^2 (una cifra significativa)

2. *Ciertos valores, tales como los que se originan de la definición de términos, son exactos.* Por ejemplo, por definición, hay *exactamente* 1000 ml en 1 litro. El valor 1000 puede considerarse como teniendo un número infinito de cifras significativas (ceros) después del punto decimal.

Los valores obtenidos por conteo también pueden ser exactos. Por ejemplo, la molécula de H_2 contiene exactamente 2 átomos, no 2.1 ó 2.3. Otras cuentas, por otra parte son inexactas. La población del mundo, por ejemplo, se calcula y no se deriva de un conteo actual.

3. *A veces, la respuesta a un cálculo contiene más cifras que son significativas.* Las siguientes reglas deben usarse para aproximar tal valor al número correcto de dígitos.

a. Si la cifra que sigue al último número a retenerse es menor que 5, todas las cifras no deseables se pueden descartar y el último número se deja sin modificación.

3.6247 es 3.62 hasta tres cifras significativas

b. Si la cifra que sigue al último número que se va a retener es mayor que 5 ó 5, con otros dígitos que le siguen, el último número se aumenta en 1 y las cifras restantes se descartan.

7.5647 es 7.565 hasta cuatro cifras significativas

6.2501 es 6.3 hasta dos cifras significativas

c. Si el número que sigue a la última cifra a retenerse es 5 y hay sólo ceros después del cinco, el 5 se descarta y la última cifra se aumenta en 1 si es impar o no se cambia si es un número par. En un caso de este tipo, la última cifra del valor aproximado es siempre un número par. El cero se considera un número par.

3.250 es 3.2 hasta dos cifras significativas

7.635 es 7.64 hasta tres cifras significativas

8.105 es 8.10 hasta tres cifras significativas

El principio en que se basa este procedimiento, que es arbitrario, es que en promedio, tantos valores aumentarán como disminuirán.

El número de cifras significativas en la respuesta a un cálculo depende del número de cifras significativas en los valores usados en el cálculo. Considere el siguiente problema. Si colocamos 2.38 g de sal en un recipiente que tiene la masa de 52.2 g. ¿Cuál será la masa del recipiente más la sal? Simple adición de 54.58 g. Pero no podemos conocer la masa de los dos juntos con más precisión de lo que podemos conocer la masa de uno solo. El resultado debe aproximarse al 0.1 g más próximo lo cual da 54.6 g.

4. *El resultado de una suma o resta debe presentarse con el mismo número de cifras decimales que tenga el término con el menor número de decimales.* La respuesta para la suma

$$\begin{array}{r} 161.032 \\ 5.6 \\ 32.4524 \\ \hline 199.0844 \end{array}$$

debe reportarse como 199.1. Debido a que el número 5.6 tiene solamente un dígito seguido de un lugar decimal.

5. *La respuesta a la multiplicación o división se redondea al mismo número de cifras significativas como tenga el término menos preciso usado en el cálculo.* El resultado de la multiplicación

$$152.06 \times 0.24 = 36.4944$$

debe reportarse como 36, puesto que el término menos preciso en el cálculo es 0.24 (dos cifras significativas).

1.5 Cálculos químicos

Las unidades deben indicarse como una parte integral de toda medida. Tiene poco sentido decir que la longitud de un objeto es 5.0. ¿Qué significado tiene este valor: 5.0 cm, 5.0 m, 5.0 pies? Un cuidadoso uso de las unidades simplificará la solución del problema y reducirá la probabilidad de cometer errores.

Las unidades indicadas que se incluyen en los términos empleados en un cálculo deben someterse a las mismas operaciones que los números. En cualquier cálculo, las unidades que aparecen en el numerador y denominador se eliminan, y las que quedan aparecen como parte de la respuesta. Si la respuesta no tiene las unidades que se buscaban, un error se ha cometido en la forma como se han manipulado los cálculos.

Muchos problemas pueden ser resueltos por el uso de uno o más **factores de conversión.** Un factor de este tipo puede obtenerse de una igualdad y se le utiliza para convertir una medida de una unidad a otra. Suponga, por ejemplo, que deseamos calcular el número de centímetros existentes en 5.00 pulgadas (pulg.). El factor de conversión que necesitamos para resolver el problema se deriva de la relación exacta.

$$2.54 \text{ cm} = 1.00 \text{ pulg}$$

Si dividimos ambos lados de esta ecuación por 1.00 pulg. obtenemos

$$\frac{2.54 \text{ cm}}{1.00 \text{ pulg}} = 1$$

El factor (2.54 cm/1.00 pulg) es igual a 1, puesto que el numerador y el denominador son equivalentes.

Nuestro problema puede plantearse en la siguiente forma:

$$? \text{ cm} = 5.00 \text{ pulg}$$

Multiplicando por el factor de conversión que derivamos, el problema se resuelve

$$? \text{ cm} = 5.00 \text{ pulg} \left(\frac{2.54 \text{ cm}}{1.00 \text{ pulg}} \right) = 12.7 \text{ cm}$$

Puesto que el factor de conversión es igual a 1, esta operación no cambia el valor de la cantidad dada. Obsérvese que la unidad *pulg*. se cancela, lo cual deja la respuesta en *centímetros* que es la unidad deseada. Un segundo factor de conversión puede derivarse de la ecuación

$$2.54 \text{ cm} = 1.00 \text{ pulg}$$

dividiendo ambos miembros de la ecuación por 2.54 cm

$$1 = \frac{1.00 \text{ pulg}}{2.54 \text{ cm}}$$

Este factor, el cual es también igual a 1, es el recíproco del factor previamente derivado y puede utilizarse para convertir centímetros a pulgadas. Por ejemplo, el número de pulgadas que hay en 20.0 cm puede hallarse de la siguiente forma:

$$? \text{ pulg} = 20.0 \text{ cm} \left(\frac{1.00 \text{ pulg}}{2.54 \text{ cm}} \right) = 7.87 \text{ pulg}$$

Una simple igualdad que relaciona dos unidades, además, puede utilizarse para derivar dos factores de conversión. Los que son recíprocos entre sí. En la solución de un problema, el factor correcto a usarse es aquél que conduce a la cancelación de unidad o unidades que deben eliminarse. Obsérvese que esta unidad debe hallarse en el denominador del factor.

La solución de algunos problemas requiere el uso de varios factores. Si deseamos hallar el número de centímetros que hay en 0.750 pies, podemos plantear el problema en la siguiente forma:

$$? \text{ cm} = 0.750 \text{ pies}$$

Puesto que 1.00 pie = 12.0 pulgadas, derivamos el factor de conversión (12.0 pulgadas/1.00 pie), el cual naturalmente es = 1.0. Multiplicando por este factor se convierten los pies a pulgadas pero la solución no es completa.

$$? \text{ cm} = 0.750 \text{ pies} \left(\frac{12.0 \text{ pulgadas}}{1.00 \text{ pies}} \right)$$

El factor necesario para convertir pulgadas a centímetros es (2.54 cm/1.00 pulgada) y así

$$? \text{ cm} = 0.750 \text{ pies} \left(\frac{12.0 \text{ pulgadas}}{1.00 \text{ pies}} \right) \left(\frac{2.54 \text{ cm}}{1.00 \text{ pulgada}} \right) = 22.9 \text{ cm}$$

Ejemplo 1.1

Si Julio Verne hubiese utilizado unidades SI, qué título le habría dado a su libro *Veinte mil leguas de viaje submarino?* Exprese su respuesta en unidades SI que den el número más pequeño que sea mayor de 1. Una legua es equivalente a 3.45 millas y una milla es igual a 1609 m.

Solución

Primero convertimos las leguas a metros. La conversión se realiza mediante el uso de dos factores derivados de los datos dados.

$$? \text{ m} = 20{,}000 \text{ leguas} \; \frac{3.45 \text{ millas}}{1 \text{ legua}} \; \frac{1609 \text{ m}}{1 \text{ milla}} = 111{,}000{,}000 \text{ m} = 1.11 \times 10^8 \text{ m}$$

Observe que los factores sucesivamente convierten leguas a millas y luego millas a metros. Un factor dado convierte las unidadaes en el *denominador* del factor a las unidades en el *numerador* del factor. En seguida cambiamos las unidades de la respuesta de la unidad básica *metro* a la unidad del sistema SI que satisfacerá los requerimientos establecidos en el problema. De la Tabla 1.4 observamos que un megametro (Mm) es igual a 10^6 metros y un gigametro (Gm) es igual a 10^9 metros. La magnitud de nuestra respuesta (10^8) está entre los dos. Para obtener una respuesta que sea mayor que 1, convertimos a megametros:

$$? \text{ Mm} = 1.11 \times 10^8 \text{ m} \; \frac{1 \text{ Mm}}{10^6 \text{ m}} = 1.11 \times 10^2 \text{ Mm} = 111 \text{ Mm}$$

Ciento once megametros de viaje submarino. (Observe que el radio de la tierra es solamente 6.37 Mm.)

Los factores que pueden derivarse de porcentajes. Considere por ejemplo, los porcentajes utilizados para expresar la composición de una aleación utilizada para acuñar monedas americanas de cinco centavos. La moneda llamada "nickel" tiene una masa real de 75.0% de cobre y 25.0% de níquel. De este dato, se pueden derivar seis factores, si se tienen en cuenta los recíprocos. Puesto que un *porcentaje* es el número de partes *por ciento,* es conveniente utilizar exactamente cien unidades de masa de la aleación en la obtención de los factores. En 100.0 g de aleación habría 75.0 g de cobre y 25.0 g de níquel. Así:

(1) 100.0 g de aleación = 75.0 g Cu

(2) 100.0 g de aleación = 25.0 g Ni

(3) 75.0 g de Cu = 25.0 g Ni

Cada una de estas relaciones producirá dos factores —uno el inverso del otro. El factor requerido para la solución de un problema puede derivarse de la relación que involucra las unidades pertinentes.

Ejemplo 1.2

¿Cuántos gramos de níquel deben agregarse a 50.0 g de cobre, para realizar la acuñación de la aleación previamente mencionada?

Solución

El problema se plantea en la siguiente forma:

$$? \text{ g Ni} = 50.0 \text{ g Cu}$$

Para resolver el problema, necesitamos un factor de conversión que relacione *g Cu* (en el denominador) a *g Ni* (en el numerador). La relación (3) que se presentó previamente, puede producir tal factor; este es (25.0 g Ni/75.0 g Cu). La solución es:

$$? \text{ g.Ni} = 50.0 \text{ g Cu} \; \frac{25.0 \text{ g.Ni}}{75.0 \text{ g Cu}} = 16.7 \text{ g Ni}$$

Ejemplo 1.3

La plata sterling es una aleación que consiste en 92.5% de plata (Ag) y 7.5% de Cu. ¿Cuántos kilogramos de plata sterling pueden elaborarse a partir de 3.00 kg de plata pura?

Solución

El problema se plantea en la siguiente forma:

$$? \text{ kg sterling} = 3.00 \text{ kg Ag}$$

Es claro que necesitamos un factor en el cual la unidad en el denominador sea *kg Ag*. Podemos derivar el factor deseado del porcentaje de plata en la plata sterling. Puesto que la plata sterling es 92.5% Ag en masa, 100.0 kg de plata sterling contienen 92.5 kg de plata.

$$100.0 \text{ kg de sterling} = 92.5 \text{ kg de plata}$$

El factor necesario por lo tanto, es (100.0 kg de sterling/92.5 kg Ag). Obsérvese que la denominación *kg Ag* aparece en el denominador de este factor y cancelará la unidad de la cantidad dada.

$$? \text{ kg sterling} = 3.00 \text{ kg Ag} \left(\frac{100.0 \text{ kg sterling}}{92.5 \text{ kg Ag}} \right) = 3.24 \text{ kg sterling}$$

Frecuentemente, la información se da en forma de razones. El costo por unidad de artículos, la distancia viajada por unidad de tiempo, el número de objetos por unidad de masa, son ejemplos. La palabra *por* indica división y el número en el denominador es 1 a menos que se especifique de otra manera. Una velocidad de 50 kilómetros por hora, es 50 km/1h.

El numerador y denominador de tal proporción son equivalentes.

$$50 \text{ km} = 1 \text{ h}$$

Estas proporciones pueden utilizarse por otra parte, como factores de conversión, bien sea en la forma como se dan (50 km/1h) o en la forma invertida (1h/50 km).

Si se desea una proporción como respuesta al problema, el cálculo se establece usando el numerador de la proporción como cantidad deseada y el denominador de la razón como la cantidad dada. Si por ejemplo queremos hallar la velocidad de desplazamiento en *kilómetros por hora,* indicamos el problema en la siguiente forma:

$$? \text{ km} = 1\text{h}$$

Ejemplo 1.4

¿Cuál es la velocidad de un auto (en km/h) si recorre 16 km en 13 minutos?

Solución

El problema se plantea escribiendo:

$$? \text{ km} = 1 \text{ h}$$

La única información que se da en el problema y que puede utilizarse para obtener un factor de conversión es:

$$16 \text{ km} = 13 \text{ min}$$

Puesto que la respuesta se debe expresar en *km,* el factor que tiene esta unidad en el numerador es la que debe usarse (16 km/13 min).

La unidad en el denominador del factor (min), sin embargo, no cancelará la unidad de la cantidad dada (h). Esta cancelación puede obtenerse utilizando otro factor, uno derivado de:

$$60 \text{ min} = 1 \text{ h}$$

El factor derivado de esta igualdad es 60 min/1h debido a que la unidad en el denominador (h) cancelará la unidad de la cantidad dada. Usando ambos factores obtenemos:

$$? \text{ km} = 1 \text{ h} \left(\frac{60 \text{ min}}{1 \text{ h}}\right) \left(\frac{16 \text{ km}}{13 \text{ min}}\right)$$

El auto viajará con una velocidad de 74 km/h.

La densidad es un tipo de relación que se utiliza frecuentemente en química. La **densidad** de una sustancia es la masa por unidad de volumen de esa sustancia.

$$\text{densidad} = \frac{\text{masa}}{\text{volumen}}$$

La densidad por lo general se expresa en g/cm^3. Para líquidos puros o soluciones, las unidades generalmente empleadas son g/ml; puesto que 1 litro equivale a 1000 cm^3 y un litro contiene 1000 ml, 1 cm^3 igual a 1 ml y g/cm^3 es equivalente a g/ml.

Ejemplo 1.5

La masa de la tierra es 5.976×10^{24} kg y el volumen de la tierra es 1.083×10^{21} m^3. ¿Cuál es la densidad media de la tierra?

Solución

El problema puede resolverse hallando el número de gramos contenidos en un centímetro cúbico.

$$? \text{ g} = 1 \text{ cm}^3$$

Puesto que el volumen está dado en el problema en términos de m^3, el cm^3 en nuestro planteamiento debe cambiarse a m^3. Elevando ambos miembros de la ecuación a la tercera potencia obtenemos

$$1 \text{ cm} = 10^{-2}\text{m}$$

$$1 \text{ cm}^3 = 10^{-6}\text{m}^3$$

el cual usamos para convertir las unidades de cm^3 a m^3.

$$? \text{ g} = 1 \text{ cm}^3 \left(\frac{10^{-6} \text{ m}^3}{1 \text{ cm}^3}\right)$$

El problema establece que

$$1.083 \times 10^{21} \text{ m}^3 = 5.976 \times 10^{24} \text{ kg}$$

y el factor que derivamos de esta relación se utiliza luego para hallar la masa en *kg:*

$$? \text{ g} = 1 \text{ cm}^3 \left(\frac{10^{-6} \text{ m}^3}{1 \text{ cm}^3}\right)\left(\frac{5.976 \times 10^{24} \text{ kg}}{1.083 \times 10^{21} \text{ m}^3}\right)$$

la solución se encuentra convirtiendo *kg* a *g*

$$1 \text{ kg} = 1000\text{g} = 10^3\text{g}$$

$$? \text{ g} = 1 \text{ cm}^3 \left(\frac{10^{-6} \text{ m}^3}{1 \text{ cm}^3}\right)\left(\frac{5.976 \times 10^{24} \text{ kg}}{1.083 \times 10^{21} \text{ m}^3}\right)\left(\frac{10^3 \text{ g}}{1 \text{ kg}}\right) = 5.518 \text{ g}$$

La densidad media de la tierra es 5.518 g/cm^3. En comparación, la densidad del agua es 1.00 g/cm^3.

Ejemplo 1.6

La densidad media de la luna es 3.341 g/cm^3 y la masa de la luna es 7.350×10^{25}g. ¿Cuál es el volumen de la luna?

Solución

La densidad relaciona la masa y el volumen. Se nos da la masa de la luna y se nos pide hallar el volumen. El problema se plantea así:

$$? \text{ cm}^3 = 7.350 \times 10^{25} \text{g}$$

El factor que utilizamos para resolver el problema es el recíproco de la densidad (1 cm^3/3.341 g) De esta forma, las unidades de g se cancelarán.

$$? \text{ cm}^3 = 7.350 \times 10^{25} \text{ g} \left(\frac{1 \text{ cm}^3}{3.341 \text{ g}}\right) = 2.200 \times 10^{25} \text{ cm}^3 *$$

El método de factor de conversión en la solución de problemas

1. Plantee el problema. Escriba la unidad en que debería expresarse la respuesta, un signo igual, y la cantidad dada en el problema que conducirá a una solución.

2. Derive un factor de conversión en el cual la unidad del denominador sea la misma que la unidad de la cantidad dada. El factor puede derivarse de la información dada en el problema o de la definición de una unidad.

3. Escriba el factor de conversión después de la cantidad dada (escrita en el paso 1) para indicar la multiplicación. Cancele las unidades. Cuando esta multiplicación se realice, la respuesta se expresará en la unidad del factor del numerador.

4. Si esta unidad no es la unidad deseada, se deben emplear otros factores de conversión. La unidad en el denominador de cada factor debe cancelar la unidad en el numerador del factor anterior.

5. Continúe el proceso hasta que solamente las unidades sin cancelar sean las unidades deseadas.

6. Realice las operaciones matemáticas indicadas y obtenga la respuesta.

Resumen

Los temas discutidos en este capítulo son:

1. El desarrollo de la química desde sus origenes en las artes prácticas de las civilizaciones antiguas y las teorías de los antiguos griegos.

2. La clasificación de materia en sustancias puras (elementos y compuestos) y mezclas. Puesto que la química es el estudio de la composición, propiedades y transformaciones de la materia, esta clasificación es de vital importancia.

3. Asignación de símbolos químicos a los elementos.

4. La abundancia de los elementos.

5. El sistema métrico de medida.

6. El uso de cifras significativas para indicar la precisión de las medidas.

7. Un método de cálculo que utiliza factores de conversión.

8. Cálculos que comprenden porcentajes, relaciones y densidades.

*Las cancelaciones no se indicarán en los siguientes ejemplos.

Glosario

A continuación aparecen algunos de los términos más importantes presentados en este capítulo. Las definiciones de los términos no incluídos en esta lista pueden localizarse usando el índice.

Cifras Significativas (Sección 1.4). Dígitos que en una medida indican la precisión de la medida. Estas cifras incluyen todas las que se conocen con certidumbre, además de otra que es una aproximación.

Compuesto (Sección 1.2). Una sustancia pura que está compuesta de dos o más elementos en proporciones fijas y que pueden descomponerse químicamente en estos elementos.

Densidad (Sección 1.5). Masa por unidad de volumen.

Elemento (Sección 1.2). Una sustancia pura que no puede descomponerse en sustancias más simples.

Factor de conversión (Sección 1.5). Una relación en la cual el numerador y denominador son cantidades equivalentes expresadas en diferentes unidades. Un factor de conversión es igual a 1 y se utiliza en un cálculo para convertir las unidades de una medida en otras unidades.

Fase (Sección 1.2). Una porción físicamente distinta de materia que es uniforme a través de su composición y propiedades.

Ley de conservación de la masa (Sección 1.1). No existe cambio detectable de la masa durante el transcurso de una reacción química.

Ley de las proporciones definidas (Seccin 1.2). Un compuesto puro siempre consiste de los mismos elementos combinados en las mismas proporciones en masa.

Masa (Sección 1.2). Una medida de la cantidad de materia.

Materia (Sección 1.2) Cualquier cosa que ocupa espacio y tiene masa.

Mezcla (Sección 1.2). Una muestra de materia que consiste de dos o más sustancias puras, que no tiene composición fija y puede descomponerse en sus componentes por medios físicos.

Peso (Sección 1.2). Fuerza gravitacional de atracción que la tierra ejerce sobre los cuerpos.

Química (Introducción). La ciencia que está relacionada con la caracterización, composición y transformaciones de la materia.

Símbolo químico (Sección 1.2). Abreviatura de una o dos letras asignadas a cada elemento por acuerdo internacional.

Sistema métrico (Sección 1.3). Un sistema decimal de medidas que se utiliza en todos los estudios científicos.

Solución (Sección 1.2). Una mezcla totalmente uniforme (homogénea) de dos o más sustancias puras.

Sustancia (Sección 1.2). Un elemento o un compuesto. Sustancias que tienen composiciones y propiedades fijas.

Unidad S I (Sección 1.3). Una unidad que se utiliza en el Sistema Internacional de Unidades (Le système International d'Unités).

Problemas *

1.1 Estudie y compare: **(a)** La ley de la conservación de la masa y la ley de las proporciones definidas; **(b)** mezcla y compuestos; **(c)** mezcla heterogénea y homogénea; **(d)** cambios físicos y químicos, **(e)** química orgánica y bioquímica.

1.2 Dé los nombres de los elementos cuyos símbolos son: **(a)** Sr, **(b)** Sb, **(c)** Al, **(d)** Au, **(e)** Ag, **(f)** Si, **(g)** Hg, **(h)** He, **(i)** Na, **(j)** Ne, **(k)** Ca, **(l)** Cd.

1.3 Dé los símbolos de los siguientes elementos: **(a)** estaño, **(b)** titanio, **(c)** fósforo, **(d)** potasio, **(e)** cobre, **(f)** cobalto, **(g)** hierro, **(h)** yodo, **(i)** cloro, **(j)** cromo, **(k)** magnesio, **(l)** manganeso, **(m)** litio, **(n)** plomo.

1.4 Determine el número de cifras significativas en los casos siguientes: **(a)** 500.0, **(b)** 500, **(c)** 0.05, **(d)** 10.072, **(e)** 0.03040, **(f)** 6.000, **(g)** 6003, **(h)** 0.6542.

1.5 Realice los siguientes cálculos y dé la respuesta con el número adecuado de cifras significativas: **(a)** 123.4 + 12.34 + 1.234; **(b)** 123.4/12.34; **(c)** 6.524 − 5.624; **(d)** 5.0 + 0.005, **(e)** 16.0 x 18.75 × 0.375; **(f)** 1.0625/505.

1.6 Realice los siguientes cálculos y escriba la respuesta con el número correcto de cifras significativas: **(a)** $6.50 \times 10^{-7} - 5.603 \times 10^{-8}$; **(b)** $6.50 \times 10^{7} + 5.603 \times 10^{8}$; **(c)** $(5.5 \times 10^{-5})^2$; **(d)** $(3.52 \times 25)/91.75$; **(e)** 13.6 + 0.03; **(f)** 156.2/0.62.

1.7 **(a)** ¿Cuántos centímetros hay en 1 kilómetro? **(b)** ¿Cuántos kilogramos hay en 1 miligramo? **(c)** ¿Cuántos nanosegundos hay en 10 milisegundos? **(d)** ¿Cuántos terámetros hay en 100 micrómetros?

1.8 El litro se define como igual a un decímetro cúbico. **(a)** ¿Cuántos litros hay en 1 metro cúbico? **(b)** ¿Cuántos metros cúbicos hay en 1 litro?

1.9 La unidad Angstrom (Å) que se define como equivalente a 10^{-10}m, no es una unidad S I. **(a)** ¿Cuántos nanómetros son iguales a un Å **(b)** ¿Cuántos picómetros son iguales a 1 Å? **(c)** El radio del átomo de cloro es 0.99 Å. Cuál es la distancia en nanómetros y picómetros?

*Los problemas más difíciles están marcados por un asterisco. El apéndice G contiene las respuestas de los problemas codificados en color.

1.10 Cuántos metros de altura tiene un caballo que parado tiene 15 manos de alto? Una mano es equivalente a 4.00 pulgadas, y una pulgada es igual a 2.54 cm.

1.11 Un estadio se define como equivalente a un octavo de milla. ¿Cuántos kilómetros hay en una pista de seis estadios? Las siguientes relaciones son exactas: 1 pulgada = 2.54 cm, 12 pulgadas = 1 pie, 5280 pies = 1 milla. Exprese la respuesta con tres cifras significativas.

1.12 La duración de un día en Venus es de 1.01×10^7 segundos. ¿Cuántas horas hay en un día? Cuántos días terrestres?

1.13 Un tonel consiste de cuatro cabezas y una cabeza es 0.500 cabos, un cabo es igual a 126 galones, un galón es igual a 3.785 litros, un litro es igual a 1.00 dm^3. ¿Cuántos metros cúbicos son iguales a un cabo?

1.14 La distancia media de la tierra al sol es de 1.496×10^8 km, la cual se define como una unidad astronómica (u.a.) El radio medio de la órbita de la luna alrededor de la tierra es de 0.002570 u.a. El radio medio de la tierra al ecuador es de 6,378 km. ¿A cuántos viajes alrededor del ecuador es equivalente la distancia de la tierra a la luna?

1.15 Convierta las medidas de la siguiente receta de una torta a mililitros: 1 pocillo de azúcar, ¼ de pocillo de mantequilla, 2 huevos (que no pueden convertirse), una cucharadita de vainilla, 1⅔ de pocillos de harina, ½ cucharada de polvo de hornear, ¼ cucharadita de sal, y ½ pocillo de leche. Dados: 1 pinta = 473.2 ml, 1 pinta = 2 pocillos, 1 pocillo = 16 cucharadas, 1 cucharada = 3 cucharaditas.

1.16 Cuando el sistema métrico se adopte para el uso diario, las telas se venderán en metros (no en yardas), la leche en litros (no en cuartos), y la carne en kilogramos (no en libras). Dadas las siguientes equivalencias: 1 pulgada = 2.54 cm, 1 pinta = 473.2 ml y 1 libra = 453.6g. ¿Qué aumento de porcentajes representa cada uno de los siguientes cambios? **(a)** materiales (telas): 1.00 metro en vez de 1.00 yarda, **(b)** leche: 1 litro en vez de 1.00 cuarto, **(c)** la carne: 1.00 kilogramo en vez de 2.00 libras.

1.17 El oro puro es de 24 quilates (abreviado Q) **(a)** Un anillo se hizo de oro de 14 Q ¿Qué porcentaje del metal es oro? **(b)** la aleación de oro que se utiliza en trabajos dentales contiene 92% de Au. ¿Cómo se puede clasificar esta aleación en términos de quilates de oro?

1.18 Una forma de oro blanco puro se llama platino, es 60.0% oro y 40.0% Pt. **(a)** ¿Cuántos gramos de platino deben utilizarse para preparar una aleación de 0.500 kg? **(b)** ¿Cuántos gramos de aleación pueden prepararse a partir de 0.500 kg de platino?

1.19 ¿Cuántos gramos de cinc deben utilizarse con 1.95 kg. de cobre para preparar un bronce que sea 35.0% de Zn y 65.0% de Cu?

1.20 Una persona de 200 libras contiene 3.6 g de hierro. ¿Cuál es el porcentaje de hierro en el cuerpo? Una libra es 453.6 g.

***1.21** Un bronce blanco consiste en 60.0% de cobre, 15.0% de níquel, y 25.0% de cinc. **(a)** ¿Cuántos gramos de aleación pueden prepararse a partir de 1500 g de cobre, 360 g de Ni y 500 g de Zn? **(b)** ¿Cuántos gramos de cada metal puro sobraron?

1.22 Un nudo equivale a 1.1508 millas por hora. ¿Cuál es la velocidad en cm/s? Las siguientes relaciones son exactas: 1 pulgada = 2.54 cm; 12 pulgadas = 1 pie, 5.280 pies = 1 milla.

1.23 La velocidad límite en una autopista es 55 millas por hora. Convierta este valor a kilómetros por hora. Las siguientes relaciones son exactas: 1 pulgada = 2.54 cm; 12 pulgadas = pie, 5.280 pies = 1 milla.

1.24 El ecuuador de Marte es de 2.13×10^4 km de largo. La velocidad rotacional de Marte alrededor de su eje es de 0.240 km/s, en el ecuador. ¿Cuántas horas tiene un día en Marte?

1.25 La tierra gira alrededor de su eje a una velocidad tal que una persona parada sobre el ecuador se mueve a una velocidad de 1039 millas por hora. **(a)** ¿Cuál es esta velocidad en m/s? **(b)** Puesto que le toma 24 horas a la tierra dar una revolución completa, cuál es la circunferencia de la tierra en el ecuador en m? **(c)** Cuál es el radio de la tierra en el ecuador en m?

1.26 Bajo ciertas condiciones la velocidad de una molécula de hidrógeno es 1.84×10^3m/s. En un segundo, sin embargo, la molécula tiene 1.40×10^{10} choques con otras moléculas. En promedio, ¿cuál es la distancia que viajaría una molécula entre choques **(a)** en metros? **(b)** en micrometros?

1.27 La densidad del diamante es 3.51 g/cm^3. ¿Cuál es el volumen de un quilate de diamante? Un quilate es equivalente a 0.200 g.

1.28 La densidad del diamante es 3.51 g/cm^3 y la del grafito es 2.22 g/cm^3. Ambas sustancias son carbono puro. ¿Qué volumen ocuparían 10.0 g de carbono, **(a)** en la forma de diamante? **(b)** en la forma de grafito?

1.29 De acuerdo a estimaciones, 1.0 g de agua de mar contiene 4.0 pg de Au. Si la masa total de los océanos es 1.6×10^{12} Tg. ¿Cuántos gramos de oro se hallan presentes en los océanos de la tierra?

***1.30** Un tubo muy largo con una área transversal de 1.00 cm^2 se llenó con mercurio hasta la altura de 76.0 cm. ¿A qué altura permanecerá el agua en este tubo, si se llenase con una masa de agua igual a la del mercurio? La densidad del mercurio es 13.60 g/cm^3 y la densidad del agua es 1.00 g/cm^3.

***1.31** Un cuarto de libra de mantequilla empaquetada mide 1⁵⁄₁₆ de pulgada por 1⁵⁄₁₆ de pulgada por 4¹¹⁄₁₆ de pulgada. **(a)** Cuál es la densidad de la mantequilla en g/cm^3? **(b)** Flotaría o se sumergiría la mantequilla en agua (densidad = 1.00 g/cm^3)?

***1.32** La masa de Marte es 6.414×10^{14} Tg y la densidad de Marte es 3.966 g/cm^3. ¿Cuál es el radio de Marte? Exprese la respuesta en la unidad S I que de el menor número pero mayor que 1.

***1.33** La densidad de Venus es 0.9524 veces la de la tierra y el volumen de Venus es 0.8578 veces el de la tierra. La masa de la tierra es 5.975×10^{27} g. ¿Cuál es la masa de Venus?

ESTEQUIOMETRÍA

CAPÍTULO **2**

El filósofo y matemático Alfred North Whitehead, escribió: "Toda la ciencia, cuando crece hacia la perfección, se hace matemática en sus ideas". La química moderna comenzó cuando Lavoisier y los químicos de su tiempo reconocieron la importancia de mediciones cuidadosas y comenzaron a hacer preguntas que podrían ser respondidas cuantitativamente. La **estequiometría** (derivada del griego *stoicheion,* que significa "elemento" y *metron,* que significa medir), es una rama de la química que trata de las relaciones cuantitativas entre elementos y compuestos en las reacciones químicas. La teoría atómica de la materia está básicamente relacionada con este estudio.

2.1 Teoría atómica de Dalton

John Dalton, 1766–1844. *Smithsonian Institution.*

Generalmente se otorga a los antiguos griegos el reconocimiento de la primera teoría atómica, pero este concepto pudo haber tenido sus orígenes en civilizaciones más antiguas todavía. Dos teorías prevalecieron entre los griegos. Aristóteles (siglo IV A.C.) creía que la materia es continua y de ahí, hipotéticamente, puede dividirse infinitamente en partículas más y más pequeñas. La teoría atómica de Leucipo y Demócrito (siglo V A.C.), sostenía que la subdivisión de la materia produciría al cabo átomos, los que no podían dividirse posteriormente. La palabra *atomo* deriva de la palabra *átomos* que significa, "sin corte" o "indivisible".

Las teorías de los antiguos griegos se basaban en el pensamiento abstracto y no en la experimentación planificada. Durante casi dos mil años, la teoría atómica permaneció como una simple especulación. La existencia de átomos fue aceptada por Robert Boyle en su libro *El químico escéptico* (1661) y por Isaac Newton en sus libros *Principia* (1687) y *Optica* (1704). John Dalton, sin embargo, propuso una teoría atómica que desarrolló de 1803 a 1808, y que es muy importante en la historia de la química.

En esa época, muchos científicos creían que toda la materia consistía en átomos, pero Dalton fue más allá. Dalton convirtió a la teoría atómica en cuantitativa, demostrando que es posible determinar las masas relativas de los átomos de diferentes elementos. Los principales postulados de la teoría de Dalton son:

1. Los elementos están compuestos de partículas extremadamente pequeñas llamadas átomos. Todos los átomos del mismo elemento son parecidos y los átomos de diferentes elementos son diferentes.

2. La separación de átomos y la unión de átomos se realiza en las reacciones químicas. En estas reacciones, ningún átomo se crea o se destruye y ningún átomo de un elemento se convierte en un átomo de otro elemento.

3 Un compuesto químico es el resultado de la combinación de átomos de dos o más elementos en una proporción numérica simple.

Dalton creía que todos los átomos de un elemento dado tienen masas atómicas iguales. Hoy día sabemos que muchos elementos consisten en varios tipos de átomos que difieren en masa (ver la discusión de isótopos en la sección 4.6. Todos los átomos de un mismo elemento, sin embargo, reaccionan químicamente de la misma forma. Por consiguiente, podemos trabajar con la teoría de Dalton utilizando una masa promedio para los átomos de cada elemento. En la mayoría de los cálculos no se comete error al proceder como si un elemento consistiese de sólo un tipo de átomos con una masa promedio.

Dalton derivó los aspectos cuantitativos de su teoría de las leyes de cambio químico. Su segundo postulado justifica la **ley de la conservación de la masa,** que dice, que no hay cambio detectable en la masa durante el transcurso de una reacción química. Puesto que las reacciones químicas consisten en la separación y unión de átomos y debido a que los átomos no se crean ni se destruyen en estos procesos, la masa total de todos los materiales que participan en una reacción química deben ser iguales a la masa total de todos los productos de la reacción.

El tercer postulado de la teoría de Dalton, explica la **ley de las proporciones definidas,** la cual dice que un compuesto puro siempre contiene los mismos elementos combinados en las mismas proporciones en masa. Puesto que un compuesto dado es el resultado de la combinación de átomos de dos o más elementos en una proporción fija, las proporciones por masa de los elementos presentes en el compuesto también son fijas.

Sobre la base de esta teoría, Dalton propuso una tercera ley de las combinaciones químicas, la **ley de las proporciones múltiples.** Esta ley establece que cuando dos elementos, A y B, forman más de un compuesto, las cantidades de A que se combinan en estos compuestos, con una cantidad fija de B, están en relación de números pequeños enteros. Esta ley es consecuencia del punto de vista de Dalton, según el cual los átomos en un compuesto se combinan en proporciones fijas. Por ejemplo, el carbono y el oxígeno forman dos compuestos: dióxido de carbono y monóxido de carbono. En el dióxido de carbono, *dos* átomos de oxígeno se combinan con un átomo de carbono y en el monóxido de carbono, *un* átomo de oxígeno está combinado con un átomo de carbono. Cuando se comparan los dos compuestos, por consiguiente, las masas de oxígeno que se combinan con una masa fija de carbono permanece en la proporción de 2:1. La verificación experimental de la ley de las proporciones múltiples dio gran apoyo a la teoría de Dalton.

2.2 Pesos atómicos

Un aspecto muy importante del trabajo de Dalton fue el intento de determinar las masas relativas de los átomos. El agua es un compuesto que consiste en 88.8% de oxígeno y 11.2% de hidrógeno en masa. Dalton incorrectamente supuso que un átomo de oxígeno se combinaba con un átomo de hidrógeno en el agua. Sobre esta base, la masa de un solo átomo de oxígeno y la masa de un solo átomo de hidrógeno estarían en la proporción 88.8 a 11.2, lo cual es aproximadamente de 8 a 1. La asignación arbitraria de una masa de 1 al átomo de hidrógeno proporcionaría una masa relativa de aproximadamente 8 para el átomo de oxígeno*.

La formulación utilizada por Dalton para el agua es incorrecta. En realidad, un

*Puesto que las cifras que Dalton utilizó para la composición porcentual del agua eran muy inexactas, Dalton realmente propuso una masa relativa de 7 para el átomo de oxígeno.

átomo de oxígeno se combina con *dos* átomos de hidrógeno. El átomo de oxígeno, por consiguiente, tiene una masa que es aproximadamente 8 veces la masa de *dos* átomos de hidrógeno. Si se asigna una masa de 1 al átomo de hidrógeno, dos átomos de hidrógeno tendrían una masa combinada de 2. Así, en esta escala, el átomo de oxígeno tiene una masa relativa de aproximadamente 8 veces 2 ó sea 16.

La masa relativa del átomo de carbono puede derivarse de la siguiente forma. El monóxido de carbono consiste aproximadamente de 4 partes en masa de oxígeno y 3 partes en masa de carbono. En este compuesto, un átomo de oxígeno se combina con un átomo de carbono y por consiguiente las masas de un átomo de oxígeno y de un átomo de carbono deben permanecer en la relación aproximada de 4 a 3. Basado en el valor de 16 que derivamos para el átomo de oxígeno, la masa relativa aproximada del átomo de carbono es 12.

Observe que para aplicar el método de Dalton exitosamente, se necesitan dos tipos de información: la relación de combinación en masa de los elementos en un compuesto y la relación de combinación en número de átomos de estos elementos. Las proporciones de combinaciones atómicas eran desconocidas para Dalton y los químicos de su tiempo. Transcurrieron muchos años antes de que se descubriera la forma de solucionar esta dificultad y un conjunto correcto de masas atómicas relativas fuese desarrollado (ver sección 4.7). Actualmente éstas se determinan mediante el uso de instrumentos llamados espectrómetros de masas (ver sección 4.6) en lugar de análisis químicos. Aunque Dalton cometió errores en la asignación de masas atómicas relativas, se le debe dar crédito por la introducción del concepto y el reconocimiento de su importancia. Las masas relativas de los átomos son los pilares de la estequiometría química.

Estos valores se llaman **pesos atómicos,** un término que no es literalmente correcto (puesto que se refiere a masas, no a pesos), pero que se ha impuesto por su largo uso.

Cualquier escala de pesos atómicos relativos debe basarse en la asignación arbitraria de un valor a un átomo, el cual se selecciona como un patrón. Dalton utilizó el átomo de hidrógeno como su patrón y le asignó un valor de 1. Años más tarde los químicos utilizaron el oxígeno natural como el patrón y establecieron su peso atómico igual a 16. Hoy, un tipo particular de átomo de carbono, el átomo de carbono 12 se utiliza como patrón y se le asigna una masa exacta de 12 (ver sección 4.7).

Un elemento puede presentarse en la naturaleza como una mezcla de varios tipos de átomos que tienen propiedades químicas idénticas, pero que difieren ligeramente en la masa. Con muy pocas excepciones, una mezcla de este tipo tiene una composición constante. El peso atómico de tal elemento es un valor promedio que toma en consideración las masas de estos tipos de átomos y su relativa abundancia en la naturaleza (ver sección 4.7).

Varios tipos de átomos de carbono se hallan en la naturaleza. El átomo de carbono 12, que se emplea como el patrón para pesos atómicos, es el más abundante. Cuando los porcentajes y masas de todos los tipos de átomos de carbono se tienen en cuenta, el promedio de masas relativas para el carbono que se encuentra en estado natural es 12.011, el cual se escribe como el peso atómico del carbono. Cerca de tres cuartos de los pesos atómicos de los elementos son valores promedios que toman en consideración los varios tipos de átomos que constituyen el elemento. El resto da la masa relativa de un solo tipo de átomo. Una tabla de pesos atómicos moderna aparece en las últimas páginas de este libro.

2.3 Fórmulas

Los símbolos químicos que se asignan a los elementos (ver sección 1.2), se usan para escribir fórmulas que describen la composición atómica de los compuestos. La fórmula del agua es H_2O, lo cual indica que hay dos átomos de hidrógeno por cada átomo de

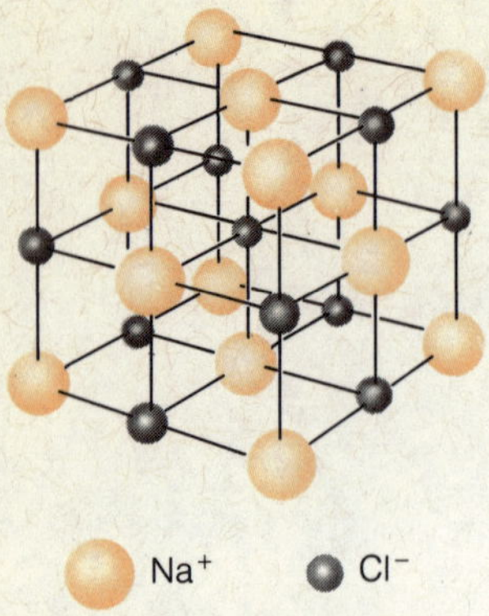

Figura 2.1 Red cristalina de cloruro de sodio

oxígeno en el compuesto. Los subíndices de la fórmula indican el número relativo de átomos de cada tipo que se combinan. Si un símbolo no lleva subíndice, se supone que el número es 1. La fórmula del ácido sulfúrico es H_2SO_4, lo cual indica que la relación de combinación de este compuesto es de dos átomos de hidrógeno a un átomo de azufre y a cuatro átomos de oxígeno.

Una **molécula** es una partícula formada por dos o más átomos. Algunos (pero no todos) compuestos se hallan en la forma molecular. En estos casos, la fórmula da el número de átomos de cada tipo en una sola molécula del compuesto. Las fórmulas de este tipo son, algunas veces, llamadas **fórmulas moleculares.** Ambos, agua y ácido sulfúrico se encuentran como moléculas en la naturaleza y sus fórmulas H_2O y H_2SO_4, son fórmulas moleculares.

La fórmula molecular del peróxido de hidrógeno, H_2O_2, indica que hay dos átomos de hidrógeno y dos átomos de oxígeno en una molécula de peróxido de hidrógeno. Observe que la relación de átomos de hidrógeno a átomos de oxígeno (2 a 2) no es la más simple (la cual es de 1 a 1). Una fórmula que se escribe utilizando la proporción de números enteros más sencilla, se llama **fórmula simple** ó **fórmula empírica.** La fórmula *molecular* del peróxido de hidrógeno es H_2O_2; la fórmula *empírica* es HO. A veces los datos disponibles son suficientes sólo para derivar una fórmula empírica.

Para algunos compuestos moleculares, las fórmulas empíricas y moleculares son idénticas; por ejemplo: H_2O, H_2SO_4, CO_2 y NH_3. Para muchos compuestos moleculares, sin embargo, las fórmulas empíricas y moleculares son diferentes. Las fórmulas moleculares

N_2H_4 $\quad$ $B_3N_3H_6$ $\quad$ C_6H_6

corresponden a las fórmulas empíricas

NH_2 $\quad$ BNH_2 $\quad$ CH

Observe que la proporción para una fórmula empírica puede obtenerse reduciendo la proporción atómica de la fórmula molecular al conjunto más bajo posible de números enteros.

Algunos compuestos no están formados por moléculas. El cloruro de sodio, por ejemplo, está compuesto de **iones,** que son partículas que llevan cargas positiva o negativa (Capítulo 6). Los iones de sodio y de cloruro, que se derivan de los átomos de sodio y de cloro, forman un cristal. Un cristal de cloruro de sodio está compuesto de gran número de estos iones, los cuales se mantienen juntos debido a las atracciones producidas por las cargas diferentes de los iones (ver figura 2.1).

En el cristal, hay un ión de sodio (Na^+) por cada ión de cloruro (Cl^-). La fórmula del compuesto es NaCl. La fórmula no describe una molécula ni indica ésta que los iones están apareados, puesto que ningún ión en el cristal puede considerarse como perteneciente exclusivamente a otro. Por lo contrario, la fórmula da la proporción más simple de átomos de cada tipo requerido para producir el compuesto. La fórmula NaCl, por lo tanto, es una fórmula empírica.

Las fórmulas de compuestos iónicos se derivan de la fórmula de sus iones. Puesto que un cristal es eléctricamente neutro, la carga total de los iones positivos debe ser igual a la carga total de los iones negativos. Considere el cloruro de bario. La fórmula de los iones es Ba^{2+}, y la fórmula del ión de cloruro es Cl^-. Los dos iones

Ba^{2+} y 2 Cl^- forman $BaCl_2$.

La disposición de los iones en el cristal de $BaCl_2$ es diferente de la del cloruro de sodio. Los iones en cada uno de estos cristales se hallan presentes en la proporción indicada por sus fórmulas (*un* Ba^{2+} a *dos* Cl^- en $BaCl_2$, y *un* Na^+ a *un* Cl^- en NaCl).

Las fórmulas de los compuestos iónicos, tales como $BaCl_2$ y NaCl son fórmulas empíricas. Las fórmulas de unos pocos compuestos iónicos, sin embargo, pueden reducirse a términos más simples. El peróxido de sodio es un compuesto de este tipo. En el peróxido de sodio, dos iones de sodio (Na^+) están presentes por cada ion de peróxido, (O_2^{2-}):

$$2Na^+ \text{ y } O_2^{2-} \text{ forman } Na_2O_2.$$

Esta fórmula puede reducirse a NaO, la cual es la fórmula *empírica* del peróxido de sodio. ¿Cómo llamamos a la fórmula Na_2O_2? No parece adecuado llamarla fórmula molecular, puesto que Na_2O_2 es un compuesto iónico y las moléculas de Na_2O_2 no existen. Por esta razón, algunos químicos prefieren llamar a todas las fórmulas moleculares, **fórmulas verdaderas.** El problema confrontado con la fórmula del peróxido de sodio no es común. Las fórmulas de la mayoría de los compuestos iónicos son fórmulas empíricas y las proporciones atómicas indicadas no pueden reducirse.

Las fórmulas también se usan para designar la composición atómica de las moléculas, que constituyen algunos elementos. Varios elementos se encuentran en la naturaleza como **moléculas diatómicas,** es decir, moléculas que contienen dos átomos unidos entre sí. Estos elementos, junto con sus fórmulas moleculares aparecen en la Tabla 2.1. Algunos elementos están compuestos de moléculas formadas de más de dos átomos. Por ejemplo, las moléculas de azufre consisten de 8 átomos y tienen la fórmula molecular S_8. La fórmula molecular de las moléculas de fósforo es P_4. Las *fórmulas empíricas* de *todos* los elementos, naturalmente, consisten sólo de los símbolos para los elementos.

Tabla 2.1 Elementos que se presentan en la naturaleza como moléculas diatómicas.

Elemento	Fórmula
Hidrógeno	H_2
Nitrógeno	N_2
Oxígeno	O_2
Flúor	F_2
Cloro	Cl_2
Bromo	Br_2
Yodo	I_2

2.4 El mol

El peso atómico del flúor es 19.0 y el del hidrógeno es 1.0, lo que significa que un átomo de flúor es 19 veces más pesado que un átomo de hidrógeno*. Si tomamos 100 átomos de flúor y 100 átomos de hidrógeno, la masa del conjunto de átomos de flúor será 19 veces la masa del conjunto de átomos de hidrógeno. Las masas de dos muestras cualesquiera de flúor e hidrógeno que contengan el mismo número de átomos permanecerán en la proporción de 19.0 a 1.0, que es la proporción de sus pesos atómicos.

Supóngase que tomamos 19.0 g de flúor y 1.0 g de hidrógeno, que son los valores en gramos numéricamente iguales a los pesos atómicos de los elementos. Puesto que las masas de las muestras permanecen en la proporción de 19.0 a 1.0, las muestras deben contener el mismo número de átomos. De hecho, una muestra de cualquier elemento que tenga una masa en gramos numéricamente igual al peso atómico del elemento, contendrá el mismo número de átomos. Este número se llama **número de Avogadro,** en honor a Amadeo Avogadro quien fue el primero en interpretar el comportamiento de los gases en reacciones químicas en términos del número de moléculas en la reacción (ver Sección 8.8). El valor del número de Avogadro se ha determinado experimentalmente: 6.02205 multiplicado por 10^{23} hasta seis cifras significativas. La cantidad de una sustancia que contiene el número de Avogadro de unidades elementales se llama **mol,** el cual es una unidad básica SI. El mol se define como la cantidad de sustancia que contiene tantas entidades elementales como átomos existen en exactamente 12g de carbono 12.

*Para simplificar la discusión, estos pesos atómicos se han redondeado a la primera cifra que sigue al punto decimal.

En esta forma, una muestra de un elemento que tiene una masa en gramos numéricamente igual al peso atómico del elemento es un mol de átomos del elemento y contiene el número de Avogadro de átomos. El peso atómico del berilio, por ejemplo, es 9.01218. Una muestra de 9.01218g de berilio es un mol de átomos de berilio y contiene 6.02205 por 10^{23} átomos de berilio (número de Avogadro).

El peso atómico utilizado para resolver un problema debe expresarse en el número adecuado de cifras significativas. Los datos suministrados en el contenido de un problema, determinan con cuánta precisión debe darse la respuesta al problema. Los pesos atómicos utilizados en la solución deben expresarse hasta el número de cifras significativas que refleje esta precisión.

Ejemplo 2.1

¿Cuántos moles de aluminio hay en 125 g de aluminio?

Solución

Observe que la respuesta debe expresarse hasta tres cifras significativas. Primero planteamos el problema en la siguiente forma:

$$? \text{ mol Al} = 125 \text{ g Al}$$

En seguida, derivamos un factor de conversión para resolver el problema. Las tres cifras significativas del peso atómico del aluminio son 27.0, por consiguiente

$$1 \text{ mol Al} = 27.0 \text{ g Al}$$

Utilizamos el factor de conversión que tiene las unidades *g Al* en el denominador, puesto que ésta es la unidad que debe cancelarse:

$$? \text{ mol Al} = 125 \text{ g Al} \left(\frac{1 \text{ mol Al}}{27.0 \text{ g Al}}\right) = 4.63 \text{ mol Al}$$

Ejemplo 2.2

¿Cuántos gramos de oro constituyen 0.2500 moles de Au?

Solución

La respuesta debe expresarse hasta cuatro cifras significativas. Planteamos el problema:

$$? \text{ g Au} = 0.2500 \text{ mol Au}$$

Hasta cuatro cifras significativas el peso atómico del oro es 197.0, por consiguiente,

$$1 \text{ mol de Au} = 197.0\text{g Au}$$

La unidad que debe eliminarse en este problema es *mol de Au,* y el factor de conversión debe tener esta unidad en el denominador:

$$? \text{ g Au} = 0.2500 \text{ mol Au} \left(\frac{197.0 \text{ g Au}}{1 \text{ mol Au}}\right) = 49.25 \text{ g Au}$$

Ejemplo 2.3

¿Cuántos átomos de carbono hay en 1.000 quilates de diamante? El diamante es carbono puro y un quilate es exactamente 0.2 g.

Solución

Puesto que el valor 0.2 g, el cual se origina de la definición del quilate es exacto, éste no limita el número de cifras significativas en la respuesta. La precisión de la respuesta está limitada por el valor 1.000 quilate (cuatro cifras significativas). El problema es

$$? \text{ átomos C} = 0.2000 \text{ g C}.$$

Derivamos un factor de conversión del peso atómico del carbono (hasta cuatro cifras significativas):

$$1 \text{ mol C} = 12.01 \text{ g C}.$$

Con la unidad *g C* en el denominador para que esta unidad se cancele:

$$? \text{ átomos C} = 0.2000 \text{ g C} \left(\frac{1 \text{ mol C}}{12.01 \text{ g C}}\right)$$

Hasta este momento, el cálculo daría una respuesta expresada en moles de C. Utilizando el número de Avogadro (hasta cuatro cifras significativas), podemos obtener un factor de conversión de

$$1 \text{ mol C} = 6.022 \times 10^{23} \text{ átomos de C},$$

con la unidad *mol C* en el denominador de tal forma que ésta se cancele. La multiplicación por este factor completa la solución:

$$? \text{ átomos C} = 0.2000 \text{g C} \left(\frac{1 \text{ mol C}}{12.01 \text{ g C}}\right) \left(\frac{6.022 \times 10^{23} \text{ átomos C}}{1 \text{ mol C}}\right)$$

$$= 1.003 \times 10^{22} \text{ átomos de C}$$

¿Qué sucede con los compuestos? El **peso fórmula** de una sustancia es la suma de los pesos atómicos de todos los átomos en la fórmula de la sustancia. El peso fórmula del agua, por ejemplo, puede calcularse como sigue:

$$2(\text{peso atómico H}) = 2\,(1.0) = 2.0$$
$$\text{peso atómico O} = 16.0$$
$$\text{peso fórmula } H_2O = 18.0$$

El peso fórmula del $BaCl_2$ es:

$$\text{peso atómico Ba} = 137.3$$
$$2(\text{peso atómico Cl}) = 2(35.5) = 71.0$$
$$\text{peso fórmula del } BaCl_2 = 208.3$$

Si la fórmula en cuestión hace relación a una sustancia molecular y es una fórmula molecular, el correspondiente peso fórmula puede también llamarse un peso molecular. Un **peso molecular** es la suma de los pesos atómicos de los átomos que constituyen una *molécula*. El peso fórmula del agua es también el peso molecular de la sustancia, debido a que la fórmula es una descripción de la composición de la molécula de agua. En el caso del $BaCl_2$, sin embargo, el peso fórmula no es el peso molecular puesto que el $BaCl_2$ es un compuesto iónico y las moléculas de $BaCl_2$ no existen. Cómo distinguir entre sustancias moleculares e iónicas es un tema que se discutirá en capítulos posteriores.

Un mol consiste en el número de Avogadro de entidades. Un mol de una sustancia molecular consiste en el número de Avogadro de moléculas. Para estas sustancias, una muestra que tiene una masa en gramos numéricamente igual al peso molecular es un mol de la sustancia y contiene el número de Avogadro de *moléculas*. Un mol de agua, por consiguiente, tiene una masa de 18.0 g y contiene 6.02×10^{23} moléculas de H_2O. Puesto que existen dos átomos de H y un átomo de O en una molécula de agua, un mol de moléculas de H_2O (18.0 g) contiene dos moles de átomos de H (2.0g) y una mol de átomos de O (16.0g).

Cuando se usa la designación de mol, *debe* especificarse el tipo de entidad a medirse. Un mol de *átomos* de H contiene 6.02×10^{23} átomos de H x hasta tres cifras significativas, y tiene una masa de 1.01 g; un mol de *moléculas* de H_2 contiene 6.02×10^{23} moléculas de H_2 y tiene una masa de 2.02g. Para el flúor,

$$1 \text{ mol F} = 6.02 \times 10^{23} \text{ átomos de F} = 19.0 \text{ g flúor}$$

$$1 \text{ mol } F_2 = 6.02 \times 10^{23} \text{ moléculas de } F_2 = 38.0 \text{ g flúor}$$

¿Qué sucede con las sustancias iónicas? La designación "1 mol de $BaCl_2$", significa que la muestra contiene el número de Avogadro de unidades de fórmula de $BaCl_2$ — la entidad especificada. Un mol de $BaCl_2$, por consiguiente, tiene una masa de 208.3 g, el peso fórmula de $BaCl_2$. En realidad, un mol de $BaCl_2$, contiene

$$1 \text{ mol de } Ba^{2+} = 6.02 \times 10^{23} \text{ iones de } Ba^{2+} = 137.3 \text{ g bario*}$$

$$2 \text{ moles de } Cl^- = 2(6.02 \times 10^{23}) \text{ iones de } Cl^- = 2(35.5) \text{ g } Cl^- = 71.0\text{g cloro}$$

Los que sumados hacen

$$1 \text{ mol de } BaCl_2 = 6.02 \times 10^{23} \text{ unidades de } BaCl_2 = 208.3 \text{ g } BaCl_2$$

*Para todos los propósitos prácticos, un ion tiene la misma masa que el átomo del cual se derivó.

Derivación de fórmulas empíricas

1. Si los datos están dados en términos de composición en porcentaje, establezca el cálculo sobre 100.0g del compuesto. En este caso, el número de gramos de cada elemento presente en una muestra será numéricamente igual al porcentaje de ese elemento presente en el compuesto. No hay necesidad de hallar porcentajes si los datos están dados en términos del número de gramos de cada elemento presente en la muestra.

2. Convierta el número de gramos de cada elemento presente en la muestra al número de moles de *átomos* de cada elemento. Los factores de conversión necesitan derivarse del hecho que 1 mol de *átomos* de un elemento (numerador) es un peso *atómico* en gramos (denominador).

3. Divida cada valor obtenido en el paso 2 por el valor más pequeño. Si cada número obtenido en esta forma no es un número entero, multiplique cada *número* por el mismo entero de tal forma que resulten números enteros.

4. Una proporción en moles de átomos es el mismo que una porción en átomos. Los números enteros obtenidos en el paso 3 son los subíndices de la fórmula empírica.

2.5 Derivación de fórmulas

Los datos del análisis químico de un compuesto se utilizan para derivar la fórmula empírica del compuesto. El análisis da las proporciones en masa de los elementos que forman el compuesto. La fórmula más sencilla o empírica indica las proporciones atómicas del compuesto —el número relativo de átomos de varios tipos que forman el compuesto.

Puesto que un mol de átomos de un elemento contiene el mismo número de átomos que un mol de átomos de cualquier otro elemento, la relación en moles es la misma que la relación en átomos. El número de moles de cada elemento presente en una muestra del compuesto se obtiene fácilmente a partir de la masa de cada elemento presente. La proporción de números enteros más sencilla en moles (que es la misma que la proporción en átomos) se usa para escribir la fórmula empírica. El procedimiento se ilustra en los ejemplos que siguen:

Ejemplo 2.4

¿Cuál es la fórmula empírica de un compuesto que contiene 43.6% de P y 56.4% de O?

Solución

Suponemos, por conveniencia, que tenemos una muestra que tiene una masa de 100.0g. Sobre la base de la composición en porcentaje, esta muestra contiene 43.6g P y 56.4g O.

En seguida utilizamos el método ilustrado en el ejemplo 2.1 para hallar el número de moles de átomos de P y átomos de O en estas cantidades. El peso atómico del P es 31.0 y el del O es 16.0

$$? \text{ moles de P} = 43.6 \text{ g P} \left(\frac{1 \text{ mol P}}{31.0 \text{ g P}} \right) = 1.41 \text{ moles de P}$$

$$? \text{ moles de O} = 56.4 \text{ g O} \left(\frac{1 \text{ mol O}}{16.0 \text{ g O}} \right) = 3.53 \text{ moles de O}$$

La proporción en átomos es la misma que la proporción en moles de átomos. Existen por consiguiente, 1.41 átomos de P por cada 3.53 átomos de O en el compuesto. Necesitamos, sin embargo, la proporción de *números enteros* más sencilla para escribir la fórmula. Dividiendo los dos valores por el valor más pequeño, obtenemos:

$$\text{para P,} \quad \frac{1.41}{1.41} = 1.00, \qquad \text{para 0,} \quad \frac{3.53}{1.41} = 2.50$$

Aún no tenemos la proporción de números enteros, pero podemos obtenerla multiplicando cada uno de estos valores por 2. De donde, la proporción de números enteros más sencilla es de 2 a 5, y la fórmula empírica es P_2O_5.

Ejemplo 2.5

La cafeína que se halla en el café, té, nueces de cola, es un estimulante del sistema nervioso central. Una muestra de 1.261g de cafeína pura contiene 0.624g C, 0.065g H, 0.364g N, y 0.208g O. ¿Cuál es la fórmula empírica de la cafeína?

Solución

Normalmente, los resultados del análisis químico están dados en términos de porcentajes; sin embargo, cualquier proporción de masa puede convertirse en una proporción de moles y en esta forma, utilizarse para derivar una fórmula empírica. No hay necesidad de convertir a porcentajes los datos dados en este ejemplo. Calculamos el número de moles de cada elemento presente en la muestra:

$$? \text{ mol C} = 0.624 \text{ g C} \left(\frac{1 \text{ mol C}}{12.0 \text{ g C}} \right) = 0.0520 \text{ mol C}$$

$$? \text{ mol H} = 0.065 \text{ g H} \left(\frac{1 \text{ mol H}}{1.0 \text{ g H}} \right) = 0.065 \text{ mol H}$$

$$? \text{ mol N} = 0.364 \text{ g N} \left(\frac{1 \text{ mol N}}{14.0 \text{ g N}} \right) = 0.0260 \text{ mol N}$$

$$? \text{ mol O} = 0.208 \text{ g O} \left(\frac{1 \text{ mol O}}{16.0 \text{ g O}} \right) = 0.0130 \text{ mol O}$$

La división de cada uno de estos valores por el más pequeño (0.0130 da la proporción:

4 moles C; 5 moles H; 2 moles N; 1 mol O

y la fórmula empírica de la cafeína, es por consiguiente $C_4H_5N_2O$.

La fórmula molecular de un compuesto puede derivarse de la fórmula empírica, si se conoce el peso molecular del compuesto.

Ejemplo 2.6

¿Cuál es la fórmula molecular del óxido de fósforo que tiene la fórmula empírica P_2O_5 (derivada del ejemplo 2.4) si el peso molecular de este compuesto es 284?

Solución

El valor obtenido por la adición de los pesos atómicos indicados por la fórmula empírica P_2O_5 es 142. Si dividimos el peso molecular por este peso fórmula, obtenemos:

$$\frac{284}{142} = 2$$

Hay, por consiguiente, el doble de átomos de cada especie presente en una molécula como aparece indicado por la fórmula empírica. La fórmula molecular es P_4O_{10}.

Ejemplo 2.7

El peso molecular de la cafeína es 194 y la fórmula empírica de la cafeína es $C_4H_5N_2O$. ¿Cuál es la fórmula molecular de la cafeína?

Solución

El peso fórmula indicado por $C_4H_5N_2O$ es 97. Puesto que el peso molecular es el doble de este valor, la fórmula molecular de la cafeína es $C_8H_{10}N_4O_2$.

Ejemplo 2.8

La glucosa, un azúcar simple, es un constituyente de la sangre humana y del fluido de los tejidos y es utilizado por las células como una fuente principal de energía. El compuesto contiene 40.0% C, 6.73% H, y 53.3% O y tiene un peso molecular de 180.2. ¿Cuál es la fórmula molecular de la glucosa?

Solución

El método más conveniente para resolver el problema es calcular el número de moles de cada elemento presente en un mol de glucosa. Primero determinamos el número de gramos de cada elemento en un mol de glucosa (180.2 g). Puesto que el compuesto contiene 40.0% C, hay 40.0 g de C. en 100 g de glucosa y usamos el factor (40.0 g C/100g glucosa):

$$?g\ C = 1\ mol\ glucosa \left(\frac{180.2g\ glucosa}{1\ mol\ glucosa}\right)\left(\frac{40.0g\ C}{100g\ glucosa}\right) = 72.1g\ C$$

En forma similar, el número de gramos de H y de O pueden hallarse.

$$?\ g\ H = 1\ mol\ glucosa \left(\frac{180.2g\ glucosa}{1\ mol\ glucosa}\right)\left(\frac{6.73g\ H}{100g\ glucosa}\right) = 12.1g\ H$$

$$?\ g\ O = 1\ mol\ glucosa \left(\frac{180.2g\ glucosa}{1\ mol\ glucosa}\right)\left(\frac{53.3\ g\ O}{100\ g\ glucosa}\right) = 96.0g\ O$$

En seguida determinamos el número de moles de átomos que representa cada uno de estos valores.

$$?\ mol\ C = 72.1\ g\ C\left(\frac{1\ mol\ C}{12.0\ g\ C}\right) = 6.00\ mol\ C$$

$$?\ mol\ H = 12.1\ g\ H\left(\frac{1\ mol\ H}{1.01\ g\ H}\right) = 12.0\ mol\ H$$

$$?\ mol\ O = 96.0\ g\ O\left(\frac{1\ mol\ O}{16.0\ g\ O}\right) = 6.00\ mol\ O$$

Estos valores son el número de moles de átomos de cada elemento presente en un mol de moléculas de glucosa. También son el número de átomos de cada tipo presente en una molécula de glucosa. Por consiguiente, la fórmula molecular es $C_6H_{12}O_6$. El problema también puede resolverse determinando primero la fórmula empírica de los datos analíticos (ésta es CH_2O) y luego utilizando el peso molecular para obtener la fórmula molecular.

2.6 Composición en porcentaje de los compuestos

La composición en porcentaje de un compuesto se calcula generalmente a partir de la fórmula del compuesto. Los subíndices de la fórmula proporcionan el número de moles de cada elemento en un mol del compuesto. De esta información y de los pesos atómicos de los elementos, podemos obtener el número de gramos de cada elemento contenidos en un mol del compuesto. El porcentaje de un elemento dado es 100 veces la masa del elemento dividida por 1 masa de un mol del compuesto. El proceso se ilustra en el ejemplo 2.9.

Ejemplo 2.9

¿Cuál es el porcentaje de Fe en Fe_2O_3, calculado hasta cuatro cifras significativas?

Solución

Un mol de Fe_2O_3 contiene

$$\begin{aligned} 2 \text{ mol Fe} &= 2(55.8) \text{ g Fe} = 111.6 \text{ g Fe} \\ 3 \text{ mol O} &= 3(16.0) \text{ g O} = \underline{\ \ 48.0 \text{ g O}} \\ & \qquad\qquad\qquad\quad 159.6 \text{ g} \end{aligned}$$

La suma de las masas, 159.6g, es la masa de un mol de Fe_2O_3. El porcentaje de Fe en Fe_2O_3 es

$$\frac{111.6\text{g Fe}}{159.6\text{g } Fe_2O_3} \times 100\% = 69.92\% \text{ de Fe en } Fe_2O_3$$

La composición en porcentaje de un compuesto se determina frecuentemente por análisis químicos. Este dato puede utilizarse entonces para hallar la fórmula empírica del compuesto. El ejemplo 2.10 es una ilustración de un método utilizado para el análisis de compuestos orgánicos.

Ejemplo 2.10

La nicotina es un compuesto que contiene carbono, hidrógeno y nitrógeno. Si una muestra de 2.50g de nicotina se quema en oxígeno; 6.78g de CO_2, 1.94g de H_2O y 0.432g de N_2 son los productos de la combustión. ¿Cuál es la composición en porcentaje de nicotina?

Solución

Observe que se trabajará hasta tres cifras significativas. Primero claculamos la cantidad de cada elemento presente en la muestra de 2.50g de nicotina. El carbón de la muestra formó 6.78g de CO_2. Nos preguntamos, por lo tanto,

$$? \text{ g C} = 6.78\text{g } CO_2.$$

El factor de conversión que usamos para resolver este problema es la fracción que usaríamos para hallar el porcentaje de C en CO_2. Puesto que 1 mol de CO_2 (44.0g CO_2 contiene 1 mol C (12.0 g),

$$12.0 \text{ g C} = 44.0 \text{ g } CO_2$$

obtenemos el factor de conversión (12.0g C/44.0g CO_2):

$$? \text{ g C} = 6.78 \text{ g } CO_2 \left(\frac{12.0 \text{ g C}}{44.0 \text{ g } CO_2}\right) = 1.85 \text{ g C}$$

El mismo procedimiento se utiliza para hallar el número de gramos de hidrógeno en la muestra de nicotina. El hidrógeno de la nicotina formó 1.94g de H_2O. En 1 mol de H_2O (18.0g) hay 2 moles de átomos de hidrógeno (2.02g). Por consiguiente,

$$? \text{ g H} = 1.94 \text{ g } H_2O \left(\frac{2.02 \text{ g H}}{18.0 \text{ g } H_2O}\right) = 0.218 \text{ g H}$$

En una combustión tal como la descrita, el nitrógeno no se combina con el oxígeno, pero se desprende como N_2. Por esto, la muestra contiene 0.432g N.

La cantidad de cada elemento presente en la muestra de 2.50g, se utiliza para determinar la composición en porcentaje de la nicotina:

$$\frac{1.85\text{g C}}{2.50 \text{ g nicotina}} \times 100\% = 74.0\% \text{ C en la nicotina}$$

$$\frac{0.218\text{g H}}{2.50\text{g nicotina}} \times 100\% = 8.72\% \text{ H en la nicotina}$$

$$\frac{0.432\text{g N}}{2.50\text{g nicotina}} \times 100\% = 17.3\% \text{ N en la nicotina}$$

Estos datos pueden utilizarse para hallar la fórmula empírica de la nicotina, que es C_5H_7N.

Algunos problemas sencillos sobre estequiometría pueden resolverse mediante el uso de las proporciones obtenidas de las fórmulas.

Ejemplo 2.11

El sulfuro de plata Ag_2S, se presenta como el mineral argentita, el cual es un mineral de plata. ¿Cuántos gramos de plata se pueden obtener teóricamente de 250.0g de un mineral impuro que tiene 70.00% de Ag_2S?

Solucion

El problema puede plantearse como sigue:

$$? \text{ g Ag} = 250.0\text{g mineral}$$

Si tomamos 100g del mineral, obtendremos 70.00g de Ag_2S, puesto que el mineral tiene 70.00% de Ag_2S. Obsérvese que el número 100 es exacto (se origina de la definición de porcentaje); el número 70.00 no lo es. Por consiguiente,

$$70.00\text{g } Ag_2S = 100\text{g mineral}$$

y el factor (70.00g Ag_2S/100g mineral) puede obtenerse:

$$? \text{ g Ag} = 250.0\text{g mineral} \left(\frac{70.00\text{g } Ag_2S}{100\text{g mineral}} \right)$$

Los *gramos de mineral* indicados se cancelan y obtenemos una repuesta en *g Ag_2S*.

La solución al problema puede completarse usando el mismo factor que se usaría para hallar el porcentaje de Ag en Ag_2S. De la fórmula Ag_2S, obtenemos:

$$2 \text{ mol Ag} = 1 \text{ mol } Ag_2S$$

$$2(107.9) \text{ g Ag} = 247.9 \text{ g } Ag_2S$$

$$215.8 \text{ g Ag} = 247.9 \text{ g } Ag_2S$$

Por consiguiente,

$$? \text{ g Ag} = 250.0\text{g mineral} \left(\frac{70.00\text{g } Ag_2S}{100\text{g mineral}} \right) \left(\frac{215.8\text{g Ag}}{247.9\text{g } Ag_2S} \right) = 152.3\text{g Ag}$$

2.7 Ecuaciones químicas

Las ecuaciones químicas son representaciones de las reacciones en términos de símbolos y fórmulas de los elementos y compuestos involucrados. Los reactivos se indican en la parte de la izquierda y los productos en la derecha. Se utiliza una flecha en vez del acostumbrado signo igual de la ecuación algebraica; ésta puede considerarse como una abreviatura para la palabra *produce*.

Las ecuaciones químicas dan los resultados de la experimentación. Uno de los objetivos de la química es el descubrimiento y desarrollo de los principios que hacen posible la predicción de los productos de las reacciones químicas; se dará cuidadosa atención a cualquier generalización. Muy a menudo, sin embargo, los productos de un conjunto particular de reactivos deben memorizarse y cualquier predicción está sujeta a modificación si la experimentación así lo dictamina. Lo que puede al parecer razonable sobre el papel, no es necesariamente lo que ocurre en el laboratorio.

El primer paso para escribir una ecuación química es determinar los productos de la reacción en cuestión. El disulfuro de carbono, CS_2, reacciona con el cloro, Cl_2, para producir tetracloruro de carbono, CCl_4, y dicloruro de diazufre, S_2Cl_2. Para representar esto escribimos

$$CS_2 + Cl_2 \longrightarrow CCl_4 + S_2Cl_2$$

Esta ecuación no es cuantitativamente correcta, debido a que viola la ley de la conservación de la masa. Deben de existir tantos átomos de cada elemento, combinados o sin combinar, indicados en el lado izquierdo como en el lado derecho de la ecuación. Aunque un átomo de carbono y dos átomos de azufre están indicados en ambos lados de la ecuación, dos átomos de cloro (una molécula de cloro) aparecen en el lado izquierdo y seis átomos de cloro aparecen en la derecha. La ecuación puede balancearse* indicando que tres moléculas de cloro deben utilizarse para la reacción. Así,

$$CS_2 + 3Cl_2 \longrightarrow CCl_4 + S_2Cl_2$$

*Estrictamente hablando, la expresión no es una ecuación hasta que esté balanceada (o igualada).

Los tipos más sencillos de ecuaciones químicas se balancean por tanteo, como lo ilustran los siguientes ejemplos. Cuando se pasa vapor sobre el hierro caliente, se producen hidrógeno gaseoso y un óxido de hierro que tiene la fórmula Fe_3O_4. Así,

$$Fe + H_2O \longrightarrow Fe_3O_4 + H_2$$

Si se sustituyera otro óxido de hierro, FeO, por Fe_3O_4, se produciría inmediatamente una ecuación balanceada. Sin embargo, esta ecuación no tendría valor; la experimentación indica que el producto de la reacción es Fe_3O_4 y no FeO. El balanceo de una ecuación nunca se obtiene por alteración de las fórmulas de los productos de la reacción. En la ecuación para la reacción de hierro y vapor, tres átomos de Fe y cuatro moléculas de H_2O se necesitan para suministrar los átomos de hierro y oxígeno para la formación de Fe_3O_4.

$$3Fe + 4H_2O \longrightarrow Fe_3O_4 + H_2$$

La ecuación ahora está balanceada, excepto por el hidrógeno, el cual puede balancearse como sigue:

$$3Fe + 4H_2O \longrightarrow Fe_3O_4 + 4H_2$$

En la misma forma, podemos balancear una ecuación para la combustión completa de etano (C_2H_6) en presencia de oxígeno. Los productos de esta reacción son dióxido de carbono y agua:

$$C_2H_6 + O_2 \longrightarrow CO_2 + H_2O$$

Para balancear los dos átomos de carbono del C_2H_6, la obtención de dos moléculas de CO_2 debe indicarse, y los seis átomos de hidrógeno del C_2H_6 requieren que se produzcan tres moléculas de H_2O:

$$C_2H_6 + O_2 \longrightarrow 2CO_2 + 3H_2O$$

Solamente el oxígeno permanece sin balancear, hay siete átomos de oxígeno en la parte de la derecha y solamente dos en la izquierda. Para obtener siete átomos de oxígeno en la parte de la izquierda, debemos tomar $3\frac{1}{2}$ ó $\frac{7}{2}$moléculas de O_2

$$C_2H_6 + \tfrac{7}{2}\,O_2 \longrightarrow 2CO_2 + 3H_2O$$

Por lo general, las ecuaciones se escriben con coeficientes de números enteros sencillos. La multiplicación de toda la ecuación por dos da:

$$2C_2H_6 + 7O_2 \longrightarrow 4CO_2 + 6H_2O$$

2.8 Problemas basados sobre ecuaciones químicas

Una ecuación química puede interpretarse de diferentes formas.

Considere, por ejemplo, la ecuación

$$2H_2 + O_2 \longrightarrow 2H_2O$$

Al nivel más sencillo, esta ecuación muestra que el hidrógeno reacciona con el oxígeno para producir agua. Al nivel atómico-molecular, establece que

$$2 \text{ moléculas } H_2 + 1 \text{ molécula } O_2 \longrightarrow 2 \text{ moléculas de } H_2O$$

que puede leerse como

$$2 \text{ mol } H_2 + 1 \text{ mol } O_2 \longrightarrow 2 \text{ moles de } H_2O$$

puesto que 1 mol de H_2, 1 mol de O_2 y 1 mol de H_2O, contienen el mismo número de moléculas (número de Avogadro). La última interpretación es la que nos permite resolver los problemas estequiométricos. Los coeficientes de la ecuación química dan las proporciones en moles, en las cuales las sustancias reaccionan y se producen. Puesto que 2 moles de H_2 reaccionan con 1 mol de O_2, 10 moles de H_2 requerirían 5 moles de O_2 para reaccionar. Debido a que 2 moles de H_2 producen 2 moles de H_2O, la reacción de 10 moles de H_2 producirían 10 moles de H_2O.

Ejemplo 2.12

Determine el número de moles de O_2 que se requieren para reaccionar con 5.00 moles de C_2H_6, de acuerdo a la siguiente ecuación:

$$2C_2H_6 + 7O_2 \longrightarrow 4CO_2 + 6H_2O$$

Solución

El problema puede plantearse como sigue:

$$? \text{ moles de } O_2 = 5.00 \text{ moles } C_2H_6$$

La relación estequiométrica obtenida de los coeficientes de la ecuación química es:

$$2 \text{ mol } C_2H_6 = 7 \text{ moles } O_2$$

De esta relación podemos derivar el factor de conversión que necesitamos para resolver el problema. Puesto que esta relación debe tener las unidades de mol de C_2H_6 en el denominador, el factor es (7 mol de O_2/2 moles C_2H_6). La solución es:

$$? \text{ moles } O_2 = 5.00 \text{ moles } C_2H_6 \quad \frac{7 \text{ moles } O_2}{2 \text{ moles } C_2H_6} = 17.5 \text{ moles de } O_2$$

Ejemplo 2.13

El cloro puede prepararse por la reacción

$$MnO_2 + 4\ HCl \longrightarrow MnCl_2 + Cl_2 + 2\ H_2O$$

(a) ¿Cuántos gramos de HCl se requieren para reaccionar con 25.0g de MnO_2? (b) ¿Cuántos gramos de Cl_2 se producen por la reacción?

Solución

(a) El problema es

$$? \text{ g HCl} = 25.0 \text{ g MnO}_2$$

La relación estequiométrica que se derivará de la ecuación química estará expresada en moles. Por consiguiente, convertimos los *g* MnO_2 a *moles de* MnO_2. El peso molecular del MnO_2 es 86.9:

$$? \text{ g HCl} = 25.0 \text{ g MnO}_2 \left(\frac{1 \text{ mol MnO}_2}{86.9 \text{ g MnO}_2}\right)$$

La ecuación química da la relación

$$1 \text{ mol de MnO}_2 = 4 \text{ moles HCl}$$

de la cual podemos derivar el factor de conversión (4 moles de HCl/1 mol MnO_2):

$$? \text{ g HCl} = 25.0\text{g MnO}_2 \left(\frac{1 \text{ mol MnO}_2}{86.9\text{g MnO}_2}\right)\left(\frac{4 \text{ moles HCl}}{1 \text{ mol MnO}_2}\right)$$

En este momento, el cálculo daría el número de moles de HCl requeridos. Debemos, por lo tanto, convertir *moles de HCl* en *g de HCl* para obtener la respuesta. El peso molecular del HCl es 36.5

$$? \text{ g HCl} = 25.0 \text{ g MnO}_2 \left(\frac{1 \text{ mol MnO}_2}{86.9 \text{ g MnO}_2}\right)\left(\frac{4 \text{ mol HCl}}{1 \text{ mol MnO}_2}\right)\left(\frac{36.5 \text{ g HCl}}{1 \text{ mol HCl}}\right)$$
$$= 42.0 \text{ g HCl}$$

(b) El mismo procedimiento se utiliza para resolver este problema. Los gramos de MnO_2 se convierten a moles de MnO_2. La relación de moles de la ecuación química

$$1 \text{ mol MnO}_2 = 1 \text{ mol Cl}_2$$

se utiliza para hallar el número de moles de Cl_2 producidos. Finalmente, los moles de Cl_2 se convierten a gramos de Cl_2:

$$? \text{ g Cl}_2 = 25.0 \text{ g MnO}_2 \left(\frac{1 \text{ mol MnO}_2}{86.9 \text{ g MnO}_2}\right)\left(\frac{1 \text{ mol Cl}_2}{1 \text{ mol MnO}_2}\right)\left(\frac{71.0 \text{ g Cl}_2}{1 \text{ mol Cl}_2}\right)$$
$$= 20.4 \text{ g Cl}_2$$

Ejemplo 2.14

La cantidad de monóxido de carbono en una muestra de un gas puede determinarse por la rección:

$I_2O_5 + 5CO \longrightarrow I_2 + 5CO_2$

Si una muestra de gas libera 0.192g de I_2, ¿cuántos gramos de CO se hallaban presentes en la muestra?

Solución

La relación, en moles, de las dos sustancias en cuestión se obtiene de la ecuación química. Ésta es:

$$5 \text{ moles CO} = 1 \text{ mol } I_2$$

También sabemos que

$$1 \text{ mol CO} = 28.0\text{g CO}$$

$$1 \text{ mol } I_2 = 254\text{g } I_2$$

Los factores de conversión derivados de estas tres relaciones son necesarias para resolver el problema. La solución es

$$? \text{ g CO} = 0.192 \text{ g } I_2 \left(\frac{1 \text{ mol } I_2}{254 \text{ g } I_2}\right)\left(\frac{5 \text{ mol CO}}{1 \text{ mol } I_2}\right)\left(\frac{28.0 \text{ g CO}}{1 \text{ mol CO}}\right) = 0.106 \text{ g CO}$$

En algunos problemas, se dan las cantidades para dos o más reactivos. Suponga, por ejemplo, que se nos pregunta qué cantidad de H_2O puede prepararse de 2 moles de H_2 y 2 moles de O_2. La ecuación química

$$2\,H_2 + O_2 \longrightarrow 2H_2O$$

establece que 2 moles de H_2 reaccionarán con sólo un mol de O_2. Sin embargo, en el problema se dan 2 moles de H_2 y 2 moles de O_2. Se ha suministrado más oxígeno del que se necesita utilizar. Cuando todo el H_2 se haya consumido, la reacción se detendrá. En este punto, 1 mol de O_2 se habrá utilizado y 1 mol de O_2 permanecerá sin reaccionar. La cantidad de H_2 suministrado limita la reacción y determina qué cantidad de H_2O se habrá formado. El hidrógeno, por consiguiente, se llama el **reactivo limitante.**

Cuando se dan las cantidades de dos o más reactivos en un problema, debemos determinar cuál es la que limita la reacción antes de que el problema pueda resolverse.

Ejemplo 2.15

¿Cuántos moles de H_2 pueden teóricamente prepararse a partir de 4.00 moles de Fe y 5.00 moles de H_2O? La ecuación química para la reacción es:

$$3\,Fe + 4H_2O \longrightarrow Fe_3O_4 + 4H_2.$$

Solución

El primer paso es determinar qué reactivo limita la reacción. La ecuación química expresada en moles, especifica 3 moles de Fe. La cantidad de Fe dada en el problema es 4.00 moles de Fe, que es,

$$\frac{4.00 \text{ moles Fe}}{3 \text{ moles Fe}} = 1.33$$

veces la cantidad especificada en la ecuación química. La ecuación química especifica 4 moles de H_2O y la cantidad dada en el problema es 5.00 moles de H_2O, la cual es

$$\frac{5.00 \text{ moles } H_2O}{4 \text{ moles } H_2O} = 1.25$$

veces la cantidad especificada en la ecuación. El H_20 por consiguiente, limita la extensión de la reacción puesto que una cantidad proporcional más pequeña ha sido suministrada (1.25 es un número más pequeño que 1.33). Debido a que se ha suministrado 1.25 veces la cantidad de H_2O especificada en la ecuación; solamente puede reaccionar 1.25 veces la cantidad de Fe especificado en la ecuación. El resto, sobrará. El problema se resuelve sobre la base del H_2O suminisitrada (el reactivo limitante):

$$? \text{ moles } H_2 = 5.00 \text{ moles } H_2O \left(\frac{4 \text{ moles } H_2}{4 \text{ moles } H_2O} \right) = 5.00 \text{ moles } H_2$$

Ejemplo 2.16

¿Cuántos gramos de N_2F_4 pueden teóricamente prepararse de 4.00 g de NH_3 y 14.0g de F_2? La ecuación química para la reacción es

$$2NH_3 + 5F_2 \longrightarrow N_2F_4 + 6HF$$

Solución

El primer paso es determinar qué reactivo limita la reacción. Hallamos el número de moles de cada reactivo presente antes de la reacción. El peso molecular del NH_3 es 17.0 y el del F_2 es 38.0:

$$? \text{ moles } NH_3 = 4.00\text{g } NH_3 \left(\frac{1 \text{ mol } NH_3}{17.0\text{g } NH_3} \right) = 0.235 \text{ moles } NH_3$$

$$? \text{ moles } F_2 = 14.0\text{g } F_2 \left(\frac{1 \text{ mol } F_2}{38.0\text{g } F_2} \right) = 0.368 \text{ moles } F_2$$

Si escribimos la ecuación química en términos de moles, observamos que

$$2 \text{ moles } NH_3 = 5 \text{ moles } F_2$$

Comparamos el número de moles suministrados con estas cantidades. El problema específica 0.235 moles de NH_3, que es

$$\frac{0.235 \text{ moles } NH_3}{2 \text{ moles } NH_3} = 0.118$$

de la cantidad establecida en la relación obtenida de la ecuación química. Los 0.368 moles de F_2 es

$$\frac{0.368 \text{ moles } F_2}{5 \text{ moles } F_2} = 0.0736$$

de la cantidad dada en la relación de la ecuación química. El F_2, por consiguiente, es el reactivo limitante, puesto que se ha suministrado una menor cantidad proporcional (0.0736 es un número más pequeño que 0.118). El problema se resuelve sobre la base de la cantidad de F_2 suministrado.

$$? \text{ g } N_2F_4 = 0.368 \text{ moles } F_2$$

la relación entre la cantidad de F_2 empleada y la cantidad de N_2F_4 producida se deriva de la ecuación química. Ésta es

$$5 \text{ moles } F_2 = 1 \text{ mol } N_2F_4$$

Cálculos basados sobre ecuaciones químicas

1. Plantee el problema. Indique la sustancia que se desea (usando gramos como la unidad deseada), un signo igual y la masa de la sustancia dada (en gramos).

2. Introduzca el factor que convertirá la masa de la sustancia dada en moles de la sustancia dada. El factor de conversión se obtiene del hecho que 1 mol de una sustancia (numerador) es un peso molecular en gramos (denominador).

3. Introduzca el factor de conversión que se deriva de los coeficientes de la ecuación química y que relaciona el número de moles de la sustancia deseada (numerador) con el número de moles de la sustancia dada (denominador).

4. Introduzca el factor que convertirá el número de moles de la sustancia deseada a gramos de la misma sustancia. El peso molecular de la sustancia deseada en gramos (numerador) es 1 mol de la sustancia deseada (denominador).

5. Realice las operaciones matemáticas indicadas para obtener la respuesta. Todas las unidades deben cancelarse excepto los gramos de la sustancia deseada.

Si se da más de una cantidad en el problema:

1. Calcule el número de moles de cada uno de los reactivos dados (ver paso anterior 2).

2. Divida cada uno de estos valores por el coeficiente de la ecuación química que pertence a la sustancia bajo consideración.

3. El número más pequeño obtenido en el paso 2 pertenece al reactivo que limita la extensión de la reacción. Use la cantidad de este reactivo para resolver el problema en la forma previamente indicada.

El peso molecular de N_2F_4 es 104

$$1 \text{ mol } N_2F_4 = 104\text{g } N_2F_4$$

La solución del problema es

$$? \text{ g } N_2F_4 = 0.368 \text{ moles } F_2 \left(\frac{1 \text{ mol } N_2F_4}{5 \text{ moles } F_2} \right) \left(\frac{104 \text{ g } N_2F_4}{1 \text{ mol } N_2F_4} \right) = 7.65\text{g } N_2F_4$$

Frecuentemente, la cantidad de un producto realmente obtenido de una reacción es menor que la cantidad calculada. Puede ser que parte de los reactivos no reacciona, o que parte de los reactivos reacciona en una forma diferente de la deseada (reacciones secundarias), o que no todo el producto se recupere. El **porcentaje de rendimiento** relaciona la cantidad del producto que realmente se ha obtenido (rendimiento experimental) con la cantidad que teóricamente se predeciría (el rendimiento teórico):

$$\text{Porcentaje de rendimiento} = \frac{\text{Rendimiento experimental}}{\text{Rendimiento teórico}} \times 100\%$$

Ejemplo 2.17

Si 4.80 g N_2F_4 se obtienen del experimento descrito en el Ejemplo 2.16, ¿cuál es el porcentaje de rendimiento?

Solución

El rendimiento teórico es el resultado del cálculo del Ejemplo 1.16, 7.65g N_2F_4. El rendimiento experimental es 4.80g N_2F_4. Por consiguiente, el porcentaje de rendimiento es

$$\frac{4.80 \text{ g } N_2F_4}{7.65 \text{ g } N_2F_4} \times 100\% = 62.7\%$$

2.9 Estequiometría de reacciones en solución

Muchas reacciones químicas se realizan en soluciones acuosas. Las cantidades de reactivos para una reacción de este tipo se establecen generalmente en términos de concentraciones de soluciones. La cantidad de una sustancia disuelta en un volumen dado de solución se llama la **concentración** de la solución.

La **molaridad,** M, de una solución es el número de moles de una sustancia (llamada soluto) disueltos en un litro de solución. Observe que la definición se basa en un *litro*. El valor establecido como la molaridad de una solución se refiere a la cantidad de soluto que estaría presente exactamente en un litro de la solución. Si una muestra de la solución es menos (o más) de un litro, el número de moles de soluto en la muestra es proporcionalmente menor (o mayor) que el valor numérico de la molaridad.

Observe también que la definición de molaridad se basa en un litro de solución y no en un litro de solvente (el cual es generalmente agua). Debido a que la definición está hecha de esta forma, es relativamente simple determinar el número de moles de soluto en un volumen medido de solución sobre la base de la concentración molar de la solución. Un litro (que es igual a 1000 ml) de una solución de 3.0M contiene 3.0 moles de soluto: medio litro (que es 500 ml) contiene 1.5 moles de soluto; un cuarto de litro (que es 250 ml) contiene 0.75 moles de soluto y así sucesivamente.

Ejemplo 2.18

¿Cuántos moles de $AgNO_3$ hay en 25.0 ml de una solución 0.600 M de $AgNO_3$?

Solución

El problema es

$$? \text{ moles Ag NO}_3 = 25.0 \text{ ml Ag NO}_3 \text{ (solución)}$$

Puesto que la concentración del Ag NO_3 en la solución es 0.600 M,

$$0.600 \text{ moles AgNO}_3 = 1000 \text{ ml solución AgNO}_3$$

de la cual obtenemos un factor de conversión para resolver el problema:

$$? \text{ moles AgNO}_3 = 25.0 \text{ ml AgNO}_3 \text{ (solución)} \left(\frac{0.600 \text{ moles AgNO}_3}{1000 \text{ ml AgNO}_3 \text{ soluc.}} \right)$$

$$= 0.0150 \text{ moles AgNO}_3$$

Ejemplo 2.19

Cuántos gramos de NaOH se necesitan para preparar 0.250 l de una solución 0.300 M de NaOH?

Solución

La solución es 0.300 M y por consiguiente, 0.300 moles NaOH = 1 litro de solución NaOH. Hallamos el número de moles de NaOH requeridos para preparar 0.250 litros de solución:

$$? \text{ moles NaOH} = 0.250 \text{ litros soluc. NaOH} \left(\frac{0.300 \text{ moles NaOH}}{1 \text{ litro soluc. NaOH}} \right)$$

$$= 0.0750 \text{ moles de NaOH.}$$

El peso fórmula de NaOH hasta tres cifras significativas es 40.0. Por consiguiente,

$$40.0 \text{ gNaOH} = 1 \text{ mol NaOH}$$

El número de gramos de NaOH necesario es

$$? \text{ g NaOH} = 0.0750 \text{ moles NaOH} \left(\frac{40.0\text{g NaOH}}{1 \text{ mol NaOH}} \right) = 3.00\text{g NaOH}$$

Ejemplo 2.20

¿Cuántos mililitros de 0.750 *M* NaOH se necesitan para reaccionar con 50.0 ml de 0.150 *M* H_2SO_4, de acuerdo a la siguiente ecuación?

$$H_2SO_4 + 2\ NaOH \longrightarrow Na_2SO_4 + 2\ H_20$$

Solución

Hallamos el número de moles de H_2SO_4 en la muestra.

$$? \text{ moles de } H_2SO_4 = 50.0 \text{ ml } H_2SO_4 \text{ soluc.} \left(\frac{0.150 \text{ moles } H_2SO_4}{1000 \text{ ml soluc. } H_2SO_4} \right)$$

$$= 0.00750 \text{ moles } H_2SO_4$$

De la ecuación, vemos que

$$2 \text{ moles NaOH} = 1 \text{ mol de } H_2SO_4$$

Por consiguiente,

$$? \text{moles NaOH} = 0.00750 \text{ moles } H_2SO_4 \left(\frac{2 \text{ moles NaOH}}{1 \text{ mol } H_2SO_4} \right) = 0.0150 \text{ moles NaOH}$$

Finalmente, hallamos el volumen de la solución 0.750 *M* NaOH que contiene 0.0150 moles de NaOH.

$$? \text{ ml solución NaOH} = 0.150 \text{ moles NaOH} \left(\frac{1000 \text{ ml de soluc. NaOH}}{0.750 \text{ moles NaOH}} \right)$$

$$= 20.0 \text{ ml solución NaOH}$$

El problema podría haberse resulto en un solo paso como se ilustra en el siguiente ejemplo.

Ejemplo 2.21

Una tableta de menta efervescente contiene $NaHCO_3$ como antiácido. Una tableta requiere 34.5 ml de solución 0.138 *M* de HCl para reaccionar completamente. Determine el número de gramos de $NaHCO_3$ que contiene una pastilla.

$$NaHCO_3 + HCl \longrightarrow NaCl + H_2O + CO_2$$

Solución

$$? \text{ g } NaHCO_3 = 34.5 \text{ ml soluc.} \frac{(0.138 \text{ moles HCl})(1 \text{ mol } NaHCO_3)(84.0\text{g } NaHCO_3)}{(1000 \text{ ml soluc. HCl})(1 \text{ mol HCl})(1 \text{ mol } NaHCO_3)}$$

$$= 0.400 \text{ g } NaHCO_3$$

El primer factor (obtenido de la molaridad de la solución de HCl) se usa para hallar el número de moles de HCl en la muestra de solución de HCl. El segundo factor (derivado de los coeficientes de la ecuación química) convierte este número de moles de HCl en el número de moles de $NaHCO_3$ que reaccionará con éste. El último factor (derivado del peso fórmula de $NaHCO_3$) convierte los *moles* de $NaHCO_3$ en *gramos* de $NaHCO_3$.

Una discusión adicional sobre soluciones y ejemplos pertinentes a éstas se halla en la Sección 10.6.

Resumen

Los temas discutidos en este capítulo son:

1. Teoría atómica de Dalton, la cual provee los fundamentos para la estequiometría química.

2. La asignación de pesos atómicos a los elementos, las bases de la estequiometría química.

3. Los tipos de fórmulas químicas usadas para describir compuestos, y sus interpretaciones.

4. El mol, una unidad que consiste en el número de Avogadro de entidades, que permite cálculos que involucran cantidades reales de elementos y compuestos.

5. La asignación de pesos moleculares y pesos fórmulas.

6. Métodos para obtener fórmulas de datos experimentales.

7. La derivación de la composición en porcentajes de compuestos a partir de fórmulas químicas y el uso de estos valores en algunos cálculos simples.

8. Una introducción a la ecuación química.

9. La solución de problemas basados en ecuaciones químicas incluyendo el cálculo de cantidades teóricas de reactivos necesarios para obtener una reacción química; un método para determinar el reactivo limitante, cuando en el problema se dan cantidades de dos o más reactivos y el cálculo del porcentaje de rendimiento de un proceso químico.

10. El uso de la molaridad para expresar la concentración de una sustancia en solución.

11. Cálculos que involucran reacciones que ocurren en soluciones.

Glosario

A continuación aparecen algunos de los términos más importantes presentados en este capítulo. Las definiciones de los términos no incluidos en esta lista pueden localizarse usando del índice.

Átomo (Sección 2.1). La partícula más pequeña de un elemento que retiene las propiedades del elemento.

Concentracion (Sección 2.9). La cantidad de una sustancia disuelta en una cantidad dada de una solución o de solvente.

Ecuación química (Sección 2.7). Una representación de una reacción química en términos de los símbolos y fórmulas de los elementos y compuestos involucrados.

Estequiometría (Introducción). Las relaciones cuantitativas entre los elementos y compuestos en reacciones químicas.

Fórmula empírica (Sección 2.3). Una fórmula de un compuesto que se escribe utilizando la relación de números enteros más simple de átomos presentes en el compuesto; también se llama la fórmula más sencilla.

Fórmula molecular (Sección 2.3). Una fórmula química para una sustancia molecular que da el número y tipo de cada átomo presente en una molécula de la sustancia.

Ion (Sección 2.3). Una partícula compuesta de un átomo o grupo de átomos que posee una carga positiva o negativa.

Molaridad (Sección 2.9). El número de moles de una sustancia (llamada soluto) disuelta en un litro de solución.

Mol (Sección 2.4). La cantidad de sustancia que contiene tantas entidades elementales como el número de átomos que hay en 12 g de carbono 12; un conjunto del número de Avogadro de unidades.

Molécula (Sección 2.3). Una partícula formada de dos o más átomos.

Molécula diatómica (Sección 2.3). Una molécula consistente en dos átomos.

Número de Avogadro (Sección 2.4). El número de entidades en un mol $6.02205 x 10^{23}$.

Peso atómico (Sección 2.2). La masa promedio de los átomos de un elemento, en relación a la masa de un átomo de carbono 12, tomado exactamente como 12.

Peso fórmula (Sección 2.4). La suma de los pesos atómicos de los átomos en una fórmula.

Peso molecular (Sección 2.4). La suma de los pesos atómicos de los átomos que constituyen una molécula.

Porcentaje de rendimiento (Sección 2.8). 100% veces el rendimiento experimental dividido por el redimiento teórico.

Reactivo limitante (Sección 2.8). El reactivo que, de acuerdo con la ecuación química, se suministra en la cantidad estequiométrica más pequeña, y de ahí es que limita la cantidad de producto que puede obtenerse de la reacción química.

Rendimiento experimental (Sección 2.8). La cantidad de producto verdaderamente obtenido de una reacción química.

Rendimiento teórico (Sección 2.8). La cantidad máxima de producto que puede obtenerse de una reacción química, calculado usando la Estequiometría sobre la base de la ecuación química para la reacción.

Problemas *

Teoría de Dalton y pesos atómicos

2.1 Describa la ley de la conservación de la masa y la ley de las proporciones definidas. ¿Cómo difieren? ¿Cómo las explica la teoría de Dalton?

2.2 Compare la ley de las proporciones definidas y la ley de las proporciones múltiples. Utilice los compuestos NO y NO_2 en su discusión.

2.3 Explique por qué los pesos atómicos relativos no tienen unidades.

2.4 El metano tiene la fórmula CH_4 y tiene 75.0% de carbono. Demuestre cómo estos datos pueden utilizarse para asignar una masa atómica relativa al átomo de carbono sobre la base de la masa del átomo de hidrógeno que se ha establecido igual a 1.00.

2.5 Enumere los siete elementos que se presentan en la naturaleza como moléculas diatómicas.

El mol y el número de Avogadro

2.6 ¿Cuántos moles y cuántas moléculas se hallan presentes en 50.0 g de **(a)** H_2, **(b)** H_2O, **(c)** H_2SO_4?

2.7 ¿Cuántos átomos se hallan presentes en cada uno de los ejemplos descritos en el problema 2.6?

*Los problemas más difíciles están marcados por un asterisco. El apéndice G contiene las respuestas de los problemas codificados en color.

2.8 Solamente un tipo de átomo de aluminio se presenta en la naturaleza. Hasta cuatro cifras significativas, ¿cuál es la masa (en gramos) de un átomo de Al?

2.9 Un átomo de elemento tiene una masa de 9.786×10^{-23} g. ¿Cuál es el peso atómico del elemento?

2.10 El prototipo internacional del kilogramo es un cilindro de una aleación que tiene 90.000% de platino y 10.000% de iridio. **(a)** ¿Cuántos moles de Pt y cuántos moles de Ir hay en el cilindro? **(b)** ¿Cuántos átomos de cada clase se hallan presentes?

2.11 Una onza (avdp) es 28.350g. **(a)** ¿Cuántos moles y cuántos átomos de Au hay en 1.000 onza de Au? **(b)** Si el oro se vende a $650.00 dólares la onza, ¿cuántos átomos puede usted comprar por un dólar?

***2.12** La distancia de la tierra al sol es 1.496×10^{8} km. Suponga que los átomos en 1.000 mol fuesen convertidos en esferas de 1.000 cm de diámetro. Si estas esferas se ordenaran en una línea tocándose la una a la otra, ¿llegarían hasta el sol?

***2.13** El oro puro es de 24 quilates. Si una aleación de oro de 14 quilates consiste de 14.0 partes en masa de Au y 10.0 partes en masa de Cu, ¿cuántos átomos de Cu hay en la aleación por cada átomo de Au?

Fórmulas

2.14 Determine las fórmulas moleculares de los compuestos para los cuales corresponden las siguientes fórmulas empíricas y pesos moleculares: **(a)** HBS_2, 227.81; **(b)** $NaSO_2$, 174.10; **(c)** V_3S_4, 281.06; **(d)** $NaPO_3$, 815.69; **(e)** CH_2, 56.11.

2.15 Determine las fórmulas moleculares de los compuestos para los cuales correspondan las siguientes fórmulas empíricas y pesos moleculares. **(a)** COS, 60.07; **(b)** B_5H_4, 232.33; **(c)** S_2N, 156.25; **(d)** NSF, 195.20; **(e)** $PNCl_2$, 579.43.

2.16 ¿Cuál es la fórmula empírica de un compuesto que tiene 7.40% de Li, 11.53% de B, y 81.07% de F?

2.17 La quinina tiene 74.05% de C, 7.46% de H, 9.86% de O y 8.63% de N. ¿Cuál es la fórmula empírica de la quinina?

2.18 La putrescina, un producto de la descomposición de la carne, contiene 54.50% de C, 13.72% de H, y 31.78% de N. ¿Cuál es la fórmula empírica de la putrescina?

2.19 La apatita hidroxílica, un constituyente de los huesos y dientes, contiene 39.895% de Ca, 18.498% de P, 41.406% de O y 0.201% de H. ¿Cuál es la fórmula empírica de la apatita hidroxílica?

2.20 La aspirina contiene 60.00% de C, 4.48% de H y 35.52% de O. ¿Cuál es la fórmula empírica de la aspirina?

2.21 La droga L-Dopamina, utilizada en el tratamiento de la enfermedad de Parkinson, contiene 54.82% de C, 5.62% de H, y 7.10% de N y 32.46% de O. ¿Cuál es la fórmula empírica de la L-Dopamina?

2.22 El peso molecular del ácido cítrico es 192.13 y el compuesto contiene 37.51% de C, 58.29% de O y 4.20% de H. ¿Cuál es la fórmula molecular del ácido cítrico?

2.23 El peso molecular de la sacarina es 183.18 y el compuesto contiene 45.90% de C, 2.75% de H, 26.20% de O, 17.50% de S, y 7.65% de N. ¿Cuál es la fórmula molecular de la sacarina?

2.24 Una muestra de un compuesto que contiene solamente C e H se quemó en oxígeno y se obtuvo 9.24 g de CO_2 y 3.15 g de H_2O. **(a)** ¿Cuántos moles de átomos de C, y cuántos moles de átomos de H contenía la muestra? **(b)** ¿Cuál es la fórmula empírica del compuesto? **(c)** ¿Cuál era la masa del compuesto que se quemó?

2.25 Una muestra de un compuesto que contiene sólo C, H y S fue quemada en oxígeno y se obtuvo 15.84 g de CO_2, 3.24 g de H_2O y 5.77g de SO_2 **(a)** ¿Cuántos moles de átomos de C, cuántos moles de átomos de H y cuántos moles de átomos de S tenía la muestra? **(b)** ¿Cuál es la fórmula em- del compuesto? **(c)** Cuál era la masa de la muestra que se quemó?

***2.26** Una muestra de 7.61 g de ácido *p*-aminobenzoico (APAB, un compuesto utilizado en los cosméticos con filtros solares) se quemó en oxígeno y se obtuvo 17.1 g de CO_2, 3.50 g de H_2O y 0.777 g de N_2. El compuesto contenía carbono, hidrógeno, nitrógeno y *oxígeno*. **(a)** ¿Cuántos moles de átomos de C, cuántos moles de átomos de H y cuántos moles de átomos de N contenía la muestra, **(b)** ¿Qué masa de C, H y N contenía la muestra? **(c)** Basado en la masa de la muestra original ¿qué masa de O contenía la muestra? **(d)** ¿Cuántos moles de átomos de O contenía la muestra? **(e)** ¿Cuál es la fórmula empírica del APAB?

2.27 Por calentamiento de 7.50 g de un hidrato de $CoCl_2.xH_2O$ en el vacío, se eliminó el agua y quedaron 4.09g de $CoCl_2$ anhidro. ¿Cuál es el valor de *x* en la fórmula $CoCl_2 \cdot x\ H_2O$?

2.28 Por calentamiento de 6.45g de un hidrato de $CuSO_4 \cdot x\ H_2O$ en el vacío, se eliminó el agua y quedaron 4.82g de $CuSO_4$ anhidro. ¿Cuál es el valor de *x* en la fórmula $CuSO_4 \cdot x\ H_2O$?

2.29 Una muestra de 6.2g de un compuesto que contiene vanadio y cloro se disolvió en agua. La adición de una sal de plata soluble en agua precipita AgCl, que es insoluble en agua. El proceso produjo 17.19g de AgCl. ¿Cuál es la fórmula empírica del cloruro de vanadio?

Composición en porcentaje

2.30 Utilizando hasta tres cifras significativas, ¿qué porcentaje del carbonilo de níquel, $Ni(CO)_4$, es níquel?

2.31 Utilizando hasta cuatro cifras significativas, ¿qué porcentaje del mineral witerita, $BaCO_3$, es Ba?

2.32 Hasta cuatro cifras significativas, determine qué porcentaje del Silicato de circonio, $ZrSiO_4$, es circonio.

2.33 ¿Qué masa de Zn se puede obtener teóricamente de 1.25 kg del mineral esfalerita que tiene 75.0% de ZnS?

2.34 ¿Qué masa de cobre se puede obtener teóricamente de 10.0 kg de un mineral de calcocita que tiene 25.0% de CuS?

2.35 ¿Cuántos gramos de xenón y de flúor se necesitan teóricamente para preparar 1.000 g de XeF_4?

2.36 ¿Cuántos gramos de litio y nitrógeno se necesitan teóricamente para preparar 5.000g de Li_3N?

2.37 Una muestra de 1.74g de un compuesto que contiene solamente C e H se quemó en oxígeno y se obtuvo 5.28 g de CO_2 y 2.70 g de H_2O. ¿Cuál es la composición porcentual del compuesto?

***2.38** El colesterol es un compuesto que contiene carbono, hidrógeno y oxígeno. La combustión de una muestra de 9.50 g del compuesto produjo 29.20 g de CO_2 y 10.18 g de H_2O. ¿Cuál es la composición en porcentaje del compuesto?

***2.39** El mineral hematita es Fe_2O_3. El mineral de hematita contiene material desechable, llamado ganga, además del Fe_2O_3. Si 1.000 kg del mineral contiene 0.5920 kg de Fe, ¿qué porcentaje del mineral es Fe_2O_3?

***2.40** Los compuestos que contienen S son un componente indeseable de algunos aceites. La cantidad de azufre en un aceite puede determinarse por oxidación del S a sulfato, SO_4^{2-}, y precipitación del ion sulfato como sulfato de bario $BaSO_4$, el cual puede recogerse, secarse y pesarse. De 8.25 g de una muestra de aceite, se obtuvieron 0.929 g de $BaSO_4$. ¿Cuál es el porcentaje de S en el aceite?

Ecuaciones químicas

2.41 Balancear las siguientes ecuaciones químicas:

(a) $V_2O_5 + H_2 \rightarrow V_2O_3 + H_2O$
(b) $B_2O_3 + C \rightarrow B_4C + CO$
(c) $Bi + O_2 \rightarrow Bi_2O_3$
(d) $CaC_2 + H_2O \rightarrow Ca(OH)_2 + H_2C_2$
(e) $Ba(NO_3)_2 + H_2SO_4 \rightarrow BaSO_4 + HNO_3$

2.42 Balancear las siguientes ecuaciones químicas:

(a) $NO_2 + H_2O \rightarrow HNO_3 + NO$
(b) $Al_2S_3 + H_2O \rightarrow Al(OH)_3 + H_2S$
(c) $SiCl_4 + Si \rightarrow Si_2Cl_6$
(d) $(NH_4)_2Cr_2O_7 \rightarrow N_2 + H_2O + Cr_2O_3$
(e) $Ca_3N_2 + H_2O \rightarrow Ca(OH)_2 + NH_3$

2.43 El gasohol es una mezcla de gasolina y alcohol etílico. **(a)** Escriba la ecuación química para la combustión del octano (C_8H_{18}, un componente de la gasolina) en O_2. Los productos de la reacción son CO_2 y H_2O. **(b)** Escriba la ecuación química para la combustión del alcohol etílico (C_2H_6O) en O_2. Los productos de la reacción son CO_2 y H_2O.

Problemas basados sobre ecuaciones químicas

2.44 Determine el número de gramos de H_3PO_4 que pueden obtenerse de 100.0g de P_4O_{10}:

$$P_4O_{10} + 6H_2O \rightarrow 4\ H_3PO_4$$

2.45 Usando la ecuación $2NaNH_2 + N_2O \rightarrow NaN_3 + NaOH + NH_3$

(a) Determine el número de gramos de $NaNH_2$ y de N_2O que se requieren para preparar 5.00g de NaN_3. **(b)** ¿Cuántos gramos de NH_3 se producen?

2.46 El gas NO, puro, seco, puede obtenerse por medio de la siguiente reacción:

$$3KNO_2 + KNO_3 + Cr_2O_3 \rightarrow 4NO + 2K_2CrO_4$$

¿Cuántos gramos de cada uno de los reactivos se necesitan para preparar 2.50 g de NO?

2.47 Determine el número de gramos de HI que se producirán por la adición de 3.50g de PI_3 a agua en exceso:

$$PI_3 + 3H_2O \rightarrow 3HI + H_3PO_3$$

2.48 Una muestra de 13.38g de un material que contiene parte de As_4O_6 requiere 5.330 g de I_2 para reaccionar de acuerdo a la ecuación química

$$As_4O_6 + 4I_2 + 4H_2O \rightarrow 2As_2O_5 + 8HI$$

(a) ¿Qué masa de As_4O_6 reaccionó con el I_2 suministrado?
(b) ¿Qué porcentaje de la muestra es As_4O_6?
(c) ¿Qué porcentaje de la muestra es As?

2.49 Una muestra de 6.55g de una mezcla de Na_2SO_3 y Na_2SO_4 se disolvió en agua y se calentó con azufre sólido. El Na_2SO_4 no reacciona, pero el Na_2SO_3 reacciona así:

$$Na_2SO_3 + S \rightarrow Na_2S_2O_3$$

y 1.23g de S se disolvieron y formaron $Na_2S_2O_3$. ¿Qué porcentaje de la mezcla original era Na_2SO_3?

2.50 ¿Cuántos gramos de NH_4SCN pueden prepararse con 5.00g de CS_2 y 4.00g de NH_3? La ecuación para la reacción es:

$$CS_2 + 2NH_3 \rightarrow NH_4\ SCN + H_2S$$

2.51 ¿Cuántos gramos de OF_2 pueden prepararse a partir de 1.60 g de F_2 y 1.60g de NaOH? La ecuación es

$$2F_2 + 2NaOH \rightarrow OF_2 + 2NaF + H_2O$$

2.52 Determine el número de gramos de B_2H_6 que pueden obtenerse de 3.204 g de $NaBH_4$ y 5.424 g de BF_3 mediante la siguiente reacción:

$$3NaBH_4 + 4BF_3 \rightarrow 3NaBF_4 + 2B_2H_6$$

2.53 Determine el número de gramos de SF_4 que pueden obtenerse de 400 g de SCl_2 y 2.00 g de NaF mediante la siguiente reacción:

$$3SCl_2 + 4NaF \rightarrow SF_4 + S_2Cl_2 + 4NaCl$$

2.54 **(a)** ¿Cuántos gramos de $OP(NH_2)_3$ deben obtenerse de la reacción de 7.00g de $OPCl_3$ y 5.00g de NH_3? La ecuación es:

$$OPCl_3 + 6NH_3 \rightarrow OP(NH_2)_3 + 3NH_4Cl$$

(b) Si 3.50g de $OP(NH_2)_3$ se separaron, ¿cuál es el porcentaje de rendimiento?

2.55 **(a)** ¿Cuántos gramos de Ti metálico se requieren para reaccionar con 3.513g de $TiCl_4$? La ecuación para la reacción es

$$3TiCl_4 + Ti \rightarrow 4\ TiCl_3$$

(b) ¿Cuántos gramos de $TiCl_3$ pueden producirse de la reacción? **(c)** Si 3.000g de $TiCl_3$ se separan como producto de la reacción, ¿cuál es el porcentaje de rendimiento?

2.56 **(a)** ¿Cuántos gramos de NaN_3 pueden obtenerse de la reacción de 3.50 g de $NaNH_2$ y 3.50 g de $NaNO_3$? La ecuación es

$$3\ NaNH_2 + NaNO_3 \rightarrow NaN_3 + 3\ NaOH + NH_3$$

(b) Si 1.20g de NaN_3 se separan, ¿cuál es el porcentaje de rendimiento?

***2.57** Una mezcla de óxido de sodio, Na_2O, y óxido de bario, BaO, que pesa 5.00g se disolvió en agua. Esta solución se trata con ácido sulfúrico diluido, H_2SO_4, el cual convierte los óxidos en sulfatos. El sulfato de bario, $BaSO_4$, se precipita de la solución, pero el sulfato de sodio, Na_2SO_4, es soluble y permanece en solución. El $BaSO_4$ se recoge por filtración y se encontró que pesa 3.43 g cuando está seco. ¿Qué porcentaje de la muestra original de la mezcla de óxidos es BaO?

***2.58** Una muestra de 10.50 g de una mezcla de carbonato de calcio, $CaCO_3$, y sulfato de calcio, $CaSO_4$, se calentó para descomponer el carbonato:

$$CaCO_3 \rightarrow CaO + CO_2$$

El CO_2 gaseoso escapó y el $CaSO_4$ no se descompone por el calentamiento. La masa final de la muestra es 7.64g. ¿Qué porcentaje de la mezcla original es $CaCO_3$?

***2.59** Una muestra de 9.90g de una mezcla de $CaCO_3$ y $NaHCO_3$ se calentó y los compuestos se descompusieron:

$$CaCO_3 \rightarrow CaO + CO_2$$
$$2NaHCO_3 \rightarrow Na_2CO_3 + CO_2 + H_2O$$

La descomposición de la muestra produjo 2.86g de CO_2 y 0.900g de H_2O. ¿Qué porcentaje de la muestra original es $CaCO_3$?

Reacciones en solución

2.60 ¿Cuántos gramos de H_2SO_4 se necesitan para preparar 375ml de solución 6.00 *M* de H_2SO_4?

2.61 ¿Cuántos gramos de KIO_3 se necesitan para preparar 5.000 litros de solución 0.1000 *M* de KIO_3?

2.62 ¿Cuántos gramos de NaOH se necesitan para preparar 0.250 litros de solución 1.50 *M* de NaOH?

2.63 ¿Cuántos mililitros de solución 3.00 *M* de H_3PO_4 se requieren para reaccionar con 28.8 ml de solución 5.00 *M* de KOH?
La ecuación para la reacción es:

$$H_3PO_4 + 3KOH \rightarrow K_3PO_4 + 3H_2O$$

2.64 ¿Cuántos mililitros de 0.500 *M* $AgNO_3$ se necesitan para reaccionar con 25.0 ml de solución de 0.750 *M* de Na_2CrO_4? La ecuación para la reacción es

$$Na_2CrO_4 + 2AgNO_3 \rightarrow Ag_2CrO_4 + 2NaNO_3$$

2.65 ¿Cuántos mililitros de 0.150 *M* de $KMnO_4$ se necesitan para reaccionar con 15.0 ml de 0.250 *M* de $FeCl_2$? La ecuación es

$$5FeCl_2 + KMnO_4 + 8HCl \rightarrow 5FeCl_3 + MnCl_2 + KCl + 4H_2O$$

2.66 ¿Cuántos gramos de CaO sólido se necesitan para reaccionar con 50.0 ml de 0.600 *M* de HCl? La ecuación de la reacción es

$$CaO + 2HCl \rightarrow CaCl_2 + H_2O$$

2.67 ¿Cuántos gramos de I_2 se necesitan para reaccionar con 45.0 ml de 0.500 *M* de $Na_2S_2O_3$. La ecuación es

$$2Na_2S_2O_3 + I_2 \rightarrow 2NaI + Na_2S_4O_6$$

2.68 (a) ¿Cuántos gramos de Na_2CO_3 hay en una muestra impura del compuesto si se necesitan 35.0 ml de 0.250 *M* de HCl para hacerlo reaccionar? La ecuación de la reacción es

$$Na_2CO_3 + 2HCl \rightarrow 2NaCl + CO_2 + H_2O$$

(b) Si la muestra pesaba 1.25 g, ¿qué porcentaje del material es Na_2CO_3?

CAPÍTULO 3 TERMOQUÍMICA

En el transcurso de una reacción química, se libera o se absorbe energía. Los cálculos relacionados con estos cambios de energía son tan importantes como aquéllos relacionados con las masas de las sustancias que reaccionan. La **termoquímica** se relaciona con el estudio del calor liberado o absorbido por los cambios químicos y físicos. En los capítulos venideros, se hallarán frecuentemente los cálculos que comprenden estos cambios de energía; en este capítulo, se presentará este tipo de cálculo.

3.1. Medida de la energía

Es común pensar acerca de la fuerza como la aplicación de un esfuerzo físico, como empujar. Si se desprecian los efectos de fricción, un cuerpo en movimiento permanece en movimiento a una velocidad constante y un cuerpo en reposo, permanece en reposo (su velocidad es cero). Si se empujan estos cuerpos sus velocidades cambiarán. El incremento en velocidad por unidad de tiempo se llama **aceleración.**

Supongamos, por ejemplo, que tenemos un cuerpo que se mueve a una velocidad de 1 m/s. Supongamos que sobre este cuerpo actúa una fuerza constante, esto es, que se da un empuje sostenido; el cuerpo se moverá más y más rápidamente. Al final de un segundo, se moverá con la rapidez de 2 m/s. Al final de 2 segundos, su velocidad puede ser 3 m/s. Si el cuerpo toma velocidad con la rapidez de 1 metro por segundo en un segundo, se dice que su aceleración es 1 m/s^2. Una fuerza que le da a un cuerpo de *un gramo* una aceleración de 1 m/s^2 no es tan grande como la fuerza que le da a un cuerpo de *un kilogramo* la misma aceleración. La magnitud de una **fuerza** (F), por consiguiente, es proporcional a la masa del cuerpo (m), como también a la aceleración (a) que la fuerza produce:

$$F = ma \tag{3.1}$$

La unidad SI de fuerza se llama el newton (símbolo, N) y se deriva de las unidades base de masa (el kilogramo), de longitud (el metro), y de tiempo (el segundo):

$$F = ma$$

$$1\text{N} = (1\text{ kg})(1\text{ m/s}^2)$$

$$1\text{N} = 1\text{ kg·m/s}^2$$

El **trabajo** (W) Se define como la fuerza por la distancia (d) a lo largo de la cual actúa la fuerza:

$$W = Fd \qquad (3.2)$$

En el sistema internacional, la unidad de trabajo es el Joule (símbolo J). El **Joule** se define como el trabajo realizado cuando una fuerza de un newton actúa a través de una distancia de 1 metro:

$$W = Fd$$
$$1J = (1N)(1m)$$
$$= 1N \cdot m$$
$$= 1\ kg \cdot m^2/s^2$$

La **energía** puede definirse como la capacidad para realizar trabajo. Existen muchas formas de energía, tales como energía calórica, energía eléctrica y energía química. Cuando una forma de energía se convierte en otra forma, la energía no se crea ni se destruye. La unidad SI de trabajo, el joule, es la unidad utilizada para todas las medidas de energía, incluyendo medidas de calor. La unidad se designó así en honor de James Joule (1818–1889), un estudiante de John Dalton, quien demostró que una cantidad dada de trabajo siempre produce la misma cantidad de calor.

3.2 Temperatura y calor

La mayoría de los líquidos se expanden cuando se aumenta la temperatura. El termómetro de mercurio está diseñado para utilizar la expansión del mercurio y medir la temperatura. El termómetro consiste en un pequeño bulbo adherido a un tubo que tiene un conducto angosto (llamado tubo capilar). El bulbo y parte del tubo contiene mercurio, el espacio por encima del mercurio está vacío y la parte superior final del tubo está sellada. Cuando la temperatura aumenta, el mercurio se expande y sube en el tubo capilar.

La **escala de temperatura Celsius,** llamada así en nombre de Anders Celsius, un astrónomo sueco, se utiliza en estudios científicos y es parte del Sistema Internacional. La escala está basada en la asignación de 0°C al punto normal de congelación del agua, y 100°C el punto normal de ebullición del agua.

Cuando un termómetro se coloca en una mezcla de hielo y agua, el mercurio permanecerá a la misma altura y se marca sobre el tubo este punto como 0°C. Cuando el termómetro se coloca en agua en ebullición, bajo condiciones de presión atmosférica estándar, el mercurio se elevará a una posición que se marca como 100°C. Entre estos dos puntos fijos el tubo está dividido en 100 partes iguales, cada una de las cuales representa un grado. El termómetro está calibrado por debajo de 0°C y por encima de 100°C, indicando grados del mismo tamaño. La escala Celsius se llamó primeramente **escala centígrada** derivada de las palabras latinas *centum* (un ciento) y *gradus* (un grado).

En la **escala de temperatura Fahrenheit,** llamada así en honor del constructor de instrumentos alemán G. Daniel Fahrenheit, el punto normal de congelación del agua es 32°F y el punto normal de ebullición del agua es 212°F. Puesto que hay 100 grados Celsius y 180 (212-32) grados Fahrenheit, entre estos dos puntos fijos, 5 grados Celsius equivalen a 9 grados Fahrenheit.

La escala de temperatura Fahrenheit no se usa en trabajo científico. La conversión de una temperatura de la escala Fahrenheit t_F a la escala Celsius t_C puede realizarse en la siguiente forma:

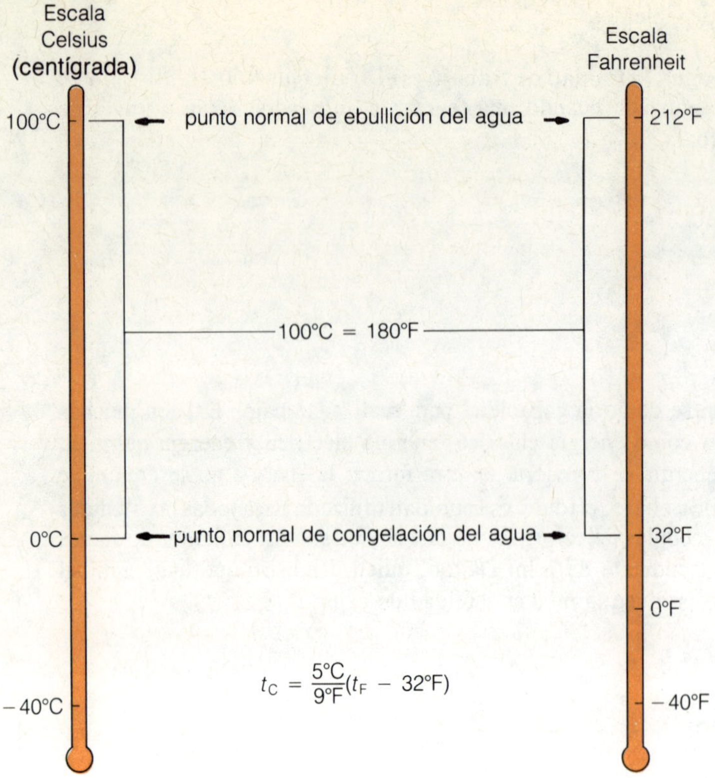

Figura 3.1 Comparación de las escalas de temperatura Celsius (centígrada) y Fahrenheit.

1. Reste 32° de la lectura Fahrenheit. El valor obtenido nos dice a cuántos grados Fahrenheit por encima del punto de congelación del agua está la temperatura.

2. Puesto que 5 grados Celsius equivalen a 9 grados Fahrenheit, 5/9 del valor obtenido es el número de grados Celsius por encima del punto de congelación del agua, que es 0°C.

De donde,

$$t_C = \frac{5°C}{9°F}(t_F - 32°F) \tag{3.3}$$

En la figura 3.1 se comparan las dos escalas de temperatura. La escala de temperatura termodinámica, llamada la escala Kelvin, se describirá en la Sección 8.3.

La temperatura se define como el grado de calor. El calor, por otra parte, es una forma de energía. En el pasado los químicos acostumbraban a medir el calor en calorías. El **calor específico** de una sustancia se define como la cantidad de calor requerida para elevar la temperatura de 1 g de la sustancia en 1°C. La caloría fue originalmente definida en términos del calor específico del agua. Sin embargo, el intervalo de un grado de temperatura tenía que ser especificado, ya que el calor específico del agua cambia ligeramente cuando la temperatura cambia. Durante muchos años, la **caloría** se definió como la cantidad de calor requerido para elevar la temperatura de 1 g de agua de 14.5°C a 15.5°C.

Determinaciones muy precisas de energía calórica en joules pueden hacerse por mediciones eléctricas. El joule, por consiguiente, es un patrón estándar del calor mejor que el calor específico del agua. La caloría se define ahora por su equivalente en julios.

1 cal = 4.184 J (exactamente).

Deben tenerse en cuenta varios puntos:

1. El joule y la caloría son unidades relativamente pequeñas para medir valores termoquímicos. Valores así frecuentemente se presentan en kilojoule (1 kilojoule = 1000 joule) y kilocalorías (1 kcal = 1000 cal).

2. El Comité internacional de pesas y medidas recomienda que todas las medidas de energía se basen en joules y que no se use más la caloría. Sin embargo, en el pasado se acostumbraba escribir los valores termoquímicos en calorías y kilocalorías.

a. Para convertir un valor dado en *calorías a joules*, se multiplica por (4.184 J/1 cal).

b. Para convertir un valor dado en *kilocalorías a kilojoules*, se multiplica por (4.184 kJ/1 kcal).

3. Para nuestros propósitos, el calor específico del agua puede considerarse como una constante (4.184 J/g°C ó 1.000 cal/g°C) sobre cualquier intervalo de temperatura entre el punto de congelación y el punto de ebullición del agua.

3.3 Calorimetría

La **capacidad calórica** (C) de una masa dada de una sustancia es la cantidad de calor requerido para elevar la temperatura de la masa en 1°C. El calor específico es la capacidad calórica de *un gramo* de una sustancia, es decir, la cantidad de calor requerido para elevar la temperatura de 1 g de la sustancia en 1°C. Por lo tanto,

$$C = (\text{masa})(\text{calor específico}) \tag{3.4}$$

Puesto que el calor específico del agua es 4.184 J/(g°C), la capacidad calórica de 500 g de agua es:

$$\begin{aligned} C &= [500\ \text{g}][4.18\ \text{J}/(\text{g}^\circ\text{C})] \\ &= 2090\ \text{J}/^\circ\text{C} \\ &= 2.09\ \text{kJ}/^\circ\text{C} \end{aligned}$$

Esta muestra absorbe 2.09 kJ de calor por cada grado que aumente la temperatura. Se necesitaría el doble de esta cantidad de calor para elevar la temperatura en 2°C. En general;

$$q = C(t_2 - t_1) \tag{3.5}$$

donde q es la cantidad de calor absorbido por la muestra, C es la capacidad calórica de la muestra, t_2 es la temperatura final y t_1 es la temperatura inicial. El calor absorbido por una muestra de 500 g de agua cuando se calienta de 20.00°C a 25.00°C puede calcularse en la siguiente forma:

$$\begin{aligned} q &= C(t_2 - t_1) \\ &= (2.09\ \text{kJ}/^\circ\text{C})(25.00^\circ\text{C} - 20.00^\circ\text{C}) \\ &= (2.09\ \text{kJ}/^\circ\text{C})(5.00^\circ\text{C}) \\ &= 10.4\ \text{kJ} \end{aligned}$$

Se utiliza un aparato llamado **calorímetro** para medir los cambios de calor que acompañan a las reacciones químicas. Un calorímetro consiste en una recipiente en cual se realiza la reacción, sumergida en una cantidad pesada de agua en un recipiente bien aislado. La reacción se efectúa usando cantidades conocidas de reactivos y el calor producido por la reacción aumenta la temperatura del agua y del calorímetro. La cantidad de calor liberado por la reacción puede calcularse a partir del aumento en la temperatura si la capacidad calórica total del calorímetro y sus contenidos son conocidos.

Ejemplo 3.1

Un calorímetro de tipo bomba (fig. 3.2) se utiliza para medir el calor producido por la combustión de la glucosa $C_6H_{12}O_6$.

$$C_6H_{12}O_6(s) + 6\ O_2\ (g) \longrightarrow 6\ CO_2\ (g) + 6\ H_2O\ (l)$$

Una muestra de 3.00 g. de glucosa se coloca en la bomba, la cual se llena luego con oxígeno gaseoso bajo presión. La bomba se coloca en un recipiente calorimétrico bien aislado que contiene 1.20 kg de agua.
La temperatura inicial del dispositivo es 19.00°C. La ignición de la mezcla se obtuvo por calentamiento eléctrico de un alambre dentro de la bomba. La reacción hizo que la temperatura del calorímetro y su contenido aumentara a 25.50°C. La capacidad calórica del calorímetro es 2.21 kJ/°C. El peso molecular de la glucosa es 180. ¿Qué cantidad de calor se desprende por la combustión de 1 mol de glucosa?

Solución

Puesto que se utilizan 1200 g de agua y el calor específico del agua es 4.18 J/(g°C), la capacidad calórica del agua en el calorímetro, C_{H_2O} es:

$$C = \text{(masa) (calor específico)}$$

$$\begin{aligned} C_{H_2O} &= [1200\ g][4.18\ J/(g^\circ C)] \\ &= 5016\ J/^\circ C = 5.02\ kJ/^\circ C \end{aligned}$$

La capacidad calórica del calorímetro, C_{cal} es 2.21 kJ/°C. La capacidad calórica total, C_{total} es:

$$\begin{aligned} C_{total} &= C_{H_2O} + C_{cal} \\ &= 5.02\ kJ/^\circ C + 2.21\ kJ/^\circ C \\ &= 7.23\ kJ/^\circ C \end{aligned}$$

Así, se necesitan 7.23 kJ de calor para elevar la temperatura del dispositivo en 1°C.
La cantidad de calor *absorbido* por el calorímetro y el agua es:

$$\begin{aligned} q &= C(t_2 - t_1) \\ &= (7.23\ kJ/^\circ C)(25.50^\circ C - 19.00^\circ C) \\ &= (7.23\ kJ/^\circ C)(6.50^\circ C) \\ &= 47.0\ kJ \end{aligned}$$

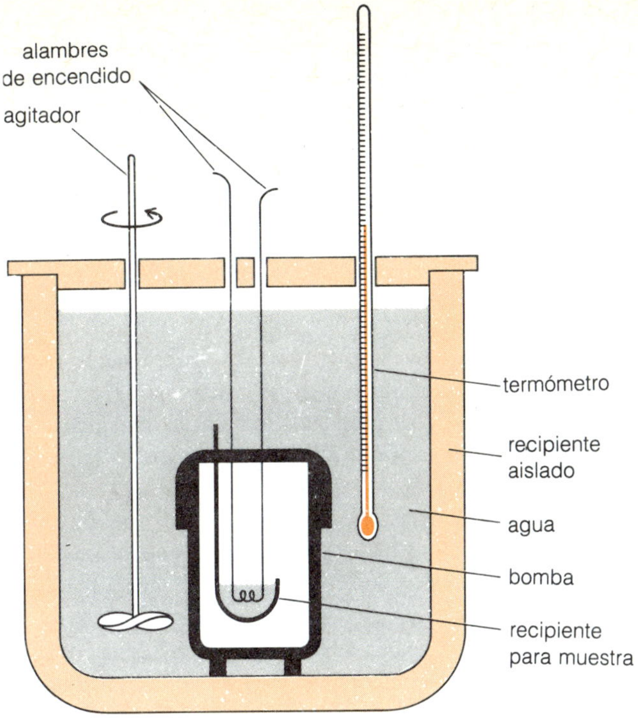

Figura 3.2 Bomba calorimétrica.

Esta cantidad (47.0 kJ) es también la cantidad de calor *producido* por la combustión de 3.00 g de glucosa; por consiguiente:

$$47.0\ \text{kJ} = 3.00\ \text{g}\ C_6H_{12}O_6$$

Para un mol de glucosa (180 g de glucosa), la cantidad de calor desprendido es:

$$?\ \text{kJ} = 180\ \text{g}\ C_6H_{12}O_6 \left(\frac{47.0\ \text{kJ}}{3.00\ \text{g}\ C_6H_{12}O_6}\right) = 2.82 \times 10^3\ \text{kJ}$$

3.4 Ecuaciones termoquímicas

Si una reacción que produce un gas se realiza en un recipiente cerrado, la presión dentro del recipiente aumentará. La mayor parte de las reacciones, sin embargo, se realizan en recipientes abiertos. Para estas reacciones, la presión es constante sea que se produzcan gases o no.*

*Las reacciones realizadas en una bomba calorimétrica puede originar o no cambios de presión dentro de la bomba. La ecuación para la reacción descrita en el ejemplo 3.1 es:

$$C_6H_{12}O_6\ (s) + 6O_2(g) \rightarrow 6\ CO_2(g) + 6H_2O\ (l)$$

obsérvese que se consumen 6 moles de gas (O_2 gaseoso) y se producen 6 moles de gas (CO_2 gaseoso); la presión dentro de la bomba, por consiguiente, no cambia cuando ocurre la reacción.

Si la reacción produce más moles de gas que los que usa, la presión dentro del calorímetro aumenta. Si una reacción se realiza en un recipiente abierto a la atmósfera, los gases producidos escapan. La presión en este caso permanece constante e igual a la atmosférica.

Para una reacción de este tipo, el cambio de energía medido cuando cambia la presión, es ligeramente diferente del cambio de energía medido a presión constante. En un caso de este tipo se aplica una corrección al valor obtenido mediante la bomba calorimétrica (ver sección 17.2).

No existen apreciables efectos de presión para muchas reacciones, incluyendo aquéllas que no involucran gases (por ejemplo las reacciones realizadas en solución) y aquéllas en las cuales el número de moles de gas usado es igual al número de moles de gas producido.

El calor liberado o absorbido por reacciones que se mantienen bajo presión constante pueden relacionarse a una propiedad que se llama **entalpía** y se le da el símbolo de H. Se supone que cada sustancia pura tiene una entalpía (la cual se llama también contenido calórico). Un conjunto de reactivos dados, por consiguiene, tiene una entalpía total definida, $H_{\text{reactivos}}$. El conjunto correspondiente de productos también tiene una entalpía total definida, $H_{\text{productos}}$. El calor de reacción es la diferencia entre estas entalpías y por consiguiente se le asigna el símbolo ΔH. La letra griega delta mayúscula, Δ, se utiliza para indicar diferencia:

$$\Delta H = H_{\text{productos}} - H_{\text{reactivos}} \tag{3.6}$$

Las reacciones que liberan calor se llaman **reacciones exotérmicas.** En reacciones de este tipo, los productos tienen una entalpía más baja que los reactivos; ΔH tiene un valor negativo. Cuando se realiza la reacción, los productos remplazan a los reactivos en el sistema. La entalpía del sistema de reacción disminuye (ΔH es negativo) y la diferencia es calor desprendido (ver Figura 3.3)

Las reacciones que absorben calor se llaman **reacciones endotérmicas.** En reacciones de este tipo la entalpía de los productos es mayor que la entalpía de los reactivos y ΔH es positivo. Cuando ocurren las reacciones, se debe suministrar calor para elevar la entalpía del sistema (ver fig. 3.4)

Las entalpías de las sustancias químicas dependen de la temperatura y de la presión. Por convención, los valores de ΔH se dan generalmente para las reacciones realizadas a 25°C y a presión atmosférica estándar (sección 8.2). Si se emplean otras condiciones, deben especificarse.

Los datos termoquímicos pueden darse escribiendo una ecuación química para la reacción en estudio y escribiendo al lado los valores de ΔH de la reacción *como aparece escrita*. El valor apropiado de ΔH es el requerido cuando la ecuación se expresa en cantidades molares. Contrario a la práctica general, los coeficientes fraccionarios pueden utilizarse para igualar la ecuación química. Un coeficiente fraccionario sencillo indica una fracción de un mol de una sustancia.

$$H_2(g) + \tfrac{1}{2}O_2(g) \longrightarrow H_2O(l) \qquad \Delta H = -286 \text{ kJ}$$

Cuando 1 mol de hidrógeno gaseoso reacciona con ½ mol de oxígeno gaseoso para producir un mol de agua líquida, se desprenden 286 kJ de calor.

El estado de cada sustancia en la reacción debe indicarse en la ecuación. Una designación tal como (g) para gas, (s) para sólido, (l) para líquido o (ac) para una solución acuosa, se colocan después de cada fórmula. La necesidad de esta convención puede demostrarse comparando la siguiente ecuación con la anterior:

$$H_2(g) + \tfrac{1}{2}O_2(g) \longrightarrow H_2O(g) \qquad \Delta H = -242 \text{ kJ}$$

Obsérvese que se liberan 44 kJ menos de calor por la segunda reacción que por la primera. Esta cantidad de calor se utiliza para convertir 1 mol de $H_2O(l)$ a 1 mol de $H_2O(g)$. Cuando se invierte una ecuación, el signo de ΔH se cambia. Una reacción que es endotérmica en una dirección, es exotérmica en la dirección opuesta:

$$\tfrac{1}{2}H_2(g) + \tfrac{1}{2}I_2(s) \longrightarrow HI(g) \qquad \Delta H = +25.9. \text{ kJ.}$$

$$HI(g) \longrightarrow \tfrac{1}{2}H_2(g) + \tfrac{1}{2}I_2(s) \qquad \Delta H = -25.9 \text{ kJ}$$

Si los coeficientes de las sustancias en una ecuación química se multiplican por un factor, el valor de ΔH debe multiplicarse por el mismo factor. Por ejemplo, si la última

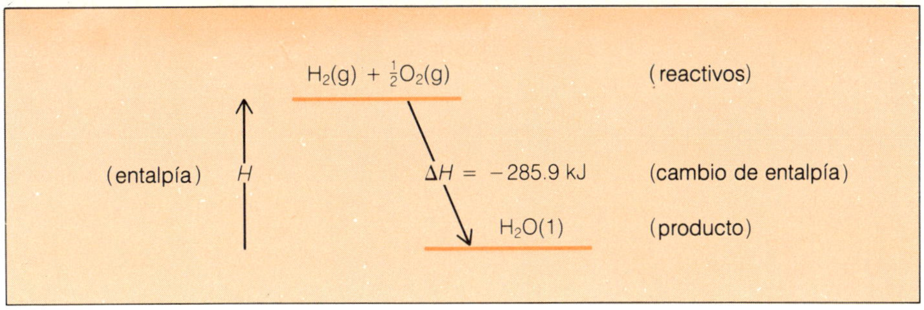

Figura 3.3 Diagrama de entalpía para una reacción exotérmica.

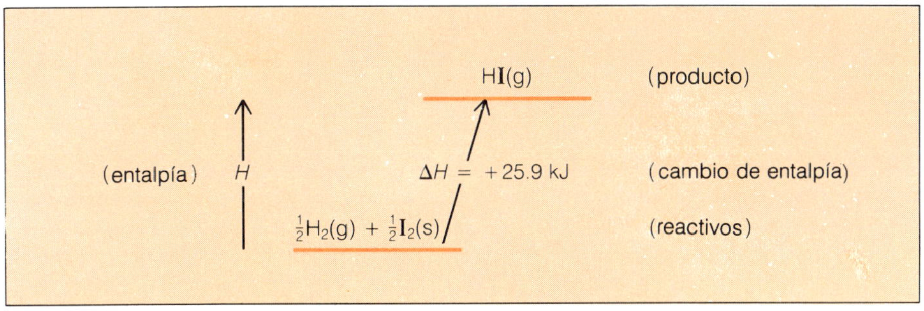

Figura 3.4 Diagrama de entalpía para una reacción endotérmica.

ecuación se multiplica por 2, el valor de ΔH debe también multiplicarse por 2.

$$2HI(g) \longrightarrow H_2(g) + I_2(s) \qquad \Delta H = 2(-25.9 \text{ kJ}) = -51.8 \text{ kJ}.$$

En la misma forma, los coeficientes de una ecuación y el valor de ΔH pueden dividirse por el mismo número.

Las convenciones para escribir ecuaciones termoquímicas pueden resumirse así:

1. Para reacciones exotérmicas (el sistema de reacción pierde calor) ΔH es negativo. Para reacciones endotérmicas (el sistema de reacción absorbe calor), ΔH es positivo.

2. A menos que esté especificado de otra forma, los valores de ΔH se dan para reacciones realizadas a 25°C y a presión atmosférica estándar).

3. Designaciones tales como (g), (s), (l) y (ac) se colocan al lado de las fórmulas en la ecuación para indicar el estado físico de cada sustancia.

4. Los coeficientes de las sustancias de la ecuación química indican el número de moles de cada sustancia involucrada en la reacción (pueden utilizarse fracciones) y el valor de ΔH dado corresponde a estas cantidades de materiales.

5. Si los coeficientes en la ecuación química se multiplican o dividen por un factor, el valor de ΔH debe multiplicarse o dividirse por el mismo factor.

6. Cuando se invierte una ecuación química, cambia el signo, pero no la magnitud del valor de ΔH.

Los problemas termoquímicos se resuelven prácticamente de la misma forma que los problemas estequiométricos.

Ejemplo 3.2

La reacción de la termita es altamente exotérmica

$$2Al(s) + Fe_2O_3(s) \longrightarrow 2Fe(s) + Al_2O_3(s) \qquad \Delta H = -848kJ.$$

¿Qué cantidad de calor se libera cuando 36.0 g del Al reaccionan con un exceso de Fe_2O_3?

Solución

La ecuación y el valor de ΔH muestran que:

$$-848 \text{ kJ} = 2 \text{ moles Al}$$

Puesto que el peso atómico de Al es 27.0,

$$? \text{ kJ} = 36.0 \text{ g Al} \left(\frac{1 \text{ mol Al}}{27.0 \text{ g Al.}} \right) \left(\frac{-848 \text{ kJ}}{2 \text{ moles Al}} \right) = -565 \text{ kJ.}$$

3.5 La ley de Hess

La base de muchos cálculos termoquímicos es la **ley de la constancia de la suma calórica,** la cual fue establecida experimentalmente por G.H. Hess en 1840. Esta **ley de Hess** establece que el cambio en entalpía para cualquier reacción química es constante, sea que la reacción ocurra en uno o en varios pasos. Los datos termoquímicos, por consiguiente, pueden tratarse algebraicamente.

Considere, por ejemplo, la reacción del grafito con el oxígeno para producir el dióxido de carbono gaseoso.

$$C \text{ (grafito)} + O_2(g) \longrightarrow CO_2 \text{ (g)} \qquad \Delta H = -393.5 \text{ kJ.}$$

Esta transformación también puede ocurrir en dos pasos: la reacción de grafito con O_2 que forma CO, seguida por la reacción del CO con O_2 para formar CO_2. La suma de las ecuaciones da un resultado que es idéntico a la ecuación para la reacción directa (ver figura 3.5)

$$\begin{array}{rl} C \text{ (grafito)} + \tfrac{1}{2}O_2(g) \longrightarrow CO(g) & \Delta H = -110.5 \text{ k} \\ CO(g) + \tfrac{1}{2}O_2(g) \longrightarrow CO_2(g) & \Delta H = -283.0 \text{ kJ} \\ \hline C \text{ (grafito)} + O_2(g) \longrightarrow CO_2 \text{ (g)} & \Delta H = -393.5 \text{ kJ} \end{array}$$

Puesto que los datos termoquímicos pueden tratarse algebraicamente, es posible derivar una entalpía de reacción de las medidas hechas sobre otras reacciones. Suponga, por ejemplo, que se dan las siguientes ecuaciones termoquímicas:

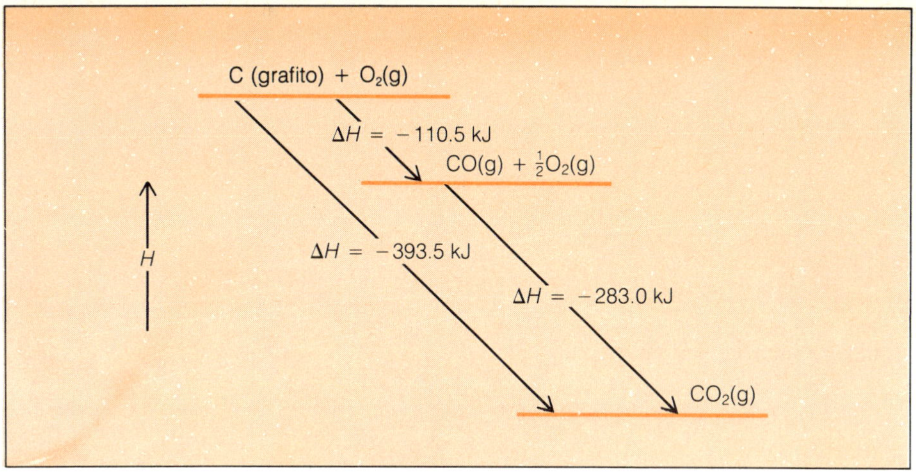

Figura 3.5 Diagrama entálpico para ilustrar la ley de Hess.

$$C\ (\text{grafito}) + O_2(g) \longrightarrow CO_2(g) \qquad \Delta H = -393.5\ \text{kJ} \qquad (3.7)$$

$$H_2(g) + \tfrac{1}{2}O_2(g) \longrightarrow H_2O(l) \qquad \Delta H = -285.9\ \text{kJ} \qquad (3.8)$$

$$CH_4(g) + 2O_2(g) \longrightarrow CO_2(g) + 2H_2O(l) \qquad \Delta H = -890.4\ \text{kJ} \qquad (3.9)$$

Estas relaciones pueden utilizarse para hallar el ΔH para la reacción en la cual el metano, CH_4, se prepara a partir de carbono e hidrógeno.

Este cambio en entalpía no puede medirse directamente:

$$C\ (\text{grafito}) + 2\ H_2\ (g) \longrightarrow CH_4\ (g) \qquad \Delta H = ?$$

Puesto que 1 mol de C (grafito) aparece a la izquierda de la ecuación (3.7) y también a la izquierda de la ecuación deseada, la ecuación (3.7) se escribe como se dio previamente.

$$C\ (\text{grafito}) + O_2\ (g) \longrightarrow CO_2\ (g) \qquad \Delta H = -393.5\ \text{kJ} \qquad (3.7)$$

Dos moles de $H_2(g)$ aparecen a la izquierda de la ecuación deseada y solamente 1 mol de $H_2(g)$ aparece sobre la izquierda de la ecuación (3.8). La ecuación (3.8), por consiguiente se multiplica toda por 2 y el valor ΔH se multiplica por 2:

$$2H_2(g) + O_2(g) \longrightarrow 2H_2O(l) \qquad \Delta H = -571.8\ \text{kJ} \qquad (3.10)$$

Un mol de CH_4 (g) aparece en el lado derecho de la ecuación deseada. Por consiguiente la ecuación (3.9) se convierte y el signo del valor de ΔH se cambia:

$$CO_2(g) + 2H_2O(l) \longrightarrow CH_4(g) + 2\ O_2(g) \qquad \Delta H = +890.4\ \text{kJ} \qquad (3.11)$$

Las ecuaciones (3.7), (3.10) y (3.11) se suman. Los términos comunes a ambos lados de la ecuación final ($2O_2$, CO_2 y $2H_2$) se cancelan.

$$C\ (\text{grafito}) + 2H_2(g) \longrightarrow CH_4(g) \qquad \Delta H = -74.9\ \text{kJ}$$

El valor resultante ΔH es la entalpía de la reacción que se buscaba.

Ejemplo 3.3

Dadas las siguientes ecuaciones termoquímicas:

$$4\,NH_3(g) + 3\,O_2(g) \longrightarrow 2\,N_2(g) + 6\,H_2O(l) \qquad \Delta H = -1531\ kJ \qquad (3.12)$$

$$N_2O(g) + H_2(g) \longrightarrow N_2(g) + H_2O(l) \qquad \Delta H = -367.4\ kJ \qquad (3.13)$$

$$H_2(g) + \tfrac{1}{2}O_2(g) \longrightarrow H_2O(l) \qquad \Delta H = -285.9\ kJ \qquad (3.14)$$

Hallar el valor de ΔH para la reacción:

$$2NH_3(g) + 3N_2O(g) \longrightarrow 4N_2(g) + 3H_2O(l)$$

Solución

Puesto que la ecuación deseada tiene 2 moles de NH_3 sobre la izquierda, dividimos la ecuación (3.12) por 2 y el valor de ΔH por 2. Multiplicamos la ecuación (3.13) y el correspondiente valor ΔH por 3, para que el coeficiente de N_2O en la ecuación final sea 3. Para eliminar el $3H_2(g)$ agregado a la izquierda en el último paso, invertimos la ecuación (3.14) y la multiplicamos por 3, el valor de ΔH se multiplica por 3 y su signo cambia:

$$2\,NH_3(g) + \tfrac{3}{2}O_2(g) \longrightarrow N_2(g) + 3\,H_2O(l) \qquad \Delta H = -765.5\ kJ$$

$$3\,N_2O(g) + 3\,H_2(g) \longrightarrow 3\,N_2(g) + 3\,H_2O(l) \qquad \Delta H = -1102.2\ kJ$$

$$3\,H_2O(l) \longrightarrow 3\,H_2(g) + \tfrac{3}{2}O_2(g) \qquad \Delta H = +857.7\ kJ$$

Las ecuaciones y valores de ΔH se suman. Los términos comunes a ambos lados de la ecuación final (3/2 O_2, $3H_2$, $3H_2O$) se cancelan:

$$2NH_3(g) + 3N_2O(g) \longrightarrow 4N_2(g) + 3H_2O(l) \qquad \Delta H = -1010.0\ kJ$$

3.6 Entalpías de formación

La entalpía de un elemento o compuesto depende de la temperatura y presión. Si deseamos comparar los valores de ΔH, las condiciones bajo las cuales se han medido deben de ser idénticas. El **estado estándar** de una sustancia es el estado en que la sustancia es estable a 1 atmósfera de presión y 25°C. El símbolo $\Delta H°$ se utiliza para indicar cambios entálpicos estándares, los cuales son aplicables a reacciones que comprenden solamente materiales en sus estados estándares.

La **entalpía estándar de formación,** $\Delta H_f°$, de un compuesto es el cambio entálpico para la reacción en la cual 1 mol del compuesto en su estado estándar se prepara de sus elementos en sus estados estándares. La entalpía de formación, por consiguiente, es un tipo específico de cambio entálpico. Los valores de ΔH para las reacciones indicadas en las figuras 3.3 y 3.4 son en realidad los valores de $\Delta H_f°$ del $H_2O(l)$ y HI(g) respectivamente:

$$H_2(g) + \tfrac{1}{2}O_2(g) \longrightarrow H_2O(l) \qquad \Delta H_f = -285.9\ kJ$$

$$\tfrac{1}{2}H_2(g) + \tfrac{1}{2}I_2(s) \longrightarrow HI(g) \qquad \Delta H_f = +25.9\ kJ$$

Las entalpías de formación se miden directamente ó se calculan de otros datos termoquímicos por aplicación de la ley de Hess. El resultado del cálculo de este tipo se da en la Sección 3.5

$$C(\text{grafito}) + 2H_2(g) \longrightarrow CH_4(g) \qquad \Delta H^\circ = -74.9 \text{ kJ}$$

es la entalpía de formación del $CH_4(g)$. Algunas entalpías de formación aparecen en la Tabla 3.1.

Tabla 3.1 Entalpías de formación a 25°C y 1 atmósfera.

Compuesto	ΔH_f° (kJ/mol)	Compuesto	ΔH_f° (kJ/mol)
$H_2O(g)$	−241.8	$COCl_2(g)$	−223.
$H_2O(l)$	−285.9	$SO_2(g)$	−296.9
$HF(g)$	−269.	$CO(g)$	−110.5
$HCl(g)$	−92.30	$CO_2(g)$	−393.5
$HBr(g)$	−36.2	$NO(g)$	+90.37
$HI(g)$	+25.9	$NO_2(g)$	+33.8
$H_2S(g)$	−20.2	$HNO_3(l)$	−173.2
$HCN(g)$	+130.5	$NH_4NO_3(s)$	−365.1
$NH_3(g)$	−46.19	$NaCl(s)$	−411.0
$PH_3(g)$	+9.25	$MgO(s)$	−601.83
$CH_4(g)$	−74.85	$CaO(s)$	−635.5
$C_2H_6(g)$	−84.68	$Ca(OH)_2(s)$	−986.59
$C_2H_4(g)$	+52.30	$CaCO_3(s)$	−1206.9
$C_2H_2(g)$	+226.7	$Ca_3P_2(s)$	−504.17
$C_6H_6(l)$	+49.04	$BaO(s)$	−588.1
$CH_3OH(g)$	−201.2	$BaCO_3(s)$	−1218.
$CH_3OH(l)$	−238.6	$Al_2O_3(s)$	−1669.8
$CH_3NH_2(g)$	−28.	$Fe_2O_3(s)$	−822.2
$NF_3(g)$	−113.	AgC (s)	−127.0
$CF_4(g)$	−913.4	$HgBr_2(s)$	−169.
$CHCl_3(l)$	−132.	$ZnO(s)$	−348.0

El cambio de entalpía para una reacción puede calcularse de las entalpías de formación de los compuestos involucrados en la reacción. Por ejemplo, el cambio de entalpía para la reacción,

$$C_2H_4(g) + H_2(g) \longrightarrow C_2H_6(g) \qquad \Delta H^\circ = ?$$

puede calcularse de las entalpías de formación de etileno, $C_2H_4(g)$ y etano, $C_2H_6(g)$:

$$2C(\text{grafito}) + 2H_2(g) \longrightarrow C_2H_4(g) \qquad \Delta H_f^\circ = +52.30 \text{ kJ} \qquad (3.15)$$

$$2C(\text{grafito}) + 3H_2(g) \longrightarrow C_2H_6(g) \qquad \Delta H_f^\circ = -84.68 \text{ kJ} \qquad (3.16)$$

El inverso de la ecuación (3.16) indica una transformación en la cual $C_2H_4(g)$ se disocia en sus elementos. El valor apropiado de cambio entálpico para la reacción invertida es $-\Delta H_f^\circ(C_2H_4)$ ó -52.30 kJ. Los elementos de la descomposición de $C_2H_4(g)$ más un mol adicional de $H_2(g)$ puede suponerse que forma $C_2H_6(g)$; la ecuación (3.16) se escribe como aparece. Cuando se suman estas dos ecuaciones, se obtiene la expresión termoquímica deseada:

$$C_2H_4(g) \longrightarrow 2C\ (\text{grafito}) + 2H_2(g) \qquad -\Delta H_f^\circ = -52.30\ \text{kJ}$$

$$\underline{2C(\text{grafito}) + 3H_2(g) \longrightarrow C_2H_6(g) \qquad \Delta H_f^\circ = -84.68\ \text{kJ}}$$

$$C_2H_4(g) + H_2(g) \longrightarrow C_2H_6(g) \qquad \Delta H^\circ = -136.98\ \text{kJ}$$

El ΔH de la reacción es, por consiguiente, $\Delta H_f^\circ(C_2H_6) - \Delta H_f^\circ(C_2H_4)$.

En general, un valor de ΔH° para una reacción puede obtenerse sustrayendo la suma de las entalpías de formación de los reactivos de la suma de las entalpías de formación de los productos:

$$\Delta H^\circ = \Sigma \Delta H_f^\circ\ (\text{productos}) - \Sigma \Delta H_f^\circ (\text{reactivos}) \tag{3.17}$$

La letra griega sigma, Σ, indica suma. Invirtiendo el signo de $\Sigma\ \Delta H_f^\circ$ (reactivos), indicamos un proceso en el cual los reactivos se desdoblan en los elementos. La formación de los productos de estos elementos está indicado por el término $\Sigma\ \Delta H_f^\circ$ (productos).

Hay dos factores que frecuentemente causan problema en el uso de este procedimiento para el cálculo de los valores de ΔH°:

1. Las entalpías de formación se dan en kilojoules por *mol*. La ecuación química que corresponde a un valor de la Tabla 3.1 se refiere a la formación de *un* solo mol del compuesto. Si hay más de un mol (o menos de un mol) del compuesto involucrado en la reacción que se está estudiando, el valor de ΔH_f° debe multiplicarse por el número de moles involucrados.

2. La entalpía de formación de un elemento es *cero* (el cambio entálpico cuando un elemento se prepara a partir de sí mismo). No se agrega ningún término para los elementos a las sumas $\Sigma\ \Delta H_f^\circ$ (productos) y $\Sigma\ \Delta H_f^\circ$ (reactivos). Considere la reacción,

$$2NH_3(g) + 3Cl_2(g) \longrightarrow N_2(g) + 6HCl(g) \qquad \Delta H^\circ = ?$$

El cambio entálpico para la reacción puede calcularse de la siguiente forma:

$$\begin{aligned}\Delta H^\circ &= \Sigma \Delta H_f^\circ(\text{productos}) - \Sigma \Delta H_f^\circ\ (\text{reactivos}) \\ &= 6\Delta H_f^\circ(HCl) - 2\Delta H_f^\circ(NH_3) \\ &= 6(-92.30\ \text{kJ}) - 2(-46.19\ \text{kJ}) \\ &= -553.80\ \text{kJ} + 92.38\ \text{kJ} = -461.42\ \text{kJ}\end{aligned}$$

Este cálculo puede ser verificado por la adición de las ecuaciones termoquímicas apropiadas. Puesto que se prepararon 6 moles de HCl(g), se multiplica por 6 la ecuación para la formación de HCl(g) y la entalpía de formación de HCl(g) se multiplica por 6. Dos moles de $NH_3(g)$ se consumen en la reacción. La ecuación para la *formación* de $NH_3(g)$ se multiplica por 2 y se *invierte*; el valor de ΔH_f° se multiplica por 2 y se cambia el signo. Estas dos expresiones termoquímicas se suman. No se introducen ecuaciones separadas para los elementos que están involucrados en la reacción (Cl_2 y N_2):

$$\begin{array}{rlr} 3H_2(g) + 3Cl_2(g) \longrightarrow 6HCl(g) & \Delta H^\circ = \ \ 6\Delta H_f = & -553.80\ \text{kJ} \\ 2NH_3(g) \longrightarrow N_2(g) + 3H_2(g) & \Delta H^\circ = -2\Delta H_f = & +92.38\ \text{kJ} \\ \hline 2NH_3(g) + 3Cl_2(g) \longrightarrow N_2(g) + 6HCl(g) & \Delta H^\circ = & -461.42\ \text{kJ} \end{array}$$

Los términos "$3H_2(g)$" se cancelan en la adición. Obsérvese que "$3Cl_2(g)$" y "$N_2(g)$" aparecen en la ecuación final sin que se hubiera hecho ninguna previsión especial para su introducción.

Ejemplo 3.4

Utilice entalpías de formación para calcular $\Delta H°$ de la reacción:

$$Fe_2O_3(s) + 3CO(g) \longrightarrow 2Fe(s) + 3CO_2(g)$$

Solución

Los valores necesarios pueden hallarse en la Tabla 3.1

$$\begin{aligned}\Delta H° &= \Sigma\Delta H_f° \text{ (productos)} - \Sigma\Delta H_f° \text{ (reactivos)}\\ &= 3\Delta H_f°(CO_2) - [\Delta H_f°(Fe_2O_3) + 3\Delta H_f°(CO)]\\ &= 3(-393.5 \text{ kJ}) - [(-822.2 \text{ kJ}) + 3(-110.5 \text{ kJ})]\\ &= -1180.5 \text{ kJ} + 1153.7 \text{ kJ} = -26.8 \text{ kJ}\end{aligned}$$

Ejemplo 3.5

Dados los siguientes datos:

$$CH_4(g) + 2O_2(g) \longrightarrow CO_2(g) + 2H_2O(l) \qquad \Delta H° = -890.4 \text{ kJ}$$

la entalpía de formación del $CO_2(g)$ es -393.5 kJ/mol: la entalpía de formación del $H_2O(l)$ es -285.9 kJ/mol. Calcule la entalpía de formación del $CH_4(g)$.

Solución

En este caso, se conoce el valor de $\Delta H°$ para la reacción y se busca un $\Delta H_f°$ para uno de los reactivos.

$$\begin{aligned}\Delta H° &= \Sigma\Delta H_f° \text{ (productos)} - \Sigma\Delta H_f°\text{(reactivos)}\\ \Delta H° &= \Delta H_f°(CO_2) + 2\Delta H_f°(H_2O) - \Delta H_f°(CH_4)\\ -890.4 \text{ kJ} &= (-393.5 \text{ kJ}) + 2(-285.9 \text{ kJ}) - \Delta H_f°(CH_4)\\ -890.4 \text{ kJ} &= -965.3 \text{ kJ} - \Delta H_f°(CH_4)\\ \Delta H_f°(CH_4) &= -74.9 \text{ kJ}\end{aligned}$$

Uso de entalpías de formación para obtener valores de ΔH

1. Escriba la ecuación química para la reacción.
2. Sustituya en la ecuación,

$$\Delta H_f^\circ = \Sigma\Delta H_f^\circ(\text{productos}) - \Sigma\Delta H_f^\circ(\text{reactivos})$$

a) El término $\Sigma\Delta H_f^\circ$ (productos), es la suma de las entalpías de formación de los *compuestos* que aparecen en el *lado derecho* de la ecuación química.
b) El término $\Sigma\Delta H_f^\circ$ (reactivos) es la suma de las entalpías de formación de los *compuestos* que aparecen en el *lado izquierdo* de la ecuación química.

Para obtener cualquiera de estas sumas, multiplicamos la entalpía de formación de cada compuesto por el número de moles del compuesto involucrado en la reacción (dado por el coeficiente apropiado de la ecuación química). No se introducen términos para las entalpías de los *elementos* que aparecen en la ecuación química, puesto que sus entalpías de formación son cero.

3.7 Energías de enlace

Los átomos se mantienen juntos en las moléculas mediante enlaces químicos (ver Capítulo 6). La energía requerida para *romper* el enlace que mantiene unidos dos átomos de una molécula diatómica se llama **energía de disociación de enlace.** Estos valores se escriben en kilojoules por mol de enlaces. En las ecuaciones siguientes, las cuales ilustran este proceso, los guiones se utilizan para representar los enlaces entre los átomos; por ejemplo, H_2 aparece como H—H.

$$\text{H—H(g)} \longrightarrow 2\,\text{H(g)} \qquad \Delta H = +435\ \text{kJ}$$

$$\text{Cl—Cl(g)} \longrightarrow 2\,\text{Cl(g)} \qquad \Delta H = +243\ \text{kJ}$$

$$\text{H—Cl(g)} \longrightarrow \text{H(g)} + \text{Cl(g)} \qquad \Delta H = +431\ \text{kJ}$$

Cada uno de estos valores de ΔH es *positivo,* lo que indica que la energía se *absorbe* en cada proceso. El enlace en la molécula de H_2 es el más fuerte de los tres. Se requiere la máxima energía para separar los átomos de la molécula de H_2.

Si una de estas ecuaciones se invierte, el signo del valor de ΔH debe cambiarse:

$$\text{H(g)} + \text{Cl(g)} \longrightarrow \text{H—Cl(g)} \qquad \Delta H = -431\ \text{kJ}$$

Cuando se forma un enlace, se *libera* energía: la misma cantidad que se *requiere* para romper el enlace.

Las energías de enlace pueden utilizarse para determinar valores de ΔH. Considere la reacción:

$$H_2(g) + Cl_2(g) \longrightarrow 2\,HCl(g) \qquad \Delta H = 2\Delta H_f^\circ = -184.6\ \text{kJ}$$

El ΔH para esta reacción es el doble del de la entalpía de formación de HCl(g) puesto que la ecuación indica la formación de dos moles de HCl(g). Podemos obtener el valor de ΔH de las energías de enlace en la siguiente forma. El cambio de entalpía es la suma de la energía *requerida* para romper 1 mol de enlaces de H—H, la energía *requerida* para romper 1 mol de enlaces de Cl—Cl y la energía *desprendida* por la formación de 2 moles de enlaces de H—Cl.

$$\text{H—H(g)} \longrightarrow 2\,\text{H(g)} \qquad \Delta H = +435\ \text{kJ}$$

$$\text{Cl—Cl(g)} \longrightarrow 2\,\text{Cl(g)} \qquad \Delta H = +243\ \text{kJ}$$

$$2\,\text{H(g)} + 2\,\text{Cl(g)} \longrightarrow 2\,\text{H—Cl(g)} \qquad \Delta H = 2(-431)\text{kJ} = -862\ \text{kJ}$$

La suma de estas ecuaciones es:

$$\text{H—H(g)} + \text{Cl—Cl(g)} \longrightarrow 2\,\text{H—Cl(g)} \qquad \Delta H = -184\ \text{kJ}$$

Una molécula que contiene más de dos átomos, tales como H_2O, se llama una **molécula poliatómica.** Las moléculas de este tipo contienen más de un enlace. Existen, por ejemplo, enlaces H—O en la molécula de H_2O. El ΔH para

$$\text{H—O—H(g)} \longrightarrow 2\,\text{H(g)} + \text{O(g)} \qquad \Delta H = +926\ \text{kJ}$$

se refiere a un proceso en el cual dos moles de enlaces H—O se rompen. El **promedio de energía de enlace** del enlace H—O, por consiguiente es +926 kJ/2 moles ó +463 kJ/mol.

En la molécula de H_2O, los enlaces H—O son equivalentes. Si los enlaces se rompiesen uno por uno, los valores de ΔH no serían los mismos.

$$\text{H—O—H(g)} \longrightarrow \text{H(g)} + \text{O—H(g)} \qquad \Delta H = +501\ \text{kJ}$$

$$\text{O—H(g)} \longrightarrow \text{O(g)} + \text{H(g)} \qquad \Delta H = +425\ \text{kJ}$$

El promedio de los valores ΔH para los pasos es +463 kJ/mol, el cual es el promedio de la energía de enlace. En general, es más fácil de romper el segundo enlace de una molécula tal como H_2O, que el primero. El fragmento que queda después de que un H se ha removido (O—H) no es tan estable como la molécula original (H—O—H). La energía de enlace de un tipo de enlace dado no es la misma en todas las moléculas que contienen el enlace. La energía de enlace H—O en H—O—H es diferente de la energía de enlace H—O en H—O—Cl. Los valores que aparecen en la Tabla 3.2 para moléculas diatómicas son energías de disociación de enlace. Los otros valores son energías de enlace promedio y cada uno de estos valores es un promedio derivado de un gran número de ejemplos. Puesto que las energías de enlace promedio son aproximaciones, un ΔH obtenido usando estos valores debe ser considerado como un valor aproximado. En algunas moléculas, dos átomos están unidos por más de un enlace. Dos átomos de nitrógeno, por ejemplo, pueden unirse por un enlace sencillo (N—N), un enlace doble (N = N) o un enlace triple (N≡N), dependiendo de la molécula. Los enlaces múltiples están indicados en la Tabla 3.2.

Ejemplo 3.6

Utilice energías de enlace promedio para calcular el valor de ΔH para la reacción:

$$2\,\text{H—}\underset{}{\overset{\text{H}\atop|}{\text{N}}}\text{—H(g)} + 3\,\text{Cl—Cl(g)} \longrightarrow \text{N}\equiv\text{N(g)} + 6\,\text{H—Cl(g)}$$

Solución

Podemos suponer que la reacción se realiza en una serie de pasos. Cuando se rompe un enlace se absorbe energía (ΔH es positivo) y cuando un enlace se forma (ΔH es negativo) se desprende energía. Se rompen sies enlaces N—H:

$$2\,\text{H—}\overset{\displaystyle\text{H}}{\underset{}{\overset{|}{\text{N}}}}\text{—H(g)} \longrightarrow 2\,\text{N(g)} + 6\,\text{H(g)} \qquad \Delta H = 6(+389)\text{ kJ} = +2334\text{ kJ}$$

Se rompen tres enlaces Cl—Cl:

$$3\,\text{Cl—Cl(g)} \longrightarrow 6\,\text{Cl(g)} \qquad \Delta H = 3(+243)\text{ kJ} = +729\text{ kJ}$$

Se forma un enlace N≡N:

$$2\,\text{N(g)} \longrightarrow \text{N}\equiv\text{N(g)} \qquad \Delta H = -941\text{ kJ}$$

Se forman seis enlaces H—Cl:

$$6\,\text{H(g)} + 6\,\text{Cl(g)} \longrightarrow 6\,\text{H—Cl(g)} \qquad \Delta H = 6(-431)\text{ kJ} = -2586\text{ kJ}$$

La suma de estos pasos es la respuesta al problema:

$$2\,\text{NH}_3\text{(g)} + 3\,\text{Cl}_2\text{(g)} \longrightarrow \text{N}_2\text{(g)} + 6\,\text{HCl(g)} \qquad \Delta H = -464\text{ kJ}$$

En la sección 3.6, las entalpías de formación se utilizaron para calcular el valor de ΔH para esta reacción. El valor obtenido en esta forma (−461 kJ) es un valor más confiable que el obtenido de las energías de enlace (−464 kJ).

Tabla 3.2 Energías de enlace promedio[a]

Enlace	Energía de enlace promedio (kJ/mol)	Enlace	Energía de enlace promedio (kJ/mol)
H—H	435	P—H	318
H—F	565	N—Cl	201
H—Cl	431	P—Cl	326
H—Br	364	C—C	347
H—I	297	C═C	619
F—F	155	C≡C	812
Cl—Cl	243	C—H	414
Br—Br	193	C—O	335
I—I	151	C═O	707
O—O	138	C—F	485
O_2[b]	494	C—Cl	326
O—H	463	C—N	293
O—F	184	C═N	616
O—Cl	205	C≡N	879
N—N	159	S—H	339
N═N	418	S—S	213
N≡N	941	S—Cl	276
N—H	389		

[a]Reactivos y productos en estado gaseoso.

[b]Doble enlace del oxígeno molecular.

Resumen

Los temas discutidos en este capítulo son:

1. El significado del término *energía* y la definición de *joule* la unidad SI utilizada para todas las mediciones de energía.
2. Las escalas de temperatura Celsius y Fahrenheit.
3. La definición de la caloría y la interconversión de calorías y joules.
4. La medida del calor absorbido o desprendido por una reacción química.
5. El concepto de entalpía, H y cambio de entalpía, ΔH.
6. Cómo escribir las ecuaciones termoquímicas (ecuaciones químicas con una indicación del cambio de entalpía correspondiente a la reacción) y la estequiometría de los sistemas termoquímicos.
7. La ley de Hess, que es la justificación del manejo de las ecuaciones termoquímicas para obtener nuevos valores de ΔH.
8. Entalpías de formación y el uso de estos valores para determinar los cambios entálpicos.
9. Las energías de enlace y su uso en la determinación de valores aproximados de ΔH.

Glosario

A continuación aparecen algunos de los términos más importantes presentados en este capítulo. Las definiciones de los términos no incluidos en esta lista pueden localizarse usando el índice.

Calor específico (Sección 3.2). La cantidad de calor requerido para elevar en 1°C la temperatura de 1g de una sustancia.

Caloría, cal (Sección 3.2). La cantidad de calor requerido para elevar la temperatura de 1g de agua de 14.5 a 15.5°C; 1 cal = 4.184 J (exactamente)

Calorímetro (Sección 3.3). Un aparato utilizado para medir el calor transferido en reacciones químicas y cambios físicos.

Capacidad calórica (Sección 3.3). La cantidad de calor requerida para elevar la temperatura de una masa dada en 1°C.

Energía (Sección 3.1). La capacidad para realizar trabajo.

Energía de enlace (Sección 3.7). La energía necesaria para romper un enlace entre dos átomos en una molécula en estado gaseoso.

Entalpía, H (Sección 3.4). El contenido calórico de una muestra de materia; para una reacción realizada a presión constante, el cambio en entalpía ΔH, es el calor transferido (liberado o absorbido).

Entalpía de formación, ΔH_f° (Sección 3.6). Para un compuesto dado, es el cambio de entalpía para una reacción en la cual 1 mol del compuesto se prepara a partir de sus elementos. Si los elementos y el compuesto se hallan en sus estados estándares, el valor se llama entalpía estándar de formación, ΔH_f°.

Escala de temperatura Celsius (Sección 3.2). Una escala de temperatura basada en la asignación de 0°C al punto normal de congelación del agua y 100°C al punto normal de ebullición del agua.

Escala de temperatura Fahrenheit (Sección 3.2). Una escala de temperatura en la cual el punto normal de congelación del agua es 32°F y el punto normal de ebullición del agua es 212°F.

Estado estándar (Sección 3.6). El estado de una sustancia en donde la sustancia es estable a 1 atmósfera de presión y a 25°C.

Joule, J (Sección 3.1). La unidad SI utilizada para todas las mediciones de energía (1 Kg m^2/s^2).

Ley de Hess, o de la constancia de la suma calórica (Sección 3.5). El cambio en entalpía para cualquier reacción química es constante, sea que la reacción se realice en una o en varias etapas.

Moléculas poliatómicas (Sección 3.7). Una molécula que contiene más de dos átomos.

Reacción endotérmica (Sección 3.4). Una reacción química en la cual se absorbe calor.

Reacción exotérmica (Sección 3.4). Una reacción química en la cual se libera calor.

Temperatura (Sección 3.2). Grado de calor.

Termoquímica (Introducción). Estudio de los cambios de energía que acompañan a los cambios físicos y químicos.

Problemas*

Medidas de calor y calorimetría

3.1 La temperatura normal del cuerpo humano es 98.6°F. ¿Cuál es la temperatura normal del cuerpo en grados Celsius?

3.2 ¿Qué temperatura en grados Celsius corresponde a 0°F?

3.3 ¿Qué temperatura en grados Celsius corresponde a −40°F?

3.4 Un termostato se colocó a 68°F. ¿Cuál será la lectura en grados Celsius?

3.5 ¿Cuál es la capacidad calórica de 325g de agua?

3.6 ¿Cuántos kilojoules de calor se requieren para elevar la temperatura de 1.50 kg de agua de 22.00°C a 25.00°C?

3.7 ¿Cuántos kilojoules de calor fueron liberados por una reacción si el calor producido por la reacción eleva la temperatura de 1.75 kg de agua de 23.00°C a 42.00°C?

3.8 ¿Cuál es el calor específico del alcohol etílico, si 129 J de calor se requieren para elevar la temperatura de 15.0 g de alcohol etílico de 22.70°C a 26.20°C?

3.9 El calor específico del plomo es 0.129 J/(g°C). ¿Cuántos julios de calor se necesitan para elevar la temperatura de 207 g de plomo de 22.25°C a 27.65°C?

3.10 El calor específico del éter dietílico es 2.33 J/(g°C). Si 113 J de calor elevan la temperatura de una muestra de 12.5 g de éter dietílico a 27.35°C ¿cuál era la temperatura inicial de la muestra?

3.11 El calor específico del níquel es 0.444 J/(g°C). Si se agregan 50.0 J de calor a 32.3g de una muestra de níquel a 23.25°C, ¿cuál es la temperatura final de la muestra?

3.12 Si 95.5 J de calor elevan la temperatura de una muestra de oro de 21.50°C a 29.35°C, ¿cuál es la masa de la muestra? El calor específico del oro es 0.132 J/(g°C).

3.13 Una muestra de 1.45g de ácido acético, $HC_2H_3O_2$, se quemó en exceso de oxígeno en un calorímetro. El calorímetro contenía 0.750 kg de agua y tenía una capacidad calórica de 2.67 kJ/°C. La temperatura del calorímetro y su contenido aumentó de 24.32°C a 27.95°C. ¿Qué cantidad de calor se liberará por la combustión de 1.00 mol de ácido acético?

3.14 Una muestra de 2.30 g de quinona, $C_6H_4O_2$, se quemó en exceso de oxígeno en un calorímetro. El calorímetro contenía 1.00 kg de agua y tenía una capacidad calórica de 3.27 kJ/°C. La temperatura del calorímetro y su contenido aumentó de 19.22 a 27.07°C. ¿Qué cantidad de calor se liberará por la combustión de 1.00 mol de quinona?

3.15 La combustión de 1.00 mol de glucosa, $C_6H_{12}O_6$, libera 2.82×10^3 kJ de calor. Si 1.25 g de glucosa se quema en un calorímetro que contiene 0.950 kg de agua y la temperatura del conjunto aumenta de 20.10°C a 23.25°C, ¿cuál es la capacidad del calorímetro?

3.16 La combustión de 1.00 mol de sucrosa, $C_{12}H_{22}O_{11}$, libera 5.65×10^3 kJ de calor. Un calorímetro que tiene una capacidad calórica de 1.23 kJ/°C contiene 0.600 kg de agua. ¿Cuántos gramos de sacarosa deberían quemarse para elevar la temperatura del calorímetro y su contenido de 23.00 a 27.00°C?

Ecuaciones termoquímicas

3.17 Indique si cada una de las siguientes reacciones es exotérmica o endotérmica.

(a) $Br_2(l) + Cl_2(g) \longrightarrow 2\,BrCl(g) \quad \Delta H = +29.4$ kJ

(b) $NH_3(g) + HCl(g) \longrightarrow NH_4Cl(s) \quad \Delta H = -176$ kJ

(c) $N_2O_4(g) \longrightarrow 2\,NO_2(g) \quad \Delta H = +58.0$ kJ

(d) $CS_2(l) + 3\,Cl_2(g) \longrightarrow CCl_4(l) + S_2Cl_2(l) \quad \Delta H = -112$ kJ

3.18 La combustión de 1.000g de benceno, $C_6H_6(l)$ en $O_2(g)$ libera 41.84 kJ de calor y produce $CO_2(g)$ y $H_2O(g)$. Escriba la ecuación termoquímica para la combustión de *un mol* de $C_6H_6(l)$.

3.19 La combustión de 1.000g de alcohol etílico, $C_2H_5OH(l)$, libera 29.69 kJ de calor y produce $CO_2(g)$ y $H_2O(l)$. Escriba la ecuación termoquímica para la combustión de *un mol* de $C_2H_5OH(l)$.

3.20 La hidracina $N_2H_4(l)$ se utiliza como combustible de cohete. La ecuación termoquímica para la combustión de la hidracina es:

$$N_2H_4(l) + O_2(g) \rightarrow N_2(g) + 2H_2O(l) \qquad \Delta H = -622.4 \text{ kJ}$$

¿Qué cantidad de calor se libera por la combustión de 1.000g de hidracina?

3.21 La glucosa $C_6H_{12}O_6(s)$ se convierte en alcohol etílico, $C_2H_5OH(l)$, en la fermentación del jugo de frutas para producir vino:

$$C_6H_{12}O_6(s) \rightarrow 2C_2H_5OH(l) + 2CO_2(g) \qquad \Delta H + -67.0 \text{ kJ}$$

3.22 **Dada la ecuación termoquímica**

$$2\,NaN_3(s) \longrightarrow 2\,Na(s) + 3\,N_2(g) \quad \Delta H = +42.7 \text{ kJ}$$

¿Cuál es el valor de ΔH para la preparación de 0.150 kg de $N_2(g)$?

3.23 Dada la ecuación termoquímica

$$2NH_3(g) + 3N_2O(g) \rightarrow 4N_2(g) + 3H_2O(l) \qquad \Delta H = -1010 \text{ kJ}$$

*Los problemas más difíciles están marcados por un asterisco. El apéndice G contiene las respuestas de los problemas codificados en color.

a) ¿Qué cantidad de calor se libera por la reacción de 50.0g de $N_2O(g)$ con exceso de $NH_3(g)$?

b) ¿Qué cantidad de calor se libera por la reacción que produce 50.0 g de $N_2(g)$?

Ley de Hess

3.24 Dados:

(a) $H_2S(g) + \frac{3}{2}O_2(g) \longrightarrow H_2O(l) + SO_2(g) \quad \Delta H = -562.6 \text{ kJ}$

(b) $CS_2(l) + 3O_2(g) \longrightarrow CO_2(g) + 2SO_2(g) \quad \Delta H = -1075.2 \text{ kJ}$

Calcule el valor de ΔH para la reacción:

$$CS_2(l) + 2H_2O(l) \longrightarrow CO_2(g) + 2H_2S(g)$$

3.25 Dados:

(a) $2NH_3(g) + 3N_2O(g) \longrightarrow 4N_2(g) + 3H_2O(l) \quad \Delta H = -1010 \text{ kJ}$

(b) $4NH_3(g) + 3O_2(g) \longrightarrow 2N_2(g) + 6H_2O(l) \quad \Delta H = -1531 \text{ kJ}$

Calcule el valor de ΔH para la reacción:

$$N_2(g) + \frac{1}{2}O_2(g) \longrightarrow N_2O(g)$$

3.26 Dados:

(a) $2NF_3(g) + 2NO(g) \longrightarrow N_2F_4(g) + 2ONF(g) \quad \Delta H = -82.9 \text{ kJ}$

(b) $NO(g) + \frac{1}{2}F_2(g) \longrightarrow ONF(g) \quad \Delta H = -156.9 \text{ kJ}$

(c) $Cu(s) + F_2(g) \longrightarrow CuF_2(s) \quad \Delta H = -531.0 \text{ kJ}$

Calcule el valor de ΔH para la reacción:

$$2NF_3(g) + Cu(s) \longrightarrow N_2F_4(g) + CuF_2(s)$$

3.27 Dados:

(a) $FeO(s) + H_2(g) \longrightarrow Fe(s) + H_2O(g) \quad \Delta H = +24.7 \text{ kJ}$

(b) $3FeO(s) + \frac{1}{2}O_2(g) \longrightarrow Fe_3O_4(s) \quad \Delta H = -317.6 \text{ kJ}$

(c) $H_2(g) + \frac{1}{2}O_2(g) \longrightarrow H_2O(g) \quad \Delta H = -241.8 \text{ kJ}$

Calcule el valor de ΔH para la reacción:

$$3Fe(s) + 4H_2O(g) \longrightarrow Fe_3O_4(s) + 4H_2(g)$$

3.28 Dados:

(a) $BCl_3(g) + 3H_2O(l) \longrightarrow H_3BO_3(s) + 3HCl(g) \quad \Delta H = -112.5 \text{ kJ}$

(b) $B_2H_6(g) + 6H_2O(l) \longrightarrow 2H_3BO_3(s) + 6H_2(g) \quad \Delta H = -493.4 \text{ kJ}$

(c) $\frac{1}{2}H_2(g) + \frac{1}{2}Cl_2(g) \longrightarrow HCl(g) \quad \Delta H = -92.3 \text{ kJ}$

Calcule el valor de ΔH para la reacción:

$$B_2H_6(g) + 6Cl_2(g) \longrightarrow 2BCl_3(g) + 6HCl(g)$$

3.29 Dados:

(a) $OF_2(g) + H_2O(l) \longrightarrow O_2(g) + 2HF(g) \quad \Delta H = -276.6 \text{ kJ}$

(b) $SF_4(g) + 2H_2O(l) \longrightarrow SO_2(g) + 4HF(g) \quad \Delta H = -827.5 \text{ kJ}$

(c) $S(s) + O_2(g) \longrightarrow SO_2(g) \quad \Delta H = -296.9 \text{ kJ}$

Calcule el valor de ΔH para la reacción:

$$2S(s) + 2OF_2(g) \longrightarrow SO_2(g) + SF_4(g)$$

3.30 Dados:

(a) $OSCl_2(l) + H_2O(l) \longrightarrow SO_2(g) + 2HCl(g) \quad \Delta H = +10.3 \text{ kJ}$

(b) $PCl_3(l) + \frac{1}{2}O_2(g) \longrightarrow OPCl_3(l) \quad \Delta H = -325.1 \text{ kJ}$

(c) $P(s) + \frac{3}{2}Cl_2(g) \longrightarrow PCl_3(l) \quad \Delta H = -306.7 \text{ kJ}$

(d) $4HCl(g) + O_2(g) \longrightarrow 2Cl_2(g) + 2H_2O(l) \quad \Delta H = -202.6 \text{ kJ}$

Calcule el valor de ΔH para la reacción:

$$2P(s) + 2SO_2(g) + 5Cl_2(g) \longrightarrow 2OSCl_2(l) + 2OPCl_3(l)$$

3.31 Dados:

(a) $2ClF_3(g) + 2NH_3(g) \longrightarrow N_2(g) + 6HF(g) + Cl_2(g) \quad \Delta H = -1195.6 \text{ kJ}$

(b) $N_2H_4(l) + O_2(g) \longrightarrow N_2(g) + 2H_2O(l) \quad \Delta H = -622.4 \text{ kJ}$

(c) $4NH_3(g) + 3O_2(g) \longrightarrow 2N_2(g) + 6H_2O(l) \quad \Delta H = -1530.6 \text{ kJ}$

Calcule el valor de ΔH para la reacción:

$$3N_2H_4(l) + 4ClF_3(g) \longrightarrow 3N_2(g) + 12HF(g) + 2Cl_2(g)$$

***3.32** Dados:

(a) $NH_3(g) + HNO_3(l) \longrightarrow NH_4NO_3(s) \quad \Delta H = -145.7 \text{ kJ}$

(b) $NH_4NO_3(s) \longrightarrow N_2O(g) + 2H_2O(l) \quad \Delta H = -125.2 \text{ kJ}$

(c) $3NO(g) \longrightarrow N_2O(g) + NO_2(g) \quad \Delta H = -155.8 \text{ kJ}$

(d) $4NH_3(g) + 5O_2(g) \longrightarrow 4NO(g) + 6H_2O(l) \quad \Delta H = -1169.2 \text{ kJ}$

(e) $NO(g) + \frac{1}{2}O_2(g) \longrightarrow NO_2(g) \quad \Delta H = -56.6 \text{ kJ}$

Calcule el valor de ΔH para la reacción:

$$3NO_2(g) + H_2O(l) \longrightarrow 2HNO_3(l) + NO(g)$$

***3.33** Dados:

(a) $2NH_3(g) + 3N_2O(g) \longrightarrow 4N_2(g) + 3H_2O(l) \quad \Delta H = -1010 \text{ kJ}$

(b) $N_2O(g) + 3H_2(g) \longrightarrow N_2H_4(l) + H_2O(l) \quad \Delta H = -317 \text{ kJ}$

(c) $2NH_3(g) + \frac{1}{2}O_2(g) \longrightarrow N_2H_4(l) + H_2O(l) \quad \Delta H = -143 \text{ kJ}$

(d) $H_2(g) + \frac{1}{2}O_2(g) \longrightarrow H_2O(l) \quad \Delta H = -286 \text{ kJ}$

Calcule el valor de ΔH para la reacción:

$$N_2H_4(l) + O_2(g) \longrightarrow N_2(g) + 2\,H_2O(l)$$

Entalpías de formación

3.34 Escriba las ecuaciones termoquímicas que corresponden a las siguientes entalpías estándares de formación: **(a)** $AgCl(s)$, -127 kJ/mol: **(b)** $NO_2(g)$, $+33.8$ kJ/mol; **(c)** $CaCO_3(s)$ -1206.9 kJ/mol.

3.35 Escriba las ecuaciones termoquímicas que correspondan a las siguientes entalpías estándares de formación: **(a)** $HCN(g)$, $+130.5$ kJ/mol; **(b)** $CS_2(1)$, $+87.86$ kJ/mol; **(c)** $NH_4NO_3(s)$, -365.1kJ/mol.

3.36 Use entalpías de formación (Tabla 3.1) para calcular el valor de $\Delta H°$ para la reacción:

$$2\,H_2S(g) + 3\,O_2(g) \longrightarrow 2\,H_2O(l) + 2\,SO_2(g)$$

3.37 Use entalpías de formación (Tabla 3.1) para calcular el valor de $\Delta H°$ para la reacción:

$$Fe_2O_3(s) + 3\,H_2(g) \longrightarrow 3\,Fe(s) + 3\,H_2O(g)$$

3.38 Utilice entalpías de formación (Tabla 3.1) para calcular el valor de $\Delta H°$ para la reacción:

$$2\,NH_3(g) + 2\,CH_4(g) + 3\,O_2(g) \longrightarrow 2\,HCN(g) + 6\,H_2O(l)$$

3.39 Use entalpías de formación (Tabla 3.1) para calcular el valor de $\Delta H°$ para la reacción:

$$NH_3(g) + 3\,F_2(g) \longrightarrow NF_3(g) + 3\,HF(g)$$

3.40 **(a)** Escriba la ecuación química para la combustión de un mol de alcohol metílico, $CH_3OH(l)$ en $O_2(g)$. Los productos de la reacción son $CO_2(g)$ y $H_2O(l)$. **(b)** Use entalpías de formación (Tabla 3.1) para calcular el valor de $\Delta H°$ para la reacción.

3.41 **(a)** Escriba la ecuación química para la combustión de un mol de benceno, $C_6H_6(l)$ en $O_2(g)$. Los productos de la reacción son $CO_2(g)$ y $H_20(l)$. **(b)** Use entalpías de formación (Tabla 3.1) para calcular el valor de $\Delta H°$ para la reacción.

3.42 **(a)** Escriba la ecuación termoquímica para la combustión de un mol de hidracina $N_2H_4(l)$ en $O_2(g)$. Los productos de la reacción son $N_2(g)$ y $H_20(l)$ y el valor de $\Delta H°$ para la reacción es -622.4 kJ **(b)** Use su respuesta junto con los valores de la Tabla 3.1 para calcular la entalpía de formación de la hidracina.

3.43 **(a)** Escriba la ecuación termoquímica para la combustión de un mol de urea, $CO(NH_2)2(s)$ en $0_2(g)$. Los productos de la reacción son $N_2(g)$, $CO_2(g)$ y $H_20(l)$ y el valor de $\Delta H°$ para la reacción es -632 kJ **(b)** Use su respuesta junto con los valores de la Tabla 3.1 para calcular la entalpía estándar de formación de la urea.

3.44 Dada la ecuación termoquímica:

$$2\,ClF_3(g) + 2\,NH_3(g) \longrightarrow N_2(g) + 6\,HF(g) + Cl_2(g) \qquad \Delta H = -1195.6\text{ kJ}$$

Use esta ecuación y los valores de la Tabla 3.1 para calcular la entalpía estándar de formación de $ClF_3(g)$.

3.45 Dada la ecuación termoquímica:

$$CaCO_3(s) + 2\,NH_3(g) \longrightarrow CaCN_2(s) + 3\,H_2O(l) \qquad \Delta H° = +90.1\text{ kJ}$$

Use esta ecuación y los valores de la Tabla 3.1 para calcular la entalpía estándar de formación de $CaCN_2(s)$.

3.46 Dada la ecuación termoquímica:

$$CaC_2(s) + 2\,H_2O(l) \longrightarrow C_2H_2(g) + Ca(OH)_2(s) \qquad \Delta H° = -125.3\text{ kJ}$$

Use esta ecuación y los valores de la Tabla 3.1 para calcular la entalpía de formación estándar de $CaC_2(s)$.

Energías de enlace

3.47 Use energías de enlace promedio (Tabla 3.2) para calcular la entalpía de formación del $HCl(g)$. Compare la respuesta con el valor dado en la Tabla 3.1.

3.48 Utilice energías de enlace promedio (Tabla 3.2) para calcular la entalpía de formación de $N_2H_4(g)$.

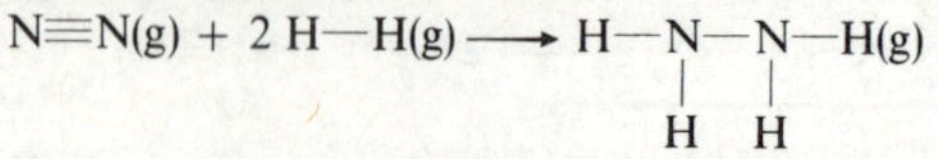

3.49 Para C (grafito) $\rightarrow$ C(g), $\Delta H = +717$ kJ/mol. Utilice este hecho junto con las energías de enlace promedio de la Tabla 3.2 para hallar la entalpía de formación de $HCN(g)$:

$$\tfrac{1}{2}H{-}H(g) + C\text{ (grafito)} + \tfrac{1}{2}N{\equiv}N(g) \rightarrow H{-}C{\equiv}N(g)$$

3.50 Para C (grafito) C(g), $\Delta H = +717$ kJ/mol. Use este hecho junto con las energías de enlace promedio de la Tabla 3.2, para hallar la entalpía de formación de $CH_3OH(g)$:

$$C(\text{grafito}) + 2H{-}H(g) + \tfrac{1}{2}O_2(g) \rightarrow$$

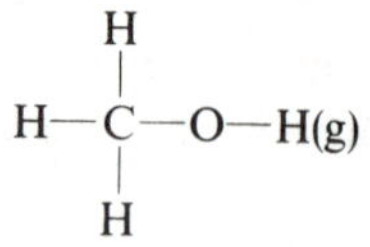

3.51 Dada la ecuación termoquímica:

$$XeF_2(g) + H_2(g) \longrightarrow 2\,HF(g) + Xe(g) \qquad \Delta H = -430\text{ kJ}$$

Use esta ecuación junto con las energías de enlace promedio de la Tabla 3.2 para calcular la energía de enlace promedio del enlace Xe—F en el $XeF_2(g)$.

3.52 La entalpía estándar de formación del $C1F_5(g)$ es -254.8 kJ/mol. Use este valor junto con las energías de enlace promedio de la Tabla 3.2 para calcular la energía de enlace promedio del enlace Cl—F en el $ClF_5(g)$.

3.53 Use las energias de enlace promedio (Tabla 3.2) para calcular el ΔH para la reacción:

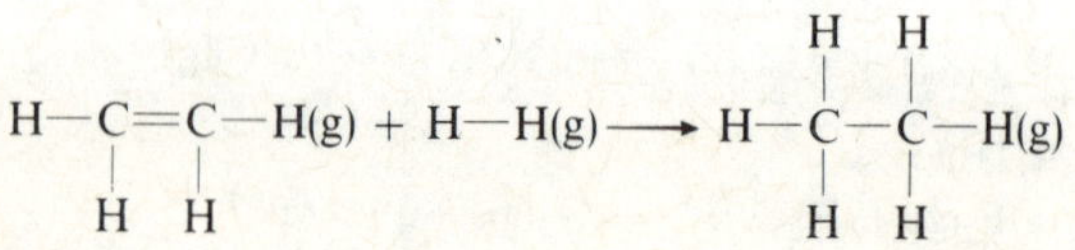

3.54 Use las energías de enlace promedio (Tabla 3.2) para calcular el ΔH para la reacción:

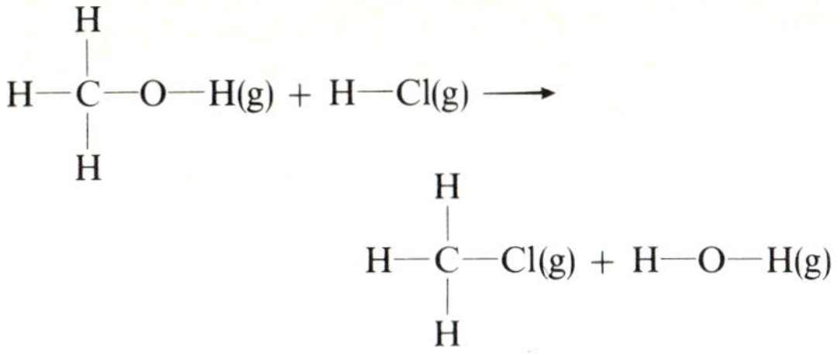

3.55 Use las energías de enlace promedio (Tabla 3.2) para calcular el ΔH para la reacción:

$$4\,H{-}Cl(g) + O_2(g) \longrightarrow 2\,H{-}O{-}H(g) + 2\,Cl{-}Cl(g)$$

3.56 Use las energías de enlace promedio (Tabla 3.2) para calcular el ΔH para la reacción:

$$F{-}O{-}F(g) + H{-}O{-}H(g) \longrightarrow O_2(g) + 2\,H{-}F(g)$$

3.57 Use las energías de enlace promedio (Tabla 3.2) para calcular el ΔH para la reacción:

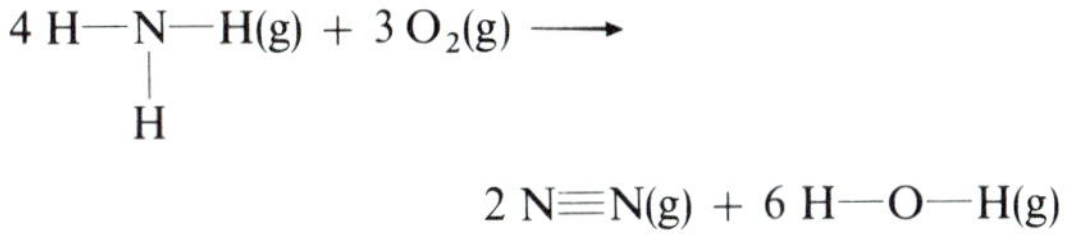

3.58 **(a)** Use las energiás de enlace promedio (Tabla 3.2) para calcular el ΔH para la reacción:

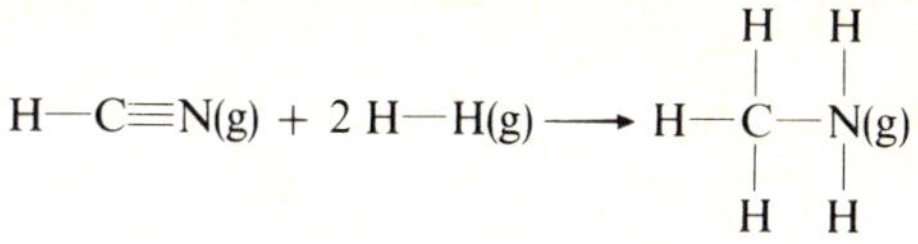

(b) Calcule el ΔH para la reacción usando entalpías de formación de la Tabla 3.1. ¿Cuán acertados son los valores?

3.59 **(a)** Use las energías de enlace promedio (Tabla 3.2) para calcular el ΔH para la reacción

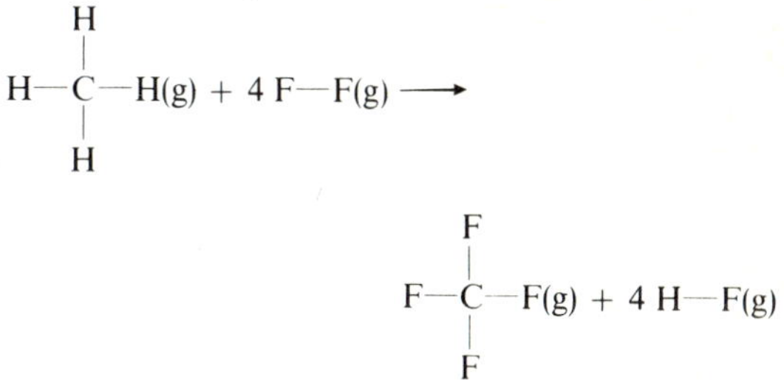

(b) Calcule el ΔH para la reacción usando entalpías de formación de la Tabla 3.1. Cuán acertados son los valores:

CAPÍTULO 4 ESTRUCTURA ATÓMICA

La teoría atómica moderna ha aportado los fundamentos sobre los cuales se ha estructurado la química moderna. Una comprensión de la estructura atómica y la forma cómo interaccionan los átomos es fundamental para comprender la química.

Individualmente, los átomos no pueden pesarse, medirse o examinarse directamente. Evidencias indirectas, sin embargo, se han utilizado para desarrollar la teoría atómica.

Algunos científicos del siglo XIX (Wilhelm Ostwald, por ejemplo) no creían en la existencia del átomo. Otros (Michael Faraday, por ejemplo) concebían la teoría atómica como un concepto que podría representar o no la realidad. Aún otros (Ludwig Boltzmann, por ejemplo) creían en la existencia física de los átomos.

El que los átomos fuesen reales o imaginarios, fue una incógnita que perduró hasta 1904. En este año, se realizó un debate presidido por importantes científicos internacionales en la Feria Mundial de St. Louis. Ostwald argumentó en contra de la existencia de los átomos y Jacobus Van't Hoff y Boltzmann defendieron la posición contraria.

4.1. El átomo y el electrón

El concepto que toda la materia en su forma más simple consiste de pequeñas partículas llamadas átomos, pudo ser establecido por los antiguos griegos. En el siglo V A.C., Leucipo y Demócrito propusieron que la materia no puede dividirse indefinidamente en partículas más y más pequeñas. Creían que la subdivisión continua de la materia finalmente produciría átomos, los cuales no podrían dividirse. La palabra **átomo** deriva de la palabra griega *atomos* que significa "indivisible".

Las teorías de los antiguos griegos no se basaban en la experimentación. Durante casi dos mil años la teoría atómica fue especulación pura. La existencia de los átomos fue aceptada por Robert Boyle en su libro El químico escéptico (1661) y por Isaac Newton en sus libros Principia (1687) y Optica (1704). Posteriormente, John Dalton propuso una teoría atómica, que desarrolló de 1803 a 1808, éste es un punto de partida en la historia de la química.

De acuerdo a la teoría de Dalton, cada elemento está formado por átomos que son químicamente idénticos entre sí y diferentes de los átomos de los demás elementos. Un compuesto químico, según Dalton, es el resultado de la combinación de átomos de dos o más elementos en una proporción numérica sencilla. Sobre la base de relaciones de masas entre las sustancias involucradas en las reacciones químicas, Dalton pudo asignar masas relativas a los átomos.

La teoría atómica moderna está basada en la teoría de Dalton; sin embargo, algunos de los detalles de la teoría original tuvieron que ser modificados.

En la teoría de Dalton y en las teorías de los griegos, los átomos eran considerados como los componentes más pequeños de la materia. Hacia fines del siglo XIX, surgió la idea de que el átomo mismo podría estar compuesto de partículas más pequeñas todavía. Este cambio de punto de vista apareció a raíz de los experimentos con electricidad.

En 1807-8, el químico inglés Humphry Davy descubrió cinco elementos (potasio, sodio, calcio, estroncio y bario) utilizando electricidad en la descomposición de compuestos. Este trabajo hizo que Davy propusiera que esos elementos se mantienen juntos en los compuestos por atracciones de naturaleza eléctrica.

En 1832-33, Michael Faraday realizó una importante serie de experimentos sobre electrólisis química, en la cual los compuestos se descomponen por electricidad. Faraday estudió la relación entre la cantidad de electricidad usada y la cantidad de compuesto descompuesto, y formuló las leyes de la electrólisis química (Sección 18.4). Sobre la base del trabajo de Faraday, George Johnstone Stoney propuso en 1874, que las unidades de carga eléctrica están asociadas con los átomos. En 1891, Stoney sugirió que estas unidades se llamaran **electrones.** Intentos de pasar una corriente eléctrica a través del vacío, condujo al descubrimiento de los **rayos catódicos** por Julius Plücker en 1859 (Figura 4.1). Dos electrodos se hallan sellados en un tubo de vidrio del cual se ha removido casi completamente el aire. Cuando se aplica un voltaje alto a través de estos electrodos, emerge un haz de rayos del electrodo negativo llamado cátodo. Estos rayos están cargados negativamente, viajan en líneas rectas, y causan un resplandor en las paredes opuestas al cátodo. Hacia fines del siglo XIX, los rayos catódicos fueron estudiados extensivamente. Los resultados de los experimentos de muchos científicos llevaron a la conclusión que los rayos son haces de partículas de rápido desplazamiento cargadas negativamente. Estas partículas fueron eventualmente llamadas electrones, como había sido sugerido por Stoney. Los electrones, que se originan del metal del cual está hecho el cátodo, son los mismos, independientemente del material que se emplea para el electrodo.

Joseph J. Thomson, 1856–1940. *Burndy Library, courtesy AIP Niels Bohr Library.*

Puesto que cargas opuestas se atraen, el haz de electrones que constituyen un rayo catódico es atraído hacia la placa positiva cuando dos placas con carga opuesta se colocan a ambos lados del haz (Figura 4.1, trayectoria c). Por lo tanto, los rayos son desviados en su camino normal de línea recta en un campo eléctrico. El grado de desviación varía:

1. *Directamente* con el tamaño de la carga de la partícula, e. Una partícula con una carga grande se desvía más que una con menor carga.

2. *Inversamente* con la masa de la partícula, m. Una partícula con una masa grande se desvía menos que una con masa pequeña.

Por lo tanto, la relación de carga a masa, e/m, determina el grado de la desviación de los electrones con respecto a una trayectoria de línea recta en un campo eléctrico. Los electrones también son desviados en un campo magnético. Sin embargo, en este caso la desviación se produce en ángulo recto al campo aplicado (Figura 4.1, trayectoria a).

En 1897, Joseph J. Thomson determinó el valor de e/m para el electrón estudiando la desviación de los rayos catódicos en los campos eléctrico y magnético. El valor es:

$$e/m = -1.7588 \times 10^8 \text{ C/g}$$

El *coulomb* (C) es la unidad SI de carga eléctrica. Un coulomb es la cantidad de carga

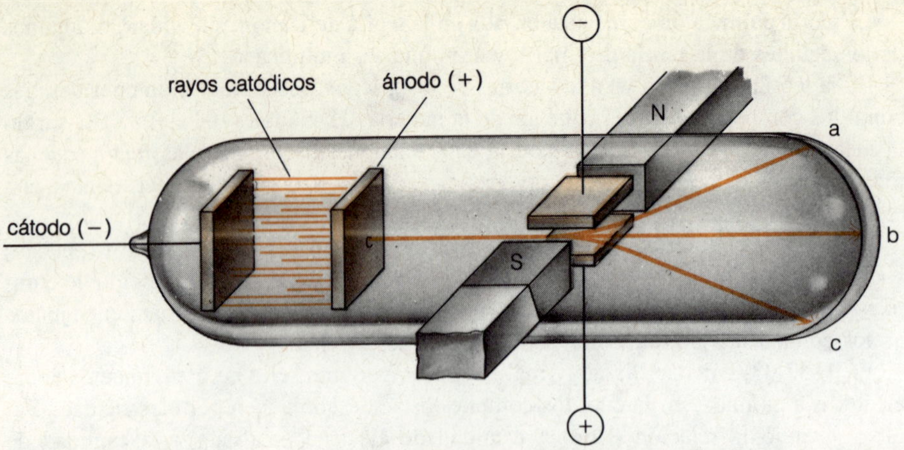

Figura 4.1. Desviación de los rayos catódicos. (a) En un campo magnético. (b) Con campos magnéticos y eléctricos balanceados; no hay desviación. (c) En un campo eléctrico.

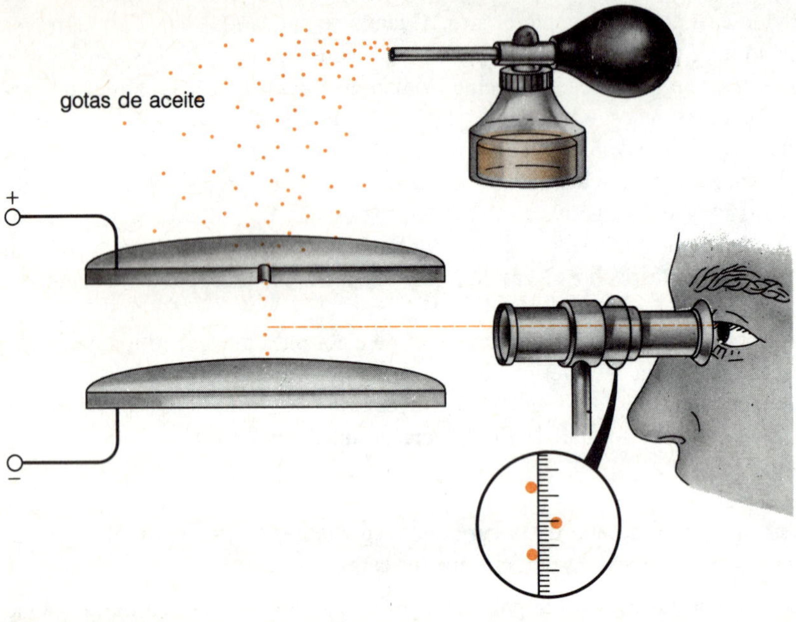

Figura 4.2 Determinación de Millikan de la carga del electrón.

que pasa en un segundo en un punto dado de un circuito eléctrico, cuando la corriente es de un ampere.

La primer medida precisa de carga del electrón fue hecha por Robert A. Millikan en 1909. En el experimento de Millikan (Figura 4.2), los electrones son producidos por la acción de rayos X sobre las moléculas de las cuales está compuesto el aire. Pequeñas gotas de aceite recogen electrones y adquieren cargas eléctricas. Las gotitas de aceite se depositan entre dos placas horizontales y la masa de una sola gota se determina midiendo su velocidad de caída.

Cuando las placas están cargadas, la velocidad de caída de la gota se modifica debido a que la gota cargada negativamente es atraída hacia la placa positiva. Las medidas de la velocidad de caída en estas circunstancias permiten calcular la carga de la gota. Debido a que una gota dada puede recoger uno o más electrones, las cargas calculadas en esta forma no son idénticas. Sin embargo, todas son múltiplos sencillos del mismo valor, el cual, se supone, es la carga de un solo electrón.

$$e = -1.6022 \times 10^{-19}\ \text{C}$$

La masa del electrón puede calcularse a partir del valor de e/m y del valor de e.

$$m = \frac{e}{e/m} = \frac{-1.6022 \times 10^{-19}\ \text{C}}{-1.7588 \times 10^{8}\ \text{C/g}} = 9.1096 \times 10^{-28}\ \text{g}$$

4.2 El protón

Si uno o más electrones se remueven de un átomo neutro o molécula, el residuo posee una carga positiva igual a la suma de las cargas negativas de los electrones removidos. Si se remueve un electrón de un átomo de neón (símbolo, Ne), resulta un ion Ne^{+}; si se remueven dos, se obtendrá un ion Ne^{2+} y así sucesivamente. Las partículas positivas de este tipo (iones positivos) se forman en un tubo de descarga eléctrica cuando los rayos catódicos sustraen electrones de los átomos o moléculas del gas presente en el tubo. Estos iones positivos se mueven *hacia* el electrodo negativo (el cátodo). Si se han perforado agujeros en este electrodo, los iones positivos pasan a través de ellos (Figura 4.3) Los electrones de los rayos catódicos se desplazan en dirección opuesta debido a que están cargados negativamente.

Estos haces de iones positivos, llamados **rayos positivos,** fueron observados por primera vez en 1886 por Eugen Goldstein. Las desviaciones de los rayos positivos en los campos eléctrico y magnético fueron observadas por Wilhelm Wien (1898) y J.J. Thomson (1906). Los valores de e/m para los iones positivos se determinaron utilizando esencialmente el mismo método empleado en el estudio de los rayos catódicos. Cuando se usan diferentes gases en el tubo de descarga, se producen diferentes tipos de iones positivos. Cuando se utiliza hidrógeno gaseoso, resulta una partícula positiva que posee la masa más pequeña (y por lo tanto el valor e/m más grande) de cualquier ion positivo observado:

$$e/m = +9.5791 \times 10^{4}\ \text{C/g}$$

Se supone que estas partículas, llamadas **protones,** son un componente de todos los átomos. El protón tiene una carga igual en magnitud a la del electrón, pero de signo opuesto:

$$e = +1.6022 \times 10^{-19}\ \text{C}$$

Esta carga se llama la **unidad de carga eléctrica.** Se dice que el protón tiene una unidad de carga positiva y el electrón una unidad de carga negativa.

La masa del protón, la cual es 1836 veces la masa del electrón, puede calcularse a partir de los siguientes datos:

$$m = \frac{e}{e/m} = \frac{+1.6022 \times 10^{-19}\ \text{C}}{+9.5791 \times 10^{4}\ \text{C/g}} = 1.6726 \times 10^{-24}\ \text{g}$$

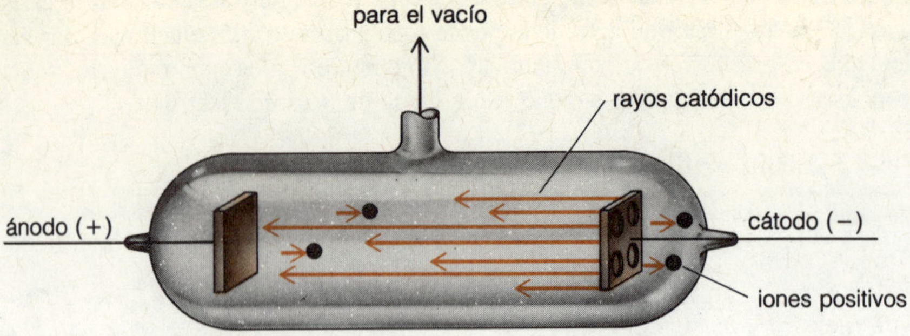

Figura 4.3 Rayos positivos

4.3 El neutrón

Puesto que los átomos son eléctricamente neutros, un átomo dado debe contener tantos electrones como protones. Para justificar la masa total de los átomos, en 1920 Ernest Rutherford postuló la existencia de una partícula sin carga. Debido a que esta partícula no tiene carga, es difícil de localizar y caracterizar. En 1932, sin embargo, James Chadwick publicó los resultados de su investigación, la cual estableció la existencia del **neutrón.** Calculó la masa del neutrón a partir de datos sobre ciertas reacciones nucleares (Capítulo 25) en las cuales se originan los neutrones. Teniendo en cuenta las masas y energías de todas las partículas utilizadas y producidas en estas reacciones, Chadwick determinó la masa del neutrón, la cual es ligeramente mayor que la del protón. El neutrón tiene una masa de 1.6750×10^{-24}g y el protón, 1.6726×10^{-24}g.

Las propiedades del electrón, protón y neutrón se resumen en la Tabla 4.1. Actualmente, muchas otras partículas subatómicas han sido identificadas. Sin embargo, su relación con la estructura atómica no está completamente clara. Para el estudio de la química, es suficiente explicar la estructura atómica sobre la base del electrón, protón y neutrón.

4.4 El átomo nuclear

Ernest Rutherford, 1871–1937.
American Institute of Physics, Niels Bohr Library.

Ciertos átomos son combinaciones inestables de partículas subatómicas. Estos átomos emiten radiaciones espontáneamente y en esta forma se transforman en átomos con una identidad química diferente. Este proceso, llamado **radioactividad,** fue descubierto por Henri Becquerel en 1896. En años posteriores, Ernest Rutheford explicó la naturaleza de los tres tipos de rayos emitidos por las sustancias radiactivas que se presentan en la naturaleza (Tabla 4.2). Otros tipos de rayos han sido ahora identificados, pero éstos resultan de la desintegración de átomos que no ocurren en la naturaleza, pero que se obtienen en reacciones nucleares.

Los **rayos alfa** consisten de partículas que llevan una carga de 2^+ y tienen una masa aproximadamente cuatro veces mayor que la del protón. Estas partículas α son despedidas de sustancias radioactivas a velocidades de 16,000 km/s (aproximadamente 0.05 veces la velocidad de la luz). Cuando las partículas α se estudiaron por primera vez, el neutrón no había sido descubierto. Ahora sabemos que una partícula α consiste en dos protones y dos neutrones.

Los **rayos beta** son haces de electrones que se desplazan aproximadamente a 130,000 km/s (aproximadamente 0.4 veces la velocidad de la luz). La **radiación gama** es

TABLA 4.1 Partículas subátomicas			
	Masa		
Partícula	gramos	unidades de masa atómica unificada[a]	carga[b]
electrón	9.109535×10^{-28}	0.0005485803	1−
protón	1.672649×10^{-24}	1.007276	1+
neutrón	1.674954×10^{-24}	1.008665	0

[a]. La unidad de masa atómica unificada (u) es 1/12 de la masa de un átomo de carbono ^{12}C (Sección 4.7).

[b]. La unidad de carga es 1.60219×10^{-19}C

esencialmente una forma de luz altamente energética. Los rayos gama no poseen carga y son similares a los rayos X. En 1911, Rutherford dio a conocer los resultados de los experimentos en los cuales se utilizaron partículas α para investigar la estructura del átomo. Un haz de partículas α se proyectó contra láminas de oro, platino, plata o cobre muy delgadas (0.0004 cm de espesor). La gran mayoría de las partículas α atravesó la lámina. Algunas, sin embargo, fueron desviadas de su trayectoria rectilínea, y otras rebotaron hacia su fuente de origen (Figura 4.4).

Rutherford explicó los resultados de estos experimentos sugiriendo la existencia de un **núcleo** en el centro del átomo. La mayor parte de la masa y toda la carga positiva del átomo están concentradas en el núcleo. Los electrones (que ocupan la mayor parte del volumen del átomo) se hallan en el exterior del núcleo (**extranuclear**) moviéndose rápidamente alrededor de éste.

Tabla 4.2 Tipos de emisiones radioactivas

Rayo	Símbolo	Composición	Carga
alfa	α	las partículas contienen 2 protones y 2 neutrones	2^+
beta	β	electrones	1^-
gama	γ	radiación electromagnética de longitud de onda muy corta	0

Actualmente se cree que el núcleo contiene protones y neutrones, y que juntos constituyen la masa del núcleo. Debido a que un átomo es eléctricamente neutro, la carga positiva total del núcleo (de los protones que éste contiene) es igual a la carga negativa total de todos los electrones. El número de electrones, por lo tanto, es igual al número de protones.

Es importante comprender la magnitud de este modelo atómico. Si un núcleo atómico fuera del tamaño de una bola de tenis, el átomo tendría un diámetro de más de una milla. En vista de que la mayoría del volumen de un átomo es espacio vacío, la mayor parte de las partículas α pasan directamente a través de la lámina. Los electrones comparativamente ligeros no desvían las particulas α, que son pesadas y rápidas. Un acercamiento de una partícula α (la que posee carga positiva) a un núcleo (el que también está cargado positivamente) resultaría en la repulsión de las partículas α y su desviación de su trayectoria rectilínea. En algunos pocos casos, cuando una partícula α incide directamente sobre el núcleo, la partícula es devuelta hacia su origen. La composición y estabilidad del núcleo se analizarán en el Capítulo 25.

4.5 Símbolos atómicos

Un átomo se identifica por medio de dos números: el número atómico y el número de masa. El **número atómico, Z**, es el número de unidades de carga positiva en el núcleo. Debido a que el protón tiene una carga de 1^+, el número atómico es igual al número de protones en el núcleo del átomo. Un átomo es eléctricamente neutro. El número atómico, por lo tanto, también indica el número de electrones extranucleares en el átomo. El **número de masa, A**, de un átomo, es el número total de protones y de neutrones (llamados **nucleones** en conjunto) en el núcleo del átomo. El número de neutrones puede calcularse sustrayendo el número atómico (el número de protones) del número de masa (el número de protones y neutrones juntos).

$$\text{número de neutrones} = A - Z \qquad (4.1)$$

El número de masa es el número total de nucleones en un núcleo y no la masa del núcleo. El número de masa, sin embargo, es un número entero aproximado de la masa atómica en unidades de masa atómica (u), debido a que la masa del protón como también la masa del neutrón es aproximadamente igual a 1u y la masa del electrón es despreciable. Un átomo de un elemento se designa por el símbolo químico del elemento con el número atómico colocado en la parte inferior izquierda y el número de masa en la parte superior izquierda.*

$${}^{A}_{Z}\text{Símbolo}$$

El símbolo ${}^{35}_{17}CL$ designa un átomo de cloro que tiene 17 protones (Z) y 18 neutrones (A − Z) en el núcleo y 17 electrones extranucleares (Z). Un átomo de sodio con el símbolo ${}^{23}_{11}Na$, tiene 11 protones y 12 neutrones en el núcleo y 11 electrones en movimiento alrededor del núcleo.

4.6 Isótopos

Todos los átomos de un elemento dado tienen el mismo número atómico. Sin embargo, algunos elementos consisten en varios tipos de átomos que difieren el uno del otro en el número de masa. Los átomos que tienen el mismo número atómico pero diferentes números de masa se llaman **isótopos.**

En la naturaleza se dan dos isótopos de cloro: ${}^{35}_{17}Cl$ y ${}^{37}_{17}Cl$. Las composiciones atómicas de estos isótopos son:

---

*Las otras dos esquinas se reservan para otras designaciones: la parte superior derecha para la carga, si el átomo ha perdido o ganado electrones y se convierte en ion, la parte inferior derecha para indicar el número de átomos en la molécula o fórmula.

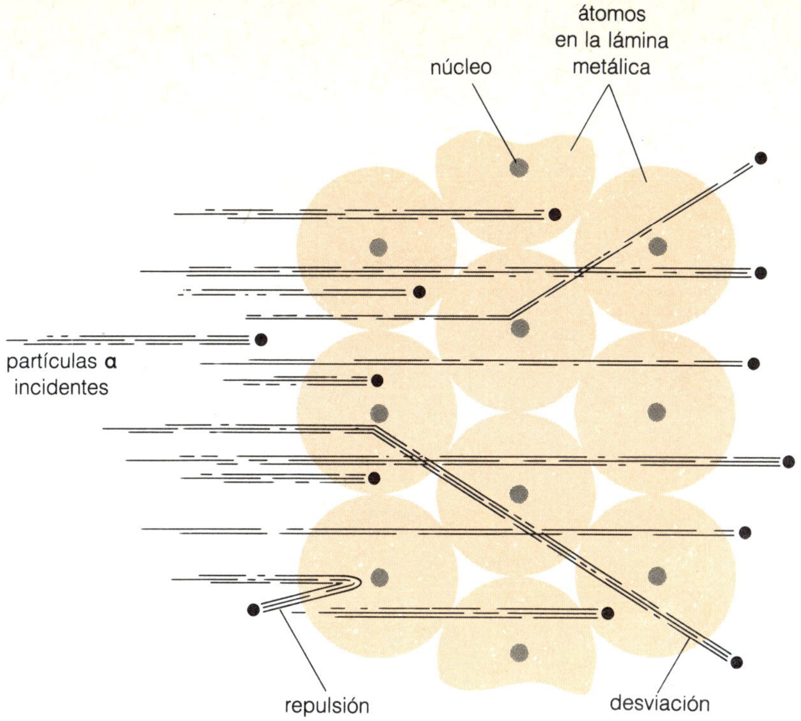

Figura 4.4 Desviaciones y repulsión de las partículas α por el núcleo de una lámina metálica en el experimento de Rutherford (sin escala)

$^{35}_{17}Cl$	17 protones	18 neutrones	17 electrones
$^{37}_{17}Cl$	17 protones	20 neutrones	17 electrones

Ambos átomos tienen 17 protones y 17 electrones, pero el $^{35}_{17}Cl$ tiene 18 neutrones y el $^{37}_{17}Cl$ tiene 20 neutrones. Los isótopos, por lo tanto, difieren en el número de neutrones en el núcleo, lo cual significa que tienen masas atómicas diferentes. Las propiedades químicas de un átomo dependen principalmente del número de protones y electrones que posee el átomo, lo cual está determinado por el número atómico. Los isótopos de un mismo elemento, tienen por consiguiente propiedades químicas muy similares (en la mayoría de los casos indistinguibles). Algunos elementos existen en la naturaleza en una sola forma isotópica (por ejemplo, el sodio, berilio y el flúor). Sin embargo, la mayor parte de los elementos tienen más de un isótopo natural; el estaño, por ejemplo, tiene 10.

El **espectrómetro de masas** se utiliza para determinar los tipos de isótopos presentes en un elemento, las masas atómicas exactas de estos isótopos y la cantidad relativa de cada isótopo presente. Las partes esenciales del instrumento se pueden observar en la Figura 4.5. Los iones positivos se obtienen de material gaseoso por bombardeo con electrones. Estos iones son atraídos hacia una rendija cargada negativamente. Son acelerados por la atracción y pasan por la rendija con gran velocidad.

El haz de iones se hace pasar luego a través de un campo magnético. Las partículas cargadas siguen una trayectoria circular en el campo magnético. Cuanto mayor sea la carga sobre la partícula (e), mayor será la desviación de la trayectoria rectilínea. La masa de una partícula (m); por otra parte, está inversamente relacionada al grado de desviación. Cuanto mayor sea la masa de una partícula, menor será la desviación de la trayectoria rectilínea. El radio de la trayectoria de un ión positivo en el campo

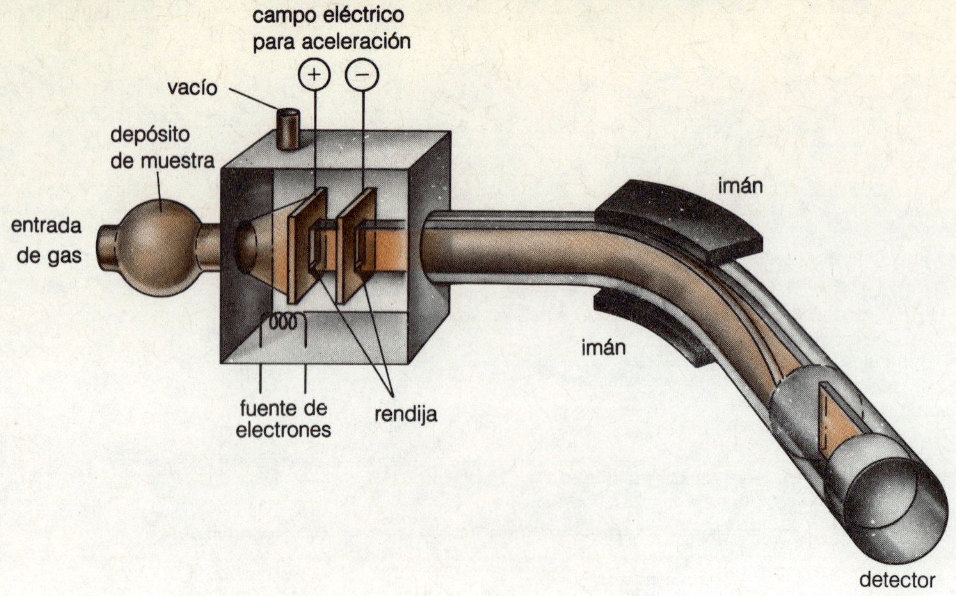

Figura 4.5 Componentes esenciales de un espectrómetro de masas

magnético, por lo tanto, depende del valor de *e/m*. Todos los iones que pasan a través de la rendija de salida tienen el mismo valor de *e/m*. Los iones con valores distintos de *e/m* pueden hacerse pasar a través de esta rendija, adaptando la fuerza del campo magnético o el voltaje usado para acelerar los iones.

Consecuentemente, cada tipo de ion presente puede hacerse pasar por la rendija separadamente. El detector mide la intensidad de cada haz de iones, la cual depende de la cantidad relativa de cada isótopo presente en la muestra.

Los isobaros son átomos de diferentes elementos que tienen el mismo número de masa, pero diferentes números atómicos. Así, el $^{36}_{16}S$ y el $^{36}_{18}Ar$, son isobaros. El número total de nucleones en cada isobaro es el mismo, pero el número de protones y de neutrones son diferentes:

$^{36}_{16}S$ 16 protones 20 neutrones 16 electrones

$^{36}_{18}Ar$ 18 protones 18 neutrones 18 electrones

Observe que ambos isobaros tienen un total de 36 nucleones. Los isobaros no se parecen químicamente, debido a que las características químicas dependen principalmente del número de protones y electrones, los cuales están determinados por el número atómico.

4.7 Pesos atómicos

La **unidad de masa atómica** (para la cual el símbolo SI es u) se define como un doceavo de la masa del átomo de $^{12}_{6}C$. La asignación de exactamente 12 u a la masa de este isótopo de carbono es arbitraria. En el pasado se han utilizado otros patrones. Las masas del protón, neutrón y electrón basadas en esta escala se dan en la Tabla 4.1. Sin embargo la masa de un átomo, no puede calcularse a partir de estos valores. Con la excepción de $^{1}_{1}H$ (el núcleo que consiste de un solo protón), la suma de las masas de las partículas que forman el núcleo es siempre mayor que la masa real del núcleo.

Einstein demostró que la materia y la energía son equivalentes. Estas diferencias de masas, en términos de energía, justifican lo que se llama **energía de enlace o ligadura** del núcleo. Si fuese posible romper el núcleo, la energía de enlace sería la energía necesaria para realizar el trabajo. El proceso inverso, la condensación de nucleones en el núcleo, liberaría la energía de enlace con una consiguiente disminución de masa. La energía de enlace se explicará en la Sección 26.6

Las masas atómicas se determinan mediante el uso del espectrómetro de masas. La mayoría de los elementos se presenta en la naturaleza como mezclas isotópicas. En estos casos, el instrumento puede utilizarse para determinar la cantidad relativa de cada isótopo presente en el elemento, como también la masa atómica de cada isótopo. La información sobre el cloro demuestra que el elemento tiene 74.77% de átomos de $^{35}_{17}Cl$ (masa, 34.969 u) y 24.23% de átomos de $^{37}_{17}Cl$ (masa, 36.966 u). Cualquier muestra de cloro de una fuente natural consiste en estos dos isótopos en esta proporción.

El peso atómico del elemento cloro es el promedio de peso de las masas atómicas de los isótopos naturales. *No* podemos hallar el promedio por adición de las masas de los isótopos y dividiendo por 2. El valor obtenido de esta forma sería correcto solamente si el elemento consistiese de igual número de átomos de los dos isótopos. Por el contrario, el promedio de *peso* se halla multiplicando las masas atómicas de cada isótopo por su abundancia fraccionaria y adicionando los valores obtenidos. Una abundancia fraccionaria es el decimal equivalente al porcentaje de la abundancia.

$$\begin{array}{lr} & (\textit{abundancia})\ (\textit{masa}) \\ ^{35}_{17}\mathrm{Cl} & (0.7577)(34.969\ \mathrm{u}) = 26.496\ \mathrm{u} \\ ^{37}_{17}\mathrm{Cl} & (0.2423)(36.966\ \mathrm{u}) = \underline{\ \ 8.957\ \mathrm{u}} \\ & 35.453\ \mathrm{u} \end{array}$$

El valor aceptado para el cloro es 35.453 ± 0.001 u

No existe un átomo de cloro con una masa de 35.453 u, pero es conveniente pensar en que lo hay. En la mayoría de los cálculos no se comete un error al suponer que una muestra de un elemento consiste de sólo un tipo de átomo con el promedio de masa, el peso atómico. Esta suposición es válida debido a que hay una gran cantidad de átomos, incluso en una muestra pequeña de materia.

Existen, por ejemplo, más átomos en una gota de agua que personas hay sobre la tierra.

Ejemplo 4.1

¿Cuál es el peso atómico del magnesio hasta cuatro cifras significativas? El elemento tiene 78.99% de átomos de $^{24}_{12}Mg$ (masa, 23.99u), 10.00% de átomos de $^{25}_{12}Mg$ (masa, 24.99u), y 11.01% de átomos de $^{26}_{12}Mg$ (masa, 25.98u).

Solución

$$\begin{array}{lr} & (\textit{abundancia})\ (\textit{masa}) \qquad \\ ^{24}_{12}\mathrm{Mg} & (0.7899)(23.99\mathrm{u}) = 18.95\mathrm{u} \\ ^{25}_{12}\mathrm{Mg} & (0.1000)(24.99\mathrm{u}) = (2.50\mathrm{u}) \\ ^{26}_{12}\mathrm{Mg} & (0.1101)(25.98\mathrm{u}) = \underline{\ \ 2.86\mathrm{u}} \\ & \text{peso atómico del Mg} = 24.31\mathrm{u} \end{array}$$

Ejemplo 4.2

El carbono se presenta en la naturaleza como una mezcla de $^{13}_{6}C$ y $^{12}_{6}C$. La masa atómica de $^{12}_{6}C$ es exactamente 12 u por definición, y la masa atómica de $^{13}_{6}C$ es 13.003 u. El peso atómico del carbono es 12.011 u. ¿Cuál es el porcentaje de átomos de $^{12}_{6}C$ en el carbono natural?

Solución

La ecuación para determinar el peso atómico del carbono es

$$(\text{abundancia } ^{12}_{6}C)(\text{masa } ^{12}_{6}C) + (\text{abundancia } ^{13}_{6}C)(\text{masa } ^{13}_{6}C) = \text{peso atómico C.}$$

Si suponemos que x es la abundancia de $^{12}_{6}C$, entonces $(1-x)$ es la abundancia de $^{13}_{6}C$, y por lo tanto

$$(x)(12.000) + (1 - x)(13.003) = 12.011$$

$$12.000x + 13.003 - 13.003x = 12.011$$

$$-1.003x = -0.992$$

$$x = 0.989$$

Los átomos de $^{12}_{6}C$ constituyen el 98.9% de la cantidad total. Pequeñas cantidades de $^{14}_{6}C$ también se encuentran en la naturaleza, pero la cantidad es tan pequeña, que el peso atómico del carbono puede calcularse sin tener en cuenta este isótopo.

4.8 Radiación electromagnética

Las ondas de radio, las ondas infrarrojas, la luz visible y los rayos X son tipos de radiación electromagnética. La radiación electromagnética viaja a través del espacio con movimiento ondulatorio (Figura 4.6). Los siguientes términos se utilizan para descubrir estas ondas.

1. La **longitud de onda,** λ (lambda), es la distancia entre dos puntos similares sobre dos ondas sucesivas (tal es la distancia entre dos máximos o dos mínimos.)

2. La **amplitud,** a, de una onda es la altura de un máximo o la profundidad de un mínimo) La **intensidad** (o brillo) de la radiación es proporcional al cuadrado de la amplitud, a^2.

3. En el vacío, todas las ondas, sin tener en cuenta la longitud de onda, se desplazan a la misma velocidad, 2.9979×10^8 m/s. Esta velocidad se llama **velocidad de la luz** y se le da el símbolo c.

4. La **frecuencia** de la radiación, ν (nu), es el número de ondas que pasan por un punto dado en un segundo. Para cierto tipo de radiación la longitud de onda multiplicada por el número de ondas por segundo (la frecuencia) es igual a la distancia recorrida por segundo (la velocidad de la luz):

$$\lambda\nu = c \quad (4.2)$$

y por tanto, $\nu = c/\lambda$ ó $\nu = \dfrac{c}{\lambda}$

$$\nu = c/\lambda \quad (4.3)$$

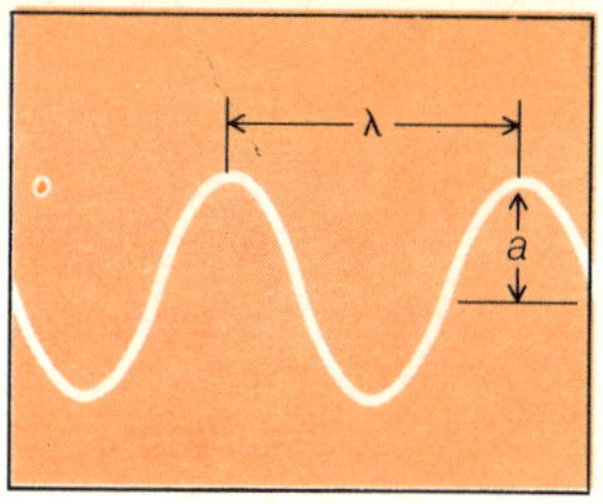

Figura 4.6 Longitud de onda λ y amplitud *a*, de una onda

El espectro electromagnético se puede apreciar en la Figura 4.7. Las ondas de radio poseen longitudes de onda muy largas, las ondas infrarrojas (calor radiante) poseen longitudes de onda moderadas y los rayos γ (producidos de la descomposición radioactiva) poseen longitudes de onda extremadamente cortas. La luz blanca (luz visible) es radiación con longitud de onda en el intervalo de 4×10^{-7} m a 7.5×10^{-7} m (es decir 400 nm a 750 nm).*

La teoría ondulatoria interpreta con éxito muchas propiedades de la radiación electromagnética. Otras propiedades, sin embargo, requieren que esa radiación se considere como formada por partículas. En 1900, Max Planck propuso la **teoría cuántica** para la energía radiante. Planck sugirió que la energía radiante puede ser absorbida o emitida solamente en cantidades definidas llamadas **cuantos.** La energía de un cuanto, E, es proporcional a la frecuencia de la radiación, ν.

$$E = h\nu \quad (4.4)$$

La constante de proporcionalidad, h, es la **constante de Planck,** 6.6262×10^{-34} J.s.

Puesto que la energía E y la frecuencia ν son directamente proporcionales, una radiación de alta energía posee una frecuencia alta. Una frecuencia alta significa que un gran número de ondas pasan por un punto en un segundo. La longitud de onda de una radiación de alta energía, debe ser por consiguiente corta. Por otra parte, una radiación de baja energía tiene una frecuencia baja y una longitud de onda larga. En 1905 Albert Einstein propuso que los cuantos de Planck son paquetes discontinuos de energía; actualmente esos cuantos son llamados **fotones.**

4.9 Espectros atómicos

Cuando un rayo de luz atraviesa un prisma, el rayo se desvía o se refracta; la refracción depende de la longitud de onda. Una onda con una longitud de onda corta se desvía más que una con longitud de onda larga. Debido a que la luz blanca ordinaria está formada por ondas con todas las longitudes de onda en el espectro visible, un rayo de luz blanca se esparce en una banda ancha llamada **espectro continuo** El espectro es un arcoiris de colores sin espacios vacíos; el violeta se convierte en azul, el azul en verde y así sucesivamente.

---

*Anteriormente, las longitudes de onda se medían en unidades angstrom (Å) 10^{-10}m. Esta unidad no forma parte del SI. El comité internacional de pesas y medidas recomendó el uso del nanómetro (nm), 10^{-9}m.

$$1\ \text{Å} = 10^{-10}\ \text{m} = 10^{-8}\ \text{cm}$$
$$1\ \text{nm} = 10^{-9}\text{m} = 10^{-7}\ \text{cm}$$

por lo tanto
$1\ \text{Å} = 0.1\text{nm}$ y $1\ \text{nm} = 10\text{Å}$

El intervalo 400 nm a 750 nm corresponde a 4000 Å a 7500 Å

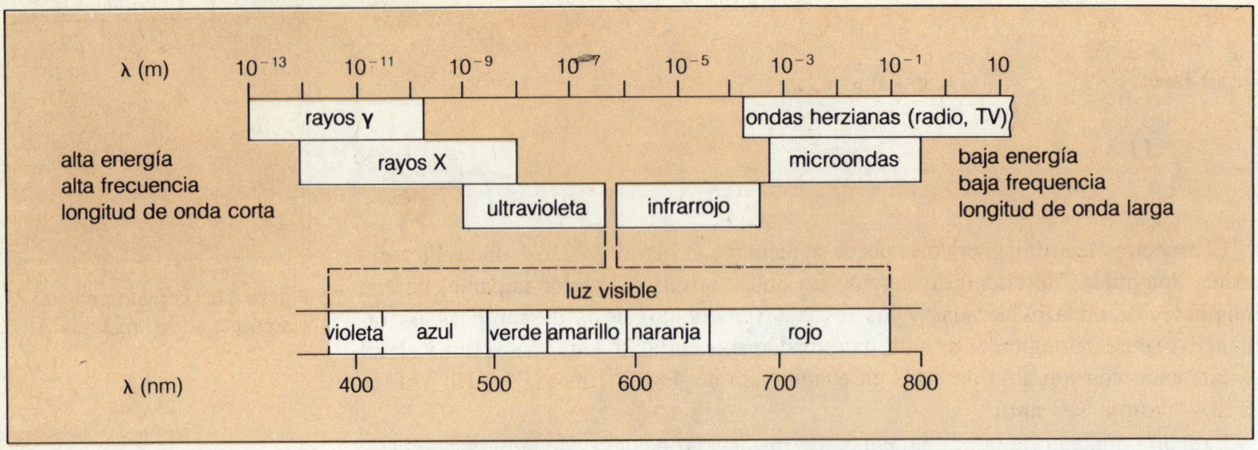

Figura 4.7 Radiación electromagnética. Observe que los intervalos aproximados de radiación electromagnética están marcados sobre una escala logarítmica en la parte superior del diagrama. El espectro de luz visible no se ha representado de esta forma.

Cuando los gases o vapores de una sustancia química se calientan en un arco eléctrico o un mechero de Bunsen, se produce luz. Si un rayo de esta luz se pasa a través de una prisma, se produce un **espectro de líneas** (Figura 4.8). Este espectro está formado por un número limitado de líneas coloreadas, cada una de las cuales corresponde a diferentes longitudes de onda de luz. El espectro de líneas de cada elemento es único.

Las frecuencias que corresponden a la líneas en la región visible del espectro del hidrógeno se representan por la ecuación:

$$\nu = \frac{c}{\lambda} = (3.289 \times 10^{15}/\text{s})\left(\frac{1}{2^2} - \frac{1}{n^2}\right) \qquad n = 3, 4, 5, \ldots \qquad (4.5)$$

en la cual n es un entero igual o mayor que 3.

Esta relación, propuesta por J.J. Balmer en 1885, fue derivada de observaciones experimentales y no se basó sobre ninguna teoría de la estructura atómica. La serie de líneas espectrales en la región visible que se describen por la ecuación de Balmer se llama **serie de Balmer.**

En 1913, Niels Bohr propuso una teoría para la estructura electrónica del átomo de hidrógeno que explicaba el espectro de líneas de este elemento. El átomo de hidrógeno contiene un electrón y un núcleo que consiste de un solo protón. La teoría de Bohr incluye los siguientes puntos:

1. El electrón del átomo de hidrógeno puede existir solamente en ciertas **órbitas** esféricas (las cuales se llaman **niveles de energía** o **capas de energía**). Estos niveles se hallan dispuestos concéntricamente alrededor del núcleo. Cada nivel está designado por una letra (K, L, M, N, O, . . .) o un valor de n (1,2,3,4,5, . . .).

2. El electrón posee una energía definida y característica de la órbita en la cual se mueve. El nivel K ($n=1$), es el nivel más cercano al núcleo y tiene el radio más pequeño. Un electrón en el nivel K tiene la energía más baja posible. Con el aumento de la distancia del núcelo (K, L, M, N, O; $n=1,2,3,4,5$), el radio del nivel y la energía de un electrón en el nivel aumenta. El electrón no puede tener una energía que lo coloque entre los niveles permitidos.

3. Cuando los electrones de un átomo están lo más cerca posible del núcleo (para el hidrógeno, un electrón en el nivel K), éstos se hallan en la condición de la energía

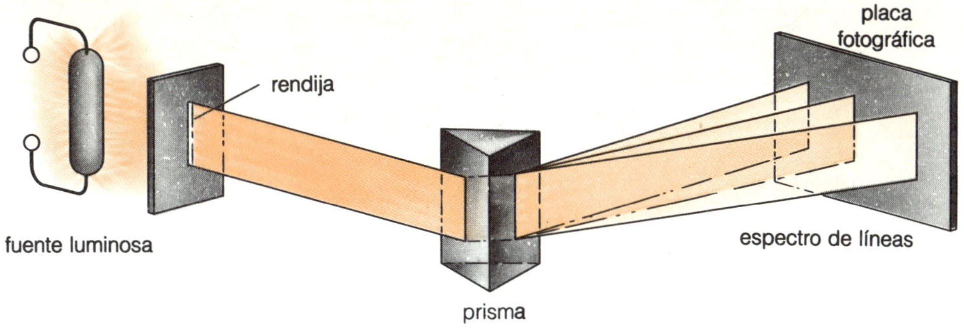

Figura 4.8 El espectroscopio

Niels Bohr, 1885–1962.
American Institute of Physics, Niels Bohr Library.

más baja posible, llamado **estado fundamental** o **basal.** Cuando los átomos se calientan en un arco eléctrico o mechero de Bunsen, los electrones absorben energía y pasan a niveles exteriores, los que son estados energéticos superiores. Se dice entonces que los átomos están en **estados excitados.**

4. Cuando un electrón vuelve a un nivel inferior, emite una cantidad definida de energía. La diferencia de energía entre el estado de energía superior y el estado de energía inferior es emitida en la forma de un cuanto de luz. El cuanto de luz tiene una frecuencia y longitud de onda características y produce una línea espectral característica. En estudios espectrales, muchos átomos absorben energía al mismo tiempo que otros la emiten. Cada línea espectral corresponde a una transición electrónica diferente. Bohr derivó una ecuación para la energía que tendría un electrón en cada órbita. $E_{\text{órbita}}$. Simplificada, esta ecuación es:

$$E_{\text{orbit}} = -\frac{(2.179 \times 10^{-18}\ \text{J})}{n^2} \qquad n = 1, 2, 3, \ldots \tag{4.6}$$

Indicaremos la energía de un electrón en un nivel exterior (n_o) con E_o y la energía del electrón en un nivel interno (n_i) con E_i. Cuando el electrón pasa de un nivel exterior a uno interior (E_o-E_i), se desprende como un fotón de luz. De acuerdo a la ecuación de Planck, la energía del fotón es igual a $h\nu$, por consiguiente:

$$h\nu = E_o - E_i \qquad (E_o \rightarrow E_i) \tag{4.7}$$

$$h\nu = \frac{(-2.179 \times 10^{-18}\ \text{J})}{n_o^2} - \frac{(-2.179 \times 10^{-18}\ \text{J})}{n_i^2}$$

$$h\nu = (2.179 \times 10^{-18}\ \text{J})\left(\frac{1}{n_i^2} - \frac{1}{n_o^2}\right) \tag{4.8}$$

puesto que $h = 6.626 \times 10^{-34}$ J.s

$$\nu = \left(\frac{2.179 \times 10^{-18}\ \text{J}}{6.626 \times 10^{-34}\ \text{J}\cdot\text{s}}\right)\left(\frac{1}{n_i^2} - \frac{1}{n_o^2}\right)$$

$$\nu = (3.289 \times 10^{15}/\text{s})\left(\frac{1}{n_i^2} - \frac{1}{n_o^2}\right) \tag{4.9}$$

Las líneas producidas por transiciones electrónicas al nivel $n = 2$ de estados superiores están descritas por la ecuación:

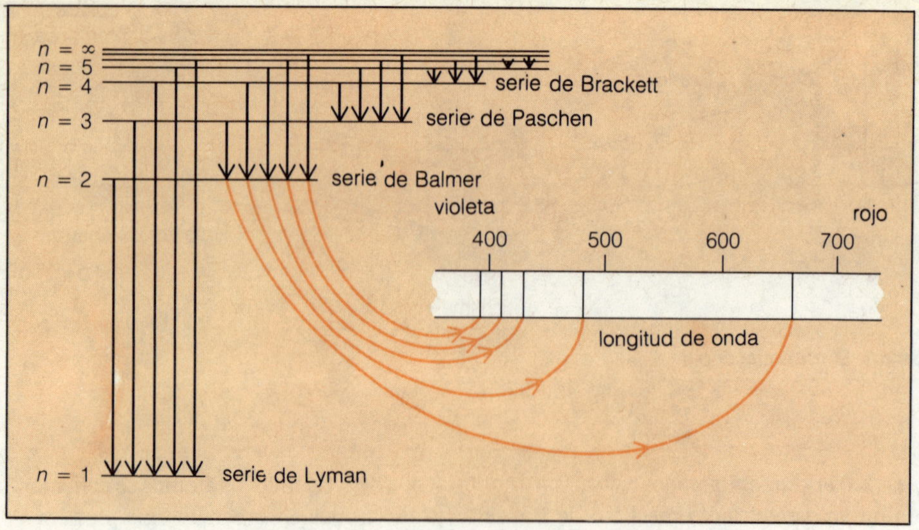

Figura 4.9 Las relaciones entre algunas transiciones electrónicas del átomo de hidrógeno y las líneas espectrales de la región visible.

$$\nu = (3.289 \times 10^{15}/\text{s})\left(\frac{1}{2^2} - \frac{1}{n_o^2}\right) \qquad n = 3, 4, 5, \ldots \tag{4.5}$$

Esta ecuación es la misma que la ecuación derivada por Balmer, a partir de datos experimentales.

En la Figura 4.9 se muestra la relación entre algunas de las transiciones electrónicas del átomo de hidrógeno y las líneas espectrales. Puesto que las transiciones electrónicas al nivel $n=1$ **(serie de Lyman)** liberan más energía que las del nivel $n=2$ (series de Balmer), las longitudes de onda de las líneas de las series de Lyman son más cortas que las de las series de Balmer. Las líneas de las series de Lyman se dan en la región ultravioleta. Por otra parte las líneas de las **serie de Paschen,** que representan transiciones al nivel $n=3$, ocurren en longitudes de onda más largas que las de las series de Balmer.

Las líneas de Paschen aparecen en la región infrarroja. La teoría de Bohr es muy adecuada para interpretar el espectro del hidrógeno. Sin embargo, no consigue explicar el espectro de átomos que poseen más de un electrón. Por lo tanto, el modelo atómico de Bohr tuvo que ser modificado (Sección 4.11).

Ejemplo 4.3

Averigüe la frecuencia y la longitud de onda de la línea en el espectro de hidrógeno que corresponde a una transición electrónica del nivel $n=3$ al nivel $n=2$.

Solución

$$\nu = (3.289 \times 10^{15}/\text{s})\left(\frac{1}{n_i^2} - \frac{1}{n_o^2}\right)$$

$$= (3.289 \times 10^{15}/\text{s})\left(\frac{1}{2^2} - \frac{1}{3^2}\right)$$

$$= (3.289 \times 10^{15}/\text{s})\left(\frac{1}{4} - \frac{1}{9}\right)$$

$$= 0.4568 \times 10^{15}/\text{s} = 4.568 \times 10^{14}/\text{s}$$

puesto que,

$$\nu\lambda = c$$

$$\lambda = \frac{c}{\nu}$$

$$= \frac{2.998 \times 10^{8}\ \text{m/s}}{4.568 \times 10^{14}/\text{s}}$$

$$= 6.563 \times 10^{-7}\ \text{m} = 656.3\ \text{nm}$$

Obsérvese que la conversión de metros a nanómetros puede llevarse a cabo de la siguiente manera:

$$?\ \text{nm} = 6.563 \times 10^{-7}\ \text{m}\left(\frac{1\ \text{nm}}{10^{-9}\ \text{m}}\right) = 6.563 \times 10^{2}\ \text{nm} = 656.3\ \text{nm}$$

4.10 El número atómico y la ley periódica

A comienzos del siglo XIX, los químicos comenzaron a interesarse en las similitudes químicas y físicas que hay entre los elementos. En 1817 y 1829, Johann W. Döbereiner publicó algunos artículos en los cuales examinaba las propiedades de conjuntos de elementos que él llamó tríadas. (Ca, Sr, Ba; Li, Na K; Cl, Br, I; y S, Se, Te). Los elementos de cada conjunto tienen propiedades similares, y el peso atómico del segundo elemento de un grupo es aproximadamente igual al promedio de los pesos atómicos de los otros dos elementos del conjunto.

En años subsiguientes, muchos químicos intentaron agruparlos basándose en propiedades similares. De 1863 a 1866 John A. R. Newlands propuso y desarrolló la "ley de las octavas". Newlands estableció que cuando los elementos se agrupan por orden creciente de su peso atómico, el octavo elemento es similar al primero, el noveno al segundo y así sucesivamente. Comparó esta relación con las octavas de las notas musicales. Desafortunadamente, la relación real no es tan simple como supuso Newlands. Su trabajo pareció forzado y no fue tenido en cuenta seriamente por otros químicos.

La clasificación periódica moderna de los elementos tuvo su origen en los trabajos de Julius Lothar Meyer (1869) y en particular de Dmitri Mendeleev (1869). Mendeleev

Dmitri Mendeleev, 1834–1907. *Smithsonian Institution.*

propuso una ley periódica: cuando los elementos se estudian en orden creciente de peso atómico la similitud de las propiedades ocurre periódicamente. La tabla de Mendeleev ordena los elementos de tal forma que los elementos similares aparecen en columnas verticales, llamados grupos (Figura 4.10).

Para hacer que elementos similares aparecieran uno después de otro, Mendeleev tuvo que dejar espacio para elementos aún no descubiertos. Basándose en su sistema, pronosticó las propiedades de tres de los elementos que no se conocían . El descubrimiento posterior del escandio, galio y germanio, cada uno de los cuales resultó poseer propiedades muy parecidas a las previstas por Mendeleev, demostró la validez del sistema periódico. La existencia de los gases nobles (He, Ne, Ar, Kr, Xe y Rn) fue prevista por Mendeleev; a pesar de esto, después de su descubrimiento entre 1892 y 1898, estos elementos fueron ubicados perfectamente en la tabla periódica.

El diseño de la tabla periódica requirió que tres elementos (K, Ni y I) se colocaran fuera del orden determinado por el orden creciente de peso atómico. El yodo por ejemplo, debería ser el elemento número 52 sobre la base de su peso atómico; en cambio, le fue asignado el número 53 de tal manera que quedara agrupado con otros elementos químicamente similares (F, Cl y Br). Un estudio posterior de la clasificación periódica convenció a muchos de que alguna propiedad fundamental diferente del peso atómico, es la causa de la periodicidad observada. Se propuso que esta propiedad fundamental estaba relacionada de alguna manera con el número atómico, el cual originariamente era sólo un número de serie del sistema periódico.

La investigación de Henry G.J. Moseley entre 1913 y 1914 resolvió el problema. Cuando rayos catódicos altamente energetizados se apuntan sobre un blanco, se producen rayos X. (Figura 4.11). Esta radiación X puede descomponerse en las longitudes de onda que la componen y el espectro de líneas que se obtiene de esta manera puede fotografiarse. Cuando se utilizan como blanco diferentes elementos, se obtienen diferentes espectros de rayos X; cada espectro consiste solamente de unas pocas líneas.

Moseley estudió los espectros de rayos X de 38 elementos con números atómicos entre 13 (aluminio) y 79 (oro). Utilizando una línea espectral para cada elemento, halló que existe una relación lineal entre la raíz cuadrada de la frecuencia de la línea y el número atómico del elemento (Figura 4.12). En otras palabras la raíz cuadrada de la frecuencia de la línea espectral aumenta en una cantidad constante de elemento a elemento, cuando los elementos se ordenan teniendo en cuenta el orden creciente del número atómico.

Henry G.J. Moseley, 1887–1915. *American Institute of Physics, Niels Bohr Library, W. F. Meggers Collection.*

Moseley podía, por consiguiente, asignar el número atómico correcto a cualquier elemento, basándose en el espectro de rayos X del elemento. De esta manera acabó con el problema de clasificar elementos cuyos pesos atómicos no estaban de acuerdo con el de sus vecinos (K, Ni e I). Estableció que debían de existir 14 elementos en las series desde el $_{58}$Ce hasta el $_{71}$Lu (que se hallan en la parte inferior de la tabla en la Figura 4.10) y determinó que estos elementos deben ir después del lantano en la tabla periódica. Los diagramas de Moseley indicaban que en esa época aún faltaban ser descubiertos cuatro elementos antes del número 79 (oro); esos números eran 43, 61, 72 y 75. Teniendo en cuenta el trabajo de Moseley se modificó la definición de la **ley periódica.** Las propiedades químicas y físicas de los elementos son funciones periódicas del *número atómico*.

Los números atómicos de Moseley concordaban aproximadamente con las cargas nucleares que Rutherford había calculado con los experimentos con partículas α. Moseley propuso, por lo tanto, que el número atómico Z, es el número de unidades de carga positiva del núcleo atómico. Expresó que "en el átomo hay una cantidad fundamental, que aumenta por etapas regulares a medida que se pasa de un elemento al subsiguiente. Esta cantidad tiene que ser la carga en núcleo central positivo".

Los rayos X son radiaciones electromagnéticas que poseen longitudes de onda mucho más cortas (y por consiguiente frecuencias y energías más altas) que las de la luz

	Grupo										
Periodo	I	II	III	IV	V	VI	VII	VIII			
	a b	a b	a b	a b	a b	a b	a b	a			b (0)
1	H 1.0										He 4.0
2	Li 6.9	Be 9.0	B 10.8	C 12.0	N 14.0	O 16.0	F 19.0				Ne 20.2
3	Na 23.0	Mg 24.3	Al 27.0	Si 28.1	P 31.0	S 32.1	Cl 35.5				Ar 39.9
4	K 39.1	Ca 40.1	Sc 45.0	Ti 47.9	V 50.9	Cr 52.0	Mn 54.9	Fe 55.8	Co 58.9	Ni 58.7	
	Cu 63.5	Zn 65.4	Ga 69.7	Ge 72.6	As 74.9	Se 79.0	Br 79.9				Kr 83.8
5	Rb 85.5	Sr 87.6	Y 88.9	Zr 91.2	Nb 92.9	Mo 95.9	Tc	Ru 101.1	Rh 102.9	Pd 106.4	
	Ag 107.9	Cd 112.4	In 114.8	Sn 118.7	Sb 121.8	Te 127.6	I 126.9				Xe 131.3
6	Cs 132.9	Ba 137.3	La* 138.9	Hf 178.5	Ta 180.9	W 183.9	Re 186.2	Os 190.2	Ir 192.2	Pt 195.1	
	Au 197.0	Hg 200.6	Tl 204.4	Pb 207.2	Bi 209.0	Po	At				Rn
7	Fr	Ra	Ac**								

*	Ce 140.1	Pr 140.9	Nd 144.2	Pm	Sm 150.4	Eu 152.0	Gd 157.3	Tb 158.9	Dy 162.5	Ho 164.9	Er 167.3	Tm 168.9	Yb 173.0	Lu 175.0
**	Th 232.0	Pa	U 238.0	Np	Pu	Am	Cm	Bk	Cf	Es	Fm	Md	No	Lr

Figura 4.10 Tabla periódica basada en la tabla de Mendeleev de 1871. Los elementos que no se conocían en 1871, aparecen en los cuadros coloreados.

visible (Sección 4.8). El espectro de rayos X de un elemento se cree que se origina de las transiciones de ciertos electrones dentro de los átomos blanco del elemento (Sección 4.8). En el tubo de rayos X, los rayos catódicos sustraen electrones de los niveles internos de los átomos blanco. Los rayos X se producen cuando los electrones de la periferia vuelven a ocupar estos vacíos. Puesto que en una transición de un electrón al nivel K de un átomo desde un nivel superior se desprende cantidad relativa de energía, la frecuencia de la radiación resultante es alta. La longitud de onda correspondiente es, por lo tanto, corta y característica de los rayos X.

La frecuencia de la radiación liberada por una transición electrónica también depende de la carga del núcleo del átomo. La cantidad de energía liberada es directamente proporcional al cuadrado de la carga nuclear (Z^2). Cuanto mayor sea la carga, se libera más energía y la longitud de la radiación emitida es más corta. Las observaciones de Moseley reflejaron esta relación.

En la actualidad, la forma más común de la tabla periódica es la forma larga, que se encuentra al final de este libro. Los **periodos** están formados por aquellos elementos que están dispuestos en la tabla en líneas horizontales. La organización es tal que los

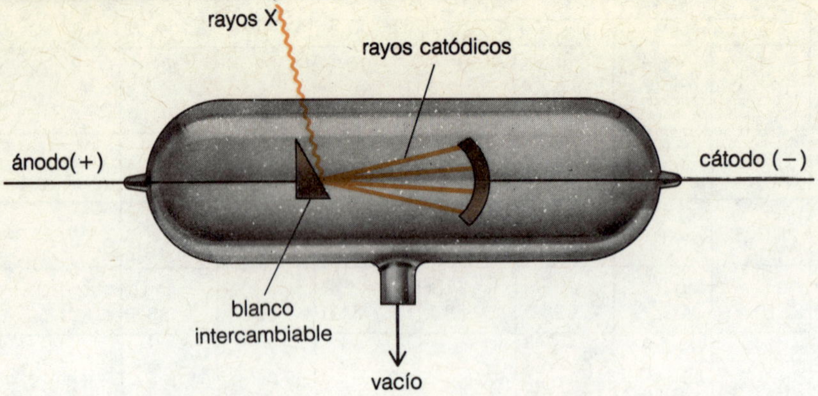

Figura 4.11 Tubo de rayos X

elementos de propiedades químicas y físicas similares (llamados **grupos** o **familias**) aparecen en columnas verticales. En esta tabla, el conjunto de elementos que aparecen en la parte inferior de la tabla (lantánidos) debería realmente aparecer en el cuerpo de la tabla después del lantano siguiendo el orden por número atómico, de manera que el sexto periodo contenga 32 elementos; este arreglo no se usa por razones de conveniencia en la reproducción. La tabla debe aparecer con corte vertical, con secciones separadas y los lantánidos insertados en sus propias posiciones. Para los actínidos, que aparecen debajo de los lantánidos en la base de la tabla periódica, son pertinentes las mismas consideraciones. Deberían insertarse en el séptimo periodo (el cual no es completo todavía) después del actinio.

El primer periodo consiste sólo de dos elementos, hidrógeno y helio. Los periodos siguientes tienen 8, 8, 18, 18 y 32 elementos. Con la excepción del primer periodo cada periodo completo comienza con un **metal alcalino** (grupo IA), que es un metal altamente reactivo, ligero y plateado, y termina con un **gas noble** (grupo 0), que es un gas incoloro de baja reactividad. El elemento que precede al gas noble en cada periodo completo (con la excepción del primer periodo) es un **halógeno** (grupo VIIA), que es un no metal muy reactivo. Existe una configuración general para cada periodo después del primero. Comenzando con un metal alcalino, las propiedades cambian de elemento a elemento, por ejemplo, las propiedades metálicas se desvanecen y son gradualmente reemplazadas por características no metálicas. Después de que se alcanza un no metal altamente reactivo (un halógeno), cada periodo termina con un gas noble.

4.11 Mecánica ondulatoria

Bohr consideró al electrón como una partícula cargada en movimiento y supuso que el electrón de un átomo de hidrógeno solamente puede tener ciertas cantidades determinadas de energía. Sin embargo, derivó otros aspectos de la teoría de las leyes de la física clásica relativas al comportamiento de partículas con carga. Pronto se hizo evidente que este enfoque era inadecuado y que se necesitaba uno nuevo.

Para pronosticar la trayectoria de un cuerpo en movimiento, se debe conocer al mismo tiempo su posición y velocidad. El **principio de la incertidumbre** de Werner Heisenberg (1926) estableció que es imposible determinar simultáneamente la *posición* exacta y el *momento* exacto de un cuerpo tan pequeño como el electrón. Cuanto más precisamente se trate de determinar uno de estos valores, más inseguro se estará del otro.

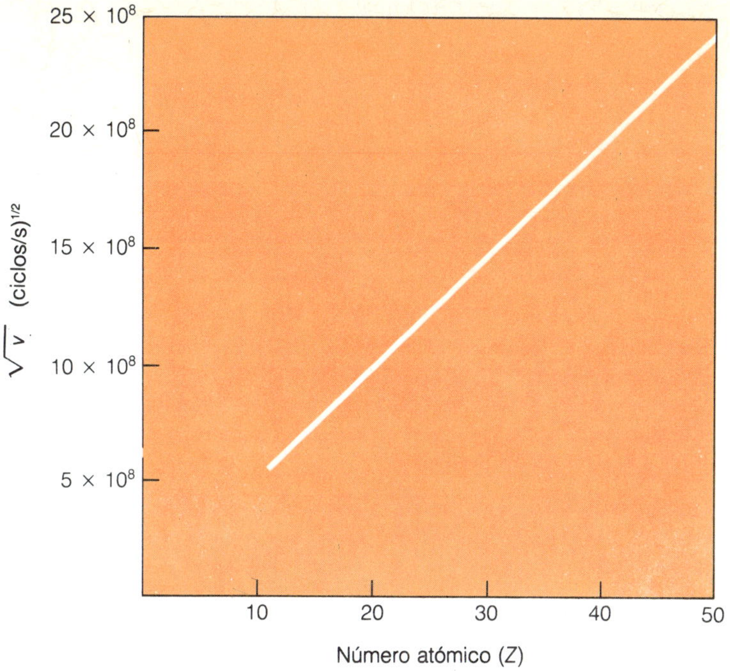

Figura 4.12 Relación entre la frecuencia de las líneas características de los rayos X y el número atómico.

Los objetos son vistos observando la interferencia con los rayos de luz usados para iluminarlos. Se necesitaría una radiación con una longitud de onda extremadamente corta para localizar un objeto tan pequeño como el electrón. La radiación que posee una longitud de onda corta tiene una frecuencia alta y es muy energética (Sección 4.8). Cuando choca con el electrón, el impacto hace que la dirección del movimiento y la velocidad del electrón cambien. Los intentos para localizar el electrón cambian el momento del electrón drásticamente.

Los fotones, que tienen longitudes de onda más largas y son menos energéticos, poseerán un efecto menor sobre el momento del electrón. Debido a que los fotones tienen longitudes de onda más largas, no indicarán la posición del electrón con tanta precisión. Parece, por lo tanto, que no es posible una descripción exacta de la trayectoria de un electrón en una órbita de Bohr.

Al igual que la luz, que tiene el carácter de onda y de partícula, la materia también tiene una naturaleza dual. En 1924 Louis de Broglie propuso que los electrones y otras partículas tienen propiedades de onda. La energía de un fotón de luz E, es igual a su frecuencia, ν, por la constante Planck h:

$$E = h\nu$$

Puesto que $\nu = c/\lambda$ donde c es la velocidad de la luz y λ es la longitud de onda (Sección 4.8), podemos sustituir c/λ por ν:

$$E = h\,c/\lambda$$

Usando la ecuación de Einstein, $E = mc^2$, donde m es la masa efectiva del fotón, podemos sustituir mc^2 por E:

$$mc^2 = h\frac{c}{\lambda}$$

Louis de Broglie, 1892–.
American Institute of Physics, Niels Bohr Library.

Erwin Schrödinger, 1887–1961
California Institute of Technology Archives.

Resolviendo esta ecuación para la longitud de onda:

$$\lambda = \frac{h}{mc} \tag{4.11}$$

De acuerdo a de Broglie, una ecuación similar puede utilizarse para asignar una longitud de onda a un electrón:

$$\lambda = \frac{h}{mv} \tag{4.12}$$

donde m es la masa del electrón y v es su velocidad. Este postulado ha sido confirmado por una cantidad de datos experimentales. En 1926, Erwin Schrödinger utilizó la relación de de Broglie para desarrollar una ecuación que describe el electrón en términos de su carácter de onda.

La **ecuación de Schrödinger** es la base de la mecánica ondulatoria. La ecuación se escribe en términos de una **función de onda** ψ (psi) para un electrón. Cuando la ecuación se resuelve para el electrón en el átomo de hidrógeno, se obtiene una serie de funciones de onda. Cada función de onda corresponde a un estado de energía definido para el electrón y está relacionado con una región en la cual se puede hallar el electrón. La función de onda de un electrón describe lo que se llama un **orbital** (así llamado para distinguirlo de la órbita de Bohr).

La intensidad de una onda es proporcional al cuadrado de su amplitud. La función de onda, ψ, es una función de amplitud. En cualquier posición en el espacio, el valor de ψ^2 para un volumen muy pequeño, es proporcional a la densidad de carga del electrón. Se puede suponer que la carga del electrón está distribuida en una nube de carga por un movimiento rápido del electrón. La nube es más densa en algunas regiones que en otras. La probabilidad de encontrar el electrón en una región dada es proporcional a la densidad de la carga de la nube en ese punto. La probabilidad es mayor en la región donde la nube es más densa. Esta interpretación no intenta describir la trayectoria del electrón, solamente pronostica dónde es más probable encontrar el electrón.

Para un electrón en el estado $n = 1$ del átomo de hidrógeno, la nube con carga tiene la mayor densidad cerca del núcleo y se hace más tenue a medida que aumenta la distancia al núcleo (Figura 4.13). Se puede obtener más información acerca de esta probabilidad de distribución a partir de las curvas de la Figura 4.14. En la curva (a) ψ^2 se traza en relación a distancia al núcleo. La probablidad de hallar un electrón en un segmento de volumen pequeño es muy grande cerca del núcleo y se acerca a 0 a medida que aumenta la distancia al núcleo.

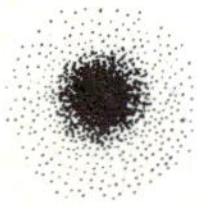

Figura 4.13 Sección transversal de la nube cargada de un electrón en estado $n = 1$ del átomo de hidrógeno.

La curva (b) es una curva de probabilidad radial. La probabilidad *total* de hallar el electrón a una distancia dada del núcleo, se traza en relación a la distancia. Imagine un grupo de niveles esféricos muy tenues dispuestos uno después del otro con el centro de cada nivel en el centro del núcleo. ¿Cuál es la probabilidad de hallar el electrón en cada uno de estos niveles? La probabilidad de hallar el electrón en un segmento de volumen pequeño es más grande cerca del núcleo. Un nivel cerca del núcleo, sin embargo, contiene un menor número de estos segmentos de volumen que uno más alejado. La probabilidad radial tiene en cuenta ambos factores. La curva muestra un máximo a una distancia a_o. La probabilidad total de hallar el electrón en todos los puntos a distancia r del núcleo es máxima cuando r es igual a_o. Este valor es igual al valor determinado por la teoría de Bohr para el radio del nivel $n = 1$. En la teoría de Bohr a_o es la distancia a la cual el electrón *siempre* se encuentra en el nivel n = 1. En la mecánica ondulatoria, a_o, es la distancia a la cual el electrón parece encontrarse más a menudo.

No es posible dibujar una forma que abarque una región en la cual la probabilidad de hallar el electrón sea 100%. Sin embargo, se puede dibujar una superficie que conecte puntos de igual probabilidad y que encierre un volumen en el cual la proba-

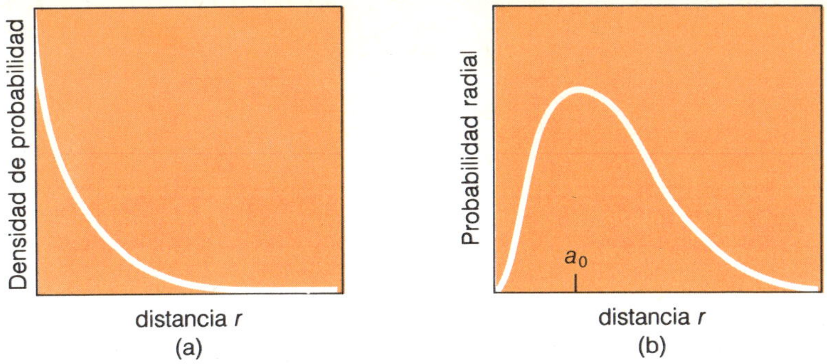

Figura 4.14 Curvas de probabilidad para un electrón en el estado $n=1$ para el átomo de hidrógeno. (a) probabilidad de hallar el electrón por unidad de volumen versus la distancia al núcleo. (b) Probabilidad de hallar el electrón a una distancia dada versus la distancia al núcleo.

bilidad de hallar el electrón sea alta (por ejemplo, 90%). Tal representación se llama **un diagrama de superficie límite**, y se puede ver en la figura 4.15 para el electrón $n=1$ para el átomo de hidrógeno.

4.12 Números cuánticos

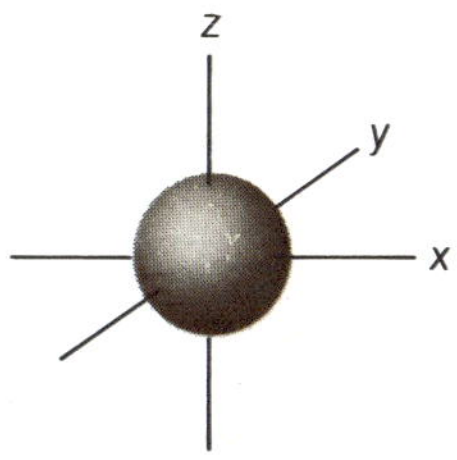

Figura 4.15 Representación de la superficie límite de un electrón en el estado $n=1$ del átomo de hidrógeno. El volumen comprende el 90% de la densidad electrónica. El núcleo está en el origen.

En la mecánica ondulatoria, la distribución electrónica de un átomo que contiene una cantidad de electrones se divide en *niveles*. Los niveles, a su vez consisten en uno o más *subniveles*, y se supone que los subniveles están compuestos de uno o más *orbitales*, los cuales son ocupados por los *electrones*. Cada electrón de un átomo se identifica por una combinación de cuatro números cuánticos, que indican nivel, subnivel, orbital y electrón.

El **número cuántico principal**, *n*, corresponde aproximadamente al *n* introducido por Bohr. Éste identifica el nivel al cual pertenece el electrón. Estos niveles son regiones donde la probabilidad de hallar un electrón es alta. El valor de *n* es un entero positivo.

$$n = 1,2,3,. . .$$

Cuanto mayor sea el valor de *n*, más lejano estará el nivel del núcleo.

Cada nivel consiste de uno o más **subniveles**: el número de subniveles en un nivel principal es igual al valor de *n*. Hay sólo un subnivel en el nivel $n=1$; hay dos en el nivel $n=2$, tres en nivel $n=3$ y así sucesivamente. A cada subnivel en un nivel se le asigna un **número cuántico subsidiario**, l. Los valores de l para los subniveles de un nivel son determinados por el valor del nivel *n*. Existe un valor de l para cada término en la serie.

$$l = 0,1,2,3, . . . (n-1) \tag{4.13}$$

Cuando $n=1$, el único valor de l es 0, y hay solamente un subnivel. Cuando $n=2$, hay dos subniveles que tienen valores l de 0 y 1, respectivamente. Cuando $n=3$, los tres subniveles tienen valores l de 0, 1 y 2.

A veces se usan otros símbolos para designar los subniveles. Se usa una letra para representar cada valor de l en la siguiente forma.

Tabla 4.3 Notaciones para subniveles

n	l	notación espectral
1	0	1*s*
2	0	2*s*
2	1	2*p*
3	0	3*s*
3	1	3*p*
3	2	3*d*
4	0	4*s*
4	1	4*p*
4	2	4*d*
4	3	4*f*

$$l = 0,1,2,3,4,5, \ldots$$

$$\text{notación} = s, p, d, f, g, h \ldots$$

Las primeras cuatro notaciones son las iniciales de los adjetivos (en inglés) usados anteriormente para identificar las líneas espectrales: sharp, principal, diffuse y fundamental. Para valores de l mayores de tres, las letras continúan alfabéticamente: g, h, i y así sucesivamente. Combinando el número cuántico principal con una de estas letras se encuentra una forma práctica para designar un subnivel. El subnivel con $n=2$ y $l=0$, se llama subnivel $2s$. El subnivel con $n=2$ y $l=1$ se llama subnivel $2p$. La Tabla 4.3 contiene un resumen de las notaciones de subniveles para los primeros cuatro niveles.

Cada subnivel consiste en uno o más orbitales. El número de orbitales en un subnivel está dado por la ecuación.

$$\text{número de orbitales} = 2l + 1 \tag{4.14}$$

En cualquier subnivel $l=0$, por ejemplo, hay $2(0)+1=1$ orbital. En cualquier subnivel $l=1$, hay $2(1)+1=3$ orbitales. En cualquier subnivel $l=2$, hay $2(2)+1=5$ orbitales. En otras palabras.

$$\text{notación} = s,p,d,f,g, \ldots$$

$$l = 0,1,2,3,4, \ldots$$

$$\text{número de orbitales} = 1,3,5,7,9, \ldots$$

Un subnivel s está formado por un orbital, un subnivel p está formado por 3 orbitales, un subnivel d, está formado por 5 orbitales y así sucesivamente.

Cada orbital dentro de un subnivel se identifica por un **número cuántico magnético orbital,** m_l. Para cualquier subnivel, los valores de m_l están dados por los términos de la serie:

$$m_l = +l, +(l-1), \ldots, 0, \ldots, -(l-1), -l$$

Así para $l=0$, el único valor permitido de m_l es 0 (un orbital s). Para $l=1$, m_l puede ser $+1$,0 y -1(tres orbitales p). Para $l=2$, m_l puede ser $+2$, $+1$, 0, -1 y -2 (cinco orbitales d). Obsérvese que los valores de m_l se derivan de l, y los valores de l se derivan de n.

Cada orbital en un átomo, por lo tanto, se identifica por un conjunto de valores para n, l, y m_l. Un orbital descrito por los números cuánticos $n=2$, $l=1$ y $m_l=0$ es un orbital en el subnivel p del segundo nivel: es un orbital $2p$. En la Tabla 4.4 se dan los números cuánticos para los orbitales de los cuatro primeros niveles.

En la Sección 4.11 se discutió la carga de la nube electrónica del orbital $1s$. (Ver figuras 4.13, 4.14 y 4.15). Cada una de las tres partes de la Figura 4.16 se relaciona con la nube de carga del orbital $2s$. La Figura 4.16 es la curva de la probabilidad radial para el orbital $2s$. La curva muestra dos sitios donde la probabilidad de hallar un electrón es relativamente alta: una está cerca del núcleo y la otra distante. En la nube de carga del orbital $2s$, por lo tanto, existen 2 regiones donde la densidad electrónica es relativamente alta. Esas regiones aparecen en la Figura 4.16 (b), la cual es una sección transversal de la densidad electrónica del orbital; sin embargo, el diagrama de superfiie límite del orbital $2s$ parece lo mismo que el orbital $1s$, excepto por el tamaño. Al comparar la Figura 4.16 (c) con la Figura 4.15, todos los orbitales s son esféricos. Los diagramas de superficie límite para los tres orbitales $2p$ se pueden

Nivel n	Subnivel l	Orbital m_l	Notación del subnivel	Número de orbitales por subnivel
1	0	0	1*s*	1
2	0	0	2*s*	1
	1	+1, 0, −1	2*p*	3
3	0	0	3*s*	1
	1	+1, 0, −1	3*p*	3
	2	+2, +1, 0, −1, −2	3*d*	5
4	0	0	4*s*	1
	1	+1, 0, −1	4*p*	3
	2	+2, +1, 0, −1, −2	4*d*	5
	3	+3, +2, +1, 0, −1, −2, −3	4*f*	7

Tabla 4.4 Los orbitales de los primeros cuatro niveles.

apreciar en la Figura 4.17. En estos diagramas, el núcleo está en el origen. La densidad electrónica de un orbital *p* no es esférica. Por el contrario, cada orbital *p* consiste en dos secciones, llamadas lóbulos que se hallan a cada lado de un plano que pasa por el núcleo. Las formas de estos tres orbitales son idénticas. Sin embargo, difieren en la forma en que se orientan los lóbulos. Debido a que los lóbulos se pueden considerar sobre los ejes *x, y,* o *z,* se les dan las designaciones $2p_x$, $2p_y$ y $2p_z$.

Un campo magnético no tiene efecto sobre la energía de un electrón *s* puesto que un orbital *s* es esférico. Independientemente de cómo hagamos girar una esfera, ésta siempre aparece igual con respecto a un marco de referencia fijo. Un orbital esférico (un orbital *s*) en un campo magnético presenta sólo un aspecto hacia las líneas de fuerza. Los orbitales *p* no son esféricos. Cada subnivel *p* consiste en tres orbitales que difieren en su orientación. Cada orbital *p* presenta un aspecto diferente hacia la línea de fuerza de un campo magnético. Estos orbitales *p* son idénticos en términos de energía. En la ausencia de un campo magnético no hay distinción entre los electrones que ocupan los diferentes orbitales *p*. Sin embargo, si se hacen estudios espectrales utilizando un campo magnético, algunas de las líneas del espectro se separan en varias líneas. Este efecto, llamado el **efecto Zeeman** desaparece cuando se elimina el campo magnético. El valor m_l de un orbital está asociado con la orientación del orbital con respecto a una dirección establecida por el campo magnético. Los diagramas de superficie límite de los cinco orbitales 3*d* se pueden observar en la Figura 4.18. La forma del orbital $d_z{}^2$ es diferente de las otras, pero todos son equivalentes en términos de energía.

Los primeros tres números cuánticos (*n,l,* y m_l) se originan de las soluciones de la ecuación de onda de Schrödinger. Un cuarto número cuántico, el **número cuántico magnético de spin,** m_s, es necesario para describir completamente un electrón. Un electrón tiene propiedades magnéticas que son como las de una partícula cargada que gira sobre su eje. Una carga que gira, genera un campo magnético y un electrón tiene un campo magnético asociado con él que puede describirse en términos de un spin aparente. El número cuántico magnético de spin de un electrón puede tener uno de dos valores posibles:

$$m_s = +\tfrac{1}{2} \text{ o } -\tfrac{1}{2}$$

Dos electrones que tienen diferentes valores de m_s (uno es $+\frac{1}{2}$ y el otro es $-\frac{1}{2}$) se dice que tienen spin opuesto. Los momentos magnéticos de spin de estos dos electrones se cancelan mutuamente. Cada orbital puede contener dos electrones con spin opuesto.

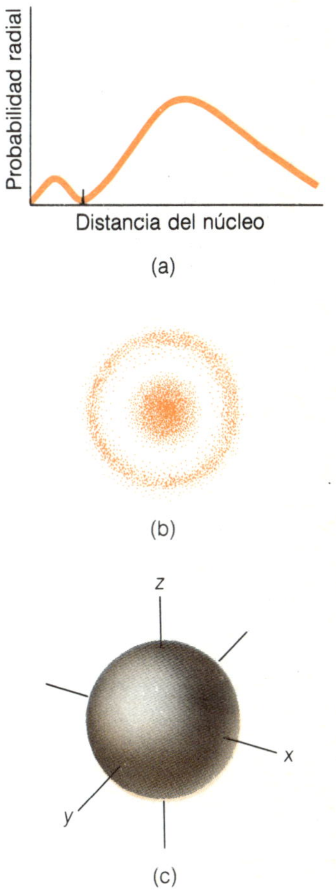

Figura 4.16 Diagramas para el orbital 2*s*. (a) Distribución de probabilidad radial; (b) Sección transversal de una nube electrónica cargada; (c) diagrama de superficie límite.

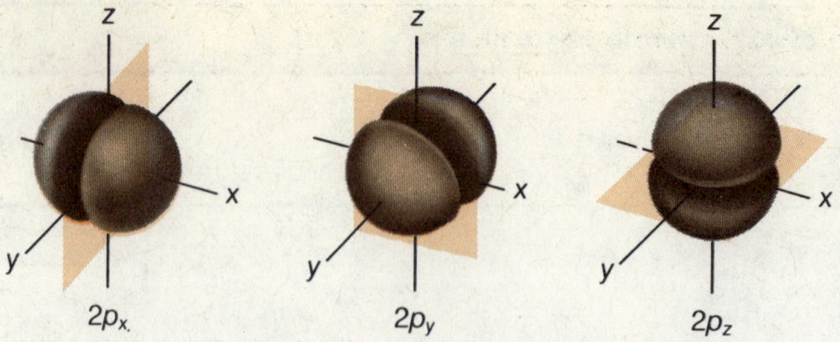

Figura 4.17 Diagramas de superficie límite para orbitales $2p$

Por lo tanto, cada electrón puede describirse por un conjunto de cuatro números cuánticos.

1. n da el nivel y la distancia promedio relativa del electrón al núcleo.

2. l, da el subnivel y la forma del orbital para el electrón; cada orbital de un subnivel dado es equivalente en energía, en la ausencia de un campo magnético.

3. m_l, designa la orientación del orbital.

4. m_s se refiere al spin del electrón.

Wolfgang Pauli, 1900–1958.
CERN, courtesy AIP Niels Bohr Library.

El **principio de exclusión** de Wolfgang Pauli establece que dos electrones del mismo átomo no pueden tener los cuatro números cuánticos idénticos. Aun si dos electrones tienen el mismo valor para n, l y m_l diferirán en los valores de m_s. Esta situación indica que los dos electrones en un orbital sencillo están apareados. Dos electrones apareados en un orbital $1s$, por ejemplo, tienen (n, l, m, m_s) conjuntos cuánticos de (1,0,0, + ½) y (1,0,0, − ½); en consecuencia, de acuerdo al principio de exclusión, un orbital no puede tener más de dos electrones.

En la Tabla 4.4 están dados los números cuánticos para los orbitales de los cuatro primeros niveles. El conjunto de números cuánticos para los electrones en estos orbitales pueden obtenerse indicando un valor de m_s (sea + ½ ó − ½) con el conjunto de valores de n,l, y m_s que denotan el orbital.

Tabla 4.5 Máximo número de electrones para los subniveles de los primeros cuatro niveles.

notación del subnivel	orbitales por subnivel	electrones por subnivel	electrones por nivel ($2n^2$)
1*s*	1	2	2
2*s*	1	2	8
2*p*	3	6	
3*s*	1	2	18
3*p*	3	6	
3*d*	5	10	
4*s*	1	2	32
4*p*	3	6	
4*d*	5	10	
4*f*	7	14	

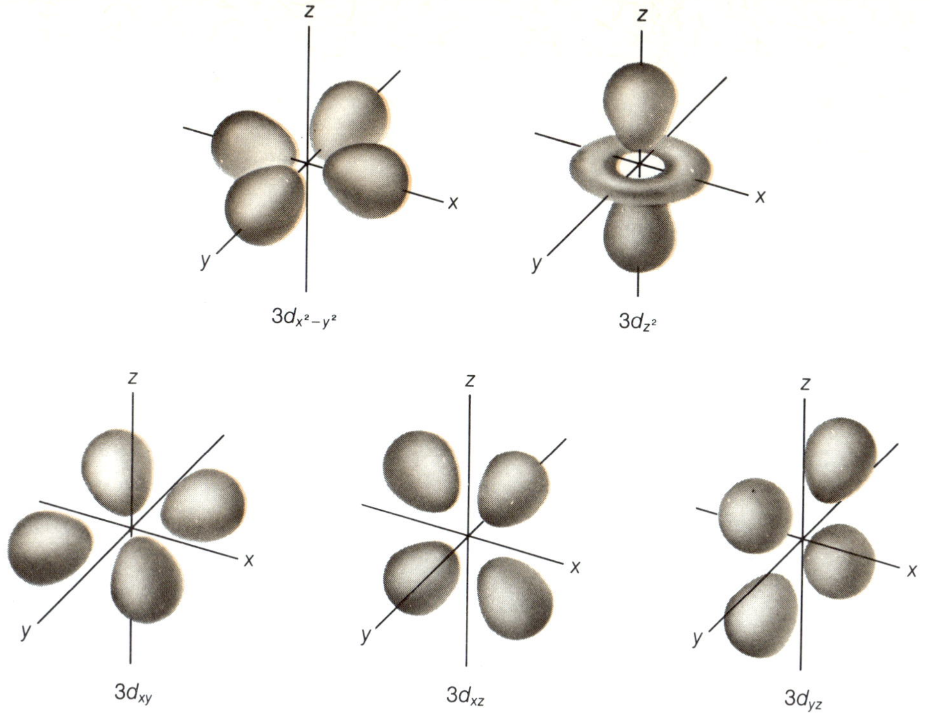

Figura 4.18 Diagramas de superficie límite para los orbitales 3*d*.

El número máximo de electrones que puede contener un nivel está dado por $2n^2$. Cada orbital puede contener dos electrones; el número máximo de electrones en un nivel, es por lo tanto, igual al doble del número de orbitales en el nivel. El número máximo de electrones de un subnivel puede calcularse multiplicando por dos el número de orbitales en el subnivel. En la Tabla 4. 5 están dadas las capacidades de los niveles y subniveles de n = 1 a, n = 4.

4.13 Llenado de orbitales y Regla de Hund

La forma en que los electrones están dispuestos en el átomo recibe el nombre de **configuración electrónica** del átomo. Para los primeros 18 elementos, la configuración electrónica para el estado fundamental puede derivarse suponiendo que los electrones ocupan los niveles aumentando el valor de *n* y dentro del nivel aumentando el valor de *l*. Para elementos con números atómicos mayores de 18, el problema es ligeramente más complicado y se discutirá en la Sección 4.14.

En la Tabla 4.6 se muestran dos maneras de indicar la configuración electrónica de un átomo. En los diagramas de orbitales, cada orbital está indicado por una raya y un electrón está representado por una flecha, ya sea dirigida hacia arriba, ↑, para indicar una dirección del spin del electrón, o dirigida hacia abajo, ↓, para representar la dirección opuesta (m_s puede ser $+\frac{1}{2}$ ó $-\frac{1}{2}$). En las notaciones electrónicas, la configuración electrónica de un átomo está resumida en una forma ligeramente diferente. Los símbolos 1*s*, 2*s*, 2*p* y así sucesivamente, se usan para indicar los *subniveles* y los exponentes indican el número de electrones en cada subnivel.

El electrón solitario de un átomo de hidrógeno ocupa un orbital 1*s* ($n = 1$, $l = 0$, $m_l = 0$). En el diagrama de orbitales que aparece en la Tabla 4.6, una flecha aparece en el espacio para el orbital $1s$. La notación electrónica para el átomo de H es $1s^1$.

El átomo de helio tiene dos electrones con spin opuesto en el orbital $1s$, y dos flechas dirigidas en sentido opuesto se pueden ver en la columna para el orbital $1s$ en el diagrama de orbitales. La notación electrónica para el átomo de He es $1s^2$. Observe que el nivel $n=1$ del átomo de helio está lleno.

El átomo de litio tiene un par de electrones en el orbital $1s$ más un electrón en el orbital $2s$ ($n=2$, $l=0$, $m_l=0$). La notación electrónica para el átomo de litio es $1s^2 2s^1$. El átomo siguiente, el berilio, tiene pares electrónicos en ambos orbitales $1s$ y $2s$; la notación electrónica para el átomo de Be es $1s^2 2s^2$

El átomo de boro tiene cinco electrones. Dos electrones, con spin apareado, ocupan el orbital $1s$, otro par de electrones ocupa el orbital $2s$, y el quinto electrón está presente en un orbital $2p$. El subnivel $2p$ ($n=2$, $l=1$) consiste en tres orbitales. Puesto que tres orbitales $2p$ tienen igual energía, el quinto electrón del boro puede ocupar cualquiera de los tres. En el diagrama de orbitales para el boro que aparece en la Tabla 4.6, se ve una flecha en uno de los orbitales $2p$, pero estos orbitales no se identifican por valores de m_l. La notación electrónica para el átomo de boro es $1s^2\ 2s^2\ 2p^1$.

La configuración electrónica del sexto elemento, carbono, puede derivarse de la configuración del boro indicando un electrón adicional. Sin embargo, surge un interrogante respecto a la ubicación del sexto electrón del carbono. ¿Pertenece al orbital $2p$ que ya tiene un electrón o pertenece a otro orbital? ¿Cuál es la orientación del spin del sexto electrón?

Tabla 4.6 Configuración electrónica de los primeros diez elementos

	Diagrama de orbital 1s	2s	2p			Notación electrónica
$_1H$	↑					$1s^1$
$_2He$	↑↓					$1s^2$
$_3Li$	↑↓	↑				$1s^2\ 2s^1$
$_4Be$	↑↓	↑↓				$1s^2\ 2s^2$
$_5B$	↑↓	↑↓	↑			$1s^2\ 2s^2\ 2p^1$
$_6C$	↑↓	↑↓	↑	↑		$1s^2\ 2s^2\ 2p^2$
$_7N$	↑↓	↑↓	↑	↑	↑	$1s^2\ 2s^2\ 2p^3$
$_8O$	↑↓	↑↓	↑↓	↑	↑	$1s^2\ 2s^2\ 2p^4$
$_9F$	↑↓	↑↓	↑↓	↑↓	↑	$1s^2\ 2s^2\ 2p^5$
$_{10}Ne$	↑↓	↑↓	↑↓	↑↓	↑↓	$1s^2\ 2s^2\ 2p^6$

La **regla de máxima multiplicidad de Hund** proporciona la respuesta. La regla de Hund establece que los electrones están distribuidos entre los orbitales de un subnivel de tal manera que da el máximo número de electrones no apareados con spin paralelo. El término *spin paralelo* significa que todos los electrones no apareados tienen un spin en la misma dirección: todos los valores m_s de estos electrones tienen el mismo signo; por consiguiente en el carbono cada uno de los electrones ocupa un orbital separado y estos dos electrones tienen la misma orientación de spin. Estos dos electrones no apareados se aprecian claramente en el diagrama de orbitales para el carbono, dado en la Tabla 4.6; sin embargo, la distinción no es aparente en la notación electrónica, $1s^2\ 2s^2\ 2p^2$.

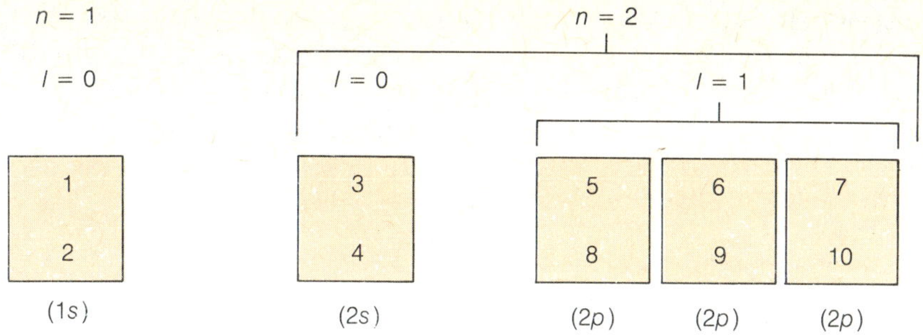

Figura 4.19 Orden en el cual se llenan los orbitales de los niveles $n = 1$ y $n = 2$.

Observe que todos los exponentes en esta notación son números enteros. Esto no significa que todos los electrones están apareados en los orbitales. Por lo general la notación electrónica da la configuración electrónica por *subniveles* (no por *orbitales*). Los electrones no apareados pueden verse, por consiguiente, utilizando una designación distinta para cada orbital. La notación para el carbono sería $1s^2$ $2s^2$ $2p^1$ $2p^1$. Este procedimiento no es necesario si recordamos que hay tres orbitales $2p$ y que la regla de Hund requiere que los dos electrones ocupen orbitales separados.

La Figura 4.19 ilustra la regla de Hund. Los orbitales están representados por cuadrados. El orden de llenado se indica por números colocados dentro de estos cuadrados. Puesto que los electrones están cargados negativamente y se repelen entre sí, se distribuyen y ocupan los orbitales $2p$ individualmente antes que empezar a aparearse. Las configuraciones electrónicas para B, C, N, O, F y Ne dadas en la Tabla 4.6 ilustran la regla de Hund. Los cinco orbitales de un subnivel *d* y los siete orbitales de un subnivel *f* se llenan en la misma forma: los electrones ocupan sucesivamente cada orbital del subnivel desocupado y solamente después de que cada orbital posee un electrón se lleva a cabo el apareamiento. La regla de Hund ha sido confirmada por mediciones magnéticas.

El número de electrones no apareados en un átomo, ión o molécula, puede determinarse por mediciones magnéticas. Las **sustancias paramagnéticas** son atraídas hacia un campo magnético. Las sustancias que contienen electrones no apareados son paramagnéticas. El momento magnético depende del número de electrones no apareados presentes. Dos efectos contribuyen al paramagnetismo de un átomo. El spin de los electrones no apareados y el movimiento orbital de estos electrones. El efecto del spin del electrón es el más grande de los dos y en muchos casos, el efecto por el movimiento orbital es despreciable.

Las **sustancias diamagnéticas** son débilmente repelidas por un campo magnético. Un material es diamagnético si todos sus electrones están apareados. El diamagnetismo es una propiedad de toda materia, pero si hay electrones no apareados es ocultado por el fuerte efecto paramagnético.*

En la Tabla 4.7 se pueden ver las notaciones electrónicas para los *niveles exteriores* de átomos de los elementos de los primeros tres periodos. Si un átomo contiene electrones en los niveles internos, estos niveles están completos. Observe la similitud entre las configuraciones de elementos del mismo grupo. Todos los elementos del grupo IA, por ejemplo, tienen un electrón en un orbital *s* en el nivel exterior. La semejanza en configuraciones electrónicas entre elementos de un grupo dado justifica la semejanza en propiedades.

*Las sustancias ferromagnéticas, tales como el hierro, son atraídas fuertemente hacia un campo magnético. El ferromagnetismo es una forma de paramagnetismo que se presenta en unas pocas sustancias sólidas.

Los niveles más externos de estos átomos se llaman **niveles de valencia** y los electrones en ellos se llaman **electrones de valencia.** Todos los electrones en los niveles de valencia, sin tener en cuenta los subniveles, se cuentan como electrones de valencia. Para los elementos que son miembros de los grupos A, el número de electrones de valencia es el mismo que el número de grupo. Los gases nobles (grupo 0) tienen ocho electrones en nivel de valencia, exceptuando el helio que tiene dos.

I A							0
$_1H$ $1s^1$	II A	III A	IV A	V A	IV A	VII A	$_2He$ $1s^2$
$_3Li$ $2s^1$	$_4Be$ $2s^2$	$_5B$ $2s^22p^1$	$_6C$ $2s^22p^2$	$_7N$ $2s^22p^3$	$_8O$ $2s^22p^4$	$_9F$ $2s^22p^5$	$_{10}Ne$ $2s^22p^6$
$_{11}Na$ $3s^1$	$_{12}Mg$ $3s^2$	$_{13}Al$ $3s^23p^1$	$_{14}Si$ $3s^23p^2$	$_{15}P$ $3s^23p^3$	$_{16}S$ $3s^23p^4$	$_{17}Cl$ $3s^23p^5$	$_{18}Ar$ $3s^23p^6$

Tabla 4.7 Configuración electrónica de los niveles exteriores de los elementos de los primeros tres periodos.

4.14 Estructuras electrónicas de los elementos

Los datos de las Tablas 4.6 y 4.7 indican una manera de derivar la configuración electrónica de los átomos. Comenzamos con el átomo de hidrógeno que tiene un electrón en orbital $1s$. Agregando un electrón obtenemos la configuración del siguiente elemento, el helio (la cual es $1s^2$). En esta forma vamos de elemento en elemento hasta derivar la configuración del átomo deseado. Este método fue primeramente sugerido por Wolfgang Pauli y se llamó el método **aufbau** (*aufbau* en alemán significa construir).

En algunos casos, las configuraciones electrónicas obtenidas usando el método aufbau son erróneas. Estos errores, sin embargo, son pequeños y generalmente comprenden sólo un electrón mal colocado. La configuración electrónica correcta de los elementos aparece más adelante en la Tabla 4.8.

El electrón añadido al ir de un elemento al siguiente en el procedimiento de aufbau se llama **electrón diferenciante;** es el que hace la configuración de un átomo diferente de la del átomo que lo precede. El electrón diferenciante se agrega en cada paso al orbital de más baja energía disponible.

Todos los orbitales de un subnivel dado tienen energías equivalentes. La energía de cualquiera de los orbitales $3p$, por ejemplo, es la misma que la energía de cualquiera de los otros dos orbitales $3p$. Los cinco orbitales $3d$ son parecidos en términos de energía. Sin embargo, los orbitales que pertenecen a diferentes subniveles del mismo nivel tienen diferentes energías. Para un valor dado de n, las energías aumentan en el orden $s < p < d < f$. En el nivel $n = 3$, por ejemplo, el orbital $3s$ tiene la energía más baja, un orbital $3p$ tiene una energía intermedia y un $3d$ tiene la mayor energía. A veces las energías de orbitales de diferentes niveles se superponen. En algunos átomos, por ejemplo, el orbital $4s$ tiene una energía más baja que un orbital $3d$.

No existe un orden estándar basado en energía para los orbitales, que sea pertinente a todos los elementos. En el proceso *hipotético* de aufbau, el carácter del átomo cambia

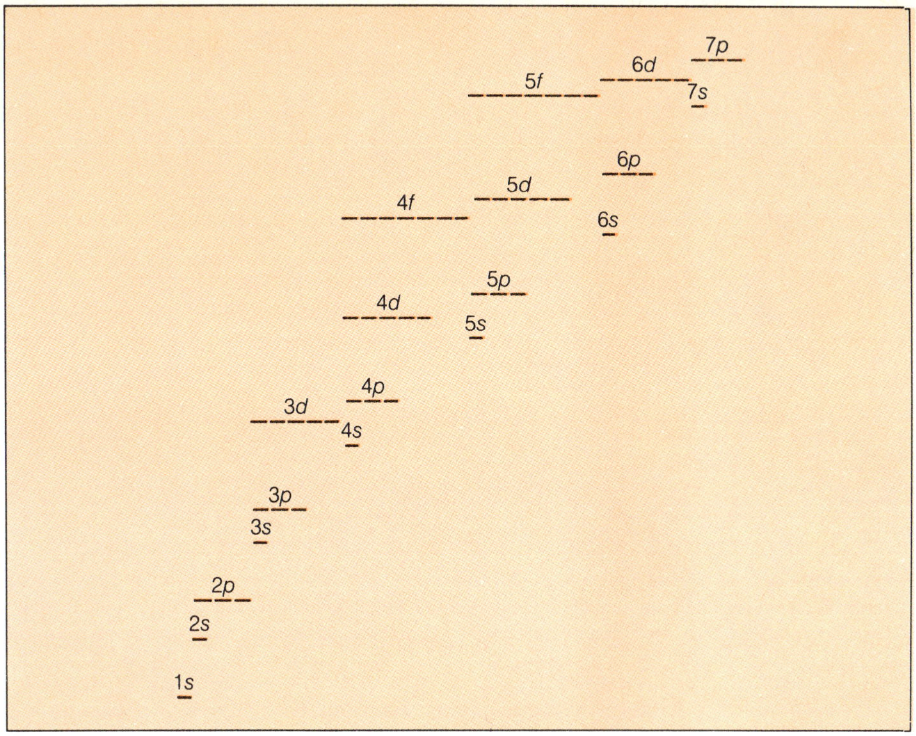

Figura 4.20 Orden de construcción aufbau de los orbitales atómicos

a medida que se agregan protones y neutrones al núcleo, y se introducen más y más electrones. Afortunadamente el orden de energía del orbital varía de elemento a elemento en una manera lenta y regular. Consecuentemente, puede obtenerse el orden de aufbau que aparece en la Figura 4.20.

Este orden es pertinente *sólo* a la posición del orbital en donde queda el electrón diferenciante utilizado en el proceso de aufbau. Las configuraciones electrónicas pueden derivarse del diagrama mostrado en la Figura 4.20 por sucesivo llenado de los orbitales comenzando por la parte inferior de la tabla y desplazándose hacia arriba. Recuerde que hay tres orbitales en un subnivel *p,* cinco en un *d,* y siete en un *f.* Un subnivel dado se llena antes de que se agreguen electrones al siguiente subnivel.

La tabla periódica puede utilizarse para derivar configuraciones electrónicas. En la Figura 4.21, el tipo de electrón diferenciante se relaciona con la posición del elemento en la tabla periódica. Note que la tabla puede dividirse en un "bloque *s*", un "bloque *p*" un "bloque *d*" y un "bloque *f*".

El número cuántico principal del electrón diferenciante es igual al número de periodo para la familia A de elementos (elementos en el "bloque *s*" y en el "bloque *p*"), el número de periodo menos 1 para los elementos del "bloque *d*" y el número de periodo menos 2 para los elementos del "bloque *f*". Use una tabla periódica (tal como la que hay al final del libro) para seguir la discusión a medida que derivamos las configuraciones de los elementos.

El primer periodo consiste sólo de dos elementos: hidrógeno y helio; ambos pertenecen al "bloque *s*". La configuración del hidrógeno es $1s^1$ y la del helio $1s^2$.

El segundo periodo comienza con litio ($1s^2 2s^1$) y berilio ($1s^2 2s^2$) para los que se han agregado electrones al orbital $2s$. Para los seis elementos que completan este periodo, desde el boro ($1s^2\ 2s^2\ 2p^1$) hasta gas noble neón ($1s^2\ 2s^2\ 2p^6$), los electrones se agregan gradualmente a los tres orbitales $2p$.

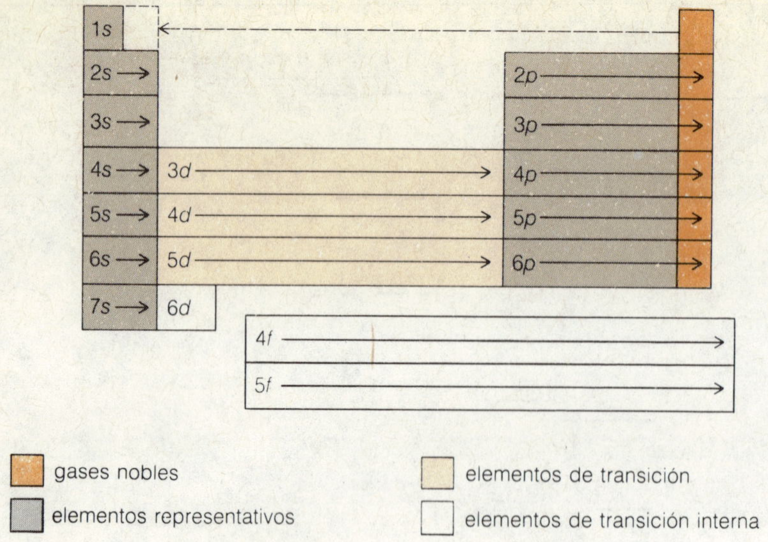

Figura 4.21 Tipo de electrón diferenciante relacionado con la posición del elemento en la tabla periódica.

El modelo del segundo periodo se repite en el tercero. Los dos elementos del "bloque *s*" son el sodio ($1s^2\,2s^2\,2p^6\,3s^1$) y magnesio ($1s^2\,2s^2\,2p^6\,3s^2$). Los seis elementos del "bloque p" van del aluminio ($1s^2\,2s^2\,2p^6\,3s^2\,3p^1$) al gas noble argón ($1s^2\,2s^2\,2p^6\,3s^2\,3p^6$).

En la discusión de las configuraciones de los elementos restantes, se indicarán sólo los orbitales exteriores. La primera superposición de las energías de los orbitales se observa con el potasio (Z = 19), el primer elemento del cuarto periodo. La configuración del potasio es . . . $3s^2\,3p^6\,4s^1$ a pesar de que los orbitales $3d$ están vacíos. En forma parecida, el calcio (Z = 20) tiene la configuración . . . $3s^2\,3p^6\,4s^2$. Observe que el potasio y el calcio son elementos del "bloque *s*".

Con el elemento siguiente, el escandio (Z = 21), viene a utilizarse el subnivel $3d$ (. . . $3s^2\,3p^6\,3d^1\,4s^2$). En la serie del escandio al cinc, el subnivel $3d$ se llena gradualmente. La configuración del cinc (Z = 30) es . . . $3s^2\,3p^6\,3d^{10}\,4s^2$. Estos elementos del "bloque *d*" se llaman **elementos de transición** Se dice que exhiben una **estructura interna** puesto que el último electrón se agrega al nivel ($n = 3$) que sigue al nivel más externo ($n = 4$). Los elementos del número 21 al 30 pertenecen a la familia B y forman la primera serie de transición.

Con el elemento 31, el galio (. . . $3s^2\,3p^6\,3d^{10}\,4s^2\,4p^1$), empieza a llenarse el subnivel $4p$. El cuarto periodo termina con el criptón (Z = 36), . . . $3s^2\,3p^6\,3d^{10}\,4s^2\,4p^6$).

El quinto periodo comienza con el rubidio (Z = 37, . . . $4s^2\,4p^6\,5s^1$) y el estroncio (Z = 38, . . . $4s^2\,4p^6\,5s^2$); los electrones se comienzan a agregar al subnivel $5s$ aunque los orbitales $4d$ y $4f$ estén vacíos. Obsérvese que estos dos elementos son elementos del "bloque *s*". Sigue una segunda serie de transición, a la cual se agregan electrones al subnivel $4d$. Comienza con el itrio (Z = 39, . . . $4s^2\,4p^6\,4d^1\,5s^2$) y termina con el cadmio (Z = 48, . . . $4s^2\,4p^6\,4d^{10}\,5s^2$). El quinto periodo termina con la serie desde el indio al xenón con electrones que empieza a agregarse al subnivel $5p$. El xenón (Z = 54) tiene la configuración . . . $4s^2\,4p^6\,4d^{10}\,5s^2\,5p^6$. El subnivel $4f$ está aún vacío al final de este periodo.

El sexto periodo es algo más complicado en lo concerniente a la superposición de orbitales. Los dos primeros elementos, el cesio (Z = 55, . . . $4d^{10}\,5s^2\,5p^6\,6s^1$) y el bario (Z = 56, . . . $4d^{10}\ 5s^2\ 5p^6\ 6s^2$) tienen electrones en el subnivel $6s$. Aquí se presenta un problema con el procedimiento de aufbau. Los subniveles $4f$ y $5d$ tienen energía muy próxima. El electrón siguiente (para el lantano, Z = 57) se agrega al subnivel $5d$ (luego el lantano es un elemento de transición), pero el siguiente electrón (para el cerio, Z = 58) se agrega al subnivel $4f$, y el electrón agregado por el lantano retrocede al subnivel $4f$. Para el La, la configuración es . . . $4d^{10}\ 4f^0\ 5s^2\ 5p^6\ 5d^1\ 6s^2$. Para el Ce, la configuración es $4d^{10}\ 4f^2\ 5s^2\ 5p^6\ 5d^0\ 6s^2$. Para los elementos 58 a 70 (cerio a iterbio), los electrones se agregan al subnivel $4f$.

Estos elementos se llaman **elementos de transición interna.** Para elementos de este tipo, la adición de electrones se realiza en el tercer subnivel ($4f$) desde el subnivel más externo ($6s$). Después de llenado el subnivel $4f$, el siguiente electrón se agrega al subnivel $5d$. Así para lutecio (Z = 71) la configuración es . . . $4d^{10}\ 4f^{14}\ 5s^2\ 5p^6\ 5d^1\ 6s^2$. Esta tercera serie de transición se completa y el subnivel $5d$ se llena con el elemento 80, el mercurio (. . . $4d^{10}\ 4f^{14}\ 5s^2\ 5p^6\ 5d^{10}\ 6s^2$). El periodo termina al llenarse el subnivel $6p$ en los elementos de 81 a 86.

El séptimo periodo es incompleto e incluye muchos elementos que no se encuentran en la naturaleza, sino que se forman por reacciones nucleares.

En general, este periodo sigue el modelo establecido para el sexto periodo. Los elementos 87 y 88 tienen electrones agregados al subnivel $7s$, para el elemento 89 se agrega un electrón al subnivel $6d$; los elementos 90 a 103 forman una segunda serie de transición interna y en ellos se va formando la estructura electrónica del subnivel $5f$, y en los elementos de transición 104, 105 y 106 los electrones se van añadiendo al subnivel $6d$. La configuración electrónica real de algunos átomos del séptimo periodo se desvía ligeramente de las configuraciones pronosticadas por el método de aufbau (Tabla 4.8).

Para determinar la configuración electrónica de cualquier elemento, comenzamos con el hidrógeno y sobre la base de la tabla periódica justificamos la adición de cada electrón agregado hasta llegar al elemento que se quiere obtener.

El método se ilustra con los ejemplos siguientes:

Ejemplo 4.4

Escriba la notación electrónica para la configuración electrónica del estaño (Z = 50).

Solución

Trabajamos con la tabla periódica adicionando términos para justificar los electrones agregados a cada elemento hasta Z = 50 (estaño).
Revise el método usando una tabla periódica:

primer periodo: $1s^2$	(el cual alcanza hasta $_2$He)
segundo periodo: $2s^2\ 2p^6$	(el cual alcanza hasta $_{10}$Ne)
tercer periodo: $3s^2\ 3p^6$	(el cual alcanza hasta $_{18}$Ar)
cuarto periodo: $4s^2\ 3d^{10}\ 4p^6$	(el cual alcanza hasta $_{36}$Kr)
quinto periodo: $5s^2\ 4d^{10}\ 5p^2$	(el cual alcanza hasta $_{50}$Sn)

Los términos deben ordenarse para dar la notación en la secuencia correcta:

$1s^2\ 2s^2 2p^6\ 3s^2\ 3p^6\ 3d^{10}\ 4s^2\ 4p^6\ 4d^{10}\ 5s^2\ 5p^2$

Tabla 4.8 Configuraciones electrónicas de los elementos

Elemento	Z	1s	2s	2p	3s	3p	3d	4s	4p	4d	4f	5s	5p	5d	5f	6s	6p	6d	7s
H	1	1																	
He	2	2																	
Li	3	2	1																
Be	4	2	2																
B	5	2	2	1															
C	6	2	2	2															
N	7	2	2	3															
O	8	2	2	4															
F	9	2	2	5															
Ne	10	2	2	6															
Na	11	2	2	6	1														
Mg	12	2	2	6	2														
Al	13	2	2	6	2	1													
Si	14	2	2	6	2	2													
P	15	2	2	6	2	3													
S	16	2	2	6	2	4													
Cl	17	2	2	6	2	5													
Ar	18	2	2	6	2	6													
K	19	2	2	6	2	6		1											
Ca	20	2	2	6	2	6		2											
Sc	21	2	2	6	2	6	1	2											
Ti	22	2	2	6	2	6	2	2											
V	23	2	2	6	2	6	3	2											
Cr	24	2	2	6	2	6	5	1											
Mn	25	2	2	6	2	6	5	2											
Fe	26	2	2	6	2	6	6	2											
Co	27	2	2	6	2	6	7	2											
Ni	28	2	2	6	2	6	8	2											
Cu	29	2	2	6	2	6	10	1											
Zn	30	2	2	6	2	6	10	2											
Ga	31	2	2	6	2	6	10	2	1										
Ge	32	2	2	6	2	6	10	2	2										
As	33	2	2	6	2	6	10	2	3										
Se	34	2	2	6	2	6	10	2	4										
Br	35	2	2	6	2	6	10	2	5										
Kr	36	2	2	6	2	6	10	2	6										
Rb	37	2	2	6	2	6	10	2	6			1							
Sr	38	2	2	6	2	6	10	2	6			2							
Y	39	2	2	6	2	6	10	2	6	1		2							
Zr	40	2	2	6	2	6	10	2	6	2		2							
Nb	41	2	2	6	2	6	10	2	6	4		1							
Mo	42	2	2	6	2	6	10	2	6	5		1							
Tc	43	2	2	6	2	6	10	2	6	6		1							
Ru	44	2	2	6	2	6	10	2	6	7		1							
Rh	45	2	2	6	2	6	10	2	6	8		1							
Pd	46	2	2	6	2	6	10	2	6	10									
Ag	47	2	2	6	2	6	10	2	6	10		1							
Cd	48	2	2	6	2	6	10	2	6	10		2							
In	49	2	2	6	2	6	10	2	6	10		2	1						
Sn	50	2	2	6	2	6	10	2	6	10		2	2						
Sb	51	2	2	6	2	6	10	2	6	10		2	3						
Te	52	2	2	6	2	6	10	2	6	10		2	4						
I	53	2	2	6	2	6	10	2	6	10		2	5						
Xe	54	2	2	6	2	6	10	2	6	10		2	6						

Elemento	Z	1s	2s	2p	3s	3p	3d	4s	4p	4d	4f	5s	5p	5d	5f	6s	6p	6d	7s
Cs	55	2	2	6	2	6	10	2	6	10		2	6			1			
Ba	56	2	2	6	2	6	10	2	6	10		2	6			2			
La	57	2	2	6	2	6	10	2	6	10		2	6	1		2			
Ce	58	2	2	6	2	6	10	2	6	10	2	2	6			2			
Pr	59	2	2	6	2	6	10	2	6	10	3	2	6			2			
Nd	60	2	2	6	2	6	10	2	6	10	4	2	6			2			
Pm	61	2	2	6	2	6	10	2	6	10	5	2	6			2			
Sm	62	2	2	6	2	6	10	2	6	10	6	2	6			2			
Eu	63	2	2	6	2	6	10	2	6	10	7	2	6			2			
Gd	64	2	2	6	2	6	10	2	6	10	7	2	6	1		2			
Tb	65	2	2	6	2	6	10	2	6	10	9	2	6			2			
Dy	66	2	2	6	2	6	10	2	6	10	10	2	6			2			
Ho	67	2	2	6	2	6	10	2	6	10	11	2	6			2			
Er	68	2	2	6	2	6	10	2	6	10	12	2	6			2			
Tm	69	2	2	6	2	6	10	2	6	10	13	2	6			2			
Yb	70	2	2	6	2	6	10	2	6	10	14	2	6			2			
Lu	71	2	2	6	2	6	10	2	6	10	14	2	6	1		2			
Hf	72	2	2	6	2	6	10	2	6	10	14	2	6	2		2			
Ta	73	2	2	6	2	6	10	2	6	10	14	2	6	3		2			
W	74	2	2	6	2	6	10	2	6	10	14	2	6	4		2			
Re	75	2	2	6	2	6	10	2	6	10	14	2	6	5		2			
Os	76	2	2	6	2	6	10	2	6	10	14	2	6	6		2			
Ir	77	2	2	6	2	6	10	2	6	10	14	2	6	7		2			
Pt	78	2	2	6	2	6	10	2	6	10	14	2	6	9		1			
Au	79	2	2	6	2	6	10	2	6	10	14	2	6	10		1			
Hg	80	2	2	6	2	6	10	2	6	10	14	2	6	10		2			
Tl	81	2	2	6	2	6	10	2	6	10	14	2	6	10		2	1		
Pb	82	2	2	6	2	6	10	2	6	10	14	2	6	10		2	2		
Bi	83	2	2	6	2	6	10	2	6	10	14	2	6	10		2	3		
Po	84	2	2	6	2	6	10	2	6	10	14	2	6	10		2	4		
At	85	2	2	6	2	6	10	2	6	10	14	2	6	10		2	5		
Rn	86	2	2	6	2	6	10	2	6	10	14	2	6	10		2	6		
Fr	87	2	2	6	2	6	10	2	6	10	14	2	6	10		2	6		1
Ra	88	2	2	6	2	6	10	2	6	10	14	2	6	10		2	6		2
Ac	89	2	2	6	2	6	10	2	6	10	14	2	6	10		2	6	1	2
Th	90	2	2	6	2	6	10	2	6	10	14	2	6	10		2	6	2	2
Pa	91	2	2	6	2	6	10	2	6	10	14	2	6	10	2	2	6	1	2
U	92	2	2	6	2	6	10	2	6	10	14	2	6	10	3	2	6	1	2
Np	93	2	2	6	2	6	10	2	6	10	14	2	6	10	4	2	6	1	2
Pu	94	2	2	6	2	6	10	2	6	10	14	2	6	10	6	2	6		2
Am	95	2	2	6	2	6	10	2	6	10	14	2	6	10	7	2	6		2
Cm	96	2	2	6	2	6	10	2	6	10	14	2	6	10	7	2	6	1	2
Bk	97	2	2	6	2	6	10	2	6	10	14	2	6	10	8	2	6	1	2
Cf	98	2	2	6	2	6	10	2	6	10	14	2	6	10	10	2	6		2
Es	99	2	2	6	2	6	10	2	6	10	14	2	6	10	11	2	6		2
Fm	100	2	2	6	2	6	10	2	6	10	14	2	6	10	12	2	6		2
Md	101	2	2	6	2	6	10	2	6	10	14	2	6	10	13	2	6		2
No	102	2	2	6	2	6	10	2	6	10	14	2	6	10	14	2	6		2
Lr	103	2	2	6	2	6	10	2	6	10	14	2	6	10	14	2	6	1	2

Ejemplo 4.5

Escriba la notación electrónica para la configuración electrónica del neodimio (Z = 60).

Solución

primer periodo: $1s^2$
segundo periodo: $2s^2\ 2p^6$
tercer periodo: $3s^2\ 3p^6$
cuarto periodo: $4s^2\ 3d^{10}\ 4p^6$
quinto periodo: $5s^2\ 4d^{10}\ 5p^6$
sexto periodo: $6s^2\ 4f^4$
La notación, después de reordenar, es:

Las notaciones para el lantano (Z = 57) y para los lantánidos (Z = 58 a 71) presentan un problema. La notación para el $_{57}$La termina $4f^0\ 5s^2\ 5p^6\ 5d^1\ 6s^2$. Uno puede esperar que la notación para el elemento siguiente $_{58}$Ce, termine $4f^1\ 5s^2\ 5p^6\ 5d^1\ 6s^2$. En cambio, el electrón diferenciante $5d$ adicionado para $_{57}$La retrocede al subnivel $4f$ de tal forma que la notación para $_{58}$Ce termina $4f_2\ 5s^2\ 5p^6\ 5d^0\ 6s^2$. Notaciones posteriores terminan . . . $4f^3\ 5s^2\ 5p^6\ 5d^0\ 6s^2$ (para $_{59}$Pr), . . . $4f^4\ 5s^2\ 5p^6\ 5d^0\ 6s^2$ (para $_{60}$Nd) y así sucesivamente.

Ejemplo 4.6

Escriba la notación electrónica para la configuración electrónica del tungsteno (Z = 74)

Solución

primer periodo: $1s^2$
segundo periodo: $2s^2\ 2p^6$
tercer periodo: $3s^2\ 3p^6$
cuarto periodo: $4s^2\ 3d^{10}\ 4p^6$
quinto periodo: $5s^2\ 4d^{10}\ 5p^6$
sexto periodo: $6s^2\ 4f^{14}\ 5d^4$
Después de ordenar, la notación resulta:

$1s^2\ 2s^2\ 2p^6\ 3s^2\ 3p^6\ 3d^{10}\ 4s^2\ 4p^6\ 4d^{10}\ 4f^4\ 5s^2\ 5p^6\ 6s^2$

El orden aufbau no puede utilizarse para interpretar procesos que involucran la pérdida de electrones (ionización). La configuración del átomo de hierro, Fe, es $1s^2$ $2s^2$ $2p^6$ $3s^2$ $3p^6$ $3d^6$ $4s^2$ y la del ion Fe^{2+} es $1s^2$ $2s^2$ $2p^6$ $3s^2$ $3p^6$ $3d^6$. La ionización, por lo tanto, resulta de la pérdida de los electrones $4s$, aunque los electrones $3d$ sean los últimos agregados de acuerdo al principio de aufbau. El átomo de hierro tiene 26 protones en el núcleo y 26 electrones. El ión $Fe^{2}+$ tiene 26 protones en el núcleo pero solamente 24 electrones. El orden de energías de los orbitales es diferente en el átomo y en el ion. En general, los primeros electrones perdidos en una ionización son los que tienen valores de n y l más altos. Las notaciones electrónicas, por consiguiente, deben escribirse aumentando el valor de n y no por el orden hipotético de llenado.

4.15 Subniveles llenos y semillenos

En la Tabla 4.8 se presentan las configuraciones electrónicas correctas de los elementos. Las configuraciones pronosticadas por el procedimiento de aufbau están confirmadas por estudios espectrales y magnéticos para la mayoría de los elementos. Hay algunos, sin embargo, que presentan ligeras variaciones del modelo estándar. En ciertos casos, es posible explicar estas variaciones sobre la base de la estabilidad de un llenado o semillenado de los subniveles.

La configuración electrónica prevista para los subniveles $3d$ y $4s$ en el átomo de cromo (Z,24) es $3d^4$ $4s^2$, mientras que la configuración experimental derivada es $3d^5$ $4s^1$. Presumiblemente la estabilidad ganada por tener un electrón no apareado en cada uno de los cinco orbitales $3d$ (subnivel semillleno) justifica que la configuración $3d^5$ $4s^1$ sea la observada. La existencia de un subnivel semilleno también justifica el hecho de que la configuración para los subniveles $4d$ y $5s$ de molibdeno (Z,42) sea $4d^5$ $5s^1$ en vez de la prevista $4d^4$ $5s^2$.

La estabilidad en un subnivel semilleno $4f$ es evidente en la configuración de gadolinio (Z,64). La configuración prevista por el método de aufbau para estos elementos de transición interna termina . . . $4f^8$ $5s^2$ $5p^6$ $5d^0$ $6s^2$. Sin embargo, la estructura aceptada del gadolinio termina . . . $4f^7$ $5s^2$ $5p^6$ $5d^1$ $6s^2$, la cual contiene subniveles $4f$ semillenos y un electrón en $5d$.

Para el cobre (Z,29) la configuración prevista para los dos últimos subniveles es $3d^9$ $4s^2$, mientras que la estructura encontrada experimentalmente es $3d^{10}$ $4s^1$. La explicación de esta desviación radica en la estabilidad de la configuración $3d^{10}$ $4s^1$ que resulta de completar el subnivel $3d$. La plata (Z,47) y el oro (Z,79) también tienen configuraciones con subniveles d completamente llenos en vez de las configuraciones previstas $(n-1)\,d^9\,ns^2$. En el caso del paladio (Z,46), hay dos electrones involucrados; es el único caso con una diferencia de más de un electrón. La configuración prevista para los dos últimos subniveles del paladio es $4d^8$ $5s^2$; la configuración observada es $4d^{10}$ $5s^0$.

Los subniveles llenos y semillenos también contribuyen a la estabilidad de los átomos en casos donde se sigue el orden de aufbau. Se pueden observar varios ejemplos en las Secciones 5.2 y 5.3. La estabilidad de los gases nobles, por otra parte, es el ejemplo más importante. Los gases nobles tienen configuraciones en las cuales todos los subniveles están llenos. Estos ordenamientos son muy estables, como lo demuestra la baja reactividad química de estos elementos. Otros tipos de desviaciones se observan, particularmente, entre elementos con números atómicos altos. En general, la química de los elementos está satisfactoriamente explicada sobre las bases de las configuraciones previstas.

4.16 Tipos de elementos

La clasificación de los elementos en metales y no metales está basada en ciertas propiedades. Los **metales** son buenos conductores de calor y electricidad, tienen un lustre característico, son maleables (capaces de ser moldeados) y son dúctiles (capaces de ser convertidos en hilos). Los **no metales** por otra parte son pobres conductores del calor y la electricidad, no son lustrosos y son frágiles en estado sólido.

Cerca del 80% de los elementos conocidos son metales. La línea escalonada que aparece en la tabla periódica marca la división aproximada entre metales y no metales. Los no metales se hallan a la derecha de esta línea. Sin embargo, la división no es exacta puesto que los elementos que están cerca de la línea (algunas veces llamados **metaloides**) tienen propiedades que son intermedias entre las propiedades metálicas y las no metálicas. Los elementos pueden también clasificarse de acuerdo a sus configuraciones electrónicas.

1. **Gases nobles.** En la tabla periódica los gases nobles se encuentran al final de cada periodo en el grupo 0. Son gases monoatómicos incoloros, químicamente no reactivos y diamagnéticos. Con la excepción del helio (el cual tiene la configuración $1s^2$), todos los gases nobles tienen configuraciones externas de $ns^2\ np^6$, la cual es una configuración muy estable.

2. **Elementos representativos.** Estos elementos se encuentran en la familia A de la tabla periódica e incluyen metales y no metales. Tienen una gran variedad de comportamiento químico y de características físicas. Algunos elementos son diamagnéticos y otros son paramagnéticos. Los compuestos de estos elementos son generalmeente diamagnéticos e incoloros. Todas sus configuraciones de niveles son completas o estables ($ns^2\ np^6$) excepto en el nivel exterior; este nivel exterior se llama nivel de valencia, en el cual los electrones son los electrones de valencia. El número de electrones de valencia para cada átomo es el mismo que el del número de grupo. La química de estos elementos depende de los electrones de valencia.

3. **Elementos de transicion.** Estos elementos se hallan en la familia B de la tabla periódica. Se caracterizan por la estructura interna, ya que el electrón diferenciante agregado por el procedimiento de aufbau es un electrón interno *d*. Los electrones de estos dos niveles más externos se utilizan en las reacciones químicas. Todos estos elementos son metales. La mayoría de ellos son paramagnéticos y forman compuestos paramagnéticos muy coloreados.

4. **Elementos de transición interna.** Estos elementos se hallan en la parte inferior de la tabla periódica, pero pertenecen al sexto y séptimo periodos después de los elementos del grupo III B. La serie de 14 elementos del sexto periodo que sigue al lantano se llama **serie lantánida.** La serie del séptimo periodo que sigue al actinio se conoce como **serie actínida.** El electrón diferenciante en cada átomo es un electrón *f*. Se agrega al nivel que está a dos niveles más adentro que el nivel más externo. Los tres niveles más externos, por consiguiente, pueden estar involucrados en la química de estos elementos. Todos los elementos de transición interna son metales; son paramagnéticos y sus compuestos son paramagnéticos y muy coloreados.

Resumen

Los temas discutidos en este capítulo son:

1. El descubrimiento y caracterización del electrón, protón y neutrón.
2. La estructura nuclear del átomo.
3. La estructura y caracterización de isótopos y los símbolos utilizados para representar isótopos específicos.

4. Las masas de átomos basados en la unidad de masa atómica, u.

5. El peso atómico de un elemento basado en la masa atómica y la abundancia de sus isótopos naturales.

6. Las teorías ondulatoria y cuántica de la radiación electromagnética.

7. Los espectros atómicos y la teoría de Bohr para la estructura electrónica del átomo de hidrógeno.

8. El desarrollo y organización de la tabla periódica.

9. El principio de incertidumbre, el descubrimiento de las propiedades de onda del electrón y la descripción de la distribución electrónica de los átomos en términos de la mecánica ondulatoria.

10. El uso de números cuánticos para definir los electrones presentes en un átomo.

11. La regla de Hund para predecir el orden de llenado de los orbitales en los subniveles.

12. Las propiedades magnéticas de los átomos.

13. El método de aufbau para pronosticar las configuraciones electrónicas de los átomos y las excepciones causadas por la presencia de subniveles llenos y semillenos.

14. La clasificación de los elementos en gases nobles, elementos representativos, elementos de transición y elementos de transición interna.

Glosario

A continuación se enumeran algunos de los términos más importantes presentados en este capítulo. Las definiciones no incluidas en esta lista pueden localizarse usando el índice.

Configuración electrónica (Sección 4.13). La forma en que los electrones están ordenados en un átomo; puede indicarse por un diagrama de orbital o una notación electrónica (Tabla 4.6).

Cuanto (Sección 4.8). Una pequeña y definida cantidad de energía radiante. La teoría de Planck supone que la energía radiante es absorbida o emitida en estos cuantos. La energía de un cuanto, E, es directamente proporcional a la frecuencia de la radiación ν, y la constante de proporcionalidad h, es la constante de Planck (6.6262×10^{-34} J.s).

Electrón (Sección 4.1). Una partícula subatómica que tiene una masa aproximada de 0.00055 u, lleva una unidad de carga negativa y se halla fuera del núcleo en el átomo.

Electrones de valencia (Sección 4.13). Los electrones que se hallan en el nivel más externo en el estado fundamental de un átomo de un elemento de la familia A.

Elemento de transición (Sección 4.14 y 4.16). Elemento que se halla en una familia B en la tabla periódica. Para estos elementos, el electrón diferenciante agregado por el método de aufbau es un electrón d, agregado al nivel inferior al nivel mas próximo externo.

Elemento representativo (Sección 4.16). Un elemento de la familia A de la tabla periódica.

Elementos de transición interna (Sección 4.14 y 4.16). Los elementos lantánidos y actínidos que se encuentran en la parte inferior de la tabla periódica, en los cuales el electrón diferenciante adicionado por el método de aufbau es un electrón f agregado al nivel que está dos niveles dentro del nivel más externo.

Energía de enlace o ligadura (Sección 4.7). La energía requerida por un proceso hipotético en el cual un núcleo se descompone en nucleones; la energía equivalente a la diferencia entre la suma de las masas de los nucleones de un núcleo y la masa real del núcleo.

Espectro (Sección 4.9). Un diseño de luz, producido por la dispersión de un haz de luz en las longitudes de onda componentes. Puesto que está formada por todas las longitudes de onda, la luz blanca produce un **espectro continuo.** La luz emitida por una sutancia en un estado excitado, sin embargo, produce un **espectro de líneas** en el cual sólo ciertas longitudes de onda aparecen.

Espectrógrafo de masas (Sección 4.6). Un instrumento utilizado para determinar los tipos de isótopos presentes en un elemento, las masas exactas de estos isótopos y la cantidad relativa de cada isótopo presente.

Estado excitado (Sección 4.9). Un estado de un átomo en el cual la configuración electrónica da al átomo una energía mayor que la del estado fundamental.

Estado fundamental (Sección 4.9). El estado de energía más baja posible de un átomo en el cual todos los electrones están lo más cerca posible del núcleo.

Fotón (Sección 4.8). Un cuanto de energía radiante.

Frecuencia, ν (Sección 4.8). El número de ondas de radiación electromagnética que pasa por un punto dado en 1 segundo; $\nu = c/\lambda$.

Función de onda, ψ (Sección 4.11). Una solución a la ecuación de onda de Schrödinger; describe un orbital. El cuadrado de la función de onda ψ^2 en cualquier punto es proporcional a la densidad de carga electrónica o a la probabilidad de hallar el electrón en ese punto.

Gas noble (Sección 4.16). Un elemento en el grupo 0 de la clasificación periódica. Con la excepción del helio (que tiene la configuración electrónica $1s^2$), todos los gases nobles tienen configuraciones electrónicas exteriores de ns^2 np^6.

Grupo, familia (Sección 4.10). Elementos que aparecen en columnas verticales en la tabla periódica.

Isobaros (Sección 4.6). Átomos de diferentes elementos que tienen el mismo número de masa pero diferentes números atómicos.

Isótopos (Sección 4.6). Átomos del mismo elemento que tienen el mismo número atómico pero diferentes números de masa.

Ley periódica (Sección 4.10). Las propiedades físicas y químicas de los elementos son funciones periódicas del número atómico.

Longitud de onda, λ (lambda) (Sección 4.8). La distancia entre dos puntos similares sobre ondas sucesivas de radiación electromagnética.

Metal (Sección 4.16). Un elemento que tiene brillo característico, alta conductividad eléctrica y térmica, y maleabilidad. Se halla en la tabla periódica a la izquierda de la línea diagonal escalonada.

Método de aufbau (Sección 4.14). Un método para obtener las configuraciones de los átomos en los cuales los electrones se agregan sucesivamente sobre la base de las energías de los orbitales hasta que se obtiene la configuración deseada.

Neutrón (Sección 4.3). Una partícula subátomica que tiene una masa aproximada de 1.0087 u, no tiene carga y se halla en el núcleo del átomo.

Nivel de energía, capas de energía (Sección 4.9 y 4.12). Un grupo de orbitales en un átomo que tiene el mismo valor de *n*, el número cuántico principal.

No metal (Sección 4.16). Un elemento que no es lustroso, es pobre conductor térmico y eléctrico y es frágil en el estado sólido; se halla en la tabla periódica a la derecha de la línea diagonal escalonada.

Núcleo (Sección 4.4). El pequeño y denso centro de un átomo, cargado positivamente, que contiene los protones y neutrones.

Nucleón (Sección 4.5). Un protón o un neutrón, ambos pertenecientes al núcleo atómico.

Número atómico *Z* (Sección 4.5). Es el número de protones en el núcleo de un átomo de un elemento.

Número cuántico magnético de spin, m_s (Sección 4.12). Se refiere al valor relativo del spin del electron. Cada orbital puede tener dos electrones de spin opuesto $+\frac{1}{2}$ y $-\frac{1}{2}$.

Número cuántico orbital magnético, m_l, (Sección 4.12). Indica la orientación del orbital del electrón al cual pertenece este valor. Para un valor dado de l, m_l puede tener todos los valores enteros desde $+l$ a $-l$ (incluyendo 0). El número de valores m_l, para cada valor de l es el número de orbitales en ese subnivel.

Número cuántico principal, *n* (Sección 4.12). Indica la energía del nivel del electrón al cual el valor hace referencia. Los valores de *n* son números enteros positivos: 1, 2, 3, ...

Número cuántico subsidiario, l (Sección 4.12). Indica el tipo de subnivel y la forma del orbital del electrón al cual pertenece este número cuántico. En un nivel dado (indicado por *n*), l puede tener todos los valores enteros en la serie 0, 1, 2, 3, ... (n-1).

Número de masa, A (Sección 4.5). El número de protones y neutrones, tomados juntos, en el núcleo del átomo.

Órbita (Sección 4.9). En la teoría de Bohr, un estado permitido de un electrón, caracterizado por un valor de *n*.

Orbital (Sección 4.11). Un estado de energía para un electrón caracterizado por tres números cuánticos: n, l y m_l. Un orbital dado puede contener dos electrones con spin opuesto.

Partícula alfa, α (Sección 4.4). Una partícula que consiste en dos protones y dos neutrones y que es emitida por ciertos núcleos radiactivos.

Partícula beta, β (Sección 4.4). Un electrón emitido por ciertos núcleos radiactivos.

Periodo (Sección 4.10). Elementos que están dispuestos en filas horizontales en la tabla periódica.

Principio de exclusión de Pauli (Sección 4.12). Dos electrones de un mismo átomo no pueden tener números cuánticos idénticos.

Principio de incertidumbre (Sección 4.11). Es imposible determinar, simultáneamente, la posición y el momento exactos de un electrón.

Protón (Sección 4.2). Una partícula subatómica que tiene una masa de aproximadamente 1.0073 u, tiene una carga positiva y se halla en el núcleo del átomo.

Radiación electromagnética (Sección 4.8). Energía radiante que se propaga a través del vacío a una velocidad característica, e interpretada en términos de ondas o cuantos.

Radiación gama, γ (Sección 4.4). Radiación electromagnética de longitud de onda muy corta, emitida por ciertos núcleos radioactivos.

Radiactividad (Sección 4.4). La emisión espontánea de rayos por un núcleo atómico inestable, el que en el proceso se transforma en un núcleo diferente.

Regla de Hund (Secciónа 4.13). Los electrones están distribuidos entre los orbitales de un subnivel de tal manera que se tenga el máximo número de electrones no apareados con spin paralelo.

Subnivel (Sección 4.12): Una división de un nivel electrónico, caracterizado por un valor particular de l. Las designaciones *s, p, d,* . . . se utilizan para $l = 0, 1, 2, 3, \ldots$

Sustancia diamagnética (Sección 4.13). Una sustancia que es repelida por un campo magnético, comportamiento exhibido por sustancias en las cuales todos los electrones están apareados.

Sustancia paramagnética (Sección 4.13). Una sustancia que es atraída hacia un campo magnético, comportamiento que es característico de las sustancias que contienen electrones no apareados.

Unidad de carga (Sección 4.2). 1.6022×10^{-19}C. La magnitud de la carga sobre el protón y el electrón; el protón tiene una unidad de carga *positiva* y el electrón tiene una unidad de carga *negativa*.

Unidad de masa atómica u (Sección 4.7). Una unidad de masa igual a la doceava parte de la masa de un átomo de $^{12}_{6}C$.

Velocidad de la luz, C. (Sección 4.8). La velocidad a la cual se desplazan las ondas de toda la radiación electromagnética en el vacío, 2.9979×10^{8}m/s.

Problemas*

El átomo nuclear, símbolos atómicos

4.1 J.J. Thomson determinó la proporción de carga a masa de un electrón (e/m), ¿Por qué es este método incapaz de producir cada valor separadamente?

4.2 ¿Cuál ion positivo se desvía más en un campo eléctrico? ¿Por qué? **(a)** H^+ o Ne^+ **(b)** Ne^+ o Ne_2^+.

***4.3** Se cree que el protón tiene un radio de 1.30×10^{13} cm y una masa de 1.67×10^{-24}g. **(a)** ¿Cuál es la densidad del protón en g/cm^3? Suponga que el protón es esférico. El volumen de una esfera, V, es dado por la fórmula $V=4/3\pi r^3$, en la que r es el radio de la esfera. **(b)** una pelota de baloncesto tiene un radio de 12.0 cm. ¿Cuál sería el peso de una pelota que tuviera la misma densidad del protón? ¿Podría levantarla?

4.4 Describa los tres tipos de rayos emitidos por sustancias radiactivas presentes en la naturaleza.

4.5 Rutherford empleó varias láminas de metal en sus experimentos de dispersión de partículas alfa. Compare el número de desviaciones de ángulo amplio observadas para una lámina de Cu con el número observado para una lámina de Au del mismo espesor.

***4.6** El radio aproximado de un núcleo, r, está dado por la fórmula $r = A^{1/3}$ $(1.3 \times 10^{-13}$ cm), donde A es el número de masa del núcleo. El radio atómico del átomo de $^{27}_{13}Al$ es aproximadamente 143 pm. Si el diámetro de un átomo de $^{27}_{13}Al$ fuese 1.00 km (que es 0.621 millas), ¿cuál sería el diámetro de su núcleo (en cm)?

***4.7** Utilice los datos suministrados en el Problema 4.6. para calcular el porcentaje del volumen total del átomo de aluminio que está ocupado por el núcleo. El volumen de una esfera, V, está dado por la fórmula $V = 4/3\pi r^3$, donde r es el radio de la esfera.

4.8 **(a)** Describa la composición del átomo de $^{138}_{56}Ba$. **(b)** Dé el símbolo que designa el átomo que contiene 83 protones y 126 neutrones.

4.9 **(a)** Describa la composición del átomo $^{195}_{78}Pt$. **(b)** Dé el símbolo que designa el átomo que contiene 30 protones y 34 neutrones.

4.10 Complete la siguiente tabla:

Símbolo	*Z*	*A*	Protones	Neutrones	Electrones
P	15	31			
Ti		48			
	37	85			37
Hg				122	80
Ce		140		82	
Fe^{3+}				30	
	35			44	36

4.11 Complete la siguiente tabla:

Símbolo	*Z*	*A*	Protones	Neutrones	Electrones
K	19	41			
Mn		55			
	40	90			40
Pb				126	82
Xe		132		78	
Se^{2-}				46	
	48			66	46

Isótopos, pesos atómicos

4.12 Compare: **(a)** isótopo e isobaro; **(b)** masa atómica y número de masa, **(c)** nucleón y neutrón; **(d)** número atómico y peso atómico.

4.13 Cada letra mayúscula en la siguiente lista representa un átomo que contiene el número de protones (p) y neutrones (n) escritos a continuación.

A	26 p, 28 n	D	24 p, 26 n
B	24 p, 30 n	E	26 p, 27 n
C	23 p, 27 n	F	23 p, 30 n

(a) Clasifique los átomos en grupos de isótopos. **(b)** Clasifíquelos en grupos de isobaros. **(c)** Escriba el símbolo atómico, completo con el número atómico y número de masa para cada átomo.

4.14 ¿Cuál es mayor: una unidad de masa atómica basada sobre la masa del átomo de $^{19}_{9}F$, establecida exactamente en 19, o el patrón corriente? Solamente un isótopo de flúor se presenta en la naturaleza, $^{19}_{9}F$.

4.15 El elemento vanadio tiene dos isótopos: $^{50}_{23}V$, el cual tiene una masa de 49.9472 u, y $^{51}_{23}V$, el cual tiene una masa atómica de 50.9490 u. El peso atómico del vanadio es 50.9415. ¿Cuál es el porcentaje de abundancia de cada uno de los dos isótopos?

4.16 El elemento renio tiene dos isótopos; $^{185}_{75}Re$, el cual tiene una masa atómica de 184.953 u, y $^{187}_{75}Re$, el cual tiene una masa atómica de 186.956 u. El peso atómico del renio es 186.207. ¿Cuál es el porcentaje de abundancia de cada uno de los isótopos?

4.17 El litio se halla en la naturaleza como una mezcla de átomos de $^{6}_{3}Li$ (masa 6.015 u) y átomos de $^{7}_{3}Li$ (masa 7.016 u). El peso atómico del litio es 6.941. ¿Cuál es el porcentaje de abundancia de cada uno de los dos isótopos?

4.18 Si un elemento consiste en 60.10% de átomos con una masa de 68.926 u y 39.90% de átomos con una masa de 70.925 u, cuál es el peso atómico del elemento?

*Los problemas más difíciles están marcados por un asterisco. El apéndice G contiene las respuestas de los problemas codificados en color.

4.19 Si un elemento consiste en 90.51% de átomos con una masa de 19.992 u, 0.27% de átomos con una masa de 20.994 u, y 9.22% de átomos con una masa de 21.990 u, ¿cuál es el peso atómico del elemento?

Radiación electromagnética

4.20 Compare **(a)** longitud de onda y frecuencia; **(b)** longitud de onda y amplitud de onda; **(c)** espectro de líneas y espectro continuo; **(d)** estado fundamental y estado excitado; **(e)** fotón y rayo de luz.

4.21 Indique cuál es la radiación más energética: **(a)** la radiación infrarroja o la de microondas; **(b)** la luz amarilla o la luz azul; **(c)** una onda de radio o una microonda.

4.22 Un compuesto utilizado en cosméticos con filtros solares, el ácido *p*-aminobenzoico (llamado APAB), absorbe radiación ultravioleta con el máximo de absorción a 265 nm. ¿Cuál es la frecuencia correspondiente? La velocidad de la luz, *c*, es de 3.00×10^8 m/s.

4.23 ¿Cuál es la frecuencia y la energía por cuanto de: **(a)** luz roja con una longitud de onda de 700 nm y **(b)** luz violeta con una longitud de onda de 400 nm? La velocidad de la luz, *c*, es 3.00×10^8 m/s y la constante de Planck, *h*, es 6.63×10^{-34} J.s.

4.24 ¿Cuál es la frecuencia y energía por cuanto de: **(a)** un rayo gama con una longitud de onda de 1.00 pm y **(b)** una microonda con una longitud de onda de 0.100 cm? La velocidad de la luz, *c*, es 3.00×10^8 y la constante de Planck, *h*, es 6.63×10^{-34} J.s.

4.25 ¿Cuál es la longitud de onda y la energía por cuanto de: **(a)** una onda de radio con una frecuencia de 9.00×10^5/s y **(b)** un rayo X con una frecuencia de 1.20×10^{18}/s? La velocidad de la luz, *c* es 3.00×10^8 m/s y la constante de Planck es 6.63×10^{-34} J.s.

4.26 ¿Cuántos fotones hay en una señal de luz de 1.00×10^{-16} J con una longitud de onda de 500 nm?. La velocidad de la luz, *c*, es 3.00×10^8 m/s y la constante de Planck, *h*, es 6.63×10^{-34} J.s.

4.27 El Voyager 1 envió fotografías de Saturno desde una distancia de 8.0×10^6 millas. ¿Cuánto tiempo tardó la señal en llegar a la tierra? La velocidad de la luz, *c*, es 3.00×10^8 m/s y una milla es igual a 1609 m.

***4.28** El efecto fotoeléctrico consiste en la emisión de electrones de la superficie de un metal, cuando el metal es irradiado por la luz. Esto requiere un fotón con una energía mínima de 7.58×10^{-19} J para sacar un electrón de la plata. ¿Qué frecuencia y longitud de onda de luz corresponde a este valor? La velocidad de la luz, *c*, es 3.00×10^8 m/s y la constante de Planck, *h*, es 6.63×10^{-34} J.s.

***4.29** El efecto fotoeléctrico consiste en la emisión de electrones de la superficie de un metal, cuando el metal es irradiado por la luz. Si la luz con una longitud de onda de 400 nm cae sobre la superficie de K metálico, se liberan electrones con energía cinética de 1.38×10^{-19} J. **(a)** ¿Cuál es la energía de un fotón de 400 nm? **(b)** Si 1.38×10^{-19} J de energía del fotón incidente es transmitida al electrón liberado como energía cinética, ¿cuánta energía se requiere para liberar el electrón del metal?; **(c)** ¿cuáles son las frecuencias mínimas y la correspondiente longitud de onda de la luz requerida para liberar un electrón del potasio? La velocidad de la luz, *c*, es 3.00×10^8 m/s y la constante de Planck, *h*, es 6.63×10^{-34} J.s.

Espectros atómicos

4.30 De acuerdo a Bohr, ¿cuál es la fuente de la luz emitida por una sustancia en un espectroscopio?

4.31 ¿Cuál es la longitud de onda de la línea espectral que corresponde a una transición electrónica del nivel $n=4$ al nivel $n=1$ en el átomo de hidrógeno?

4.32 ¿Cuál es la longitud de onda de la línea espectral que corresponde a una transición electrónica del nivel $n=4$ al nivel $n=3$ en el átomo de hidrógeno?

4.33 Las líneas espectrales del hidrógeno en la región visible corresponden a las transiciones electrónicas al nivel $n=2$ de niveles superiores. ¿Cuál es la transición electrónica que corresponde a la línea espectral de 410.2 nm?

4.34 Un manual identifica las líneas espectrales persistentes del hidrógeno que tienen longitudes de onda de 121.6 nm, 486.1 nm y 656.3 nm. **(a)** ¿En qué región del espectro electromagnético se presentan? **(b)** Identifique la transición electrónica que corresponde a cada línea.

***4.35** La serie de Pfund de líneas espectrales del hidrógeno se presenta a longitudes de onda desde 2.279 μm a 7.459 μm. ¿Cuáles son las correspondientes transiciones electrónicas?

***4.36** La cantidad de energía requerida para remover el electrón menos retenido de un átomo aislado en su estado fundamental, se llama primera energía de ionización del elemento considerado. **(a)** Calcule la frecuencia de la línea espectral que corresponde a una transición electrónica de $n=\infty$ a $n=1$. **(b)** Calcule la energía de esta transición. La constante de Planck es 6.63×10^{-34} J.s. **(c)** ¿Cuál es la primera energía de ionización del átomo de hidrógeno en kJ/mol?

***4.37** La teoría de Bohr interpreta exitosamente los espectros de las especies que tienen solamente un electrón. Para el ion Li^{2+} las dos líneas de más baja energía que corresponden a las transiciones electrónicas del nivel $n=1$ tienen longitudes de onda de 13.50 nm y 11.39 nm. **(a)** ¿Cuál es el valor de *K* en la relación: $\nu = K\,[(1/n_i^2) - (1/n_o^2)]$? **(b)** ¿Cuál es la longitud de onda de la siguiente línea en la serie? **(c)** ¿Cuáles son las longitudes de onda de las dos líneas espectrales que corresponden a las transiciones de los niveles $n=3$ y $n=4$ al nivel $n=2$?

***4.38** **(a)** Basándose en la respuesta al problema 4.37a y la ecuación utilizada en el ejemplo 4.3, derive una ecuación que relacione el valor de *K* en la ecuación $\nu = K\,[(1/n_i^2) - (1/n_o^2)]$ y el número atómico, *Z*, de las especies de un solo electrón bajo consideración. **(b)** Predecir el valor de *K* para el He^+.

Ley periódica

4.39 Compare los elementos de **(a)** un periodo y **(b)** un grupo.

4.40 ¿Qué cambio realizó Moseley en la ley periódica de Mendeleev?

4.41 ¿Cuál es el origen de los rayos X?

***4.42** Moseley encontró que la frecuencia, ν, de una línea característica del espectro de rayos X de un elemento está relacionada con el número atómico, Z, del elemento por la fórmula $\sqrt{\nu} = a(Z - b)$, donde a es aproximadamente 5.00 $\times 10^7\sqrt{s}$ y b es aproximadamente 1.00. ¿Cuál es el número atómico de un elemento para el cual la línea correspondiente en el espectro de rayos X se presenta a una longitud de onda de 0.164 nm? ¿Cuál es el elemento?

***4.43** ¿Cuál es la longitud de onda de la línea en el espectro de rayos X del $_{24}Cr$ que está de acuerdo con la fórmula dada en el problema 4.42?

Números cuánticos

4.44 Enumere los cuatros números cuánticos y diga qué identifica cada uno y establezca los valores que pueda tener cada uno.

4.45 Describa el nivel $n = 4$ en términos de subniveles, orbitales y electrones.

***4.46** **(a)** Cuál es la longitud de onda de de Broglie de un electrón que se mueve a un décimo de la velocidad de la luz? **(b)** ¿Cuál es la longitud de onda de de Broglie de una persona de 70.0 kg corriendo a la velocidad de 2.70 m/s? La masa de un electrón es 9.11×10^{-28} g, la velocidad de la luz es 3.00×10^8 m/s, la constante de Planck es 6.63 $\times 10^{-34}$ J.s. y 1 J es 1 kg (m^2/s^2).

4.47 Describa los diagramas de superficie límite para los orbitales $1s$, $2p$ y $3d$.

***4.48** ¿Cuál es la interpretación del radio de Bohr, a_0, en términos de la teoría de Bohr y en términos de la mecánica ondulatoria?

4.49 Dé los valores de los cuatro números cuánticos para cada electrón en el estado fundamental del átomo de neón. Use primero valores positivos de m_l y m_s.

4.50 Cada electrón en un átomo puede ser caracterizado por un conjunto de cuatro números cuánticos. Para cada una de las siguientes partes, diga cuántos conjuntos diferentes de números cuánticos son posibles de tal forma que cada conjunto contenga todos los valores de la lista: **(a)** $n = 3$; **(b)** $n = 3$, $l = 3$; **(c)** $n = 3$, $l = 2$; **(d)** $n = 3$, $l = 2$, $m_l = -2$; **(e)** $n = 3$, $l = 0$, $m_l = 0$; **(f)** $n = 3$, $l = 0$, $m_l = +2$; **(g)** $n = 3$, $l = 1$.

4.51 Cada electrón en un átomo puede caracterizarse por un conjunto de cuatro números cuánticos. Para cada una de las siguientes partes, indique cuántos conjuntos diferentes de números cuánticos son posibles, de tal forma que cada conjunto posea todos los valores de la lista: **(a)** $n = 4$, $l = 0$; **(b)** $n = 4$, $l = 0$, $m_l = +3$; **(c)** $n = 4$, $l = 3$, $m_l = 0$; **(d)** $n = 4$, $l = 2$; **(e)** $n = 4$, $l = 4$; **(f)** $n = 4$, $l = 3$; $n = 4$.

4.52 En el estado fundamental de $_{37}Rb$: **(a)** ¿Cuántos electrones tiene $l = 0$ como uno de sus números cuánticos? ¿Cuántos electrones tiene $m_l = 0$ como uno de sus números cuánticos? **(c)** ¿Cuántos electrones tiene $m_l = -1$ como uno de sus números cuánticos?

4.53 En el estado fundamental de $_{54}Xe$: **(a)** ¿Cuántos electrones tiene $l = 1$ como uno de sus número cuánticos? **(b)** ¿Cuántos electrones tienen $m_l = +1$ como uno de sus números cuánticos? **(c)** ¿Cuántos electrones tienen $m_l = +2$ como uno de sus números cuánticos?

Configuraciones electrónicas

4.54 Dé el diagrama de orbitales para la configuración electrónica del $_{26}Fe$ y la correspondiente notación electrónica.

4.55 Enuncie la regla de Hund. ¿Cómo han ayudado las mediciones magnéticas a establecer esta regla?

4.56 Identifique los átomos que tienen las siguientes configuraciones electrónicas del estado fundamental en su nivel o niveles más externos: **(a)** $3s^2\ 3p^5$; **(b)** $3s^2\ 3p^6\ 3d^5\ 4s^2$; **(c)** $3s^2\ 3p^6\ 4s^2$; **(d)** $3s^2\ 3p^6\ 3d^{10}\ 4s^2$; **(e)** $4s^2\ 4p^6$.

4.57 Identifique los átomos que tienen las siguientes configuraciones electrónicas del estado fundamental en su nivel o niveles más externos: **(a)** $5s^2\ 5p^6$; **(b)** $4s^2\ 4d^{10}\ 5s^2$; **(c)** $4s^2\ 4p^6\ 4d^{10}\ 4f^7\ 5s^2\ 5p^6\ 6s^2$; **(d)** $5s^2\ 5p^6\ 5d^7\ 6s^2$; **(e)** $5s^2\ 5p^6\ 6s^2$

4.58 ¿Cuáles átomos en la lista de los problemas 4.56 y 4.57 son paramagnéticos?

4.59 Escriba las notaciones para las configuraciones electrónicas del estado fundamental de los siguientes átomos: **(a)** $_{38}Sr$; **(b)** $_{50}Sn$; **(c)** $_{62}Sm$; **(d)** $_{28}Ni$; **(e)** $_{71}Lu$; **(f)** $_{80}Hg$.

4.60 Establezca el número de electrones no apareados en cada uno de los átomos del Problema 4.59. ¿Cuáles son paramagnéticos?

4.61 Escriba las notaciones para las configuraciones electrónicas del estado fundamental de los siguientes átomos: **(a)** $_{52}Te$, **(b)** $_{92}U$, **(c)** $_{23}V$, **(d)** $_{74}W$, **(e)** $_{54}Xe$, **(f)** $_{70}Yb$, **(g)** $_{40}Zr$.

4.62 Establezca el número de electrones no apareados en cada uno de los átomos del problema 4.61. ¿Cuáles son paramagnéticos?

4.63 Escriba la notaciones para las configuraciones electrónicas del estado fundamental de los siguientes iones: **(a)** $_{47}Ag^+$; **(b)** $_{82}Pb^{2+}$; **(c)** $_{21}Sc^{3+}$; **(d)** $_{24}Cr^{3+}$; **(e)** $_{16}S^{2-}$; **(f)** $_{53}I^-$.

4.64 Determine el número de electrones no apareados en cada uno de los iones del problema 4.63. ¿Cuáles son paramagnéticos?

4.65 Describa cómo se comparan entre sí las configuraciones electrónicas del estado fundamental de los elementos de un periodo y cómo se relacionan las configuraciones electrónicas del estado fundamental de los elementos de un grupo.

4.66 Examine las configuraciones elctrónicas de la Tabla 4.8; enumere los elementos de los primeros seis periodos que tienen configuraciones que se desvían de las previstas por el método de aufbau. ¿En cuál de estos casos puede la desviación ser ocasionada por la presencia de un subnivel semilleno? o ¿de un subnivel lleno?

4.67 Clasifique cada uno de los siguientes elementos como un gas noble, un elemento representativo, un elemento de transición, o un elemento de transición interna. También establezca si el elemento es un metal o un no metal; **(a)** Na; **(b)** N; **(c)** Ni; **(d)** In; **(e)** Nd; **(f)** Ne.

CAPÍTULO **5**

PROPIEDADES DE LOS ÁTOMOS Y ENLACE IÓNICO

Los enlaces químicos que se forman cuando los átomos se combinan, son un resultado de los cambios en la distribución electrónica. Existen tres tipos fundamentales de enlace.

1. **El enlace iónico** resulta cuando los electrones se transfieren de un tipo de átomo a otro. Los átomos de uno de los elementos de la reacción pierden electrones y se transforman en iones con carga positiva. Los átomos del otro elemento ganan electrones y se convierten en iones cargados negativamente. La atracción electrostática (más-menos) entre los iones con cargas opuestas los mantiene en un cristal.

2. **En el enlace covalente** los electrones se comparten pero no se transfieren. Un enlace covalente sencillo consiste en un par de electrones compartidos por los dos átomos. Las moléculas están formadas por átomos enlazados covalentemente entre sí.

3. **El enlace metálico** se presenta en metales y aleaciones. Los átomos metálicos están dispuestos en estructuras tridimensionales. Los electrones exteriores de estos átomos se pueden mover en la estructura y la mantienen unida.

5.1 Tamaños atómicos

La forma en que reacciona un átomo depende de muchos factores. La carga nuclear y la configuración electrónica son las más importantes. El tamaño efectivo del átomo es también importante. Sin embargo, la determinación de este tamaño es un problema. La teoría ondulatoria pronostica que más allá de una región de alta densidad, la nube electrónica de un átomo se desvanece gradualmente y termina en el infinito. No podemos aislar y medir un átomo solo.

Sin embargo, es posible medir de varias maneras la distancia entre el núcleo de los átomos que están enlazados entre sí. Los **radios atómicos** se derivan de estas distancias de enlace*. La distancia de enlace Cl—Cl, en la molécula de Cl_2, por ejemplo, es 198 pm.+ La mitad de este valor, 99 pm, se supone es el radio atómico del cloro. A su vez, el radio atómico del cloro (99 pm) puede sustraerse de la distancia de enlace C—Cl (176 pm) para derivar el radio atómico del C(77 pm). El tamaño efectivo de

*Se usan las distancias de enlace de enlaces covalentes *sencillos*. (Sección 6.1).

+En el pasado, las dimensiones atómicas se han registrado en unidades angstrom (1 Å = 10^{-10} m). En el Sistema Internacional, estas dimensiones se registran en nanómetros (1 nm = 10^{-9} m) o picómetros (1 pm = 10^{-12} m). La distancia de enlace Cl—Cl es: 1.98 Å = 0.198 nm = 198 pm = 1.98×10^{-10} m.

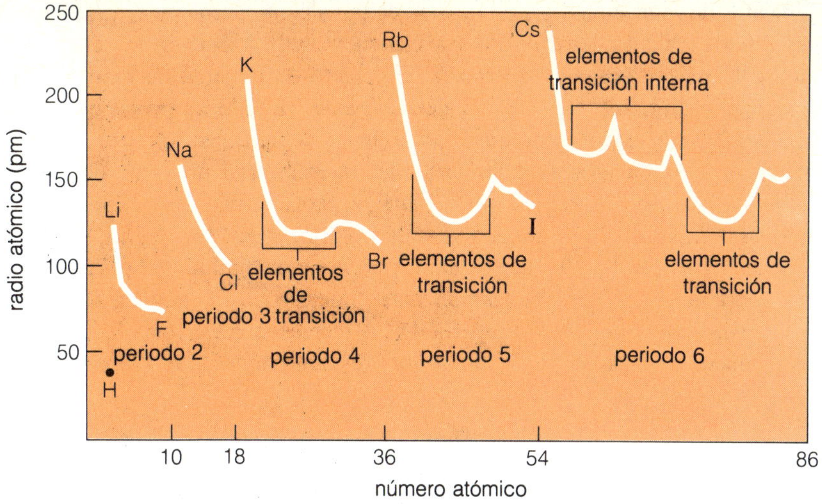

Figura 5.1 Radios atómicos de los elementos en picómetros (pm = 10^{-12} m).

un átomo puede variar ligeramente de enlace a enlace cuando el átomo está enlazado a otro tipo de átomos. Tales variaciones, sin embargo, son generalmente menores que unos pocos picómetros.

Los datos derivados en esta forma, por consiguiente, pueden utilizarse para hacer comparaciones. En la Figura 3.1 el radio atómico está graficado en función del número atómico. No se tienen los valores para los gases nobles. Se pueden observar dos tendencias.

1. Dentro de un grupo de la tabla periódica, un aumento en el radio atómico se observa generalmente de arriba hacia abajo. En la Figura 5.1, están indicados los valores para el grupo I A de elementos (Li, Na, K, Rb y Cs) y el grupo VII A de elementos (F, Cl, Br y I). El aumento en radio atómico dentro de cada grupo está evidenciado claramente. A medida que nos desplazamos de un átomo al siguiente hacia abajo en el grupo, se utiliza un nivel electrónico adicional y le sigue un aumento en el tamaño atómico.

Sin embargo, hay también un aumento en el número de protones del núcleo. El aumento resultante en la carga nuclear es un factor que tiende a disminuir el tamaño atómico. La carga nuclear completa, sin embargo, está **protegida** de los electrones exteriores por los electrones que permanecen entre ellos y el núcleo. El número de electrones de protección aumenta de átomo a átomo en un grupo junto con el aumento en carga nuclear. Como resultado la **carga nuclear efectiva** que tiene un electrón exterior no es la carga nuclear completa. El tamaño, por lo tanto, está determinado mayormente por el valor del número cuántico principal, *n,* de los electrones exteriores.

2. Los radios atómicos de los elementos representativos disminuyen a través del periodo, de izquierda a derecha. Observe la porción de la curva en la Figura 5.1 que corresponde a los elementos del segundo periodo (de Li a F). A medida que nos movemos de un átomo al siguiente, se agrega un electrón al *mismo nivel* (n = 2) y se agrega un protón al núcleo. El aumento de la carga nuclear no está acompañado por un aumento equivalente en protección. La protección (apantallamiento) de un electrón en un nivel por otro electrón en el mismo nivel no es muy efectiva. Como resultado, la carga nuclear efectiva experimentada por un electrón en el nivel n = 2, aumenta a través del periodo; estos electrones son atraídos hacia el núcleo y el tamaño atómico disminuye.

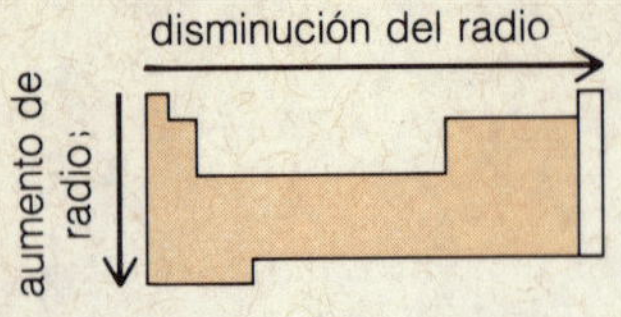

Figura 5.2 Tendencias generales de radios atómicos en relación con la clasificación periódica.

Los elementos de transición y los elementos de transición interna muestran algunas variaciones de este modelo general. Para los elementos de transición los electrones diferenciantes llenan los orbitales internos *d*. El efecto de la carga nuclear sobre el exterior hace que el tamaño de electrones determinantes se reduzca por el efecto del apantallamiento de los electrones internos. Para una serie de transición, por lo tanto, el aumento gradual de electrones en los orbitales internos *d* al principio demora la velocidad de disminución del radio atómico y luego, hacia el final de la serie, cuando los subniveles internos *d* se aproximan a su culminación, aumenta el radio.

Las tendencias generales de los radios atómicos se han resumido en la Figura 5.2. En general, los átomos de los metales son más grandes que los átomos de los no metales. Los radios atómicos de la mayoría de los metales son mayores de 120 pm. Los radios atómicos de la mayoría de los no metales son menores de 120 pm.

5.2 Energías de ionización

La cantidad de energía requerida para eliminar los electrones menos retenidos por un átomo que se halla en su estado fundamental se llama **primera energía de ionización.**

$$A(g) \longrightarrow A^+(g) + e^-$$

El símbolo A(g) indica un átomo gaseoso de cualquier elemento. Recuerde las convenciones con respecto a la asignación de signos a los términos de energía que se presentaron en la Sección 3.4.

1. Cuando un sistema *absorbe* energía, al correspondiente término de energía se le da signo *positivo*. Un proceso de este tipo se llama **endotérmico.**

2. Cuando un sistema *desprende* energía, al correspondiente término de energía se le asigna signo *negativo*. Un proceso de este tipo se llama **exotérmico.**

En la determinación de energías de ionización, la energía se *utiliza* para sacar el electrón del átomo donde éste está sostenido por la atracción ejercida por el núcleo. Puesto que se absorbe energía, las energías de ionización tienen signo positivo. Las energías de ionización pueden derivarse de los espectros de líneas de los átomos (Sección 4.9). La Figura 4.10 muestra que la energía de los niveles electrónicos converge a un límite. La energía de ionización es la energía requerida para elevar un electrón a este límite, o es la energía emitida cuando un electrón cae de su límite al estado fundamental. El límite puede identificarse a partir de un espectro, puesto que más allá de este punto, en la dirección de longitudes de onda más cortas, el espectro ya no está formado por líneas, sino que es continuo. Un electrón no está restringido a estados de energía cuantizados después de que éste ha sido eliminado del átomo y de ahí que produzca un espectro continuo. Las energías de ionización se dan en electrón voltios (*e*V) para electrones individuales o en kilojulios por mole (kJ/mol) para un mol de electrones.*

Una energía de ionización expresada en kJ/mol se refiere a la energía requerida para remover 1 mol de electrones (6.022×10^{23} electrones) de 1 mol de átomos (6.022×10^{23} átomos). En la Figura 5.3, la energía de ionización está representada versus el número atómico. Se pueden hacer las siguientes generalizaciones:

---

*Un electrón voltio es la energía cinética adquirida por un electrón al pasar a través de una diferencia de potencial de 1V en el vacío. $1\ eV = 1.6022 \times 10^{-19}\ J = 96.487$ kJ/mol.

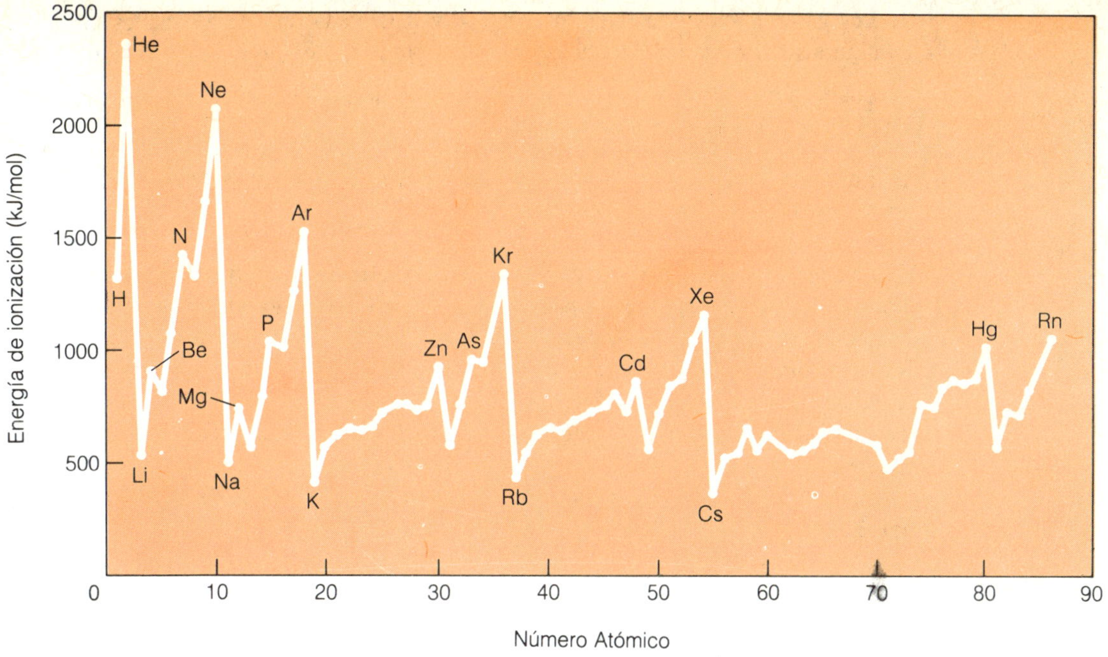

Figura 5.3 Primeras energías de ionización de los elementos versus número atómico.

1. En general, la energía de ionización *aumenta* a través del periodo de izquierda a derecha. Observe las proporciones de curva que pertenecen al segundo periodo de elementos (de Li a Ne), al tercer periodo de elementos (de Na a Ar) y así sucesivamente. La energía de ionización aumenta debido a que los átomos se hacen más pequeños y la carga nuclear esfectiva aumenta. La eliminación de electrones se hace más y más difícil.

2. En general, la energía de ionización *disminuye* dentro de un grupo de elementos representativos de arriba a abajo. Los elementos del grupo I A (Li, Na, K, Rb y Cs) y los elementos del grupo 0 (He, Ne, Ar, Kr, Xe y Rn) están indicados en la Figura 5.3. A medida que pasamos de un átomo a otro hacia abajo en un grupo, la carga nuclear aumenta, pero el efecto está grandemente contrarrestado por el aumento en el número de los electrones de protección en los niveles internos. Los átomos se agrandan y el electrón eliminado procede de un nivel cada vez más superior. La eliminación de electrones se hace más fácil y la energía de ionización disminuye.

Las energías de ionización de los elementos de transición no aumentan a lo largo del periodo tan rápidamente como las de los elementos representativos. Las energías de ionización de los elementos de transición interna permanecen casi constantes. En esta serie, los electrones diferenciantes se agregan a los niveles internos. El aumento resultante en el apantallamiento explica los efectos observados. En las reacciones químicas, los átomos de los metales tienden a perder electrones y se convierten en iones positivos. Los átomos de los no metales son elementos que por lo general no se comportan de esta manera. Por consiguiente, los metales son elementos cuyas energías de ionización son comparativamente bajas y las de los no metales son comparativamente altas. Las energías de ionización de la mayoría de los metales son menores que 1000 kJ/mol y las de muchos no metales son mayores que 1000 kJ/mol.

Varios aspectos de la curva de la Figura 5.3 se refieren a ciertas configuraciones electrónicas. Considere los puntos de la curva que se refieren a:

1. Los gases nobles (He, Ne, Ar, Kr, Xe y Rn), cada uno de los cuales tiene una configuración $ns^2\ np^6$ en el nivel externo (excepto para He, cuya configuración es $1s^2$).

2. Los elementos Be, Mg, Zn, Cd y Hg, cada uno de los cuales tiene un subnivel *s* lleno en su nivel más externo (ns^2).

3. Los elementos N, P y As, cada uno de los cuales tiene un subnivel *p* semi-lleno en su nivel más externo (ns^2np^3).

La energía de ionización de cada uno de estos elementos (particularmente los gases nobles), es mayor que la energía de ionización del elemento que le sigue en la tabla periódica. Por lo tanto, puede decirse que estos tres tipos de configuraciones electrónicas son comparativamente estables y es relativamente difícil eliminar un electrón de ellas. En cada caso, es más fácil eliminar el electrón diferenciante agregado por el método de aufbau para formar el elemento siguiente a partir de un átomo del elemento siguiente. Hasta el momento sólo se han discutido las *primeras* energías de ionización, la **segunda energía de ionización** de un elemento se refiere a la elimincIón de *un* electrón de un ion 1^+ del elemento.

$$A^+(g) \longrightarrow A^{2+}(g) + e^-$$

La *tercera* energía de ionización hace referencia a la eliminación de *un* electrón de un ion 2^+. La eliminación de un electrón, el cual tiene una carga negativa, de un ion que tiene una carga positiva se hace más y más difícil a medida que aumenta la carga del ion. En consecuencia, las energías de ionización aumentan en el siguiente orden: primera < segunda < tercera y así sucesivamente. Puesto que las energías de ionización para cualquier elemento, por encima de la tercera, son extremadamente grandes, los iones con cargas mayores de 3^+ raramente se dan en circunstancias comunes.

En la Tabla 5.1 se hallan las energías de ionización en kilojulios por mol para los primeros tres elementos del tercer periodo. Para cada elemento, las energías de ionización aumentan del primero al cuarto como era de esperar. Sin embargo, observe que en cada caso existe un marcado salto en la energía requerida después que todos los electrones de valencia se han eliminado. Estos puntos están marcados en la tabla; el número de electrones de valencia es igual al número de grupo. Una vez que se han eliminado los electrones de valencia, es necesario romper la distribución estable de gas noble $2s^2\ 2p^6$ del nivel inferior al nivel de valencia, para sacar el siguiente electrón. Las tendencias de las primeras energías de ionización se resumen en la Figura 5.4. Observe que los elementos más reactivos se hallan en la parte inferior izquierda de la tabla periódica. Esta reactividad en términos de pérdida electrónica, disminuye a medida que nos movemos hacia arriba o hacia la derecha desde esta esquina de la tabla.

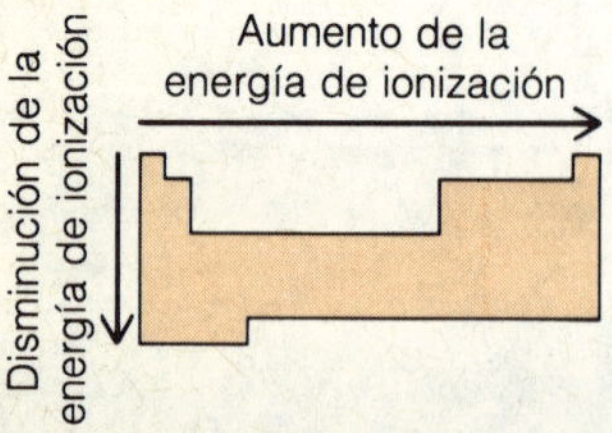

Figura 5.4 Tendencias generales en la energía de ionización en relación con la clasificación periódica.

Tabla 5.1 Energías de ionización de los metales del tercer periodo

Metal	Grupo	Energías de ionización (kJ/mol)			
		Primera	Segunda	Tercera	Cuarta
Na	I A	+496	+4,563	+6,913	+9,541
Mg	II A	+738	+1,450	+7,731	+10,545
Al	III A	+577	+1,816	+2,744	+11,575

5.3 Afinidades electrónicas

El cambio de energía asociado con el proceso en el cual un electrón se agrega a un átomo gaseoso en su estado fundamental, se llama **primera afinidad electrónica:**

$$e^- + A(g) \longrightarrow A^-(g)$$

Observe que una afinidad electrónica corresponde al proceso en el cual un ion *negativo* se produce a partir de un átomo neutro (por *ganancia* de un electrón). Una energía de ionización, por otra parte, corresponde al proceso en el cual se produce un ion *positivo* a partir de un átomo neutro (por *pérdida* de electrón). En la Tabla 5.2 aparecen algunas afinidades electrónicas. En estos procesos, por lo general pero no siempre, se *desprende* energía. En consecuencia, la mayoría de las primeras afinidades electrónicas tienen signos *negativos**. La primera afinidad electrónica del flúor, por ejemplo, es −322 kJ/mol:

$$e^- + F(g) \longrightarrow F^-(g) \qquad \Delta H = -322 \text{ kJ}$$

Algunos de los valores de la Tabla 5.2 tienen signos positivos. Por ejemplo,

$$e^- + Ne(g) \longrightarrow Ne^-(g) \qquad \Delta H = +21 \text{ kJ}$$

Un signo positivo en un valor de afinidad electrónica indica que se debe suministrar trabajo (absorber energía) para forzar al átomo en cuestión a aceptar un electrón adicional.

Un electrón que se acerca a un átomo neutro es atraído por el núcleo del átomo pero repelido por los electrones del átomo. Si la atracción es mayor que la repulsión, cuando se forma el ion negativo, se libera energía. Si la repulsión es mayor que la atracción, se requiere energía para formar el ion negativo.

Tabla 5.2 Afinidades electrónicas (kJ/mol)*

A adición de un electrón

H −73							He (+21)
Li −60	Be (+240)	B −23	C −123	N 0	O −142	F −322	Ne (+29)
Na −53	Mg (+230)	Al −44	Si −120	P −74	S −200	Cl −348	Ar (+35)
K −48	Ca (+156)	Ga (−36)	Ge −116	As −77	Se −195	Br −324	Kr (+39)
Rb −47	Sr (+168)	In −34	Sn −121	Sb −101	Te −190	I −295	Xe (+41)
Cs −46	Ba (+52)	Tl −50	Pb −101	Bi −101	Po (−170)	At (−270)	Rn (+41)

B adición de dos electrones

O	S
+702	+332

*Los valores en paréntesis son aproximados.

*En algunas referencias la afinidad electrónica se define en términos de *energía liberada* por estos procesos. En estas fuentes, los valores de afinidades electrónicas tienen signos positivos, si corresponden a procesos en los cuales se libera energía. Esta convención es opuesta a la empleada en este libro. Los signos negativos se usan siempre para indicar energía *liberada* y los signos *positivos* se usan para indicar energía *absorbida*.

Un átomo pequeño debería tener una mayor tendencia hacia la ganancia de electrones que un átomo grande. El electrón agregdo está, en promedio, más cerca del núcleo cargado positivamente de un átomo pequeño. El radio atómico de los elementos disminuye y la carga nuclear efectiva aumenta de izquierda a derecha a traves de un periodo. Sería de esperar que las afinidades electrónicas de los elementos correspondientes se hicieran mayores y que tuvieran mayores valores negativos. Esta tendencia se sigue aproximadamente. (Tabla 5.2).

Deben observarse ciertas excepciones de esta generalización. En el segundo periodo, por ejemplo, los valores para el berilio (subniveles 2*s* llenos), el nitrógeno (subnivel 2*p* semilleno) y el neón (todos los subniveles llenos), no siguen este comportamiento. Estos elementos tienen configuraciones electrónicas relativamente estables y no aceptan fácilmente electrones adicionales. Pueden notarse excepciones para los elementos correspondientes de otros periodos. En todos los periodos, el átomo con la mayor tendencia hacia la ganancia de electrones (el mayor valor negativo) es el grupo de elementos VII A (F, Cl, Br, I y At). Las configuraciones electrónicas de cada uno de estos elementos tiene un electrón menos que la configuración de un gas noble.

¿Cómo verían las afinidades electrónicas de un elemento a otro dentro del mismo grupo periódico? No parece existir un comportamiento que se aplique a todos los grupos. En el caso del grupo VII A de elementos, la afinidad electrónica del flúor parece no ajustarse a la regla (Tabla 5.2). Basado en el tamaño atómico del flúor, el átomo más pequeño del grupo, podría esperarse la mayor cantidad de energía liberada al agregarse un electrón. Sin embargo, en el caso de un átomo pequeño, el electrón agregado no sólo es el más fuertemente atraído por el núcleo, sino que es el más fuertemente repelido por los electrones presentes en el átomo. La carga electrónica de los electrones de valencia está más concentrada en un nivel pequeño que cuando el *mismo número* de electrones se coloca en un nivel mayor. Para el flúor, se cree que esta fuerte repulsión contrarresta la fuerte atracción causada por el tamaño atómico pequeño.

Se han determinado algunas **segundas afinidades electrónicas.** Estos valores se refieren al proceso en el cual el electrón se agrega a un ion negativo. Por ejemplo

$$e^- + O^-(g) \longrightarrow O^{2-}(g) \qquad \Delta H = +844 \text{ kJ}$$

Puesto que un ion negativo y un electrón se repelen mutuamente, el proceso requiere energía y no se libera energía. Todas las segundas afinidades electrónicas tienen signos positivos.

Los cálculos para la obtención de un ion multicargado negativamente deben de tener en cuenta todas las afinidades electrónicas pertinentes. El efecto total para cualquiera de estos iones es siempre endotérmico. En la formación del ion O^{2-} a partir del átomo O, por ejemplo, menos energía es liberada por la primera afinidad electrónica

$$e^- + O(g) \longrightarrow O^-(g) \qquad \Delta H = -142 \text{ kJ}$$

que la que se *requiere* por la segunda afinidad electrónica,

$$e^- + O^-(g) \longrightarrow O^{2-}(g) \qquad \Delta H = +844 \text{ kJ}$$

El proceso total es, por lo tanto, endotérmico:

$$2e^- + O(g) \longrightarrow O^{2-}(g) \qquad \Delta H = +702 \text{ kJ}$$

5.4 Enlace iónico

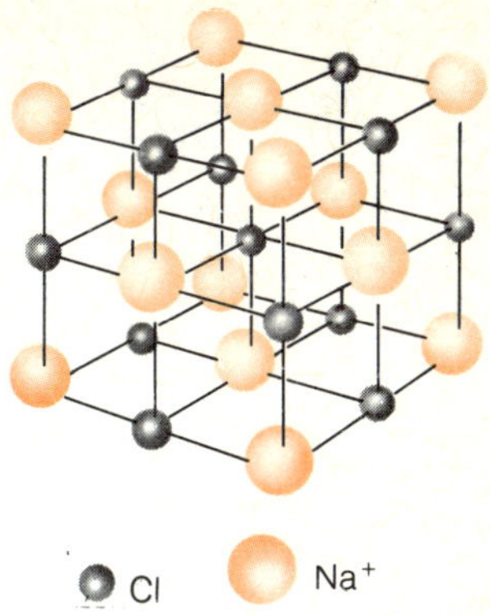

Figura 5.5 Estructura cristalina del cloruro de sodio

Cuando un metal reacciona con un no metal, se transfieren electrones de los átomos del metal a los átomos del no metal y se produce un **compuesto iónico** (o **electrovalente**). Los átomos que pierden electrones se convierten en iones positivos llamados **cationes.** Los átomos que ganan electrones se convierten en iones negativos, llamados **aniones.** Estos iones se atraen entre sí y forman un cristal. Los compuestos de la familia A de elementos se representan a menudo utilizando los símbolos de los elementos junto con puntos para indicar los electrones de valencia. Los electrones de valencia son los únicos electrones que están involucrados en las reacciones químicas de los elementos representativos. Considere la reacción de un átomo de sodio y un átomo de cloro. El sodio está en el grupo I A. Sus átomos tienen un electrón de valencia. El cloro es un miembro del grupo VII A. Los átomos de cloro tienen siete electrones de valencia. El átomo de sodio pierde un electrón; el átomo de cloro gana un electrón:

$$Na\cdot + \cdot\underset{\cdot\cdot}{\overset{\cdot\cdot}{Cl}}: \longrightarrow Na^+ + :\underset{\cdot\cdot}{\overset{\cdot\cdot}{Cl}}:^-$$

El ion sodio que se forma tiene una carga 1^+ puesto que el núcleo de sodio contiene 11 protones (carga 11^+) y el ion tiene solamente 10 electrones (uno se ha perdido). El ion de cloro que se forma tiene una carga 1^- debido a que el núcleo de cloro contiene 17 protones (carga 17^+) y el ion tiene 18 electrones (ha ganado uno). En la reacción, el número total de electrones perdidos por el sodio debe ser igual al número total de electrones ganados por el cloro. Así el número de iones sodio producido es el mismo que el número de iones cloro obtenidos, y la fórmula NaCl da la proporción más sencilla de iones presentes en el compuesto (1 a 1). Estos iones se atraen mutuamente para formar un cristal (Figura 5.5).

En un cristal de cloruro de sodio, ningún ion puede considerarse como perteneciente exclusivamente al otro. Por el contrario, cada ion de sodio está rodeado por seis iones de cloro y cada ion de cloro está rodeado por seis iones de sodio. La disposición de estos iones en el cristal es tal que la repulsión de iones de la misma carga es superada por la atracción de iones de carga contraria. La atracción neta mantiene el cristal junto.

Las configuraciones electrónicas completas de los átomos de esta reacción son:

$$Na(1s^2\,2s^2\,2p^6\,3s^1) \longrightarrow Na^+(1s^2\,2s^2\,2p^6) + e^-$$

$$e^- + Cl(1s^2\,2s^2\,2p^6\,3s^2\,3p^5) \longrightarrow Cl^-(1s^2\,2s^2\,2p^6\,3s^2\,3p^6)$$

El ion sodio tiene una configuración electrónica idéntica a la del neón y el ion cloro tiene la misma configuración del argón. Puede decirse que los iones son **isoelectrónicos** (la misma configuración electrónica) con el neón y el argón respectivamente.

En las reacciones iónicas, la mayor parte de los elementos de la familia A pierden o ganan electrones en tal forma que producen iones que son isoelectrónicos con un gas noble. La mayor parte de estos **iones de gases nobles** tienen ocho electrones en el nivel más exterior (llamada una **configuración s^2p^6**). Unos pocos, sin embargo, tienen la configuración $1s^2$ del helio (Li^+, Be^{2+} e H^-), la cual se llama una **configuración s^2.**

Un átomo de oxígeno (el cual es un no metal del grupo VI A) tiene seis electrones de valencia. Gana dos electrones para alcanzar la configuración s^2p^6 del neón:

$$2e^- + O(1s^2\,2s^2\,2p^4) \longrightarrow O^{2-}(1s^2\,2s^2\,2p^6)$$

En una reacción entre el sodio y el oxígeno, se requieren dos átomos de sodio por cada átomo de oxígeno, puesto que el número de electrones perdidos debe igualar al número de electrones ganados.

$$2\,\mathrm{Na}\cdot + \ddot{\underset{..}{\mathrm{O}}}\!: \longrightarrow 2\,\mathrm{Na}^+ + :\ddot{\underset{..}{\mathrm{O}}}:^{2-}$$

La proporción más sencilla de iones presentes en el producto, óxido de sodio, está indicada por la fórmula del compuesto, Na_2O. La fórmula de un compuesto iónico puede derivarse de las fórmulas de los iones que ésta contiene. La carga *total* positiva de los cationes debe ser igual a la carga *total* negativa de los aniones. El ion s^2p^6 derivado del calcio (grupo II A de los metales) tiene una carga de 2^+.

$$\mathrm{Ca}(1s^2\,2s^2\,2p^6\,3s^2\,3p^6\,4s^2) \longrightarrow \mathrm{Ca}^{2+}(1s^2\,2s^2\,2p^6\,3s^2\,3p^6) + 2e^-$$

El compuesto formado de los iones Ca^{2+} y Cl^-, cloruro de calcio, tiene la fórmula $CaCl_2$. Se requeren dos iones Cl^- por cada ion Ca^{2+}. El óxido de calcio, el cual está compuesto de iones Ca^{2+} y O^{2-}, tiene la fórmula CaO. La fórmula da la proporción *más sencilla* de iones.

Un átomo de aluminio (un metal del grupo III A) obtiene una configuración de gas noble por la pérdida de tres electrones. El óxido de aluminio consiste en iones Al^{3+} y O^{2-}. Para equilibrar la carga, dos iones de Al^{3+} (carga total de 6^+) y tres iones O^{2-} (carga total de 6^-) deben indicarse en la fórmula para el compuesto Al_2O_3.

5.5 Energías de redes cristalinas

El cambio entálpico asociado con la condensación de iones positivos y negativos en un cristal, se llama **energía de un cristal** o **energía de una red.** La energía de red del cloruro de sodio, por ejemplo, es -789kJ/mol:

$$\mathrm{Na}^+(\mathrm{g}) + \mathrm{Cl}^-(\mathrm{g}) \longrightarrow \mathrm{NaCl(s)} \qquad \Delta H = -789\ \mathrm{kJ}$$

Debido a que en estos procesos siempre se *libera* energía, todas las energías de redes tienen signos *negativos*. La energía de red (con el signo cambiado) de un cristal dado puede verse como la cantidad de energía requerida para separar los iones de este cristal:

$$\mathrm{NaCl(s)} \longrightarrow \mathrm{Na}^+(\mathrm{g}) + \mathrm{Cl}^-(\mathrm{g}) \qquad \Delta H = +789\ \mathrm{kJ}$$

La importancia de la energía de red puede verse utilizando un método de análisis desarrollado independientemente por Max Born y Fritz Haber en 1916.

El **ciclo de Born-Haber** para la preparación de cloruro de sodio servirá como un ejemplo (Figura 5.6).

El análisis de Born-Haber está basado en la ley de Hess (Sección 3.5), la cual establece que el cambio en entalpía para cualquier reacción química es una constante, sin importar que la reacción se efectúe en uno o en varios pasos. El cambio entálpico para la preparación de *un mol* de NaCl(s) en *un paso* a partir de Na(s) y Cl_2(g), es la entalpía de formación del compuesto (Sección 3.6):

Formación de cristales de halita (cloruro de sodio). Obsérvese la estructura cúbica. *United States Geological Survey.*

$$\mathrm{Na(s)} + \tfrac{1}{2}\mathrm{Cl_2(g)} \longrightarrow \mathrm{NaCl(s)} \qquad \Delta H_f = -411\ \mathrm{kJ} \qquad (5.1)$$

Podemos también *imaginar* que un mol de NaCl(s) puede prepararse a partir Na(s) y Cl_2(g) mediante una serie de pasos. La suma de las valores de ΔH para estos pasos

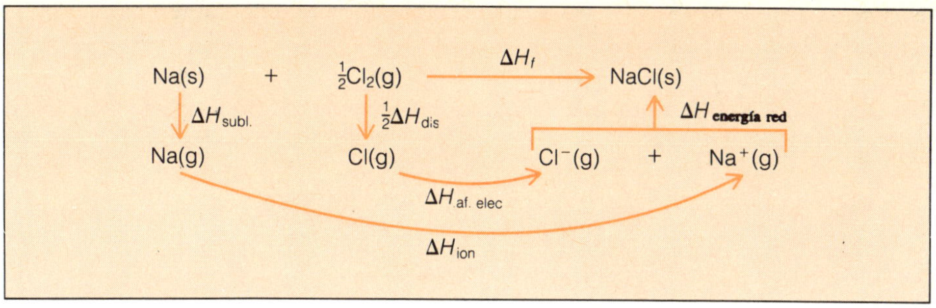

Figura 5.6 El ciclo Born-Haber para NaCl(s)

debe ser igual, de acuerdo a la ley de Hess, a la entalpía de formación del NaCl(s), que es el valor de ΔH para la preparación en un solo paso. A continuación se enumera esta serie de pasos.

1. El sodio metálico cristalino se sublima en átomos de sodio gaseoso; 108 kJ de energía son *absorbidos* por mol de Na (la entalpía de sublimación):

$$Na(s) \rightarrow Na\ (g) \qquad \Delta H_{sublim} = +108\ kJ \tag{5.2}$$

2. *Medio mol* de moléculas de Cl_2 gaseoso se disocian en *un mol* de átomos de Cl gaseoso; en el proceso se absorben 122 kJ de energía.
La entalpía de disociación de $Cl_2(g)$, también llamada energía de enlace del enlace Cl—Cl (Sección 3.7), es +243 kJ por mol de Cl_2. Puesto que la disociación de un mol de Cl_2 produce dos moles de átomos de Cl y puesto que solamente un mol de átomos de Cl se necesita para formar un mol de NaCl, se necesita solamente la mitad de la energía de disociación:

$$\tfrac{1}{2}Cl_2(g) \rightarrow Cl(g) \qquad \tfrac{1}{2}\Delta H_{disociac} = \tfrac{1}{2}(+243\ kJ) = +\ 122\ kJ \tag{5.3}$$

3. Los átomos de sodio gaseoso se ionizan en iones de sodio gaseoso. La cantidad de energía *requerida* es la primera energía de ionización del sodio (Sección 5.2):

$$Na(g) \rightarrow Na^+(g) + e^- \qquad \Delta H_{ioniz} = +\ 496\ kJ \tag{5.4}$$

4. Los electrones se agregan a los átomos de cloro gaseoso para producir iones de cloro gaseoso. El cambió entálpico por mol de Cl(g) es la primera afinidad electrónica del cloro (Sección 5.3). La energía se *libera:*

$$Cl(g) + e^- \rightarrow Cl^-(g) \qquad \Delta H_{afinidad\ electrónica} = -348\ kJ \tag{5.5}$$

Éste el el primer paso en el que se libera energía. Pero aun así la cantidad liberada no es suficiente para compensar por la cantidad total absorbida en los pasos anteriores.

5. En este último paso, los iones gaseosos se condensan en un mol de cloruro de sodio cristalino. El cambio entálpico correspondiente, la energía de red del NaCl(s), es -789 kJ/mol lo cual representa la energía *liberada:*

$$Na^+(g) + Cl^-(g) \rightarrow NaCl(s) \qquad \Delta H_{energía\ red} = -789\ kJ \tag{5.6}$$

Está claro que la mayor parte de la energía liberada por toda la reacción sale de este paso. Este es el paso que hace todo el proceso energéticamente favorable.

Cuando se suman las ecuaciones termoquímicas dadas en los pasos del 1 al 5 [Ecuaciones (5.2) a (5.6)], el resultado es la ecuación de la entalpía de formación del NaCl(s):

$$Na(s) + \tfrac{1}{2}Cl_2(g) \longrightarrow NaCl(s) \qquad \Delta H_f^\circ = -411 \text{ kJ} \tag{5.1}$$

Podemos revisar el ciclo de la siguiente forma:

$$\begin{aligned} \Delta H_f^\circ &= \Delta H_{subl} + \tfrac{1}{2}\Delta H_{dis} + \Delta H_{ion} + \Delta H_{af\ elec} + \Delta H_{Energía\ de\ Red} \\ &= +108 \text{ kJ} + 122 \text{ kJ} + 496 \text{ kJ} - 348 \text{ kJ} - 789 \text{ kJ} \\ &= -411 \text{ kJ} \end{aligned}$$

Los ciclos de Born-Haber se utilizan para analizar procesos y ver cómo están afectados por variaciones en uno de estos pasos. Pueden utilizarse también para calcular el ambio de entalpía para uno de los pasos o para todo el proceso.

Ejemplo 5.1

Calcule la energía de red del $MgCl_2(s)$. La entalpía de sublimación para el magnesio es +150 kJ/mol, la primera energía de ionización es +738 kJ/mol, y la segunda energía de ionización es de + 1450 kJ/mol. La energía de disociación para el cloro es +243 kJ/mol de $Cl_2(g)$ y la primera afinidad electrónica es -348 kJ/mol de Cl(g). La entalpía de formación para el $MgCl_2(s)$ es -642 kJ/mol.

Solución

Las ecuaciones termoquímicas para los pasos del ciclo deben sumarse a la ecuación termoquímica para la entalpía de formación de un mol de $MgCl_2(s)$.

$$Mg(s) + Cl_2(g) \longrightarrow MgCl_2(s) \qquad \Delta H_f^\circ = -642 \text{ kJ}$$

Observe que en este caso el ion positivo tiene una carga +2 y de aquí que la primera y la segunda energías de ionización del metal deben usarse. Además, puesto que un mol de $MgCl_2$ se forma a partir de 2 moles de átomos de cloro, debemos emplear la energía de disociación de enlace de un mol de moléculas de Cl_2, como así también dos veces la afinidad electrónica de un mol de átomos de cloro. Los pasos son:

paso	**ecuación química**	ΔH
sublimación de Mg	$Mg(s) \longrightarrow Mg(g)$	+105 kJ
primera energía de ionización del Mg	$Mg(g) \longrightarrow Mg^+(g) + e^-$	+738 kJ

segunda energía de ionización del Mg	$Mg^+(g) \longrightarrow Mg^{2+}(g) + e^-$	$+1450$ kJ
disociación del Cl_2	$Cl_2(g) \longrightarrow 2\,Cl(g)$	$+243$ kJ
primera afinidad electrónica para 2 moles de átomos de Cl	$2\,Cl(g) + 2e^- \longrightarrow 2\,Cl^-(g)$	$2(-348\text{ kJ}) = -696$ kJ
energía de la red	$Mg^{2+}(g) + 2\,Cl^-(g) \longrightarrow MgCl_2(s)$	$\Delta H_{\text{energ. red}}$
total	$Mg(s) + Cl_2(g) \longrightarrow MgCl_2(s)$	$+1885\text{ kJ} + \Delta H_{\text{energía red}}$

El valor total de ΔH, sin embargo, debe ser igual a la entalpía de formación del $MgCl_2$ (s); por consiguiente,

$$+1885\text{ kJ} + \Delta H_{\text{energ. red}} = -642\text{ kJ}$$
$$\Delta H_{\text{energ. red}} = -2527\text{ kJ}$$

del $MgCl_2(s)$ es -2527 kJ/mol.

5.6 Tipos de iones

La fuerza de empuje de una reacción iónica es la atracción electrostática de los iones entre sí. Esta atracción resulta en la liberación de la energía de red. En la Tabla 5.3 aparecen algunas energías de red. Observe que se libera más energía por la formación de cristales que contienen iones con cargas mayores que 1^+ y 1^-, que la que se libera por la formación de cristales que contienen solamente iones 1^+ y 1^-. Los iones con cargas altas atraen iones con cargas contrarias más fuertemente que los iones con solo una carga de 1^+ ó 1^-. Los cuatro valores dados en la Tabla 5.3 muestran este hecho.

La energía de red es un factor importante en la determinación de las cargas que adquieren los átomos en la formación de un cristal iónico:*

1. ¿Por qué el Na no pierde dos electrones y se convierte en "Na^{2+}"? La energía requerida para este proceso es la suma de la primera y segunda energías de ionización del Na (Tabla 5.1):

$$+496\text{ kJ/mol} + 4563\text{ kJ/mol} = +5059\text{ kJ/mol}$$

La energía de red de un "$NaCl_2$" imaginario sería muy pequeña para compensar la energía requerida por esta ionización. La energía de red de "$NaCl_2$" sería aproximadamente la misma que la del $MgCl_2$, -2527 kJ/mol (Tabla 5.3). La eliminación de un electrón más allá de la configuración de gas noble requiere demasiada energía.

2. Como que el Na no puede perder dos electrones en la formación del ion, ¿cómo

*La función termodinámica correcta necesaria para verificar la espontaneidad de la reacción es el cambio de la energía libre de Gibbs, ΔG, no el cambio en entalpía, ΔH (Sección 17.4). Este enfoque es válido en la formación de cristales iónicos.

Tabla 5.3 Energía de redes

Compuesto	Iones componentes	Energía de red (kJ/mol)
NaCl	Na^{+}, Cl^{-}	−789
Na_2O	$2Na^{+}$, O^{2-}	−2570
$MgCl_2$	Mg^{2+}, $2Cl^{-}$	−2527
MgO	Mg^{2+}, O^{2-}	−3890

puede el Mg perder dos electrones para convertirse en Mg^{2+}? El átomo de magnesio adquiere una configuración de gas noble a causa de esta pérdida. La suma de la primera y de la segunda energías de ionización del Mg (Tabla 5.1) es mucho menor que la suma para el sodio.

$$+738 \text{ kJ/mol} + 1450 \text{ kJ/mol} = +2188 \text{ kJ/mol}$$

La energía de red del $MgCl_2$, −2527 kJ/mol (Tabla 5.3) es más que suficiente para suministrar la energía requerida para esta ionización.

3. Puesto que se requiere menos energía para eliminar un electrón que la que se requiere para eliminar dos, ¿por qué no forma el Mg un ion Mg^{+}? En este caso, la energía necesaria para formar "Mg^{+}" sería solamente +738 kJ/mol (la primera energía de ionización del Mg, Tabla 5.1). Por otra parte, la energía de red de un "MgCl" imaginario, sería de solo −789 kJ/mol (análoga a la del NaCl). La mayor energía de red de $MgCl_2$ (−2527 kJ/mol, ocasionada por la mayor carga del Mg^{2+}) favorece la formación de $MgCl_2$. Por consiguiente, podemos ver por qué tantos metales forman cationes con configuraciones $s^2\,p^6$ (de gases nobles). Nunca se pierden ni se ganan más de tres electrones en la formación de iones. La energía requerida para propiciar la pérdida o ganancia de más de tres electrones no está disponible. Los compuestos con fórmulas tales como $TiCl_4$, $SnBr_4$, SF_6, $PC1_5$, SiO_2 no son iónicos. Las consideraciones energéticas también favorecen la formación de iones negativos con configuraciones electrónicas de gases nobles. Todos los aniones monoatómicos son iones de gases nobles. Los átomos de los no metales adquieren electrones hasta que alcanzan la configuración de gas noble y tienden a llegar a este límite.

1. Según los datos de afinidades electrónicas de la Tabla 5.2 la formación de O^{-} libera energía (−142 kJ/mol) y la formación de O^{2-} requiere energía (+702 kJ/mol). ¿Por qué el átomo O no forma el ion "O^{-}" en vez del ion O^{2-}? La energía de red de un compuesto imaginario "NaO", sería probablemente de sólo −789 kJ/mol (análoga a la del NaCl). La energía de red del Na_2O (el cual contiene el ion O^{2-}) es de −2570 kJ/mol. Como resultado, tiende a formarse el ion O^{2-} de gas noble.

2. ¿Por qué el átomo de cloro no forma un ion "Cl^{2-}" en vez de un ion Cl^{-}? La formación del reticulado cristalino de un "Na_2Cl" imaginario (probablemente de alrededor de −2570 kJ/mol) liberaría más energía que la que se liberaría por la formación de la estructura NaCl (−789 kJ/mol). Sin embargo, la obtención del ion "Cl^{2-}" requeriría una cantidad de energía extremadamente grande, más que cualquier energía de red. El electrón agregado al cloro para producir "Cl^{2-}" se agregaría a una configuración $s^2\,p^6$. Se agregaría al nivel cuántico superior, protegido de la carga nuclear por un nivel $s^2\,p^6$ y rechazado por los electrones ya presentes en el ion cargado negativamente Cl^{-}. La adición requeriría grandes cantidades de energía. Tales adiciones más allá de la configuración de gas noble nunca se observan. En la Figura 5.7

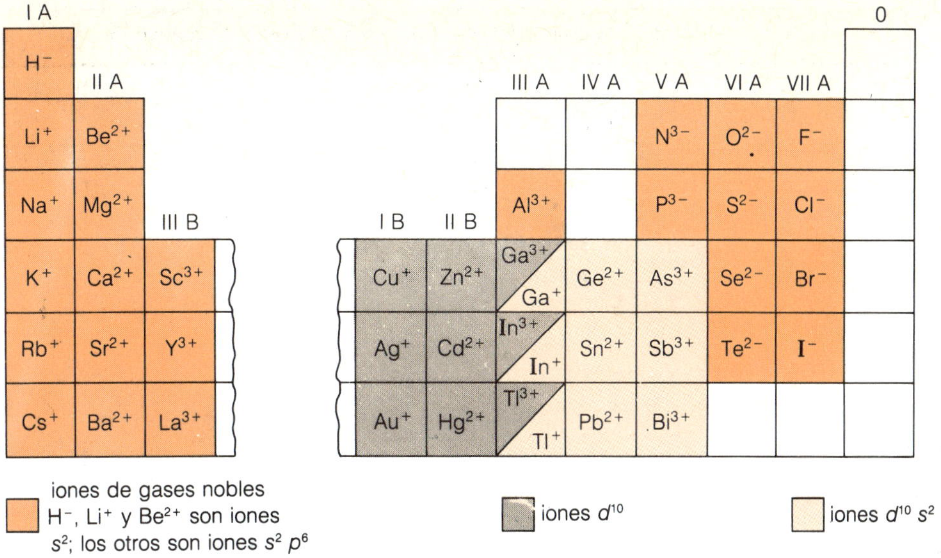

Figura 5.7 Tipos de iones y sus relaciones con la Tabla periódica

se muestran las configuraciones de gas noble de cationes y aniones y su relación con la tabla periódica.

Algunos metales son susceptibles de reacciones iónicas incluso aunque no pueden producir cationes $s^2\ p^6$. El cinc, por ejemplo, tendría que perder 12 electrones para obtener una configuración de gas noble. En sus reacciones, el cinc forma el ion Zn^{2+} por la pérdida de dos electrones.

$$Zn(\ldots 3s^2\ 3p^6\ 3d^{10}\ 4s^2) \rightarrow Zn^{2+}(\ldots 3s^2\ 3p^6\ 3d^{10}) + 2e^-$$

Las energías de ionización del cinc y las energías de red de los compuestos de Zn^{2+}, favorecen la formación de este ion. La configuración electrónica del ion Zn^{2+} es muy estable. Todos los subniveles en el nivel exterior del ion Zn^{2+} están llenos. Otros átomos forman iones con configuraciones $ns^2\ np^6\ nd^{10}$ análogas a las del Zn^{2+}. Se llaman **iones d^{10}** y se encuentran en la Figura 5.7.

El estaño forma un catión, Sn^{2+}, que servirá como un ejemplo de otro tipo de ion:

$$Sn(\ldots 4s^2\ 4p^6\ 4d^{10}\ 5s^2\ 5p^2) \rightarrow Sn^{2+}(\ldots 4s^2\ 4p^6\ 4d^{10}\ 5s^2) + 2e^-$$

Esta configuración es también muy estable. Los iones con configuraciones análogas se llaman **iones $d^{10}\ s^2$.** Nueve de ellos se enumeran en la Figura 5.7. Los elementos mayores del grupo III A pueden formar ambos iones $d^{10}\ s^2$ y d^{10}.

En las reacciones de los metales de transición, pueden perderse los electrones interiores d así como los electrones exteriores s. Sin embargo, los electrones exteriores s, se pierden primero. La mayoría de los elementos de transición no pueden formar iones con ninguna de las configuraciones ordinarias (s^2, $s^2\ p^6$, d^{10} ó $d^{10}\ s^2$).

En la tabla 5.4 aparece una lista de algunas de estas configuraciones de la primera serie de transición. La configuración que figura en la tabla es la del nivel exterior del ion.

Muchos elementos de transición forman más de un tipo de catión. Los ejemplos son Cu^+ y Cu^{2+}, Cr^{2+} y Cr^{3+}, y Fe^{2+} y Fe^{3+}. Se requiere más energía para producir el ion Fe^{3+} que para producir el ion Fe^{2+}. Sin embargo, las energías de red de

Tabla 5.4 Algunos cationes de la primera serie de transición

Configuración electrónica	Ejemplo
$3s^2\ 3p^6\ 3d^1$	Ti^{3+}
$3s^2\ 3p^6\ 3d^2$	V^{3+}
$3s^2\ 3p^6\ 3d^3$	Cr^{3+}, V^{2+}
$3s^2\ 3p^6\ 3d^4$	Cr^{2+}, Mn^{3+}
$3s^2\ 3p^6\ 3d^5$	Mn^{2+}, Fe^{3+}
$3s^2\ 3p^6\ 3d^6$	Fe^{2+}, Co^{3+}
$3s^2\ 3p^6\ 3d^7$	Co^{2+}
$3s^2\ 3p^6\ 3d^8$	Ni^{2+}
$3s^2\ 3p^6\ 3d^9$	Cu^{2+}

compuestos de Fe^{3+} son mayores que las de los compuestos de Fe^{2+}. Estos factores se equilibran hasta el punto en que es posible preparar compuestos de ambos iones.

5.7 Radio iónico

La distancia entre los centros de dos iones adyacentes en un cristal puede determinarse por difracción con rayos X (Sección 9.12). En la mayoría de los cristales, esta distancia es la suma del radio de un catión y del radio de un anión. Dividir esa distancia para obtener los dos radios es complicado.

Una solución al problema es estudiar un cristal compuesto de cationes muy pequeños y aniones grandes, tal como el de yoduro de litio (Figura 5.8a). En el cristal de LiI, se supone que los iones I- se tocan entre sí. La distancia entre dos iones I-(d en la Figura 5.8a) se divide por la mitad para obtener el radio del ion I^-:

$$\text{radio } I^- = 432 \text{ pm}/2 = 216 \text{ pm}$$

En la mayoría de los cristales, los aniones no se tocan. La distancia d en la Figura 5.8b no puede usarse de esa forma.

Una vez encontrado el radio del ion I^-, pueden calcularse otros radios iónicos. Si se determina la distancia entre el centro de un ion K^+ y un ion I^- (d' en la Figura 5.8b), puede hallarse el radio del ion K^+ sustrayendo el radio I^- de la distancia de K^+ a I^-:

$$d' = \text{radio } K^+ + \text{radio } I^-$$

$$349 \text{ pm} = \text{radio } K^+ + 216 \text{ pm}$$

$$\text{radio } K^+ = 133 \text{ pm}$$

Un ion positivo es siempre más pequeño que el átomo del que se deriva (Figura 5.9). El radio de K es 203 pm, y el radio de K^+ es 133 pm. En la formación del ion K^+,

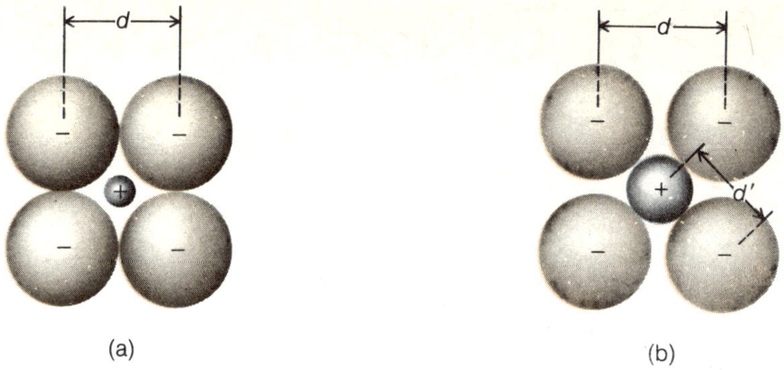

Figura 5.8 Determinación de radios iónicos

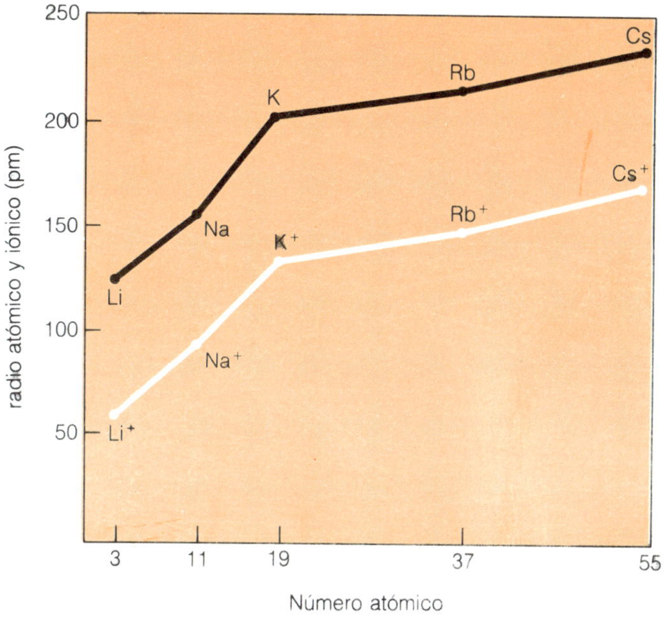

Figura 5.9 Radios atómicos y iónicos del grupo de elementos I A

la pérdida de un electrón representa la pérdida de todo el nivel $n = 4$ del átomo de K. Además, la cantidad de protones es mayor que la de electrones en el ion positivo. Los electrones del ion son atraidos hacia el núcleo. Por razones análogas, un ion 2^+ es mayor que un ion 3^+. Por ejemplo:

radio del Fe = 117 pm radio Fe^{2+} = 75 pm, radio Fe^{3+} = 60 pm

Un ion negativo es siempre mayor que el átomo del cual se deriva (Figura 5.10). El radio del átomo del cloro es 99 pm, y el radio del ion Cl^- es 181 pm. En la formación del ion Cl^- la adición de un electrón causa un aumento en la medida en que los electrones de valencia se repelen mutuamente y el nivel de valencia se expande. El ion cloruro tiene 18 electrones y 17 protones.

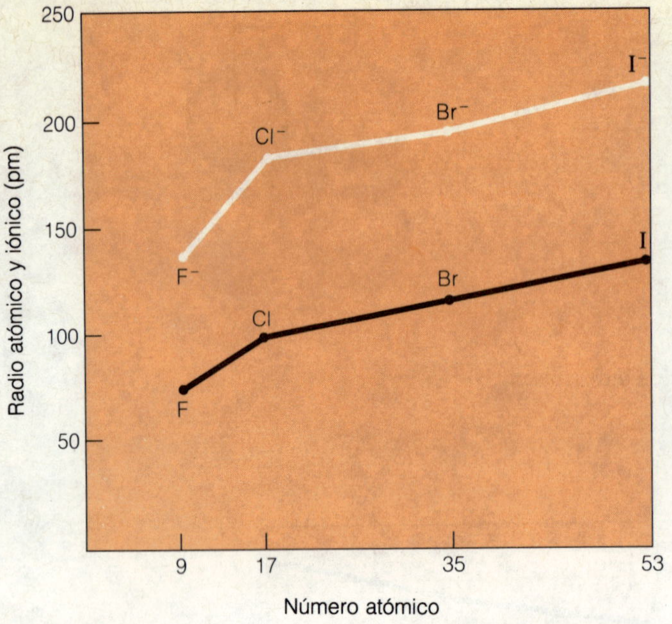

Figura 5.10 Radios atómicos y iónicos de los elementos del grupo VII A

5.8 Nomenclatura de los compuestos iónicos

La **nomenclatura** (sistema de asignación de nombres) de los compuestos iónicos se basa en una cantidad de reglas. El catión (ion positivo) del compuesto se nombra primero y el anión (ion negativo) se nombra segundo.

1. Cationes. Un **ion monoatómico** es el que se deriva de un solo átomo. La mayoría de los cationes son iones monatómicos formados por átomos metálicos. Si el metal forma solamente un tipo de catión, el nombre del ion es el mismo que el del metal.

Na^+ es el ion sodio
Mg^{2+} es el ion magnesio
Al^{3+} es el ion aluminio

Algunos metales forman más de un tipo de catión. En estos casos, la distinción entre los cationes puede hacerse indicando la carga del catión en su nombre. La carga se indica por un número romano entre paréntesis agregado al nombre del metal:

Cu^+ el ion cobre (I) y Cu^{2+} es el ion cobre (II)
Fe^{2+} es el ion hierro (II) y Fe^{3} + es el ion hierro (III)

Un método tradicional usado para distinguir entre dos tipos de iones formados por un metal, en cambiar la terminación del nombre del metal. El nombre en latín del metal se usa cuando el símbolo de éste se deriva del latín. La terminación **–oso** se utiliza en el nombre del ion del par que tiene menor carga y la terminación **-ico** se utiliza para nombrar el ion que tiene mayor carga:

Cu^+ es el ion cupr*oso* y Cu^{2+} es el ion cúpr*ico*
Fe^{2+} es el ion ferr*oso* y Fe^{3+} es el ion férr*ico*

Tabla 5.5 Algunos iones comunes

Cationes		Aniones	
amonio	NH_4^+	acetato	$C_2H_3O_2^-$
cobre (I) o cuproso	Cu^+	bromuro	Br^-
litio	Li^+	clorato	ClO_3^-
potasio	K^+	cloruro	Cl^-
plata	Ag^+	clorito	ClO_2^-
sodio	Na^+	cianuro	CN^-
		fluoruro	F^-
bario	Ba^{2+}	hidróxido	OH^-
cadmio	Cd^{2+}	hipoclorito	ClO^-
calcio	Ca^{2+}	yoduro	I^-
cromo (II) o cromoso	Cr^{2+}	nitrato	NO_3^-
cobalto (II) o cobaltoso	Co^{2+}	nitrito	NO_2^-
cobre (II) o cúprico	Cu^{2+}	perclorato	ClO_4^-
hierro (II) o ferroso	Fe^{2+}	permanganato	MnO_4^-
plomo (II) o plumboso	Pb^{2+}	carbonato	CO_3^{2-}
magnesio	Mg^{2+}	cromato	CrO_4^{2-}
manganeso (II) o manganoso	Mn^{2+}	dicromato	$Cr_2O_7^{2-}$
mercurio (I) o mercurioso*	Hg_2^{2+}	óxido	O^{2-}
mercurio (II) o mercúrico	Hg^{2+}	peróxido	O_2^{2-}
niquel (II) o niqueloso	Ni^{2+}	sulfato	SO_4^{2-}
estaño (II) o estanoso	Sn^{2+}	sulfuro	S^{2-}
cinc	Zn^{2+}	sulfito	SO_3^{2-}
aluminio	Al^{3+}	arseniato	AsO_4^{3-}
cromo (III) o crómico	Cr^{3+}	nitruro	N^{3-}
hierro (III) o férrico	Fe^{3+}	fosfato	PO_4^{3-}

*Un ion diatómico que se denomina mercurio (I), debido a que puede considerarse que consiste en dos iones Hg^+

Observe que la carga no está dada explícitamente y que el método no puede usarse si el metal forma más de dos cationes diferentes.

Un **ion poliatómico** es el formado por varios átomos unidos por enlaces covalentes (Sección 6.1). No hay muchos cationes poliatómicos; los dos más comunes son:

NH_4^+ es el ion amonio
Hg_2^{2+} es el ion mercurio (I) o ion mercurioso.

El ion Hg_2^{2+} se denomina de mercurio (I) debido a que puede considerarse constituido por dos iones Hg^+. En la Tabla 5.5 se da una lista de cationes comunes.

2. Aniones Los aniones monoatómicos están formados por átomos de no metales. Sus nombres se derivan reemplazando la terminación habitual del nombre del no metal por la terminación *-uro:*

Cl^- es el ion cloruro
O^{2-} es el ion oxido
N^{3-} es el ion nitruro

Sin embargo no todos los iones que tienen los nombres terminados en **-uro** son monoatómicos. Unos pocos aniones poliatómicos tienen esta terminación; por ejemplo:

CN^- es el ion cianuro
OH^- es el ion hidroxiuro
O_2^{2-} es el ion peroxiuro

Se conocen muchos aniones poliatómicos. Los más conocidos se hallan en la Tabla 5.5; lista con la que el lector debe familiarizarse en este momento. El sistema usado para nombrar estos aniones se discutirá en la Sección 11.6.
El nombre de un compuesto iónico consiste en el nombre del catión seguido por nombre del anión (como una palabra separada):

Fe_2O_3 es óxido de hierro (III) u óxido férrico
$PbCO_3$ es carbonato de plomo (II) o carbonato plumboso
Ag_3PO_4 es fosfato de plata
$(NH_4)_2S$ es sulfuro de amonio
$Cu(CN)_2$ es cianuro de cobre (II) o cianuro cúprico
$Mg(NO_3)_2$ es nitrato de magnesio
Cu^+ es el ion cobre (I) y Cu^{2+} es el ion cobre (II)
Fe^{2+} es el ion hierro (II) y Fe^{3+} es el ion hierro (III)

Resumen

Los temas discutidos en este capítulo son:

1. La determinación del radio atómico, la relación entre radio atómico y la posición en la tabla periódica y las características de la estructura atómica que influyen en el radio atómico.

2. La determinanción de la energía de ionización, las tendencias periódicas en las energías de ionización de los elementos y la influencia de la estructura atómica sobre la energía de ionización.

3. La determinación de la afinidad electrónica y la correlación de la afinidad electrónica con la estructura atómica y la posición en la tabla periódica.

4. La formación del enlace iónico.

5. El tratamiento Born-Haber de los cambios de entalpía involucrados en la formación de cristales iónicos; la importancia de energía de red.

6. Tipos de iones; qué determina el tamaño de la carga de un ion.

7. La determinación del radio iónico y la relación entre el radio iónico y el radio atómico.

8. Nomenclatura de los compuestos iónicos.

Glosario

A continuación se enumeran algunos de los términos más importantes presentados en este capítulo. Las definiciones no incluidas en esta lista pueden localizarse usando el índice.

Afinidad electrónica (Sección 5.3). El cambio de energía asociado con el proceso en el cual se adiciona un electrón a un átomo gaseoso en su estado fundamental; es la primera afinidad electrónica. Las afinidades electrónicas segunda y superiores se refieren a procesos en que los electrones se adicionan a iones negativos.

Anión (Sección 5.4). Un ion cargado negativamente; un átomo o un grupo de átomos que ha ganado uno o más electrones.

Apantallamiento (Sección 5.1). El efecto producido por los electrones interiores de disminuir la carga nuclear que afecta a los electrones exteriores.

Carga nuclear efectiva (Sección 5.1). La carga positiva experimentada por un electrón que resulta de la carga del núcleo reducida por el efecto de pantalla de los electrones interiores.

Catión (Sección 5.4). Un ion cargado positivamente; un átomo o un grupo de átomos que han perdido uno o más electrones.

Ciclo de Born-Haber (Sección 5.5). Un método de análisis del cambio entálpico de un proceso en el cual el ΔH para todo el proceso se hace igual a la suma de los valores de ΔH para una serie de pasos que producen el mismo cambio.

Distancia de enlace (Sección 5.1). La distancia entre los núcleos de dos átomos que se ecuentran enlazados.

Energía de ionización (Sección 5.2). La cantidad de energía necesaria para eliminar el electrón más vulnerable de un átomo aislado en su estado fundamental; ésta es la primera energía de ionización. Las energías de ionización segunda y superiores se refieren a procesos en que se extraen electrones de iones positivos.

Energía de red (Sección 5.5). El cambio de entalpía asociado con la condensación de iones gaseosos en un cristal iónico.

Enlace iónico (Sección 5.4). La atracción que existe entre iones positivos y negativos que los mantiene juntos en una estructura cristalina y que resulta de la transferencia de electrones.

Entalpía de sublimación (Sección 5.5). El cambio de entalpía asociado con un proceso en el cual un sólido se convierte directamente en un gas.

Ion d^{10} (Sección 5.6). Un catión que tiene una configuración $ns^2\,np^6\,nd^{10}$ en su nivel exterior (donde n es el número cuántico principal de este nivel).

Ion $d^{10}\,s^2$ (Sección 5.6). Un catión que tiene una configuración electrónica d^{10} más un nivel adicional que contiene dos electrones en una orbita s.

Ion de gas noble (Sección 5.6). Un catión o un anión que es isoelectrónico con un gas noble; un ion s^2 o un ion $s^2\,p^6$.

Ion s^2 (Sección 5.6). Un catión o un anión que tiene dos electrones en una órbita s como configuración de su nivel exterior.

Ion $s^2\,p^6$ (Sección 5.6). Un catión o un anión que tiene dos electrones en una órbita s y seis electrones en tres órbitas p como configuración de su nivel exterior.

Isoelectrónico (Sección 5.4). Que tiene la misma configuración electrónica.

Radio atómico (Sección 5.1). Una aproximación del radio de un átomo basada en la división de distancias de enlace.

Radio iónico (Sección 5.7). Medida aproximada del radio de un ion basado en la división de las distancias entre los núcleos de iones adyacentes en un cristal.

Problemas*

Radios atómicos

5.1 Enumere los factores que influyen sobre el tamaño de los átomos y dé un ejemplo para ilustrar cada caso.

5.2 En general, ¿cómo se pueden comparar los radios atómicos de los metales y no metales?

5.3 Explique por qué se observa un mínimo en cada curva que se obtiene en la representación de radio atómico en función de los números atómicos para los miembros de cada serie de transición.

5.4 ¿Cuál miembro de cada uno de los pares siguientes podría predecirse ser mayor? **(a)** Si o S, **(b)** Si o Sn, **(c)** Si o Ga, **(d)** Si o Al, **(e)** Si o Mg, **(f)** Si o F, **(g)** Si o C.

5.5 ¿ Cuál miembro de los pares siguientes podría predecirse ser mayor? **(a)** Te o Po, **(b)** P o S, **(c)** Sr o Ba **(d)** Sr o Sb, **(e)** In o Ge, **(f)** Pb o Bi, **(g)** K o Mg.

5.6 Dadas las siguientes distancias de enlace: Br—Cl, 213 pm; I—Br, 247 pm; y Cl—Cl, 198 pm; ¿cuál es la distancia I—Cl?

Energía de ionización

5.7 Discuta los factores que influyen la energía de ionización.

5.8 ¿Cómo se compara la energía de primera ionización de los metales con la de los no metales?

5.9 ¿Por qué la segunda energía de ionización de un elemento es siempre mayor que la primera energía de ionización?

5.10 ¿Por qué las primeras energías de ionización del Be y N están fuera de proporción en comparación con los otros miembros del segundo periodo?

5.11 ¿Cuál miembro de cada uno de los pares siguientes tiene la primera energía de ionización más alta? **(a)** Rb o Sr, **(b)** Sr o Sn, **(c)** Sn o Sb, **(d)** Sb o Bi, **(e)** Sn o Se, **(f)** Se o S, **(g)** S o Ar.

5.12 ¿Cual miembro de cada uno de los pares siguientes posee la primera energía de ionización mayor? **(a)** O o Ne, **(b)** Ne o Ar, **(c)** O o S, **(d)** S o F, **(e)** N o O, **(f)** Na o Mg, **(g)** Mg o Ca.

Afinidad electrónica

5.13 La primera energía de ionización del F es +1680 kJ/mol y la primera afinidad electrónica del F es −322 kJ/mol. Explique claramente el significado de estos valores.

5.14 Enumere los factores atómicos que influyen sobre la afinidad electrónica.

*Los problemas más difíciles están marcados por un asterisco. El apéndice G contiene las respuestas de los problemas codificados en color.

5.15 ¿ Por qué algunos valores de afinidades electrónicas que se hallan en la Tabla 5.2 tienen signos positivos?

5.16 Explique lo siguiente sobre la base de la configuración electrónica: **(a)** la afinidad electrónica del S es −200 kJ/mol y la del Cl es −348 kJ/mol, **(b)** la afinidad electrónica del Si es −120 kJ/mol y la del P es −74 kJ/mol, **(c)** la afinidad electrónica del Li es −60 kJ/mol y la del Be es +240 kJ/mol.

5.17 ¿Por qué todos las segundas afinidades electrónicas poseen valores positivos?

5.18 De todos los elementos en el tercer periodo (Na hasta Ar): **(a)** ¿cuál tiene el mayor radio atómico? **(b)** ¿cuál tiene la energía de ionización mayor? **(c)** ¿cuál es el metal más reactivo? **(d)** ¿cuál es el no metal más reactivo? **(e)** ¿cuál es el menos activo? **(f)** cuántos son metales?

Energía de redes, el ciclo Born-Haber

5.19 Utilice los datos siguientes para calcular la energía de red del KF. La entalpía de formación del KF es −563 kJ/mol. La entalpía de sublimación del K es +90 kJ/mol, y la primera energía de ionización del K es +415 kJ/mol. La energía de disociación del F_2 es + 155 kJ mol y la primera afinidad electrónica del F es -322 kJ/mol

5.20 Utilice los datos siguientes para calcular la energía de red del $SrCl_2$. La entalpía de formación del $SrCl_2$ es −828 kJ/mol. La entalpía de sublimación del Sr es 164 kJ/mol, la primera energía de ionización del Sr es +549 kJ/mol, y la segunda energía de ionización del Sr es +1064 kJ/mol. La energía de disociación del Cl_2 es + 243 kJ/mol y la primera afinidad electrónica del Cl es —348 kJ/mol

5.21 Utilice los siguientes datos para calcular la energía de red del CaS. La entalpía de formación del CaS es −482 kJ/mol. La entalpía de sublimación del Ca es +192 kJ/mol, la primera energía de ionización del Ca es +590 kJ/mol, y la segunda energía de ionización del Ca es +1145 kJ/mol. El cambio de entalpía para la transformación S(s) → S(g) es +279 kJ/mol. La primera afinidad electrónica del S es - 200 kJ/mol y la segunda afinidad electrónica del S es +522 kJ/mol

5.22 Use los datos siguientes para calcular la entalpía de formación del MgO. La entalpía de sublimación del Mg es +150 kJ/mol, la primera energía de ionización del Mg es +738 kJ/mol, y la segunda energía de ionización del Mg es +1450 kJ/mol. La entalpía de disociación del O_2 es +494 kJ/mol La primera afinidad electrónica del O es - 142 kJ/mol y la segunda afinidad del O es + 844 kJ/mol. La energía de la red del MgO es —3890 kJ/mol.

5.23 Use los datos siguientes para calcular la afinidad electrónica del Br. La entalpía de formación del RbBr es −389 kJ/mol. La entalpía de sublimación del Rb es 86 kJ/mol y la primera energía de ionización del Rb es +403 kJ/mol. El cambio entalpico para la transformación $Br_2(l) \rightarrow 2Br(g)$ es +224 kJ/mol de Br_2. La energía de red del RbBr es −666 kJ/mol.

5.24 Considere las energías de red de KCl, K_2O y CaO. Enumere los compuestos en el orden creciente de la energía liberada. ¿Por qué seleccionó ese orden?

5.25 De todos los pasos en el ciclo Born-Haber, ¿por qué la energía de red es importante para la preparación de un compuesto iónico?

El enlace iónico, tipos de iones

5.26 Dé las fórmulas para los óxidos, cloruros y nitruros de sodio, magnesio y aluminio.

5.27 Escriba las notaciones de las configuraciones electrónicas de los siguientes iones: **(a)** Mg^{2+}, **(b)** Cr^{2+}, **(c)** Cr^{2+}, Co^{2+}, **(d)** Pd^{2+}, **(e)** Ag^+, **(f)** I^-.

5.28 **(a)** Escriba el número de electrones no apareados en cada uno de los iones relacionados en el Problema 5.27. **(b)** ¿Cuál de estos iones esperaría usted que fuera paramagnético y cuál diamagnético?

5.29 Escriba las notaciones para las configuraciones electrónicas de los siguientes iones: **(a)** S^{2-}, **(b)** Cu +, **(c)** Cu^{2+}, **(d)** Sc^{3+}, **(e)** F^-, **(f)** Hg^{2+}, **(g)** Pb^{2-}, **(h)** Cr^{3+}.

5.30 **(a)** Escriba el número de electrones no apareados de cada uno de los iones relacionados en el Problema 5.29. **(b)** ¿Cuál de estos iones usted esperaría que fuera paramagnético y cuál diamagnético?

5.31 Dé las fórmulas de dos iones que son isoelectrónicos con el átomo o ion en la lista para cada uno de los siguientes: **(a)** Kr, **(b)** Zn^{2+}, **(c)** Zn, **(d)** O^{2-}, **(e)** Ca^{2+}.

5.32 Para cada uno de los siguientes, dé las fórmulas de dos iones que son isoelectrónicos con el átomo o ion de la lista: **(a)** Cd^{2+}, **(b)** Ag^+, **(c)** Rb^+, **(d)** Hg, **(e)** Xe.

5.33 Dé ejemplos de iones s^2, iones $s^2 p^6$, iones d^{10} e iones $d^{10} s^2$.

5.34 Identifique los iones $s^2 p^6$, d^{10}, y $d^{10} s^2$ que se incluyen en la siguiente lista: Al^{3+}, Ga^{3+}, Sc^{3+}, N^{3-}, Pb^{2+}, K^+, Ba^{2+}, Cu^+, Cd^{2+}, Tl^+, Bi^{3+}.

5.35 Empleando razones basadas en los cambios de energía involucrados en la formación de iones, explique por qué Na forma Na^+, pero no Na^{2+}, mientras que Cu forma tanto Cu^+ como Cu^{2+}.

5.36 ¿Cuál miembro de cada uno de los siguientes pares creería usted que sería el mayor: **(a)** Cs^+ ó Ba^{2+} **(b)** S ó S^{2-}, **(c)** S^{2-} ó Cl^-, **(d)** Cr^{2+} ó Cr^{3+}, **(e)** Ag ó Ag^+, **(f)** Cu^{2+} ó Ag^+?

5.37 ¿Cuál miembro de cada uno de los siguientes pares consideraría usted que es mayor: **(a)** Br ó Br^-, **(b)** Cs ó Cs^+, **(c)** O^{2-} ó F^-, **(d)** Au^+ ó Au^{3+}, **(e)** In^{3+} ó Tl^+, **(f)** In^+ ó Sn^{2+}?

Nomenclatura de los compuestos iónicos

5.38 Dé las fórmulas de: **(a)** óxido de cromo (III), **(b)** fosfato de calcio, **(c)** dicromato de plata, **(d)** clorato de magnesio, **(e)** nitrato de níquel (III), **(f)** carbonato de zinc.

5.39. Dé las fórmulas para **(a)** sulfato de hierro (III), **(b)** bromuro de cobre (I), **(c)** hidróxido de bario, **(d)** sulfuro de oro (III), **(e)** cromato de plomo (II), **(f)** acetato de amonio.

5.40 Dé el nombre de los siguientes: **(a)** $MnSO_4$, **(b)** $Mg_3(PO_4)_2$, **(c)** $PbCO_3$, **(d)** $HgCl_2$, **(e)** Na_2O_2, **(f)** $Al_2(SO_4)_3$.

5.41 Dé los nombres de los siguientes: **(a)** $Ca(ClO_4)_2$, **(b)** $Co(NO_3)_2$, **(c)** SnF_2, **(d)** $KMnO_4$, **(e)** $FePO_4$, **(f)** MgI_2.

ENLACE COVALENTE

CAPÍTULO

6

En el capítulo anterior discutimos la formación de propiedades de los compuestos iónicos. En este capítulo se presentará el enlace covalente, en el que los electrones están compartidos por los átomos enlazados. Además, consideraremos los enlaces que tienen un carácter intermedio entre el puramente iónico y el puramente covalente.

6.1 El enlace covalente

Cuando los átomos de los no metales interaccionan, se forman moléculas que se mantienen juntas por enlaces covalentes. Debido a que estos átomos son similares en sus atracciones hacia los electrones (idénticos, cuando se consideran dos átomos del mismo elemento) no ocurre la transferencia electrónica, por el contrario, los electrones se comparten. Un **enlace covalente** consiste en un par de electrones (con spin opuesto) que son compartidos por dos átomos.

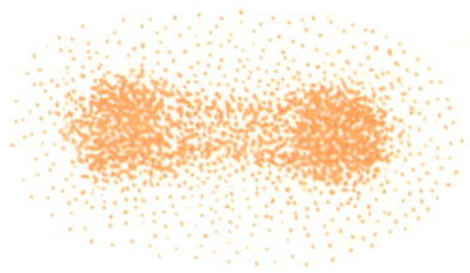

Figura 6.1 Representación de la distribución electrónica de una molécula de hidrógeno.

Como ejemplo, considere el enlace formado por dos átomos de hidrógeno. Un átomo individual de hidrógeno tiene un solo electrón que está simétricamente distribuido alrededor del núcleo en un orbital $1s$. Cuando dos átomos de hidrógeno forman un enlace covalente, los orbitales atómicos se superponen en forma tal que las nubes electrónicas se refuerzan entre sí en la región entre los núcleos y existe una probabilidad mayor de hallar un electrón en esta región. De acuerdo al principio de exclusión de Pauli, los dos electrones del enlace deben tener spin opuesto. La fuerza del enlace covalente resulta de la atracción de los núcleos cargados positivamente hacia la nube electrónica negativa del enlace (Figura 6.1).

La molécula de hidrógeno puede representarse por el símbolo H : H o H—H. Aunque los elecrones pertenecen a la molécula como un todo, se puede considerar que cada átomo de H tiene la configuración del helio (dos electrones en el nivel n = 1). Esta consideración está basada en la premisa de que ambos electrones compartidos contribuyen a la configuración estable de cada átomo de hidrógeno.

La fórmula H_2 describe una unidad discreta (una molécula) y el hidrógeno gaseoso consiste en una colección de tales moléculas. No existen moléculas en materiales estrictamente iónicos. La fómula Na_2Cl_2 es incorrecta debido a que el cloruro de sodio es un compuesto iónico que en la proporción simple de iones en un cristal de cloruro de sodio es de 1 a 1. No existe una molécula cuya fórmula sea Na_2Cl_2. Para materiales covalentes, sin embargo, una fórmula tal como H_2O_2 puede ser correcta. Esta fórmula describe una molécula que contiene dos átomos de hidrógeno y dos de oxígeno.

La molécula de hidrógeno puede describirse como **diatómica** (contiene dos átomos). Hay otros elementos que también existen como moléculas diatómicas. Un átomo de cualquier elemento del grupo VII A, por ejemplo, tiene siete electrones de valencia.

Debido a la formación de un enlace covalente entre dos de estos átomos, cada átomo toma la configuración de un octeto, que es característica de los gases nobles.

Así, el flúor gaseoso consiste en moléculas de F_2:

$$:\ddot{\underset{..}{F}}\cdot + \cdot\ddot{\underset{..}{F}}: \longrightarrow :\ddot{\underset{..}{F}}:\ddot{\underset{..}{F}}:$$

Solamente los electrones entre los dos átomos están compartidos y forman parte del enlace covalente, aunque la teoría molecular orbital considera que todos los electrones afectan el enlace (Sección 7.4).

Entre dos átomos puede formarse más de un enlace covalente. Un átomo de nitrógeno (grupo V A) tiene cinco electrones de valencia:

$$:\dot{\underset{\cdot}{N}}\cdot + \cdot\dot{\underset{\cdot}{N}}: \longrightarrow :N:::N:$$

Gilbert N. Lewis, 1875–1946.
Photographer Johan Hagemeyer: Bancroft Library, courtesy AIP Neils Bohr Library

En la molécula de N_2, se comparten seis electrones en tres enlaces covalentes (generalmente llamado enlace triple). Observe que como resultado de esta formulación, cada uno de los átomos de nitrógeno puede considerarse que posee un octeto de electrones.

Los elementos no metálicos que existen como moléculas diatómicas son: H_2, F_2, Cl_2, Br_2, I_2, N_2 y O_2. (El oxígeno es un caso especial y se discutirá en la Sección 7.4.) Estos elementos siempre se indican de esta forma en las ecuaciones químicas.

Las fórmulas electrónicas de puntos que hemos venido utilizando se llaman **estructuras de enlace de valencia** o **estructuras de Lewis,** designación hecha en honor de Gilbert N. Lewis, quien propuso esta teoría del enlace covalente en 1916 (teorías más recientes del enlace covalente se discutirán en el Capítulo 7). La teoría de Lewis enfatiza la obtención de configuraciones de gas noble por parte de los átomos en moléculas covalentes. Debido a que el número de electrones de valencia es el mismo que el número de grupo para los no metales, uno puede predecir que los elementos del grupo VII A, tales como el Cl, formarían un enlace covalente para alcanzar un octeto estable; los elementos del grupo VI A, tales como O y S, formarían dos enlaces covalentes; los elementos del grupo V A, tales como N y P, formarían tres enlaces covalentes, y los elementos IV A, tales como C, formarían cuatro enlaces covalentes. Estas predicciones son corroboradas por muchos compuestos que solamente contienen enlaces covalentes sencillos:

$$H\cdot + \cdot\ddot{\underset{..}{Cl}}: \longrightarrow H:\ddot{\underset{..}{Cl}}:$$

cloruro de hidrógeno

$$2H\cdot + \cdot\dot{\underset{..}{O}}: \longrightarrow H:\ddot{\underset{..}{O}}: \text{ (con H sobre O)}$$

agua

$$3H\cdot + \cdot\dot{\underset{..}{N}}\cdot \longrightarrow H:\ddot{\underset{..}{N}}:H \text{ (con H sobre N)}$$

amoníaco

$$4H\cdot + \cdot\dot{\underset{\cdot}{C}}\cdot \longrightarrow H:\ddot{\underset{..}{C}}:H \text{ (con H sobre y bajo C)}$$

metano

Obsérvese que en estas moléculas, cada átomo de hidrógeno puede considerarse como de nivel $n = 1$ completo; los demás átomos tienen octetos característicos de gas noble.

El enlace covalente de los compuestos también puede indicarse por guiones y cada guión representa un enlace, un par de electrones:

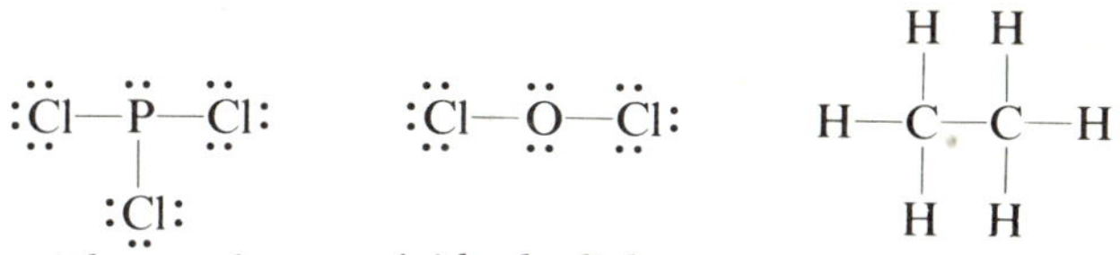

tricloruro de fósforo — *óxido de dicloro* — *etano*

Los siguientes son ejemplos de moléculas que contienen doble y triple enlaces:

dióxido de carbono

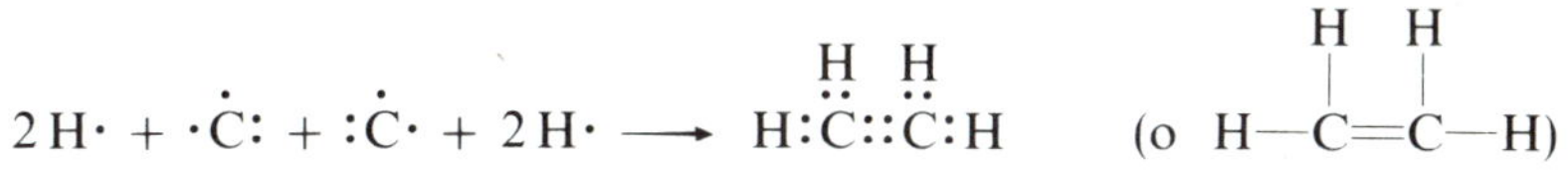

etileno

acetileno

Obsérvese que en cada compuesto el número de enlaces covalentes sobre cada átomo concuerda con el número previsto.

En la Sección 6.3 se presenta un método para dibujar las estructuras de Lewis. Sin embargo, antes de presentar el método, debe introducirse el concepto de carga formal, debido a que el método depende del uso de carga formal, para verificar la validez de sus resultados.

6.2 Carga formal

En la formación de ciertos enlaces covalentes, los *dos* electrones compartidos son suministrados por *uno* de los átomos de enlace. Por ejemplo, en la reacción del amoníaco con un protón (un átomo de hidrógeno libre de su electrón), el par de electrones sin compartir del átomo de nitrógeno del NH_3 se utiliza para formar un nuevo enlace covalente:

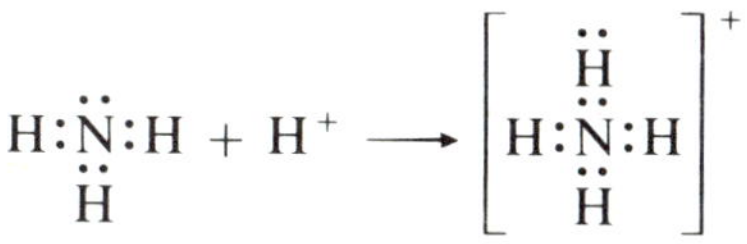

Un enlace formado de esta manera se llama enlace "covalente coordinado", pero no se recomienda hacer esto. Designar a un enlace específico como un enlace "covalente coordinado", implica que éste es diferente de otros enlaces covalentes y tiene muy poca justificación. Todos los electrones son similares, independientemente de su origen. Todos los enlaces en el NH_4^+ son idénticos; es imposible diferenciar entre ellos.

Obsérvese, sin embargo, que el número de enlaces covalentes en el átomo de N de NH_4^+ no concuerda con el número previsto en la sección anterior. Puesto que el átomo de nitrógeno tiene cinco electrones de valencia (grupo V A), se esperaría que satisficiera el principio del octeto con la formación de tres enlaces covalentes. Esta predicción es correcta para el NH_3 pero no es correcta para NH_4^+.

Una respuesta a esta pregunta puede obtenerse calculando las cargas formales de los átomos en el NH_4^+; la **carga formal** de un átomo en una molécula se calcula de la siguiente manera: el número de electrones de valencia que tiene un átomo de la familia A es igual al número del grupo. Si todos los electrones de valencia se eliminaran del átomo en cuestión, el ion resultante tendría una carga *positiva* igual a

$$+\ (\textit{no. de grupo})$$

Esta sería la carga sobre el átomo si éste no tuviese electrones de valencia asociados con él. Sin embargo, en una molécula el átomo tiene electrones de valencia asociados con él: compartidos (como enlaces covalentes) y en algunos casos, sin compartir. Si el par de electrones de cada enlace covalente se divide igualmente entre los dos átomos que enlaza, el átomo en cuestión obtiene un electrón por cada enlace covalente que posea (una carga -1 por cada enlace). Además el átomo tendrá una carga -1 por cada electrón sin compartir que éste tenga en la molécula. La carga total negativa de estas fuentes es:

$$-[(\textit{no. de enlaces}) + (\textit{no. de electrones sin compartir})]$$

La carga formal del átomo de enlace, por consiguiente, está dada por la fórmula:

$$\begin{aligned}\textit{carga formal} &= +\ (\textit{no. de grupo}) - (\textit{no. de enlaces})\\ &\quad - (\textit{no. de electrones sin compartir}\end{aligned} \qquad (6.1)$$

Puesto que el átomo de N (un átomo del grupo V A) en el NH_4^+ tiene cuatro enlaces y no tiene electrones sin compartir, su carga formal es:

$$\textit{carga formal} = +5 - 4 - 0 = 1^+$$

Cada átomo de hidrógeno en el ion NH_4^+ tiene una carga formal de cero:

$$\textit{carga formal} = +1 - 1 - 0 = 0$$

La carga formal del átomo de N en el NH_4^+ se indica en la siguiente forma:

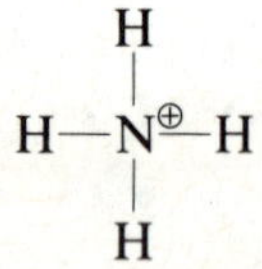

Ahora podemos explicar la diferencia entre el número de enlaces previstos y los verdaderos del átomo de N en el NH_4^+. Un N^+ hipotético tendría cuatro electrones de valencia y sería capaz de formar cuatro enlaces covalentes. Un átomo de N sin cargas, por otra parte, tiene cinco electrones de valencia y puede formar solamente tres enlaces covalentes.

Una carga formal es, como su nombre lo indica, sólo una formalidad. En la asignación de cargas formales, se supone que el par de electrones de cualquier enlace covalente está igualmente compartido por los átomos del enlace. Tal suposición no es cierta y las cargas formales deben interpretarse cuidadosamente. La densidad electrónica en un átomo de N en el NH_4^+ es menor que la del átomo de N en el NH_3, pero la carga real no es completamente carga positiva, debido a que los electrones de enlace no están igualmente compartidos.

Como otro ejemplo de la forma cómo se calculan las cargas formales, consideremos la molécula de $POCl_3$:

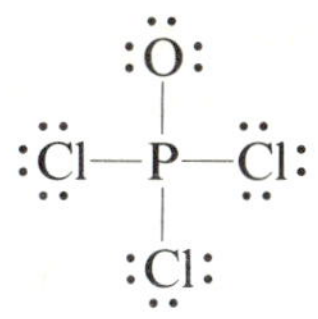

La carga formal del átomo de O es:

carga formal = + (*no. de grupo*) − (*no. de enlaces*) − (no. de electrones sin compartir)
= +6 − 1 − 6 = 1^-

La carga formal del átomo de P es:

carga formal = +5 − 4 − 0 = 1^+

La carga formal de cada átomo de Cl es:

carga formal = +7 − 1 − 6 = 0

La estructura de la molécula es:

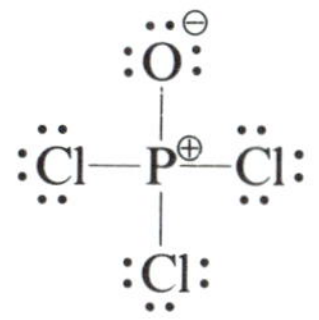

Cargas formales

1. La carga formal de un átomo en una estructura de Lewis puede calcularse mediante el uso de la fórmula:

carga formal = + (*no. de grupo*) − [(*no. de enlaces*) + (*no. de* e^- *sin compartir*)]

2. En una molécula, la suma de las cargas formales es cero. En un ion, las cargas formales sumadas dan la carga del ion.

3. Un átomo en una estructura de Lewis que tiene un número de enlaces esperado sobre la base de su número de grupo, no tiene carga formal. Si es posible una estructura de Lewis debe esquematizarse para que así todos los átomos tengan estos números de enlaces. Sin embargo, esto no es siempre posible.

4. Los átomos que están unidos entre sí en una estructura no deben tener cargas formales del mismo signo. Una estructura de Lewis en la cual esta regla de carga adyacente se viole, no es generalmente una descripción exacta de la molécula o ion.

Observe que la suma de las cargas formales en la estructura de $POCl_3$ es cero. La suma de las cargas formales de cualquier molécula es igual a cero. La suma de las cargas formales de los átomos en un ion es igual a la carga del ion. Un átomo en una estructura de Lewis que tiene el número de enlaces esperado sobre la base de su número de grupo, no tiene carga formal. Si es posible, una estructura de Lewis debe dibujarse en tal forma que cada átomo tenga el número de enlaces esperado sobre la base de su número de grupo. Sin embargo, esto no es siempre posible.

Los átomos que están formando enlaces entre sí en una estructura no deben tener cargas formales en el mismo signo. La repulsión entre las cargas tendería a romper el enlace entre los átomos. Una estructura de Lewis en la cual esta regla de **carga adyacente** se viole, no es generalmente una representación exacta de la molécula o ion (Ejemplo 6.3 en Sección 6.3).

6.3 Estructuras de Lewis

Los siguientes ejemplos ilustran cómo representar las estructuras de Lewis. En el primer ejemplo se describen los pasos del método.

Ejemplo 6.1

Represente la estructura de Lewis del ion ClO_3^-. En el ion, el átomo de Cl es el átomo central al cual están unidos los tres átomos de oxígeno.

Solución

1. Halle el número total de electrones de valencia suministrados por todos los átomos de la estructura. El número suministrado por cada elemento de la familia A es el mismo que el número de grupo del elemento. Para un ion negativo, aumente el número por la carga del ion. Para un ion positivo disminuya el número por la carga del ion. El número total de electrones de valencia en ClO_3^- es:

7 del átomo de Cl
18 de los tres átomos de O
1 de la carga iónica
$\overline{26}$

2. Determine el número de electrones requeridos para suministrar 2 electrones a cada átomo de H individualmente y 8 electrones a cada uno de los demás átomos individualmente. Puesto que no hay átomos de H en el ion ClO_3^-:

$$\textit{no. de } e^- \textit{ para átomos individuales} = 2(\textit{no. de átomos } H) + 8(\textit{no. de otros átomos}) = 2(0) + 8(4) = 32$$

3. El número obtenido en el paso 2 menos el número obtenido en el paso 1 es el número de electrones que deben compartirse en la estructura final:

$$
\begin{aligned}
\textit{no. de } e^- \textit{ de enlace} &= (\text{no. de } e^- \text{ para átomos individuales}) \\
&\quad - (\text{ no. total de } e^-) \\
&= 32 - 26 = 6
\end{aligned}
$$

4. La mitad del número de electrones de enlace (del paso 3) es el número de enlaces covalentes en la estructura final:

$$
\begin{aligned}
\textit{no. de enlaces} &= (\textit{no. de } e^- \textit{ de enlace})/2 \\
&= 6/2 = 3
\end{aligned}
$$

5. Escriba los símbolos para los átomos presentes en la estructura ordenándolos en la forma en que se encontraban en la estructura. Indique los enlaces covalentes mediante iones escritos entre los símbolos. Represente un enlace entre cada par de símbolos y luego use lo que queda del número calculado en el paso 4, para hacer enlaces múltiples (observe que si la estructura contiene átomos de H, cada átomo de H está limitado por un enlace).

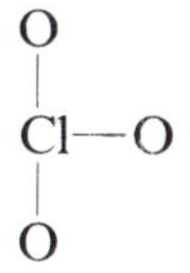

6. El número total de electrones (paso 1) menos el número de electrones de enlace (paso 3), es el número de electrones sin compartir. Complete el octeto de electrones de cada átomo (que no sean de átomos de H) agregando puntos para representar los electrones sin compartir.

$$
\begin{aligned}
\textit{no. de } e^- \textit{ sin compartir} &= (\textit{no. total de } e^-) - (\textit{no. de } e^- \textit{ de enlace}) \\
&= 26 - 6 = 20
\end{aligned}
$$

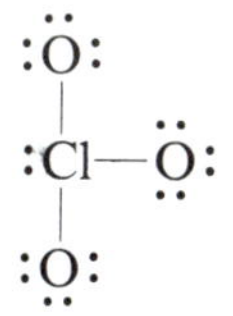

7. Indique las cargas formales de los átomos donde sea apropiado. La carga formal del átomo de cloro es:

$$
\begin{aligned}
\textit{carga formal} &= +\ (\textit{no. de grupo}) - (\textit{no. de enlaces}) - (\textit{no. de } e^- \textit{ sin compartir}) \\
&= +7 - 3 - 2 = 2^+
\end{aligned}
$$

La carga formal de cada átomo de O es:

$$\text{carga formal} = +6 - 1 - 6 = 1^+$$

La estructura es:

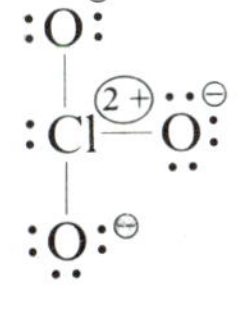

Observe que las cargas formales sumadas dan la carga del ion.

Ejemplo 6.2

Represente la estructura de Lewis de la molécula de SO_2. La molécula es angular y los dos átomos de oxígeno están unidos al átomo central S.

Solución

1. El número total de electrones de valencia en la molécula es:

 6 del átomo de S
12 de los dos átomos de O
$\overline{18}$

2. *No. de* e^- *para átomos individuales* = 2(*no. de átomos de H*) + 8(*no. de otros átomos*)
= 2(0) + 8(3) = 24

3. *no. de* e^- *de enlace* = (*no. de* e^- *para átomos individuales*) − (*no. total de* e^-)
= 24 − 18 = 6

4. *no. de enlaces* = (*no. de* e^- *de enlace*)/2
= 6/2 = 3

5.

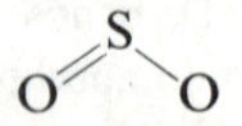

6. *no. de* e^- *sin compartir* = (*no. total de* e^-) − (*no. de* e^- *de enlaces*)
= 18 − 6 = 12

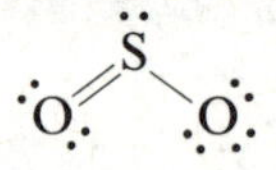

7. *carga formal* = +(*no. de grupo*) − (*no. de enlaces*) − (*no. de* e^- *sin compartir*)
Para el átomo de S

carga formal = +6 − 3 − 2 = 1+

Para el átomo de oxígeno de la izquierda,

carga formal = +6 − 2 − 4 = 0

Para el átomo de O de la derecha,

carga formal = +6 − 1 − 6 = 1^-

La estructura es:

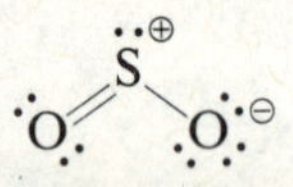

Observe que puede dibujarse una estructura equivalente, en la que el doble enlace conecte el átomo de oxígeno de la derecha al átomo de S.

Ejemplo 6.3

Represente la estructura de Lewis del ácido nítrico, HNO_3. El átomo de N es el átomo central al cual están unidos los tres átomos de O. El átomo de H está enlazado a uno de los átomos de oxígeno.

Solución

1. El número total de electrones de valencia en la molécula es:

$$\begin{array}{rl} 1 & \text{del átomo de H} \\ 5 & \text{del átomo de N} \\ \underline{18} & \text{de tres átomos de O} \\ 24 & \end{array}$$

2. $no.\ de\ e^-\ para\ átomos\ individuales = 2(no.\ de\ átomos\ de\ H) + 8(no.\ de\ otros\ átomos)$

$= 2(1) + 8(4) = 34$

3. $no.\ de\ electrones\ de\ enlace = (no.\ e^-\ para\ átomos\ individuales) - (no.\ total\ de\ e^-)$

$= 34 - 24 = 10$

4. $no.\ de\ enlaces = (no.\ de\ e^-\ de\ enlace)/2$

$= 10/2 = 5$

5. La molécula contiene 5 enlaces. Si indicamos un enlace entre cada par de átomos usaríamos 4 de los 5 y nos quedaría uno con el cual se puede hacer un doble enlace. Hay tres posibilidades que indicaremos (*a*), (*b*) y (*c*).

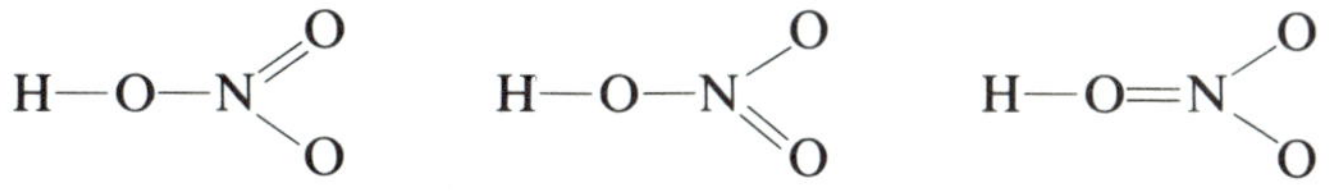

(a) (b) (c)

Puesto que el átomo de H está limitado a un enlace, una estructura con un doble enlace entre H y O no es posible.

6. $no.\ de\ e^-\ sin\ compartir = (no.\ total\ de\ e^-) - (no.\ de\ e^-\ de\ enlace)$

$= 24 - 10 = 14$

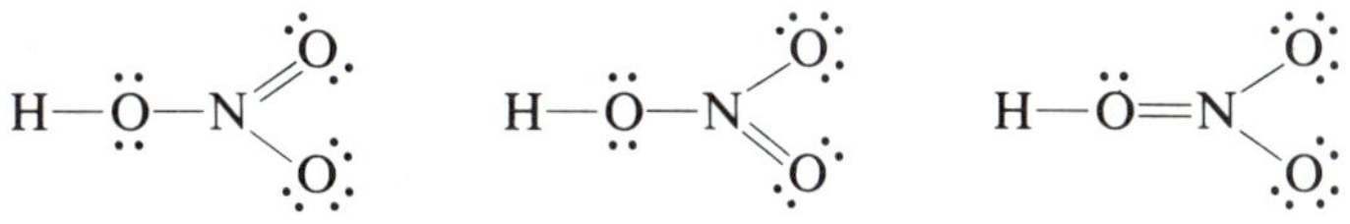

(a) (b) (c)

7. Las sumas de las cargas formales de las tres estructuras da:

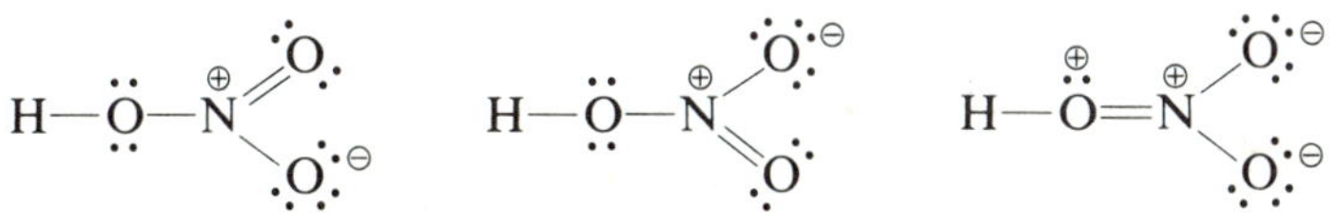

(a) (b) (c)

La estructura (*c*) debe descartarse debido a que átomos adyacentes en la molécula tienen cargas formales con el mismo signo. Ambas estructuras (*a*) y (*b*), que son equivalentes, son estructuras de Lewis válidas. En la siguiente sección, veremos cómo el enlace en la molécula del ácido nítrico se basa en *ambas* estructuras.

Cómo representar las estructuras de Lewis

1. Halle el número total de electrones de valencias suministradas por todos los átomos en la estructura. El número suministrado por cada elemento de la familia A es el mismo que el número de grupo del elemento.

a. Para un ion negativo, aumente el número por la carga del ion.
b. Para un ion positivo, disminuya el número por la carga del ion.

2. Determine el número de electrones que se requerirán para dar dos electrones a cada átomo de H individualmente y 8 electrones a cada uno de los demás átomos individualmente.

no. de e^- para átomos individuales = 2(no. de átomos de H) + 8(no. de otros átcmos)

3. El número obtenido en el paso 2 menos el número obtenido en el paso 1, es el número de electrones que deben compartirse en la estructura final:

no. de e^- de enlace = (no. de e^- para átomos individuales) − (no. total de e^-)

4. La mitad del número de electrones de enlace (paso 3) es el número de enlaces covalentes en la estructura final.

no. de e^- de enlaces)/2

5. Escriba los símbolos para los átomos presentes en la estructura, ordenándolos en la forma en que se encontraban en la estructura.

6. Indique los enlaces covalentes mediante guiones, escribiéndolos entre los símbolos. Indique un enlace entre cada par de símbolos y luego use los restantes de la cantidad total calculada en el paso 4 para hacer enlaces múltiples. Observe que cada átomo de H está limitado a un enlace.

7. El número total de electrones (paso 1) menos el número de electrones de enlace (paso 3), es el número de electrones sin compartir.

no. de e^- sin compartir = (no. total de e^-) − (no. de e^- de enlace)

Complete el octeto de electrones de cada átomo (que no sean átomos de H), agregando puntos para representar los electrones sin compartir.

8. Indique las cargas formales de los átomos donde sea apropiado y evalúe la estructura.

6.4. Resonancia

En algunos casos las propiedades de una molécula o ion no pueden ser representadas adecuadamente por una simple estructura de Lewis. La estructura para el SO_2 que se obtuvo en el Ejemplo 6.2, por ejemplo,

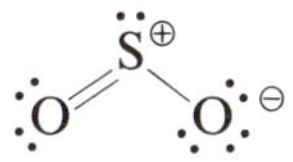

no es satisfactoria por dos razones. La estructura señala al átomo de S enlazado a un átomo de O por un doble enlace y al otro O por un enlace sencillo. Los enlaces dobles son más cortos que los enlaces sencillos, a pesar de que la evidencia experimental demuestra que ambas uniones de S a O tienen la misma longitud. La estructura indica también que uno de los átomos de O es más negativo que el otro. Se sabe, sin embargo, que ambos átomos de O son iguales en este respecto. En un caso de este tipo, dos o más estructuras de enlace de valencia pueden utilizarse en combinación para describir la molécula. Se dice que la molécula es un **híbrido de resonancia** de las estructuras, las cuales se llaman **formas de resonancia.** Para el SO_2,

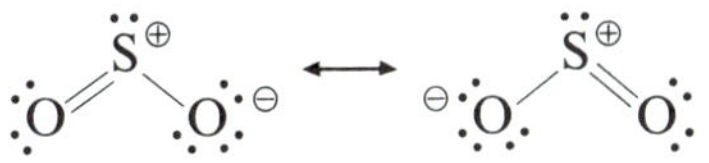

La estructura real no corresponde estrictamente a ninguna de las dos formas de resonancia. En cambio, la verdadera estructura es una intermedia entre las dos formas. Cada enlace de S a O no es ni el enlace sencillo de una forma ni el doble enlace de la otra forma de resonancia; es intermedio entre los dos. Ambos enlaces, por consiguiente, son idénticos.

Se puede considerar que cada átomo de O tiene una carga formal de ½ −, puesto que una forma tiene una carga formal de 1 − y en la otra tiene una carga formal de cero. Por consiguiente, los átomos de oxígeno son igualmente negativos.

Existe solamente un tipo de molécula SO_2 y solamente una estructura. Los electrones de la molécula *no* se mueven hacia adelante y hacia atrás de tal forma que la molécula en un momento está en una forma y luego en la otra. La molécula siempre tiene la misma estructura. El problema se origina debido a que la teoría de Lewis es limitada y no porque la molécula de SO_2 sea desusada.

Las dos estructuras de Lewis equivalentes para la molécula de ácido nítrico que fueron derivadas en el Ejemplo 6.3 son formas en resonancia para la molécula:

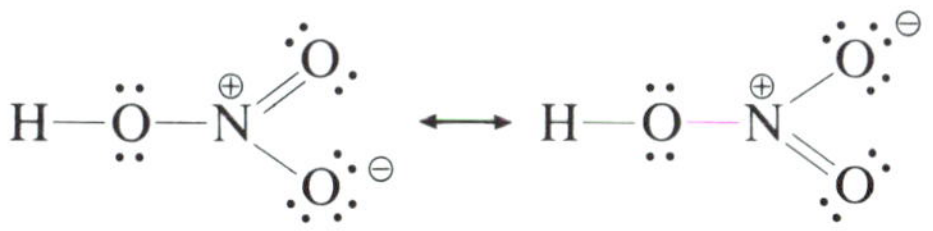

La estructura real de la molécula es el intermediario entre las dos formas. Los dos enlaces N y O a la derecha tienen la misma distancia de enlace (121 pm), y cada uno de ellos aparece como un enlace doble en una forma de resonancia y como un enlace único en la otra forma. El enlace N y O a la izquierda (que se muestra como un enlace único en *ambas* formas de resonancia) es más largo que los demás (141 pm).

La deslocalización de carga de un ion se ilustra mediante las formas de resonancia del ion carbonato, CO_3^{2-}. Este ion tiene una estructura plana; todos los enlaces son equivalentes (entre enlaces sencillos y dobles) y todos los átomos de oxígeno son igualmente negativos.

Las cargas formales sumadas dan la carga del ion:

formación de compuestos con un alto grado de carácter covalente. Todos los compuestos de berilio (Be^{2+} es el catión más pequeño de cualquier elemento del grupo II A) son significativamente covalentes. El boro (el miembro más pequeño del grupo III A) forma solamente compuestos covalentes. El ion hipotético B^{3+} tendría una carga comparativamente alta combinada con un tamaño muy pequeño, lo cual causaría una extensa distorsión del anión que llevaría a un enlace covalente.

Los primeros cuatro metales del cuarto periodo forman cloruros en los cuales cada "catión" es isoelectrónico con el argón. En esta serie (KCl, $CaCl_2$, $ScCl_3$ y $TiCl_4$), el carácter covalente aumenta con aumento de carga y disminución de tamaño del "catión". El KCl es fuertemente iónico y el $TiCl_4$, un líquido, es definitivamente covalente. Son raros los verdaderos compuestos iónicos que contengan cationes con una carga de 3^+ o mayor. Compuestos tales como $SnCl_4$, $PbCl_4$ y BiF_3 son covalentes.

Un segundo enfoque de los enlaces de carácter intermedio considera la **polarización de los enlaces covalentes**. Un enlace covalente puro resulta solamente cuando se unen dos átomos idénticos. Siempre que dos átomos *diferentes* se unan por enlace covalente, la densidad electrónica del enlace no está simétricamente distribuida alrededor de los dos núcleos. Los electrones del enlace no son compartidos igualmente. No interesa cuán similares sean los átomos; siempre existirá una diferencia en la habilidad para atraer electrones.

El cloro tiene más atracción hacia los electrones que el bromo. En la molécula de BrCl los electrones del enlace covalente son más fuertemente atraídos por el átomo de cloro que por el bromo. La nube electrónica del enlace es más densa en los alrededores del átomo del cloro. El extremo cloro del enlace tiene, por lo tanto, una carga negativa parcial. Puesto que la molécula como un todo es eléctricamente neutra, el extremo bromo queda con una carga parcialmente positiva de igual magnitud. Un enlace de este tipo, con polos positivo y negativo, se llama **enlace covalente polar**. Las cargas parciales del enlace están indicadas por los símbolos δ^+ y δ^- para distinguirlas de las cargas completamente iónicas.

Cuanto mayor sea la diferencia entre la habilidad para atraer electrones de 2 átomos unidos por un enlace covalente, más polar es el enlace y mayor la magnitud de las cargas parciales. Si se llevase a extremo la desigualdad de electrones compartidos, uno de los átomos del enlace tendría todos los electrones de enlace, y se formarían iones separados (observe los dibujos de la Figura 6.2 en el orden inverso del indicado).

Una molécula covalente polar en un campo eléctrico tiende a desviarse entre las placas de un condensador en tal forma que la terminal negativa se orientaría hacia la placa positiva y la terminal positiva hacia la placa negativa (Figura 6.3). Las moléculas polares dispuestas de esta forma afectarían la cantidad de carga que puede mantener un par de placas cargadas eléctricamente. Como resultado, podrían hacerse mediciones que permitan el cálculo de un valor llamado el momento dipolar.

Si dos cargas iguales, con signos opuestos, están separadas por una distancia dada, su producto es el **momento dipolo**

$$\textit{momento dipolo} = (\textit{carga})\ (\textit{distancia}) \qquad (6.2)$$

Los momentos dipolos de moléculas no polares, tales como H_2, Cl_2 y Br_2, son cero. El momento dipolar de moléculas diatómicas polares aumenta a medida que aumenta la polaridad de la molécula. Linus Pauling ha utilizado momentos dipolos para calcular el **carácter iónico parcial** de un enlace covalente. Si el HCl fuese completamente iónico, el ion H^+ y el ion Cl^- tendrían, cada uno, una unidad de carga (1.60×10^{-10} C). La distancia de enlace en la molécula de HCl es 127 pm (que es 1.27×10^{-10}m). El momento dipolo del H^+Cl^- imaginario sería:

$$\begin{aligned} \textit{momento dipolo} &= (\textit{carga})\ (\textit{distancia}) \\ &= (1.60 \times 10^{-19}\ C)\ (1.27 \times 10^{-10} m) \\ &= 2.03 \times 10^{-29}\ C \times m = 6.08\ D \end{aligned}$$

La unidad Debye, D, es 3.34×10^{-30} C × m

El momento dipolo determinado experimentalmente para el HCl es 1.03D. El momento dipolo correcto es:

$$1.03\ D/6.08D = 0.169$$

veces el valor para el compuesto iónico imaginario. En enlace del HCl parece ser cerca de 17% iónico.

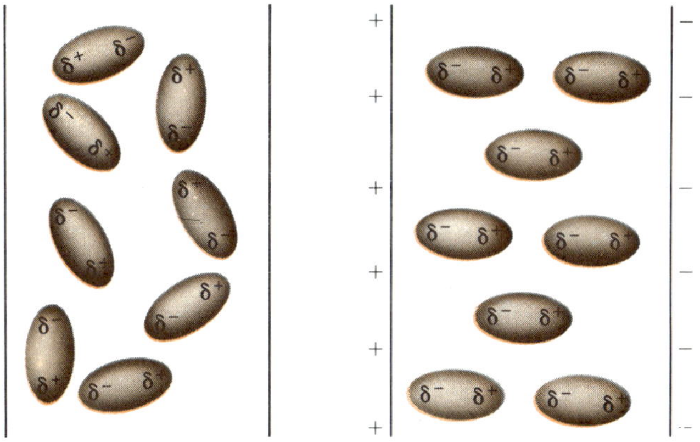

Figura 6.3 Efecto de un campo electrostático sobre la orientación de moléculas polares.

6.6 Electronegatividad

La **electronegatividad** es una medida de la capacidad relativa de un átomo en una molécula para atraer electrones hacia el mismo. Puede decirse que la polaridad del enlace del HCl se origina de la diferencia entre la electronegatividad del átomo de cloro y la del átomo de H. Puesto que el átomo de cloro es más electronegativo que el átomo de H, el extremo cloro del enlace lleva la carga negativa parcial, δ^-, y el extremo H del enlace lleva la carga positiva parcial, δ^+.

El concepto de electronegatividad es útil pero inexacto. Los valores de electronegatividad están dados sobre una escala arbitraria, son *valores relativos,* útiles solamente para hacer comparaciones cualitativas entre elementos. No existe una forma simple y directa para medir electronegatividades, y se han propuesto varios métodos para calcularlas.

La escala de electronegatividad relativa de Linus Pauling está basada en energías de enlace. Un enlace formado entre dos átomos que tienen diferentes electronegatividades es un enlace polar. Un enlace covalente polar es siempre más fuerte de lo que se esperaría sobre las bases de igualdad de electrones compartidos. La diferencia representa la cantidad de energía necesaria para superar las cargas parciales δ^+, δ^- del enlace polar que se han producido por la desigualdad de electrones compartidos. El tamaño de la diferencia en energía de enlace, por consiguiente, está relacionado con el tamaño de la diferencia entre las electronegatividades de los átomos enlazados.

Tabla 6.3 Prefijos griegos utilizados para nombrar los compuestos binarios covalentes	
Prefijo	Valor
mono	
di	2
tri	3
tetra	4
penta	5
hexa	6
hepta	7
octa	8
nona	9
deca	10

La misma conclusión puede obtenerse directamente de la tabla periódica. La electronegatividad aumenta en un periodo de izquierda a derecha. Consecuentemente, los valores de electronegatividad de los átomos caen en el orden C< N < O. El enlace C—O combina el átomo con la electronegatividad más baja (C) y el átomo con la electronegatividad más alta (O), y por lo tanto es el enlace más polar.

(b) Las diferencias de electronegatividades son:

Para S—F $4.0 - 2.6 = 1.4$
Para O—F $4.0 - 3.4 = 0.6$

El enlace S—F es el más polar de los dos. En ambos enlaces el átomo de F tiene la carga δ^-.
El átomo de flúor es el más electronegativo de cada enlace, puesto que es el átomo más cercano a la parte superior derecha de la tabla. Puesto que el S está debajo del O en el grupo VI A, el S es *menos* electronegativo que el O. El enlace S—F, por lo tanto, es el más polar de los dos, puesto que es la combinación del átomo de más baja electronegatividad (S) con el átomo de más alta electronegatividad (F).

6.7 Nomenclatura de los compuestos binarios covalentes

Un **compuesto binario** es el formado por sólo dos elementos. La nomenclatura de los compuestos binarios iónicos se discutió en la Sección 5.8. Los compuestos binarios covalentes están formados por dos no metales. La mayoría de los compuestos binarios covalentes de carbono están clasificados como compuestos orgánicos y su nomenclatura se discutirá en el capítulo 26.

El nombre de un compuesto orgánico binario covalente se deriva de los dos elementos que lo forman, usando primero el nombre del elemento con *menos* electronegatividad. El elemento con *mayor* electronegatividad se nombra segundo y la terminación *uro* se reemplaza por la terminación común del nombre de ese elemento. Se agregan prefijos griegos (Tabla 6.3) a los nombres de los elementos para indicar los números de átomos de cada tipo que se encuentran en la molécula. El prefijo *mono* se omite por lo general. Los óxidos de nitrógeno sirven como ejemplo:

N_2O es óxido de dinitrógeno
NO es óxido de nitrógeno
N_2O_3 es trióxido de dinitrógeno
NO_2 es dióxido de nitrógeno
N_2O_4 es tetróxido de dinitrógeno
N_2O_5 es pentóxido de dinitrógeno

Ciertos compuestos binarios se conocen exclusivamente por ciertos nombres no sistemáticos. La lista de tales sustancias incluye el agua (H_2O), el amoníaco (NH_3), la hidracina (N_2H_4) y la fosfina (PH_3). Observe que las fórmulas de los tres últimos compuestos se escriben comúnmente en forma invertida. De acuerdo a las reglas, el símbolo H debería aparecer primero en cada una de estas fórmulas, puesto que en cada caso el hidrógeno es el elemento con menos electronegatividad.

Resumen

Los temas presentados en este capítulo son:

1. Una introducción al enlace covalente, un tipo de enlace en el cual los electrones son compartidos por los átomos enlazados.

2. La determinación de la carga formal de un átomo en una estructura covalente y el significado de esta convención.

3. Cómo representar las estructuras de Lewis y cuáles se utilizan para representar moléculas covalentes y iones.

4. El concepto de resonancia, en el cual se usan varias estructuras de Lewis para describir el enlace en una molécula covalente o ion.

5. El enlace que tiene carácter intermedio entre el puramente iónico y el puramente covalente.

6. La electronegatividad y su uso en la predicción del tipo de enlace.

7. Nomenclatura de los compuestos binarios covalentes.

Glosario

A continuación aparecen algunos de los términos más importantes presentados en este capítulo. Las definiciones de algunos términos no incluidos en esta lista, pueden localizarse usando el índice.

Carácter iónico parcial (Sección 6.5). Un valor (dado como porcentaje) que relaciona la polaridad de un enlace covalente con la polaridad que existiría en los átomos si los átomos estuviesen unidos por un enlace iónico.

Carga formal (Sección 6.2). Carga arbitrariamente asignada a un átomo en una estructura covalente, repartiendo igualmente los electrones de enlace entre los átomos de enlace. Estas cargas son útiles en la interpretación de las propiedades y estructuras de las especies covalentes, pero el concepto es meramente una convención.

Compuestos binarios (Sección 6.7). Compuesto formado a partir de dos elementos.

Electronegatividad (Sección 6.6). Una medida de la relativa capacidad de un átomo en una molécula para atraer electrones hacia él mismo.

Enlace covalente (Sección 6.1). Enlace formado entre dos átomos que comparten electrones.

Enlace covalente polar (Sección 6.5). Un enlace covalente que tiene cargas parciales (δ^+ y δ^-) como resultado de la desigualdad de los electrones compartidos del enlace.

Estructuras de Lewis (Secciones 6.1 y 6.3). Representación de una molécula covalente o ion en el cual sólo se indican los niveles de valencia del átomo; se utiliza un guión para representar un enlace covalente (un par de electrones), y se utilizan puntos para representar los electrones no compartidos.

Momento dipolo (Sección 6.5). Producto de la distancia que separa dos cargas iguales con signos opuestos por la magnitud de la carga.

Regla de carga adyacente (Sección 6.2). En una estructura de Lewis, los átomos que están enlazados no deben tener cargas formales con el mismo signo.

Resonancia (Sección 6.4). Un concepto en el cual dos o más estructuras de Lewis se usan para describir la estructura de una molécula covalente o ion. La estructura real de las especies covalentes es un **híbrido** de las estructuras de Lewis, las cuales se llaman **formas de resonancia.**

Problemas*

Compuestos covalentes y estructuras de Lewis

6.1 Enumere todos los elementos no metálicos que se hallan como moléculas diatómicas.

6.2 La fórmula P_2Br_4 es correcta, pero es evidente que la fórmula Ba_2Br_4 no lo es. ¿Por qué?

*El apéndice G contiene las respuestas de los problemas codificados en color.

CAPÍTULO

7

GEOMETRÍA MOLECULAR; ORBITALES MOLECULARES

La teoría simple del enlace covalente que se presentó en el capítulo anterior tiene algunas limitaciones. Las estructuras de Lewis basadas en la regla del octeto, no pueden representar ciertas moléculas o ciertos iones poliatómicos enlazados covalentemente. La teoría así presentada falla en la justificación de otros aspectos importantes sobre la estructura (o geometría molecular) de las especies covalentes. En este capítulo se expande la discusión sobre enlace covalente y se presenta la teoría de orbitales moleculares (orbitales de enlace que se extienden sobre toda la molécula).

7.1 Excepciones a la regla del octeto

Hemos visto que hay ciertos iones que no tienen las configuraciones de gas noble y que algunos de estos iones son relativamente estables. También existen moléculas en las cuales los átomos tienen configuraciones distintas de las que serían de esperar conociendo el principio del octeto.

Existen algunas pocas moléculas (tales como NO y NO_2) que tienen un número impar de electrones de valencia. La molécula de NO tiene un total de once electrones de valencia (cinco del átomo de N y seis del átomo de O). La molécula de NO_2 contiene diecisiete electrones de valencia (cinco del átomo de N y doce de los átomos de O. Es imposible dividir un número impar de electrones de tal forma que cada átomo de la molécula tenga una configuración de ocho electrones (un número par). No existen muchas moléculas estables con electrones impares. Las especies con electrones impares son generalmente muy reactivas y de corta vida.

Más comunes son las moléculas que tienen un número par de electrones de valencia, pero contienen átomos con niveles de valencia de menos de ocho o más de ocho electrones. En la molécula de BF_3, el átomo de B tiene seis electrones de valencia alrededor suyo:

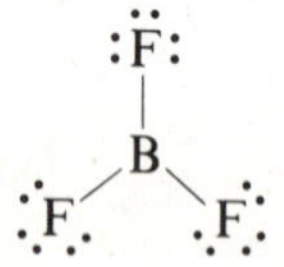

En la molécula de PCl_5, el átomo de P está unido a cinco átomos de Cl, y consecuentemente el átomo de P tiene diez electrones en su nivel de valencia. En el SF_6 el átomo de S tiene doce electrones de valencia alrededor suyo, ya que el átomo de S forma enlaces covalentes sencillos con los seis átomos de F.

Para los elementos del segundo periodo, solamente están disponibles cuatro orbitales de enlace (2*s* y 2*p*). El número de enlaces covalentes en átomos de estos elementos está por consiguiente limitado a un máximo de cuatro. Los elementos del tercer y subsecuentes periodos, sin embargo, tienen más orbitales disponibles en sus niveles electrónicos externos. Se conocen compuestos en los cuales estos elementos forman cuatro, cinco, seis o (poco frecuente) un número par más alto de enlaces covalentes. En las estructuras de enlace de valencia que representan compuestos que contienen elementos del tercer periodo y subsecuentes, por consiguiente, el principio del octeto se viola frecuentemente. Aparentemente, el criterio para la formación de enlace covalente debe centrarse en el par de electrones en vez de la obtención de un octeto.

7.2 Repulsiones de par electrónico y geometría molecular

La disposición geométrica de los átomos en moléculas y iones puede predecirse por medio de la **teoría de repulsión del par electrónico del nivel de valencia (RPENV):**

1. En la siguiente discusión consideraremos moléculas y iones en los cuales un *átomo central* está unido a dos o más átomos.

2. Debido a que los pares de electrones se repelen entre sí, se supone que los pares de electrones en el *nivel de valencia del átomo central* toman posiciones lo más alejadas posible. La forma de la molécula o ion es una consecuencia de las repulsiones de estos pares electrónicos.

3. Se consideran todos los pares de electrones del nivel de valencia del *átomo central:* los pares que forman los enlaces covalentes (llamados **pares de enlace**) y los pares que están sin compartir (llamados **pares de no-enlace** o **pares libres**).

4. Los pares de no enlace ayudan a determinar la posición de los átomos en la molécula o ion. La forma de la molécula o ion, sin embargo, está descrita en términos de posiciones de los núcleos y no en términos de las posiciones de los pares electrónicos.

Algunos ejemplos aclararán estos puntos. En el diagrama que sigue, se pueden observar solamente los pares de electrones en el nivel de valencia del átomo central. Los pares de enlace están indicados por líneas (guiones) y los pares de no enlace están indicados por puntos. El átomo central en muchos de estos ejemplos no obedece a la regla del octeto.

1. Dos pares de electrones. Un átomo de mercurio tiene dos electrones en su nivel de valencia ($6s^2$). Cada uno de estos electrones se usa para formar un enlace covalente con un electrón de un átomo de Cl en la molécula de $HgCl_2$. La molécula es **lineal.**

Cl—Hg—Cl

La molécula de $HgCl_2$ adopta una forma en la cual los dos pares de electrones del enlace están lo más alejados posible. Las moléculas en las cuales el átomo central tiene dos pares de electrones de enlace en su nivel de valencia, son siempre lineales. El berilio, el cinc, el cadmio y el mercurio forman moléculas de este tipo.

2. Tres pares de electrones. Un átomo de boro tiene tres electrones de valencia (el boro es un miembro del grupo III A). En la molécula de BF_3, cada átomo de flúor (grupo VII A), suministra un electrón para la formación de un enlace sencillo con un electrón del átomo de boro. La molécula del trifluoruro de boro es **triangular**

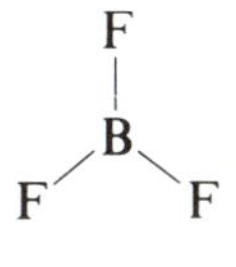

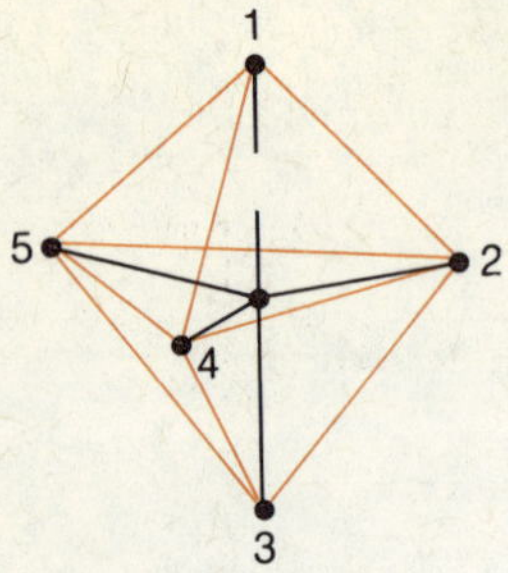

(a) trigonal bipiramidal

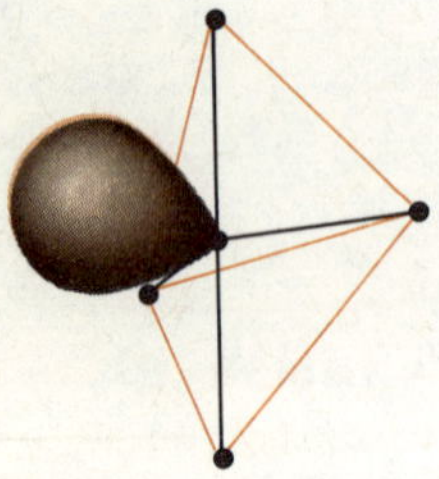

(b) tetraédrica irregular

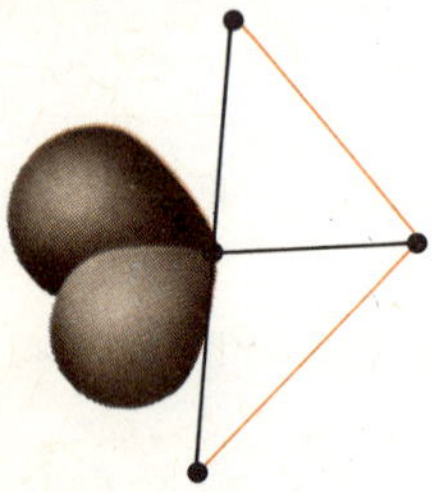

(c) estructura en forma de T

Figura 7.4 Geometrías de moléculas en las cuales el átomo central tiene cinco pares de electrones. Los pares de enlaces aparecen como lineas negras.

Las posiciones que se hallan alrededor del "ecuador" (nos. 2,4 y 5 en la figura), se llaman **posiciones ecuatoriales.** Las posiciones en el "polo norte" y el "polo sur" (nos. 1 y 3 en la figura) se llaman **posiciones axiales.**

Los átomos ecuatoriales se hallan en el mismo plano. Cualquier ángulo de enlace formado por dos átomos ecuatoriales y el átomo central es de 120°. Los átomos axiales están sobre un eje que está a ángulos rectos con el plano ecuatorial. Cualquier ángulo de enlace formado por un átomo axial, el átomo central y un átomo ecuatorial, es de 90°. Además, la distancia de enlace axial P—Cl (219 pm) es ligeramente más larga que la longitud de enlace ecuatorial (204 pm). Cuando uno o más pares de electrones de no enlace se hallan presentes en una molécula de este tipo, *los pares de no enlace ocupan posiciones ecuatoriales*. Una posición ecuatorial ofrece a los pares de no enlace más espacio que una posición axial. Considere la molécula de tetrafluoruro de azufre; en el SF_4, cuatro de los seis electrones de valencia del átomo de azufre (el S es un elemento del grupo VI A) se usan para formar pares de enlace, y los dos restantes constituyen un par de no enlace.

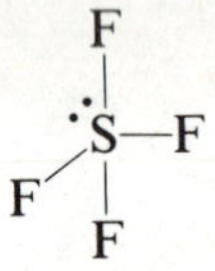

Los cinco pares de electrones están dispuestos aproximadamente en forma trigonal bipiramidal con el par de no enlace ocupando una posición ecuatorial (Figura 7.4b) Los átomos de la molécula forman lo que se describe como un **tetraedro irregular.**

Los pares de electrones de no enlace afectan los ángulos de enlace en la molécula de SF_4. Los pares de enlace parecen haberse quedado atrás del par de no enlace, de tal forma que los ángulos de enlace son menores que los observados en la molécula de PCl_5. Los dos enlaces axiales forman un ángulo de 173° en vez de 180°.

Los dos enlaces ecuatoriales forman un ángulo de 102° en vez de 120°. En el trifluoruro de cloro (ClF_3), tres de los siete electrones de valencia del átomo de cloro (un elemento del grupo VII A) forman pares de enlace y los restantes cuatro electrones forman dos pares de no enlace:

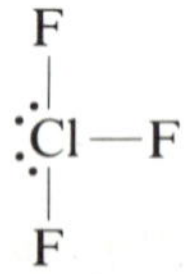

La ubicación de los dos pares de no enlace en posiciones ecuatoriales producen una molécula en **forma de T** (Figura 7.4c). La distorsión introducida por el par de electrones de no enlace hacen que el ángulo de enlace F—Cl—F formado por un enlace axial y por el enlace ecuatorial sea 87°30′ (en vez de 90°).

El átomo de xenón de la molécula de difluoruro de xenón (XeF_2), tiene tres pares de no enlace y dos pares de enlace en su nivel de valencia, puesto que seis de los ocho electrones del Xe (grupo O) permanecen sin compartir después de que se han formado dos enlaces.

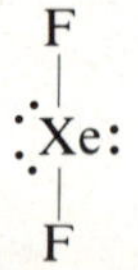

Los tres pares de electrones de no enlace ocupan posiciones ecuatoriales. El difluoruro de xenón es un molécula **lineal** (Figuras 7.4 y 22.11).

5. Seis pares de electrones. En la molécula de hexafluoruro de azufre, SF_6, el átomo de azufre (grupo VI A), tiene seis pares de enlace en su nivel de valencia.

La forma que minimiza la repulsión de pares electrónicos, es el **octaedro** regular (Figura 7.5a). Todas las posiciones son equivalentes, todas las distancias de enlace son iguales y todos los ángulos formados por cualquier enlace adyacente son de 90°.

El átomo de bromo en la molécula del pentafluoruro de bromo, BrF5, tiene cinco pares de enlace y un par de no enlace en su nivel de valencia.

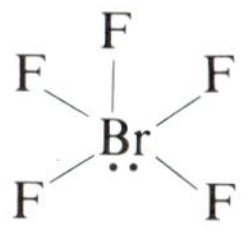

Un átomo de bromo tiene siete electrones de valencia (grupo VII A). En el BrF_5, cinco de estos electrones se enlazan con cinco átomos de flúor y los otros dos constituyen un par de no enlace. Los pares de electrones están dirigidos a las esquinas de un tetraedro. Los átomos de la molécula forman una **pirámide cuadrada.**

El par de electrones de no enlace causa una cierta distorsión en BrF_5. Cuatro de los enlaces en la molécula (los que enlazan los átomos de la base de la pirámide al átomo central) son arrastrados en dirección opuesta a los pares de no enlace. Como resultado, un ángulo formado por el átomo de F en el vértice de la pirámide, el átomo de Br y el átomo de F como la base de la pirámide (Figura 7.5b) es de 85° en vez de 90°. El átomo de yodo del ion IF_4^- tiene cuatro pares de enlace y dos pares de no enlace en su nivel de valencia.

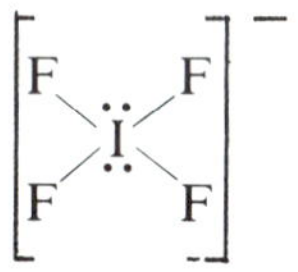

Para justificar la carga del ion, podemos considerar que el átomo central de I gana un electrón y se convierte en un I^- con ocho electrones de valencia. Cuatro de estos electrones se utilizan para formar pares de enlace y los otros cuatro electrones constituyen dos pares libres (de no enlace). Debido a que el número total de pares de electrones es seis, los pares de electrones de este ion adquieren posiciones octaédricas. Los pares de no enlace toman posiciones opuestas la una de la otra con lo cual se minimiza la repulsión del par electrónico. (Figura 7.5c). El ion, por consiguiente, tiene una geometría **cuadrada plana.** Las relaciones entre la estructura molecular y los pares de electrones del nivel de valencia están resumidas en la Tabla 7.1. El concepto de repulsiones de par electrónico puede extenderse a otras moléculas y iones que contienen enlaces múltiples. Un enlace múltiple se cuenta como una unidad para los propósitos de aplicar el concepto.

El dióxido de carbono (CO_2) y cianuro de hidrógeno (HCN) por ejemplo, son moléculas *lineales,* como especies que tienen dos pares de enlaces con el nivel de valencia del átomo central.

$$O{=}C{=}O \qquad H{-}C{\equiv}N$$

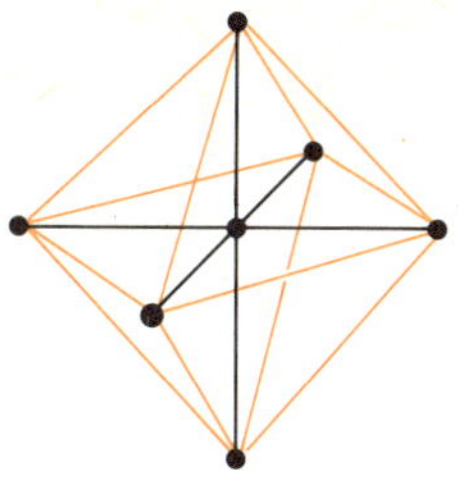

(a) octaedro

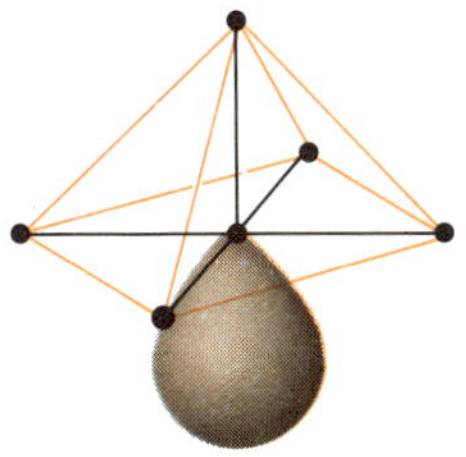

(b) pirámide cuadrada

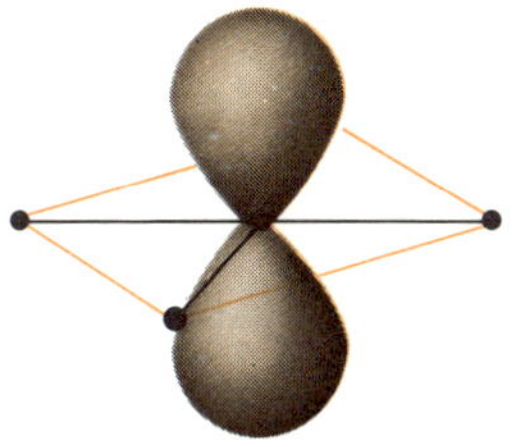

(c) cuadrada plana

Figura 7.5 Geometrías de moléculas y iones en los cuales el átomo central tiene seis pares de electrones. Los pares de enlaces aparecen como lineas negras.

Tabla 7.1 Número de pares de electrones en el nivel de valencia del átomo central y la estructura molecular

Número de pares electrónicos				
Total	Enlace	No enlace	Estructura de la molécula o ion	Ejemplos
2	2	0	lineal	$HgCl_2$, $CuCl_2^-$
3	3	0	triangular plana	BF_3, $HgCl_3^-$
3	2	1	angular	$SnCl_2$, NO_2^-
4	4	0	tetraédrica	CH_4, BF_4^-
4	3	1	trigonal piramidal	NH_3, PF_3
4	2	2	angular	H_2O, ICl_2^+
5	5	0	trigonal bipiramidal	PCl_5, $SnCl_5^-$
5	4	1	tetraédrica irregular	$TeCl_4$, IF_4^+
5	3	2	forma de T	ClF_3, BrF_3
5	2	3	lineal	XeF_2, ICl_2^-
6	6	0	octaédrica	SF_6, PF_6^-
6	5	1	cuadrada piramidal	IF_5, SbF_5^{2-}
6	4	2	cuadrada plana	BrF_4^-, XeF_4

La molécula del cloruro de carbonilo, $COCl_2$, tiene una estructura *triangular plana*, similar a la del BF_3.

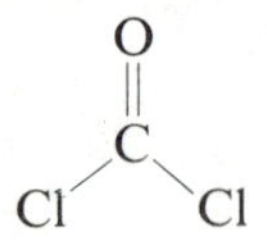

Sin embargo, un enlace doble toma más espacio que un enlace sencillo. En el $OCCl_2$, el enlace doble presiona los enlaces C—Cl más juntos de lo normal en una estructura triangular plana. El ángulo de enlace Cl—C—Cl, por consiguiente, es de 111° en vez de 120°. La teoría también puede aplicarse a estructuras de resonancia. El óxido de dinitrógeno, N_2O, es una molécula *lineal* (similar a la de $HgCl_2$).

$$^{\ominus}N{=}\overset{\oplus}{N}{=}O \longleftrightarrow N{\equiv}\overset{\oplus}{N}{-}O^{\ominus}$$

El ion nitrito, NO_2^- tiene una estructura *angular* similar a la del $SnCl_2$.

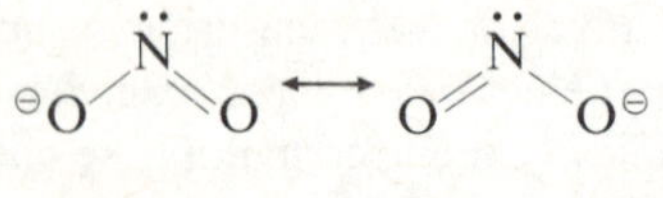

El ángulo de enlace de esta molécula es de 115° (en vez de 120°) debido al efecto del par libre.

El ion nitrato, NO_3^-, tiene estructura triangular plana (similar al BF_3).

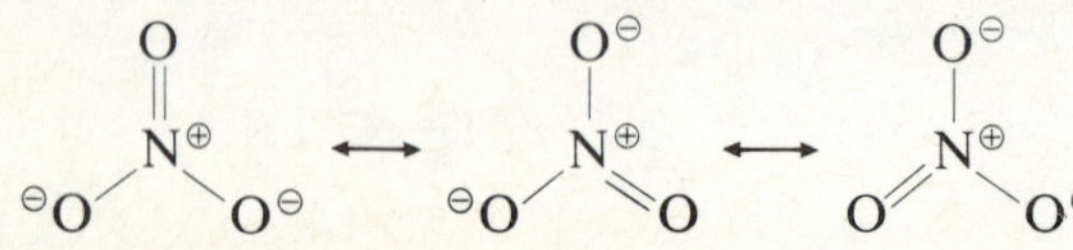

En este ion, todos los ángulos de enlaces O—N—O son de 120°, puesto que ni un par libre ni un enlace múltiple introducen distorsión. Las formas de resonancia nos dicen que todas las uniones N—O son idénticas.

Ejemplo 3.1

Use la teoría de repulsión de par electrónico del nivel de valencia (RPENV) para predecir las estructuras de los siguientes iones. Todos los enlaces en estas estructuras son enlaces sencillos. Suponga que cada átomo de halógeno contribuye con un electrón al nivel de valencia de átomo central para la formación de enlace: (a) (a) $TlCl_2^+$, (b) AsF_2^+, (c) IBr_2^-, (d) $SnCl_3^-$, (e) ClF_4^-.

Solución

El número de electrones de valencia del átomo central (A), más un electrón por cada átomo de halógeno sustituyente (X) y un ajuste para la carga del ion, da el número total de electrones en el nivel de valencia del átomo central. La mitad de este número es el número total de pares de electrones, puesto que cada átomo de halógeno está unido por un solo par de enlace, el número de átomos del halógeno es también el número de pares de electrones de enlace. El número de pares de electrones libres se obtiene por sustracción.

	Electrones A + X + carga = total	Pares de Electrones total	enlace	libres	estructura
(a) $TlCl_2^+$	3 + 2 − 1 = 4	2	2	0	lineal
(b) AsF_2^+	5 + 2 − 1 = 6	3	2	1	angular
(c) IBr_2^-	7 + 2 + 1 = 10	5	2	3	lineal
(d) $SnCl_3^-$	4 + 3 + 1 = 8	4	3	1	trigonal piramidal
(e) ClF_4^-	7 + 4 + 1 = 12	6	4	2	cuadrada plana

Ejemplo 2

Represente las estructuras de Lewis y pronostique la estructura de: (a) ONF, (b) SO_4^{2-}, (c) SO_3^{2-}, (d)CO_3^{2-}.

Solución

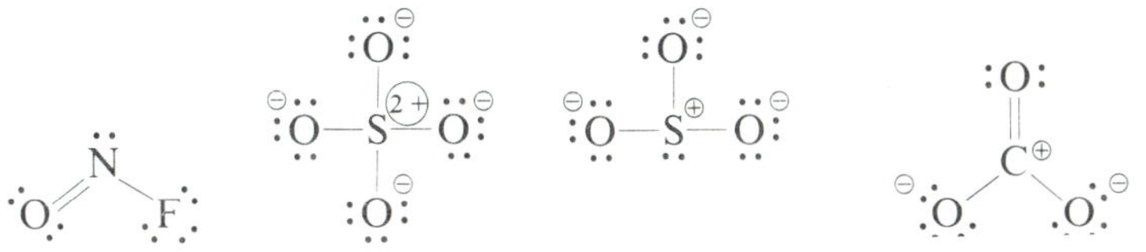

(a) angular

(b) tetraédrica

(c) trigonal piramidal

resonancia híbrida (d) triangular plana

7.3 Orbitales híbridos

Con muy pocas excepciones, las predicciones fundamentadas en la teoría de RPENV han sido correctas. La teoría pronostica, por ejemplo, que la molécula de metano CH_4 es tetraédrica puesto que el átomo central C tiene cuatro pares de electrones de enlace en su nivel de valencia (Figuras 7.2 y 7.3). Esta predicción ha sido confirmada por una variedad de evidencias experimentales. Se sabe, con alto grado de certeza, que los cuatro enlaces de la molécula de metano son equivalentes en longitud y fuerza y que todos los ángulos de enlace H—C—H corresponden al ángulo tetraédrico de 109°28′.

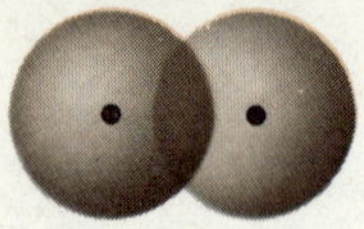

Figura 7.6 Superposición de orbitales 1*s* de dos átomos de hidrógeno.

De acuerdo a la teoría del enlace de valencia, un enlace covalente consiste en un par de electrones (con spin apareado) que es compartido por dos átomos. Se puede imaginar que la formación de un enlace covalente (Figura 7.6) ocurre cuando un orbital de un átomo (con un electrón sin compartir), se superpone con un orbital de otro átomo (con un electrón sin compartir). Con este marco de referencia ¿cómo podemos justificar el enlace tetraédrico del CH_4?

La configuración electrónica del estado fundamental del carbono ($1s^2\ 2s^2\ 2p^1\ 2p^1$) muestra solamente dos electrones sin aparearse. Uno puede suponer, incorrectamente, que el átomo de C forma solamente dos enlaces covalentes con los átomos de H. Si un electrón de un orbital 2*s* se promoviese a un orbital vacío 2*p*, el estado excitado del átomo de C resultante ($1s^2\ 2s^1\ 2p^1\ 2p^1\ 2p^1$) proveería cuatro electrones no apareados para la formación de enlace*. ¿Cómo podemos construir un modelo de enlace en CH_4 basado en este estado excitado del átomo de C?

Supongamos que cada orbital de enlace de la molécula pueda describirse como el producto de la superposición de un orbital atómico del átomo de C con un orbital 1*s* de un átomo de H. Debido a que los cuatro orbitales del enlace tetraédrico son equivalentes, los cuatro orbitales atómicos del átomo de C usados en su formación deben de ser exactamente iquales y sus ejes deben formar ángulos de 109°28′ entre sí. Un orbital 2*s* y un orbital 2*p* del C, sin embargo, no son equivalentes y no están orientados en la forma descrita (Figuras 4.16 y 4.17). Por lo tanto no podemos describir los enlaces formados a partir de ellos en esta forma tan simple.

Tradicionalmente este problema se ha resuelto utilizando otra descripción del átomo de C excitado. Imagine que la distribución electrónica *total* del nivel de valencia del átomo de C excitado (consistente en un electrón no apareado en el orbital 2*s*, más tres electrones no apareados en los tres orbitales 2*p*) está dividido en cuatro porciones iguales con formas idénticas y que están dispuestas en una forma tetraédrica. Puesto que la distribución electrónica involucra cuatro electrones, la densidad electrónica de cada una de las cuatro porciones corresponde a un electrón. Podemos decir que cada porción representa un electrón en un orbital atómico de un nuevo tipo: **un orbital híbrido sp^3.**

Las funciones de onda que describen los orbitales 2*s* y 2*p* pueden combinarse matemáticamente para dar funciones de onda para los cuatro orbitales híbridos equivalentes sp^3. La designación sp^3 indica el número y el tipo de orbitales utilizados en la combinación matemática.

*Se requiere energía para romper el par y promover uno de los electrones del nivel 2*s*. Esta energía, sin embargo, está más que recuperada en nuestro proceso hipotético por la formación de cuatro enlaces covalentes en la molécula de CH_4. Se requiere energía para romper los enlaces covalentes (Sección 3.7). El proceso inverso, la formación de un enlace covalente, libera energía. Aunque la formación de CH_2 no requeriría de esa energía para ser utilizada en la promoción electrónica, menos energía se liberaría por la formación de *dos* enlaces covalentes que la que sería liberada por la formación de *cuatro*. En promedio se favorece la formación del CH_4.

Los índices en las notaciones de este tipo no hacen referencia al número de electrones. Cada orbital híbrido sp^3 tiene un cuarto de carácter s y tres cuartos de carácter p.

Es igualmente válido describir el nivel de valencia del átomo de C excitado en términos de cuatro electrones ocupando separadamente un orbital $2s$ y tres orbitales $2p$ o en términos de cuatro electrones ocupando separadamente cuatro orbitales híbridos sp^3. La distribución electrónica total representada por cualquiera de estas descripciones es la misma. Cada solución refleja una solución igualmente satisfactoria de la ecuación de Schrödinger. El enlace en el CH_4, por lo tanto, puede describirse en términos de superposición de orbitales $1s$ de cuatro átomos de H con orbitales híbridos sp^3 del C.

Se usan otros tipos de orbitales híbridos para describir el enlace en otras moléculas. Estos conjuntos no necesitan abarcar todos los orbitales atómicos del nivel de valencia del átomo central. Las funciones de onda para los tres **orbitales híbridos sp^2** equivalentes, por ejemplo, pueden obtenerse por combinación matemática de las funciones de onda para un orbital s y dos orbitales p. Uno de los tres orbitales p no está incluido en el proceso. Los ejes de los tres orbitales híbridos sp^2 se hallan en un plano y a ángulos de 120° de separación. El conjunto se utiliza para justificar el enlace de una molécula triangular plana en la cual el átomo central tiene tres pares de electrones de enlace (como BF_3).

Un conjunto de **orbitales híbridos sp** (obtenidos de un orbital s y de un orbital p del átomo central), puede utilizarse para describir el enlace de moléculas *lineales* en las cuales el átomo central tiene dos pares de electrones de enlace (como en $HgCl_2$ o $BeCl_2$). Observe que el número de orbitales híbridos de un tipo dado iguala el número de orbitales atómicos sencillos usados en la combinación matemática que produce ese tipo.

En la Tabla 7.2 se encuentran tipos comunes de orbitales híbridos y sus características direccionales están ilustradas en la Figura 7.7. Dos de estos conjuntos descritos usan orbitales d de tipos específicos (Tabla 7.2 y Figura 4.18). Los orbitales d usados en un conjunto dado, pueden ser del nivel exterior del átomo central o del nivel interno siguiente al nivel exterior. Los orbitales híbridos octaédricos, por ejemplo, pueden por consiguiente llamarse orbitales d^2sp^3, o sp^3d^2. Observe que los orbitales híbridos de un conjunto dsp^3 o (sp^3d) no son equivalentes (vea la discusión de moléculas trigonales bipiramidales en la Sección 7.2).

El concepto de orbitales híbridos puede también utilizarse para proporcionar una descripción aproximada de las moléculas que contienen uno o más pares de electrones de no enlace en el nivel de valencia del átomo central. En el NH_3, por ejemplo, podemos suponer que el átomo central de N emplea orbitales híbridos sp^3 y que uno de estos orbitales contiene un par de electrones libres mientras que los otros han sido usados para formar enlaces con los átomos de H. Los ángulos de enlace H—N—H en el NH_3 (107°) son aproximados al ángulo tetraédrico de los orbitales híbridos sp^3 (109°28′); la desviación puede atribuirse a la influencia del par electrónico libre.

Tabla 7.2 Orbitales híbridos

Orbitales atómicos sencillos	Tipo de híbrido	Geometría	Ejemplo
s, p_x	sp	Lineal	$HgCl_2$
s, p_x, p_y	sp^2	Triangular plana	BF_3
s, p_x, p_y, p_z	s_3p^2	Tetraédrica	CH_4
$d_{z^2}, s, p_x, p_y, p_z$	dsp^3 o sp^3d	Trigonal bipiramidal	PF_5
$d_{z^2}, d_{x^2-y^2}, s, p_x, p_y, p_z$	d^2sp^3 o sp^3d^2	Octaédrica	SF_6

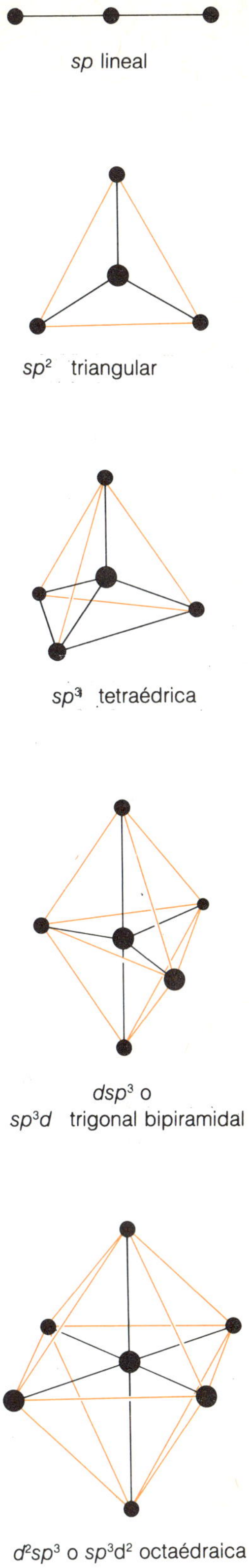

Figura 7.7 Características direccionales de los orbitales híbridos.

7.4 Orbitales moleculares

Las teorías de estructura molecular que hemos discutido hasta el momento, han descrito el enlace en moléculas en términos de orbitales *atómicos*. El **método de orbitales moleculares** es un enfoque diferente en el cual los orbitales están asociados con la molécula como un todo. La estructura electrónica de una molécula se obtiene agregando electrones a estos orbitales moleculares en un orden aufbau. Conforme con la práctica de indicar orbitales atómicos mediante las letras *s,p,* etc., a los orbitales moleculares se les asignan las letras griegas σ (sigma), π (pi), etc.

Si dos ondas de la misma longitud de onda y amplitud se combinan y están en fase, se refuerzan entre sí (Figura 7.8a La longitud de onda de la onda resultante permanece constante, pero la amplitud de la onda resultante es $a + a = 2a$. Dos ondas que estén completamente fuera de fase, por lo tanto, se cancelan mutuamente (Figura 7.8b); la "amplitud" de la resultante es $a + (-a) = 0$. La combinación de ondas puede ser por *adición* o por *sustracción*.

Los orbitales moleculares de la molécula de H_2 pueden pensarse como el resultado de la superposición de los orbitales 1*s* de los dos átomos de H (Figura 7.6). Si la superposición resulta en reforzamiento de la onda (la combinación aditiva), la densidad electrónica de la región entre los núcleos es alta. La atracción de los núcleos por esta carga electrónica adicional mantiene la molécula junta. El orbital molecular recibe el nombre de **orbital sigma de enlace** y se representa con el símbolo σ (Figura 7.9).

En la combinación, se utilizan dos orbitales atómicos y por consiguiente se deben producir dos orbitales moleculares. El otro orbital molecular es el resultado de la combinación de ondas fuera de fase (la combinación sustractiva). La densidad electrónica en la región entre los núcleos es baja. En este caso, los núcleos se repelen mutuamente debido a que la baja densidad de carga entre los núcleos no logra contrarrestar esta repulsión. Este orbital se llama **orbital sigma de antienlace,** (se representa con el símbolo σ^*), puesto que su efecto neto es disruptivo (Figura 7.9). Los orbitales sigma (σ y σ^*) son cilíndricamente simétricos alrededor de la línea que une

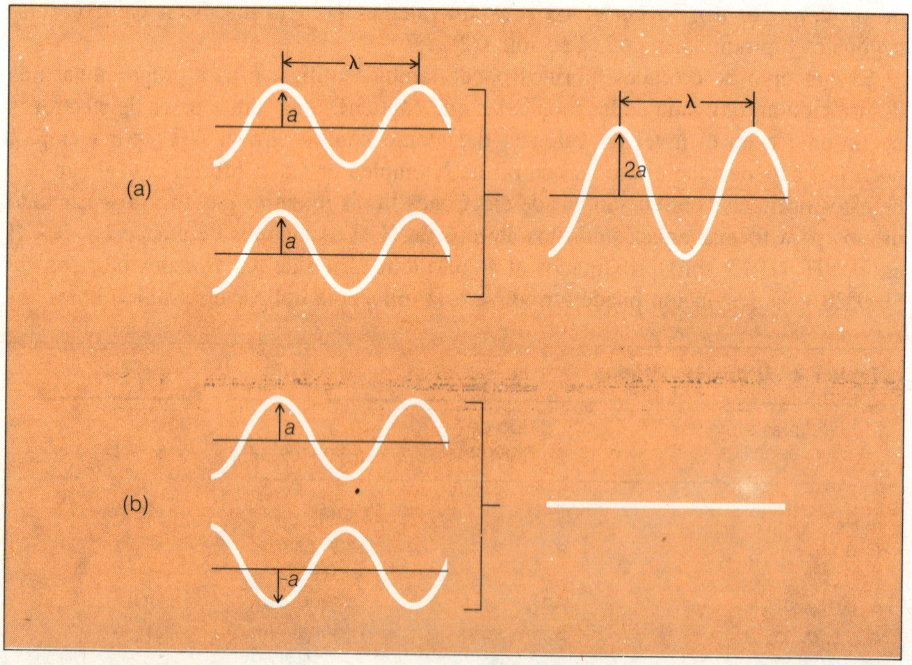

Figura 7.8 (a) Refuerzo de ondas en fase. (b) Cancelación de ondas fuera de fase.

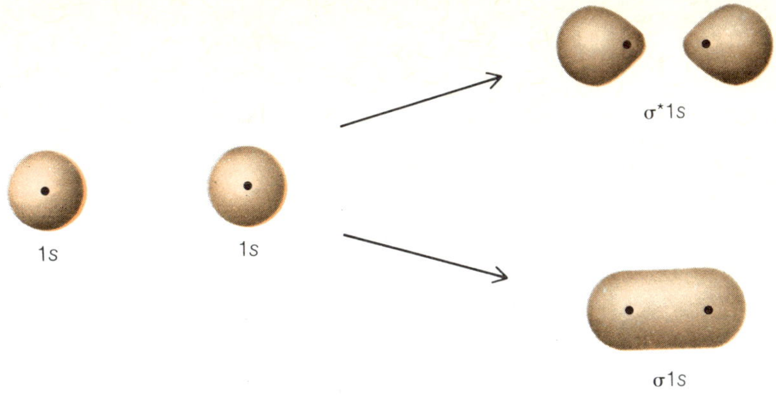

Figura 7.9 Formación de orbitales moleculares σ y σ* de orbitales atómicos 1*s*.

a los dos núcleos. La rotación de la molécula sobre este eje no causa ningún cambio apreciable en la forma del orbital. En la Figura 7.10 aparece un diagrama de niveles de energía para la formación de orbitales moleculares $\sigma 1s$ y $\sigma^* 1s$, de los orbitales atómicos 1*s* de dos átomos.

La energía del orbital de enlace σ es menor que la de cualquier orbital atómico del cual se deriva, mientras que la energía del orbital de antienlace σ* es mayor. Cuando se combinan dos orbitales atómicos, el orbital molecular de enlace resultante representa una disminución de energía y el orbital molecular de antienlace representa un aumento de energía.

Cualquier orbital (atómico o molecular) puede contener dos electrones de spin opuesto. En la molécula de hidrógeno, dos electrones (con spin apareado) ocupan el orbital $\sigma 1s$, el orbital molecular de más baja energía de que disponen. El orbital $\sigma^* 1s$ está sin ocupar. La mitad de la diferencia entre el número de los electrones de enlace y el número de electrones de antienlace da el número de enlaces en la molécula (el **orden de enlace**).

$$\text{orden de enlace} = \tfrac{1}{2}[(\text{no. de } e^- \text{ de enlace}) - (\text{no. de } e^- \text{ de antienlace})]$$

Para H_2,

$$\text{orden de enlace} = \tfrac{1}{2}(2-0) = 1$$

Si se intentaran combinar dos átomos de helio, se debería colocar un total de cuatro electrones en los dos orbitales moleculares. Puesto que el orbital $\sigma 1s$ está lleno con dos electrones, los otros dos deben colocarse en el orbital superior $\sigma^* 1s$. El orden de enlace en He_2 entonces sería:

$$\text{orden de enlace} = \tfrac{1}{2}(2-2) = 0$$

He_2 no existe. El efecto disruptivo de lo electrones de antienelace cancela el efecto de enlace de los electrones de enlace. Hay evidencias de que la molécula ion de H_2^+, y la molécula ion de He_2^+, existen bajo condiciones adecuadas. La molécula ion de hidrógeno consiste en dos protones (núcleos de H) y un solo electrón en el orbital $\sigma 1s$. El orden de enlace de H_2^+, por lo tanto, es $\tfrac{1}{2}(1-0) = \tfrac{1}{2}$.

La molécula ion de helio consiste en dos núcleos de helio y tres electrones. Dos de los tres electrones, con spin apareado, están colocados en el orbital $\sigma 1s$ y el otro electrón está colocado en el orbital $\sigma^* 1s$. El orden de enlace de He_2^+, por consiguiente, es $\tfrac{1}{2}(2-1) = \tfrac{1}{2}$.

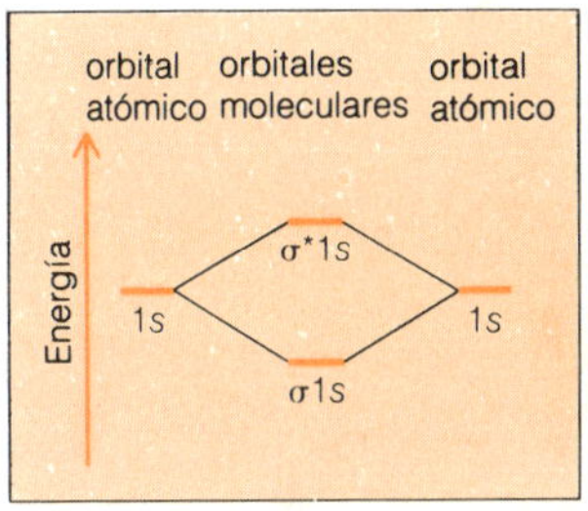

Figura 7.10 Diagrama de niveles de energía para la formación de orbitales moleculares σ y σ* de orbitales 1*s* de dos átomos

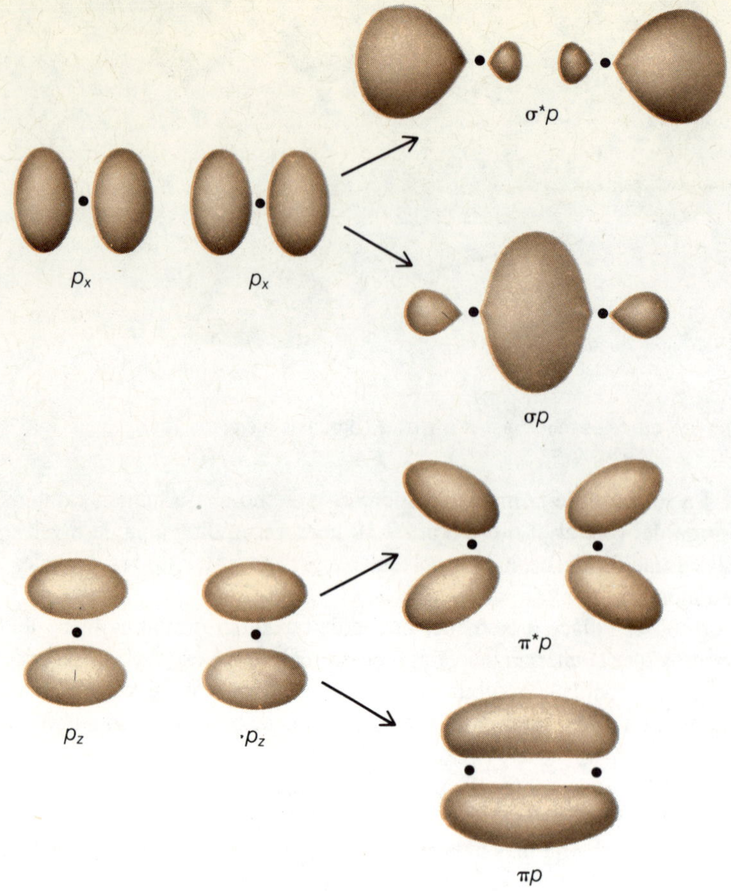

Figura 7.11 Formación de orbitales moleculares de orbitales atómicos *p*.

La combinación de dos orbitales 2*s* produce orbitales moleculares σ y σ* similares a los formados de orbitales 1*s*. Sin embargo, los orbitales moleculares derivados de orbitales atómicos 2*p*, son ligeramente más complicados. Los tres orbitales 2*p* de un átomo están dirigidos a lo largo de las coordenadas *x*, *y* y *z*. Si consideramos que una molécula diatómica se forma a lo largo del eje *x* por el acercamiento de los átomos entre sí, los orbitales atómicos p_x se acercan mutuamente superponiéndose para producir orbitales moleculares de enlace σ2*p* y de antienlace σ*2*p* (Figura 7.11). Todos los orbitales sigma son completamente simétricos alrededor del eje internuclear.

En la formación de una molécula diatómica (Figura 7.11) los orbitales atómicos p_z se acercan uno a otro lateralmente y producen un **orbital molecular de enlace pi** (símbolo π) y un **orbital molecular de antienlace** (símbolo π*). Los orbitales pi no son cilíndricamente simétricos alrededor del eje internuclear, por el contrario, el acercamiento lateral de los orbitales *p* conduce a un orbital π consistente en dos regiones de densidad de carga que se hallan arriba y abajo del eje internuclear (Figura 7.11). El efecto neto del orbital π, sin embargo, es que mantiene la molécula junta. El orbital π* tiene una baja densidad electrónica en la región entre los núcleos (Figura 7.11). El efecto neto del orbital π* es disruptivo.

Los orbitales p_y, los cuales no aparecen en la Figura 7.11, también se acercan mutuamente por los lados, y producen otro conjunto de orbitales π y π*, que se hallan en ángulos rectos con respecto al primer conjunto. Los dos orbitales π2*p* están degenerados (tienen energías iguales) y los dos orbitales π2*p* son degenerados (igual energía). Por consiguiente, se originan seis orbitales moleculares de los dos conjuntos de orbitales atómicos $2p$; un $\sigma 2p$, un σ^*2p, dos $\pi 2p$ y dos π^*2p. Estos seis, junto con los dos obtenidos de los orbitales atómicos $2s$, completan un total de ocho orbitales moleculares obtenidos de orbitales atómicos $n = 2$ de dos átomos. Para ilustrar el proceso aufbau para estos orbitales moleculares, consideremos las moléculas diatómicas homonucleares de los elementos del segundo periodo (moléculas formadas de dos átomos del mismo elemento del segundo periodo). Existen dos órdenes de aufbau para estas moléculas (Figura 7.12). El primer orden (a) corresponde a las moléculas de Li_2 a N_2; el segundo orden (b) es para las moléculas de O_2 y F_2.

El segundo orden (b) es el más fácil de comprender de los dos. Un orden de aufbau se basa sobre energías de orbitales; la energía de un orbital molecular depende de las energías de los orbitales atómicos utilizados en su obtención y del grado y tipo de superposición entre estos orbitales atómicos. Puesto que los orbitales $2s$ son de menor energía que los orbitales $2p$, los orbitales derivados de los orbitales $2s$ son más bajos en energía que cualquier orbital molecular derivado de orbitales $2p$. Debido a que la superposición de los orbitales $2p$ para formar el orbital $\sigma 2p$, es mayor que la superposición de orbitales $2p$ para formar orbitales $\pi 2p$, el orbital $\sigma 2p$, es de menor energía que los orbitales moleculares degenerados $\pi 2p$. Los orbitales de antienlace de cada tipo representan un aumento en energía que es aproximadamente igual a la disminución en energía representada por los orbitales de enlace de ese tipo. Sin embargo, se cree que este orden de aufbau es obedecido solamente por O_2 y F_2.

En el desarrollo del orden indicado en (b), se supone que los orbitales $2s$ interaccionan solamente entre sí y que los orbitales $2p$ utilizados en la obtención de los orbitales σ

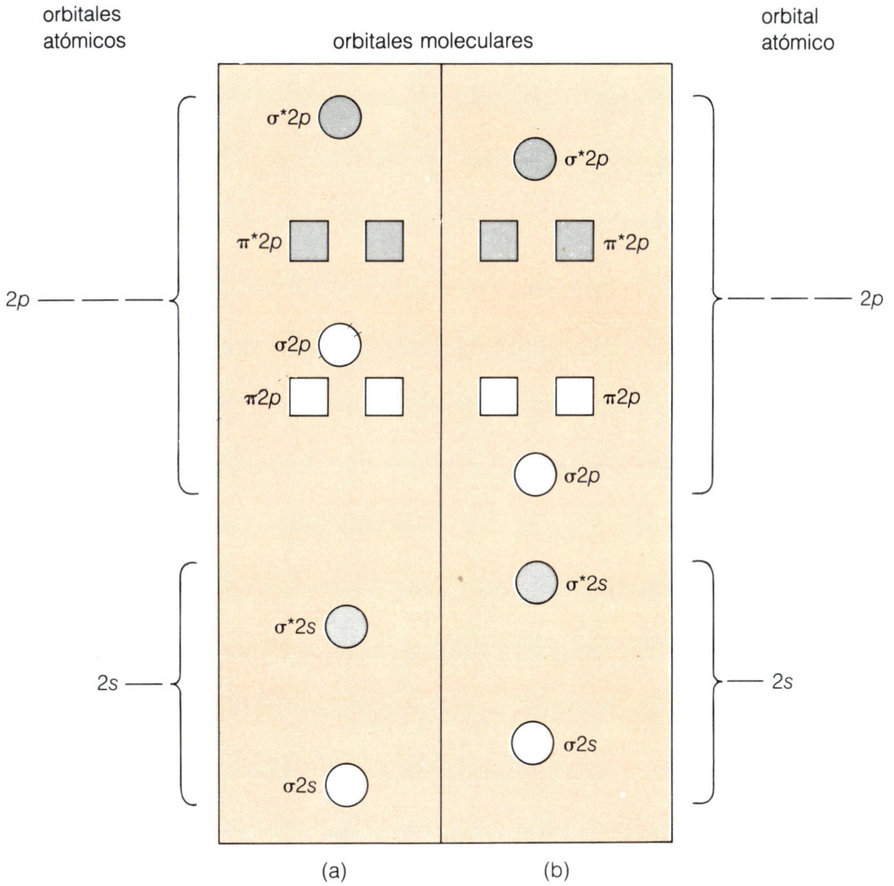

Figura 7.12 Órdenes de aufbau para moléculas diatómicas homonucleares de los elementos del segundo periodo (a) Li_2 a N_2; (b) O_2 y F_2.

y σ^*, interaccionan solamente entre sí. Esta suposición es aproximadamente válida si las energías de los orbitales $2s$ y $2p$ están ampliamente separadas (como se hallan en O y F). Si las energías de los orbitales $2s$ y $2p$ son muy similares, se producen interacciones s—p. El resultado de esta interacción adicional es que los orbitales moleculares σ y σ^* obtenidos de los orbitales $2s$ se hacen más estables (de menor energía) y los orbitales moleculares σ y σ^* obtenidos de orbitales $2p$ se hacen menos estables (de mayor energía). Este efecto produce el orden de aufbau mostrado en la Figura 7.12a. La diferencia importante entre las Figuras 7.12b y 7.12a es que en (a) el orbital $\sigma 2p$ ha sido movido de abajo de los dos orbitales degenerados $\pi 2p$ a encima de estos dos orbitales. El orden mostrado en (a) es seguido por las moléculas desde Li_2 a N_2.

El litio es un miembro del grupo I A, y cada átomo de litio tiene un electrón de valencia. La molécula de Li_2, por lo tanto, tiene dos electrones con spin opuesto en el orbital molecular de más baja energía, el orbital $\sigma 2s$. El orden de enlace de Li_2 es $\frac{1}{2}(2-0) = 1$. Si intentamos formar una molécula de Be_2, cuatro electrones deben acomodarse puesto que cada átomo de berilio tiene dos electrones en $2s$. El orbital $\sigma 2s$ se llena cuando han entrado los dos electrones. Los otros dos electrones se colocan en el orbital $\sigma^* 2s$. El efecto neto de los dos electrones de enlace y el de los dos de antienlace es que no hay enlace. El orden de enlace es $\frac{1}{2}(2-2) = 0$; Be_2 no existe. En la Figura 7.13 se presentan los diagramas de los niveles de energía de los orbitales moleculares para las moléculas de B_2, C_2 y N_2. Los orbitales están ordenados de abajo hacia arriba, en el orden de aufbau pertinente (a). Cada diagrama se obtiene colocando

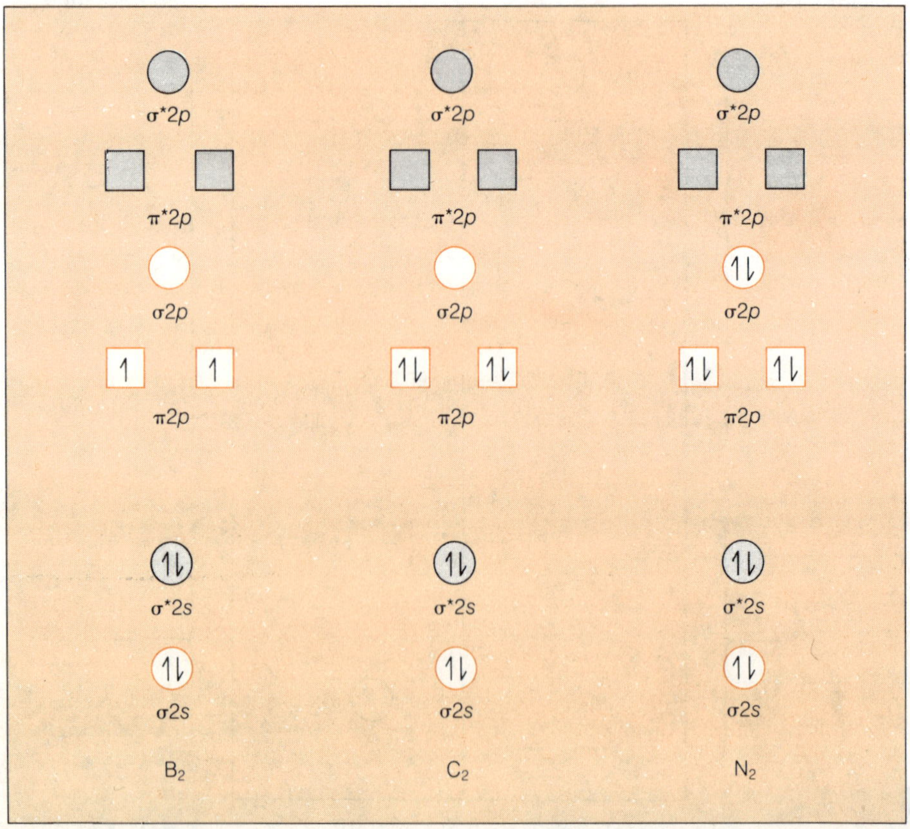

Figura 7.13 Diagramas de los niveles de energía de los orbitales moleculares para el B_2, C_2 y N_2.

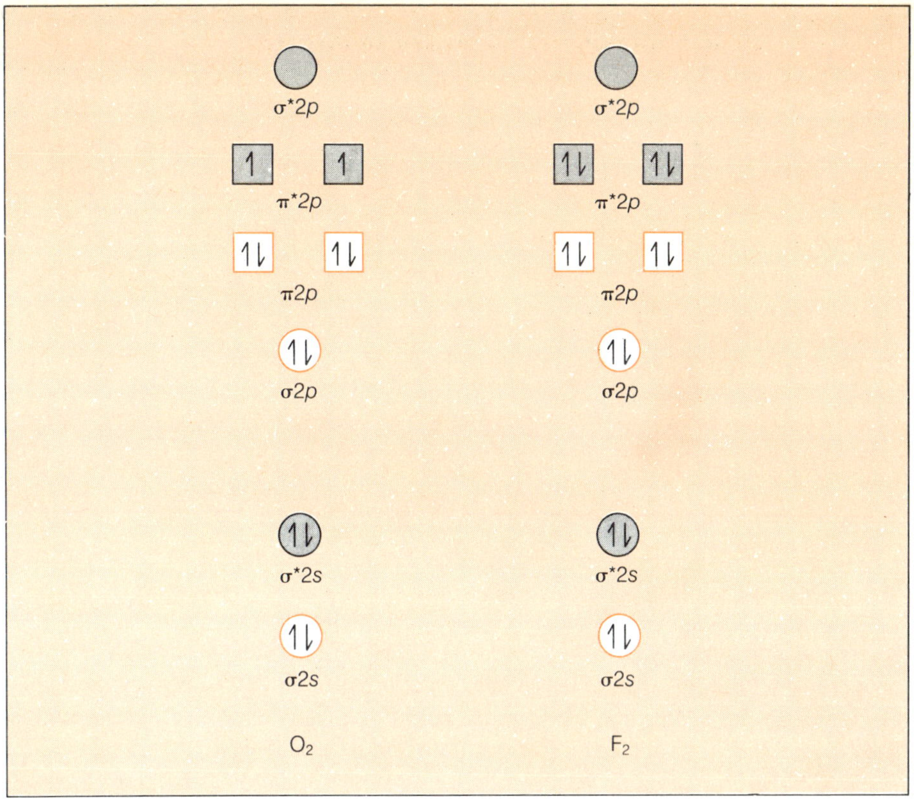

Figura 7.14 Diagrama de los niveles de energía de los orbitales moleculares para O_2 y F_2.

el número correcto de electrones, uno después de otro, en el orbital molecular más bajo y disponible. Se sigue la regla de Hund para el llenado. Los dos orbitales $\pi 2p$ tienen iguales energías y un electrón entra en ambos separadamente, antes de comenzar a formar pares.

En el caso de B_2, la molécula tiene seis electrones de valencia (tres de cada átomo de B, puesto que B es un elemento del grupo III A). Los primeros dos electrones se colocan en el orbital $\sigma 2s$, los dos siguientes se colocan en el orbital σ^*2s. Los dos últimos electrones se colocan en orbitales separados $\pi 2p$. Como resultado, la molécula de B_2 tiene dos electrones no apareados y es paramagnética. El paramagnetismo de la molécula de B_2 ofrece confirmación de que se siguió el orden de aufbau (a).

Si se siguiese el orden (b), los dos últimos electrones, con spin apareado, estarían colocados en el orbital $\sigma 2p$ y la molécula sería diamagnética. El orden de enlace de la molécula de B_2 es $\frac{1}{2}(4-2) = 1$. Los diagramas para C_2 y N_2 se obtienen completando ocho y diez electrones, respectivamente. Observe que C_2 tiene un orden de enlace de 2 y N_2 tiene un orden de enlace de 3. Ninguna de las dos moléculas contiene electrones no apareados. En la Figura 7.14 se dan los diagramas de orbitales moleculares para O_2 y F_2 y se usa el orden de aufbau (b). El diagrama para O_2 se obtiene colocando doce electrones (seis de cada átomo de oxígeno) en los orbitales moleculares. Los dos últimos electrones se colocan en orbitales π^*2p separadamente. La molécula de O_2, por consiguiente, tiene dos electrones no apareados y es paramagnética.

En orden de enlace de O_2 es $\frac{1}{2}(8-4) = 2$. La estructura de Lewis para O_2

$$:\ddot{O}=\ddot{O}:$$

Tabla 7.3 Propiedades de las moléculas diatómicas de los elementos del segundo periodo

Molécula	Número de electrones en orbitales moleculares						orden de enlace	distancia de enlace (pm)	Energía de enlace kJ/mol	Electrones no apareados
	$\sigma 2s$	$\sigma^* 2s$	$\pi 2p$	$\sigma 2p$	$\pi^* 2p$	$\sigma^* 2p$				
[a]Li_2	2						1	267	106	0
[b]Be_2	2	2					0	—	—	0
[a]B_2	2	2	2				1	159	289	2
[a]C_2	2	2	4				2	131	627	0
N_2	2	2	4	2			3	110	941	0
	$\sigma 2s$	$\sigma^* 2s$	$\sigma 2p$	$\pi 2p$	$\pi^* 2p$	$\sigma^* 2p$				
O_2	2	2	2	4	2		2	121	494	2
F_2	2	2	2	4	4		1	142	155	0
[b]Ne_2	2	2	2	4	4	2	0	—	—	0

[a]Existen solamente en el estado de vapor a elevadas temperaturas.

[b]No existen.

no es satisfactoria; muestra el doble enlace de la molécula de O_2, pero no indica los dos electrones no apareados. El diagrama para F_2 utiliza catorce electrones (siete por cada átomo de F). La molécula F_2 tiene un orden de enlace de 1.

En la Tabla 7.3 se da un resumen de las moléculas diatómicas homonucleares de los elementos del segundo periodo. A medida que el número de enlaces aumenta, la longitud del enlace se acorta y el enlace se hace más fuerte. La molécula con enlace más potente es N_2, el cual está mantenido por un triple enlace. Las moléculas para las cuales el método asigna un orden de enlace de cero (Be_2 y Ne_2), no existen. Los diagramas de orbitales moleculares también pueden representarse para iones diatómicos. Los diagramas para los *cationes* de N_2^+ y O_2^+ pueden obtenerse *eliminando* un electrón de los diagramas de N_2 y O_2, respectivamente. Los diagramas para los *aniones* de O_2^- (superóxido) y O_2^{2-} (peróxido) pueden obtenerse *agregando* uno y dos electrones respectivamente al diagrama del O_2. Un diagrama para el ion acetiluro, C_2^{2-} resulta cuando se agregan dos electrones al diagrama del C_2.

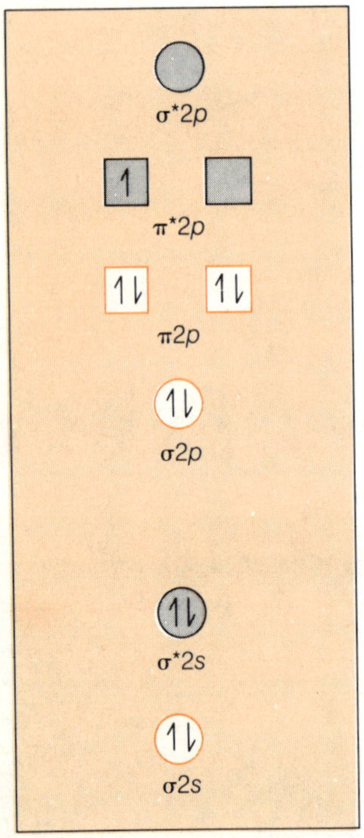

Figura 7.15 Diagrama de niveles de energía de los orbitales moleculares para NO.

Para moléculas tales como CO y NO, se forma el mismo tipo de orbitales moleculares aunque ligeramente distorsionados, en muchos casos puede usarse cualquier orden de aufbau con los mismos resultados cualitativos. Sin embargo, el orden real es incierto.

Puesto que la molécula de CO es isoelectrónica con la de N_2 (cada molécula tiene diez electrones de valencia), el diagrama de niveles de energía de los orbitales moleculares para CO, es similar al del N_2 (Figura 7.13).

El monóxido de carbono, por consiguiente, tiene un orden de enlace de 3. La energía de disociación de la molécula de CO es casi la misma que la de la molécula de N_2.

Hemos dicho que es imposible representar una estructura de Lewis para una molécula con un número impar de electrones de valencia. El óxido de nitrógeno, NO, es una de estas moléculas. Debido a que cinco electrones de valencia son aportados por el átomo de N y seis electrones de valencia por el átomo de O, el número total de electrones de valencia es once. En la Figura 7.15 se presenta un diagrama de niveles de energía para los orbitales moleculares de NO. Puesto que hay ocho electrones de valencia y tres electrones de antienlace indicados en el diagrama, el orden de enlace será $\frac{1}{2}(8-3) = 2\frac{1}{2}$. El óxido de nitrógeno es paramagnético. La molécula de NO tiene un par de electrones no apareados en el orbital $\pi 2^* p$

7.5 Orbitales moleculares de especies poliatómicas

Es posible derivar orbitales moleculares para moléculas que contienen más de dos átomos, tales como H_2O y NH_3. En cada caso el número de orbitales moleculares obtenido es igual al número de orbitales atómicos usados y los orbitales moleculares cubren toda la molécula. Sin embargo, muchas veces es conveniente pensar en términos de orbitales moleculares que están localizados entre átomos adyacentes. Considere la serie:

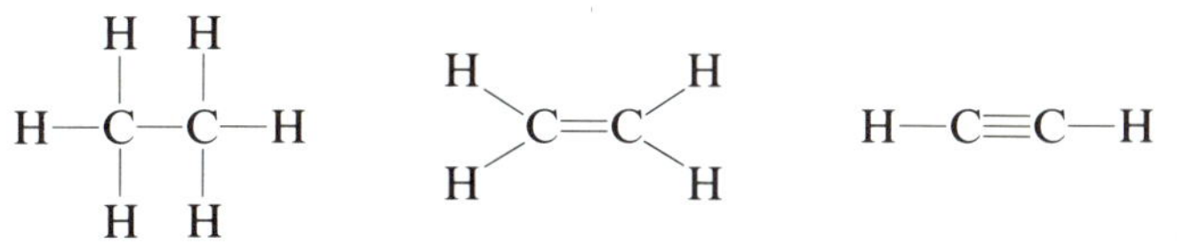

etano *etileno* *acetileno*

Puede considerarse que cada átomo de C en el etano utiliza orbitales híbridos sp^3 en la formación de enlaces σ con el otro átomo de C y los tres átomos de H (Figura 7.16). Así, todos los ángulos de enlace son de 109°28′, que es el ángulo tetraédrico. Puesto que los orbitales de enlace σ son simétricos alrededor del eje internuclear, es posible una rotación libre en cada enlace. La rotación alrededor del enlace C—C origina un cambio en la configuración atómica (Figura 7.16).

Un modelo para el enlace en una molécula que contiene uno o más enlace múltiples puede derivarse de una estructura de enlace de la molécula (una estructura de átomos sostenidos por enlaces sencillos). La estructura de enlaces σ de etileno es

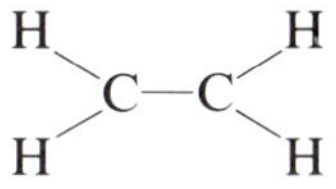

La molécula de etileno es plana y los enlaces sigma alrededor de cada átomo de C están dispuestos de una manera triangular plana (el modelo previsto por la teoría RPENV). Los ángulos de enlace H—C—H son de 118° y los ángulos de enlace H—C—C son de 121°, valores que están muy cercanos al ángulo triangular planar de 120° (Figura 7.17).

Podemos justificar la geometría de esta molécula, suponiendo que cada átomo de C usa orbitales híbridos sp^2 para formar un esqueleto de enlace σ. Uno de los tres orbitales $2p$ de cada carbono no está involucrado en la formación de orbitales híbridos sp^2. Estos orbitales $2p$ forman ángulos rectos con el plano de la molécula y se superponen para formar un orbital de enlace π (Figura 7.17). La densidad electrónica del enlace

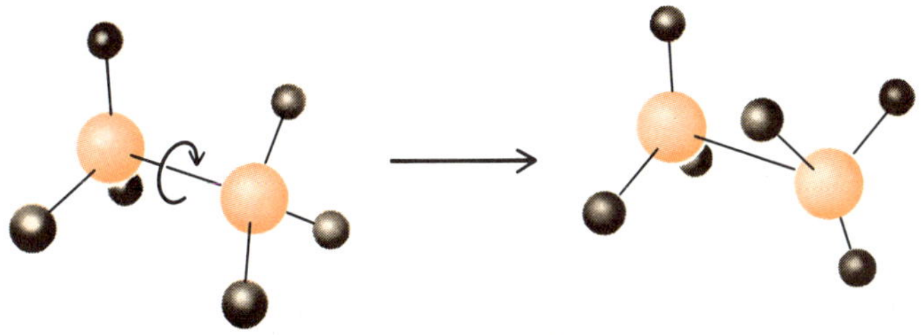

Figura 7.16 Rotación alrededor del enlace C—C en el etano

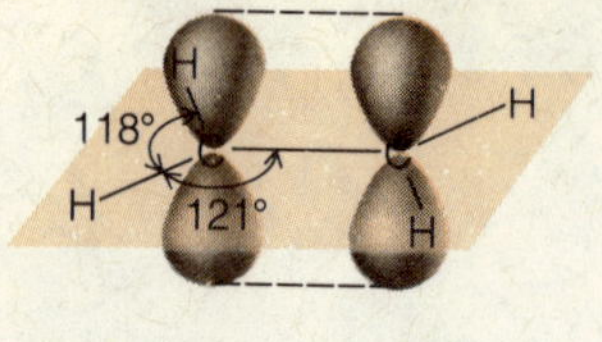

Configuración geométrica del etileno. (las formas de los orbitales *p* que se superponen para formar un enlace π han sido simplificadas; los enlaces σ se representan con líneas).

π está por encima y por debajo del plano de la molécula. La rotación libre alrededor del enlace C—C no es posible sin que se rompa el enlace π.

El esqueleto de enlace σ del acetileno es

$$\mathrm{H{-}C{-}C{-}H}$$

La molécula es lineal (como sería previsto por la teoría RPENV). Puede suponerse que cada átomo de C utiliza orbitales híbridos (lineales) para formar dos enlaces σ. Dos orbitales $2p$ de cada átomo de C no están involucrados en la formación de orbitales híbridos $2sp$. Estos orbitales $2p$ se superponen para formar dos orbitales moleculares de enlace π (Figura 7.18). Observe que cada enlace π tiene dos centros de densidad de carga (a ambos lados del eje del esqueleto del enlace σ).

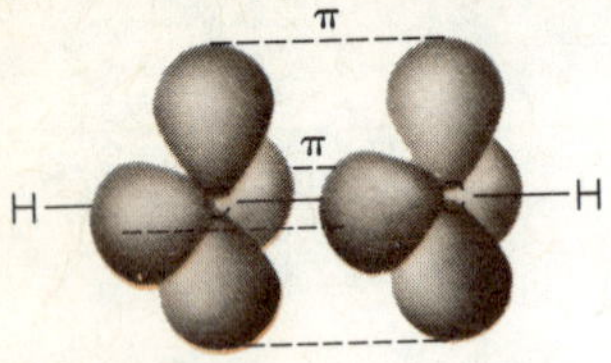

Figura 7.18 Formación de los enlaces π en el acetileno. (Las formas de los orbitales se han simplificado; los enlaces σ aparecen indicados como líneas sólidas.)

Los enlaces múltiples del etileno y acetileno están localizados entre dos núcleos., En algunas moléculas y iones existe **el enlace multicéntrico** (o **deslocalizado**)*, en el cual algunos electrones de enlace unen más de dos átomos. Para describir estas especies por el enfoque de enlace de valencia es necesario usar las estructuras de resonancia.

Un ejemplo de enlace deslocalizado se halla en el enlace del ion carbonato (Figura 7.19). El ion es triangular plano, y cada ángulo de enlace O—C—O es de 120°. Se puede suponer que el átomo de carbono usa orbitales híbridos sp^2 para formar el esqueleto de enlace σ. Un orbital $2p$ no se usa en el conjunto híbrido sp^2. Este orbital $2p$ se proyecta formando ángulos rectos en el plano del ion y se superponen con orbitales similares $2p$

*También llamado 'delocalizado'.

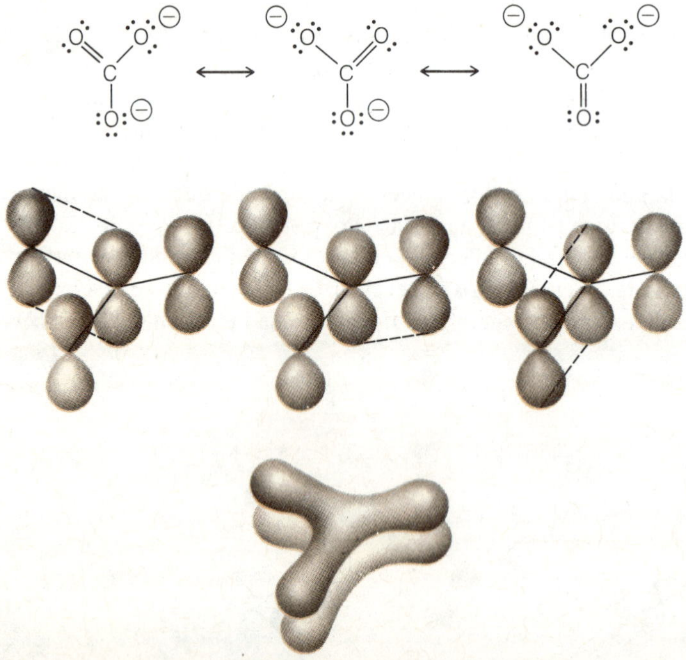

Figura 7.19 Sistema multicéntrico de enlaces π del ion carbonato y su relación con estructuras de resonancia.

de los átomos de O (Figura 7.19). Si suponemos que estos orbitales $2p$, se superponen de a dos a la vez, podemos derivar las formas de resonancia del ion. El orbital $2p$ del C, sin embargo, puede superponerse simultáneamente a los tres orbitales $2p$ de los tres átomos de O. El resultado es un sistema de orbitales moleculares π que se extiende sobre todos los átomos del ion.

La estructura del trióxido de azufre, SO_3 y el ion nitrato, NO_3^-, son similares.

7.6 Enlace *p*π-*d*π

La estructura de Lewis para el ácido fosfórico (H_3PO_4) es

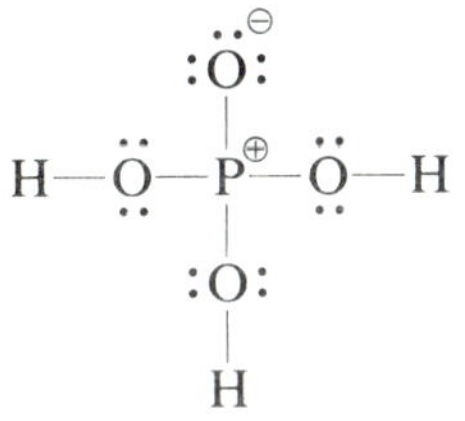

Todos los átomos en esta estructura satisfacen la regla del octeto. Sin embargo, se conocen muchos compuestos de fósforo en los cuales el átomo de P forma más de cuatro enlaces covalentes (por ejemplo, PF_5). Puesto que el átomo de P tiene orbitales $3d$ disponibles en su nivel de valencia, la restricción del octeto de un máximo de cuatro enlaces covalentes, no se aplica al P.

Si introducimos un enlace doble en la estructura

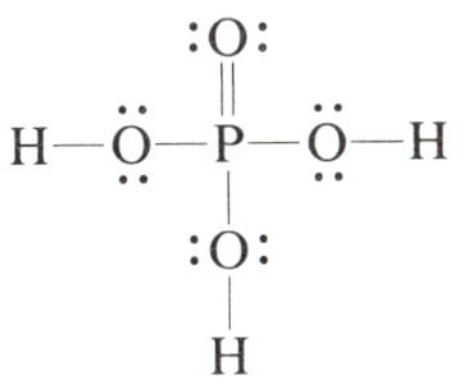

el átomo P ya no conforma la regla del octeto (la estructura indica cinco enlaces sobre el átomo de P) y las cargas formales se han eliminado. En ejemplos anteriores, un enlace π se ha formado como resultado de la superposición de dos orbitales p. En este caso, el enlace π está formado por la superposición de un orbital lleno $2p$ del átomo de oxígeno con un orbital vacío $3d$ del átomo de P; éste es un ejemplo de lo que algunas veces se llama **enlace *p*π-*d*π.**

Existen evidencias que confirman la estructura que contiene el doble enlace. La distancia de enlace P—O indicada en la estructura como un doble enlace, es de 152 pm, la cual es más corta que la distancia de enlace para los tres enlaces P—O restantes (indicados como enlaces sencillos), que es de 157 pm.

Sobre la base de los radios atómicos, sin embargo, la distancia calculada para un enlace sencillo es de 176 pm. Parece, por lo tanto, que aun esos enlaces indicados en la estructura como enlaces sencillos son más cortos de lo esperado. Este acortamiento puede explicarse postulando la interacción $p\pi$-$d\pi$; es también llamado **retrodonación,** y hasta cierto punto se presenta en todos los enlaces P—O. El ion fosfato algunas veces se indica como:

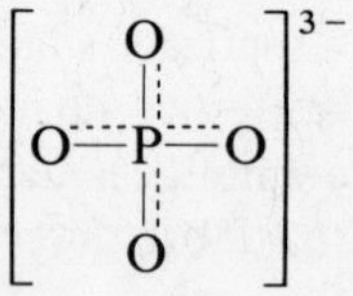

Las líneas de puntos indican las interacciones $p\pi$-$d\pi$. Todas las distancias de enlace en la estructura son de 154 pm.

El enlace $p\pi$-$d\pi$ es particularmente importante en los compuestos en que un no metal del tercer periodo (Si, P, S, o Cl) está unido al O, N, o F. Puesto que los no metales del segundo periodo no tienen orbitales *d* en sus niveles de valencia, el enlace $p\pi$-$d\pi$ no se presenta en compuestos en los cuales el átomo central es un elemento del segundo periodo. Tales compuestos (por ejemplo $HONO_2$) pueden contener enlaces dobles, peros estos enlaces se forman usando orbitales *s* o *p*.

La estructura de Lewis y la estructura para el doble enlace para el ácido sulfúrico H_2SO_4 son:

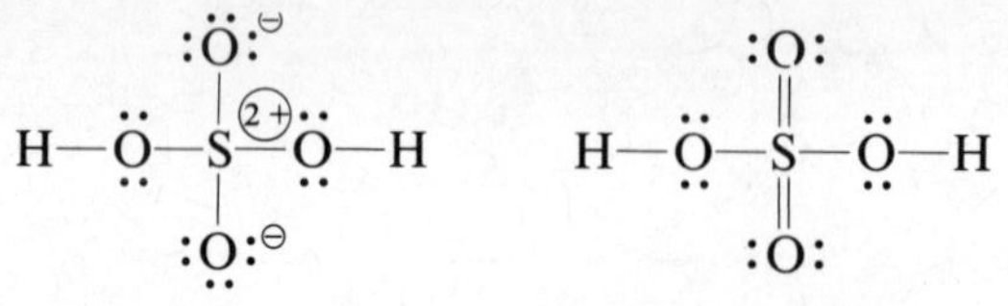

Las distancias de enlace S—O en la molécula son de 154 pm (para los enlaces indicados como enlaces sencillos) y de 142 pm (para los enlaces indicados como enlaces dobles). La distancia del enlace sencillo calculada (170 pm), sin embargo, es mayor que cualquiera de las distancias de enlace medidas y las interacciones $p\pi$-$d\pi$ se postulan para todos los enlaces S—O.

En el ion sulfato:

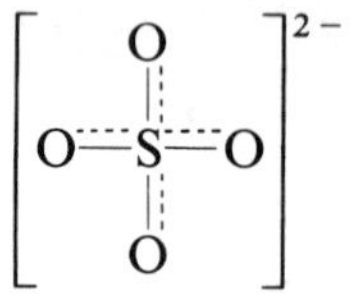

todos los enlaces S—O son equivalentes y la distancia de enlace de 149 pm indica un cierto carácter $p\pi$-$d\pi$ en cada uno.

Para el ácido perclórico, $HClO_4$, las estructuras de Lewis y del enlace doble son:

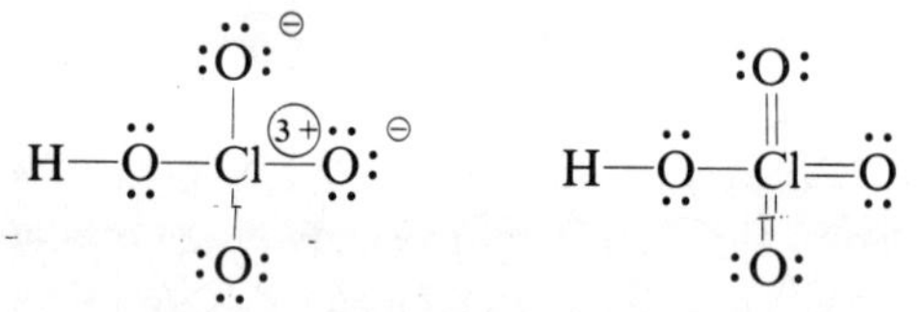

Tres de los enlaces Cl—O (aquéllos indicados como enlaces dobles) tienen distancias de enlace de 141 pm; la distancia de enlace del enlace Cl—O indicado como un enlace sencillo es de 164 pm.

La distancia del enlace Cl—O en el ion perclorato (ClO_4^-) es de 146 pm. Debido a que la distancia del enlace sencillo Cl—O es de 165 pm, la interacción $p\pi$-$d\pi$ parece ser una característica de todos los enlaces Cl—O, en el ion como también en la molécula.

Se puede utilizar una estructura de Lewis o una representación para un enlace doble para describir cualquiera de estos ácidos. En el caso de una estructura de Lewis, el acortamiento de un enlace representado en la otra estructura como un enlace doble puede atribuirse al efecto de la atracción de las cargas formales positivas y negativas.

Independientemente de la representación utilizada, deben usarse las interacciones $p\pi$-$d\pi$ aun para los enlaces sencillos, para justificar la reducción de las distancias de enlace medidas.

Resumen

Los temas presentados en este capítulo son:

1. Las moléculas en las cuales se viola la regla del octeto.

2. La teoría de repulsión de pares electrónicos de los niveles de valencia (la cual correlaciona las estructuras de las especies covalentes con las repulsiones entre pares de electrones) y las predicciones basadas sobre esta teoría.

3. La definición de hibridación, un mecanismo teórico que permite describir el enlace en ciertas especies covalentes en términos de superposición de orbitales.

4. La teoría de orbitales moleculares, en la cual se definen los orbitales que están asociados con la molécula como un todo.

5. La descripción de moléculas diatómicas homonucleares de los primeros 10 elementos, y la extensión de los conceptos de orbitales moleculares para especies poliatómicas.

6. La formación de enlaces π de orbitales atómicos p y d (llamados enlaces $p\pi$-$d\pi$) y la existencia de interacciones $p\pi$-$d\pi$ que originan el acortamiento de ciertos enlaces sencillos.

Glosario

A continuación aparecen algunos de los términos más importantes presentados en este capítulo. Las definiciones de algunos términos no incluidos en esta lista pueden localizarse usando el índice.

Enlace $p\pi$-$d\pi$ (Sección 7.6). Un enlace π formado por la superposición de un orbital p con un orbital d.

Enlace pi (Sección 7.4). Un enlace covalente en el cual la densidad electrónica está concentrada en dos regiones por encima y por debajo del eje que une a los dos núcleos.

Enlace sigma (Sección 7.4). Un enlace covalente en el cual la densidad electrónica es alta en la región entre los dos núcleos y simétrica alrededor del eje que une los dos núcleos.

Hibridación (Sección 7.3). Un concepto utilizado en la teoría de enlace de valencia en la cual las funciones de onda de orbitales atómicos pertinentes a un átomo se combinan matemáticamente para producir las funciones de onda de un conjunto de orbitales híbridos equivalentes. Mediante el uso de orbitales híbridos, el enlace en ciertas especies covalentes puede describirse en términos de superposición de orbitales.

Orbital molecular (Sección 7.4). Un orbital asociado con una molécula en vez de un átomo.

Orbital molecular de antienlace (Sección 7.4). Un orbital molecular en el cual la densidad electrónica es baja en la región internuclear. Los dos electrones en un orbital molecular de antienlace tienen energías más altas que las que tendrían si estuviesen en los orbitales atómicos, de los cuales se derivaron los orbitales moleculares de antienlace.

Orbital molecular de enlace (Sección 7.4). Un orbital molecular en el cual la densidad electrónica es alta en las regiones internucleares. Los dos electrones en un orbital molecular de enlace tienen energías más bajas que las que tendrían si estuvieran los orbitales atómicos de los cuales se derivaron los orbitales moleculares de enlace.

Orden de enlace (Sección 7.4). La mitad del número de los electrones de enlace, menos la mitad del número de los electrones de antienlace.

Par de electrones de enlace (Sección 7.2). Un par de electrones usados para formar un enlace covalente entre dos átomos.

Par de electrones libres, par de electrones solo (Sección 7.2). Un par de electrones sobre un átomo de una molécula covalente o ion que no está involucrado en el enlace.

Teoría de enlace de valencia (Sección 7.3). Una teoría que supone que un enlace covalente está formado por la superposición de dos orbitales atómicos cada uno de los cuales contiene un electrón no apareado.

Teoría de repulsión del par electrónico del nivel de valencia (Sección 7.2). Una teoría que permite la predicción de la estructura de una molécula covalente o ion sobre la base de repulsiones entre los pares de electrones de enlace y de antienlace en el nivel de valencia del átomo central.

Problemas*

Teoría de RPENV, orbitales híbridos

7.1 Los enlaces en NO y en PCl_5 no siguen la regla del octeto. ¿Cómo se desvían? ¿Por qué es que el tipo de desviación hallada en PCl_5, nunca se encuentra en los compuestos del N?

7.2 Supongamos que A representa un átomo central; B representa un átomo unido por un enlace de un par electrónico a A, y E representa un par de electrones libre en A. ¿Qué formas geométricas predice la teoría de RPENV para AB_2, AB_3, AB_2E, AB_4, AB_3E, AB_2E_2, AB_5, AB_4E, AB_3E_2, AB_6, AB_5E y AB_4E_2?

7.3 Utilice la teoría de RPENV para predecir la forma geométrica de los siguientes: **(a)** BH_4^-, **(b)** XeF_5^+, **(c)** $BeCl_2$, **(d)** SbF_2^+, **(e)** $SnCl_3^-$, **(f)** AsH_3, **(g)** TeF_4, **(h)** IF_3, **(i)** SiF_5^-.

7.4 ¿Qué tipo de orbitales híbridos es utilizado por el átomo central de cada una de las especies enunciadas en el problema 7.3?

7.5 Use el concepto de repulsión de pares electrónicos para predecir la forma geométrica de: **(a)** $TlBr_4^-$, **(b)** XeF_3^+, **(c)** SCl_2, **(d)** AsF_2^+, **(e)** GaI_3, **(f)** ClF_4^-, **(g)** PBr_4^-, **(h)** TeF_5^-, **(i)** SbF_5^{2-}.

7.6 ¿Qué tipo de orbitales híbridos es utilizado por el átomo central de cada especie de la lista del problema 7.5?

7.7 Use la teoría de RPENV para predecir la forma geométrica de los siguientes: **(a)** $BiCl_5^{2-}$, **(b)** SeF_5^-, **(c)** ClF_2^+, **(d)** $InCl_2^+$, **(e)** BeF_3^-, **(f)** GeF_2, **(g)** AsF_4^-, **(h)** XeF_2, AlH_4^-.

7.8 ¿Qué tipo de orbitales híbridos es utilizado por el átomo central de cada una de las especies de la lista en el problema 7.7?

7.9 Use el concepto de repulsión de pares electrónicos para predecir la forma geométrica de: **(a)** SbF_4^-, **(b)** $AsCl_4^+$, **(c)** SeF_3^+, **(d)** XeF_4, **(e)** GeF_3^-, **(f)** $CdBr_2$, **(g)** BiI_4^-, **(h)** IBr_2^-, **(i)** SiF_6^{2-}.

7.10 ¿Qué tipo de orbitales híbridos es utilizado por el átomo central de cada especie de la lista en el problema 7.9?

7.11 Escriba las estructuras de Lewis y prediga las formas geométricas de: **(a)** Cl_2O, **(b)** AsO_3^{3-}, **(c)** O_2SCl_2, **(d)** $OSCl_2$, **(e)** $OCCl_2$, **(f)** CS_2.

7.12 Escriba las estructuras de Lewis y prediga las formas geométricas de: **(a)** $OPCl_3$, **(b)** OSbCl, **(c)** OCN^-, **(d)** O_2NF, **(e)** ClO_3^-, **(f)** SCl_2.

7.13 Escriba las estructuras de Lewis y prediga las formas de: **(a)** $H_2PO_2^-$, **(b)** SeO_2, **(c)** ClO_2^-, **(d)** SO_3^{2-}, **(e)** HCN, **(f)** XeO_3.

***7.14** Escriba las estructuras de Lewis y prediga las formas de: **(a)** $O_3ClOClO_3$, **(b)** O_2NONO_2, **(c)** HONO, **(d)** FNNF, **(e)** ClSSCl.

7.15 Escriba las fórmulas estructurales punteadas de las siguientes moléculas, en las cuales el átomo central no obedece la ley del octeto (aunque los otros átomos sí). Prediga la forma geométrica de cada molécula: **(a)** $OXeF_4$, **(b)** $(HO)_5IO$, **(c)** OSF_4, **(d)** $(HO)_4XeO_2$

***7.16** Se supone que el volumen efectivo de un par de enlaces disminuye con el aumento de la electronegatividad del átomo unido al átomo central. Con esta generalización, ¿esperaría usted que los átomos de cloro de la bipiramidal trigonal PCl_2F_3 ocupen posiciones axiales o ecuatoriales?

***7.17** En vista de la declaración inicial del problema 7.16, prediga cuál de las moléculas PX_3 (donde X es F, Cl, Br, o I) tendría los ángulos de enlace X—P—X más pequeños.

Orbitales moleculares, enlace *p*π-*d*π

7.18 Por medio de diagramas de niveles de energía de los orbitales moleculares, describa el enlace de las moléculas diatómicas homonucleares de los elementos del segundo periodo. Determine el orden de enlace en cada molécula y si la molécula es paramagnética o diamagnética.

7.19 Escriba un diagrama de niveles de energía de orbitales moleculares y establezca el orden de enlace para: **(a)** H_2, **(b)** H_2^+, **(c)** HHe, **(d)** He_2, **(e)** He_2^+.

7.20 El oxígeno forma compuestos que contienen el ion dioxigenil, O_2^+ (por ejemplo, O_2PtF_6), el ion superóxido, O_2^- (por ejemplo, KO_2) y el ion peróxido O_2^{2-} (por ejemplo, Na_2O_2). **(a)** Escriba los diagramas de niveles de energía de los orbitales moleculares para O_2^+, O_2, O_2^- y O_2^{2-}. **(b)** Determine el orden de enlace para cada especie. **(c)** ¿Cuál de los cuatro es paramagnético?

7.21 La distancia de enlace en N_2 es de 109 pm, en N_2^+ es de 112 pm, en O_2 es de 121 pm y en O_2^+ es de 112 pm. Escriba los diagramas de los niveles de energía de los orbitales moleculares para estas cuatro especies y explique por qué las distancias de enlace varían en la forma descrita.

7.22 El anión del carburo de calcio, CaC_2, debería propiamente llamarse el ion acetiluro, C_2^{2-}. **(a)** Escriba los diagramas de niveles de energía de los orbitales moleculares para C^2 y C_2^{2-}. **(b)** Determine el orden de enlace en C_2 y C_2^{2-}. **(c)** ¿Con qué molécula neutra es C_2^{2-} isoelectrónico?

7.23 **(a)** Escriba los diagramas de niveles de energía de los orbitales moleculares para CO y NO. **(b)** Use sus diagramas para determinar el orden de enlace de CO, CO^+, CO^-, NO, NO^+ y NO^-. **(c)** ¿Cuál de estas especies es paramagnética?

7.24 Discuta la estructura de NO_2^- en términos de resonancia y en términos de enlace π deslocalizado.

*Los problemas más difíciles están marcados por un asterisco. El apéndice G contiene las respuestas de los problemas codificados en color.

7.25 Represente las formas en resonancia para la molécula de ozono, O_3 y para el dióxido de azufre SO_2. La distancia de enlace O—O en el O_3 es de 127 pm, la cual está entre la distancia del enlace sencillo de 148 pm y la distancia del doble enlace de 110 pm. Por otra parte, la distancia de enlace S—O en SO_2 es de 143 pm, la cual es más corta que la distancia del enlace sencillo S—O de 170 pm o la distancia del doble enlace de 148 pm. Explique.

7.26 En el ion SiO_4^{4-}, la distancia de enlace Si—O es de 163 pm. La distancia de enlace Si—O calculada en radios atómicos es de 176 pm. Explique la diferencia.

7.27 El radio atómico del H es de 32 pm, el del F es de 64 pm, el del P es de 110 pm. En PH_3 la distancia de enlace P—H, es de 142 pm y en PF_3, la distancia de enlace es de 155 pm. Compare las distancias de enlace en PH_3 y en PF_3, con las anticipadas sobre la base de los radios atómicos. ¿Qué explicación puede dar usted a esta discrepancia?

CAPÍTULO 8 GASES

Se cree que los gases consisten en moléculas muy separadas y en rápido movimiento. Dos o más gases diferentes pueden mezclarse en cualquier proporción para preparar una mezcla perfectamente uniforme. No puede formularse una generalización de este tipo para los líquidos; puesto que las moléculas de gas están separadas por distancias comparativamente grandes, las moléculas de un gas pueden fácilmente ubicarse entre las moléculas de otro gas. Este modelo molecular también puede utilizarse para explicar el hecho de que los gases son fácilmente compresibles. La compresión consiste en forzar a las moléculas del gas a estar lo más juntas posibles.

Un gas se expande hasta llenar cualquier recipiente en el cual se haya introducido. Cuando un gas que tiene olor se deja en libertad en un cuarto, se puede detectar muy pronto en todas las partes del cuarto. Los gases se difunden debido a que las moléculas del gas están en constante y rápido movimiento. Por consiguiente, en el curso de su movimiento desordenado, las moléculas del gas golpean las paredes del recipiente. Estos impactos explican el hecho de que los gases ejerzan presión.

8.1 La Presión

La **presión** se define como la fuerza por unidad de área. La presión de un gas es igual a la fuerza que ejerce el gas sobre las paredes del recipiente, dividida por el área de superficie del recipiente.

$$\text{Presión} = \frac{\text{Fuerza}}{\text{Área}}$$

La unidad SI de presión es el **pascal** (abreviado Pa), el cual se define como la presión equivalente a la fuerza de un newton ($1\text{N} = 1\text{kg m/s}^2$) actuando sobre un metro cuadrado.

$$1 \text{ Pa} = \frac{1 \text{ N}}{1 \text{ m}^2}$$

$$= \frac{1 \text{ kg} \cdot \text{m/s}^2}{1 \text{ m}^2} = 1 \text{ kg/m} \cdot \text{s}^2$$

El químico, sin embargo, generalmente mide las presiones de gases relacionándolas con la presión atmosférica.

Se utiliza un **barómetro** para medir la presión que la atmósfera ejerce sobre la superficie de la tierra. Este aparato fue inventado en el siglo XVII por Evangelista Torricelli, un alumno de Galileo. Un tubo de aproximadamente 850 mm de largo y

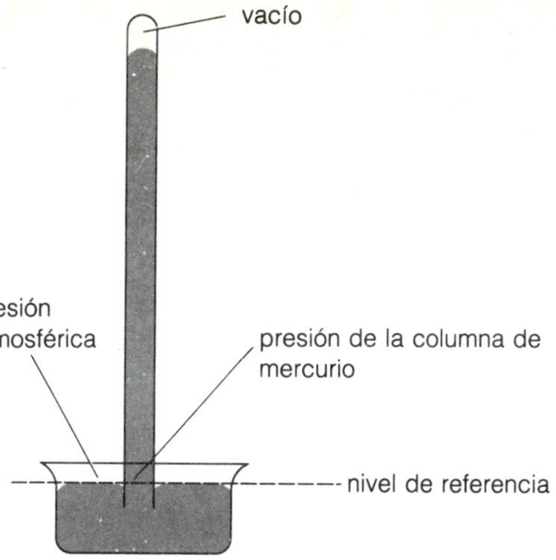

Figura 8.1 El barómetro

sellado en un extremo se llena con mercurio y se invierte en un recipiente abierto que contiene mercurio (Figura 8.1). El mercurio desciende en el tubo pero no se escapa totalmente, debido a que la presión de la atmósfera sobre la superficie del mercurio en la cubeta sostiene la columna de mercurio en el tubo.

El espacio por encima del mercurio dentro del tubo tiene un vacío casi perfecto. Debido a que el mercurio no es muy volátil a temperatura ambiente, sólo una cantidad despreciable de mercurio gaseoso ocupa este espacio. Por lo tanto, prácticamente no se ejerce ninguna presión sobre la superficie del mercurio en la columna. La presión dentro del tubo y por encima del nivel de referencia mostrado en la Figura 8.1, resulta solamente del peso del mercurio en la columna. Esta presión es igual a la presión atmosférica fuera del tubo y por encima del nivel de referencia.

La altura del mercurio en el tubo sirve como una medida de la presión atmosférica. Cuando la presión atmosférica aumenta, ésta empuja el mercurio a mayor altura en el tubo. Recuérdese que la presión es la fuerza ejercida por *unidad de área*. Ya sea que el tubo tenga un área de sección transversal relativamente grande o pequeña, una presión atmosférica dada mantendrá el mercurio en el tubo a la misma altura.

La presión de la atmósfera cambia de un día para otro y de un lugar a otro. El promedio de presión a nivel del mar mantiene una columna de mercurio a una altura de 760 mm; este valor se llama una atmósfera (abreviado atm.). La definición de **atmósfera estándar**, sin embargo, se da en términos del pascal.

$$1 \text{ atm} = 101{,}325 \text{ Pa} = 101.325 \text{ kPa}$$

La presión equivalente a la altura de 1 mm de mercurio se llama 1 **torr** (en honor de Torricelli); por lo tanto,

$$1 \text{ atm} = 760 \text{ torr}$$

El Comité internacional de pesas y medidas recomienda que la presión no se mida en torr. La relación anterior puede utilizarse para convertir lecturas hechas en términos de la altura de una columna de mercurio (en torr) a atmósferas.

Un **manómetro**, un aparato que se utiliza para medir la presión de una muestra de un gas, se ha elaborado teniendo como modelo al barómetro. El tipo de manómetro de la Figura 8.2, consiste en un tubo en U que contiene mercurio. Un brazo del tubo en U está abierto a la atmósfera; la presión atmosférica se ejerce sobre el mercurio en

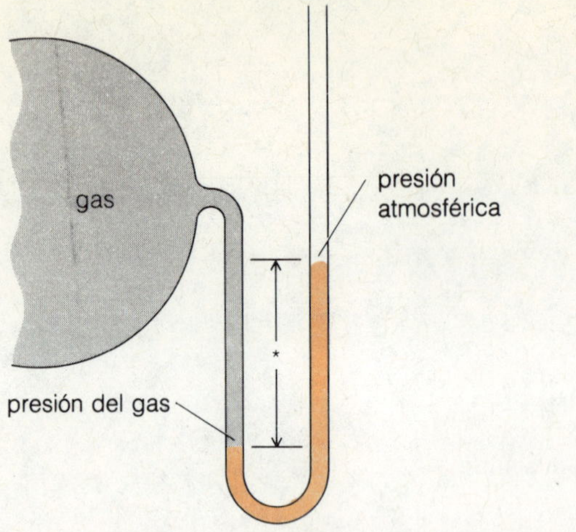

Figura 8.2 Un tipo de manómetro

este brazo. El otro brazo está conectado a un recipiente de un gas en tal forma que el gas ejerce presión sobre el mercurio en este brazo.

Si la muestra del gas estuviese bajo una presión *igual* a la presión atmosférica el mercurio permanecería al mismo nivel en ambos brazos del tubo en U. En el experimento ilustrado en la Figura 8.2, la presión del gas es *mayor* que la presión atmosférica. La diferencia de altura entre los dos niveles de mercurio (en mm de mercurio) debe agregarse a la presión barométrica (en mm de mercurio o torr) para obtener la presión del gas (en mm de mercurio o en torr). Si la presión del gas fuese *menor* que la atmosférica, el mercurio en el brazo izquierdo del manómetro indicado en la Figura 8.2, permanecería a un nivel más alto que el mercurio en el brazo derecho y la diferencia de altura tendría que sustraerse de la presión atmosférica.

8.2 Ley de Boyle

La relación entre el volumen y la presión de una muestra de un gas fue estudiada por Robert Boyle en 1662. Boyle descubrió que aumentando la presión sobre una muestra de un gas hace que el volumen del gas disminuya proporcionalmente. Si se duplica la presión, el volumen disminuye a la mitad. Si la presión aumenta tres veces, el volumen se reduce a una tercera parte de su valor original. La **ley de Boyle** establece que, a temperatura constante, el volumen de una muestra de gas varía inversamente con la presión.

Robert Boyle, 1627-1691 (*Instituto Americano de Física, Biblioteca Niels Bohr*).

$$V \propto \frac{1}{P}$$

La proporcionalidad puede cambiarse en igualdad por la introducción de una constante, k

$$V = \frac{k}{P} \qquad \text{o} \qquad PV = k \tag{8.1}$$

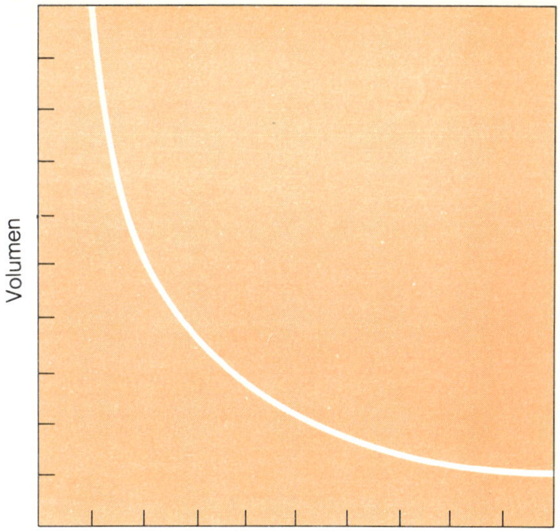

Figura 8.3 Curva presión-volumen para un gas ideal (ley de Boyle)

El valor de la constante depende del tamaño de la muestra y de la temperatura. Los datos de presión-volumen para un gas ideal (Sección 8.5) se hallan representados en la Figura 8.3.

El volumen de un gas se mide, generalmente, en litros. El litro se define como un decímetro cúbico (1 dm^3 = 1000 cm^3). Puesto que hay 1000 ml en un litro, 1 ml es 1 cm^3.

Ejemplo 8.1

Una muestra de un gas ocupa 360 ml bajo una presión de 0.750 atm. Si la temperatura se mantiene constante, ¿qué volumen ocupará la muestra bajo la presión de 1.000 atm?

Solución

Primero tabulamos los datos dados en el problema.

Condiciones iniciales:	V = 360 ml	P = 0.750 atm
Condiciones finales:	V = ? ml	P = 1.000 atm

El volumen final puede obtenerse corrigiendo el volumen inicial para el cambio de presión. Las unidades que se quieren son las mismas que las unidades de las cantidades dadas.

? ml = 360 ml (corrección de presión)

Los factores de *corrección no* son lo mismo que los factores de *conversión*. Un factor de corrección no es igual a 1.0. Podemos derivar dos factores de corrección de presión de los datos dados.

$$(1.000 \text{ atm}/0.750 \text{ atm}) \qquad (0.750 \text{ atm}/1.000 \text{ atm})$$

¿Cuál debemos usar?

Puesto que la presión *aumenta* de 0.750 atm a 1.000 atm, el volumen debe *disminuir*. El factor de corrección debe ser una fracción menor que 1.0. De aquí,

$$? \text{ ml} = 360 \text{ ml} \left(\frac{0.750 \text{ atm}}{1.000 \text{ atm}}\right) = 270 \text{ ml}$$

Ejemplo 8.2

A 0°C y 5.00 atm, una muestra de un gas dado ocupa 75.0 litros. El gas se comprime a un volumen final de 30.0 litros a 0°C. ¿Cuál es la presión final?

Solución

Condiciones iniciales	V = 75.0 litros	P = 5.00 atm	t = 0°C
Condiciones finales	V = 30.0 litros	P = ? atm	t = 0°C

La presión inicial debe corregirse para el cambio de volumen. La temperatura es constante, luego ninguna corrección de temperatura es necesaria.

? atm = 5.00 atm (corrección de volumen)

El volumen y la presión están inversamente relacionados; puesto que el volumen disminuye, la presión debe aumentar. El factor de corrección de volumen debe ser una fracción mayor que 1.0. Colocamos el volumen mayor en el numerador del factor.

$$? \text{ atm} = 5.00 \text{ atm} \left(\frac{75.0 \text{ litros}}{30.0 \text{ litros}}\right) = 12.5 \text{ atm}$$

8.3 Ley de Charles

La relación entre el volumen y la temperatura de una muestra de un gas fue estudiada por Jacques Charles en 1787. Su trabajo fue considerablemente ampliado por Joseph Gay-Lussac en 1802.

Un gas se expande cuando se calienta a presión constante. Los datos experimentales demuestran que por cada grado Celsius que aumenta la temperatura, el volumen de un gas aumenta 1/273 de su valor a 0°C si la presión se mantiene constante. Una muestra de un gas que tiene un volumen de 273 ml a 0°C se expandirá 1/273 de 273 ml, o 1 ml, por cada grado que aumenta la temperatura. A 1°C, el volumen de la muestra será de 274 ml. A 10°C, el volumen habrá aumentado 10 ml a un valor de 283 ml. A 273°C, la muestra se habrá expandido 273 ml a un volumen de 546 ml, con lo cual se duplica el volumen original (Tabla 8.1).

Tabla 8.1 Variación del volumen de una muestra de un gas con la temperatura

Volumen (ml)	Temperatura (°C)	(K)
273	0	273
274	1	274
283	10	283
546	273	546

Aunque el volumen aumenta de manera regular con aumento de la temperatura, el volumen *no* es directamente proporcional a la temperatura medida en grados Celsius.

Un aumento de 1°C a 10°C, por ejemplo, no aumenta el volumen diez veces, sino que lo aumenta sólo de 274 ml a 283 ml. Una escala de temperatura absoluta, con temperaturas medidas en Kelvin, se define de tal manera que el volumen sea directamente proporcional a la temperatura Kelvin. Una **lectura kelvin** (designada por T) se obtiene agregando 273 a la temperatura Celsius (designada por t).

$$T = t + 273$$

Observe que las temperaturas absolutas se dan en kelvins (abreviado K), no grados kelvin y el signo del grado no se usa en la abreviatura. Las temperaturas absolutas aparecen en la última columna de la Tabla 8.1.

En la Tabla 8.1 se observa inmediatamente que el volumen es directamente proporcional a la temperatura absoluta, ya que el volumen se eligió de tal manera que esa relación fuera evidente.

Por ejemplo, cuando se duplica la temperatura absoluta (273 K a 546 K), el volumen también se duplica (273 ml a 546 ml). El volumen de cualquier muestra de un gas varía directamente con la temperatura *absoluta* si la presión se mantiene constante. Esta generalización se conoce como la **ley de Charles.**

$$V \propto T$$

$$V = kT \qquad (8.2)$$

El valor numérico de la constante de proporcionalidad k depende de la presión y del tamaño de la muestra de gas.

La escala de temperatura absoluta fue propuesta por William Thomson, Lord Kelvin, en 1848; la unidad se designó en su honor. Cualquier escala de medida absoluta debe basarse sobre un punto cero que representa la ausencia completa de la propiedad que va a medirse. Sobre escalas de este tipo, los valores negativos son imposibles. Una longitud dada en centímetros es una medida absoluta, puesto que 0 cm representan la ausencia completa de longitud. Uno puede decir que 10 cm es dos veces 5 cm debido a que éstas son medidas absolutas.

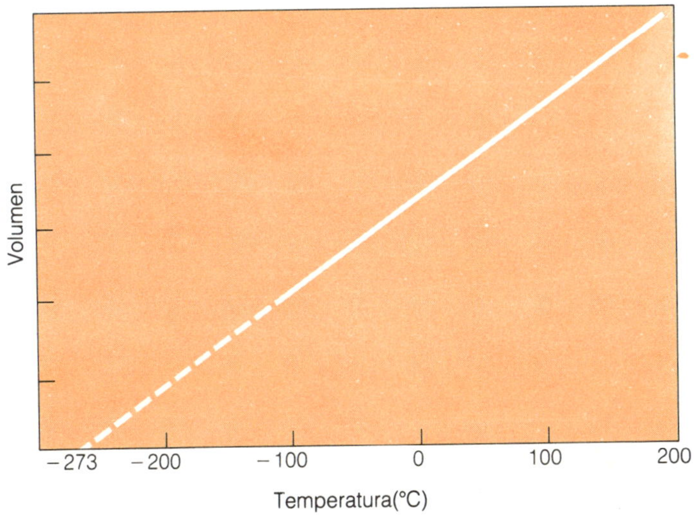

Figura 8.4 Curva temperatura-volumen para un gas ideal (ley de Charles)

La escala de temperatura Celsius no es una escala absoluta. El punto cero, 0°C, es el punto de congelación del agua, no la temperatura más baja posible. Es posible medir temperaturas Celsius negativas y al duplicar la temperatura de una muestra gaseosa no se duplica el volumen del gas. Por otra parte, la escala kelvin es absoluta. 0 K es la temperatura más baja posible y temperaturas kelvin negativas son tan imposibles como longitudes o volúmenes negativos. Al duplicar la temperatura kelvin de una muestra de gas, el volumen se duplica. Si se representa gráficamente el volumen contra la temperatura para una muestra de un gas, se obtiene una línea recta (Figura 8.4). Puesto que el volumen es directamente proporcional a la temperatura absoluta, el volumen del gas, *teóricamente*, debería ser cero al cero absoluto. Por enfriamiento, los gases se licúan y luego se solidifican antes de alcanzar temperaturas tan bajas. No existe ninguna sustancia en la forma gaseosa a una temperatura cerca del cero absoluto. La línea recta de la curva temperatura-volumen, sin embargo, puede extenderse hasta un volumen cero.

La temperatura que corresponde a un volumen cero es −273.15°C. El kelvin es del mismo tamaño que el grado celsius pero el punto cero de la escala kelvin se ha desplazado a − 273.15°C. La conversión exacta de una temperatura celsius a kelvin puede realizarse, por consiguiente agregando 273.15 a la lectura de la celsius.

$$T = t + 273.15 \tag{8.3}$$

Para la mayoría de los problemas, este valor puede aproximarse a 273 sin que se introduzca un error significativo.

Ejemplo 8.3

Una muestra de un gas tiene un volumen de 79.5 ml a 45°C. ¿Qué volumen ocupará la muestra a 0°C, cuando la presión se mantiene constante?

Solución

Tabulamos los datos dados en el problema. Las temperaturas celsius (t) se convierten en temperaturas absolutas (T): $T = t + 273$

Condiciones iniciales	$V = 79.5$ ml	$t = 45°C$	$T = 318$ K
Condiciones finales	$V = ?$ ml	$t = 0°C$	$T = 273$ K

Por lo tanto,

? ml = 79.5 ml (corrección de temperatura)

Puesto que la temperatura disminuye de 318 K a 273 K, el volumen debe disminuir. Se debe usar un factor de corrección con un valor menor que 1.

$$? \text{ ml} = 79.5 \text{ ml}\left(\frac{273 \text{ K}}{318 \text{ K}}\right) = 68.2 \text{ ml}$$

8.4 Ley de Amontons

La presión de un gas confinado en un recipiente aumenta cuando el gas se calienta. La relación matemática entre presión y temperatura es similar a la que hay entre volumen y temperatura. La presión de un gas varía directamente con la temperatura absoluta cuando el volumen es constante.

$$P \propto T$$

$$P = kT \tag{8.4}$$

En este caso el valor de k depende de la cantidad de gas considerado y de su volumen.

Esta generalización algunas veces se llama la **ley de Amontons.** En 1703 Guillaume Amontons construyó un termómetro de aire basado sobre el principio de que la presión de un gas es una medida de la temperatura del gas.

Ejemplo 8.4

Un recipiente de 10.0 litros se llenó con un gas a una presión de 2.00 atmósferas y 0°C. ¿A qué temperatura la presión dentro del recipiente será de 2.50 atm?

Solución

Condiciones iniciales	$V = 10.0$ litros	$P = 2.00$ atm	$T = 273$ K
Condiciones finales	$V = 10.0$ litros	$P = 2.50$ atm	$T = ?$ K

No hay que hacer ninguna corrección de volumen, puesto que es constante. En cualquier problema de gases, todas las temperaturas deben expresarse en kelvin. Por consiguiente

$$? \text{ K} = 273\text{K (corrección de presión)}$$

La presión varía directamente con la temperatura absoluta. La temperatura debe aumentar para producir el aumento de presión observado. Debe utilizarse un factor mayor que 1.

$$? \text{ K} = 273 \text{ K} \left(\frac{2.50 \text{ atm}}{2.00 \text{ atm}}\right) = 341 \text{ K}$$

La respuesta puede ser luego convertida a la escala celsius.

$$\begin{aligned} t &= T - 273 \\ &= 341 \text{ K} - 273 \text{ K} = 68°\text{C} \end{aligned}$$

8.5 Ley del gas ideal

El volumen de un gas, a temperatura y presión fijas, varía directamente con el número de moles del gas considerado.

El método del factor de correccion para resolver problemas de las leyes de los gases

1. Tabule los datos dados en el problema. Escriba las *condiciones iniciales* (V, P y t) y las *condiciones finales* (V, P y t).

2. Convierta las lecturas de temperatura dados en grados Celsius (t) en grados kelvin (T). $T = t + 273.15$. Para la mayoría del trabajo con problemas, 273 es aceptado.

3. La solución consiste en hallar el valor *final* de una de las tres variables (V, P o T) mediante corrección del valor *inicial* de esta variable. Multiplique el valor inicial por los factores de corrección para corregir los cambios en las otras dos variables.

4. Considere cada corrección separadamente. Un factor de corrección consiste en una fracción obtenida de los valores inicial y final de la misma variable (V, P o T). Uno de estos valores se coloca en el numerador del factor, el otro, en el denominador. Por lo tanto, pueden obtenerse dos fracciones: una numéricamente mayor que 1, la otra, menor de 1. Decida si el cambio considerado resultaría en un aumento o disminución del valor corregido. Sobre esta base, seleccione la fracción a emplear como factor de corrección.

5. Puesto que las unidades en el numerador y denominador de un factor de corrección son las mismas, éstas se cancelan. La respuesta tiene las mismas unidades como las del valor que se ha corregido.

6. Si se busca una temperatura y se obtiene en kelvins, el equivalente en Celsius puede hallarse al final del proceso: $t = T - 273.15$

Obviamente, 1 mol de un gas (un peso molecular en gramos) ocupa la mitad del volumen que ocupan 2 moles cuando la temperatura y la presión de ambas muestras son las mismas. Más aún, el volumen de 1 mol de un gas dado es el mismo que el volumen de 1 mol de cualquier otro gas si los volúmenes se miden a la misma temperatura y presión (principio de Avogadro, descrito en la Sección 8.8). Si n es el número de moles de gas:

$$V \propto n$$

o

$$V = kn \qquad (8.5)$$

El valor numérico de la constante de proprocionalidad depende de la temperatura y presión del gas.

La relación puede combinarse con las fórmulas de las leyes de Boyle y de Charles, para dar una ecuación general que relacione el volumen, la temperatura, la presión y el número de moles. El volumen es inversamente proporcional a la presión y directamente proporcional a la temperatura absoluta y al número de moles.

$$V \propto \frac{1}{P} \qquad V \propto T \qquad V \propto n$$

Por consiguiente,

$$V \propto \left(\frac{1}{P}\right)(T)(n)$$

Tabla 8.2 Valores de la constante de un gas ideal *R*, en varias unidades

R	Unidades
8.2056×10^{-2}	litro·atm/k mol
8.3143×10^{3}	litro·Pa/k mol
8.3143	J/k mol[a]

[a] Puesto que el joule es newton por metro (1 J = 1N-m), este valor de R se utiliza cuando P se expresa en pascal (1 Pa = 1N/m^2), *V* en metros cúbicos (m^3), *n* en moles (moles) y *T* en kelvin (K). Esta expresión es equivalente por consiguiente a m^3·Pa/Kmol.

La proporcionalidad puede convertirse en una igualdad utilizando una constante. En este caso, la constante se designará con *R*.

$$V = R\left(\frac{1}{P}\right)(T)(n)$$

Ordenando da:

$$PV = nRT \qquad (8.6)$$

Bajo condiciones ordinarias de temperatura y presión, la mayoría de los gases se ajustan bien al comportamiento descrito por esta ecuación. Sin embargo, ocurren desviaciones bajo condiciones extremas (baja temperatura y alta presión; Sección 8.13). Un gas hipotético que siga exactamente el comportamiento descrito por la ecuación, bajo todas las condiciones, se llama un **gas ideal.** La ecuación se conoce, por lo tanto, como la **ecuación de estado para un gas ideal.**

Por convención, la **temperatura y presión patrón** (estándar) **TPE** están definidas a 0°C (que es 273.15K) y exactamente 1 atm de presión. El volumen de 1 mol de un gas ideal a TPE, obtenido de medidas experimentales, es 22.4136 litros. Estos datos pueden utilizarse para evaluar la constante del gas ideal, *R*. La solución de la ecuación de estado para *R*, da,

$$R = \frac{PV}{nT}$$

Sustituyendo los datos para un volumen molar TPE de un gas ideal da

$$R = \frac{(1\ \text{atm})(22.4136\ \text{litros})}{(1\ \text{mol})(273.15\ \text{K})} = 0.082056\ \text{litros·atm/(K·mol)}$$

Cuando se emplea este valor de *R*, el volumen debe expresarse en litros, la presión en atmósferas, y la temperatura en kelvin. Los valores de *R* en otras unidades aparecen en la Tabla 8.2.

El número de moles de gas en una muestra *n*, es igual a la masa de la muestra, *g*, dividida por el peso molecular del gas, *M*.

$$n = \frac{g}{M}$$

Sustituyendo (*g*/*M*) por *n* en $PV = nRT$ da

$$PV = \left(\frac{g}{M}\right)RT \qquad (8.7)$$

Muchos problemas pueden resolverse usando esta forma de la ecuación de estado.

Ejemplo 8.5

El volumen de una muestra de un gas es 462 ml a 35°C y 1.15 atm. Calcule el volumen de la muestra a TPE.

Solución

Condiciones iniciales	$V = 462$ ml	$T = 308$ K	$P = 1.15$ atm
Condiciones finales	$V = ?$ ml	$T = 273$ K	$P = 1.00$ atm

Para resolver el problema puede utilizarse el enfoque de factor de corrección.

? ml = 462 ml (corrección temperatura) (corrección presión)

Cada una de estas correcciones es considerada separadamente. Primero, el descenso en temperatura, de 308 K a 273 K, hace que el volumen disminuya por un factor de (273 K/308 K). Segundo, el descenso de presión, de 1.15 atm a 1.00 atm, hace que el volumen aumente por un factor de (1.15 atm/1.00atm) debido a que la presión y el volumen están relacionados inversamente.

$$? \text{ ml} = 462 \text{ ml} \left(\frac{273 \text{ K}}{308 \text{ K}}\right)\left(\frac{1.15 \text{ atm}}{1.00 \text{ atm}}\right) = 471 \text{ ml}$$

Ejemplo 8.6

¿A qué presión 0.25 moles de N_2 (g) ocuparán 10.0 litros a 100°C?

Solución

$P = ?$ atm $V = 10.0$ litros $n = 0.250$ mol $T = 373$ K

Los problemas en los que solamente se establecen un conjunto de condiciones, se resuelven fácilmente por sustitución en la ecuación de estado:

$$PV = nRT$$

$$P(10.0 \text{ litros}) = (0.250 \text{ mol})\ [0.0821 \text{ litros}\cdot\text{atm}/(\text{K}\cdot\text{mol})]\ (373 \text{ K})$$

$$P = 0.766 \text{ atm}$$

Ejemplo 8.7

¿Cuántos moles de CO se hallan presentes en una muestra de 500 ml de CO (g) recogida a 50°C y 1.50 atm?

Solución

Las unidades de los valores sustituidos en $PV = nRT$ deben corresponder a las unidades en las cuales está expresada R. Por lo tanto, expresamos el volumen en litros y la temperatura en kelvin.

$$PV = nRT$$

$$(1.50 \text{ atm})(0.500 \text{ litros}) = n[0.0821 \text{ litros·atm/(K·mol)}]\ (323 \text{ K})$$

$$n = 0.0283 \text{ mol}$$

Ejemplo 8.8

¿Qué volumen ocuparán 10.0 g de CO_2 (g) a 27°C y 2.00 atm?

Solución

El problema puede resolverse en un paso si (g/M) se sustituye por n en la ecuación de estado. El peso molecular del CO_2 es 44.0

$$PV = \left(\frac{g}{M}\right) RT$$

$$(2.00 \text{ atm})V = \left(\frac{10.0 \text{ g}}{44.0 \text{ g/mol}}\right)[0.0821 \text{ litro·atm/(K·mol)}]\ (300 \text{ K})$$

$$V = 2.80 \text{ litros}$$

Ejemplo 8.9

¿Cuál es la densidad del NH_3 (g) a 100°C y 1.15 atm?

Solución

La densidad de un gas es el número de gramos del gas en un litro. Por consiguiente podemos hallar la densidad estableciendo V igual a 1.00 litro y resolviendo para g. El peso molecular del NH_3 es 17.0:

$$PV = \left(\frac{g}{M}\right) RT$$

$$(1.15 \text{ atm})\ (1.00 \text{ litro}) = \left(\frac{g}{17.0 \text{ g/mol}}\right) [0.0821 \text{ litro·atm/(K·mol)}]\ (373 \text{ K})$$

$$g = 0.638 \text{ g}$$

La densidad es 0.638 g/litro

Ejemplo 8.10

(a) El ciclopropano es un gas que se utiliza como un anestésico general. El gas tiene una densidad de 1.50 g/litro a 50°C y 0.948 atm. ¿Cuál es el peso molecular del ciclopropano? (b) La fórmula empírica del ciclopropano es CH_2. ¿Cuál es la fórmula molecular del compuesto?

Solución

(a) Puesto que la densidad es 1.50 g/litro, 1.50 g del gas ocuparán 1.00 litros bajo las condiciones especificadas

$$PV = \left(\frac{g}{M}\right) RT$$

$$(0.948 \text{ atm})\ (1.00 \text{ litro}) = \left(\frac{1.50 \text{ g}}{M}\right) [0.0821 \text{ litro·atm/(K·mol)}]\ (323 \text{ K})$$

$$M = 42.0 \text{ g/mol}$$

(b) El peso fórmula de la fórmula empírica, CH_2, es 14.0. Si dividimos el peso molecular por este peso fórmula, obtenemos (42.0/14.0) = 3

Por consiguiente, hay tres veces más átomos en la molécula que lo indicado por la fórmula empírica. La fórmula molecular del ciclopropano es C_3H_6.

8.6 Teoría cinética de los gases

La teoría cinética de los gases proporciona un modelo para explicar la regularidad observada en el comportamiento de los gases. En 1738 Daniel Bernoulli explicó la ley de Boyle suponiendo que la presión de un gas resulta de los choques de las moléculas del gas con las paredes del recipiente. La explicación de Bernoulli constituyó una expresión simple de los aspectos claves de la teoría cinética. La teoría se extendió y desarrolló a mediados del siglo XIX por muchos científicos, notablemente, Krönig, Clausius, Maxwell y Boltzmann.

La teoría cinética de los gases incluye los siguientes postulados:

1. Los gases consisten en moléculas muy separadas en el espacio. El volumen real de las moléculas individuales es despreciable en comparación con el volumen total del gas como un todo. La palabra *molécula* se usa aquí para designar la partícula más pequeñas de cualquier gas; algunos gases (por ejemplo los gases nobles) consisten en átomos sin combinarse.

2. Las moléculas de los gases están en constante y rápido movimiento rectilíneo, chocan entre sí y con las paredes del recipiente. Aunque la energía se puede transmitir de una molécula a otra en estos choques, no se pierde energía cinética (que es energía de movimiento).

3. El promedio de energía cinética de las moléculas de un gas depende de la temperatura y aumenta a medida que la temperatura aumenta. A una temperatura dada, las moléculas de todos los gases tienen el mismo promedio de energía cinética.

4. Las fuerzas de atracción entre las moléculas de los gases son despreciables.

Las leyes de los gases pueden ser explicadas por la teoría cinética. Considere la *ley de Boyle*. De acuerdo a la teoría, la presión del gas es causada por los choques moleculares con las paredes del recipiente. Si se aumenta el número de moléculas por unidad de volumen (la concentración molecular), resultará una presión mayor debido al mayor número de choques por unidad de tiempo. Al reducir el volumen de un gas las moléculas se acumulan en un espacio más pequeño, con lo cual se produce una concentración molecular mayor y una presión proporcionalmente más alta.

Las *leyes* de *Charles* y de *Amontons* relacionan las propiedades de los gases con los cambios de temperatura. El promedio de energía cinética de las moléculas de un gas es proporcional a la temperatura absoluta. Al cero absoluto, la energía cinética de las moléculas es teóricamente cero. Las moléculas están en reposo. Puesto que el volumen de las moléculas de un gas ideal es despreciable, el volumen de un gas ideal a temperatura de cero absoluto, es teóricamente cero.

A medida que se aumenta la temperatura las moléculas se mueven a velocidades más altas. Las colisiones de las moléculas del gas con las paredes del recipiente son más vigorosas y más frecuentes. Como resultado, la presión aumenta en la forma descrita por la ley de Amontons.

La presión de un gas que está sometido a calentamiento puede mantenerse constante si al gas se le permite expandirse. El aumento del volumen conserva la presión constante y reduce el número de colisiones de las moléculas con las paredes del recipiente en un tiempo dado. En esta forma, el descenso de la frecuencia de las colisiones, compensa el aumento de intensidad de los choques. La ley de Charles describe esta situación.

8.7 Derivación de la ley de un gas ideal a partir de la teoría cinética.

La ecuación de estado para un gas ideal puede derivarse como sigue. Considere una muestra de un gas que contiene N moléculas, cada una de masa m. Si esta muestra se encierra en un cubo de l cm de lado, el volumen total del gas es l^3 cm^3. Aunque las moléculas se están moviendo en todas las direcciones posibles, la derivación se simplifica si suponemos que una tercera parte de las moléculas ($\frac{1}{3} N$) se mueve en la dirección del eje x, una tercera parte en la dirección y y una tercera parte en la dirección z. Para un número muy grande de moléculas, ésta es una simplificación válida puesto que la velocidad de cada molécula puede dividirse en una componente x, y y z.

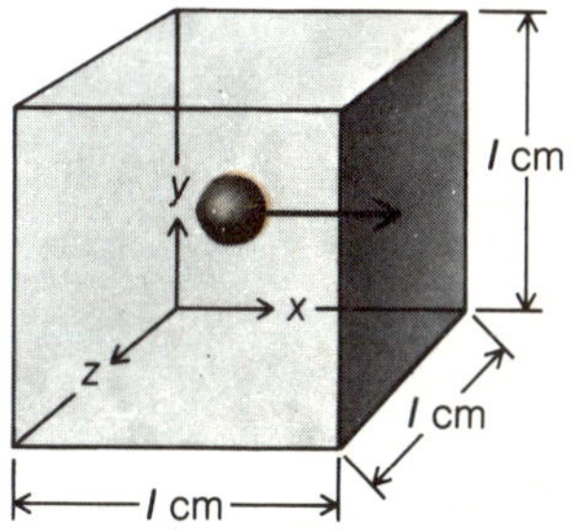

Figura 8.5 Derivación de la ley de un gas ideal

La presión del gas sobre cualquier pared (área de la superficie l^2 cm^2) es causada por los impactos de las moléculas sobre esa pared. La fuerza de cada impacto puede calcularse a partir del cambio de momento por unidad de tiempo. Considere la pared sombreada en la Figura 8.5 y considere sólo aquellas moléculas que se mueven en la dirección del eje x.

Una molécula que se mueva en esta dirección golpeará esta pared cada $2 \times l$ cm de su trayectoria, debido a que después de un impacto, debe ir a la pared opuesta (una distancia de l cm) y regresar (una distancia de l cm) antes del siguiente impacto. Si la molécula se mueve con una velocidad de u cm/s, en un segundo, la molécula se habrá desplazado μ cm y habrá hecho $u/2l$ colisiones con la pared considerada.

El momento es la masa por la velocidad. Antes de un impacto, el momento de la molécula es mu; después de un impacto, el momento es $-mu$ (el signo se cambia debido a que la dirección cambia; la velocidad tiene en cuenta la rapidez y la dirección). Por consiguiente, el *cambio* de momento es igual a $2mu$. En un segundo una molécula realiza $u/2l$ colisiones (choques) y el cambio de momento por colisiones es $2mu$. Por lo tanto, en un segundo el cambio total de momento por molécula es

$$\left(\frac{u}{2l}\right)2mu = \frac{mu^2}{l}$$

El cambio total de momento (fuerza) para todas las moléculas que golpean la pared en un segundo es

$$\frac{N}{3} \times \frac{mu^2}{l}$$

En esta expresión, u^2 es el promedio de los cuadrados de todas las velocidades moleculares.

La presión es fuerza por unidad de área, y el área de la pared es l^2 cm^2. Por consiguiente, la presión sobre la pared considerada es

$$P = \frac{Nmu^2}{3l} \times \frac{1}{l^2} = \frac{Nmu^2}{3l^3}$$

Puesto que el volumen del cubo el l^3 cm^3, $V = l^3$ y

$$P = \frac{Nmu^2}{3V} \qquad \text{o} \qquad PV = \tfrac{1}{3}Nmu^2 \qquad (8.8)$$

Esta ecuación puede escribirse

$$PV = (\tfrac{2}{3}N)(\tfrac{1}{2}mu^2)$$

La energía cinética de cualquier cuerpo es un medio del producto de su masa por el cuadrado de su velocidad. El promedio de energía cinética molecular, por consiguiente, es $\frac{1}{2}mu^2$. Por sustitución.

$$PV = \tfrac{2}{3}N(EC) \qquad (8.9)$$

El promedio de energía cinética molecular EC, es directamente proporcional a la temperatura absoluta T; el número de moléculas N, es proporcional al número de moles n. La sustitución de estos términos requiere incluir una constante, puesto que éstas son proporcionalidades, no igualdades. La constante requerida puede combinarse con los $\frac{2}{3}$ (también una constante); así,

$$PV = nRT \qquad (8.6)$$

8.8 Ley de los volúmenes en combinación de Gay-Lussac y principio de Avogadro

Joseph Gay-Lussac, 1778-1850 (Comisión Nuclear Regulatoria)

En 1808 Joseph Gay-Lussac publicó los resultados de sus experimentos con gases reaccionantes. Cuando se miden a temperatura y presión constante, los volúmenes de los gases que se usan o producen en una reacción química pueden expresarse en proporciones de números enteros sencillos. Esta descripción se llama **ley de los volúmenes en combinación de Gay-Lussac.**

Una de las reacciones que Gay-Lussac estudió es la reacción en la cual el cloruro de hidrógeno *gaseoso* se produce a partir del hidrógeno *gaseoso* y cloro *gaseoso*. Si los volúmenes de todos los gases se miden a la misma temperatura y presión,

Un volumen de hidrógeno + Un volumen de cloro ⟶ 2 volúmenes de cloruro de hidrógeno

Por ejemplo,

10 litros hidrógeno + 10 litros de cloro ⟶ 20 litros de cloruro de hidrógeno

Gay-Lussac no conocía las fórmulas para estas sustancias y no escribió las ecuaciones químicas. La proporción, sin embargo, está dada por los coeficientes de los gases en la ecuación química:

$$H_2(g) + Cl_2(g) \longrightarrow 2\,HCl(g)$$

La *ley es aplicable solamente para gases*. Los volúmenes de sólidos y líquidos no pueden tratarse en esta forma.

La explicación de la ley de los volúmenes de combinación fue propuesta en 1811 por Amadeo Avogadro. El **principio de Avogadro** establece que los volúmenes iguales de todos los gases a la misma temperatura y presión contienen el mismo número de moléculas.

Los datos de Gay-Lussac demuestran que reaccionan volúmenes iguales de $H_2(g)$ y $Cl_2(g)$. Puesto que la reacción requiere igual número de moléculas de H_2 y Cl_2, un volumen dado de cualquier gas debe contener el mismo número de moléculas. De acuerdo a Gay-Lussac, el volumen de HCl(g) producido es el doble del volumen de $H_2(g)$ usado. La ecuación indica que el número de moléculas de HCl producidas es el doble del número de moléculas de H_2 usadas. Concluimos que el número de moléculas de HCl en un "volumen" es el mismo que el número de moléculas de H_2 en un "volumen". Puede hacerse la misma comparación entre HCl y Cl_2. El volumen total de los gases reaccionantes no tiene que ser igual al volumen de los gases producidos. Este hecho está ilustrado por otro de los ejemplos de Gay-Lussac.

$$2CO(g) + O_2(g) \longrightarrow 2\,CO_2(g)$$

La relación de volumen para esta reacción es

2 volúmenes CO(g) + 1 volumen $O_2(g)$ ⟶ 2 volúmenes de $CO_2(g)$

Los números relativos de moléculas involucrados en la reacción están dados por la ecuación química. Si tomamos $2x$ moléculas de CO, entonces.

2*x* moléculas de CO(g) + *x* moléculas de O_2(g) $\longrightarrow$ *x* moléculas de CO_2(g)

Comparando estas dos fórmulas, vemos que un "volumen" de cualquiera de los gases contiene el mismo número de moléculas, *x*.

Amedeo Avogadro, 1776–1856. *California Institute of Technology Archives.*

Ejemplo 8.11

(a) ¿Qué volumen de oxígeno se requiere para la combustión completa de 15.0 litros de etano, C_2H_6(g), si todos los gases se miden a la misma temperatura y presión?

$$2\,C_2H_6(g) + 7\,O_2(g) \longrightarrow 4\,CO_2(g) + 6\,H_2O(g)$$

(b) ¿Qué volumen de dióxido de carbono gaseoso se produjo?

Solución

(a) La relación entre el volumen de C_2H_6(g) y el volumen de O_2(g) está dada por los coeficientes de la ecuación química

$$2 \text{ litros de } C_2H_6 = 7 \text{ litros de } O_2$$

Esta relación se utiliza para derivar un factor de conversión

$$? \text{ litros } O_2 = 15.0 \text{ litros } C_2H_6 \left(\frac{7 \text{ litros } O_2}{2 \text{ litros } C_2H_6} \right) = 52.5 \text{ litros de } O_2$$

(b) En este caso, la relación es

$$2 \text{ litros } C_2H_6 = 4 \text{ litros de } CO_2$$

Por consiguiente,

$$? \text{ litros de } CO_2 = 15.0 \text{ litros } C_2H_6 \left(\frac{4 \text{ litros } CO_2}{2 \text{ litros } C_2H_6} \right) = 30.0 \text{ litros de } CO_2$$

De acuerdo con el principio de Avogadro, volúmenes iguales de dos gases cualesquiera a la misma temperatura y presión contienen el mismo número de moléculas. Recíprocamente, igual número de moléculas de dos gases cualesquiera bajo las mismas condiciones de temperatura y presión ocuparán volúmenes iguales. Un mol de una sustancia contiene 6.022×10^{23} moléculas (número de Avogadro, Sección 2.4). De acuerdo con el principio de Avogadro, un mol de un gas debería ocupar el mismo volumen que un mol de cualquier otro gas, si ambos se miden bajo las mismas condiciones de temperatura y presión. Este volumen, el **volumen molar de un gas** a

TPE, es 22.414 litros. El peso molecular de un gas, por lo tanto, es la masa en gramos, de 22.4 litros de gas a TPE. Para la mayoría de los gases, la desviación de este ideal es menos del 1%.

El volumen molar a TPE de un gas puede utilizarse para resolver problemas. Todos esos cálculos, por consiguiente, pueden también hacerse utilizando la ecuación de estado, $PV = nRT$.

Ejemplo 8.12

¿Cuál es la densidad del flúor gaseoso, $F_2(g)$ a TPE?

Solución

El peso molecular del F_2 es 38.0

$$1 \text{ mol } F_2 = 38.0 \text{ g} F_2$$

a TPE el volumen de un mol de cualquier gas es 22.4 litros

$$1 \text{ mol } F_2 = 22.4 \text{ litros } F_2$$

Por consiguiente,

$$? \text{ g } F_2 = 1 \text{ litro } F_2 \left(\frac{1 \text{ mol } F_2}{22.4 \text{ litros } F_2}\right)\left(\frac{38.0 \text{ g } F_2}{1 \text{ mol } F_2}\right) = 1.70 \text{ g } F_2$$

La densidad es 1.70 g/litro.

Ejemplo 8.13

¿Cuál es el peso molecular de un gas que tiene una densidad de 1.34 g/litro a TPE?

Solución

$$? \text{ g} = 1 \text{ mol}\left(\frac{22.4 \text{ litro}}{1 \text{ mol}}\right)\left(\frac{1.34 \text{ g}}{1 \text{ litro}}\right) = 30.0 \text{ g}$$

El peso molecular del gas es 30.0 g/mol.

8.9 Estequiometría y volúmenes de los gases

Los problemas estequiométricos pueden basarse sobre los volúmenes de los gases que están involucrados en una reacción química. La ley de Gay-Lussac de los volúmenes de combinación se utiliza para resolver problemas que tienen que ver con los volúmenes de dos gases (Sección 8.8). Algunos problemas atañen a la relación entre el *volumen* de un gas y la *masa* de otra sustancia. A continuación se dan ejemplos de este tipo de problema. La clave para su solución es, como siempre, el mol.

Ejemplo 8.14

Una muestra de 0.400 g de azida de sodio, $NaN_3(s)$, se calentó y se descompuso

$$2\,NaN_3(s) \longrightarrow 2\,Na(s) + 3\,N_2(g)$$

¿Qué volumen de $N_2(g)$, medido a 25°C y 0.980 atm se obtuvo?

Solución

Primero hallamos el número de moles de NaN_3 de la muestra. Puesto que

$$1 \text{ mol } NaN_3 = 65.0 \text{ g } NaN_3$$

$$? \text{ mol } NaN_3 = 0.400 \text{ g } NaN_3 \left(\frac{1 \text{ mol } NaN_3}{65.0 \text{ g } NaN_3}\right) = 0.00615 \text{ mol } NaN_3$$

De la ecuación química derivamos,

$$2 \text{ moles } NaN_3 = 3 \text{ moles } N_2$$

por consiguiente

$$? \text{ moles } N_2 = 0.00615 \text{ mol } NaN_3 \left(\frac{3 \text{ mol } N_2}{2 \text{ mol } NaN_3}\right) = 0.00923 \text{ moles } N_2$$

Hallamos el volumen de $N_2(g)$ usando la ecuación de estado

$$PV = nRT$$

$$(0.980 \text{ atm})V = (0.00923 \text{ moles})\ [0.0821 \text{ litro·atm/(K·mol)}]\ (298 \text{ K})$$

$$V = 0.230 \text{ litros}$$

Ejemplo 8.15

¿Cuántos litros de $CO(g)$, medidos a TPE, se necesitan para reducir 1.00 kg de $Fe_2O_3(s)$? La ecuación química es

$$Fe_2O_3(s) + 3\,CO(g) \longrightarrow 2\,Fe(s) + 3\,CO_2(g)$$

Cálculos basados sobre ecuaciones químicas y que comprenden volúmenes de gases

Los siguientes tipos de problemas pueden hallarse:

1. Se da un *volumen* de un gas A y se quiere hallar el *volumen* del gas B.
   a. *Los volúmenes de ambos gases se miden bajo las mismas condiciones de temperatura y presión*. Utilice la ley de los volúmenes de combinación de Gay-Lussac. (ejemplo 8.11).
   b. *Los volúmenes de los dos gases se miden bajo diferentes condiciones*. Utilice la ley de los volúmenes de combinación de Gay-Lussac para hallar el volumen del gas B bajo las condiciones dadas para el gas A. Use los factores de corrección para corregir este volumen del gas B para que esté de acuerdo a las condiciones finales dadas en el problema.
2. La *masa* de una sustancia A se da y se quiere hallar el *volumen* del gas B.
   a. Halle el número de moles de A.
   b. Utilice este número de moles de A para hallar el número de moles de B. La proporción de moles de B a A está dada por la ecuación química.
   c. Halle el volumen del gas B mediante sustitución en $PV = nRT$; n es el número de moles hallados en el paso (b); P y T son las condiciones bajo las cuales se mide el volumen de B. (ejemplos 8.14 y 8.15).
3. Se da un *volumen* del gas A y se quiere hallar la *masa* de la sustancia B.
   a. Calcule el número de moles del gas A, usando $PV = nRT$.
   b. Utilice este número de moles de A para hallar el número de moles de B. La relación de moles de B a A está dada por la ecuación química.
   c. Halle la masa de B a partir del número de moles de B calculadas en el paso (b). Una mol de B es el peso molecular de B en gramos. (Ejemplo 8.16)

Las soluciones a los problemas de los tipos 2 y 3 pueden simplificarse si los volúmenes de los gases se miden en condiciones normales (TPE). El volumen de un mol de cualquier gas a TPE es 22.4 litros. Esta relación puede utilizarse en los pasos 2(c) y 3(a) en lugar de $PV = nRT$. (ejemplos 8.15 y 8.16)

Solución

Primero encontremos el número de moles de Fe_2O_3 en 1000 g de Fe_2O_3. Puesto que

$$1 \text{ mol } Fe_2O_3 = 159.6 \text{ g } Fe_2O_3$$

$$? \text{ mol } Fe_2O_3 = 1000 \text{ g } Fe_2O_3 \left(\frac{1 \text{ mol } Fe_2O_3}{159.6 \text{ g } Fe_2O_3}\right) = 6.27 \text{ mol } Fe_2O_3$$

De la ecuación vemos que

$$1 \text{ mol } Fe_2O_3 = 3 \text{ mol CO}$$

Por lo tanto

$$? \text{ mol CO} = 6.27 \text{ mol } Fe_2O_3 \left(\frac{3 \text{ mol CO}}{1 \text{ mol } Fe_2O_3}\right) = 18.8 \text{ mol CO}$$

A TPE

$$1 \text{ mol CO} = 22.4 \text{ litros CO}$$

Por lo tanto

$$? \text{ litro CO} = 18.8 \text{ mol CO} \left(\frac{22.4 \text{ litros CO}}{1 \text{ mol CO}} \right) = 421 \text{ litros CO}$$

El último paso podría haberse resuelto usando la ecuación de estado

$$PV = nRT$$

$$(1 \text{ atm})\, V = (18.8 \text{ mol})[0.0821 \text{ litros} \cdot \text{atm}/(\text{K} \cdot \text{mol})]\ (273 \text{ K})$$

$$V = 421 \text{ litros}$$

Ejemplo 8.16

¿Cuántos gramos de Fe se necesitan para producir 100 litros de $H_2(g)$ medidos a TPE? La ecuación es

$$3\,Fe(s) + 4\,H_2O \longrightarrow Fe_3O_4(s) + 4\,H_2(g)$$

Solución

Primero encontremos el número de moles de H_2. A TPE

$$1 \text{ mol } H_2 = 22.4 \text{ litros } H_2$$

$$? \text{ mol } H_2 = 100 \text{ litros } H_2 \left(\frac{1 \text{ mol } H_2}{22.4 \text{ litros } H_2} \right) = 4.46 \text{ mol } H_2$$

(Se podría haber llegado al mismo resultado sustituyendo en $PV = nRT$). De la ecuación

$$3 \text{ mol Fe} = 4 \text{ mol } H_2$$

deducimos

$$? \text{ mol Fe} = 4.46 \text{ mol } H_2 \left(\frac{3 \text{ mol Fe}}{4 \text{ mol } H_2} \right) = 3.35 \text{ mol Fe}$$

El peso atómico de Fe es 55.8, por lo tanto

$$? \text{ g Fe} = 3.35 \text{ mol Fe} \left(\frac{55.8 \text{ g Fe}}{1 \text{ mol Fe}} \right) = 187 \text{ g Fe}$$

8.10 Ley de Dalton de las presiones parciales

El comportamiento de una mezcla de gases que no reaccionan entre sí es, frecuentemente, muy interesante. La presión que ejercería un componente de esa mezcla, si éste fuere el único gas presente en el volumen considerado, es la **presión parcial** del componente. **La ley de Dalton de las presiones parciales** (1801), establece que la presión total de una mezcla de gases que no reaccionan, es igual a la suma de las presiones parciales de todos los gases presentes. Si la presión total es P_{total} y las presiones parciales son p_A, p_B, p_C, . . . ,

$$P_{total} = p_A + p_B + p_C + \ldots \qquad (8.10)$$

Suponga que 1 litro del gas A a 0.2 atm de presión y 1 litro del gas B a 0.4 atm de presión se mezclan. Si el *volumen final* es 1 litro y la temperatura constante, la presión de la mezcla será 0.6 atm.

De acuerdo a la teoría cinética, las moléculas del gas A tienen el mismo promedio de energía cinética que las moléculas del gas B, puesto que los dos gases están a la misma temperatura. Por lo tanto, la teoría cinética supone que las moléculas del gas no se atraen entre sí si los gases no reaccionan entre sí químicamente. Consecuentemente, el acto de mezclar dos o más gases no cambia el promedio de energía cinética de cualquiera de estos gases. Cada gas ejerce la misma presión que ejercería si fuera el único gas presente en el recipiente. Si n_A moles del gas A y n_B moles del gas B se mezclan, el número total de moles de gas en la mezcla es $(n_A + n_B)$. La proporción del número de moles de A al número total de moles presente, se llama **fracción molar** de A, X_A.

$$X_A = \frac{n_A}{n_A + n_B} = \frac{n_A}{n_{total}} \qquad (8.11)$$

La fracción de la presión total que es ocasionada por el gas A está dada por la fracción molar de A. La presión parcial de A, por lo tanto, es

$$p_A = \left(\frac{n_A}{n_A + n_B}\right)P_{total} = X_A P_{total} \qquad (8.12)$$

La presión parcial de B es igual a la fracción molar de B por la fracción total

$$p_B = \left(\frac{n_B}{n_A + n_B}\right)P_{total} = X_B P_{total} \qquad (8.13)$$

Observe que la suma de la fracción molar es uno

$$X_A + X_B = 1$$

$$\frac{n_A}{n_A + n_B} + \frac{n_B}{n_A + n_B} = \frac{n_A + n_B}{n_A + n_B} = 1$$

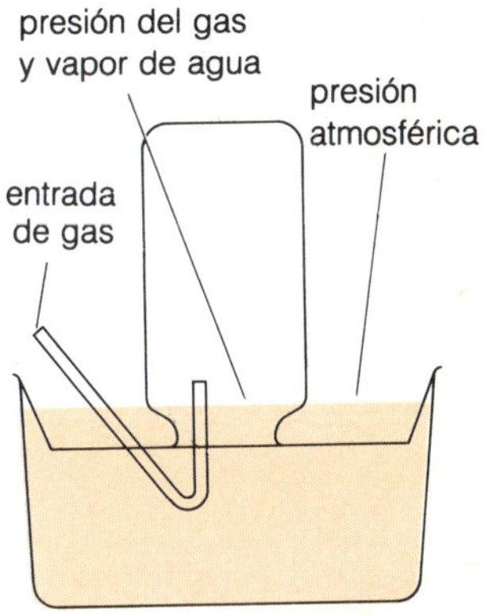

Figura 8.6 Diagrama esquemático de la recolección de un gas sobre el agua

Suponga que una mezcla contiene 1 mol de A y 4 moles de B. Entonces el número total de moles es cinco, la fracción molar de A es un quinto y la fracción molar de B es cuatro quintos. La presión parcial de A, por lo tanto, es un quinto de la presión total y la presión parcial de B es cuatro quintos de la presión total.

Un gas producido en el curso de un experimento de laboratorio, frecuentemente se recoge sobre agua, si es que no es muy soluble en agua. El gas se introduce a una botella invertida que se ha llenado con agua. El gas desplaza el agua y el gas recogido se mezcla con vapor de agua. La presión total de la mezcla es la suma de las presiones parciales del gas y la presión parcial del vapor de agua. En la Figura 8.6, la presión total es igual a la presión barométrica puesto que el agua permanece al mismo nivel dentro y fuera de la botella. La presión del gas seco se halla sustrayendo la presión del vapor de agua a la temperatura del experimento (Tabla 8.3) de la presión barométrica.

Ejemplo 8.17

Una muestra de 370 ml de oxígeno se recogió sobre agua a 23°C y a una presión barométrica de 0.992 atm. ¿Qué volumen ocuparía esta muestra seca y a TPE?

Solución

La presión de vapor del agua a 23°C es 0.0277 atm; por consiguiente, la presión inicial del oxígeno es

Tabla 8.3 Presión de vapor de agua

Temperatura (°C)	Presión (atm)	Presión (torr)	Temperatura (°C)	Presión (atm)	Presión (torr)
0	0.0060	4.6	25	0.0313	23.8
1	0.0065	4.9	26	0.0332	25.2
2	0.0070	5.3	27	0.0352	26.7
3	0.0075	5.7	28	0.0373	28.3
4	0.0080	6.1	29	0.0395	30.0
5	0.0086	6.5	30	0.0419	31.8
6	0.0092	7.0	31	0.0443	33.7
7	0.0099	7.5	32	0.0470	35.7
8	0.0106	8.0	33	0.0496	37.7
9	0.0113	8.6	34	0.0525	39.9
10	0.0121	9.2	35	0.0555	42.2
11	0.0130	9.8	40	0.0728	55.3
12	0.0138	10.5	45	0.0946	71.9
13	0.0148	11.2	50	0.122	92.5
14	0.0158	12.0	55	0.155	118.0
15	0.0168	12.8	60	0.197	149.4
16	0.0179	13.6	65	0.247	187.5
17	0.0191	14.5	70	0.308	233.7
18	0.0204	15.5	75	0.380	289.1
19	0.0217	16.5	80	0.467	355.1
20	0.0231	17.5	85	0.571	433.6
21	0.0245	18.7	90	0.692	525.8
22	0.0261	19.8	95	0.834	633.9
23	0.0277	21.1	100	1.000	760.0
24	0.0294	22.4	105	1.192	906.1

$$0.992 \text{ atm} - 0.028 \text{ atm} = 0.964 \text{ atm}$$

Por lo tanto

Condiciones iniciales:	$V = 370$ ml	$P = 0.964$ atm	$T = 296$ K
Condiciones finales:	$V = ?$ ml	$P = 1.000$ atm	$T = 273$ K

$$? \text{ ml} = 370 \text{ ml}\left(\frac{0.964 \text{ atm}}{1.000 \text{ atm}}\right)\left(\frac{273 \text{ K}}{296 \text{ K}}\right) = 329 \text{ ml}$$

Ejemplo 8.18

Una mezcla de 40.0 g de oxígeno y 40.0 g de helio tiene una presión total de 0.900 atm. ¿Cuál es la presión parcial del oxígeno?

Solución

El peso molecular del oxígeno es 32.0 Cuarenta gramos de O_2 son 40.0/32.0 ó 1.25 moles de O_2. El helio es un gas monoatómico. Su peso atómico es 4.00, por consiguiente 40.0/4.0, ó 10.0 moles de He están presentes en la mezcla.
Por lo tanto

$$X_{O_2} = \frac{n_{O_2}}{n_{O_2} + n_{He}}$$

$$X_{O_2} = \frac{1.25 \text{ mol}}{(1.25 + 10.0) \text{ mol}} = \frac{1.25 \text{ mol}}{11.2 \text{ mol}} = 0.112$$

La presión parcial de O_2 es

$$\begin{aligned} P_{O_2} &= X_{O_2} P_{\text{total}} \\ &= (0.112)(0.900 \text{ atm}) \\ &= 0.101 \text{ atm} \end{aligned}$$

8.11 Velocidades moleculares

En la Sección 8.7 derivamos la expresión

$$PV = \tfrac{1}{3} Nmu^2$$

Para un mol de un gas, el número de moléculas, N, es el número de Avogadro, y N veces la masa de una sola molécula, m, es el peso molecular M.

$$PV = \tfrac{1}{3} Mu^2 \qquad (8.8)$$

También para un mol, $PV = RT$; así

$$RT = \tfrac{1}{3} Mu^2$$

Ordenando y resolviendo para la velocidad molecular, obtenemos

$$u = \sqrt{\frac{3RT}{M}} \tag{8.14}$$

La velocidad *u*, en esta ecuación como en las anteriores, es la **velocidad cuadrática media.** El valor de la velocidad cuadrática media se obtiene tomando la raíz cuadrada del promedio de los cuadrados de todas las velocidades moleculares; es la velocidad de una molécula que posee energía cinética promedio a la temperatura considerada.

Para resolver la ecuación para velocidad cuadrática media, *R* debe expresarse en las unidades apropiadas. Si se desea obtener *u* en m/s y *M* está expresado en g/mol, el valor apropiado de *R* es $8.3143 \times 10^3 g \cdot m^2/(s^2 \cdot K \cdot mol)$. Si *M* está expresado en kg/mol, *R* es 8.3143 J/(K·mol).

La velocidad de una molécula de hidrógeno que tiene una energía cinética promedio a 0°C, es 1.84×10^3 m/s. La difusión de un gas a través de otro, sin embargo, no ocurre tan rápidamente. Aunque una molécula dada se desplaza a alta velocidad, su dirección está cambiando continuamente por los choques con otras moléculas. A 1 atm de presión y O°C una molécula de hidrógeno, en promedio, realiza cerca de 1.4×10^{10} choques en un segundo. La distancia promedio viajada entre colisiones es sólo 1.3×10^{-5} cm; este valor se llama **recorrido libre medio** del hidrógeno. No todas las moléculas del gas tienen la misma energía cinética ni se desplazan a la misma velocidad. Puesto que en estas condiciones puede intercambiarse energía, la velocidad como también la dirección de una molécula cambia continuamente. En cualquier muestra de un gas existe un gran número de moléculas, en tal forma que las velocidad moleculares están distribuidas sobre un intervalo de velocidades definidas.

En la Figura 8.7 aparecen las distribuciones, a dos temperaturas, de las velocidades moleculares de un gas, llamadas **distribuciones de Maxwell-Boltzman.** La fracción del número total de moléculas que tiene una velocidad particular se grafica contra la velocidad molecular. Cada curva tiene un máximo y la velocidad correspondiente al máximo es la velocidad más probable para esa distribución. En otras palabras, hay más moleculas moviendose a esta velocidad que a cualquier otra. Comparativamente pocas moléculas poseen velocidades muy altas o muy bajas.

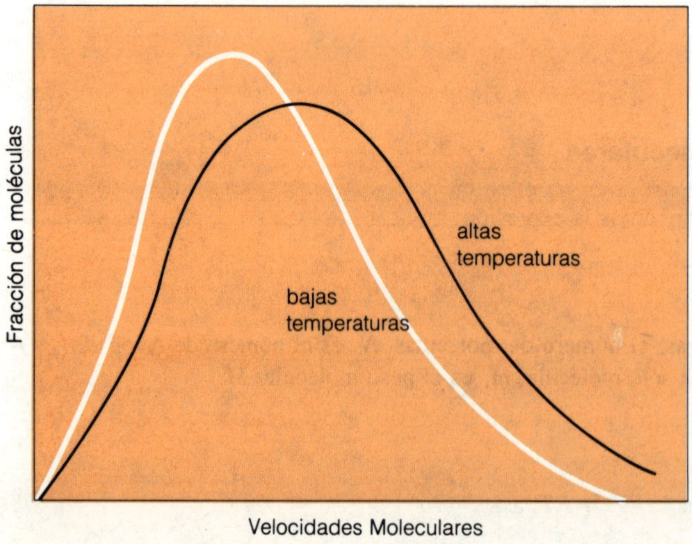

Figura 8.7 Distribución de las velocidades moleculares

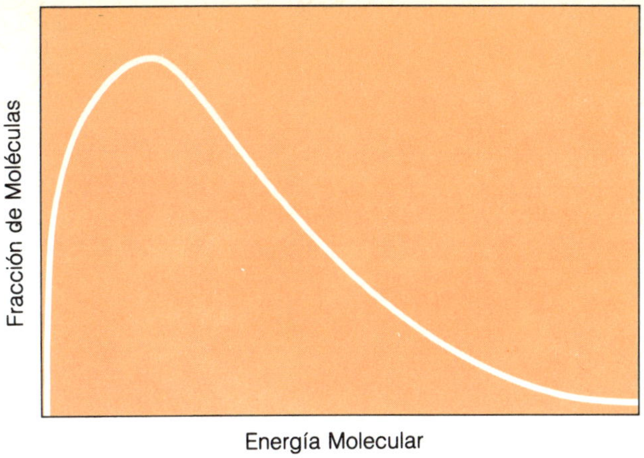

Figura 8.8 Distribución de energías moleculares

Cuando se aumenta la temperatura de un gas, la curva se ensancha y se mueve a velocidades mayores. Menos moléculas se mueven a velocidades más bajas y más moléculas se mueven a velocidades más altas. La adición de calor ha causado que las moléculas, en promedio, se muevan más rápidamente. La velocidad de una molécula de hidrógeno que tiene energía cinética promedio a 0°C, es de 1.84×10^3 m/s; a 100°C, es de 2.15×10^3 m/s.

Una curva típica para la distribución de energías moleculares aparece en la Figura 8.8. Las curvas de distribución de este tipo pueden dibujarse para liquidos y sólidos, como también para gases.

8.12 Ley de difusión de Graham

Suponga que las muestras de dos gases, A y B, se confinan separadamente en dos recipientes idénticos bajo las mismas condiciones de temperatura y presión. La teoría cinética de los gases establece que los gases a la misma temperatura poseen la misma energía cinética promedio. La energía cinética promedio de las moléculas del gas A (EC_A), por consiguiente, es la misma que la energía cinética promedio de las moléculas del gas B (EC_B).

$$EC_A = EC_B$$

La energía cinética de un cuerpo con una masa m moviéndose en trayectoria rectilínea a una velocidad constante u es

$$EC = \frac{1}{2}mu^2$$

por consiguiente,

$$EC_A = \frac{1}{2} m_A u_A^2 \qquad EC_B = \frac{1}{2} m_B u_B^2$$

Las moléculas del gas A (o gas B) no se mueven a la misma velocidad. El símbolo u_A (como también u_B), indica la velocidad de una molécula que tiene la energía cinética promedio, puesto que

$$EC_A = EC_B$$

$$\tfrac{1}{2}m_A u_A^2 = \tfrac{1}{2}m_B u_B^2$$

o

$$m_A u_A^2 = m_B u_B^2$$

Ordenando la ecuación obtenemos

$$\frac{u_A^2}{u_B^2} = \frac{m_B}{m_A}$$

Extrayendo la raíz cuadrada de ambos miembros de la ecuación nos da:

$$\frac{u_A}{u_B} = \sqrt{\frac{m_B}{m_A}}$$

La relación de las masas moleculares, m_B/m_A, es la misma que la relación de los pesos moleculares, M_B/M_A, por consiguiente

$$\frac{u_A}{u_B} = \sqrt{\frac{M_B}{M_A}}$$

Supongamos ahora que cada recipiente tiene una abertura extremadamente pequeña (llamada orificio). Las moléculas del gas escaparán a través de estos orificios; el proceso se llama **difusión molecular**. La velocidad de difusión, r, es igual a la velocidad a la cual las moléculas golpean el orificio, la cual a su vez es proporcional a la velocidad molecular u. Las moléculas que se mueven rápidamente se difundirán a una velocidad mayor que las que se mueven a velocidades menores. La proporción u_A/u_B, por consiguiente, es la misma que la relación de velocidades de difusión, r_A/r_B.

Thomas Graham, 1805–1869. *National Portrait Gallery, Smithsonian Institution.*

$$\frac{r_A}{r_B} = \sqrt{\frac{M_B}{M_A}} \qquad (8.15)$$

Esta ecuación es una expresión de la **ley de difusión de Graham**, derivada experimentalmente por Thomas Graham durante el periodo de 1828 a 1833.

La relación también puede expresarse en términos de *densidades de gases*. Puesto que la densidad de un gas d, es proporcional al peso molecular M del gas (Ejemplo 8.13), la ley de Graham puede escribirse como

$$\frac{r_A}{r_B} = \sqrt{\frac{d_B}{d_A}} \qquad (8.16)$$

No es sorprendente que de dos moléculas con la misma energía cinética, la más liviana se difundirá más rápidamente que la más pesada. (Observe la relación *inversa*). El peso molecular del oxígeno es 32 y el peso molecular del H_2 es 2.

Como

$$\frac{r_{H_2}}{r_{O_2}} = \sqrt{\frac{M_{O_2}}{M_{H_2}}}$$

$$\frac{r_{H_2}}{r_{O_2}} = \sqrt{\frac{32}{2}} = \sqrt{16} = 4$$

El hidrógeno se difundirá cuatro veces más rapidamente que el oxígeno.

Ejemplo 8.19

¿Cuál es el peso molecular de un gas X, si se difunde 0.876 veces más rápido que el $N_2(g)$?

Solución.

La relación de velocidad de difusión del gas X con la de difusión de $N_2(g)$ es:

$$\frac{r_X}{r_{N_2}} = 0.876$$

El peso molecular del N_2 es 28.0, por consiguiente

$$\sqrt{\frac{M_{N_2}}{M_X}} = \frac{r_X}{r_{N_2}}$$

$$\sqrt{\frac{28.0}{M_X}} = 0.876$$

Elevamos al cuadrado en ambos miembros de la ecuación y resolvemos para M_y

$$\frac{28.0}{M_X} = 0.767$$

$$M_X = \frac{28.0}{0.767} = 36.5$$

8.13 Gases reales

Las leyes de los gases describen el comportamiento de un gas ideal o perfecto, definido por la teoría cinética. Bajo condiciones ordinarias de temperaturas y presión, los gases reales siguen aproximadamente las leyes del gas ideal. Sin embargo, no las cumplen a bajas temperaturas y/o altas presiones.

Para un gas ideal, $PV = nRT$, de donde

$$\frac{PV}{RT} = n \qquad (8.17)$$

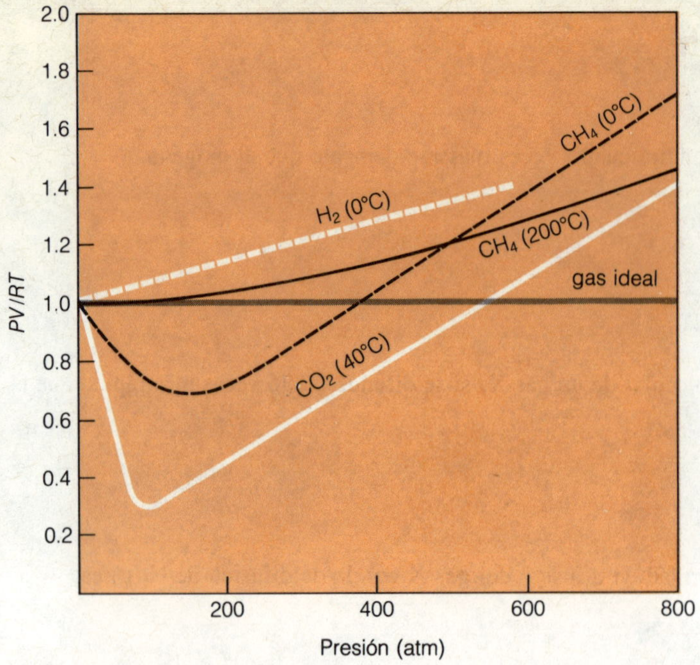

Figura 8.9 *PV/RT* comparado con la presión de varios gases a las temperaturas indicadas.

Si consideramos un mol de un gas ideal, $n = 1$ y $PV/RT = 1$. En la Figura 8.9, PV/RT (factor de compresión) ha sido comparado con la presión para varios gases. Las curvas para los gases reales se desvían considerablemente de las del gas ideal (una línea recta para $PV/RT = 1$). Existen dos razones para estas desviaciones.

1. Fuerzas intermoleculares de atracción. La teoría cinética supone que no existen fuerzas atractivas entre las moléculas de un gas. Sin embargo, tales atracciones deben existir, debido a que todos los gases pueden licuarse. Las atracciones intermoleculares mantienen las moléculas juntas en el estado líquido.

Si suponemos que P, en la expresión PV/RT, es la presión aplicada, una desviación del ideal resultaría aparente en el volumen medido, V. Las fuerzas intermoleculares de atracción *reducen* el volumen por atraer entre sí las moléculas del gas. En este aspecto, aumentan la presión aplicada. Por consiguiente, entre mayor sea la presión aplicada, mayor será el efecto intermolecular de atracción que se experimentará, debido a que las moléculas del gas están más juntas a mayores presiones. Este factor tiende a hacer el valor PV/RT *menor* que 1.

2. Volumen molecular. La teoría cinética supone que las moléculas del gas son puntos en el espacio y que el volumen real de las moléculas no es significante. En el cero absoluto, la temperatura a la cual el movimiento molecular se detiene, el volumen de un gas ideal es cero. Los gases reales, naturalmente, no tienen volúmenes moleculares de cero. Cuando la presión aplicada aumenta, el espacio entre las moléculas se reduce, pero las moléculas mismas no pueden comprimirse. El resultado es que el volumen medido es *mayor* que el volumen calculado para un gas ideal, donde el volumen molecular se omite. De nuevo, la desviación es más pronunciada a mayores presiones. Las moléculas están más juntas a mayores presiones y el volumen molecular es una fracción mayor del volumen total. Este factor tiende a hacer que el valor PV/RT sea *mayor* que 1.

Estos dos aspectos operan al mismo tiempo y entre sí; para saber qué factor predomina, esto depende de las condiciones experimentales. En la Figura 8.9, las porciones de las curvas que se hallan *por debajo* de la línea $PV/RT = 1$ corresponden a las condiciones bajo las cuales predomina el efecto de las fuerzas intermoleculares atractivas. Para aquellas porciones que se encuentran *por encima* de la línea, el volumen molécular es el efecto predominante.

Examine las curvas para H_2 (a 0°C), CH_4 (a 0°C) y CO_2 (a 40°C). La curva para el CO_2 se halla más lejos por debajo de la línea $PV/RT = 1$ que la curva para cualquier otro gas. Se puede concluir que las atracciones entre las moléculas de CO_2 son mayores que entre las moléculas de otros gases. Sin embargo, puesto que la curva para H_2 se halla completamente por encima de esta línea, las fuerzas de atracción entre las moléculas de H_2 deben ser tan débiles que a 0°C originan escasa desviación de la idealidad.

Compare la curva para el metano (CH_4) a 0°C y a 200°C. Como resultado de las atracciones intermoleculares, parte de la curva para el CH_4 a 0°C se halla por debajo de la línea $PV/RT = 1$. La curva para el gas a mayor temperatura se halla completamente por encima de esta línea. A elevadas temperaturas, las moléculas del gas se mueven tan rápidamente, que las fuerzas atractivas entre las moléculas tienen poco efecto. Sin embargo, a bajas temperaturas las moléculas se mueven más lentamente. Las fuerzas atractivas unen a las moléculas de tal forma que el volumen observado es menor que el predicho por la ley del gas. Las curvas de la Figura 8.9 indican, por consiguiente, que los gases reales siguen las leyes del gas ideal lo más cerca posible a bajas presiones y altas temperaturas.

En 1873 Johannes van der Waals modificó la ecuación de estado para un gas ideal teniendo en cuenta estos dos efectos. La **ecuación de van der Waals** es

$$\left(P + \frac{n^2a}{V^2}\right)(V - nb) = nRT \tag{8.18}$$

Los valores numéricos de las constantes a y b para cada gas se determinan experimentalmente. Los valores típicos se hallan en la Tabla 8.4.

El término n^2a/V^2 se adiciona a la presión media, P, para corregir el efecto de las fuerzas intermoleculares de atracción.

La presión es causada por las colisiones de las moléculas del gas con las paredes del recipiente. El efecto de una colisión dada sería mayor si la molécula no fuese retenida por la atracción de otras moléculas.

Consecuentemente, la presión que se mide es *menos* de que la que sería si las fuerzas de atracción no existieran. El término n^2a/V^2 se agrega a P de manera que ($P + n^2a/V^2$) represente la presión de un gas ideal, en el cual no hay fuerzas moleculares.

El término (n/V) representa una concentración (mol/litro). Si x moléculas se encierran en un litro, hay ($x - 1$) formas para que una molécula dada colisione o interaccione

Tabla 8.4 Constantes de van der Waals

Gas	a Litro² atm/mol²	b Litro/mol
H_2	0.244	0.0266
He	0.0341	0.0237
N_2	1.39	0.0391
O_2	1.36	0.0318
Cl_2	6.49	0.0562
NH_3	4.17	0.0371
CO	1.49	0.0399
CO_2	3.59	0.0427

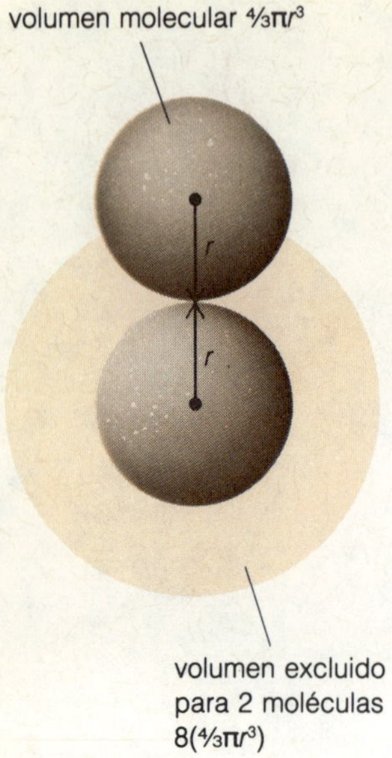

Figura 8.10 Correccion *b*, de van der Waals para el volumen excluido

con otra molécula, puesto que no choca consigo misma. Este factor se aplica para todas las moléculas; por consiguiente, existe un total de $\frac{1}{2} x(x - 1)$ de interacciones posibles para el conjunto de todas las moléculas. La fracción ½ se agrega en forma tal que una interacción no se cuente dos veces. Si se halla presente un número grande de moléculas, $(x - 1)$ se aproxima a x y la proporcionalidad es $\frac{1}{2}x^2$, que es una buena aproximación. De aquí que el número de interacciones entre las moléculas del gas es proporcional al *cuadrado* de la concentración. La constante de van der Waals a puede considerarse como una constante de proporcionalidad (incorporando el ½) y el término de corrección es n^2a/V^2.

La constante b multiplicada por n, se sustrae del volumen total del gas para compensar por la cantidad de volumen que no es compresible debido al volumen intrínseco de las moléculas del gas. Una molécula de gas no se mueve por todo el volumen del recipiente debido a la presencia de otras moléculas. El volumen a través del cual se mueve se puede obtener sustrayendo una cantidad llamada **volumen excluido** del volumen total.

Si se supone que las moléculas son esféricas y tiene un radio r, el volumen excluido por molécula no es meramente el volumen de la molécula, $\frac{4}{3}\pi r^3$. Puesto que el máximo acercamiento de dos moléculas es $2r$ (Figura 8.10), el volumen excluido para *dos* moléculas es $\frac{4}{3}\pi(2r)^3$, lo cual es $8(\frac{4}{3}\pi r^3)$. Para cada molécula este volumen es $4(\frac{4}{3}\pi r^3)$, el cual es cuatro veces el volumen molecular. Por consiguiente, para un mol de moléculas, N moléculas.

$$b = 4N\tfrac{4}{3}\pi r^3) \tag{8.19}$$

8.14 Licuefacción de gases

La licuefacción de un gas ocurre bajo condiciones que permiten que las fuerzas de atracción intermoleculares unan las moléculas del gas en la forma líquida. Si la presión es alta, las moléculas están juntas y el efecto de las fuerzas de atracción es apreciable. Las fuerzas de atracción son contrarrestadas por el movimiento de las moléculas del gas.

Así, la licuefacción está favorecida por las bajas temperaturas donde el promedio de energía cinética de las moléculas es bajo. El comportamiento de un gas se desvía más y más del ideal a medida que disminuye la temperatura y aumenta la presión. En los extremos de estas condiciones, los gases se licuan. Cuanto mayor sea la temperatura de un gas, mayor dificultad habrá para la licuefacción y mayor ha de ser la presión que se aplica. Esta temperatura, se llama la **temperatura crítica** del gas considerado. La **presión crítica** es la presión mínima requerida para licuar el gas a temperatura crítica. Las constantes críticas de algunos gases comunes se hallan en la Tabla 8.6.

Tabla 8.5 Presiones necesarias para licuar el dioxido de carbono (Presiones de vapor del CO_2 líquido.)

Temperatura (°C)	Presión (atm)
−50	6.7
−30	14.1
−10	26.1
10	44.4
20	56.5
30	71.2
31	72.8

La temperatura crítica de un gas es un indicio de la intensidad de las fuerzas de atracción intermolecular de ese gas. Una sustancia con fuerzas de atracción débiles tendrá una temperatura crítica baja; por encima de esta temperatura, el movimiento molecular es demasiado violento para permitir que las fuerzas relativamente débiles, mantengan las moléculas en el estado líquido. Las sustancias de la Tabla 8.6 aparecen en orden creciente de temperatura crítica, la magnitud de las fuerzas de atracción intermoleculares (relacionadas al a de la Tabla 8.4) aumenta en este mismo orden. El helio, que posee fuerzas de atracción débiles, puede existir como líquido por debajo de 5.3°K solamente, las fuertes fuerzas de atracción del agua le permiten licuarse hasta

Tabla 8.6 Datos de puntos críticos		
Gas	Temperatura crítica (K)	Presión crítica (atm)
He	5.3	2.26
H_2	33.3	12.8
N_2	126.1	33.5
CO	134.0	35.0
O_2	154.4	49.7
CH_4	190.2	45.6
CO_2	304.2	72.8
NH_3	405.6	111.5
H_2O	647.2	217.7

una temperatura de 647.2°K. Las constantes críticas se han utilizado para evaluar las constantes de la ecuación de van der Waals.

Los datos de la Tabla 8.6 muestran que es necesario enfriar muchos gases por debajo de la temperatura ambiente (aproximadamente 295 °K) antes de que estas sustancias pueden licuarse. Los procedimientos comerciales de licuefacción hacen uso del **efecto Joule-Thomson** para enfriar gases; cuando un gas comprimido se expande a baja presión, el gas se enfría. En la expansión se realiza trabajo contra las fuerzas de atracción intermoleculares. La energía utilizada para realizar este trabajo debe tomarse de la energía cinética de las moléculas del gas mismo, de ahí que la temperatura del gas disminuya. Este efecto fue estudiado por James Joule y William Thomson (Lord Kelvin) en el periodo de 1852 a 1862. La licuefacción del aire se realiza permitiendo que aire frío y comprimido se expanda. La temperatura del aire desciende a un nivel inferior. Este aire enfriado se usa para pre-enfriar el aire comprimido que entra y la expansión de este aire comprimido resulta en la obtención de temperaturas aun más bajas. El aire enfriado y expandido se recircula por la cámara de compresión produciendo así aire líquido.

Resumen

Los temas presentados este capítulo son:

1. El significado y medida de la presión.

2. Las leyes sencillas de los gases, la ley de Boyle, ley de Charles y ley de Amonton.

3. La temperatura absoluta y su medición sobre la escala Kelvin.

4. La ecuación de estado para un gas ideal, la cual resume las leyes simples de los gases.

5. Los cálculos basados sobre la ecuación del gas ideal, incluyendo los que involucran densidades de los gases y pesos moleculares.

6. La teoría cinética de los gases, un modelo para comprender el comportamiento de los gases.

7. La ley de los volumenes de combinación de Gay-Lussac, la cual hace relación a los volumenes de los gases involucrados en reacciones químicas y que es la base para la estequiometría de este tipo de reacción.

8. El principio de Avogadro, la explicación de la ley de Gay-Lussac.

9. La ley de Dalton de las presiones parciales, utilizada para resolver los problemas que involucran mezclas gaseosas.

10. La distribución de velocidad molecular y energía cinética entre las moléculas de un gas.

11. Ley de difusión de Graham.

12. Las formas en las cuáles el comportamiento de los gases reales se desvía del gas ideal y las razones para las desviaciones.

13. La ecuación de Van der Waals, una modificación de la ecuación del gas ideal corregida teniendo en cuenta el comportamiento no ideal.

14. La licuefacción de gases.

Glosario

A continuación aparecen algunos de los términos más importantes presentados en este capítulo. Las definiciones de algunos términos no incluidos en esta lista pueden localizarse utilizando el índice.

Atmósfera, atm (Sección 8.1). Una unidad de presión que se define como 101,325 Pa; 1 atm = 760 torr.

Barómetro (Sección 8.1). Un aparato para medir la presión que la atmosfera ejerce sobre la superficie de la tierra.

Constante del gas ideal, *R* (Sección 8.5). La constante de proporcionalidad en la ecuación de estado para un gas ideal; 0.082056 litro·atm/(K·mol).

Distancia libre media (Sección 8.11). La distancia promedio que la molécula de un gas se desplaza entre colisiones con otras moléculas del gas.

Distribución de Maxwell–Boltzmann (Sección 8.11). La forma como la energía cinética o velocidad molecular se distribuye entre las moléculas de un gas.

Ecuación de van der Waals (Sección 8.13). Una ecuación de estado para los gases, una modificación de la ecuación del gas ideal que toma en consideración las atracciones intermoleculares y los volumenes que ocupan las moléculas del gas.

Escala de temperatura Kelvin (Sección 8.3). Una escala de temperatura absoluta sobre la cual se puede obtener una lectura mediante adición de 273.15 al valor en grados Celsius.

Factor de compresibilidad (Sección 8.13). PV/RT, donde P es la presión del gas; V el volumen; R la constante del gas ideal, y T la temperatura absoluta. Para 1 mol de un gas ideal, el factor de compresibilidad es siempre igual a 1.

Fracción molar, *X* (Sección 8.10). La proporción del número de moles de un compuesto de una mezcla al número total de moles presentes en la mezcla.

Ley de Amontons (Sección 8.4). A volumen constante, la presión de una muestra gaseosa varía directamente con la temperatura absoluta.

Ley de Boyle (Sección 8.2). A temperatura constante el volumen de una muestra gaseosa varía inversamente con la presión.

Ley de Charles (Sección 8.3). A presión constante, el volumen de una muestra gaseosa varía directamente con la temperatura absoluta.

Ley de Dalton de las presiones parciales (Sección 8.10). La presión total de una mezcla de gases que no reacciona, es igual a la suma de las presiones parciales de todos los gases presentes.

Ley de difusión de Graham (Sección 8.12). La velocidad de difusión de un gas es inversamente proporcional a la raíz cuadrada de su densidad o a la raíz cuadrada de su peso molecular.

Ley de los volumenes de combinación de Gay-Lussac (Sección 8.8). A temperatura constante y presión constantes, los volumenes de los gases usados o producidos en una reacción química se hallan en proporciones de números enteros sencillos.

Ley del gas ideal (Sección 8.5). El producto de la presión P, y el volumen V, de una muestra de un gas ideal es proporcional al número de moles del gas n, por la temperatura absoluta. T; $PV = nRT$

Pascal, Pa (Sección 8.1). La unidad SI de presión: Igual a la fuerza de un newton (1 $kg\cdot m/s^2$) que actúa sobre un metro cuadrado.

Presión (Sección 8.1). Fuerza por unidad de área.

Presión crítica (Sección 8.14). La presión requerida para licuar un gas a temperatura crítica.

Presión parcial (Sección 8.10). La presión que un componente de una mezcla de gases ejercería si éste fuese el único gas presente en el volumen bajo consideración.

Principio de Avogadro (Sección 8.8). Volumenes iguales de todos los gases a la misma temperatura y presión, contienen el mismo número de moléculas.

Temperatura crítica (Sección 8.14). La temperatura por encima de la cual es imposible licuar el gas bajo estudio sin interesar cuán grande sea la presión aplicada.

Temperatura y presión patrón TPE (Sección 8.5). 0°C (que equivalen a 273.15°K) y 1 atm de presión.

Teoría cinética de los gases (Sección 8.6 y 8.7). Un modelo a nivel molecular que puede utilizarse para explicar las leyes de los gases y de la cual la ecuación del gas ideal puede obtenerse.

Torr (Sección 8.1): Una unidad de presión equivalente a la presión que ejercería una columna de mercurio de una altura de 1 mm.

Velocidad cuadrática media, *u* (Sección 8.11). La raíz cuadrada del promedio de los cuadrados de las velocidades moleculares.

Volumen molar a TPE (Sección 8.8). El volumen de una mol de un gas a TPE, 22.414 litros.

Problemas*

Leyes de los gases

8.1 Enuncie **(a)** la ley de Boyle, **(b)** la ley de Charles, **(c)** la ley de Amontons.

8.2 Para cada uno de los siguientes pares de variables, cuáles corresponden a las mediciones hechas sobre una muestra de

*Los problemas más difíciles están marcados por un asterisco. El apéndice G contiene las respuestas de los problemas codificados en color.

un gas ideal, establezca un gráfico aproximado para mostrar cómo una cantidad varía con la otra. **(a)** P contra V, T *constante;* **(b)** T contra V, P constante; **(c)** P contra T, V constante; **(d)** PV contra V, T *constante.*

8.3 El volumen de una muestra de gas es 500 ml a una presión de 1.50 atm. Si la temperatura se mantiene constante, ¿cuál es el volumen de la muestra a una presión de **(a)** 1.00 atm? **(b)** 5.00 atm? **(c)** 0.500 atm?

8.4 El volumen de una muestra de gas es 12.0 litros a una presión de 0.250 atm. Si se mantiene constante la temperatura, ¿cuál es la presión de la muestra cuando el volumen es **(a)** 250 ml.? **(b)** 25.0 litros? **(c)** 0.750 litros?

8.5 Un tanque de 10.0 litros de helio se llena a una presión de 150 atm. ¿Cuántos globos de juguete de 1.50 litros pueden ser inflados a una presión de 1.00 atm con el helio del tanque? Suponga que no habrá cambio en la temperatura.

8.6 Un manómetro McLeod es un instrumento empleado para medir presiones extremadamente bajas. Suponga que se comprime una muestra de 250 ml de gas de un sistema de baja presión en un manómetro McLeod hasta un volumen de 0.0525 ml, cuando la presión de la muestra es de 0.0355 atm. ¿Cuál es la presión del gas en el sistema?

8.7 El volumen de una muestra de gas a 20°C es 2.50 litros. Suponga que la presión se mantiene constante. **(a)** ¿Cuál es el volumen del gas a 200°C? **(b)** ¿A qué temperatura (en *°C) será el volumen de 3.00 litros?* **(c)** ¿A qué temperatura (en °C) será el volumen de 1.00 litros?

8.8 El volumen de una muestra de gas nitrógeno a 20°C es de 125 ml. Suponga que la presión se mantiene constante. **(a)** ¿Cuál es el volumen de la muestra a 100°C? **(b)** ¿A qué temperatura (en °C) será el volumen 100 ml? **(c)** ¿A qué temperatura (en °C) será el volumen 175 ml?

8.9 Un termómetro de gas contiene 250.000 ml de gas a 0°C y 1.00 atm de presión. Si la presión se mantiene a 1.00 atm. ¿cuántos milímetros aumentará el volumen por cada grado Celsius que se eleve la temperatura?

8.10 Se llena un recipiente con un gas a una presión de 2.00 atm a 25°C. **(a)** ¿Qué presión se desarrollará dentro del recipiente si se calienta a 75°C? **(b)** ¿A qué temperatura (en °C) será la presión 10.0 atm? **(c)** ¿A qué temperatura (en °C) será la presión 1.50 atm?

8.11 Un recipiente se llena con un gas a una presión de 5.00 atm a 50°C. **(a)** ¿Qué presión se desarrollará dentro del recipiente cerrado si se calienta a 150°C? **(b)** ¿Cuál sería la presión dentro del recipiente a −50°C? **(c)** ¿A qué temperatura (en °C) será la presión 7.50 atm?

Ley del gas ideal

8.12 Una muestra de gas ocupa 400 ml a TPE. ¿Qué volumen ocupará la muestra a 77°C y 2.50 atm?

8.13 Una muestra de gas ocupa 15.0 litros a 50°C y 0.750 atm. ¿Qué volumen ocupará la muestra a TPE?

8.14 El volumen de una muestra de gas es 750 ml a 75°C y 0.750 atm. ¿A qué temperatura (en °C) ocupará la muestra 1.000 litros bajo una presión de 1.000 atm?

8.15 Una muestra de 1.00 litros de un gas es recolectada a 25°C y 1.25 atm. ¿Cuál es la presión del gas a 200°C si el volumen es de 4.00 litros?

8.16 Complete la siguiente tabla para un gas ideal.

Presión P	Volumen V	Moles n	Temperatura T
1.00 atm	______	1.00 mol	273°K
0.500 atm	______	1.00 mol	0°C
5.00 atm	10.0 litros	______	100°C
0.452 atm	5.00 ml	1.00×10^{-3} mol	______
______	5.00 litros	1.25 mol	300°C

8.17 ¿Qué volumen ocuparán 3.00 g de gas CO_2 a 100°C y 0.350 atm?

8.18 ¿Cuál es la densidad del gas N_2O a 25°C y 0.750 atm?

8.19 Si la temperatura se mantiene constante a 50°C, ¿a qué presión será la densidad del gas N_2 0.500 g/litro?

8.20 Si se mantiene la presión constante a 1.00 atm, ¿a qué temperatura (en °C) será la densidad del gas O_2 1.00 g/litro?

8.21 Un gas tiene una densidad de 0.572 g/litro a 90°C y una presión de 0.500 atm. ¿Cuál es el peso molecular del gas?

8.22 Un gas tiene una densidad de 0.991 g/litro a 75°C y una presión de 0.350 atm. ¿Cuál es el peso molecular del gas?

8.23 Una muestra de 0.300 g de un líquido fue vaporizada a 150°C. El vapor ocupó 180 ml bajo una presión de 0.998 atm. ¿Cuál es el peso molecular del líquido?

Ley de los volúmenes en combinación de Gay-Lussac y principio de Avogadro

8.24 El cianuro de hidrógeno, un compuesto altamente venenoso, se prepara comercialmente mediante la siguiente reacción realizada a alta temperatura en la presencia de un catalizador

$$2\,CH_4(g) + 3\,O_2(g) + 2\,NH_3(g) \longrightarrow 2\,HCN(g) + 6\,H_2O(g)$$

¿Cuántos litros de $CH_4(g)$, $O_2(g)$ y $NH_3(g)$ se requieren y cuántos litros de agua(g) se produjeron en la preparación de 30.0 litros de HCN(g)? Suponga que todos los volúmenes de los gases se midieron bajo las mismas condiciones de temperatura y presión.

8.25 Cuántos litros de HCN(g) pueden prepararse a partir de 10.0 litros de $CH_4(g)$, 20.0 litros de $O_2(g)$ y 30.0 litros de $NH_3(g)$ en una reacción tal como la descrita por la ecuación dada en el Problema 8.24? Suponga que los volúmenes se midieron en condiciones constantes de temperatura y presión.

8.26 El amoníaco, $NH_3(g)$ reacciona con el oxígeno a 850°C en la presencia de un catalizador de Pt para producir NO(g) y $H_2O(g)$. Escriba una ecuación para la reacción. ¿Qué volumen de NO(g) puede obtenerse de 50.0 litros de $NH_3(g)$ y 50.0 litros de $O_2(g)$? Los volúmenes de todos los gases se midieron bajo las mismas condiciones.

8.27 En la ausencia de un catalizador, el $NH_3(g)$ reacciona con el oxígeno gaseoso para producir nitrógeno gaseoso y vapor de agua. Escriba una ecuación para la reacción. Qué volumen de $N_2(g)$ puede obtenerse de 25.0 litros de $NH_3(g)$ y 20.0 litros de $O_2(g)$? Los volúmenes de todos los gases se midieron bajo las mismas condiciones.

8.28 Se preparó una mezcla a partir de 3.00 litros de amoníaco y 5.00 litros de cloro. Estas sustancias reaccionan de acuerdo a la siguiente ecuación:

$$2\ NH_3(g) + 3\ Cl_2(g) \longrightarrow N_2(g) + 6\ HCl(g)$$

Si los volúmenes de todos los gases se midieron a la misma temperatura y presión, escriba los volúmenes de todas las sustancias presentes al final de la reacción.

8.29 A temperaturas por encima de 50°C, el óxido de nitrógeno, NO(g), se descompone para producir óxido de dinitrógeno, $N_2O(g)$, y dióxido de nitrógeno, NO_2 (g). **(a)** Escriba la ecuación para la reacción. **(b)** ¿Qué volumen total de N_2O (g) y $NO_2(g)$ juntos, resultará de la descomposición de 125 ml de NO(g) a 250°C y 1.00 atm? Suponga que todos los volúmenes de los gases se midieron bajo las mismas condiciones. ¿Cuáles son las presiones parciales de $N_2O(g)$ y $NO_2(g)$ en esta mezcla gaseosa?

8.30 La reacción de $NH_3(g)$ y $F_2(g)$ en la presencia de un catalizador de cobre da $NF_3(g)$ y $NH_4F(s)$. **(a)** Escriba la ecuación química para esta reacción **(b)** ¿Cuántos milímitros de $NH_3(g)$ y $F_2(g)$ se requieren para hacer 150 ml de $NF_3(g)$ si se obtiene un rendimiento de 60.0%? Suponga que todos los gases son medidos bajo las mismas condiciones de temperatura y presión.

8.31 ¿Cuál es la densidad del yoduro de hidrógeno, gaseosa HI, a TPE.

8.32 ¿Cuál es el peso molecular de un gas con una densidad de 2.59 g por litro a TPE?

8.33 Cada año se liberan en la atmósfera cerca de 1.50×10^8 toneladas métricas (una tonelada métrica son 1,000 kg) de CO(g). **(a)** ¿Cuál es el volumen de esta cantidad de CO(g) a TPE? **(b)** ¿Cuántas moléculas de CO están contenidas en este volumen?

8.34 Las normas federales limitan la cantidad de SO_2 (g) en el aire a un máximo de 80 $\mu g/m^3$. Un metro cúbico es $1\ 00 \times 10^3$ litros **(a)** ¿Cuántos gramos de SO_2 es esto? **(b)** ¿Cuántos moles más de SO_2? **(c)** ¿Cuál es la presión parcial de SO_2 en el aire que satisface esta norma a TPE? **(d)** ¿Qué porcentaje del número total de moléculas son moléculas de SO_2?

8.35 Las normas federales limitan la cantidad de CO(g) en el aire a un máximo de 10,000 $\mu g/m^3$. **(a)** ¿Cuál es la presión parcial máxima de CO en el aire que satisface esta norma? **(b)** ¿Cuántas moléculas de CO estarían presentes en 1.00 litros de este aire? **(c)** ¿Qué porcentaje del número total de moléculas son moléculas de CO?

Estequiometría y volúmenes de los gases

8.36 En amoníaco líquido, el Na(s) reacciona con $N_2O(g)$ y $NH_3(l)$ para producir $NaN_3(s)$, NaOH(s) y $N_2(g)$. **(a)** Escriba la ecuación química para la reacción. **(b)** ¿Cuántos mililitros de $N_2O(g)$, medidos a la TPE, se requerirían para hacer 12.0 g de NaN_3? **(c)** ¿Cuántos mililitros de $N_2(g)$, también a TPE, produciría la reacción?

8.37 El cianógeno, C_2N_2, es un gas venenoso altamente inflamable. Puede ser preparado mediante una reacción en fase gaseosa catalizado entre HCN(g) y $NO_2(g)$. Los productos de la reacción son $C_2N_2(g)$, NO(g) y $H_2O(g)$. **(a)** Escriba la ecuación química para la reacción. **(b)** ¿Cuántos mililitros de HCN(g) y de $NO_2(g)$, ambos a TPE, se requieren para hacer 6.50 g de C_2N_2? **(c)** ¿Cuántos mililitros de NO(g), también a TPE, produce la reacción?

8.38 El hidruro de calcio, $CaH_2(s)$, reacciona con agua para producir $H_2(g)$ y $Ca(OH)_2(s)$. **(a)** Escriba la ecuación química para esta reacción. **(b)** ¿Cuántos gramos de CaH_2 se necesitan para preparar 5.00 litros de $H_2(g)$ a TPE?

8.39 El calcio metálico, Ca(s), reacciona con agua para producir $H_2(g)$ y $Ca(OH)_2(s)$. **(a)** Escriba la ecuación química para esta reacción. **(b)** ¿Cuántos gramos de Ca(s) se necesitan para preparar 5.00 litros de $H_2(g)$ a TPE? Compare su respuesta con la del Problema 8.38.

8.40 El carburo de aluminio, $Al_4C_3(s)$, reacciona con agua para producir metano gaseoso, $CH_4(g)$ y $Al(OH)_3(s)$. **(a)** Escriba la ecuación química para esta reacción. **(b)** ¿Qué volumen de CH_4 medido a 20°C y 0.750 atm se obtendría por la reacción de 1.50 g de Al_4C_3?

8.41 El carburo de lantano, $La_2(C_2)_3(s)$, reacciona con agua para producir acetileno gaseoso, $C_2H_2(g)$ y $Ca(OH)_3(s)$. **(a)** Escriba la ecuación química balanceada para esta reacción. **(b)** ¿Qué volumen de C_2H_2 (medido a 35°C y 0.30 atm) se obtendría por la reacción de 0.500 g de $La(C_2)_3$?

8.42 La combustión completa del octano produce dióxido de carbono y agua

$$2\ C_8H_{18}(g) + 25\ O_2(g) \longrightarrow 16\ CO_2(g) + 18\ H_2O(g)$$

¿Qué volumen de gas se produce de la combustión completa de 0.536 g de octano, si la temperatura es 500°C y la presión es 10.0 atm?

8.43 El magnesio y el aluminio reaccionan con ácidos acuosos para producir hidrógeno gaseoso

$$Mg(s) + 2\ H^+(aq) \longrightarrow H_2(g) + Mg^{2+}(aq)$$

$$2\ Al(s) + 6\ H^+(aq) \longrightarrow 3\ H_2(g) + 2\ Al^{3+}(aq)$$

¿Qué volumen de $H_2(g)$, medido a 25°C y una presión de 0.985 atm, puede obtenerse a partir de 1.50 g de una aleación que es 70.0% Mg y 30.0% Al?

***8.44** Una muestra de 10.0 g de una aleación de Mg y Al produce 10.5 litros de gas H_2 (medido a TPE) cuando reacciona con un ácido. Las ecuaciones para las reacciones aparecen en el Problema 8.43. ¿Qué porcentaje de la aleación es Al?

8.45 La combustión de 2.80 litros de un compuesto gaseoso que contiene solamente C e H requiere 18.2 litros de $O_2(g)$ y produce 11.2 litros de $CO_2(g)$ y 11.25 g de $H_2O(l)$. Todos los gases se midieron a TPE. **(a)** Calcule el número de moles de cada sustancia involucrada en la reacción. **(b)** Use las respuestas de la parte **(a)** para derivar los coeficientes enteros para la ecuación química para la reacción. **(c)** Determine la fórmula para el hidrocarburo y escriba la ecuación para la reacción.

8.46 La combustión completa de 0.250 g de un compuesto que contiene solamente C e H produjo 392 ml de CO_2, medidos a TPE y 0.360 g de H_2O. **(a)** ¿Cuántas moles de

C y de H contenía la muestra? **(b)** El compuesto es un gas a 100°C y 1.00 atm. Bajo estas condiciones, la muestra ocupaba 76.6 ml. ¿Cuántas moles del compuesto representaba la muestra? **(c)** ¿Cuál es la fórmula molecular del compuesto?

Ley de Dalton de las presiones parciales

8.47 Una mezcla de 0.770 g de $N_2O(g)$ y 0.770 g de $N_2(g)$ ejerce una presión de 0.500 atm. ¿Cuál es la presión parcial de cada gas?

8.48 Una mezcla de 0.300 g de He(g) y 0.505 g de Ne(g) ejerce una presión de 0.250 atm. ¿Cuál es la presión parcial de cada gas?

8.49 La presión parcial de CO(g) es 0.200 atm y de $CO_2(g)$ es de 0.600 atm en una mezcla de dos gases. **(a)** ¿Cuál es la fracción molar de cada gas en la mezcla? **(b)** Si la mezcla ocupa 11.6 litros a 50°C, ¿cuál es el número total de moles presentes en la mezcla? **(c)** ¿Cuántos gramos de cada gas están presentes en la mezcla?

8.50 Una muestra de un gas, recolectada sobre agua a 20°C y una presión total de 1.03 atm ocupa 200 ml. ¿Qué volumen ocuparía el gas si estuviera seco y a TPE?

8.51 Una muestra de 75.0 ml de un gas es recolectada sobre agua a 22°C y a presión barométrica de 0.987 atm. ¿Qué volumen ocuparía el gas si estuviera seco y a una presión de 1.000 atm?

8.52 Una muestra de 1.00 litro de neón se recogió sobre agua a 27°C y 0.983 atm de presión. Si el gas está seco y se coloca en un recipiente de 1.50 litros a 72°C, ¿qué presión ejercerá?

***8.53** Una muestra de un gas se recogió sobre agua a 32°C, ocupó un volumen de 1.000 litros. El gas húmedo ejerce una presión de 1.000 atm. Al secarse la muestra ocupó 1.000 litro y ejerció una presión de 1.000 atm a 47°C. ¿Cuál es la presión del vapor de agua a 32°C?

***8.54** Un mol de $N_2O_4(g)$ se colocó en un recipiente y se le permitió disociarse

$$N_2O_4(g) \longrightarrow 2\ NO_2(g)$$

La mezcla resultante de la disociación (N_2O_4 y NO_2) ocupó 36.0 litros a una presión total de 1.000 atm y 45°C. **(a)** Use la ecuación de estado para hallar el número total de moles de los gases mezclados presentes. **(b)** Sea x el número de moles de $N_2O_4(g)$ que se disocian. En términos de x, cuántos moles de $N_2O_4(g)$ permanecen sin disociar y cuántos moles de $NO_2(g)$ se producen por la disociación? Use la respuesta de (a) para hallar estos valores. **(c)** ¿Cuáles son las fracciones de mol de $N_2O_4(g)$ y $NO_2(g)$ en la mezcla? **(d)** ¿Cuáles son las presiones parciales de $N_2O_4(g)$ y $NO_2(g)$?

Teoría cinética de los gases, ley de Graham

8.55 Enumere los postulados de la teoría cinética de los gases.

8.56 ¿Cómo justifica la teoría cinética las leyes de Boyle, Charles y Amontons?

8.57 Establezca un diagrama aproximado para demostrar, para un conjunto de moléculas, **(a)** la distribución de velocidades moleculares a dos temperaturas diferentes, **(b)** la distribución de energías moleculares.

8.58 ¿Cuál es la velocidad cuadrática media de las moléculas de O_2 a 100 K y a 500 K?

8.59 ¿A qué temperatura la velocidad cuadrática media de la molécula de O_2 será igual a la velocidad cuadrática media de la molécula de H_2 a 100 K?

8.60 Compare la velocidad de difusión de CO(g) con la de $CO_2(g)$ bajo las mismas condiciones.

8.61 Un gas, X, se difunde 1.66 veces más rápido que $N_2O(g)$. ¿Cuál es el peso molecular del gas X?

8.62 A 25°C y 0.500 atm, la densidad de $N_2(g)$ es 0.572 g/litro. La velocidad de difusión del $N_2(g)$ a través de un aparato es 9.50 ml/s. **(a)** ¿Cuál es la densidad de un gas desconocido si éste se difunde a una velocidad de 6.60 ml/s a través del mismo aparato bajo las mismas condiciones? **(b)** ¿Cuál es el peso molecular del gas?

8.63 Bajo ciertas condiciones de temperatura y presión, la densidad de un gas es 1.25 g/litro. Un volumen de 15.0 ml de gas X se difunde a través de un aparato en 1.00 segundo. La velocidad de difusión de un gas Y a través del mismo aparato es 20.4 ml/segundo. Calcule la densidad del gas Y bajo las condiciones experimentales.

8.64 Calcule la densidad de un gas a TPE si un volumen dado del gas se difunde a través de un aparato en 5.00 minutos y el mismo volumen de oxígeno, a la misma temperatura y presión, se difunde a través de este aparato en 6.30 minutos.

8.65 Use la ley de Graham para calcular el peso molecular de un gas si un volumen dado del gas se difunde a través de un aparato en 300 segundos y el mismo volumen de $CH_4(g)$ bajo las mismas condiciones de temperatura y presión, se difunde en el aparato en 219 segundos.

Gases reales

8.66 ¿Cuáles son las razones para que los gases reales se desvíen del comportamiento ideal?

8.67 ¿Qué miembro de cada uno de los siguientes pares seguirá la ley del gas ideal más aproximadamente: **(a)** $H_2(g)$, peso molecular 2.0 ó HI(g), peso molecular 127.9, **(b)** un gas a 100°C ó el mismo gas a 100 K, **(c)** un gas a presión de 1.0 atm o el mismo gas a una presión de 10.0 atm; **(d)** un gas con una temperatura crítica de 100 K ó uno con una temperatura crítica de 300 K? Justifique sus predicciones.

8.68 Considere 1.00 moles de $CO_2(g)$ a 40°C. A 50.00 atm, el volumen de la muestra es 0.314 litros. A 800 atm, el volumen de la muestra es 0.0421 litros. **(a)** ¿Cuáles deberían ser estos volúmenes de acuerdo con la ley del gas ideal? **(b)** Tenga en cuenta las desviaciones. **(c)** ¿Cuáles son los valores de PV/RT para las dos presiones?

8.69 ¿Cuál de los gases de la Tabla 8.4 esperaría usted que tuviera la temperatura crítica más alta? ¿Por qué?

8.70 Calcule la presión ejercida por 1.000 mol de $N_2(g)$ confinado en un volumen de 1.000 litro a 0°C por **(a)** la ley del gas ideal y **(b)** la ecuación de van der Waals. **(c)** Compare los resultados.

8.71 Calcule la presión ejercida por 1.000 mol de N_2(g) encerrado en un volumen de 10.00 litros a 0°C por **(a)** la ley del gas ideal y **(b)** la ecuación de van der Waals. **(c)** Compare estos resultados entre sí y con los del Problema 8.70.

8.72 Calcule la presión ejercida por 1.000 mol de N_2 (g) encerrado en un volumen 1.000 litro, a 100°C por **(a)** la ley del gas ideal y **(b)** la ecuación de van der Waals. **(c)** Compare estos resultados en sí con los del Problema 8.70.

8.73 Use los valores de *a* y *b* de la Tabla 8.4 para comparar la intensidad de las fuerzas intermoleculares de atracción en H_2(g) y He(g). Observe que los puntos de ebullición normales de H_2 es 20.4 K y el del helio es 4.2 K (el más bajo de cualquier sustancia conocida).

8.74 **(a)** Utilice los valores de la constante *b* de van der Waals para CO_2 (0.0427 litros/mol) para calcular el volumen de una molécula de CO_2. **(b)** A TPE ¿qué porcentaje de volumen total de CO_2 gaseoso es volumen molecular?

8.75 El valor de la constante *b* de van der Waals para el Kr(g) es 0.0398 litros/mol. Use este valor para calcular el radio de un átomo de kriptón.

LÍQUIDOS Y SÓLIDOS

CAPÍTULO 9

La energía cinética de las moléculas gaseosas disminuye cuando la temperatura disminuye. Por consiguiente, las fuerzas de atracción intermoleculares hacen que las moléculas gaseosas se condensen en un líquido cuando el gas se ha enfriado suficientemente. Las moléculas están más juntas y las fuerzas de atracción ejercen una mayor influencia en al líquido que en el gas. Por consiguiente, el movimiento molecular está más restringido en el estado líquido que en el estado gaseoso.

Un enfriamento adicional hace que las energías cinéticas de las moléculas disminuya aún más y finalmente se produzca un sólido. En un sólido cristalino las moléculas toman posiciones en la red cristalina y el movimiento de las moléculas queda restringido a vibraciones alrededor de estos puntos fijos.

Las energías cinéticas comparativamente *elevadas* de las moléculas hacen que las fuerzas de atracción intermoleculares desempeñen un papel que puede simplificarse mediante el desarrollo de una teoría satisfactoria de los gases. Las energías cinéticas comparativamente *bajas* de las moléculas (o iones) en cristales son fácilmente superadas por las fuerzas de atracción para formar estructuras cristalinas muy ordenadas, que han sido bien estudiadas por técnicas de difracción. Sin embargo, nuestra comprensión del estado intermedio, el estado líquido, no es tan completa como para los otros dos estados.

9.1 Fuerzas intermoleculares de atracción

Los átomos se mantienen juntos en las moléculas mediante enlaces covalentes, pero ¿qué fuerzas atraen a las moléculas entre sí, en los estados líquido y sólido? Existen varios tipos de fuerzas de atracción que mantienen juntas a las moléculas; las que tomadas como un grupo, se llaman fuerzas de atracción intermoleculares. En esta sección se discutirán dos tipos y un tercer tipo se explicará en la siguiente sección.

Las fuerzas **dipolo-dipolo** se presentan entre moléculas polares. Las moléculas de este tipo tienen dipolos y se alinean en un campo eléctrico (Sección 6.5). Las fuerzas dipolo-dipolo se originan por la atracción de los polos positivos y negativos de las moléculas entre sí. En un cristal de una sustancia con moléculas polares, las moléculas están alineadas de tal forma que reflejan las fuerzas dipolo-dipolo (Figura 9.1).

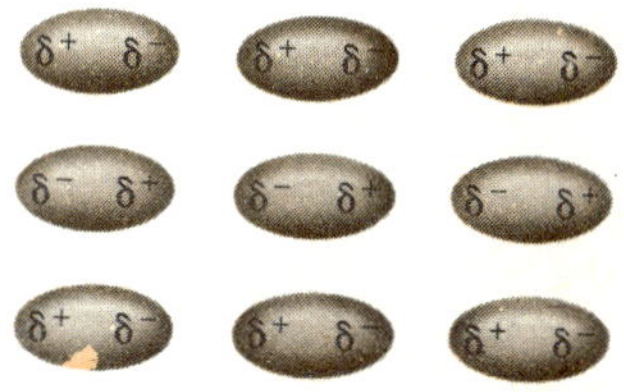

Figura 9.1 Orientación de moléculas polares en un cristal

Las diferencias de electronegatividad entre los átomos pueden utilizarse para pronosticar el grado de polaridad de una molécula diatómica, como también las posiciones de los polos positivo y negativo. Sin embargo, una pronóstico relacionado con la polaridad de una molécula que contiene más de dos átomos, debe estar basado sobre un conocimiento de la geometría de la molécula, las polaridades de los enlaces y la *disposición de los pares de electrones libres*.

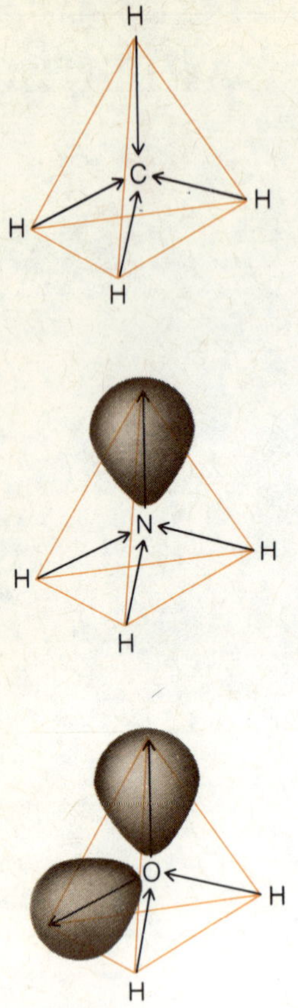

Figura 9.2 Análisis de las polaridades en las moléculas de metano (CH_4), amoníaco (NH_3) y agua (H_2O). Las flechas se dirigen hacia el extremo negativo de los dipolos individuales que forman el momento dipolar de la molécula.

Considere tres moléculas (CH_4, NH_3 y H_2O) representadas en la Figura 9.2.

El momento dipolo de una molécula, es la resultante de los dipolos de enlace individuales y los pares de electrones libres de la molécula. En cada una de las moléculas que se estudian, el átomo central es más electronegativo que los átomos de H unidos a éste.

Por lo tanto, el extremo negativo de cada dipolo de *enlace*, apunta hacia el átomo central. En el CH_4, la disposición tetraédrica de los cuatro enlaces C—H, produce una molécula que no es polar; por lo tanto el CH_4 no tiene momento dipolo. El centro de carga positiva de la *molécula* (obtenido por consideración de los cuatro enlaces) cae en el centro del átomo de C y coincide con el centro de carga negativa para la molécula.

Por otra parte, la molécula de pirámide trigonal de NH_3 es polar (su momento dipolo es 1.49 D). Los tres enlaces polares y el par de electrones libres están dispuestos de tal forma que la molécula tiene un dipolo con el extremo negativo dirigido hacia la cúspide de la pirámide trigonal y el extremo positivo hacia la base. Análogamente, la molécula angular de H_2O es polar (su momento dipolo es 1.85 D). Los enlaces polares y los pares de electrones libres contribuyen a un dipolo con el extremo negativo dirigido hacia el átomo de O y el extremo positivo dirigido hacia un punto medio entre los átomos de H.

En el caso del NF_3 puede verse la influencia que un par de electrones libres tiene sobre el momento dipolo de una molécula. La molécula de NF_3 tiene una estructura similar a la del NH_3 (Figura 9.2), pero la dirección de la polaridad de los enlaces es el inverso de la del NH_3, puesto que el F es más electronegativo que el N. El trifluorouro de nitrógeno tiene un momento dipolo de 0.24 D, un valor soprendemente bajo en vista de la naturaleza altamente polar de los enlaces N—F. Los dipolos de los enlaces N—F se combinan para dar a la molécula un dipolo con el extremo negativo dirigido hacia la base de la pirámide, pero la contribución del par de electrones libres actúa en dirección opuesta y reduce la polaridad de la molécula. ¿Qué fuerzas intermoleculares atraen entre sí a las moléculas *no polares* en los estados líquido y sólido? Estas moléculas no tienen dipolos permanentes, pero a pesar de esto, pueden licuarse. Debe de existir, por lo tanto, algún tipo de fuerza intermolecular además de la fuerza dipolo-dipolo.

Se ha postulado la existencia de las **fuerzas de London (fuerzas de dispersión)**.* Se cree que estas fuerzas son originadas por el movimiento electrónico. En un instante, la nube electrónica de la molécula puede distorsionarse de tal forma que se produce un dipolo en el cual una parte de la molécula es ligeramente más negativa que el resto. En el instante siguiente, las posiciones de los polos negativos y positivos del dipolo serán diferentes, debido a que los electrones se han movido.

Después de un periodo de tiempo (un periodo muy corto de tiempo, los electrones se mueven rápidamente), los efectos de estos **dipolos instantáneos** se cancelan de tal forma que la molécula no polar no tiene un momento dipolo permanente.

Sin embargo, el dipolo instantáneo de una molécula induce al apareamiento de dipolos en las moléculas vecinas (alineadas en la misma forma en que se hallan los dipolos permanentes). El movimiento de los electrones de las moléculas vecinas está sincronizado (Figura 9.3).

La fuerza de atracción entre estos dipolos instantáneos constituye la fuerza de London. *Las fuerzas de London más fuertes se presentan entre las moléculas grandes*

*Johannes van der Waals postuló la existencia de fuerzas intermoleculares de atracción entre moléculas gaseosas en 1873 (Sección 8.13). La explicación del origen de este tipo de fuerza intermolecular discutido aquí, fue propuesta por Fritz London en 1930. Aunque falta uniformidad en el uso de términos, en el uso corriente estas fuerzas específicas se llaman *fuerzas de London* y las fuerzas intermoleculares en general se llaman *fuerzas de van der Waals*.

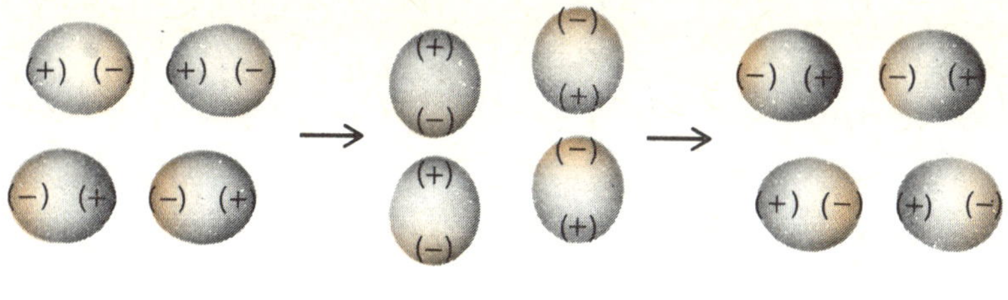

Figura 9.3 Dipolos instantáneos

Tabla 9.1 Energías de atracción intermoleculares de algunos cristales moleculares sencillos.

Molécula	Momento dipolar (D)	Energías de atracción (kJ/mol)		Punto de fusion (K)	Punto de ebullición (K)
		Dipolo-dipolo	London		
CO	0.12	0.0004	8.74	74	82
HI	0.38	0.025	27.9	222	238
HBr	0.78	0.69	21.9	185	206
HCl	1.03	3.31*	16.8	158	188
NH_3	1.49	13.3*	14.7	195	240
H_2O	1.84	36.4*	9.0	273	373

*Originadas por el enlace de hidrógeno (Sección 9.2)

y complejas que poseen grandes nubes electrónicas que se distorsionan o polarizan fácilmente.

Puesto que todas las moléculas contienen electrones, las fuerzas de London también existen entre moléculas polares; en el caso de sustancias moleculares no polares, las fuerzas de London son las *únicas* fuerzas intermoleculares que existen. Los valores que aparecen en la Tabla 9.1 muestran que las fuerzas de London son las principales fuerzas intermoleculares para la mayoría de sustancias moleculares. El enlace de hidrógeno, un tipo especial de interacción dipolo-dipolo que se discutirá en la siguiente sección, es responsable por la magnitud de la energía del dipolo indicada para el H_2O, el NH_3 y (en menor medida) el HCl.

Los momentos dipolares de las moléculas de la Tabla 9.1 aumentan en el orden dado y las energías dipolo-dipolo aumentan en el mismo orden.

Sin embargo, las energías de London dependen del tamaño de las moléculas. La molécula más grande de la lista es HI y tiene las fuerzas de London más fuertes. El HCl es más polar que la molécula de HI; la electronegatividad del cloro es 3.2 y la electronegatividad del I es 2.7. La energía del dipolo-dipolo del HCl es mayor que la del HI. Sin embargo, la energía de London del HI es mayor que la energía de London del HCl, por lo que el efecto *total* hace que las moléculas de HI se atraigan entre sí con más fuerza que las moléculas de HCl. El punto de ebullición del HI es 238 K, el cual es más alto que el punto de ebullición del HCl (188 K).

9.2 El enlace de hidrógeno

Las atracciones intermoleculares de ciertos compuestos que contienen hidrógeno son desusadamente fuertes. Estas atracciones se presentan en compuestos en los cuales el

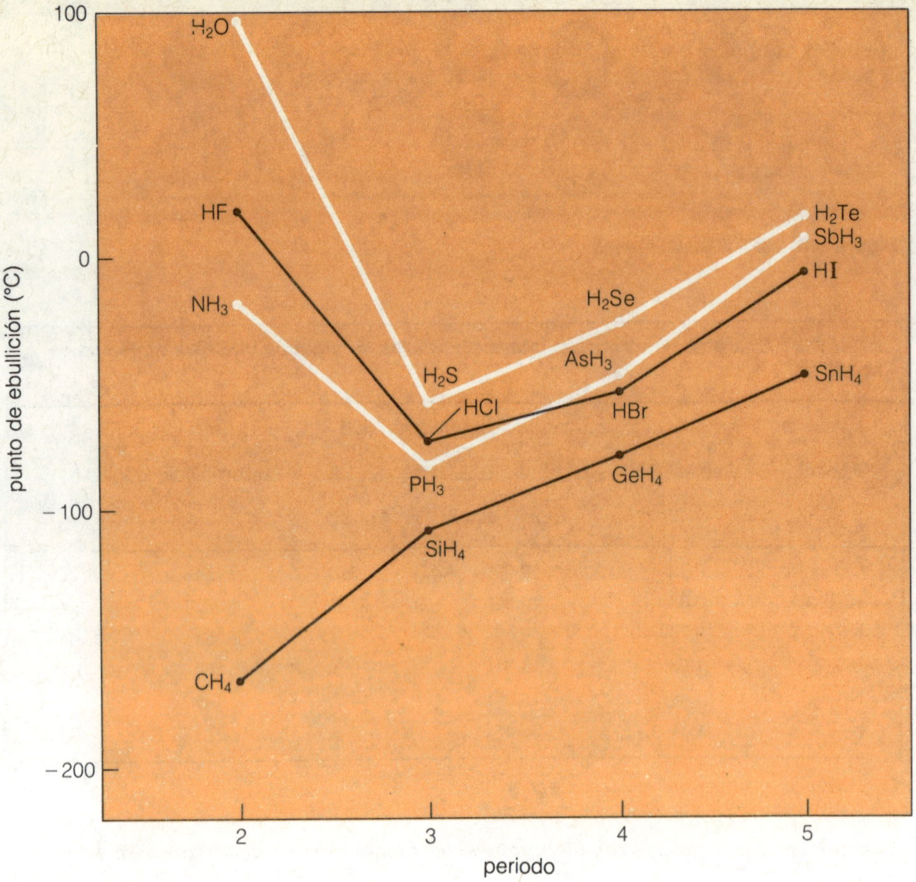

Figura 9.4 Puntos de ebullición de los compuestos de hidrógeno de los elementos de los grupos IV A, V A, VI A y VII A

hidrógeno está enlazado covalentemente a elementos muy electronegativos de tamaño atómico pequeño.

En estos compuestos el átomo del elemento electronegativo ejerce una atracción tan fuerte sobre los electrones de enlace, que el átomo de hidrógeno queda con carga δ^+ significativa. De hecho el átomo de hidrógeno es casi un protón expuesto, ya que no tiene pantalla de electrones.

El átomo de hidrógeno de una molécula y un par de electrones no compartidos de un átomo electronegativo de otra molécula se atraen mutuamente y forman lo que se llama **puente (o enlace) de hidrógeno**. Debido a su pequeño tamaño, cada átomo de hidrógeno es capaz de formar sólo un enlace de hidrógeno. La asociación de HF, H_2O y NH_3 mediante enlaces de hidrógeno (indicado por líneas punteadas) puede representarse aproximadamente como sigue:

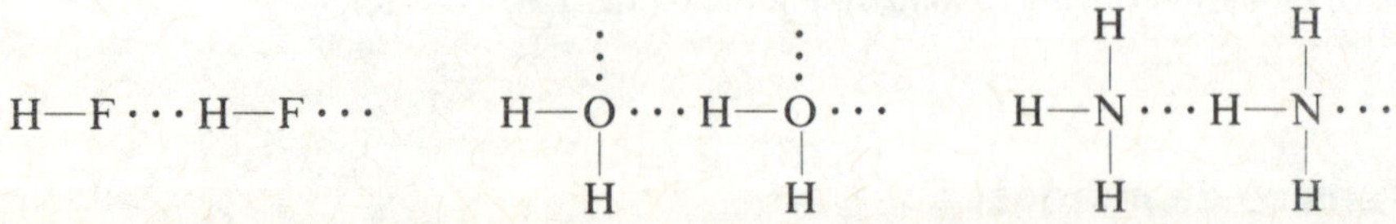

Es característico de los compuestos en los cuales hay enlaces de hidrógeno que tengan propiedades fuera de lo común. En la Figura 9.4, se grafican los puntos de ebullición normales de los compuestos de hidrógeno de los elementos de los grupos IV A, V A, VI A y VII A. Las series CH_4, SiH_4, GeH_4 y SnH_4 ilustran la tendencia esperada en los puntos de ebullición para compuestos en los cuales las únicas fuerzas intermoleculares son las fuerzas de London; el punto de ebullición aumenta a medida que aumenta el tamaño molecular. Los compuestos de hidrógeno de los elementos del grupo IV A son moléculas no polares; el átomo central de cada molécula carece de pares de electrones no compartidos.

Sin embargo, en cada compuesto de las otras tres series de la Figura 9.4, las fuerzas de London están ayudadas por las fuerzas dipolo-dipolo que mantienen las moléculas juntas. A pesar de esto, el punto de ebullición del primer miembro de cada serie (HF, H_2O y NH_3) es desusadamente alto en comparación con los de otros miembros de la serie. En cada uno de estos tres compuestos, el enlace de hidrógeno aumenta la dificultad de separar las moléculas del estado líquido. No se encuentra enlace de hidrógeno importante en ninguno de los otros compuestos, cuyo punto de ebullición se grafica en la Figura 9.4. Además de los elevados puntos de ebullición, los compuestos que están asociados por enlace de hidrógeno tienen temperaturas de fusión anormalmente elevadas, calores de vaporización, calores de fusión y viscosidades.

El enlace de hidrógeno se encuentra no sólo entre moléculas idénticas de algunos compuestos puros, sino también entre moléculas diferentes que forman ciertas soluciones. Hay dos requisitos para enlaces fuertes de hidrógeno.

1. La molécula que suministra el protón para la formación del enlace de hidrógeno (la donadora *de protones*) debe ser muy polar, de tal forma que el átomo de hidrógeno tenga una carga positiva relativamente alta. La creciente fuerza de los enlaces de hidrógeno $N—H \cdots N < O—H \cdots O < F—H \cdots F$ es paralela a la creciente electronegatividad del átomo unido al hidrógeno, $N < O < F$. La alta carga positiva sobre el átomo de hidrógeno atrae fuertemente al par de electrones de la otra molécula y el pequeño tamaño del átomo de hidrógeno permite a la segunda molécula acercarse bastante.

2. El átomo *(del aceptor de protones)* que proporciona el par de electrones para el enlace de hidrógeno debe ser relativamente pequeño. Los enlaces de hidrógeno realmente efectivos están formados solamente por compuestos de flúor, oxígeno y nitrógeno. Los compuestos de cloro forman enlaces de hidrógeno débiles, como se manifiesta por el ligero desplazamiento del punto de ebullición del HCl (Figura 9.4). El cloro posee aproximadamente la misma electronegatividad del nitrogeno. Un átomo de cloro, sin embargo, es más grande que un átomo de nitrógeno y la nube electrónica del átomo de cloro es, por lo tanto, más difusa que la del átomo de nitrógeno.

Una observación de la Figura 9.4, demuestra que el enlace de hidrógeno tiene un efecto mayor sobre el punto de ebullición del agua que sobre el punto de ebullición del fluoruro de hidrógeno. Este efecto se observa a pesar de que el enlace $O—H \cdots O$, es sólo unos dos tercios tan fuerte como el enlace F—H ... F. Hay, en *promedio*, dos veces más enlaces de hidrógeno *por molécula* en el H_2O que los que hay *por molécula* en el HF. El átomo de oxígeno de cada molécula de agua tiene dos átomos de hidrógeno y dos pares de electrones libres. El átomo de flúor de la molécula de fluoruro de hidrógeno tiene tres pares de electrones libres que pueden formar enlaces con átomos de hidrógeno, pero solamente un átomo de hidrógeno con el cual puede formar un enlace de hidrógeno.

Otras propiedades del agua son desusadamente afectadas por los enlaces de hidrógeno. La disposición tetraédrica de los átomos de hidrógeno y los pares de electrones libres del oxígeno en el agua, hacen que los enlaces de hidrógeno en el hielo cristalizado se dispongan en esta forma y conduzcan a la estructura abierta del hielo. Por lo tanto, el hielo tiene una densidad comparativamente baja. En el agua, en el punto de congelación, las moléculas se colocan más juntas entre sí, por lo tanto el agua tiene una densidad mayor que el hielo, una situación insólita. Debe observarse que las moléculas de H_2O en el estado líquido están asociadas entre sí por enlaces de hidrógeno pero no en la misma medida, ni en la forma tan rígida como están asociadas en el hielo.

El enlace de hidrógeno también explica las inesperadas altas solubilidades de algunos compuestos que contienen oxígeno, nitrógeno y flúor, en ciertos solventes que contienen hidrógeno, principalmente agua. Así, el amoníaco y el metanol se disuelven en agua mediante la formación de enlaces de hidrógeno.

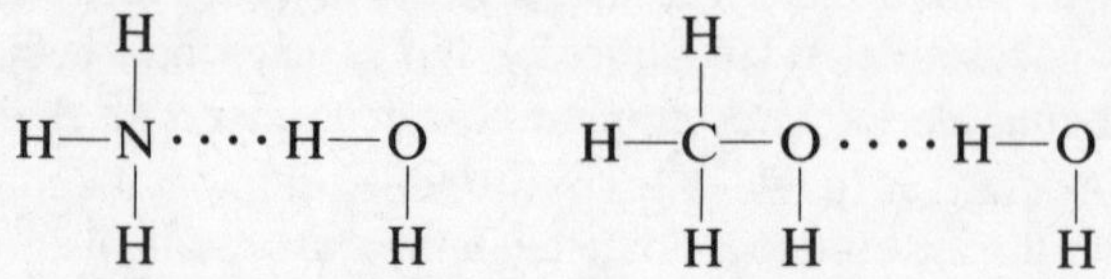

Además, ciertos aniones que contienen oxígeno (por ejemplo, el ion sulfato, SO_4^{2-}) se disuelven en agua mediante la formación de enlaces de hidrógeno.

9.3 El estado líquido

En los gases, las moléculas se mueven rápidamente en una forma completamente desordenada. En los sólidos, las moléculas se mantienen juntas en las posiciones ordenadas, típicas de los cristales. El estado líquido es intermedio entre el estado gaseoso y el estado sólido.

En los líquidos, las moléculas se mueven más lentamente que en los gases. Por lo tanto, las fuerzas de atracción molecular son capaces de mantenerlas juntas dentro de un volumen definido. Sin embargo, el movimiento molecular es demasiado rápido para que las fuerzas de atracción puedan fijar las moléculas dentro de las posiciones definidas de un retículo cristalino. Consecuentemente, un líquido retiene su volumen pero no su forma. Los líquidos fluyen y adquieren las formas de sus recipientes.

Un cambio en presión casi no tiene efecto sobre el volumen de un líquido, puesto que hay poco espacio libre entre las moléculas. Sin embargo, un aumento en la temperatura aumenta ligeramente el volumen de la mayoría de los líquidos y por consiguiente disminuye la densidad del líquido. Cuando se aumenta la temperatura de un líquido, aumenta el promedio de energía cinética de las moléculas y este incremento en el movimiento molecular opera en contra de las fuerzas de atracción. Sin embargo, la expansión es menor que la observada para los gases, en los cuales el efecto de las fuerzas de atracción es insignificante.

Dos líquidos que son mutuamente solubles, se difundirán el uno en el otro cuando se ponen juntos. Si un líquido se vierte cuidadosamente encima de otro líquido más denso, se verá fácilmente el límite de separación entre los dos líquidos. Este límite gradualmente será menos visible y con el tiempo, desaparecerá cuando las moléculas de los dos líquidos se difundan entre sí.

La difusión de líquidos es un proceso más lento que la difusión de gases. Debido a que las moléculas de los líquidos están relativamente juntas, una molécula sufre un tremendo número de choques en un periodo de tiempo dado. La distancia promedio que ésta viaja entre choques, el camino libre medio, es mucho más corto para una molécula de un líquido que para una molécula de un gas. Los gases, por lo tanto, se difunden mucho más rápido que los líquidos.

Cualquier líquido presenta resistencia a fluir, propiedad conocida como **viscosidad.** Una forma de determinar la viscosidad de un líquido es medir el tiempo que le toma a una cantidad determinada del líquido para pasar a través de un tubo de diámetro pequeño a una presión dada. La resistencia a fluir se debe principalmente a las atracciones entre moléculas y la medición de la viscosidad de un líquido da una estimación sencilla de la fuerza de estas atracciones. En general, a medida que se aumenta la temperatura de un líquido, las fuerzas de cohesión están más incapacitadas para competir con el creciente movimiento molecular, y la viscosidad disminuye. Por otra parte, al aumentar la presión, generalmente aumenta la viscosidad de un líquido dado. La **tensión superficial** es otra propiedad de los líquidos originada por las fuerzas de atracción intermolecular. Una molécula en el centro de un líquido es igualmente atraída en todas direcciones por las moléculas vecinas. Sin embargo, las moléculas que están en la superficie de un líquido son atraídas solamente hacia el interior del líquido (Figura 9.5) Por consiguiente, las moléculas de la superficie son atraídas hacia el interior, y el área de la superficie del líquido tiende a reducirse. Este comportamiento explica la forma esférica de las gotas de un líquido. La tensión superficial es una medida de esta fuerza hacia el interior que actúa sobre la superficie de un líquido, la fuerza que se debe superar para ampliar el área superficial. La tensión superficial de un líquido disminuye con el aumento de la temperatura, puesto que el mayor movimiento molecular tiene a disminuir el efecto de las fuerzas de atracción intermolecular.

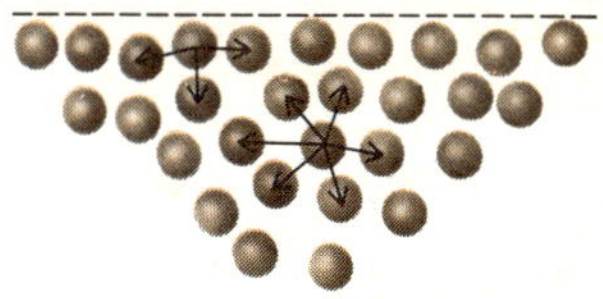

Figura 9.5 Diagrama esquemático que indica el desequilibrio de las fuerzas intermoleculares de las moléculas en la superficie de un líquido, comparadas con las fuerzas intermoleculares en equilibrio de las moléculas internas.

9.4 Evaporación

Las energías cinéticas de las moléculas de un líquido siguen una distribución de Maxwell-Boltzmann similar a la distribución de la energía cinética entre las moléculas de gases (Figura 9.6). La energía cinética de una molécula determinada de un líquido está continuamente cambiando a medida que la molécula choca con otras moléculas. Sin embargo, en cualquier instante, algunas de las moléculas del conjunto total, poseen energías relativamente altas y algunas poseerán energías bajas. Las moléculas con energías cinéticas suficientemente altas para superar las fuerzas de atracción de las moléculas vecinas podrán escapar del líquido y entrar en la fase gaseosa, si están cerca de la superficie y si se mueven en la dirección apropiada. Estas moléculas usan, al escapar, parte de su energía para vencer las fuerzas de atracción.

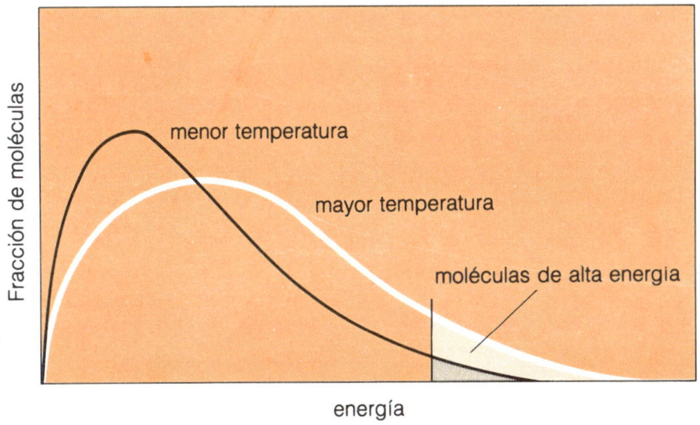

Figura 9.6 Distribución de la energía cinética entre las moléculas de un líquido

Con el tiempo, la pérdida de un número de moléculas de alta energía hace que disminuya el promedio de energía cinética de las moléculas que permanecen en el estado líquido, y bajará la temperatura del líquido. Cuando se evaporan líquidos en un recipiente abierto, el calor fluye de los alrededores hacia el líquido, para mantener la temperatura del líquido.

De esta forma continúa el suministro de moléculas de alta energía y el proceso continua hasta que todo el líquido se ha evaporado. La cantidad total de calor requerido para evaporar un mol de un líquido a una temperatura dada se llama **entalpía molar de vaporización** del líquido. Por ejemplo, a 25°C

$$H_2O(l) \longrightarrow H_2O(g) \qquad \Delta H_v = +43.8 \text{ kJ}$$

La transferencia de calor de los alrededores explica por qué los nadadores que salen del agua se enfrían a medida que el agua se evapora de su piel. De igual manera, la regulación de la temperatura del cuerpo se logra, parcialmente, por la evaporación del sudor de la piel. Varios aparatos de refrigeración han hecho uso de este principio. Un refrigerador de agua del Oriente Medio consiste en una vasija de arcilla sin vidriar llena de agua. El agua satura la arcilla de la vasija y se evapora por la superficie externa del recipiente, enfriando de esta forma el agua que queda en la vasija.

La velocidad de evaporación aumenta a medida que se eleva la temperatura del líquido. Cuando se eleva la temperatura, aumenta el promedio de energía cinética de las moléculas y el número de moléculas con energías lo suficientemente altas para escapar a la fase gaseosa. (Figura 9.6).

9.5 Presión de vapor

Cuando se evapora un líquido en un recipiente cerrado, las moléculas del vapor no pueden escapar de la vecindad del líquido. En el transcurso de su movimiento desordenado, algunas de las moléculas del vapor regresan al líquido. Podemos representar el proceso para el agua, utilizando una flecha doble:

$$H_2O(l) \rightleftharpoons H_2O(g)$$

La velocidad de regreso de las moléculas de vapor al líquido depende de la concentración de las moléculas en el vapor. Cuanto mayor sea el número de moléculas en un determinado volumen de vapor, mayor será la probabilidad de que algunas de ellas choquen con el líquido y sean recapturadas.

Al principio, la velocidad de regreso de las moléculas del vapor al líquido es lenta puesto que hay pocas moléculas en el vapor. La evaporación continua, sin embargo, aumenta la concentración de las moléculas en el vapor; por lo tanto, la velocidad de condensación también aumenta. Eventualmente el sistema alcanza un punto en el cual la velocidad de condensación es igual a la velocidad de evaporación.

Esta condición, en la cual las velocidades de las dos tendencias opuestas son iguales, se llama un estado de **equilibrio.** En el estado de equilibrio, la concentración de moléculas en el estado de vapor es constante, debido a que las moléculas abandonan el vapor por condensación a la misma velocidad que agregan moléculas al vapor por evaporación. Análogamente, la cantidad de líquido es una constante debido a que las moléculas regresan al líquido a la misma velocidad que lo abandonan. Es importante observar que una condición de equilibrio no implica que no esté pasando nada. En cualquier sistema, el número de moléculas presentes en el líquido y en el vapor son

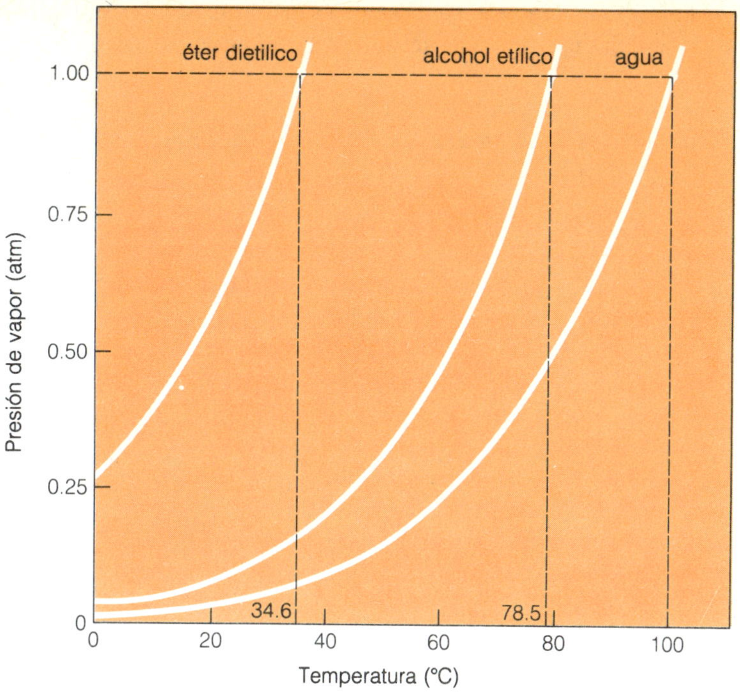

Figura 9.7 Curvas de presión de vapor para el éter dietílico, el alcohol etílico y el agua.

constantes debido a que los cambios opuestos se realizan a la misma velocidad y *no* debido a que la evaporación y la condensación se hayan detenido.

Puesto que la concentración de las moléculas en el vapor es una constante en equilibrio, la presión que ejerce el vapor es también una constante. La presión de vapor en equilibrio con un líquido a una temperatura dada, se llama la **presión de vapor en equilibrio** del líquido. La presión de vapor de un líquido dado está determinada por la temperatura y aumenta al aumentar la temperatura.

La Figura 9.7 muestra las curvas de temperatura y presión de vapor para el éter dietílico, el alcohol etílico y el agua. Las curvas muestran el aumento de presión de vapor que acompaña un aumento de temperatura. Para cada sustancia, la curva puede extenderse hasta la temperatura crítica de esa sustancia. A la temperatura crítica, la presión de vapor es igual a la presión crítica y la curva termina en este punto. Por encima de la temperatura crítica puede existir sólo una fase: la fase gaseosa.

La magnitud de la presión de vapor de un líquido es un índice del poder de las fuerzas de atracción intermolecular de ese líquido. Los líquidos que poseen fuerzas de atracción fuertes tienen bajas presiones de vapor. A 20°C, la presión de vapor del agua es 0.023 atm, del alcohol etílico es 0.058 atm y del éter dietílico es 0.582 atm. Las fuerzas de atracción son más fuertes en el agua y más débiles en el éter dietílico. En la Tabla 8.3 se da una lista de presiones de vapor de agua a varias temperaturas.

9.6 Punto de ebullición

La temperatura a la cual la presión de vapor de un líquido es igual a la presión externa, se llama **punto de ebullición** del líquido. A esta temperatura el vapor producido en el interior del líquido resulta en la formación de burbujas y turbulencia que es característica de la ebullición. La formación de burbujas es imposible a temperaturas por debajo del punto de ebullición. La presión atmosférica sobre la superficie del líquido evita la formación de burbujas con presiones internas que son menores que la presión atmosférica.

La temperatura de un líquido en ebullición permanece constante hasta que todo el líquido se haya evaporado. En un recipiente abierto la máxima presión que puede alcanzarse para cualquier líquido es la presión atmosférica. Esta presión de vapor corresponde al punto de ebullición. Para mantener la temperatura se debe agregar calor al líquido en ebullición, debido a que en el proceso de ebullición, las moléculas de alta energía salen del líquido. Entre mayor sea la velociadad con que se agregue el calor al líquido en ebullición, más rápido hervirá. Sin embargo la temperatura del líquido no aumenta.

El punto de ebullición de un líquido cambia al cambiar la presión externa. Por ejemplo, el agua hervirá a 98.6°C a la presión de 0.950 atm y a 101.4°C a la presión de 1.05 atm. Sólo a la presión de 1.00 atm el agua hervirá a 100°C. El **punto normal de ebullición** de un líquido se define como la temperatura a la cual la presión de vapor del líquido es igual a 1 atm. Se sobreentiende que los puntos de ebullición dados en los libros de referencia son los puntos normales de ebullición.

Los puntos normales de ebullición del éter dietílico (34.6°C), del alcohol etílico (78.5°C) y del agua están indicados sobre las curvas de presión de vapor de la Figura 9.7. El punto de ebullición de un líquido puede obtenerse a partir de su curva de presión de vapor, hallando la temperatura a la cual la presión de vapor del líquido es igual a la presión ambiente.

Los cambios en presión atmosférica en cualquier sitio geográfico originan una variación máxima de unos de 2°C en el punto de ebullición del agua. Sin embargo, las variaciones de sitio a sitio, pueden ser mayores. El promedio de presión barométrica a nivel del mar es 1 atm. A mayores alturas, los promedios de presiones barométricas son menores. A una altura de 1524 m por encima del nivel del mar, por ejemplo, el promedio de presión barométrica es 0.836 atm; a esta presión, el agua hierve a 95.1°C. El agua hierve a 90.1°C a 0.695 atm, que es el promedio de presión atmosférica a 3048 m por encima del nivel del mar.

Si un líquido tiene un punto de ebullición normal elevado o si se descompone cuando se calienta, puede hacerse hervir a temperaturas más bajas reduciendo la presión. Este procedimiento se sigue en la destilación al vacío. El agua se puede hacer hervir a 10°C, la cual es considerablemente más baja que la temperatura ambiente, mediante un ajuste de la presión a 0.0121 atm (Tabla 8.3). El agua indeseada en muchos productos alimenticios se puede eliminar haciéndola hervir a presión reducida. En estos procedimientos, el producto no está sometido a temperaturas que producen descomposición o decoloración.

Tabla 9.2 Entalpías de evaporación de líquidos en sus puntos normales de ebullición.

Líquido	Fórmula	t_{eb} Punto normal de ebullición (°C)	ΔH_v Entalpía de vaporización (kJ/mol)
agua	H_2O	100.0	40.7
benceno	C_6H_6	80.1	30.8
alcohol etílico	C_2H_5OH	78.5	38.6
tetracloruro de carbono	CCl_4	76.7	30.0
cloroformo	$CHCl_3$	61.3	29.4
éter dietílico	C_2H_5OH	34.6	26.0

9.7 Entalpía de evaporación

La cantidad de calor que debe suministrarse para evaporar un mol de un líquido a una temperatura específica, se llama la **entalpía molar de vaporización** ΔH_v. Las entalpías de evaporación, por lo general, se registran en el punto de ebullición normal en kilojoules por mol (Tabla 9.2).

La magnitud de la entalpía molar de vaporización es un índice de la magnitud de las fuerzas de atracción intermolecular. Una elevada entalpía de vaporización indica que dichas fuerzas son fuertes. Sin embargo la entalpía de vaporización de un líquido incluye ambos, tanto la energía requerida para superar las fuerzas intermoleculares de atracción como la energía necesaria para la expansión del vapor.

El volumen de un gas es considerablemente mayor que el volumen del líquido del cual proviene. Por ejemplo, un volumen de unos 1700 ml de vapor es producido por la evaporacion de 1 ml de agua a 100°C. Se debe suministrar energía para realizar el trabajo de expulsar el aire y así dejar espacio para el vapor.

Cuando un mol de vapor se condensa a líquido, no se absorbe energía, se libera energía. Este cambio entálpico se llama la **entalpía molar de condensación.** Tiene signo negativo pero es numéricamente igual a la entalpía molar de vaporización a la misma temperatura.

La entalpía de vaporización de un líquido disminuye al incrementarse la temperatura y es igual a cero a la temperatura crítica de la sustancia. Esta tendencia es paralela al aumento en la fracción de moléculas de alta energía. A la temperatura crítica, todas las moléculas tienen suficiente energía para evaporarse.

9.8 Punto de congelación

Cuando un líquido se enfría, las moléculas se mueven más y más lentamente. Eventualmente, se alcanza una temperatura a la cual algunas de las moléculas poseen energías cinéticas lo suficientemente bajas como para permitir que las atracciones intermoleculares las mantengan en un retículo cristalino. La sustancia entonces comienza a congelarse. Gradualmente las moléculas de baja energía adquieren posiciones en el retículo cristalino. Las moléculas que quedan en el líquido tienen una temperatura más alta debido a la pérdida de estas moléculas de baja energía. Se debe remover calor del líquido para mantener la temperatura. El **punto normal de congelación** de un líquido es la temperatura a la cual el sólido y el líquido están en equilibrio, a una presión total de una atmósfera. En el punto de congelación la temperatura del sistema sólido-líquido permanece constante hasta que todo el líquido se congela. La cantidad de calor que debe removerse para congelar un mol de una sustancia en el punto de congelación se llama **entalpía molar de cristalización.** Esta cantidad representa la diferencia entre las entalpías del líquido y del sólido.

A veces ocurre que al enfriarse las moléculas de un líquido, éstas continúan el movimiento desordenado característico del estado líquido a temperaturas por debajo del punto de congelación. Estos líquidos se conocen como líquidos **sub-enfriados** o **sobre-enfriados**.Generalmente puede hacerse que estos sistemas reviertan a la temperatura de congelación y al equilibrio estable sólido-líquido, mediante el raspado del interior de las paredes del recipiente con un agitador o agregando un núcleo de cristalización alrededor del cual puede ocurrir la cristalización.

El proceso de cristalización suministra energía y la tempertura se eleva de nuevo al punto de congelación, hasta que la cristalización normal sea completa.

Algunos líquidos sobre-enfriados pueden existir por periodos largos o aun quedarse permanentemente en este estado. Cuando estos líquidos se enfrían, las moléculas se

Tabla 9.3 Entalpía de fusión de sólidos y puntos de fusión

Sólido	Fórmula	t_f Punto de fusión (°C)	ΔH_f Entalpía de fusion (kJ/mol)
agua	H_2O	0.0	6.02
benceno	C_6H_6	5.5	9.83
alcohol etílico	C_2H_5OH	−117.2	4.60
tetracloruro de carbono	CCl_4	−22.9	2.51
cloroformo	$CHCl_3$	−63.5	9.20
éter dietílico	$C_2H_5OC_2H_5$	−116.3	7.26

solidifican en una disposición desordenada, típica del estado líquido en vez del modelo geométrico ordenado de un cristal. Las sustancias de este tipo tienen formas moleculares complejas para las que la cristalización es difícil. Se llaman, frecuentemente, **sólidos amorfos, materiales vítreos o vidrios**; como ejemplo se tiene el vidrio, la brea y ciertos plásticos. Los sólidos amorfos no tienen puntos de congelación ni de fusión definidos. Estas transiciones ocurren en un intervalo de temperatura. Se quiebran en fragmentos con supeficies curvas, similares a conchas. Los materiales cristalinos se rompen en fragmentos semejantes al cristal original.

Cuando se calienta una sustancia cristalina, la temperatura a la cual se obtiene al aire el equilibrio sólido-líquido a 1 atm de presión, se llama **punto de fusión**. Esta es, naturalmente, la misma temperatura de congelamiento de la sustancia. La cantidad de calor que debe *agregarse* para fundir un mol de material en el punto de fusión se llama la **entalpía molar de fusión**, ΔH_f, (y es numéricamente igual a la entalpía de cristalización, pero con signo contrario (Tabla 9.3)).

9.9 Presión de vapor de un sólido

Las moléculas en un cristal vibran dentro de sus posiciones en la red cristalina. Existe una distribución de energías cinéticas entre estas moléculas similar a la distribución para líquidos y gases pero en un nivel inferior. Dentro del cristal, la energía se transmite de molécula a molécula; la energía de cualquiera de las moléculas, por consiguiente, no es constante. Las moléculas de alta energía en la superficie del cristal pueden superar las fuerzas de atracción del cristal y escapar a la fase gaseosa. Si el cristal está en un recipiente cerrado, se establece eventualmente un equilibrio, en el cual la velocidad de las moléculas que abandonan el sólido es igual a la velocidad a la cual las moléculas en estado de vapor vuelven al cristal. La presión de vapor de un sólido a una temperatura dada es una medida del número de moléculas en un volumen determinado de vapor en equilibrio.

Aunque algunas presiones son muy bajas, cada sólido tiene una presión de vapor. La presión de vapor es inversamente proporcional a la magnitud de las fuerzas de atracción. Los cristales iónicos, por consiguiente, tienen muy bajas presiones de vapor.

Puesto que la habilidad de las moléculas para superar las fuerzas intermoleculares de atracción depende de sus energías cinéticas, la presión de vapor de un sólido aumenta cuando la temperatura aumenta. La curva temperatura-presión de vapor para el hielo se muestra en la Figura 9.8. Esta curva intersecta la curva de presión de vapor del agua en el punto de congelación. En este punto las presiones de vapor del sólido y del líquido son iguales.

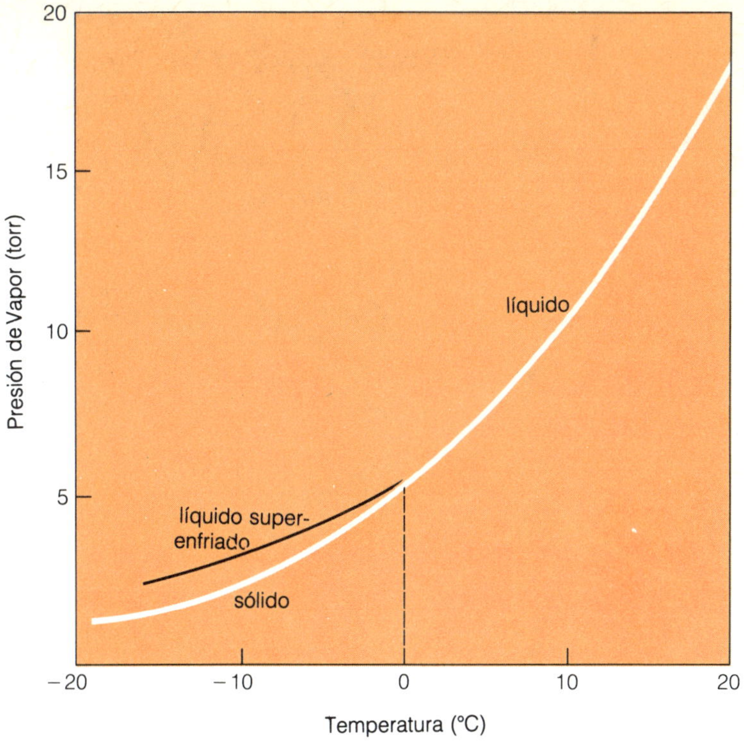

Figura 9.8 Curvas de presión de vapor para hielo y agua cerca del punto de congelación. Las presiones de vapor son presiones parciales del agua en el aire a una presión de 1.00 atm.

En la ausencia de aire, el punto normal de congelación del agua (a una presión total de 1 atm) es 0.0025°C. En *aire,* sin embargo y bajo una presión total de 1 atm, el punto de congelación del agua es 0.0000°C, el cual es el valor dado comúnmente. La diferencia en el punto de congelamiento es causada por la presencia de aire disuelto en el agua (Sección 10.8). Las presiones de vapor graficadas en la Figura 9.8 son las presiones parciales del agua en el aire con una presión total igual a 1 atm. Los puntos de congelación se determinan generalmente en aire; sin embargo, cualquier cambio en el punto de congelación de una sustancia debido a la presencia de aire, es generalmente muy pequeño.

9.10 Diagramas de fase

Los **diagramas de fase** de temperatura-presión para el agua, ilustran convenientemente las condiciones bajo las cuales el agua puede existir como sólido, líquido o vapor, así como las condiciones que pueden causar cambios en el estado del agua. La figura 9.9 es una representación esquemática del sistema del agua. No está dibujado a escala, y algunos de sus rasgos han sido exagerados de manera que esos aspectos importantes puedan verse fácilmente. Cada sustancia tiene su propio diagrama de fase, el cual describe solamente sistemas en equilibrio. Estos diagramas se derivan de las observaciones experimentales.

El diagrama de la Figura 9.9 representa lo que se llama un **sistema de un componente**; esto es, hace relación al comportamiento del agua en la ausencia de cualquier otra sustancia. Ninguna parte de la presión total de cualquier sistema descrito por el diagrama es ocasionado por la presión de un gas diferente del vapor de agua.

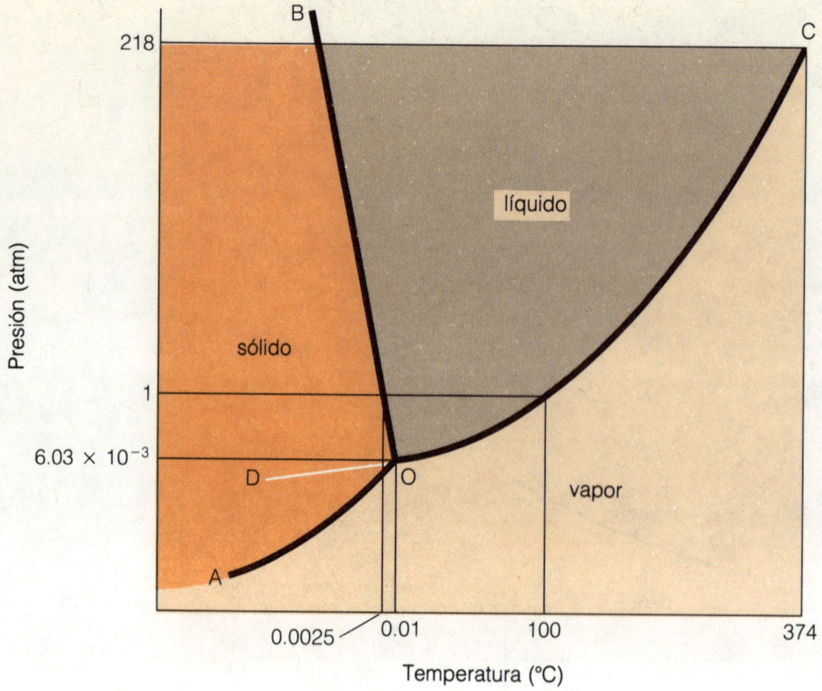

Figura 9.9 Diagrama de fases para el agua (No dibujado a escala)

Por lo tanto, las curvas de presión de vapor representadas en la Figura 9.8 (medidas en aire bajo una presión constante de 1 atm), se desvían ligeramente de las curvas de presión de vapor de la Figura 9.9 (para las cuales la presión de vapor del agua es la presión *total*). La manera más fácil de interpretar el diagrama de fase para el agua, es visualizar la presión total que actúa sobre el sistema en términos mecánicos; por ejemplo, como un pistón que actúa sobre el material del sistema contenido en el cilindro.

En la Figura 9.9, la curva OC es la curva de la presión de vapor para el líquido y termina en el punto crítico, C. Cualquier punto sobre esta línea describe un conjunto de condiciones de temperatura y presión bajo las cuales el líquido y el vapor pueden existir en equilibrio. La extensión DO es la curva para el líquido sobre-enfriado; los sistemas entre líquido y vapor descritos por estos puntos sobre esta línea son **metaestables**. (El término *metaestable* se aplica a sistemas que no están en el estado más estable posible a la temperatura considerada.) La curva AO es la curva de la presión de vapor para el sólido y representa un conjunto de puntos que describen las condiciones posibles de temperatura y presión para el equilibrio entre sólido y vapor. La línea BO, la curva del punto de fusión, representa las condiciones para el equilibrio entre sólido y líquido.

Estas tres curvas se intersectan en el punto O, un **punto triple**. El sólido, líquido y vapor pueden existir en equilibrio bajo las condiciones representadas por este punto: 0.01°C (que es 273.16 K) y una presión de 0.00603 atm (ó 4.58 torr).

Las fases (sólido, líquido y vapor) que existen en equilibrio bajo un conjunto de condiciones de temperatura y presión pueden leerse a partir del diagrama de fase. La temperatura y la presión definen un punto sobre el diagrama. Las fases pueden determinarse por la posición de punto. Si el punto cae

1. *En una región* marcada sólido, líquido o vapor, sólo *existe una fase:* la fase indicada en el diagrama.

2. *Sobre una línea, existen dos fases:* las fases son las indicadas en la regiones a ambos lados de la línea.

3. *Sobre un punto, existen las tres fases;* hay sólo un punto en el diagram dado para el agua: el punto triple.

La pendiente de la curva del punto de fusión (o punto de congelación) BO, indica que el punto de congelación disminuye cuando se aumenta la presión. Una pendiente de este tipo se observa sólo para unas pocas sustancias, tales como el galio, el bismuto y el agua. Esto indica una situación poco común en la cual el líquido se expande después de congelarse. A 0°C un mol de agua ocupa 18.00 cm^3 y un mol de hielo ocupa 19.63 cm^3. El sistema se expande, por consiguiente, cuando un mol de agua líquida se congela en hielo. Un aumento en presión sobre el sistema se opondría a esta expansión y al proceso de congelación. Por lo tanto, el punto de congelación del agua disminuye cuando aumenta la presión total. En la Figura 9.9, la pendiente de la línea BO está un poco exagerada.

Los cambios de fase introducidos por los cambios de temperatura a presión constante pueden leerse de un diagrama de fases por la interpretación de una línea horizontal trazada a la presión de referencia (como la trazada a 1.00 atm en la Figura 9.9). El punto donde esta línea intersecta la curva BO indica el punto normal de fusión (o punto de congelación) y el punto donde la línea de 1.00 atm intersecta a la curva CO representa el punto normal de ebullición. Más allá de este punto, solamente existe vapor.

Los cambios de fase introducidos por cambios de presión a temperatura constante, pueden leerse en una línea vertical trazada a la temperatura de referencia. Si la presión aumenta, por ejemplo, a 0.0025°C (Figura 9.9), el punto donde la línea vertical atraviesa a AO, es la presión donde el vapor cambia a sólido y el punto donde la línea vertical atraviesa a BO representa la presión donde el sólido cambia a líquido. Por encima de este punto, solamente existe líquido.

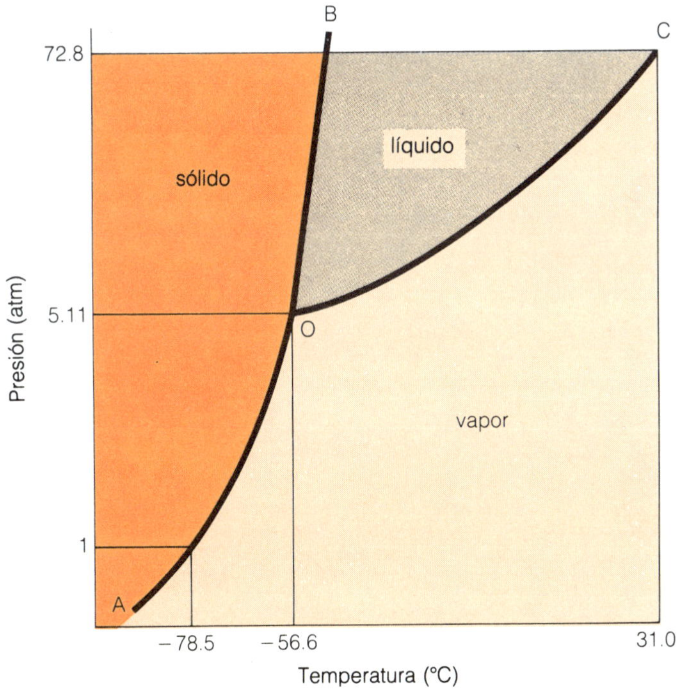

Figura 9.10 Diagrama de fases para el dióxido de carbono (no dibujado a escala)

Para los materiales que se contraen por congelamiento (esto es, la fase sólida es más densa que la fase líquida), la curva del punto de congelación se inclina en la dirección opuesta y el punto de congelación aumenta cuando la presión aumenta. Este comportamiento es característico de la mayoría de las sustancias. Las curvas del punto de congelación de la mayoría de los diagramas de fase se inclinan hacia la derecha, como se puede apreciar en el diagrama de fase para el dióxido de carbono en la figura 9.10. El proceso por el cual un sólido se transforma directamente en vapor sin pasar a través del estado líquido, se conoce como **sublimación**; este proceso es reversible. El diagrama de fase para el dióxido de carbono es típico para sustancias que se subliman a presiones ordinarias en vez de fundirse y luego ebullir. El punto triple del sistema para el dióxido de carbono es −55.6°C a la presión de 5.11 atm. El dióxido de carbono líquido existe sólo a presiones mayores que 5.11 atm. Cuando el dióxido de carbono sólido (hielo seco) se calienta a 1 atm de presión, se convierte directamente en gas a −78.5°C. Esta relación se indica en la figura 9.10. La **entalpía molar de sublimación** es el calor que se debe agregar a un mol del sólido para convertirlo directamente en gas.

9.11 Tipos de sólidos cristalinos

Los cristales están formados por átomos, iones y moléculas. Podemos clasificar a los cristales en cuatro tipos de acuerdo a la clase de partículas que forman el cristal y a las fuerzas que las mantienen juntas.

1. Cristales iónicos. Los iones positivos y negativos están sostenidos en la red cristalina por atracciones electrostáticas. Debido a que las fuerzas son fuertes, las sustancias iónicas tienen puntos de fusión elevados. Los cristales iónicos son duros y frágiles. La Figura 9.11 indica qué sucede si se intenta deformar un cristal iónico. Debido al movimiento de un plano de iones sobre otro, los iones con la misma carga se repelen

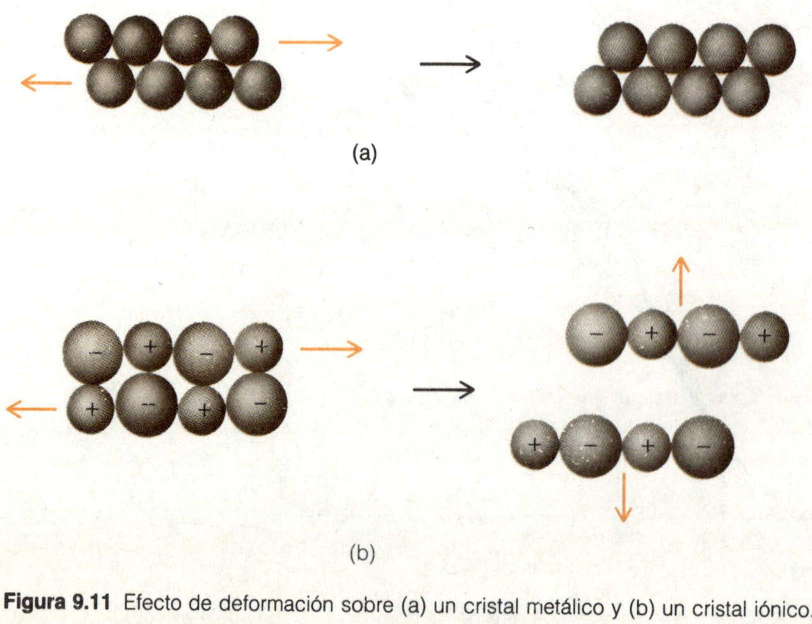

Figura 9.11 Efecto de deformación sobre (a) un cristal metálico y (b) un cristal iónico.

mutuamente. El cristal se rompe en pedazos. Los compuestos iónicos son buenos conductores de electricidad cuando están fundidos o en solución, pero no en el estado cristalino, en el que los iones no pueden moverse.

2. Cristales moleculares. Las moléculas ocupan posiciones de red o reticulado en los cristales de los compuestos covalentes. Las fuerzas intermoleculares que mantienen las moléculas en la estructura cristalina no son tan fuertes como las fuerzas electrostáticas que mantienen juntos los cristales iónicos. Los cristales moleculares, por consiguiente, son blandos y poseen puntos de fusión bajos. Las fuerzas de London mantienen las moléculas no polares en el retículo. En los cristales de moléculas polares, se manifiestan las fuerzas dipolo-dipolo como también las fuerzas de London. Por lo tanto, los compuestos polares generalmente se funden a temperaturas ligeramente más altas que los compuestos no polares de *peso molecular, tamaño y forma comparables*. En general, las sustancias moleculares no conducen electricidad en los estados sólido o líquido. Unos pocos compuestos moleculares, tales como el agua, se disocian muy ligeramente y producen bajas concentraciones de iones; estos líquidos son deficientes conductores eléctricos.

3. Redes cristalinas. En estos cristales, los átomos ocupan posiciones del retículo y están unidos por una red de enlaces covalentes. Todo el cristal puede considerarse como una molécula gigante. El diamante es un ejemplo de este tipo de cristal; en él

Figura 9.12 Disposición de los átomos en un cristal de diamante

Tabla 9.4 Tipos de sólidos cristalinos

Cristal	Partículas	Fuerzas de atracción	Propiedades	Ejemplos
iónicos	iones positivos y negativos	atracciones electrostáticas	puntos de fusión elevados, duros, frágiles, buenos conductores eléctricos en estado de fusión	NaCl, BaO KNO_3
moleculares	moléculas polares	London y dipolo-dipolo	Puntos de fusión bajos, blandos, conductores deficientes de electricidad en el estado líquido	H_2O, NH_3 SO_2
	moléculas no polares	London		H_2, Cl_2, CH_4
redes	átomos	enlaces covalentes	puntos de fusión elevados, muy duros, no conductores de electricidad	C (diamante), SiC, AlN, SiO_2
metálico	iones positivos y electrones móviles	enlaces metálicos	puntos de fusión relativamente elevados duros o blandos, maleables y dúctiles, buenos conductores eléctricos	Ag, Cu, Na, Fe, K

los átomos de carbono están unidos por enlaces covalentes en una estructura tridimensional (Figura 9.12). Los materiales de este tipo tienen puntos de fusión elevados y son extremadamente duros debido al gran número de enlaces covalentes que tendrían que romperse para destruir la estructura cristalina. Las redes cristalinas no conducen electricidad.

4. Cristales metálicos. Los electrones externos de los átomos metálicos están débilmente retenidos y se mueven libremente a través del cristal metálico. El resto de los átomos metálicos, los iones positivos, ocupan posiciones fijas en el cristal. La nube negativa de los electrones que se mueven libremente, algunas veces llamada gas electrónico o mar de electrones, mantiene junto al cristal. Esta fuerza de enlace, llamada **enlace metálico,** se describe en forma más completa en la Sección 23.1.

El enlace metálico es fuerte. La mayoría de los metales tienen puntos de fusión elevados, altas densidades y estructuras en las cuales los iones positivos están empacados de manera compacta (llamadas disposición de **empaquetado compacto**)

A diferencia de los cristales iónicos, las posiciones de los iones positivos pueden alterarse sin destruir el cristal, debido a la nube uniforme de carga negativa proporcionada por los electrones que se mueven libremente (Figura 9.11).

Por consiguiente, la mayoría de los cristales metálicos pueden deformarse fácilmente y la mayoría son maleables y dúctiles. Los electrones que se mueven libremente también son responsables del hecho de que la mayoría de los metales sean buenos conductores de electricidad.

En la Tabla 9.4 están resumidas las propiedades de cuatro tipos de cristales.

9.12 Cristales

Un cristal es una disposición simétrica de átomos, iones o moléculas dispuestos en un modelo tridimensional repetitivo. Si los centros de las unidades materiales se reemplazan por puntos, el sistema de puntos resultante se llama una **reticulado** o **red espacial** o **red cristalina**. Utilizando una red de líneas que unen los puntos del retículo, una red cristalina puede dividirse en partes idénticas llamadas **celdas unitarias** (Figura 9.13). Teóricamente, una red cristalina puede reproducirse apilando en tres dimensiones sus celdas unitarias.

Los tipos más sencillos de celdas unitarias son las celdas unitarias cúbicas (Figura 9.14). Obsérvese que es posible tener puntos en posiciones diferentes de las esquinas de las celdas unitarias. En la celda unitaria cúbica centrada en el cuerpo, un punto se halla en el centro de la celda. En la celda unitaria cúbica centrada en las caras, un punto se halla en el centro de cada cara de la celda.

En los cristales de metales, los átomos ocupan las posiciones de la red. Para determinar el número de átomos por celda unitaria, se debe de tener en cuenta que los átomos en las esquinas o caras son compartidos con celdas contiguas. Ocho celdas unitarias comparten cada átomo de una esquina y dos celdas unitarias comparten cada átomo centrado en las caras (Figura 9.15).

1. La celda unitaria cúbica simple contiene el equivalente de un solo átomo (8 esquinas a ⅛ de átomo cada una).

2. La celda unitaria cúbica centrada en el cuerpo contiene dos átomos (8 esquinas a ⅛ de átomo cada una y un átomo sin compartir en el centro).

3. La celda unitaria centrada en las caras contiene el equivalente de cuatro átomos (8 esquinas a ⅛ de átomos cada una y 6 átomos centrados en las caras a ½ de átomo cada una).

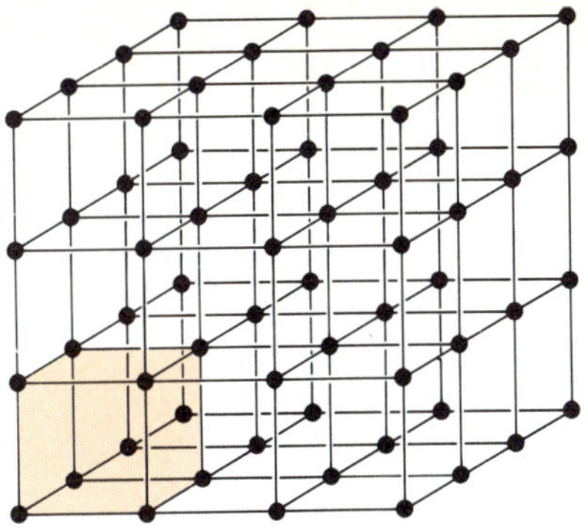

Figura 9.13 Red especial cúbica simple. Una celda unitaria se muestra en color.

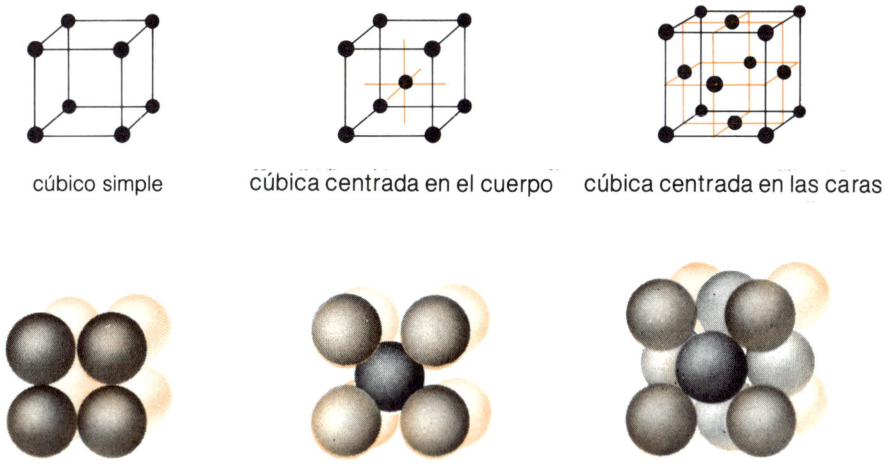

Figura 9.14 Estructuras cúbicas

Ejemplo 9.1

El níquel se cristaliza en una estructura cúbica centrada en las caras. La arista de la celda unitaria es 352 pm. El peso atómico del níquel es 58.7 y su densidad es 8.94 g/cm^3. Calcule el número de Avogadro a partir de estos datos.

Solución

Puesto que $1 \text{pm} = 10^{-10}$ cm,

$$352 \text{ pm} = 3.52 \times 10^{-8} \text{ cm}$$

El volumen de una celda unitaria $(3.52 \times 10^{-8} \text{ cm})^3$, ó 4.36×10^{-23} cm^3.

Puesto que la celda unitaria es centrada en las caras, ésta contiene 4 átomos, por lo tanto,

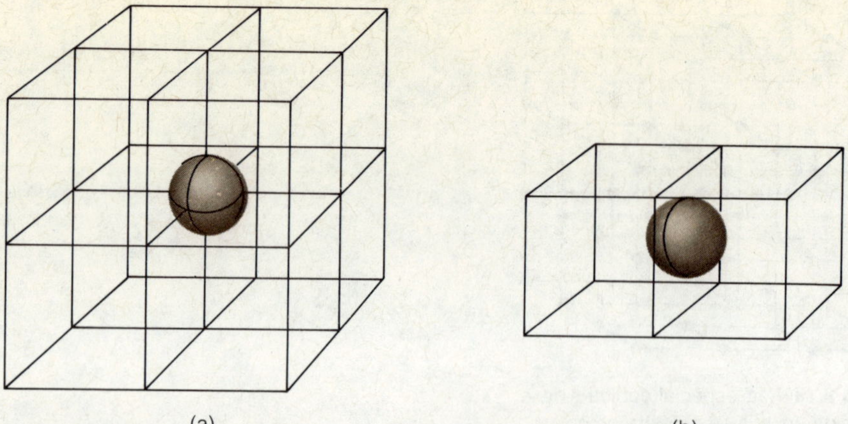

Figura 9.15 En una estructura cristalina cúbica, (a) un átomo en la esquina es compartido por ocho celdas unitarias y (b) un átomo centrado en las caras es compartido por dos celdas unitarias.

$$4 \text{ átomos} = 4.36 \times 10^{-23} \text{ cm}^3$$

de la densidad obtenemos,

$$1 \text{ cm}^3 = 8.94 \text{ g de Ni}$$

El número de átomos en 58.7 g de Ni es el número de Avogadro:

$$? \text{ átomos} = 58.7\text{g Ni}\left(\frac{1 \text{ cm}^3}{8.94 \text{ g Ni}}\right)\left(\frac{4 \text{ átomos}}{4.36 \times 10^{-23} \text{ cm}^3}\right) = 6.02 \times 10^{23} \text{ átomos}$$

Ejemplo 9.2

El sodio se cristaliza en una red cúbica y la arista de la celda unitaria es de 430 pm. La densidad del sodio es 0.963 g/cm^3 y el peso atómico del sodio es 23.0. ¿Cuántos átomos de sodio están contenidos en una celda unitaria? ¿Qué tipo de celda unitaria cúbica forma el sodio?

Solución

La arista de la celda unitaria es 4.30×10^{-8} cm. El volumen de la celda unitaria es por consiguiente $(4.30 \times 10^{-8} \text{ cm})^3$, ó $7.95 \times 10^{-23} \text{cm}^3$. Debemos hallar el número de átomos de sodio en este volumen.

Obtenemos los factores de conversión a partir de la densidad del Na

$$0.963\text{g Na} = 1 \text{ cm}^3$$

y del hecho de que un mol de Na (el cual es 23.0 g de Na) contiene el número de Avogadro de átomos de Na:

$$6.02 \times 10^{23} \text{ átomos de Na} = 23.0 \text{ g Na}$$

La solución es:

$$? \text{ átomos de Na} = 7.95 \times 10^{-23}\ \text{cm}^3 \left(\frac{0.963 \text{ g Na}}{1 \text{ cm}^3}\right)\left(\frac{6.02 \times 10^{23} \text{ átomos de Na}}{23.0 \text{ g Na}}\right)$$

$$= 2.0 \text{ átomos de Na}$$

El sodio se cristaliza en una celda centrada en el cuerpo, puesto que la celda unitaria centrada en en el cuerpo contiene dos átomos

---

La información sobre los cristales puede utilizarse para calcular radios atómicos.

1. En el caso de una celda unitaria cúbica simple, el radio atómico, r, es la mitad de la longitud de la arista de la celda, a (Figura 9.14):

$$r = a/2 \qquad (9.1)$$

2. En una celda unitaria cúbica centrada en las caras, los átomos que se hallan a lo largo de la arista no se tocan. Debemos calcular la longitud de la cara diagonal (Figura 9.16a). Del teorema de Pitágoras para triángulos rectángulos

$$\text{hipotenusa}^2 = \text{lado}^2 + \text{lado}^2$$

$$(\text{diagonal de la cara})^2 = a^2 + a^2 = 2a^2$$

$$\text{diagonal de la cara} = a\sqrt{2} \qquad 9.2)$$

Esta diagonal es igual a cuatro radios:

$$4r = a\sqrt{2}$$

$$r = a/\sqrt{8} \qquad (9.3)$$

3. Debemos determinar la longitud de la diagonal del cubo para hallar el radio atómico de un átomo que forma una celda unitaria centrada en el cuerpo (Figura 9.16b). De la figura vemos que la diagonal de un cubo es la diagonal de un rectángulo formado por la arista del cubo, a, y la diagonal de la cara, $a\sqrt{2}$.

Por consiguiente,

$$(\text{diagonal del cubo})^2 = a^2 + (a\sqrt{2})^2 = 3a^2 \qquad (9.4)$$

$$\text{diagonal de cubo} = a\sqrt{3}$$

Esta diagonal es igual a cuatro radios atómicos:

$$4r = a\sqrt{3} \qquad (9.5)$$

$$r = a\sqrt{3}/4$$

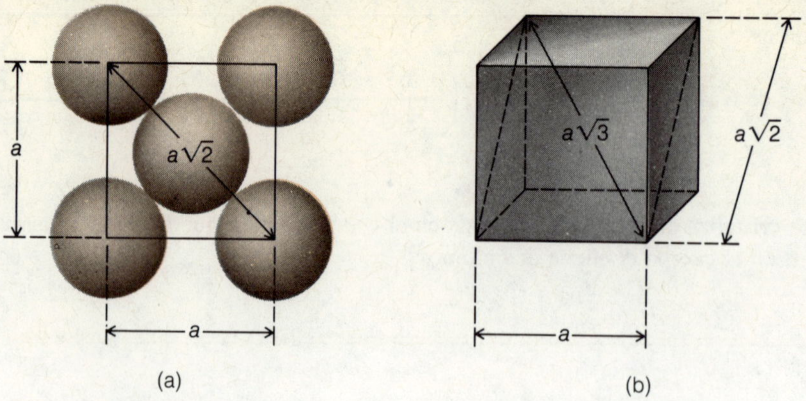

Figura 9.16 Determinación de: (a) diagonal de una cara, y (b) una diagonal del cubo.

Ejemplo 9.3

El sodio se cristaliza en una celda unitaria centrada en el cuerpo, con una longitud de arista igual a 430 pm. ¿Cuál es el radio atómico del Na?

Solución

La diagonal del cubo de la celda unitaria es

$$\begin{aligned}\text{diagonal del cubo} &= a\sqrt{3}\\ &= (430\ \text{pm})\sqrt{3}\\ &= 745\ \text{pm}\end{aligned}$$

Esta longitud equivale a cuatro radios atómicos:

$$4r = 745\ \text{pm}$$

$$r = 186\ \text{pm}$$

9.13 Difracción de rayos X por cristales

La mayor parte de la información que se posee acerca de la estructura interna de los cristales se ha adquirido con experimentos de difracción de rayos X. Cuando los rayos X de la misma longitud de onda están en fase, se refuerzan mutuamente y producen una onda que es más fuerte que cualquiera de las ondas originales. Dos ondas que están completamente fuera de fase se cancelan entre sí. (Figura 7.8).

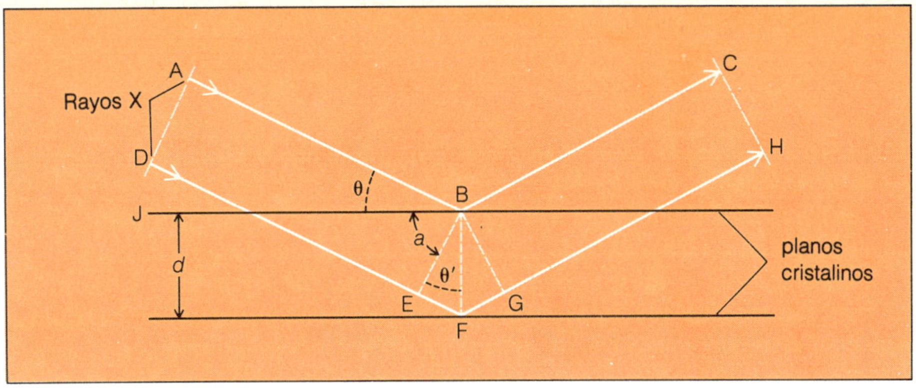

Figura 9.17 Obtención de la ecuación de Bragg

La Figura 9.17 ilustra la forma cómo pueden determinarse los espacios entre cristales mediante el uso de rayos X de una longitud de onda sencilla, λ.

Los rayos inciden sobre los planos paralelos del cristal a un ángulo θ. Algunos de los rayos son reflejados desde el plano superior, algunos desde el segundo plano y algunos desde planos inferiores. Se tendrá un haz fuertemente reflejado únicamente si todos los rayos reflejados están en fase.

En la Figura 9.17 el rayo inferior se desplaza una distancia igual a EF + FG más lejos que el rayo superior. Los rayos estarán en fase en BG solamente si la diferencia es igual a un número entero de longitud de onda:

$$\mathrm{EF} + \mathrm{FG} = n\lambda$$

donde n es un entero sencillo.

Puesto que el ángulo ABE es un ángulo recto,

$$\theta + a = 90°$$

El ángulo JBF es también un ángulo recto y

$$\theta' + a = 90°$$

El ángulo θ' por consiguiente es igual a θ. El seno del ángulo θ' es igual a EF/BF (la relación del lado opuesto del ángulo de la hipotenusa). Puesto que la línea BF es igual a d.

$$\text{sen } \theta = \frac{\mathrm{EF}}{d}$$

o

$$\mathrm{EF} = d \text{ seno } \theta$$

la expresión

$$\mathrm{FG} = d \text{ sen } \theta$$

puede obtenerse de la misma forma. Por consiguiente,

$$\mathrm{EF} + \mathrm{FG} = 2d \text{ sen } \theta$$

Puesto que EF + FG es igual a $n\lambda$

$$n\lambda = 2d \text{ sen } \theta$$

Esta ecuación, derivada por William Henry Bragg y su hijo William Lawrence Bragg en 1913, se llamó la **ecuación de Bragg.**

Con rayos X de una longitud de onda definida, se observarán reflecciones a varios ángulos para un conjunto dado de planos separados por una distancia dada, d.

Estas reflecciones corresponden a $n = 1, 2, 3$ y así sucesivamente y se dicen son de primer orden, segundo orden, tercer orden y así sucesivamente. Con cada orden sucesivo, el ángulo θ aumenta y la intensidad del haz reflejado disminuye.

La Figura 9.18 es una representación esquemática de un espectrómetro de rayos X. Un haz de rayos X definido por un sistema de rendija (colimador) incide sobre un cristal que está montado sobre una mesa giratoria. Un detector (placa fotográfica, cámara de ionización o contador Geiger) se ubica como se muestra en la figura. A medida que se gira el cristal, se emiten señales potentes cuando los ángulos que van pasando satisfacen la ecuación de Bragg.

Cualquier conjunto de planos que contenga átomos y esté ubicado regularmente puede originar reflexiones, no solamente los que forman las caras de la celda unitaria. Así, el valor de d no es necesariamente la arista de la celda unitaria, aunque las dos están siempre relacionadas matemáticamente.

Ejemplo 9.4

La difracción de un cristal de bario, con radiación X de longitud de onda de 229 pm, da una reflexión de primer orden a 27°8′. ¿Cuál es la distancia entre los planos difractados?

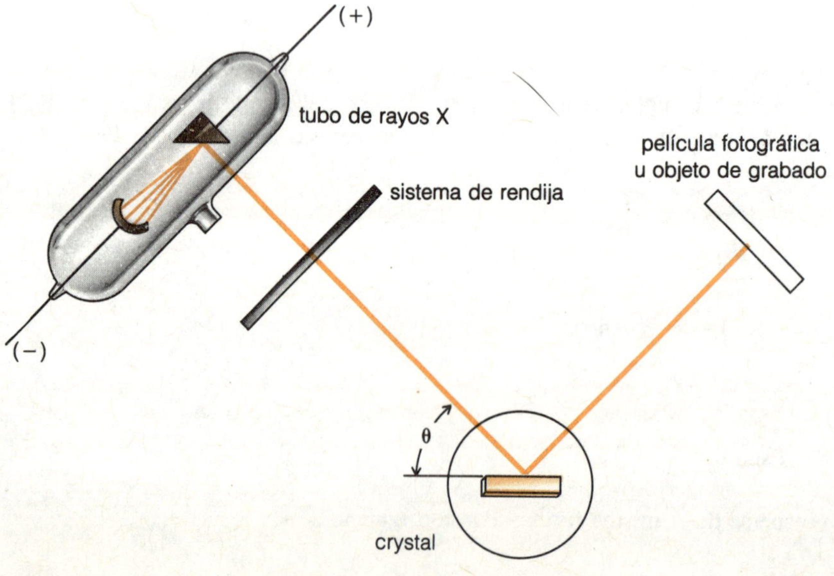

Figura 9.18 Difracción (esquemática) de rayos X en cristales

Solución

Sustituyendo en la ecuación de Bragg tenemos

$n\lambda = 2d \text{ seno } \theta$

$$
\begin{aligned}
n\lambda &= 2d \sin \theta \\
1(229 \text{ pm}) &= 2d(0.456) \\
d &= 251 \text{ pm}
\end{aligned}
$$

9.14 Estructura cristalina de los metales

En la mayoría de los casos, los cristales metálicos pertenecen a una de las tres siguientes clasificaciones: cúbico centrado en el cuerpo (Figura 9.14), cúbico centrado en las caras (Figura 9.14) y empaquetado hexagonal (Figura 9.19). La disposición geométrica de los átomos en la estructura cúbica centrada en las caras y el empaquetado hexagonal, es tal que cada átomo tiene un número de coordinación de 12 (cada uno está rodeado por otros 12 átomos a igual distancia). Si los átomos se consideran como esferas, existe un mínimo de espacio vacío en estos dos tipos de cristales (cerca de 26%) y ambas redes cristalinas se llaman **estructuras de empaquetado compacto.** La estructura centrado en el cuerpo es ligeramente más abierta que las de empaquetado compacto (cerca del 32% de espacio vacío); cada átomo de un cristal cúbico de cuerpo centrado tiene un número de coordinación de 8.

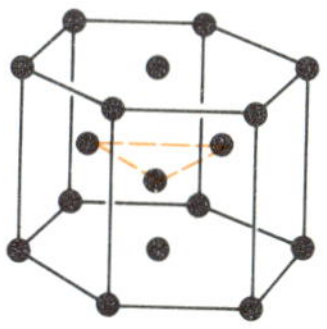

Figura 9.19 Estructura de empaquetado compacto hexagonal

La diferencia entre las dos estructuras de empaquetado compacto puede derivarse de una observación de la Figura 9.20. Los círculos sombreados del diagrama representan la primera capa de esferas, las que se colocan tan juntas como sea posible. La segunda capa de esferas (círculos en blanco de la figura 9.20), se colocan en los espacios formados por esferas adyacentes de la primera capa. Las primeras dos capas de ambas estructuras, la cúbica centrada en las caras y la hexagonal de empaquetado compacto son iguales; la diferencia se presenta en la tercera capa y en las subsiguientes.

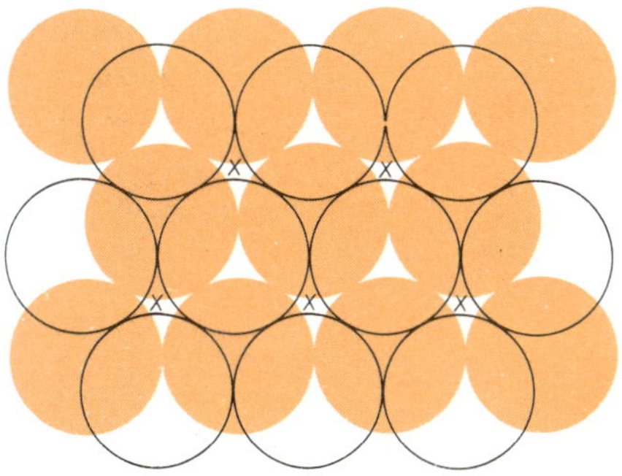

Figura 9.20 Representación esquemática de las dos primeras capas de una estructura de empaquetado compacto

Tabla 9.5 Estructura cristalina de los metales

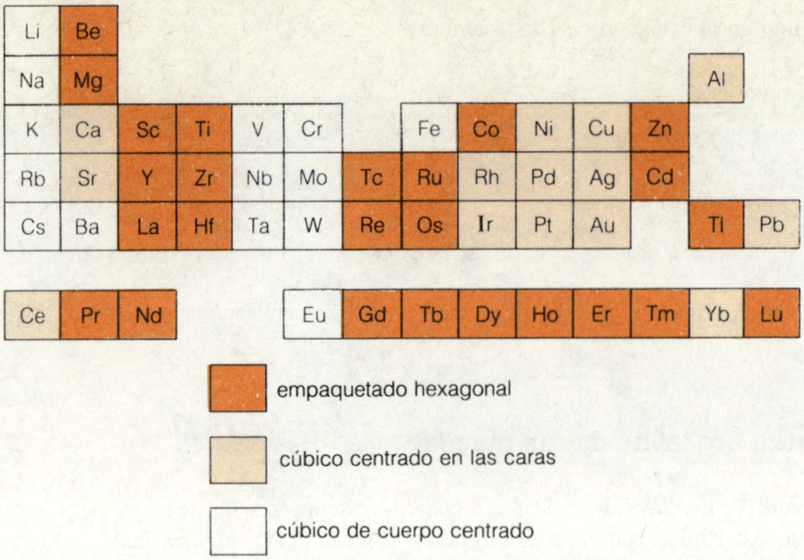

En la estructura hexagonal de empaquetado compacto, las esferas de la tercera capa se colocan de tal forma que están directamente sobre las de la primera capa; la secuencia de capas puede representarse como *ababab*. . . En la estructura cúbica centrada en las caras, sin embargo, las esferas de la tercera capa están colocadas sobre los espacios (marcados x en la Figura 9.20) formados por la disposición de las dos primeras capas. Las esferas de la cuarta capa de la estructura cúbica centrada en las caras, están colocadas de tal forma que están directamente sobre las de la primera capa, y la secuencia de capas es *abcabc*. . . En la Tabla 9.5 está resumida la estructura cristalina de los metales.

La división entre estas tres estructuras (hexagonal de empaquetado compacto, cúbica centrada en las caras y cúbica de cuerpo centrado) es casi la misma. El empaquetado compacto de la mayoría de los cristales metálicos ayuda a explicar la densidad relativamente alta de los metales. Las estructuras de unos cuantos metales (por ejemplo, el manganeso y el mercurio) no caen dentro de ninguna de estas categorías y los símbolos para estos metales no aparecen en la tabla. Algunos metales presentan **alotropía cristalina**; esto es, diferentes formas cristalinas del mismo metal son estables bajo diferentes condiciones. Por ejemplo, existe una modificación del calcio para cada una de las tres estructuras. La forma de cada metal que se indica en la Tabla 9.5 es la que es estable bajo condiciones ordinarias. Además de muchos otros metales, los gases nobles también se cristalizan en redes cúbicas centradas en las caras (a excepción del He).

9.15 Cristales iónicos

Las estructuras de los cristales iónicos son más complicadas que las de los cristales metálicos. Un cristal iónico debe acomodar los iones de carga opuesta y de diferente tamaño en la proporción estequiométrica y de tal forma que las atracciones electrostáticas superen las repulsiones electrostáticas.

Figura 9.21 Estructuras cristalinas de compuestos iónicos de tipo MX. (Las esferas coloreadas representan los cationes.)

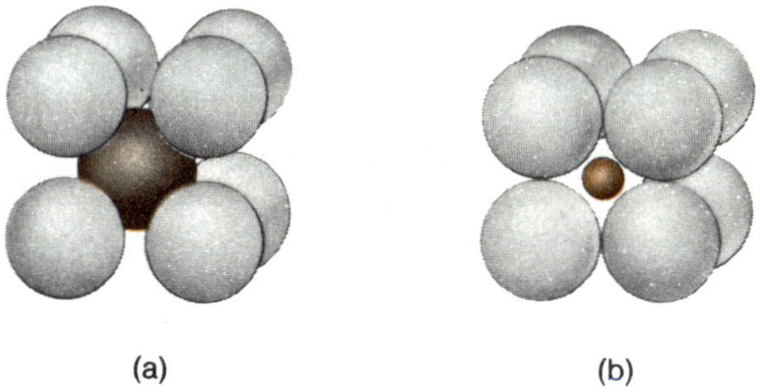

Figura 9.22 La estructura del cloruro de cesio. (a) un contacto catión-anión y (b) sin contacto catión-anión. (Las esferas coloreadas representan el catión.)

La energía potencial de interacción (*EP*) entre dos iones es directamente proporcional al producto de las cargas de los dos iones (q_1 y q_2) e inversamente proporcional a la distancia entre los centros de los dos iones (d):

$$PE = \frac{q_1 q_2}{d} \tag{9.7}$$

Si las cargas tienen el mismo signo (ambos positivos o ambos negativos), se repelerán mutuamente y la energía potencial será un valor *positivo* (la energía *requerida* para empujar a los iones juntos). Por otra parte, si las cargas tienen signos diferentes, se atraerán mutuamente y la energía potencial tendrá un valor *negativo* (cuando los iones se juntan se *libera* energía). La estructura más estable para un compuesto dado, por consiguiente, es la que tiene el mayor número posible de atracciones entre catión y anión y en la cual los iones positivos y negativos estén lo más próximo posible (el valor de d es pequeño).

En la Figura 9.21 se indican los tres tipos de cristales más comunes para compuestos iónicos de fórmula MX. En cada diagrama hay tantos cationes como aniones por celda unitaria (uno de cada uno en CsCl y cuatro de cada uno en NaCl y ZnS, teniendo en cuenta los compartidos por las celdas adyacentes). En cada caso se representa por lo tanto, una proporción estequiométrica de 1:1.

En la estructura de CsCl, el ion Cs^+ (el ion central en la estructura de CsCl que aparece en la Figura 9.21), tiene 8 iones de Cl^- como vecinos más próximos (se dice que el ion Cs^+ tiene un número de coordinación de 8). En el cristal de NaCl, un ion Na^+ tiene 6 iones Cl^- como vecinos más próximos (un número de coordinación de 6).

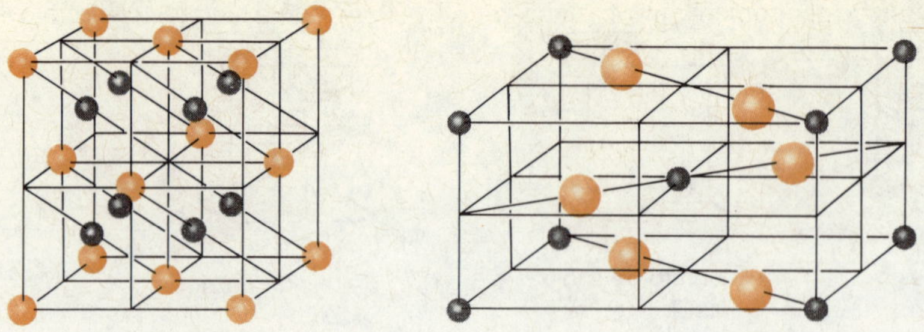

antifluorita Na_2O rutilo TiO_2

Figura 9.23 Estructuras cristalinas de compuestos iónicos de tipo MX_2. (Las esferas coloreadas representan cationes.)

Tabla 9.6 Estructuras cristalinas de algunos compuestos iónicos

Estructura	Ejemplos
cloruro de cesio	CsCl, CsBr, CsI, TlBr, TlI, NH_4Cl, NH_4Br
cloruro de sodio	haluros de Li^+, Na^+, K^+, Rb^+. óxidos y sulfuros de Mg^{2+}, Ca^{2+}, Sr^{2+}, Ba^{2+}, Mn^{2+}, Ni^{2+} AgF, AgCl, AgBr, NH_4I
blenda de cinc	sulfuros de Be^{2+}, Zn^{2+}, Cd^{2+}, Hg^{2+} CuCl, CuBr, CuI, AgI
fluorita	fluoruros de Ca^{2+}, Sr^{2+}, Ba^{2+}, Cd^{2+}, Pb^{2+}, $BaCl_2$, $SrCl_2$, ZrO_2, ThO_2, UO_2
antifluorita	óxidos y sulfuros de Li^+, Na^+, K^+, Rb^+
rutilo	fluoruros de Mg^{2+}, Ni^{2+}, Mn^{2+}, Zn^{2+}, Fe^{2+} óxidos de Ti^{2+}, Mn^{2+}, Sn^{2+}, Te^{2+}

En la estructura del ZnS cada ion Zn^{2+} tiene 4 iones S^{2-} como vecinos más próximos (un número de coordinación de 4). En términos de estabilidad del cristal obtenida por las atracciones más-menos, el cristal de CsCl, en el cual cada ion Cs^+ tiene un número de coordinación de 8, parecería ser el mejor.

Sin embargo, existe otro factor que es necesario tener en cuenta: la distancia *d* entre el catión y el anión, la cual sirve para comparar el tamaño del catión con el tamaño del anión. En la estructura de CsCl, se supone que el ion Cs^+ en el centro toca cada uno de los iones Cl^- en las esquinas (Figura 9.22a). Considere un compuesto en el cual el catión es más pequeño que el anión. Un catión pequeño no puede tocar los aniones que lo rodean (Figura 9.22.b) puesto que las repulsiones electrostáticas entre los aniones impedirán que éstos se compriman entre sí. Como resultado, el tamaño de la atracción más-menos, será comparativamente bajo (*d* sería más grande de lo necesario). En estas condiciones, el compuesto se cristalizaría en un modelo con un número de coordinación más bajo para el catión, pero que permitiría un contacto más cercano entre el catión y el anión.

En la Figura 9.23 se presentan dos estructuras para compuestos iónicos de fórmula MX_2 o M_2X.

Una tercera estructura, la estructura de la fluorita (llamada así por el mineral fluorita CaF_2) es similar a la estructura de la antifluorita que aparece en la Figura 9.23, excepto que las posiciones del anión y catión están intercambiadas. En la Tabla 9.6 aparecen ejemplos de compuestos iónicos que cristalizan en los tipos de estructuras cristalinas que hemos mencionado.

9.16 Defectos de las estructuras

Hay muy pocos cristales perfectos; muchos tienen algún tipo de defectos en la red. Las **dislocaciones** son defectos del cristal que se presentan cuando los planos de los átomos no están alineados. Por ejemplo, un tipo de dislocación se origina cuando se inserta parcialmente en el cristal (perpendicularmente a la cara del cristal) un plano adicional de átomos. Los átomos dentro de la parte del cristal que contiene el plano adicional son comprimidos.

Los **defectos de puntos** son ocasionados por ausencia o mala colocación de iones. Un tipo de defecto se origina por el desplazamiento de un catión de su posición correcta (creando un vacío) hacia un lugar entre puntos normales de la red (una posición **intersticial**). Otro tipo de defecto de punto consiste en un par de huecos: un catión y un anión; los iones para estas posiciones de la red están completamente ausentes de la estructura. Estos dos defectos de puntos no modifican la estequiometría del cristal.

Ciertos cristales son imperfectos debido a que sus composiciones no son estequiométricas. Así, las muestras de óxido de hierro (II), FeO, por lo general contienen más átomos de oxígeno que de hierro, mientras que las de óxido de zinc, ZnO, por lo general tienen más átomos de zinc que de oxígeno. Estas diferencias estequiométricas son por lo general pequeñas, del orden del 0.1%.

Varias razones causan la **falta de estequiometría** y en cada una se conserva la neutralidad eléctrica del cristal. Los *átomos* metálicos o no metálicos adicionales pueden incluirse en las posiciones intersticiales entre los *iones* del cristal (tales como los átomos adicionales de Zn en el ZnO). Además, los *átomos* metálicos o no metálicos pueden adquirir posiciones normales en la red en lugar de los *iones;* en estos casos, existen espacios iónicos en la red cristalina, de tal forma que toda la red es eléctricamente neutra. En el FeO, por ejemplo, los átomos de oxígeno adquieren posiciones normalmente ocupadas por los iones de óxido y faltan iones Fe^{2+}, de manera que se mantiene la proporción 1 a 1 de catión-anión. En algunos cristales de este tipo (por ejemplo, KCl), los electrones de los átomos metálicos adicionales ocupan los huecos creados por la ausencia de aniones.

A las sustancias no estequiométricas a veces se las llama **bertólidos**, en honor de Claude Louis Berthollet, quien creía que la composición de los compuestos varía continuamente dentro de ciertos límites. Joseph Proust, quien apoyaba la ley de las proporciones definidas, mantuvo con Berthollet una polémica de 8 años (1799-1807) sobre la composición de los compuestos.

La presencia de **impurezas** frecuentemente explica los defectos cristalinos. Por ejemplo, un ion de Mg^{2+} puede presentarse en una posición de retícula en un cristal de NaCl en lugar de un ion Na^+; la neutralidad eléctrica requiere que haya otra posición vacía, puesto que la carga del ion Mg^{2+} es el doble de la del ion Na^+. La adición de impurezas a ciertos cristales produce materiales llamados semiconductores (Sección 23.2).

Resumen

Los temas presentados en este capítulo son:

1. Las fuerzas intermoleculares de atracción, que mantienen juntas a las moléculas en los estados condensados (líquidos y sólidos); dipolo-dipolo y fuerzas de London.

2. El puente de hidrógeno, un tipo inusitadamente fuerte de atracción.

3. Algunas propiedades de los líquidos, el proceso de evaporación, la presión de vapor y el punto de ebullición.

4. Los cambios de entalpías involucrados en la condensación y evaporación.

5. El punto de congelación, la entalpía de cristalización, la entalpía de fusión y la presión de vapor de los sólidos.

6. Los diagramas de fase, que resumen las fases de una sustancia que existe en equilibrio bajo determinadas condiciones de temperatura y presión.

7. Los tipos de sólidos cristalinos; iónicos, moleculares, redes y cristales metálicos.

8. Las celdas unitarias cúbicas y cálculos que comprenden estos tipos de redes cristalinas.

9. La determinación de espacios en el cristal por difracción con rayos X; la ecuación de Bragg.

10. La estructura cristalina de los metales.

11. Tipos de cristales iónicos.

12. Defectos de los cristales.

Glosario

A continuación aparecen algunos de los términos más importantes presentados en este capítulo. Las definiciones de algunos términos no incluidos en esta lista pueden localizarse usando el índice.

Bertólido (Sección 9.16). Una sustancia no estequiométrica.

Celda unitaria (Sección 9.12). La parte más pequeña de un cristal que reproduce el cristal cuando se repite en tres dimensiones.

Cristal (Secciones 9.11 y 9.12). Un sólido constituido por una disposición simétrica de átomos, iones o moléculas dispuestas en un modelo tridimensional repetitivo.

Defectos cristalinos (Sección 9.16). Una imperfección de un cristal causada por una dislocación, por ausencia o mala colocación de iones o por la presencia de impurezas.

Diagrama de fase (Sección 9.10). Un diagrama que presenta gráficamente el número y tipo de fases en las que un sistema químico existe bajo ciertas condiciones de temperatura y presión.

Dipolos instantáneos (Sección 9.1). Un dipolo fluctuante y temporal, inducido en las moléculas por el movimiento de electrones.

Ecuación de Bragg (Sección 9.13). Una ecuación que relaciona los ángulos a los cuales un rayo X con una longitud de onda conocida se refleja del cristal a la distancia entre los planos del cristal.

Empaquetado compacto cristalino (Secciones 9.11 y 9.14). Una estructura cristalina en la cual los átomos están tan eficientemente empacados, que se puede incluir un número máximo en un volumen dado; un cristal cúbico centrado en las caras o empaquetado compacto hexagonal.

Entalpía de condensación (Sección 9.7). El cambio de entalpía asociado con la condensación de una cantidad dada de vapor (generalmente un mol o un gramo) en un líquido a una temperatura especificada.

Entalpía de cristalización (Sección 9.8). El cambio de entalpía asociado con la conversión de una cantidad dada de un líquido (generalmente un mol o un gramo) en un sólido a una temperatura especificada.

Entalpía de evaporación (Sección 9.4 y 9.7). La energía requerida para evaporar una cantidad dada de un líquido (generalmente un mol o un gramo) a una temperatura especificada.

Entalpía de fusión (Sección 9.8). La energía requerida para fundir una determinada cantidad de un sólido (generalmente un mol o un gramo) a una temperatura especificada.

Equilibrio (Sección 9.5). Una condición en la cual las velocidades de dos tendencias opuestas son iguales.

Evaporación, Vaporización (Sección 9.4). El proceso por el cual un líquido se convierte en gas.

Fuerza dipolo-dipolo (Sección 9.1). Una fuerza intermolecular causada por la atracción mutua de polos de cargas opuestas de las moléculas polares vecinas.

Fuerzas de London (Sección 9.1). Fuerzas intermoleculares originadas por atracciones entre dipolos instantáneos.

Fuerzas intermoleculares (Sección 9.1). Fuerzas de atracción entre las moléculas; principalmente evidente en líquidos y sólidos.

Puente o enlace de hidrógeno (Sección 9.2). Una atracción intermolecular que se presenta entre moléculas en las cuales el hidrógeno está unido a un átomo pequeño altamente electronegativo (principalmente N, O y F).

Punto de congelación (Sección 9.8). La temperatura a la cual las fases sólidas y líquidas están en equilibrio. Si la presión total es 1 atm, el valor se llama **punto normal de congelación.**

Punto de ebullición (Sección 9.6). La temperatura a la cual la presión de vapor de un líquido iguala la presión externa. El **punto normal de ebullición** es la temperatura a la cual la presión de vapor de un líquido es igual a 1 atm.

Punto de fusión (Sección 9.8). Vea punto de congelación.

Punto triple (Sección 9.10). La temperatura y presión a la cual una sustancia puede existir como un sólido, un líquido y un gas simultáneamente en estado de equilibrio.

Presión de vapor (Sección 9.5). La presión de vapor en equilibrio con un líquido puro o un sólido puro, a una temperatura dada.

Red cristalina (Sección 9.12). Un modelo simétrico, tridimensional de puntos que definen un cristal.

Sublimación (Sección 9.10). El proceso en el cual un sólido pasa directamente al estado de vapor sin pasar por el estado líquido.

Tensión superficial (Sección 9.3). Una medida de la fuerza hacia el interior sobre la superficie de un líquido causada por fuerzas intermoleculares de atracción.

Viscosidad (Sección 9.3). Una propiedad según la cual los líquidos tienen resistencia a fluir.

Problemas*

Fuerzas intermoleculares de atracción

9.1 Describa la diferencia entre las fuerzas de London y las dipolo-dipolo. ¿En qué tipo de sustancias moleculares existe cada una? ¿Qué tipo es más fuerte en la *mayoría* de las sustancias moleculares donde ambas existen?

9.2 Explique los hechos siguientes: **(a)** El momento dipolar del OF_2 es 0.30 D, pero el momento dipolar de BeF_2 es cero. **(b)** El momento dipolar del PF_3 es 1.03D pero el momento dipolar del BF_3 es cero. **(c)** El momento dipolar del SF_4 es 0.63 D, pero el momento dipolar del SnF_4 es cero.

9.3 ¿Cuáles de las moléculas (no iones) dadas como ejemplos en la Tabla 7.1. cree Ud. que tienen un momento dipolo cero?

9.4 ¿Cómo pueden las medidas del momento dipolo de la molécula trigonal bipiramidal PCl_2F_3, ayudar a determinar si los átomos de cloro ocupan posiciones ecuatoriales o axiales?

9.5 El momento dipolo del PF_3 es 1.03 D, mientras que el PF_5 no tiene momento dipolo. Explique.

9.6 El momento dipolo del NH_3 (1.49 D) es mayor que el de NF_3 (0.24 D). Por otra parte, el momento dipolar de PH_3 (0.55 D) es menor que el de PF_3 (1.03 D). Explique estos resultados.

9.7 Explique por qué el momento dipolo del SCO es 0.72 D, mientras que el momento dipolo del CO_2 es cero. ¿Tendrá el CS_2 momento dipolar?

9.8 En la Tabla 6.1. la electronegatividad del C es 2.6 y la del O es 3.4. Por otra parte, en la Tabla 9.1 el momento dipolo del CO es de sólo 0.12 D (las fuerzas dipolo-dipolo del CO son despreciables). Represente la estructura de Lewis del CO y dé una justificación del bajo momento dipolo del CO.

9.9 Explique por qué los siguientes puntos de fusión están en el orden dado: $F_2(-233°C)$, $Cl_2(-103°C)$, $Br_2(-7°C)$ e $I_2(113.5°C)$.

9.10 Considere las siguientes moléculas, cada una de las cuales es tetraédrica y tiene al átomo de C como átomo central: CH_4, CH_3Cl, CH_2Cl_2, $CHCl_3$, CCl_4. ¿En cuáles de estos compuestos existirán fuerzas dipolo-dipolo en el estado líquido? ¿En qué orden se hallan los puntos de ebullición de los compuestos?

El puente de hidrógeno

9.11 El efecto del puente o enlace de hidrógeno sobre las propiedades de los siguientes hidruros se halla en el orden dado: $H_2O > HF > NH_3$. Explique esta observación.

9.12 El compuesto KHF_2 puede prepararse a partir de la reacción de KF y HF en solución acuosa. Explique la estructura del ion HF_2^-.

9.13 Determine los diagramas de las estructuras de las siguientes moléculas y explique cómo la solubilidad en agua de cada compuesto es aumentada por el enlace de hidrógeno **(a)** NH_3, **(b)** $H_2N—OH$, **(c)** H_3COH, **(d)** H_2CO.

9.14 Aunque hay excepciones, la mayoría de las sales ácidas (tales como $NaHSO_4$) son más solubles en agua que las sales normales correspondientes (Na_2SO_4). Explique esta generalización.

9.15 Explique por qué las mezclas de cloroformo $HCCl_3$ y acetona,

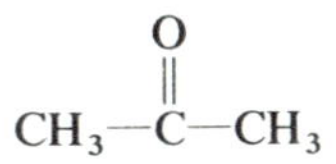

tienen puntos de ebullición más altos que los componentes puros.

9.16 El punto normal de ebullición del compuesto etilendiamina $H_2NCH_2CH_2NH_2$, es 117°C y el de propil-amina, $CH_3CH_2CH_2NH_3$, es 49°C. Las moléculas, sin embargo, son semejantes en tamaño y peso molecular. ¿Cómo se explica la diferencia en los puntos de ebullición?

*Los problemas más difíciles están marcados por un asterisco. El apéndice G contiene las respuestas de los problemas codificados en color.

El estado líquido

9.17 Explique brevemente cómo y por qué cada uno de los siguientes conceptos proporciona información sobre la magnitud de las fuerzas intermoleculares de atracción de una sustancia: **(a)** temperatura crítica, **(b)** tensión superficial, **(c)** viscosidad, **(d)** presión de vapor, **(e)** entalpía de vaporización, **(f)** punto normal de ebullición.

9.18 Explique, utilizando la curva de distribución de Maxwell-Boltzmann, por qué un líquido en evaporación se enfría.

9.19 ¿Qué es un estado de equilibrio? Describa la condición que existe cuando se coloca en un recipiente un líquido en evaporación.

9.20 ¿Por qué el punto de ebullición de un líquido varía con la presión? ¿Cuál es el punto normal de ebullición? Use las curvas de la Figura 9.7 para calcular el punto de ebullición del éter dietílico, del alcohol etílico y del agua a una presión de 0.50 atm.

9.21 Use los datos de la Tabla 8.3 para calcular el punto de ebullición del agua a **(a)** 0.010 atm, **(b)** 0.025 atm.

Diagramas de fase

9.22 Use los siguientes datos para dibujar un diagrama de fase aproximado para el hidrógeno: punto normal de fusión, 14.01 K, punto normal de ebullición 20.38 K; punto triple, 13.95 K, 7×10^{-2} atm; punto crítico, 33.3 K, 12.8 atm; presión de vapor de un sólido a 10 K, 1×10^{-3} atm.

9.23 Use los siguientes datos para dibujar un diagrama de fase aproximado para el kriptón; punto normal de ebullición, −152°C; punto normal de fusión, −157°C; punto triple, −169°C, 0.175 atm; punto crítico −63°C, 54.2 atm; presión de vapor del sólido a −199°C, 1.3×10^{-3} atm. ¿Cuál tiene la mayor densidad a una presión de 1 atm: el Kr sólido o el Kr líquido?

9.24 La Figura 9.9 es el diagrama de fase para el agua. Describa los cambios de fase que ocurren y las presiones aproximadas a las cuales ocurren, cuando la presión sobre el sistema del agua se aumenta gradualmente **(a)** a temperatura constante de −1°C, **(b)** a una temperatura constante de 50°C **(c)** a una temperatura constante de −50°C.

9.25 Observe la Figura 9.9 y describa los cambios de fase que ocurren y la temperatura aproximada a la cual ocurren cuando el agua se calienta de −10°C a 110°C, **(a)** a una presión de 1×10^{-3} atm, **(b)** a una presión de 0.5 atm, **(c)** a una presión de 1.1 atm.

9.26 Observe la Figura 9.10 y describa los cambios de fase que se presentan y las presiones aproximadas a las cuales ocurren, cuando la presión sobre el sistema del CO_2 se aumenta gradualmente **(a)** a una temperatura constante de −60°C, **(b)** a una temperatura constante de 0°C.

9.27 Observe la Figura 9.10 y describa los cambios de fase que se presentan y las temperaturas aproximadas a las cuales ocurren, cuando el dióxido de carbono se calienta **(a)** a una presión constante de 2.0 atm, **(b)** a una presión de 6.0 atm.

9.28 Explique brevemente cómo y por qué la pendiente de la curva del punto de fusión de un diagrama de fases de una sustancia depende de las densidades relativas de las formas sólidas y líquidas de la sustancia.

9.29 Algunas veces la sublimación se utiliza para purificar sólidos. El material impuro se calienta y el producto cristalino puro se condensa sobre una superficie fría. ¿Es posible purificar hielo por sublimación? ¿Qué condiciones tendrían que ser empleadas?

Tipos de sólidos cristalinos

9.30 Enumere los tipos de cristales, diga de qué partículas está constituído cada uno y las clases de fuerzas que los mantienen juntos.

9.31 ¿Qué tipo de fuerzas se deben superar para fundir cristales de los compuestos siguientes: **(a)** Si, **(b)** Ba, **(c)** F_2, **(d)** BaF_2, **(e)** BF_3, **(f)** PF_3?

9.32 ¿Qué tipo de fuerzas deben superarse para fundir cristales de los compuestos siguientes: **(a)** O_2, **(b)** Br_2, **(c)** Br_2O, **(d)** Ba, **(e)** $BaBr_2$, **(f)** BaO?

9.33 ¿Qué sustancia de cada uno de los siguientes pares piensa usted que tiene el punto de fusión más alto: **(a)** ClF o BrF, **(b)** BrCl o Cl_2, **(c)** CsBr o BrCl, **(d)** Cs o Br_2, **(e)** C (diamante) o Cl_2? ¿Por qué?

9.34 ¿Qué sustancia de cada uno de los siguientes pares, piensa usted que tiene el punto de fusión más alto: **(a)** Sr o Cl_2, **(b)** $SrCl_2$ o $SiCl_4$, **(c)** $SiCl_4$ o $SiBr_4$, **(d)** $SiCl_4$ o SCl_4, **(e)** SiC (carborundo) o $SiCl_4$? ¿Por qué?

9.35 ¿Qué sustancia de cada uno de los siguientes pares piensa usted que tiene el punto de fusión más alto: **(a)** Li o H_2, **(b)** LiH o H_2, **(c)** Li o LiH, **(d)** H_2 o Cl_2, **(e)** H_2 o HCl? ¿Por qué?

Cristales

9.36 El neón se cristaliza en una red cúbica centrada en las caras, la arista de celda unitaria es de 452 pm. El peso atómico del neón es 20.2. ¿Cuál es la densidad del neón cristalino?

9.37 El bario se cristaliza en una red cúbica centrada en el cuerpo, la arista de la celda unitaria es de 502 pm. El peso atómico del bario es 137. ¿Cuál es la densidad del bario cristalino?

9.38 El polonio se cristaliza en un sistema cúbico, la arista de la celda unitaria es de 336 pm. La densidad el Po Es 9.20 g/cm³ y el peso atómico del Po es 210. ¿Qué tipo de celda unitaria cúbica forma el Po?

9.39 El oro se cristaliza en un sistema cúbico y la arista de la celda unitaria es de 407 pm. La densidad del Au es 19.4 g/cm³ y el peso atómico del oro es 197. ¿Qué tipo de celda unitaria forma el oro?

9.40 Un elemento se cristaliza en una red cúbica centrada en el cuerpo y la arista de la celda unitaria es de 286 pm. La densidad del elemento es 7.92 g/cm³. Calcule el peso atómico del elemento.

9.41 Un elemento se cristaliza en una red cúbica centrada en las caras, la arista de la celda es de 556 pm. La densidad del elemento es 1.55 g/cm³. Calcule el peso atómico del elemento.

9.42 El tungsteno se cristaliza en una red cúbica centrada en el cuerpo. La densidad del W es 19.4 g/cm^3 y el peso atómico del W es 184. ¿Cuál es la longitud de la arista de la celda unitaria?.

9.43 El paladio se cristaliza en una red cúbica centrada en las caras. La densidad del Pd es 12.0 g/cm^3, y el peso atómico del Pd es 106. ¿Cuál es la longitud de la arista de la celda unitaria?

9.44 El potasio se cristaliza en una red cúbica centrada en el cuerpo y la longitud de la arista de la celda unitaria es de 533 pm. El peso atómico del K es 39.1 y la densidad del K es 0.858 g/cm^3. Use estos datos para calcular el número de Avogadro.

9.45 La plata se cristaliza en una red cúbica centrada en las caras, la arista de la celda unitaria es de 407.7 pm. Calcule las dimensiones de un cubo que contendrá un mol de Ag (107.7g).

9.46 El cobre se cristaliza en una red cúbica centrada en las caras, la arista de la celda unitaria es de 361 pm. Calcule el radio atómico del Cu.

9.47 El cromo se cristaliza en una red cúbica centrada en el cuerpo la arista de la celda unitaria es 287.5 pm. Calcule el radio atómico del Cr.

9.48 El molibdeno tiene un radio atómico de 136 pm y se cristaliza en una red cúbica centrada en el cuerpo. ¿Cuál es la longitud de la arista de la celda unitaria?

Difracción por rayos X por cristales

9.49 En la difracción de un cristal usando rayos X con longitud de onda de 135 pm, una reflección de primer orden se obtuvo a un ángulo de 11.2° ¿Cuál es la distancia entre los planos difractados? El seno de 11.2° es 0.1942.

9.50 En la difracción de un cristal usando rayos X con longitud de onda de 194 pm, se obtuvo una reflexión de primer orden a un ángulo de 25.9°. ¿Cuál es la distancia entre los planos difractados? El seno de 25.9° es 0.4368.

9.51 En la difracción con rayos X de un conjunto de planos de un cristal para los cuales d es 248 pm, se obtuvo una reflexión de primer orden a un ángulo de 8.21°. ¿Cuál es la longitud de onda de los rayos X empleados? El seno de 8.21° es 0.1428.

9.52 En la difracción de un cristal usando rayos X con longitud de onda de 179 pm, se obtuvo una reflexión de primer orden a un ángulo de 21.0° ¿Cuál es la longitud de onda de los rayos X que tienen la misma reflexión a un ángulo de 25.0°? El seno de 21.0° es 0.3584 y el seno de 25.0° es 0.4226.

9.53 ¿A qué ángulo se observará una reflexión de primer orden en una difracción con rayos X de un conjunto de planos de un cristal para los cuales d es 300 pm si los rayos X usados tienen una longitud de onda de 154 pm? ¿A qué ángulo se observará una reflexión de segundo orden?

9.54 ¿A qué ángulo se observará una reflexión de primer orden en una difracción con rayos X de un conjunto de planos de un cristal para los que d es 349 pm si los rayos X usados tienen una longitud de 194 pm? ¿A qué ángulo se observará una reflexión de segundo orden?

Cristales iónicos

9.55. **(a)** ¿Cuántos iones de cada tipo se indican en la celda unitaria del cristal de cloruro de cesio en el diagrama de la Figura 9.21? **(b)** La densidad del cloruro de cesio es 3.99 g/cm^3. ¿Cuál es la longitud de la arista de la celda unitaria indicada en la figura? **(c)** Use las ecuaciones dadas en la Sección 9.12 para determinar la distancia más corta entre un ion de Cs^+ y un ion de Cl^-.

9.56 ¿Cuántos iones de cada tipo se muestran en la celda unitaria del cristal de cloruro de sodio indicado en la Figura 9.21? **(b)** La densidad del cloruro de plata, que se cristaliza en una red cristalina de cloruro de sodio, es de 5.57 g/cm^3. ¿Cuál es la longitud de la arista de la celda unitaria del AgCl del tipo indicado en la figura? **(c)** Use las ecuaciones dadas en la Sección 9.12 para determinar la distancia más corta entre el ion Ag^+ y el ion Cl^-.

9.57 **(a)** ¿Cuántos iones de cada tipo están indicados en la celda unitaria del cristal sulfuro de cinc representado en la Figura 9.21? **(b)** La densidad del cloruro de cobre (I) que se cristaliza en una red de blenda de cinc, es de 4.14 g/cm^3. ¿Cuál es la longitud de la arista de la celda unitaria de CuCl indicada en la figura? **(c)** Use las ecuaciones dadas en la Sección 9.12 para determinar la distancia más corta entre un ion de Cu^+ y un ion Cl^-.

***9.58** **(a)** El cloruro de talio (I) se cristaliza en la red del cluroro de cesio. La distancia más corta entre los iones Tl^+ y Cl^- es 333 pm. ¿Cuál es la longitud de la arista de la celda unitaria del TlCl, similar a la de la Figura 9.21? **(b)** ¿Cuál es la densidad, en g/cm^3, del TlCl?

***9.59** **(a)** El sulfuro de plomo (II) se cristaliza en la red del cloruro de sodio. La distancia más corta entre un ion Pb^{2+} y un ion S^{2-} es 297 pm. ¿Cuál es la longitud de la arista de la celda unitaria del PbS, similar a la de la Figura 9.21? **(b)** ¿Cuál es la densidad, en g/cm^3, del PbS?

***9.60** **(a)** El sulfuro de cadmio se cristaliza en la red de la blenda de cinc. La distancia más corta entre un ion de Cd^{2+} y un ion S^{2-} es 253 pm. ¿Cuál es la longitud de la arista de la celda unitaria similar a la indicada en la Figura 9.21? **(b)** ¿Cuál es la densidad del CdS?

9.61 En un cristal dado, la distancia entre los centros de un catión y un anión vecino es aproximadamente igual a la suma de los radios iónicos de los dos iones. Algunos radios iónicos son: Na^+, 95 pm; K^+, 133 pm; Ca^{2+}, 99 pm; Ba^{2+}, 135 pm; Ni^{2+}, 69 pm; Ag^+, 126 pm; Cl^-, 181 pm; Br^-, 195 pm; O^{2-}, 140 pm; S^{2-}, 184 pm; Refiérase a la Ecuación 9.7 en la Sección 9.15 y reordene los siguientes elementos (cada uno de los cuales se cristaliza en una red de cloruro sodio) en orden descendiente de la energía de red (el valor más negativo primero): AgCl, BaO, CaS, KCl, NaBr, y NiS.

Defectos de estructura

9.62 Enumere y describa los tipos de defectos hallados en cristales.

***9.63** El óxido de cadmio, CdO, se cristaliza en la estructura del cloruro de sodio, con cuatro iones Cd^{2+} y cuatro iones O^{2-} por celda unitaria (Figura 9.21). Sin embargo, el compuesto generalmente no es estequiométrico, con una fórmula que se aproxima al $CdO_{0.995}$. El defecto se presenta debido a que, en el cristal, algunas posiciones de catión están ocupadas por los átomos de Cd en vez de los iones Cd^{2+} y un número equivalente de las posiciones de los aniones están vacías. **(a)** ¿Qué porcentaje de los sitios del anión están vacíos? **(b)** Si la arista de la celda unitaria es 469.5 pm. ¿Cuál será la densidad de un cristal perfecto? **(b)** Cuál es la densidad del cristal no estequiométrico? El peso atómico del Cd es 112.40 y el del O es 16.00.

***9.64** El óxido de hierro (II) se cristaliza en una estructura como la del cloruro de sodio, con cuatro iones de Fe^{2+} y cuatro iones de O^{2-} por celda unitaria (Figura 9.21). Sin embargo, los cristales son siempre dificientes en hierro. Algunos sitios de cationes están vacíos y algunas posiciones de cationes contienen iones Fe^{3+} en lugar de Fe^{2+}, pero la combinación es tal que la estructura es eléctricamente neutra. Generalmente la fórmula approximada es $Fe_{0.93}O$. **(a)** ¿Cuál es la proporción de iones Fe^{2+} y iones Fe^{3+} en el cristal? **(b)** ¿Qué porcentaje de sitios del catión estan vacíos? Sugerencia: considere un cristal que contiene 100 iones de O^{2-}

***9.65** **(a)** La arista de la celda unitaria del cloruro de sodio de la Figura 9.21 es 563.8 pm y la densidad del NaCl es 2.165g/cm³. Use estos datos para calcular el peso molecular aparente del NaCl hasta cuatro cifras significativas. **(b)** La diferencia entre el valor calculado de los datos de un cristal y el peso molecular real del NaCl (58.44) se debe al tipo de defecto de red en el cual los átomos de Na sustituyen un número de iones de Na^+ en el cristal y un número igual de iones Cl^- faltan de las posiciones de la red. Sobre la base de su respuesta a la parte **(a)**, calcule el porcentaje de sitios del anión que se hallan vacíos.

SOLUCIONES

CAPÍTULO **10**

Las soluciones son mezclas homogéneas. Generalmente se clasifican de acuerdo a su estado físico: pueden prepararse soluciones gaseosas, líquidas y sólidas. La ley de Dalton de las presiones parciales describe el comportamiento de las soluciones gaseosas, de las cuales el aire es el ejemplo más común. Ciertas aleaciones son soluciones sólidas; la plata de acuñación es cobre disuelto en plata y el bronce es una solución sólida de cinc en cobre. Sin embargo, no todas las aleaciones son soluciones sólidas. Algunas son mezclas heterogéneas y algunas son compuestos intermetálicos. Las soluciones líquidas son las más comunes y son probablemente las más importantes para el químico.

10.1 Naturaleza de las soluciones

El componente de una solución que se encuentra en la mayor cantidad, generalmente se llama el **disolvente**, y los otros componentes se llaman **solutos**. Esta terminología es vaga y arbitraria. A veces es conveniente designar un componente como el disolvente aunque esté presente en pequeñas cantidades. Otras veces la asignación de los términos soluto y disolvente tiene poca importancia (por ejemplo, en la descripción de soluciones gaseosas).

Ciertos pares de sustancias se disuelven una en otra en todas las proporciones. La miscibilidad completa es característica de los componentes de todas las soluciones gaseosas y algunos pares de componentes de soluciones líquidas y sólidas. Para la mayoría de los materiales, sin embargo, hay una cantidad máxima de sustancia que se disolverá en un disolvente dado. La **solubilidad** de una sustancia en un determinado disolvente a una temperatura específica, es la cantidad máxima de soluto que se disolverá en una cantidad definida de disolvente y que producirá un sistema estable.

Para una solución dada, la cantidad de soluto disuelto en una cantidad dada de disolvente, es la **concentración** del soluto. Las soluciones que contienen una concentración relativamente alta de soluto, se llaman **soluciones concentradas**. Cuando la concentración del soluto es baja, se llaman **soluciones diluidas**.

Si se añade un exceso de soluto (más que lo que se disolverá normalmente) a una cantidad de disolvente líquido, se establece un equilibrio entre el soluto puro y el soluto disuelto.

$$\text{Soluto}_{\text{puro}} \rightleftharpoons \text{Soluto}_{\text{disuelto}}$$

El soluto puro puede ser un sólido, un líquido o un gas. En un sistema de este tipo en equilibrio, la velocidad a la cual el soluto puro se disuelve es igual a la velocidad a la cual el soluto disuelto sale de la solución. La concentración de soluto disuelto, por consiguiente, es constante. Una solución de este tipo se llama **solución saturada**, y su concentración es la solubilidad del soluto en cuestión.

Se ha demostrado experimentalmente que existe ese equilibrio dinámico. Si se colocan pequeños cristales de un soluto sólido en contacto con una solución saturada de soluto, se observa que los cristales cambian de tamaño y de forma. Sin embargo, durante el experimento la concentración de la solución saturada no cambia, y la cantidad del exceso de soluto no disminuye ni aumenta.

Una **solución no saturada** tiene una concentración de soluto menor que una solución saturada. Por otra parte, a veces se puede preparar una **solución supersaturada**, en la cual la concentración de soluto es mayor que la de la solución saturada. Sin embargo, una solución supersaturada es metaestable y si se le agrega una pequeña cantidad de soluto puro, se precipitará el soluto en exceso del requerido para saturar la solución.

10.2 El proceso de solución

Las fuerzas de London son las únicas fuerzas intermoleculares entre moléculas covalentes no polares. Por otra parte, las atracciones intermoleculares entre moléculas covalentes polares, son ocasionadas por fuerzas dipolo-dipolo, como también por fuerzas de London. En sustancias en las cuales hay enlace de hidrógeno, las fuerzas intermoleculares son excepcionalmente fuertes.

Las sustancias no polares y polares son generalmente insolubles unas en otras. El tetracloruro de carbono (una sustancia no polar), es insoluble en agua (una sustancia polar). La atracción de una molécula de agua por otra semejante es mucho mayor que una atracción entre una molécula de tetracloruro de carbono y una molécula de agua. De aquí que las moléculas de tetracloruro de carbono sean "expulsadas" y estas dos sustancias forman un sistema de dos capas líquidas.

El yodo, un material no polar, es soluble en tetracloruro de carbono. Las atracciones entre las moléculas I_2 en el yodo sólido son aproximadamente del mismo tipo y magnitud que las atracciones entre las moléculas de CCl_4 en el tetracloruro de carbono puro. Por esto es que pueden existir importantes atracciones de yodo-tetracloruro de carbono y las moléculas de yodo pueden mezclarse con moléculas de tetracloruro de carbono. La solución resultante es una mezcla molecular aleatoria.

El alcohol metílico, CH_3OH, como el agua, consiste en moléculas polares que están fuertemente asociadas. En ambos líquidos puros las moléculas se atraen mutuamente en el enlace de hidrógeno.

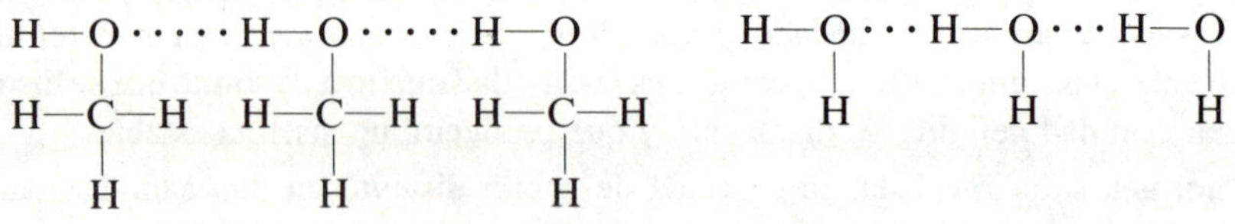

El alcohol metílico y el agua son miscibles en todas las proporciones. En soluciones de alcohol metílico en agua, las moléculas de CH_3OH y H_2O están asociadas por enlaces de hidrógeno.

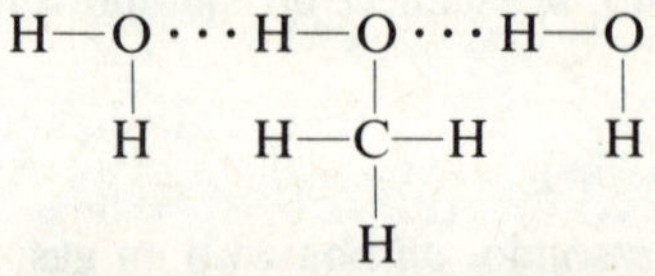

El alcohol metílico no se disuelve en disolventes no polares. Las fuertes atracciones intermoleculares del alcohol metílico puro no son superadas a menos que las moléculas

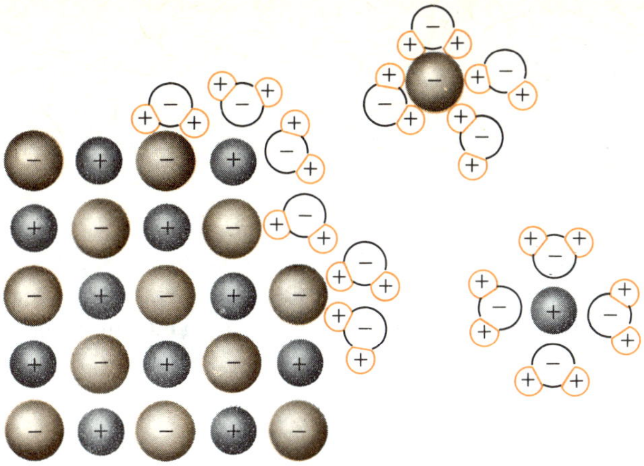

Figura 10.1 Solución de un cristal iónico en agua.

del disolvente puedan formar atracciones de intensidad igual o casi igual con las moléculas del alcohol metílico.

En general, los materiales polares se disuelven solamente en disolventes polares, y las sustancias no polares son solubles en disolventes no polares. Ésta es la primera regla: "lo semejante disuelve lo semejante". Las redes cristalinas (el diamante, por ejemplo), en las cuales los átomos que forman el cristal se mantienen unidos por enlaces covalentes, son insolubles en todos los líquidos. Esta estructura cristalina es demasiado estable para ser destruida por un proceso de solución. Ninguna atracción soluto-disolvente posible puede acercarse a la fuerza de los enlaces covalentes del cristal.

Los líquidos polares (el agua en particular) pueden actuar como disolventes para muchos compuestos iónicos. Los iones del soluto son atraídos electrostáticamente por las moléculas del disolvente polar: los iones negativos por los polos positivos de las moléculas del disolvente y los iones positivos por los polos negativos de las moléculas del disolvente. Estas atracciones ion-dipolo pueden ser relativamente fuertes.

La Figura 10.1 es un diagrama de la solución de un cristal iónico en agua. Los iones en el centro del cristal son atraídos igualmente en todas direcciones por los iones de carga opuesta del cristal. Las atracciones electrostáticas sobre los iones de la superficie del cristal, sin embargo, no están equilibradas. Las moléculas de agua son atraídas a estos iones superficiales; los terminales positivos de las moléculas de agua a los aniones y los terminales negativos de las moléculas de agua a los cationes. Las atracciones ion-dipolo formadas de esta forma, permiten que los iones escapen del cristal y pasen a la fase líquida. Los iones disueltos son **hidratados** y se mueven a través de la solución rodeados por una cubierta de moléculas de agua. En solución acuosa, todos los iones están hidratados.

10.3 Iones hidratados

Los iones negativos se hallan hidratados en solución acuosa mediante atracciones entre el ion y los átomos de hidrógeno de la molécula de agua. En algunos casos (el ion sulfato, por ejemplo) estas atracciones pueden ser de uno o más enlaces de hidrógeno:

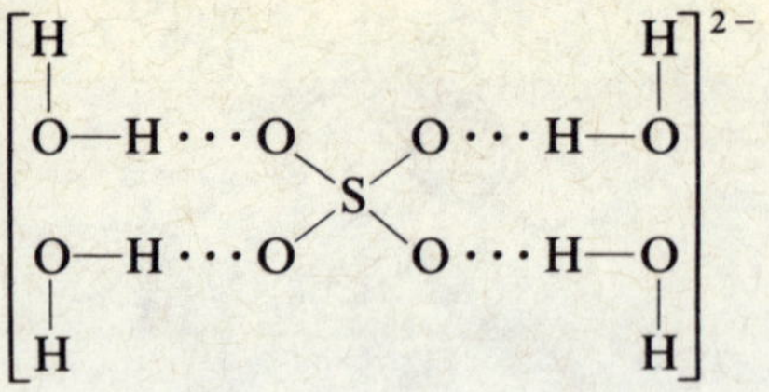

Los iones positivos están hidratados mediante atracciones entre el ion y los pares de electrones no compartidos del átomo de oxígeno de la molécula de agua. Estas atracciones son fuertes. En muchos casos cada catión está hidratado por un número definido de moléculas de agua:

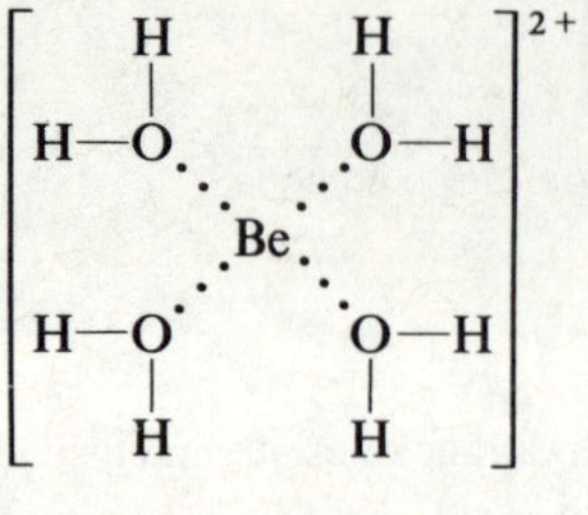

Otras moléculas adicionales de agua forman enlaces de hidrógeno con las moléculas unidas al catión o anión. Sin embargo, estas capas exteriores de moléculas de agua, están menos retenidas.

¿Qué factores conducen a la formación de interacciones fuertes entre el ion y las moléculas de agua?

1. Los iones con *cargas elevadas* atraen fuertemente a los átomos de H u O de la molécula de agua.

2. Los *iones pequeños* son más efectivos que los más grandes, debido a que la carga se concentra más en los iones pequeños.

Un número de compuestos *covalentes* de metales produce *iones hidratados* en solución acuosa. Los compuestos de berilio, por ejemplo, son covalentes cuando son puros. El factor responsable por el carácter covalente de los compuestos de berilio (una alta relación de la carga iónica con respecto al tamaño del ion) lleva también a la formación de iones hidratados muy estables.

$$BeCl_2(s) + 4\,H_2O \longrightarrow Be(H_2O)_4^{2+}(aq) + 2\,Cl^-(aq)$$

La formación de un enlace siempre libera energía y la ruptura de un enlace siempre requiere energía. La energía *liberada* por un proceso hipotético en el cual los iones hidratados se han formado a partir de iones gaseosos se llama **entalpía de hidratación** de los iones. Por ejemplo:

$$K^+(g) + Cl^-(g) \longrightarrow K^+(aq) + Cl^-(aq) \qquad \Delta H = -684.1\ kJ$$

La magnitud de la entalpía de hidratación, depende de la concentración de la solución final. Si no se hace ninguna distinción (como en el ejemplo dado anteriormente), se supone que el cambio de entalpía se refiere al proceso en el cual los iones se han hidratado hasta el grado máximo posible. Este alto grado de hidratación ocurrirá solamente si la solución es *muy diluida*. Los valores de ΔH correspondientes se llaman entalpías de hidratación a **dilución infinita**

El valor de la entalpía de hidratación da una indicación de la fuerza de las atracciones entre los iones y las moléculas de agua que los hidratan. Un valor negativo grande (que indica el desprendimiento de una gran cantidad de energía) muestra que los iones están fuertemente hidratados.

Frecuentemente, permanecen iones hidratados en los sólidos cristalinos que se obtienen por la evaporación de las soluciones acuosas de sales. Así,

$FeCl_3 \cdot 6H_2O$ consiste en $Fe(H_2O)_6^{3+}$ y iones Cl^-
$BeCl_2 \cdot 4H_2O$ consiste en $Be(H_2O)_4^{2+}$ y iones Cl^-
$ZnSO_4 \cdot 7H_2O$ consiste en $Zn(H_2O)_6^{2+}$ y iones $SO_4(H_2O)^{2-}$
$CuSO_4 \cdot 5H_2O$ consiste en $Cu(H_2O)_4^{2+}$ y iones $SO_4(H_2O)^{2-}$

Las moléculas de agua también pueden presentarse en cristales hidratados ocupando posiciones en la red de la estructura cristalina sin asociarse con ningún ion específico ($BaCl_2 \cdot 2H_2O$, es un ejemplo) u ocupando intersticios (huecos) de una estructura cristalina (como por ejemplo, los silicatos hidratados, llamados zeolitas).

10.4 Entalpía de disolución

El cambio de entalpía asociado con el proceso en el cual un soluto se disuelve en un disolvente, se llama **entalpía de solución**. El valor de una entalpía de solución (dada en kJ/mol de soluto) depende de la concentración de la solución final al igual que una entalpía de hidratación. Al menos que se indique de otra manera, se considera que una entalpía de disolución se aplica a la preparación de una solución infinitamente diluida. La entalpía de disolución es prácticamente constante para todas las soluciones diluidas de un determinado par soluto-disolvente.

El cambio de entalpía observado cuando se prepara una solución es el resultado neto de la energía *requerida* para romper ciertos enlaces químicos o atracciones (soluto-soluto y disolvente-disolvente) y la energía *liberada* por la formación de nuevos enlaces (soluto-disolvente). La entalpía de disolución para la preparación de una solución de KCl en agua, por ejemplo, puede considerarse como la suma de los dos cambios de entalpía:

1. La energía requerida para romper la red cristalina de KCl y formar iones gaseosos:

$$KCl(s) \longrightarrow K^+(g) + Cl^-(g) \qquad \Delta H = +701.2 \text{ kJ}$$

2. La *entalpía de hidratación* del KCl, la cual es la energía liberada cuando los iones gaseosos son hidratados:

$$K^+(g) + Cl^-(g) \longrightarrow K^+(aq) + Cl^-(aq) \qquad \Delta H = -684.1 \text{ kJ}$$

Este cambio de entalpía es realmente la suma de dos cambios de entalpía: la energía requerida para romper los enlaces de hidrógeno entre algunas de las moléculas de agua y la energía liberada cuando estas moléculas de agua hidratan los iones. Sin embargo, es difícil estudiar estos dos efectos separadamente.

En este ejemplo, el proceso completo es endotérmico. La entalpía de disolución es positiva, debido a que se requiere más energía en el paso 1 de la que se libera en el paso 2:

$$KCl(s) \longrightarrow K^+(ac) + Cl^-(ac) \qquad \Delta H = +17.1 \text{ kJ}$$

Algunas entalpías de solución son negativas debido a que se libera más energía por la hidratación de los iones del soluto que la que se requiere para romper la red cristalina:

$$\begin{array}{rcl} AgF(s) \longrightarrow Ag^+(g) + F^-(g) & & \Delta H = +910.9 \text{ kJ} \\ Ag^+(g) + F^-(g) \longrightarrow Ag^+(ac) + F^-(ac) & & \Delta H = -931.4 \text{ kJ} \\ \hline AgF(s) \longrightarrow Ag^+(ac) + F^-(ac) & & \Delta H = -\ 20.5 \text{ kJ} \end{array}$$

El factor que conduce a una alta energía de la red (elevada relación entre carga y tamaño en los iones) también produce altas entalpías de hidratación. Consecuentemente, los valores de cada uno de los pasos son por lo general numéricamente próximos y la entalpía de solución misma es un valor mucho más bajo que cualquiera de los valores que la componen. Por consiguiente, un error relativamente pequeño en la energía de la red o la entalpía de hidratación puede llevar a un error relativamente grande en la entalpía de disolución. Si se utiliza un disolvente que no sea el agua en la preparación de una solución, puede hacerse el mismo tipo de análisis. Los valores para el segundo paso se llaman **entalpías de solvatación.**

Consideraciones análogas valen para soluciones de materiales no iónicos. Las energías de red de los cristales moleculares no son tan grandes como las de los cristales iónicos, debido a que las fuerzas que mantienen juntos a los cristales moleculares no son tan fuertes como las que mantienen juntos a los cristales iónicos. Sin embargo, las energías de solvatación de estos cristales no iónicos son bajas. Para sustancias moleculares que se disuelven en disolventes no polares sin ionización y sin apreciable interacción soluto-disolvente, la entalpaía de solución es endotérmica y tiene casi la misma magnitud que la entalpía de fusión del soluto.

Los gases generalmente se disuelven en líquidos con desprendimiento de calor. Puesto que no se requiere energía para separar las moléculas de un gas, el cambio entálpico predominante en un proceso de solución de este tipo, es la solvatación de las moléculas del gas; por lo tanto el proceso es exotérmico. Sin embargo, el cálculo de la entalpía de disolución del cloruro de hidrógeno gaseoso en agua, requiere que el calor desprendido por la formación de los iones hidratados se reduzca en el valor de la energía requerida para la ionización de las moléculas de HCl.

10.5 Efectos de la temperatura y la presión sobre la solubilidad

El efecto de un cambio de la temperatura sobre la solubilidad de una sustancia depende de la absorción o el desprendimiento de calor *cuando se prepara una solución saturada*. Suponga que se disuelve una pequeña cantidad de soluto en una solución casi saturada con absorción de calor. Podemos representar el equilibrio entre el exceso de soluto sólido y la solución saturada como:

$$\text{energía} + \text{soluto} + H_2O \rightleftharpoons \text{solución saturada}$$

El efecto de un cambio de temperatura sobre este sistema puede predecirse por medio de un principio propuesto por Henri Le Chatelier en 1884. El **principio de Le Chatelier** establece que un sistema en equilibrio reacciona para contrarrestar el efecto que lo modificó y reestablecer un nuevo estado de equilibrio.

Supongamos que tenemos una retorta que contiene una solución saturada del tipo previamente descrito junto con algún exceso de soluto sólido en equilibrio con ella. ¿Cuál será el efecto si se eleva la temperatura? De acuerdo al principio de Le Chatelier, el sistema reaccionará de manera de reducir la temperatura.

Esto lo puede hacer si se desplaza en el sentido en que se absorbe calor (hacia la derecha en la ecuación previa). El desplazamiento significa que se disolverá más soluto. Concluimos que con el aumento de la temperatura, aumenta la solubilidad de este soluto.

¿Qué sucederá si se disminuye la temperatura? El principio de Le Chatelier predice que el sistema reaccionará de manera de elevar la temperatura, es decir liberar energía. La reacción se desplazará hacia la izquierda y el soluto se precipitará de la solución. Concluimos que el descenso de temperatura disminuye la solubilidad del soluto. Nuestras dos conclusiones son realmente la misma.

Las solubilidades de sustancias que *absorben calor* cuando se disuelven en soluciones casi saturadas, *aumentan* con el *aumento de temperatura*. La mayoría de los solutos iónicos se comportan de esta forma. La entalpía de solución de muchos compuestos iónicos en soluciones que son infinitamente diluidas, son *exotérmicas*. Los mismos compuestos, sin embargo, generalmente se disuelven en *soluciones casi saturadas* con *absorción* de energía. Cuando un soluto se disuelve en una solución casi saturada, la entalpía de hidratación es menor que cuando se disuelve en una solución muy diluida.

Un ion tiene un grado más bajo de hidratación (está hidratado por pocas moléculas de agua) en una solución concentrada que en una solución diluida. Por esta razón las entalpías de solución de las soluciones casi saturadas son más positivas que las entalpías de solución de las soluciones diluidas.

Cuando una sustancia se disuelve en soluciones casi saturadas con desprendimiento de calor,

$$\text{soluto} + H_2O \rightleftharpoons \text{solución saturada} + \text{energía}$$

El principio de Le Chatelier indica que la solubilidad del soluto aumenta cuando la temperatura se disminuye y la solubilidad disminuye cuando la temperatura se eleva. Unos pocos compuestos iónicos (tales como Li_2CO_3 y Na_2SO_4) se comportan de esta forma. Además, la solubilidad de todos los gases disminuye cuando la temperatura se eleva. El calentamiento de una bebida gaseosa hace que las burbujas del dióxido de carbono se desprenden de la solución. La medida en que cambia la solubilidad cuando cambia la temperatura depende de la magnitud de la entalpía de solución. Las solubilidades de sustancias con pequeñas entalpías de solución no cambian mucho con los cambios de temperatura.

Los cambios en presión ordinariamente tienen poco efecto sobre la solubilidad de solutos sólidos y líquidos. Sin embargo, el aumento o la disminución de la presión en una solución que contiene un gas disuelto, tiene un efecto definido. William Henry en 1803 descubrió que la cantidad de gas que se disuelve en una cantidad dada de un líquido a temperatura constante es directamente proporcional a la presión parcial del gas sobre la solución. La **ley de Henry**, es válida solamente para soluciones diluidas y a presiones relativamente bajas. Los gases que son extremadamente solubles, generalmente reaccionan químicamente con el disolvente (por ejemplo: cloruro de hidrógeno gaseoso en agua, reacciona para producir ácido clorhídrico); estas soluciones no siguen la ley de Henry.

10.6 Concentraciones de soluciones

La concentración de un soluto en una solución puede expresarse de varias formas. Hemos discutido algunas de éstas en secciones anteriores y examinaremos ahora las formas más comunes de expresar concentraciones de soluciones.

1. El **porcentaje de masa** de un soluto en una solución es 100 veces la masa del soluto dividido por la *masa total* de la solución. Una solución acuosa al 10% de cloruro de sodio contiene 10g de NaCl y 90g de H_2O. Los porcentajes de volumen se usan rara vez. Debe interpretarse que las cifras que se indican como porcentajes se basan en masa, a menos que se especifique lo contrario.

2. La **fracción molar**, X, de un componente de una solución es la relación entre el número de moles de ese componente y el número *total* de moles de todas las sustancias presentes en la solución (Sección 8.10).

$$X_A = \frac{n_A}{n_A + n_B + n_C + \cdots} \tag{10.1}$$

donde X_A, es la fracción molar de A y n_A, n_B, n_C, ... son el número de moles de A, B, C, ... La suma de las fracciones molares de todos los componentes presentes en la solución debe ser igual a uno.

Ejemplo 10.1

Una solución gaseosa contiene 2.00g de He y 4.00g de O_2. ¿Cuáles son las fracciones molares de He y O_2 en la solución?

Solución

Primero se halla el número de moles de cada componente presente en la solución:

$$? \text{ moles de He} = 2.00 \text{ g He}\left(\frac{1 \text{ mol He}}{4.00 \text{ g He}}\right) = 0.500 \text{ moles He}$$

$$? \text{ moles de } O_2 = 4.00 \text{ g } O_2\left(\frac{1 \text{ mol } O_2}{32.0 \text{ g } O_2}\right) = 0.125 \text{ moles } O_2$$

Utilizamos estos valores para hallar las fracciones molares.

$$X_{He} = \frac{n_{He}}{n_{He} + n_{O_2}}$$

$$= \frac{0.500 \text{ moles}}{0.500 \text{ moles} + 0.125 \text{ moles}} = \frac{0.500 \text{ moles}}{0.625 \text{ moles}} = 0.800$$

$$X_{O_2} = \frac{n_{O_2}}{n_{He} + n_{O_2}}$$

$$= \frac{0.125 \text{ moles}}{0.625 \text{ moles}} = 0.200$$

Observe que la suma de las fracciones molares es igual a uno.

3. La **molaridad**, M, de una solución es el número de moles de soluto por litro de *solución* (Sección 2.9). Así, un litro de una solución 6M de cloruro de sodio, se prepara tomando 6 moles de NaCl y agregando suficiente agua hasta formar un litro de solución exactamente.

Observe que la definición se basa en el *volumen total* de la solución. Cuando se prepara una solución líquida, el volumen de la solución raramente es igual a la suma de los volúmenes de los componentes puros. Generalmente el volumen final de la solución es mayor o menor que la suma de los volúmenes de los materiales usados para prepararla. Por consiguiente, no es práctico, tratar de predecir la cantidad de disolvente que debe emplearse para preparar una solución dada. Las soluciones molares (como también otras que están basadas en el volumen total) se preparan generalmente utilizando matraces aforados (Figura 10.2).

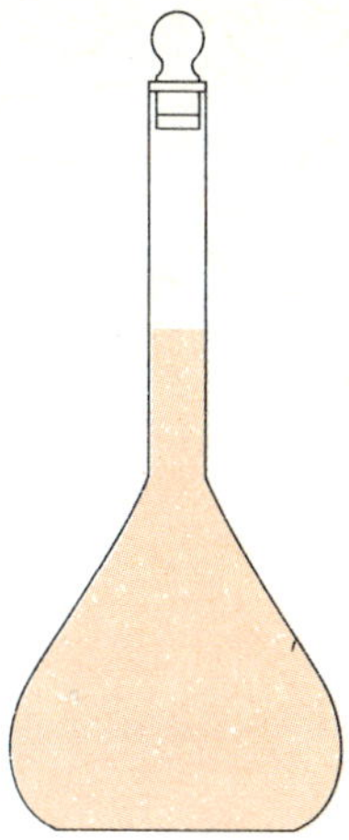

Figura 10.2 Matraz aforado

Para preparar una solución, se coloca en el matraz la cantidad correcta de soluto y luego se le agrega agua, mezclando cuidadosa y constantemente hasta que la solución llene el matraz hasta la marca de calibración sobre su cuello. Es sencillo calcular la cantidad de soluto presente en un volumen dado de solución cuando la concentración de ésta se expresa en términos de molaridad. Las concentraciones defindas sobre la base del volumen total de solución tienen esta ventaja indudable. Así, 1 litro de una solución 3 *M* contiene 3 moles de soluto, 500 ml contienen 1.5 moles, 250 ml contienen 0.75 moles y 100 ml contienen 0.3 mol. Una desventaja de las medidas de concentraciones basadas en el volumen de solución, es que tales concentraciones cambian ligeramente con los cambios de temperatura debido a la expansión o contracción de las soluciones líquidas. Para trabajos exactos, por lo tanto, debe prepararse una solución a la temperatura a la cual debe usarse y debe emplearse un matraz aforado calibrado a esta temperatura. En los Ejemplos 2.16 y 2.17 en la Sección 2.9 se encuentran problemas sencillos relativos a los preparaciones de soluciones molares.

Ejemplo 10.2

(a) ¿Cuántos gramos de solución de ácido nítrico concentrado deben utilizarse para preparar 250 ml 2.00 *M* de HNO_3? El ácido nítrico concentrado tiene un 70.0% en peso. (b) Si la densidad de la solución de ácido nítrico concentrado es 1.42g/ml, ¿qué volumen debe emplearse?

Solución

Los factores usados para resolver este problema se derivan de los siguientes hechos (en su orden):

1. Puesto que la solución que se desea es 2.00 *M*, deben existir 2.00 moles de HNO_3 en 1000 ml.

2. El peso molecular del HNO_3 es 63.0.

3. En 100.0 g de ácido nítrico concentrado (70.0% HNO_3) hay 70.0 g de HNO_3

$$? \text{ g de HNO}_3 \text{ conc} = 250 \text{ ml de solución}\left(\frac{2 \text{ mol HNO}_3}{1000 \text{ ml sol'n}}\right)\left(\frac{63.0 \text{ g HNO}_3}{1 \text{ mol HNO}_3}\right)\left(\frac{100.0 \text{ g conc HNO}_3}{70.0 \text{ g HNO}_3}\right)$$

$$= 45.0 \text{ g conc HNO}_3$$

(b) La densidad del ácido concentrado se usa para convertir la respuesta a la parte (a) en ml de HNO_3 conc:

$$¿\ \text{ml HNO}_3\ \text{conc} = 45.0\ \text{g HNO}_3\ \text{conc}\left(\frac{1.00\ \text{ml conc HNO}_3}{1.42\ \text{g conc HNO}_3}\right) = 31.7\ \text{ml conc HNO}_3$$

Ejemplo 10.3

¿Cuál es la molaridad del HCl concentrado, si la solución contiene 37.0% de HCl en masa y si la densidad de la solución es 1.18g/ml?

Solución

Para hallar la molaridad de la solución, debemos determinar el número de moles de HCl en un litro de solución. El problema puede resolverse usando factores obtenidos en la siguiente forma:

1. La masa de 1 litro de la solución se halla mediante la densidad.

2. La masa de HCl puro en esta cantidad de solución se obtiene mediante el uso de la composición en porcentaje.

3. El peso molecular del HCl (36.5) se utiliza para convertir la masa del HCl en moles de HCl:

$$¿\ \text{moles de HCl} = 1000\ \text{ml solución}\left(\frac{1.18\ \text{g solución}}{1\ \text{ml solución}}\right)\left(\frac{37.0\ \text{g HCl}}{100.0\ \text{g solución}}\right)\left(\frac{1\ \text{mol HCl}}{36.5\ \text{g HCl}}\right)$$

$$= 12.0\ \text{moles HCl}$$

Puesto que un litro de solución contiene 12.0 moles de HCl la solución es 12.0 *M*.

A menudo las soluciones deben prepararse diluyendo reactivos concentrados. La molaridades de los reactivos concentrados más comunes están enumerados en la Tabla 10.1.

Estos valores se pueden utilizar para determinar las proporciones de reactivos y de agua requeridos para preparar una solución de una concentración deseada.

Tabla 10.1 Composición de algunos reactivos concentrados comunes

Reactivo	Fórmula	Peso molecular	Porcentaje en masa	Densidad (g/ml)	Molaridad
ácido acético	$HC_2H_3O_2$	60.05	100	1.05	17.5
ácido clorhídrico	HCl	36.46	37	1.18	12.0
ácido nítrico	HNO_3	63.01	70	1.42	15.8
ácido fosfórico	H_3PO_4	98.00	85	1.70	14.7
ácido sulfúrico	H_2SO_4	98.07	96	1.84	18.0
amoníaco	NH_3	17.03	28	0.90	14.8

El número de moles de soluto en una muestra de una solución se puede obtener multiplicando el volumen de la solución (V_1, en litros) por la molaridad de la solución (M_1, el número de moles de soluto en 1 litro):

$$\text{número de moles de soluto} = V_1 M_1$$

Cuando la solución se diluye a un nuevo volumen V_2, *aún contiene el mismo número de moles de soluto*. La concentración ha disminuido a M_2, pero el producto $V_2 M_2$ es igual al mismo número de moles por lo tanto,

$$V_1M_1 = V_2M_2$$

Puesto que a ambos lados de esta ecuación hay volúmenes cualquier unidad de volumen se puede utilizar para expresar V_1y V_2, siempre que se use la misma unidad para ambos. Observe que esta ecuación se utiliza para problemas de dilución solamente.

Ejemplo 10.4

¿Qué volumen de HCl concentrado se debe utilizar para preparar 500 ml de solución de HCl 3.00 *M*?

Solución

De la Tabla 10.1 (como también del Ejemplo 10.3) observamos que el HCl concentrado es 12.0 *M*

$$V_1M_1 = V_2M_2$$
$$V_1(12.0\ M) = (500\ \text{ml})(3.00\ M)$$
$$V_1 = 125\ \text{ml}$$

4. La molalidad de una solución, *m*, se define como el número de moles de soluto disueltos en 1 kg de *disolvente*. Una solución 1 *m* de urea, $CO(NH_2)_2$, se prepara disolviendo 1 mol de urea (60.06 g) en 1000 g de agua. Observe que la definición *no* se fundamenta sobre el volumen total de solución. El volumen final de una solución molal no es de importancia. Soluciones uno molales de diferentes solutos, cada una de las cuales conteniendo 1000 g de agua, tendrán diferentes volúmenes. Todas estas soluciones, sin embargo, tendrán las mismas fracciones de moles de soluto y disolvente (Ejemplo 10.5).

Ejemplo 10.5

¿Cuáles son las fracciones molares de soluto y disolvente en una solución acuosa 1.0 *m*?

Solución

El peso molecular del H_2O es 18.0. Busquemos el número de moles de agua en 1000 g de H_2O:

$$¿\text{ moles de } H_2O = 1000 \text{ g } H_2O \left(\frac{1 \text{ mol } H_2O}{18.0 \text{ g } H_2O}\right) = 55.6 \text{ moles de } H_2O$$

Una solución acuosa 1 *m* contiene:

$$n_{soluto} = 1.0 \text{ mol}$$
$$n_{H_2O} = 55.6 \text{ moles}$$
$$n_{total} = 56.6 \text{ moles}$$

Las fracciones molares son:

$$X_{soluto} = \frac{n_{soluto}}{n_{total}} = \frac{1.0 \text{ moles}}{56.6 \text{ moles}} = 0.018$$

$$X_{H_2O} = \frac{n_{H_2O}}{n_{total}} = \frac{55.6 \text{ moles}}{56.6 \text{ mol}} = 0.982$$

Estas fracciones molares rigen para todas las soluciones acuosas 1.0 *m*.

A menudo se preparan soluciones molales que utilizan disolventes distintos del agua. En cada caso, todas las soluciones 1 *m* que utilizan el mismo disolvente tienen las mismas fracciones molares de soluto y de disolvente. La fracción molar de soluto en cualquier solución 1 *m* de tetracloruro de carbono es 0.133; la fracción del disolvente es 0.867. Estos números difieren de los del Ejemplo 10.5, debido a que el peso molecular del tetracloruro de carbono es diferente del H_2O, por lo tanto, un kilogramo de CCl_4, tiene un número diferente de moles que un kilogramo de H_2O. La molalidad de una solución dada no varía con la temperatura puesto que la solución se prepara sobre la base de las masas de los componentes; la masa no varía con los cambios de temperatura. La *molalidad* de una solución acuosa *muy diluida* es aproximadamente la misma que la *molaridad* de la solución puesto que 1000 g de agua ocupan aproximadamente 1000 ml.

5. La **normalidad** de una solución, *N,* es el número de *pesos equivalentes* (masa) por litro de solución. Los pesos equivalentes y las soluciones normales se discutirán en la Sección 11.8. Observamos sin embargo, que las concentraciones normales, al igual que las concentraciones molares, se basan en el *volumen total* de la solución.

Consecuentemente, se usan los matraces aforados en la preparación de soluciones normales y la normalidad de una solución, al igual que la molaridad varía ligeramente con la temperatura.

10.7 Presión de vapor de las soluciones

La presión de vapor de cualquier solución (P_{total}) es la suma de las presiones parciales de los componentes de la solución (p_A, p_B, ...). Para una solución de dos componentes A y B,

$$P_{total} = p_A + p_B \qquad (10.3)$$

Las presiones parciales en esta ecuación están dadas por una relación conocida como la **ley de Raoult,** la cual describe lo que se llama una **solución ideal**. La presión parcial de A, p_A, por ejemplo, está dada por la ecuación

$$p_A = X_A P^\circ_A \qquad (10.4)$$

donde X_A es la fracción molar de A en la solución y P°_A es la presión de vapor de A *puro* a la temperatura del experimento.

Suponga que preparamos una solución de 4 moles de A y 1 mol de B. Puesto que el número total de moles en la solución es de 5, la fracción de A es ⁴⁄₅.

Solamente 4 de cada 5 moléculas en la superficie de la solución son moléculas de A.

Por consiguiente, la presión parcial de A, es ⁴⁄₅ de la presión de vapor de A puro (donde 5 de las 5 moléculas en la superficie son de A).

La presión parcial de B se puede hallar usando una ecuación análoga

$$p_B = X_B P^\circ_B \qquad (10.5)$$

donde X_B es la fracción molar de B en la solución y P°_B es la presión de vapor de B *puro* a la temperatura del experimento. En nuestra solución hipotética, la fracción molar de B es ¹⁄₅ de la presión de vapor de B puro.

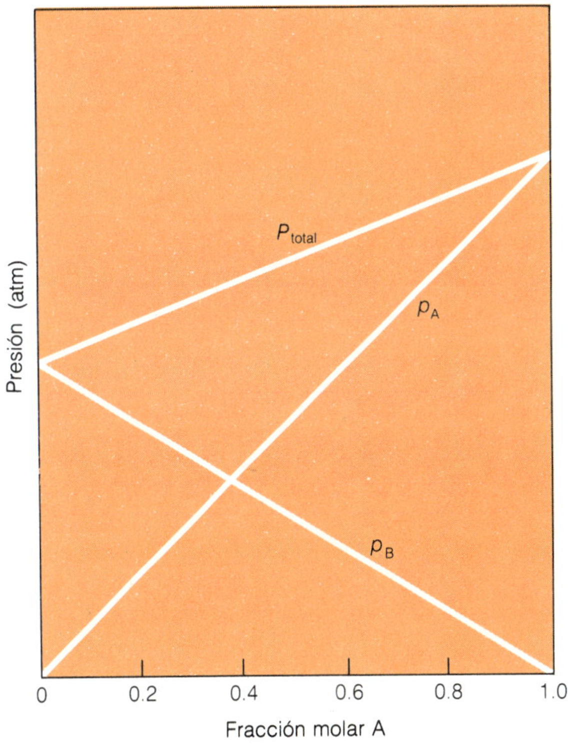

Figura 10.3 Curvas típicas de presión parcial y total para soluciones que siguen la ley de Raoult.

La presión de vapor de la solución es igual a la suma de las dos presiones parciales de acuerdo a la Ecuación 10.3.

$$P_{total} = X_A P^\circ_A + X_B P^\circ_A \quad (10.6)$$

Por consiguiente, la presión de vapor de una *solución ideal*, puede derivarse de las presiones de vapor de los componentes puros teniendo en cuenta las proporciones de los componentes (en moles) presentes en la solución.

En la Figura 10.3, se representan las presiones parciales de A y B, así como la presión de vapor total de las soluciones de A y de B en función de la concentración de la solución. La curva de presión de vapor total es la suma de las dos curvas de presiones parciales.

En la figura, las presiones se grafican en función de la fracción molar de A. Puesto que las fracciones molares de A y B sumadas deben ser igual a 1, la fracción molar de B para un punto dado se obtiene fácilmente de la escala del eje *x*. Por ejemplo, cuando X_A es 0.2, X_B es 0.8.

En realidad una solución que contuviera A y B es ideal solamente si las fuerzas intermoleculares de atracción entre las moléculas de A y B fueran iguales a las de las moléculas de los componentes puros (A y A, B y B). En esa situación, la presión parcial de un componente es solamente la proporción de moléculas de ese componente en el número total de moléculas en la superficie de la solución.

Pocas soluciones son ideales. Se observan dos tipos de desviaciones de la ley de Raoult.

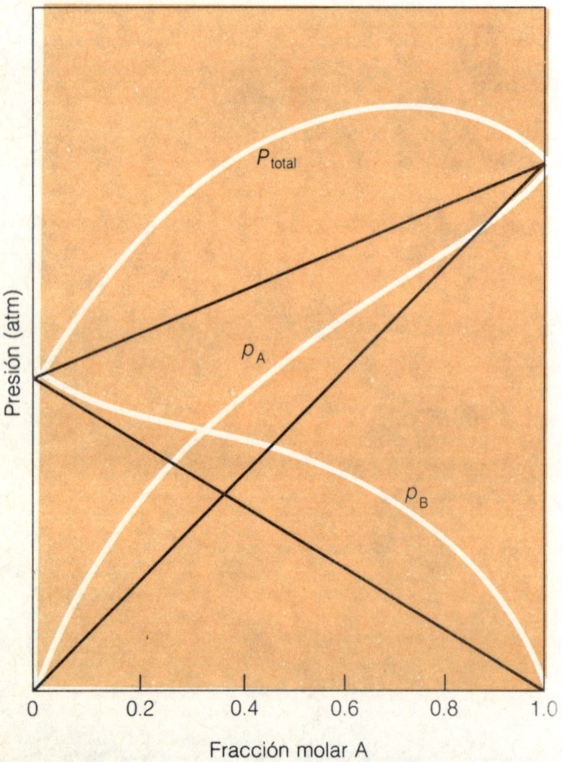

Figura 10.4 Curvas típicas de presión de vapor parcial y total para soluciones que muestran desviaciones positivas de la ley de Raoult (las líneas negras se basan en la ley de Raoult).

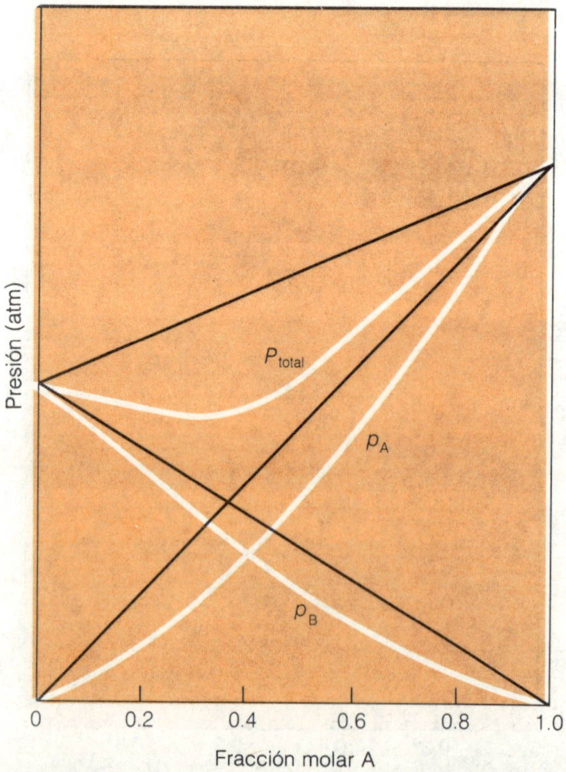

Figura 10.5 Curvas típicas de presión de vapor parcial y total para soluciones que muestran desviaciones negativas de la ley de Raoult (las líneas negras se basan en la ley de Raoult).

1. Desviaciones positivas Las presiones parciales de A y B y la presión de vapor total son *mayores* que las predichas (Figura 10.4). Este tipo de desviación se observa cuando las fuerzas de atracción entre las moléculas de A y de B son más débiles que las que existen entre dos moléculas de A o dos moléculas de B. En esta situación, para las moléculas de A será más fácil escapar del líquido y la presión parcial de A es mayor que la predicha. El comportamiento de las moléculas B es análogo.

2. Desviaciones negativas Las presiones parciales de A y B y la presión de vapor total son *menores* que las predichas (Figura 10.5). Las atracciones A—B son más fuertes que las atracciones A—B o B—B. Para las moléculas A es más difícil abandonar el líquido y la presión parcial de A es menor que la prevista. El comportamiento de las moléculas B es análogo.

Considere una solución diluida preparada de un soluto (el cual designamos como B) que *no es volátil* ($P^\circ_B = 0$, para todos los propósitos prácticos) y que no se disocia en solución. La presión de vapor de la solución es originada por las moléculas del disolvente únicamente (moléculas A). Dichas soluciones generalmente siguen la ley de Raoult:

$$P_{total} = X_A P^\circ_A \tag{10.7}$$

puesto que $X_A + X_B = 1$, $X_A = 1 - X^\circ_B$. Por consiguiente

$$P_{total} = (1 - X_B)\, P^\circ_A \tag{10.8}$$

o

$$P_{total} = P^\circ_A - X_B\, P^\circ_A \tag{10.9}$$

lo que significa que la presión de vapor de A puro, P°_A, disminuye en una cantidad igual a $X_B\, P^\circ_A$.

La presión de vapor de una solución preparada de 1 mol de un soluto no volátil y que no se disocia y 99 moles de solvente, es 99% de la presión de vapor del disolvente puro a la misma temperatura. El escape de las moléculas del disolvente al vapor se reduce debido a que solamente el 99% de las moléculas de la superficie de la solución son moléculas del disolvente. El otro 1% de las moléculas de la superficie son no volátiles.

La presión de vapor del disolvente se reduce en una cantidad que es proporcional a la fracción molar del soluto no volátil presente.

Ejemplo 10.6

El heptano (C_7H_{16}) y el octano (C_8H_{18}) forman soluciones ideales. ¿Cuál es la presión de vapor a 40°C de una solución que contiene 3.00 moles de heptano y 5.00 moles de octano? A 40°C, la presión de vapor del heptano es 0.121 atm y la presión de vapor del octano es 0.041 atm.

Solución

El número total de moles es 8.00. Por consiguiente,

$$X_{\text{heptano}} = \frac{3.00 \text{ moles}}{8.00 \text{ moles}} = 0.375$$

$$X_{\text{octano}} = \frac{5.00 \text{ moles}}{8.00 \text{ moles}} = 0.625$$

La presión de vapor es:

$$\begin{aligned} P_{\text{total}} &= X_{\text{heptano}} P^\circ_{\text{heptano}} + X_{\text{octano}} P^\circ_{\text{octano}} \\ &= 0.375(0.121 \text{ atm}) + 0.625(0.041 \text{ atm}) \\ &= 0.045 \text{ atm} + 0.026 \text{ atm} \\ &= 0.071 \text{ atm} \end{aligned}$$

Ejemplo 10.7

Suponiendo que la solución sea ideal, calcule la presión de vapor de una solución 1.00 *m* de un soluto no volátil y que no se disocia en agua a 50°C. La presión de vapor del agua a 50°C es 0.122 atm.

Solución

La fracción molar del agua de una solución 1.00 *m* es 0.982 (Ejemplo 10.5). La presión de vapor de una solución 1.00 *m* de este tipo a 50°C es

$$\begin{aligned} P_{\text{total}} &= X_{H_2O} P^\circ_{H_2O} \\ &= (0.982)(0.122 \text{ atm}) \\ &= 0.120 \text{ atm} \end{aligned}$$

10.8 Punto de ebullición y de congelación de las soluciones

El descenso de la presión de vapor en las soluciones de solutos no volátiles afecta los puntos de ebullición y de congelación de estas soluciones. El punto de ebullición de un líquido se define como la temperatura a la cual la presión de vapor del líquido es igual a la presión atmosférica ambiente. Los puntos de ebullición medidos a 1 atmósfera de presión se llaman puntos normales de ebullición. Puesto que la adición de un soluto no volátil disminuye la presión de vapor de un líquido, una solución no hervirá al punto normal de ebullición del disolvente. Es necesario aumentar la temperatura por encima de este punto para alcanzar una presión de vapor en la solución de 1 atmósfera.

El punto de ebullición de una solución que contiene un soluto molecular no volátil, por consiguiente, es mayor que el del disolvente puro. La elevación es proporcional a la concentración del soluto en la solución.

Este efecto se ilustra por las curvas de presión de vapor representadas en la Figura 10.6. La medida en que la curva de presión de vapor de la solución se halla por debajo de la curva de presión de vapor del disolvente, es proporcional a la fracción molar del soluto en la solución. La elevación del punto de ebullición, Δt_e, refleja este desplazamiento de la curva de la presión del vapor. Para un disolvente dado la elevación es una constante para todas las soluciones de la misma concentración.

Las concentraciones se expresan por lo general en molalidades en vez de fracciones molares, para problemas relativos a aumentos del punto de ebullición. El punto de ebullición de una solución acuosa 1 *m*, por ejemplo, es 0.512°C mayor que el punto de ebullición del agua. En la Tabla 10.2 se enumeran constantes molales de elevación del punto de ebullición para varios solventes.

Cabe esperar que el punto de ebullición de una solución 0.5 *m* aumente en una cantidad igual a ½ de la constante molal. Así la elevación en el punto de ebullición,

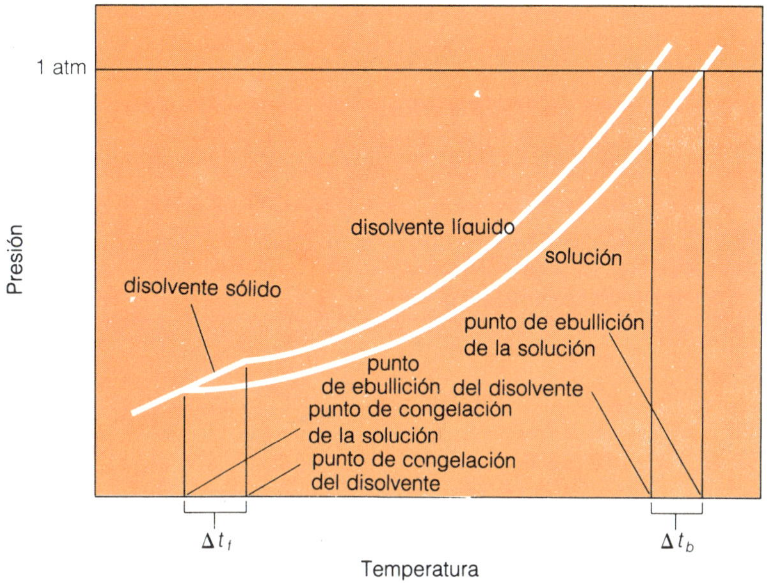

Figura 10.6 Curvas de presión de vapor de un disolvente puro y de una solución de un soluto no volátil (no en escala).

Tabla 10.2 Constantes molales de elevación del punto de ebullición y descenso del punto de congelación.

Disolvente	Punto de ebullición (°C)	k_e (°C/*m*)	Punto de congelación (°C)	k_c (°C/*m*)
ácido acético	118.1	+3.07	16.6	−3.90
benceno	80.1	+2.53	5.5	−5.12
alcanfor	—	—	179.	−39.7
tetracloruro de carbono	76.8	+5.02	−22.8	−29.8
cloroformo	61.2	+3.63	−63.5	−4.68
alcohol etílico	78.4	+1.22	−114.6	−1.99
naftaleno	—	—	80.2	−6.80
agua	100.0	+0.512	0.0	−1.86

Δt_e, de una solución puede calcularse multiplicando la constante molal de elevación del punto de ebullición del disolvente, k_e, por la molalidad de la solución, m:

$$\Delta t_e = mk_e \tag{10.10}$$

En realidad, esta relación es solamente aproximada. Una fórmula más exacta requeriría que la concentración se expresara en fracción molar del soluto, no en molalidad. Sin embargo, las molalidades de las soluciones *diluidas* son proporcionales (al menos con exactitud suficiente) a las fracciones molares del soluto. Puesto que la ley de Raoult solamente describe satisfactoriamente el comportamiento de la mayoría de las soluciones reales si son diluidas, se justifica el uso de molalidades en estos cálculos.

En el punto de congelación la presión de vapor del sólido y del líquido son iguales. En la Figura 10.6 las cuvas de la presión de vapor del disolvente líquido y del disolvente sólido se intersectan en el punto de congelación del disolvente. A esta temperatura sin embargo, la presión de vapor de la solución es menor que la presión de vapor en equilibrio del disolvente puro. La curva de la presión de vapor de la solución intersecta la curva de la presión de vapor del disolvente sólido a una temperatura menor. Por consiguiente, el punto de congelación de la solución es menor que el del disolvente puro. Como en el caso de la elevación de los puntos de ebullición, los descensos en el punto de congelación dependen de la concentración de la solución y del disolvente empleado. Las constantes molales del descenso del punto de congelación para algunos solventes se enumeran en la Tabla 10.2. El descenso en el punto de congelación Δt_c de una solución puede calcularse a partir de la molalidad de la solución y la constante k_c para el disolvente.

$$\Delta t_c = mk_c \tag{10.11}$$

Esta expresión supone que el soluto no forma una solución sólida con el disolvente. En caso contrario, la relación es válida.

Ejemplo 10.8

¿Cuáles son los puntos de ebullición y de congelación de una solución preparada disolviendo 2.40 g de bifenilo ($C_{12}H_{10}$) en 75.0 g de benceno? El peso molecular del bifenilo es 154.

Solución

La molalidad de la solución es el número de moles de bifenilo disueltos en 1000 g de benceno.

$$? \text{ moles } C_{12}H_{10} = 1000 \text{ g benceno}\left(\frac{2.40 \text{ g } C_{12}H_{10}}{75.0 \text{ g benceno}}\right)\left(\frac{1 \text{ mol } C_{12}H_{10}}{154 \text{ g } C_{12}H_{10}}\right)$$

$$= 0.208 \text{ moles } C_{12}H_{10}$$

La constante molal de elevación en el punto de ebullición para las soluciones de benceno es $+2.53°C/m$ (Tabla 10.2):

$$
\begin{aligned}
\Delta t_e &= mk_e \qquad (10.10)\\
&= (0.208\ m)(+2.53°C/m)\\
&= +0.526°C
\end{aligned}
$$

El punto normal de ebullición del benceno es 80.1°C (Tabla 10.2). El punto de ebullición de la solución, por consiguiente, es:

$$80.1°C + 0.5°C = 80.6°C$$

La constante del descenso molal del punto de congelación para la solución de benceno es $-5.12°C/m$ (Tabla 10.2):

$$
\begin{aligned}
\Delta t_c &= km_c \qquad (10.11)\\
&= (0.208\ m)(-5.12°C/m)\\
&= -1.06°C
\end{aligned}
$$

El punto normal de congelación del benceno es 5.5°C (Tabla 10.2). El punto de congelación de la solución, por consiguiente, es

$$5.5°C - 1.1°C = 4.4°C$$

Ejemplo 10.9

Una solución preparada por disolución de 0.300 g de un soluto desconocido no volátil, en 30 g de tetracloruro de carbono, tiene un punto de ebullición que es 0.392°C más alto que el del CCl_4 puro. ¿Cuál es el peso molecular del soluto?

Solución

Para la solución, k_e, es $+5.02°C/m$ (Tabla 10.2), hallamos la molalidad de una solución de la elevación del punto de ebullición:

$$
\begin{aligned}
\Delta t_e &= mk_e \qquad (10.10)\\
+0.392°C &= m(+5.02°C/m)\\
m &= 0.0781\ m
\end{aligned}
$$

En seguida, hallamos el número de gramos de soluto disuelto en 1000 g de CCl_4:

$$? \text{ g soluto} = 1000 \text{ g } CCl_4 \left(\frac{0.300 \text{ g soluto}}{30.0 \text{ g } CCl_4}\right) = 10.0 \text{ g soluto}$$

Puesto que la solución es 0.0781 m, 10.0 g de soluto es 0.0781 moles de soluto:

$$? \text{ g soluto} = 1 \text{ moles soluto} \left(\frac{10.0 \text{ g soluto}}{0.0781 \text{ mol soluto}}\right) = 128 \text{ g soluto}$$

10.9 Ósmosis

Las propiedades de las soluciones que dependen principalmente de la concentración de partículas disueltas en vez de en la naturaleza de estas partículas, se llaman **propiedades coligativas**. Para soluciones de solutos no volátiles, estas propiedades incluyen: descensos de la presión de vapor, descenso del punto de congelación, aumento del punto de ebullición y presión osmótica. La última de éstas, la presión osmótica, es el tema de esta sección.

Una membrana, tal como celofán o pergamino, que permita a algunas moléculas o iones pero no todos, pasar a través de ella, se llama **membrana semipermeable** La Figura 10.7 muestra una memebrana permeable al agua pero no a la sacarosa (azúcar de caña) cuando se coloca entre agua pura y una solución de azúcar.

Las moléculas de agua, pero no las de azúcar, pueden atravesar la membrana en cualquier dirección. Sin embargo, existen más moléculas de agua por unidad de volumen en el lado izquierdo (el lado que contiene agua pura) que en el derecho. Por consiguiente, la velocidad de paso a través de la membrana de izquierda a derecha, excede la velocidad en la dirección opuesta.

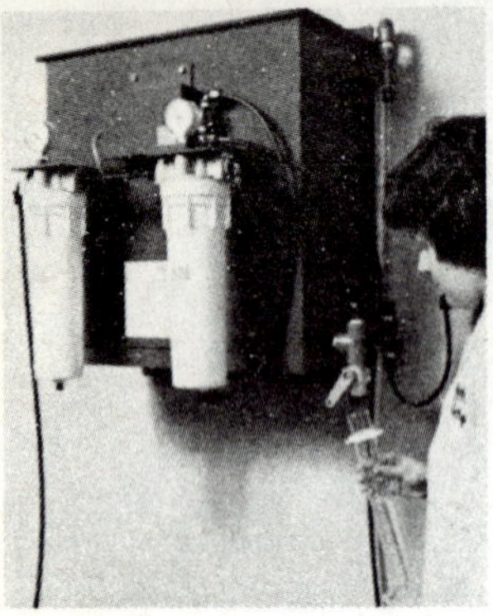

Purificación, mediante ósmosis inversa, de agua corriente para ser usada en el laboratorio. Millipore Corporation.

Como resultado, el número de moléculas de agua sobre la derecha aumenta, la solución de azúcar se hace más diluida y la altura de la solución en el brazo derecho del tubo en U aumenta. Este proceso se llama **ósmosis**. La diferencia en altura entre los niveles de los líquidos en los dos brazos del tubo en U es una medida de la **presión osmótica**

La presión hidrostática en aumento en la derecha tiende a empujar las moléculas de agua a través de la membrana de derecha a izquierda, así finalmente la velocidad de paso a la izquierda iguala la velocidad de paso hacia la derecha. La condición final, por consiguiente, es un equilibrio establecido con iguales velocidades de paso de moléculas de agua a través de la membrana en ambas direcciones. Si se aplica a la solución en el brazo derecho una presión mayor que la presión de equilibrio, el agua es empujada en la dirección contraria a la normalmente observada. Este proceso, llamado **ósmosis inversa**, se utiliza para obtener agua pura del agua salada.

Existen similaridades entre el comportamiento de las moléculas de agua en la ósmosis y el comportamiento de las moléculas de los gases en la difusión. En ambos procesos, las moléculas se difunden de regiones de altas concentraciones a regiones de baja concentración. En 1887, Jacobus van't Hoff descubrió la relación

$$\pi V = nRT \qquad (10.12)$$

donde π es la presión osmótica (en atm), n, es el número de moles de soluto disuelto en un volumen V (en litros) T es la temperatura absoluta y R es la constante de los gases (0.08206 litro atm/Kmol). La similaridad entre esta ecuación y la ecuación de estado para un gas ideal es sorprendente. La ecuación puede escribirse en la forma

$$\pi = \left(\frac{n}{V}\right)RT \qquad (10.13)$$

$$\pi = MRT \qquad (10.14)$$

donde M es la molaridad de la solución. La ósmosis juega un papel importante en los procesos fisiológicos de plantas y animales; el paso de sustancias a través de paredes semipermeables de células vivas, la acción de los riñones, y la elevación de la sabia en los árboles son ejemplos de importancia fundamental.

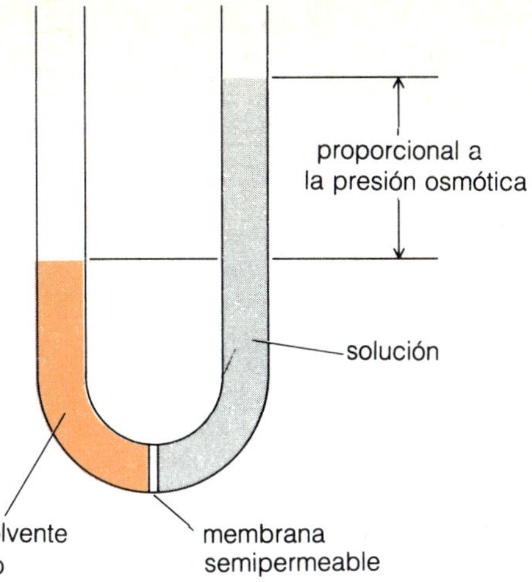

Figura 10.7 Ósmosis

Ejemplo 10.10

Calcule la presión osmótica de la sangre a la temperatura del cuerpo (37°C), si la sangre se comporta como si fuese una solución 0.296 *M* de un soluto no ionizable.

Solución

$$\begin{aligned}\pi &= MRT \\ &= (0.296 \text{ moles/litro})(0.0821 \text{ litros atm/Kmol})\ (310 \text{ K}) \\ &= 7.53 \text{ atm}\end{aligned}$$

Ejemplo 10.11

Un litro de una solución acuosa contiene 30.0 g de proteína. La presión osmótica de la solución es 0.0167 atm a 25°C. ¿Cuál es el peso molecular aproximado de la proteína?

Solución

Usamos la ecuación de van't Hoff para calcular el número de moles de proteína presentes en la solución:

$$\pi = \left(\frac{n}{V}\right)RT \qquad (10.13)$$

$$0.0167 \text{ atm} = \left(\frac{n}{1 \text{ litro}}\right)[0.0821 \text{ litros} \cdot \text{atm/(K} \cdot \text{mol)}]\ (298 \text{ K})$$

$$n = 6.83 \times 10^{-4} \text{ mol}$$

puesto que hay 30.0 g de proteína en la solución,

$$? \text{ g proteína} = 1 \text{ mol proteína} \left(\frac{30.0 \text{ g proteína}}{6.83 \times 10^{-4} \text{ moles de proteína}} \right)$$

$$= 4.39 \times 10^4 \text{ g de proteína}$$

El peso molecular de la proteína es aproximadamente 43,900, puesto que las proteínas tienen pesos moleculares elevados, las concentraciones molales y molares de las soluciones saturadas de proteína son muy bajas. Para la solución descrita en este ejemplo, pueden calcularse los siguientes efectos:

descenso de la presión del vapor	0.000000385 atm
elevación del punto de ebullición	0.000350°C
descenso del punto de congelación	−0.00127°C
presión osmótica	0.0167 atm

Claramente, los primeros tres son muy pequeños para medidas exactas. Sin embargo, la presión osmótica de esta solución produciría una diferencia en la altura de las dos columnas mostradas en la Figura 10.7, aproximadamente 17 cm, una cantidad la cual puede medirse fácilmente.

10.10 Destilación

Una solución de un soluto no volátil puede separarse en sus componentes por **destilación sencilla**. Este procedimiento consiste en someter a ebullición el disolvente volátil del soluto. El disolvente se recoge condensando el vapor. El soluto es el residuo que queda después de la destilación. Una solución de dos componentes volátiles que siguen la ley de Raoult (Figura 10.3), puede separarse en sus componentes mediante un proceso conocido como **destilación fraccionada**

De acuerdo con la ley de Raoult, cada componente contribuye a la presión del vapor de la solución en proporción a su fracción molar por presión de vapor en el estado puro ($P°_A$ y $P°_B$):

$$P_{total} = X_A P°_A + X_B P°_B \tag{10.6}$$

Consideremos una solución de los componentes en los cuales la fracción molar de A es 0.75 y la fracción molar de B es 0.25. Suponga que a la temperatura del experimento, la presión del vapor de A es 1.20 atm y la presión del vapor de B puro es 0.40 atm. Entonces,

$$\begin{aligned} P_{total} &= X_A P°_A + X_B P°_B \qquad (10.6) \\ &= 0.75(1.20 \text{ atm}) + 0.25(0.40 \text{ atm}) \\ &= 0.90 \text{ atm} + 0.10 \text{ atm} \\ &= 1.00 \text{ atm} \end{aligned}$$

Puesto que la presión total es 1.00 atm, la temperatura del experimento es la del punto normal del punto de ebullición de la solución. La presión parcial de A y B son 0.90 atm y 0.10 atm.

La composición del *vapor* en equilibrio con esta solución puede calcularse comparando la presión parcial de cada componente con la presión del vapor total de la solución (Sección 8.10). Por consiguiente en el vapor,

$$X_{A,\,vapor} = \frac{0.90\ atm}{1.00\ atm} = 0.90 \qquad X_{B,\,vapor} = \frac{0.10\ atm}{1.00\ atm} = 0.10$$

La solución, en la cual $X_A = 0.75$, está en equilibrio con el vapor en el cual $X_{A,\,vapor} = 0.90$. Para soluciones ideales, el vapor es siempre más rico que el líquido en el componente volátil (el cual en este ejemplo es A, éste tiene la presión de vapor más elevada).

En la destilación de la solución de A y B, el vapor que se desprende y condensa es más rico en A que el líquido restante. La composición real del vapor y del líquido cambia a medida que procede la destilación, pero en cualquier momento esta generalización es cierta. Recogiendo el vapor condensado en varias fracciones y sometiendo estas fracciones a destilación repetida, al cabo pueden obtenerse los componentes de la mezcla original en una forma sustancialmente pura.

Para sistemas que se desvían de la ley de Raoult, la situación es algo diferente. Una desviación positiva puede conducir a un máximo en la curva de presión de vapor total (Figura 10.4). El máximo corresponde a una solución de composición definida, que tiene una presión de vapor más elevada que cualquier componente puro. Una solución de este tipo, llamada un **azeótropo de mínima ebullición**, ebullirá a *menor* temperatura que cualquiera de los dos componentes puros. El alcohol etílico y el agua forman un azeótropo de mínima ebullición que contiene 4.0% de agua y tiene un punto normal de ebullición de 78.17°C. El alcohol etílico y el agua ebullen a 78.3°C y 100°C, respectivamente. Si un sistema muestra una desviación negativa de la ley de Raoult (Figura 10.5), puede existir un mínimo en la curva de P_{total}. La solución que tiene una concentración correspondiente a este mínimo, tendrá una presión de vapor, a cualquier temperatura, más baja que la de cualquier componente puro. Una solución de este tipo hierve a una temperatura *más elevada* que la de cualquier componente puro y se llama un **azeótropo de máxima ebullición**. El ácido clorhídrico y el agua forman un azeótropo de éstos, que contiene 20.22% de HCl y ebullirá a 108.6°C. El HCl puro tiene un punto de ebullición de −80°C.

El vapor en equilibrio con un máximo o un mínimo de azeótropo en ebullición tiene la misma concentración que el líquido. Los azeótropos, por consiguiente, como sustancias puras, destilarán sin cambiar. La destilación de una solución que contiene dos componentes que forman un azeótropo, producirá al cabo un componente puro y el azeótropo, pero no ambos componentes puros.

10.11 Soluciones de electrolitos

Si una solución acuosa contiene iones, conducirá la electricidad. El agua pura misma, está ligeramente ionizada y es un pobre conductor:

$$2H_2O \rightleftharpoons H_3O^+\ (ac) + OH^-\ (ac)$$

El soluto de una solución acuosa que es mejor conductor eléctrico que el agua pura sola se llama **electrolito**. Un electrolito esta completa o parcialmente ionizado en solución acuosa. Los solutos covalentes que son exclusivamente moleculares en solución y que, por lo tanto, no hacen nada para aumentar la conductividad del solvente, se llaman **no electrolitos**; la sacarosa (azúcar de caña), es un ejemplo.

Los electrolitos pueden dividirse además en dos grupos:

1. **Electrolitos fuertes,** son completamente iónicos en solución acuosa.

2. **Electrolitos débiles,** son sustancias covalentes polares, que no se disocian completamente en solución acuosa. La conductividad de una solución 1 *m* de un electrolito débil es menor que la conductividad de una solución 1 *m* de un electrolito fuerte.

Svante Arrhenius, 1859–1927. *Smithsonian Institution.*

El aumento en el punto de ebullición y el descenso en el punto de congelación de soluciones diluidas de electrolitos son diferentes de aquellos de soluciones de noelectrolitos con las mismas concentraciones. Puesto que 1 mol de NaCl contiene 2 moles de iones (1 mol de Na^+ y 1 mol de Cl^-) y puesto que las propiedades coligativas dependen del número de partículas disueltas y no de su naturaleza, esperaríamos que el descenso en el punto de congelación de una solución 1 *m* de NaCl fuera el doble de una solución de 1 *m* de un noelectrolito. Esperaríamos también que el descenso en los punto de congelación de una solución de K_2SO_4 (el cual contiene 3 moles de iones por mol de K_2SO_4) fuese tres veces el de una solución que tiene la misma concentración y que contiene un soluto que no se disocia en iones.

Los descensos observados en el punto de congelación que aparecen en la Tabla 10.3 concuerdan aproximadamente con estas predicciones. Los valores observados concuerdan mejor con los valores calculados cuando las soluciones están más diluidas. Datos como éstos, junto con datos de experimentos de conductivad eléctrica, condujeron a Svante Arrhenius a proponer su "teoría química de electrolitos", en 1887. La elevación en los puntos de ebullición de las soluciones de electrolitos son proporcionalmente mayores que los aumentos en los puntos de ebullición de las soluciones de no electrolitos con las mismas concentraciones.

10.12 Atracciones interiónicas en solución

El **factor de van't Hoff**, *i*, se define como la relación del descenso del punto de congelación observado de una solución, Δt_c, al descenso calculado sobre la base de que el soluto no se disocia:

$$i = \frac{\Delta t_c}{mk_c} \tag{10.15}$$

La ecuación anterior puede reordenarse a

$$\Delta t_c = imk_c \tag{10.16}$$

Cuando ocurre disociación del soluto, es necesario corregir la molalidad de la solución para cálculos que involucran propiedades coligativas. El factor *i* hace justamente esto. Puesto que 1 mol de NaCl se disocia en 2 moles de iones en solución (1 mol de Na^+ y 1 mol de Cl^-), el facor *i* para una solución de NaCl es teóricamente 2. Si suponemos que cada ion actúa independientemente, la concentración efectiva de una solución 0.001 *m* de NaCl sería 0.002 *m*. En otras palabras, $i = 2$, $m = 0.001\ m$, y

$$\Delta t_c = 2(0.001\ m)\ k_c$$

La inspección de los valores de *i* registrados en la Tabla 10.4 revela que los factores *i* no igualan exactamente el número de iones por fórmula unidad para cada electrolito

Tabla 10.3 Disminuciones observadas en los puntos de congelación para algunas soluciones acuosas, comparadas con descensos calculados.[a]

Soluto	Concentración de las soluciones		
	0.001 *m*	0.01 *m*	0.1 *m*
noelectrolito	0.00186°C	0.0186°C	0.186°C
sacarosa	0.00186	0.0186	0.188
2 iones/fórmula	0.00372	0.0372	0.372
NaCl	0.00366	0.0360	0.348
3 iones/fórmula	0.00558	0.0558	0.558
K_2SO_4	0.00528	0.0501	0.432
4 iones/fórmula	0.00744	0.0744	0.744
$K_3[Fe(CN)_6]$	0.00710	0.0626	0.530

[a]Calculados sobre la suposición de que k_c para el agua es −1.86°C/molal sobre el rango entero de concentración, las sales son 100% iónicas en solución, y los iones actúan independientemente entre sí en su efecto sobre el punto de congelación de la solución.

Tabla 10.4 El factor de van't Hoff, *i*, para varios electrolitos fuertes en solución.[a]

Electrolito	Concentración de la solución		
	0.001 *m*	0.01 *m*	0.1 *m*
NaCl	1.97	1.94	1.87
$MgSO_4$	1.82	1.53	1.21
K_2SO_4	2.84	2.69	2.32
$K_3[Fe(CN)_6]$	3.82	3.36	2.85

[a]Determinaciones a partir del punto de congelación.

fuerte en la lista. Así, para soluciones 0.001 *m*, el factor *i* para el NaCl es 1.97 (no 2), para K_2SO_4 es 2.84 (no 3), y para $K_3[Fe(CN)_6]$ es 3.82 (no 4). Además, el valor *i* cambia con la concentración de la solución y se acerca al valor esperado para completa disociación a medida que la solución se hace más diluida.

Las atracciones interiónicas se presentan en soluciones de electrolitos y los iones no son completamente independientes entre sí como en la forma en que lo son las moléculas del soluto sin carga. Las fuerzas eléctricas que operan entre iones de carga opuesta reducen la efectividad de estos iones. A medida que se diluye la solución, los iones se separan más y más, su influencia recíproca desiminuye y el factor *i* se acerca a su valor límite.

Obsérvese que las atracciones interiónicas en soluciones de $MgSO_4$ producen un efecto más fuerte qué las de soluciones de NaCl, aunque ambos solutos contengan dos moles de iones por mol de compuesto. Para $MgSO_4$ 0.001 *m*, $i = 1.82$, mientras que para NaCl 0.001 *m*, $i = 1.97$. Ambos iones de $MgSO_4$ tienen carga doble (Mg^{2+}, SO_4^{2-}), mientras que los de NaCl son de carga sencilla (Na^+, Cl^-). Las atracciones interiónicas son más fuertes en soluciones de sulfato de magnesio.

Algunas características de los solutos se resumen en la Tabla 10.5. El factor de van't Hoff, *i*, se usa en cálculos de descensos de puntos de congelación, aumento de los puntos de ebullición y presión osmótica, cuando el soluto es un electrolito.

Tabla 10.5 Características de los solutos

Soluto	Forma del soluto en solución 1 m	Factor de van't Hoff para Δt_c; soluciones de molalidad, m $\Delta t_c = 1\ k_c\ m$	Ejemplos
noelectrolitos	moléculas	$i = 1$	$C_{12}H_{22}O_{11}$ (sacarosa) CON_2H_4 (urea) $C_3H_5(OH)_3$ (glicerol)
electrolitos fuertes	iones	$i \approx n$[a]	NaCl, KOH
electrolitos débiles	moléculas y iones	$1 < i < n$[a]	$HC_2H_3O_2$, NH_3 $HgCl_2$

[a]n = número de moles de iones por mol de soluto.

Resumen

Los temas que se han presentado en este capítulo son:

1. La naturaleza de las soluciones; saturadas, no saturadas y sobresaturadas.

2. Los procesos de la disolución.

3. La hidratación de iones, entalpía de hidratación.

4. Los cambios de energía que ocurren cuando se preparan las soluciones; entalpía de solución.

5. El efecto de la temperatura y la presión sobre la solubilidad; la ley de Henry.

6. Las formas de expresar la concentración de una solución: porcentaje por masa, fracción molar, molaridad y molalidad.

7. Presión de vapor de las soluciones, ley de Raoult.

8. Aumento de los puntos de ebullición y descenso de los puntos de congelación de las soluciones de solutos no volátiles.

9. Presión osmótica.

10. Destilación.

11. Soluciones de electrolitos y la diferencia entre las propiedades de estas soluciones y las soluciones de no-electrolitos.

Glosario

A continuación aparecen algunos de los términos más importantes presentados en este capítulo. Las definiciones para algunos términos no incluidos en esta lista pueden localizarse en el libro utilizado el índice.

Azeótropo (Sección 10.10). Solución que tiene una presión de vapor mayor o menor que cualquiera de los componentes puros de la cual está compuesto. Si la presión de vapor es mayor, la solución es un **azeótropo de mínima ebullición**; si menor, un **azeótropo de máxima ebullición.**

Constante molal del aumento del punto de ebullición, k_e (Sección 10.8). Aumento del punto de ebullición de una solución que se ha preparado disolviendo un mol de un soluto no volátil, y que no se disocia, en 1000 g del disolvente (una solución 1 m); el valor de k_e es específico para el disolvente considerado.

Constante molal del descenso del punto de congelación, k_c (Sección 10.8). Descenso del punto de congelación de una solución que se preparó disolviendo un mol de un soluto no volátil, y que no se disocia, en 1000 g de disolvente (una solución 1 m); el valor de k_c es específico para el disolvente considerado.

Destilación (Sección 10.10). Separación de una solución líquida en sus componentes mediante evaporación y condensación.

Electrolito (Sección 10.11). Soluto que se disuelve en agua para producir una solución que es mejor conductora de electricidad que el agua pura.

Entalpía de hidratación (Sección 10.3 y 10.4). Cambio de entalpía asociado con el proceso en el cual los iones gaseosos de una cantidad dada de soluto (generalmente un mol) son hidratados.

Entalpía de solución (Sección 10.4). Cambio de entalpía asociado con el proceso en el cual una cantidad dada de un soluto (generalmente un mol) se disuelve en un disolvente. El valor depende de la concentración final de la solución y de la temperatura.

Factor de van't Hoff, *i* (Sección 10.12). La relación observada entre el descenso del punto de congelación (o aumento del punto de ebullición) y el valor calculado sobre la suposición de que el soluto sea un no electrolito.

Hidratación (Sección 10.3 y 10.4). Proceso en el cual las moléculas de agua son atraídas por partículas de soluto a las cuales rodean.

Ley de Henry (Sección 10.5). Cantidad de gas que se disuelve sin reaccionar en una cantidad dada de líquido, es directamente proporcional a la presión parcial del gas por encima de la solución.

Ley de Raoult (Sección 10.7). La presión parcial del vapor de un componente de una solución ideal es igual a la fracción molar del componente en la solución por la presión del vapor del componente puro.

Molalidad, *m* (Sección 10.6). Concentración de la solución; el número de moles de soluto por 1000 g de disolvente.

Ósmosis (Sección 10.9). Proceso en el cual hay movimiento neto de moléculas de disolvente a través de una membrana semipermeable que separa dos soluciones, en la dirección de la solución más concentrada.

Principio de Le Chatelier (Sección 10.5). Un sistema en equilibrio reacciona cuando las condiciones cambian en tal forma que tienden a contrarrestar el cambio.

Propiedad coligativa (Sección 10.9). Propiedad de una solución que depende principalmente de la concentración de partículas disueltas en vez de la naturaleza de estas partículas; el descenso de la presión del vapor, el descenso del punto de congelación, el aumento del punto de ebullición, y la presión osmótica.

Problemas*

Procesos de disolución

10.1 ¿Por qué el Br_2 es más soluble en CCl_4 que el I_2?

10.2 ¿Cuál de los siguientes pares es más soluble en agua? **(a)** CH_3OH ó CH_3CH_3, **(b)** CCl_4 ó NaCl, **(c)** CH_3F ó CH_3Cl.

10.3 ¿Por qué la entalpía de solución del I_2 en CCl_4 es casi la misma que la entalpía de fusión del I_2 puro? ¿Por qué no se puede plantear un argumento similar acerca de la solución de sustancias iónicas en agua?

10.4 ¿Qué factores hacen que un soluto tenga una alta entalpía de hidratación?

10.5 ¿Qué ion de los siguientes pares se esperará que esté más hidratado: **(a)** Fe^{2+} ó Fe^{3+}, **(b)** Li^+ ó Na^+, **(c)** F^- ó Cl^-, **(d)** Sn^{2+} ó Pb^{2+}, **(e)** Mg^{2+} ó Ba^{2+}?

10.6. Describa tres formas en las cuales el agua se encuentra en cristales hidratados.

10.7 ¿En qué forma el signo de la entalpía de solución determina el efecto del cambio de temperatura sobre la solubilidad de un soluto?

10.8 La energía de la red del $SrCl_2$ es −2114 kJ/mol. La entalpía de hidratación del $SrCl_2$ (dilución infinita) a 298 K es −2161 kJ/mol. ¿Cuál es la entalpía de disolución del $SrCl_2$ para la preparación de soluciones muy diluidas?

10.9 La energía de la red de KF es −804 kJ/mol. La entalpía de hidratación del KF (dilución infinita) a 298 K es −819 KJ/mol. ¿Cuál es la entalpía de disolución de KF para la preparación de soluciones muy diluidas?

10.10 La entalpía de disolución del NaCl a 298 K para la preparación de soluciones acuosas muy diluidas es +3.9 kJ/mol. La energía de la red del NaCl es −789 kJ/mol. ¿Cuál es la entalpía de hidratación de los iones de este compuesto? Describa el proceso relacionado con estos valores.

La entalpía de disolución del RbF a 298 K para la preparación de soluciones acuosas muy diluidas es −24 kJ/mol. La energía de la red de RbF es −768 kJ/mol. ¿Cuál es la entalpía de hidratación de los iones de este compuesto? Describa el proceso relacionado con estos valores.

10.12 La ley de Henry puede establecerse como $p = KX$, donde p es la presión parcial del gas sobre la solución saturada, X es la fracción molar del gas disuelto en la solución y K es una constante. Para solución acuosa del $CO_2(g)$ a 10°C, K es 1.04×10^3 atm. ¿Cuántos moles de CO_2 se disolverán en 900 g de H_2O si la presión parcial del CO_2 sobre la solución es de 100 atm? ¿Cuántos gramos?

10.13 La ley de Henry puede establecerse como $p = KX$, donde p es la presión parcial del gas sobre una solución saturada, X es la fracción molar del gas disuelto en la solución y K es una constante. Para soluciones acuosas de $N_2O(g)$ a 20°C, K es 2.04×10^3 atm. ¿Cuántos moles de N_2O se disolverán en 100 g de H_2O si la presión parcial sobre la solución es de 1.50 atm? ¿Cuántos gramos?

Concentraciones de las soluciones

10.14 El volumen de una solución acuosa cambia a medida que cambia la temperatura. Así, una concentración de una solución dada a determinada temperatura puede no ser correcta para la misma solución a otra temperatura. ¿Qué métodos para expresar las concentraciones producirán resultados que sean independientes de la temperatura y cuáles dependientes de la temperatura?

*Los problemas más difíciles están marcados por un asterisco. El apéndice G contiene las respuestas de los problemas codificados en color.

***10.15** Una solución acuosa dada tiene una densidad de x g/ml y es y% de soluto en masa. Obtenga una ecuación matemática que relacione la molaridad, M, con la molalidad, m, de una solución.

10.16 ¿Cuáles son las fracciones molares de metanol (CH_3OH) y agua en una solución que contiene 40.0 g de CH_3OH y 54.0 g de H_2O?

10.17 ¿Cuáles son las fracciones molares de fenol (C_6H_5OH) y alcohol etílico (C_2H_5OH) en una solución que contiene 23.5 g de fenol y 41.4 g de alcohol etílico?

10.18 ¿Cuál es la fracción molar de urea (CON_2H_4) en una solución acuosa que tiene 10% de urea en masa?

10.19 En una solución acuosa de glucosa ($C_6H_{12}O_6$), la fracción molar de glucosa es 0.200. ¿Cuál es el porcentaje en masa de glucosa en la solución?

10.20 Una solución de NaOH es 4.0 M y tiene una densidad de 1.20 g/ml. ¿Cuál es la concentración de la solución en términos de porcentaje de NaOH en masa?

10.21 ¿Cuántos gramos de KOH deben utilizarse para preparar 250 ml de solución de KOH 0.500 M?

10.22 ¿Cuántos gramos de $KMnO_4$ deben utilizarse para preparar 750 ml de solución de $KMnO_4$ 0.125 M?

10.23 El HBr tiene una concentración de 48.0% de HBr en masa y una densidad de 1.50 g/ml. **(a)** ¿Cuántos gramos de HBr concentrado deben utilizarse para preparar 500 ml de solución de HBr 0.600 M? **(b)** ¿Cuántos mililitros de HBr concentrado deben utilizarse para preparar esta solución?

10.24 El H_3PO_4 tiene una concentración de 85.0% en masa y una densidad de 1.70 g/ml. **(a)** ¿Cuántos gramos de H_3PO_4 concentrado deben utilizarse para preparar 250 ml de solución de H_3PO_4 2.00 M? **(b)** ¿Cuántos mililitros de H_3PO_4 concentrado deben utilizarse para preparar esta solución?

10.25 **(a)** ¿Cuál es la molaridad de una solución de HI concentrado que tiene 47.0% en masa de HI y tiene una densidad de 1.50 g/ml? **(b)** ¿Cuál es la molalidad de la solución?

10.26 Una solución de KBr tiene una concentración de 30.0% en masa y tiene una densidad de 1.26 g/ml. ¿Cuál es **(a)** la molaridad y **(b)** la molalidad de la solución?

10.27 Una muestra de 35.0 ml de HCl concentrado se diluyó a un volumen final de 125 ml. El ácido concentrado tiene un 37.0% en masa de HCl y tiene una densidad de 1.18 g/ml. ¿Cuál es la molaridad de la solución final?

10.28 Una solución que tiene un 40.0% en masa de NaBr, tiene una densidad de 1.42 g/ml. Si 50.0 ml de esta solución se diluyen hasta un volumen final de 350 ml., ¿cuál es la molaridad de la solución final?

10.29 ¿Qué volumen de H_3PO_4 concentrado debe utilizarse para preparar 125 ml de solución de H_3PO_4 3.00 M? (Tabla 10.1)

10.30 ¿Qué volumen de NH_3 concentrado debe utilizarse para preparar 200 ml de solución de NH_3 0.600 M? (Tabla 10.1)

10.31 Una muestra de 10.0 ml de HNO_3 concentrado se diluyó a un volumen final de 500 ml. ¿Cuál es la molaridad de la solución final? (Tabla 10.1)

10.32 Una muestra de 25.0 ml de HCl concentrado se diluyó a un volumen final de 750 ml. ¿Cuál es la molaridad de la solución resultante? (Tabla 10.1)

10.33 ¿Cuáles son las fracciones molares de soluto y disolvente en una solución 1.00 m en la cual el tolueno ($C_6H_5CH_3$) es el disolvente?

***10.34** Una cantidad de peróxido de sodio, Na_2O_2, se agregó al agua y se produjeron 61.6 ml de oxígeno gaseoso (medido seco y a TPE) junto con 150 ml de una solución de NaOH. **(a)** Escriba la ecuación química para la reacción. **(b)** ¿Cuál es la molaridad de la solución NaOH?

Presión de vapor, punto de congelación y punto de ebullición de las soluciones

10.35 El benceno, C_6H_6, y el tolueno, C_7H_8, forman soluciones ideales. A 60°C, la presión de vapor del benceno puro es 0.507 atm y la presión de vapor del tolueno puro es 0.184 atm. ¿Cuál es la presión de vapor a 60°C de una solución que contiene 6.5 g de benceno y 23.0 g de tolueno?

10.36 Use los datos dados en el problema 10.35 para calcular la fracción molar del benceno en una solución que tiene una presión de vapor de 0.350 atm a 60°C?

10.37 El benceno, C_6H_6, y el octano, C_8H_{18}, forman soluciones ideales. A 60°C, la presión de vapor del benceno puro es 0.507 atm y la presión de vapor del octano es 0.103 atm. ¿Cuál es la presión de vapor a 60°C de una solución que contiene 9.75 g de benceno y 57.0 g de octano?

10.38 Utilizando los datos del problema 10.37, calcule la fracción molar del benceno en una solución que tiene una presión de vapor de 0.461 atm a 60°C.

10.39 Una solución se preparó a partir de 30.0 g de un soluto no volátil y que no se disocia en 10 moles de H_2O, que tiene una presión de vapor de 0.117 atm a 50°C. ¿Cuál es el peso molecular aproximado del soluto? La presión de vapor del agua a 50°C es 0.122 atm.

10.40 Se preparó una solución a partir de 20.0 g de un soluto que no se disocia y que no es volátil, en 4.00 mol de CCl_4 que tiene una presión de vapor de 0.663 atm a 65°C. ¿Cuál es el peso molecular aproximado del soluto? La presión de vapor del tetracloruro de carbono a 65°C es 0.699 atm.

10.41 Los líquidos A y B forman soluciones ideales. La presión de vapor de B puro es 0.650 atm en el punto de ebullición de una solución que se preparó a partir de 0.200 moles de B y 0.600 moles de A. **(a)** ¿Cuál es la presión de vapor de A puro a esta temperatura? **(b)** ¿Cuál es la fracción molar de A en el vapor que está en equilibrio con esta solución cuando comienza a ebullir?

10.42 Una solución que contiene 1 mol de cloroformo y 4 moles de acetona tiene una presión de vapor de 0.400 atm a 35°C. A esta temperatura, la presión de vapor del cloroformo puro es 0.359 atm y de la acetona es 0.453 atm. **(a)** ¿Cuál será la presión de vapor de la solución si el cloroformo y la acetona forman soluciones ideales? **(b)** ¿Muestra la presión de vapor de la solución una desviación positiva o negativa de la prevista por la ley de Raoult? **(c)** ¿Se desprendió o se absorbió calor cuando se preparó la solución? **(d)** ¿Forman el cloroformo y la acetona un azeótropo de mínima o máxima ebullicón?

11.43 Una solución que contiene un mol de disulfuro de carbono y 4 moles de acetona tiene una presión de vapor de 0.750 atm a 35°C. A esta temperatura, la presión de vapor del disulfuro de carbono puro es 0.674 atm y la de la acetona es 0.453 atm. **(a)** ¿Cuál sería la presión de vapor de la solución si ésta fuese una solución ideal? **(b)** ¿Muestra la presión de vapor de la solución una desviación positiva o negativa de la prevista por la ley de Raoult? **(c)** ¿Se desprendió o absorbió calor cuando se preparó esta solución? **(d)** ¿Forman el disulfuro de carbono y la acetona un azeótropo de máxima o mínima ebullición?

***10.44** Una solución que contiene 20.0 g de un soluto que no es volátil en exactamente 1.00 mol de un disolvente volátil, tiene una presión de vapor de 0.500 atm a 20°C. Se agrega un segundo mol de solvente a la mezcla y la solución resultante tiene una presión de vapor de 0.550 atm a 20°C. **(a)** ¿Cuál es el peso molecular de soluto? **(b)** ¿cuál es la presión de vapor del disolvente puro a 20°C?

10.45 El anticongelante utilizado comunmente en los radiadores de los autos es el etilen-glicol $C_2H_4(OH)_2$. ¿Cuántos gramos de etilen-glicol deben agregarse a 1.00 kg de agua para producir una solución que se congele a −10.0°C?

10.46 ¿Cuántos gramos de naftaleno, $C_{10}H_8$, deben disolverse en 300 g de nitrobenceno para producir una solución que se congele a 3.00°C? El punto normal de congelación del nitrobenceno es 5.70°C y k_c para el nitrobenceno es −7.00°C/*m*.

10.47 ¿Cuál es el punto de congelación de una solución que contiene 64.3 g de sacarosa, $C_{12}H_{22}O_{11}$, en 200 g de agua?

10.48 Una solución que contiene 4.32 g de naftaleno, $C_{10}H_8$, en 150 g de dibromuro de etileno se congela a 7.13°C. El punto normal de congelación del dibromuro de etileno es 9.79°C. ¿Cuál es la constante del punto de congelación, k_c, del dibromuro de etileno?

10.49 Una solución que contiene 6.79 g de un soluto en 50.0 g de alcanfor se congela a 135.0°C. ¿Cuál es el peso molecular del soluto?

10.50 Una solución que contiene 13.2 g de un soluto en 250 g de CCl_4 se congela a 33.0°C. ¿Cuál es el peso molecular del soluto?

10.51 Una solución que contiene 22.0 g de ácido ascórbico (vitamina C) en 100 g de agua se congela a −2.33°C. ¿Cuál es el peso molecular del ácido ascórbico?

***10.52** **(a)** El aire tiene aproximadamente 80.0% de N_2 y 20.0% de O_2 en volumen. ¿Cuáles son las presiones parciales de N_2 y O_2 en aire, cuando la presión total es de 1.00 atm? **(b)** La ley de Henry puede establecerse como $p = KX$, donde p es la presión parcial del gas sobre la solución saturada, X es la fracción molar del gas disuelto, y K es una constante. A 0°C, los valores de K para N_2 y O_2 son 5.38×10^4 atm y 2.51×10^4 atm, respectivamente. ¿Cuáles son las fracciones molares de N_2 y O_2 en una solución acuosa saturada a 0°C bajo aire a una presión de 1.00 atm? **(c)** ¿Cuál es el punto de congelación de la solución?

10.53 Una solución que contiene cierta cantidad de X disuelto en 75.0 g de ácido acético se congela a 14.40°C. Una solución que contiene esta misma cantidad de X disuelto en 75.0 g de ciclohexano hierve a 82.32°C. El punto normal de congelación del ácido acético es 16.60°C y k_c para el ácido acético es −3.90°C/*m*. El punto normal de ebullición del ciclohexano es 80.74°C. ¿Cuál es la constante, k_e, del punto de ebullición del ciclohexano?

10.54 ¿Cuántos gramos de glicerol, $C_3H_5(OH)_3$, deben agregarse a 100 g de agua para producir una solución que hierva a 101.5°C?

10.55 ¿Cuál es el punto de ebullición de una solución que contiene 12.5 g de bifenilo $C_{12}H_{10}$, en 100 g de bromobenceno? El punto normal de ebullición del bromobenceno es 156.0°C y k_e para el bromobenceno es +6.26°C/*m*.

10.56 Una solución que contiene 3.86 g de X en 150 g de acetato de etilo, hierve a 78.21°C. ¿Cuál es el peso molecular de X? El punto normal de ebullición del acetato de etilo es 77.06°C y k_e para el acetato de etilo es +2.77°C/*m*.

10.57 Una solución que contiene 4.20 g de X en 200 g de cloroformo hierve a 62.29°C. ¿Cuál es el peso molecular de X?

10.58 El alcohol laurico se obtiene del aceite de coco y se utiliza para preparar detergentes. Una solución de 5.00 g de alcohol laurico en 100.0 g de benceno hierve a 80.78°C. ¿Cuál es el peso molecular del alcohol laurico?

Presión osmótica

10.59 ¿Cuál es la presión osmótica de una solución acuosa que contiene 2.50 g de urea CON_2H_4, en 350 ml de solución a 25°C?

10.60 Una proteína tiene un peso molecular de 3000. La presión osmótica de una solución saturada de esta proteína en agua es 0.274 atm a 25°C. ¿Cuántos gramos de proteína se disolvieron en 1 litro de solución saturada?

10.61 Una solución que contiene 9.30 g de hemoglobina por 200 ml de solución tiene una presión osmótica de 0.171 atm a 27°C. ¿Cuál es el peso molecular de la hemoglobina?

10.62 Una solución acuosa que contiene 0.157 g de penicilina G en 100 ml de solución tiene una presión osmótica de 0.115 atm a 25°C. ¿Cuál es el peso molecular de la penicilina G?

10.63 **(a)** La insulina tiene un peso molecular aproximada de 5700, pero en el agua forma un dímero con un peso molecular de 11.400. ¿Cuál es la presión osmótica de una solución que contiene 0.250 g de insulina en 50.0 ml de solución a 20°C? **(b)** Suponga que la densidad de la solución de insulina es 1.00 g/cm³, ¿cuál es la diferencia en altura entre los dos brazos de un aparato similar al de la Figura 11.7? Puesto que el mercurio tiene una densidad de 13.6 g/cm³ y el agua tiene una densidad de 1.00 g/cm³, en la medida de la presión, la altura de una columna de agua es 13.6 veces la altura de la columna de mercurio.

10.64 Una solución acuosa que contiene 0.500 g de azúcar en 250 ml de solución tiene una presión osmótica de 0.272 atm a 25°C. ¿Cuál es el peso molecular del azúcar?

10.65 Uno de los problemas en la producción de agua fresca a partir de agua salada por ósmosis inversa, es mediante membranas semipermeables lo suficientemente fuertes como para soportar la alta presión requerida. El agua de mar contiene sales disueltas (3.50% en masa). Suponga que el soluto es totalmente NaCl (más de 90%), y que la densidad del agua de mar es 1.03 g/ml y el factor *i* para la solución de NaCl de esta concentración es 1.83 para soluciones de electrolitos, $\pi = iMRT$. ¿Cuál es la presión osmótica del agua de mar a 20°C? ¿Qué presión deberá aplicarse para realizar ósmosis inversa?

Soluciones de electrólitos

10.66 Una solución se preparó agregando un peso dado de soluto a 20.0 g de benceno; se congeló a la temperatura de 0.384°C por debajo de la temperatura de congelación del benceno puro. El punto de congelación de una solución preparada con el mismo peso de soluto y 20.0 g de agua se congeló a −0.4185°C. Suponga que el soluto no se disocia en benceno, pero se disocia en iones en la solución de agua. ¿Cuántos iones resultan de la disociación de una molécula en solución acuosa?

10.67 Una solución que contiene 3.81 g de $MgCl_2$ en 400 g de agua se congeló a −0.497°C. ¿Cuál es el factor de van't Hoff, *i*, para el punto de congelación de esta solución?

10.68 Se preparó una solución a partir de 3.00 g de NaOH y 75.0 g de agua. Si el factor de van't Hoff, *i*, para esta solución es 1.83, ¿a qué temperatura se congelará la solución?

10.69 ¿Cuál es el punto de congelación de una solución acuosa 0.125 *m* de un ácido débil, HX, si el ácido se ionizó 4.00%? Ignore las atracciones interiónicas.

10.70 Una solución 0.0200 *m* de un ácido débil, HY, en agua se congela a −0.0385°C. Ignore las atracciones interiónicas y calcule el porcentaje de ionización del ácido débil.

REACCIONES EN SOLUCIÓN ACUOSA

CAPÍTULO **11**

Las reacciones que se realizan en solución acuosa son generalmente rápidas por varias razones. Los reactivos están muy subdivididos (los solutos existen como moléculas, átomos o iones). Las atracciones entre las partículas de solutos puros (moléculas, átomos o iones) están por lo menos parcialmente superadas cuando la solución se prepara. Estas partículas son libres de desplazarse a través de la solución y las colisiones resultantes entre las partículas de solutos tienen como resultado una reacción. En este capítulo examinaremos varios tipos de reacciones que tienen lugar en soluciones acuosas.

11.1 Reacciones de metátesis

Una reacción de metátesis tiene la fórmula general

$$AB + CD \longrightarrow AD + CB$$

En la reacción los cationes y aniones de las sustancias de que se trata se intercambian. Este tipo de reacción es común, particularmente en una solución acuosa.

Un ejemplo específico de una reacción de metátesis es

$$AgNO_3(ac) + NaCl(ac) \longrightarrow AgCl(s) + NaNO_3(ac)$$

Puesto que estamos hablando de reacciones en solución acuosa, el símbolo (ac) se omitirá en ejemplos futuros. Sin embargo, se utilizarán los símbolos (g) para gases y (s) para sólidos.

La ecuación anterior está escrita en *forma molecular*. Sin embargo, estas sustancias son iónicas. Una solución de una sustancia iónica soluble en agua contiene iones hidratados. La *forma iónica* de la ecuación es

$$Ag^+ + NO_3^- + Na^+ + Cl^- \longrightarrow AgCl\,(s) + Na^+ + NO_3^-$$

¿Por qué ocurrió la reacción? Los choques de los iones Ag^+ y Cl^- resultan en la formación de AgCl, el cual es insoluble y precipita de la solución. Una sustancia insoluble formada de esta forma se llama un **precipitado** y el proceso se llama **precipitación**. El nitrato de sodio ($NaNO_3$), que es el otro producto de la reacción, es soluble en agua y permanece en solución en la forma de iones hidratados.

Si eliminamos los iones espectadores que aparecen a ambos lados de la ecuación (sin participar en la reacción), obtenemos la *forma iónica* neta de la ecuación:

$$Ag^+ + Cl^- \longrightarrow AgCl(s)$$

Ésta es la forma más general de la ecuación. Nos dice que una solución de cualquier sal soluble de Ag^+ y una solución de cualquier sal soluble de Cl^-, producirán AgCl insoluble cuando se mezclen.

Suponga que mezclamos soluciones de NaCl y NH_4NO_3. La ecuación iónica para la "reacción" es

$$Na^+ + Cl^- + NH_4^- + NO_3^- \longrightarrow Na^+ + NO_3^+ + NH_4^+ + Cl^-$$

Todos los componentes que participan en la "reacción" son solubles en agua. Si eliminamos los iones espectadores de la ecuación, no queda nada. Por consiguiente, no hay reacción, lo cual se indica en la siguiente forma:

$$Na^+ + Cl^- + NH_4^+ + NO_3^- \longrightarrow \text{N.R.}$$

Existen otras razones para que ocurra una reacción de metátesis además de la formación de un sólido insoluble. Considere la reacción que se presenta cuando se mezclan una solución de ácido clorhídrico con una solución de sulfuro de sodio:

ecuación molecular: $2HCl + Na_2S \longrightarrow H_2S(g) + 2NaCl$
ecuación iónica: $2H^+ + 2Cl^- + 2Na^+ + S^{2-} \longrightarrow H_2S(g) + 2Na^+ + 2Cl^-$
ecuación iónica neta: $2H^+ + S^{2-} \longrightarrow H_2S(g)$

En esta reacción, las colisiones de los iones H^+ y S^{2-} han formado un gas, el H_2S, el cual sólo es ligeramente soluble y escapa de la solución. En un tercer tipo de reacción de metátesis, se produce un electrolito débil. Los electrolitos débiles solubles, no se disocian completamente en iones en la solución acuosa. Existen principalmente en forma de moléculas. Una reacción de neutralización ácido-base (Sección 11.4), es una reacción de metátesis de este tipo:

ecuación molecular: $HCl + NaOH \longrightarrow H_2O + NaCl$

ecuación iónica: $H^+ + Cl^- + Na^+ + OH^- \longrightarrow H_2O + Na^+ + Cl^-$

ecuación iónica neta: $H^+ + OH^- \longrightarrow H_2O$

La reacción se realiza debido a que los iones H^+ y OH^- forman moléculas de H_2O y el agua es un electrolito débil.

Por consiguiente, las reacciones de metátesis ocurren cuando se forman un precipitado, un gas insoluble o un electrolito débil. En ecuaciones iónicas para estas reacciones:

1. Una *sal soluble* se indica por la fórmula de los iones que forman el compuesto.

2. Un *compuesto insoluble* o *ligeramente soluble* se representa por la fórmula molecular del compuesto seguida del símbolo (s).

3. Un *gas insoluble* o *ligeramente soluble* se representa por la fórmula molecular del gas seguida del símbolo (g).

4. Un *electrolito débil* se representa por la fórmula molecular del compuesto. Los electrolitos débiles se disocian parcialmente en iones en solución acuosa, pero existen principalmente en forma molecular.

Para escribir las ecuaciones de las reacciones de metátesis, necesitamos identificar estos tipos de compuestos. Las reglas siguientes están destinadas a este fin:

1. Reglas de solubilidad. La clasificación de sustancias iónicas de acuerdo a su solubilidad en agua es difícil. Nada es completamente "insoluble" en agua. El grado de solubilidad varía mucho de una sustancia "soluble" a otra. Sin embargo, un esquema de clasificación según la solubilidad es útil aunque debe considerarse como aproximado. Las reglas dadas en la Tabla 11.1 se aplican a los compuestos de los siguientes cationes:

a. *cationes* 1 + . Li^+, K^+, Rb^+, Cs^+ NH^+, Ag^+

b. *cationes* 2 + . Mg^{2+}, Ca^{2+}, Sr^{2+}, Ba^{2+}, Mn^{2+}, Fe^{2+}, Co^{2+}, Ni^{2+}, Cu^{2+}, Zn^{2+}, Cd^{2+}, Hg_2^{2+}, Hg^{+2}, Sn^{2+}, Pb^{+2}

c. *cationes* 3 + Fe^{3+}, Al^{3+}, Cr^{3+}

Los compuestos que se disuelven en la medida de por lo menos 10 g/litro, se clasifican como *solubles*. Aquellos compuestos con solubilidades que son intermedias entre estos límites, se clasifican como *ligeramente solubles* (y se indican con un asterisco en la tabla). Estas normas son comunes pero arbitrarias. La mayor parte de los ácidos son solubles en agua.

2. Gases. Los gases comúnmente insolubles y formados en reacciones de metátesis aparecen en la lista de la Tabla 11.2. Puede considerarse que las reacciones en las cuales se producen tres de estos gases (CO_2, SO_2 y NH_3) entrañan la formación inicial de una sutancia que luego se separa para producir el gas y el agua. La reacción de Na_2SO_3 y HCl, por ejemplo, produce H_2SO_3:

Tabla 11.1 Solubilidades de algunos compuestos iónicos en agua[a]

	Principalmente solubles en agua
NO_3^-	Todos los nitratos son solubles.
$C_2H_3O_2^-$	Todos los acetatos son solubles.
ClO_3^-	Todos los cloratos son solubles.
Cl^-	Todos los cloruros son solubles, excepto AgCl, Hg_2Cl_2 y $PbCl_2$*.
Br^-	Todos los bromuros son solubles, excepto AgBr, Hg_2Br_2, $PbBr_2$* y $HgBr_2$*.
I^-	Todos los yoduros son solubles, excepto AgI, Hg_2I_2, PbI_2 y HgI_2.
SO_4^{2-}	Todos los sulfatos son solubles, excepto $CaSO_4$*, $SrSO_4$, $BaSO_4$, $PbSO_4$, Hg_2SO_4 y Ag_2SO_4*.
	Principalmente insolubles en agua
S^{2-}	Todos los sulfuros son insolubles, excepto los de los elementos I A y II A y $(NH_4)_2S$.
CO_3^{2-}	Todos los carbonatos son insolubles, excepto los de los elementos del grupo I A y $(NH_4)_2CO_3$.
SO_3^{2-}	Todos los sulfitos son insolubles, excepto los de los elementos del grupo I A y $(NH_4)_2SO_3$
PO_4^{3-}	Todos los fosfatos son insolubles, excepto los de elementos del grupo I A y $(NH_4)_3PO_4$.
OH^-	Todos los hidróxidos son insolubles, excepto los de los elementos del grupo I A y $Ba(OH)^{2*}$, $Sr(OH)^{2*}$, y $Ca(OH)^{2*}$.

[a]Se consideran los siguientes cationes: los de las familias I A y II A, NH_4^+, Ag^+, Al^{3+}, Cd^{2+}, Co^{2+}, Cr^{3+}, Cu^{2+}, Fe^{2+}, Fe^{3+}, Hg_2^{2+}, Hg^{2+}, Mn^{2+}, Ni^{2+}, Pb^{2+}, Sn^{2+} y Zn^{2+}.

*Los compuestos solubles se disuelven en la medida de por lo menos 10 g/litros. Los compuestos ligeramente solubles (marcados con un asterisco) se disuelven en la medida de entre 1 g/litro y 10 g/litro.

Tabla 11.2. Reglas para la formación de algunos gases comunes por reacciones de metátesis

Gas	
H_2S	Cualquier sulfuro (sal de S^{2-}) y cualquier ácido forman $H_2S(g)$ y una sal.
CO_2	Cualquier carbonato (sal de CO_3^{2-}) y cualquier ácido forman $CO_2(g)$, H_2O y una sal.
SO_2	Cualquier sulfito (sal de SO_3^{2-}) y cualquier ácido forman $SO_2(g)$, H_2O y una sal.
NH_3	Cualquier sal de amonio (sal de NH_4^+) y cualquier hidróxido fuerte soluble forman $NH_3(g)$, H_2O y una sal.

$$2Na^+ + SO_3^{2-} + 2H^+ + 2Cl^- \longrightarrow H_2SO_3 + Na^+ + 2Cl^-$$

El H_2SO_3 es inestable y se descompone en SO_2 y H_2O:

$$H_2SO_3 \longrightarrow H_2O + SO_2(g)$$

La ecuación iónica de la reacción completa, por consiguiente, es

$$2Na^+ + SO_3^{2-} + 2H^+ + 2Cl^- \longrightarrow H_2O + SO_2(g) + 2Na^+ + 2Cl^-$$

Una reacción típica de un carbonato y un ácido es:

$$2Na^+ + CO_3^{2-} + 2H^+ + 2Cl^- \longrightarrow H_2O + CO_2(g) + 2Na^+ + 2Cl^-$$

Las sales de amonio y las bases fuertes solubles, reaccionan en la siguiente forma:

$$NH_4^+ + Cl^- + Na^+ + OH^- \longrightarrow H_2 + NH_3\ (g) + Na^+ + Cl^-$$

3. Electrolitos débiles. A continuación se da una lista simplificada de reglas (Sección 11.4).

a. Ácidos. Los ácidos comunes son electrolitos débiles, excepto $HClO_4$, $HClO_3$, HCl, HBr, HI, HNO_3 y H_2SO_4 (sólo la primera ionización).

b. Bases. Los hidróxidos de los elementos del grupo IA y de Ca^{2+}, Sr^{2+} y Ba^{2+} son solubles y fuertes. La mayor parte de los restantes son insolubles y débiles.

c. Sales. La mayor parte de las sales comunes son electrolitos fuertes.

d. Agua. El agua es un electrolito débil.

Ejemplo 11.1

Escriba las ecuaciones químicas balanceadas de las reacciones que ocurren cuando se mezclan las soluciones acuosas de los siguientes pares de compuestos. Indique todas las sustancias (reactivos y productos) en la forma adecuada:

Lagunas de sedimentación en las cuales se precipita el hidróxido de magnesio del agua de mar. El $Mg(OH)_2$ es producido por una reacción de metátesis entre los iones Mg^- del agua de mar y los iones OH del $Ca(OH)_2$, el cual se añade. El $Mg(OH)_2$ es usado en los procesos para la elaboración de metal Mg (Sección 23.5). *Dow Chemical Company.*

(a) $FeCl_3$ y $(NH_4)_3PO_4$
(b) Na_2SO_4 y $CuCl_2$
(c) $ZnSO_4$ y $Ba(OH)_2$
(d) $CaCO_3$ y HNO_3

Solución

(a) $Fe^{3+} + 3Cl^- + 3NH_4^+ + PO_4^{3-} \longrightarrow FePO_4(s) + 3NH_4^+ + 3Cl^-$
(b) $2Na^+ + SO_4^{2-} + Cu^{2+} + 2Cl^- \longrightarrow$ N.R.
(c) $Zn^{2+} + SO_4^{2-} + Ba^{2+} + 2OH^- \longrightarrow Zn(OH)_2(s) + BaSO_4(s)$
(d) $CaCO_3(s) + 2H^+ + 2NO_3^- \longrightarrow H_2O + CO_2(g) + Ca^{2+} + 2NO_3^-$

Las reacciones de metátesis son reversibles hasta cierto punto. Los sistemas acuosos en equilibrio de este tipo se discutirán en los Capítulos 15 y 16.

Las reacciones de metátesis también ocurren en ausencia de agua. Los ejemplos son los siguientes,

$$CaF_2(s) + H_2SO_4(l) \longrightarrow CaSO_4(s) + 2HF(g)$$
$$2NaNO_3(s) + H_2SO_4(l) \longrightarrow Na_2SO_4(s) + 2HNO_3(g)$$

Los reactivos en estas reacciones se calientan y los ácidos (HF y HNO_3, que son solubles en agua) se desprenden como gases.

11.2 Números de oxidación

Un tipo importante de reacción que se presenta en solución acuosa, la reacción de oxido-reducción, se examinará en la siguiente sección. Sin embargo, antes de considerar este tipo de reacción, discutiremos el concepto de números de oxidación, que es una convención arbitraria, pero útil.

Los **números de oxidación** son cargas (cargas ficticias en el caso de especies covalentes) asignadas a los átomos de un compuesto de acuerdo a algunas reglas arbitrarias. Los números de oxidación de iones monoatómicos en compuestos iónicos binarios son los mismos que los de las cargas de los iones. En NaCl, por ejemplo, el número de oxidación del sodio en Na^+ es 1^+ y el número de oxidación del cloro en Cl^- es 1^-.

Los números de oxidación de los átomos en una molécula covalente pueden obtenerse asignando los electrones de cada enlace al más electronegativo de los átomos del enlace. Para la molécula

$$\mathrm{H:\underset{\cdot\cdot}{\ddot{Cl}}:}$$

ambos electrones del enlace covalente se asignan al átomo de cloro, puesto que el cloro es más electronegativo que el hidrógeno. Se dice que el átomo de cloro tiene un número de oxidación de 1^-, debido a que la asignación le ha dado un electrón más del que tiene un átomo neutro. Se dice que el átomo de hidrógeno tiene un número de oxidación de 1^+, debido a que su único electrón de valencia ha sido asignado al átomo de cloro.

En el caso de un enlace no polar entre átomos idénticos, entre los cuales no existe diferencia de electronegatividad, los electrones de enlace están igualmente divididos entre los átomos enlazados en la obtención de los números de oxidación. Así, los números de oxidación para ambos átomos de cloro son cero en la molécula

$$\mathrm{:\underset{\cdot\cdot}{\ddot{Cl}}:\underset{\cdot\cdot}{\ddot{Cl}}:}$$

Pueden utilizarse las siguientes reglas basadas en estas ideas, para asignar números de oxidación.

1. A cualquier átomo libre o cualquier átomo de una molécula de un elemento, se le asigna un número de oxidación cero.

2. La suma de los números de oxidación de los átomos de un compuesto es cero, puesto que los compuestos son eléctricamente neutros.

3. El número de oxidación de un ion monoatómico es igual a la carga del ion. En sus compuestos, los elementos del grupo I A (Li, Na, K, Rb y Cs) siempre tienen números de oxidación 1^+; los elementos del grupo II A (Be, Mg, Ca, Sr y Ba) siempre tienen números de oxidación 2^+.

4. La suma de los números de oxidación de los átomos que forman un ion poliatómico, es igual a la carga del ion.

5. El número de oxidación del flúor, el elemento más electronegativo, es 1^- en todos los compuestos que contienen flúor.

6. En la mayoría de los compuestos que contienen oxígeno, el número de oxidación del oxígeno es 2^-. Sin embargo, existen algunas excepciones.

a. En los peróxidos, cada átomo de oxígeno tiene un número de oxidación de 1^-. Los dos átomos de O del ion peróxido O_2^{2-}, son equivalentes. A cada uno se le debe asignar un número de oxidación de 1^-, tal que la suma iguale la carga del ion.

b. En el ion superóxido, O_2^-, cada oxígeno tiene un número de oxidación de ½⁻.

c. En el OF_2, el oxígeno tiene un número de oxidación de 2^+ (regla 5).

7. El número de oxidación del hidrógeno es 1^+ en todos sus compuestos, excepto en los hidruros metálicos (CaH_2 y NaH son ejemplos) en los cuales el hidrógeno está en estado de oxidación 1^-.

8. En la combinación de dos no metales (ya sea una molécula o un ion poliatómico), el número de oxidación del elemento más electronegativo, es negativo e igual a la carga del ion monoatómico común de ese elemento. En el PCl_3, por ejemplo, el número de oxidación del Cl es 1^- y el del P es 3^+. En el CS_2, el número de oxidación del S es 2^- y el del C es 4^+.

Ejemplo 11.2

¿Cuál es el número de oxidación del átomo de P en el H_3PO_4?

Solución

La suma de los números de oxidación de los átomos de la molécula debe ser cero. Por consiguiente,

$$3(\text{N° oxidación } H) + (\text{N° oxidación } P) + 4(\text{N° oxidación } O) = 0$$

A cada hidrógeno se le asigna un número de oxidación de 1^+ (regla 7) y a cada O se le asigna un número de oxidación de 2^- (regla 6):

$$3(1+) + x + 4(2-) = 0$$
$$x = 5+$$

Ejemplo 11.3

¿Cuál es el número de oxidación del Cr en el ion dicromato, $Cr_2O_7^{2-}$?

Solución

La suma de los números de oxidación debe ser igual a la carga del ion 2^-; el número de oxidación del O es 2^- (regla 6):

$$2(\text{N° oxidación } Cr) + 7(\text{N° oxidación } O) = 2^-$$
$$2x + 7(2-) = 2-$$
$$2x = 12+$$
$$x = 6+$$

Observe que el estado de oxidación de un elemento se da sobre la base de un solo átomo. Sería erróneo decir que el oxígeno tiene un número de oxidación de 2^- en H_2O y 4^- en SO_2. En ambos compuestos, el átomo de O tiene un número de oxidación de 2^-.

Ejemplo 11.4

¿Cuál es el número de oxidación del cloro en el perclorato de calcio, $Ca\,(ClO_4)_2$?

Solución

$$(\text{N° oxidación } Ca) + 2(\text{N° oxidación } Cl) + 8(\text{N° oxidación } O) = 0$$

Puesto que el calcio es un miembro del grupo IIA, su número de oxidación es 2^+, que es la carga del Ca^{2+}. El número de oxidación del O es 2^-, por consiguiente,

$$(2+) + 2x + 8(2-) = 0$$
$$2x = 14+$$
$$x = 7+$$

Existe otra forma de resolver problemas de este tipo. Puesto que la carga en el ion Ca^{2+} es 2^+ y debido a que hay dos iones percloratos por cada ion Ca^{2+}, en el compuesto la carga del ion perclorato debe ser 1^-.
El ion tiene la fórmula de ClO_4^-, por consiguiente,

$$(\text{N° oxidación } Cl) + (\text{N° oxidación } O) = 1^-$$
$$x + 4(2-) = 1-$$
$$x = 7+$$

Estos valores deben interpretarse con cuidado. Las cargas iónicas tienen significación física; los números de oxidación del O y Cl son meramente convenciones.

Frecuentemente un elemento presenta una gama de números de oxidación en sus compuestos. El nitrógeno, por ejemplo, exhibe números de oxidación desde 3^- (como en NH_3) a 5^+ (como en el HNO_3).

1. El número de oxidación máximo de un elemento de la familia A es el mismo que su número de grupo. El número de electrones de valencia que tiene un elemento de la familia A es igual al número de grupo. No es lógico que un átomo pierda más electrones de valencia que los que tiene. La carga positiva más alta posible, por consiguiente, aun la hipotética, es la misma del número de grupo.

2. El número de oxidación mínimo de un elemento de la familia A, en un compuesto que contiene el elemento, es igual a la carga del ion monoatómico del elemento.

El número de oxidación máximo del S (miembro del grupo VI A) es 6^+ (por ejemplo en H_2SO_4). El número de oxidación mínimo del S es 2^- (como en Na_2S y H_2S). En estos compuestos, el número de oxidación máximo del sodio (que se halla en el grupo IA) es el mismo que el número de oxidación mínimo 1^+. El número de oxidación del sodio sin combinar, naturalmente, es cero. Sin embargo, existen excepciones a estas generalizaciones (por ejemplo el flúor y el oxígeno).

Los números de oxidación no son iguales a las cargas formales. En la asignación de cargas formales a los átomos de una molécula covalente, los electrones de enlace se dividen igualmente entre los átomos enlazados y se hace caso omiso de cualquier polaridad de enlace causada por la división desigual de electrones.

En la asignación de números de oxidación, los electrones de enlace se asignan al átomo más electronegativo.

Ambos conceptos son puras convenciones. Las cargas formales son útiles en la interpretación de la estructura y de algunas propiedades de las moléculas covalentes. Los números de oxidación son útiles para describir reacciones de oxido-reducción, que son el tema de la siguiente sección.

11.3 Reacciones de oxidación-reducción

El término oxidación fue generalmente aplicado a reacciones en las cuales las sustancias se combinaban con el oxígeno y la reducción se definió como la eliminación del oxígeno de un compuesto que lo contenga. Los significados de los términos se han ampliado gradualmente. Actualmente, la oxidación y la reducción se definen sobre la base de cambio del número de oxidación.

La **oxidación** es el proceso en el cual un átomo sufre un aumento algebraico del número de oxidación, y la **reducción** es el proceso en el cual un átomo sufre una disminución algebraica de su número de oxidación. De acuerdo con esto, hay oxido-reducción en la reacción,

$$\overset{0}{S} + \overset{0}{O}_2 \longrightarrow \overset{4+}{S}\ \overset{2-}{O}_2$$

El número de oxidación de cada tipo de átomo se escribe encima de su símbolo. Debido a que el número de oxidación del átomo de S, *aumenta* de 0 a 4, se dice que el azufre se ha *oxidado*. El número de oxidación del átomo de O, *disminuye* de 0 a 2^-, y se dice que el oxígeno se ha *reducido*. La oxido-reducción no se presenta en la reacción

$$\overset{4+}{S}\ \overset{2-}{O}_2 + \overset{1+}{H}_2\overset{2-}{O} \longrightarrow \overset{1+}{H}_2\ \overset{4+}{S}\ \overset{2-}{O}_3$$

puesto que ningún átomo sufre cambio en el número de oxidación. Por la forma en que se asignan los números de oxidación, parece *que ni la oxidación ni la reducción pueden ocurrir por sí solas*. Además, el *incremento total del número de oxidación debe ser igual a la disminución total del número de oxidación*.

En la reacción del azufre y el oxígeno, el número de oxidación del azufre aumenta 4. El número de oxidación de cada átomo de oxígeno disminuye 2. Puesto que dos átomos de O aparecen en la ecuación, la disminución es 4. Puesto que una sustancia no puede reducirse a menos que otra se oxide simultáneamente, la sustancia que se reduce es responsable de la oxidación. Esta sustancia se llama por lo tanto el **agente oxidante** u **oxidante**. Debido a la interdependencia de los dos procesos, lo inverso también es cierto. El material que se oxida se llama el **agente reductor** o **reductor.** Por consiguiente,

$$\overset{0}{S} + \overset{0}{O_2} \longrightarrow \overset{4+}{S}\overset{2-}{O_2}$$

agente oxidante *agente reductor*
reducido *oxidado*

Las ecuaciones para las reacciones de óxido-reducción son generalmente más difíciles de balancear que las de las reacciones que no entrañan oxidación y reducción. Dos métodos son comúnmente utilizados para balancear ecuaciones de oxido-reducción: el **Método del número de oxidación** y el **método de ion-electrón.** A continuación se discutirán ambos métodos. Por razones de claridad, se omitirá, en los ejemplos que siguen, el estado físico de los reactivos y de los productos. Además, se usará el símbolo H^+ en lugar de H_3O^+ ó H^+ (ac).

Hay tres pasos en el **método del número de oxidación** para balancear ecuaciones de oxido-reducción. Utilizaremos la ecuación de la reacción del ácido nítrico y el sulfuro de hidrógeno para ilustrar este método. La expresión no balanceada para la reacción es

$$HNO_3 + H_2S \longrightarrow NO + S + H_2O$$

1. Los números de oxidación de los átomos de la ecuación se determinan para identificar los que sufren oxidación o reducción. Así,

$$H\overset{5+}{N}O_3 + H_2\overset{2-}{S} \longrightarrow \overset{2+}{N}O + \overset{0}{S} + H_2O$$

El nitrógeno se reduce (de 5^+ a 2^+, una disminución de 3) y el azufre se oxida (de 2^- a 0, un aumento de 2).

2. Se colocan los coeficientes para que la disminución total y el aumento total de los números de oxidación sean iguales. Tenemos una disminución de 3 y un aumento de 2 indicados en la expresión sin equilibrar. El mínimo común múltiplo de 3 y 2 es 6. Por lo tanto indicamos $2HNO_3$ y 2NO (una disminución total de 6) y $3H_2S$ y 3S (un aumento total de 6):

$$2\,HNO_3 + 3\,H_2S \longrightarrow 2\,NO + 3\,S + H_2O$$

3. La ecuación termina de balancearse escogiendo los factores convenientes. Este método sirve solamente para las sustancias directamente afectadas por un cambio en el número de oxidación. En este ejemplo, el método no asigna un coeficiente o factor al H_2O. Observamos, sin embargo, que hay ahora 8 átomos de H a la izquierda de la ecuación. Podemos indicar el mismo número de átomos de H a la derecha escribiendo $4H_2O$:

$$2\,HNO_3 + 3\,H_2S \longrightarrow 2\,NO + 3\,S + 4\,H_2O$$

La ecuación final balanceada debe verificarse para asegurar que haya tantos átomos de cada elemento a la derecha como a la izquierda. El método del número de oxidación puede utilizarse para equilibrar ecuaciones iónicas netas, en las que solamente figuran los iones y moléculas que intervienen en la reacción. Considere la reacción entre el $KClO_3$ y el I_2:

$$H_2O + I_2 + ClO_3^- \longrightarrow IO_3^- + Cl^- + H^+$$

El ion K^+ no toma parte en la reacción y por eso no aparece en la ecuación. Los pasos para balancear la ecuación se describen a continuación:

1. $H_2O + \overset{0}{I_2} + \overset{5+}{Cl}O_3^- \longrightarrow \overset{5+}{I}O_3^- + \overset{1-}{Cl^-} + H^+$

2. *Cada* átomo de yodo sufre un aumento de 5 (de 0 a 5^+), pero hay *dos* átomos de yodo en I_2. El aumento del número de oxidación es por consiguiente 10. El cloro tiene una disminución de 6 (de 5^+ a 1^-).
El mínimo común múltiplo de 6 y 10 es 30. Por consiguiente, deben indicarse tres moléculas de I_2 (un aumento total de 30) y se necesitan 5 iones de ClO_3^- (5 ClO_3^-) (una disminución de 30). Los coeficientes de los productos IO_3^- y Cl^-, se derivan de esta asignación,

$$H_2O + 3\,I_2 + 5\,ClO_3^- \longrightarrow 6\,IO_3^- + 5\,Cl^- + H^+$$

3. Si se hace caso omiso del agua, hay 15 átomos de oxígeno en la parte izquierda y 18 átomos de oxígeno en la derecha. Para compensar la falta de 3 átomos de oxígeno en la parte izquierda debemos colocar 3 moléculas de H_2O. De esto se deduce que el coeficiente H^+ debe ser 6 para balancear los átomos de hidrógeno de las moléculas de H_2O:

$$3\,H_2O + 3\,I_2 + 5\,ClO_3^- \longrightarrow 6\,IO_3^- + 5\,Cl^- + 6\,H^+$$

Una ecuación iónica debe indicar equilibrio de cargas así como de masas. Puesto que la suma algebraica de las cargas sobre la izquierda (5^-) es igual a las de la derecha (5^-), la ecuación está equilibrada.

Las reacciones en las cuales se transfieren electrones, son ejemplos concretos de reacciones de oxido-reducción. En la reacción entre sodio y cloro, el átomo de sodio pierde su electrón de valencia que es transferido al átomo de cloro:

$$2\,\overset{0}{Na} + \overset{0}{Cl_2} \longrightarrow 2\,\overset{1+}{Na^+} + 2\,\overset{1-}{Cl^-}$$

Para iones simples el número de oxidación es el mismo que la carga del ion. Se deduce entonces, que la pérdida de electrones representa un tipo de oxidación y la ganancia de electrones representa un tipo de reducción. Esta ecuación puede dividirse en dos **ecuaciones parciales** que representan **medias reacciones:**

oxidación: $2Na \longrightarrow 2Na^+ + 2e^-$
reducción: $2e^- + Cl_2 \longrightarrow 2Cl^-$

método del ion-electron para balancear ecuaciones de oxido-reducción utiliza ecuaciones parciales. Una ecuación parcial se utiliza para la oxidación (en la cual se pierden electrones) y otra ecuación parcial se utiliza para la reducción (en la cual se ganan electrones). La ecuación final se obtiene combinando las ecuaciones parciales en tal forma que el número de electrones perdidos sea igual al número de electrones ganados.

Se utilizan dos procedimientos ligeramente diferentes para balancear ecuaciones por el método del ion-electrón. Uno se utiliza para reacciones que se realizan en solución ácida, y el otro, para reacciones que ocurren en solución alcalina. Daremos ejemplos de ambos procedimientos.

Un ejemplo de una reacción que ocurre en *solución ácida* es

$$Cr_2O_7^{2-} + Cl^- \longrightarrow Cr^{3+} + Cl_2$$

En esta expresión no balanceada, H_2O y H^+ no aparecen. Los números adecuados de las moléculas de agua como de iones H^+, como también sus posiciones en la ecuación final (sea en la izquierda o derecha) se determinan al equilibrar la ecuación.

1. Se escriben dos formas sencillas de las ecuaciones parciales para las ecuaciones de media reacción. Los elementos centrales de las ecuaciones parciales (Cr y Cl) se equilibran:

$$Cr_2O_7^{2-} \longrightarrow 2\ Cr^{3+}$$
$$2\ Cl^- \longrightarrow Cl_2$$

2. Ahora los átomos de H y O están balanceados. Debido a que la reacción se presenta en solución ácida, pueden agregarse H_2O y H^+ donde sea necesario. Para cada átomo de O que se necesita, se agrega una molécula de agua al lado donde falta. El hidrógeno se equilibra agregando H^+.

Se necesitan 7 átomos de oxígeno en la parte derecha de la primera ecuación parcial y por consiguiente, se agregan a este lado $7H_2O$. Los átomos de H de la primera ecuación parcial se balancean agregando $14H^+$ a la izquierda. La segunda ecuación parcial ya tiene balance de materia.

$$14\ H^+ + Cr_2O_7^{2-} \longrightarrow 2\ Cr^{3+} + 7\ H_2O$$
$$2\ Cl^- \longrightarrow Cl_2$$

3. El paso siguiente es balancear las ecuaciones parciales eléctricamente. En la primera ecuación parcial, la carga neta es 12^+ en el lado izquierdo de la ecuación (14^+ y 2^-) y 6^+ a la derecha. Deben agregarse seis electrones a la izquierda. De esta forma, la carga neta a ambos lados de la ecuación será 6^+. La segunda ecuación parcial se equilibra eléctricamente agregando 2 electrones a la derecha:

$$6e^- + 14\ H^+ + Cr_2O_7^{2-} \longrightarrow 2\ Cr^{3+} + 7\ H_2O$$
$$2\ Cl^- \longrightarrow Cl_2 + 2e^-$$

4. El número de electrones ganados debe ser igual al número de electrones perdidos. La segunda ecuación parcial, por consiguiente, se multiplica por 3:

$$6e^- + 14\ H^+ + Cr_2O_7^{2-} \longrightarrow 2\ Cr^{3+} + 7\ H_2O$$
$$6\ Cl^- \longrightarrow 3\ Cl_2 + 6e^-$$

5. La suma de las dos ecuaciones parciales da la ecuación final. En la adición los electrones se cancelan:

$$14\ H^+ + Cr_2O_7^{2-} + 6\ Cl^- \longrightarrow 2\ Cr^{3+} + 3\ Cl_2 + 7\ H_2O$$

Como un segundo ejemplo, considere la reacción

$$MnO_4^- + As_4O_6 \longrightarrow Mn^{2+} + H_3AsO_4$$

que también se lleva a cabo en *solución ácida*. Se siguen los mismos pasos

1. La ecuación se divide en dos ecuaciones parciales sencillas. Los átomos de As en la segunda ecuación parcial están balanceados:

$$MnO_4^- \longrightarrow Mn^{2+}$$

$$As_4O_6 \longrightarrow 4\,H_3AsO_4$$

2. En la primera ecuación parcial puede lograrse el balance material agregando $4H_2O$ en el lado derecho y $8H^+$ en el lado izquierdo. En la segunda ecuación parcial deben agregarse $10H_2O$ en el lado izquierdo para suplir los 10 oxígenos necesarios. Si nos detenemos en este punto habrá 20 átomos de hidrógeno en el lado izquierdo y 12 a la derecha. Por lo tanto, deben agregarse $8H^+$ a la derecha.

$$8\,H^+ + MnO_4^- \longrightarrow Mn^{2+} + 4\,H_2O$$

$$10\,H_2O + As_4O_6 \longrightarrow 4\,H_3AsO_4 + 8\,H^+$$

3. Para equilibrar las cargas netas se deben agregar electrones:

$$5e^- + 8\,H^+ + MnO_4^- \longrightarrow Mn^{2+} + 4\,H_2O$$

$$10\,H_2O + As_4O_6 \longrightarrow 4\,H_3AsO_4 + 8\,H^+ + 8e^-$$

4. La primera ecuación parcial debe multiplicarse por 8 y la segunda por 5, en tal forma que el mismo número de electrones perdidos en la ecuación parcial de oxidación, se ganen en la ecuación parcial de reducción:

$$40e^- + 64\,H^+ + 8\,MnO_4^- \longrightarrow 8\,Mn^{2+} + 32\,H_2O$$

$$50\,H_2O + 5\,As_4O_6 \longrightarrow 20\,H_3AsO_4 + 40\,H^+ + 40e^-$$

5. Cuando estas dos ecuaciones parciales se suman, las moléculas de agua y los iones de hidrógeno deben cancelarse como así también los electrones. No es adecuado dejar una ecuación con $64H^+$ a la izquierda y $40H^+$ a la derecha.

$$24\,H^+ + 18\,H_2O + 5\,As_4O_6 + 8\,MnO_4^- \longrightarrow 20\,H_3AsO_4 + 8\,Mn^{2+}$$

Las ecuaciones de las reacciones que se realizan en *solución alcalina*, se balancean en una manera ligeramente diferente de las que ocurren en solución ácida. Todos los pasos, excepto el segundo, son los mismos. El H^+ no puede utilizarse para equilibrar ecuaciones de reacciones que ocurren en solución alcalina. Como un ejemplo, considere la reacción

$$MnO_4^- + N_2H_4 \longrightarrow MnO_2 + N_2$$

que se realiza en solución alcalina.

1. La ecuación se divide en dos ecuaciones parciales:

$$MnO_4^- \longrightarrow MnO_2$$

$$N_2H_4 \longrightarrow N_2$$

2. Para las reacciones que ocurren en solución alcalina, se utilizan OH^- y H_2O para balancear el oxígeno y el hidrógeno. Por cada oxígeno que se necesite, 2 iones OH^- se agregan al lado de la ecuación parcial que presente la deficiencia y una molécula de H_2O se agrega en el lado opuesto.

Por cada hidrógeno que se necesite, se debe agregar una molécula de H_2O en el lado que presente la deficiencia y un OH^- se agrega en el lado opuesto. En la primera ecuación parcial, el lado derecho presenta una deficiencia de 2 átomos de oxígeno. Por lo tanto, agregamos $4OH^-$ al lado derecho y $2H_2O$ al izquierdo:

$$2H_2O + MnO_4^- \longrightarrow MnO_2 + 4OH^-$$

Para obtener el balance material de la segunda ecuación parcial, debemos agregar cuatro átomos de hidrógeno a la derecha. Por *cada átomo* de hidrógeno que se necesita agregamos una molécula de H_2O en el lado deficiente en hidrógeno y un ion OH^- en el lado opuesto. En este caso agregamos $4H_2O$ al lado derecho y $4OH^-$ al lado izquierdo para obtener los cuatro átomos de hidrógeno necesarios en el lado derecho:

$$4OH^- + N_2H_4 \longrightarrow N_2 + 4H_2O$$

3. Los electrones se agregan para lograr el equilibrio de cargas:

$$3e^- + 2H_2O + MnO_4^- \longrightarrow MnO_2 + 4OH^-$$
$$4OH^- + N_2H_4 \longrightarrow N_2 + 4H_2O + 4e^-$$

4. El mínimo común múltiplo de 3 y 4 es 12. Por consiguiente, la primera ecuación parcial se multiplica por 4 y la segunda por 3, de tal forma que el número de electrones ganados sea igual al número de electrones perdidos.

$$12e^- + 8H_2O + 4MnO_4^- \longrightarrow 4MnO_2 + 16OH^-$$
$$12OH^- + 3N_2H_4 \longrightarrow 3N_2 + 12H_2O + 12e^-$$

5. La adición de estas ecuaciones parciales, con la cancelación de los iones OH^- y las moléculas de H_2O, así como de los electrones, da la ecuación final:

$$4MnO_4^- + 3N_2H_4 \longrightarrow 4MnO_2 + 3N_2 + 4H_2O + 4OH^-$$

Como ejemplo final, considere la siguiente ecuación esquemática para una reacción en *solución alcalina:*

$$Br_2 \longrightarrow BrO_3^- + Br^-$$

En esta reacción, la misma sustancia, Br_2, se oxida y se reduce. Esas reacciones se llaman de **auto-oxido-reducción** (o de **desproporción**).

1. $Br_2 \longrightarrow 2BrO_3^-$
$Br_2 \longrightarrow 2Br^-$

2. $12OH^- + Br_2 \longrightarrow 2BrO_3^- + 6H_2O$
$Br_2 \longrightarrow 2Br^-$

3. $12OH^- + Br_2 \longrightarrow 2BrO_3^- + 6H_2O + 10e^-$
$2e^- + Br_2 \longrightarrow 2Br^-$

4. $12OH^- + Br_2 \longrightarrow 2BrO_3^- + 6H_2O + 10e^-$
$10e^- + 5Br_2 \longrightarrow 10Br^-$

5. $12OH^- + 6Br_2 \longrightarrow 2BrO_3^- + 10Br^- + 6H_2O$

Cuando se aplica el método del ion-electrón a una reacción de auto-oxido-reducción los coeficientes de la ecuación resultante generalmente son divisibles por algún factor común, puesto que se utilizó un reactivo en ambas ecuaciones parciales. Los coeficientes de esta ecuación son todos divisibles por 2 y deben simplificarse lo más posible:

$$6\,OH^- + 3\,Br_2 \longrightarrow BrO_3^- + 5\,Br^- + 3\,H_2O$$

La mayoría de las ecuaciones de oxido-reducción pueden balancearse por el método del ion-electrón, el cual es especialmente conveniente para reacciones electroquímicas y reacciones de iones en solución acuosa. Sin embargo, deben señalarse varios errores posibles. Las medias reacciones no pueden ocurrir solas y las ecuaciones parciales no presentan cambios químicos completos. Aun en celdas electroquímicas, donde las dos medias reacciones se realizan en diferentes elecrodos, las dos medias reacciones siempre ocurren simultáneamente.

Mientras las ecuaciones parciales probablemente representan un panorama total, si no detallado, de la manera en que ocurre una reacción de óxido-reducción en una celda electroquímica, la misma reacción en una retorta puede no realizarse de esta forma.

No debe interpretarse que el método necesariamente describa el mecanismo correcto a que obedece una reacción. A veces es difícil reconocer si una reacción dada es un ejemplo legítimo de una reacción de intercambio de electrones. La reacción:

$$\overset{4+}{S}O_3^{2-} + \overset{5+}{Cl}O_3^- \longrightarrow \overset{6+}{S}O_4^{2-} + \overset{3+}{Cl}O_2^-$$

parece una reacción de intercambio electrónico que puede realizarse en una celda electroquímica y puede balancearse por medio del método del ion-electrón. Sin

Método del ion-electrón para balancear cuaciones de oxido-reducción

1. Divida la ecuación en dos ecuaciones parciales esquemáticas.

2. Balance los átomos que cambian sus números de oxidación en cada ecuación parcial.

3. Equilibre los átomos de O e H en cada ecuación parcial.

  a. En las reacciones en *solución ácida:*

    i. Por cada átomo de oxígeno que se necesita, agregue una molécula de H_2O en el lado de la ecuación parcial que presente la deficiencia de oxígeno.

    ii. Agregue H^+ donde se necesite equilibrar el hidrógeno.

  b. En las reacciones en *solución alcalina:*

    i. Por cada átomo de oxígeno que se necesita, agregue *dos* iones OH^- al lado de la ecuación parcial que es deficiente en O y agregue *una* molécula de H_2O al lado opuesto.

    ii. Por cada átomo de hidrógeno que se necesita agregue *una* molécula de agua al lado de la ecuación parcial que es deficiente en H y agregue *un* ion OH^- al lado opuesto.

4. A cada ecuación parcial, agregue electrones en tal forma que la carga neta sobre el lado izquierdo de la ecuación sea igual a la carga neta del lado derecho.

5. Si es necesario, multiplique una o ambas ecuaciones parciales por factores que igualen la cantidad de electrones perdidos en una ecuación parcial y la cantidad de electrones ganados en la otra.

6. Sume las ecuaciones parciales. En la adición, cancele los términos comunes en ambos lados de la ecuación final.

embargo, se ha demostrado que esta reacción ocurre por intercambio directo de oxígeno (de ClO_3^- a SO_3^{2-}) y *no* por intercambio electrónico.

11.4 Ácidos y bases según Arrhenius

Los diversos conceptos sobre ácidos y bases que existen en uso corriente son el tema del Capítulo 14. El **concepto de Arrhenius de ácidos y bases**, el más antiguo de éstos, se presenta en esta sección.

Un **ácido**, se define como una sustancia que se disocia en agua para producir iones H_3O^+, los cuales algunas veces se indican como iones $H^+(ac)$. Por ejemplo:

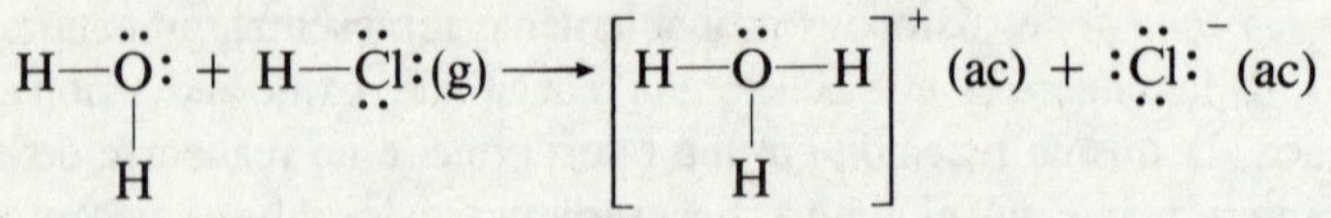

El HCl gaseoso puro consiste en moléculas covalentes. En el agua, el H^+ (el cual no es más que un protón) de la molécula del HCl, es fuertemente atraído por un par de electrones del átomo de O de una molécula de agua. La transferencia del protón a la molécula de H_2O, produce lo que se llama un **ion hidronio** (H_3O^+) y lo que queda es un ion Cl^-. Todos los iones están hidratados en solución acuosa, lo que se indica mediante el símbolo (ac) colocado al lado de la fórmula del ion. Este símbolo no indica el número de moléculas de agua asociados con cada ion. En la mayoría de los casos la cantidad no se conoce y en muchos casos es variable. El ion H^+, sin embargo, es un caso especial. La carga positiva del ion H^+, el protón, no está protegido por ningún electrón y en comparación con otros iones es extremadamente pequeño. El ion H^+, por consiguiente, es fuertemente atraído hacia un par electrónico de una molécula de agua.

Sin embargo, hay indicios de que el ion H_3O^+, tiene tres moléculas de agua adicionales asociadas con él en un ion que tiene la fórmula de $H_9O_4^+$. Otras evidencias refuerzan la idea de que varios tipos de iones hidratados existen simultáneamente en solución acuosa. Algunos químicos, por lo tanto, prefieren representar el protón hidratado como $H^+(ac)$. El proceso por el cual las moléculas de HCl se disuelven en agua, se indicará:

$$HCl(g) \longrightarrow H^+(ac) + Cl^-(ac)$$

En el sistema de Arrhenius, una **base** es una sustancia que contiene iones de hidróxido OH^-, o que se disuelve en agua para producir iones de hidróxido hidratados $OH^-(ac)$:

$$NaOH(s) \longrightarrow Na^+(ac) + OH^-(ac)$$
$$Ca(OH)_2(s) \longrightarrow Ca^{2+}(ac) + 2OH^-$$

Los únicos hidróxidos metálicos solubles (son los de los elementos del grupo I A y el $Ba(OH)_2$, el $Sr(OH)_2$ y el $Ca(OH)_2$ del grupo II A. Los hidróxidos insolubles, sin embargo, reaccionan como bases con los ácidos.

La reacción de un ácido con una base se llama **neutralización**, que es una reacción de metátesis en la cual se produce agua. La ecuación iónica *neta* es:

$$H_3O^+(ac) + OH^-(ac) \longrightarrow 2H_2O$$

la cual también puede escribirse

$$H^+(ac) + OH^-(ac) \longrightarrow H_2O$$

Las ecuaciones iónicas para las dos reacciones de neutralización son:

$$Ba^{2+}(ac) + 2OH^-(ac) + 2H^+(ac) + 2Cl^-(ac) \longrightarrow Ba^{2-}(ac) + 2Cl^-(ac) + 2H_2O$$

$$Fe(OH)_3(s) + 3H^+(ac) + 3NO_3^-(ac) \longrightarrow Fe^{3+}(ac) + 3NO_3^-(ac) + 3H_2O$$

El cloruro de bario ($BaCl_2$) y el nitrato de hierro (III) [$Fe(NO_3)_3$], producidos por estas reacciones, se llaman **sales**, las cuales son compuestos iónicos con cationes derivados de bases y aniones derivados de ácidos.

Los ácidos se clasifican como fuertes o débiles, según el grado de su disociación en agua (Tabla 11.3). Un **ácido fuerte** se disocia 100% en solución acuosa. Los ácidos fuertes comunes son: HCl, HBr, HI, HNO_3, H_2SO_4 (sólo el primer H^+ disociado), $HC1O_4$ y $HClO_3$. Otros ácidos comunes son **ácidos débiles** que se disocian menos del 100% en solución acuosa. El ácido acético ($HC_2H_3O_2$), por ejemplo, es un ácido débil:

$$H_2O + HC_2H_3O_2 \rightleftharpoons H_3O^+(ac) + C_2H_3O_2^-(ac)$$

La flecha reversible ($\rightleftharpoons$) se utiliza en esta ecuación para indicar que la reacción se realiza en ambos sentidos. Una solución 1 *M* de ácido acético, se equilibra cuando el 0.4% de $HC_2H_3O_2$ se disocia en iones.

Todos los hidróxidos metálicos solubles son bases fuertes. A pesar de todo, estas sustancias son 100% iónicas en estado puro. Existen unas pocas bases débiles moleculares. La más común es una solución acuosa de amoníaco, NH_3:

$$NH_3(g) + H_2O \rightleftharpoons NH_4^+(ac) + OH^-(ac)$$

En esta reacción, la molécula de amoníaco acepta un protón de la molécula de agua para formar el ion amonio y el ion hidróxido. Sin embargo, la reacción no es completa.

Los ácidos que sólo pueden perder un protón por molécula (tal como HCl, $HC_2H_3O_2$ y HNO_3) se llaman **ácidos monopróticos**. Algunos ácidos pueden perder más de un protón por molécula y se llaman **ácidos polipróticos**. Una molécula de ácido sulfúrico, por ejemplo, puede perder dos protones:

$$H_2SO_4(l) + H_2O \longrightarrow H_3O^+(ac) + HSO_4^-(ac)$$
$$HSO_4^-(ac) + H_2O \rightleftharpoons H_3O^+(ac) + SO_4^{2-}(ac)$$

Sólo un protón se neutraliza si 1 mol de H_2SO_4 reacciona con 1 mol de NaOH:

$$H_2SO_4(ac) + NaOH(ac) \longrightarrow NaHSO_4(ac) + H_2O$$

La sal obtenida, $NaHSO_4$ se llama **sal ácida**, debido a que ésta contiene un hidrógeno ácido. Si un mol de H_2SO_4 se hace reaccionar con 2 moles de NaOH, ambos hidrógenos ácidos están neutralizados. Se obtiene Na_2SO_4, una **sal normal** (neutra):

$$H_2SO_4(ac) + 2NaOH(ac) \longrightarrow Na_2SO_4(ac) + 2H_2O$$

La sal ácida puede hacerse reaccionar con NaOH para producir la sal normal.

$$NaHSO_4(ac) + NaOH(ac) \longrightarrow Na_2SO_4(ac) + H_2O$$

Los productos de la neutralización de un ácido poliprótico, por lo tanto, dependen de las cantidades de ácido y de base empleadas. El ácido fosfórico, H_3PO_4, tiene tres hidrógenos ácidos y se pueden obtener de él tres sales

$$NaH_2PO_4 \qquad Na_2HPO_4 \qquad Na_3PO_4$$

11.5 Óxidos ácidos y básicos

Los óxidos de metales se llaman **óxidos básicos.** Los óxidos de los metales del grupo IA y los de Ca, Sr y Ba, se disuelven en agua para producir hidróxidos. Todos estos óxidos son iónicos. Cuando uno de ellos se disuelve en agua, es el ion del óxido el que reacciona con el agua:

$$O^{2-}(ac) + H_2O \longrightarrow 2OH^-(ac)$$

Los óxidos (como también los hidróxidos) de otros metales son insolubles en agua. A pesar de esto, los óxidos y los hidróxidos de metal están químicamente relacionados entre sí. Cuando se calientan, la mayoría de los hidróxidos se convierten en óxidos.

$$Mg(OH)_2(s) \longrightarrow MgO(s) + H_2O(g)$$

Los óxidos metálicos, también como los hidróxidos, pueden neutralizarse con ácidos:

$$MgO(s) + 2H^+(ac) \longrightarrow Mg^{2+}(ac) + H_2O$$
$$Mg(OH)_2(s) + 2H^+(ac) \longrightarrow Mg^{2+}(ac) + 2H_2O$$

El Fe_2O_3 insoluble reacciona con ácidos, aunque no reacciona con agua para producir hidróxidos:

$$Fe_2O_3(s) + 6H^+(ac) \longrightarrow 2Fe^{3+}(ac) + 3H_2O$$

La mayoría de los óxidos de los no metales son **óxidos ácidos.** Muchos de ellos reaccionan con agua para producir oxiácidos:

$$Cl_2O + H_2O \longrightarrow 2\,HOCl$$
$$Cl_2O_7 + H_2O \longrightarrow 2\,HClO_4$$
$$N_2O_5 + H_2O \longrightarrow 2\,HNO_3$$
$$P_4O_{10} + 6\,H_2O \longrightarrow 4\,H_3PO_4$$
$$SO_3 + H_2O \longrightarrow H_2SO_4$$
$$SO_2 + H_2O \rightleftharpoons H_2SO_3$$
$$CO_2 + H_2O \rightleftharpoons H_2CO_3$$

En los dos últimos casos, ambos óxidos [$SO_2(g)$ y $CO_2(g)$] y los ácidos [$H_2SO_3(ac)$ y $H_2CO_3(ac)$] se hallan en las soluciones. Para algunos óxidos de no metales, no existen los ácidos correspondientes.

Los óxidos de los no metales neutralizan los álcalis o bases. De la reacción de un óxido ácido se obtienen los mismos productos que de la del ácido correspondiente:

$$H_2SO_3(ac) + 2OH^-(ac) \longrightarrow SO_3^{2-}(ac) + 2H_2O$$
$$SO_2(g) + 2OH^-(ac) \longrightarrow SO_3^{2-}(ac) + H_2O$$

La argamasa consiste en cal [$Ca(OH)_2$], arena [SiO_2] y agua. El endurecimiento inicial de la argamasa ocurre cuando ésta se seca. Después de largo periodo de tiempo, la argamasa se solidifica por absorción de $CO_2(g)$ del aire, para formar $CaCO_3$ insoluble:

$$Ca(OH)_2(s) + CO_2(g) \longrightarrow CaCO_3(s) + H_2O$$

Algunos óxidos tienen propiedades ácidas y básicas (por ejemplo, BeO y Al_2O_3). Se llaman **óxidos anfóteros** y están formados principalmente por los elementos del centro de la tabla periódica, cerca del límite o zona límite entre los metales y los no metales:

$$Al_2O_3(s) + 6H^+(ac) \longrightarrow 2Al^{3+}(ac) + 3H_2O$$
$$Al_2O_3(s) + 2OH^-(ac) + 3H_2O \longrightarrow 2Al(OH)_4^-(ac)$$

ion aluminato

$$ZnO(s) + 2H^+(ac) \longrightarrow Zn^{2+}(ac) + H_2O$$
$$ZnO(s) + 2OH^-(ac) + H_2O \longrightarrow Zn(OH)_4^{2-}(ac)$$

ion cincato

Los óxidos ácidos y básicos reaccionan directamente y muchas de estas reacciones tienen importancia industrial. En la elaboración del lingote de fundición (Sección 23.6) el $CaCO_3$ (piedra caliza) se utiliza como un fundente. El $CaCO_3$ se descompone en CaO y CO_2 a las altas temperaturas del horno de fusión. El CaO, un óxido básico, reacciona con SiO_2, un óxido ácido presente en el mineral de hierro, para formar escoria ($CaSiO_3$) y por consiguiente eliminar el SiO_2 indeseable:

$$CaCO_3(s) + SiO_2(s) \longrightarrow CaSiO_3(l) + CO_2(g)$$

En el proceso de horno abierto para la elaboración de acero a partir de lingote de fundición, a menudo el horno se recubre con CaO o MgO (óxidos básicos) para eliminar los óxidos de silicio, fósforo y azufre (óxidos ácidos), los cuales están presentes como impurezas en el hierro colado.

El vidrio se elabora a partir de varias combinaciones de óxidos ácidos y básicos. El vidrio blando ordinario se fabrica a partir de cal ($CaCO_3$), soda (Na_2CO_3) y sílice (SiO_2). Los óxidos básicos correspondientes son CaO y Na_2O, el óxido ácido es SiO_2 y el producto es una mezcla de silicatos de sodio y de calcio.

A veces se realizan sustituciones para estos óxidos. Si se sustituye una parte del SiO_2 por óxido bórico, un óxido ácido, se produce un vidrio de boro silicato (Pyrex). El uso del PbO como una parte del componente del óxido básico, produce vidrio de silex o pedernal (usado para lentes). El uso de algunos óxidos básicos produce vidrios coloreados; por ejemplo, FeO (verde claro), Cr_2O_3 (verde oscuro) y CoO (azul).

11.6 Nomenclatura de ácidos y sales

Algunos ácidos comunes se enumeran en la Tabla 11.3. Las reglas para nombrar a estos compuestos y las sales derivadas de ellos se presentan a continuación.

1. Las soluciones acuosas de *compuestos binarios que actúan como ácidos* se designan modificando la raíz del nombre del elemento que se combina con el hidrógeno. Se utiliza la raíz del nombre del elemento con el sufijo *-hídrico* precedido por la palabra *ácido*.

Tabla 11.3 Algunos ácidos comunes

ÁCIDOS			
Compuestos binarios			
Ácidos monopróticos		Ácidos polipróticos	
HF*	ácido fluorhídrico	H_2S*	ácido sulfhídrico
HCl	ácido clorhídrico		
HBr	ácido bromhídrico		
HI	ácido yodhídrico		
Compuestos ternarios			
Ácidos monopróticos		Ácidos polipróticos	
HNO_3	ácido nítrico	H_2SO_4**	ácido sulfúrico
HNO_2*	ácido nitroso	H_2SO_3*	ácido sulfuroso
$HClO_4$	ácido perclórico	H_3PO_4*	ácido fosfórico
$HClO_3$	ácido clórico		
$HClO_2$*	ácido cloroso	H_2CO_3*	ácido carbónico
$HOCl$*	ácido hipocloroso	H_3BO_3*	ácido bórico
$HC_2H_3O_2$*	ácido acético		

*Ácido débil

**La segunda disociación es débil.

HCl forma ácido clorhídrico
H_2S forma ácido sulfhídrico

2. Los hidróxidos metálicos se nombran en la forma descrita en la Sección 5.8:

$Mg(OH)_2$ es hidróxido de magnesio
$Fe(OH)_2$ es hidróxido de hierro (II) o hidróxido ferroso

3. Las *sales de ácidos binarios* mismas son compuestos binarios y sus nombres tienen la terminación común *-uro*. Se nombran de acuerdo a las reglas dadas en la Sección 5.8.

4. Los *ácidos ternarios,* son compuestos de tres elementos. Cuando el oxígeno es el tercer elemento, el compuesto se llama un oxiácido.

a. Si un elemento solamente forma un oxiácido, el ácido se nombra cambiando la terminación del nombre del elemento en *-ico,* anteponiendo la palabra ácido.

H_3BO_3 es ácido bórico

b. Si hay dos oxiácidos comunes del mismo elemento, la terminación *-oso* se utiliza para nombrar el oxiácido del elemento en su estado de menor oxidación; la terminación *-ico,* se usa para denotar el estado de oxidación superior (Tabla 11.3):

HNO_2 es ácido nitroso
HNO_3 es ácido nítrico

c. Hay unas pocas series de oxiácidos para los cuales dos nombres no son suficiente.

Ver los nombres de los oxiácidos del cloro en la Tabla 11.3.

El prefijo *hipo-* se agrega al nombre de un ácido terminado en *-oso* para indicar un estado de oxidación del elemento central menor que el del ácido en *-oso*.

$HClO_2$ es ácido cloroso (el cloro tiene un número de oxidación de 3^+)
$HOCl$ es el ácido hipocloroso (el Cl tiene un número de oxidación de 1^+).

El prefijo *per-* se agrega al nombre de un ácido en *-ico* para indicar un estado de oxidación del átomo central que es mayor que el del ácido *-ico*.

$HClO_3$ es ácido clórico (el cloro tiene un número de oxidación de 5^+)
$HClO_4$ es ácido perclórico (el Cl tiene un número de oxidación de 7^+)

5. Los nombres de los *aniones de las sales normales* se derivan de los nombres de los ácidos de los cuales se obtienen sales. La terminación *-ico* se cambia por *-ato*. La terminación *-oso,* se cambia por *-ito*. Los prefijos, si los hay, se mantienen:

SO^{2-}_4 (del ácido sulfúrico) es el ion sulfato
OCl^- (del ácido hipocloroso) es el ion hipoclorito

El nombre de la sal misma se obtiene combinando el nombre del catión con el nombre del anión.

$NaNO_2$ es el nitrito de sodio
$Fe(ClO_4)_3$ es el perclorato de hierro (III) o perclorato férrico

6. Para nombrar el *anión de una sal ácida,* debe indicarse el número de los hidrógenos ácidos retenidos por el anión. El prefijo *mono-*, generalmente se omite.

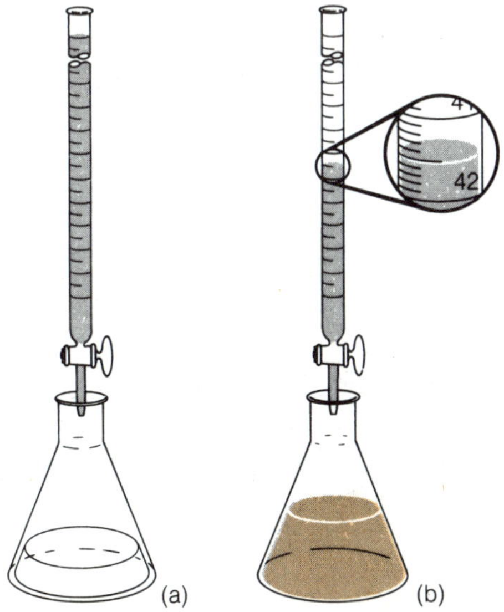

Figura 11.1 Una titulación de ácido-base. (a) La bureta contiene la solución estándar. La solución desconocida y el indicador se colocan en el matraz. (b) La solución se agrega de la bureta al matraz. El punto de equivalencia se obtiene cuando el indicador cambia de color.

$H_2PO_4^-$ es el ion fosfato de dihidrógeno (fosfato diácido)
HPO_4^{2-} es el ion fosfato de hidrógeno (fosfato ácido)
PO_4^{3-} (el anión de la sal normal), es el ion fosfato

El prefijo *bi-* puede utilizarse en lugar de la palabra *hidrógeno* en el nombre del anión de una sal ácida obtenida de un ácido diprótico:

HCO_3^- es el ion carbonato de hidrógeno o ion bicarbonato
HSO_3^- es el ion sulfito de hidrógeno o ion bisulfito

11.7 Análisis volumétrico

El **análisis volumétrico** es el que depende de la medida del volumen de una solución que tiene una concentración exactamente conocida.

Se usa un procedimiento llamado **titulación** (Figura 11.1). En una titulación, una solución de concentración conocida, llamada **solución estándar**, se agrega al volumen medido de una solución de concentración desconocida, hasta que la reacción sea completa.

La solución estándar se coloca en un tubo graduado llamado bureta. La bureta tiene una llave en la parte inferior, para permitir que la solución caiga en cantidades controladas. Un volumen medido de la solución desconocida o una masa de peso conocido de un sólido desconocido disuelto en agua, se colocan en el recipiente junto con una pocas gotas de una sustancia conocida como **indicador**. La solución estándar de la bureta se agrega lentamente al matraz hasta que indicador cambie de color. Durante el proceso de adición, el contenido del recipiente se mantiene homogéneo agitándolo. En el punto de equivalencia, que está indicado por el cambio del indicador, se han utilizado cantidades equivalentes de los dos reactivos. Se lee en la bureta el volumen de la solución estándar empleado.

Se usan tres tipos de análisis volumétrico. Se basan en reacciones de precipitación, neutralizaciones ácido-base y reacciones de oxido-reducción. Estos tres tipos se ilustran en los ejemplos siguientes.

Ejemplo 11.5

Se analiza el efluente de un proceso de preparación para determinar el contenido de Cl^-. Una muestra de aguas de desecho de 10.0 g requiere 30.20 ml de una solución de $AgNO_3$ de concentración 0.1050M para la reacción. ¿Cuál es el porcentaje de Cl^- en las aguas de desecho? La ecuación de la reacción es:

$$Cl^-(ac) + AgNO_3(ac) \longrightarrow AgCl(s) + NO_3^-(ac)$$

Solución

Primero hallamos el número de moles de $AgNO_3$ que se han utilizado:

$$? \text{ mol AgNO}_3 = 30.20 \text{ ml solución} \left(\frac{0.1050 \text{ moles AgNO}_3}{1000 \text{ ml solución}}\right)$$

$$= 3.171 \times 10^{-3} \text{ moles de AgNO}_3$$

De la ecuación química podemos ver que:

$$1 \text{ mol de Cl}^- = 1 \text{ mol de AgNO}_3$$

y puesto que el peso atómico del cloro es 35.45 g/mol, podemos hallar la masa de Cl^- en la muestra en la forma siguiente:

$$? \text{ g Cl}^- = 3.171 \times 10^{-3} \text{ moles AgNO}_3 \left(\frac{1 \text{ mol Cl}^-}{1 \text{ mol AgNO}_3}\right)\left(\frac{35.45 \text{ g Cl}^-}{1 \text{ mol Cl}^-}\right)$$

$$= 0.1124 \text{ g Cl}$$

El porcentaje de masa de Cl^- en la muestra es:

$$\left(\frac{0.1124 \text{ g Cl}^-}{10.00 \text{ g muestra}}\right) 100\% = 1.124\% \text{ Cl}$$

Ejemplo 11.6

Una muestra de 25.00 g de vinagre que contiene ácido acético ($HC_2H_3O_2$), requiere 37.50 ml de NaOH de concentración 0.4600 *M* para su neutralización. ¿Cuál es el porcentaje de masa de ácido acético en el vinagre? La ecuación es:

$$\text{NaOH(ac)} + \text{HC}_2\text{H}_3\text{O}_2\text{(ac)} \longrightarrow \text{NaC}_2\text{H}_3\text{O}_2\text{(ac)} + \text{H}_2\text{O}$$

Solución

El número de moles de NaOH empleados puede hallarse en la siguiente forma:

$$? \text{ moles de NaOH} = 37.50 \text{ ml solución} \left(\frac{0.4600 \text{ mol NaOH}}{1000 \text{ ml solución}}\right)$$

$$= 1.725 \times 10^{-2} \text{ moles de NaOH}$$

puesto que la ecuación indica que:

$$1 \text{ mol de HC}_2\text{H}_3\text{O}_2 = 1 \text{ mol de NaOH}$$

y puesto que el peso molecular de $HC_2H_3O_2$ es 60.05 g/mol

$$? \text{ g HC}_2\text{H}_3\text{O}_2 = 1.725 \times 10^{-2} \text{ moles NaOH} \left(\frac{1 \text{ mol HC}_2\text{H}_3\text{O}_2}{1 \text{ mol NaOH}}\right)\left(\frac{60.05 \text{ g HC}_2\text{H}_3\text{O}_2}{1 \text{ mol HC}_2\text{H}_3\text{O}_2}\right)$$

$$= 1.036 \text{ g HC}_2\text{H}_3\text{O}_2$$

El porcentaje de $HC_2H_3O_2$ en la muestra de vinagre es:

$$\left(\frac{1.036 \text{ g HC}_2\text{H}_3\text{O}_2}{25.00 \text{ g vinagre}}\right) 100\% = 4.144\% \text{ HC}_2\text{H}_3\text{O}_2 \text{ en el vinagre}$$

Ejemplo 11.7

Una muestra de 0.4308 g de mineral de hierro se disuelve en ácido y el hierro se convierte al estado Fe^{2+}. Esta solución se hace reaccionar con una solución de permanganato de potasio. La reacción requiere 27.35 ml de solución 0.02496 *M* de $KMnO_4$. Calcule el porcentaje de masa de hierro en el mineral; la ecuación química es

$$8\,H^+ + 5\,Fe^{2+} + MnO_4^- \longrightarrow 5\,Fe^{3+} + Mn^{2+} + 4\,H_2O$$

Solución

Primero hallamos el número de moles de $KMnO_4$ consumidos en la reacción

$$? \text{ moles } KMnO_4 = 27.35 \text{ ml solución} \left(\frac{0.02496 \text{ mol } KMnO_4}{1000 \text{ ml solución}}\right)$$
$$= 6.827 \times 10^{-4} \text{ moles } KMnO_4$$

Puesto que la ecuación indica que:

$$5 \text{ moles de } Fe^{2+} = 1 \text{ mol de } KMnO_4$$

y puesto que el peso atómico del hierro es 55.85 g/mol

$$? \text{ g Fe} = 6.827 \times 10^{-4} \text{ moles } KMnO_4 \left(\frac{5 \text{ moles Fe}}{1 \text{ mol } KMnO_4}\right)\left(\frac{55.85 \text{ g Fe}}{1 \text{ mol Fe}}\right)$$
$$= 0.1906 \text{ g Fe}$$

Ésta es la cantidad de hierro hallado en 0.4308 g de muestra del mineral. Por consiguiente,

$$\left(\frac{0.1906 \text{ g Fe}}{0.4308 \text{ g mineral}}\right) 100\% = 44.24\% \text{ del mineral.}$$

11.8 Pesos equivalentes y soluciones normales

Todos los problemas de análisis volumétrico pueden resolverse en la forma utilizada en la sección anterior, sobre la base del mol y de las soluciones molares. Sin embargo, hay otro método basado sobre lo que se llama *soluciones equivalentes* y *normales*. La definición de un equivalente depende del tipo de reacción que se considere. La definición, sin embargo, se plantea de tal forma que un equivalente de un reactivo dado se combine exactamente con un equivalente del otro.

Dos tipos de reacciones para las cuales se definen los equivalentes, son las reacciones de neutralización y oxido-reducción. La masa de un equivalente de un compuesto se llama un **peso equivalente**. En general:

$$\textit{peso equivalente} = \frac{\textit{peso molecular}}{a} \tag{11.1}$$

donde el valor de *a* depende del tipo de reacción considerada.

1. *Para las reacciones de neutralización,* los pesos equivalentes se basan en el hecho de que un ion H^+(ac) reacciona con un ion OH^-(ac). Un peso equivalente de un ácido es la cantidad del ácido que suministra un mol de iones H^+(ac) y un peso equivalente de una base es la cantidad de la base que suministra en mol de iones OH^-(ac). El valor de *a* en la Ecuación 11.1, por consiguiente, es el número de moles de H^+(ac) suministrado por un mol de ácido o el número de moles de OH^-(ac) suministrado por un mol de base en la reacción considerada.

2. *Para las reacciones de oxido-reducción,* los pesos equivalentes se basan en los cambios del número de oxidación. En una reacción de oxido-reducción, el aumento del número de oxidación de un elemento debe ser igual a la disminución del número de oxidación del otro. Un equivalente se define en términos de un cambio del número de oxidación de una unidad y *a,* en la Ecuación 11.1, es el cambio total del número de oxidación (sea aumentado o disminuido) que experimentan los átomos de una unidad fórmula del compuesto en el transcurso de una reacción. El peso equivalente del $KMnO_4$ para la reacción en la cual el ion MnO_4^- se reduce al ion Mn^{2+} (un cambio del número de oxidación de 5 unidades) es el peso fórmula del $KMnO_4$ dividido por 5. El peso equivalente del $KMnO_4$ para la reacción en la cual el ion MnO_4^- se reduce a MnO_2 (un cambio en el número de oxidación de 3 unidades) es el peso fórmula del $KMnO_4$ dividido por 3.

La **normalidad**, *N*, de una solución es el número de pesos equivalentes en gramos de soluto disueltos en un litro de solución. La normalidad de una solución y su molaridad están relacionadas:

$$N = aM \qquad (11.2)$$

El número de equivalentes de A en una muestra de una solución de A, e_A, puede obtenerse multiplicando el volumen de la muestra, V_A (en litros), por la normalidad de la solución, N_A (la cual es el número de equivalentes de A en un litro de solución):

$$e_A = V_A N_A \ (V_A \text{ en litros}) \qquad (11.3)$$

Haciendo $e_A = e_B$, tenemos

$$V_A N_A = V_B N_B \qquad (11.4)$$

Puesto que el término volumen aparece en ambos lados de la Ecuación (11.4), cualquier unidad de volumen puede utilizarse para expresar V_A y V_B, teniendo en cuenta que ambos volúmenes se expresen en las mismas unidades.

Ejemplo 11.8

(a) ¿Cuál es la normalidad de una solución de H_2SO_4 si 50.00 ml de solución requieren de 37.52 ml de solución de NaOH 0.1492 N para su neutralización completa? (b) ¿Cuál es la molaridad de la solución?

Solución

(a) $V_A N_A = V_B N_B$

$(50.00 \text{ ml})\, N_A = (37.52 \text{ ml})\,(0.1492 \text{ N})$

$N_A = 0.1120 \text{ N}$

(b) Puesto que un mol de H_2SO_4, tiene dos equivalentes, $a = 2$, por consiguiente

$$N = aM$$

$$0.1120 \text{ equiv/litro} = (2 \text{ equiv/mol})\text{M}$$
$$\text{M} = 0.05600 \text{ moles/litro}$$

Ejemplo 11.9

Una muestra de mineral de hierro de 0.4308 g se disuelve en ácido y el hierro se convierte al estado Fe^{2+}. La solución se hace reaccionar con una solución de permanganato de potasio. En la reacción en la cual el Fe^{2+} se oxida a Fe^{3+}, requiere 27,35 ml de $KMnO_4$ 0.1248 N. ¿Cuál es el porcentaje de hierro en la muestra del mineral?

Solución

Este problema es del mismo tipo del dado en el Ejemplo 11.7. Aquí, sin embargo, lo resolveremos utilizando equivalentes y normalidad. Hallamos el número de equivalentes de $KMnO_4$ utilizados:

$$\begin{aligned} e_A &= V_A N_A \\ &= (0.02735 \text{ litros})(0.1248 \text{ equiv/litros}) \\ &= 3.413 \times 10^{-3} \text{ equiv.} \end{aligned}$$

El número de equivalentes de $KMnO_4$ utilizados es el mismo que el número de equivalentes de hierro en la muestra del mineral. En la reacción, el número de oxidación del hierro aumenta una unidad (de 2^+ a 3^+). El peso equivalente del hierro, por consiguiente, es el mismo que su peso atómico, 55.85.

$$? \text{ g Fe} = 3.413 \times 10^{-3} \text{ equiv Fe} \left(\frac{55.85 \text{ g Fe}}{1 \text{ equiv Fe}}\right) = 0.1906 \text{ g Fe}$$

El porcentaje en masa de Fe en la muestra del mineral, por consiguiente es,

$$\left(\frac{0.1906 \text{ g Fe}}{0.4308 \text{ g mineral}}\right) 100\% = 44.24\% \text{ Fe en el mineral}$$

Resumen

Los temas discutidos en este capítulo son:

1. Reacciones en solución acuosa de metátesis, que ocurren debido a la formación de un precipitado, un gas o un electrolito débil.

2. La asignación de los números de oxidación a los átomos en los compuestos.

3. Oxidación y reducción.

4. Cómo equilibrar ecuaciones de óxido-reducción por el método del número de oxidación y por el método del ion-electron.

5. El concepto de Arrhenius de ácidos y bases.

6. Óxidos ácidos y básicos.

7. Nomenclatura de ácidos y sales.

8. Análisis volumétrico basado en reacciones de precipitación, neutralización y oxido-reducción y en cálculos estequiométricos involucrados en estos procesos.

9. El uso de pesos equivalentes y normalidad en cálculos estequiométricos.

Glosario

A continuación se enumeran algunos de los términos más importantes presentados en este capítulo. Las definiciones no incluidas en esta lista pueden localizarse usando el índice.

Ácido (Sección 11.4) Un compuesto covalente de hidrógeno que se disocia en agua para producir iones $H^+(ac)$ (o iones H_3O^+).

Ácido monoprótico (Secciones 11.4 y 11.6). Un ácido que puede perder solamente un protón por molécula.

Ácido poliprótico (Secciones 11.4 y 11.6). Un ácido que puede perder más de un protón por molécula.

Ácidos y bases débiles (Sección 11.4). Los ácidos y bases que sólo se disocian parcialmente en solución acuosa.

Ácidos y bases fuertes (Sección 11.4). Los ácidos y bases que se ionizan completamente en solución acuosa.

Agente oxidante (Sección 11.3). Una sustancia que se reduce en una reacción química y por consiguiente origina la oxidación de otra sustancia.

Agente reductor (Sección 11.3). Una sustancia que se oxida en una reacción química y por lo tanto causa la reducción de otra sustancia.

Análisis volumétrico (Sección 11.7). Un análisis químico que se basa sobre la medida del volumen de una solución estándar que se requiere para reaccionar con una solución de concentración desconocida.

Base (Sección 11.4). En el sistema de Arrhenius, un compuesto que se disocia en agua para producir iones OH^- (ac).

Ecuación iónica neta (Sección 11.1). Una ecuación química que indica solamente aquellos iones que participan en la reacción.

Ecuación parcial (Sección 11.3). Una ecuación química para media reacción escrita de manera de indicar pérdida o ganancia de electrones.

Ion espectador (Sección 11.1). Un ion que se presenta durante el transcurso de una reacción acuosa pero que no toma parte en la reacción.

Ion hidronio (Sección 11.4). Un ion formado de un protón y una molécula de agua: H_3O^+

Media reacción (Sección 11.3). La mitad de una reacción de oxido-reducción; una oxidacción *o* una reducción.

Neutralización (Sección 11.4). Una reacción entre un ácido y una base.

Normalidad (Sección 11.8). La concentración de una solución; el número de equivalentes de soluto por litro de solución.

Número de oxidación (Sección 11.2). Una carga que se asigna a un átomo en un compuesto de acuerdo a reglas arbitrarias que tienen en cuenta la polaridad de enlace. El concepto es meramente una convención.

Oxiácido (Sección 11.6). Un ácido compuesto por tres elementos, uno de los cuales es oxígeno.

Oxidación (Sección 11.3). Parte de una reacción de oxido-reducción caracterizada por el aumento algebraico del número de oxidación o por pérdida de electrones.

Óxido ácido (Sección 11.5). Un óxido de un no metal que reacciona con agua para formar un ácido.

Óxidos anfóteros (Sección 11.5). Un óxido que tiene propiedades ácidas y básicas y que reacciona con ácidos y bases para formar sales.

Óxidos básicos (Sección 11.5). Un óxido de un metal que reacciona con agua para formar una base o álcali.

Desproporcionación (Sección 11.3). Una reacción en la cual una sustancia se oxida y se reduce a la vez. Una reacción de auto oxido-reducción.

Peso equivalente (Sección 11.8). Una cantidad definida sobre la base de la reacción considerada en tal forma que un peso equivalente de un reactivo se combinará exactamente con un peso equivalente de otro. Para una neutralización entre un ácido y una base, es la masa de ácido o base que suministra un mol de $H^+(ac)$ o un mol de $OH^-(ac)$. Para una reacción de oxido-reducción, es el peso molecular del oxidante o reductor dividido por el cambio total del número de oxidación de ese reactivo.

Precipitación (Sección 11.1). La formación de una sustancia insoluble (llamada **precipitado**) en una reacción acuosa.

Reacción de metátesis (Sección 11.1). Una reacción entre dos compuestos en los cuales los aniones y cationes se intercambian.

Reducción (Sección 11.3). La parte de una reacción de oxido-reducción caracterizada por la disminución algebraica del número de oxidación o por ganancia electrónica.

Sal (Sección 11.4). Compuesto obtenido de la reacción entre un ácido y una base. Contiene el catión de la base y el anión del ácido.

Sal ácida (Sección 11.4). Una sal formada por la neutralización incompleta de un ácido poliprótico. Los aniones de estas sales retienen uno o más átomos de hidrógeno del ácido del que provienen.

Sal normal (Sección 11.4). Una sal de un ácido poliprótico formada por la pérdida de todos los protones posibles en el ácido.

Solución estándar (Sección 11.7). Una solución que tiene una concentración conocida de soluto.

Titulación (Sección 11.7). Un proceso en el cual una solución estándar se combina con una solución de concentración desconocida para determinar la concentración desconocida.

Problemas *

Reacciones de metátesis

11.1 Escriba las ecuaciones iónicas balanceadas para las reacciones que resultan entre: **(a)** ZnS y HCl, **(b)** Na_2CO_3 y $Sr(C_2H_3O_2)_2$, **(c)** $SnCl_2$ y $(NH_4)_2SO_4$, **(d)** $Mg(NO_3)_2$ y $Ba(OH)_2$, **(e)** Na_3PO_4 y HBr.

11.2 Escriba las ecuaciones iónicas balanceadas para las reacciones que ocurren entre: **(a)** $AgNO_3$ y CdI_2, **(b)** $ZnSO_3$ y HCl, **(c)** $AlCl_3$ y $LiClO_3$, **(d)** $Sr(OH)_2$ y $NiSO_4$, **(e)** $Mg(OH)_2$ y HNO_3.

11.3 Escriba las ecuaciones ionicas balanceadas para las reacciones que ocurren entre **(a)** $Pb(NO_3)_2$ y H_2S, **(b)** BaS y $ZnSO_4$, **(c)** Na_3PO_4 y $NH_4C_2H_3O_2$, **(d)** Hg_2CO_3 y HCl, **(e)** $Fe(OH)_3$ y H_3PO_4.

11.4 Escriba las ecuaciones ionicas balanceadas para las reacciones que ocurren entre **(a)** $(NH_4)_2SO_4$ y $Ca(OH)_2$, **(b)** $MnCl_2$ y $CoSO_4$, **(c)** $Cd(ClO_3)_2$ y K_2S, **(d)** $Fe(CO_3)_3$ y HNO_3, **(e)** $Pb(NO_3)_2$ y $MgSO_4$.

Números de oxidación

11.5 Determine el número de oxidación del átomo diferente de oxígeno en cada uno de los oxi-aniones que se hallan en la Tabla 5.5.

11.6 Determine el número de oxidación de **(a)** S en $S_2O_5Cl_2$, **(b)** U en Mg_3UO_6, **(c)** P en $Na_3P_3O_9$, **(d)** N en CaN_2O_2, **(e)** V en Ca_2VO_4, **(f)** N en N_2H_4, **(g)** W en $W_2Cl_9^{3-}$, **(h)** N en NO_2^+.

11.7 Determine el número de oxidación de **(a)** B en B_2Cl_4, **(b)** N en NH_2OH, **(c)** Mo en $K_2Mo_4O_{13}$, **(d)** Xe en XeO_6^{4-}, **(e)** Sb en Ca_2Sb_2O, **(f)** U en UO_2^{2+}, **(g)** Ta en $TaOCl_3$, **(h)** Xe en Cs_2XeF_8.

11.8 Determine el número de oxidación de **(a)** Mo en $Na_3Mo_2Br_9$, **(b)** B en $Mg(BF_4)_2$, **(c)** Ti en $K_2Ti_2O_5$, **(d)** Ta en $Ta_6O_{19}^{8-}$, **(e)** Sn en K_2SnO_3, **(f)** V en $Na_6V_{10}O_{28}$, **(g)** Bi en BiO^+, **(h)** V en V_2Cl_{10}.

11.9 Determine el número de oxidación de **(a)** Ta en Na_3TaF_8, **(b)** W en $W_2O_{11}^{2-}$, **(c)** Zn en K_2ZnO_5, **(d)** Mo en $Mo_8O_{26}^{4-}$, **(e)** U en $Li_2U_2O_7$, **(f)** W en $K_2W_4O_{13}$, **(g)** Nb en K_3NbOF_6, **(h)** Te en Cs_2TeF_8, **(i)** U en $U(OH)_3^{3+}$

Reacciones de óxido-reducción

11.10 En cada una de las siguientes reacciones, identifique la sustancia oxidada, la sustancia reducida, el agente oxidante y el agente reductor.

(a) $Zn + Cl_2 \longrightarrow ZnCl_2$
(b) $2\,ReCl_5 + SbCl_3 \longrightarrow 2\,ReCl_4 + SbCl_5$
(c) $Mg + CuCl_2 \longrightarrow MgCl_2 + Cu$
(d) $2\,NO + O_2 \longrightarrow 2\,NO_2$
(e) $WO_3 + 3\,H_2 \longrightarrow W + 3\,H_2O$

11.11 En cada una de las siguientes reacciones, identifique la sustancia oxidada, la sustancia reducida, el agente oxidante y el agente reductor.

(a) $Cl_2 + 2\,NaBr \longrightarrow 2\,NaCl + Br_2$
(b) $Zn + 2\,HCl \longrightarrow ZnCl_2 + H_2$
(c) $Fe_2O_3 + 2\,Al \longrightarrow Al_2O_3 + 2\,Fe$
(d) $OF_2 + H_2O \longrightarrow O_2 + 2\,HF$
(e) $2\,HgO \longrightarrow 2\,Hg + O_2$

11.12 Balancee las siguientes ecuaciones por el método de cambio del número de oxidación.

(a) $H_2O + MnO_4^- + ClO_2^- \longrightarrow MnO_2 + ClO_4^- + OH^-$
(b) $H^+ + Cr_2O_7^{2-} + H_2S \longrightarrow Cr^{3+} + S + H_2O$
(c) $H_2O + P_4 + HOCl \longrightarrow H_3PO_4 + Cl^- + H^+$
(d) $Cu + H^+ + NO_3^- \longrightarrow Cu^{2+} + NO + H_2O$
(e) $PbO_2 + HI \longrightarrow PbI_2 + I_2 + H_2O$

11.13 Balancee las siguientes ecuaciones por el método de cambio del número de oxidación.

(a) $Sb + H^+ + NO_3^- \longrightarrow Sb_4O_6 + NO + H_2O$
(b) $NaI + H_2SO_4 \longrightarrow H_2S + I_2 + Na_2SO_4 + H_2O$
(c) $IO_3^- + H_2O + SO_2 \longrightarrow I_2 + SO_4^{2-} + H^+$
(d) $NF_3 + AlCl_3 \longrightarrow N_2 + Cl_2 + AlF_3$
(e) $As_4O_6 + Cl_2 + H_2O \longrightarrow H_3AsO_4 + HCl$

11.14 Balancee las siguientes ecuaciones por el método de cambio del número de oxidación.

(a) $Fe^{2+} + H^+ + ClO_3^- \longrightarrow Fe^{3+} + Cl^- + H_2O$
(b) $Pt + H^+ + NO_3^- + Cl^- \longrightarrow PtCl_6^{2-} + NO + H_2O$
(c) $Cu + H^+ + SO_4^{2-} \longrightarrow Cu^{2+} + SO_2 + H_2O$
(d) $Pb + PbO_2 + H^+ + SO_4^{2-} \longrightarrow PbSO_4 + H_2O$
(e) $MnO_2 + HI \longrightarrow MnI_2 + I_2 + H_2O$

11.15 Complete y balancee las siguientes ecuaciones por el método del ion-electrón. Todas las reacciones se realizan en solución ácida.

(a) $AsH_3 + Ag^+ \longrightarrow As_4O_6 + Ag$
(b) $Mn^{2+} + BiO_3^- \longrightarrow MnO_4^- + Bi^{3+}$
(c) $NO + NO_3^- \longrightarrow N_2O_4$
(d) $MnO_4^- + HCN + I^- \longrightarrow Mn^{2+} + ICN$
(e) $Zn + H_2MoO_4 \longrightarrow Zn^{2+} + Mo^{3+}$

11.16 Complete y balancee las siguientes ecuaciones por el método del ion-electrón. Todas las reacciones se realizan en solución ácida.

*Los problemas más difíciles están marcados por un asterisco. El apéndice G contiene las respuestas de los problemas codificados en color.

(a) $S_2O_3^{2-} + IO_3^- + Cl^- \longrightarrow SO_4^{2-} + ICl_2^-$
(b) $Se + BrO_3^- \longrightarrow H_2SeO_3 + Br^-$
(c) $H_3AsO_3 + MnO_4^- \longrightarrow H_3AsO_4 + Mn^{2+}$
(d) $H_5IO_6 + I^- \longrightarrow I_2$
(e) $Pb_3O_4 \longrightarrow Pb^{2+} + PbO_2$

11.17 Complete y balancee las siguientes ecuaciones por el método del ion-electron. Todas las soluciones se realizan en solución ácida.
(a) $ClO_3^- + I^- \longrightarrow Cl^- + I_2$
(b) $Zn + NO_3^- \longrightarrow Zn^{2+} + NH_4^+$
(c) $H_3AsO_3 + BrO_3^- \longrightarrow H_3AsO_4 + Br^-$
(d) $H_2SeO_3 + H_2S \longrightarrow Se + HSO_4^-$
(e) $ReO_2 + Cl_2 \longrightarrow HReO_4 + Cl^-$

11.18 Complete y balancee las siguientes ecuaciones por el método del ion-electron. Todas las reacciones se realizan en solución ácida.
(a) $Fe^{2+} + Cr_2O_7^{2-} \longrightarrow Fe^{3+} + Cr^{3+}$
(b) $HNO_2 + MnO_4^- \longrightarrow NO_3^- + Mn^{2+}$
(c) $As_2S_3 + ClO_3^- \longrightarrow H_3AsO_4 + S + Cl^-$
(d) $IO_3^- + N_2H_4 \longrightarrow I^- + N_2$
(e) $Cu + NO_3^- \longrightarrow Cu^{2+} + NO$

11.19 Complete y balancee las siguientes ecuaciones por el método del ion-electron. Todas las reacciones se realizan en solución ácida.
(a) $P_4 + HOCl \longrightarrow H_3PO_4 + Cl^-$
(b) $XeO_3 + I^- \longrightarrow Xe + I_3^-$
(c) $UO^{2+} + Cr_2O_7^{2-} \longrightarrow UO_2^{2+} + Cr^{3+}$
(d) $H_2C_2O_4 + BrO_3^- \longrightarrow CO_2 + Br^-$
(e) $Te + NO_3^- \longrightarrow TeO_2 + NO$

***11.20** Complete y balancee las siguientes ecuaciones por el método del ion-electron. Todas las reacciones se realizan en solución ácida.
(a) $Hg_5(IO_6)_2 + I^- \longrightarrow HgI_4^{2-} + I_2$
(b) $MnO_4^- + Mn^{2+} + H_2P_2O_7^{2-} \longrightarrow Mn(H_2P_2O_7)_3^{3-}$
(c) $CS(NH_2)_2 + BrO_3^- \longrightarrow CO(NH_2)_2 + SO_4^{2-} + Br^-$
(d) $Co(NO_2)_6^{3-} + MnO_4^- \longrightarrow Co^{2+} + NO_3^- + Mn^{2+}$
(e) $CNS^- + IO_3^- + Cl^- \longrightarrow CN^- + SO_4^{2-} + ICl_2^-$
(f) $CrI_3 + Cl_2 \longrightarrow CrO_4^{2-} + IO_3^- + Cl^-$

11.21 Complete y balancee las siguientes ecuaciones por el método del ion-electron. Todas las reacciones ocurren en solución ácida.
(a) $S^{2-} + I_2 \longrightarrow SO_4^{2-} + I^-$
(b) $CN^- + MnO_4^- \longrightarrow CNO^- + MnO_2$
(c) $Au + CN^- + O_2 \longrightarrow Au(CN)_2^- + OH^-$
(d) $Si + OH^- \longrightarrow SiO_3^{2-} + H_2$
(e) $Cr(OH)_3 + BrO^- \longrightarrow CrO_4^{2-} + Br^-$

11.22 Complete y balancee las siguientes ecuaciones por el método del ion-electron. Todas las reacciones se realizan en solución ácida.
(a) $Al + H_2O \longrightarrow Al(OH)_4^- + H_2$
(b) $S_2O_3^{2-} + OCl^- \longrightarrow SO_4^{2-} + Cl^-$
(c) $I_2 + Cl_2 \longrightarrow H_3IO_6^{2-} + Cl^-$
(d) $Bi(OH)_3 + Sn(OH)_4^{2-} \longrightarrow Bi + Sn(OH)_6^{2-}$
(e) $NiO_2 + Fe \longrightarrow Ni(OH)_2 + Fe(OH)_3$

11.23 Complete y balancee las siguientes ecuaciones por el método del ion-electron. Todas las reacciones ocurren en solución ácida.
(a) $HClO_2 \longrightarrow ClO_2 + Cl^-$
(b) $MnO_4^- + I^- \longrightarrow MnO_4^{2-} + IO_4^-$
(c) $P_4 \longrightarrow HPO_3^{2-} + PH_3$
(d) $SbH_3 + H_2O \longrightarrow Sb(OH)_4^- + H_2$
(e) $CO(NH_2)_2 + OBr^- \longrightarrow CO_2 + N_2 + Br^-$

11.24 Complete y balancee las siguientes ecuaciones por el método del ion-electron. Todas las reacciones se realizan en solución alcalina.
(a) $Mn(OH)_2 + O_2 \longrightarrow Mn(OH)_3$
(b) $Cl_2 \longrightarrow ClO_3^- + Cl^-$
(c) $HXeO_4^- \longrightarrow XeO_6^{4-} + Xe + O_2$
(d) $As + OH^- \longrightarrow AsO_3^{3-} + H_2$
(e) $S_2O_4^{2-} + O_2 \longrightarrow SO_3^{2-} + OH^-$

11.25 Complete y balancee las siguientes ecuaciones por el método del ion-electron. Todas las reacciones se presentan en solución ácida.
(a) $Al + NO_3^- \longrightarrow Al(OH)_4^- + NH_3$
(b) $Ni^{2+} + Br_2 \longrightarrow NiO(OH) + Br^-$
(c) $S \longrightarrow SO_3^{2-} + S^{2-}$
(d) $S_2O_3^{2-} + I_2 \longrightarrow SO_4^{2-} + I^-$
(e) $S^{2-} + HO_2^- \longrightarrow SO_4^{2-} + OH^-$

11.26 Debido a que el oxígeno del H_2O_2 puede oxidarse (en O_2) o reducirse (en H_2O), el peróxido de hidrógeno puede actuar como agente reductor o agente oxidante. Escriba y balancee (por el método del ion-electron) las ecuaciones que muestran las siguientes reacciones de H_2O_2.
(a) la oxidación del PbS en $PbSO_4$ en solución ácida,
(b) la oxidación del $Cr(OH)_3$ en CrO_4^{2-} en solución alcalina,
(c) la reducción del MnO_4 en Mn^{2+} en solución ácida,
(d) la reducción del Ag_2O en Ag en solución alcalina.

Ácidos y bases; óxidos ácidos y básicos

11.27 ¿Qué es el ion hidronio? ¿Cuáles son las formas en las cuales el ion H^+ es diferente de otros cationes?

11.28 Dé ejemplos de ácidos monopróticos y polipróticos, sales normales y sales ácidas.

11.29 Escriba las ecuaciones químicas para las reacciones del HNO_3 con **(a)** NaOH, **(b)** $Mg(OH)_2$, **(c)** $Al(OH)_3$. Suponga que la neutralización es completa.

11.30 Escriba las ecuaciones químicas para las reacciones de KOH con **(a)** HBr, **(b)** H_2SO_4, **(c)** H_3PO_4. Suponga que la neutralización es completa.

11.31 Demuestre por medio de ecuaciones químicas cómo preparar **(a)** Na_3PO_4, **(b)** $NaHPO_4$, **(c)** NaH_2PO_4 a partir de H_3PO_4.

11.32 Dé los nombres para: **(a)** $HBrO_3$, **(b)** $KBrO_3$, **(c)** HBr(ac), **(d)** $NaNO_2$, **(e)** $KHSO_4$, **(f)** K_2SO_3, **(g)** $NaHCO_3$, **(h)** NaH_2PO_4, **(i)** $Cu(NO_3)_2$.

11.33 Dé fórmulas para: **(a)** ácido perclórico, **(b)** ácido yodhídrico, **(c)** ácido hipoyodoso, **(d)** ácido yódico, **(e)** sulfito ácido de sodio, **(f)** carbonato ácido de calcio, **(g)** nitrito de cobre (II).

11.34 Escriba las ecuaciones químicas para las reacciones de los compuestos siguientes con agua: **(a)** Cl_2O, **(b)** N_2O_5, **(c)** SO_3, **(d)** CO_2, **(e)** CaO, **(f)** Na_2O, **(g)** P_4O_{10}.

11.35 Dé las fórmulas para los anhídridos de los siguientes: **(a)** $HClO_4$, **(b)** HNO_2, **(c)** H_2SO_3, **(d)** H_3BO_3, **(e)** $Al(OH)_3$, **(f)** $Zn(OH)_2$, **(g)** KOH.

11.36 Escriba las ecuaciones químicas para las reacciones de los siguientes (suponga neutralización completa): **(a)** $Ca(OH)_2$ y CO_2, **(b)** CO_2 y OH^-(ac), **(c)** ZnO y H^+(ac), **(d)** BaO y SO_2, **(e)** FeO y HCl.

11.37 ¿Qué es un óxido anfótero? Dé las fórmulas de los iones formados por el ZnO en solución ácida y en solución alcalina.

Análisis volumétrico

11.38 ¿Cuál es la molaridad de una solución de H_2SO_4, si 25.00 ml de esta solución requieren 32.15 ml de solución de NaOH de 0.6000 *M* para su neutralización completa?

11.39 Cuál es la molaridad de una solución de $Ba(OH)_2$ si 25.00 ml de esta solución requieren 15.27 ml de solución de HCl de 0.1000 *M* para su completa neutralización?

11.40 Una muestra de 1.250g de $Mg(OH)_2$ impuro requiere 29.50 ml de solución de HCl de 0.6000 *M* para su neutralización. Si la impureza es $MgCl_2$, cuál es el porcentaje en masa de $Mg(OH)_2$ en la muestra contaminada?

11.41 Una muestra de 0.300g de ácido oxálico contaminado ($H_2C_2O_4$) se neutraliza completamente con 27.0 ml de solución de NaOH de 0.179*M*. ¿Cuál es el porcentaje en masa de $H_2C_2O_4$ en la muestra?

11.42 El ftalato ácido de potasio, $KHC_8H_4O_4$, actúa como un ácido monoprótico. Si una muestra de 1.46g de $KHC_8H_4O_4$ contaminado requiere 34.3 ml de solución 0.145 *M* de NaOH para su neutralización, ¿qué porcentaje de $KHC_8H_4O_4$ está contenido en el material?

11.43 El ftalato ácido de potasio $KHC_8H_4O_4$, actúa como un ácido monoprótico. Una muestra de 0.625g de $KHC_8H_4O_4$ puro requiere 27.8 ml de una solución de NaOH para su neutralización. ¿Cuál es la molaridad de la solución de NaOH?

11.44 Una muestra de 5.00g de $NaNO_3$ contiene NaCl como impureza. La muestra requiere 15.3 ml de solución de $AgNO_3$ de 0.0500*M* para precipitar todo el cloruro como AgCl. **(a)** ¿qué masa de NaCl se hallaba en la muestra? **(b)** ¿cuál es el porcentaje en masa de NaCl en el material?

11.45 Una muestra de 1.00g que contiene Fe^{2+}, se disuelve en 30.0 ml de agua y la solución se titula con $KMnO_4$ de 0.0200 *M*o En la reacción, Fe^{2+} se oxida a Fe^{3+} y $Mn\,0^-{}_4$ se reduce a Mn^{2+}. Se utilizan 35.8 ml de solución de $KMnO_4$ para alcanzar el punto de equivalencia. **(a)** Escriba la ecuación química para la reacción. **(b)** ¿Cuál es el porcentaje de Fe en masa en la muestra?

11.46 La hidracina, N_2H_4, reacciona con $BrO^-{}_3$ en solución ácida para producir N_2 y Br^-. **(a)** Escriba la ecuación química para la reacción. **(b)** Una muestra de 0.132g de hidracina impura, requiere 38.3 ml de $KBrO_3$ de 0.0172 *M* para que la reacción sea completa. ¿Cuál es el porcentaje en masa de hidracina en la muestra?

11.47 Una muestra de 5.00 g de hemoglobina se trata en tal forma para producir pequeñas moléculas solubles en agua y iones destruyendo la molécula de hemoglobina. El hierro en solución acuosa que resulta de este procedimiento se reduce a Fe^{2+} y se titula con $KMnO_4$ patrón. En la titulación, el Fe^{2+} se oxida a Fe^{3+} y MnO_4^- se reduce a Mn^{2+}. La muestra requiere 30.5 ml de $KMnO_4$ a 0.00200 *M*. ¿ Cuál es el porcentaje en masa de hierro en la hemoglobina?

11.48 El yodo, I_2, reacciona con el ion tiosulfato, $S_2O_3^{2-}$, para formar el ion yoduro, I^-, y el ion tetrationato, $S_4O_6^{2-}$ **(a)** Escriba la ecuación química para esta reacción. **(b)** ¿Cuántos gramos de I_2 reaccionarán con 25.00 ml de solución de $Na_2S_2O_3$ a 0.0500 M?

Pesos equivalentes y soluciones normales

11.49 ¿Qué fracción de un mol es un peso equivalente de cada uno de los siguientes: **(a)** N_2H_4 para la reacción en la cual se produce N_2, **(b)** $KBrO_3$ para la reacción en la cual se produce Br^-, **(c)** $KBrO_3$ para la reacción en la cual se produce Br_2, **(d)** $K_2Cr_2O_7$ para la reacción en la cual se produce Cr^{3+}, **(e)** H_3PO_4, para la reacción en la cual se produce HPO_4^{2-}, **(f)** $Ca(OCl)_2$ para la reacción en la cual se produce Cl^-?

11.50 ¿Cuáles son las normalidades de HCl a 6.00*M*, H_2SO_4 a 6.00*M* y H_3PO_4 a 6.00 *M?* Suponga la neutralización completa de los ácidos.

11.51 ¿Cuáles son las molaridades de HCl a 6.00*N*, H_2SO_4 a 6.00*N* y $H_3\ PO_4$ a 6.00*N?* Suponga la completa neutralización de los ácidos.

11.52 ¿Cuántos mililitros de H_2SO_4 a 0.300*N* se requieren para neutralizar 38.0 ml de NaOH a 0.450*N*.

11.53 Una muestra de 25.0 ml de solución de un ácido requiere 43.5 ml de NaOH a 0.235 *N* para su neutralización. ¿Cuál es la normalidad del ácido?

11.54 Una muestra de 10.0 ml de una solución de una base requiere 37.2ml de H_2SO_4 a 0.125 *N* para su neutralización. ¿Cuál es la normalidad de la base?

11.55 El ácido láctico, el ácido de la leche agria, tiene una fórmula molecular $C_3H_6O_3$. Una muestra de 0.612 g de muestra de ácido láctico puro, requiere 39.3 ml. de NaOH a 0.173 *N* para su neutralización completa. **(a)** ¿Cuál es el peso equivalente del ácido láctico?, **(b)** ¿Cuántos hidrogenos ácidos por molécula tiene el ácido láctico?

11.56 El ácido cítrico, que se obtiene del jugo del limón, tiene una fórmula molecular $C_6H_8O_7$. Una muestra de 0.571 g del ácido cítrico requiere 42.5 ml de NaOH a 0.210 *N* para su neutralización completa. **(a)** ¿Cuál es el peso equivalente del ácido cítrico? **(b)** ¿Cuántos hidrógenos ácidos por molécula tiene el ácido cítrico?

11.57 Una muestra de Fe^{2+} requiere 26.0 ml de una solución de $K_2Cr_2O_7$ a 0.0200 M para una reacción en la cual el Fe^{2+} se oxida a Fe^{3+} y el $Cr_2O_7^{2-}$ se reduce a Cr^{3+}. Una muestra idéntica de la misma solución de Fe^{2+} requiere 41.6 ml de $KMnO_4$ para una reacción en la cual Fe^{2+} se oxida a Fe^{3+} y MnO_4^- se reduce a Mn^{2+}. **(a)** ¿Cuál es la normalidad de la solución de $K_2Cr_2O_7$?, **(b)** ¿Cuál es la normalidad de la solución de $KMnO_4$? **(c)** ¿Cuál es la molaridad de la solución de $KMnO_4$?

11.58 Una muestra de 0.6324g de un mineral de hierro se disuelve en una solución ácida y el hierro se convierte al estado Fe^{2+}. La solución resultante requiere 32.37 ml de solución 0.2024N de $K_2Cr_2O_7$ para la reacción. En la reacción el Fe^{2+} se oxida a Fe^{3+} y el $Cr_2O_7^{2-}$ se reduce a Cr^{3+} ¿Cuál es el porcentaje en masa de hierro en el mineral?

CAPÍTULO 12

CINÉTICA QUÍMICA

La **cinética química** estudia la rapidez o velocidad de las reacciones químicas. Un número pequeño de factores controla la rapidez con que ocurre una reacción. La investigación de estos factores proporciona información acerca de cómo los reactivos se transforman en productos en las reacciones químicas. La descripción detallada de las formas en que se realiza una reacción, basada en el comportamiento de los átomos, moléculas y iones se llama el **mecanismo de una reacción**. La mayor parte de los cambios químicos se realiza a través de mecanismos que constan de varios pasos. Nunca podemos estar seguros de que un mecanismo propuesto represente la realidad; los mecanismos son sólo suposiciones razonables basadas en estudios cinéticos.

12.1 Velocidad de las reacciones

Consideremos una reacción hipotética:

$$A_2(g) + B_2(g) \longrightarrow 2\ AB\ (g)$$

Mientras que ocurre la reacción, A_2 y B_2 se consumen gradualmente. Las concentraciones de estas dos sustancias, expresadas generalmente en moles/litro, disminuyen. Puesto que AB se forma al mismo tiempo, la concentración de AB aumenta. La velocidad de la reacción es una medida de la velocidad con que ocurren estos cambios. El símbolo utilizado para expresar la concentración de una sustancia consiste en la fórmula de la sustancia encerrada por el corchete. Por ejemplo, el símbolo [AB] representa la concentración de AB. Por lo tanto, el símbolo Δ[AB] representa el cambio en la concentración de AB.

La velocidad de reacción entre A_2 y B_2 se puede expresar en términos del aumento en la concentración de AB, Δ[AB], que ocurre en un intervalo de tiempo Δt:

$$\text{velocidad de aparición de AB} = \frac{\Delta[\text{AB}]}{\Delta t}$$

Si la concentración de AB se expresa en moles/litro y el tiempo en segundos, la velocidad tendrá las unidades,

$$\frac{\text{moles/litro}}{\text{s}} = \text{moles/litro}^{-1}\,\text{s}^{-1}$$

La velocidad de la reacción puede también expresarse en términos de la disminución de la concentración de A_2 o B_2 que tiene lugar en un intervalo de tiempo. La velocidad basada en la concentración de A_2, por ejemplo, sería

$$\text{velocidad de desaparición de } A_2 = \frac{-\Delta[A_2]}{\Delta t}$$

Puesto que la concentración de A_2 se hace menor, $\Delta[A_2]$ es negativo. El signo menos se incluye en esta expresión de tal forma que la velocidad tendrá un valor positivo.

La velocidad basada en la concentración de AB no es numéricamente la misma que la velocidad basada en la concentración de A_2 o B_2. Suponga que en un instante dado la concentración de A_2 disminuye en 0.02 moles/litro en un segundo. La velocidad de disminución en la concentración de A_2, por consiguiente, es 0.02 moles/litro $^{-1}s^{-1}$.

La ecuación química indica dos moles de AB producidos por cada mol de A_2 utilizado. En el mismo intervalo de tiempo en que la concentración de A_2 disminuye en 0.02 moles/litro, la concentración de AB debe aumentar en 0.04 moles/litro. La velocidad de aumento en la concentración de AB, por lo tanto, es 0.04 mol/litro $^{-1}s^{-1}$. Estos dos valores: la velocidad de desaparición de A_2, 0.02 moles/litro $^{-1}s^{-1}$, y la velocidad de aparición de AB, 0.04 moles/litro $^{-1}s^{-1}$, describen la velocidad de la misma reacción al mismo instante. La velocidad de una reacción puede describirse en términos de la velocidad de aparición de un producto o la velocidad de desaparición de un reactivo, *pero las bases para la medida de la velocidad deben ser especificadas*.

La velocidad de una reacción generalmente cambia a medida que la reacción avanza. En la Figura 12.1, se dibujan las concentraciones de AB y A_2 en función del tiempo. Si la concentración de B es igual que la concentración inicial de A_2, entonces la curva de $[B_2]$ en comparación con el tiempo es la misma que la indicada para $[A_2]$ en comparación con el tiempo.

En la figura, la concentración del producto AB comienza en cero y aumenta rápidamente al inicio de la reacción. Durante este periodo la concentración del reactivo. A_2, disminuye rápidamente. Sin embargo, las curvas indican que las concentraciones cambian lentamente a medida que prosigue la reacción.

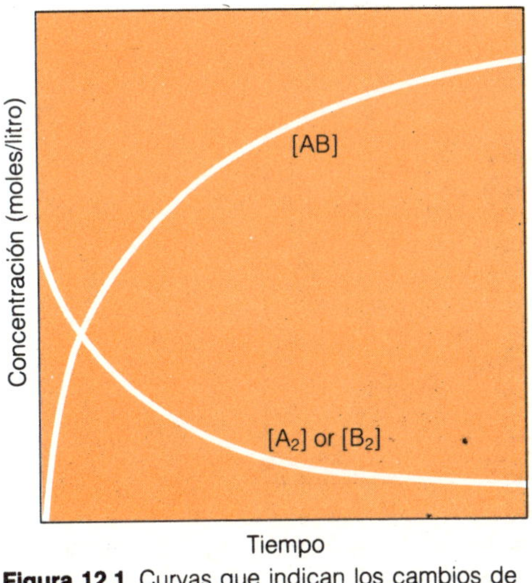

Figura 12.1 Curvas que indican los cambios de concentraciones de las sustancias en comparación con el tiempo, para la reacción $A_2 + B_2 \rightarrow 2AB$

Las velocidades de la mayoría de las reacciones dependen de las concentraciones de los reactivos. A medida que estas sustancias se consumen, disminuye las reacción. La velocidad al comienzo de la reacción se llama **velocidad inicial.**

La velocidad de disminución de la concentración de A_2, a un tiempo dado, puede obtenerse de la pendiente de una tangente a la curva de $[A_2]$ en el punto que corresponde al tiempo que interesa. En la Figura 12.2, se ha trazado una tangente a la curva a $t = 0s$. La tangente se extrapola de tal forma que puede verse claramente que la $[A_2]$ está cambiando en -0.05 moles/litro ($\Delta[A_2]$) para un intervalo de tiempo de 10s, (Δt):

$$\text{velocidad de desaparición de } A_2 = \frac{-\Delta[A_2]}{\Delta t}$$

$$= \frac{-(-0.05 \text{ moles/litro})}{10\text{s}}$$

$$= 0.005 \text{ moles/litro}^{-1}\text{s}^{-1}$$

Este valor es la velocidad inicial de la reacción en términos de desaparición de A_2.

A $t = 20$ s, la velocidad ha disminuido. Observe que la tangente a la curva en $t = 20$ s, disminuye en -0.006 moles/litro para el intervalo de 10 s:

$$\text{velocidad de desaparición de } A_2 = \frac{-(-0.006 \text{ moles/litro})}{10\text{s}}$$

$$= 0.0006 \text{ moles/litros}^{-1}\text{ s}^{-1}$$

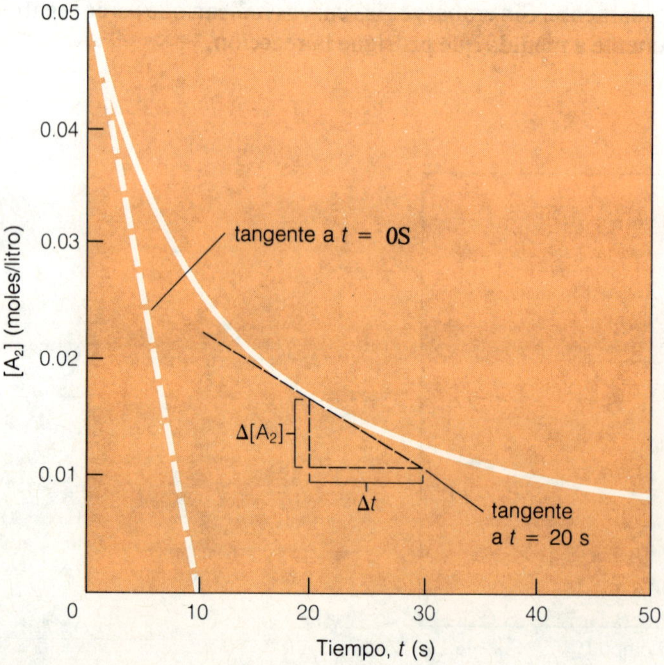

Figura 12.2 Determinación de la velocidad de reacción, trazando la tangente a la curva de $[A_2]$ contra el tiempo.

La obtención de datos para una curva de concentración es a menudo muy difícil. Las concentraciones deben determinarse en tiempos definidos durante el transcurso de la reacción sin alterar la reacción. Los mejores métodos para tales determinaciones están basados en las mediciones continuas de una propiedad que cambia cuando ocurre la reacción. Se han utilizado los cambios en presión, color (aparición o desaparición de una sustancia coloreada), acidez, conductividad, volumen y viscosidad.

12.2 Concentraciones y velocidades de reacción

Las velocidades de reacción dependen generalmente de las concentraciones de las sustancias reaccionantes. Para la mayoría de las reacciones, las velocidades son más elevadas cuando las concentraciones de los reactivos son elevadas. Este efecto puede explicarse sobre las bases de la teoría de colisiones de las velocidades de reacción (Sección 12.3). Altas concentraciones significan que un número relativamente grande de moléculas están juntas en un volumen dado. Bajo estas condiciones, las colisiones entre moléculas reaccionantes que las convierten en moléculas de producto, son relativamente frecuentes y, por consiguiente, la reacción es más rápida.

Para cada reacción química existe una expresión matemática, llamada, una **ecuación de la velocidad** o **ley de la velocidad,** que relaciona las concentraciones de los reactivos con la velocidad de reacción. Para la reacción

$$2\,N_2O_5(g) \longrightarrow 4\,NO_2(g) + O_2(g)$$

la ecuación de velocidad es

$$\text{velocidad} = k[N_2O_5]$$

La expresión nos dice que la velocidad es directamente proporcional a la concentración de N_2O_5. Si la concentración se duplica, la velocidad se duplica. Si la concentración se triplica, la velocidad se triplica. La constante de proporcionalidad, k, se llama la **constante de velocidad.** La *forma de la ecuación de velocidad* y *el valor k* se deben *determinar experimentalmente*. El valor numérico de k depende de la temperatura y de los términos en los cuales la velocidad está expresada. La velocidad de la reacción

$$NO_2(g) + 2\,HCl(g) \longrightarrow NO(g) + H_2O(g) + Cl_2(g)$$

es proporcional a la concentración de NO_2 por la concentración de HCl:

$$\text{Velocidad} = k[NO_2][HCl]$$

Duplicando la concentración de NO_2, se duplica la velocidad de reacción. Duplicando la concentración de HCl, también se duplica la velocidad de reacción. Si se duplicara la concentración de ambos reactivos al mismo tiempo, se cuadruplicaría la velocidad de reacción. Para la reacción

$$2\,NO(g) + 2\,H_2(g) \longrightarrow N_2(g) + 2\,H_2O(g)$$

la ecuación de la velocidad es

$$\text{velocidad} = k\,[NO]^2\,[H_2]$$

La velocidad de la reacción es directamente proporcional al *cuadrado* de la concentración de NO por la concentración de H_2. Cuando la concentración de NO aumenta por un factor de *dos,* la velocidad aumenta por un factor de *cuatro* (puesto que 2^2 es 4). Cuando la concentración de H_2 se aumenta por un factor de *dos,* la velocidad aumenta por un factor de *dos*. Si las concentraciones de ambos, NO y H_2, se duplican, la velocidad aumentaría 8 veces (puesto que $2^2 \times 2 = 8$).

El **orden** de una reacción está dado por la *suma de los exponentes* de los términos de concentración en la ecuación de la velocidad. La descomposición de N_2O_5, se dice que es de primer orden puesto que el exponente de $[N_2O_5]$ en la ecuación de la velocidad es uno:

$$\text{velocidad} = k[N_2O_5]$$

La reacción entre NO_2 y HCl se dice que es de primer orden en NO_2, primer orden en HCl y segundo orden en el total:

$$\text{velocidad} = k[NO_2]\,[HCl]$$

La reacción entre NO y H_2 es de segundo orden en NO, de primer orden en H_2 y de tercer orden en el total.

$$\text{velocidad} = k\,[NO_2]^2[H_2]$$

La ecuación de la velocidad de una reacción y consecuentemente el orden de una reacción *debe* determinarse experimentalmente. No se pueden obtener de la ecuación química para la reacción. El orden de una reacción no necesita ser un número entero. Se conocen reacciones de un orden fraccionario, como tambien de orden cero. Para la descomposición del acetaldehído,

$$CH_3CHO(g) \longrightarrow CH_4(g) + CO(g)$$

a 450°C, la ecuación de la velocidad es

$$\text{velocidad} = k[CH_3CHO]^{3/2}$$

Por lo tanto, la reacción es de un orden de tres medios.

La descomposición del $N_2O(g)$ sobre las superficies de oro a presión relativamente alta de N_2O, es de orden cero:

$$2\,N_2O(g) \xrightarrow{Au} 2\,N_2(g) + O_2(g), \quad \text{velocidad} = k$$

Cuando la presión de N_2O es elevada, la descomposición procede a una velocidad constante y que es independiente de la concentración de N_2O.

Reacciones químicas similares no tienen necesariamente el mismo tipo de ecuación de velocidad. Considere las reacciones siguientes:

$$H_2(g) + I_2(g) \longrightarrow 2\,HI(g), \quad \text{velocidad} = k[H_2]\,[I_2]$$

$$H_2(g) + Br_2(g) \longrightarrow 2HBr(g), \text{velocidad} = \frac{k[H_2]\,[Br_2]^{1/2}}{k' + [HBr]\,[Br_2]}$$

El último ejemplo indica que algunas reacciones no corresponden a ningún orden sencillo. Observe que esta ecuación de velocidad incluye un término para la concentración de un producto (HBr).

Ejemplo 12.2

Los datos dados en la tabla siguiente se refieren a la reacción

$$2NO(g) + O_2(g) \longrightarrow 2\ NO_2(g)$$

efectuada a 25°C. Determine la forma de la ecuación de velocidad y el valor de la constante de velocidad, *k*.

Experimento	Concentración inicial NO (moles/litro)	Concentración inicial O_2 (moles/litro)	velocidad inicial formación de NO_2 (moles/litro^{-1}s^{-1})
A	1×10^{-3}	1×10^{-3}	7×10^{-6}
B	1×10^{-3}	2×10^{-3}	14×10^{-6}
C	1×10^{-3}	3×10^{-3}	21×10^{-6}
D	2×10^{-3}	3×10^{-3}	84×10^{-6}
E	3×10^{-3}	3×10^{-3}	189×10^{-6}

Solución

La ecuación de la velocidad es de forma

$$\text{velocidad de formación de } NO_2 = K[NO]^x[O_2]^y$$

Los datos de la tabla se utilizan para encontrar los valores de los exponentes *x* y *y*.

En los primeros tres experimentos (A, B, C), la concentración de NO se mantiene constante y la concentración de O_2 se modifica. Por lo tanto, cualquier cambio en la velocidad observado en esta serie de experimentos es causado por un cambio en la concentración de O_2. La concentración de O_2 en el experimento B es el doble con respecto al experimento A, y la velocidad observada en el experimento B es el doble de la velocidad en el experimento A. La comparación de los datos del experimento C con los datos del experimento A, indica que cuando la concentración de O_2 aumentó tres veces, la velocidad aumentó tres veces. Por lo tanto, el valor de *y* es 1. La velocidad es directamente proporcional a la primera potencia de $[O_2]$.

En los últimos tres experimentos (C, D y E), la concentración de O_2 se mantiene constante (a 3×10^{-3} moles/litro) y se cambia la concentración de NO. El aumento en la velocidad que se observa en esta serie de experimentos es originado por el aumento en la concentración de NO. La concentración de NO en el experimento D es *dos* veces la concentración de NO en el experimento C. Por lo tanto, la velocidad observada en el experimento D, es *cuatro* veces la velocidad observada en el experimento C. Parece que el cuadrado de [NO] debe aparecer en la ecuación de velocidad, puesto que 2^2 es 4.

Podemos comprobar esta conclusión comparando los datos del experimento E con los datos del experimento C. La concentración de NO aumenta por un factor de 3:

$$\frac{3 \times 10^{-3} \text{ moles/litro}}{1 \times 10^{-3} \text{ moles/litro}} = 3$$

La velocidad aumenta por un factor de 9:

$$\frac{189 \times 10^{-6} \text{ moles/(litro·s)}}{21 \times 10^{-6} \text{ moles/(litro·s)}} = 9.0$$

Puesto que 3^2 es 9, el exponente x debe ser 2; el término para la concentración de NO está al cuadrado. La ecuación de velocidad es:

$$\text{velocidad de formación de } NO_2 = k[NO]^2[O_2]$$

El valor de k se puede obtener utilizando los datos de cualquiera de los experimentos. En cada caso debe obtenerse el mismo valor. Los datos del experimento A se utilizan en la siguiente forma:

$$\text{velocidad de formación de } NO_2 = k[NO]^2[O_2]$$

$$7 \times 10^{-6} \text{ moles/litro}^{-1}\text{s}^{-1} = k(1 \times 10^{-3} \text{ moles/litro})^2 \quad (1 \times 10^{-3} \text{ moles/litro})$$

$$7 \times 10^{-6} \text{ moles/litro}^{-1}\text{s}^{-1} = k(1 \times 10^{-9} \text{ moles}^3\text{/litro}^3)$$

$$k = \frac{7 \times 10^{-6} \text{ moles/litro·s}}{1 \times 10^{-9} \text{ moles}^3\text{/litro}^3}$$

$$k = 7 \times 10^3 \text{ litros}^2\text{/mol}^2\text{·s}).$$

La descomposición de todas las sustancias radioactivas sigue una expresión de velocidad como la de una reacción química de primer orden (Sección 26.3). La Ecuación 25.6 (Sección 25.3) relaciona la concentración del reactivo con el tiempo transcurrido para una transformación de primer orden y la Ecuación 25.7 indica cómo hallar la vida media para una reacción de primer orden (el tiempo requerido para que desaparezca la mitad del reactivo).

12.3 Reacciones de una sola etapa

La ecuación química para una reacción proporciona las relaciones estequiométricas entre los reactivos iniciales y los productos finales. Generalmente, una reacción se realiza mediante un mecanismo que consiste en varios pasos. Un producto de un paso puede ser reactivo en el siguiente paso.

Considere la formación de fluoruro de nitrosilo (ONF) como un ejemplo:

$$2NO(g) + F_2(g) \longrightarrow 2ONF(g)$$

Se supone que esta reacción sigue un mecanismo de dos pasos:

1. $NO(g) + F_2(g) \longrightarrow ONF(g) + F(g)$
2. $NO(g) + F(g) \longrightarrow ONF(g)$

Observe que sumando los pasos del mecanismo se tiene la ecuación química para toda la reacción. Los átomos de F que se producen en el primer paso se utilizan en el segundo y, por consiguiente, se cancelan al sumar. Los átomos de F son **intermediarios**

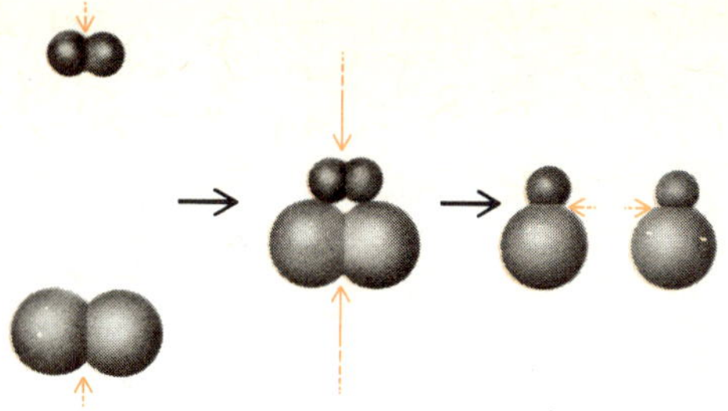

Figura 12.3 Colisión entre una molécula A_2 y una molécula B_2 para originar la reacción.

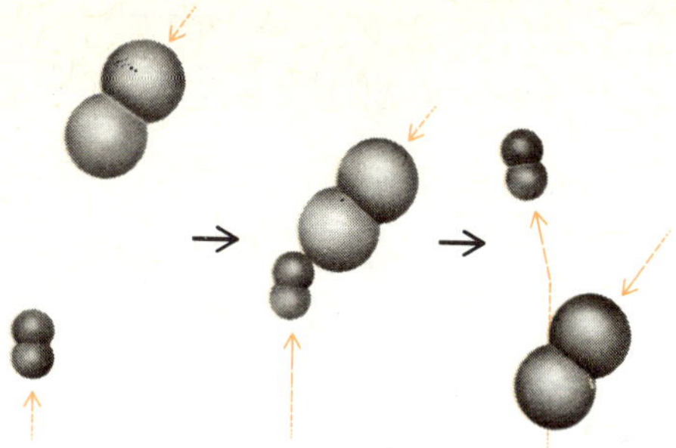

Figura 12.4 Colisión entre una molécula A_2 y una B_2 para no producir reacción.

de la reacción, sustancias que se producen y se usan en el curso de una reacción y no son ni reactivos ni productos de la reacción.

Sin embargo, existen algunas reacciones que se cree que ocurren en una sola etapa. La reacción entre el bromuro de metilo (CH_3Br) y el hidróxido de sodio en alcohol etílico acuoso como solvente,

$$CH_3Br + OH^- \longrightarrow CH_3OH + Br^-$$

y la reacción en fase gaseosa, son ejemplos.

$$CO(g) + NO_2(g) \longrightarrow CO_2(g) + NO(g)$$

En esta sección, consideraremos cómo se realizan las reacciones de este tipo. Esto también se aplica a la forma en la cual se verifica una sola etapa de un mecanismo de múltiples etapas. La **teoría de colisiones de las velocidades de reacción** describe las reacciones en términos de colisiones entre las moléculas reaccionantes. Suponga que la reacción hipotética en fase gaseosa

$$A_2(g) + B_2(g) \longrightarrow 2\,AB(g)$$

se verifica por medio de las colisiones entre las moléculas A_2 y B_2 como se indica en la Figura 12.3. Una molécula A_2 y una B_2 se golpean entre sí. Los antiguos enlaces A—A y B—B se rompen, mientras que simultáneamente se forman dos nuevos enlaces A—B y dos moléculas AB abandonan la escena de la colisión. La velocidad de la reacción es proporcional al número de estas colisiones que se presentan en un intervalo dado.

Los cálculos demuestran, sin embargo, que el número de colisiones moleculares por unidad de tiempo en una situación como ésta es extremadamente grande. A temperatura ambiente y 1 atmósfera de presión, ocurren cerca de 10^{31} colisiones/litro por segundo. Si cada colisión entre una molécula A_2 y B_2 resulta en una reacción, el proceso se terminaría en una fracción de segundo. Muchas reacciones no son tan rápidas.

Por consiguiente, no todas las colisiones A_2-B_2 conducen a una reacción. Generalmente, el número de colisiones que producen reacciones se llaman **colisiones efectivas,** y es una pequeña fracción del número total de colisiones entre las moléculas A_2 y B_2.

Existen dos razones por las cuales una colisión puede no ser efectiva. Primero, las moléculas pueden estar alineadas indebidamente. (Figura 12.4)

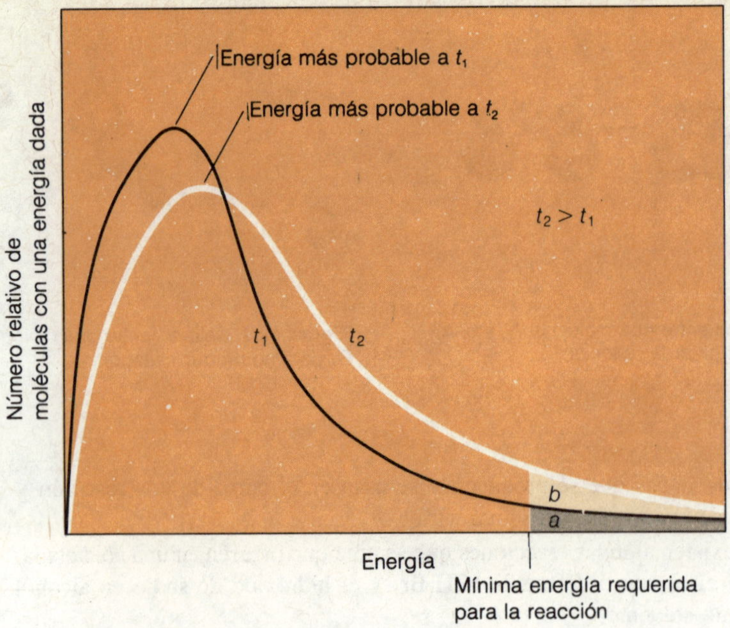

Figura 12.5 Distribución de energías moleculares a temperaturas t_1 y t_2.

Segundo, la colisión puede ser tan suave que las moléculas reboten sin modificarse. La nube electrónica de una molécula está, naturalmente, cargada negativamente. Cuando dos moléculas de movimiento lento se aproximan entre sí, rebotan debido a la repulsión de las cargas de sus nubes electrónicas. Sin embargo, las moléculas de movimiento rápido no son interferidas por esta repulsión; el impacto de la colisión hace que se verifique la reacción. Para que una colisión sea efectiva, la suma de las energías de las moléculas que colisionan debe ser igual o exceder algún valor mínimo.

El efecto de la temperatura sobre la velocidad de reacción refuerza esta apreciación. Las velocidades de casi todas las reacciones químicas aumentan cuando se eleva la temperatura. El efecto se observa para reacciones endotérmicas, como también exotérmicas. Se encuentra que un aumento de 10°C en la temperatura, a temperaturas cercanas a las del laboratorio, aumenta a menudo la velocidad de reacción de 100% a 300%. El movimiento molecular más rápido que resulta del aumento en la temperatura, trae consigo un mayor número de colisiones moleculares por unidad de tiempo. Sin embargo, este factor solo no puede explicar el aumento de velocidad. Elevando la temperatura de 25°C a 35°C, se origina un aumento en el número total de colisiones de sólo el 2%. Obviamente, aumentando la temperatura, debe aumentarse la fracción de colisiones moleculares que son efectivas y este factor debe ser el más importante de los dos.

Examinando la Figura 12.5, podemos comprender por qué, proporcionalmente, resultan más colisiones moleculares en reacciones a mayores temperaturas que a menores temperaturas. Se indican dos curvas de distribución de energía molecular: una para una temperatura t_1 y otra para una temperatura t_2.

La energía mínima requerida para la reacción está indicada en la Figura 12.5. El número de moléculas a t_1, con energías iguales o mayores que esta energía mínima, es proporcional al área, *a*, bajo la curva para t_1.

La curva para la temperatura t_2 sólo se desplaza ligeramente en dirección a la energía mayor. En t_2, por consiguiente, el número de moléculas que poseen suficiente energía para reaccionar con éxito después de la colisión, aumenta grandemente y es proporcional al área $a + b$. Por consiguiente, un aumento en la temperatura produce un aumento en la velocidad de la reacción; debido principalmente a que aumenta la proporción de colisiones efectivas. El aumento en el número total de colisiones por unidad de tiempo sólo es un factor menor. La influencia de la temperatura sobre las velocidades de reacción se analizará matemáticamente en la Sección 12.6.

La **teoría del estado de transición** describe los requisitos energéticos para una colisón exitosa en una forma ligeramente diferente. Consideremos de nuevo la reacción entre A_2 y B_2. En una colisión suave, las moléculas A_2 y B_2 se repelen por las cargas de sus nubes electrónicas y nunca se acercan lo suficiente para formar enlaces A—B. Sin embargo, en una colisión exitosa, se supone que las moléculas A_2 y B_2 altamente energéticas forman un **complejo activado** de vida corta: A_2B_2. El complejo A_2B_2 puede separarse para formar dos moléculas AB o puede separarse para volver a formar las moléculas A_2 y B_2:

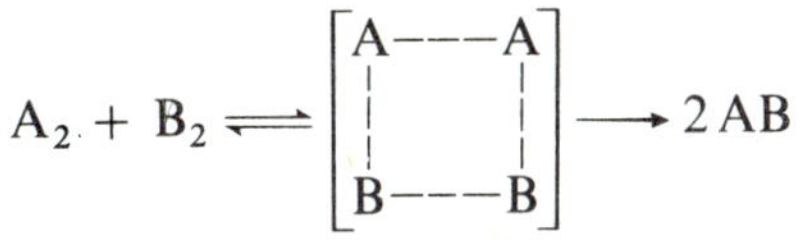

Un complejo activado, que generalmente se indica entre corchetes, no es una molécula que pueda separarse o detectarse. Por el contrario, es un ordenamiento inestable de átomos que existe sólo un momento. Algunas veces se le llama un **estado de transición.** En el complejo activado, los enlaces A—A y B—B se debilitan y se rompen parcialmente y los enlaces A—B se forman parcialmente. El complejo activado es un estado de energía potencial relativamente elevada.

En la Figura 12.6 se presenta un diagrama de energía potencial para la reacción entre A_2 y B_2. La Figura ilustra cómo la energía potencial de las sustancias involucradas en la reacción cambian en el curso de la reacción. Las distancias a lo largo de la coordenada de la reacción indican cuánto ha progresado la formación de los productos a partir de los reactivos.

La diferencia entre la energía potencial de los reactivos, A_2 y B_2, y la energía potencial del complejo activado, A_2B_2, se llama la **energía de activación** y se le da el símbolo $E_{a.f.}$ En cualquier colisión entre una molécula A_2 y una B_2, la energía total

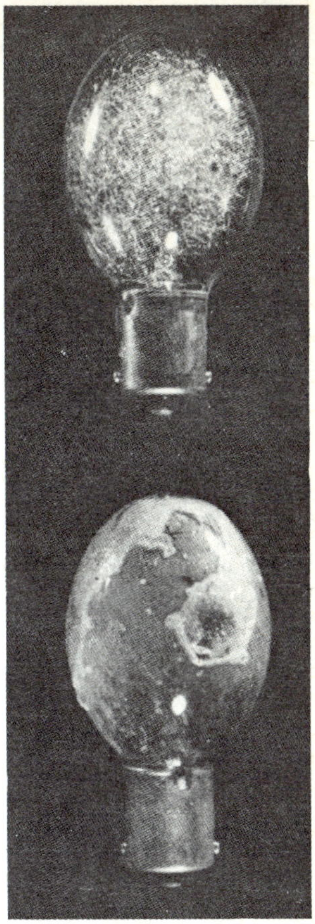

Bombillos de 'flash', antes y después de ser usados. En su interior tienen alambre de magnesio en una atmósfera de oxígeno puro. El paso de una pequeña corriente eléctrica por el alambre de Mg lo calienta y proporciona la energía de activación para la reacción, que produce rápidamente óxido de magnesio, calor y luz. *Fundamental Photographs.*

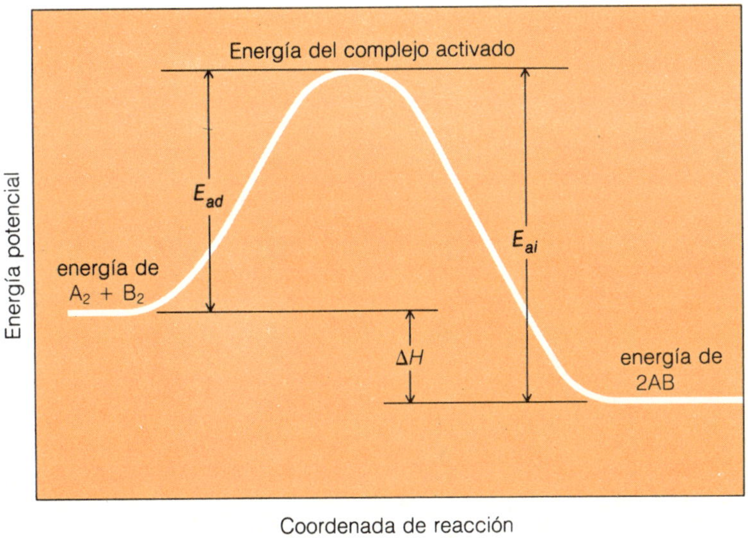

Figura 12.6 Diagrama de energía potencial para la reacción hipotética $A_2 + B_2 \rightleftharpoons A_2B_2 \rightleftharpoons 2\,AB$

de las moléculas permanece constante, pero la energía cinética (energía de movimiento) y la energía potencial se pueden convertir de una forma a otra. En una colisión exitosa, parte de la energía cinética de las moléculas A_2 y B_2 que se mueven rápidamente, se utiliza para proporcionar la energía de activación y producir el complejo activado de alta energía.

El complejo activado puede separarse de dos formas. Si vuelve a formar los reactivos A_2 y B_2, la energía de activación, $E_{a,f}$, se libera en forma de energía cinética de las moléculas A_2 y B_2. En este caso, no hay reacción. Si el complejo se separa en el producto, dos moléculas AB, la energía indicada como $E_{a,r}$ en la Figura 12.6 se libera como energía cinética de las moléculas AB. La diferencia entre la energía absorbida, $E_{a,f}$ y la energía desprendida, $E_{a,r}$ es el cambio de entalpía, ΔH, para la reacción:

$$\Delta H = E_{a,f} - E_{a,r}$$

Puesto que $E_{a,r}$ es mayor que $E_{a,f}$ ΔH es negativo y la reacción es exotérmica.

La energía de activación es una barrera de energía potencial entre reactivos y productos. Aunque la energía de las moléculas reaccionantes es mayor que la energía de las moléculas de los productos, el sistema debe ascender por una colina de energía potencial antes de que pueda descender a un estado de menor energía. Cuando las moléculas A_2 y B_2 que poseen energías cinéticas relativamente bajas se aproximan entre sí, no poseen suficiente energía entre ellas para producir un complejo activado. La repulsión entre sus nubes electrónicas evita que se aproximen lo suficiente como para formar el complejo. En este caso, las moléculas sólo tienen suficiente energía para ascender parte de la colina. Entonces, repeliéndose entre sí, se deslizan de la colina y se separan sin modificarse.

Suponga que el diagrama de la reacción de la Figura 12.6 fuese reversible. La reacción reversible se puede interpretar leyendo la figura de derecha a izquierda. La energía de activación para la reacción inversa es $E_{a,r}$, y la energía liberada por la formación de los productos (en este caso A_2 y B_2) del complejo activado, es $E_{a,f}$. El cambio de entalpía para la reacción inversa es:

$$\Delta H = E_{a,r} - E_{a,f}$$

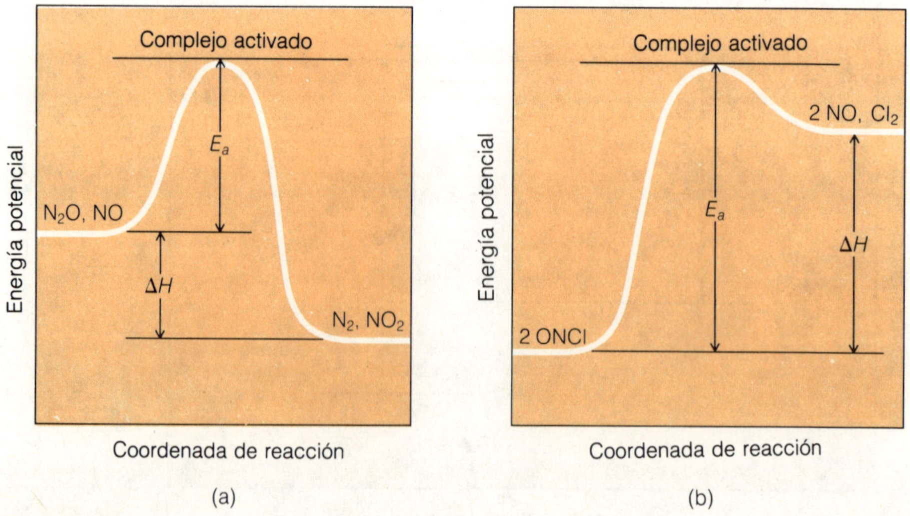

Figura 12.7 Diagramas de energía potencial para reacciones de una sola etapa: (a) una reacción exotérmica, (b) una reacción endotérmica.

El cambio de entalpía es positivo, puesto que $E_{a,r}$ es mayor que $E_{a,f}$. La reacción inversa es endotérmica.

La Figura 12.7 muestra los diagramas de las dos energías potenciales: una para una reacción exotérmica de una sola etapa y otra para una reacción endotérmica de una sola etapa. La reacción exotérmica entre N_2O y NO se puede representar somo sigue:

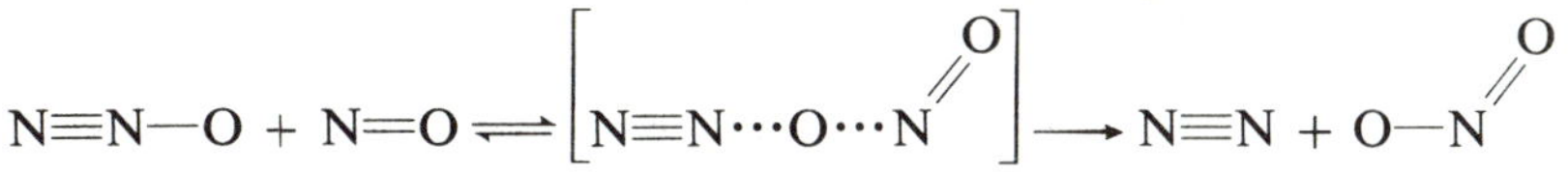

El diagrama del complejo activado muestra el enlace N—O de la molécula de N_2O estirado y debilitado, y un nuevo enlace entre el átomo de O y el átomo de N de la molécula de NO formado parcialmente. La energía de activación para la reacción es 209 kJ/mol; ΔH es -138 kJ/mol.

La reacción endotérmica esquematizada en la Figura 12.7 es

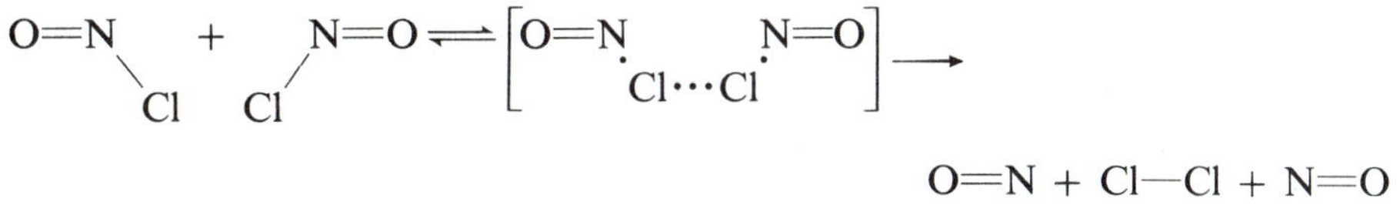

En el complejo activado, los enlaces N—Cl de ambas moléculas ONCl, están en el proceso de ruptura y formación de un nuevo enlace Cl—Cl. La energía de activación para la reacción es 98 kJ/mol; ΔH es $+$ 76 kJ/mol.

12.4 Ecuaciones de velocidad para reacciones de una sola etapa

La **molecularidad** de una reacción de una sola etapa se refiere al número de moléculas que participan en una reacción individual. Así, una etapa de un mecanismo puede llamarse **unimolecular, bimolecular** o **termolecular** dependiendo de si una, dos o tres moléculas reaccionan en el paso o etapa. La mayoría de las reacciones no ocurren en una sola etapa, sino que proceden a través de una secuencia de etapas. Cada etapa puede describirse en términos de su molecularidad, pero dicha *descripción no se aplica a la reacción como un todo cuando ésta consiste en más de una etapa.*

La molecularidad de una reacción de un solo paso determina el orden de su reacción. Los coeficientes en la ecuación química para la etapa aparecen como exponentes en la ecuación de velocidad. Por ejemplo,

$$2A + B \longrightarrow \text{productos; velocidad} = k[A]^2 [B]$$

el coeficiente (2) de A en la reacción química es el exponente de [A] en la ecuación de velocidad de la reacción; el coeficiente de B es el exponente de [B]. Puesto que la reacción involucra tres moléculas, es termolecular y la ecuación de velocidad es de tercer orden en general. Este método para obtener ecuaciones de velocidad de las reacciones no puede aplicarse rutinariamente a todas las reacciones químicas; *se utiliza solamente si la reacción química se refiere a una reacción que se efectúa en un solo paso*. Se encuentran los siguientes tipos de etapas o pasos:

1. Etapas unimoleculares. Una reacción unimolecular es una reacción de primer orden:

$$A \longrightarrow \text{productos} \quad \text{velocidad} = k[A]$$

Una reacción de este tipo se realiza cuando una molécula A de alta energía se separa en pequeñas moléculas o se traspone en una nueva estructura molecular. La velocidad de la reacción es proporcional a la concentración de las moléculas A presentes.

2. Etapas bimoleculares. Hay dos tipos de etapas bimoleculares. El primero es

$$A + B \longrightarrow \text{productos} \quad \text{velocidad} = k[A]\,[B]$$

La reacción se realiza por colisión entre las moléculas A y B. La velocidad de la reacción es proporcional al número de colisiones A—B por segundo. Si duplicamos la concentración de A, la velocidad se duplicará, puesto que hay el doble de moléculas A en un volumen dado y el doble de colisiones A—B por segundo. Si se triplica la concentración de A, el número de colisiones por segundo aumentará en un factor de tres. Cualquiera que sea la modificación de la concentración de A, se reflejará en la velocidad. La velocidad, por consiguiente, es proporcional a la primera potencia de [A].

En forma similar, los cambios en la concentración de B, producen cambios similares en el número de colisiones de A—B por segundo. La velocidad también es proporcional a la primera potencia de [B]. Por consiguiente, la reacción es de primer orden en A, primer orden en B y de segundo en general, tal como muestra la ecuación de la velocidad de la reacción dada previamente.

El segundo tipo de etapa bimolecular es

$$2A \longrightarrow \text{productos} \quad \text{velocidad} = k[A]^2$$

La etapa ocurre por la colisión entre dos moléculas A. Suponga que hay *n* moléculas de A en un recipiente. El número de colisiones por segundo para una sola molécula A es proporcional al número de las otras moléculas A presentes, $n-1$. El número *total* de colisiones por segundo para todas las moléculas *n* puede esperarse incorrectamente que sea proporcional a *n* veces $(n-1)$. Sin embargo, es proporcional a $\frac{1}{2}n(n-1)$. Se incluye el factor ½ de forma que no se cuente doble una colisión — una vez para la colisión en la cual la molécula 1 golpea la molécula 2 y de nuevo para una colisión en la cual la molécula 2 golpea la molécula 1.

Puesto que *n* es un número muy grande, $(n-1)$ es igual a *n* para todos los efectos prácticos. Podemos decir que el número total de colisiones por segundo es proporcional a $\frac{1}{2}n^2$. Debido a que la velocidad de reacción es proporcional al número total de colisiones por segundo,

$$\text{Velocidad} \propto \tfrac{1}{2}n^2$$

Por consiguiente, el número de moléculas en el recipiente, *n,* determina la concentración de A; n^2, es proporcional a $[A]^2$. La constante ½ puede incorporarse en la constante de proporcionalidad, *k*. Así

$$\text{velocidad} = k[A]^2$$

Por consiguiente, la teoría de las colisiones puede utilizarse para justificar el hecho de que la molecularidad de una etapa determine el orden de la reacción.

3. Etapas termoleculares. En teoría, hay tres tipos de reacciones termoleculares:

$$A + B + C \longrightarrow \text{productos} \quad \text{velocidad} = k[A]\,[B]\,[C]$$
$$2A + B \longrightarrow \text{productos} \quad \text{velocidad} = k[A]^2[B]$$
$$3A \longrightarrow \text{productos} \quad \text{velocidad} = k[A]^3$$

Las etapas o los pasos termoleculares se hallan en los mecanismos de reacción. Sin embargo, son poco comunes, puesto que comprenden colisiones de tres cuerpos. Tales colisiones en las cuales tres cuerpos deben acercarse simultáneamente son raras.

Las etapas enumeradas anteriormente son los únicos tipos que se cree que ocurren en los mecanismos de reacción. Las etapas de un mecanismo que involucran una molecularidad superior a tres nunca se han postulado. La posibilidad de que una colisión efectiva de cuatro cuerpos ocurra con cierta regularidad es muy escasa, de tal forma que nunca se proponen colisiones de éstas como parte del mecanismo de una reacción.

12.5 Mecanismo de las reacciones

La ecuación de la velocidad de una reacción debe ser determinada experimentalmente. Se propone un mecanismo para la reacción sobre la base de esta ecuación de velocidad de reacción y cualquier otra evidencia disponible, tal como la determinación de una reacción intermedia. Un mecanismo, por consiguiente, es solamente una hipótesis.

La siguiente ecuación de velocidad de reacción para la formación del fluoruro de nitrosilo se obtuvo experimentalmente:

$$2NO + F_2 \longrightarrow 2\ ONF \qquad \text{velocidad} = k[NO]\ [F_2]$$

El mecanismo sugerido y las correspondientes ecuaciones de velocidad de reacción bimolecular son:

1. $NO + F_2 \longrightarrow ONF + F \qquad \text{velocidad}_1 = k_1[NO]\ [F_2]$

2. $NO + F \longrightarrow ONF \qquad \text{velocidad}_2 = k_2[NO]\ [F]$

Los dos pasos sumados dan la reacción completa con los átomos de F como intermediarios de la reacción. Se supone que el primer paso es mucho más lento que el segundo. El paso 1 produce lentamente átomos de F. Tan pronto como son producidos, son usados rápidamente en el paso 2. El paso 1, por consiguiente, es el cuello de botella de la reacción; la reacción total no puede ser más rápida de lo que lo es. Puesto que ésta controla la velocidad total, se le llama el **paso que determina la velocidad.** Por esta razón, la ecuación de velocidad para el paso 1 es la ecuación de la velocidad de la reacción para el cambio total con $k = k_1$.

No hay forma de predecir, a partir de una ecuación química, si la reacción que se describe procede por uno o varios pasos. Considere dos reacciones químicas análogas. La reacción del bromuro de metilo, CH_3Br y el ion OH^-, es de segundo orden:

$$OH^- + CH_3Br \longrightarrow CH_3OH + Br^- \qquad \text{velocidad} = k[CH_3Br]\ [OH^-]$$

Un mecanismo de una sola etapa es consistente con esta ecuación de la velocidad de reacción. Se cree que la reacción procede a través de un estado de transición en el cual el ion OH^- se acerca al átomo de carbono por el lado opuesto al del átomo de Br:

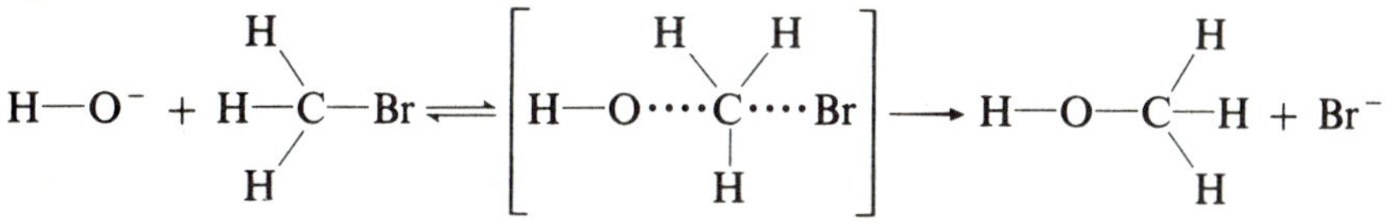

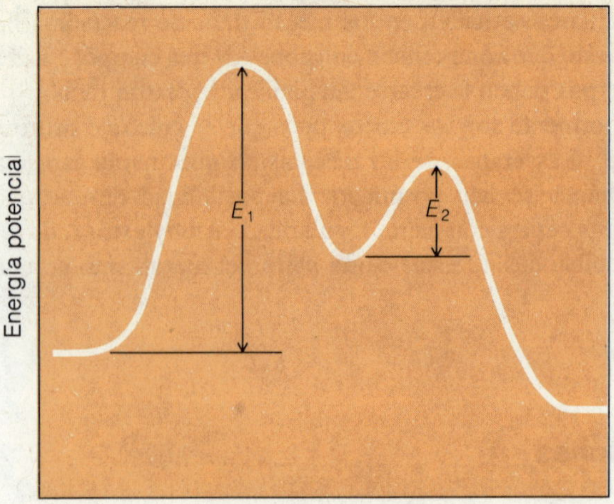

Figura 12.8 Diagrama de energía potencial para un mecanismo de dos etapas, en el cual el primer paso es el que determina la velocidad.

La reacción entre el bromuro de butilo terciario, $(CH_3)_3CBr$ y el ion OH^- es químicamente similar, pero es de primer orden:

$$OH^- + CH_3-\underset{\displaystyle CH_3}{\overset{\displaystyle CH_3}{\underset{|}{\overset{|}{C}}}}-Br \longrightarrow CH_3-\underset{\displaystyle CH_3}{\overset{\displaystyle CH_3}{\underset{|}{\overset{|}{C}}}}-OH + Br^- \quad \text{velocidad} = k[(CH_3)_3CBr]$$

La aproximación del ion OH^- al átomo central de carbono está bloqueada por los grupos CH_3— y esta reacción sigue un mecanismo diferente del de la reacción entre CH_3Br y OH^-. Se cree que esta reacción se realiza en dos etapas:

1. $(CH_3)_3\,CBr \longrightarrow (CH_3)_3C^+ + Br^-$, velocidad $= k_1[(CH_3)_3CBr]$

2. $(CH_3)_3\,C^+ + OH^- \longrightarrow (CH_3)_3\,COH$, velocidad$_2 = k_2[(CH_3)_3C^+]\,[OH^-]$

El primer paso, un paso unimolecular, en el cual se ioniza la molécula $(CH_3)_3CBr$, se cree que es el paso o etapa que determina la velocidad de reacción. Por consiguiente, la ecuación de velocidad total corresponde a la ecuación de velocidad de la reacción unimolecular del paso 1.

Cada paso de un mecanismo de muchas etapas tiene un estado de transición y una energía de activación. Un mecanismo de dos etapas en el cual el primer paso es el que determina la velocidad, tal como el último o el de la reacción de NO y F_2, tendría un perfil de reacción similar al mostrado en la Figura 12.8.

La energía de activación para el primer paso, E_1, del diagrama, es mayor que la energía de activación para el segundo paso, E_2. La velocidad total, por consiguiente, depende de la velocidad a la cual las moléculas reaccionantes sobrepasan a la primera barrera de energía potencial.

¿Qué sucedería en un mecanismo de varias etapas en el cual la primera etapa no es la determinante de la velocidad de reacción? Considere la reacción

$$CH_3OH + H^+ + Br^- \longrightarrow CH_3Br + H_2O \quad \text{velocidad} = k[CH_3OH]\,[H^+]\,[Br^-]$$

Los exponentes de la ecuación de velocidad de reacción derivada experimentalmente son los mismos que los coeficientes en la ecuación química. Un mecanismo de un solo paso termolecular sería consistente con esta ecuación de velocidad. Sin embargo, se cree que la reacción ocurre a través de una serie de pasos, sin que ninguno sea una colisión de tres cuerpos. Se cree que el tercer paso es más lento:

1. $CH_3OH + H^+ \longrightarrow CH_3OH_2^+$ velocidad$_1$ = k_1 $[CH_3OH][H^+]$

2. $CH_3OH_2^+ \longrightarrow CH_3OH + H^+$ velocidad$_2$ = k_2 $[CH_3OH_2^+]$

3. $Br^- + CH_3OH_2^+ \longrightarrow CH_3Br + H_2O$ velocidad$_3$ = k_3 $[CH_3OH_2^+][Br^-]$

En el primero, se forma el producto intermediario $CH_3OH_2^+$ Este producto intermediario puede descomponerse de nuevo en CH_3OH y H^+ (paso 2) o reaccionar con Br^- para formar los productos (paso 3).

Puesto que el tercer paso es el paso que determina la velocidad de reacción, la velocidad total depende de éste:

velocidad = velocidad$_3$ = k_3 $[CH_3OH_2^+][Br^-]$

Sin embargo, esta expresión contiene un término para la concentración del producto intermediario, $[CH_3OH_2^+]$. Para eliminar este término, suponemos que la concentración del intermediario $CH_3OH_2^+$, después que la reacción ha ocurrido por un tiempo, se hace constante. O sea, el producto intermedio se consume tan rápido como se produce. El intermediario se produce en el paso 1:

velocidad de aparición de $CH_3OH_2^+$ = $k_1[CH_3OH][H^+]$

Se usa en los pasos 2 y 3:

La velocidad de desaparición de $CH_3OH_2^+$ = k_2 $[CH_3OH_2^+]$ + $k_3[CH_3OH_2^+][Br^-]$

Puesto que el tercer paso es *mucho* más lento que el segundo, k_3 es *mucho* más pequeño que k_2. Por consiguiente, podemos despreciar el término $k_3[CH_3OH_2^+][Br^-]$ debido a que es más pequeño que el término $k_2[CH_3OH_2^+]$:

velocidad de aparición de $CH_3OH_2^+$ = velocidad de desaparición de $CH_3OH_2^+$ $k_1[CH_3OH][H^+] = k_2[CH_3OH_2^+]$

Por consiguiente,

$$[CH_3OH_2^+] = \frac{k_1[CH_3OH][H^+]}{k_2}$$

Si sustituimos este valor en la ecuación de velocidad de reacción para el tercer paso, obtenemos:

velocidad = velocidad$_3$ = $k_3[CH_3OH_2^+][Br^-]$

$$\text{velocidad} = k_3\left(\frac{k_1[CH_3OH][H^+]}{k_2}\right)[Br^-]$$

$$\text{velocidad} = \frac{k_1k_3}{k_2}[CH_3OH][H^+][Br^-]$$

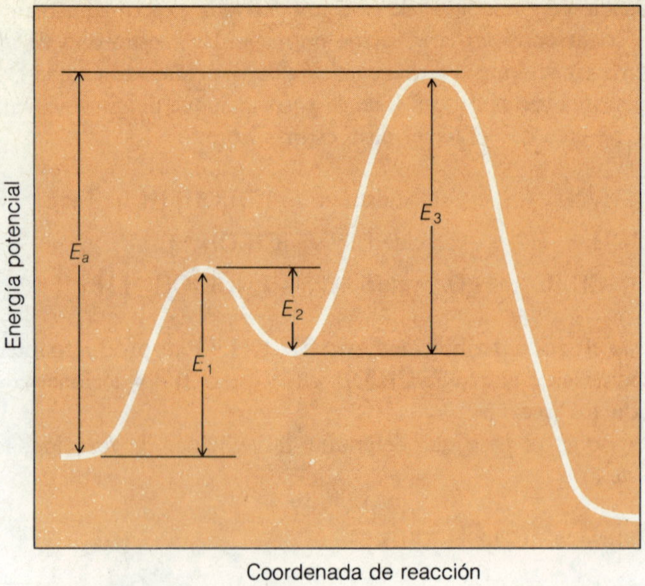

Figura 12.9 Diagrama de energía potencial para un mecanismo de tres etapas o pasos, en el cual el tercer paso es el paso determinante de la velocidad.

Las constantes pueden combinarse en una sola constante para dar

$$\text{velocidad} = K[CH_3OH][H^+][Br^-]$$

que es la ecuación de velocidad determinada experimentalmente. Observe que

$$k = \frac{k_1 k_3}{k_2}$$

Una reacción modelo para un mecanismo de tres etapas tal como el anterior puede parecerse al que muestra la Figura 12.9.

Las energías de activación para los pasos (E_1, E_2 y E_3) están indicadas en el diagrama. Recuerde que el paso 2 es el inverso del paso 1. La reacción entre el H_2 gaseoso y el Br_2 en estado de vapor a una temperatura aproximada de 200°C proporciona un ejemplo de un tipo importante de un mecanismo de reacción, llamado mecanismo de **reacción en cadena:**

$$H_2 + Br_2 \longrightarrow 2\,HBr$$

El mecanismo para la reacción puede describirse en cuatro partes:

1. **Cadena iniciadora.** Algunas moléculas de Br_2 se disocian en átomos:

$$Br_2 \longrightarrow 2\,Br$$

2. **Cadena de propagación.** Los átomos de Br son productos reactivos intermedios llamados **portadores en cadena.** Un átomo de Br reacciona con una molécula de H_2:

$$Br + H_2 \longrightarrow HBr + H$$

La reacción produce una molécula del producto, HBr, y un segundo portador en cadena, un átomo de H. El átomo de H reacciona con una molécula de Br_2:

$$H + Br_2 \longrightarrow HBr + Br$$

produciendo otra molécula de HBr y el portador original de la cadena, un átomo de Br. El átomo de Br reacciona con una molécula de H_2 y el ciclo comienza de nuevo. Estos dos pasos se repiten una y otra vez.

3. Cadena inhibidora. Si un átomo de H colisiona con una molécula de HBr, se dice que la reacción que resulta inhibe toda la reacción:

$$H + HBr \longrightarrow H_2 + Br$$

Puesto que se usa una molécula del producto (HBr) y se produce una molécula del reactivo (H_2), este paso hace mas lenta la reacción total. Sin embargo, no rompe la cadena ni detiene la reacción puesto que también se produce un portador de cadena (Br).

4. Cadena terminal. Dos cadenas son terminales cuando dos portadores de cadena se unen para formar una molécula:

$$2\,Br \longrightarrow Br_2$$
$$2\,H \longrightarrow H_2$$
$$H + Br \longrightarrow HBr$$

Se cree que la reacción del $H_2(g)$ y el $Cl_2(g)$ sigue un mecanismo similar. Una mezcla de estos dos gases a temperatura ambiente puede guardarse por un largo periodo de tiempo *en la oscuridad* sin que reaccionen. Si la mezcla se expone a la luz, se produce una violenta reacción. Se cree que la luz inicia la reacción en cadena, disociando algunas moléculas de Cl_2 en átomos. La reacción de H_2 y Br_2 es también sensible a la luz, pero la reacción a temperatura ambiente es más lenta. Se cree que muchas reacciones ocurren mediante un mecanismo de reacción en cadena. Las reacciones en cadena generalmente son muy rápidas; algunas son explosivas.

12.6 Ecuaciones de velocidad de reacción y la temperatura

La constante de velocidad, k, varía con la temperatura en la forma descrita por la siguiente ecuación:

$$k = Ae^{-Ea/RT} \qquad (12.1)$$

donde A es una constante característica de la reacción en estudio, e es la base del logaritmo natural (2.718 . . .), E_a, es la energía de activación para la reacción (en J/mol), R es la constante molar de los gases [8.3143 J/(K·mol)], y T es la temperatura absoluta. La ecuación fue propuesta primero por Svanté Arrhenius en 1889 y se le conoce como la **ecuación de Arrhenius.**

Para una reacción de un solo paso, el factor $e^{-Ea/RT}$ representa la fracción de moléculas que adquiere la energía de activación necesaria para una reacción exitosa (Figura 12.5 en la Sección 12.3). La constante A, llamada el **factor de frecuencia**, incorpora otros factores que influyen sobre la velocidad de reacción, tales como la frecuencia de las colisiones moleculares y los requisitos geométricos para la alineación de las moléculas que al colisionar reaccionen. La ecuación de Arrhenius es sólo aproximada, pero en la mayoría de los casos es una buena aproximación.

La ecuación de Arrhenius también se aplica a las reacciones de muchos pasos. Para una reacción a la que se aplica un mecanismo tal como el que se sigue en la Figura 12.8, los parámetros A y E_a de Arrhenius son los del primer paso (A_1 y E_1), puesto que el primer paso es el paso determinante de la velocidad. Sin embargo, en las reacciones de varios pasos, A y E_a están compuestos de los valores para las etapas individuales.

En la reacción de tres etapas que se presentó en la última sección y en la cual el tercer paso era el paso determinante (Figura 12.9),

$$k = \frac{k_1 k_3}{k_2}$$

La constante de velocidad para cada paso se puede expresar en términos de la ecuación de Arrhenius (12.1). Por consiguiente,

$$k = \frac{A_1 e^{-E_1/RT} A_3 e^{-E_3/RT}}{A_2 e^{-E_2/RT}}$$

ó

$$k = \frac{A_1 A_3}{A_2} e^{-(E_1 + E_3 - E_2)/RT}$$

Por lo tanto, los parámetros de Arrhenius para la constante de velocidad total son

$$A = \frac{A_1 A_3}{A_2}$$

y

$$E_a = E_1 + E_3 - E_2$$

Si establecen estos términos de energía en la Figura 12.9 —E_1 menos E_2 más E_3— podemos ver que la energía total de activación en este caso (indicada como E_ϑ en la figura) es igual a la altura de la barrera de energía potencial del tercer paso por encima de la energía potencial de los reactivos iniciales.

Si tomamos el logaritmo natural de la ecuación de Arrhenius, obtenemos

$$\ln k = \ln A - \frac{E_a}{RT} \tag{12.2}$$

la cual puede transformarse en

$$2.303 \log k = 2.303 \log A - \frac{E_a}{RT} \tag{12.3}$$

ó

$$\log k = \log A - \frac{E_a}{2.303RT} \tag{12.4}$$

Existen dos variables en esta ecuación, k y T. Si la trasponemos en

$$\log k = -\frac{E_a}{2.303R}\left(\frac{1}{T}\right) + \log A \tag{12.5}$$

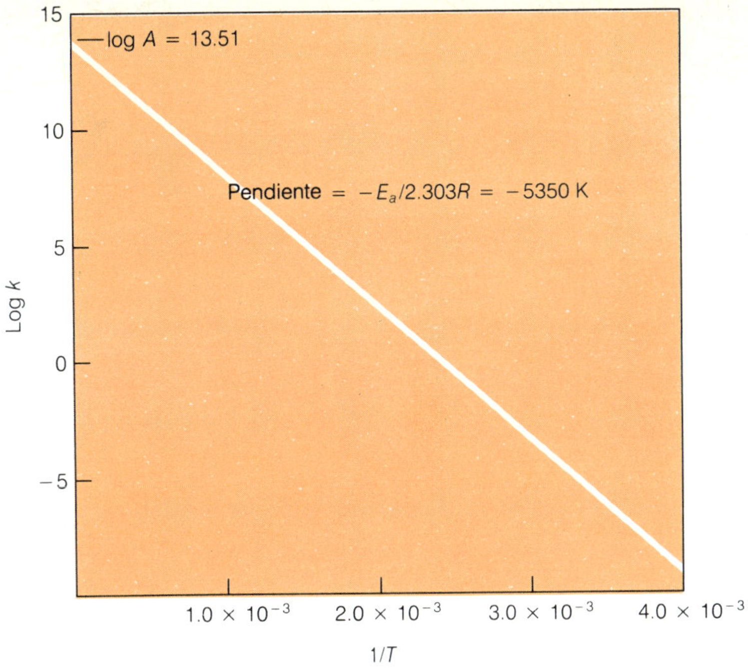

Figura 12.10 Presentación gráfica de log k versus 1/T para la reacción $2N_2O_5(g) \rightarrow 4NO_2(g) + O_2(g)$

podemos ver que la ecuación está en la forma de una ecuación para una línea recta ($y = mx + b$). Una gráfica de log k contra ($1/T$), es una línea recta con una pendiente de $-E_a/2.303\,R$ y una intercepción y del log A (Figura 12.10). Si se determinan los valores de k a varias temperaturas y los datos se trazan de esta forma, para la reacción se puede calcular E_a de la pendiente de la curva y A puede obtenerse tomando el **antilogaritmo de la intercepción con el eje y.**

La curva mostrada en la Figura 12.10 se relaciona con la reacción de primer orden.

$$2\,N_2O_5(g) \longrightarrow 4\,NO_2(g) + O_2(g)$$

La pendiente de la curva es $-5350\ k$, de la cual obtenemos:

$$-\frac{E_a}{2.30R} = -5530\ k$$

$$E_a = (5530\ k)(2.30)[8.31\ \mathrm{J/(K\cdot mol)}]$$
$$= 102{,}000\ \mathrm{J/mol} = 102\ \mathrm{kJ/mol}$$

La intercepción y es 13.51, por consiguiente,

$$\log A = 13.51$$
$$A = 3.2 \times 10^{13}/\mathrm{s}$$

Los valores de E_a y A para una reacción también pueden hallarse de las constantes de velocidad para dos temperaturas diferentes. Si la constante de velocidad a T_1 es k_1 y a T_2 es k_2, entonces

$$\log k_2 = \log A - \frac{E_a}{2.303RT_2} \tag{12.6}$$

y

$$\log k_1 = \log A - \frac{E_a}{2.303RT_1} \tag{12.7}$$

Restando la ecuación 12.7 de la ecuación 12.6, se obtiene:

$$\log k_2 - \log k_1 = -\frac{E_a}{2.303RT_2} + \frac{E_a}{2.303RT_1} \tag{12.8}$$

Puesto que log x − log y es log (x/y)

$$\log\left(\frac{k_2}{k_1}\right) = \frac{E_a}{2.303R}\left(\frac{1}{T_1} - \frac{1}{T_2}\right) \tag{12.9}$$

ó

$$\log\left(\frac{k_2}{k_1}\right) = \frac{E_a}{2.303R}\left(\frac{T_2 - T_1}{T_1 T_2}\right) \tag{12.10}$$

Si se resuelve esta ecuación para la energía de activación, E_a, se obtiene la siguiente razón:

$$E_a = 2.303R\left(\frac{T_1 T_2}{T_2 - T_1}\right)\log\left(\frac{k_2}{k_1}\right) \tag{12.11}$$

La utilización de las dos últimas ecuaciones se ilustra en los siguientes ejemplos:

Ejemplo 12.2

Para la reacción

$$2\,NOCl(g) \longrightarrow 2\,NO(g) + Cl_2(g)$$

la ecuación de velocidad de reacción es

$$\text{Velocidad de producción de } Cl_2 = k[NOCl]^2$$

La constante de velocidad, k, es 2.6×10^{-8} litros/mol·s) a 300 K, y 4.9×10^{-4} litro/mol·s) a 400 K. ¿Cuál es la energía de activación, E_a, para la reacción?

Solución

Sea

$$T_1 = 300\ \text{K}$$

$$T_2 = 400\ \text{K}$$

$$k_1 = 2.6 \times 10^{-8} \text{ litro/(mol·s)}$$

$$k_2 = 4.9 \times 10^{-4} \text{ litro/(mol·s)}$$

R es 8.31 J/(K·mol), y la sustitución en la Ecuación 12.11 da

$$\begin{aligned} E_a &= 2.30R\left(\frac{T_1T_2}{T_2 - T_1}\right)\log\left(\frac{k_2}{k_1}\right) \\ &= 2.30[8.31 \text{ J/(K·mol)}]\left(\frac{(300 \text{ K})(400 \text{ K})}{400 \text{ K} - 300 \text{ K}}\right)\log\left(\frac{4.9 \times 10^{-4} \text{ litro/(mol·s)}}{2.6 \times 10^{-8} \text{ litro/(mol·s)}}\right) \\ &= [19.1 \text{ J/(K·mol)}](1200 \text{ K})\log(1.88 \times 10^4) \\ &= (22{,}900 \text{ J/mol})(4.28) \\ &= 98{,}000 \text{ J/mol} = 98 \text{ kJ/mol} \end{aligned}$$

Ejemplo 12.3

Con los datos dados en el Ejemplo 12.2, calcule el valor de k a 500 K.

Solución

Sean

$$T_1 = 400 \text{ K}$$

$$T_2 = 500 \text{ K}$$

$$k_1 = 4.9 \times 10^{-4} \text{ litro/mol·s)}$$

$$k_2 = \text{desconocido}$$

$$E_a = 9.8 \times 10^4 \text{ J/mol}$$

Usamos la ecuación (12.10)

$$\begin{aligned} \log\left(\frac{k_2}{k_1}\right) &= \frac{E_a}{2.30R}\left(\frac{T_2 - T_1}{T_1T_2}\right) \\ &= \frac{9.8 \times 10^4 \text{ J/mol}}{2.30\,[8.31 \text{ J/(K·mol)}]}\left(\frac{500 \text{ K} - 400 \text{ K}}{(400 \text{ K})(500 \text{ K})}\right) \\ &= (5.13 \times 10^3 \text{ K})(5.00 \times 10^{-4}/\text{K}) \\ &= 2.57 \end{aligned}$$

Por consiguiente,

$$\frac{k_2}{k_1} = \text{antilog}\,2.57 = 3.7 \times 10^2$$

ó

$$\begin{aligned} k_2 &= (3.7 \times 10^2)k_1 \\ &= (3.7 \times 10^2)\,[4.9 \times 10^{-4} \text{ litro/mol·s)}] \\ &= 0.18 \text{ litro/(mol·s)} \end{aligned}$$

Puesto que la relación entre k y T es exponencial, un cambio pequeño en T origina un cambio relativamente grande en k. Cualquier cambio en la constante de velocidad se refleja naturalmente en la velocidad de la reacción. Para la reacción considerada en los Ejemplos 12.2 y 12.3, un aumento en la temperatura de 100° causa los siguientes efectos.

de 300 K a 400 K	la velocidad aumenta 18.800 veces
de 400 K a 500 K	la velocidad aumenta 367 veces

El marcado efecto de un aumento de temperatura es obvio. Observe sin embargo que la velocidad de reacción es afectada más a bajas que a elevadas temperaturas.

Las energías de activación de muchas reacciones van desde 60 kJ/mol hasta 250 kJ/mol; estos valores están en la misma escala que las energías de enlace. Para un aumento de 10° de temperatura de 300 K a 310 K. La velocidad de la reacción varía con la energía de activación en la siguiente forma:

E_a = 60 kJ/mol	la velocidad aumenta cerca de 2 veces
E_a = 250 kJ/mol	la velocidad aumenta casi 25 veces

12.7 Catálisis

Un **catalizador** es una sustancia que aumenta la velocidad de una reacción química sin consumirse en la reacción. Un catalizador puede recuperarse sin haber sufrido cambio alguno al final de la reacción. El oxígeno puede prepararse por calentamiento del clorato de potasio ($KClO_3$) mismo; o se puede utilizar una pequeña cantidad de dióxido de magnesio (MnO_2) como un catalizador para esta reacción. Cuando el MnO_2 se halla presente, la reacción es más rápida y la descomposición del $KClO_3$ se realiza a una velocidad satisfactoria a más baja temperatura.

$$2\,KClO_3(s) \xrightarrow{MnO_2} 2\,KCl(l) + 3\,O_2(g)$$

El catalizador se escribe sobre la flecha en la ecuación química, puesto que un catalizador no afecta la estequiometría general de la reacción. El MnO_2 puede recuperarse inalterado al final de la reacción.

La sola *presencia* de un catalizador no causa el efecto sobre la velocidad de la reacción. Una reacción catalizada se realiza por un camino o mecanismo diferente del que sigue la reacción que no está catalizada. Suponga, por ejemplo, que una reacción sin catalizar se realiza por colisiones entre las moléculas X y Y:

$$X + Y \longrightarrow XY$$

La reacción catalizada puede seguir un mecanismo de dos etapas que consisten en:

1. $X + C \longrightarrow XC$
2. $XC + Y \longrightarrow XY + C$

donde C es el catalizador. Observe que el catalizador se usa en el primer paso y se regenera en el segundo. Por consiguiente, se usa repetidas veces. Consecuentemente, sólo se necesita una pequeña cantidad del catalizador para realizar el trabajo.

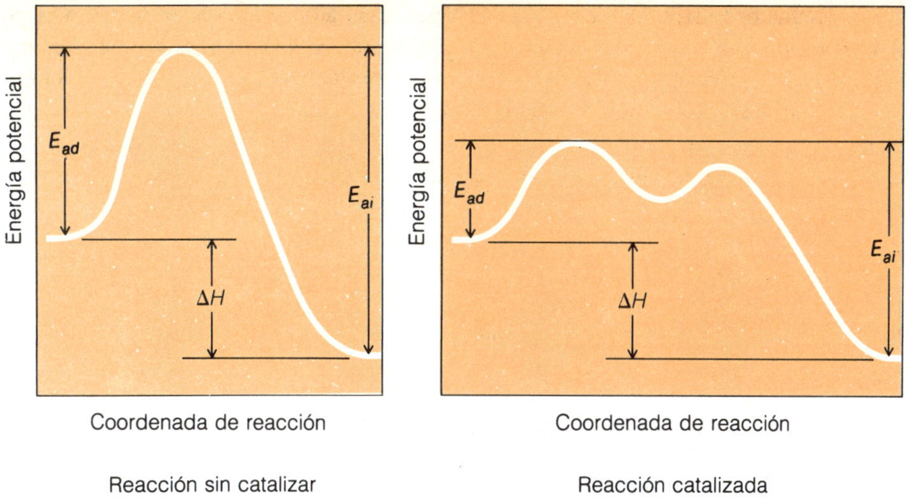

Figura 12.11 Diagramas de energía potencial para una reacción en ausencia y presencia de un catalizador.

Por lo tanto, un catalizador trabaja al brindar un nuevo camino por el cual pueda efectuarse la reacción. El camino catalizado tiene una energía total de activación menor que el no catalizado (Figura 12.11), lo cual explica la mayor rapidez de la velocidad de reacción.

Partiendo de la Figura 12.11, se puede llegar a dos conclusiones:

1. El cambio de entalpía, ΔH, para la reacción catalizada, es el mismo que el ΔH para la reacción sin catalizar.

2. Para reacciones reversibles, el catalizador tiene el mismo efecto sobre la reacción inversa que el que tiene sobre la reacción en sentido hacia adelante. La energía de activación para la reacción inversa, $E_{a,r}$, es disminuida por el catalizador en la misma medida que se disminuye la energía de activación para la reacción directa, $E_{e,f}$.

Un **catalizador homogéneo** se halla presente en la misma fase que los reactivos. Un ejemplo de una catálisis homogénea en fase gaseosa es el efecto del gas cloro sobre la descomposición del óxido de dinitrógeno gaseoso. El óxido de dinitrógeno, N_2O, es relativamente poco reactivo a temperatura ambiente, pero a temperaturas cercanas a 600°C, se descompone según la ecuación

$$2\,N_2O(g) \longrightarrow 2\,N_2(g) + O_2(g)$$

Se cree que la reacción no catalizada se efectúa por medio de un mecanismo complejo que incluye los siguientes pasos:

1. Por colisiones entre las moléculas de N_2O, algunas moléculas de N_2O ganan suficiente energía para separarse.

$$N_2O(g) \longrightarrow N_2(g) + O(g)$$

2. Los átomos de oxígeno son muy reactivos. Pueden reaccionar fácilmente con otras moléculas de N_2O.

$$O(g) + N_2O(g) \longrightarrow N_2(g) + O_2(g)$$

Los productos finales de la reacción son N_2 y O_2. El átomo de O es un intermediario de la reacción y no un producto final. La energía de activación para la reacción sin catalizador es de unos 240 kJ/mol. La reacción es catalizada con trazas de cloro gaseoso. El mecanismo que ha sido propuesto para la reacción catalizada consiste en los siguientes pasos:

1. A la temperatura de descomposición, y particularmente en la presencia de luz, algunas moléculas de cloro se disocian en átomos de cloro:

$$Cl_2(g) \longrightarrow 2\,Cl(g)$$

2. Los átomos de cloro reaccionan rápidamente con las moléculas de N_2O.

$$N_2O(g) + Cl(g) \longrightarrow N_2(g) + ClO(g)$$

3. Ocurre la descomposición de las moléculas inestables de ClO:

$$2\,ClO(g) \longrightarrow Cl_2(g) + O_2(g)$$

Observe que en el último paso el catalizador (Cl_2) regresa a su estado original. Los productos finales de la reacción catalizada ($2N_2$ y O_2) son los mismos que los de la reacción sin catalizar. El Cl y el ClO no son productos debido a que son usados en los pasos siguientes a aquellos en los que son producidos. La energía de activación para la reacción catalizada por el cloro es de unos 140 kJ/mol, la cual es considerablemente menor que el E_a para la reacción sin catalizar (240 kJ/mol).

En la **catálisis heterogénea**, los reaccionantes y catalizadores se hallan presentes en diferentes fases. En estos procesos las moléculas reaccionantes son *adsorbidas* sobre la superficie del catalizador y la reacción se verifica sobre esa superficie. La **adsorción** es un proceso en el cual las moléculas se adhieren a la superficie del sólido. El carbón, por ejemplo, se utiliza en las máscaras anti-gases como adsorbente para los gases tóxicos. En la **adsorción física** ordinaria, las moléculas son retenidas en la superficie por las fuerzas de London. Sin embargo, la catálisis heterogénea se realiza por **adsorción química** (o **quimiosorción**), en la cual las moléculas adsorbidas se mantienen en la superficie por enlaces similares en fuerza a los de los compuestos químicos. Cuando se forman estos enlaces, las moléculas químicas adsorbidas sufren cambios en la ordenación de sus electrones. Algunos enlaces de las moléculas pueden estirarse y debilitarse y en algunos casos romperse. Por ejemplo, se cree que las moléculas de hidrógeno son adsorbidas como átomos de hidrógeno sobre la superficie de platino, paladio, níquel y otros metales. La capa de moléculas o átomos quimiosorbidos, por consiguiente, actúa como intermediario de reacción en la superficie de la reacción catalizada.

La descomposición del N_2O es catalizada con oro. En la Figura 12.12 se muestra un mecanismo propuesto para la descomposición catalizada por el oro. Las etapas son:

1. Las moléculas de $N_2O(g)$ son quimiosorbidas sobre la superficie del oro:

$$N_2O(g) \rightarrow N_2O \text{ (sobre Au)}$$

2. El enlace entre el átomo de O y el átomo de N adyacente de una molécula de N_2O se debilita cuando los átomos de O se enlazan al oro. Este enlace N—O se rompe y se desprende una molécula de N_2:

$$N_2O \text{ (sobre Au)} \longrightarrow N_2(g) + O \text{ (sobre Au)}$$

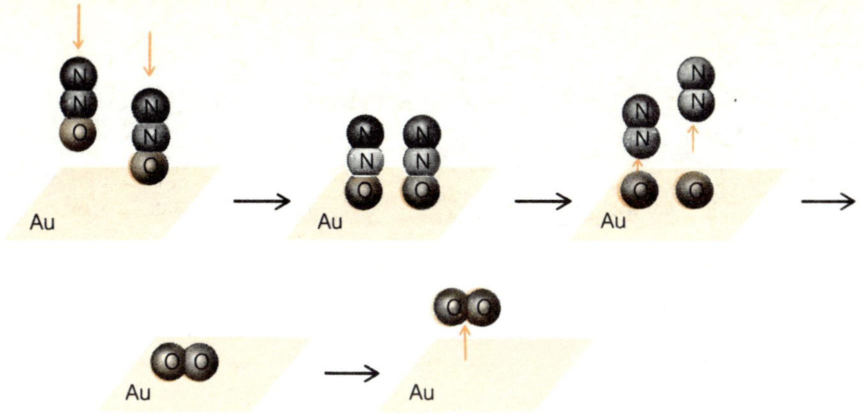

Figura 12.12 Modo propuesto de descomposición del N_2O sobre el oro.

3. Dos átomos de O sobre la superficie del oro se combinan para formar una molécula de O_2, la cual entra a la fase gaseosa:

$$\text{O (sobre Au)} + \text{O (sobre Au)} \longrightarrow O_2(g)$$

La energía de activación para la descomposición catalizada por el oro es de unos 120 kJ/mol, la cual es menor que la E_a para la descomposición no catalizada (240 kJ/mol) o la descomposición catalizada por el cloro (140 kJ/mol).

Se cree que el segundo paso del mecanismo de la descomposición catalizada por el oro, es el determinante de la velocidad. La velocidad de este paso es proporcional a la fracción de la superficie del oro que mantiene quimiosorbidas las moléculas de N_2O. Si se cubre la mitad de la superficie, el paso 2 es más rápido que si sólo un cuarto de la superficie estuviese ocupada. Sin embargo, esta fracción es directamente proporcional a la presión del $N_2O(g)$. Si la presión es baja la fracción de la superficie cubierta será baja. Por consiguiente, la velocidad de la reacción es proporcional a la concentración del $N_2O(g)$ y la descomposición es de primer orden:

$$\text{velocidad} = k[N_2O]$$

A elevadas presiones de N_2O, la superficie del oro se cubre completamente; la fracción es igual a 1. Bajo estas condiciones la reacción se hace de orden cero, esto es, la velocidad no es afectada por cambios en la concentración del $N_2O(g)$:

$$\text{velocidad} = k$$

La superficie del oro mantiene todas las moléculas de N_2O que puede y la presión del $N_2O(g)$ es suficientemente alta para mantener la superficie saturada. Los pequeños cambios en la presión de $N_2O(g)$ no hacen que las moléculas de N_2O quimiosorbidas se descompongan más lenta ni más rápidamente.

La estructura electrónica y la disposición de los átomos en la superficie de un catalizador determina su actividad. Los defectos en el retículo cristalino y las irregularidades se consideran sitios activos para la catálisis. La superficie de algunos catalizadores puede cambiarse mediante la adición de sustancias llamadas **promotores**, las cuales realzan la actividad catalítica. En la síntesis del amoníaco,

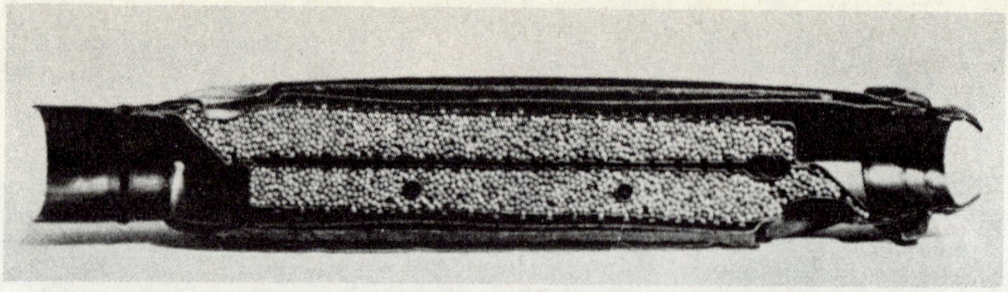

Corte seccional de un convertidor catalítico usado en automóviles. El escape del motor, que entra por la derecha, es llevado a la parte superior del convertidor y forzado a través de conjuntos dobles de partículas catalizadoras antes de salir por el fondo a la izquierda. El aire es inducido dentro de la cámara entre los conjuntos catalizadores. Las partículas contienen Pt, Pd y Rh, y están destinadas a catalizar la oxidación del CO y los hidrocarburos al CO_2; y la transformación de los óxidos de nitrógeno en N_2 y O_2. *General Motors Corporation.*

$$N_2(g) + 3\,H_2(g) \xrightarrow{Fe} 2\,NH_3(g)$$

un catalizador de hierro se vuelve más efectivo cuando se le añaden trazas de potasio o vanadio.

Los **venenos** de los catalizadores son sustancias que inhiben la actividad de los catalizadores. Por ejemplo, pequeñas cantidades de arsénico destruyen el poder del platino para catalizar la preparación del trióxido de azufre a partir del dióxido de azufre:

$$2\,SO_2(g) + O_2(g) \xrightarrow{Pt} 2\,SO_3(g)$$

Supuestamente, el arseniuro de platino se forma sobre la superficie del platino y destruye su actividad catalítica.

Los catalizadores son, por lo general, altamente específicos en su actividad. En algunos casos, una sustancia determinada catalizará la síntesis de un conjunto de productos a partir de ciertos reactivos, mientras que otra sustancia catalizará la síntesis de productos completamente diferentes a partir de los mismos reactivos. En estos casos, son posibles ambas reacciones y los productos obtenidos son aquellos que se producen más rápidamente. El monóxido de carbono y el hidrógeno pueden combinarse para producir una amplia variedad de productos, dependiendo del catalizador empleado y de las condiciones de la reacción.

Si se usa una catalizador de cobalto o níquel, el CO y el H_2 producen mezclas de hidrocarburos. Un hidrocarburo producido, por ejemplo, es metano, CH_4:

$$CO(g) + 3\,H_2(g) \xrightarrow{Ni} CH_4(g) + H_2O(g)$$

Por otra parte, el metanol es el producto de la reacción de CO y H_2, cuando se utiliza una mezcla de cinc y óxido de cromo como catalizador:

$$CO(g) + 2\,H_2(g) \xrightarrow{ZnO/Cr_2O_3} CH_3OH(g)$$

El convertidor catalítico instalado en los escapes de los autos es una aplicación reciente de la catálisis de superficie. El monóxido de carbono y los hidrocarburos del combustible sin quemar se encuentran en el sistema de expulsión del motor del vehículo y se convierten en contaminantes peligrosos. En el convertidor, los gases del escape y aire adicional pasan sobre un catalizador que consiste en óxidos metálicos. El CO y los hidrocarburos se convierten en CO_2 y H_2O, que son relativamente inofensivos y son liberados en la atmósfera. Puesto que el catalizador es envenenado por el plomo, debe utilizarse gasolina sin plomo en los vehículos equipados con convertidores catalíticos.

Muchos procesos industriales dependen de procedimientos catalíticos, pero los catalizadores naturales, conocidos como **enzimas,** son aún más importantes para el hombre. Estas sustancias extremadamente complicadas catalizan procesos vitales como la digestión, respiración y síntesis celular. El gran número de reacciones químicas complejas que ocurren en el cuerpo y son necesarias para la vida, pueden realizarse a la temperatura relativamente baja del cuerpo, debido a la acción de las enzimas. Se conocen miles de enzimas y cada una cumple con una función específica. La investigación acerca de la estructura y acción de las enzimas puede conducir a comprender mejor las causas de las enfermedades y el mecanismo del crecimiento.

Resumen

Los temas presentados en este capítulo son

1. Cómo se expresan las velocidades de reacción.

2. Las ecuaciones de velocidad de reacción que suministran la relación cuantitativa entre velocidad de reacción y las concentraciones de los reactivos.

3. La teoría de colisiones que explica la velocidad de una reacción química sobre la base de las colisiones efectivas entre las moléculas reaccionantes y la teoría del estado de transición, la cual describe una etapa de una reacción química sobre la base de que las moléculas reaccionantes se acomoden en un estado de transición.

4. La molecularidad de las etapas de un mecanismo de reacción y las correspondientes ecuaciones de velocidad de reacción.

5. Los mecanismos de reacción, que pueden consistir en uno o varios pasos y los cuales describen las formas mediante las cuales ocurren las reacciones a un nivel atómico, iónico o molecular.

6. El efecto de un cambio de temperatura sobre la velocidad de reacción, la ecuación de Arrhenius.

7. Los catalizadores y cómo funcionan.

Glosario

A continuación aparecen algunos de los términos más importantes presentados en este capítulo. Las definiciones para algunos términos no incluidos en esta lista pueden localizarse usando el índice.

Adsorción química (Sección 12.7). Proceso mediante el cual actúa un catalizador sólido heterogéneo. Las moléculas del reactivo adsorbido son retenidas sobre la superficie del catalizador mediante enlaces similares en potencia a los enlaces químicos, y en el proceso se activan las moléculas adsorbentes.

Catalizador (Sección 12.7). Sustancia que aumenta la velocidad de una reacción química sin ser consumida en la reacción.

Catalizador heterogéneo (Sección 12.7). Catalizador que está presente en una fase distinta de la de los reactivos.

Catalizador homogéneo (Sección 12.7). Catalizador que se halla en la misma fase que los reactivos.

Cinética química (Introducción). Estudio de las velocidades y mecanismos de las reacciones químicas.

Colisión efectiva (Sección 12.3). Colisión entre dos partículas (átomos, moléculas o iones) que resulta en una reacción.

Complejo activado (Sección 12.3). Ordenamiento inestable de átomos que sólo existe durante un momento en el transcurso de una reacción química, llamado también **estado de transición.**

Constante de velocidad (Sección 12.2). Constante de proporcionalidad en una ecuación de velocidad.

Ecuación de Arrhenius (Sección 12.6). Ecuación que describe cómo cambia la constante de velocidad para una reacción química con la temperatura y la energía de activación.

Ecuación de velocidad (Sección 12.2). Ecuación matemática que relaciona la velocidad de una reacción química con la concentración de los reactivos.

Energía de activación (Sección 12.3). Diferencia en energía entre la energía potencial de los reactivos de una reacción y la energía potencial del complejo activado.

Enzima (Sección 12.7). Catalizador natural que es efectivo en un proceso bioquímico (tal como digestión, respiración y síntesis celular.

Etapa determinante de la velocidad (Sección 12.5). Etapa más lenta en un mecanismo de reacción de varios pasos; la que determina cuán rápido procede toda la reacción.

Intermediario de reacción (Sección 12.3). Sustancia que se produce y se usa en el transcurso de una reacción química y no es, por consiguiente, ni un reactivo ni un producto de la reacción.

Mecanismo de una reacción (Sección 12.5). Descripción detallada de la forma como ocurre una reacción con base en el comportamiento de los átomos, moléculas o iones; puede incluir más de una etapa.

Mecanismo en cadena (Sección 12.5). Mecanismo de varios pasos para una reacción en la cual, después de la etapa de iniciación se repiten una y otra vez dos pasos. Un producto de la primera etapa es el reactivo de la segunda y el producto de la segunda de estas etapas es una reactivo de la primera.

Molecularidad (Sección 12.4). El número de partículas reaccionantes (átomos, moléculas o iones) que participan en un solo paso de un mecanismo de reacción. Una etapa o paso puede ser **unimolecular, bimolecular** o **trimolecular,** dependiendo de si *una, dos* ó *tres* partículas reaccionan en ella.

Orden de una reacción química (Sección 12.2). Suma de los exponentes de los términos de la concentración en la ecuación de velocidad para la reacción.

Teoría de colisiones (Sección 12.3). La que describe las reacciones en términos de colisiones entre las partículas reaccionantes (átomos, moléculas o iones).

Teoría del estado de transición (Sección 12.3). La que supone que las partículas reaccionantes deben asumir un ordenamiento específico, llamado un estado de transición, antes de que puedan formar los productos de la reacción.

Velocidad de reacción (Sección 12.1). Velocidad a la cual prosigue una reacción, expresada en términos del aumento en la concentración de un producto por unidad de tiempo, o la disminución en la concentración de un reactivo por unidad de tiempo; el valor cambia durante el curso de la reacción.

Problemas*

Velocidad de reacción, ecuaciones de velocidad de reacción

12.1 La ecuación de velocidad para la reacción

$$2\,NO(g) + 2\,H_2(g) \quad N_2(g) + 2\,H_2O$$

es de un segundo orden en NO(g) y de primer orden en $H_2(g)$. **(a)** Escriba una ecuación para la velocidad de formación de $N_2(g)$. **(b)** Si las concentraciones se expresan en moles/litro, ¿qué unidades tendrá la constante de velocidad k? **(c)** Escriba una ecuación para la velocidad de desaparición de NO(g). ¿Tendrá k en esta ecuación el mismo valor numérico que k en la ecuación de la parte **(a)** ?

12.2 Para una reacción en la cual A y B forman C, se obtuvieron los siguientes datos en tres experimentos:

A (moles/litro)	B (moles/litro)	Velocidad de formación de C (moles/litro·s)
0.30	0.15	7.0×10^{-4}
0.60	0.30	2.8×10^{-3}
0.30	0.30	1.4×10^{-3}

(a) ¿Cuál es la ecuación de velocidad para la reacción?
(b) ¿Cuál es el valor de la constante de velocidad k?

12.3 Para una reacción en la cual A y B forman C, se obtuvieron los siguientes datos en tres experimentos:

A (moles/litro)	B (moles/litro)	Velocidad de formación de C (moles/litro·s)
0.03	0.03	0.3×10^{-4}
0.06	0.06	1.2×10^{-4}
0.06	0.09	2.7×10^{-4}

(a) ¿Cuál es la ecuación de velocidad para la reacción?
(b) ¿Cuál es el valor de la constante de velocidad k?

12.4 La ecuación de velocidad para la reacción $A \rightarrow B + C$ está expresada en la forma

$$\text{velocidad de desaparición de A} = k[A]^x$$

El valor de la constante de velocidad k, es 0.100 (unidades sin especificar) y [A] = 0.050 moles/litro. ¿Cuáles son las unidades de k y la velocidad de la reacción en moles/litro·s, si la reacción es: **(a)** de orden cero en A, **(b)** de primer orden en A, **(c)** de segundo orden en A?

*Los problemas más difíciles están marcados por un asterisco. El apéndice G contiene las respuestas de los problemas codificados en color.

12.5 La ecuación de velocidad para la reacción A $\rightarrow$ B + C, solamente está expresada en términos de la concentración de A. La velocidad de desaparición de A es 0.0080 moles/litro·s. Cuando [A] = 0.20 moles/litro·s. Calcule el valor de k si la reacción es: **(a)** de orden cero en A, **(b)** de primer orden en A, **(c)** de segundo orden en A.

12.6 Para la reacción

$$2\,NO(g) + Cl_2(g) \longrightarrow 2\,ONCl(g)$$

la ecuación de velocidad es de segundo orden en NO(g), de primer orden en $Cl_2(g)$ y de tercer orden en total. Compare la velocidad de reacción inicial de una mezcla de 0.02 moles de NO(g) y 0.02 moles de $Cl_2(g)$ en un recipiente de un litro con **(a)** la velocidad de la reacción cuando se ha consumido la mitad del NO(g), **(b)** la velocidad de la reacción cuando se ha consumido la mitad del $Cl_2(g)$, **(c)** la velocidad de la reacción cuando se han consumido dos tercios de NO(g), **(d)** la velocidad inicial de una mezcla de 0.04 moles de NO(g) y 0.02 moles de $Cl_2(g)$ en un recipiente de 1 litro, **(e)** la velocidad inicial de una mezcla de 0.02 moles de NO(g) y 0.02 moles de $Cl_2(g)$ en un recipiente de 0.5 litros.

12.7 La reacción de una sola etapa

$$NO_2Cl(g) + NO(g) \rightleftharpoons NO_2(g) + ONCl(g)$$

es reversible; $E_{a,f}$ es 28.9 kJ y $E_{a,r}$ es 41.8 kJ. Dibuje un diagrama de la energía potencial para la reacción. Indique $E_{a,f}$, $E_{a,r}$ y ΔH en el diagrama.

12.8 Un error común y serio es suponer que la ecuación de velocidad para la reacción puede derivarse de la ecuación química balanceada para la reacción, usando los coeficientes de la ecuación química como exponentes en la expresión de velocidad. ¿Por qué no se pueden obtener las ecuaciones de velocidad en esta forma?

12.9 ¿Por qué no son efectivas algunas colisiones entre las moléculas de los reactivos?

12.10 La síntesis de los perbromatos se realizó sólo recientemente. La mejor preparación comprende la oxidación de los bromatos en solución alcalina mediante flúor. ¿Qué explicación puede dar para la dificultad hallada en la síntesis de perbromatos? ¿Cuán bien espera usted que actúen los perbromatos como agentes oxidantes?

Mecanismos de reacción, catálisis

12.11 Defina los siguientes: **(a)** complejo activado, **(b)** energía de activación, **(c)** orden de reacción, **(d)** catalizador, **(e)** quimiosorción, **(f)** etapa determinante de la velocidad, **(g)** intermediario de la reacción, **(h)** reacción de orden cero.

12.12 La reacción

$$2\,ICl(g) + H_2(g) \longrightarrow I_2(g) + 2\,HCl(g)$$

a temperaturas superiores a 200°C es de primer orden en H_2 y de primer orden en ICl. Sugiera un mecanismo de dos pasos con el primer paso como determinante de la velocidad y así justificar la ecuación de velocidad.

12.13 Para la reacción

$$N_2O_5(g) + NO(g) \longrightarrow 3\,NO_2(g)$$

La ecuación de velocidad es

$$\text{Velocidad de desaparición de } N_2O_5 = \frac{k_1k_3[N_2O_5][NO]}{k_2[NO_2] + k_3[NO]}$$

El mecanismo sugerido es

$$N_2O_5 \xrightarrow{k_1} NO_2 + NO_3$$
$$NO_2 + NO_3 \xrightarrow{k_2} N_2O_5$$
$$NO + NO_3 \xrightarrow{k_3} 2\,NO_2$$

Suponga que $[NO_3]$ se vuelve constante después de que la reacción se ha estado realizando por un tiempo (o sea, el NO_3 se usa tan rápido como se produce). Demuestre que el mecanismo lleva a la ecuación de velocidad observada.

***12.14** De acuerdo con la teoría de colisiones, una descomposición de primer orden (A $\rightarrow$ productos) se realiza a través de los siguientes pasos:

$$A + A \xrightarrow{k_1} A^* + A$$
$$A^* + A \xrightarrow{k_2} A + A$$
$$A^* \xrightarrow{k_3} \text{productos}$$

En el paso 1, dos moléculas de A colisionan; se transfiere energía y una molécula, marcada A*, alcanza un elevado estado energético. Una subsiguiente colisión de A* puede hacer reversible el proceso (etapa 2). Sin embargo, algunas moléculas A* se descomponen para formar los productos en la etapa que determina la velocidad. Derive una ecuación de velocidad partiendo de este mecanismo, suponiendo que [A*] se hace constante después de que la reacción ha procedido por un tiempo (o sea, A* se usa tan rápido como se produce). Recuerde que puesto que el paso 3 es lento, k_3 es mucho menor que k_2.

***12.15** La ecuación de velocidad para la reacción:

$$2\,O_3 \longrightarrow 3\,O_2$$

se ha determinado experimentalmente como

$$\text{velocidad de desaparición de } O_3 = k\frac{[O_3]^2}{[O_2]}$$

El siguiente mecanismo se ha postulado para la descomposición del ozono.

$$O_3 \xrightarrow{k_1} O_2 + O$$
$$O_2 + O \xrightarrow{k_2} O_3$$
$$O + O_3 \xrightarrow{k_3} 2\,O_2$$

El tercer paso del mecanismo es el paso que determina la velocidad. Suponga que la concentración de O se hace constante después que la reacción ha progresado por un tiempo, (o sea O se consume tan rápido como se produce); halle una expresión para [O]. Recuerde que k_3 es mucho menor que k_1 ó k_2. Demuestre cómo el mecanismo sugerido lleva a la expresión de velocidad observada.

12.16 Para el mecanismo indicado en el problema 12.15, las energías de activación propuestas para los tres pasos son 100 kJ, 4 kJ y 24 kJ. El valor de ΔH para toda la reacción es -285 *kJ*. Dibuje un diagrama de energía potencial para la reacción.

***12.17** La expresión de velocidad para la reacción

$$2\,NO(g) + O_2(g) \longrightarrow 2\,NO_2(g)$$

es de segundo orden en NO(g) y de primer orden en $O_2(g)$. Se ha sugerido el siguiente mecanismo:

$$NO(g) + O_2(g) \xrightarrow{k_1} NO_3(g)$$
$$NO_3(g) \xrightarrow{k_2} NO(g) + O_2(g)$$
$$NO_3(g) + NO(g) \xrightarrow{k_3} 2\,NO_2(g)$$

El tercer paso del mecanismo es el paso que determina la velocidad. Suponga que la concentración de NO_3 se hace constante después de que la reacción se ha realizado durante un tiempo (o sea, NO_3 se consume tan rápido como se produce). Recuerde que k_3 es mucho menor que k_1 o k_2. Demuestre que este mecanismo lleva a la ecuación de velocidad observada.

12.18 La reacción

$$CH_4(g) + Cl_2(g) \longrightarrow CH_3Cl(g) + HCl(g)$$

se realiza mediante un mecanismo de cadena. Los propagadores de cadena son átomos de Cl y radicales de CH_3, y se cree que los átomos de H libres no están involucrados. Escriba una serie de ecuaciones indicando el mecanismo e identificando las etapas de cadena iniciadora, propagadora y finalizadora.

12.19 Utilice diagramas de energía potencial para explicar cómo funciona un catalizador. ¿Afecta al catalizador el valor de ΔH para la reacción? ¿Puede un catalizador disminuir el progreso de una reacción? ¿Puede hallarse un catalizador que afecte solamente la reacción directa de una reacción reversible? Explique su respuesta.

12.20 ¿Cuál es la diferencia entre un catalizador homogéneo y uno heterogéneo? Describa la forma como actúa cada tipo de catalizador.

Ecuaciones de velocidad y temperatura

12.21 La reacción: $2NO(g) \rightarrow N_2(g) + O_2(g)$ es de segundo orden en NO. La constante de velocidad es 0.143 litro/mol·s a 1500 K y 0.659 litros/mol·s a 1500 K. ¿Cuál es la energía de activación para la reacción?

12.22 La reacción: $HI(g) + CH_3I(g) \rightarrow CH_4(g) + I_2(g)$ es de primer orden para cada uno de los reactivos y de segundo orden en total. La constante de velocidad es 1.7×10^{-5} litros/mol·s a 430 K y 9.6×10^{-5} litros/mol·s a 450 K. ¿Cuál es la energía de activación para la reacción?

12.23 La reacción: $C_2H_5Cl(g) \rightarrow C_2H_4(g) + HCl(g)$, es de primer orden en C_2H_5Cl. La constante de velocidad es 3.5×10^{-8}/s a 600 K y 1.6×10^{-6}/s a 650 K. ¿Cuál es la energía de activación para la reacción?

12.24 Para la reacción: $NO_2Cl(g) + NO(g) \rightarrow NO_2(g) + ONCl(g)$, *A* es 8.3×10^8 y E_a es 28.9 kJ/mol. La ecuación de velocidad es de primer orden en NO_2Cl y de primer orden en NO. ¿Cuál es la constante de velocidad, *k*, a 500°K?

12.25 Para la reacción: $NO(g) + N_2O(g) \rightarrow NO_2(g) + N_2(g)$. *A* es 2.5×10^{11} y E_a es 209 kJ/mol. La ecuación de velocidad es de primer orden en NO y de primer orden en N_2O. ¿Cuál es la constante de velocidad, *k*, a 1000 K?

12.26 La reacción: $C_2H_4(g) + H_2(g) \rightarrow C_2H_6(g)$, es de primer orden en C_2H_4, primer orden en H_2 y segundo orden para toda la reacción. La energía de activación para la reacción es 181 kJ/mol y *k* es 1.3×10^{-3} litro/mol·s a 700 K. ¿Cuál es el valor de *k* para la reacción a 730 K?

12.27 La reacción: $NO(g) + N_2O(g) \rightarrow NO_2(g) + N_2(g)$, es de primer orden para cada uno de los reactivos y de segundo orden para toda la reacción. La energía de activación de la reacción es 209 kJ/mol, y *k* es 0.77 litros/mol·s a 950 K. ¿Cuál es el valor de *k* para una reacción a 1000 K?

12.28 La reacción: $C_2H_5Br(g) \rightarrow C_2H_4(g) + HBr(g)$, es de primer orden en C_2H_5Br. La constante de velocidad es 2.0×10^{-5}/s a 650 K y la energía de activación es de 226 kJ/mol. ¿A qué temperatura es la constante de velocidad 6.0×10^{-5}/s?

12.29 ¿Cuál es la energía de activación de una reacción que aumenta su velocidad 10 veces cuando la temperatura se aumenta de 300 K a 310 K?

12.30 A 400 K, se completa cierta reacción en un 50% en 1.50 minutos. A 430 K, la misma reacción se completa en un 50% en 0.50 minutos. Calcule la energía de activación para la reacción.

EQUILIBRIO QUÍMICO

CAPÍTULO
13

Bajo condiciones adecuadas, el nitrógeno y el hidrógeno reaccionan para formar amoníaco:

$$N_2(g) + 3\,H_2(g) \longrightarrow 2\,NH_3(g)$$

Por otra parte, el amoníaco se descompone a temperaturas elevadas para producir nitrógeno e hidrógeno:

$$2\,NH_3(g) \longrightarrow N_2(g) + 3\,H_2(g)$$

La reacción es reversible, y la ecuación para la reacción también puede escribirse

$$N_2(g) + 3\,H_2(g) \rightleftharpoons 2\,NH_3(g)$$

La flecha doble ($\rightleftharpoons$) indica que la ecuación puede leerse en cualquier dirección.

Todos los procesos reversibles tienden a alcanzar un estado de equilibrio. Para una reacción química reversible, se alcanza un estado de equilibrio cuando la velocidad a la cual la reacción química se realiza, iguala la velocidad a la cual prosigue la reacción inversa. Este capítulo trata acerca de los sistemas en equilibrio que involucran reacciones químicas reversibles.

13.1 Reacciones reversibles y equilibrio químico

Considere una ecuación hipotética reversible:

$$A_2(g) + B_2(g) \rightleftharpoons 2\,AB(g)$$

Esta ecuación puede leerse en *ambos sentidos*, hacia adelante o hacia atrás. Si A_2 y B_2 se mezclan, reaccionarán para producir AB. Por otra parte, una muestra de AB puro se descompone para formar A_2 y B_2.

Suponga que colocamos una mezcla de A_2 y B_2 en un recipiente. Reaccionarán para producir AB y sus concentraciones disminuirán gradualmente a medida que ocurre la reacción hacia la derecha (Figura 13.1). Puesto que las concentraciones de A_2 y B_2 disminuyen, disminuye la velocidad de la reacción hacia la derecha.

Al comienzo del experimento, no puede ocurrir la reacción inversa puesto que AB no se ha formado. Tan pronto como la reacción hacia la derecha produce alguna cantidad de AB, comienza la reacción inversa. La reacción inversa comienza lentamente (puesto que la concentración de AB es baja) y se acelera gradualmente.

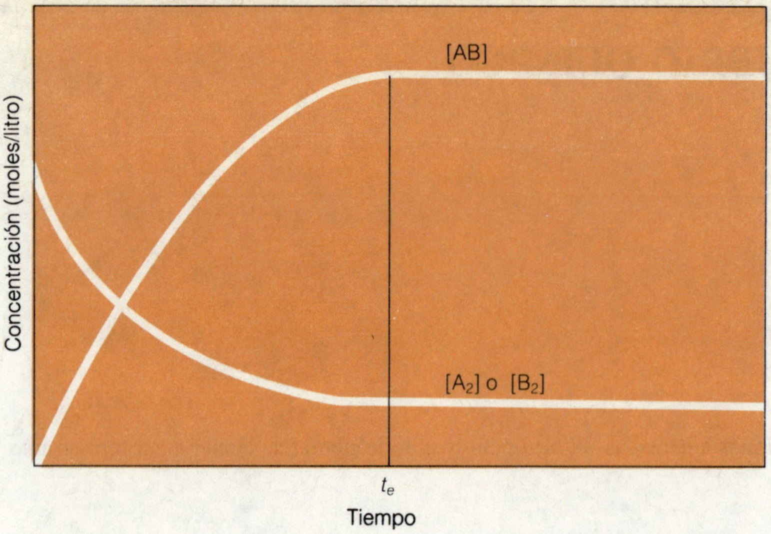

Figura 13.1 Curvas que muestran cambios en las concentraciones de materiales con el tiempo para la reacción $A_2 + B_2 \rightleftharpoons 2AB$. El equilibrio se logra en el tiempo t_e.

A medida que transcurre el tiempo, la velocidad de la reacción hacia la derecha disminuye y aumenta la velocidad de la reacción inversa hasta que las dos son iguales. En este punto, se establece el **equilibrio químico.** Estado de equilibrio es aquel en el cual las dos velocidades opuestas son iguales.

En el equilibrio, las concentraciones de todas las sustancias permanecen constantes. La concentración de AB es constante puesto que AB es producido por la reacción hacia la derecha a la misma velocidad que es utilizada en la reacción inversa. En forma similar, A_2 y B_2 se forman (por la reacción inversa) a la misma velocidad con que son usadas (por la reacción hacia la derecha). Es importante observar que las concentraciones son constantes debido a que las velocidades de las reacciones opuestas son iguales y *no* debido a que ha cesado toda actividad. Los datos para el experimento se muestran en la Figura 13.1. El equilibrio se alcanza en el tiempo t_e.

Si suponemos que las reacciones hacia la derecha y la inversa se realizan por mecanismos sencillos de una sola etapa, la velocidad de la reacción hacia la derecha es

$$\text{velocidad}_d = k_d[A_2][B_2]$$

y la velocidad de la reacción inversa es

$$\text{velocidad}_i = k_i[AB]^2$$

En equilibrio, estas dos velocidades son iguales y, por consiguiente,

$$\text{velocidad}_d = \text{velocidad}_i$$
$$k_d[A_2][B_2] = k_i[AB]^2$$

Esta ecuación puede trasponerse en

$$\frac{k_d}{k_i} = \frac{[AB]^2}{[A_2][B_2]}$$

La constante de la velocidad de la reacción hacia la derecha, K_d dividida por la constante de velocidad de la reacción Inversa, K_i, es igual a una tercera constante, la cual se llama, constante de equilibrio K:

$$\frac{k_d}{k_i} = K \tag{13.1}$$

Por consiguiente, $K = \dfrac{[AB]^2}{[A_2][B_2]}$

El valor numérico de K varía con la temperatura. Para esta reacción hay un número ilimitado de posibles sistemas de equilibrio. Sin embargo, las concentraciones A_2 B_2 y AB para *cualquier* sistema en equilibrio a una temperatura dada será, cuando se exprese en la manera precedente, igual al mismo valor de K.

En general, para cualquier reacción reversible

$$wW + xX \rightleftharpoons yY + zZ \tag{13.2}$$

en equilibrio,

$$K = \frac{[Y]^y[Z]^z}{[W]^w[X]^x} \tag{13.3}$$

Por acuerdo, los términos de la concentración para los materiales a la *derecha* de la ecuación química se escriben en el *númerador* de la expresión para la constante de equilibrio.

Si la ecuación se escribe en la forma inversa,

$$yY + zZ \rightleftharpoons wW + xX$$

la expresión para la constante de equilibrio (la cual indicaremos como K') es

$$K' = \frac{[W]^w[X]^x}{[Y]^y[Z]^z}$$

Observe que K' es el reciproco de K:

$$K' = \frac{1}{K}$$

En nuestra derivación, suponemos que las reacciones hacia la derecha y la inversa se realizan por mecanismos que consisten en un solo paso. ¿Se cumple la ley del equilibrio para las reacciones que ocurren por mecanismos de más de una etapa? La respuesta es que sí.

Considere la reacción

$$2\,NO_2Cl(g) \rightleftharpoons 2\,NO_2(g) + Cl_2(g)$$

para la cual la expresión de la constante de equilibrio es

$$K = \frac{[NO_2]^2[Cl_2]}{[NO_2Cl]^2}$$

Se cree que la reacción se realiza mediante un mecanismo consistente en dos pasos:

1. $NO_2Cl \underset{k'_1}{\overset{k_1}{\rightleftharpoons}} NO_2 + Cl$

2. $NO_2Cl + Cl \underset{k'_2}{\overset{k_2}{\rightleftharpoons}} NO_2 + Cl_2$

Los símbolos para las constantes de velocidad aparecen encima y debajo de las flechas de estas ecuaciones. El símbolo k se usa para la constante de velocidad de la reacción hacia la derecha, y k' se usa para la reacción inversa. Los índices de estos símbolos representan los pasos.

Puesto que la reacción total es reversible, cada etapa del mecanismo debe también ser reversible. Cuando se establece el equilibrio para toda la reacción, cada etapa del mecanismo debe estar en equilibrio. Por consiguiente,

$$K_1 = \frac{k_1}{k'_1} = \frac{[NO_2][Cl]}{[NO_2Cl]}$$

y

$$K_2 = \frac{k_2}{k'_2} = \frac{[NO_2][Cl_2]}{[NO_2Cl][Cl]}$$

El producto de estas expresiones es:

$$K_1K_2 = \frac{k_1k_2}{k'_1k'_2} = \frac{[NO_2][Cl]}{[NO_2Cl]}\frac{[NO_2][Cl_2]}{[NO_2Cl][Cl]} = \frac{[NO_2]^2[Cl_2]}{[NO_2Cl]^2}$$

El cual es igual que la expresión para la constante de equilibrio derivada directamente de la ecuación para todo el cambio. En este caso, las constante de equilibrio para todo el cambio, es el producto de las constantes de equilibrio de cada uno de los pasos:

$$K = K_1K_2$$

13.2 Constantes de equilibrio

Para la reacción:

$$H_2(g) + I_2(g) \rightleftharpoons 2\,HI(g)$$

la constante de equilibrio a 425°C es

$$K = \frac{[HI]^2}{[H_2][I_2]} = 54.8$$

El valor numérico de K debe ser determinado experimentalmente. Si las concentraciones de los materiales (en moles/litro) presentes en cualquier mezcla en equilibrio a 425°C se sustituyen en la expresión por la constante de equilibrio, el resultado será igual a 54.8. Si se obtiene cualquier otro valor diferente de 54.8, la mezcla no está en equilibrio.

La condición de equilibrio puede enfocarse desde cualquier dirección. O sea, se puede obtener una mezcla en equilibrio mezclando hidrógeno y yodo, permitiendo que el yoduro de hidrógeno puro se disocie o mezclando los tres materiales.

La magnitud del valor de la constante de equilibrio da una indicación de la posición de equilibrio. Recuerde que los términos de las concentraciones de las sustancias de la derecha de la ecuación se escriben en el numerador de la expresión para la constante de equilibrio. Para la reacción

$$CO(g) + Cl_2(g) \rightleftharpoons COCl_2(g)$$

a 100°C

$$K = \frac{[COCl_2]}{[CO][Cl_2]} = 4.57 \times 10^9 \text{ litro/mol}$$

De este valor relativamente grande de K, concluimos que las concentraciones en equilibrio de CO y Cl_2 son pequeñas y que la síntesis de $COCl_2$ está practicamente completa. En otras palabras, la reacción hacia la derecha está casi completa en el equilibrio de la reacción

$$N_2(g) + O_2(g) \rightleftharpoons 2\,NO(g)$$

a 2,000°C

$$K = \frac{[NO]^2}{[N_2][O_2]} = 4.08 \times 10^{-4}$$

De este pequeño valor de K, concluimos que NO se disocia en su mayor parte en N_2 y O_2 en equilibrio. La reacción hacia la izquierda es casi completa.

El equilibrio entre las sustancias en dos o más fases se llama **equilibrio heterogéneo.** La concentración de un sólido puro o un líquido puro es constante cuando la temperatura y presión son constantes. Por consiguiente, para cualquier equilibrio heterogéneo, los valores de las concentraciones de sólidos o líquidos involucrados se incluyen en el valor de K, y los términos para la concentración de estas sustancias no aparecen en la expresión para la constante de equilibrio.

Por ejemplo, para la reacción

$$CaCO_3(s) \rightleftharpoons CaO(s) + CO_2(g)$$

los valores para las concentraciones de CaO y $CaCO_3$ se incluyen en el valor de K, y la expresión para la constante de equilibrio es

$$K = [CO_2]$$

Por lo tanto, a cualquier temperatura fija, la concentración en equilibrio del CO_2 en una mezcla de sólidos tiene un valor definido. La constante de equilibrio para la reacción

$$3\,Fe(s) + 4\,H_2O(g) \rightleftharpoons Fe_3O_4(s) + 4\,H_2(g)$$

se expresa en los siguientes términos:

$$K = \frac{[H_2]^4}{[H_2O]^4}$$

Algunos hechos relacionados con expresiones para las constantes de equilibrio pueden resumirse como sigue:

1. Los términos para la concentración de las sustancias que aparecen en el lado *derecho* de la ecuación química se escriben en el *numerador* de la expresión para K. Los términos para la concentración de las sustancias que aparecen en el *lado izquierdo* se escriben en el *denominaador*.

2. No se incluye ningún término de concentración para sólidos o líquidos puros. El valor de K incluye estos términos.

3. El valor de K para un equilibrio dado es constante si la temperatura de equilibrio no cambia. A diferentes temperaturas, el valor de K es diferente.

4. La magnitud de K para un equilibrio dado indica la posición de equilibrio. Un valor *grande* de K, indica que la reacción hacia la derecha es aproximadamente completa. Un valor *pequeño* de K indica que la reacción hacia la izquierda es casi completa. Un valor de K que no es muy grande ni muy pequeño indica una situación intermedia*.

Los siguientes ejemplos ilustran cómo pueden resolverse algunos problemas que comprenden constantes de equilibrio.

Ejemplo 13.1

Para la reacción

$$N_2O_4(g) \rightleftharpoons 2\,NO_2(g)$$

las concentraciones de las sustancias presentes en una mezcla en equilibrio a 25°C son:

$$[N_2O_4] = 4.27 \times 10^{-2}\ \text{mol/litro}$$
$$[NO_2] = 1.41 \times 10^{-2}\ \text{mol/litro}$$

¿Cuál es el valor de K a esta temperatura?

Solución

$$K = \frac{[NO_2]^2}{[N_2O_4]}$$
$$= \frac{(1.41 \times 10^{-2}\ \text{mol/litro})^2}{(4.27 \times 10^{-2}\ \text{mol/litro})}$$
$$= 4.66 \times 10^{-2}\ \text{mol/litro}$$

*Para ser extrictamente exacto, las ecuaciones para las constantes de equilibrio deben escribirse en términos de actividades en vez de concentraciones o presiones (Sección 17.9). A bajas concentraciones y presiones de algunas atmósferas, sin embargo, pueden usarse las concentraciones con exactitud razonable.

Ejemplo 13.2

A 500 K, 1.00 mol de ONCl(g) se introduce en un recipiente de 1 litro. En equilibrio, el ONCl(g) se disocia en 9.0%:

$$2\,ONCl(g) \rightleftharpoons 2\,NO(g) + Cl_2(g)$$

Calcule el valor de K para el equilibrio a 500 K.

Solución

Considerando exactamente 1 litro, el problema se simplifica puesto que el número de moles de gas es el mismo que la concentración del gas (en mol/litro).

Puesto que el ONCl se disocia en 9.0%,

el número de moles disociadas = 0.090(1.00 mol) = 0.090 moles de ONCl
Debemos sustraer esta cantidad del número de moles de ONCl presentes inicialmente. Por consiguiente, la concentración de ONCl en equilibrio es:

$$[ONCl] = 1.00 \text{ mol/litro} - 0.090 \text{ mol/litro} = 0.91 \text{ mol/litro}$$

El ONCl que se disocia produce NO y Cl_2. Podemos derivar las cantidades de las sustancias producidas, partiendo de los coeficientes de la ecuación química:

$$2\,ONCl \rightleftharpoons \underset{0.090 \text{ moles}}{2\,NO} + \underset{0.045 \text{ moles}}{Cl_2}$$

Puesto que 2 moles de ONCl producen dos moles de NO, 0.090 moles de ONCl producirán 0.090 moles de NO. La ecuación indica que dos moles de ONCl producen solamente 1 mol de Cl_2; por lo tanto, 0.090 moles de ONCl producirán 0.045 moles de Cl_2. Las concentraciones en equilibrio son:

$$[ONCl] = 0.91 \text{ mol/litro}$$
$$[NO] = 0.090 \text{ mol/litro}$$
$$[Cl_2] = 0.045 \text{ mol/litro}$$

Por consiguiente,

$$K = \frac{[NO]^2[Cl_2]}{[ONCl]^2}$$
$$= \frac{(0.090 \text{ mol/litro})^2(0.045 \text{ mol/litro})}{(0.91 \text{ mol/litro})^2}$$
$$= 4.4 \times 10^{-4} \text{ mol/litro}$$

Ejemplo 13.3

El valor de K para el HI en equilibrio a 425°C es 54.8:

$$H_2(g) + I_2(g) \rightleftharpoons 2\,HI(g)$$

Una cantidad de HI(g) se coloca en un recipiente de 1.0 litros y se le permite alcanzar el equilibrio a 425°C. ¿Cuáles son las concentraciones de $H_2(g)$ e $I_2(g)$ en equilibrio con 0.50 mol/litro de HI(g)?

Solución

Las concentraciones de $H_2(g)$ e $I_2(g)$ deben ser iguales puesto que se producen en cantidades iguales por la descomposición del HI(g). Por consiguiente, hagamos

$$[H_2] = [I_2] = x$$

Sabemos que la concentración de HI en equilibrio es

$$[HI] = 0.50 \text{ mol/litro}$$

Si sustituimos estos valores en la ecuación para la constante de equilibrio y despejamos x:

$$K = \frac{[HI]^2}{[H_2][I_2]} = 54.8$$

$$\frac{0.50 \text{ mol/litro})^2}{x^2} = 54.8$$

$$54.8\,x^2 = 0.25 \text{ mol}^2/\text{litro}^2$$

$$x^2 = 0.00456 \text{ mol}^2/\text{litro}^2$$

$$x = 0.068 \text{ mol/litro}$$

Las concentraciones en el equilibrio son:

$$[HI] = 0.50 \text{ mol/litro}$$
$$[H_2] = [I_2] = 0.068 \text{ mol/litro}$$

Ejemplo 13.4

Para la reacción

$$H_2(g) + CO_2(g) \rightleftharpoons H_2O(g) + CO(g)$$

K es 0.771 a 750°C. Si 0.0100 moles de H_2 y 0.0100 moles de CO_2 se mezclan en un recipiente de 1 litro de 750°C, ¿cuáles son las concentraciones de todas las sustancias presentes en equilibrio?

Solución

Si x moles de H_2 reaccionan con x moles de CO_2 del total de las cantidades suministradas, se producirán x moles de H_2O y x moles de CO. Puesto que el recipiente tiene un volumen de 1 litro, en equilibrio las concentraciones son (en mol/litro):

$$\begin{array}{ccccc} H_2(g) & + \; CO_2(g) & \rightleftharpoons H_2O(g) & + \; CO(g) \\ (0.0100 - x) & (0.0100 - x) & x & x \end{array}$$

$$K = \frac{[H_2O][CO]}{[H_2][CO_2]} = 0.771$$

$$= \frac{x^2}{(0.0100 - x)(0.0100 - x)} = 0.771$$

Si sacamos la raíz cuadrada de ambos miembros de esta ecuación, obtenemos

$$\frac{x}{(0.0100 - x)} = 0.878$$

$$x = 0.00468$$

Por consiguiente, en el equilibrio

$$H_2 = [CO_2] = (0.0100 - x)$$
$$= 0.0053 \text{ mol/litro}$$
$$= 5.3 \times 10^{-3} \text{ mol/litro}$$

$$[H_2O] = [CO] = x = 0.00468 \text{ mol/litro}$$
$$4.68 \times 10^{-3} \text{ mol/litro}$$

13.3 Constantes de equilibrio expresadas en términos de presión

La presión parcial de un gas es una medida de su concentración. Por consiguiente las constantes de equilibrio para las reacciones que involucran gases pueden escribirse en términos de presiones parciales de los gases reaccionantes. Una constante de equilibrio de este tipo recibe la designación K_p.

Para el equilibrio del carbonato de calcio

$$CaCO_3(s) \rightleftharpoons CaO(s) + CO_2(g)$$

la constante de equilibrio en términos de presiones parciales es

$$K_p = p_{CO_2}$$

Para el equilibrio

$$N_2(g) + 3\,H_2(g) \rightleftharpoons 2\,NH_3(g)$$

La K_p es

$$K_p = \frac{(p_{NH_3})^2}{(p_{N_2})(p_{H_2})^3}$$

Existe una relación sencilla entre K_p para una reacción y la constante de equilibrio obtenida de las concentraciones. Considere la reacción

$$wW + xX \rightleftharpoons yY + zZ \qquad (13.4)$$

Si *todos* estos materiales son *gases*

$$K_p = \frac{(p_Y)^y(p_Z)^z}{(p_W)^w(p_X)^x} \qquad (13.5)$$

Suponiendo que todos los gases siguen la ley de los gases ideales

$$PV = nRT$$

Entonces, la presión parcial de cualquier gas, p, es

$$p = \frac{n}{V}RT$$

La concentración de un gas en mol/litro es igual a n/V; por consiguiente, para un gas W

$$p_W = [W]RT \qquad (13.6)$$

$$(p_w)^w = [W]^w(RT)^w \qquad (13.7)$$

Si sustituimos la expresión tal como la Ecuación 13.7 por los términos de la presión parcial en la expresión para K_p (Ecuación 13.5), obtenemos:

$$K_p = \frac{[Y]^y(RT)^y[Z]^z(RT)^z}{[W]^w(RT)^w[X]^x(RT)^x}$$

$$= \frac{[Y]^y[Z]^z}{[W]^w[X]^x}(RT)^{+y+z-w-x} \qquad (13.8)$$

El término fraccionario en la última ecuación es igual a K:

$$K_p = K(RT)^{+y+z-w-x} \qquad (13.9)$$

si se lee la ecuación química para la reacción

$$wW + xX \rightleftharpoons yY + zZ \qquad (13.4)$$

en cantidades molares,

$y + z$ = número de moles de los gases en la derecha
$w + x$ = número de moles de los gases en la izquierda

Si hacemos Δn igual al cambio en el número de moles de los gases cuando la ecuación se lee de izquierda a derecha:

$$\Delta n = (y + z) - (w + x) = +y + z - w - x \qquad (13.10)$$

por lo tanto,

$$K_p = K(RT)^{\Delta n} \qquad (13.11)$$

Las presiones parciales se expresan en atmósferas, las concentraciones se expresan en moles/litro, R es 0.08206 litro·atm/(K·mol), T es la temperatura absoluta en K. Para la reacción

$$PCl_5(g) \rightleftharpoons PCl_3(g) + Cl_2(g)$$

Δn es $+1$. Por consiguiente,

$$K_p = K(RT)^{+1}$$

Para la reacción

$$CO(g) + Cl_2(g) \rightleftharpoons COCl_2(g)$$

$\Delta n = -1$. Por consiguiente,

$$K_p = K(RT)^{-1} \qquad \text{o} \qquad K_p = \frac{K}{(RT)}$$

Para la reacción

$$H_2(g) + I_2(g) \rightleftharpoons 2\,HI(g)$$

$\Delta n = 0$. Por consiguiente,

$$K_p = K(RT)^0 \qquad \text{o} \qquad K_p = K$$

Ejemplo 13.5

A 1100 K, la constante de equilibrio para la reacción

$$2\,SO_3(g) \rightleftharpoons 2\,SO_2(g) + O_2(g)$$

es 0.0271 mol/litro. ¿Cuál es el valor de K_p a esta temperatura?

Solución

Dos moles de $SO_3(g)$ producen un total de 3 moles de gases. Por consiguiente,

$$\begin{aligned} \Delta n &= +1 \\ K_p &= K(\text{RT})^{+1} \\ &= (0.0271 \text{ mol·litro})\{[0.0821 \text{ litro·atm/(K·mol)}](1100°\text{K})\} \\ &= 2.45 \text{ atm} \end{aligned}$$

Ejemplo 13.6

¿Cuál es el valor de K para la reacción

$$N_2(g) + 3\,H_2(g) \rightleftharpoons 2\,NH_3(g)$$

a 500°C, si K_p es $1.50 \times 10^{-5}/atm^2$ a esta temperatura?

Solución

Hay 4 moles de gases indicados a la izquierda de la ecuación química y 2 moles de gases indicados a la derecha. Por consiguiente,

$$\Delta n = -2$$

La temperatura es de 500°C, la cual es

$$T = 773\ K.$$

Por lo tanto,

$$K_p = K(RT)^{\Delta n}$$

$$(1.50 \times 10^{-5}/atm^2) = K\{[0.0821\ litro \cdot atm/(K \cdot mol)](773K)\}^{-2}$$

$$(1.50 \times 10^{-5}/atm^2) = \frac{K}{(63.5\ litro \cdot atm/mol)^2}$$

$$K = (1.50 \times 10^{-5}/atm^2)(4.03 \times 10^3\ litro^2 \cdot atm^2/mol^2)$$
$$= 6.04 \times 10^{-2}\ litro^2/mol^2$$

Ejemplo 13.7

Para la reacción

$$C(s) + CO_2(g) \rightleftharpoons 2\,CO(g)$$

K_p es 167.5 atm a 1000°C. ¿Cuál es la presión parcial del CO(g) en un sistema de equilibrio en el cual la presión parcial del $CO_2(g)$ es 0.100 atm?

Solución

$$K_p = \frac{(p_{CO})^2}{p_{CO_2}} = 167.5\ atm$$

$$\frac{(p_{CO})^2}{0.100\ atm} = 167.5\ atm$$

$$(p_{CO})^2 = 16.8\ atm^2$$

$$p_{CO} = 4.10\ atm$$

Ejemplo 13.8

K_p para el equilibrio

$$FeO(s) + CO(g) \rightleftharpoons Fe(s) + CO_2(g)$$

a 1000°C es 0.403. Si CO(g), a una presión de 1.000 atm, y un exceso de FeO(s) se colocan en un recipiente a 1000°C. ¿Cuáles serán las presiones de CO(g) y CO_2(g) cuando se alcance el equilibrio?

Solución

Sea *x* igual a presión parcial del CO_2 cuando se ha alcanzado el equilibrio. Puesto que se produce 1 mol de CO_2 por cada mol de CO utilizado, la presión parcial del CO_2 es igual al descenso en la presión de CO

$$\underset{}{FeO(s)} + \underset{(1.000 - x)\,\text{atm}}{CO(g)} \rightleftharpoons Fe(s) + \underset{x\,\text{atm}}{CO_2(g)}$$

$$K_p = \frac{p_{CO_2}}{p_{CO}} = 0.403$$

$$\frac{x\ \text{atm}}{(1.000 - x)\ \text{atm}} = 0.403$$

$$x = p_{CO_2} = 0.287\ \text{atm}$$

$$1.000 - x = p_{CO} = 0.713\ \text{atm}$$

13.4 El principio de Le Chatelier

¿Qué le sucede a un sistema en equilibrio si se cambiara una condición experimental (tal como temperatura o presión)? Los efectos de tales cambios fueron resumidos en 1884 por Henry Le Chatelier. El principio de Le Chatelier establece que un sistema en equilibrio reacciona para contrarrestar el efecto o causa que lo modificó y establece un nuevo equilibrio. Esta importante generalización es muy sencilla de aplicar.

1. Cambios de concentración. Si se *aumenta* la concentración de una sustancia, el equilibrio se desplazará en forma tal que *disminuirá* la concentración de la sustancia que se agregó. Suponga que tenemos un sistema en equilibrio

$$H_2(g) + I_2(g) \rightleftharpoons 2\,HI(g)$$

y *aumentamos* la concentración de H_2 añadiendo más H_2 al sistema, el equilibrio se rompe y el sistema reaccionará en forma tal que *disminuirá* la concentración de H_2. Esto puede ocurrir utilizando parte del H_2 (y algo de I_2) para formar más HI. Cuando se restablece el equilibrio, la concentración de HI será mayor que la inicial. Se dice que la posición del equilibrio se ha desplazado hacia la derecha.

Si se aumenta la concentración de HI, agregando HI al sistema, la posición de equilibrio se desplazará hacia la izquierda. En esta forma, se utilizará parte del HI. Cuando el equilibrio se establezca de nuevo, la concentración de H_2 e I_2 será mayor que la inicial.

La separacion de una de las sustancias de un sistema en equilibrio cambiará también la posición del equilibrio. Por ejemplo, si se pudiese remover el HI, la posición de

Henri Le Chatelier, 1850–1936. *Smithsonian Institution.*

equilibrio cambiaría hacia la derecha. Se produciría HI adicional y las concentraciones de H_2 e I_2 disminuirían.

Mediante la separación continua de un producto, es posible promover la reacción reversible hasta su "culminación". La conversión completa de $CaCO_3(s)$ en $CaO(s)$.

$$CaCO_3(s) \rightleftharpoons CaO(s) + CO_2(g)$$

puede realizarse removiendo el CO_2 gaseoso, tan rápido como se produce.

2. Cambios de presión. El principio de Le Chatelier también puede utilizarse para hacer pronósticos cualitativos acerca de los cambios de presión sobre sistemas en equilibrio. Considere el efecto de un aumento de presión sobre una mezcla en equilibrio de SO_2, O_2 y SO_3:

$$2\,SO_2(g) + O_2(g) \rightleftharpoons 2\,SO_3(g)$$

En la reacción hacia la derecha se producen dos moléculas de SO_3 por la desaparición de tres moléculas gaseosas ($2SO_2$ + O_2). Dos moléculas gaseosas no ejercen una presión tan alta como las tres moléculas gaseosas.

Cuando aumenta la presión sobre una mezcla en equilibrio (o el volumen del sistema disminuye), la posición del equilibrio se cambia hacia la derecha. En esta forma, el sistema neutraliza el cambio. En forma alterna, si se disminuye la presión (o se aumenta el volumen), la posición de equilibrio se desplaza hacia la izquierda. Para la reacción en la cual $\Delta n = 0$, los cambios de presión no tienen efecto sobre la posición de equilibrio. Los equilibrios que involucran los sistemas

$$H_2(g) + I_2(g) \rightleftharpoons 2\,HI(g)$$

$$N_2(g) + O_2(g) \rightleftharpoons 2\,NO(g)$$

$$H_2(g) + CO_2(g) \rightleftharpoons H_2O(g) + CO(g)$$

no estan influidos por los cambios de presión, puesto que no existe diferencia en el volumen total de la reacción en cualquier sentido para cualquiera de estas reacciones.

Para un sistema que comprenda solamente líquidos y sólidos, el efecto de la presión sobre la posición de equilibrio es ligero y generalmente puede ignorarse para cambios ordinarios de presión. Sin embargo, los grandes cambios de presión pueden alterar mucho tales equilibrios y, a veces, son de interés aun los ligeros cambios en dichos equilibrios; por ejemplo, la posición del equilibrio

$$H_2O(s) \rightleftharpoons H_2O(l)$$

es forzada hacia la derecha por un aumento en presión debido a que cierta cantidad dada de agua ocupa un volumen más pequeño en el estado líquido que en el estado sólido (su densidad es mayor en el estado líquido).

Los cambios de presión afectan los equilibrios de gases en mayor grado. Por ejemplo, una presión elevada favorecerá la producción de una elevada cantidad de amoníaco a partir del equilibrio,

$$N_2(g) + 3\,H_2(g) \rightleftharpoons 2\,NH_3(g)$$

De esto, se puede apreciar que el principio de Le Chatelier tiene importancia práctica como una ayuda en la determinación de las condiciones favorables de reacción para la producción de una sustancia deseada.

Para equilibrios heterogéneos el efecto de la presión se predice determinando el número de moles del *gas* indicado en cada lado de la ecuación. Por ejemplo, la posición de equilibrio

$$3\,Fe(s) + 4\,H_2O(g) \rightleftharpoons Fe_3O_4(s) + 4\,H_2(g)$$

virtualmente no es afectada por la presión, debido a que hay cuatro moles del gas indicado en cada miembro de la ecuación.

3. Cambios de temperatura. Para pronosticar el efecto de un cambio de temperatura sobre un sistema en equilibrio, debe conocerse la naturaleza del efecto calórico que acompaña la reacción. A 25°C, la ecuación termoquímica para la síntesis del amoníaco es

$$N_2(g) + 3\,H_2(g) \rightleftharpoons 2\,NH_3(g) \qquad \Delta H = -92.4\text{ kJ}$$

Debido a que ΔH es negativo, la reacción hacia la derecha desprende calor. Se puede escribir la ecuación para indicar el calor como un producto:

$$N_2(g) + 3\,H_2(g) \rightleftharpoons 2\,NH_3(g) + 92.4\text{ kJ}$$

La reacción hacia la derecha es *exotérmica* y la reacción inversa es *endotérmica*. En otras palabras, la reacción hacia la derecha produce calor y la reacción inversa consume calor. Si se agrega calor (la temperatura del sistema se aumenta), la posición de equilibrio se desplaza hacia la izquierda—la dirección en la cual el calor es absorbido. Si la mezcla se enfría, la posición de equilibrio se desplaza hacia la derecha —la dirección en la cual se desprende calor. Las cantidades más altas de amoníaco se obtendrán a las temperaturas más bajas. Desafortunadamente, si la temperatura es muy baja la reacción será extremadamente baja. En los procesos comerciales se utilizan elevadas presiones y temperaturas alrededor de 500°C.

Considere la reacción

$$CO_2(g) + H_2(g) \rightleftharpoons CO(g) + H_2O(g) \qquad \Delta H = +41.1\text{ kJ}$$

puesto que el ΔH es positivo, la reacción hacia la derecha es endotérmica. Escribimos la ecuación

$$41.1\text{ kJ} + CO_2(g) + H_2(g) \rightleftharpoons CO(g) + H_2O(g)$$

Aumentando la temperatura, *siempre* se favorece el cambio endotérmico y disminuyendo la temperatura, *siempre* se favorece el cambio exotérmico. En este caso, la reacción se fuerza hacia la derecha por un aumento en la temperatura. Una disminución en la temperatura hace que la posición de equilibrio se desplace hacia la izquierda.

El valor numérico de la constante de equilibrio cambia cuando la temperatura cambia. La reacción de CO_2 y H_2 se desplaza hacia la derecha por un aumento de temperatura. Las concentraciones de las sustancias de la derecha se incrementan por este cambio. Los términos para las concentraciones de estas sustancias aparecen en el numerador de la presión para K. A medida que se aumenta la temperatura, por consiguiente, el valor de K aumenta. Para esta reacción, a 700°C, $K = 0.63$, y a 1000°C, $K = 1.66$.

4. Adición de un catalizador. La presencia de un catalizador no efecta la posición del equilibrio químico, puesto que un catalizador afecta igualmente las velocidades de la reacción hacia la derecha e inversa (Sección 12.7). Sin embargo, un catalizador hará que el sistema alcance equilibrio más rápidamente de lo que podría hacerlo.

Resumen

Los temas presentados en este capítulo son:

1. Reacciones reversibles y equilibrio químico; la derivación de las constantes de equilibrio.

2. El significado de una constante de equilibrio y su uso en la solución de problemas.

3. Las constantes de equilibrio expresadas en términos de presiones parciales, K_p, y su relación con las constantes expresadas en términos de concentraciones molares, K o K_c.

4. El principio de Le Chatelier aplicado a equilibrios químicos. El efecto de un cambio en condiciones sobre un sistema en equilibrio.

Glosario

A continuación aparecen algunos de los términos más importantes presentados en este capítulo. Las definiciones de los términos no incluidos en esta lista puede localizarse utilizando el índice.

Constante de equilibrio (Sección 13.1). Constante para un sistema en equilibrio igual a una fracción en la cual el numerador es el producto de las concentraciones de las sustancias de la derecha de la ecuación química, cada una elevada a una potencia igual a sus coeficientes en la ecuación química balanceada, y el denominador es el producto de las concentraciones de las sustancias de la izquierda de la ecuación química, cada una elevada a una potencia igual a sus coeficientes en la ecuación química balanceada. Un valor obtenido mediante el uso de concentraciones molares recibe el símbolo K o K_c; otro escrito en términos de presiones parciales de los gases reaccionantes recibe el símbolo K_p.

Equilibrio heterogéneo (Sección 13.2). Estado de equilibrio entre sustancias en más de una fase.

Equilibrio homogéneo (Sección 13.2). Estado de equilibrio entre sustancias en la misma fase.

Equililbrio químico (Sección 13.1). Estado en el cual la velocidad de una reacción reversible en una dirección es igual a la velocidad en la dirección opuesta.

Principio de Le Chatelier (Sección 13.4). Un sistema en equilibrio reacciona a un cambio de condiciones en tal forma que tiene a contrarrestar el cambio y a establecer un nuevo estado de equilibrio.

Problemas*

Equilibrio químico, principio de Le Chatelier

13.1 Escriba una expresión para la constante de equilibrio, K; para cada una de las siguientes reacciones:

(a) $2\,CO_2(g) \rightleftharpoons 2\,CO(g) + O_2(g)$

(b) $2\,Pb_3O_4(s) \rightleftharpoons 6\,PbO(s) + O_2(g)$

(c) $2\,Ag_2O(s) \rightleftharpoons 4\,Ag(s) + O_2(g)$

(d) $CH_4(g) + 2\,H_2S(g) \rightleftharpoons CS_2(g) + 4\,H_2(g)$

(e) $C(s) + CO_2(g) \rightleftharpoons 2\,CO(g)$

13.2. Indique en qué dirección cambiará cada uno de los equilibrios dados en el problema 13.1, con un aumento de presión.

13.3. Para el equilibrio

$$CO_2(g) + H_2(g) \rightleftharpoons CO(g) + H_2O(g)$$

K es 0.08 a 400°C y 0.41 a 600°C. ¿Es la reacción exotérmica o endotérmica?

13.4. Para el equilibrio

$$2\,SO_2(g) + O_2(g) \rightleftharpoons 2\,SO_3(g)$$

K_p es 1.0×10^5/atm a 700 K y 1.1×10^3/atm a 800 K. ¿Es la reacción exotérmica o endotérmica?

13.5. La reacción $A(g) + B(g) \rightleftharpoons C(g)$ es exotérmica. **(a)** ¿Qué efecto tendría un aumento en la temperatura sobre el valor numérico de K? **(b)** ¿Cómo variarán los valores numéricos de K y K_p con un aumento en la presión total?

13.6. La reacción $A(g) + B(g) \rightleftharpoons C(g)$ es exotérmica. Suponga que se ha establecido un sistema de equilibrio.

*Los problemas más difíciles están marcados por un asterisco. El apéndice G contiene las respuestas de los problemas codificados en color.

¿Cómo cambiaría la concentración de C(g) en equilibrio con **(a)** un aumento de temperatura, **(b)** un aumento de presión, **(c)** adición de A(g), **(d)** adición de un catalizador, **(e)** la remoción de B(g)? ¿Cómo cambiaría el valor numérico de K con **(f)** un aumento de temperatura, **(g)** un aumento de presión, **(h)** la adición de un catalizador, **(i)** la adición de A(g)?

13.7. Establezca la dirección en la cual cada uno de los siguientes sistemas en equilibrio se desplazaría con la aplicación de uno de los factores que aparecen después de la ecuación:

(a) $2SO_2(g) + O_2(g) \rightleftharpoons 2SO_3(g)$ (exotérmica)
disminución de temperatura
(b) $C(s) + CO_2(g) \rightleftharpoons 2CO(g)$ (endotérmica)
aumento de temperatura
(c) $N_2O_4(g) \rightleftharpoons 2NO_2(g)$
aumento de la presión total
(d) $CO(g) + H_2O(g) \rightleftharpoons CO_2(g) + H_2(g)$
disminución de la presión total
(e) $2NOBr(g) \rightleftharpoons 2NO(g) + Br_2(g)$
disminución de la presión total
(f) $3Fe(s) + 4H_2O(g) \rightleftharpoons Fe_3O_4(s) + 4H_2(g)$
adición de Fe(s)
(g) $2SO_2(g) + O_2(g) \rightleftharpoons 2SO_3(g)$
adición de un catalizador
(h) $CaCO_3(s) \rightleftharpoons CaO(s) + CO_2(g)$
eliminación de $CO_2(g)$
(i) $N_2(g) + 3H_2(g) \rightleftharpoons 2NH_3(g)$
aumento de la concentración de $H_2(g)$

Problemas basados en constantes de equilibrio

13.8 ¿Cuál es el valor de la constante de equilibrio K para el siguiente sistema a 395°C:

$$H_2(g) + I_2(g) \rightleftharpoons 2\,HI(g)$$

Las concentraciones en equilibrio para este sistema son $[H_2] = 0.0064$ moles/litro, $[I_2] = 0.0016$ moles/litro, $[HI] = 0.0250$ moles/litro.

13.9 El NH_4HS sólido se colocó en un recipiente al vacío a 24°C. Cuando el equilibrio se estableció de nuevo,

$$NH_4HS(s) \rightleftharpoons NH_3(g) + H_2S(g)$$

la presión total (del NH_3 y H_2S tomadas juntas) era de 0.614 atm. ¿Cuál es el K_p para el equilibrio a 24°C?

13.10 A 250°C, 0.110 moles de $PCl_5(g)$ se introdujeron en un recipiente de 1 litro. El equilibrio se estableció:

$$PCl_5(g) \rightleftharpoons PCl_3(g) + Cl_2(g)$$

En equilibrio, la concentración de $PCl_3(g)$ era de 0.050 moles/litro. **(a)** ¿Cuáles eran las concentraciones de $Cl_2(g)$ y $PCl_5(g)$? **(b)** ¿Cuál es el valor de K a 250°C?

13.11 Una mezcla de 0.0080 moles de $SO_2(g)$ y 0.0056 moles de $O_2(g)$ se colocaron en un recipiente de un litro a 1000°K. Cuando el equilibrio se establecio, 0.0040 moles de $SO_3(g)$ estaban presentes:

$$2\,SO_2(g) + O_2(g) \rightleftharpoons 2\,SO_3(g)$$

(a) ¿Cuáles son las concentraciones en equilibrio de $SO_2(g)$ y $O_2(g)$? **(b)** ¿Cuál es el valor de K para el equilibrio a 1000°K?

13.12 Si 0.025 moles de $COCl_2(g)$ se colocan en un recipiente de un litro a 400°C, 16.0% del $COCl_2$ se disocia cuando se establece el equilibrio:

$$COCl_2(g) \rightleftharpoons CO(g) + Cl_2(g)$$

Calcule el valor de K para el equilibrio a 400°C.

13.13 Para el equilibrio

$$CO(g) + 2\,H_2(g) \rightleftharpoons CH_3OH(g)$$

a 225°C, K es 10.2 litros²/mol². ¿Qué concentración de $CH_3OH(g)$ está en equilibrio con el CO(g) a una concentración de 0.020 moles/litro y $H_2(g)$ a una concentración de 0.020 moles/litro?

13.14 Para el equilibrio

$$2\,NO(g) \rightleftharpoons N_2(g) + O_2(g)$$

a 1800 K, K es 8.36×10^3. ¿Qué concentración de NO(g) está en equilibrio con $N_2(g)$ a una concentración de 0.0500 mol/litro y $O_2(g)$ a una concentración de 0.0500 mol/litro?

13.15 Para el equilibrio

$$Br_2(g) + Cl_2(g) \rightleftharpoons 2\,BrCl(g)$$

a 400 K, K es 7.0. Si 0.060 moles de $Br_2(g)$ y 0.060 moles de $Cl_2(g)$ se introducen en un recipiente de un litro a 400 K, cuál es la concentración de BrCl(g) cuando se establece el equilibrio?

13.16 A 425°C, K es 54.8 para el equilibrio

$$H_2(g) + I_2(g) \rightleftharpoons 2\,HI(g)$$

Si un mol de $H_2(g)$, 1.000 mol de $I_2(g)$ y 1.000 mol de HI(g) se colocan en un recipiente de un litro a 425°C, ¿cuáles son las concentraciones de todos los gases presentes en equilibrio?

13.17 A 425°C, K es 1.82×10^{-2} para el equilbrio

$$2\,HI(g) \rightleftharpoons H_2(g) + I_2(g)$$

Suponga que el equilibrio se establece a 425°C agregando solamente HI(g) al recipiente que contiene las sustancias reaccionantes. **(a)** ¿Cuáles son las concentraciones de $H_2(g)$ e $I_2(g)$ en equilibrio con 0.0100 mol/litro de HI (g)? **(b)** ¿Cuál era la concentración inicial de HI(g) antes de que se estableciera el equilibrio **(c)** ¿Qué porcentaje de HI(g) adicionado se disoció en equilibrio?

13.18 Para el equilibrio.

$$2\,IBr(g) \rightleftharpoons I_2(g) + Br_2(g)$$

K es 8.5×10^{-3} a 150°C. Si 0.0300 moles de IBr(g) se colocan en un recipiente de un litro, cuál es la concentración de esta sustancia después que el equilibrio se ha establecido?

13.19 Para el equilibrio

$$3\,Fe(s) + 4\,H_2O(g) \rightleftharpoons Fe_3O_4(s) + 4\,H_2(g)$$

a 900°C, K es 5.1. Si se colocan 0.050 moles de $H_20(g)$ y un exceso de Fe sólido en un recipiente de un litro, ¿cuál es la concentración de $H_2(g)$ cuando el equilibrio se ha establecido a 900°C?

K_p

13.20 Una mezcla que consiste en 1.000 mol de CO(g) y 1.000 mol de $H_2O(g)$ se colocó en un recipiente de 10.0 litros a 800 K. En el equilibrio, se hallan presentes 0.665 moles de $CO_2(g)$ y 0.665 moles de $H_2(g)$:

$$CO(g) + H_2O(g) \rightleftharpoons CO_2(g) + H_2(g)$$

(a) Cuáles son las concentraciones en equilibrio de los cuatro gases? Cuál es el valor de K a 800 K **(c)** Cuál es el valor de K_p a 800 K?

13.21 A 585 K y una presión total de 1.00 atm, el NOCl(g) se disocia 56.4%:

$$2\,ONCl(g) \rightleftharpoons 2\,NO(g) + Cl_2(g)$$

Suponga que 1.00 mol de ONCl(s) se hallaba presente antes de la disociación, **(a)** ¿Cuántos moles de ONCl(g), NO(g) y $Cl_2(g)$ se hallan presentes en equilibrio? **(b)** ¿Cuál es el número total de moles de gas presente en equilibrio? **(c)** ¿Cuáles son las presiones parciales de los tres gases en equilibrio? **(d)** ¿Cuál es el valor numérico de K_p a 585 K?

13.22 A 100°C, K es 4.57×10^9 litros/mol para el equilibrio

$$CO(g) + Cl_2(g) \rightleftharpoons COCl_2(g)$$

¿Cuál es **(a)** K y **(b)** K_p para el equilibrio

$$COCl_2(g) \rightleftharpoons CO(g) + Cl_2(g)$$

a esta temperatura?

13.23 Para el equilibrio

$$4\,HCl(g) + O_2(g) \rightleftharpoons 2\,Cl_2(g) + 2\,H_2O(g)$$

K es 889 litros/mol a 480°C. **(a)** ¿Cuál es el valor de K_p a esta temperatura? **(b)** Calcule los valores de K y K_p a 480°C para el equilibrio.

$$2\,Cl_2(g) + 2\,H_2O(g) \rightleftharpoons 4\,HCl(g) + O_2(g)$$

13.24 Para el equilibrio

$$CH_3OH(g) \rightleftharpoons CO(g) + 2\,H_2(g)$$

a 275°C, K_p es 1.14×10^3 atm^2 **(a)** ¿Cuál es el valor de K? **(b)** ¿Cuáles son K y K_p para el siguiente equilibrio a 275°C?

$$CO(g) + 2H_2(g) \rightleftharpoons CH_3OH(g)$$

13.25 A 800 K, K_p es 0.220 atm para el equilibrio

$$CaCO_3(s) \rightleftharpoons CaO(s) + CO_2(g)$$

¿Cuál es la concentración de $CO_2(g)$ en mol/litro; esto es, en equilibrio con $CaCO_3$ sólido y CaO a esta temperatura?

13.26 Para el equilibrio

$$N_2(g) + O_2(g) \rightleftharpoons 2\,NO(g)$$

K es 2.5×10^{-3} a 2400 K. La presión parcial de $N_2(g)$ es 0.50 atm y la presión parcial de $O_2(g)$ es 0.50 atm en una mezcla de estos dos gases. ¿Cuál es la presión parcial de NO(g) cuando el equilibrio se establece a 2400 K?

13.27 Para el equilibrio

$$N_2(g) + 3\,H_2(g) \rightleftharpoons 2\,NH_3(g)$$

a 350°C, K_p es 7.73×10^{-4}/atm^2. Si la presión parcial de $N_2(g)$ es 9.4 atm y la presión parcial de $H_2(g)$ es 28.0 atm en una mezcla en equilibrio a 350°C, ¿cuál es la presión parcial de $NH_3(g)$? ¿Cuál es la presión total? ¿Cuál es la fracción molar del $NH_3(g)$ presente?

13.28 Para el equilibrio

$$PCl_5(g) \rightleftharpoons PCl_3(g) + Cl_2(g)$$

a una temperatura dada, K_p es 2.25 atm. Una cantidad de $PCl_5(g)$ se colocó en un recipiente al vacío a la temperatura de referencia. Cuando se establece el equilibrio, la presión parcial del $PCl_5(g)$ es 0.25 atm. ¿Cuáles son las presiones parciales de $PCl_3(g)$ y $Cl_2(g)$ en equilibrio? ¿Cuál era la presión parcial inicial de $PCl_5(g)$ antes que alguna parte de éste se disociara en $PCl_3(g)$ y $Cl_2(g)$? ¿Qué porcentaje de $PCl_5(g)$ se ha disociado en este sistema en equilibrio?

13.29 A una temperatura dada y una presión total de 1.00 atm, las presiones parciales de una mezcla en equilibrio

$$N_2O_4(g) \rightleftharpoons 2\,NO_2(g)$$

son $P_{N_2O_4} = 0.50$ atm y $P_{NO_2} = 0.50$ atm; **(a)** Cuál es K_p a esta temperatura? **(b)** Si la presión total se aumenta a 2.00 atm y la temperatura es constante, ¿cuáles son las presiones parciales de los componentes de una mezcla en equilibrio? Observe que debe utilizarse la fórmula cuadrática para resolver este problema.

TEORÍAS DE ÁCIDOS Y BASES

CAPÍTULO **14**

En el transcurso de la historia de la química se han utilizado y propuesto varios conceptos ácido-base. En este capítulo se examinan cuatro conceptos actualmente en uso. Cada definición puede aplicarse con ventaja en el caso apropiado. En una situación dada, el químico utiliza el concepto más adecuado al propósito.

Los primeros criterios utilizados para caracterizar los ácidos y las bases fueron las propiedades observadas experimentalmente en las soluciones acuosas. Se definió un ácido como una sustancia que en solución acuosa tiene sabor agrio, vuelve rojo el tornasol, neutraliza las bases, etc. Una sustancia era una base si en solución acuosa tenía sabor amargo, volvía azul el tornasol, neutralizaba los ácidos, etc. Paralelamente con el desarrollo de generalizaciones relativas a la estructura de la materia, los científicos investigaban la correlación entre propiedades ácidas y básicas y la estructura de los compuestos que exhiben estas propiedades.

14.1 El concepto de Arrhenius

Cuando Svanté Arrhenius publicó una "teoría química de electrolitos" en 1887, propuso que un electrolito se disocia en iones en solución acuosa. Sobre esta base, un *ácido* fue definido como un compuesto que produce iones $H^+(ac)$ en solución acuosa y una *base* un compuesto que produce iones $OH^-(ac)$ en solución acuosa. La fuerza de un ácido o una base se determina por el grado de disociación del compuesto en agua. Un ácido o base fuerte es aquél que se disocia completamente. Observe que el concepto de Arrhenius se fundamenta en los iones de agua. La ecuación iónica neta para una ecuación de *neutralización* es:

$$H^+(ac) + OH^-(ac) \longrightarrow H_2O$$

El concepto de Arrhenius se presentó en la Sección 11.4. Los óxidos pueden incorporarse en el esquema de Arrhenius (Sección 11.5). Los óxidos de muchos no metales reaccionan con agua para formar ácidos y, por consiguiente, se llaman *óxidos ácidos* o *anhídridos de ácido*. Por ejemplo:

$$N_2O_5(s) + H_2O \longrightarrow 2H^+(ac) + 2NO^-{}_3(ac)$$

Muchos óxidos metálicos se disuelven en agua para formar hidróxidos. Los óxidos metálicos se llaman *óxidos básicos* o *anhídridos de bases*.

$$Na_2O(s) + H_2O \longrightarrow 2Na^+(ac) + 2OH^-(ac)$$

Los óxidos ácidos y básicos reaccionan en ausencia de agua para producir sales. Sin embargo, debe observarse que no todos los ácidos y bases pueden obtenerse de óxidos (HCl y NH_3 son ejemplos de compuestos que no se obtienen).

El concepto de Arrhenius está seriamente limitado por su énfasis en el agua y en reacciones en solución acuosa. Las definiciones posteriores son más generales, sirven para correlacionar más reacciones, y son aplicables a las reacciones en medios no acuosos.

14.2 El concepto de Brønsted-Lowry

En 1923, Johanes Brønsted y Thomas Lowry propusieron independientemente un concepto más amplio de ácidos y bases. De acuerdo con las definiciones de Brønsted-Lowry, un **ácido** es una sustancia que puede donar un protón y, una **base** es una sustancia que puede aceptar un protón. En estos términos, la reacción de un ácido con una base, es la transferencia de un protón del ácido a la base; éste es el único tipo de reacción tratada formalmente por esta teoría. Los ácidos y bases pueden ser moléculas o iones.

En la reacción

$$HC_2H_3O_2(ac) + H_2O(ac) \rightleftharpoons H_3O^+(ac) + C_2H_3O_2^-(ac)$$

la molécula de ácido acético, $HC_2H_3O_2$, actúa como un *ácido* y cede un protón a la molécula del agua, la cual actúa como una *base*. Esta reacción es reversible (como se indica con la doble flecha) y el sistema existe en equilibrio.

Consideremos ahora la reacción inversa (de derecha a izquierda). En esta reacción, el ion H_3O^+ dona un protón al ion acetato, $C_2H_3O_2^-$. El ion H_3O^+, por consiguiente, actúa como un *ácido* y el ion $C_2H_3O_2^-$ debido a que acepta un protón de este ácido actúa como una *base*. De esto de deduce que los dos ácidos ($HC_2H_3O_2$ y H_3O^+) y las dos bases (H_2O y $C_2H_3O_2^-$) están involucrados en esta reacción reversible, lo cual es realmente una competición entre las dos bases por un protón.

En la reacción hacia la derecha, la base H_2O gana un protón y se transforma en el ácido H_3O^+ y, en la dirección inversa, el ácido H_3O^+ pierde un protón y se convierte en la base H_2O. Un par de ácido-base como éste, relacionado mediante la ganancia o pérdida de un protón se llama un par conjugado.

H_2O es la base conjugada de H_3O^+
H_3O^+ es el ácido conjugado de H_2O

En forma similar, en el sistema reversible, $HC_2H_3O_2$ y $C_2H_3O_2^-$ están relacionados y forman un segundo par ácido-base conjugado. Podemos indicar las relaciones de conjugación mediante el uso de índices en la siguiente forma:

$$\underset{Acido_1}{HC_2H_3O_2(ac)} + \underset{Base_2}{H_2} \rightleftharpoons \underset{Acido_2}{H_3O^+(ac)} + \underset{Base_1}{C_2H_3O_2^-(ac)}$$

Hay muchas moléculas y iones que pueden actuar como ácidos en ciertas reacciones y como bases en otras reacciones. Por ejemplo, el agua actúa como una base en la reacción; pero cuando reacciona con el amoníaco, NH_3, actúa como un ácido:

$$\underset{Acido_1}{H_2O} + \underset{Base_2}{NH_3(ac)} \rightleftharpoons \underset{Acido_2}{NH_4^+(ac)} + \underset{Base_1}{OH^-(ac)}$$

Tabla 14.1 Algunas sustancias anfipróticas

Sustancia anfiprótica	Par conjugado: Acido	Par conjugado: Base
H_2O	H_2O	OH^-
	H_3O^+	H_2O
NH_3	NH_3	NH_2^-
	NH_4^+	NH_3
HSO_4^-	HSO_4^-	SO_4^{2-}
	H_2SO_4	HSO_4^-
HPO_4^{2-}	HPO_4^{2-}	PO_4^{3-}
	$H_2PO_4^-$	HPO_4^{2-}

En esta reacción, la *base* conjugada del agua es el ion OH^-. En forma similar, el NH_3 actúa como una base en la reacción anterior con el H_2O. En la reacción con el ion hidruro, H^-, en amoníaco líquido, el NH_3 actúa como un ácido.

$$\begin{matrix} \textit{Ácido}_1 & \textit{Base}_2 & & \textit{Ácido}_2 & & \textit{Base}_1 \\ NH_3 & H^- & \rightleftharpoons & H_2 & + & NH_2^- \end{matrix}$$

Las sustancias que pueden actuar como ácidos o como bases se llaman anfipróticas; varias sustancias anfipróticas se relacionan en la Tabla 14.1.

La reacción de neutralización del sistema de Arrhenius, por consiguiente, puede interpretarse en términos de las definiciones de Brønsted. Dicha reacción es solamente la reacción ácido-base entre el ácido conjugado y la base conjugada del solvente anfiprótico: el agua.

$$\begin{matrix} \textit{Ácido}_1 & & \textit{Base}_2 & & \textit{Ácido}_2 & & \textit{Base}_1 \\ H_3O^+(ac) & + & OH^-(ac) & \rightleftharpoons & H_2O & + & H_2O \end{matrix}$$

14.3 Fuerza de los ácidos y bases de Brønsted

En términos de Brønsted, la fuerza de un ácido se determina por su tendencia para donar protones y la fuerza de una base depende de su tendencia para aceptar protones. La reacción

$$\begin{matrix} \textit{Ácido}_1 & & \textit{Base}_2 & & \textit{Ácido}_2 & & \textit{Base}_1 \\ HCl(ac) & + & H_2O(ac) & \rightleftharpoons & H_3O^+(ac) & + & Cl^-(ac) \end{matrix}$$

se realiza virtualmente en su totalidad (de izquierda a derecha). Debemos concluir, por consiguiente, que el HCl es un ácido más fuerte que H_3O^+, puesto que éste presenta una tendencia más fuerte para perder protones y el equilibrio se desplaza hacia la derecha.

Además, resulta aparente que el H_2O es una base más fuerte que Cl^-, pues en la competición por los protones, las moléculas de agua tienen éxito en retener prácticamente todos los protones. El ácido fuerte, HCl, tiene una base conjugada débil: Cl^-.

Tabla 14.2 Intensidad relativa de algunos pares de ácido-bases conjugados.

Aumento de la intensidad ácida ↑ (columna Ácido); Aumento de intensidad básica ↓ (columna Base)

Ácido		Base
$HClO_4$	—100% H_2O →	ClO_4
HCl	—100% en H_2O →	Cl^-
HNO_3	—100% en H_2O →	NO_3
H_3O^+		H_2O
H_3PO_4		$H_2PO_4^-$
$HC_2H_3O_2$		$C_2H_3O_2$
H_2CO_3		HCO_3
H_2S		HS^-
NH_4^+		NH_3
HCN		CN^-
HCO_3^-		CO_3^-
HS^-		S^{2-}
H_2O		OH^-
NH_3	← 100% en H_2O —	NH_2^-
H_2	← 100% en H_2 —	H^-

Un ácido fuerte, que presenta gran tendencia a perder protones, está conjugado necesariamente con una base débil, la cual tiene pequeña tendencia para ganar y retener protones. De lo anterior, *mientras más fuerte es el ácido, más débil será la base conjugada*. En forma similar, una base fuerte atrae protones fuertemente y es conjugada necesariamente a un ácido débil, uno que no pierda protones rápidamente. *Entre más fuerte sea la base, más débil será el ácido conjugado.*

El ácido acético 1.0 *M* en solución se ioniza 0.42% a 25°C (Sección 15.1). El equilibrio

$$\begin{array}{ccccccc} \textit{Ácido}_1 & & \textit{Base}_2 & & \textit{Ácido}_2 & & \textit{Base}_1 \\ HC_2H_3O_2(ac) & + & H_2O & \rightleftharpoons & H_3O^+(ac) & + & C_2H_3O_2^-(ac) \end{array}$$

se desplaza hacia la izquierda. Se puede decir que esta ecuación representa una competición entre las bases, los iones acetato y las moléculas de agua por los protones. La posición del equilibrio muestra que el ion $C_2H_3O_2^-$ es una base más fuerte que el agua; en el equilibrio más protones forman moléculas de $HC_2H_3O_2$ que iones H_3O^+. Debemos concluir también que el H_3O^+ es un ácido más fuerte que el $HC_2H_3O_2$; en el equilibrio han perdido más protones los iones H_3O^+ que moléculas de $HC_2H_3O_2$. En el ejemplo anterior, observamos de nuevo que el ácido fuerte, H_3O^+, está conjugado con la base débil, H_2O, y que la base fuerte, $C_2H_3O_2^-$, está conjugada con el ácido débil, $HC_2H_3O_2$.

Podría establecerse otra conclusión más. En una reacción dada, *la posición de equilibrio favorece la formación del ácido más débil y la base más débil*. Así, en la reacción de HCl y H_2O, las concentraciones de equilibrio de H_3O^+ y Cl^- (el ácido y la base más *débiles,* respectivamente) son *elevadas*, mientras que en solución de ácido acético, las concentraciones de equilibrio de H_3O^+ y $C_2H_3O_2^-$ (el ácido y la base más *fuertes,* respectivamente) son *bajas*.

En la Tabla 14.2, se enumeran algunos ácidos en orden decreciente de su fuerza como ácido (capacidad para donar protones). Una segunda columna en la tabla enumera las bases conjugadas de estos ácidos. El ácido perclórico, $HClO_4$, es el ácido más fuerte en la lista, y su base conjugada, el ion perclorato, ClO_4^-, es la base más débil. El ion hidruro, H^-, es la base más fuerte en la tabla, y su ácido conjugado, H_2, es el ácido más débil. Resulta evidente la relación inversa entre la fuerza del ácido y de la base de un par conjugado.

La fuerza o concentración de un ácido se determina por la capacidad del ácido para donar un protón. Las reacciones del agua con los tres primeros ácidos de la lista en la Tabla 14.2 se realizan completamente:

$$HCl_4(ac) + H_2O \longrightarrow H_3O^+(ac) + ClO_4^-(ac)$$
$$HCl(ac) + H_2O \longrightarrow H_3O^+(ac) + Cl^-(ac)$$
$$HNO_3(ac) + H_2O \longrightarrow H_3O^+(ac) + NO_3^-(ac)$$

Cada uno de estos ácidos es un ácido más fuerte que el H_3O^+ y en una reacción ácido-base de Brønsted, se forma predominantemente el ácido más débil.

Las soluciones acuosas de $HClO_4$, HCl y HNO_3 de la misma concentración parecen tener la misma fuerza ácida. Las propiedades ácidas de las soluciones son causadas por el ion H_3O^+, el cual es producido por los compuestos en una cantidad equivalente al reaccionar éstos con el agua. Se dice que el agua tiene un **efecto nivelador** sobre los ácidos más fuertes que el H_3O^+. El ácido más fuerte que puede existir en solución acuosa es el ácido conjugado del agua, H_3O^+. Los ácidos más débiles que el H_3O no son nivelados por el agua. Por lo tanto, los ácidos más débiles $HC_2H_3O_2$, H_3PO_4, H_2S y otros muestran una amplia variación en su grado de ionización: la magnitud con la cual forman H_3O^+ en sus reacciones con el agua (Sección 15.1).

El agua también nivela las bases. La base más fuerte capaz de existir en solución acuosa es la base conjugada del agua OH^-. Muchas sustancias, tales como NH_2^- y H^-, son bases más fuertes que OH^-. Sin embargo, en solución acuosa estas sustancias fuertemente básicas aceptan protones para formar iones OH^-, estas reacciones son esencialmente completas. La basicidad aparente de las sustancias fuertemente básicas en agua se reduce al nivel del ion OH^-:

$$H_2O + NH_2^-(ac) \longrightarrow NH_3(ac) + OH^-(ac)$$
$$H_2O + H^-(ac) \longrightarrow H_2(g) + OH^-(ac)$$

Las sustancias, tales como el amoníaco, que son menos básicas que el OH^-, no son niveladas por el agua y muestran variaciones en el grado de ionización en solución acuosa (Sección 15.1).

El efecto nivelador se observa en otros disolventes además del agua. El ácido más fuerte en soluciones de amoníaco líquido es el ácido conjugado del amoníaco, el ion amonio, NH_4^+. El ácido acético (el cual se ioniza incompletamente en agua), se ioniza completamente en amoníaco líquido, puesto que el $HC_2H_3O_2$ es un ácido más fuerte que el NH_4^+.

$$HC_2H_3O_2 + NH_3 \longrightarrow NH_4^+ + C_2H_3O_2^-$$

La base más fuerte que puede existir en amoníaco líquido es la base conjugada del amoníaco, el ion amiduro NH_2^-. En amoníaco líquido, el ion hidruro, H^-, reacciona total y rápidamente para formar hidrógeno y el ion amiduro:

$$NH_3 + H^- \longrightarrow H_2 + NH_2^-$$

El ion hidruro, por consiguiente, es una base más fuerte que el ion NH_2^-. El amoníaco líquido reduce el H^- a nivel de base conjugada del amoníaco, NH_2^-. Observe que esta reacción establece el orden de la fuerza de la base para H^- y NH_2^- (Tabla 14.2).

14.4 La fuerza de los ácidos y la estructura molecular

Con el fin de analizar las relaciones entre las estructuras moleculares y la fuerza ácida, dividiremos los ácidos en dos tipos: hidruros covalentes y oxiácidos. Cada uno será examinado por separado.

1. Hidruros. Algunos compuestos binarios covalentes del hidrógeno (tales como H_2S y HCl) son ácidos. Dos factores influyen sobre la fuerza de acidez del hidruro de un elemento: la electronegatividad del elemento y el tamaño atómico del elemento. El primero de estos factores se comprende mejor comparando los hidruros de los elementos de un periodo. El segundo cobra importancia cuando se hacen las comparaciones en grupo.

a. Hidruros de los elementos de un período. Las fuerzas de acidez de los hidruros de los elementos de un período aumentan de izquierda a derecha a través del período en el mismo orden que aumentan las electronegatividades de los elementos. Se esperaría que un elemento altamente electronegativo sustrajera electrones del hidrógeno y facilitara su salida como protón.

Considere los hidruros de nitrógeno, oxígeno y flúor del segundo periodo. La electronegatividad de estos elementos aumenta en el orden

$$N < O < F$$

y la fuerza de acidez de los hidruros aumenta en el mismo orden

$$NH_3 < H_2O < HF$$

Una solución acuosa de amoníaco (NH_3) es básica:

$$NH_3(g) + H_2O \rightleftharpoons NH_4^+(ac) + OH^-(ac)$$

El agua se disocia en una cantidad muy pequeña y forma concentraciones extremadamente bajas de $H_3O^+(ac)$ y $OH^-(ac)$:

$$H_2O + H_2O \rightleftharpoons H_3O^+(ac) + OH^-(ac)$$

Una solución acuosa de fluoruro de hidrógeno es ácida:

$$HF(g) + H_2O \rightleftharpoons H_3O^+(ac) + F^-(ac)$$

Las electronegatividades de los siguientes elementos del tercer período están en el orden

$$P < S < Cl$$

Las fuerzas de acidez de los hidruros de estos elementos aumentan en el mismo orden; PH_3 no reacciona con agua, H_2S es un ácido débil y HCl es un ácido fuerte:

$$PH_3 < H_2S < HCl$$

b. Los hidruros de los elementos de un grupo. La acidez de los hidruros de los elementos de un grupo aumenta con el aumento en el tamaño del átomo central. Considere los hidruros de los elementos del grupo VIA y VIIA:

$H_2O < H_2S < H_2Se < H_2Te$
$HF < HCl < HBr < HI$*

Este orden es inverso al esperado sobre la base de electronegatividad. El primer hidruro de cada serie (H_2O y HF) es el ácido más débil de la serie y se forma con el elemento de más elevada electronegatividad.

Los dos factores que influyen sobre la fuerza de la acidez son la electronegatividad del átomo central y el tamaño del mismo. Cuando estos factores se contraponen entre sí, el efecto del tamaño atómico supera el efecto de la electronegatividad. Un protón se remueve con más facilidad de un hidruro en el cual el átomo central es grande y, por consiguiente, su nube electrónica es más difusa, que de uno cuyo átomo central es pequeño.

Cuando se comparan los compuestos de hidrógeno de los elementos de un periodo, las pequeñas diferencias en los tamaños del átomo central son poco importantes. Sin embargo, el tamaño del átomo central se vuelve muy importante cuando se comparan los hidruros de los elementos de un grupo. Los radios atómicos de los miembros de un grupo aumentan marcadamente desde el más ligero hasta el más pesado de cada uno. El flúor tiene un radio atómico de 71 pm y el yodo tiene un radio atómico de 133 pm; HF es un ácido débil y HI es un ácido fuerte.

Considere los hidruros de carbono, azufre y yodo. Las electronegatividades de C, S y I que pertenecen a diferentes grupos, son casi las mismas (2.5). El radio atómico del C es 77 pm, el del S es 103 pm, y el del I es 133 pm. Existe un marcado aumento en la acidez del hidruro con el aumento en el tamaño del átomo central. El metano, CH_4, no se disocia en agua, H_2S es un ácido débil y HI es un ácido fuerte.

2. Oxiácidos. Los oxiácidos son compuestos que se derivan de la estructura

$$\overset{}{H}\overset{a}{—}O\overset{b}{—}Z$$

En cada uno de estos compuestos, el hidrógeno ácido está enlazado a un átomo de O, y la variación en el tamaño de este átomo es muy pequeña. Por lo tanto, la clave de la acidez de estos oxiácidos radica en la electronegatividad del átomo Z.

Si Z es un átomo de un metal con baja electronegatividad, el par electrónico que está marcado con *b* pertenecerá completamente al átomo de oxígeno, el cual tiene una alta electronegatividad. El compuesto será un hidróxido iónico: una base. El hidróxido de sodio (HO^-Na^+, escrito generalmente Na^+OH^-), cae dentro de esta categoría.

Si Z es un átomo de un no metal de una alta electronegatividad, la situación es diferente. El enlace indicado *b* será un enlace covalente fuerte y no un enlace iónico. En vez de aumentar la densidad electrónica alrededor del átomo de oxígeno, Z tenderá a reducir la densidad electrónica, aunque el oxígeno en sí es altamente electronegativo. El efecto se sentirá en el enlace *a*. El átomo de oxígeno removerá la densidad electrónica de este enlace H—O, apartándolo del átomo de hidrógeno, lo cual permite al protón disociarse y hacer ácido al compuesto. El ácido hipocloroso, HOCl, es un ácido de este tipo.

Entre mayor sea la electronegatividad de Z, más se alejarán los electrones del átomo de H en el enlace H—O y más pronto se perderá el protón. En la serie

HOI < HOBr < HOCl

*En solución acuosa, el HCl, HBr y HI se disocian en forma prácticamente completa.

la electronegatividad de Z aumenta (I < Br < Cl) y la fuerza de acidez aumenta en el mismo orden.

En algunas moléculas, los átomos adicionales de O se enlazan a Z. Por ejemplo,

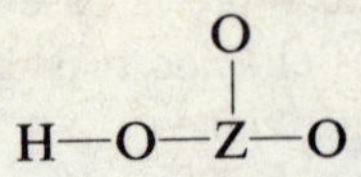

Estos átomos de O alejan electrones del átomo Z y lo hacen más positivo. Por consiguiente, el átomo Z se hace más efectivo para alejar la densidad electrónica del átomo de O que está enlazado al H. A su vez, los electrones del enlace H—O son separados con más fuerza del átomo de hidrógeno. El efecto neto facilita la disociación del protón y aumenta la acidez del compuesto.

Mientras más átomos de O estén enlazados al átomo Z, mayor será la fuerza del ácido. Este efecto se ilustra mediante la siguiente serie de ácidos, los cuales se disponen en orden creciente de su fuerza de acidez.

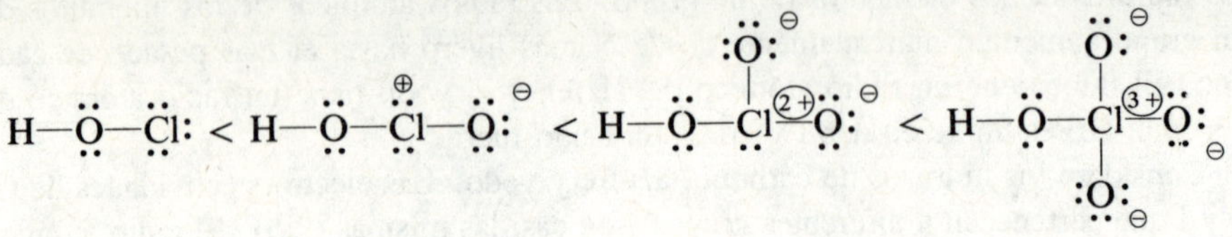

Observe que la carga formal sobre el átomo central aumenta en esta serie. A medida que aumenta la carga formal sobre el Cl, la densidad electrónica del átomo de H en el enlace H—O se aleja. Como resultado, aumenta la acidez.

Los químicos correlacionan frecuentemente la fuerza de una serie de oxiácidos, tales como éste, con el número de oxidación del átomo central más bien que con la carga formal del átomo central, como hemos hecho. En la serie de oxiácidos de cloro, la carga formal y el número de oxidación aumentan en el mismo orden, así que puede parecer que pudiera utilizarse cualquiera:

	HOCl	HOClO	$HOClO_2$	$HOClO_3$
carga formal del Cl	0	1+	2+	3+
número de oxidación del cloro	1+	3+	5+	7+

Sin embargo, en algunos casos el número de oxidación no es un indicador confiable debe usarse la carga formal. Los oxiácidos del fósforo, por ejemplo, son todos ácidos débiles de igual fuerza:

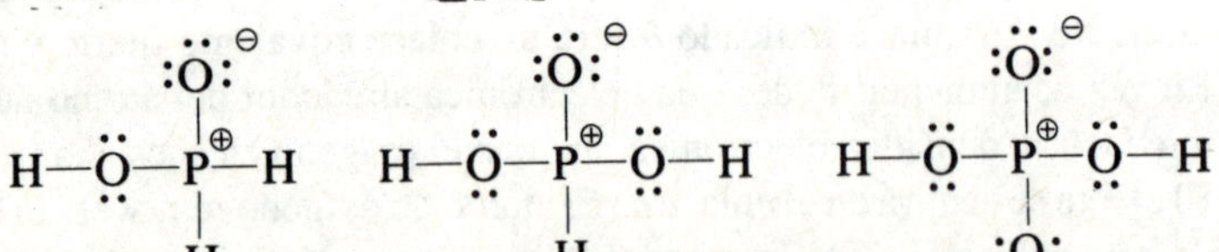

carga formal del P	1+	1+	1+
número de oxidación del P	1+	3+	5+

Cualquier pronóstico basado en el número de oxidación es incorrecto; no existe prácticamente ninguna diferencia en la fuerza de acidez en cualquiera de estos compuestos. Sin embargo, esta conclusión puede deducirse teniendo en cuenta la carga formal del P en las estructuras.

Podemos establecer la fuerza de acidez de compuestos de este tipo contando el número de átomos de O enlazados a Z, pero *no enlazados a los átomos de hidrógeno:*

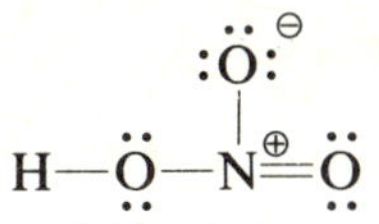

es un ácido más fuerte que

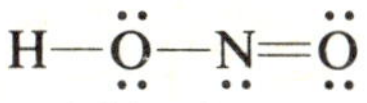

ácido nítrico
(un híbrido en resonancia)

ácido nitroso

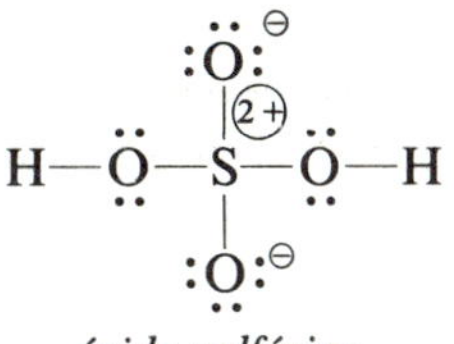

es un ácido más fuerte que

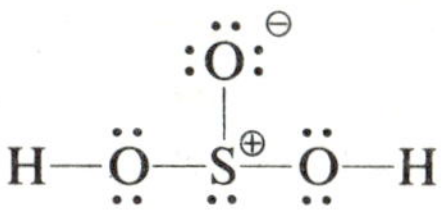

ácido sulfúrico

ácido sulfuroso

En general, la fuerza de los ácidos que tienen la fórmula general

$(HO)_m ZO_n$

pueden relacionarse al valor de *n*:

a. Si $n=0$, el ácido es *muy débil:* HOCl, $(HO)_3B$

b. Si $n=1$, el ácido es *débil:* HOClO, HONO, $(HO)_2SO$, $(HO)_3PO$

c. Si $n=2$, el ácido es *fuerte:* $HOClO_2$, $HONO_2$, $(HO)_2SO_2$

d. Si $n=3$, el ácido es *muy fuerte:* $HOClO_3$, $HOIO_3$

El primer protón de cada ácido que pertenece a las dos últimas categorías ($n=2$ y $n=3$) se disocia casi completamente en agua. La distinción entre los dos grupos se aplica a disociaciones en disolventes diferentes al agua.

El efecto de los grupos que separan electrones se puede apreciar también en los ácidos orgánicos. Ninguno de los hidrógenos del etanol:

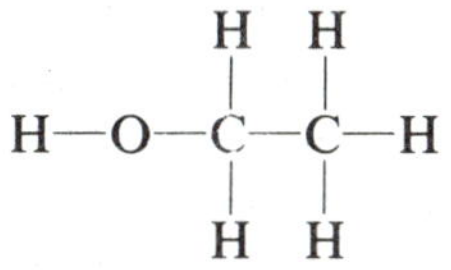

se disocia como un protón en solución acuosa. La introducción de un átomo de O en la molécula:

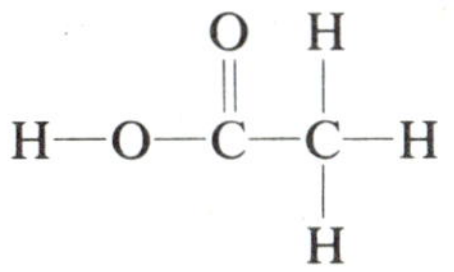

produce el compuesto llamado ácido acético (el cual previamente denominamos $HC_2H_3O_2$). El ácido acético es un ácido débil monoprótico, sólo el H del grupo H—O es ácido. Existe un gran número de ácidos orgánicos que contienen el grupo

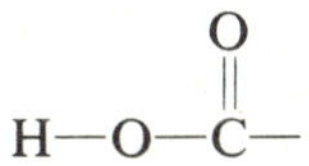

que se llama grupo carboxílico. La mayoría de los ácidos carboxílicos son ácidos débiles y muchos se considera que pertenecen a la categoría del grupo (b) de la clasificación previa ($n = 1$).

A los ácidos carboxílicos se les puede asignar la fórmula general

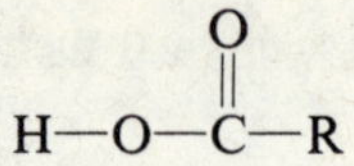

Las modificaciones del grupo R pueden aumentar o favorecer la acidez. Si uno o más átomos de H que están unidos al C en el ácido acético se sustituyen por átomos altamente electronegativos (tales como Cl), aumenta la acidez. Por ejemplo, el ácido tricloroacético,

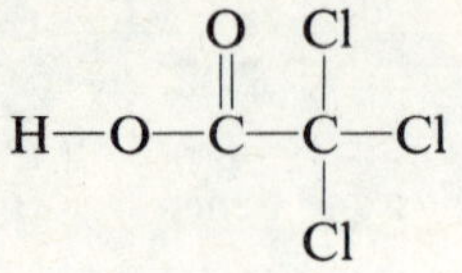

es mucho más fuerte que el ácido acético.

Las tendencias de la fuerza de las bases se deriva fácilmente de las relaciones de conjugación. Un ácido fuerte es conjugado a una base débil. Podemos, por ejemplo, pronosticar que S^{2-} es una base más débil que O^{2-}, puesto que H_2S es un ácido más fuerte que H_2O.

14.5 El concepto de Lewis

En realidad, el concepto de Brønsted extiende la definición de una base mucho más de lo que lo hace para la de un ácido. En el sistema de Brønsted, una base es una molécula o ion que tiene un par de electrones no compartidos con los cuales puede atraer y retener un protón, y un ácido es una sustancia que puede suministrar un protón a una base. Si una molécula o ion pueden compartir un par de electrones con un protón, pueden hacer también lo mismo con otras sustancias.

Gilbert N. Lewis propuso un concepto más amplio sobre ácidos y bases que liberó el fenómeno ácido-base del protón. Aunque Lewis propuso su sistema por primera vez en 1923, hizo poco para desarrollarlo hasta 1938. Lewis definió una **base** como una sustancia que posee un par de electrones sin compartir, con el cual puede formar un enlace covalente con un átomo, una molécula o un ion. Un **ácido** es una sustancia que puede formar un enlace covalente aceptando un par de electrones de la base. El énfasis ha sido desplazado por el concepto de Lewis: del protón al par de electrones y a la formación de un enlace covalente.

Un ejemplo de una reacción ácido-base que no se trata como tal por ningún otro concepto de ácido-base es

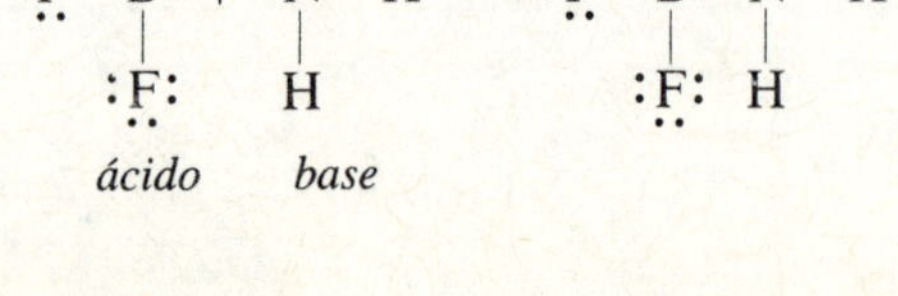

ácido *base*

Muchos ácidos y bases de Lewis de este tipo se pueden titular entre sí mediante el uso de indicadores adecuados, en la misma forma en que se pueden titular los ácidos y bases tradicionales.

Las sustancias que son bases en el sistema de Brønsted también son bases de acuerdo con el sistema de Lewis. Sin embargo, la definición de Lewis de un ácido amplía considerablemente el número de sustancias que se clasifican como ácidos. Un ácido de Lewis debe poseer un orbital desocupado capaz de aceptar pares de electrones de la base; el protón es un ejemplo sencillo de un ácido de Lewis.

Las especies químicas que pueden funcionar como ácidos de Lewis, incluyen las siguientes:

1. Las moléculas o átomos que poseen octetos incompletos:

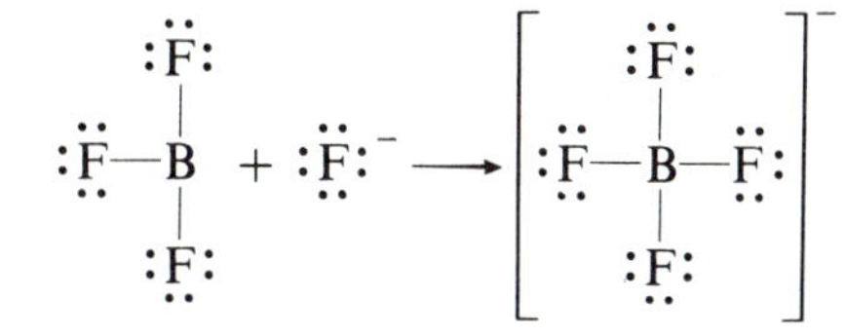

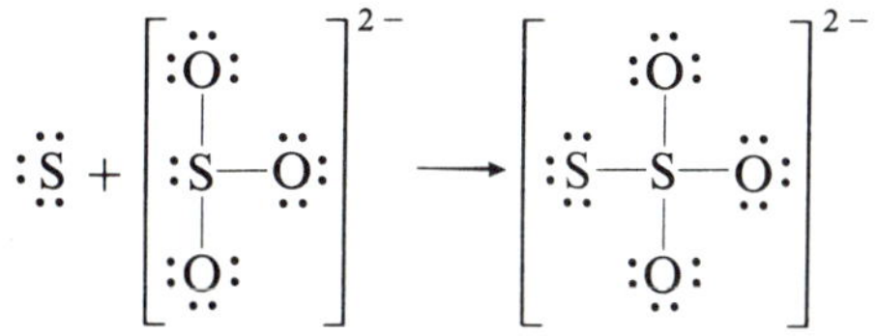

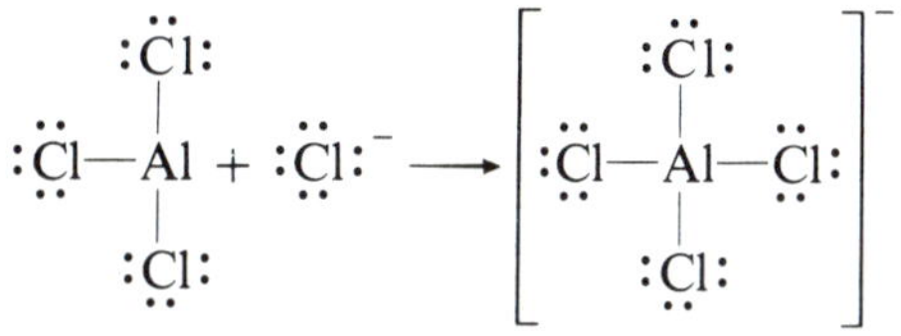

El cloruro de aluminio, aunque reacciona como $AlCl_3$, es realmente un dímero — Al_2Cl_6. La formación del dímero a partir del monómero se puede considerar como una reacción ácido-base de Lewis en sí, puesto que el átomo de cloro en cada unidad $AlCl_3$ suministra un par de electrones del átomo de aluminio de la otra unidad $AlCl_3$ para completar el octeto del átomo de Al; estos enlaces se indican como ··· en el diagrama

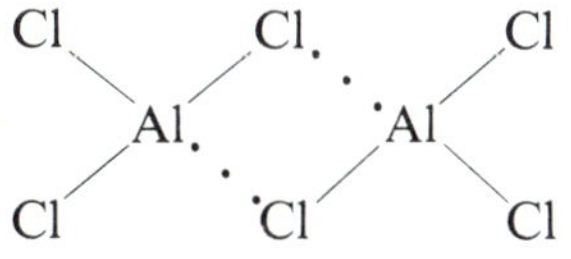

2. Muchos cationes sencillos pueden actuar como ácidos de Lewis, por ejemplo,

$$Cu^{2+} + 4\,{:}NH_3 \longrightarrow Cu({:}NH_3)_4^{2+}$$

$$Fe^{3+} + 6\,{:}C{\equiv}N{:}^- \longrightarrow Fe({:}C{\equiv}N{:})_6^{3-}$$

3. Algunos átomos metálicos pueden actuar como ácidos en la formación de compuestos tales como los carbonilos, que se producen por la reacción del metal con el monóxido de carbono:

$$Ni + 4\,{:}C{\equiv}O{:} \longrightarrow Ni({:}C{\equiv}O{:})_4$$

4. Los compuestos que tienen átomos centrales capaces de extender sus niveles de valencia son ácidos de Lewis en las reacciones en las cuales ocurre esta expansión. Algunos ejemplos son

$$SnCl_4 + 2\,Cl^- \longrightarrow SnCl_6^{2-}$$

$$SiF_4 + 2\,F^- \longrightarrow SiF_6^{2-}$$

$$PF_5 + F^- \longrightarrow PF_6^-$$

En cada una de las primeras dos reacciones, el nivel de valencia del átomo central (Sn y Si) se expansiona de ocho a doce electrones y en la tercera reacción el nivel de valencia del P va de diez a doce electrones.

5. Algunos compuestos tienen un sitio ácido originado por uno o más de los enlaces múltiples en la molécula. Los ejemplos son

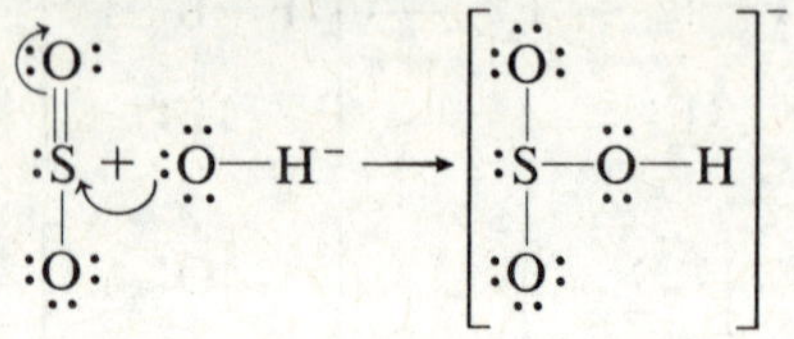

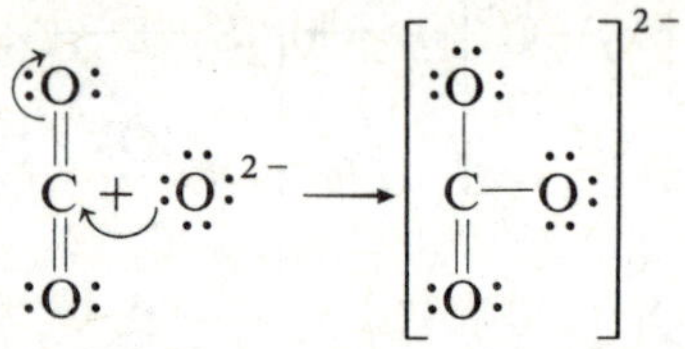

Las reacciones de la silice, SiO_2, con óxidos metálicos son análogas a la reacción del dióxido de carbono con el ion O^{2-} aunque ambos, la sílice y los diversos silicatos (compuestos de SiO_3^{2-}) son polímeros. Esta reacción es importante en los procesos metalúrgicos que se llevan a cabo a elevadas temperaturas, en los cuales se agrega un óxido básico a un mineral para separar la sílice en forma de silicatos (ganga). Muchos de los procesos utilizados en la fabricación del vidrio, cemento y material cerámico comprenden la reacción de la base O^{2-} (de carbonatos, óxidos metálicos y otros) con óxidos ácidos (tales como SiO_2, Al_2O_3 y B_2O_3).

Las reacciones ácido-base de Arrhenius y Brønsted se pueden interpretar en términos de Lewis enfocando la atención sobre el protón, como un ácido de Lewis:

$$H^+(ac) + OH^-(ac) \longrightarrow H_2O$$

en cuyo caso el ácido de Brønsted se denominaría ácido de Lewis **secundario**, puesto que sirve para proporcionar el ácido **primario** de Lewis, el protón. Probablemente, una interpretación mejor es la que clasifica las reacciones ácido-base de Brønsted como desplazamiento de bases de Lewis. El ácido de Brønsted se interpreta como un complejo en el cual es ácido de Lewis (protón) ya se ha combinado con una base; la reacción se ve como un desplazamiento de esta base por otra más fuerte:

$$H_3O^+ + OH^- \longrightarrow H_2O + H_2O$$

En esta reacción, la base OH^-, desplaza la base más débil H_2O de su combinación con el ácido, el protón

Todas las reacciones ácido-base de Brønsted son desplazamientos de bases de Lewis.

En la reacción

$$HCl + H_2O \longrightarrow H_3O^+ + Cl^-$$

La base H_2O desplaza la base más débil, Cl^-. Una base suministra un par de electrones al núcleo y, por consiguiente, se llama **nucleofílica** (del griego, significa que "ama al núcleo"). Los desplazamientos de base son desplazamientos nucleofílicos.

Los desplazamientos nucleofílicos pueden identificarse entre las reacciones que no son reacciones ácido-base de Brønsted. La formación de $Cu(NH_3)_4^{2+}$ se ha utilizado previamente como una ilustración de una reacción ácido-base de Lewis. Puesto que la reacción se realiza en agua, la formación de este complejo se interpreta con más exactitud como el desplazamiento de la base H_2O del complejo $Cu(H_2O)_4^{2+}$ por la base más fuerte NH_3:

$$Cu(H_2O)_4^{2+} + 4\,NH_3 \longrightarrow Cu(NH_3)_4^{2+} + 4\,H_2O$$

Los ácidos de Lewis aceptan un par de electrones en una reacción con una base, son **electrofílicos** (del griego, que significa que tienen afinidad por los electrones). Los desplazamientos ácidos, o desplazamientos electrofílicos, no son tan comunes como los desplazamientos de bases, pero se conoce este tipo de reacción. Por ejemplo, si se considera el $COCl_2$ como una combinación de $COCl^+$ (un ácido) y Cl^- (una base), la reacción

$$COCl_2 + AlCl_3 \longrightarrow COCl^+ + AlCl_4^-$$

es un desplazamiento electrofílico en el cual el ácido $AlCl_3$ desplaza al ácido más débil $COCl^+$ de su complejo con la base Cl^- (Tabla 14.3). La reacción

$$SeOCl_2 + BCl_3 \longrightarrow SeOCl^+ + BCl_4^-$$

se puede interpretar similarmente.

La teoría de Lewis se usa frecuentemente para interpretar mecanismos de reacción. Los ejemplos de dichas interpretaciones están en las secciones 27.5 y 27.6.

14.6 Sistemas de disolventes

Los principios de Arrhenius sobre el concepto del agua pueden utilizarse para diseñar esquemas ácido-base para muchos **disolventes**. En un **sistema de disolventes,** un **ácido** es una sustancia que le da al catión la característica del disolvente y una **base** es una sustancia que le da al anión la característica del disolvente. Así, la reacción de un ácido y una base, una **neutralización,** produce el **disolvente** como uno de sus productos. Se han desarrollado muchos sistemas de disolventes de ácidos y bases (Tabla 14.3); el concepto del sistema del agua es sólo un ejemplo de un sistema de disolventes.

El sistema del amoníaco se ha investigado con más detalle que ninguno otro con la excepción del sistema del agua. Las propiedades del amoníaco líquido (punto de ebullición: −33.4°C) son sorprendentemente parecidas a las del agua. El amoníaco líquido se asocia mediante enlaces de hidrógeno y la molécula del amoníaco es polar. De esto se deduce que el amoníaco líquido es un excelente disolvente para compuestos iónicos y polares, y funciona como disolvente ionizante para electrólitos. Muchos

Tabla 14.3 Algunos sistemas de disolventes

Disolvente	Ácido-ion	Base-ion	Ácido típico	Base típica
H_2O	H_3O^+ ($H^+ \cdot H_2O$)	OH^-	HCl	$NaOH$
NH_3	NH_4^+ ($H^+ \cdot NH_3$)	NH_2^-	NH_4Cl	$NaNH_2$
NH_2OH	NH_3OH^+ ($H^+ \cdot NH_2OH$)	$NHOH^-$	$NH_2OH \cdot HCl$ (NH_3OH^+, Cl^-)	$K(NHOH)$
$HC_2H_3O_2$	$H_2C_2H_3O_2^+$ ($H^+ \cdot HC_2H_3O_2$)	$C_2H_3O_2^-$	HCl	$NaC_2H_3O_2$
SO_2	SO^{2+}	SO_3^{2-}	$SOCl_2$	Cs_2SO_3
N_2O_4	NO^+	NO_3^-	$NOCl$	$AgNO_3$
$COCl_2$	$COCl^+$	Cl^-	$(COCl)AlCl_4$	$CaCl_2$

compuestos forman amoniatos que son similares a los hidratos ($BaBr_2 \cdot 8NH_3$ y $CaCl_2 \cdot 6NH_3$) y los iones son solvatados en soluciones de amoníaco líquido ($Ag(NH_3)_2{}^+$ y $Cr(NH_3)_6^{3+}$). Mientras que las soluciones de electrólitos en amoníaco son buenas conductoras de la electricidad, el amoníaco líquido puro, al igual que el agua, tiene una conductividad relativamente baja.

La autoionización del amoníaco

$$2\,NH_3 \rightleftharpoons NH_4^+ + NH_2^-$$

que ocurre sólo en grado menor, es responsable de la conductividad del disolvente puro, tal como la autoionización del agua:

$$2\,H_2O \rightleftharpoons H_3O^+ + OH^-$$

es responsable de las propiedades eléctricas de este compuesto.

Cualquier compuesto que produzca el ion amonio, NH_4^+, en solución de amoníaco líquido es un ácido, y cualquier compuesto que produzca el ion amiduro, NH_2^-, es una base. Así, la reacción de neutralización es la inversa de la reacción de autoionización:

$$NH_4^+ + NH_2^- \longrightarrow 2\,NH_3$$

Se pueden utilizar los indicadores para seguir el curso de una reacción en amoníaco líquido. Por ejemplo, la fenoltaleína que es de color rosa en una solución de amiduro de potasio, KNH_2, en amoníaco líquido se torna incolora después que se ha añadido una cantidad estequiométrica de cloruro de amonio.

En adición, además de la reacción de neutralización, el ion amonio en amoníaco líquido experimenta otras reacciones semejantes a las del ion hidronio en agua. Por ejemplo, algunos metales como el sodio reaccionan con el ion amonio desprendiendo hidrógeno:

$$2\,Na(s) + 2\,NH_4^+ \longrightarrow 2\,Na^+ + H_2(g) + 2\,NH_3(l)$$

Las reacciones del ion amiduro son semejantes a las del ion hidróxido:

$$Zn(OH)_2(s) + 2OH^- \longrightarrow Zn(OH)_4^{2-}$$

$$Zn(NH_2)_2(s) + 2NH_2^- \longrightarrow Zn(NH_2)_4^{2-}$$

$$Hg^{2+} + 2OH^- \longrightarrow HgO(s) + H_2O$$

$$3Hg^{2+} + 6NH_2^- \longrightarrow Hg_3N_2(s) + 4NH_3$$

Se han pronosticado muchas propiedades y reacciones de compuestos que pertenecen al sistema del amoníaco y se han correlacionado por comparación con la química que se conoce mejor de los compuestos del sistema del agua. De hecho, el estudio de los diversos sistemas de disolventes son responsables por incrementar considerablemente nuestro conocimiento de las reacciones que se realizan en otros disolventes diferentes del agua.

Resumen

Los temas presentados en este capítulo son:

1. Un repaso del concepto de Arrhenius sobre ácidos y bases.

2. La teoría de Brønsted-Lowry de ácidos y bases: la transferencia de un protón como criterio para reacciones ácido-base.

3. La fuerza de los ácidos y bases de Brønsted y el efecto nivelador de los disolventes.

4. La interpretación de la fuerza de los ácidos sobre la base de la estructura molecular.

5. El concepto de Lewis de ácidos y bases: la formación de un enlace covalente como el criterio de las reacciones ácido-base, reacciones de desplazamiento.

6. Sistemas de disolventes de ácidos y bases: el uso de los principios del concepto de Arrhenius para diseñar esquemas para disolventes diferentes del agua.

Glosario

A continuación aparecen algunos de los términos más importantes presentados en este capítulo. Las definiciones para algunos términos no incluidos en esta lista pueden localizarse usando el índice.

Ácido de Arrhenius (Sección 11.4 y 14.1). Compuesto que se disocia en agua para producir iones $H^+(ac)$ (o iones H_3O^+)

Ácido de Brønsted (Sección 14.2). Sustancia que puede donar protones.

Ácido de Lewis (Sección 14.5). Sustancia que puede formar un enlace covalente compartiendo un par de electrones que es donado por una base de Lewis; es una **sustancia electrofílica.**

Ácido del sistema de disolvente (Sección 14.6). Sustancia que produce el catión característico del disolvente.

Base de Arrhenius (Sección 11.4 y 14.1). Compuesto que se disocia en agua para producir iones $OH^-(ac)$.

Base de Brønsted (Sección 14.2). Sustancia que acepta protones.

Base de Lewis (Sección 14.5). Sustancia que puede formar un enlace covalente con un ácido de Lewis por donación de un par electrónico para la formación del enlace; es una **sustancia nucleofílica.**

Base del sistema de disolvente (Sección 14.6). Sustancia que produce el anión característico del disolvente.

Desplazamiento electrofílico (Sección 14.5). Reacción en la cual un ácido de Lewis desplaza a un segundo ácido de Lewis más débil de un complejo ácido-base; un **desplazamiento de un ácido de Lewis.**

Desplazamiento nucleofílico (Sección 14.5). Reacción en la cual una base de Lewis desplaza de un complejo ácido-base a otra base de Lewis más débil; un **desplazamiento de una base de Lewis.**

Efecto nivelador (Sección 14.3). Efecto de un disolvente sobre la fuerza de un ácido o una base de Brønsted. Un ácido en solución no puede ser más fuerte que el ácido conjugado del disolvente; una base en solución no puede ser más fuerte que la base del disolvente.

Neutralización de Arrhenius (Sección 11.4 y 14.1). Reacción en la cual H^+(ac) de un ácido y OH^-(ac) de una base reaccionan para formar agua.

Neutralización del sistema de disolvente (Sección 14.6). Reacción entre un ácido y una base que produce el disolvente como uno de los productos.

Par conjugado (Sección 14.2). Par ácido-base de Brønsted que está relacionado mediante la pérdida o ganancia de un protón; por ejemplo, NH_4^+ (un ácido de Brønsted) y NH_3 (una base de Brønsted) forman un par conjugado.

Sustancia anfiprótica (Sección 14.2). Sustancia que puede actuar como un ácido de Brønsted (mediante pérdida de un protón) o como una base de Brønsted (mediante ganancia de un protón).

Problemas*

Conceptos ácido-base

14.1 Dé en una frase las descripciones de un *ácido, una base* y una *reacción de neutralización* basadas en: **(a)** el concepto de Arrhenius, **(b)** el concepto del sistema de disolvente, **(c)** el concepto de Brønsted-Lowry y **(d)** el concepto de Lewis.

14.2 Explique brevemente, usando ecuaciones químicas, cómo se clasifica el compuesto H_2O de acuerdo a: **(a)** el concepto de Arrhenius **(b)** concepto de Brønsted-Lowry y **(c)** el concepto de Lewis.

14.3 ¿Comprenden siempre las reacciones ácido-base, oxidación y reducción? Considere todas las teorías sobre ácidos y bases presentadas en este capítulo.

14.4 El cloruro de amonio (NH_4Cl) reacciona con la sodamida ($NaNH_2$) en amoníaco líquido para producir cloruro de sodio y amoníaco. Interprete esta rección en términos del sistema de disolvente y de las teorías sobre ácido-base de Brønsted y de Lewis. Establezca claramente qué ácidos y bases están involucradas en cada caso.

14.5 Escriba ecuaciones semejantes a las siguientes, pero empleando compuestos del sistema del agua en vez de compuestos del sistema de amoníaco:

(a) $KNH_2 + NH_4NO_3 \longrightarrow KNO_3 + 2\,NH_3$
(b) $Ca_3N_2 + 4\,NH_3 \longrightarrow 3\,Ca(NH_2)_2$
(c) $Cl_2 + 2\,NH_3 \longrightarrow NH_4Cl + H_2NCl$
(d) $2\,Na + 2\,NH_3 \longrightarrow 2\,NaNH_2 + H_2$
(e) $Na(NH_2)_2 + 2\,NaNH_2 \longrightarrow Na_2[Zn(NH_2)_4]$

Concepto Brønsted-Lowry

14.6 ¿Cuál es la base conjugada de **(a)** H_3AsO_3, **(b)** $H_2AsO_4^-$, **(c)** HNO_2, **(d)** HS^-?

14.7 ¿Cuál es la base conjugada de la **(a)** NH_3, **(b)** $HC_2O_4^-$, **(c)** HOBr, **(d)** H_3PO_4,?

14.8 ¿Cuál es el ácido conjugado de **(a)** $H_2AsO_4^-$, **(b)** PH_3, **(c)** $C_2H_3O_2^-$, **(d)** S^{2-}, **(e)** PO_4^{3-}?

14.9 ¿Cuál es el ácido conjugado de **(a)** NH_3, **(b)** $HC_2O_4^-$, **(c)** OCl^-, **(d)** NH_2^-?

14.10 Identifique todos los ácidos y bases de Brønsted en las siguientes ecuaciones:

(a) $HF + HF \rightleftharpoons H_2F^+ + F^-$
(en HF líquido)
(b) $HNO_3 + HF \rightleftharpoons H_2NO_3^+ + F^-$
(en HF líquido)
(c) $HF + CN^- \rightleftharpoons HCN + F^-$
(en HF líquido)
(d) $H_2PO_4^- + CO_3^{2-} \rightleftharpoons HPO_4^{2-} + HCO_3^-$
(en agua)
(e) $N_2H_4 + HSO_4^- \rightleftharpoons N_2H_5^+ + SO_4^{2-}$
(en agua)
(f) $HC_2O_4^- + HS^- \rightleftharpoons C_2O_4^{2-} + H_2S$
(en agua)

14.11 Escriba ecuaciones químicas para ilustrar el comportamiento de los siguientes compuestos como ácidos de Brønsted: **(a)** HOCl, **(b)** H_2O, **(c)** HCO_3^-, **(d)** NH_3.

14.12 Escriba ecuaciones químicas para ilustrar el comportamiento de los siguientes compuestos como bases de Brønsted: **(a)** H_2NOH, **(b)** N^{3-}, **(c)** H^-, **(d)** HSO_3^-.

14.13 **(a)** ¿Qué es una sustancia anfiprótica? **(b)** Dé cuatro ejemplos de tales sustancias. Seleccione moléculas y iones como ejemplos. **(c)** Escriba ecuaciones químicas para ilustrar el comportamiento característico de las sustancias que enumeró en la parte **(b)**.

14.14 ¿En qué consiste el efecto nivelador de un disolvente? Utilice ecuaciones químicas en su respuesta y describa la nivelación de los ácidos y bases.

*Los problemas más difíciles están marcados por un asterisco. El apéndice G contiene las respuestas de los problemas codificados en color.

14.15 ¿Cuál es la diferencia en significado entre los términos anfiprótico y anfóteros.

14.16 Cada una de las siguientes reacciones se desplaza hacia la derecha. **(a)** Ordene todos los ácidos de Brønsted que aparecen en las ecuaciones de acuerdo con un orden de intensidad decreciente del ácido. **(b)** Realice una lista similar para las bases de Brønsted.

(a) $H_3O^+ + H_2PO_4^- \rightleftharpoons H_3PO_4 + H_2O$
(b) $HCN + OH^- \rightleftharpoons H_2O + CN^-$
(c) $H_3PO_4 + CN^- \rightleftharpoons HCN + H_2PO_4^-$
(d) $H_2O + NH_2^- \rightleftharpoons NH_3 + OH^-$

14.17 Sobre la base de sus listas del problema 14.16, ¿esperaría una reacción apreciable (superior a 50%) entre las especies de la siguiente lista?

(a) $H_3O^+ + CN^- \longrightarrow$
(b) $NH_3 + CN^- \longrightarrow$
(c) $HCN + H_2PO_4^- \longrightarrow$
(d) $H_3PO_4 + NH_2^- \longrightarrow$

14.18 Cada una de las siguientes reacciones se desplaza hacia la derecha. **(a)** Ordene todos los ácidos de Brønsted que aparecen en estas ecuaciones de acuerdo con la intensidad decreciente del ácido. **(b)** Haga una lista similar para las bases de Brønsted.

(a) $HCO_3^- + OH^- \rightleftharpoons H_2O + CO_3^{2-}$
(b) $HC_2H_3O_2 + HS^- \rightleftharpoons H_2S + C_2H_3O_2^-$
(c) $H_2S + CO_3^{2-} \rightleftharpoons HCO_3^- + HS^-$
(d) $HSO_4^- + C_2H_3O_2^- \rightleftharpoons HC_2H_3O_2 + SO_4^{2-}$

14.19 Sobre la base de sus listas del problema 14.18, ¿esperaría una reacción apreciable (superior al 50%) entre cada una de las especies enumeradas a continuación:

(a) $HCO_3^- + C_2H_3O_2^- \longrightarrow$
(b) $HSO_4^- + HS^- \longrightarrow$
(c) $HC_2H_3O_2 + CO_3^{2-} \longrightarrow$
(d) $H_2S + C_2H_3O_2^- \longrightarrow$

Fuerza de acidez y estructura molecular

14.20 Compare la acidez de AsH_3, H_2Se y HBr. ¿Cómo varía la acidez entre los hidruros de los elementos de un período?

14.21 Compare la acidez de H_2S, H_2Se y H_2Te. ¿Cómo varía la acidez entre los hidruros de los elementos de un grupo?

14.22 ¿Qué compuesto de cada uno de los siguientes pares es el ácido más fuerte?

(a) H_3PO_4 ó H_3AsO_4
(b) H_3AsO_3 ó H_3AsO_4
(c) H_2SO_4 ó H_2SO_3
(d) H_3BO_3 ó H_2CO_3
(e) H_2Se ó HBr

14.23 ¿Qué compuesto de cada uno de los siguientes pares es la base más fuerte?

(a) P^{3-} ó S^{2-}
(b) PH_3 ó NH_3
(c) SiO_3^{2-} ó SO_3^{2-}
(d) NO_2^- ó NO_3^-
(e) Br^- ó F^-

14.24 El ácido perclórico, $HClO_4$, es más fuerte que el ácido clórico, $HClO_3$. Por otra parte, el ácido peryódico, H_5IO_6, es un ácido más débil que el ácido yódico, HIO_3. **(a)** Dibuje las estructuras de Lewis para los cuatro compuestos y asigne cargas formales a los átomos de las moléculas. **(b)** Explique la diferencia en la fuerza del ácido sobre la base de las estructuras de la parte **(a)**

14.25 **(a)** Dibuje estructuras de Lewis (incluyendo cargas formales) para el ácido selénico, H_2SeO_4, y el ácido telúrico, H_6TeO_6. **(b)** ¿Cuál es el ácido más fuerte?

El concepto de Lewis

14.26 Interprete las siguientes reacciones en términos de la teoría de Lewis:

(a) $S{=}C{=}S + SH^- \longrightarrow S_2CSH^-$
(b) $Fe(CO)_5 + H^+ \longrightarrow FeH(CO)_5^+$
(c) $Ag^+ + 2NH_3 \longrightarrow Ag(NH_3)_2^+$
(d) $Mn(CO)_5^- + H^+ \longrightarrow HMn(CO)_5$
(e) $HF + F^- \longrightarrow HF_2^-$

14.27 Interprete las siguientes reacciones según la teoría de Lewis:

(a) $BeF_2 + 2F^- \longrightarrow BeF_4^{2-}$
(b) $H_2O + BF_3 \longrightarrow H_2OBF_3$
(c) $S + S^{2-} \longrightarrow S_2^{2-}$
(d) $H^- + H_2C{=}O \longrightarrow H_3CO^-$
(e) $AuCN + CN^- \longrightarrow Au(CN)_2^-$

***14.28** Interprete las siguientes reacciones como de desplazamiento de Lewis. Para cada una, establezca el tipo de desplazamiento, quien se desplaza, y el agente desplazante.

(a) $NH_3 + H^- \longrightarrow H_2 + NH_2^-$
(b) $HONO_2 + H^+ \longrightarrow NO_2^+ + H_2O$
(c) $[Co(NH_3)_5(H_2O)]^{3+} + Cl^- \longrightarrow [Co(NH_3)_5Cl]^{2+} + H_2O$
(d) $Ge + GeS_2 \longrightarrow 2\,GeS$
(e) $O^{2-} + H_2O \longrightarrow 2OH^-$
(f) $Br_2 + FeBr_3 \longrightarrow Br^+ + FeBr_4^-$
(g) $CH_3Cl + AlCl_3 \longrightarrow CH_3^+ + AlCl_4^-$
(h) $CH_3I + OH^- \longrightarrow CH_3OH + I^-$

14.29 El dióxido de azufre contribuye en gran medida a la contaminación atmosférica. El ácido sulfuroso producido por la reacción del SO_2 y la humedad atmosférica afecta adversamente los ojos, la piel y los sistemas respiratorios de los humanos y causa la corrosión de los metales y el deterioro de otros materiales. La reacción del SO_2 y el agua puede indicarse aproximadamente como

$$H_2O + SO_2 \longrightarrow H_2OSO_2 \longrightarrow (HO)_2SO$$

(a) Dibuje las estructuras de Lewis (completas con cargas formales) para los compuestos dados. **(b)** Interprete las dos etapas de la secuencia en términos de la teoría ácido-base de Lewis. **(c)** ¿Por qué ocurre la migración del protón en el segundo paso?

CAPÍTULO 15 EQUILIBRIO IÓNICO, PARTE I

Los principios del equilibrio químico pueden aplicarse a sistemas en equilibrio que involucran moléculas y iones en solución acuosa. En agua pura, los iones H_3O^+ y OH^- están en equilibrio con las moléculas de H_2O de las cuales derivan. Otras sustancias moleculares (electrólitos débiles) se ionizan parcialmente en solución acuosa y coexisten en equilibrio con sus iones. La comprensión de estos sistemas es importante para el estudio de la química analítica.

15.1 Electrólitos débiles

Los electrólitos fuertes se ionizan completamente en solución acuosa. Por ejemplo, una solución de $CaCl_2$ 0.01 *M*, contiene iones Ca^{2+} (a una concentración de 0.01 *M*), iones Cl^- (a una concentración de 0.02 *M*), y ninguna molécula de $CaCl_2$. Sin embargo, los electrólitos débiles se ionizan en forma *incompleta* en solución acuosa. Las moléculas disueltas coexisten en equilibrio con sus iones en dichas soluciones. Las siguientes ecuaciones químicas representan la disociación del ácido acético en el agua:

$$HC_2H_3O_2 + H_2O \rightleftharpoons H_3O^+ + C_2H_3O_2^-$$

la constante de equilibrio para esta reacción es

$$\frac{[H_3O^+][C_2H_3O_2^-]}{[HC_2H_3O_2][H_2O]} = K'_a$$

En soluciones diluidas, se puede considerar constante la concentración del agua. El número de moles de agua usadas en la formación de H_3O^+ (el cual es cerca de 0.001 mol en un litro de una solución 0.1 *M* de ácido acético) es muy pequeño en comparación con el gran número de moles de agua presentes (que es cerca de 55.5 moles en 1 litro de solución). Si combinamos $[H_2O]$ con K'_a, obtenemos:

$$\frac{[H_3O^+][C_2H_3O_2^-]}{[HC_2H_3O_2]} = K'_a[H_2O] = K_a$$

Seguiremos la práctica de representar la concentración del ion hidronio $[H_3O^+]$ mediante el símbolo H^+. La expresión simplificada para la constante de equilibrio, K_a, llamada algunas veces una constante de disociación ácida, y la correspondiente ecuación química simplificada son:

$$HC_2H_3O_2 \rightleftharpoons H^+ + C_2H_3O_2^-$$

$$\frac{[H^+][C_2H_3O_2^-]}{[HC_2H_3O_2]} = K_a$$

Se ha acordado escribir los *iones* en la parte *derecha* de la ecuación química para una ionización reversible. Por lo tanto, los términos para las concentraciones de los iones aparecen en el *numerador* de la expresión para K_a.

El **grado de disociación**, α, de un electrólito débil en solución acuosa es la fracción de la concentración total del electrólito que está en forma iónica en equilibrio. Estos valores se expresan frecuentemente en términos de porcentaje ionizado, que es 100α.

Ejemplo 15.1

A 25°C, una solución 0.1000 *M* de ácido acético ($HC_2H_3O_2$) está ionizada 1.34%. ¿Cuál es la constante de ionización K_a para el ácido acético?

Solución

Supongamos que tenemos un litro de solución. Puesto que el ácido está ionizado 1.34%, el número de moles de $HC_2H_3O_2$ en la *forma iónica* es

$$(0.0134)(0.1000 \text{ mol } HC_2H_3O_2) = 0.00134 \text{ moles de } HC_2H_3O_2)$$

Restamos este número del número total de moles de $HC_2H_3O_2$ para obtener el número de moles de ácido en la *forma molecular*.

$$(0.1000 \text{ moles de } HC_2H_3O_2) - (0.00134 \text{ moles de } HC_2H_3O_2) = 0.0987 \text{ moles } HC_2H_3O_2$$

Según la ecuación química para la ionización, se producen 1 mol de H^+ y 1 mol de $C_2H_3O_2^-$ por cada mol de $HC_2H_3O_2$ que se ioniza. Por lo tanto, en equilibrio las ecuaciones son

$$\underset{0.0987\,M}{HC_2H_3O_2} \rightleftharpoons \underset{0.00134\,M}{H^+} + \underset{0.00134\,M}{C_2H_3O_2^-}$$

Estas concentraciones se pueden usar para hallar el valor numérico de la constante de equilibrio:

$$K_a = \frac{[H^+][C_2H_3O_2^-]}{[HC_2H_3O_2]} = \frac{(0.00134)(0.00134)}{(0.0987)} = 1.82 \times 10^{-5}$$

En el trabajo de futuros problemas, expresaremos las constantes de equilibrio hasta dos cifras importantes. Por lo general, no se necesita más exactitud.*

---

*Las concentraciones en equilibrio deben escribirse en término de actividades, no de concentraciones. La actividad de un ion es una concentración teórica que tiene en cuenta las atracciones interiónicas (Sección 10.12). Las concentraciones de iones en soluciones diluidas de electrólitos débiles son muy pequeñas, de tal forma que las atracciones interiónicas carecen de importancia. Bajo estas condiciones, las concentraciones molares pueden utilizarse en vez de actividades. Mediante este procedimiento se obtienen resultados razonablemente exactos.

Ejemplo 15.2

¿Cuáles son las concentraciones de todas las especies presentes en ácido acético 1.00 *M* a 25°C? para $HC_2H_3O_2$, K_a es 1.8×10^{-5}.

Solución

Si *X* es igual al número de moles de $HC_2H_3O_2$ en forma iónica en 1 litro de solución, las concentraciones en equilibrio son:

$$\underset{(1.00 - x)\,M}{HC_2H_3O_2} \rightleftharpoons \underset{x\,M}{H^+} + \underset{x\,M}{C_2H_3O_2^-}$$

Sustituyendo estos valores en la expresión para K_a:

$$K_a = \frac{[H^+][C_2H_3O_2^-]}{[HC_2H_3O_2]}$$

$$1.8 \times 10^{-5} = \frac{x^2}{(1.00 - x)}$$

el resultado puede reordenarse:

$$x^2 + (1.8 \times 10^{-5})x - 1.8 \times 10^{-5} = 0$$

Una ecuación de la forma

$$ax^2 + bx + c = 0$$

se llama **ecuación cuadrática** (Vea el apéndice). Las soluciones a una ecuación cuadrática se pueden hallar por sustitución en la **fórmula cuadrática:**

$$x = \frac{-b \pm \sqrt{b^2 - 4ac}}{2a}$$

En este problema, $a = 1$, $b = 1.8 \text{ x } 10^{-5}$ y $c = -1.8 \text{ x } 10^{-5}$. Sı sustituimos estos valores en la fórmula cuadrática, obtenemos

$$x = 4.2 \times 10^{-3}\ M^*$$

Por lo tanto,

$$[H^+] = [C_2H_3O_2^-] = x = 4.2 \times 10^{-3}\ M$$

$$\begin{aligned}[HC_2H_3O_2] &= (1.00 - x)\ M \\ &= (1.00 - 0.0042)\ M \\ &= 0.9958\ M\end{aligned}$$

*Siempre hay dos soluciones para la ecuación cuadrática. Una debe descartarse debido a que representa una imposibilidad física. Las dos soluciones obtenidas en este caso son:

$x = 4.2 \times 10^{-3}\,M$ y $x = -4.2 \times 10^{-3}M$

La segunda solución es imposible. La concentración de $HC_2H_3O_2$ es $(1.00 - x)$. La sustitución del segundo valor (que es un número negativo) para *x* da una concentración final de $HC_2H_3O_2$ que requiere más $HC_2H_3O_2$ del que se suministró.

Observe que el valor K_a utilizado tiene dos cifras importantes. Por consiguiente, nuestra respuesta no puede tener más de dos cifras importantes. La concentración de $HC_2H_3O_2$ debe aproximarse:

$$[HC_2H_3O_2] = 1.0\ M$$

Este valor es el mismo que el de la concentración inicial de $HC_2H_3O_2$.

Se puede evitar el uso de la fórmula cuadrática en la solución del problema haciendo una aproximación que se emplea frecuentemente en cálculos y que comprende equilibrios en solución acuosa. La sustracción de un número muy pequño de un número muy grande, no cambia significativamente el valor del número grande y puede descartarse.

En el ejemplo anterior, se ioniza una cantidad tan pequeña de ácido acético (x) que la cantidad ($1.00 - x$), que es la concentración de moléculas de ácido acético, es para todo propósito práctico, igual a 1.00 (como se observó antes). Utilizando 1.00 en vez de ($1.00 - x$) para la concentración de $HC_2H_3O_2$, hallamos,

$$1.8 \times 10^{-5} = \frac{[H^+][C_2H_3O_2^-]}{[HC_2H_3O_2]}$$

$$= \frac{x^2}{1.00}$$

$$x = 4.2 \times 10^{-3}\ M$$

que es lo mismo que el resultado obtenido mediante el uso de la fórmula cuadrática.

La sustracción de un número *pequeño* de otro número pequeño *no* puede descartarse. Por consiguiente, la fórmula cuadrática *debe* utilizarse para resolver algunos problemas. Un buen procedimiento para determinar cuándo se justifica el método simplificado es:

1. Plantee el problema en la misma forma usada en el Ejemplo 15.2. Esto es,

$$[HC_2H_3O_2] = (1.00 - x)\ M$$

$$[H^+] = x\ M$$

$$[C_2H_3O_2^-] = x\ M$$

2. Resuelva el problema utilizando el método simplificado. En el ejemplo, sustituya $1.00\ M$ por $[HC_2H_3O_2]$ en vez de $(1.00 - x)\ M$, suponiendo que x es pequeño comparado con $1.00\ M$.

3. Revise la respuesta obtenida por el método simplificado y compárela con la de la suposición. En este caso, puesto que $x = 4.2 \times 10^{-3} M$,

$$(1.00 - x) = (1.00 - 0.0042) = 0.9958\ M$$

el que hasta dos cifras significativas es $1.00\ M$. Nuestra suposición fue correcta.

4. Los valores de las constantes de ionización se dan hasta dos cifras significativas y los problemas los resolveremos hasta este límite de exactitud. Si la resta en la parte 3 cambia el valor (cuando éste se escribe hasta dos cifras significativas), entonces, la suposición no fue correcta. El problema debe resolverse de nuevo y en este caso debe utilizarse la ecuación cuadrática.

Ejemplo 15.3

¿Cuáles son las concentraciones de todas las especies presentes en una solución 0.10 *M* de HNO_2 a 25°C? para el HNO_2, K_a es 4.5×10^{-4}.

Solución

Si x es igual al número de moles de HNO_2 en la forma iónica en un litro de solución, las concentraciones en equilibrio son

$$\begin{array}{ccccc} HNO_2 & \rightleftharpoons & H^+ & + & NO_2^- \\ (0.10 - x)\,M & & x\,M & & x\,M \end{array}$$

Intentemos el método simplificado y sustituyendo 0.10 *M* por $[HNO_2]$ en vez de $(0.10-x)\,M$:

$$4.5 \times 10^{-4} = \frac{[H^+][NO_2^-]}{[HNO_2]}$$

$$= \frac{x^2}{0.10}$$

$$x = 6.7 \times 10^{-3}\,M$$

Sobre esta base,

$$\begin{aligned} [HNO_2] &= (0.10 - x)\,M \\ &= (0.10 - 0.0067)\,M \\ &= 0.093\,M \end{aligned}$$

podemos ver que no se justificó el uso del método simplificado; x no carece de importancia comparado con 0.10 *M*, puesto que la resta cambia el valor (cuando se escribe hasta dos cifras significativas) de 0.10 *M* a 0.093 *M*. Debemos resolver el problema de nuevo y esta vez usando la fórmula cuadrática.

$$4.5 \times 10^{-4} = \frac{x^2}{(0.10 - x)}$$

$$x^2 + (4.5 \times 10^{-4})x - 4.5 \times 10^{-6} = 0$$

Utilizando la fórmula cuadrática:

$$x = [H^+] = [NO_2^-] = 6.5 \times 10^{-3}\,M$$

$$(0.10 - x) = [HNO_2] = 0.094\,M$$

El porcentaje de ionización de un electrólito débil se halla dividiendo el número de moles de soluto en la forma iónica por el número total de moles de soluto y

Tabla 15.1 Concentraciones iónicas y porcentaje de ionización de soluciones de ácido acético a 25°C

Concentración de la solución (M)	$[H^+]$ o $[C_2H_3O_2^-]$ (M)	Porcentaje de ionización
1.00	0.00426	0.426
0.100	0.00134	1.34
0.0100	0.000418	4.18
0.00100	0.000126	12.6

multiplicando la fracción obtenida por 100. El porcentaje de ionización del ácido acético en solución descrito en el ejemplo 15.2 es:

$$\frac{4.2 \times 10^{-3}\ M}{1.00\ M} \times 100 = 0.42\%$$

La concentración del ion y el porcentaje de ionización de las soluciones de ácido acético de varias concentraciones se presentan en la Tabla 15.1. El porcentaje de ionización aumenta con la dilución, lo que es congruente con el principio de Le Chatelier. Si se añade agua a un sistema en equilibrio de un electrólito débil:

$$HC_2H_3O_2 + H_2O \rightleftharpoons H_3O^+ + C_2H_3O_2^-$$

se desplaza el equilibrio hacia la derecha. Proporcionalmente, se halla más soluto en la forma iónica.

Se puede preparar un sistema en equilibrio de un electrólito débil a partir de los compuestos que suministran los iones de electrólito débil. El siguiente ejemplo ilustra este procedimiento.

Ejemplo 15.4

¿Cuáles son las concentraciones de todas las especies presentes en una solución hecha diluyendo 0.10 moles de HCl y 0.50 moles de $NaC_2H_3O_2$ hasta un litro?

Solución

El ácido clorhídrico y el acetato de sodio son electrólitos fuertes. Por lo tanto, podemos suponer que antes de alcanzar el equilibrio la concentración de H^+ es 0.10 M y la concentración de $C_2H_3O_2^-$ es 0.50 M. Si hacemos x igual al número de moles por litro de ácido acético en equilibrio, las concentraciones en equilibrio son:

$$\underset{(x)\,M}{HC_2H_3O_2} \rightleftharpoons \underset{(0.10 - x)\,M}{H^+} + \underset{(0.50 - x)\,M}{C_2H_3O_2^-}$$

La sustitución de éstos términos en la expresión para K_a da

$$1.8 \times 10^{-5} = \frac{(0.10 - x)(0.50 - x)}{x}$$

Observamos que x debe tener un valor comparativamente grande puesto que x aparece en el denominador de la expresión y K_a (la cual es 1.8×10^{-5}) es un valor comparativamente pequeño. Por consiguiente, esta ecuación se debe resolver mediante la ecuación cuadrática, pues x no es desdeñable en comparación con 0.10 ó 0.50.

Una forma más sencilla de resolver el problema es suponer que la reacción se desplaza hacia la izquierda lo más posible y que luego una parte del ácido acético formado se disocia en iones. En la reacción inversa, 0.10 moles de H^+ reaccionarán con 0.10 moles de $C_2H_3O_2^-$ para formar 0.10 moles de $HC_2H_3O_2$. Por consiguiente, se usará todo el H^+; quedarán 0.40 moles de $C_2H_3O_2^-$ de los 0.50 moles originales suministrados y se formarán 0.10 moles de $HC_2H_3O_2$. Supondremos que y moles de $HC_2H_3O_2$ se disocian en iones:

	$HC_2H_3O_2$ $\rightleftharpoons$	H^+ +	$C_2H_3O_2^-$
después de mezclar;	—	0.10 M	0.50 M
reacción restante:	0.10 M	—	0.40 M
en equilibrio:	$(0.10 - y)\ M$	$(y)\ M$	$(0.40 + y)\ M$

Ahora, y es sin duda desdeñable en comparación con 0.10 y 0.40, y podemos simplificar el problema no dando importancia a y en los términos para las concentraciones de ácido acético y el ion acetato. Así,

$$1.8 \times 10^{-5} = \frac{[H^+][C_2H_3O_2^-]}{[HC_2H_3O_2]}$$

$$= \frac{y(0.40)}{(0.10)}$$

$$y = 4.5 \times 10^{-6}\ M$$

Del valor obtenido para y, se puede ver que se justifican las aproximaciones aplicadas a $[C_2H_3O_2^-]$ y $[HC_2H_3O_2]$. Las dos cifras significativas, las concentraciones de equilibrio, son:

$$[H^+] = 4.5 \times 10^{-6}\ M$$

$$[C_2H_3O_2^-] = 0.40\ M$$

$$[HC_2H_3O_2] = 0.10\ M$$

Los hidróxidos de la mayoría de los metales son electrólitos fuertes o compuestos ligeramente solubles. Sin embargo existen algunos compuestos solubles en agua que producen soluciones alcalinas en las cuales existe equilibrio entre las moléculas y los iones. El compuesto más importante es el amoníaco, NH_3; y la ecuación química para la reacción reversible es

$$H_2O + NH_3 \rightleftharpoons NH_4^+ + OH^-$$

La expresión para la constante de equilibrio (una constante de disociación básica) para esta reacción:

$$K_b' = \frac{[NH_4^+][OH^-]}{[NH_3][H_2O]}$$

se simplifica a la siguiente si se supone que la concentración del agua es constante:

Tabla 15.2 Constantes de ionización a 25°C

Acidos Débiles		
acético	$HC_2H_3O_2 \rightleftharpoons H^+ + C_2H_3O_2^-$	1.8×10^{-5}
benzoico	$HC_7H_5O_2 \rightleftharpoons H^+ + C_7H_5O_2^-$	6.0×10^{-5}
cloroso	$HClO_2 \rightleftharpoons H^+ + ClO_2^-$	1.1×10^{-2}
ciánico	$HOCN \rightleftharpoons H^+ + OCN^-$	1.2×10^{-4}
fórmico	$HCHO_2 \rightleftharpoons H^+ + CHO_2^-$	1.8×10^{-4}
hidrazoico	$HN_3 \rightleftharpoons H^+ + N_3^-$	1.9×10^{-5}
cianhídrico	$HCN \rightleftharpoons H^+ + CN^-$	4.0×10^{-10}
fluorhídrico	$HF \rightleftharpoons H^+ + F^-$	6.7×10^{-4}
hipobromoso	$HOBr \rightleftharpoons H^+ + BrO^-$	2.1×10^{-9}
hipocloroso	$HOCl \rightleftharpoons H^+ + ClO^-$	3.2×10^{-8}
nitroso	$HNO_2 \rightleftharpoons H^+ + NO_2^-$	4.5×10^{-4}
Bases Débiles		
amoníaco	$NH_3 + H_2O \rightleftharpoons NH_4^+ + OH^-$	1.8×10^{-5}
anilina	$C_6H_5NH_2 + H_2O \rightleftharpoons C_6H_5NH_3^+ + OH^-$	4.6×10^{-10}
dimetilamina	$(CH_3)_2NH + H_2O \rightleftharpoons (CH_3)_2NH_2^+ + OH^-$	7.4×10^{-4}
hidracina	$N_2H_4 + H_2O \rightleftharpoons N_2H_5^+ + OH^-$	9.8×10^{-7}
metilamina	$CH_3NH_2 + H_2O \rightleftharpoons CH_3NH_3^+ + OH^-$	5.0×10^{-4}
piridina	$C_5H_5N + H_2O \rightleftharpoons C_5H_5NH^+ + OH^-$	1.5×10^{-9}
trimetilamina	$(CH_3)_3N + H_2O \rightleftharpoons (CH_3)_3NH^+ + OH^-$	7.4×10^{-5}

$$K_b = K_b'[H_2O] = \frac{[NH_4^+][OH^-]}{[NH_3]}$$

La tabla 15.2 presenta las constantes de ionización para algunos compuestos que actúan como ácidos débiles y algunos que actúan como bases débiles. Ciertos iones también actúan como ácidos débiles y otros como bases débiles. Estos sistemas se discutirán en secciones posteriores de este capítulo.

Los valores de las constantes de ionización cambian con la temperatura. A 25°C, K_a para el ácido acético es 1.8×10^{-5}; a 100°C, K_a, para este ácido débil es 1.1×10^{-5}. Las constantes de ionización se reportan generalmente para los sistemas en equilibrio a 25°C.

15.2 La ionización del agua

El agua pura es un electrólito muy débil y se ioniza según la ecuación

$$H_2O + H_2O \rightleftharpoons H_3O^+ + OH^-$$

En forma simplificada, esta ecuación es

$$H_2O \rightleftharpoons H^+ + OH^-$$

La expresión para la constante de ionización obtenida de la ecuación simplificada es

$$K = \frac{[H^+][OH^-]}{[H_2O]}$$

En soluciones diluidas, la concentración del agua es virtualmente una constante y podemos combinar el $[H_2O]$ con la constante K; así:

$$K[H_2O] = [H^+][OH^-]$$

Esta constante, $K[H_2O]$, se llama el producto iónico del agua o la **constante de disociación del agua** y se le da el símbolo K_w. A 25°C,

$$K_w = 1.0 \times 10^{-14} = [H^+][OH^-] \tag{15.1}$$

En agua pura:

$$[H^+] = [OH^-] = x$$
$$[H^+][OH^-] = 1.0 \times 10^{-14}$$
$$x^2 = 1.0 \times 10^{-14}$$
$$x = 1.0 \times 10^{-7}\ M$$

Las concentraciones de ambos iones del agua son iguales a $1.0 \times 10^{-7}\ M$ en agua pura o en cualquier solución neutra a 25°C. En 1 litro, se hallan sólo 10^{-7} moles de agua en forma iónica del total de aproximadamente 55.5 moles.

Ambos, H^+(ac) y OH^-(ac), existen en cualquier solución acuosa. En solución ácida, la concentración de H^+(ac) es mayor que $1.0 \times 10^{-7}\ M$ y mayor que la concentración de OH^-(ac). En una solución alcalina, la concentración de OH^-(ac) es mayor que $1.0 \times 10^{-7}\ M$ y mayor que la concentración de H^+(ac).

Ejemplo 15.5

¿Cuáles son las concentraciones de $[H^+]$ y $[OH^-]$ en una solución 0.020 M de HCl?

Solución

La cantidad de iones H^+(ac) obtenidos de la ionización del agua no es importante comparada con los obtenidos del ácido clorhídrico. Puesto que el HCl es un electrólito fuerte, $[H^+] = 0.020\ M$:

$$[H^+][OH^-] = 1.0 \times 10^{-14}$$
$$(2.0 \times 10^{-2})[OH^-] = 1.0 \times 10^{-14}$$
$$[OH^-] = \frac{1.0 \times 10^{-14}}{2.0 \times 10^{-2}}$$
$$[OH^-] = 5.0 \times 10^{-13}\ M$$

Observe que la concentración de $[OH^-]$ es extremadamente pequeña. En esta solución, habrá un ion OH^- por cada 40 miles de millones de iones H^+.

Ejemplo 15.6

¿Cuáles son las concentraciones de $[H^+]$ y $[OH^-]$ en una solución 0.0050 *M* de NaOH?

Solución

El hidróxido de sodio es un electrólito fuerte y, por consiguiente, $[OH^-] = 5.0 \times 10^{-3}M$

$$[H^+][OH^-] = 1.0 \times 10^{-14}$$

$$[H^+](5.0 \times 10^{-3}) = 1.0 \times 10^{-14}$$

$$[H^+] = \frac{1.0 \times 10^{-14}}{5.0 \times 10^{-3}}$$

$$[H^+] = 2.0 \times 10^{-12}\ M$$

15.3 *p*H

La concentración de $[H^+]$(ac) en solución se puede expresar en términos de la escala de *p*H. El *p*H de una solución se define como

$$pH = \log\frac{1}{[H^+]} = -\log[H^+] \qquad (15.2)$$

El logaritmo común de un número es la potencia a la cual debe elevarse 10 para obtener el número (Vea el apéndice). Si

$$a = 10^n$$

entonces

$$\log a = n$$

Por consiguiente, si

$$a = 10^{-3}$$

es

$$\log a = -3$$

El *p*H es el logaritmo *negativo* de la concentración de iones hidrógeno. Por lo tanto, si

$$[H^+] = 10^{-3}\ M$$

$$\log[H^+] = -3$$

$$pH = -\log[H^+] = 3$$

Por lo tanto, para una solución neutra,

Moderno medidor de *pH* digital. *Corning Medical and Scientific Instruments.*

$$[H^+] = 1.0 \times 10^{-7}\ M$$
$$pH = -\log(10^{-7}) = -(-7)$$
$$pH = 7$$

El ***p*OH** de una solución se define en los mismos términos

$$pOH = -\log[OH^-] \qquad (15.3)$$

La relación entre el *p*H y el *p*OH se puede obtener de la constante del agua:

$$[H^+][OH^-] = 10^{-14}$$

Tomamos el logaritmo de cada término

$$\log[H^+] + \log[OH^-] = \log\,[10^{-14}]$$

y multiplicando todo por -1

$$-\log[H^+] - \log[OH^-] = -\log(10^{-14})$$

o

$$pH + pOH = 14 \qquad (15.4)$$

Para una solución 0.01 *M* de NaOH, la cual es una base fuerte,

$$[OH^-] = 10^{-2}\ M$$
$$pOH = -\log[OH^-] = 2$$

Puesto que la suma del *p*H y el *p*OH de una solución a 25°C es igual a 14,

$$pH = 12$$

Ejemplo 15.7

¿Cuál es el *p*H de una solución que tiene una concentración de $[H^+]$ de 0.050 *M*?

Solución

$$[H^+] = 5.0 \times 10^{-2}\ M$$
$$\log[H^+] = \log 5.0 + \log 10^{-2}$$

El logaritmo de 5.0 se puede hallar en la tabla de logaritmos que aparece en el apéndice:

$$\log[H^+] = 0.70 - 2.00 = -1.30$$
$$pH = 1.30$$

Ejemplo 15.8

¿Cuál es el pH de una solución para la cual $[OH^-] = 0.030\ M$?

Solución

$$[OH^-] = 3.0 \times 10^{-2}$$
$$\log[OH^-] = \log 3.0 + \log 10^{-2}$$
$$= 0.48 - 2.00 = -1.52$$
$$p\text{OH} = 1.52$$
$$p\text{H} = 14.00 - p\text{OH}$$
$$= 14.00 - 1.52 = 12.48$$

Una solución alterna es

$$[H^+][OH^-] = 1.0 \times 10^{-14}$$
$$[H^+] = \frac{1.0 \times 10^{-14}}{3.0 \times 10^{-2}} = 3.3 \times 10^{-13}$$
$$\log[H^+] = \log 3.3 + \log 10^{-13}$$
$$= 0.52 - 13.00 = -12.48$$
$$p\text{H} = 12.48$$

Ejemplo 15.9

¿Cuál es el $[H^+]$ de una solución con un pH de 10.60?

Solución

Puesto que

$$p\text{H} = \log[H^+]$$
$$\log[H^+] = -p\text{H}$$

En el presente ejemplo, $p\text{H} = 10.60$ y, por consiguiente,

$$\log[H^+] = -10.60$$
$$[H^+] = 10^{-10.60} = 2.5 \times 10^{-11}\ M$$

Si se utiliza una tabla de logaritmos, el valor de log $[H^+]$ se debe dividir en dos partes: una decimal (llamada mantisa, la cual *debe* ser positiva) y un número entero negativo (llamado característica). Así,

$$\log[H^+] = -10.60 = 0.40 - 11.00$$
$$[H^+] = \text{antilog}\, 0.40 \times \text{antilog}(-11)$$

El antilogaritmo de 0.40 se obtiene hallando el número que corresponda a este logaritmo en la tabla de logaritmos (es 2.5). El antilogaritmo de -11 es 10^{-11}. Por consiguiente,

$$[H^+] = 2.5 \times 10^{-11}\ M$$

El ejemplo anterior ilustra una propiedad importante de los logaritmos. Las únicas cifras significativas en un término logarítmico, tal como un *p*H, se hallan en la parte decimal. En el ejemplo 15.9, la mantisa (0.40) tiene dos cifras de importancia y su antilogaritmo (2.5) tiene dos cifras de importancia. La característica (-11) sirve sólo para localizar el punto decimal en el antilogaritmo final (10^{-11}). Por lo tanto, los valores de *p*H 1.30, 10.60 y 14.00, tienen sólo dos cifras de importancia. Debe recordarse que el *p*H se relaciona con una potencia de 10. De donde, una solución de *p*H = 1 tiene una concentración de H^+(ac) 100 veces mayor que la de una solución que tiene un *p*H = 3 (no 3 veces). Además, puesto que el *p*H está relacionado con un exponente *negativo,* mientras menor el valor del *p*H, mayor la concentración de $[H^+]$(ac). A *p*H = 7, una solución es neutra. Las soluciones con valores de *p*H menores de 7 son ácidas; las de valores por encima de 7 son alcalinas. Estas relaciones se resumen en la Tabla 15.3.

La constante de ionización de un ácido débil o una base débil se puede calcular midiendo el *p*H de una solución, de concentración conocida, del electrólito débil.

Ejemplo 15.10

El *p*H de una disolución 0.10*M* de un ácido débil HX es 3.30. ¿Cuál es la constante de ionización de HX?

Tabla 15.3 La escala del *p*H

*p*H	$[H^+]$	$[OH^-]$	
14	10^{-14}	10^{0}	↑
13	10^{-13}	10^{-1}	
12	10^{-12}	10^{-2}	aumento
11	10^{-11}	10^{-3}	de alcalinidad
10	10^{-10}	10^{-4}	
9	10^{-9}	10^{-5}	
8	10^{-8}	10^{-6}	
7	10^{-7}	10^{-7}	neutralidad
6	10^{-6}	10^{-8}	
5	10^{-5}	10^{-9}	
4	10^{-4}	10^{-10}	
3	10^{-3}	10^{-11}	aumento
2	10^{-2}	10^{-12}	de acidez
1	10^{-1}	10^{-13}	
0	10^{0}	10^{-14}	↓

Solución

$$HX \rightleftharpoons H^+ + X^-$$

$$pH = 3.30$$

$$\log[H^+] = -3.30$$

$$[H^+] = 10^{-3.30} = 5.0 \times 10^{-4}\ M$$

Puesto que la solución se preparó solamente de HX,

$$[H^+] = [X^-] = 5.0 \times 10^{-4}\ M$$

La concentración de HX en la solución es para todo propósito igual a 0.10 *M*. La pequeña cantidad de HX que se disocia no necesita considerarse. Por consiguiente, las concentraciones en equilibrio son:

$$\underset{0.10\ M}{HX} \rightleftharpoons \underset{5.0 \times 10^{-4}\ M}{H^+} + \underset{5.0 \times 10^{-4}\ M}{X^-}$$

El valor de la constante de ionización es

$$K = \frac{[H^+][X^-]}{[HX]}$$

$$= \frac{(5.0 \times 10^{-4})^2}{1.0 \times 10^{-1}} = \frac{25 \times 10^{-8}}{1.0 \times 10^{-1}}$$

$$K = 2.5 \times 10^{-6}$$

15.4 Indicadores

Son compuestos orgánicos de estructura compleja que cambian de color en solución a medida que cambia el *p*H. Por ejemplo, el anaranjado de metilo es rojo en solución de *p*H inferiores a 3.1 y amarillo en soluciones de *p*H mayores de 4.5. El color de este indicador es una mezcla variable de amarillo y rojo en el nivel de *p*H de 3.1 y 4.5. Se han descrito y utilizado muchos indicadores. Algunos aparecen en la Tabla 15.4.

El *p*H de una solución se determina generalmente mediante un potenciómetro, pero también pueden utilizarse indicadores para este propósito. Si el azul de timol es amarillo en una solución de prueba y el anaranjado de metilo es rojo en otra muestra de la misma solución, el *p*H de la solución está entre 2.8 y 3.1. La tabla 15.4 muestra que el azul de timol es amarillo sólo en soluciones de *p*H mayor que 2.8 y que el anaranjado de metilo es rojo sólo en soluciones de *p*H menores de 3.1. Si se emplean suficientes indicadores, es posible determinar los valores de *p*H con exactitud hasta la primera cifra decimal.

Los indicadores son ácidos o bases débiles. Debido a su intensa coloración, sólo se necesitan unas pocas gotas de una solución diluida de un indicador para cualquier determinación. Es por eso que la acidez de la solución en cuestión no es alterada significativamente por la adición del indicador.

Si el símbolo HIn designa la molécula del papel de tornasol (que es roja), y el símbolo In^- designa el anión (que es azul) derivado del ácido débil, la ecuación para el papel de tornasol en equilibrio se puede escribir

Tabla 15.4 Algunos indicadores

Indicador	Color ácido	Rango de *p*H del cambio de color	Color alcalino
azul de timol	rojo	1.2-2.8	amarillo
anaranjado de metilo	rojo	3.1-4.5	amarillo
verde de bromocresol	amarillo	3.8-5.5	azul
rojo de metilo	rojo	4.2-6.3	amarillo
papel de tornasol	rojo	5.0-8.0	azul
azul de bromotimol	amarillo	6.0-7.6	azul
azul de timol	amarillo	8.0-9.6	azul
fenolftaleína	incoloro	8.3-10.0	rojo
amarillo de alizarina	amarillo	10.0-12.1	alhucema

$$\underset{rojo}{\mathrm{HIn}} \rightleftharpoons \mathrm{H^+} + \underset{azul}{\mathrm{In^-}}$$

Según el principio de Le Chatelier, aumentando la concentración de H^+ el equilibrio se desplaza hacia la izquierda, y se observa el color rojo (o ácido) de HIn. Por otra parte, la adición de OH^- disminuye la concentración de H^+. El equilibrio se desplaza hacia la derecha y se observa el color azul (o alcalino) de In^-.

La constante de ionización para el tornasol es aproximadamente igual a 10^{-7}:

$$10^{-7} = \frac{[\mathrm{H^+}][\mathrm{In^-}]}{[\mathrm{HIn}]}$$

Podemos trasponer esta expresión en la siguiente forma:

$$\frac{10^{-7}}{[\mathrm{H^+}]} = \frac{[\mathrm{In^-}]}{[\mathrm{HIn}]}$$

A un *p*H de 5 o menor, se observa el color rojo del tornasol. Si sustituimos $[H^+] = 10^{-5}$, el cual corresponde a $pH = 5$, en la expresión anterior, obtenemos:

$$\frac{10^{-7}}{10^{-5}} = \frac{1}{100} = \frac{[\mathrm{In^-}] \leftarrow \text{azul}}{[\mathrm{HIn}] \leftarrow \text{rojo}}$$

Así, la mezcla aparece roja a simple vista, cuando la concentración del HIn rojo es 100 veces (o más) la del azul In^-. El color azul del tornasol se observa en soluciones de $pH = 8$ o mayores, Sí $[H]^+ = 10^{-8}$.

$$\frac{10^{-7}}{10^{-8}} = \frac{10}{1} = \frac{[\mathrm{In^-}] \leftarrow \text{azul}}{[\mathrm{HIn}] \leftarrow \text{rojo}}$$

Cuando la concentración del ion In^- azul es 10 veces la del rojo o aproximadamente el 91% del indicador está en forma iónica; el color azul de los iones disimula completamente el color rojo de las moléculas de HIn y la mezcla parece azul.

Así, el color azul predomina cuando la concentración de las especies azules es 10 veces la del rojo, mientras que el color rojo sólo predomina cuando la concentración de la forma roja es 100 veces la del azul. Esta diferencia no es sorprendente, puesto que el color azul del tornasol es mucho más fuerte que el color rojo. Sólo cuando $[H^+] = K = 10^{-7}$ será el factor $K/[H^+] = 1$ y $[In^-] = [HIn]$. De donde, a pH = 7, el tornasol exhibe su color "neutro" (púrpura).

El intervalo de pH sobre el cual un indicador dado cambia de color depende, por consiguiente, de la constante de ionización del indicador. Para los indicadores que son ácidos débiles, entre más pequeño el valor de K, mayor el intervalo de pH en que cambia de color.

15.5 El efecto del ion-común

En una solución 0.1 M de ácido acético, el anaranjado de metilo adquiere su color ácido rojo. Si se agrega acetato de sodio a esta solución, el color cambia a amarillo, indicando que la adición disminuye la acidez de la solución. Esta observación experimental se explica de inmediato sobre la base del principio de Le Chatelier. El equilibrio

$$HC_2H_3O_2 \rightleftharpoons H^+ + C_2H_3O_2^-$$

se desplaza hacia la izquierda por la adición del ion acetato del acetato de sodio y la concentración de H^+(ac) disminuye correspondientemente. Puesto que el ácido acético y el acetato de sodio tienen el ion acetato en común, este fenómeno se llama el **efecto del ion común.**

La concentración de H^+(ac) en una solución de ácido acético a la cual se ha añadido el ion acetato puede calcularse mediante la constante de ionización del ácido acético.

Ejemplo 15.11

¿Cuál es la concentración de H^+ en una solución 0.10 M de ácido acético que se ha hecho en acetato de socio ($NaC_2H_3O_2$)0.15M?

Solución

El acetato de sodio es un electrólito fuerte; por consiguiente, la concentración de $C_2H_3O_2^-$ de esta fuente es 0.15 M. Si se añade este exceso de $C_2H_3O_2^-$, se desplaza el equilibrio de ácido acético hacia la izquierda:

$$HC_2H_3O_2 \rightleftharpoons H^+ + C_2H_3O_2^-$$

Por consiguiente, la concentración del $HC_2H_3O_2$ (0.10 M) puede ser considerada igual que la concentración total de HC_2H_3O (0.10 M) puesto que muy poco se ha ionizado. La concentración del $C_2H_3O_2^-$ puede tomarse como igual a la concentración de $C_2H_3O_2^-$ del acetato de sodio, $NaC_2H_3O_2$ (0.15 M), puesto que muy poco se ha suministrado por la ionización del $HC_2H_3O_2$:

$$HC_2H_3O_2 \rightleftharpoons H^+ + C_2H_3O_2^-$$
$$0.10\,M \qquad (x)\,M \qquad 0.15\,M$$

$$1.8 \times 10^{-5} = \frac{[H^+][C_2H_3O_2^-]}{[HC_2H_3O_2]}$$

$$= \frac{[H^+](0.15)}{(0.10)}$$

$$[H^+] = 1.2 \times 10^{-5}\,M$$

La concentración de H^+ en una solución 0.10 M de $HC_2H_3O_2$ puro es $1.3 \times 10^{-3}\,M$ (vea la Tabla 15.1).

Ejemplo 15.12

¿Cuál es la concentración de los iones hidróxido en una solución preparada disolviendo 0.020 moles de cloruro de amonio (NH_4Cl) en 100 ml de 0.15 M de amoníaco? Suponga que la adición del sólido no cambia el volumen de la solución.

Solución

El cloruro de amonio es un electrólito fuerte. La concentración de NH_4^+ del NH_4Cl agregado es:

$$?\ \text{moles } NH_4^+ = 1000\ \text{ml solución}\left(\frac{0.020\ \text{moles } NH_4^+}{100\ \text{ml solución}}\right) = 0.20\ \text{moles de } NH_4^+$$

Por consiguiente, la concentración de NH_4^+ es 0.20 M:

$$NH_3 + H_2O \rightleftharpoons NH_4^+ + OH^-$$
$$0.15\,M \qquad\qquad 0.20\,M \qquad (x)\,M$$

$$1.8 \times 10^{-5} = \frac{[NH_4^+][OH^-]}{[NH_3]}$$

$$= \frac{(0.20)[OH^-]}{(0.15)}$$

$$[OH^-] = 1.4 \times 10^{-5}\,M$$

15.6 Amortiguadores

A veces es necesario que se prepare y se guarde una solución con un pH fijo. La preservación de dicha solución es aún más difícil que su preparación. Si la solución entra en contacto con el aire, absorberá dióxido de carbono (un anhídrido de ácido) y se volverá más ácida. Si la solución se guarda en un recipiente de vidrio, las impurezas alcalinas 'desprendidas' del vidrio pueden alterar el pH. Las **soluciones amortiguadas** son capaces de mantener su pH a valores aproximadamente constantes, aún cuando se agreguen pequeñas cantidades de ácido o base.

Una solución amortiguada basada en un ácido débil contiene concentraciones relativamente altas del ácido débil y de la sal del ácido. Considere el amortiguador ácido acético-acetato, en el cual la concentración del ácido acético y la del ion acetato (del acetato de sodio) son 1.00 *M*:

$$\underset{1.00\,M}{HC_2H_3O_2} \rightleftharpoons \underset{?}{H^+} + \underset{1.00\,M}{C_2H_3O_2^-}$$

$$\frac{[H^+][C_2H_3O_2^-]}{[HC_2H_3O_2]} = 1.8 \times 10^{-5}$$

puesto que $[HC_2H_3O_2] = [C_2H_3O_2^-]$:

$$[H^+] = 1.8 \times 10^{-5}\ M$$

$$pH = -\log(1.8 \times 10^{-5}) = 4.74$$

El *p*K de un electrólito débil se puede definir de manera análoga al *p*H.

$$pK = -\log K \qquad (15.5)$$

Una solución de un ácido débil en la cual la concentración del anión es la misma que la concentración del ácido sin disociar tiene un *p*H igual al pK_a del ácido. En una muestra del amortiguador previamente descrito, las cantidades de $HC_2H_3O_2$ y $C_2H_3O_2^-$(ac) son mucho mayores que la cantidad de H^+(ac) presente: aproximadamente 50,000 veces mayor.

$$\underset{1.0\,M}{HC_2H_3O_2} \rightleftharpoons \underset{1.8 \times 10^{-5}\,M}{H^+} + \underset{1.0\,M}{C_2H_3O_2^-}$$

Si se agrega una pequeña cantidad del ion H^+(ac), la gran reserva del ion acetato se convertirá rápidamente en ácido acético. Si se agrega una pequeña cantidad del ion OH^-(ac) al amortiguador, neutralizará el ion H^+(ac), pero la gran cantidad de ácido acético presente remplaza por disociación cualquier ion H^+(ac) extraído y mantendrá el *p*H a un valor aproximadamente constante.

Los amortiguadores no pueden resistir la adición de grandes cantidades de ácidos o álcalis. La adición de 0.01 moles por litro de H^+(ac) o OH^-(ac) es aproximadamente el máximo que se espera que pueda resistir cualquier amortiguador. Cuán exitosamente puede resistir un amortiguador tal adición queda ilustrado en el siguiente ejemplo.

Ejemplo 15.13

La constante de ionización del ácido acético hasta tres cifras significativas es 1.82×10^{-5}. Un amortiguador que contenga una concentración 1.00 *M* de ácido acético y acetato de sodio tiene un *p*H de 4.742. (a) ¿Cuál es el *p*H de la solución después que se han agregado 0.01 moles de HCl a 1 litro del amortiguador? (b) ¿Cuál es el *p*H de la solución después de añadir 0.01 moles de NaOH?

Solución

(a) Los 0.01 moles de H^+ del HCl convierten una cantidad equivalente de ion acetato en ácido acético. Así las concentraciones son:

	$HC_2H_3O_2 \rightleftharpoons$	H^+	+ $C_2H_3O_2^-$
amortiguador:	1.00 *M*	1.82×10^{-5} *M*	1.00 *M*
después de añadir H^+:	1.01 *M*	?	0.99 *M*

$$\frac{[H^+][C_2H_3O_2^-]}{[HC_2H_3O_2]} = 1.82 \times 10^{-5}$$

$$\frac{[H^+](0.99)}{(1.01)} = 1.82 \times 10^{-5}$$

$$[H^+] = 1.82 \times 10^{-5}\frac{(1.01)}{(0.99)}$$

$$= 1.86 \times 10^{-5}\ M$$

$$pH = 4.731$$

Por lo tanto, la adición hace que el *p*H cambie 0.009 unidades de *p*H. Una adición similar al agua pura cambiaría el *p*H de 7.0 a 2.0 —un cambio de 5.0 unidades de *p*H.
(b) La adición de 0.0100 moles de OH^- cambiaría la concentración del ion acetato a 1.01 *M* y la concentración del ácido acético a 0.99 *M*. Así, las concentraciones son

	$HC_2H_3O_2 \rightleftharpoons$	H^+	+ $C_2H_3O_2^-$
amortiguador:	1.00 *M*	1.81×10^{-5} *M*	1.00 *M*
después de añadir OH^-	0.99 *M*	?	1.01 *M*

$$\frac{[H^+][C_2H_3O_2^-]}{[HC_2H_3O_2]} = 1.82 \times 10^{-5}$$

$$\frac{[H^+](1.01)}{(0.99)} = 1.82 \times 10^{-5}$$

$$[H^+] = 1.82 \times 10^{-5}\frac{(0.99)}{(1.01)}$$

$$= 1.78 \times 10^{-5}\ M$$

$$pH = 4.749$$

Una adición similar al agua causaría un aumento del *p*H de 7.0 a 12.0

También se pueden preparar amortiguadores alcalinos. Si la base y su ion derivado están presentes en concentraciones iguales,

$$pOH = pK_b$$

$$pH = 14.00 - pK_b$$

Una solución con $[NH_3] = 0.10\ M$ y $(NH_4^+) = 0.10\ M$, es un ejemplo de este tipo de amortiguador:

$$\underset{0.10\,M}{NH_3} + H_2O \rightleftharpoons \underset{0.10\,M}{NH_4^+} + \underset{?}{OH^-}$$

$$\frac{[NH_4^+][OH^-]}{[NH_3]} = 1.8 \times 10^{-5}$$

$$[OH^-] = 1.8 \times 10^{-5}\,M$$

$$pOH = 4.74$$

$$pH = 9.26$$

También se pueden preparar amortiguadores en los que la proporción de la concentración del electrólito débil o la concentración del ion común no sea 1:1; esta técnica se puede usar para obtener un amortiguador que tenga un pH (o pOH) diferente del pK_a del ácido débil o (pK_b de la base débil). Supongamos que se quiera preparar un amortiguador de un ácido débil hipotético, HA,

$$HA \rightleftharpoons H^+ + A^-$$

para el cual

$$\frac{[H^+][A^-]}{[HA]} = K_a$$

El logaritmo de esta expresión es:

$$\log \frac{[H^+][A^-]}{[HA]} = \log K_a$$

que también puede escribirse

$$\log[H^+] + \log \frac{[A^-]}{[HA]} = \log K_a$$

Si multiplicamos ambos lados de la ecuación por -1, obtenemos

$$-\log[H^+] - \log \frac{[A^-]}{[HA]} = -\log K_a$$

o

$$pH - \log \frac{[A^-]}{[HA]} = pK_a$$

Después de trasponer, obtenemos lo que se llama **la ecuación de Henderson-Haselbalch:**

$$pH = pK_a + \log \frac{[A^-]}{[HA]} \qquad (15.6)$$

En general, la proporción de especies iónicas a especies moleculares para obtener un amortiguador eficaz debe estar entre 1/10 y 10/1. Este nivel de concentración es equivalente al siguiente nivel de pH:

$$pH = pK_a + \log\frac{1}{10} = pK_a + \log 10^{-1}$$

$$= pK_a - 1$$

$$pH = pK_a + \log\frac{10}{1}$$

$$= pK_a + 1$$

Por consiguiente, puede prepararse un amortiguador con un pH de cualquier valor entre $(pK_a + 1)$ y $(pK_a - 1)$. Por ejemplo, puede prepararse un amortiguador de ácidos acético-acetato con un pH deseado entre 3.74 y 5.74, puesto que el pK_a del ácido acético es 4.74.

Ejemplo 15.14

¿Qué concentración se debe utilizar para preparar un amortiguador de ácido ciánico-cianato con un pH de 3.50?

Solución

$$pH = 3.50$$

$$\log[H^+] = -3.50 = 0.50 - 4.00$$

$$[H^+] = 3.2 \times 10^{-4}\ M$$

$$HOCN \rightleftharpoons H^+ + OCN^-$$

$$\frac{[H^+][OCN^-]}{[HOCN]} = 1.2 \times 10^{-4}$$

$$\frac{(3.2 \times 10^{-4})[OCN^-]}{[HOCN]} = 1.2 \times 10^{-4}$$

$$\frac{[OCN^-]}{[HOCN]} = \frac{1.2 \times 10^{-4}}{3.2 \times 10^{-4}}$$

$$\frac{[OCN^-]}{[HOCN]} = 0.38$$

Cualquier solución en la cual $[OCN^-]/[HOCN]$ es 0.38 tendrá un pH de 3.50. Por ejemplo, si $[OCN^-] = 0.38\ M$, entonces [HOCN] debe ser 1.00 M; o si $[OCN^-] = 0.76\ M$, $[HOCN] = 2.00\ M$.

Una solución alterna utiliza la ecuación de Henderson-Haselbalch:

$$pH = pK_a + \log\frac{[OCN^-]}{[HOCN]}$$

$$3.50 = 3.92 + \log\frac{[OCN^-]}{[HOCN]}$$

$$\log\frac{[OCN^-]}{[HOCN]} = -0.42$$

$$\frac{[OCN^-]}{[HOCN]} = 0.38$$

Ejemplo 15.15

¿Cuál es el pH de una solución preparada mezclando 100 ml 0.15 M de HCl y 200 ml de anilina 0.20 M ($C_6H_5NH_2$)? Suponga que el volumen de la solución final es de 300 ml.

Solución

El número de moles de HCl usados y el número de moles de anilina usados son:

$$? \text{ moles de HCl} = 100 \text{ ml solución} \left(\frac{0.15 \text{ moles de HCl}}{1000 \text{ ml solución}} \right)$$

$$= 0.015 \text{ moles de HCl}$$

$$? \text{ moles de anilina} = 200 \text{ mol solución} \left(\frac{0.20 \text{ moles anilina}}{1000 \text{ ml solución}} \right)$$

$$= 0.040 \text{ moles de anilina}$$

Un mol de anilina reacciona con un mol de H^+. Así,

	$C_6H_5NH_2$ +	H^+	$\longrightarrow C_6H_5NH_3^+$
antes de la reacción:	0.040 moles	0.015 moles	—
después de la reacción:	0.025 moles	—	0.015 moles

Las concentraciones molares en la solución final son

$$? \text{ mol } C_6H_5NH_3^+ = 1000 \text{ ml solución} \left(\frac{0.015 \text{ mol } C_6H_5NH_3^+}{300 \text{ ml solución}} \right)$$

$$= 0.050 \text{ mol } C_6H_5NH_3^+$$

$$? \text{ mol } C_6H_5NH_2 = 1000 \text{ ml solución} \left(\frac{0.025 \text{ mol } C_6H_5NH_2}{300 \quad \text{solución}} \right)$$

$$= 0.083 \text{ mol } C_6H_5NH_2$$

Por consiguiente, las concentraciones en la solución son:

$$\underset{0.083\ M}{C_6H_5NH_2} + H_2O \rightleftharpoons \underset{0.050\ M}{C_6H_5NH_3^+} + OH^-$$

$$\frac{[C_6H_5NH_3^+][OH^-]}{[C_6H_5NH_2]} = 4.6 \times 10^{-10}$$

$$\frac{(0.050)[OH^-]}{(0.083)} = 4.6 \times 10^{-10}$$

$$[OH^-] = 7.6 \times 10^{-10}\ M$$

$$[H^+] = 1.3 \times 10^{-5}\ M$$

$$pH = 4.89$$

El uso de amortiguadores es parte importante de muchos procesos industriales. Entre ellos tenemos el electroplatinado y la elaboración de cuero, materiales fotográficos y tintes. En la investigación bacteriológica, los medios de cultivo generalmente se amortiguan para mantener el pH requerido para el crecimiento de las bacterias bajo estudio. Los amortiguadores se utilizan extensamente en química analítica y se utilizan para calibrar potenciómetros. La sangre humana está amortiguada a un pH de 7.4 mediante bicarbonato, fosfato y sistemas complejos de proteínas.

15.7 Ácidos polipróticos

Los **ácidos polipróticos** contienen más de un hidrógeno ácido por molécula. Los ejemplos incluyen el ácido sulfúrico (H_2SO_4), ácido oxálico ($H_2C_2O_4$), ácido fosfórico (H_3PO_4) y ácido arsénico ($H_3A_5O_4$). Los ácidos polipróticos se ionizan en forma escalonada y existe una constante de ionización para cada etapa. Los números de los índices se agregan al símbolo K_a para especificar la etapa a la cual se aplica la constante. El ácido fosfórico es triprótico y se ioniza en 3 etapas:

$$H_3PO_4 \rightleftharpoons H^+ + H_2PO_4^- \qquad \frac{[H^+][H_2PO_4^-]}{[H_3PO_4]} = K_{a1} = 7.5 \times 10^{-3}$$

$$H_2PO_4^- \rightleftharpoons H^+ + HPO_4^{2-} \qquad \frac{[H^+][HPO_4^{2-}]}{[H_2PO_4^-]} = K_{a2} = 6.2 \times 10^{-8}$$

$$HPO_4^{2-} \rightleftharpoons H^+ + PO_4^{3-} \qquad \frac{[H^+][PO_4^{3-}]}{[HPO_4^{2-}]} = K_{a3} = 1 \times 10^{-12}$$

Así, en una solución de ácido fosfórico se presentan tres equilibrios junto con el equilibrio del agua.

La ionización del ácido fosfórico es típica de todos los ácidos polipróticos en los que la ionización primaria es más fuerte que la secundaria y ésta más fuerte que la terciaria. Esta tendencia en el valor de la constante de ionización es consistente con la naturaleza de la partícula que libera un protón en cada etapa. Se podría pronosticar que se separa más rápido un protón por una molécula sin carga que de un ion uninegativo, y más rápido de un ion uninegativo que de uno dinegativo.

No se conoce ningún ácido poliprótico para el cual todas las ionizaciones sean completas. La ionización primaria del ácido sulfúrico es esencialmente completa,

$$H_2SO_4 \longrightarrow H^+ + HSO_4^-$$

Pero la ionización secundaria no lo es:

$$HSO_4^- \rightleftharpoons H^- + SO_4^{2-} \qquad \frac{[H^+][SO_4^{2-}]}{[HSO_4^-]} = K_{a2} = 1.3 \times 10^{-2}$$

Las soluciones de dióxido de carbono son ácidas. El dióxido de carbono reacciona con agua para formar el ácido carbónico, H_2CO_3. Sin embargo, la reacción no es completa —la mayoría del dióxido de carbono existe en solución como moléculas de CO_2. Por lo tanto, indicaremos la ionización primaria como

$$CO_2 + H_2O \rightleftharpoons H^+ + HCO_3^- \qquad \frac{[H^+][HCO_3^-]}{[CO_2]} = K_{a1} = 4.2 \times 10^{-7}$$

Tabla 15.5 Constantes de ionización de algunos ácidos polipróticos

arsénico	$H_3AsO_4 \rightleftharpoons H^+ + H_2AsO_4^-$	$K_{a1} = 2.5 \times 10^{-4}$
	$H_2AsO_4^- \rightleftharpoons H^+ + HAsO_4^{2-}$	$K_{a2} = 5.6 \times 10^{-8}$
	$HAsO_4^{2-} \rightleftharpoons H^+ + AsO_4^{3-}$	$K_{a3} = 3 \times 10^{-13}$
carbónico	$CO_2 + H_2O \rightleftharpoons H^+ + HCO_3^-$	$K_{a1} = 4.2 \times 10^{-7}$
	$HCO_3^- \rightleftharpoons H^+ + CO_3^{2-}$	$K_{a2} = 4.8 \times 10^{-11}$
hidrosulfúrico	$H_2S \rightleftharpoons H^+ + HS^-$	$K_{a1} = 1.1 \times 10^{-7}$
	$HS^- \rightleftharpoons H^+ + S^{2-}$	$K_{a2} = 1.0 \times 10^{-14}$
oxálico	$H_2C_2O_4 \rightleftharpoons H^+ + HC_2O_4^-$	$K_{a1} = 5.9 \times 10^{-2}$
	$HC_2O_4^- \rightleftharpoons H^+ + C_2O_4^{2-}$	$K_{a2} = 6.4 \times 10^{-5}$
fosfórico	$H_3PO_4 \rightleftharpoons H^+ + H_2PO_4^-$	$K_{a1} = 7.5 \times 10^{-3}$
	$H_2PO_4^- \rightleftharpoons H^+ + HPO_4^{2-}$	$K_{a2} = 6.2 \times 10^{-8}$
	$HPO_4^{2-} \rightleftharpoons H^+ + PO_4^{3-}$	$K_{a3} = 1 \times 10^{-12}$
fosforoso (diprótico)	$H_3PO_3 \rightleftharpoons H^+ + H_2PO_3^-$	$K_{a1} = 1.6 \times 10^{-2}$
	$H_2PO_3^- \rightleftharpoons H^+ + HPO_3^{2-}$	$K_{a2} = 7 \times 10^{-7}$
sulfúrico	$H_2SO_4 \rightleftharpoons H^+ + HSO_4^-$	Fuerte
	$HSO_4^- \rightleftharpoons H^+ + SO_4^{2-}$	$K_{a2} = 1.3 \times 10^{-2}$
sulfuroso	$SO_2 + H_2O \rightleftharpoons H^+ + HSO_3^-$	$K_{a1} = 1.3 \times 10^{-2}$
	$HSO_3^- \rightleftharpoons H^+ + SO_3^{2-}$	$K_{a2} = 5.6 \times 10^{-8}$

donde el símbolo $[CO_2]$ se usa para representar la concentración total de CO_2(ac) y H_2CO_3. El segundo paso de la ionización es

$$HCO_3^- \rightleftharpoons H^+ + CO_3^{2-} \qquad \frac{[H^+][CO_3^{2-}]}{[HCO_3^-]} = K_{a2} = 4.8 \times 10^{-11}$$

Existe una situación análoga para las soluciones de dióxido de azufre en agua; la acidez del SO_2 acuoso se ha atribuido a la ionización del ácido sulfuroso, H_2SO_3. Sin embargo, el H_2SO_3 nunca se ha aislado en forma pura. En solución, aparentemente existe en equilibrio con SO_2(ac)

$$SO_2(ac) + H_2O \rightleftharpoons H_2SO_3(ac)$$

Representaremos la ionización primaria del ácido sulfuroso como

$$SO_2 + H_2O \rightleftharpoons H^+ + HSO_3^-$$

Las constantes de ionización de algunos ácidos polipróticos aparecen en la Tabla 15.5.

Los ácidos polipróticos forman más de una sal. Dependiendo de la relación estequiométrica de los reactivos, la reacción del NaOH y H_2SO_4 produce la sal normal Na_2SO_4 (sulfato de sodio) o la sal ácida $NaHSO_4$ (bisulfato de sodio o sulfato de hidrogeno y sodio). Pueden obtenerse tres sales de ácido fosfórico: NaH_2PO_4 (fosfato de dihidrógeno de sodio) Na_2HPO_4 (fosfato de hidrogeno y sodio) y Na_3PO_4 (fosfato de sodio).

Ejemplo 15.16

Calcule $[H^+]$, $[H_2PO_4^-]$,$[HPO_4^{2-}]$,$[PO_4^{3-}]$ y $[H_3PO_4]$, en una solución 0.10 M de ácido fosfórico.

Solución

La principal fuente de H^+ es la ionización primaria. El H^+ producido por las otras ionizaciones, así como también por la ionización del agua, carece de importancia en comparación. Además, la concentración de $H_2PO_4^-$ obtenida de la ionización primaria no disminuye significativamente por la ionización secundaria. Así, podemos escribir

$$\underset{(0.10 - x)\,M}{H_3PO_4} \rightleftharpoons \underset{(x)\,M}{H^+} + \underset{(x)\,M}{H_2PO_4^-}$$

El problema debe resolverse mediante la fórmula cuadrática, puesto que x no carece de importancia en comparación con α 0.10 M:

$$\frac{[H^+][H_2PO_4^-]}{[H_3PO_4]} = 7.5 \times 10^{-3}$$

$$\frac{x^2}{(0.10 - x)} = 7.5 \times 10^{-3}$$

$$x = [H^+] = [H_2PO_4^-] = 2.4 \times 10^{-2}\,M$$

$$(0.10 - x) = [H_3PO_4] = 7.6 \times 10^{-2}\,M$$

El $[H^+]$ y $[H_2PO_4^-]$ se aplican a la ionización secundaria. Por consiguiente,

$$\underset{2.4 \times 10^{-2}\,M}{H_2PO_4^-} \rightleftharpoons \underset{2.4 \times 10^{-2}\,M}{H^+} + HPO_4^{2-}$$

$$\frac{[H^+][HPO_4^{2-}]}{[H_2PO_4^-]} = 6.2 \times 10^{-8}$$

$$\frac{(2.4 \times 10^{-2})[HPO_4^{2-}]}{(2.4 \times 10^{-2})} = 6.2 \times 10^{-8}$$

$$[HPO_4^{2-}] = 6.2 \times 10^{-8}\,M$$

En cualquier solución de H_3PO_4 que no contenga iones derivados de otros electrólitos, la concentración del ion secundario es igual a K_{a2}. Para la ionización terciaria:

$$\underset{6.2 \times 10^{-8}\,M}{HPO_4^{2-}} \rightleftharpoons \underset{2.4 \times 10^{-2}\,M}{H^+} + PO_4^{3-}$$

$$\frac{[H^+][PO_4^{3-}]}{[HPO_4^{2-}]} = 1 \times 10^{-12}$$

$$\frac{(2.4 \times 10^{-2})[PO_4^{3-}]}{(6.2 \times 10^{-8})} = 1 \times 10^{-12}$$

$$[PO_4^{3-}] = 3 \times 10^{-18}\,M$$

Ejemplo 15.17

¿Qué son $[H^+]$, $[HS^-]$, $[S^{2-}]$ y $[H_2S]$ en una solución 0.10 M de H_2S?

Solución

K_{a1} para H_2S es 1.1×10^{-7}. Por consiguiente, la pequeña cantidad de H_2S que se ioniza no es importante en comparación con la concentración original de H_2S. Además, las concentraciones de H^+ y HS^- no se alteran significativamente por la ionización secundaria ($K_{a2} = 1.0 \times 10^{-14}$). Así:

$$H_2S \rightleftharpoons H^+ + HS^-$$
$$0.10\,M \qquad (x)\,M \qquad (x)\,M$$

$$\frac{[H^+][HS^-]}{[H_2S]} = 1.1 \times 10^{-7}$$

$$\frac{x^2}{0.10} = 1.1 \times 10^{-7}$$

$$x = [H^+] = [HS^-] = 1.0 \times 10^{-4}\,M$$

Estas concentraciones también se pueden aplicar a la ionización secundaria:

$$HS^- \rightleftharpoons H^+ + S^{2-}$$
$$1.0 \times 10^{-4}\,M \qquad 1.0 \times 10^{-4}\,M \qquad ?$$

$$\frac{[H^+][S^{2-}]}{[HS^-]} = 1.0 \times 10^{-14}$$

$$\frac{(1.0 \times 10^{-4})[S^{2-}]}{(1.0 \times 10^{-4})} = 1.0 \times 10^{-4}\,M$$

$$[S^{2-}] = 1.0 \times 10^{-14}\,M$$

La concentración del ion secundario es igual a K_{a2} en cualquier solución de H_2S que no contenga iones derivados de otro electrólito.

El producto de las expresiones para las dos ionizaciones del H_2S es:

$$\left(\frac{[H^+][HS^-]}{[H_2S]}\right)\left(\frac{[H^+][S^{2-}]}{[HS^-]}\right) = K_{a1}K_{a2}$$

$$\frac{[H^+]^2\,[S^{2-}]}{[H_2S]} = (1.1 \times 10^{-7})(1.0 \times 10^{-14}) = 1.1 \times 10^{-21}$$

Esta relación tan conveniente puede conducir a equivocaciones. Superficialmente parece que se aplica un proceso en el cual se produce un ion sulfuro por cada dos iones H^+. Sin embargo, la ionización del H_2S no ocurre en esta forma. En cualquier solución de H_2S, la concentración de H^+(ac) es mucho mayor que la concentración del ion sulfuro (Ejemplo 15.17). La mayoría de las moléculas de H_2S que se ionizan lo hacen solamente hasta HS^-, y los iones S^{2-} resultan sólo de la pequeña ionización del ion secundario.

A 25°C, una solución saturada de H_2S es $0.10\,M$. Por consiguiente, para una *solución saturada*,

$$\frac{[H^+]^2[S^{2-}]}{(0.10)} = 1.1 \times 10^{-21}$$

$$[H^+]^2[S^{2-}] = 1.1 \times 10^{-22}$$

Esta relación puede usarse para calcular la concentración del ion sulfuro de una solución de pH conocido que ha sido saturada con H_2S.

Ejemplo 15.18

¿Cuál es la concentración del ion sulfuro de una solución de HCl diluida que ha sido saturado con H_2S, si el pH de la solución es 3.00?

Solución

Puesto que $pH = 3.00$,

$$[H^+] = 1.0 \times 10^{-3}\ M$$

Por lo tanto,

$$[H^+]^2 [S^{2-}] = 1.1 \times 10^{-22}$$

$$(1.0 \times 10^{-3})^2 [S^{2-}] = 1.1 \times 10^{-22}$$

$$[S^{2-}] = 1.1 \times 10^{-16}\ M$$

En una solución saturada de H_2S puro (Ejemplo 15.17), $[S^{2-}] = 1.0 \times 10^{-14}\ M$. En la solución de H_2S descrita en este problema, el ion común, H^+, ha reprimido la ionización del H_2S. Además, y puesto que la solución contiene iones H^+ de una fuente diferente a H_2S, $[H^+]$ no es igual a $[HS^-]$ y, por consiguiente, $[S^{2-}]$ no es igual a K_{a2}.

15.8 Iones que actúan como ácidos y bases

No es sorprendente que los aniones de ácidos polipróticos (tales como $H_2PO_4^-$ y HS^-) tengan propiedades ácidas. Lo que tal vez no se espera, sin embargo, es que los iones obtenidos de sales normales (tales como $C_2H_3O_2^-$, NO_2^-, NH_4^+ y Fe^{3+}) formen soluciones ácidas o básicas.

1. Los aniones obtenidos de ácidos débiles (tales como $C_2H_3O_2^-$ y NO_2^-) forman soluciones básicas.
2. Los cationes obtenidos de bases débiles (tales como NH_4^+ y Fe^{3+}) forman soluciones ácidas.

Consideremos primero los aniones de los ácidos débiles. En solución acuosa, el ion acetato reacciona con agua para aumentar la concentración de iones OH^-:

$$C_2H_3O_2^- + H_2O \rightleftharpoons HC_2H_3O_2 + OH^-$$

Esta reacción del ion acetato es similar a la de cualquier otra base débil, tal como NH_3, con agua:

$$NH_3 + H_2O \rightleftharpoons NH_4^+ + OH^-$$

El hecho de que el ion acetato tenga una carga y la molécula de amoníaco no, carece de importancia. Ambas especies son bases y ambos equilibrios tienen correspondientes valores de K_b. Sin embargo, la reacción de un ion con el agua, algunas veces se llama una **reacción de hidrólisis.**

De acuerdo con la teoría de Brønsted (Sección 14.3), el ion acetato es la base conjugada del ácido acético. Las ecuaciones químicas para los dos equilibrios y las correspondientes expresiones para las constantes de equilibrio son:

$$HC_2H_3O_2 \rightleftharpoons H^+ + C_2H_3O_2^- \qquad K_a = \frac{[H^+][C_2H_3O_2^-]}{[HC_2H_3O_2]}$$

$$C_2H_3O_2^- + H_2O \rightleftharpoons HC_2H_3O_2 + OH^- \qquad K_b = \frac{[HC_2H_3O_2][OH^-]}{[C_2H_3O_2^-]}$$

Las dos constantes están relacionadas en la siguiente forma. El producto de K_a y K_b es:

$$K_aK_b = \left(\frac{[H^+][C_2H_3O_2^-]}{[HC_2H_3O_2]}\right)\left(\frac{[HC_2H_3O_2][OH^-]}{[C_2H_3O_2^-]}\right)$$

$$K_aK_b = [H^+][OH^-]$$

puesto que $[H^+][OH^-]$ es igual a la constante de disociación del agua K_w,

$$K_a\,K_b = K_w \qquad (15.7)$$

Esta relación proporciona una forma conveniente para obtener el valor de K_b para el anión obtenido de un ácido débil:

$$K_b = K_w/K_a \qquad (15.8)$$

En el caso de K_b para la hidrólisis del ion acetado,

$$K_b = (1.0 \times 10^{-14})/(1.8 \times 10^{-5}) = 5.6 \times 10^{-10}$$

Los aniones obtenidos de ácidos *fuertes* (tales como el Cl^- del HCl) y los cationes **obtenidos de bases *fuertes* (tales como Na^+ del NaOH) no reaccionan con el agua para** afectar el *p*H. Un equilibrio de este tipo (un equilibrio de hidrólisis) resulta solamente cuando el ion puede formar una *molécula* de un electrólito débil en la reacción con el agua. Los ácidos y bases fuertes no existen como moléculas en solución acuosa.

Ejemplo 15.19

¿Cuál es el *p*H de una solución 0.10 *M* de $NaC_2H_3O_2$?

Solución

La sal $NaC_2H_3O_2$ se disocia completamente en iones Na^+ y $C_2H_3O_2^-$ en solución acuosa. El ion Na^+ reacciona con agua. Hagamos *x* igual a la concentración en equilibrio de $HC_2H_3O_2$ que resulta de la hidrólisis de los iones $C_2H_3O_2^-$:

$$\underset{0.10\,M}{C_2H_3O_2^-} + H_2O \rightleftharpoons \underset{(x)\,M}{HC_2H_3O_2} + \underset{(x)\,M}{OH^-}$$

Puesto que el valor de K_b es muy pequeño (5.6×10^{-10}), x es pequeño y $[C_2H_3O_2^-]$ se puede suponer igual a 0.10 M en vez de $[0.10 - x]M$:

$$\frac{[HC_2H_3O_2][OH^-]}{[C_2H_3O_2^-]} = K_b$$

$$\frac{x^2}{0.10} = 5.6 \times 10^{-10}$$

$$x^2 = 5.6 \times 10^{-11}$$

$$x = [HC_2H_3O_2] = [OH^-] = 7.5 \times 10^{-6}\ M$$

$$pOH = -\log(7.5 \times 10^{-6}) = 5.12$$

$$pH = 14.00 - 5.12 = 8.88$$

Entre más débil es el electrólito del cual se deriva el ion, más extensa es su reacción con el agua. Una solución 0.1 M de acetato de sodio tiene un pH de 8.9 y el pH de una solución 0.1 M de cianuro de sodio es 11.2. En cada caso, es la hidrólisis del anión la que hace alcalina la solución. El ion sodio no se hidroliza

$$C_2H_3O_2^- + H_2O \rightleftharpoons HC_2H_3O_2 + OH^-$$

$$CN^- + H_2O \rightleftharpoons HCN + OH^-$$

Puesto que HCN ($K_a = 4.0 \times 10^{-10}$) es un electrólito más débil que $HC_2H_3O_2$ ($K_a = 1.8 \times 10^{-5}$), el HCN realiza mejor trabajo reteniendo protones que el $HC_2H_3O_2$. Por consiguiente, la hidrólisis de CN^- es más completa que la de $C_2H_3O_2^-$ y la concentración de OH^- es mayor en la solución de NaCN que en la solución de $NaC_2H_3O_2$. Observe, sin embargo, que en ambos sistemas la posición de equilibrio es tal que la reacción inversa, que puede considerarse como una neutralización, continúa en mayor extensión que la reacción hacia adelante, puesto que el H_2O es un electrólito más débil que HCN ó $HC_2H_3O_2$.

Un catión obtenido de una base débil reacciona con el agua formando una solución ácida. Considere la reacción del ion amonio:

$$NH_4^+ + H_2O \rightleftharpoons NH_3 + H_3O^+$$

Esta reacción de NH_4^+ es similar a la ionización de cualquier otro ácido débil, tal como $HC_2H_3O_2$. Si representamos la disociación del ácido del ion NH_4^+, en nuestra forma habitual, obtenemos:

$$NH_4^+ \rightleftharpoons H^+ + NH_3$$

La constante de equilibrio para este sistema, una K_a, se puede obtener utilizando K_b para la disociación de la base, NH_3, que es la base conjugada de NH_4^+:

$$NH_3 + H_2O \rightleftharpoons NH_4^+ + OH^-$$

De acuerdo con la relación

$$K_a K_b = K_w$$

La constante de disociación ácida se puede hallar por sustitución en

$$K_a = K_w/K_b \tag{15.9}$$

para el sistema NH_4^+/NH_3:

$$K_a = (1.0 \times 10^{-14})/(1.8 \times 10^{-5}) = 5.6 \times 10^{-10}$$

Ejemplo 15.20

¿Cuál es el pH de una solución 0.30 M de NH_4Cl?

Solución

En solución, el NH_4Cl se disocia completamente en iones NH_4^+ y Cl^-. El ion Cl^-, debido a que deriva de un ácido fuerte, no reacciona con el agua. Hagamos x igual a la concentración de equilibrio de NH_3 de la hidrólisis del NH_4^+:

$$\begin{array}{lll} NH_4^+ & \rightleftharpoons H^+ & + NH_3 \\ 0.30\ M & (x)\ M & (x)\ M \end{array}$$

$$\frac{[H^+][NH_3]}{[NH_4^+]} = 5.6 \times 10^{-10}$$

$$\frac{x^2}{0.30} = 5.6 \times 10^{-10}$$

$$x^2 = 1.7 \times 10^{-10}$$

$$x = [H^+] = [NH_3] = 1.3 \times 10^{-5}\ M$$

$$pH = -\log(1.3 \times 10^{-5}) = 4.89$$

Los cationes de los metales del grupo I A, así como el Ca^{2+}, Sr^{2+} y Ba^{2+}, no reaccionan con el agua, pues derivan de bases fuertes. Sin embargo, la mayoría de los otros cationes metálicos se hidrolizan. En la hidrólisis de un catión metálico, una molécula de agua coordinada del catión hidratado dona un protón a la molécula de agua libre:

$$Fe(H_2O)_6^{3+}(ac) + H_2O \rightleftharpoons Fe(OH)(H_2O)_5^{2+}(ac) + H_3O^+(ac)$$

Dichas ecuaciones se escriben algunas veces sin indicar el agua coordinada:

$$Fe^{3+}(ac) + H_2O \rightleftharpoons Fe(OH)^{2+}(ac) + H^+(ac)$$

Las etapas adicionales en la hidrólisis del ion Fe^{3+} producen $Fe(OH)_2^+$, $[Fe_2(OH)_2(H_2O)_8]^{4+}$, iones polinucleares de orden superior, y finalmente un precipitado de Fe_2O_3 hidratado.

El análisis matemático de las hidrólisis de los cationes metálicos lo complican varios factores. Como en la hidrólisis del ion Fe^{3+}, existe más de un producto hidrolizado, y muchos de éstos son polinucleares. Para muchos sistemas, no se dispone de valores confiables para las constantes de equilibrio; y en muchos casos no han sido identificadas todas las reacciones en equilibrio. Ocasionalmente, la reacción procede hasta el punto en que precipita el hidróxido metálico o el óxido metálico hidratado.

La hidrólisis de un anión derivado de un ácido poliprótico débil procede en varias etapas. Las constantes de disociación ácida para el H_2S son:

$$H_2S \rightleftharpoons H^+ + HS^- \qquad K_{a1} = 1.1 \times 10^{-7}$$

$$HS^- \rightleftharpoons H^+ + S^{2-} \qquad K_{a2} = 1.0 \times 10^{-14}$$

Por lo tanto, las constantes de disociación de bases para los iones son:

$$S^{2-} + H_2O \rightleftharpoons HS^- + OH^- \qquad K_{b1} = \frac{K_w}{K_{a2}} = 1.0$$

$$HS^- + H_2O \rightleftharpoons H_2S + OH^- \qquad K_{b2} = \frac{K_w}{K_{a1}} = 9.1 \times 10^{-8}$$

Observe que la *primera* constante de disociación básica se obtiene dividiendo la constante de disociación del agua entre la *segunda* constante de disociación ácida del H_2S.

En las soluciones de un sulfuro soluble, el primer paso de la hidrólisis del ion sulfuro es casi tan completa que opaca el segundo, y la acidez de la solución se puede calcular despreciando la hidrólisis del ión HS^-:

Ejemplo 15.21

¿Cuál es el pH de una solución 0.10 M de Na_2S?

Solución

$$\underset{(0.10 - x)\,M}{S^{2-}} + H_2O \rightleftharpoons \underset{(x)\,M}{HS^-} + \underset{(x)\,M}{OH^-}$$

$$\frac{[HS^-][OH^-]}{[S^{2-}]} = 1.0$$

$$\frac{x^2}{(0.10 - x)} = 1.0$$

$$x^2 + x - 0.10 = 0$$

Esta ecuación se resuelve usando la fórmula cuadrática:

$$x = \frac{-1.00 + \sqrt{1.00 + 0.40}}{2.00}$$

$$x = [OH^-] = 9.2 \times 10^{-2}\ M$$

$$pOH = 1.04$$

$$pH = 12.96$$

El pH de una solución de una sal normal puede pronosticarse sobre las bases de fuerza del ácido y de la base de las cuales se deriva la sal.

1. Sal de una base y ácido fuertes. Los ejemplos son: NaCl, KNO_3 y $Ba(ClO_3)_2$. Ni el catión ni el anión se hidrolizan. La solución tiene un pH de 7.

2. Sal de una base fuerte y un ácido débil. Los ejemplos son: KNO_2, $Ca(C_2H_3O_2)_2$ y NaCN. El anión se hidroliza para producir iones OH^-. La solución tiene un pH mayor de 7.

3. Sal de una base débil y un ácido fuerte. Los ejemplos son: NH_4NO_3, $FeBr_2$ y AlCl;$_3$. El catión se hidroliza para producir iones H_3O^+. El pH de la solución es menor de 7.

4. Sal de una base débil y un ácido débil. Los ejemplos son: $NH_4C_2H_3O_2$, NH_4CN y $Cu(NO_2)_2$. Ambos, catión y anión, se hidrolizan. El pH de la solución depende de la magnitud de la hidrólisis de cada ion. El pH de una solución de $NH_4C_2H_3O_2$ es 7, puesto que NH_3 ($K_b = 1.8 \times 10^{-5}$) y $HC_2H_3O_2$ ($K_a = 1.8 \times 10^{-5}$) son igualmente débiles. El pH de una solución de NH_4CN, por otra parte, está por encima de 7, debido a que el HCN ($K_a = 4.0 \times {}^{-10}$) es un ácido más débil que el NH_3 ($K_b = 1.8 \times {}^{-5}$), que es una base. Como consecuencia, el CN^- se hidroliza más (produciendo OH^-) que el NH_4^+ (produciendo H_3O^+).

El pH de una solución de una sal ácida (tales como NaHS, NaH_2PO_4, Na_2HPO_4 y $NaHCO_3$) es afectado no sólo por la hidrólisis del anión sino también por la disociación ácida del anión. Las soluciones de estas sales pueden ser ácidas o alcalinas. Por ejemplo, los dos equilibrios más importantes en soluciones de NaH_2PO_4, son la disociación ácida del ion $H_2PO_4^+$.

$$H_2PO_4^- \rightleftharpoons H^+ + HPO_4^{2-} \qquad K_{a2} = 6.2 \times 10^{-8}$$

y la hidrólisis del ion $H_2PO_4^-$:

$$H_2PO_4^- + H_2O \rightleftharpoons H_3PO_4 + OH^-$$

$$K_{b3} = \frac{K_w}{K_{a1}} = \frac{1.0 \times 10^{-14}}{7.5 \times 10^{-3}} = 1.3 \times 10^{-12}$$

Puesto que la constante de equilibrio para la disociación (la cual produce H^+) es mayor que la constante de equilibrio para la hidrólisis (la cual produce OH^-), una solución de NaH_2PO_4 es ácida.

Por otra parte, una solución de Na_2HPO_4 es alcalina. Los dos equilibrios pertinentes son:

$$HPO_4^{2-} \rightleftharpoons H^+ + PO_4^{3-} \qquad K_{a3} = 1 \times 10^{-12}$$

$$HPO_4^{2-} + H_2O \rightleftharpoons H_2PO_4^- + OH^- \qquad K_{b2} = \frac{K_w}{K_{a2}} = \frac{1.0 \times 10^{-14}}{6.2 \times 10^{-8}} = 1.6 \times 10^{-7}$$

La disociación de la base ocurre más extensamente que la disociación ácida, y el pH de la solución es superior a 7.

15.9 Titulaciones ácido-base

Estamos ahora capacitados para estudiar titulaciones ácido-base en detalle. Consideremos la titulación de una muestra de 50.0 ml de HCl 0.100 *M* con una solución 0.100

M de NaOH. Puesto que ambos, HCl y NaOH, son electrólitos fuertes, el único equilibrio a considerar es el del agua. La concentración de H^+(ac) en la muestra original de 50.0 ml de ácido en el frasco de titulación es 0.100 *M* (o $10^{-1}M$). Por consiguiente, el *p*H es 1.00.

Después de la adición de 10.0 ml de 0.100 *M* de NaOH de la bureta, el equivalente de 40.0 ml de 0.100 *M* de HCl permanece sin neutralizar. Por consiguiente, el número de moles de H^+(ac) en el matraz de titulación es:

$$? \text{ moles de } H^+ = 40.0 \text{ ml} \left(\frac{0.100 \text{ mol } H^+}{1000 \text{ ml}}\right) = 4.00 \times 10^{-3} \text{ moles de } H^+$$

El volumen total de la solución después de la adición es de 60.0 ml (lo cual es 6.00×10^{-2} litros) y, por consiguiente,

$$[H^+] = \frac{4.00 \times 10^{-3} \text{ moles de } H^+}{6.00 \times 10^{-2} \text{ litros}} = 6.67 \times 10^{-2}\ M$$

$$pH = 1.18$$

Cuando se agregan 50.0 ml de NaOH 0.100 *M*, de la bureta, se habrá alcanzado el punto de equivalencia. Todo el ácido se ha neutralizado y el *p*H es de 7.00. A medida que se añade la solución de NaOH más allá del punto de equivalencia, la solución en el frasco de titulación se hace más alcalina. Por ejemplo, cuando se han agregado 60 ml de NaOH 0.100 *M*, la solución contiene el equivalente de 10.0 ml de NaOH 0.100 *M*:

$$? \text{ moles de OH} = 10.0 \text{ ml} \left(\frac{0.100 \text{ mol } OH^-}{1000 \text{ ml}}\right) = 1.00 \times 10^{-3} \text{ moles de } OH^-$$

El volumen total de la solución en este punto es de 110.0 ml (el cual es 1.10×10^{-1} litros) y, por lo tanto,

$$[OH^-] = \frac{1.00 \times 10^{-3} \text{ moles } OH^-}{1.10 \times 10^{-1} \text{ litros}} = 9.09 \times 10^{-3}\ M$$

$$pOH = 2.04$$

$$pH = 11.96$$

Tabla 15.6 Titulación de 50.0 ml de HCl 0.100 *M* con NaOH 0.100 *M*

Volumen de NaOH 0.100 *M* añadido (ml)	*p*H
0.0	1.00
10.0	1.18
20.0	1.37
30.0	1.60
40.0	1.96
49.0	3.00
49.9	4.00
50.0	7.00
50.1	10.00
51.0	11.00
60.0	11.96
70.0	12.22
80.0	12.36
90.0	12.46
100.0	12.52

Los valores en la Tabla 15.6 se obtuvieron haciendo cálculos así como éstos. Los datos de la Tabla 15.6 se grafican en la Figura 15.1. Observe que la curva se levanta marcadamente en la sección próxima al punto de equivalencia. Mientras los primeros 49.9 ml de solución de NaOH añadidos causan un cambio de *p*H en tres unidades; los siguientes 0.2 ml hacen que el *p*H cambie en seis unidades.

Los cambios de color de tres indicadores aparecen en la Figura 15.1. Cada indicador exhibe su color ácido a *p*H por debajo de su nivel y su color alcalino a *p*H por encima de su nivel. En el curso de la titulación, el *p*H de la solución cambia con la curva de izquierda a derecha. El punto final de la titulación es cuando el indicador cambia a su color alcalino. Cualquiera de los tres indicadores sería satisfactorio para utilizarlo en esta titulación. El cambio de color de los tres indicadores se halla en la parte recta de la curva del *p*H, cuando una gota de solución de NaOH causa un aumento brusco en el *p*H.

Consideremos ahora la titulación de 50.0 ml de ácido acético 0.100 *M* —un ácido débil— con hidróxido de sodio 0.100 *M*. La concentración de H^+ en la muestra

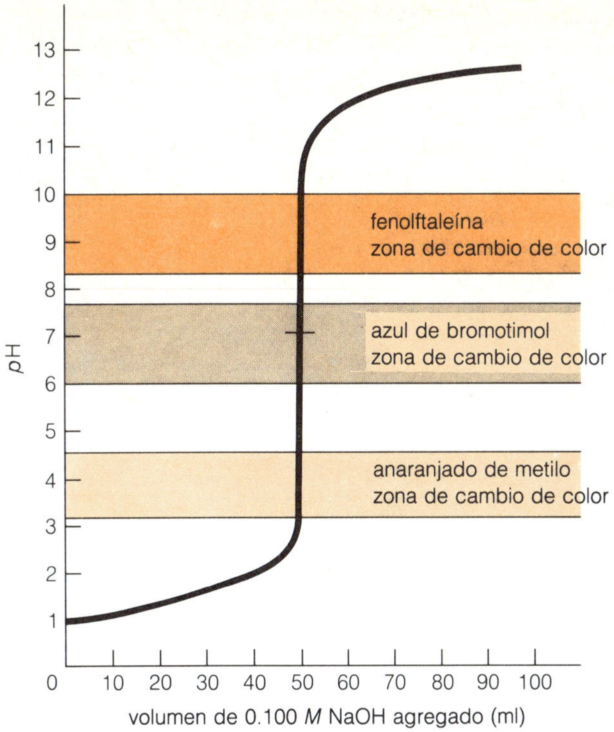

Figura 15.1 Titulación de 50.0 ml de HCl 0.100 *M* con NaOH 0.100 *M*

original de 50.0 ml de ácido se puede calcular utilizando la constante de equilibrio del ácido acético (Ejemplo 15.2). De la Tabla 15.1, vemos que $[H^+] = 1.34 \times 10^{-3}$ *M*. Por lo tanto, el *p*H de la solución es 2.87.

La solución resultante de la adición de 10.0 ml de NaOH 0.100 *M* a la muestra de 50.0 ml de ácido acético 0.100 *M* es, en efecto, un amortiguador, puesto que contiene una mezcla de iones $C_2H_3O_2^-$ producidos por la neutralización, junto con el $HC_2H_3O_2$ sin neutralizar. El *p*H de un amortiguador se calcula convenientemente mediante la relación

$$pH = pK_a + \log\left(\frac{[A^-]}{[HA]}\right) \qquad (15.6)$$

la cual se obtuvo en la Sección 15.6. Para el ácido acético, el pK_a es 4.74 (el logaritmo negativo de 1.8×10^{-5}). La relación $[C_2H_3O_2^-]/[HC_2H_3O_2]$ se calcula fácilmente. Después que se añaden 10.0 ml de NaOH, se ha neutralizado 10/50 de ácido acético de los 50.0 ml de la muestra original y, en efecto, se han convertido en sal de acetato de sodio. Puesto que 40/50 del ácido permanece sin neutralizar, la proporción es de 1 a 4.

$$pH = pK_a - \log\left(\frac{[C_2H_3O_2^-]}{[HC_2H_3O_2]}\right)$$

$$= 4.74 - \log(1/4)$$

$$= 4.14$$

En el punto de equivalencia, todo el ácido se ha neutralizado y la solución (100 ml) es realmente 0.0500 *M* en acetato de sodio. El cálculo del *p*H de esta solución debe tener en cuenta la hidrólisis del ion $C_2H_3O_2^-$ (Ejemplo 15.19).

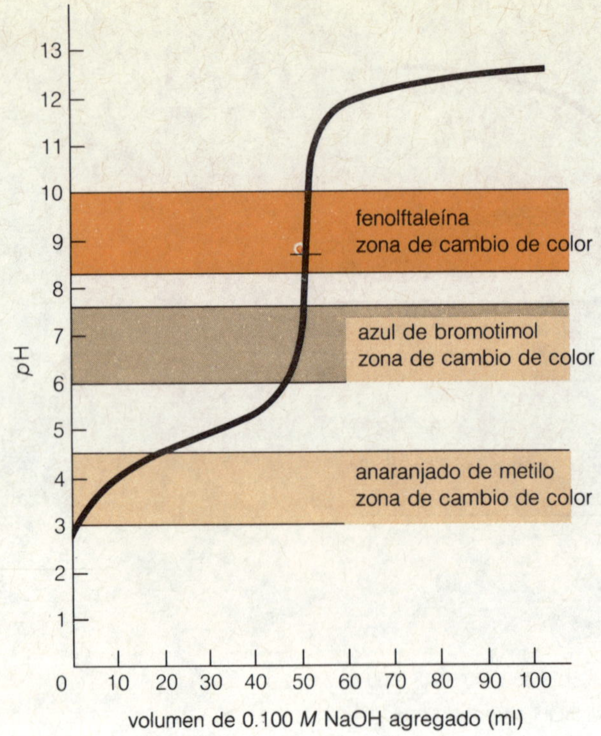

Figura 15.2 Titulación de 50.0 ml de $HC_2H_3O_2$ 0.100 *M* con NaOH 0.100 *M*.

Tabla 15.7 Titulación de 50.0 ml de $HC_2H_3O_2$ 0.100 *M* con NaOH 0.100 *M*.

Volumen de NaOH 0.100 *M* añadido (ml)	*p*H
0.0	2.87
10.0	4.14
20.0	4.56
30.0	4.92
40.0	5.34
49.0	6.44
49.9	7.45
50.0	8.72
50.1	10.00
51.0	11.00
60.0	11.96
70.0	12.22
80.0	12.36
90.0	12.46
100.0	12.52

$$C_2H_3O_2^- + H_2O \rightleftharpoons HC_2H_3O_2 + OH^-$$

0.0500 *M* (*x*) *M* (*x*) *M*

$$\frac{[HC_2H_3O_2][OH^-]}{[C_2H_3O_2^-]} = 5.56 \times 10^{-10}$$

$$\frac{x^2}{5.00 \times 10^{-2}} = 5.56 \times 10^{-10}$$

$$x = [OH^-] = 5.27 \times 10^{-6}$$

$$pOH = 5.28$$

$$pH = 8.72$$

Observe que el punto de equivalencia en esta titulación no ocurre a un *p*H de 7. Después del punto de equivalencia, la adición de NaOH hace que la solución se vuelva más alcalina. Los iones OH^- añadidos desplazan el equilibrio de hidrólisis hacia la izquierda. El efecto de la hidrólisis sobre el *p*H no es importante. Así, los cálculos desde este punto en adelante son idénticos a los de la titulación de HCl—NaOH.

Los datos para una titulación de $HC_2H_3O_2$—NaOH se hallan resumidos en la Tabla 15.7 y representados en la Figura 15.2. El punto de equivalencia de esta titulación se presenta a un *p*H mayor que el de la titulación anterior, y todos los valores de *p*H sobre el lado ácido del punto de equivalencia son mayores. Por consiguiente, la parte

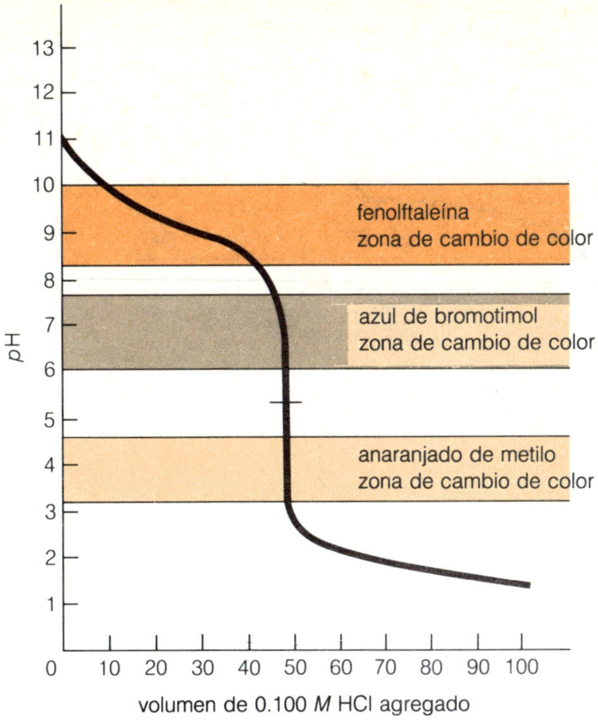

Figura 15.3 Titulación de 50.0 ml de NH_3 0.100 *M* con HCl 0.100 *M*.

rápidamente ascendente de la curva alrededor del punto de equivalencia se reduce en longitud. En la curva de la Figura 15.2, podemos ver que el anaranjado de metilo no es un indicador adecuado para esta titulación. Tampoco lo es el azul de bromotimol, puesto que este color comenzaría a cambiar después de añadir 47.34 ml de NaOH y continúa hasta añadir 49.97 ml, lo cual difícilmente constituiría un fin definitivo para una titulación.

Sin embargo, la fenolftaleína sería un indicador satisfactorio para utilizarlo.

Se pueden determinar otras curvas de titulación siguiendo la línea general del enfoque presentado **aquí.** La Figura 15.3 representa la curva de titulación para la neutralización de 50.0 ml de NH_3 0.100 *M* con HCl 0.100 *M*. En este caso, el anaranjado de metilo se puede usar como indicador.

La Figura 15.4 es la curva de titulación para la titulación de 50.0 ml de $HC_2H_3O_2$ 0.100 *M* con NH_3 0.100 *M*. Ambos solutos son electrólitos débiles. No puede hallarse ningún indicador que actúe satisfactoriamente para esta titulación, y tales titulaciones —entre electrólitos débiles— no se realizan generalmente.

Las titulaciones se pueden realizar potenciométricamente. Por ejemplo, una titulación puede realizarse con los electrodos de un potenciómetro sumergidos en la solución que se analiza. El *p*H de la solución se determina después de las adiciones sucesivas de reactivo. El punto de equivalencia de la titulación es indicado por un cambio brusco en el *p*H, pero las adiciones y lecturas continúan después de este punto. El punto de equivalencia puede determinarse trazando los datos en gráficas y calculando el volumen correspondiente al punto medio de la parte más elevada de la curva de titulación.

La titulación potenciométrica de un electrólito débil es un método importante para determinar la constante de disociación del electrólito. Puesto que

$$pH = pK_a + \text{Log}\,([A^-]/[HA]) \qquad (15.6)$$

El pK_a del electrólito es igual al *p*H de la solución en el punto medio de la neutralización

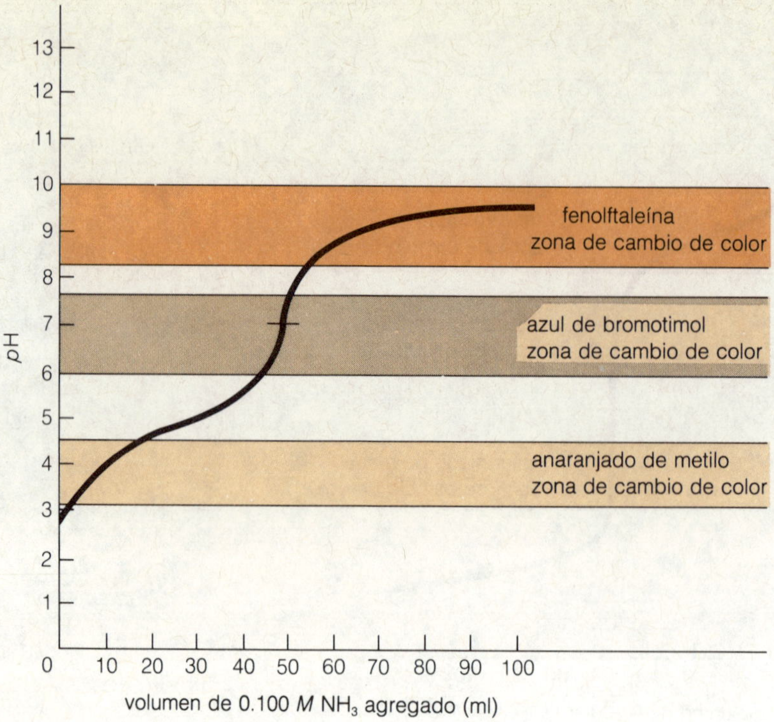

Figura 15.4 Titulación de 50.0 ml $HC_2H_3O_2$ 0.100 *M* con NH_3 0.100 *M*.

(donde $[A^-] = [HA]$) pero el pK_a y, por tanto, la K_a misma, pueden determinarse de cualquier punto de la curva de titulación.

Ejemplo 15.22

El punto de equivalencia en la titulación de 40.00 ml de solución de un ácido débil monoprótico ocurre cuando se añaden 35.0 ml de solución de NaOH de 0.100 *M*. El *p*H de la solución es 5.75 después que se han añadido 20.0 ml de solución de NaOH. ¿Cuál es la constante de disociación del ácido?

Solución

Puesto que se requieren 35.0 ml de solución de NaOH para la neutralización completa, el ácido es neutralizado 20/35 después que se han añadido 20.0 ml de NaOH. En otras palabras, 15/35 del ácido se halla en la forma de HA, y 20/35 están en la forma de A^-. La proporción de $[A^-]/[HA]$ es, por consiguiente, 20/15 ó 1.33

$$pH = pK_a + \log\left(\frac{[A^-]}{[HA]}\right)$$

$$5.75 = pK_a + \log(1.33)$$

$$pK_a = 5.63$$

$$K_a = 2.4 \times 10^{-6}$$

Resumen

Los temas presentados en este capítulo son:

1. Equilibrios que comprenden la disociación acuosa de electrólitos débiles; constantes de ionización y su uso en la solución de problemas.

2. La ionización del agua y la constante del agua, K_w

3. El pH y el pOH de soluciones acuosas.

4. Cómo actúan los indicadores.

5. El efecto del ion común, un método para desplazar un equilibrio iónico por la adición de un ion involucrado en el equilibrio.

6. La teoría de las soluciones amortiguadores, su preparación y cálculos que involucran sistemas de amortiguación.

7. La secuencia de ionización de ácidos polipróticos; el sistema H_2S.

8. Soluciones ácidas y básicas producidas por la reacción del agua con cationes obtenidos de bases débiles o aniones obtenidos de ácidos débiles (reacciones de hidrólisis).

9. El análisis gráfico de titulaciones ácido-base.

Glosario

A continuación aparecen algunos de los términos más importantes presentados en este capítulo. Las definiciones para los términos no incluidos en esta lista pueden localizarse usando el índice.

Amortiguador (Sección 15.6). Solución que es capaz de mantener su pH a un valor relativamente constante aun cuando se añadan pequeñas cantidades de ácidos o bases.

Constante de disociación ácida, K_a (Sección 15.1). Constante de equilibrio que se relaciona con un equilibrio que comprende un ácido débil y los iones obtenidos de éste en solución acuosa.

Constante de disociación básica, K_b (Sección 15.1). Constante de equilibrio que se relaciona con un equilibrio que involucra una base débil y los iones obtenidos de ésta en solución acuosa.

Constante de disociación del agua, K_w (Sección 15.2). Producto de la concentración de H^+(ac) y la concentración de OH^-(ac) en cualquier sistema acuoso, a 25°C, $K_w = [H^+][OH^-] = 1.0 \times 10^{-14}$.

Curva de titulación (Sección 15.9). Gráfica que indica cómo el pH de la solución cambia durante el transcurso de una titulación; el pH se grafica contra el volumen de base o ácido agregado.

Ecuación de Henderson-Haselbalch (Sección 15.6). Ecuación que permite calcular el pH de un amortiguador; $pH = pK_a + \log[A^-]/[HA]$, donde pK_a es el logaritmo negativo de la constante de disociación ácida del ácido débil utilizado para preparar el amortiguador, $[A^-]$ es la concentración de los aniones y [HA] es la concentración de las moléculas del ácido débil.

Efecto del ion común (Sección 15.5). Efecto sobre un sistema en equilibrio causado por la adición de un compuesto que tiene un ion en común con uno presente en el sistema.

Grado de disociación, α (Sección 15.1). Fracción del total de la concentración de un electrólito débil que es una forma iónica en solución acuosa en el punto de equilibrio.

Hidrólisis (Sección 15.8). Reacción de un catión o un anión con agua que afecta el pH.

Indicador ácido-base (Sección 15.4). Compuesto que cambia de color en solución a medida que cambia el pH.

pH (Sección 15.3). Logaritmo negativo (de base 10) de la concentración de H^+(ac); $pH = -\log[H^+]$.

pK (Sección 15.6). Logaritmo negativo de una constante de ionización; $pK = -\log K$.

pOH (Sección 15.3). Logaritmo negativo de la concentración de iones OH^-(ac) en solución acuosa; $pOH = -\log [OH^-]$.

Punto de equivalencia (Sección 15.9). Punto de la titulación cuando una cantidad equivalente de base o ácido ha sido agregada a la muestra de ácido o base que se titula.

Punto final (Sección 15.9). Punto de la titulación cuando el indicador cambia de color.

Problemas*

Electrólitos débiles

15.1 El ácido láctico $HC_3H_5O_3$ se ioniza 2.4% en una solución 0.25 *M*. ¿Cuál es la constante de ionización de este ácido?

15.2 Una solución 0.200 *M* de ácido dicloroacético $H(O_2CCHCl_2)$, un ácido monobásico débil, se ionizó en un 33%. ¿Cuál es la constante de ionización de este ácido?

15.3 Una solución se preparó disolviendo 0.300 moles de ácido cianoacético, $H(O_2CCH_2CN)$, en suficiente agua hasta completar exactamente un litro. La concentración de $H^+(ac)$ en la solución resultante es 0.032 *M*. ¿Cuál es la constante de ionización del ácido cianoacético?

15.4 En una solución 0.25 *M* de bencilamina, $C_7H_7NH_2$, la concentración de $OH^-(ac)$ es 2.4×10^{-3} *M*. ¿Cuál es la constante de ionización para esta base débil? La reacción es

$$C_7H_7NH_2 + H_2O \rightleftharpoons C_7H_7NH_3^+ + OH^-$$

15.5 La morfina es una base débil y la ionización acuosa puede indicarse como

$$M(ac) + H_2O \rightleftharpoons MH^+(ac) + OH^-(ac)$$

En una solución 0.0050 *M* de morfina, la proporción de iones $OH^-(ac)$ a moléculas de morfina es 1.0/83. ¿Cuál es el valor de K para la ionización acuosa de la morfina?

15.6 **(a)** ¿Qué concentración de moléculas de $HClO_2$ se halla en equilibrio con 0.030 *M* de $H^+(ac)$ en solución preparada de ácido cloroso puro? **(b)** ¿Cuántos moles de $HClO_2$ se deben utilizar para preparar 1 litro de esta solución?

15.7 La constante de ionización para el ácido cacodílico, un ácido orgánico monobásico que contiene arsénico, es de 6.4×10^{-7}. ¿Cuál es la concentración de $H^+(ac)$ en una solución 0.30 *M* de este ácido?

15.8 **(a)** ¿Cuál es la concentración de $H^+(ac)$ en una solución 0.20 *M* de ácido benzoico? **(b)** ¿Cuál es el porcentaje de ionización de $HC_7H_5O_2$ en esta solución?

15.9 La constante de ionización del ácido propanoico, $HC_3H_5O_2$, es 1.3×10^{-5} **(a)** ¿Cuál es la concentración de $H^+(ac)$ en una solución 0.25 *M* de este ácido? **(b)** ¿Cuál es el porcentaje de ionización de $HC_3H_5O_2$ en esta solución?

15.10 **(a)** ¿Cuáles son las concentraciones de $H^+(ac)$, $OCl^-(ac)$ y $HOCl(ac)$ en una solución 0.20 *M* de HOCl? **(b)** ¿Cuál es el porcentaje de ionización de HOCl en esta solución?

15.11 ¿Cuáles son las concentraciones de $C_6H_5NH_3^+(ac)$, $OH^-(ac)$ y $C_6H_5NH_2(ac)$ en una solución 0.30 *M* de anilina?

15.12 En una solución acuosa de NH_3, la concentración de $OH^-(ac)$ es 1.8×10^{-3} *M*. ¿Cuál es la concentración de $NH_3(ac)$?

15.13 ¿Cuál es la concentración de $OH^-(ac)$ en una solución acuosa 0.15 *M* de hidracina (N_2H_4)?

15.14 Un ácido débil HX está ionizado a 80% en una solución 0.15 *M*. ¿Qué porcentaje de HX está ionizado en una solución 0.10 *M*?

15.15. Un ácido débil, HX, está ionizado al 0.10% en una solución 0.10 *M*. ¿A qué concentración está ionizado el ácido al 1.0%?

15.16 ¿Cuáles son las concentraciones de $H^+(ac)$, $N_3^-(ac)$ y $NH_3(ac)$ en una solución preparada de 0.23 moles de NaN_3 y 0.10 moles de HCl en un volumen total de 1.0 litro?

15.17 ¿Cuál es la concentración de $H^+(ac)$ en una solución preparada de 0.22 moles de formato de sodio $(NaCHO_2)$ y 0.15 moles de HCl en un volumen total de 1.0 litro?

15.18 ¿Cuáles son las concentraciones de $H^+(ac)$, $C_7H_5O_2^-(ac)$ y $HC_7H_5O_2(ac)$ en una solución preparada por adición de 10 ml de benzoato de sodio 0.30 *M*, $NaC_7H_5O_2$ a 10 ml de HCl 0.20 *M*? Suponga que el volumen total de la solución es de 20 ml.

15.19 ¿Cuáles son las concentraciones de $NH_3(ac)$, $NH_4^+(ac)$ y $OH^-(ac)$ en una solución preparada de 0.15 moles de NH_4Cl y 0.25 moles de NaOH en un volumen total de 1.0 litro?

15.20 ¿Cuáles son las concentraciones de $OH^-(ac)$, $NH_4^+(ac)$ y $NH_3(ac)$ en una solución preparada por adición de 150 ml de NH_4Cl 0.45 *M* a 300 ml de NaOH 0.30 *M*? Suponga que el volumen total de la solución es 450 ml.

Ionización del agua, *p*H

15.21 ¿Cuáles son las concentraciones de $H^+(ac)$ y $OH^-(ac)$ en una solución de **(a)** 0.020 *M* de HNO_3 y **(b)** una solución 0.020 *M* de $Ba(OH)_2$?

15.22. ¿Qué *p*H corresponde a cada uno de los siguientes: **(a)** $[H^+] = 0.35$ *M*, **(b)** $[OH^-] = 0.15$ *M*, **(c)** $[OH^-] = 6.0 \times 10^{-6}$ *M*, **(d)** $[H^+] = 2.5 \times 10^{-8}$ *M*?

15.23 ¿Qué *p*H corresponde a cada uno de los siguientes: **(a)** $[H^+] = 7.3 \times 10^{-5}$ *M*, **(b)** $[H^+] = 0.084$ *M*, **(c)** $[OH^-] = 3.3 \times 10^{-4}$ *M*, **(d)** $[OH^-] = 0.042$ *M*?

15.24 ¿Qué concentración de $H^+(ac)$ corresponde a cada uno de los siguientes: **(a)** *p*H = 3.33, **(b)** *p*OH = 3.33, **(c)** *p*H = 6.78, **(d)** *p*OH = 11.11?

15.25 ¿Qué concentración de $OH^-(ac)$ corresponde a cada uno de los siguientes: **(a)** *p*H = 0.55, **(b)** *p*OH = 4.32, **(c)** *p*H = 12.13, **(d)** *p*OH = 12.34?

15.26 Una solución 0.37 *M* de un ácido débil, HX, tiene un *p*H de 3.70. ¿Cuál es la constante de ionización del ácido?

15.27 ¿Cuántos moles de ácido cloroso, $HClO_2$, se deben utilizar para preparar 1.00 litro de solución con un *p*H de 2.60?

15.28 ¿Cuántos moles de ácido benzoico, $HC_7H_5O_2$, se deben usar para preparar 500 ml de solución con un *p*H de 2.44?

*Los problemas más difíciles están marcados por un asterisco. El apéndice G contiene las respuestas de los problemas codificados en color.

15.29 Una solución 0.23 M de un ácido débil, HX, tiene un pH de 2.89. ¿Cuál es la constante de ionización del ácido?

15.30 ¿Cuál es el pH de una solución 0.30 M de NH_3?

15.31 La cocaína es una base débil. La ionización acuosa se puede representar como

$$C(ac) + H_2O \rightleftharpoons CH^+(ac) + OH^-(ac)$$

Una solución 5.0×10^{-3} M de cocaína tienen un pH de 10.04. ¿Cuál es la constante de ionización para esta sustancia?

15.32 Un indicador, HIn, tiene una constante de ionización de 9.0×10^{-9}. El color ácido del indicador es amarillo y el color alcalino es rojo. El color amarillo es visible cuando la proporción de la forma amarilla a roja es de 30 a 1 y el color rojo predomina cuando la proporción de la forma roja a amarilla es de 2 a 1. ¿Cuál es el nivel de pH para el cambio de color del indicador?

15.33 En cada una de las siguientes partes, una solución dada afecta los indicadores de la lista indicada. Refiérase a la Tabla 15.4 y describa el pH de cada solución en la forma más completa posible: **(a)** el azul de timol se vuelve azul y el amarillo de alizarina se vuelve amarillo, **(b)** el verde de bromocresol se vuelve azul y el azul de bromotimol se vuelve amarillo, **(c)** el anaranjado de metilo se vuelve amarillo y el papel de tornasol se vuelve rojo.

Efecto del ion común, amortiguadores

15.34 Se preparó una solución por adición de 0.010 moles de formato de sodio, $Na(CHO_2)$ a 100 ml de 0.025 M de ácido fórmico, $HCHO_2$. Suponga que no ocurre ningún cambio de volumen. Calcule **(a)** el pH de la solución y **(b)** el porcentaje de ionización de $HCHO_2$.

15.35 Se preparó una solución por adición de 0.010 moles de nitrito de sodio, $NaNO_2$ a 100 ml de 0.035 M de ácido nitroso, HNO_2. Suponga que el volumen de la solución final es 100 ml. Calcule **(a)** el pH de la solución y **(b)** el porcentaje de ionización de HNO_2.

15.36 Se preparó una solución de 0.028 moles de un ácido débil HX, y 0.0070 moles de NaX diluido a 200 ml tiene un pH de 3.66. ¿Cuál es la constante de ionización de HX?

15.37 Se preparó una solución de 3.0×10^{-3} moles de un ácido débil HX y 6.0×10^{-4} moles de NaX diluidos hasta 200 ml. La solución tiene un pH de 4.80. ¿Cuál es la constante de ionización de HX?

15.38 Una solución de hidracina, 0.10 M, N_2H_4, contiene una concentración desconocida de clorhidrato de hidracina, $N_2H_5^+Cl^-$ tiene un pH de 7.15. ¿Cuál es la concentración de clorhidrato de hidracina en la solución?

15.39 Una solución 0.24 M de metilamina $(CH_3)_2NH$, contiene una concentración desconocida de clorhidrato de dimetilamina. $(CH_3)_2NH_2^+Cl^-$, tiene un pH de 10.40. ¿Cuál es la concentración del clorhidrato de dimetilamina?

15.40 Se preparó una solución de 0.060 moles de un ácido débil HX diluido hasta 250 ml, tiene un pH de 2.89. ¿Cuál es el pH de la solución después que se han disuelto 0.030 moles de NaX sólido en éste? Suponga que no se presentó ningún cambio significativo en el volumen cuando se disolvió el NaX en la solución.

15.41 Una solución de ácido fórmico 0.050 M de $HCHO_2$, contiene una concentración desconocida de ion formato CHO_2^- obtenida del formato de sodio, que tiene un pH de 3.70. ¿Cuál es la concentración del ion formato en la solución?

15.42 Un litro de solución preparada de 0.049 moles de un ácido débil, HX, tiene un pH de 3.55. ¿Cuál es el pH de la solución después que se disuelven en ésta 0.020 moles de NaX sólido? Suponga que el volumen de la solución no cambia cuando el NaX se disuelve en ésta.

15.43 ¿Qué concentraciones deberían usarse para preparar un amortiguador de ácido benzoico-ion benzoato con un pH de 5.00?

15.44 ¿Qué concentraciones deberían utilizarse para preparar un amortiguador de amoníaco-ion amonio con un pH de 9.50?

15.45 ¿Cuántas moles de hipoclorito de sodio, NaOCl, deben agregarse a 200 ml de ácido hipocloroso, HOCl, 0.22 M, para producir un amortiguador con un pH de 6.75? Suponga que no ocurre cambio de volumen cuando se agrega el NaOCl a la solución.

Ácidos polipróticos

15.46 **(a)** ¿Cuáles son las concentraciones de $H^+(ac)$, $HCO_3^-(ac)$, $CO_3^{2-}(ac)$ y $CO_2(ac)$ en una solución saturada de ácido carbónico (0.034 M en CO_2? **(b)** ¿Cuál es el pH de la solución?

15.47 Calcule la concentración de $H^+(ac)$, $H_2AsO_4^-(ac)$, $HAsO_4^{2-}(ac)$, $AsO_4^{3-}(ac)$ y $H_3AsO_4(ac)$ en una solución 0.30 M de ácido arsénico.

15.48 Una solución 0.15 M de HCl se saturó con H_2S **(a)** ¿Cuál es la concentracióan de $S^{2-}(ac)$? **(b)** ¿Cuál es la concentración de $HS^-(ac)$?

15.49 Una solución con un pH de 3.30 se saturó con H_2S. ¿Cuál es la concentración de $S^{2-}(ac)$.

15.50 ¿Cuál debe ser la concentración de $H^+(ac)$ para que la concentración del ion azufre sea de 3.0×10^{-17} M, cuando la solución se satura con H_2S?

Iones que actúan como ácidos y bases

15.51 ¿Cuál es el pH de una solución 0.10 M de nitrito de sodio $(NaNO_2)$?

15.52 ¿Cuál es el pH de una solución 0.10 M de clorhidrato de anilina $(C_6H_5NH_3^+Cl^-)$?

15.53 ¿Cuál es el pH de una solución de benzoato de sodio $(NaC_7H_5O_2)$?

15.54 ¿Cuál es el pH de una solución 0.10 M de clorhidrato de hidracina $(N_2H_5^+Cl^-)$?

15.55 Una solución de benzoato de sodio $(NaC_7H_5O_2)$ tiene un pH de 9.00. ¿Cuál es la concentración del benzoato de sodio?

15.56 ¿Qué concentración de cloruro de amonio, HN_4Cl, producirá una solución con un pH de 5.20?

15.57 El pH de una solución 0.15 M de NaX es 9.77. ¿Cuál es el valor de N_a del ácido débil?

15.58 El pH de una solución 0.30 M de NaY es 9.50. ¿Cuál es el valor de K_a del ácido HY?

***15.59** Se cree que el ion $Zn(OH)^+$ es el único que contiene cinc, resultante de la reacción de Zn^{2+}(ac) con agua. ¿Cuál es el pH de una solución 0.010 M de $Zn(NO_3)_2$? La K_{inest} del $Zn(OH)^+$ es 4.1×10^{-5}.

***15.60** Se cree que el ion $Cd(OH)^+$ es el único que contiene cadmio, que se forma en la reacción de Cd^{2+}(ac) con agua. ¿Cuál es la concentración de Cd^{2+}(ac) en una solución de $Cd(ClO_4)_2$ que tiene un pH de 5.48? La K_{inest} de $Cd(OH)^+$ es 6.9×10^{-5}.

Titulaciones ácido-base

15.61 Determine los valores de pH para la curva de titulación referente a la titulación de 30.00 ml de ácido benzoico 0.100 M, $HC_7H_5O_2$, con NaOH 0.100 M, **(a)** después que se han añadido 10.0 ml de solución de NaOH, **(b)** después que se han añadido 40.00 ml de solución de NaOH.

15.62 Determine los valores de pH para la curva de titulación referente a la titulación de 25.0 ml de solución de NH_3 0.100 M con una solución 0.100 M de HCl **(a)** después que se han añadido 10.0 ml de solución de HCl, **(b)** después que se han añadido 25.00 ml de solución de HCl, **(c)** después que se han añadido 35.00 ml de solución de HCl.

15.63 En la titulación de 25.00 ml de una solución de un ácido débil, HX, con NaOH 0.250 M, el pH de la solución es 4.50 después que se han añadido 5.00 ml de solución de NaOH. El punto de equivalencia en la titulación se presenta cuando se añadieron 30.40 ml de solución de NaOH, ¿cuál es la constante de equilibrio para la ionización de HX?

15.64 Se llegó al punto de equivalencia en la titulación de 50.00 ml de una solución de ácido acético cuando se añadieron 33.00 ml de solución de NaOH 0.200 M. ¿Cuántos ml de solución de NaOH deben añadirse a 50.00 ml de solución de ácido acético para obtener una solución con un pH de 5.04?

EQUILIBRIO IÓNICO, PARTE II

CAPÍTULO **16**

Los sistemas de equilibrio homogéneo acuosos que involucran ácidos débiles y bases se explicaron en el Capítulo 15. Este capítulo comienza con un estudio de los sistemas heterogéneos en los cuales los sólidos ligeramente solubles se hallan en equilibrio con sus iones constituyentes en solución. Los principios de equilibrio se aplican a la precipitación de tales sólidos en determinaciones cualitativas o cuantitativas de los iones disueltos. También se considerarán varios tipos adicionales de sistemas homogéneos, incluyendo los equilibrios que ocurren al formarse iones complejos en solución y los equilibrios asociados con sustancias anfóteras.

16.1 El producto de solubilidad

La mayoría de las sustancias son solubles en agua al menos hasta cierta medida. Si un material "insoluble" o "ligeramente soluble" se coloca en agua, se establece un equilibrio cuando la velocidad de disolución de los iones del sólido iguala la velocidad de precipitación de los iones de la *solución saturada*. Así, existe un equilibrio entre el cloruro de plata sólido y una solución saturada de cloruro de plata:

$$AgCl(s) \rightleftharpoons Ag^+(ac) + Cl^-(ac)$$

La constante de equilibrio es

$$K' = \frac{[Ag^+][Cl^-]}{[AgCl]}$$

Puesto que la concentración de un sólido puro es constante, (AgCl) se puede combinar con K' para dar

$$K_{PS} = K'\ \mathbf{[AgCl]} = [Ag^+][Cl^-]$$

La constante K_{PS} se llama **producto de solubilidad.** Las concentraciones iónicas de la expresión son las de la solución saturada a la temperatura de referencia. Puesto que la solubilidad de una sal por lo general varía ampliamente con la temperatura, el valor numérico para la K_{PS} para una sal cambia con la temperatura. En el apéndice se muestra una tabla de productos de solubilidad 225°.

El valor numérico de K_{PS} para una sal puede hallarse de la solubilidad molar de la sal.

Ejemplo 16.1

A 25°C, se disuelven 0.00188 g de AgCl en 1 litro de agua. ¿Cuál es el K_{PS} del AgCl?

Solución

La solubilidad molar de AgCl (peso molecular 143) es

$$
\begin{aligned}
?\ \text{moles AgCl} &= 0.00188\ \text{g AgCl}\left(\frac{1\ \text{mol AgCl}}{143\ \text{g AgCl}}\right)\\
&= 1.31 \times 10^{-5}\ \text{moles de AgCl}
\end{aligned}
$$

Por cada mol de AgCl disuelto, se forman 1 mol de Ag^+ y un mol de Cl^-:

$$
\begin{array}{lccc}
AgCl(s) \rightleftharpoons & Ag^+ & + & Cl^- \\
 & 1.31 \times 10^{-5}\,M & & 1.31 \times 10^{-5}\,M
\end{array}
$$

$$
\begin{aligned}
K_{PS} &= [Ag^+][Cl^-]\\
&= (1.31 \times 10^{-5})^2\\
&= 1.7 \times 10^{-10}
\end{aligned}
$$

Para las sales que tienen más de dos iones por fórmula unidad, las concentraciones de los iones se deben elevar a las potencias indicadas por los coeficientes de la ecuación química balanceada.

$$
\begin{array}{rll}
Mg(OH)_2(s) \rightleftharpoons Mg^{2+} + 2OH^- & & K_{PS} = [Mg^{2+}][OH^-]^2 \\
Bi_2S_3(s) \rightleftharpoons 2Bi^{3+} + 3S^{2-} & & K_{PS} = [Bi^{3+}][S^{2-}]^3 \\
Hg_2Cl_2(s) \rightleftharpoons Hg_2^{2+} + 2Cl^- & & K_{PS} = [Hg_2^{2+}][Cl^-]^2
\end{array}
$$

Para una sal de este tipo, el cálculo de K_{PS} de la solubilidad molar requiere que la ecuación química que representa el proceso de disociación se interprete cuidadosamente.

Ejemplo 16.2

A 25°C, 7.8×10^{-5} moles de cromato de plata se disuelven en un litro de agua. ¿Cuál es el K_{PS} del Ag_2CrO_4?

Solución

Por cada mol de Ag_2CrO_4 que se disuelve, se forman 2 moles de Ag^+ y un mol de CrO_4^2. Por consiguiente,

$$\begin{array}{lccc} Ag_2CrO_4(s) \rightleftharpoons & 2\,Ag^+ & + & CrO_4^{2-} \\ & 2(7.8 \times 10^{-5})\,M & & 7.8 \times 10^{-5}\,M \end{array}$$

$$\begin{aligned} K_{PS} &= [Ag^+]^2\,[CrO_4^{2-}] \\ &= (1.56 \times 10^{-4})^2\,(7.8 \times 10^{-5}) \\ &= 1.9 \times 10^{-12} \end{aligned}$$

Ejemplo 16.3

La K_{PS} de CaF_2 es 3.9×10^{-11} a 25°C. ¿Cuál es la concentración de Ca^{2+} y F^- en la solución saturada? ¿Cuántos gramos de fluoruro de calcio se disolverán en 100 ml de agua a 25°C?

Solución

Hagamos x igual a la solubilidad molar de CaF_2:

$$\begin{array}{lcc} CaF_2(s) \rightleftharpoons & Ca^{2+} & + \; 2\,F^- \\ & x & 2x \end{array}$$

$$\begin{aligned} K_{PS} = [Ca^{2+}][F^-]^2 &= 3.9 \times 10^{-11} \\ x(2x)^2 &= 3.9 \times 10^{-11} \\ 4x^3 &= 3.9 \times 10^{-11} \\ x &= 2.1 \times 10^{-4}\,M \end{aligned}$$

Por consiguiente,

$$\begin{aligned} [Ca^{2+}] &= x = 2.1 \times 10^{-4}\,M \\ [F^-] &= 2x = 4.2 \times 10^{-4}\,M \end{aligned}$$

$$\begin{aligned} ?\,g\,CaF_2 &= 100\,ml\,H_2O\left(\frac{2.1 \times 10^{-4}\,mol\,CaF_2}{1000\,ml\,H_2O}\right)\left(\frac{78\,g\,CaF_2}{1\,mol\,CaF_2}\right) \\ &= 1.6 \times 10^{-3}\,g\,CaF_2 \end{aligned}$$

Las solubilidades de algunas sales en agua son ligeramente superiores que las previstas por cálculos basados en valores de K_{PS}. Considere el sistema de carbonato de bario.

$$BaCO_3(s) \rightleftharpoons Ba^{2+}(ac) + CO_3^{2-}(ac)$$

El ion carbonato en esta solución se hidroliza, puesto que es una base débil (Sección 15.8):

$$H_2O + CO_3^{2-}(ac) \rightleftharpoons HCO_3^-(ac) + OH^-(ac)$$

La concentración del ion CO_3^{2-} se reduce por esta reacción con el agua, el equilibrio del $BaCO_3$ es forzado hacia la derecha y se disolverá más $BaCO_3$ de lo esperado. Un cálculo de la solubilidad molar basado en la K_{PS} para el $BaCO_3$ daría una concentración de CO_3^{2-} que debe estar presente en la solución en equilibrio. Debe disolverse más de la cantidad correspondiente de $BaCO_3$, para proveer no solo esta concentración de

CO_3^{2-} sino también el CO_3^{2-}, que se convierte en HCO_3^- por hidrólisis. En las soluciones de algunas sales (PbS, por ejemplo), tanto el catión como el anión se hidrolizan.

El **efecto salino** es otro factor que puede hacer que esté equivocado un cálculo de solubilidad. La solubilidad de una sal aumenta por la adición de otro electrólito a la solución. Por ejemplo, el cloruro de plata es un 20% más soluble en soluciones de 0.02 *M* de KNO_3 que en agua pura.

$$AgCl(s) \rightleftharpoons Ag^+(ac) + Cl^-(ac)$$

Los iones K^+ y NO_3^- ayudan a crear una atmósfera iónica en la solución, de forma que los iones Ag^+ y Cl^- estén rodeados por iones de carga opuesta. Como resultado, los iones Ag^+ y Cl^- están retenidos en solución más firmemente y están menos aptos para recombinarse formando AgCl(s). El efecto neto es que el equilibrio de solubilidad se desplace hacia la derecha.

Otros tipos de equilibrios iónicos están bajo la influencia del efecto salino. Una solución de 0.10 *M* de ácido acético en agua pura se ioniza 1.3%.

$$HC_2H_3O_2 \rightleftharpoons H^+ + C_2H_3O_2^-$$

Una solución 0.10 *M* de ácido acético en NaCl 0.10 *M* se ioniza 1.7%.

Por consiguiente, las atracciones interiónicas hacen que una solución se comporte como si las concentraciones de sus iones fueran menos de lo que realmente lo son. Las actividades de un ion y su "concentración efectiva" se obtiene corrigiendo la concentración real del ion y teniendo en cuenta las atracciones interiónicas. Las constantes de equilibrio se expresan adecuadamente en términos de actividades en vez de concentraciones.

16.2 Precipitación y producto de solubilidad

El valor numérico de la K_{PS} de una sal es un enunciado cuantitativo del límite de la solubilidad de una sal. Cuando los valores para la concentración de los iones de una sal en solución se sustituyen en una expresión similar a la de la K_{PS} de la sal, el resultado se llama el **producto iónico** de la solución.

La K_{PS} es el producto iónico de una solución saturada.

Podemos calcular el producto iónico para una solución en ensayo y comparar el resultado con el de K_{PS} para la sal bajo consideración. Son posibles tres tipos de comparaciones:

1. **El producto iónico es menor que el K_{PS}.** Esta solución está insaturada. Se puede disolver más sólido en ésta hasta el límite descrito por K_{PS}.

2. **El producto iónico es mayor que el K_{PS}.** La solución está momentáneamente sobresaturada. La precipitación se presentará hasta que el producto iónico sea igual a K_{PS}.

3. **El producto iónico es igual al K_{PS}.** Esta solución está saturada.

Los siguientes ejemplos ilustran la aplicación de este método.

Ejemplo 16.4

¿Se formará un precipitado si se mezclan 10 ml de $AgNO_3$ 0.010 *M* y 10 ml de NaCl 0.00010 *M*? Suponga que el volumen de la solución es de 20 ml. Para el AgCl, $K_{PS} = 1.7 \times 10^{-10}$

Solución

Diluyendo una solución al doble de su volumen original, las concentraciones de los iones se reducen a la mitad de su valor original. Si no hubiera reacción, las concentraciones de los iones serían

$$[Ag^+] = 5.0 \times 10^{-3}\ M$$
$$[Cl^-] = 5.0 \times 10^{-5}\ M$$

El producto iónico es

$$[Ag^+][Cl^-] = ?$$
$$(5.0 \times 10^{-3})(5.0 \times 10^{-5}) = 2.5 \times 10^{-7}$$

Puesto que el producto iónico es mayor que K_{PS} (1.7×10^{-10}), ocurrirá la precipitación del AgCl.

Ejemplo 16.5

¿Se formará un precipitado de $Mg(OH)_2$ en una solución 0.001 *M* de $Mg(NO_3)_2$ si el *p*H de la solución se ajusta a **9.0** El K_{PS} del $Mg(OH)_2$ es 8.9×10^{-12}?

Solución

Si el $pH = 9.0$, el $pOH = 5.0$

$$[OH^-] = 1.0 \times 10^{-5}\ M$$

Puesto que $[Mg^{2+}] = 1.0 \times 10^{-3}\ M$, el producto iónico es

$$[Mg^{2+}][OH^-]^2 = ?$$
$$(1.0 \times 10^{-3})(1.0 \times 10^{-5})^2 = 1.0 \times 10^{-13}$$

Puesto que el producto iónico es menor que 8.9×10^{-12}, no se formará el precipitado.

El efecto del ion común se relaciona con los equilibrios de solubilidad. Como ejemplo, considere el sistema

$$BaSO_4(s) \rightleftharpoons Ba^{2+}(ac) + SO_4^{2-}(ac)$$

La adición del ion sulfato del sulfato de sodio a una solución saturada de sulfato de bario hace que el equilibrio se desplace hacia la izquierda, la concentración de Ba^{2+} disminuirá y el $BaSO_4$ se precipitará. Puesto que el producto de $[Ba^{2+}][SO_4^{2-}]$ es una constante, el aumento de de $[SO_4^{2-}]$ hará que disminuya $[Ba^{2+}]$.

La cantidad del ion bario en una solución puede determinarse precipitando el Ba^{2+} como $BaSO_4$. El precipitado se remueve luego por filtración, secado y pesado. La concentración de Ba^{2+} que queda en solución después de la precipitación puede reducirse a un valor muy bajo si se emplea un exceso del ion sulfato en la precipitación. Como regla general, sin embargo, debería evitarse un exceso muy grande del ion común. A elevadas concentraciones iónicas, el efecto de la sal aumenta la solubilidad de la sal y para ciertos precipitados, la formación de un ion complejo puede llevar a un aumento en la solubilidad.

Ejemplo 16.6

A 25°C una solución saturada de $BaSO_4$ es 3.9×10^{-5} *M*. La K_{PS} del $BaSO_4$ es 1.5×10^{-9}. ¿Cuál es la solubilidad del $BaSO_4$ en Na_2SO_4 0.050 *M*?

Solución

El SO_4^{2-} obtenido del $BaSO_4$ carece de importancia en comparación con el $[SO_4^{2-}]$ presente en la solución (5.0×10^{-2} *M*):

$$(Ba^{2+})(SO_4^{2-}) = K_{PS}$$

$$[Ba^{2+}][SO_4^{2-}] = 1.5 \times 10^{-9}$$

$$[Ba^{2+}](5.0 \times 10^{-2}) = 1.5 \times 10^{-9}$$

$$[Ba^{2+}] = 3.0 \times 10^{-8}\ M$$

La solubilidad del $BaSO_4$ se ha reducido de 3.9×10^{-5} *M* a 3.0×10^{-8} *M* por el efecto del ion común.

A veces, el efecto del ion común se usa para *prevenir* la formación de un precipitado. Considere la precipitación del hidróxido de magnesio de una solución que contiene iones Mg^{2+}:

$$Mg(OH)_2(s) \rightleftharpoons Mg^{2+}(ac) + 2OH^-(ac)$$

La precipitación puede impedirse manteniendo la concentración de OH^- a un valor bajo. Si el ion hidróxido es suministrado por la base débil del amoníaco,

$$NH_3 + H_2O \rightleftharpoons NH_4^+ + OH^-$$

la concentración de OH^- puede controlarse mediante la adición de NH_4^+. Cuando se agrega el ion NH_4^+, el equilibrio del amoníaco se desplaza hacia la izquierda, con lo cual se reduce la concentración de OH^-. En esta forma, la concentración de OH^- puede mantenerse a un nivel que no permite al $Mg(OH)_2$ precipitar.

Ejemplo 16.7

¿Qué concentración de NH_4^+ obtenido del NH_4Cl, es necesario para evitar la formación de un precipitado de $Mg(OH)_2$ en una solución que es 0.050 *M* en Mg^{2+} y 0.050*M* en NH_3? La K_{PS} del $Mg(OH)_2$ es 8.9×10^{-12}.

Solución

Primero calculamos la concentración máxima del ion hidróxido que puede estar presente en la solución sin permitir que el $Mg(OH)_2$ precipite:

$$[Mg^{2+}][OH^-]^2 = 8.9 \times 10^{-12}$$
$$(5.0 \times 10^{-2})[OH^-]^2 = 8.9 \times 10^{-12}$$
$$[OH^-]^2 = 1.8 \times 10^{-10}$$
$$[OH^-] = 1.3 \times 10^{-5}\ M$$

Por consiguiente, la concentración de OH^- no puede ser mayor de $1.3 \times 10^{-5}\ M$. De la expresión de la constante de ionización para el NH_3, podemos obtener la concentración de NH_4^+ que mantendrá la concentración de OH^- a este nivel:

$$\frac{[NH_4^+][OH^-]}{[NH_3]} = 1.8 \times 10^{-5}$$
$$\frac{[NH_4^+](1.3 \times 10^{-5})}{(5.0 \times 10^{-2})} = 1.8 \times 10^{-5}$$
$$[NH_4^+] = 6.9 \times 10^{-2}\ M$$

Así, la concentración *mínima* de NH_4^+ que debe estar presente es 0.069 *M*.

Frecuentemente, una solución contiene más de un ion capaz de formar un precipitado con otro ion, el cual debe agregarse a la solución. Por ejemplo, una solución puede contener ambos iones Cl^- y CrO_4^{2-}, los cuales forman sales insolubles con Ag^+. Cuando se añade Ag^+ a la solución, la sal de plata menos soluble se precipitará primero. Si se continúa añadiendo, eventualmente se alcanzará un punto en el que la sal más soluble comience a precipitar juntamente con la menos soluble.

Ejemplo 16.8

Una solución es 0.10 *M* en Cl^- y 0.10 *M* en CrO_4^{2-}. Si se agrega lentamente $AgNO_3$ sólido a esta solución, ¿cuál se precipitará primero, AgCl ó Ag_2CrO_4? Suponga que la adición no causa cambio en volumen. Para AgCl, $K_{PS} = 1.7 \times 10^{-10}$; para Ag_2CrO_4, $K_{PS} = 1.9 \times 10^{-12}$.

Solución

Cuando se *comienza* a formar un precipitado, el producto iónico respectivo *apenas* excede la K_{PS} del sólido. Por consiguiente, calculamos las concentraciones de Ag^+ necesarias para precipitar AgCl y Ag_2CrO_4:

$$AgCl(s) \rightleftharpoons \underset{?}{Ag^+} + \underset{0.10\ M}{Cl^-}$$
$$[Ag^+][Cl^-] = 1.7 \times 10^{-10}$$
$$[Ag^+](0.10) = 1.7 \times 10^{-10}$$
$$[Ag^+] = 1.7 \times 10^{-9}\ M$$

$$Ag_2CrO_4(s) \rightleftharpoons \underset{?}{2\,Ag^+} + \underset{0.10\ M}{CrO_4^{2-}}$$
$$[Ag^+]^2[CrO_4^{2-}] = 1.9 \times 10^{-12}$$
$$[Ag^+]^2(0.10) = 1.9 \times 10^{-12}$$
$$[Ag^+]^2 = 1.9 \times 10^{-11}$$
$$[Ag^+] = 4.4 \times 10^{-6}\ M$$

Por consiguiente, el AgCl precipitará primero.

Ejemplo 16.9

(a) En el experimento descrito en el Ejemplo 16.8, ¿cuál será la concentración del ion Cl^- cuando el Ag_2CrO_4 comienza a precipitar? (b) En este punto, ¿qué porcentaje del ion cloruro presente originalmente permanece en solución?

Solución

(a) Del ejemplo anterior, vemos que $[Ag^+] = 4.4 \times 10^{-6}$ *M*, cuando el Ag_2CrO_4 comienza a precipitar. En este momento, la concentración del ion cloruro será:

$$[Ag^+][Cl^-] = 1.7 \times 10^{-10}$$

$$(4.4 \times 10^{-6})[Cl^-] = 1.7 \times 10^{-10}$$

$$[Cl^-] = \frac{1.7 \times 10^{-10}}{4.4 \times 10^{-6}} = 3.9 \times 10^{-5}\ M$$

Así, hasta que (Cl^-) se reduzca a 3.9×10^{-5} *M*, no se formará Ag_2CrO_4. (b) Puesto que la concentración original del cloruro era de 0.10 *M*, el porcentaje de Cl^- que permanece en solución cuando el Ag_2CrO_4 comienza a precipitar es:

$$\frac{3.9 \times 10^{-5}}{1.0 \times 10^{-1}} \times 100 = 0.039\%$$

El ion cromato se usa como un **indicador de precipitación.** La concentración del ion cloruro en solución se puede determinar titulando una muestra de la solución con una solución patrón de $AgNO_3$, utilizando unas pocas gotas de K_2CrO_4 como indicador. En el transcurso de la titulación, se precipita el AgCl blanco. La aparición del Ag_2CrO_4 rojo indica que la precipitación del ion cloruro está esencialmente completa. En un procedimiento cuantitativo de este tipo, la concentración del CrO_4^{2-} utilizado es mucho menor que la utilizada en el problema anterior. De lo anterior, se requiere mayor concentración de Ag^+ para iniciar la precipitación del Ag_2CrO_4 y una concentración menor de Cl^- estará presente en la solución cuando comience a precipitar el $AgCrO_4$.

16.3 Precipitación de sulfuros

La concentración del ion sulfuro en una solución ácida que se ha saturado con H_2S es extremadamente baja. En 10 ml de una solución saturada de H_2S que se ha ajustado a 0.3 *M* en H^+, hay aproximadamente siete iones de S^{2-}. A pesar de esto, cuando se añaden iones Pb^{2+} a tal solución, el PbS se precipita inmediatamente. Parece poco probable que el precipitado se forme como resultado de la reacción de los iones Pb^{2+} con iones S^{2-}.

Existe evidencia de que en ésta y en precipitaciones similares de sulfuros, se forma inicialmente un hidrosulfuro y luego se descompone para producir el sulfuro normal:

$$Pb(HS)_2(s) \rightleftharpoons PbS(s) + H_2S(ac)$$

Se sabe que los hidróxidos de muchos metales producen óxidos en una forma paralela. De hecho, lo que se conoce como hidróxido de plomo, $Pb(OH)_2$, es, en realidad, óxido de plomo hidratado, $PbO \cdot xH_2O$. Puede formarse hidrosulfuro de plomo como resultado de la reacción de iones Pb^{2+} con moléculas de H_2S o iones de HS^-. Las concentraciones de H_2S y HS^- son mucho mayores que la concentración de S^{2-}.

Una constante de equilibrio no depende del mecanismo de reacción mediante el cual se llegue al equilibrio (Sección 3.1). Siempre que el sistema esté en equilibrio, la relación expresada por el principio del producto de solubilidad es válido, sin importar qué serie de reacciones produce el precipitado. Por consiguiente, podemos usar K_{PS} para calcular las condiciones de reacciones favorables para formar un precipitado deseado o condiciones de reacción que eviten la formación de un precipitado.

Ejemplo 16.10

Una solución que es 0.30 M en H^+, 0.050 M en Pb^{2+}, y 0.050 M en Fe^{2+}, está saturada con H_2S. ¿Precipitará PbS y/o FeS? La K_{PS} de PbS es 7×10^{-29} y K_{PS} para el FeS es 4×10^{-19}.

Solución

Para cualquier solución saturada de H_2S,

$$[H^+]^2[S^{2-}] = 1.1 \times 10^{-22}$$

Puesto que esta solución es 0.30 M en H^+,

$$(3.0 \times 10^{-1})^2[S^{2-}] = 1.1 \times 10^{-22}$$
$$[S^{2-}] = 1.2 \times 10^{-21}\ M$$

Ambos, Pb^{2+} y Fe^{2+}, son iones 2^+ y la forma del producto iónico es

$$[M^{2+}][S^{2-}]$$

donde M^{2+} representa cualquier ion metálico. Puesto que ambos están presentes en concentraciones de 0.050 M,

$$[M^{2+}][S^{2-}]$$
$$(5.0 \times 10^{-2})(1.2 \times 10^{-21}) = 6.0 \times 10^{-23}$$

Este producto iónico es mayor que el K_{PS} del PbS; por consiguiente, precipitará el PbS. Sin embargo, el producto iónico es menor que el K_{PS} para el FeS. La solubilidad del FeS no se ha sobrepasado. No se formará FeS.

Ejemplo 16.11

¿Cuál debe ser la concentración de H^+ de una solución que es 0.050 M en Ni^{2+}, para evitar la precipitación del NiS cuando la solución se satura con H_2S? K_{PS} para el NiS es 3×10^{-21}

Solución

$$[Ni^{2+}][S^{2-}] = 3 \times 10^{-21}$$
$$(0.050)[S^{2-}] = 3 \times 10^{-21}$$
$$[S^{2-}] = 6 \times 10^{-20}\ M$$

Por lo tanto, la $[S^{2-}]$ debe ser menor que $6 \times 10^{-20}\ M$ si el NiS no se va a precipitar. Para una solución saturada con H_2S,

$$[H^+]^2[S^{2-}] = 1.1 \times 10^{-22}$$
$$[H^+]^2(6 \times 10^{-20}) = 1.1 \times 10^{-22}$$
$$[H^+] = 0.04\ M$$

La concentración de $[H^+]$ debe ser mayor que 0.04 M para evitar la precipitación del NiS.

Los ejemplos anteriores ilustran una técnica analítica importante. En el esquema general del análisis cualitativo, ciertos cationes se separan en grupos sobre la base de que sus sulfuros se precipiten o no en soluciones ácidas. En una solución que tiene una concentración de H^+ de 0.3 M, los sulfuros de Hg^{2+}, Pb^{2+}, Cu^{2+}, Bi^{3+}, Cd^{2+} y Sn^{2+} son insolubles, mientras que los sulfuros de Fe^{2+}, Co^{2+}, Mn^{2+} y Zn^{2+} son solubles. Considerando los sistemas que involucran precipitación de sulfuros, debe observarse que la concentración de H^+ de una solución aumenta cuando precipita un sulfuro de la solución.

Ejemplo 16.12

Una solución, que es 0.050 M en Cd^{2+} y 0.10 M en H^+, se satura con H_2S. ¿Qué concentración de Cd^{2+} permanece en solución después de que el CdS ha precipitado? El K_{PS} para el CdS es 1.0×10^{-28}.

Solución

Por cada ion Cd^{2+} que precipita, se agregan dos iones H^+ a la solución:

$$Cd^{2+}(ac) + H_2S(ac) \rightleftharpoons CdS(ac) + 2H^+(ac)$$

Supondremos que virtualmente todo el Cd^{2+} precipita como CdS. De donde se deduce que la precipitación introduce 0.10 moles de H^+ por litro de solución y la concentración final de $[H^+]$ es 0.20 M. Por consiguiente,

$$[H^+]^2[S^{2-}] = 1.1 \times 10^{-22}$$
$$(0.20)^2[S^{2-}] = 1.1 \times 10^{-22}$$
$$[S^{2-}] = 2.8 \times 10^{-21}$$

La concentración de Cd^{2+} después de que el CdS ha precipitado, se puede obtener de K_{PS} del CdS:

$$[Cd^{2+}][S^{2-}] = 1.0 \times 10^{-28}$$

$$[Cd^{2+}](2.8 \times 10^{-21}) = 1.0 \times 10^{-28}$$

$$[Cd^{2+}] = 3.6 \times 10^{-8}\ M$$

De nuestra respuesta podemos ver que nuestra suposición era justificada. El valor de $[H^+]$ que usamos fue adecuado dentro de nuestros límites de exactitud.

16.4 Equilibrios que comprenden iones complejos

Los iones complejos se discutirán en el Capítulo 23. Sin embargo, estos iones toman parte en algunos equilibrios acuosos que se explicarán en este capítulo. Un **ion complejo** es un agregado consistente en un catión metálico central (generalmente un ion metálico de transición) rodeado por un número de ligantes. Los **ligantes** de un complejo pueden ser aniones, moléculas o una combinación de los dos.

Un ligante debe tener un par de electrones no compartidos con los cuales pueda unirse al ion central. Así, la molécula de amoníaco, NH_3, actúa como un ligante en la formación de un ion complejo, el ion amoníaco, NH_4^+, no:

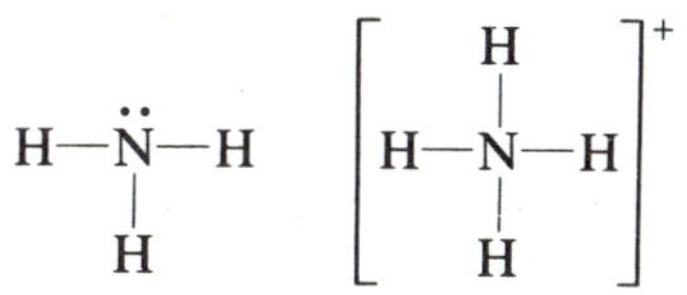

Además del amoníaco, muchas moléculas y aniones cumplen el requerimiento

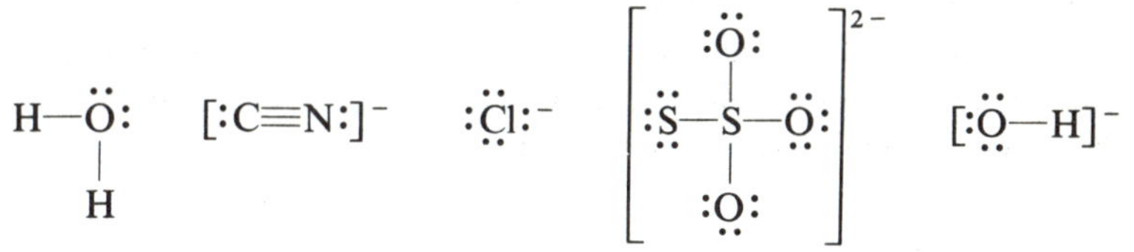

Puede hallarse la carga de un ion complejo sumando las cargas de todas las partículas que lo constituyen. La carga del ion $Fe(CN)_6^{4-}$, por ejemplo, es igual a la suma de las cargas de un ion Fe^{2+} y seis iones CN^-:

$$Fe^{2+} + 6\,CN^- \longrightarrow Fe(CN)_6^{4-}$$

Ejemplos de iones complejos son: $Ag(NH_3)_2^+$, $Cd(NH_3)_4^{2+}$, $Cu(NH_3)_4^{2+}$, $Fe(CN)_6^{3-}$, $Fe(CN)_6^{4-}$, $CdCl_4^{2-}$, $Ag(S_2O_3)_3^{5-}$, $Cu(H_2O)_4^{2+}$ y $Zn(OH)_4^{2-}$.

Todos los iones están hidratados en solución acuosa. La mayoría de los iones metálicos hidratados se deben considerar como iones complejos, puesto que cada ion metálico tiene un número definido de moléculas de agua fuertemente enlazadas a éste. Este número es difícil de determinar y no se conoce con certidumbre para algunas especies. A pesar de esto, en solución acuosa, probablemente se forman los complejos por la sustitución de los ligantes agua por otros ligantes; por ejemplo,

$$Cu(H_2O)_6^{2+} + NH_3 \rightleftharpoons Cu(H_2O)_5(NH_3)^{2+} + H_2O$$

Sin embargo, para más sencillez no se indican las moléculas coordinadas de agua:

$$Cu^{2+} + NH_3 \rightleftharpoons Cu(NH_3)^{2+}$$

La disociación, como también la formación de un ion complejo, ocurre en etapas. Así, el ion $Ag(NH_3)_2^+$ se disocia como sigue:

$$Ag(NH_3)_2^+ \rightleftharpoons Ag(NH_3)^+ + NH_3 \qquad K_{d1} = \frac{[Ag(NH_3)^+][NH_3]}{[Ag(NH_3)_2^+]}$$
$$= 1.4 \times 10^{-4}$$

$$Ag(NH_3)^+ \rightleftharpoons Ag^+ + NH_3 \qquad K_{d2} = \frac{[Ag^+][NH_3]}{[Ag(NH_3)^+]}$$
$$= 4.3 \times 10^{-4}$$

El producto de las dos constantes de disociación se llama **constante de inestabilidad** del ion $Ag(NH_3)_2^+$. Esta constante de inestabilidad corresponde a toda la disociación del ion:

$$Ag(NH_3)_2^+ \rightleftharpoons Ag^+ + 2\,NH_3$$
$$\left(\frac{[Ag(NH_3)^+][NH_3]}{[Ag(NH_3)_2^+]}\right)\left(\frac{[Ag^+][NH_3]}{[Ag(NH_3)^+]}\right) = \frac{[Ag^+][NH_3]^2}{[Ag(NH_3)_2^+]}$$
$$K_{inst} = K_{d1}K_{d2} = (1.4 \times 10^{-4})(4.3 \times 10^{-4}) = 6.0 \times 10^{-8}$$

Los recíprocos de las constantes de disociación, que se relacionan con las reacciones de equilibrio escritas en forma inversa, son llamadas **constantes de formación** o **constantes de estabilidad.**

No se conocen los valores de las constantes de equilibrio para las etapas individuales de la disociación de muchos complejos, aunque pueda haberse determinado el valor para la disociación general. Sin embargo, observe que se debe interpretar con cautela la constante de inestabilidad total para un ion complejo, ya que la ecuación química a la cual se refiere no toma en cuenta cualquier especie intermediaria. En el apéndice se muestran algunas constantes de inestabilidad.

Ejemplo 16.13

Una solución de $AgNO_3$ 0.010 M se hizo 0.50 M en NH_3 y formó el ion complejo $Ag(NH_3)_2^+$. (a) ¿Cuál es la concentración de Ag^+(ac) en la solución? (b) ¿Qué porcentaje de la concentración total de plata está en la forma de Ag^+(ac)?

Solución

(a) Puesto que se utiliza un gran exceso de NH_3, suponemos que virtualmente todo el Ag^+ se convierte en la forma de un complejo superior, $Ag(NH_3)_2^+$. Hasta dos cifras significativas, por consiguiente,

$$[Ag(NH_3)_2^+] = 0.010\ M$$

La formación de este complejo reducirá la concentración de NH_3 por 0.020 M (cada ion $Ag(NH_3)_2^+$ contiene dos moléculas de NH_3). Por consiguiente,

$$[NH_3] = 0.50\,M - 0.020\,M = 0.48\,M$$

No damos importancia a la pequeñísima disminución en la concentración del amoníaco causada por la reacción del amoníaco con agua:

$$Ag(NH_3)_2^+ \rightleftharpoons Ag^+ + 2\,NH_3$$

$$\frac{[Ag^+][NH_3]^2}{[Ag(NH_3)_2^+]} = 6.0 \times 10^{-8}$$

$$\frac{[Ag^+](0.48)^2}{(0.010)} = 6.0 \times 10^{-8}$$

$$[Ag^+] = 2.6 \times 10^{-9}\,M$$

(b) $\left(\dfrac{2.6 \times 10^{-9}\,M}{1.0 \times 10^{-2}\,M}\right)100\% = 2.6 \times 10^{-5}\%$

$2.6 \times 10^{-5}\%$ de la plata se halla en la forma de Ag^+(ac)

Las sustancias ligeramente solubles pueden disolverse a menudo mediante la formación de iones complejos. Por ejemplo, la solubilidad del AgCl aumenta si la solución contiene NH_3. El equilibrio

$$AgCl(s) \rightleftharpoons Ag^+(ac) + Cl(ac)$$

se desplaza hacia la derecha por la separación de Ag^+ por la formación de $Ag(NH_3)_2^+$

Ejemplo 16.14

¿Cuál es la solubilidad del AgCl en NH_3 0.10 M?

Solución

Escribimos la ecuación para la transformación completa y hacemos x igual a la solubilidad molar del AgCl:

$$\underset{}{AgCl(s)} + \underset{0.10 - 2x}{2NH_3} \rightleftharpoons \underset{x}{Ag(NH_3)_2^+} + \underset{x}{Cl^-}$$

Observe que puesto que se necesitan dos moléculas de NH_3 por cada una de $Ag(NH_3)_2^+$ formadas, la concentración de NH_3 es $(0.10 - 2x)$. Una constante de equilibrio correspondiente a esta ecuación se puede obtener dividiendo el K_{PS} del AgCl por la K_{inest} del $Ag(NH_3)_2^+$:

$$K_{SP}\left(\frac{1}{K_{inest}}\right) = [Ag^+][Cl^-]\left(\frac{[Ag(NH_3)_2^+]}{[Ag^+][NH_3]^2}\right)$$

$$(1.7 \times 10^{-10})\left(\frac{1}{6.0 \times 10^{-8}}\right) = 2.8 \times 10^{-3}$$

Por consiguiente,

$$\frac{[Ag(NH_3)_2^+][Cl^-]}{[NH_3]^2} = 2.8 \times 10^{-3}$$

$$\frac{x^2}{(0.10 - 2x)^2} = 2.8 \times 10^{-3}$$

Si sacamos la raíz cuadrada de ambos miembros de la ecuación, obtenemos

$$\frac{x}{(0.10 - 2x)} = 5.3 \times 10^{-2}$$

$$x = 4.8 \times 10^{-3}\ M$$

La solubilidad del AgCl en agua pura es $1.3 \times 10^{-5}\ M$.

Unos pocos metales forman iones complejos con iones S^{2-} (por ejemplo HgS_2^{2-}, AsS_2^{3-}, SnS_2^{2-}). La verdadera estructura de estos aniones, los cuales se llaman iones complejos tio, pueden incluir el ion HS^-. La formación de un ion complejo tio, puede utilizarse para separar los precipitados de los sulfuros. Por ejemplo, una mezcla de CuS (el que no forma complejo tio) y As_2S_3, se pueden separar disolviendo el As_2S_3 en solución alcalina que contenga el ion S^{2-}.

$$CuS(s) + S_2^-(ac) \longrightarrow \text{no reacciona}$$

$$As_2S_3(s) + 3S^{2-}(ac) \rightleftharpoons 2AsS_3^{3-}(ac)$$

Si una solución que contiene Al^{3+} y Zn^{2+} se trata con un amortiguador de NH_3 a un pH alcalino controlado, precipitará $Al(OH)_3$, pero el Zn^{2+} quedará en solución como $Zn(NH_3)_4^{2+}$. La precipitación del $Zn(OH)_2$ se puede evitar mediante la formación del ion complejo; Al^{3+} no forma complejo de amoníaco

$$Al^{3+}(ac) + 3OH^-(ac) \rightleftharpoons Al(OH)_3(s)$$

$$Zn^{2+}(ac) + 4NH_3(ac) \rightleftharpoons Zn(NH_3)_4^{2+}(ac)$$

Los iones complejos son con frecuencia intensamente coloreados; $Fe(SCN)^{2+}$, por ejemplo, es rojo intenso. En esta forma, la formación de un color rojo intenso sirve como prueba para identificar el ion Fe^{3+} cuando se añade el ion incoloro a la solución.

16.5 Anfoterismo

Los hidróxidos de ciertos metales, llamados **hidróxidos anfóteros** pueden actuar como ácidos o bases. Estos compuestos insolubles en agua se disuelven en soluciones a pH bajo o pH alto. El hidróxido de cinc, por ejemplo, se disuelve en ácido clorhídrico para producir soluciones de cloruro de cinc, $ZnCl_2$.

$$Zn(OH)_2(s) + 2H^+(ac) \longrightarrow Zn^{2+}(ac) + 2H_2O$$

El hidróxido de cinc se disolverá también en soluciones de hidróxido de sodio:

$$Zn(OH)_2(s) + 2OH^-(ac) \longrightarrow Zn(OH)_4^{2-}(ac)$$

El ion complejo de $Zn(OH)_4^{2-}$, se llama ion cincato. El óxido correspondiente a un hidróxido anfótero reacciona en forma similar. Por ejemplo,

$$ZnO(s) + 2H^+(ac) \longrightarrow Zn^{2+}(ac) + H_2O$$

$$ZnO(s) + 2OH^-(ac) + H_2O \longrightarrow Zn(OH)_4^{2-}(ac)$$

Otros ejemplos de compuestos anfóteros son: $Al(OH)_3$, $Sn(OH)_2$, $Cr(OH)_3$, $Be(OH)_2$, Sb_2O_3, y As_2O_3. Otros compuestos, incluyendo $Cu(OH)_2$ y Ag_2O, presentan esta propiedad en menor grado.

Las siguientes series de ecuaciones se pueden utilizar para describir las reacciones que se presentan cuando la concentración de OH^- de una solución de Zn(ac) se aumenta gradualmente:

$$Zn^{2+}(ac) + OH^-(ac) \rightleftharpoons Zn(OH)^+(ac)$$

$$Zn(OH)^+(ac) + OH^-(ac) \rightleftharpoons Zn(OH)_2(s)$$

$$Zn(OH)_2(s) + OH^-(ac) \rightleftharpoons Zn(OH)_3^-(ac)$$

$$Zn(OH)_3^-(ac) + OH^-(ac) \rightleftharpoons Zn(OH)_4^{2-}(ac)$$

La precipitación de $Zn(OH)_2$ se observa cuando se alcanza el pH adecuado, y después de aumentar más el pH, el precipitado se disuelve. Las fórmulas de los aniones anfóteros utilizadas aquí se fundamentan en que el $Na_2Zn(OH)_3$ y el $NaZn\ (OH)_4$ se han separado de sus soluciones.

El proceso puede invertirse. La acidulación de las soluciones de iones cincato resulta en la separación de OH^-. Por ejemplo,

$$Zn(OH)_4^{2-}(ac) + H^+(ac) \rightleftharpoons Zn(OH)_3^+(ac) + H_2O$$

El catión de un hidróxido anfótero tiene la capacidad de formar iones complejos con H_2O y OH^-. Las ecuaciones para las reacciones anteriores pueden escribirse indicando las moléculas de agua coordinadas. Por ejemplo,

$$Zn(H_2O)_6^{2+}(ac) + OH^-(ac) \rightleftharpoons Zn(OH)(H_2O)_5^+(ac) + H_2O$$

Por consiguiente, la reacción puede interpretarse como una sustitución de los ligantes del ion complejo de cinc. En la interpretación de Brønsted para esta reacción, el ion $Zn(H_2O)_6^{2+}$ es un ácido que cede un protón al ion OH^-, una base.

En general, los sistemas anfóteros son muy complejos y queda mucho por aprender de ellos. Las constantes de equilibrio son poco confiables. Indudablemente existe evidencia de que no todos los iones y equilibrios en los sistemas de este tipo han sido identificados. Probablemente las reacciones de la mayoría de los sistemas son mucho más complicadas de como han sido descritas.

Hemos considerado solo complejos mononucleares (complejos con un solo ion metálico). Sin embargo, los complejos polinucleares parecen comunes; $Sn_2(OH)_2^{2+}$ y $Sn_3(OH)_4^{2+}$, como también $Sn(OH)^+$, se han identificado en soluciones de Sn^{2+}. La fórmula del ion aluminato se escribe generalmente como $Al(OH)_4^-$ y dicho ion tetraédrico se ha identificado en soluciones de aluminato 0.1 M a 1.5 M en las cuales el pH es 13 o mayor. Sin embargo, bajo otras condiciones se cree que se forman los complejos polinucleares de aluminio.

Se aprovecha la naturaleza anfótera de algunos hidróxidos, en química analítica y en algunos procesos comerciales. Por ejemplo, Mg^{2+} y Zn^{2+} pueden separarse de una solución que contiene los dos iones, alcalinizando la solución:

$$Mg^{2+} + 2OH^- \rightleftharpoons Mg(OH)_2(s)$$

$$Zn^{2+} + 4OH^- \rightleftharpoons Zn(OH)_4^{2-}$$

El hidróxido de magnesio insoluble, que no es anfótero, se puede remover filtrando la solución que contiene el ion cincato.

En la producción del metal aluminio a partir de la bauxita (Al_2O_3 impura e hidratada), el mineral se purifica primero antes de su reducción a aluminio metálico. Esta purificación se lleva a cabo disolviendo el óxido de aluminio en una solución de hidróxido de sodio y separando por filtración las impurezas insolubles:

$$Al_2O_3(s) + 2OH^- + 3H_2O \longrightarrow 2Al(OH)_4^-$$

Cuando se acidifica la solución filtrada, el hidróxido de aluminio puro se precipita y se recupera.

Resumen

Los temas presentados en este capítulo son:

1. Productos de solubilidad, constantes de equilibrio para equilibrios entre sustancias sólidas y las soluciones saturadas de estas sustancias.
2. El uso de los productos de solubilidad para determinar si ocurrirá precipitación cuando se mezclan soluciones de concentraciones dadas de algunos iones.
3. El efecto del ion común sobre los equilibrios de solubilidad.
4. La precipitación de una solución por la adición de un ion capaz de formar dos precipitados diferentes con dos iones presentes en la solución.
5. La precipitación de sulfuros, el efecto del pH sobre estas reacciones.
6. Equilibrios que involucran iones complejos.
7. Hidróxidos anfóteros y equilibrios que los involucran.

Glosario

A continuación aparecen algunos de los términos más importantes presentados en este capítulo. Las definiciones para algunos términos no incluidos en esta lista pueden localizarse usando el índice.

Anfoterismo (Sección 16.5). Propiedad de los hidróxidos de ciertos metales que les permite actuar como ácidos o como bases; estas sustancias insolubles en agua se disuelven en soluciones de pH bajo o alto.

Constante de inestabilidad (Sección 16.4). Constante de equilibrio para la disociación total de un ion complejo en un catión metálico y los ligantes; el recíproco se llama **constante de formación.**

Efecto salino (Sección 16.1). Aumento observado en la solubilidad de una sustancia ligeramente soluble después de añadir otro electrólito a la solución.

Ion complejo (Sección 16.4). Agregado consistente en un catión metálico central rodeado por varios ligantes.

Ligante (Sección 16.4). Anión o moléculas que tiene un par de electrones sin compartir, con los que puede enlazarse a un ion metálico para formar un ion complejo.

Producto iónico (Sección 16.2). Valor calculado y comparado con la correspondiente K_{PS} para determinar si se forma precipitado cuando la concentración de una solución se ajusta a valores dados. El producto iónico es el valor obtenido sustituyendo las concentraciones propuestas en los términos de la concentración en una expresión similar a la de la constante del producto de solubilidad.

Producto de solubilidad, K_{PS} (Sección 16.1). Constante de equilibrio para un sistema que involucra una sustancia ligeramente soluble en equilibrio con una solución saturada de sus iones. La constante es el producto de las concentraciones de los iones con las concentraciones elevadas a las potencias indicadas por los coeficientes de la ecuación química balanceada.

Problemas*

El producto de solubilidad

16.1 A 25°C, se disuelven 1.7×10^{-5} moles de $Cd(OH)_2$ en un litro de agua. Calcule K_{PS} para el $Cd(OH)_2$.

16.2 La K_{PS} del $NiCO_3$ es 1.4×10^{-7}. ¿Cuál es la solubilidad molar del $NiCO_3$? No dé importancia a la hidrólisis de los iones.

16.3 A 25°C, se disuelven 5.2×10^{-6} moles de $Ce(OH)_3$ en un litro de agua. Calcule la K_{PS} del $Ce(OH)_3$.

16.4 La K_{PS} del CaF_2 es 3.9×10^{-11}. ¿Cuál es la solubilidad molar del CaF_2? No dé importancia a la hidrólisis de los iones.

16.5 ¿Cuál de los carbonatos siguientes tiene la menor solubilidad molar, Ag_2CO_3 (K_{PS} 8.2×10^{-12}) o, $CuCO_3$ (K_{PS} 2.5×10^{-10})? No dé importancia a la hidrólisis de los iones.

16.6 ¿Cuál de los sulfuros siguientes tiene menor solubilidad molar, Ag_2S (K_{PS}, 5.5×10^{-51}) o CuS (K_{PS}, 8.0×10^{-37})? No dé importancia a la hidrólisis de los iones.

16.7 Una solución saturada de un hidróxido ligeramente soluble, $M(OH)_2$, tiene un *p*H de 9.53. ¿Cuál es la K_{PS} del $M(OH)_2$?

16.8 ¿Cuántos moles de $Ni(OH)_2$ se disolverán en un litro de una solución de NaOH con un *p*H de 12.34? No dé importancia a la hidrólisis de los iones.

16.9 ¿Cuántos moles de Ag_2CO_3 se disolverán en 150 ml de solución de Na_2CO_3 0.15 *M*? No dé importancia a la hidrólisis de los iones.

Precipitación y K_{PS}

16.10 Calcule las concentraciones finales de Na^+(ac), $C_2O_4^{2-}$(ac), Ba^{2+}(ac), y Cl^-(ac) en una solución preparada añadiendo 100 ml de solución 0.20 *M* de $Na_2C_2O_4$ a 150 ml de solución 0.25 *M* de $BaCl_2$. No dé importancia a la hidrólisis de los iones.

16.11 Calcule las concentraciones finales de Sr^{2+}(ac), NO_3^-(ac), Na^+(ac) y F^-(ac) en una solución preparada por la adición de 50 ml de $Sr(NO_3)_2$ 0.30 *M*, a 150 ml 0.12 *M* de NaF. No dé importancia a la hidrólisis de los iones.

16.12 ¿Qué concentración de F^- se necesita para comenzar la precipitación de SrF_2 a partir de una solución saturada de $SrSO_4$?

16.13 ¿Qué concentración de SO_4^{2-}(ac) se necesita para comenzar la precipitación del $BaSO_4$ a partir de una solución saturada de BaF_2?

16.14 ¿Qué concentraciones mínimas de NH_4^+ se necesitan para evitar la formación de un precipitado de $Fe(OH)_2$ de una solución que es 0.020 *M* en Fe^{2+} y 0.020 *M* en NH_3?

16.15 ¿Qué concentración mínima de NH_4^+ se necesita para evitar la formación de $Mn(OH)_2$(s) de una solución que es 0.030 *M* en Mn^{2+}(ac) y 0.030 *M* en NH_3?

16.16 Una solución es 0.030 *M* en Mn^{2+} y 0.025 *M* en NH_4^+. ¿Cuál sería la concentración de NH_3 para hacer que el $Mn(OH)_2$ comience a precipitar?

16.17 Una solución es 0.090 *M* en Mg^{2+}(ac) y 0.33 *M* en NH_4^+(ac). ¿Qué concentración mínima de NH_3 hará que el $Mg(OH)_2$ comience a precipitar?

16.18 Una solución se preparó mezclando 10 ml de $CaCl_2$ 0.50 *M* con 10 ml de una solución que es 0.50 *M* en NH_3 y 0.050 *M* en NH_4^+(ac), ¿precipitará el $Ca(OH)_2$?

Precipitación de sulfuros

16.19 Una solución que es 0.30 *M* en H^+(ac) y 0.15 *M* en Ni^{2+} se saturó con H_2S. ¿Precipitará el NiS?

16.20 Una solución que es 0.25 *M* en H^+(ac) y 0.10 *M* en Co^{2+}(ac) se saturó con H_2S. ¿Precipitará el CoS?

16.21 Una solución que es 0.50 *M* en H^+(ac) y 0.030 *M* en Cd^{2+}(ac) se saturó con H_2S. ¿Precipitará el CdS?

16.22 ¿Cuál sería la concentración de H^+(ac) en una solución que es 0.25 *M* en Co^{2+} para evitar la precipitación de CoS, cuando la solución se satura con H_2S?

16.23 ¿Cuál es la concentración más baja de H^+(ac) que debe estar presente en una solución 0.50 *M* de Zn^{2+}(ac) para impedir la precipitación de ZnS, cuando la solución se satura con H_2S?

16.24 Una solución que es 0.20 *M* en H^+(ac) y 0.20 *M* en Pb^{2+}(ac) se saturó con H_2S. ¿Cuál es la concentración de Pb^{2+}(ac) después que el PbS ha precipitado? Observe que es necesario tener en cuenta el aumento en acidez originado por la precipitación.

16.25 Una solución que es 0.10 *M* en H^+(ac) 0.30 *M* en **Cu^{2+} (ac) y 0.30 *M* en Fe^{2+} (ac) se saturó con H_2S. Calcule** la concentración de H^+(ac), S^{2-}(ac), Cu^{2+}(ac) y Fe^{2+}(ac). Observe que es necesario tener en cuenta cualquier aumento en la acidez originado por la precipitación.

16.26 ¿Qué concentración de H^+(ac) debe estar presente en una solución que es 0.20 *M* en Ni^{2+}(ac) y 0.20 *M* en Cd^{2+}(ac), de forma que cuando la solución se sature con H_2S precipitará la máxima cantidad de CdS pero no el NiS en ningún paso?

16.27 **(a)** ¿Qué concentración de H^+(ac) debe estar presente en una solución que es 0.20 *M* en Pb^{2+} y 0.20 *M* en Zn^{2+}, para que después de la saturación con H_2S, precipite la máxima cantidad de PbS pero el ZnS no? **(b)** ¿Qué concentración de Pb^{2+} permanece en la solución después de que el PbS ha precipitado? Ignore la hidrólisis de los iones, pero no desprecie el aumento en la acidez causado por la precipitación.

Iones complejos

16.28 Compare las solubilidades molares de **(a)** AgCl, **(b)** AgBr, y **(c)** AgI en una solución 0.50 *M* de NH_3.

16.29 Una solución de $AgNO_3$ se hizo 0.50 *M* en NH_3, formando así el ion complejo $Ag(NH_3)_2^+$. ¿Precipitará el AgCl si se agrega suficiente NaCl para hacer la solución 0.010 *M* en Cl^-?

* El apéndice G contiene las respuestas de los problemas codificados en color.

CAPÍTULO 17 ELEMENTOS DE TERMODINÁMICA QUÍMICA

La **termodinámica** es el estudio de los cambios de energía que acompañan los cambios físicos y químicos. Un aspecto importante de las leyes de la termodinámica química es que nos capacitan para predecir si una reacción química en particular es teóricamente posible bajo una serie de condiciones dadas. Se dice que una reacción es **espontánea** cuando presenta una tendencia general para su realización por su propia cuenta. Los principios termodinámicos pueden también utilizarse para determinar la magnitud de una reacción espontánea: la posición de equilibrio. La obtención máxima de productos de una reacción está limitada por el estado de equilibrio de la reacción.

Sin embargo, la termodinámica no tiene nada que decir acerca de la velocidad o mecanismo de una reacción espontánea. Estas preguntas son de interés para la cinética química (Capítulo 12). Algunos cambios espontáneos ocurren muy lentamente. La forma estable del carbono bajo condiciones ordinarias es el grafito, no el diamante. El cambio de diamante a grafito, sin embargo, es termodinámicamente espontáneo. Pero, este cambio, es tan lento que no se puede observar a temperaturas y presiones ordinarias.

17.1 Primera ley de la termodinámica

Muchos científicos a fines del siglo XVIII y comienzos del XIX estudiaron las relaciones entre trabajo y calor. La termodinámica tuvo sus orígenes en estos estudios. En la década de 1840, se hizo claro que:

1. Trabajo y calor son formas de una clasificación mayor llamada energía.
2. Una forma de energía puede convertirse en otra forma.
3. La energía no puede crearse ni destruirse.

La **primera ley de la termodinámica** es la ley de la conservación de la energía: la energía puede convertirse de una forma a otra, pero no puede crearse ni destruirse. En otras palabras, la energía total del universo es una constante.

En la aplicación de los conceptos termodinámicos, frecuentemente concentramos nuestra atención en los cambios que se realizan dentro de límites definidos. Esa parte de la naturaleza que incluimos dentro de estos límites se llama un **sistema.** El resto se llama los **alrededores**. Por ejemplo, una mezcla de compuestos químicos puede constituir un sistema. El recipiente y lo demás alrededor del sistema constituyen lo que se llama los alrededores.

Se supone que un sistema tiene una **energía interna**, E, la que incluye todas las formas posibles de energía atribuibles al sistema. Las contribuciones importantes a la energía interna de un sistema incluyen las atracciones y repulsiones entre los átomos, moléculas, iones y partículas subátomicas que forman el sistema y la energía cinética de todas sus partes.

De acuerdo con la primera ley de la termodinámica, la energía interna de un sistema *aislado* es constante. El valor real de E para cualquier sistema no se conoce y no puede calcularse. Sin embargo, la termodinámica se refiere solamente a los *cambios* de energía interna y a la medida de estos cambios.

El **estado** de un sistema puede definirse especificando los valores de propiedades tales como temperatura, presión y composición. La energía interna de un sistema depende del estado del sistema y no de cómo el sistema llegó a ese estado. La energía interna, por consiguiente, se llama una **función de estado.** Considere una muestra de un gas ideal, que ocupa un volumen de un litro a 100°K y 1 atm de presión (estado A). A 200°K y 0.5 atm (estado B), la muestra ocupa un volumen de 4 litros. De acuerdo con la primera ley, la energía interna del sistema en el estado A, E_A es una constante, como es la energía interna del sistema en el estado B, E_B.

Se puede deducir que la diferencia en las energías internas de los dos estados ΔE, **es también una constante y es independiente del camino tomado entre el estado A y B.** No existe diferencia alguna, sea que el gas se caliente antes o después del cambio de presión o si el cambio total se realiza en varias etapas:

$$\Delta E = E_B - E_A$$

Suponga que tenemos un sistema de estado *inicial* y que la energía interna del sistema es E_i. Si el sistema absorbe calor de los alrededores, q, la energía interna del sistema será:

$$E_i + q$$

Si el sistema ahora utiliza algo de su energía interna para hacer trabajo sobre los alrededores, w, la energía interna del sistema en el estado *final*, E_f, será:

$$E_f = E_i + q - w$$

$$E_f - E_i = q - w$$

$$\Delta E = q - w \qquad (17.1)$$

Es importante tener presente las convenciones relativas a los signos de estas cantidades:

q, positivo = calor *absorbido* por el sistema

q, negativo = calor *desprendido* por el sistema

w, positivo = trabajo realizado *por* el sistema

w, negativo = trabajo realizado *sobre* el sistema

Los valores de q y w involucrados en el cambio de un sistema de su estado inicial al estado final, dependen de la forma en que se efectúe el cambio. El valor de $(q - w)$ es una constante, igual a ΔE, para el cambio sin interesar cómo se llevó a cabo. Si un sistema sufre un cambio en el cual la energía interna del sistema permanece constante, el trabajo hecho por el sistema es igual al calor absorbido por el sistema.

17.2 Entalpía

Para reacciones químicas comunes, el término trabajo generalmente se origina como consecuencia de los cambios de presión-volumen. El trabajo realizado contra la presión atmosférica si el sistema se expande, en el transcurso de la reacción, es un ejemplo del trabajo presión-volumen. El término PV tiene las dimensiones de trabajo. La presión, que es la fuerza por área unidad, puede expresarse en newtons por metro cuadrado (N/m^2). Si el volumen se expresa en metros cúbicos (m^3), el producto PV es:

$$PV = (N/m^2)(m^3) = N \cdot m$$

El newton metro (que es un joule) es una unidad de trabajo, pues el trabajo se define como fuerza (el newton) por la distancia (el metro). En forma similar, litro·atmósferas son unidades de trabajo. Si la presión se mantiene constante, el trabajo realizado en la expansión de V_A a V_B es

$$w = P(V_B - V_A) = P\,\Delta V \qquad (17.2)$$

Ningún trabajo presión-volumen puede hacerse por un proceso efectuado a volumen constante y $w = 0$. Así, a *volumen constante,* la ecuación

$$\Delta E = q - w$$

se hace

$$\Delta E = q_v \qquad (17.3)$$

donde q_V es el calor absorbido por el sistema a volumen constante. Los procesos realizados a presión constante son más comunes en química que los realizados a volumen constante. Si restringimos nuestra atención al trabajo presión-volumen, el trabajo realizado en procesos a presión constante es $P\Delta V$. Así, a *presión constante,* la ecuación

$$\Delta E = q - w$$

se convierte en

$$\Delta E = q_P - P\,\Delta V$$

o, por reordenamiento, en

$$q_P = \Delta E + P\,\Delta V \qquad (17.4)$$

donde q_p es el calor absorbido por el sistema a presión constante. La función termodinámica **entalpía**, H, se define por la ecuación

$$H = E + PV \qquad (17.5)$$

Por consiguiente,

$$q_P = \Delta H \qquad (17.6)$$

El calor absorbido por una reacción realizada a presión constante es igual al cambio en entalpía. La entalpía, como la energía interna, es una función de estado del sistema y es independiente de la forma en que se llega a ese estado. La validez de la ley de Hess se fundamenta sobre este hecho (Sección 3.5).

Cuando se usa una bomba calorimétrica para una determinación calorimétrica (Sección 3.3) el efecto calórico se mide a volumen constante. Por lo general, las reacciones se efectúan a presión constante. La relación entre el cambio en entalpía y el cambio en energía interna se usa para convertir calores de reacción a volumen constante ($q_v = \Delta E$) a calores de reacción a presión constante ($q_p = \Delta H$). La conversión se hizo considerando el cambio en volumen de los productos. Los cambios en los volumenes de líquidos y sólidos son tan pequeños que no se toman en cuenta.

Para reacciones que comprenden gases, los cambios de volumen pueden ser significantes. Digamos que V_A es el volumen total de reactivos gaseosos, V_B es el volumen total de los productos gaseosos, n_A es el número de moles de reactivos gaseosos, n_B es el número de moles de productos gaseosos y la presión y la temperatura constantes:

$$PV_A = n_ART \text{ and } PV_B = n_BRT$$

Así,

$$\begin{aligned} P\,\Delta V &= PV_B - PV_A \\ &= n_BRT - n_ART \\ &= (n_B - n_A)RT \\ &= (\Delta n)RT \end{aligned} \qquad (17.7)$$

Puesto que

$$\Delta H = \Delta E + P\Delta V \qquad (17.8)$$

entonces,

$$\Delta H = \Delta E + (\Delta n)RT \qquad (17.9)$$

donde Δn es el número de moles de productos gaseosos menos el número de moles de reactivos gaseosos.

Para resolver problemas usando esta ecuación, debemos expresar el valor de R en las unidades adecuadas. Hemos observado que litro·atmósferas son unidades de energía. El valor de R debe ser: 0.082056 litro·atm/(K·mol) pueden convertirse en J/(K·mol) mediante el uso de los factores derivados de las relaciones:

$$1 \text{ atm} = 1.01325 \times 10^5 \text{ N/m}^2$$

$$1 \text{ litro} = 1 \times 10^{-3}\text{m}^3$$

$$1 \text{ J} = 1 \text{ N}\cdot\text{m}$$

Así,

$$8.2056 \times 10^2 \times \frac{\text{litro}\cdot\text{atm}}{\text{K}\cdot\text{mol}} \left(\frac{1.01325 \times 10^{-5} \text{ N/m}^2}{1 \text{ atm}}\right) \left(\frac{1 \text{ m}^3}{1 \text{ litro}}\right) \left(\frac{1 \text{ J}}{1\text{N}\cdot\text{m}}\right)$$

$$= 8.3143 \text{ J/(K}\cdot\text{mol)}$$

Varios tipos de cálculos que comprenden cambios entálpicos son un tópico del Capítulo 3. Una lista de entalpías patrón de formación se pueden hallar en la Tabla 3.1.

Ejemplo 17.1

El calor de combustión a volumen constante de metano se midió en una bomba calorimétrica a 25°C y se halló ser −885,389 J/mol. ¿Cuál es el valor de ΔH?

Solución

Para la reacción

$$CH_4(g) + 2\,O_2(g) \longrightarrow CO_2(g) + 2\,H_2O(l) \qquad \Delta E = -885{,}389\ J$$
$$\Delta n = 1 - (2 + 1) = -2$$

por consiguiente,

$$\begin{aligned} \Delta H &= \Delta E + (\Delta n)RT \\ &= -885{,}389\ J + (-2\ mol)[8.3143\ J/(K\cdot mol)](298.2\ K) \\ &= -885{,}389\ J - 4959\ J \\ &= -890{,}348\ J = -890.348\ kJ \end{aligned}$$

Ejemplo 17.2

Calcule $\Delta H°$ y $\Delta E°$ para la reacción

$$OF_2(g) + H_2O(g) \longrightarrow O_2(g) + 2\,HF(g)$$

Las entalpías patrón de formación son: $OF_2(g)$, +23.0 kJ/mol, $H_2O(g)$ −241.8 kJ/mol, y HF(g), −268.6 kJ/mol.

Solución

Las entalpías patrón de formación se usan para calcular ΔH para la reacción (Sección 3.6).

$$\begin{aligned} \Delta H° &= 2\Delta H_f°(HF) - [\Delta H_f°(OF_2) + \Delta H_f°(H_2O)] \\ &= 2(-268.6\ kJ) - [(+23.0\ kJ) + (-241.8\ kJ)] \\ &= -537.2\ kJ + 218.8\ kJ = -318.4\ kJ \end{aligned}$$

Este valor de $\Delta H°$ se utiliza para calcular $\Delta E°$ para la reacción $\Delta n = +1$ mol:

$$\begin{aligned} \Delta E° &= \Delta H° - (\Delta n)RT \\ &= -318.4\ kJ - (1\ mol)\,[(8.31\ J/(K\cdot mol)]\,(298\ K) \\ &= -318.4\ kJ - 2476\ J \\ &= -318.4\ kJ - 2.5\ kJ = -320.9\ kJ \end{aligned}$$

Ejemplo 17.3

Para la reacción

$$B_2H_6(g) + 3\,O_2(g) \longrightarrow B_2O_3(s) + 3\,H_2O(l)$$

$\Delta E°$ es -2143.2 kJ. (a) Calcule $\Delta H°$ para la reacción. (b) Determine el valor de la entalpía patrón de formación de $B_2H_6(g)$ para $B_2O_3(s)$, $\Delta H_f^\circ = -1264.0$ kJ/mol y para $H_2O(l)$, $\Delta H_f^\circ = -285.9$ kJ/mol.

Solución

(a)$\Delta n = -4$, por consiguiente:

$$\begin{aligned}\Delta H^\circ &= \Delta E^\circ + (\Delta n)RT \\ &= -2143.2\text{ kJ} + (-4\text{ mol})[8.314 \times 10^{-3}\text{ kJ/(K}\cdot\text{mol)}](298\text{ K}) \\ &= -2143.2\text{ kJ} - 9.9\text{ kJ} \\ &= -2153.1\text{ kJ}\end{aligned}$$

(b) $$\Delta H^\circ = \Delta H_f^\circ(B_2O_3) + 3\,\Delta H_f^\circ(H_2O) - \Delta H_f^\circ(B_2H_6)$$

$$-2153.1\text{ kJ} = (-1264.0\text{ kJ}) + 3(-285.9\text{ kJ}) - \Delta H_f^\circ(B_2H_6)$$

$$\Delta H_f^\circ(B_2H_6) = +31.4\text{ kJ}$$

17.3 Segunda ley de la termodinámica

La primera ley de la termodinámica coloca sólo una restricción sobre los cambios químicos o físicos: la energía debe conservarse. Sin embargo, la primera ley no provee bases para determinar si un cambio propuesto será espontáneo. La segunda ley de la termodinámica establece criterios para hacer esta importante predicción.

La función termodinámica, **entropía**, S, es central para la segunda ley. La entropía puede interpretarse como una medida de la distribución aleatoria de un sistema. Se dice que un sistema altamente distribuido al azar tiene una alta entropía. Puesto que una condición de distribución al azar es más probable que una ordenada, la entropía puede considerarse como una función de probabilidad. Una aseveración de la **segunda ley de la termodinámica** es: cada cambio espontáneo está acompañado por un aumento en entropía.

Como ejemplo de un cambio espontáneo, considere la mezcla de dos gases ideales. Los dos gases, que están bajo la misma presión, son colocados en tubos que se unen por llave (Figura 17.1). Cuando se abre la llave, los gases se mezclan espontáneamente hasta que cada uno se distribuye completamente en todo el aparato. ¿Por qué ocurrió este cambio espontáneo? La primera ley no puede ayudarnos a resolver esta pregunta. Durante la mezcla, el volumen, la presión total y la temperatura permanecen constantes. Puesto que los gases son ideales, no existen fuerzas intermoleculares y ni la energía interna ni la entalpía del sistema se ven afectadas.

Este cambio representa un aumento en entropía. El estado final es más distribuido al azar y por tanto, más probable que el estado inicial. El movimiento al azar de las moléculas del gas ha producido una condición más desordenada. El hecho de que los gases se mezclen espontáneamente no es sorprendente, se hubiera podido predecir por la experiencia. Es más, sería sorprendente si se observara lo inverso: una mezcla gaseosa separándose espontáneamente en dos gases puros, cada uno ocupando una cavidad.

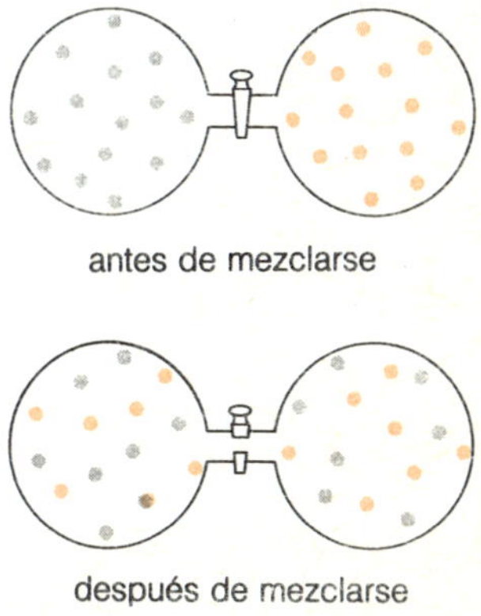

Figura 17.1 Mezcla espontánea de dos gases.

Para una sustancia dada, el sólido, el estado cristalino, es el estado de más baja entropía (el más ordenado); el estado gaseoso es el estado de más alta entropía (más distribuido al azar), y el estado líquido es intermedio entre los otros dos. Por esto, cuando una sustancia se funde o vaporiza, aumenta su entropía. Los cambios reversibles: cristalización y condensación, son cambios en los cuales disminuye la entropía de la sustancia. ¿Por qué entonces una sustancia se congela espontáneamente a temperaturas por debajo del punto de fusión, puesto que este cambio representa una disminución en la entropía de la sustancia?

Deben considerarse todos los efectos de la entropía que resulten de los cambios propuestos. Cuando dos gases ideales se mezclan mediante el proceso previamente descrito, no existe intercambio de materia o energía entre el sistema aislado en el cual tiene lugar el cambio y sus alrededores. El único efecto de la entropía es un aumento en la entropía del sistema aislado mismo. Sin embargo, generalmente una reacción química o un cambio físico se realizan en tal forma que el sistema no está aislado de sus alrededores. El cambio total en entropía es igual a la suma del cambio en la entropía del sistema ($\Delta S_{\text{sistema}}$ y el cambio en entropía de los alrededores ($\Delta S_{\text{alrededores}}$):

$$\Delta S_{\text{total}} = \Delta S_{\text{sistema}} + \Delta S_{\text{alrededores}} \qquad (17.10)$$

Cuando un líquido se congela, la entalpía de la fusión es desprendida por el líquido y absorbida por los alrededores. Esta energía aumenta el movimiento al azar de las moléculas de los alrededores y, por consiguiente, aumenta la entropía de los alrededores. Por tanto, la congelación espontánea de un líquido a una temperatura por debajo del punto de fusión ocurre debido a que la disminución en entropía del líquido ($\Delta S_{\text{sistema}}$)se ve más afectada por el aumento de entropía de los alrededores ($\Delta S_{\text{alrededores}}$), de tal forma que se presenta un aumento neto en entropía.

Siempre debe considerarse que el cambio total de entropía determina espontaneidad. Cuando una sustancia se funde, aumenta la entropía, pero este efecto solo no determina si la transformación es espontánea o no. La entropía de los alrededores también debe tenerse en cuenta, y la espontaneidad está indicada solamente si la entropía total del sistema y los alrededores juntas aumentan.

Los datos de la Tabla 17.1 se refieren a la congelación del agua. El significado de las unidades de valores ΔS se tratará en secciones posteriores. Por el momento, concentrémonos solamente en los valores numéricos de la tabla. A − 1°C, el cambio es espontáneo; ΔS_{total}es positiva. Sin embargo, A + 1°C, ΔS_{total} es negativo y la congelación no es un cambio espontáneo. Por otra parte, el cambio inverso, la fusión, es espontánea a + 1°C (los signos de todos los valores de ΔS se invertirían).

AO°C, en el punto de fusión, AS es cero, lo que quiero decir que ni la congelación ni la fusión son espontáneas. A esta temperatura, un sistema de agua-hielo estaría en equilibrio y no se observaría ningún cambio. Sin embargo, observe que puede hacerse que ocurran la congelación o la fusión a 0°C, eliminando o añadiendo calor, pero ningún cambio ocurrirá espontáneamente.

Tabla 17.1. Cambios de entropía para la transformación de $H_2O \rightarrow H_2O(s)$ a 1 atm

Temperatura (°C)	$\Delta S_{\text{sistema}}$ [J/(K·mol)]	$\Delta S_{\text{alrededores}}$ [J/(K·mol)]	ΔS_{total} [J/(K·mol)]
+1	−22.13	+22.05	−0.08
0	−21.99	+21.99	0
−1	−21.85	+21.93	+0.08

Así, el ΔS_{total} de un cambio postulado puede utilizarse como un criterio para saber si el cambio ocurrirá espontáneamente. La entropía del universo aumenta regularmente a medida que ocurren los cambios espontáneos. Rudolf Clausius resumió la primera y segunda ley de la termodinámica así: "*La energía del universo es constante; la entropía del universo tiende hacia un máximo.*"

La entropía, como la energía interna y la entalpía, **es una función de estado**. La entropía o desorden de un sistema en un estado dado tiene un valor definido y, por esto, ΔS para un cambio de un estado a otro tiene un valor definido que sólo depende de los estados inicial y final y no de la trayectoria entre ellos.

Debe hacerse énfasis en que, mientras los conceptos termodinámicos pueden usarse para determinar qué cambios son posibles, la termodinámica no tiene nada que ver con la rapidez del cambio. Algunos cambios favorecidos termodinámicamente ocurren muy lentamente. Aunque las reacciones entre el carbono y el oxígeno, como también entre el hidrógeno y el oxígeno a 25°C y 1 atm de presión son definitivamente previstos por la teoría, las mezclas de carbono y oxígeno y las mezclas de hidrógeno y oxígeno pueden guardarse durante prolongados periodos sin que reaccionen significativamente; tales reacciones se inician generalmente mediante medios adecuados. La termodinámica puede indicar con autoridad cambios postulados que *no* ocurrirán y no necesitan intentarse, y puede decirnos cómo modificar las condiciones de una reacción supuestamente no favorable en forma tal que la reacción será termodinámicamente posible.

17.4 Energía libre de Gibbs

El tipo de cambio de interés para el químico es naturalmente la reacción química. El $\Delta S_{alrededores}$ para una reacción efectuada a temperatura y presión constante puede calcularse mediante la ecuación

$$\Delta S_{alrededores} = -\frac{\Delta H}{T} \qquad (17.11)$$

cuando ΔH es el cambio entálpico de la reacción y T es la temperatura absoluta. El cambio en la entropía de los alrededores se lleva a cabo mediante el calor transferido dentro o fuera de los alrededores, debido al cambio de entalpía de la reacción. Puesto que el calor *desprendido* de la reacción es *absorbido* por los alrededores (y *viceversa*), el signo de ΔH debe invertirse. De esto, entre mayor sea el valor de $-\Delta H$, mayor será la distribución al azar creada en los alrededores y mayor el valor de $\Delta S_{alrededores}$.

Por otra parte, el cambio en la entropía de los alrededores en *inversamente* proporcional a la temperatura absoluta a la cual se realiza el cambio. Una cantidad dada de calor a los alrededores a baja temperatura (donde la distribución al azar es relativamente baja inicialmente), originará mayor diferencia en la distribución al azar de los alrededores que la misma cantidad de calor agregado a alta temperatura (cuando la distribución al azar ya es relativamente alta, para empezar). Por lo tanto, la entropía se mide en unidades de J/K.

En la última sección observamos que

$$\Delta S_{total} = \Delta S_{sistema} + \Delta S_{alrededores}$$

Si sustituimos $-\Delta H/T$ por $\Delta S_{alrededores}$ y si se usa el símbolo ΔS (sin subíndice) para indicar el cambio de entropía del sistema, se obtiene la siguiente ecuación:

$$\Delta S_{total} = \Delta S - \frac{\Delta H}{T} \qquad (17.12)$$

Multiplicando por T, se obtiene

$$T\Delta S_{total} = T\Delta S - \Delta H \tag{17.13}$$

Invirtiendo los signos de los términos de esta ecuación, obtenemos:

$$-T\Delta S_{total} = \Delta H - T\Delta S \tag{17.14}$$

Podemos utlizar esta ecuación para mostrar cómo una función llamada energía libre de Gibbs determina la espontaneidad de la reacción.

La **energía libre de Gibbs, G**, es definida por la ecuación

$$G = H - TS \tag{17.15}$$

Para una reacción química efectuada a temperatura y presión constantes,

$$\Delta G = \Delta H - T\Delta S \tag{17.16}$$

Si comparamos esta ecuación con

$$-T\Delta S_{total} = \Delta H - T\Delta S$$

vemcs que

$$\Delta G = -T\Delta S_{total} \tag{17.17}$$

Sobre las bases de este resultado, observamos que:

1. Si ΔG es negativo, la reacción es espontánea. Puesto que ΔS_{total} es mayor que cero para un cambio espontáneo, $T\Delta S_{total}$ también debe ser mayor que cero y $-T\Delta S$ debe ser menor que cero. Por consiguiente, para un cambio espontáneo a temperatura y presión constantes,

$$\Delta G < 0$$

y cuando ocurre un cambio espontáneo, disminuye la energía libre del sistema. El valor negativo de $T\Delta S_{total}$ se usa de tal forma que el signo de los valores de ΔG serán como los signos de otros términos de energía. Un valor *negativo* indica que el sistema *libera* energía.

2. Si ΔG es cero, el sistema está en equilibrio. Para un sistema en equilibrio, ΔS_{total} es cero y, por consiguiente,

$$\Delta G = 0$$

3. Si ΔG es positivo, la reacción no es espontánea. Sin embargo, el inverso de la reacción será espontánea. Observe que todos los términos en la importante ecuación

$$\Delta G = \Delta H - T\Delta S$$

hacen referencia a los cambios en las propiedades del *sistema*. Por consiguiente, el uso de los valores de energía libre elimina la necesidad de considerar los cambios en los alrededores. Observe también que cada término en la ecuación es un término de energía. Puesto que ΔS se mide en *J/K*, el término $T\Delta S$ se expresa en *J*; ΔH y ΔG también se expresan en *J*.

La energía libre de Gibbs se llamó así en honor a J. Willard Gibbs, quien desarrolló la aplicación de los conceptos termodinámicos a la química. El cambio en energía libre de Gibbs, ΔG, combina dos factores que influyen en la espontaneidad de la reacción:

J. Willard Gibbs, 1839–1903. *American Institute of Physics, Niels Bohr Library.*

$$\Delta G = \Delta H - T\Delta S$$

1. **Las reacciones tienden a buscar mínima energía.** La espontaneidad es favorecida si el valor de ΔH es negativo (el sistema libera energía). Un valor negativo de ΔH ayuda a que el valor negativo de ΔG sea negativo, lo cual indica una reacción espontánea.

2. **Las reacciones tienden a buscar máxima distribución al azar.** La espontaneidad es favorecida si el valor de ΔS es positivo (distribución al azar). Puesto que ΔS aparece en el término $T\Delta S$, un valor positivo de ΔS ayuda a hacer que el valor de ΔG sea negativo, lo cual indica una reacción espontánea.

La circunstancia más favorable para un valor negativo de ΔG, el cual indica una reacción espontánea, es un valor negativo de ΔH junto con un valor positivo de ΔS [reacción (a) en la Tabla 17.2]. Sin embargo, es posible que un valor negativo muy grande de ΔH determine un cambio desfavorable de Entropía, obteniéndose un valor ΔG negativo [reacción (b) en la Tabla 17.2]. Además, un cambio positivo de $T\Delta S$ puede determinar un cambio desfavorable de entalpía, dando lugar a un valor negativo de ΔG [reacción (c) en la Tabla 17.2]. Para la mayoría de las reacciones químicas a 25°C y 1 atm, el valor absoluto de ΔH es mucho mayor que el valor de $T\Delta S$. Bajo estas condiciones, las reacciones exotérmicas son generalmente espontáneas, sean como fueran los cambios de entropía.

Con el aumento de temperatura, el valor de $T\Delta S$ aumenta y aumenta la influencia del efecto de la entropía sobre ΔG. Ambos, ΔH y ΔS, generalmente no cambian grandemente con el aumento de temperatura. Sin embargo el término $T\Delta S$ incluye la temperatura misma, así que a altas temperaturas $T\Delta S$ puede ser suficientemente grande como para tener influencia dominante sobre ΔG. Por ejemplo, considere la reacción

Tabla 17.2 Valores termodinámicos para algunas reacciones químicas a 25°C y 1 atm (kJ).

Reacción	ΔH	- ($T\Delta S$	=	ΔG
(a) $H_2(g) + Br_2(l) \longrightarrow 2\,HBr(g)$	−72.47	− (+34.02)	=	−106.49
(b) $2\,H_2(g) + O_2(g) \longrightarrow 2\,H_2O(l)$	−571.70	− (−97.28)	=	−474.42
(c) $Br_2(l) + Cl_2(g) \longrightarrow 2\,BrCl(g)$	+29.37	− (+31.17)	=	−1.80
(d) $2\,Ag_2O(s) \longrightarrow 4\,Ag(s) + O_2(g)$	+61.17	− (+39.50)	=	+21.67

(d) en la Tabla 17.2 (una reacción típica de descomposición) para la cual ΔH y ΔS son positivos. A 25°C, ΔH es mayor que $T\Delta S$ y, por consiguiente, ΔG es positivo. Si suponemos que ΔS no cambia con aumentos de temperatura (el cambio real es pequeño), a 300°C el valor de $T\Delta S$ sería de +75.95kJ debido al aumento en el valor de T. Por consiguiente, $T\Delta S$ sería mayor que ΔH (el cual no cambia grandemente con un aumento de temperatura) y ΔG sería negativo.

Los valores en la Tabla 17.2 se refieren a las diferencias entre la energía libre de los productos y la energía libre de los reactivos a 25°C y 1 atm. Sin embargo, en algunos casos [notablemente, la reacción (c)] la reacción pasa a un estado de equilibrio intermedio en vez de ir a su realización completa, debido a que la energía libre del estado de equilibirio es más baja que la energía libre del estado al cual se completa la reacción. Hasta que presentemos el equilibrio, (Sección 17.7) debemos evitar llegar a conclusiones respecto al *grado de realización total* de una reacción partiendo de tales datos.

La Tabla 17.3 es un resumen de cómo los signos de ΔH y ΔS para una reacción dada determinan la espontaneidad de la reacción. Para que una reacción sea espontánea, ΔG debe ser negativo y el signo de ΔG depende en los signos de ΔH y ΔS:

$$\Delta G = \Delta H - T\Delta S$$

A bajas temperaturas, el signo de ΔG se determina por el signo ΔH. A altas temperaturas, puesto que T aparece en el término $T\Delta S$, éste se convierte en el factor dominante del cálculo.

La energía libre de Gibbs, como las otras funciones termodinámicas que hemos discutido, es una función de estado. El valor de ΔG para un proceso depende solamente de los estados inicial y final del sistema y no de la trayectoria tomada entre estos estados. Cuando se efectúa una reacción espontánea, la energía libre del sistema declina.

17.5 Energías libres estándar

Un cambio de energía libre estándar, al que se le da el símbolo $\Delta G°$, es el cambio de energía libre para un proceso a 25°C y 1 atm en el cual los reactivos en sus estados estándar se convierten en productos en sus estados estándar. El valor de $\Delta G°$ para una reacción puede obtenerse de las energías libres estándar de formación en la misma forma en que los valores de $\Delta H°$ pueden calcularse de las entalpías de formación.

Tabla 17.3 Efectos de los signos de ΔH y ΔG sobre la espontaneidad de una reacción

ΔH	ΔS	$\Delta G = \Delta H - T\Delta S$	Observaciones
−	+	−	Reacción espontánea a toda temperatura.
+	−	+	Reacción no espontánea a toda temperatura.
−	−	−(a baja T) +(a alta T)	Reacción espontánea a bajas temperaturas. Reacción no espontánea a altas temperaturas.
+	+	+(a baja T) −(a alta T)	Reacción no espontánea a bajas temperaturas. Reacción espontánea a altas temperaturas.

Tabla 17.4 Energía libre Gibbs de formación a 25°C y 1 atm

Compuesto	ΔG_f° (kJ/mol)	Compuesto	ΔG_f° (kJ/mol)
$H_2O(g)$	−228.61	$CO(g)$	−137.28
$H_2O(l)$	−237.19	$CO_2(g)$	−394.38
$HF(g)$	−270.7	$NO(g)$	+86.69
$HCl(g)$	−95.27	$NO_2(g)$	+51.84
$HBr(g)$	−53.22	$NaCl(s)$	−384.05
$HI(g)$	+1.30	$CaO(s)$	−604.2
$H_2S(g)$	−33.0	$Ca(OH)_2(s)$	−896.76
$NH_3(g)$	−16.7	$CaCO_3(s)$	−1128.76
$CH_4(g)$	−50.79	$BaO(s)$	−528.4
$C_2H_6(g)$	−32.89	$BaCO_3(s)$	−1138.9
$C_2H_4(g)$	+68.12	$Al_2O_3(s)$	−1576.41
$C_2H_2(g)$	+209.20	$Fe_2O_3(s)$	−741.0
$C_6H_6(l)$	+129.66	$AgCl(s)$	−109.70
$SO_2(g)$	−300.37	$ZnO(s)$	−318.19

La **energía libre estándar de formación** de un compuesto ΔG_f°, se define como el cambio en energías libre estándar cuando un mol del compuesto se forma de sus elementos constituyentes en sus estados estándar. De acuerdo con esta definición, la energía libre estándar de formación de cualquier elemento en su estado estándar es cero. El valor de ΔG° para una reacción es igual a la suma de las energías libre estándar de formación de los reactivos. Algunas energías libre estándar de formación aparecen en la Tabla 17.4.

Ejemplo 17.4

Use los valores de ΔG_f° de la Tabla 17.4 para calcular ΔG° para la transformación

$$2\,NO(g) + O_2(g) \longrightarrow 2\,NO_2(g)$$

Solución

$$\begin{aligned}\Delta G^\circ &= 2\Delta G_f^\circ(NO_2) - 2\Delta G_f^\circ(NO)\\ &= 2(+51.84\ kJ) - 2(+86.69\ kJ)\\ &= -69.70\ kJ\end{aligned}$$

17.6 Entropías absolutas

Cuando se añade calor a una sustancia, resulta un aumento en la distribución molecular al azar. Por tanto, la entropía de una sustancia aumenta a medida que la temperatura aumenta. A la inversa, el enfriamiento de una sustancia la hace más ordenada y disminuye su entropía. En el cero absoluto, la entropía de una sustancia cristalina perfecta puede ser considerada cero. Esta aseveración es llamada algunas veces la **tercera ley de la termodinámica**, formulada por primera vez por Walther Nernst en 1906. La entropía de un cristal imperfecto, un vidrio o una solución sólida no es cero

Tabla 17.5 Entropía absoluta a 25°C y 1 atm

Sustancia	$S°$ [J/(K·mol)]	Sustancia	$S°$ [J/(K·mol)]
$H_2(g)$	130.6	HBr(g)	198.5
$F_2(g)$	203.3	HI(g)	206.3
$Cl_2(g)$	223.0	$H_2S(g)$	205.6
$Br_2(l)$	152.3	$NH_3(g)$	192.5
$I_2(s)$	116.7	$CH_4(g)$	186.2
$O_2(g)$	205.03	$C_2H_6(g)$	229.5
S(rómbico)	31.9	$C_2H_4(g)$	219.5
$N_2(g)$	191.5	$C_2H_2(g)$	200.8
C(grafito)	5.69	$SO_2(g)$	248.5
Li(s)	28.0	CO(g)	197.9
Na(s)	51.0	$CO_2(g)$	213.6
Ca(s)	41.6	NO(g)	210.6
Al(s)	28.3	$NO_2(g)$	240.5
Ag(s)	42.72	NaCl(s)	72.38
Fe(s)	27.2	CaO(s)	39.8
Zn(s)	41.6	$Ca(OH)_2(s)$	76.1
Hg(l)	77.4	$CaCO_3(s)$	92.9
La(s)	57.3	$Al_2O_3(s)$	51.00
$H_2O(g)$	188.7	$Fe_2O_3(s)$	90.0
$H_2O(l)$	69.96	HgO(s)	72.0
HF(g)	173.5	AgCl(s)	96.11
HCl(g)	186.7	ZnO(s)	43.9

a 0 K. Sobre la base de la tercera ley, las entropías absolutas pueden calcularse de los datos de capacidad calorífica. La **entropía absoluta estándar** de una sustancia, S° es la entropía de la sustancia en su estado estándar a 25°C y 1 atm. Algunos valores de $S°$ aparecen en la Tabla 17.5. El valor de $\Delta S°$ para una reacción es igual a la suma de las entropías absolutas de los productos menos la suma de las entropías absolutas de los reactivos. Observe que la entropía absoluta de un elemento *no* es igual a cero y que la entropía absoluta de un compuesto *no* es el cambio de entropía cuando el compuesto se formó de sus elementos constituyentes.

Ejemplo 17.5

(a) Use entropías absolutas de la Tabla 17.5 para calcular el cambio de entropía estándar $\Delta S°$, para la formación de 1 mol de HgO(s) de sus elementos. (b) La entalpía estándar de formación, ΔH_f°, del HgO(s) es -90.7 kJ/mol. Calcule la energía libre estándar de formación, ΔG_f° del HgO(s).

Solución

(a) $Hg(l) + \frac{1}{2}O_2(g) \longrightarrow HgO(s)$

$$\begin{aligned}\Delta S° &= S°(HgO) - [S°(Hg) + \tfrac{1}{2}S°(O_2)]\\ &= (72.0\ J/K) - [(77.4\ J/K) + \tfrac{1}{2}(205.0\ J/K)]\\ &= -107.9\ J/K.\end{aligned}$$

(b) $\Delta G^\circ = \Delta H^\circ - T\Delta S^\circ$
$= -90{,}700\ J - (298\ K)(-107.9\ J/K)$
$= -58{,}500\ J = -58.5\ kJ$

Pueden resolverse muchos problemas mediante el uso de valores de ΔS° (calculados de valores S°, Tabla 17.5). Los valores ΔH_f° (Tabla 3.1) y los valores ΔG_f° (Tabla 17.4). Las soluciones aproximadas para varios tipos de problemas pueden hallarse suponiendo que los valores de ΔH y ΔS no cambian con un cambio de temperatura. La suposición es buena puesto que los cambios observados en estos valores son comparativamente pequeños.

Ejemplo 17.6

Para la reacción

$$NH_4Cl(s) \longrightarrow NH_3(g) + HCl(g)$$

$\Delta S = +258$ J/K, $\Delta H^\circ = +177$ kJ, y $\Delta G^\circ = +91.9$ kJ a 25°C. (a) ¿Es espontánea la reacción a 25°C? (b) Suponga que ΔH y ΔS no cambian con un aumento en temperatura y calcule el valor de ΔG a 500°C (773 K). ¿Es la reacción espontánea a esta temperatura?

Solución

(a) Puesto que ΔG° es un valor positivo a 25°C (+91.9 kJ), la reacción no es espontánea a esta temperatura. La reacción inversa

$$NH_3(g) + HCl(g) \longrightarrow NH_4Cl(s)$$

para el cual ΔG° es -91.9 kJ, sería espontánea a 25°C.

(b) Para la reacción como se da en el problema,

$$NH_4Cl(s) \longrightarrow NH_3(g) + HCl(g)$$

$$\Delta G = \Delta H^\circ - T\Delta S^\circ$$
$$= +177\ kJ - (773\ K)(+0.285\ kJ/K)$$
$$= +177\ kJ - 220\ kJ = -43\ kJ$$

Observe que expresamos ΔS° en kJ/K, así que el término $T\Delta S^\circ$ tendrá las mismas unidades (kJ) que ΔH°. Puesto que ΔG tiene valor negativo a 500°C, la reacción es espontánea a esta temperatura. Este resultado es típico de las reacciones de descomposición, las cuales son endotérmicas y proceden en mayor y menor extensión a medida que aumenta la temperatura.

Ejemplo 17.7

Para la vaporización del alcohol metílico,

$$CH_3OH(l) \rightleftharpoons CH_3OH(g)$$

$\Delta H° = +37.41$ kJ y $\Delta S°$ es $+111$ J/K a 25°C. Suponga que estos valores no cambian con un aumento de temperatura. Cuando $\Delta G = 0$, la transformación no es espontánea en ninguna dirección, el sistema está en equilibrio y la temperatura es la normal de ebullición del alcohol metílico. Calcule el punto de ebullición normal del CH_3OH.

Solución

$$\Delta G = \Delta H° - T\Delta S°$$

$$0 = +37.4 \text{ kJ} - T(+0.111 \text{ kJ/K})$$

$$T = \frac{+37.4 \text{ kJ}}{+0.111 \text{ kJ/K}} = 337 \text{ K}$$

El punto normal de ebullición de acuerdo a este cáculo es, por consiguiente, 337 − 273 = 64°C. Se indica el punto de ebullición normal del alcohol metílico como 64.96°C. Puesto que $\Delta H°$ y $\Delta S°$ cambian ligeramente con la temperatura, el valor calculado está en error por una pequeña cantidad.

17.7 Energía libre de Gibbs y equilibrio

Puesto que ΔG es cero para un sistema en equilibrio, los cambios de energía libre pueden usarse para evaluar el estado de equilibrio de una reacción química. La energía libre de una sustancia en un estado diferente al estado estándar, G, se relaciona con su energía libre estándar $G°$, por la ecuación

$$G = G° + RT \ln a \qquad (17.18)$$

donde R es la constante del gas ideal (8.3143 J/(K·mol), T es la temperatura absoluta y $\ln a$ es el logaritmo natural de la actividad de la sustancia.

La actividad de una sustancia es su concentración efectiva. La actividad de una sustancia en su estado patrón es igual a 1. Observe que puesto que el logaritmo natural de 1 es cero, la ecuación establece que $G = G°$ cuando la sustancia está en su estado estándar. El estado estándar de un gas ideal es el gas a la presión de 1 atm. Si la presión parcial del gas es 0.5 atm, se dice que el gas tiene una actividad de 0.5.

Esta ecuación puede utilizarse para derivar una expresión para el cambio de energía libre que acompaña una reacción química. El cambio de energía libre de la ecuación general

$$w\text{W} + x\text{X} \rightleftharpoons y\text{Y} + z\text{Z}$$

está dado por la expresión

$$\Delta G = \Delta G° + RT \ln\left(\frac{(a_{\text{Y}})^y(a_{\text{Z}})^z}{(a_{\text{w}})^w(a_{\text{x}})^x}\right) \qquad (17.19)$$

La reacción contiene las actividades de las sustancias que participan en la reacción con cada actividad elevada a la potencia igual al coeficiente en la ecuación química balanceada. El término logarítmico de la ecuación corrige $\Delta G°$ a la condición más general en la cual las actividades de las sustancias no son iguales a uno.

En equilibrio, $\Delta G = 0$ y, por consiguiente,

$$0 = \Delta G^\circ + RT \ln \frac{(a_Y)^y (a_Z)^z}{(a_w)^w (a_x)^x} \qquad (17.20)$$

Debido a que el sistema está en equilibrio, las actividades que aparecen en esta ecuación son actividades en equilibrio y la fracción es la constante de equilibrio termodinámica: K. Por lo tanto,

$$\Delta G^\circ = -RT \ln K \qquad (17.21)$$

ó

$$\Delta G^\circ = -2.303\, RT \log \qquad (17.22)$$

La constante del gas ideal, R, es 8.3143 J/(°K·mol).

Para un sistema en equilibrio a 25°C (298.15 K), por consiguiente,

$$\begin{aligned} \Delta G^\circ &= -2.303RT \log K \\ &= -2.303[8.3143 \text{ J/(K} \cdot \text{mol)}](298.15 \text{ K}) \log K \\ &= -(5709 \text{ J/mol}) \log K \\ &= -(5.709 \text{ kJ/mol}) \log K \end{aligned}$$

Ejemplo 17.8

Calcule K_p para la siguiente reacción a 25°C:

$$2\, SO_2(g) + O_2(g) \rightleftharpoons 2\, SO_3(g)$$

Para $SO_2(g)$, ΔG_f° es -300.4 kJ/mol. Para $SO_3(g)$, ΔG_f° es -370.4 kJ/mol

Solución

El cambio de energía libre patrón para la reacción es:

$$\begin{aligned} \Delta G^\circ &= 2\Delta G_f^\circ(SO_3) - 2\Delta G_f^\circ(SO_2) \\ &= 2 \text{ mol}(-370.4 \text{ kJ/mol}) - 2 \text{ mol}(-300.4 \text{ kJ/mol}) \\ &= -140.0 \text{ kJ} \end{aligned}$$

Utilizamos este valor para hallar K_p, puesto que

$$\Delta G^\circ = -(5.709 \text{ kJ/mol}) \log K$$

$$\log K = \frac{\Delta G^\circ}{-5.709 \text{ kJ/mol}} = \frac{-140.0 \text{ kJ/mol}}{-5.709 \text{ kJ/mol}} = 24.52$$

Por lo tanto,

$$K = \text{antilog } 24.52 = 3.3 \times 10^{24}$$

El tipo de K obtenida por este método depende de la definición de los estados estándar usados en la determinación de los valores de $\Delta G°$, para las reacciones de gases, los K_p se obtienen debido a que el estado estándar de un gas se define como el gas a la presión parcial de 1 atm.

Para la reacción

$$N_2O_4(g) \rightleftharpoons 2\,NO_2(g)$$
$$\Delta G° = +5.40 \text{ kJ}$$

Puesto que $\Delta G°$ es positivo, podemos predecir que N_2O_4 en su estado estándar a 25°C y 1 atm no se disocia en NO_2 del todo y que la reacción inversa (la formación de N_2O_4 a partir de NO_2) no sería completa. Ambas predicciones son incorrectas. Si usamos el valor de $\Delta G°$ para calcular la constante de equilibrio para este sistema a 25°C, hallamos

$$K_p = 0.113$$

Por consiguiente, en equilibrio, parte de N_2O_4 se disocia. La energía libre de un sistema en el cual esta reacción se realiza a 25°C y 1 atm se traza en una gráfica contra la fracción de N_2O_4 disociada en la Figura 17.2. El punto A representa la energía libre estándar de 1 mol de N_2O_4; el punto B representa la energía libre estándar de 2 moles de NO_2; y los puntos sobre esta curva representan las energías libres de las mezclas de N_2O y NO_2. Los valores absolutos de energías libres no se conocen y ninguna

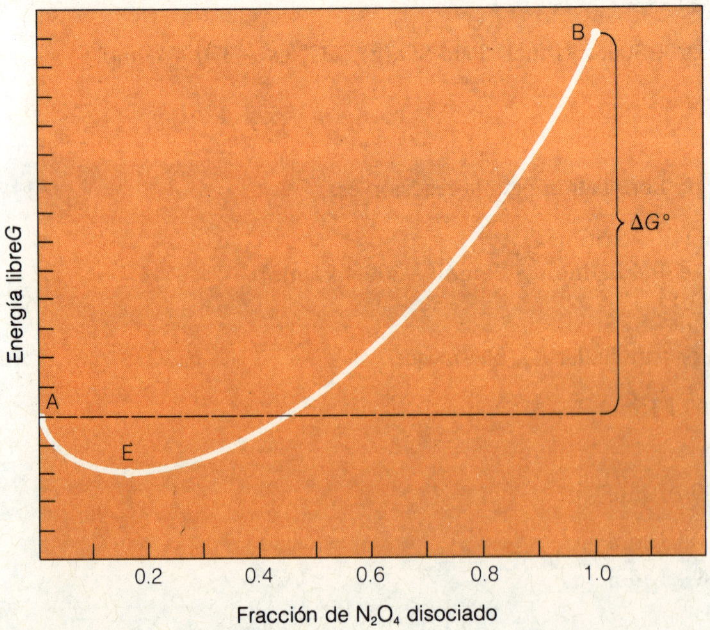

Figura 17.2 Energía libre de un sistema que contiene el equivalente de 1 mol de N_2O_4 a medida que la reacción $N_2O_4(g) \rightleftharpoons NO_2(g)$ se realiza (25°C y 1 atm).

escala está indicada sobre el eje vertical del diagrama. Sin embargo, pueden calcularse las diferencias en energías libres, así que la forma de la curva está representada exactamente.

La curva de energía libre presenta un mínimo en el punto de equilibrio, E, donde se disocia 16.6% del N_2O_4. La diferencia entre la energía libre estándar de 2 moles de NO_2 (punto B) y la energía libre estándar de 1 mol de N_2O_4 (punto A) es $\Delta G°$ para la reacción (+5.40 kJ) y está indicada sobre la figura. Sin embargo, ΔG, para la preparación de la mezcla del equilibrio (punto E) de 1 mol N_2O_4 (punto A) es −0.84 kJ, lo cual indica que N_2O_4 se disociará espontáneamente hasta que se obtenga el equilibrio.

La figura indica que el equilibrio puede alcanzarse desde cualquier dirección. Así, $\Delta G = -6.23$ kJ para la preparación de la mezcla en equilibrio (punto E) de 2 moles de NO_2 puro (punto B). Los valores negativos de ΔG para ambos cambios (de A a E y de B a E) indican que ambos cambios son espontáneos).

Por consiguiente, debemos tener cuidado cuando interpretamos el significado de los valores de $\Delta G°$ en relación con la espontaneidad de la reacción. Los valores de K correspondientes a varios valores de $\Delta G°$ aparecen en la lista de la Tabla 17.5 Un valor *negativo* grande de $\Delta G°$ quiere decir que K para la reacción tiene un valor grande *positivo* y que, por consiguiente, la reacción de izquierda a derecha se verificará casi completamente. Por otra parte, si $\Delta G°$ tiene un valor *positivo* grande, K tendrá un valor extremadamente pequeño, indicando así que la reacción inversa de derecha a izquierda se realizará casi completamente. Sólo si el valor de $\Delta G°$ no es muy grande ni muy pequeño (Tabla 17.6), el valor de K indicará una situación en la cual la reacción no se realizará completamente en una dirección ni en la otra.

Tabla 17.6 Valores de K correspondientes a $\Delta G°$, valores de acuerdo a la ecuación $\Delta G° = -2.303\ RT \log K$

$\Delta G°$ (kJ)	K
−200	1.1×10^{35}
−100	3.3×10^{17}
−50	5.7×10^{8}
−25	2.4×10^{4}
−5	7.5
0	1.0
+5	0.13
+25	4.2×10^{-5}
+50	1.7×10^{-9}
+100	3.0×10^{-18}
+200	9.3×10^{-36}

Resumen

Los temas presentados en este capítulo son:

1. La primera ley de la termodinámica: la ley de la conservación de la energía. La energía interna de un sistema, E.

2. La entalpía, H, y su relación con la energía interna. Los cambios de energía para procesos realizados a volumen y presión constantes.

3. La segunda ley de la termodinámica; el concepto de entropía.

4. Energía libre de Gibbs, G, como medida de la espontaneidad de la reacción.

5. Energías libres de formación estándar y su uso en el cálculo de cambio en energía libre para una reacción.

6. Entropías absolutas, calculadas mediante la tercera ley de la termodinámica.

7. La evaluación del estado de equilibrio de una reacción reversible mediante el uso de cambios de energía libre

Glosario

A continuación aparecen algunos de los términos más imporantes presentados en este capítulo. Las definiciones de los términos no incluidos en esta lista pueden localizarse usando el índice.

Alrededores (Sección 17.1) Parte de la naturaleza no incluida dentro de los límites del sistema bajo consideración.

Cambio espontáneo (Sección 17.4) Cambio que tiene una tendencia natural por su propia cuenta para realizar trabajo sobre el sistema. Sin embargo, algunos cambios espontáneos son muy lentos.

Energía interna, E (Sección 17.1) Contenido energético de un sistema, el cual incluye toda las formas posibles de energía atribuibles a un sistema.

Energía libre de formación estándar, $\Delta G_f°$ (Sección 17.5) Cambio de energía para el proceso, a 25°C y 1 atm, en el cual 1 mol de un compuesto en su estado estándar se forma a partir de sus elementos constituyentes en sus estados estándar.

Energía libre de Gibbs, G (Sección 17.4) Función termodinámica que tiene en cuenta ambas, la entalpía H y la entropía S de un sistema, $G = H - TS$. Para una reacción a temperatura y presión constante, $\Delta G = \Delta H - T\Delta S$.

Entalpía, H (Sección 17.2) Contenido calórico de un sistema para una reacción realizada a presión constante, el cambio en entalpía, ΔH, es el calor transferido. La entalpía está relacionada con la energía interna de un sistema, E, por la ecuación $H = E = PV$, donde P es la presión y V el volumen.

Entropía, S (Sección 17.3) Medida de la distribución al azar o desorden de un sistema, utilizando como criterio la espontaneidad de una reacción, expresada en J/(K·mol).

Entropía absoluta estándar, $S°$ (Sección 17.6) Entropía de una sustancia en su estado estándar a 25°C y 1 atm, calculada sobre las bases de la tercera ley de la termodinámica, expresada en J/(°K·mol).

Función de estado (Sección 17.1) Función que depende del estado de un sistema (definido por propiedades específicas, tales como temperatura, presión y composición) y no sobre cómo el sistema llegó a ese estado.

Primera ley de la termodinámica (Sección 17.1.) La energía puede convertirse de una forma a otra, pero no puede crearse ni destruirse.

Segunda ley de la termodinámica (Sección 17.3) Cada cambio espontáneo está acompañado por un aumento en entropía.

Sistema (Sección 17.1) Parte de la naturaleza que está bajo consideración.

Tercera ley de la termodinámica (Sección 17.6) A 0K, la entropía de una sustancia cristalina perfecta es cero.

Termodinámica (Introducción) Estudio de los cambios de energía que acompaña cambios físicos y químicos.

Problemas *

La primera ley, energía interna, entalpía

17.1 ¿Cuál es la primera ley de la termodinámica? Cuál es la diferencia entre energía interna E y entalpía H?

17.2 ¿Qué es una función de estado? Enumere las funciones de estado descritas en este capítulo.

17.3 La combustión de 1.000 g de alcohol etílico, $C_2H_5OH(l)$ en una bomba calorimétrica (a volumen constante) produjo 29.62 kJ de calor a 25°C. Los productos de la combustión son $CO_2(g)$ y $H_2O(l)$. El peso molecular del alcohol etílico es 46.06. **(a)** ¿Cuál es $\Delta E°$ para la combustión de 1 mol de alcohol etílico? **(b)** Escriba la ecuación química para la reacción. ¿Cuál es $\Delta H°$ para la combustión? **(c)** Use los valores de la Tabla 3.1 para calcular la entalpía de formación del alcohol etílico.

17.4 La combustión de 1.000g de tiourea $CS(NH_2)_2(s)$ en una bomba calorimétrica (a volumen constante) produjo 15.37 kJ de calor a 25°C. Los productos de la combustión son $CO_2(g)$ y $SO_2(g)$, $N_2(g)$ y $H_2O(l)$. El peso molecular de la tiourea es 76.12. **(a)** ¿Cuál es $\Delta E°$ para la combustión de 1 mol de tiourea? **(b)** Escriba la ecuación química para la reacción. ¿Cuál es $\Delta H°$ para la combustión? **(c)** Use los valores de la Tabla 3.1 para calcular la entalpía de formación de la tiourea.

17.5 La combustión de 1.000 g de ciclohexano $C_6H_{12}(l)$, en una bomba calorimétrica (a volumen constante) produjo 46.48 kJ de calor. Los productos de la combustión son $CO_2(g)$ y $H_2O(l)$. El peso molecular del ciclohexano es 84.16. **(a)** ¿Cuál es $\Delta E°$ para la combustión de 1 mol de ciclohexano? **(b)** Escriba la ecuación química para la reacción. ¿Cuál es $\Delta H°$ para la combustión? **(c)** Use los valores de la Tabla 3.1. para calcular la entalpía de formación del ciclohexano.

17.6 Calcule $\Delta E°$ para la combustión de octano C_8H_{18} a $CO_2(g)$ y $H_2O(l)$ a 25°C. El valor de $\Delta H°$ para esta reacción es −5470.71 kJ/mol de octano.

17.7 Calcule $\Delta E°$ para la combustión de etileno $C_2H_4(g)$ a $CO_2(g)$ y $H_2O(l)$ a 25°C. El valor de $\Delta H°$ para esta reacción es −1410.8 kJ/mol de etileno.

17.8 Para la reacción

$$3\,NO_2(g) + H_2O(l) \longrightarrow 2\,HNO_3(l) + NO(g)$$

$\Delta H°$ es −71.53 kJ. ¿Cuál es $\Delta E°$?

17.9 Para la reacción

$$Ca_3P_2(s) + 6\,H_2O(l) \longrightarrow 3\,Ca(OH)_2(s) + 2\,PH_3(g)$$

$\Delta H°$ es −721.70 kJ. ¿Cuál es $\Delta E°$?

17.10 Para la reacción

$$CaNCN(s) + 3\,H_2O(l) \longrightarrow CaCO_3(s) + 2\,NH_3(g)$$

$\Delta E°$ es −261.75 kJ. Use los valores de la Tabla 3.1 para calcular la entalpía de formación del CaNCN(s).

17.11 Para la reacción

$$NH_4NO_3(s) \longrightarrow N_2O(g) + 2\,H_2O(l)$$

$\Delta E°$ es −127.49 kJ. Use estos valores de la Tabla 3.1 para calcular la entalpía de formación del $N_2O(g)$.

*Los problemas más difíciles están marcados por un asterisco. El apéndice G contiene las respuestas de los problemas codificados en color.

Segunda ley, entropía, la energía libre de Gibbs

17.12 ¿Cómo pueden utilizarse la entropía y la energía libre de Gibbs como criterios para la espontaneidad de una reacción?

17.13 La entalpía estándar de formación de un elemento, ΔH_f°, es cero, la energía libre estándar de formación de un elemento, S°, no es cero; explique por qué.

17.14 Para la reacción

$$2Li(s) + 2H^+(ac) \rightarrow 2\,Li^+(ac) + H_2(g)$$

ΔH° es -556.9 kJ. El valor de S° para el $Li^+(ac)$ es 14.2 J/(K·mol) y que para $H^+(ac)$ es 0.0. Otros valores pueden hallarse en la Tabla 17.5. Calcule: **(a)** ΔS° y **(b)** ΔG° para la reacción.

17.15 Para la reacción

$$2La(s) + 6H^+(ac) \rightarrow 2La^{3+} + 3H_2(g)$$

ΔH° es -1474.4 kJ. El valor de S° para $La^{3+}(ac)$ es -163.2 J/(K·mol) y para $H^+(ac)$ es 0.0; otros valores pueden hallarse en la Tabla 17.5. Calcule **(a)** ΔS° y **(b)** ΔG° para la reacción.

17.16 Use los datos dados en la Tabla 17.4. para calcular ΔG°, para las siguientes reacciones

$$SO_2(g) + H_2(g) \longrightarrow H_2S(g) + O_2(g)$$

$$SO_2(g) + 3\,H_2(g) \longrightarrow H_2S(g) + 2\,H_2O(l)$$

¿Qué productos se podrían predecir de la reacción de $H_2S(g)$ y $H_2(g)$ a 25°C?

17.17 Un químico dice que la siguiente reacción se efectúa a 25°C:

$$SF_6(g) + 8\,HI(g) \longrightarrow H_2S(g) + 6\,HF(g) + 4\,I_2(g)$$

¿Fs teóricamente posible? Utilice los valores de la Tabla 17.4 y el hecho de que ΔG_f° para $SF_6(g)$ es -992 kJ/mol para calcular ΔG° para la reacción.

17.18 ¿Se hidrolizarán $BF_3(g)$ y $BCl_3(l)$ a 25°C de acuerdo a la siguiente ecuación (donde X es F o Cl)?

$$BX_3 + 3H_2O(l) \rightarrow H_3BO_3(ac) + 3HX(ac)$$

Los valores con respecto a ΔG_f° son $H_3BO_3(ac)$, -963.32kJ/mol; HF(ac), -276.48 kJ/mol; HCl(ac) -131.17 kJ/mol; $H_2O(l)$, -237.19 kJ/mol, $BF_3(g)$, -1093.28kJ/mol; $BCl_3(l)$ -379.07 kJ/mol.

17.19 Para el difluoruro de oxígeno $OF_2(g)$, ΔG_f° es $+40.6$ kJ/mol. **(a)** ¿Es la preparación de $OF_2(g)$ de sus elementos a 25°C una reacción espontánea? **(b)** Para el ozono, $O_3(g)$ ΔG_f° es $+163.43$ kJ/mol. ¿Es teóricamente posible preparar $OF_2(g)$ a 25°C mediante la reacción

$$3\,F_2(g) + O_3(g) \longrightarrow 3\,OF_2(g)$$

17.20 Los signos de las energías libres de formación estándar de todos los óxidos de nitrógeno son positivos; ¿qué implicaciones tiene esto con respecto: **(a)** a la preparación de estos óxidos de los elementos a 25°C y **(b)** a los productos de la combustión en oxígeno de un compuesto que contiene nitrógeno?

17.21 Para la reacción

$$HCOOH(l) \longrightarrow CO(g) + H_2O(l)$$

ΔH° es $+15.79$ kJ y ΔS° es $+215.27$ J/°K. Calcule ΔG°. ¿Es la descomposición del ácido fórmico HCOOH(l) espontánea a 25°C?

17.22 Para la reacción

$$2\,CHCl_3(l) + O_2(g) \longrightarrow 2\,COCl_2(g) + 2\,HCl(g)$$

ΔH° es -366 kJ y ΔS° es $+340$ J/K. Calcule ΔG°. ¿Es la formación del gas venenoso fosgeno, $COCl_2$ a partir del cloroformo $CHCl_3$ y oxígeno una reacción espontánea a 25°C?

17.23 Para la reacción

$$C_2H_4(g) + H_2(g) \longrightarrow C_2H_6(g)$$

ΔH° es -136.98 kJ. **(a)** Utilice los valores de la Tabla 17.4 para calcular ΔG° para la reacción. **(b)** Use ΔG° y ΔH° para calcular ΔS° para la reacción. **(c)** Calcule el valor de ΔS° para la reacción utilizando valores de ΔS° de la Tabla 17.5.

17.24 La entalpía estándar de formación, ΔH_f° de $CS_2(l)$ es $+87.9$ kJ/mol. La entropía absoluta, ΔS°, del *C* (grafito) es 5.69 J/K·mol, de S (rómbico) es 31.9 J/K·mol y de $CS_2(l)$ es 151.0 J/K·mol. Calcule la energía libre estándar de formación, ΔG_f° del $CS_2(l)$.

17.25 Para la reacción

$$PCl_5(g) \longrightarrow PCl_3(g) + Cl_2(g)$$

a 25°C, $\Delta H^\circ = +92.5$ kJ y $\Delta S^\circ = +182$ J/K **(a)** Calcule el valor de ΔG° a 25°C. ¿Es la reacción espontánea a esta temperatura? **(b)** Suponga que ΔH° y ΔS° son constantes para los cambios de temperatura y calcule el valor de ΔG para la reacción a 300°C. ¿Es la reacción espontánea a esta temperatura?

17.26 Para la reacción

$$CaCO_3(s) \longrightarrow CaO(s) + CO_2(g)$$

a 25°C, $\Delta H^\circ = +178$ kJ y $\Delta S^\circ = +160$ J/K. **(a)** Calcule el valor de ΔG° a 25°C. ¿Es la reacción espontánea a esta temperatura? **(b)** Suponga que ΔH° y ΔS° son constantes para los cambios en temperatura y calcule el valor de ΔG° para la reacción a 1000°C. ¿Es la reacción espontánea a esta temperatura?

17.27 Para la reacción

$$2\,Li(s) + H_2(g) \longrightarrow 2\,LiH(s)$$

a 25°C, $\Delta H^\circ = -180.8$ kJ y $\Delta S^\circ = -137.3$ J/K. **(a)** calcule el valor de ΔG° a 25°C. ¿Es la reacción espontánea a esta temperatura? **(b)** Suponga que ΔH° y ΔS° son constantes para los cambios en temperatura y calcule el valor de ΔG para la reacción a 1200°C. ¿Es la reacción espontánea a esta temperatura?

17.28 Calcule el punto normal de ebullición del amoníaco, $NH_3(l)$, dado $\Delta H = +23.3$ kJ/mol y $\Delta S = +97.2$ J/(K·mol) para la vaporización.

17.29 Calcule el punto normal de ebullición del *n*-hexano, $C_6H_{14}(l)$ dado $\Delta H = +29.6$ kJ/mol y $\Delta S = +86.5$ J/(K·mol) para la vaporización.

17.30 ¿Cuál es la energía libre estándar de formación, ΔG_f° del $PH_3(g)$? Para el $PH_3(g)$: ΔH_f° es $+9.25$ kJ/mol y S° es 210.0 JK·mol; para el estado patrón del $P_4(s)$, S° es 177.6 J/K·mol y para $H_2(g)$ S° es 130.5 JK·mol.

17.31 Para la reacción

$$CO(g) + 2\,H_2(g) \longrightarrow CH_3OH(l)$$

(a) Calcule ΔH° usando los valores de la Tabla 3.1. **(b)** La entropía absoluta S° del $CH_3OH(l)$ es 126.78 J/K·mol. Use este hecho y los valores de la Tabla 17.5 para calcular ΔS° para la reacción. **(c)** Use ΔH° y ΔS° para calcular ΔG° para la reacción. **(d)** Use el valor de ΔG° para la reacción y el valor de ΔG_f° para el CO(g) de la Tabla 17.4 para calcular la energía libre estándar de formación del $CH_3OH(l)$.

17.32 Utilice la reacción

$$SO_2(g) + Cl_2(g) \longrightarrow SO_2Cl_2(l)$$

para hallar la entropía absoluta, S°, del $SO_2Cl_2(l)$ para el $SO_2Cl_2(l)$: ΔG_f° es -389.1 kJ/mol, y ΔG_f° es -313.8 kJ/mol. Los valores termodinámicos para $SO_2(g)$ y $Cl_2(g)$ se hallan en las Tablas 3.1, 17.4 y 17.5.

17.33 Para $HgBr_2(s)$, ΔH_f° es -169.5 kJ/mol y ΔG_f° es -162.3 kJ/mol. Las entropías absolutas del Hg(l) y $Br_2(l)$ se dan en la Tabla 17.5 ¿Cuál es el valor de S° para $HgBr_2(s)$?

17.34 El grafito es el Estado Estandar del Carbon y S° para el grafito es 5.694 J/K·mol. Para el diamante, ΔH_f° es $+1895$ kJ/mol, y ΔG_f° es $+2866$ kJ/mol. ¿Cuál es la entropía absoluta, S°, del diamante? ¿Qué forma de carbono es la más ordenada?

17.35 La combustión del cianógeno $C_2N_2(g)$ en oxígeno forma $CO_2(g)$ y $N_2(g)$ y produce una llama extremadamente caliente. Para el $C_2N_2(g)$, ΔG_f° es $+296.27$ kJ/mol y S° es 242.09 J/K·mol. Utilice estos datos junto con los valores de la Tablas 17.4 y 17.5 para calcular ΔH° para la reacción.

Energía libre de Gibbs y equilibrio

17.36 El valor de ΔG_f° para el $ZnCO_3(s)$ es -731.36 kJ/mol. Use este hecho junto con los valores de la Tabla 17.4 para determinar K_p para la reacción

$$ZnCO_3(s) \rightleftharpoons ZnO(s) + CO_2(g)$$

17.37 Para la urea, $CO(NH_2)_2(s)$, ΔG_f° es -197.15 kJ/mol. Use este valor junto con los valores de la Tabla 17.4 para determinar K_p para la reacción

$$CO_2(g) + 2\,NH_3(g) \rightleftharpoons H_2O(g) + CO(NH_2)_2(s)$$

17.38 Para $SO_3(g)$, ΔG_f° es -370.37 kJ/mol. Use este valor junto con los valores de la Tabla 17.4 para determinar K_p para la reacción

$$SO_2(g) + NO_2(g) \rightleftharpoons SO_3(g) + NO(g)$$

17.39 Para la reacción

$$Br_2(l) + Cl_2(g) \rightleftharpoons 2\,BrCl(g)$$

ΔG° es -1.80 kJ/mol, ¿cuál es K_p para esta reacción?

17.40 A 25°C, $K_p = 0.108$ para la reacción

$$NH_4HS(s) \rightleftharpoons NH_3(g) + H_2S(g)$$

Los valores de ΔG° para $NH_3(g)$ y $H_2S(g)$ están dados en la Tabla 17.4. ¿Cuál es el valor de ΔG_f° para $NH_4HS(s)$?

17.41 Para el equilibrio

$$PCl_5(g) \rightleftharpoons PCl_3(g) + Cl_2(g)$$

A 25°C, $K_p = 1.8 \times 10^{-7}$, ¿cuál es el valor de ΔG° para la reacción?

17.42 Para la reacción

$$H^+(ac) + OH^-(ac) \rightarrow H_2O$$

$\Delta H^\circ = -55.9$ kJ y $\Delta S^\circ = +80.4$ J/K a 25°C. Calcule el valor de ΔG° y el valor de K_w a 25°C para el equilibrio

$$H_2O \rightleftharpoons H^+(ac) + OH^-(ac)$$

17.43 Para el equilibrio

$$HC_2H_3O_2(ac) \rightleftharpoons H^+(ac) + C_2H_3O_2^-(ac)$$

K_a es 1.8×10^{-5} a 25°C. ¿Cuál es el valor de ΔG° para esta reacción a 25°C?

17.44 Para el sistema de equilibrio

$$H_2O(g) + CO(g) \rightleftharpoons H_2(g) + CO_2(g)$$

a 25°C, K_p es 9.78×10^4 y ΔH° es -41.20 kJ. **(a)** ¿Cuál es el valor de ΔG° a 25°C? **(b)** ¿Cuál es el ΔS°, a 25°C? **(c)** Suponga que ΔH° y ΔS° no cambian con los cambios de temperatura y calcule el valor de ΔG para la reacción a 300°C **(d)** ¿Cuál es el valor de K_p para el sistema a 300°C?

ELECTROQUÍMICA

CAPÍTULO
18

Todas las reacciones químicas son fundamentalmente de naturaleza eléctrica, puesto que hay electrones involucrados (en varias formas) en todos los tipos de enlaces químicos. Sin embargo, la electroquímica es primordialmente el estudio del fenómeno de oxido-reducción.

Las relaciones entre cambios químicos y energía eléctrica tienen importancia teórica y práctica. Las reacciones químicas pueden utilizarse para producir energía eléctrica (en pilas que se llaman **pilas voltaicas** o **galvánicas**). La energía eléctrica puede utilizarse para realizar transformaciones químicas (en **pilas electrolíticas**). Además el estudio de los procesos electroquímicos lleva a la comprensión y a la sistematización de los fenómenos de oxido-reducción que ocurren fuera de las pilas.

18.1 Conducción metálica

Una corriente eléctrica es el flujo de carga eléctrica. En los metales esta carga es llevada por los electrones y la conduccion eléctrica de este tipo se llama **conducción metálica.** La corriente resulta de la aplicación de una fuerza eléctrica suministrada por una pila, batería o alguna otra fuente de energía eléctrica. Se necesita un circuito completo para producir una corriente.

Los cristales metálicos pueden describirse en términos de nubes de electrones en movimiento atravesando las redes relativamente fijas de los iones metálicos positivos (Sección 23.1). Cuando los electrones se dirigen hacia una terminal del alambre metálico, los electrones en movimiento desplazan otros electrones de la nube en el punto de entrada. Los electrones desplazados, a su vez, adquieren nuevas posiciones empujando los electrones vecinos hacia adelante y este efecto se trasmite por alambre hasta que los electrones son forzados fuera del alambre en el extremo opuesto. La fuente de corriente puede ser considerada una bomba de electrones, pues sirve para forzar a los electrones por uno de los terminales de circuito y sacarlos por el otro extremo. En cualquier posición en el alambre, se conserva la neutralidad eléctrica, pues la velocidad de entrada de los electrones iguala la velocidad de salida de los electrones. Hace mucho se conoce la analogía entre el flujo de la electricidad y el flujo de un líquido. En los primeros tiempos, la electricidad fue descrita en términos de una corriente de "fluido eléctrico". Convencionalmente, desde hace tiempo (en los tiempos de Benjamín Franklin, 1747), antes de que se identificará el electrón, se ascribe una carga positiva a esta corriente. Interpretaremos los circuitos eléctricos en términos del movimiento de electrones. Sin embargo, debemos recordar que la corriente eléctrica convencional es descrita arbitrariamente como positiva y fluye en dirección opuesta.

La corriente eléctrica se mide en **amperes** (A). La cantidad de carga eléctrica se mide en **coulombs** (C); el coulombs se define como la cantidad de electricidad trasmitida en un segundo mediante una corriente de un ampere. Por consiguiente,

$$1A = 1C/s$$

y

$$1C = 1A{\cdot}s$$

La corriente se hace pasar a través del circuito mediante una diferencia de potencial eléctrico, el cual se mide en **volts** (V). Se necesita un joule de trabajo para mover un coulomb desde un potencial más bajo a uno más alto cuando la diferencia de potencial es de un volt. Un volt, por consiguiente, es igual a un joule coulomb y un volt coulomb es una unidad de energía e igual a un joule:

$$1\ V = 1\ J/C$$

$$1\ V{\cdot}C = 1\ J$$

Mientras mayor sea la diferencia de potencial entre dos puntos en un alambre dado, mayor será la corriente que transporte el alambre entre estos dos puntos. George Ohm, en 1826, expresó la relación cuantitativa entre la diferencia de potential, $\mathscr{E}$, en voltios y la corriente, I, en amperes, como

$$I = \mathscr{E}/R \quad \text{o} \quad \mathscr{E} = IR$$

donde la constante de proporcionalidad, R, de la **ley de Ohm** se llama la resistencia. La resistencia se mide en **ohms** (Ω). Se requiere un volt para transportar una corriente de un ampere a través de una resistencia de un ohm.

La resistencia para el flujo de electricidad en los metales es originada probablemente por la vibración de los iones metálicos en sus posiciones del cristal. Estas vibraciones interfieren con el movimiento de los electrones y retardan la corriente. A medida que aumenta la temperatura, aumenta el movimiento térmico de los iones metálicos. Por tanto, la resistencia de los metales aumenta y se convierten en conductores deficientes.

18.2 Conducción electrolítica

La **conducción electrolítica**, en la cual la carga es transportada por los iones, no ocurrirá a menos que los iones del electrólito se puedan mover libremente. Por consiguiente, la conducción electrolítica es exhibida principalmente por sales fundidas y por soluciones acuosas de electrólitos. Por consiguiente, una corriente que pase a través de un conductor electrolítico requiere que el cambio químico acompañe el movimiento de los iones.

Estos principios de conducción electrolítica se ilustran mejor refiriéndonos a una pila electrolítica tal como la representada en la Figura 18.1, para la electrólisis del

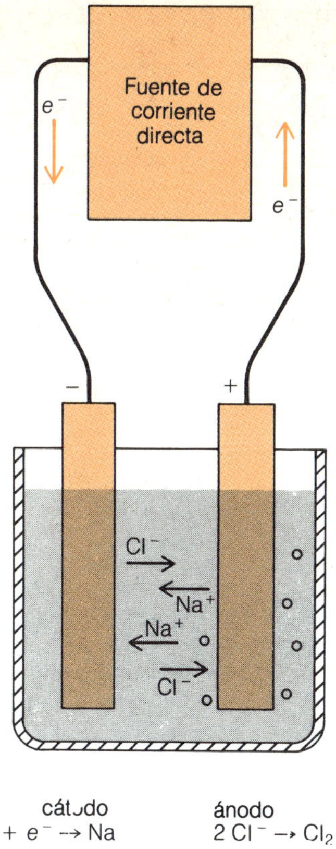

Figura 18.1 Electrólisis del cloruro de sodio fundido

NaCl fundido entre electrodos inertes*. La fuente de corriente envía electrones hacia el electrodo izquierdo, el cual por lo tanto puede considerarse cargado negativamente. Los electrones salen del electrodo de la derecha, el electrodo positivo. En el campo eléctrico así producido, los iones de sodio (cationes) son atraídos hacia el polo negativo (cátodo) y los iones cloruro (aniones) son atraídos hacia el polo positivo (ánodo). La carga eléctrica en la conducción electrolítica es transportada por los cationes que se mueven hacia el **cátodo** y los aniones que se mueven en dirección opuesta hacia el **ánodo**.

Para un circuito completo las reacciones del electrodo deben acompañar el movimiento de los iones. En el cátodo algunas especies químicas (no necesariamente el transportador de carga) debe aceptar electrones y debe reducirse. En el ánodo, los electrones deben ser separados de algunas especies químicas que, como consecuencia, se oxidan. Las convenciones relativas a los términos ánodo y cátodo se resumen en la Tabla 18.1.

En la pila del diagrama, los iones sodio se reducen en el cátodo:

$$Na^+ + e^- \longrightarrow Na$$

y los iones cloruro se oxidan en el ánodo:

$$2\,Cl^- \longrightarrow Cl_2 + 2e^-$$

*Los electrodos inertes no participan en reacciones de electrodos.

Tabla 18.1 Convenciones de electrodos.

	Cátodo	Ánodo
iones atraídos	cationes	aniones
dirección del movimiento electrónico	dentro de la pila	fuera de la pila
media reacción	reducción	oxidación
signo		
pila de electrólisis	negativo	positivo
pila galvánica	positivo	negativo

La suma adecuada de estas dos ecuaciones parciales da la reacción para toda la pila.

$$2\,NaCl(l) \xrightarrow{electrólisis} 2\,Na(l) + Cl_2(g)$$

En la operación real de una pila comercial utilizada para producir sodio metálico, se agrega cloruro de calcio para hacer descender el punto de fusión del cloruro de sodio y la pila se opera a una temperatura aproximada de 600°C. A esta temperatura, el sodio metálico es un líquido.

Podemos trazar el flujo de la carga negativa a través del circuito de la Figura 18.1. como sigue: los electrones dejan la fuente de corriente y son enviados al cátodo donde son recogidos y reducidos los iones sodios que han sido atraídos a este electrodo negativo. Los iones cloruro se mueven del catodo hacia el ánodo y así transportan carga negativa en esta dirección. En el ánodo, los electrones son removidos de los iones cloruro, oxidándolos a cloro gaseoso. Estos electrones son sacados de la pila por la fuente de corriente. En esta forma, se completa el circuito.

La conducción electrolítica se basa entonces sobre la movilidad de los iones y cualquier cosa que inhiba el movimiento de éstos origina una resistencia a la corriente. Los factores que influyen en la conductividad eléctrica de las soluciones de electrolitos incluyen atracciones interiónicas, solvatación de iones y viscosidad del disolvente. Estos factores se fundamentan sobre atracciones soluto-soluto y soluto-disolvente e interacciones disolvente-disolvente, respectivamente. El promedio de energía cinética de los iones soluto aumenta a medida que se eleva la temperatura y, por consiguiente, la resistencia de los conductores electrolíticos disminuye por lo general a medida que se eleva la temperatura (esto es, aumenta la conducción. Además el efecto de cada uno de los tres factores previamente mencionados, disminuye a medida que se aumenta la temperatura.

En todo momento, la solución es eléctricamente neutra. La carga total positiva de todos los cationes iguala la carga total negativa de todos los aniones.

18.3 Electrólisis

La electrólisis del cloruro de sodio fundido sirve como fuente comercial de sodio metálico y cloro gaseoso. Procedimientos similares se usan para preparar otros metales muy activos (tales como potasio y calcio). Cuando se electrolizan ciertas soluciones acuosas, el agua está involucrada en las reacciones de los electrodos en vez de los iones derivados del soluto; por lo tanto, los iones transportadores de corriente no se descargan necesariamente en los electrodos.

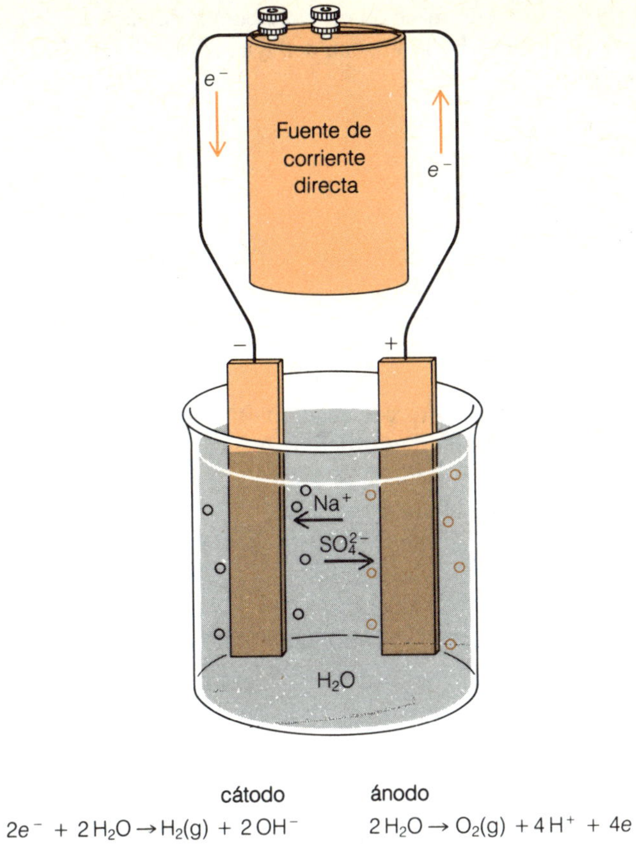

Figura 18.2 Electrólisis del sulfato de sodio acuoso.

En la electrólisis del sulfato de sodio acuoso, los iones sodio se desplazan hacia el cátodo y los iones sulfato se mueven hacia el ánodo (Figura 18.2). Ambos iones se descargan difícilmente; cuando esta electrólisis se lleva a cabo entre electrodos inertes, se desprende hidrógeno gaseoso en el cátodo y la solución que rodea el electrodo se hace alcalina. La reducción ocurre en el cátodo pero en vez de la reducción del ion sodio

$$e^- + Na^+ \longrightarrow Na$$

el *cambio neto* que ocurre es la reducción del agua

$$2e^- + 2H_2O \longrightarrow H_2(g) + 2OH^-$$

El agua es un electrólito demasiado débil. El agua pura se ioniza aproximadamente $2 \times 10^{-7}\%$ a 25°C:

$$2H_2O \rightleftharpoons H_3O^+ + OH^-$$

o, más brevemente,

$$H_2O \rightleftharpoons H^+ + OH^-$$

No se conoce el mecanismo exacto de la reacción en el cátodo de la electrólisis del Na_2SO_4 acuoso. Puede ser que los iones de hidrógeno del agua se descargan y que la reacción procede como sigue:

$$H_2O \rightleftharpoons H^+ + OH^-$$
$$2e^- + 2H^+ \longrightarrow H_2(g)$$

La multiplicación de la primera ecuación por 2 seguida por la adición de las dos ecuaciones da el cambio neto

$$2e^- + 2H_2O \longrightarrow H_2(g) + 2OH^-$$

En general, el agua se reduce en el cátodo (produciendo hidrógeno gaseoso e iones hidróxido) a pesar de que el catión del soluto es difícil de reducir.

La oxidación ocurre en el ánodo y en la electrólisis del Na_2SO_4 acuoso, los aniones (SO_4^{2-}) que emigran hacia el ánodo son difíciles de oxidar:

$$2SO_4^{2-} \longrightarrow S_2O_8^{2-} + 2e^-$$

Por consiguiente, la oxidación del agua se efectúa preferencialmente. La forma de esta reacción puede ser:

$$H_2O \rightleftharpoons H^+ + OH^-$$
$$4OH^- \longrightarrow O_2(g) + 2H_2O + 4e^-$$

Multiplicando la primera ecuación por 4 y sumando las ecuaciones, obtenemos el cambio neto

$$2H_2O \longrightarrow O_2(g) + 4H^+ + 4e^-$$

En el ánodo se observa el desprendimiento de oxígeno gaseoso y la solución que rodea el polo se vuelve ácida. En general, el agua se oxida en el ánodo (produciendo oxígeno gaseoso e iones de hidrógeno) mientras que el anión del soluto es difícil de oxidar.

La reacción completa para la electrólisis de Na_2SO_4 acuoso se puede obtener sumando las reacciones del ánodo y del cátodo:

$$\begin{array}{r} 2[2e^- + 2H_2O \longrightarrow H_2(g) + 2OH^-] \\ 2H_2O \longrightarrow O_2(g) + 4H^+ + 4e^- \\ \hline 6H_2O \longrightarrow 2H_2(g) + O_2(g) + 4H^+ + 4OH^- \end{array}$$

Si se mezcla la solución, los iones hidrógeno e hidróxido producidos se neutralizan entre sí y el cambio neto

$$2H_2O \xrightarrow{\text{electrólisis}} 2H_2(g) + O_2(g)$$

es meramente la electrólisis del agua. En el transcurso de la electrólisis, el ion hidrógeno se aleja del ánodo, de donde se produce, hacia el cátodo. En forma similar, los iones hidróxido se mueven hacia el ánodo. Estos iones se neutralizan entre sí en la solución entre los dos electrodos.

Se utilizan evaporadores para obtener hidróxido de sodio de la solución derivada de la electrólisis de cloruro de sodio acuoso. *Hooker Chemical Company.*

La electrólisis de una solución acuosa de NaCl entre electrodos inertes sirve como un ejemplo de un proceso en el cual se descarga el anión del electrólito, pero el catión no:

$$\begin{array}{ll} \text{ánodo:} & 2\,Cl^- \longrightarrow Cl_2(g) + 2e^- \\ \text{cátodo:} & 2e^- + 2\,H_2O \longrightarrow H_2(g) + 2\,OH^- \\ \hline & 2\,H_2O + 2\,Cl^- \longrightarrow H_2(g) + Cl_2(g) + 2\,OH^- \end{array}$$

Puesto que el ion sodio permanece sin modificación en la solución, la reacción se puede indicar

$$2\,H_2O + 2\,Na^+ + 2\,Cl^- \xrightarrow{\textit{electrólisis}} H_2(g) + Cl_2(g) + 2\,Na^+ + 2\,OH^-$$

Este proceso es una fuente comercial del hidrógeno gaseoso, cloro gaeoso y, por evaporación de la solución restante de la electrólisis, hidróxido de sodio.

En la electrólisis de una solución de $CuSO_4$ entre electrodos (véase la porción de la derecha de la Figura 18.4, dada subsecuentemente), la corriente es transportada por los iones Cu^{2+} y SO_4^{2-}. La corriente que transporta los cationes se descarga, pero los aniones no:

$$\begin{array}{ll} \text{ánodo:} & 2\,H_2O \longrightarrow O_2(g) + 4\,H^+ + 4e^- \\ \text{cátodo} & 2[2e^- + Cu^{2+} \longrightarrow Cu(s)] \\ \hline & 2\,Cu^{2+} + 2\,H_2O \longrightarrow O_2(g) + 2\,Cu(s) + 4\,H^+ \end{array}$$

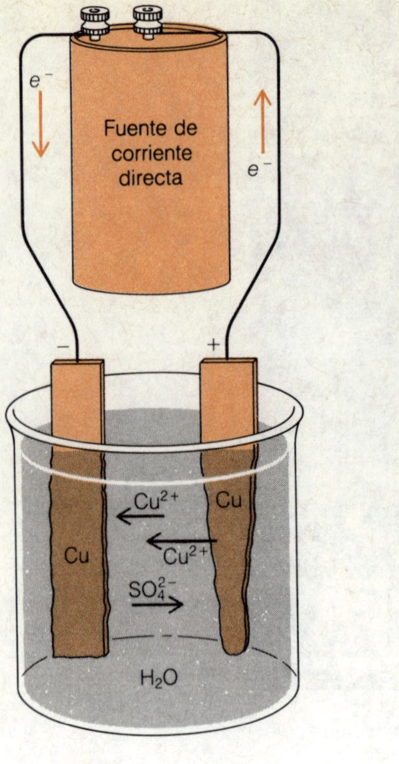

Figura 18.3 Electrólisis de una solución de sulfato cúprico entre electrodos de cobre.

Por supuesto, es posible tener ambos iones del soluto descargados durante la electrólisis de una solución acuosa. Un ejemplo es la electrólisis del $CuCl_2$ entre electrodos inertes:

$$\begin{array}{lrcl} \text{ánodo:} & 2\,Cl^- & \longrightarrow & Cl_2(g) + 2e^- \\ \text{cátodo :} & 2e^- + Cu^{2+} & \longrightarrow & Cu(s) \\ \hline & Cu^{2+} + 2\,Cl^- & \longrightarrow & Cu(s) + Cl_2(g) \end{array}$$

También es posible tener el electrodo mismo dentro de una reacción de electrodo. Si el $CuSO_4$ se electroliza entre dos electrodos de cobre (Figura 18.3), los iones Cu^{2+} se reducen en el cátodo.

$$2e^- + Cu^{2+} \longrightarrow Cu$$

pero de las *tres* posibles oxidaciones anódicas:

$$2\,SO_4^{2-} \longrightarrow 2\,S_2O_8^{2-} + 2e^-$$

$$2\,H_2O \longrightarrow O_2(g) + 4\,H^+ + 4e^-$$

$$Cu(s) \longrightarrow Cu^{2+} + 2e^-$$

(*arriba*) Alrededor de 90% del cobre primario de los EE.UU. se produce en minas a cielo abierto (tales como éstas) en Arizona, Utah, Nuevo México, Montana y Nevada. El resto del cobre primario proviene de minas subterráneas, principalmente en Arizona y Michigan. *Copper Development Association, Inc.*
(*abajo*) Cátodos de cobre 99.98% puro son sacados de un tanque de refinación electrolítica. *The Anaconda Minerals Company.*

se observa que ocurre la oxidación del cobre metálico del electrodo. Por esto, en el ánodo, el cobre del electrodo va a la solución como iones Cu^{2+} y, en el catodo, los iones Cu^{2+} se depositan como Cu(s) sobre el electrodo. Este proceso se usa para refinar cobre. El cobre contaminado se utiliza como el ánodo de una pila electrolítica y la solución de $CuSO_4$ está electrolizada. El cobre puro se deposita sobre el cátodo. Los electrodos activos también son utilizados en los procesos de electroplateado. En el electroplateado de plata, se utilizan ánodos de plata.

18.4 Estequiometría de la electrólisis

Michael Faraday, 1791–1867.
Argonne National Laboratory.

Las relaciones cuantitativas entre electricidad y cambio químico fueron descritas originalmente por Michael Faraday en 1832 y 1833. El trabajo de Faraday se conoce mejor por la referencia a las medias reacciones que ocurren durante la electrólisis. El cambio en el cátodo durante la electrólisis del cloruro de sodio fundido:

$$Na^+ + e^- \longrightarrow Na$$

indica que se requiere un electrón para producir un átomo de sodio. Se requiere un mol de electrones (número de Avogadro de electrones) para producir un mol de sodio metálico (22.9898g de Na). La cantidad de carga equivalente a un mol de electrones se llama **Faraday** (F) y se encontró que es igual a 96.485 coulombs (C), el cual, para problemas de trabajo, por lo general se ha aproximado a 96,500 C.

$$1\ F = 96{,}500\ C$$

Si se utilizan 2F de electricidad, se producirán dos moles de Na al mismo tiempo que el equivalente de electrones a 1F de electricidad se agrega al cátodo, ese mismo número de electrones se saca del ánodo,

$$2\,Cl^- \longrightarrow Cl_2(g) + 2e^-$$

La extracción de 1 mol de electrones (1F) del ánodo dará como resultado la descarga de 1 mol de iones Cl^- y la producción de 0.5 moles de cloro gaseoso.

Si 2F de electricidad fluyen a través de la pila, 2 moles de iones Cl^- se descargarán y 1 mol de Cl_2 gas se libera.

Por consiguiente, las reacciones de los electrodos pueden interpretarse en términos de moles y faradays. La oxidación del ion hidróxido en el ánodo, por ejemplo,

$$4\,OH^- \longrightarrow O_2(g) + 2\,H_2O + 4e^-$$

puede leerse como que dice que 4 moles de iones OH^- producen 1 mol de O_2 gaseoso y 2 moles de H_2O cuando pasan 4F de electricidad a través de la pila.

Las relaciones entre moles de sustancias y faradays de electricidad son las bases de los cálculos estequiométricos que comprende la electrólisis. Recordemos que un ampere (1A) es igual a la velocidad de una corriente de un coulomb (1C) por segundo.

$$1\ A = 1\ C/s$$

Ejemplo 18.1

La carga sobre un solo electrón es 1.6022×10^{-19}C. Calcule el número de Avogadro del hecho que 1F = 96,485 C.

Solución

$$? \text{ electrones} = 9.6485 \times 10^4 \text{C} \left(\frac{1 \text{ electrón}}{1.6022 \times 10^{-19} \text{ C}} \right)$$

$$= 6.022 \times 10^{23} \text{ electrones}$$

Ejemplo 18.2

En la electrólisis del $CuSO_4$, ¿qué cantidad de cobre es depositada sobre el cátodo por una corriente de 0.750A en 10.0 minutos?

Solución

El número de faradays usados se puede calcular como sigue:

$$? \text{ F} = 10.0 \text{ minutos} \left(\frac{60 \text{ s}}{1 \text{ min}} \right) \left(\frac{0.75 \text{ C}}{1 \text{ s}} \right) \left(\frac{1 \text{ F}}{96{,}500 \text{ C}} \right)$$

$$= 0.00466 \text{ F}$$

La reacción del cátodo es $Cu^{2+} + 2e^- \longrightarrow Cu(s)$ y, por consiguiente, 2F depositan 63.5g de Cu(s):

$$? \text{ g Cu} = 0.00466 \text{ F} \left(\frac{63.5 \text{ g Cu(s)}}{2 \text{ F}} \right) = 0.148 \text{ g Cu(s)}$$

Ejemplo 18.3

(a) ¿Qué volumen de $O_2(g)$ a TPE se liberó en el ánodo en la electrólisis del $CuSO_4$ descrito en el ejemplo 18.2? (b) Si 100 ml de $CuSO_4$ 1.00 *M* se utilizan en la pila, ¿cuál es la concentración de $H^+(ac)$ al final de la electrólisis? Suponga que no hay cambio de volumen para la solución durante el experimento y que la reacción del ánodo es

$$2H_2O \longrightarrow 4H^+(ac) + O_2(g) + 4e^-$$

Solución

(a) Cuatro faradays producen 22.4 litros de $O_2(g)$ a TPE:

$$? \text{ litros de } O_2(g) = 0.00466\text{F} \left(\frac{22.4 \text{ litros de } O_2(g)}{4 \text{ F}} \right)$$

$$= 0.0261 \text{ litros } O_2(g)$$

(b) Cuatro faradays también producen cuatro moles de H^+(ac):

$$? \text{ moles de } H^+(ac) = 0.00466F \left(\frac{1 \text{ mol } H^+(ac)}{1 \text{ F}}\right)$$
$$= 0.00466 \text{ moles } H^+(ac)$$

La pequeña contribución de H^+(ac) de la ionización del agua se puede ignorar y se puede suponer que hay 0.00466 moles de H^+(ac) en 100 ml de solución:

$$? \text{ moles } H^+(ac) = 1000 \text{ ml solución} \left(\frac{0.00466 \text{ moles de } H^+(ac)}{100 \text{ ml solución}}\right)$$
$$= 0.0466 \text{ moles de } H^+(ac)$$

Por consiguiente, la solución es 0.0466*M* en iones de hidrógeno.

En la Figura 18.4, dos pilas electrolíticas se montan en serie. La electricidad pasa primero a través de una pila y luego a través de la otra antes de regresar a la fuente de corriente. Si se electroliza nitrato de plata en una de las pilas, la reacción catódica es

$$Ag^+ + e^- \longrightarrow Ag(s)$$

y se deposita plata metálica en el electrodo utilizado. Si se pesa este electrodo antes y después de la electrólisis, se puede determinar la cantidad de plata depositada y por tanto el número de coulombs que pasan a través de la pila. Un faraday depositará 107.868 g de plata. Por consiguiente, un coulomb es equivalente a

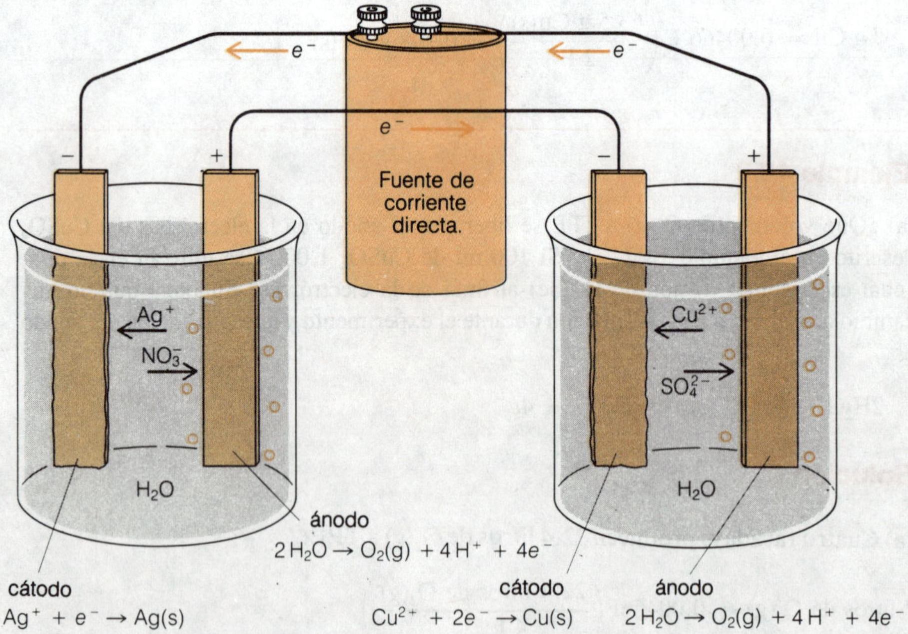

Figura 18.4 Coulómetro de plata en serie con una pila electrolítica.

$(107.868 \text{ g Ag})/(96{,}485 \text{ C}) = 1.1180 \times 10^{-3} \text{ g Ag/C}$

El mismo número de coulombs pasa a través de ambas pilas en un tiempo dado cuando las pilas se disponen en serie. Por consiguiente, el número de coulombs usados en la electrólisis puede determinarse por la adición en serie de un *coulómetro de plata* al circuito de la pila experimental.

Ejemplo 18.4

(a) ¿Qué masa de cobre se deposita en la electrólisis de $CuSO_4$ al mismo tiempo que se depositan 1.00 g de Ag en un coulómetro de plata que se coloca en serie con la pila de $CuSO_4$? (b) Si se usa una corriente de 1.00 A, ¿cuántos minutos se requieren para depositar esta cantidad de cobre?

Solución

(a) De las reacciones de los electrodos vemos que 2 F depositan 63.5 g de Cu y 1 F deposita 107.9 g Ag:

$$? \text{ g Cu} = 1.00 \text{ g Ag} \left(\frac{1 \text{ F}}{107.9 \text{ g Ag}}\right)\left(\frac{63.5 \text{ g Cu}}{2 \text{ F}}\right) = 0.294 \text{ g Cu}$$

$$\text{(b)? minutos} = 1.00 \text{ g Ag} \left(\frac{96{,}500 \text{ C}}{107.9 \text{ g Ag}}\right)\left(\frac{1 \text{ s}}{1 \text{ C}}\right)\left(\frac{1 \text{ min}}{60 \text{ s}}\right) = 14.9 \text{ minutos}$$

18.5 Pilas voltaicas

Una pila que se utiliza como fuente de energía eléctrica se llama pila voltaica o galvánica en honor de Alessandro Volta (1800) o Luigi Galvani (1780), quienes primero experimentaron con la conversión de la energía química en energía eléctrica. La reacción entre cinc metálico y iones de cobre (II) en solución ilustra un cambio espontáneo en el cual se transfieren los electrones:

$$Zn(s) + Cu^{2+}(ac) \longrightarrow Zn^{2+}(ac) + Cu(s)$$

No se conoce el mecanismo exacto mediante el cual ocurre la transferencia de electrones. Sin embargo, podemos representar la reacción anterior como una combinación de dos medias reacciones:

$$Zn(s) \longrightarrow Zn^{2+}(ac) + 2e^-$$
$$2e^- + Cu^{2+}(ac) \longrightarrow Cu(s)$$

En una pila voltaica, estas medias reacciones se realizan en electrodos diferentes de forma tal que la transferencia de electrones tiene lugar a través de un circuito eléctrico externo más bien que entre el cinc metálico y los iones de cobre (II).

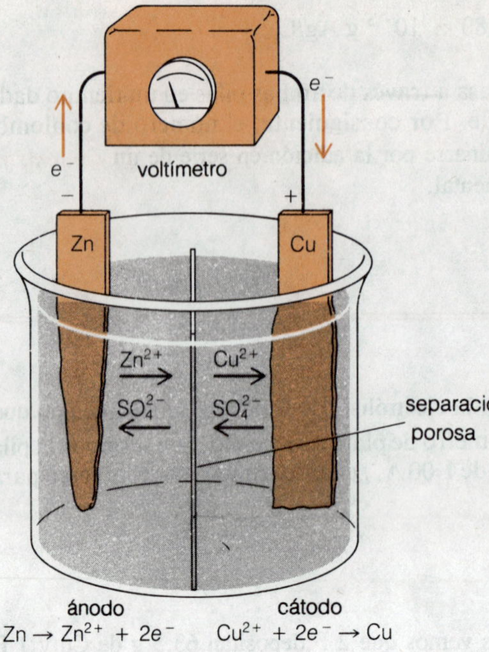

Figura 18.5 La pila de Daniell.

La pila de la Figura 18.5 está diseñada para usar esta reacción para producir una corriente eléctrica. La media pila de la izquierda contiene un electrodo de cinc metálico y solución de $ZnSO_4$. La media pila de la derecha consiste en un electrodo de cobre metálico en una solución de $CuSO_4$. Las medias pilas están separadas por un separador poroso que evita la mezcla mecánica de las soluciones pero permite el paso de iones bajo la influencia del flujo eléctrico. Una pila de este tipo se llama **pila de Daniell.**

Cuando los electrodos de cinc y cobre están unidos por un alambre metálico, los electrones fluyen del electrodo de cinc al electrodo de cobre. En el electrodo de cinc, el cinc metálico se *oxida* a iones cinc. Este electrodo es el ánodo, y los electrones que son el producto de la oxidación *abandonan* la pila desde este polo (Tabla 18.1). Los electrones se desplazan por el circuito externo hasta el electrodo de cobre, donde se utilizan en la reducción de los iones de cobre (II) a cobre metálico. El cobre así producido se deposita sobre el electrodo. El electrodo de cobre es el cátodo. Aquí, los electrones *entran* a la celda y se realiza *la reducción*.

Puesto que los electrones se producen en el electrodo de cinc, este ánodo se designa como polo negativo. Los electrones se desplazan del polo negativo al polo positivo en el circuito externo de cualquier pila voltaica cuando la pila está en operación. El cátodo, donde los electrones se utilizan en el electrodo de reacción, es, por consiguiente, el polo positivo. Dentro de la pila, el movimiento de los iones completa el circuito eléctrico. A primera vista, es sorprendente que los aniones, que tienen carga negativa, deban desplazarse hacia el ánodo, que es el electrodo negativo. En la misma forma, los cationes, que transportan una carga positiva, se desplazan hacia el cátodo que es el polo positivo.

Una cuidadosa consideración de las reacciones del electrodo provee la respuesta a este problema. En el ánodo se producen los iones cinc y los electrones permanecen en el metal. La neutralidad de la solución se mantiene en todo momento. En la solución que rodea el electrodo debe existir tanta carga negativa de los aniones como positiva de los cationes. Por esta razón, los iones SO_4^{2-} se desplazan hacia el ánodo para neutralizar el efecto de los iones Zn^{2+} que se producen. Al mismo tiempo, los iones cinc se alejan del ánodo hacia el cátodo. En el cátodo, los electrones se utilizan para reducir los iones Cu^{2+} a cobre metálico. Mientras que los iones Cu^{2+} se descargan, más iones Cu^{2+} se mueven hacia la región que rodea el cátodo para ocupar el lugar de los iones removidos. Si no ocurriera esto, se acumularía un exceso de iones SO_4^{2-} alrededor del cátodo.

El separador poroso se agrega para evitar la mezcla mecánica de las soluciones de las dos medias pilas. Si los iones Cu^{2+} se pusieran en contacto con el electrodo del cinc metálico, los electrones serían transferidos directamente en vez de pasar por el circuito. En la operación normal de la pila no ocurre este "cortocircuito" debido a que los iones Cu^{2+} se mueven en dirección distinta del electrodo de cinc. Realmente, esta pila trabajaría si una solución de un electrólito diferente del $ZnSO_4$ fuese utilizado en el compartimento del ánodo y si un metal diferente del cobre fuese utilizado para cátodo. Sin embargo, los sustituyentes deben escogerse de tal forma que el electrólito en el compartimiento del ánodo no reaccione con el electrodo de cinc y el cátodo no reaccione con los iones Cu^{2+}.

18.6 Fuerza electromotriz

Si se emplean soluciones de $ZnSO_4$ 1 M y $CuSO_4$ 1 M en la pila de Daniell, la pila puede representarse por los símbolos

$$Zn(s)|Zn^{2+}(1\ M)|Cu^{2+}(1\ M)|Cu(s)$$

en los cuales las líneas verticales representan límites de fase. Convencionalmente, se escribe primero la sustancia que forma el ánodo. Los otros materiales de la pila se escriben en el orden en que uno los encuentra: del ánodo hacia el cátodo. La composición del cátodo se da como última.

La corriente eléctrica se produce por una pila voltaica como resultado de la **fuerza electromotriz** (fem) de la pila, la cual se mide en voltios. Entre mayor es la tendencia a que ocurra la reacción de la pila, mayor la fuerza electromotríz de la pila. Sin embargo, la fem de una pila dada también depende de la concentración de las sustancias utilizadas para hacer la pila.

La **fuerza electromotriz estándar** $\mathcal{E}$ se refiere a la fem de una pila a 25°C, en la cual todos los reactivos y productos se hallan presentes en sus estados estándar. El estado estándar de un sólido o un líquido es, naturalmente, el sólido puro o el mismo líquido puro. El estado estándar de un gas o de una sustancia en solución es un estado definido de *unidad de actividad ideal;* o sea, se han aplicado correcciones para las desviaciones de lo ideal originadas por las atracciones intermoleculares e interiónicas. Para nuestra discusión, debemos suponer que la actividad de los iones puede representarse por sus concentraciones molares y la actividad de los gases por sus presiones en atmósferas. Por tanto, y de acuerdo a esta aproximación, un pila estándar contendría iones a concentraciones 1 M y gases a 1 atm de presión. En las celdas mencionadas más adelante, las concentraciones se indicarán sólo si se desvían de lo estándar. Si la fuerza electromotríz de una pila se utiliza como una medida de la tendencia para que ocurra la reacción de la pila, el voltaje debe ser el máximo valor obtenido para la pila en particular bajo consideración. Si existe un apreciable flujo de electricidad durante la medida, se reducirá el voltaje medido, $\mathcal{E}$, debido a la resistencia interna de la pila. Además, cuando la pila distribuye corriente, las reacciones del electrodo producen cambios de concentración que reducen el voltaje.

Por consiguiente, la fem de una pila debe medirse sin flujo de electricidad apreciable a través de la pila. Esta medida está acompañada por el uso de un potenciómetro. El circuito de un potenciómetro incluye una fuente de corriente de voltaje variable y un sistema para medir este voltaje. La pila bajo estudio está conectada al circuito del potenciómetro en tal forma que la fuerza electromotriz de la pila se opone a la fem de la fuente de la corriente del potenciómetro.

Si la fem de la pila es mayor que la del potenciómetro, los electrones fluirán en la dirección normal para descargar espontáneamente la pila de ese tipo. Por otra parte, si la fem de la fuente de corriente del potenciómetro es mayor que la de la pila, los electrones se moverán en la dirección opuesta, haciendo que la reacción de la pila se invierta. Cuando las dos fem están exactamente balanceadas, no fluirán los electrones. Este voltaje es la **fem reversible** de la pila. La fem de una pila estándar de Daniell es 1.10 V.

Las leyes de Faraday se aplican a las reacciones de las pilas voltaicas, como así también a las pilas electrolíticas. Sin embargo, debe observarse una precaución, la electricidad es producida por las simultáneas medias reacciones de oxidación y reducción que ocurren en el ánodo y el cátodo, respectivamente. Ambas deben realizarse si la pila va a producir corriente. Por lo tanto, se producirán dos faradayes de electricidad por la oxidación de 1 mol de cinc en el ánodo *junto con* la reducción de 1 mol de iones Cu^{2+} en el cátodo. Las ecuaciones parciales

ánodo: $Zn \longrightarrow Zn^{2+} + 2e^-$

cátodo: $2e^- + Cu^{2+} \longrightarrow Cu$

cuando se leen en términos de moles, representan el flujo de dos veces el número de Avogadro de electrones o la producción de 2F de electricidad.

La cantidad de energía eléctrica en joules producida por una pila es el producto de la cantidad de electricidad desprendida en coulombs, y la fem de la pila en volts (Sección 18.1). La energía eléctrica *producida* por la reacción entre 1 mol de cinc metálico y 1 mol de iones cobre (II) se puede calcular como sigue:

$$2(96{,}500\ \text{C})(1.10\ \text{V}) = 212{,}000\ \text{J} = 212\ \text{kJ}$$

Un volt coulomb es un joule

La fem utilizada en el cálculo anterior es la fem reversible ($\mathcal{E}^\circ$) de la celda estándar de Daniell y, por lo tanto, el voltaje máximo para esta pila. Por consiguiente, el valor obtenido (212 kJ) es el trabajo máximo que puede obtenerse de la operación de este tipo de pila. El máximo trabajo *neto** que puede obtenerse de una reacción química realizada a temperatura y presión constante es una medida de la *disminución* de la energía libre de Gibbs (Sección 17.4) del sistema. Por consiguiente,

$$\Delta G = -n\text{F}\mathcal{E} \qquad \textbf{(18.1)}$$

*Algunas reacciones proceden con un aumento en volumen, y el sistema debe trabajar para expandirse contra la atmósfera para mantener constante la presión. La energía para este trabajo presión-volumen no está disponible para ningún otro propósito, debe gastarse en esta forma si la reacción ocurre a presión constante. El trabajo presión-volumen no está incluido en la medida potenciométrica del trabajo eléctrico de ninguna pila. El trabajo neto (o trabajo disponible) es un trabajo diferente al del trabajo presión-volumen.

donde n es el número de moles de electrones transferidos en la reacción (o el número de faradays producidos), F es el valor del Faraday en las unidades apropiadas y $\mathcal{E}$ es la fem en voltios. Si F se expresa como 96.485 C, ΔG se obtiene en joules. Un cambio en energía libre obtenido de la fem estándar, $\mathcal{E}°$, tiene el símbolo $\Delta G°$.

El cambio de energía libre de una reacción es una medida de la tendencia de la reacción para efectuarse. Si se debe realizar un trabajo sobre un sistema para efectuar un cambio, el cambio no es espontáneo. A temperatura y presión constantes, un cambio espontáneo es aquél del cual se puede obtener trabajo neto. Por esta razón, para cualquier reacción espontánea, disminuye la energía libre del sistema; ΔG es negativo. Puesto que $\Delta G = -nF\mathcal{E}$, sólo si $\mathcal{E}$ es positivo será espontánea la reacción de la pila y servirá como una fuente de energía eléctrica.

18.7 Potencial de los electrodos

En la misma forma en que una reacción de pila puede considerarse como la suma de dos medias reacciones, la fem de una celda puede considerarse como la suma de los potenciales de las dos medias pilas. Sin embargo, es imposible determinar el valor absoluto del potencial de una sola media pila. Se ha establecido una escala relativa, asignando un valor de cero al voltaje de una media pila estándar de referencia, y expresando todos los potenciales de media pila con relación a este electrodo de referencia.

La media pila de referencia utilizada es el **electrodo de hidrógeno estándar,** el cual consiste en hidrógeno gaseoso a 1 atm de presión, burbujeante sobre un electrodo de platino (recubierto con platino finamente dividido para aumentar su superficie) que se sumerge en una solución ácida que contiene H^+(ac) a una actividad unitaria. En la Figura 18.6, se ilustra un electrodo estándar de hidrógeno conectado mediante un puente de sal a un electrodo estándar de Cu^{2+}/Cu. Un **puente salino** es un tubo lleno con una solución concentrada de una sal (generalmente KCl), el cual conduce la corriente entre las medias pilas pero impide la mezcla de las soluciones de las medias pilas. La pila de la Figura 18.6 puede expresarse como

$$Pt|H_2|H^+||Cu^{2+}|Cu$$

La barra doble indica el puente de sal. El electrodo de hidrógeno es el ánodo, el electrodo de cobre es el cátodo, la fem de la pila es 0.34 V.

La fem de la pila se considera la suma de los potenciales de media pila para la media reacción de oxidación (a la cual daremos el símbolo $\mathcal{E}°_{ox}$) y el potencial de media pila para la media reacción de reducción (la cual indicaremos como $\mathcal{E}°_{red}$). Para la pila de la Figura 18.6,

ánodo:	$H_2 \longrightarrow 2H^+ + 2e$	$\mathcal{E}°_{ox} = 0.00$ V
cátodo:	$2e^- + Cu^{2+} \longrightarrow Cu$	$\mathcal{E}°_{red.} = +0.34$ V

Puesto que al electrodo de hidrógeno se le ha asignado arbitrariamente un potencial de cero, toda la fem de la pila se le asigna al electrodo estándar de Cu^{2+}/Cu. El valor de +0.34 V se llama el **potencial del electrodo estándar** del electrodo de Cu^{2+}/Cu. Observe que los *potenciales del electrodo están dados para la reducción de las medias reacciones*. Si se utiliza el símbolo $\mathcal{E}°$ (sin el subíndice) para el potencial del electrodo, se entiende $\mathcal{E}°_{red.}$.

Si se construye una pila partiendo de un electrodo estándar de hidrógeno y un electrodo estándar de Zn^{2+}/Zn, el electrodo de cinc es el ánodo y la fem de la pila es 0.76 V. Así,

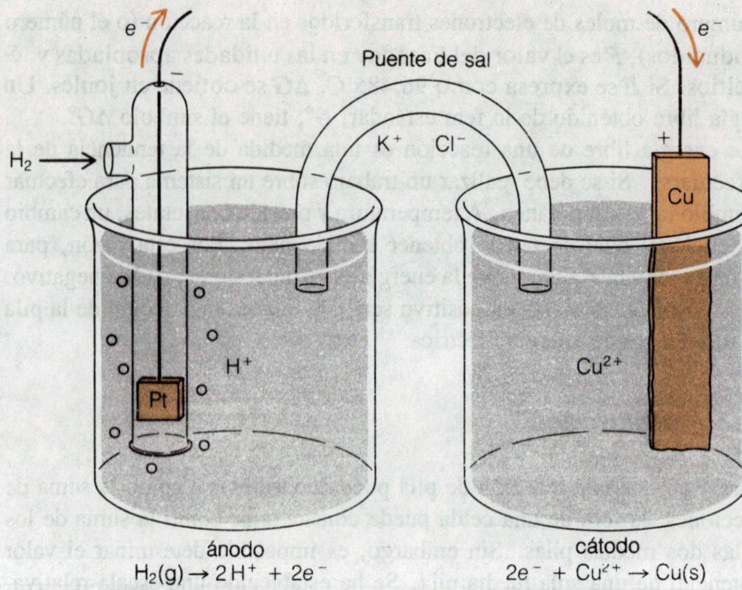

Figura 18.6. Electrodo estándar de hidrógeno y electrodo de Cu^{2+}/Cu.

$$\text{anodo:} \quad Zn \longrightarrow Zn^{2+} + 2e^- \qquad \mathcal{E}^\circ_{ox} = +0.76 \text{ V}$$
$$\text{cátodo:} \quad 2e^- + 2H^+ \longrightarrow H_2 \qquad \mathcal{E}^\circ_{red} = 0.00 \text{ V}$$

El valor de +0.76 V, se llama algunas veces **potencial de oxidación,** puesto que corresponde a la media reacción de oxidación. Sin embargo, el potencial del electrodo es un **potencial de reducción.** Para obtener el potencial del electrodo del par Zn^{2+}/Zn, debemos cambiar el signo del potencial de oxidación, para que el potencial corresponda a la media reacción reversible, una reducción:

$$2e^- + Zn^{2+} \longrightarrow Zn \qquad \mathcal{E}^\circ_{red} = -0.76 \text{ V}$$

No es necesario utilizar una pila que contenga un electrodo estándar de hidrógeno para obtener el potencial del electrodo estándar. Por ejemplo, el potencial estándar del electrodo Ni^{2+}/Ni, puede determinarse de la pila

$$Ni|Ni^{2+}||Cu^{2+}|Cu$$

La fem de esta pila es 0.59 V y el electrodo de níquel actúa como ánodo:

$$Ni + Cu^{2+} \longrightarrow Ni^{2+} + Cu \qquad \mathcal{E}_{pila} = +0.59 \text{ V}$$

El potencial del electrodo estándar del electrodo Cu^{2+}/Cu se ha determinado:

$$2e^- + Cu^{2+} \longrightarrow Cu \qquad \mathcal{E}^\circ_{red} = +0.34 \text{ V}$$

si sustraemos la media reacción Cu^{2+}/Cu de la reacción de la pila y sustraemos el potencial de media pila de la fem de la pila, obtenemos,

$$Ni \longrightarrow Ni^{2+} + 2e^- \qquad \mathcal{E}^\circ_{ox} = +0.25 \text{ V}$$

Tabla 18.2 Potenciales de los electrodos estándar a 25°C[a].

Media reacción	$\mathscr{E}°$ (voltios)
$Li^+ + e^- \rightleftharpoons Li$	−3.045
$K^+ + e^- \rightleftharpoons K$	−2.925
$Ba^{2+} + 2e^- \rightleftharpoons Ba$	−2.906
$Ca^{2+} + 2e^- \rightleftharpoons Ca$	−2.866
$Na^+ + e^- \rightleftharpoons Na$	−2.714
$Mg^{2+} + 2e^- \rightleftharpoons Mg$	−2.363
$Al^{3+} + 3e^- \rightleftharpoons Al$	−1.662
$2H_2O + 2e^- \rightleftharpoons H_2 + 2OH^-$	−0.82806
$Zn^{2+} + 2e^- \rightleftharpoons Zn$	−0.7628
$Cr^{3+} + 3e^- \rightleftharpoons Cr$	−0.744
$Fe^{2+} + 2e^- \rightleftharpoons Fe$	−0.4402
$Cd^{2+} + 2e^- \rightleftharpoons Cd$	−0.4029
$Ni^{2+} + 2e^- \rightleftharpoons Ni$	−0.250
$Sn^{2+} + 2e^- \rightleftharpoons Sn$	−0.136
$Pb^{2+} + 2e^- \rightleftharpoons Pb$	−0.126
$2H^+ + 2e^- \rightleftharpoons H_2$	0
$Cu^{2+} + 2e^- \rightleftharpoons Cu$	+0.337
$Cu^+ + e^- \rightleftharpoons Cu$	+0.521
$I_2 + 2e^- \rightleftharpoons 2I^-$	+0.5355
$Fe^{3+} + e^- \rightleftharpoons Fe^{2+}$	+0.771
$Ag^+ + e^- \rightleftharpoons Ag$	+0.7991
$Br_2 + 2e^- \rightleftharpoons 2Br^-$	+1.0652
$O_2 + 4H^+ + 4e^- \rightleftharpoons 2H_2O$	+1.229
$Cr_2O_7^{2-} + 14H^+ + 6e^- \rightleftharpoons 2Cr^{3+} + 7H_2O$	+1.33
$Cl_2 + 2e^- \rightleftharpoons 2Cl^-$	+1.3595
$MnO_4^- + 8H^+ + 5e^- \rightleftharpoons Mn^{2+} + 4H_2O$	+1.51
$F_2 + 2e^- \rightleftharpoons 2F^-$	+2.87

[a]Datos de A.J. de Bethane y N.A. Swendeman Loud: "Tabla de potenciales de electrodos y coeficientes de temperatura", págs. 414-424 en la Enciclopedia de Electroquímica (C.A. Hampel, editor), Van Nostrand Reinhold, New York, 1964; y de A.J. de Bethune y N.A. Swendeman Loud: Potenciales de electrodo estándar acuoso y coeficientes de temperatura, 19 págs., C.A. Hampel, editor, Skokie, Illinois, 1964.

El potencial del electrodo es, por consiguiente:

$$2e^- + Ni^{2+} \longrightarrow Ni \qquad \mathscr{E}_{red} = -0.25 \text{ V}$$

Los potenciales del electrodo estandar se hallan en la lista de la Tabla 18.2 y una lista más completa se halla en el apéndice. La tabla está construida con los potenciales de electrodos más positivos (de mayor tendencia para la reducción) en la parte inferior. Por esto, si se combina un par de electrodos para hacer una pila voltaica, la media reacción de reducción (cátodo) de la pila será la que aparece en la lista para el electrodo que se halla en la parte inferior de la Tabla, y la media reacción de oxidación (ánodo) será *inversa* de la indicada para el electrodo que se halla en la parte superior de la Tabla.

Por ejemplo considere una pila construida de electrodos estándar de Ni^{2+}/Ni y Ag^+/Ag. La Tabla muestra para estos electrodos los siguientes valores:

$$Ni^{2+} + 2e^- \rightleftharpoons Ni \qquad \mathscr{E}°_{red} = -0.250 \text{ V}$$
$$Ag^+ + e^- \rightleftharpoons Ag \qquad \mathscr{E}°_{red} = +0.799 \text{ V}$$

De los dos iones, el ion Ag^+ muestra la mayor tendencia para reducción. El electrodo de Ag^+/Ag es, por consiguiente, el cátodo, y el electrodo de Ni^{2+}/Ni es el ánodo. La media reacción que se realiza en el ánodo es una oxidación, y el potencial de media pila es un potencial de oxidación. Por consiguiente, el signo de la Tabla para la media pila de Ni^{2+}/Ni debe invertirse para dar un $\mathcal{E}^\circ_{ox}$:

$$\text{ánodo:} \quad Ni \longrightarrow Ni^{2+} + 2e^- \qquad \mathcal{E}^\circ_{ox} = +0.250 \text{ V}$$
$$\text{cátodo:} \quad 2e^- + 2Ag^+ \longrightarrow 2Ag \qquad \mathcal{E}_{red} = +0.799 \text{ V}$$

La reacción de la pila y la fem de la pila pueden obtenerse por adición:

$$Ni + 2Ag^+ \longrightarrow Ni^{2+} + 2Ag \qquad \mathcal{E}^\circ_{pila} = +1.049 \text{ V}$$

Observe que la media reacción para la reducción de Ag^+ debe multiplicarse por dos antes de la adición para que los electrones perdidos y ganados en las medias reacciones se cancelen. Sin embargo, la $\mathcal{E}^\circ$ para el electrodo de Ag^+/Ag *no* se multiplica por dos. La magnitud de un potencial de electrodo depende de la temperatura y las concentraciones de los materiales utilizados en la construcción de la media pila. Estas variables son fijas para los potenciales de los electrodos *estándar*. La indicación de la estequiometría de la pila de reacción no implica que haya cambio en la concentración.

Realmente, las medias reacciones implicadas por los potenciales de media pila son:

$$\cancel{2H^+} + Ni \longrightarrow \cancel{H_2} + Ni^{2+}$$
$$\cancel{H_2} + 2Ag^+ \longrightarrow \cancel{2H^+} + 2Ag$$
$$\overline{Ni + 2Ag^+ \longrightarrow Ni^{2+} + 2Ag}$$

Observe, sin embargo, que en la adición de estas medias reacciones, se cancelan las moléculas de H_2 y los iones H^+. Los potenciales de los electrodos también son útiles para la evaluación de reacciones de oxido-reducción que tienen lugar fuera de las pilas electroquímicas. Un agente oxidante es una sustancia que efectúa una oxidación y es reducida en el proceso. Por consiguiente, un agente *oxidante* fuerte tiene un alto potencial positivo de *reducción,* $\mathcal{E}^\circ_{red}$. El agente oxidante más fuerte dado en la Tabla 18.2 es el $F_2(g)$, puesto que el $\mathcal{E}^\circ_{red}$ dado en la tabla es

$$F_2(g) + 2e^- \longrightarrow 2F^-(ac) \qquad \mathcal{E}^\circ_{red} = +2.87 \text{ V}$$

Los mejores agentes oxidantes que se hallan en la lista de la tabla son F_2, MnO_4^- en ácido, Cl_2 y $Cr_2O_7^{2-}$ en ácido.

Un agente reductor se oxida por sí mismo al producir una reducción. Por consiguiente, un agente *reductor* fuerte, tiene un alto potencial positivo de *oxidación*. Recuérdese que los valores de $\mathcal{E}^\circ_{ox}$ se obtienen cambiando los signos de los valores de la tabla; las correspondientes medias reacciones de oxidación se obtienen invirtiendo las ecuaciones parciales indicadas. El agente reductor más fuerte dado en la Tabla 18.2 es el metal Li, puesto que el $\mathcal{E}^\circ_{ox}$ más alto obtenido de los valores de la tabla es,

$$Li(s) \longrightarrow Li^+(ac) + e^- \qquad \mathcal{E}^\circ_{ox} = +3.045 \text{ V}$$

Los mejores agentes reductores dados en la tabla son los metales activos Li, K, Ba, Ca y Na.

Se puede determinar si una reacción propuesta será espontánea o no *con todas las sustancias presentes en una actividad unitaria* mediante el uso de potenciales de electrodos. Una reacción espontánea se indica solamente si la fem de la reacción es positiva.

Ejemplo 18.5

Usando potenciales de electrodos determine si las siguientes reacciones propuestas son espontáneas con todas las sustancias presentes a una actividad unitaria.

(a) $Cl_2(g) + 2I^-(ac) \longrightarrow 2Cl^-(ac) + I_2(s)$

(b) $2Ag(s) + 2H^+(ac) \longrightarrow 2Ag^+(ac) + H_2(g)$

Solución

(a) En la reacción propuesta, el Cl_2 se reduce a Cl^- (y necesitamos un $\mathcal{E}^\circ_{red}$ para esta media reacción) y el I^- se oxida a I_2 (y necesitamos un $\mathcal{E}^\circ_{ox}$ para esta media reacción):

$$2e^- + Cl_2(g) \longrightarrow 2Cl^-(ac) \qquad {}^*\mathcal{E}^\circ_{red} = +1.360\text{ V}$$
$$2I^-(ac) \longrightarrow I_2(s) + 2e^- \qquad \mathcal{E}^\circ_{ox} = -0.536\text{ V}$$
$$\overline{Cl_2(g) + 2I^-(ac) \longrightarrow 2Cl^-(ac) + I_2(s) \qquad \text{fem} = +0.824\text{ V}}$$

Debido a que toda la fem es positiva, la reacción es espontánea.

(b) En esta reacción, Ag se oxida ($\mathcal{E}^\circ_{ox}$ necesaria) y H^+ se reduce ($\mathcal{E}^\circ_{red}$ necesaria):

$$2Ag(s) \longrightarrow 2Ag^+(ac) + 2e^- \qquad \mathcal{E}^\circ_{ox} = -0.799\text{ V}$$
$$2H^+(ac) + 2e^- \longrightarrow H_2(g) \qquad \mathcal{E}^\circ_{red} = 0.000\text{ V}$$
$$\overline{2Ag(s) + 2H^+(ac) \longrightarrow 2Ag^+(ac) + H_2(g) \qquad \text{fem} = -0.799\text{ V}}$$

La reacción *no* es espontánea como está escrita. La reacción inversa (entre Ag^+ y H_2) será espontánea (fem = +0.799 V)

Hay varios factores que deben tenerse en cuenta cuando usemos una tabla de potenciales de los electrodos para pronosticar el curso de una reacción química. Debido a que $\mathcal{E}$ cambia con cambios en la concentración, puede lograr que ocurran muchas reacciones presumiblemente no favorecidas alterando las concentraciones de las especies reaccionantes. Además, algunas reacciones teóricamente favorecidas proceden a una velocidad tan lenta que no son de importancia práctica.

El uso correcto de la tabla también exige que se consideren todas las medias reacciones pertinentes de un elemento dado antes de hacer una predicción. Sobre la base de las medias reacciones:

$$3e^- + Fe^{3+} \rightleftharpoons Fe \qquad {}^*\mathcal{E}^\circ_{red} = -0.036\text{ V}$$

$$2e^- + 2H^+ \rightleftharpoons H_2 \qquad \mathcal{E}^\circ_{red} = 0.000\text{ V}$$

Se podría pronosticar que los productos de la reacción del hierro con H^+ sería el hidrógeno gaseoso e iones Fe^{3+} (fem para la reacción completa, +0.036 V. Sin embargo, el estado de oxidación del hierro (II) se halla entre el hierro metálico y el estado de oxidación del hierro (III).

* De aquí en adelante se usarán los símbolos con el mismo significado.

Una vez que un átomo de hierro ha perdido dos electrones y se convierte en un ion Fe^{2+}, opone más oxidación, como puede verse de lo inverso de lo siguiente:

$$e^- + Fe^{3+} \rightleftharpoons Fe^{2+} \qquad \mathscr{E}^\circ_{red} = +0.771\ V$$

Por lo tanto, la reacción sólo produce iones Fe^{2+}. Este hecho se pudo haber previsto mediante examen de la media reacción

$$2e^- + Fe^{2+} \rightleftharpoons Fe \qquad \mathscr{E}^\circ_{red} = -0.440\ V$$

El $\mathscr{E}_{ox}$ para la producción de los iones Fe^{2+} de la reacción del hierro metálico y los iones H^+ (0.440 V) es mayor que el necesario para la producción de los iones Fe^{3+} (+0.036 V), y, por lo tanto, se favorece lo primero.

Podemos resumir los potenciales de los electrodos para el hierro y sus iones como sigue:

$$Fe^{3+} \xrightarrow{+0.77\ V} Fe^{2+} \xrightarrow{-0.440\ V} Fe \qquad (Fe^{3+} \xrightarrow{-0.036\ V} Fe)$$

Los pronósticos anteriores resultan inmediatamente evidentes con este diagrama, si recordamos que la oxidación es lo inverso de la relación correspondiente a un potencial de electrodo.

Ocasionalmente, un estado de oxidación de un elemento es inestable hacia la desproporción (auto oxido-reducción, Sección 11.3). Los potenciales para los electrodos de cobre y sus iones puede resumirse como sigue:

$$Cu^{2+} \xrightarrow{+0.153\ V} Cu^{+} \xrightarrow{+0.521\ V} Cu \qquad (Cu^{2+} \xrightarrow{+0.337\ V} Cu)$$

De esto vemos que el ion Cu^+ no es muy estable. En agua, los iones Cu^+ son desproporcionados en relación con los iones de cobre metálico y de Cu^{+2}:

$$2Cu^+(ac) \longrightarrow Cu(s) + Cu^{2+}(ac)$$

La fem para esta reacción es $+0.521 - 0.153 = +0.368$ V. Las especies inestables hacia la desproporcionación pueden ser fácilmente reconcibles por el hecho de que el potencial del electrodo para la reducción al estado de oxidación más bajo es más positivo que el potencial del electrodo para el par con el siguiente estado de oxidación más alto. En el diagrama, el hierro y sus iones indican que el ion Fe^{2+} es estable hacia tal desproporcionación.

18.8 Cambio de energía libre de Gibbs y fuerza electromotriz

La fem reversible de una celda, $\mathscr{E}^\circ_{celda}$, es una medida de la disminución en la energía libre de Gibbs para la reacción de la celda:

$$\Delta G^\circ = -nF\mathscr{E}^\circ \tag{18.1}$$

Por consiguiente, podemos usar potenciales de electrodos estándar para calcular los valores de ΔG°

Ejemplo 18.6

Use datos electroquímicos para calcular el valor de $\Delta G°$ para la reacción

$$2\,Ag(s) + Cl_2(g) \longrightarrow 2\,AgCl(s)$$

Solución

Usamos los potenciales de los electrodos estándar de la lista en el apéndice para calcular el potencial estándar para la reacción:

$$\begin{array}{rlrl} 2Ag(s) + 2Cl^-(ac) \longrightarrow 2AgCl(s) + 2e^- & \mathscr{E}^\circ_{ox} & = & -0.222\text{ V} \\ 2e^- + Cl_2(g) \longrightarrow 2Cl^-(ac) & \mathscr{E}^\circ_{red} & = & +1.359\text{ V} \\ \hline 2Ag(s) + Cl_2(g) \longrightarrow 2AgCl(s) & \mathscr{E}^\circ_{pila} & = & +1.137\text{ V} \end{array}$$

Puesto que $n = 2$(2moles de electrones transferidos),

$$\begin{aligned} \Delta G° &= -n\,F\,\mathscr{E}° \\ &= -2(96{,}500\text{ C})(+1.137\text{ V}) \\ &= -219{,}400\text{ J} = -219.4\text{ kJ} \end{aligned}$$

observe que 1 J = 1 V·C.

Los valores de $\Delta G°$ obtenidos de esta forma se pueden utilizar junto con los cambios de entalpía estándar (valores de $\Delta H°$), para calcular los cambios en entropía estándar (valores $\Delta S°$).

Ejemplo 18.7

Calcule el valor de $\Delta S°$ para la reacción

$$2\,Ag(s) + Cl_2(g) \longrightarrow 2\,AgCl(s) \qquad \Delta H° = -254.0\text{ kJ}$$

Solución

Se da $\Delta H°$ para la reacción y observamos del Ejemplo 18.6 que $\Delta G° = -219.4$ kJ. Por consiguiente,

$$\Delta G° = \Delta H° - T\Delta S°$$

$$-219.4\text{ kJ} = -254.0\text{ kJ} - T\,\Delta S°$$

$$T\,\Delta S° = -34.6\text{ kJ}$$

Puesto que T = 298°K,

$$\begin{aligned} \Delta S° &= \frac{T\Delta S°}{T} \\ &= \frac{-(34{,}600\text{ J})}{298\text{ K}} \\ &= -116\text{ J/K} \end{aligned}$$

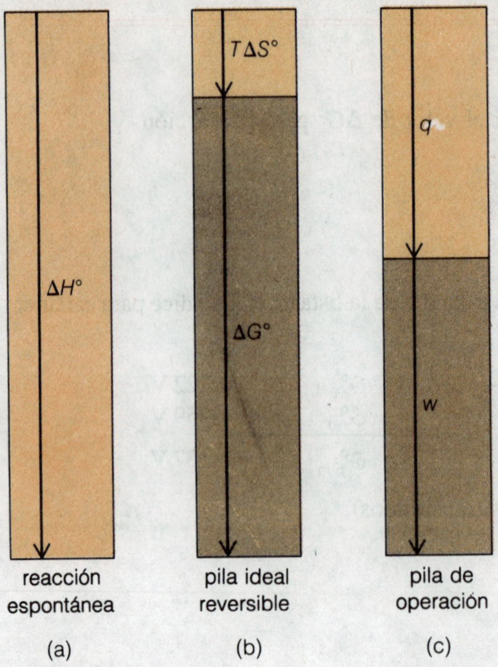

Figura 18.7 Relación entre las funciones termodinámicas para la reacción $2Ag(s) + Cl_2(g) \rightarrow 2AgCl(s)$ a 25°C y 1 atm.

El hecho de que $\Delta S°$ sea negativo quiere decir que el sistema se hace más ordenado (menos al azar) a medida que continúa la reacción. Observe que se consume un mol de gas durante el curso de la reacción; por lo tanto, no es sorprendente la disminución en la entropía del sistema.

Los resultados del ejemplo 18.6 y 18.7 se resumen en la Figura 18.7. Si la reacción se efectúa fuera de la pila (a), se desprende el calor equivalente a $\Delta H°$. En el caso de la pila reversible ideal (b), se obtiene la máxima cantidad de trabajo utilizables ($\Delta G°$) y se desprende el valor equivalente a T$\Delta S°$. Puesto que $\Delta G° = \Delta H° - T\Delta S°$,

$$\Delta H° = \Delta G° + T\Delta S°$$

como lo ilustra la figura, la pila reversible ideal es una abstracción, no un mecanismo operante. Cuando se mide la fem de una pila reversible de la pila se equilibra con la fem externa en forma tal que no pasa corriente. En esta forma, se mide el máximo voltaje que la pila es capaz de producir. En una pila operante (c), se hace menos que la máxima cantidad de trabajo (w) y se desprende una cantidad de calor mayor que T$\Delta S°(q)$.

La relación entre $\Delta G°$ y la fem se utiliza en muchas otras formas. Por ejemplo, una $\mathcal{E}°_{celda}$, puede calcularse de un valor de $\Delta G°$ para una reacción de una celda. Además, los cambios de energía libre proveen una respuesta al problema de combinar dos valores de $\mathcal{E}^\circ_{red}$ para obtener un tercer valor de $\mathcal{E}^\circ_{red}$. Aunque $\mathcal{E}^\circ_{ox}$ y un $\mathcal{E}^\circ_{red}$) se pueden combinar para dar una fem de una *pila*, los potenciales de dos electrodos (valores de $\mathcal{E}^\circ_{red}$) *no* se pueden combinar directamente para dar un tercer potencial de *electrodo* (un valor $\mathcal{E}^\circ_{red}$). Por ejemplo, la suma de las dos ecuaciones parciales

$$2e^- + Fe^{2+} \longrightarrow Fe \qquad \mathcal{E}^\circ_{red} = -0.440\ V$$
$$e^- + Fe^{3+} \longrightarrow Fe^{2+} \qquad \mathcal{E}^\circ_{red} = +0.771\ V$$

es la ecuación parcial

$$3e^- + Fe^{3+} \longrightarrow Fe$$

Sin embargo, el potencial del electrodo para la media reacción final *no* es la suma de los otros dos valores $\mathcal{E}^\circ_{red}$. Una solución al problema la provee el hecho de que los cambios de energía libre son aditivos, en la misma forma en que lo son los cambios de entalpía (la ley de Hess).

Ejemplo 18.8

Use valores de $\mathcal{E}^\circ_{red}$ para calcular el $\mathcal{E}^\circ_{red}$ para la media reacción

$$3e^- + Fe^{3+} \longrightarrow Fe$$

Solución

Mientras que los valores de $\mathcal{E}^\circ_{red}$ no se pueden sumar para dar un tercero, el valor de ΔG° para las dos medias reacciones se puede añadir para dar un valor de ΔG° para una tercera media reacción:

	$\mathcal{E}^\circ_{red}$	$\Delta G^\circ = n\,F\,\mathcal{E}^\circ$
$2e^- + Fe^{2+} \longrightarrow Fe$	-0.440 V	$= -2(-0.440)F = +0.880F$
$e^- + Fe^{3+} \longrightarrow Fe^{2+}$	$+0.771$ V	$= -1(+0.771)F = -0.771F$
$3e^- + Fe^{3+} \longrightarrow Fe$		$+0.109F$

Observe que no intentamos multiplicar $+0.109$ V por el valor de faraday. El $\mathcal{E}^\circ_{red}$ para la tercera media reacción se obtiene partiendo del valor de ΔG° ($+0.109$ F). Puesto que se ganan tres electrones, $n = 3$.

$$\Delta G^\circ = -n\mathrm{F}\,\mathcal{E}^\circ_{red}$$
$$+0.109F = -3\mathrm{F}\,\mathcal{E}^\circ_{red}$$
$$\mathcal{E}^\circ_{red} = \frac{+0.109F}{-3F} = -0.036\ V$$

Los potenciales de electrodos también pueden usarse para determinar constantes de equilibrio. En la Seción 17.7 observamos que

$$\Delta G^\circ = -2.303RT\log K \qquad (18.2)$$

ya que

$$\Delta G^\circ = nF\mathcal{E}^\circ$$
$$nF\mathcal{E}^\circ = 2.303\ RT \quad \log K$$
$$\mathcal{E}^\circ = \frac{2.303\ RT}{nF} \log K \qquad (18.3)$$

Cuando $T = 298.15°K$ (25°C), la sustitución de R, F y T, da:

$$\mathcal{E}^\circ = \frac{0.05916\ \text{V}}{n} \log K \qquad (18.4)$$

Ejemplo 18.9

Use los datos de electroquímica para calcular la constante de equilibrio, K, para la reacción a 25°C:

$$Fe^{2+}(ac) + Ag^{+}(ac) \rightleftharpoons Fe^{3+}(ac) + Ag(s)$$

Solución

Las medias reacciones son:

$$Fe^{2+} \longrightarrow Fe^{3+} + e^{-} \qquad \mathcal{E}^\circ_{ox} = -0.771\ \text{V}$$
$$e^{-} + Ag^{+} \longrightarrow Ag(s) \qquad \mathcal{E}^\circ_{red} = +0.799\ \text{V}$$

Por consiguiente, el valor de $\mathcal{E}^\circ$ para la reacción es $+0.028$ V y $n = 1$:

$$\mathcal{E}^\circ = \frac{0.0592\ \text{V}}{n} \log K$$
$$+0.028\ \text{V} = \frac{0.0592\ \text{V}}{1} \log K$$
$$\log K = 0.47$$
$$K = 3.0$$

18.9 Efecto de la concentración sobre los potenciales de las pilas

En la Sección 17.7 consideramos la relación

$$\Delta G = \Delta G^\circ + 2.303RT \log Q \qquad (18.5)$$

donde ΔG es el cambio en energía libre para una reacción química, ΔG° es el cambio de energía libre estándar para esa reacción, R es 8.3143 J/(K·mol), T es la temperatura absoluta y Q es el coeficiente de reacción, una fracción obtenida de las actividades de las sustancias involucradas en la reacción. Para la reacción hipotética

$$wW + xX \longrightarrow yY + zZ$$

donde las letras minúsculas representan los coeficientes de la ecuación química balanceada.

$$Q = \frac{(a_Y)^y(a_Z)^z}{(a_W)^w(a_X)^x} \qquad (18.6)$$

La actividad de cada sustancia está elevada a una potencia igual al coeficiente de esa sustancia en la ecuación química balanceada. El *numerador* de Q es el producto de los términos de la actividad para las sustancias a la derecha de la ecuación química. El *denominador* de Q es el producto de los términos de la actividad para las sustancias a la izquierda de la ecuación química. Puesto que la actividad de un sólido puro se supone que siempre es la unidad, el término de la actividad para un sólido siempre es igual a 1. Para nuestro trabajo, supondremos que la actividad de una sustancia en solución está dada por la concentración molar de la sustancia y la actividad de un gas es igual a la presión parcial del gas en atmósferas.

Puesto que $\Delta G = -nF\mathcal{E}$ $\Delta G^\circ = -nF\mathcal{E}^\circ$

$$\Delta G = \Delta G^\circ + 2.303RT\log Q$$

$$-nF\mathcal{E} = -nF\mathcal{E}^\circ + 2.303RT\log Q$$

$$\mathcal{E} = \mathcal{E}^\circ - \frac{2.303RT}{nF}\log Q \qquad (18.7)$$

Si sustituimos 298.15°K por T (que es 25°C), 8.3143 J/(K·mol) para R, y 96.485 C/mol para F, obtendremos:

$$\mathcal{E} = \mathcal{E}^\circ \quad \frac{0.05916\ V}{nF}\log Q \qquad (18.8)$$

que es la llamada ecuación de Nernst, nombrada así en honor de Walther Nernst, quien la desarrolló en 1889. Cuando las actividades de todas las sustancias son la unidad (estados estándar), $\log Q = O$ y $\mathcal{E} = \mathcal{E}^\circ$. La ecuación de Nernst se puede emplear para determinar la fem de una pila construida de electrodos no estándar o para calcular el potencial del electrodo de una media pila en la cual todas las especies no se hallan presentes a la actividad diferente a la unidad.

Walther Nernst, 1864–1941. *American Institute of Physics, Niels Bohr Library, Sawyer Collection.*

Ejemplo 18.10

¿Cuál es el potencial del electrodo de un electrodo de Zn^{2+}/Zn en el cual la concentración de los iones Zn^{2+} es 0.1 M?

Solución

La ecuación parcial

$$2e^- + Zn^{2+} \longrightarrow Zn$$

muestra que se ganan $2e^-$. Si el símbolo $[Zn^{2+}]$ se utiliza para indicar la concentración molar de los iones Zn^{2+},

$$\mathcal{E} = \mathcal{E}^\circ - \frac{0.0592}{2}\log\left(\frac{1}{[Zn^{2+}]}\right)$$

$\mathcal{E}^\circ_{red}$ para el electrodo de Zn^{2+}/Zn es -0.76 V:

$$\mathcal{E} = -0.76 - \frac{0.0592}{2}\log\left(\frac{1}{0.1}\right)$$

$$\mathcal{E} = -0.76 - 0.0296(1) = -0.79 \text{ V}$$

Ejemplo 18.11

¿Cuál es el potencial para la pila

$$Ni|Ni^{2+}(0.01\ M)||Cl^-(0.2\ M)|Cl_2(1 \text{ atm})|Pt$$

Solución

(a) La oxidación ocurre en el electrodo de Ni^{2+}/Ni, puesto que éste es el ánodo de la pila. Las dos medias reacciones de la pila son:

$$Ni \longrightarrow Ni^{2+} + 2e^- \qquad \mathcal{E}^\circ_{ox} = +0.25 \text{ V}$$
$$2e^- + Cl_2 \longrightarrow 2Cl^- \qquad \mathcal{E}^\circ_{red} = 1.36 \text{ V}$$

Por consiguiente, la reacción de la pila y $\mathcal{E}^\circ$ para pila son:

$$Ni + Cl_2 \longrightarrow Ni^{2+} + 2Cl^- \qquad \mathcal{E}^\circ = +1.61 \text{ V}$$

puesto que $n = 2$

$$\mathcal{E} = \mathcal{E}^\circ - \frac{0.0592}{2}\log\left(\frac{[Cl^-]^2[Ni^{2+}]}{p_{Cl_2}}\right)$$

$$\mathcal{E} = +1.61 - \frac{0.0592}{2}\log\left(\frac{(0.2)^2(0.01)}{(1)}\right)$$

$$\mathcal{E} = +1.61 - 0.0296\log(0.0004)$$

$$\mathcal{E} = +1.61 + 0.10 = +1.71 \text{ V}$$

Ejemplo 18.12

¿Cuál es la $\mathcal{E}$ de la pila

$$Sn|Sn^{2+}(1.0\ M)||Pb^{2+}(0.0010\ M)|Pb$$

Solución

Lo siguiente puede obtenerse de una tabla de potenciales de electrodos estándar:

$$Sn \longrightarrow Sn^{2+} + 2e^- \qquad \mathcal{E}^\circ_{ox} = +0.136 \text{ V}$$

$$2e^- + Pb^{2+} \longrightarrow Pb \qquad \mathcal{E}^\circ_{red} = -0.126 \text{ V}$$

Así, la reacción en la pila estándar es

$$Sn + Pb^{2+} \longrightarrow Sn^{2+} + Pb \qquad \mathcal{E}^\circ = +0.010 \text{ V}$$

para la pila mostrada en el problema,

$$\mathcal{E} = \mathcal{E}^\circ - \frac{0.0592}{2} \log\left(\frac{[Sn^{2+}]}{[Pb^{2+}]}\right)$$

$$\mathcal{E} = +0.010 - \frac{0.0592}{2} \log\left(\frac{1.0}{0.0010}\right)$$

$$\mathcal{E} = +0.010 - 0.0296(3)$$

$$= +0.010 - 0.089 = -0.079 \text{ V}$$

Este resultado significa que la pila no actuará en la forma indicada por el diagrama. Por el contrario, operaría en el orden inverso y en la dirección opuesta a la de la pila estándar. El diagrama de la pila es

$$Pb|Pb^{2+}(0.0010\ M)||Sn^{2+}(1.0\ M)|Sn$$

y la reacción de la pila es

$$Pb + Sn^{2+} \longrightarrow Pb^{2+} + Sn \qquad \mathcal{E} = +0.079 \text{ V}$$

por este ejemplo vemos que los efectos de la concentración algunas veces pueden invertir la dirección que se espera que siga una reacción.

Observe que los resultados de los ejemplos anteriores concuerdan cualitativamente con los pronósticos basados en el principio de Le Chatelier. Aumentando las concentraciones de los reactivos y disminuyendo las concentraciones de los productos, se esperaría un aumento en la fuerza impulsora de la reacción que produjera una $\mathcal{E}$ más positiva. Por otra parte, disminuyendo las concentraciones de los reactivos y aumentando las concentraciones de los productos se esperaría un retardo en la reacción y que resultaría un valor más negativo de $\mathcal{E}$.

Ejemplo 18.13

Considere una pila basada en la reacción

$$Mg(s) + 2H^+ \rightarrow Mg^{2+}(ac) + H_2(g) \qquad \mathcal{E}^\circ_{pila} = +2.363 \text{ V}$$

¿Cuál es la concentración de $H^+(ac)$ en una pila en la cual $[Mg^{2+}] = 1.00$ M y $P_{H_2} = 1.00$ atm si la fem de la pila es $+2.099$ V?

Solución

$$\mathcal{E} = \mathcal{E}° - \frac{0.0592}{n}\log\frac{[Mg^{2+}](p_{H_2})}{[H^+]^2}$$

$$+2.099 = +2.363 - \frac{0.0592}{2}\log\frac{1}{[H^+]^2}$$

$$-0.264 = -\frac{0.0592}{2}(-2\log[H^+])$$

$$\log[H^+] = -4.46$$

$$[H^+] = 3.5 \times 10^{-5}\ M$$

Observe que el pH (el cual es $-\log[H^+]$) de la solución en el cátodo de la pila es 4.46. Este ejemplo ilustra cómo una pila voltaica se puede utilizar para medir la concentración de un ion. Un potenciómetro hace uso de este concepto con el instrumento calibrado para leer el en unidades de pH en vez de volts.

18.10 Concentración de las pilas

Puesto que un potencial de un electrodo depende de la concentración de los iones usados en el electrodo, una pila puede construirse de dos medias pilas que estén compuestas del mismo material pero que difieran en concentración de los iones. Por ejemplo:

$$Cu|Cu^{2+}(0.010\ M)||Cu^{2+}(0.10\ M)|Cu$$

De la ecuación parcial

$$2e^- + Cu^{2+} \rightleftharpoons Cu \qquad \mathcal{E} = +0.34\ V$$

y del principio de Le Chatelier, podemos pronosticar que *aumentando* la concentración de los iones Cu^{2+} se desplazará la reacción hacia la derecha y aumentará el potencial de reducción, mientras que *disminuyendo* la concentración de los iones Cu^{2+} se desplazará la reacción hacia la izquierda y se aumentará el potencial de oxidación (o disminuirá el potencial de reducción). Por lo tanto, de los dos electrodos en la representación de la pila, el electrodo de la izquierda (con la concentración más baja de iones Cu^{2+}) tendría la tendencia más fuerte para la oxidación y el de la derecha (con la concentración más alta de iones Cu^{2+}) tendría la tendencia más fuerte para la reducción. La reacción de la pila es

$$Cu + Cu^{2+}(0.10\ M) \longrightarrow Cu^{2+}(0.010\ M) + Cu$$

$\mathcal{E}°$ para esta pila es cero, pues el mismo electrodo está involucrado en cada media pila. Entonces

$$\mathcal{E} = 0.00 - \frac{0.0592}{2}\log\left(\frac{0.010}{0.10}\right)$$

$$\mathcal{E} = -0.0296(-1) = +0.0296\ V$$

18.11 Potencial de los electrodos y electrólisis

Una fuerza electromotriz calculada a partir de potenciales de los electrodos es el máximo voltaje que puede desarrollar la pila. Para el proceso inverso, una electrólisis, la fem es el mínimo voltaje requerido para efectuar la electrólisis. En teoría, deberíamos ser capaces de usar los valores $\mathcal{E}°$ para determinar qué reacciones de electrodo ocurrirán en una electrólisis cuando es posible elegir entre varias.

Considere la electrólisis de una solución acuosa de $CuCl_2$. Existen dos reacciones posibles del cátodo:

$$2e^- + Cu^{2+}(ac) \longrightarrow Cu(s) \qquad \mathcal{E}°_{red} = +0.34 \text{ V}$$

$$2e^- + 2H_2O \longrightarrow H_2(g) + 2OH^-(ac) \qquad \mathcal{E}°_{red} = -0.414 \text{ V}$$

El potencial del electrodo para la reducción del agua se ha ajustado mediante el uso de la ecuación de Nernst por el hecho de que, en solución acuosa neutra $[OH^-] = 10^{-7}M$, no 1.0 M. Claramente, la reducción del Cu^{2+} es más fácil que la reducción del agua.

Deberán considerarse dos posibles reacciones en el ánodo.

$$2Cl^-(ac) \longrightarrow Cl_2(g) + 2e^- \qquad \mathcal{E}°_{ox} = -1.36 \text{ V}$$

$$2H_2O \longrightarrow O_2(g) + 4H^+(ac) + 4e^- \qquad \mathcal{E}°_{ox} = -0.82 \text{ V}$$

El potencial del electrodo para la oxidación del agua se ha ajustado mediante el uso de la ecuación de Nernst por el hecho de que, en solución acuosa neutra $[H^+] = 10^{-7}M$, no 1.0 M. De esto, parecería que debería ocurrir la oxidación del agua. De hecho, la oxidación del Cl es la media reacción que se observa.

Frecuentemente, el voltaje requerido para una electrólisis es mayor que el valor calculado mediante el uso de potenciales de electrodos, por una cantidad llamada el **sobrevoltaje.** Se cree que el sobrevoltaje es causado por una lenta velocidad de reacción en los electrodos. Se requiere aplicar exceso de voltaje para lograr que la electrólisis siga una velocidad apreciable. Los sobrevoltajes para los depósitos metálicos son bajos, pero los requeridos para la liberación de hidrógeno gaseoso u oxígeno gaseoso generalmente son apreciables. En la electrólisis de una solución acuosa de $CuCl_2$, el sobrevoltaje del cloro es menor que el sobrevoltaje del oxígeno, en forma tal que se libera el Cl_2 en el ánodo y no O_2.

Por consiguiente, el voltaje mínimo requerido para la electrólisis es

$$\mathcal{E} = \mathcal{E}°_{red} + \mathcal{E}°_{ox}$$

$$\mathcal{E} = +0.34 \text{ V} - 1.36 \text{ V} = -1.02 \text{ V}$$

El valor tiene un signo negativo puesto que éste representa el voltaje *requerido*. Tendría que usarse un voltaje mayor que éste para controlar el sobrevoltaje y también para contrarrestar la resistencia interna de la pila.

Los productos de una electrólisis varían con las concentraciones de los iones en solución, puesto que las fem de las medias pilas dependen de las concentraciones. Por ejemplo, la electrólisis de soluciones *diluidas* acuosas produce oxígeno gaseoso en el ánodo en vez de cloro. Por lo tanto, después de que ocurren las reacciones primarias en los electrodos, en las cuales se transfieren electrones, pueden ocurrir reacciones secundarias. Si el cloro se libera en una solución alcalina, por ejemplo, se puede formar ClO^- o ClO_3^- por la reacción de Cl_2 con iones OH^-.

18.12 La corrosión del hierro

La corrosión del hierro ocasiona graves consecuencias económicas. El costo mundial anual de sustitución de objetos de hierro corroído cuesta miles de millones de dólares. El proceso mismo es de naturaleza electroquímica.

La corrosión del hierro ocurre sólo en presencia de oxígeno y agua. Sobre una parte de la superficie del objeto de hierro tiene lugar la *oxidación*.

$$\text{ánodo: } Fe(s) \longrightarrow Fe^{2+}(ac) + 2e^-$$

En otro sitio de la superficie tiene lugar la reducción, involucrando $O_2(g)$ y H_2O

$$\text{cátodo: } 4e^- + O_2(g) + 2H_2O \longrightarrow 4OH^-(ac)$$

Por lo tanto, en efecto se establece una pila voltaica en miniatura. Los electrones producidos en la región anódica se mueven a través del hierro hacia la región catódica.

Los *cationes,* iones de Fe^{2+}, producidos en el ánodo, se mueven a través del agua sobre la superficie del objeto hacia el *cátodo*. Los aniones, iones de OH^-, producidos en el cátodo, se mueven hacia el *ánodo*. En alguna parte entre estas dos regiones, se encuentran los iones y forman $Fe(OH)_2$. Sin embargo, el hidróxido de hierro (II) no es estable en presencia de humedad y oxígeno. El hidróxido se oxida a hidróxido de hierro (III), el que en realidad en un hidrato de oxido de hierro (III), $Fe_2O_3.xH_2O$ o hierro corroído, herrumbroso.

Los sitios donde un objeto corroído de hierro adquiere *picaduras*, son las regiones anódicas donde el hierro se disuelve como iones de Fe^{2+}. Las regiones catódicas son aquellas que están más expuestas a la humedad y al aire, puesto que el $O_2(g)$ y el agua están involucrados en la reacción catódica. La herrumbre siempre se forma en los puntos algo distanciados de aquellos donde ocurre la excoriación (entre las regiones anódicas y catódicas). Por ejemplo, cuando se oxida un objeto de hierro pintado, las regiones catódicas se localizan donde la pintura se ha raído y el hierro básico queda expuesto a la humedad y al oxígeno. Las regiones anódicas, donde se pica el hierro son puntos cerca de la superficie pintada. La escoriación hace que se resquebraje más pintura con lo cual se acelera la corrosión. La corrosión misma se forma en sitios entre estas dos regiones, generalmente, más cerca de la región catódica que de la anódica —la transformación del $Fe(OH)_2$ en herrumbre requiere $O_2(g)$ y H_2O).

El agua salada acelera la corrosión debido a que los iones presentes en el agua ayudan a transportar la corriente en las pilas voltaicas en miniatura que se hallan en la superifice del hierro. Algunos iones, Cl^- por ejemplo, parecen catalizar las reacciones en el electrodo. Las impurezas en el hierro también aumentan la corrosión. El hierro muy puro no se corroe fácilmente. Algunos tipos de impurezas, tensiones y defectos cristalinos presentes en el hierro atraen los electrones apartándolos de las regiones en el hierro que se convierten, por consiguiente, en lugares anódicos.

Se puede impedir que los objetos de hierro o acero se corroan aplicando recubrimientos protectores (tales como grasa, pintura u otros metales), los cuales mantienen el aire y la humedad alejados del hierro. Los recubrimientos metálicos se aplican mediante electrólisis (Cr, Ni y Cd son ejemplos) o sumergiendo el objeto en el metal fundido (Zn y Sn son ejemplos).

El hierro galvanizado es hierro recubierto por cinc. El hierro queda protegido de la corrosión aún si se rompe el recubrimiento de cinc. En tal caso, el cinc, en vez del hierro, sirve como ánodo y es oxidado puesto que el cinc es un metal más reactivo que el hierro. Para el recubrimiento de estaño, tal como se usa en las "latas", ocurre

Se entierran dos tiras de alambre de cinc (alrededor de 1 cm de diámetro) como ánodos de sacrificio a lo largo del oleoducto trans-Alaska, con el fin de evitar la corrosión electroquímica de la tubería. Las tiras están conectadas a la tubería a intervalos de 150 a 300 m. (*The Alyeska Pipeline Service Company*.)

lo inverso. Si se rompe un recubrimiento de estaño, aumenta la corrosión del hierro subyacente, puesto que el hierro es un metal más reactivo que el estaño.

Los metales que son más activos que el hierro se pueden utilizar como ánodos de sacrificio. Para proteger un tanque de hierro, tubería o cable bajo tierra de la corrosión, se entierran piezas de metales reactivos (tales como Mg o Zn) al lado del objeto de hierro y se conectan a él mediante alambres. Mediante esto, el hierro no se oxida; se convierte en el cátodo y el metal más activo se convierte en el ánodo. Los ánodos de los metales reactivos se sacrifican para proteger el hierro. Se oxidan rápidamente y deben remplazarse periódicamente.

18.13 Algunas pilas voltaicas de uso comercial

Algunas pilas voltaicas son de importancia comercial. La **pila seca** (Figura 18.8) consiste en un recipiente de cinc (el cual sirve como ánodo) que se llena con una pasta

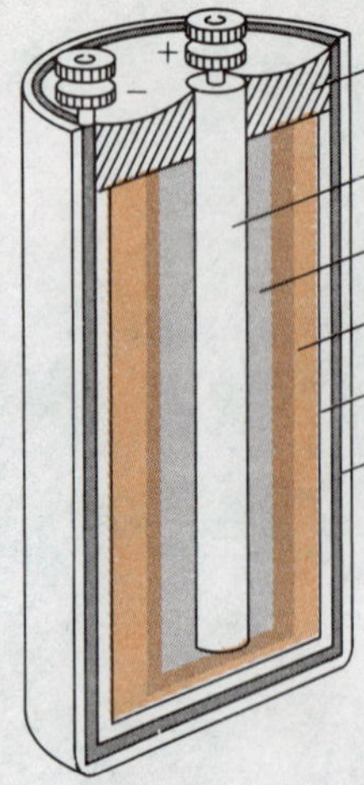

Figura 18.8 La pila seca.

húmeda de cloruro de amonio y cloruro de cinc, y contiene un electrodo de grafito (el cátodo) rodeado por dióxido de manganeso. Las reacciones de los electrodos son complejas, pero se pueden representar aproximadamente por:

ánodo: $$Zn \longrightarrow Zn^{2+} + 2e^-$$

cátodo: $$2e^- + 2\,MnO_2 + 2\,NH_4^+ \longrightarrow Mn_2O_3 \cdot H_2O + 2\,NH_3$$

La pila seca genera un voltaje aproximado de 1.25 a 1.50 V. Un tipo más reciente de pila que se usa en pequeños objetos eléctricos (tales como audífonos) consisten en un recipiente de cinc como ánodo, una barra de carbón como cátodo y óxido de mercurio (II) húmedo mezclado con hidróxido de potasio como electrólito. Un recubrimiento de papel poroso conserva el electrólito separado del ánodo de cinc. La pila tiene un potencial de aproximadamente 1.35 V:

ánodo: $$Zn + 2\,OH^- \longrightarrow Zn(OH)_2 + 2e^-$$

cátodo: $$2e^- + HgO + H_2O \longrightarrow Hg + 2\,OH^-$$

La **pila de almacenamiento de plomo (acumulador)** consiste en un ánodo de plomo y una retícula de plomo empacada con dióxido de plomo como cátodo. El electrólito es ácido sulfúrico y las reacciones de media pila son:

ánodo: $$Pb(s) + SO_4^{2-} \longrightarrow PbSO_4(s) + 2e^-$$

cátodo: $$2e^- + PbO_2(s) + SO_4^{2-} + 4\,H^+ \longrightarrow PbSO_4(s) + 2\,H_2O$$

En la práctica, la corriente obtenida de una pila de almacenamiento de plomo (acumulador) se aumenta construyendo la pila de varias placas catódicas unidas y dispuestas alternando con placas anódicas, las cuales también están unidas en forma análoga. La diferencia de potencial de una pila es aproximadamente 2 V. Una batería de almacenamiento consiste en tres o seis de tales pilas unidas en serie para producir una batería de 6 a 12 voltios.

Las reacciones del electrodo de la batería de almacenamiento pueden invertirse mediante la aplicación de una fuente de corriente externa, y en esta forma puede recargarse la batería. Puesto que se consume el ácido sulfúrico a medida que la batería de almacenamiento distribuye corriente, puede determinarse el estado de carga de la batería midiendo la densidad del electrólito de la batería.

La **pila de almacenamiento de cadmio-níquel** dura más que la pila de almacenamiento de plomo pero su fabricación es mucho más costosa.

ánodo: $Cd(s) + 2\,OH^- \longrightarrow Cd(OH)_2 + 2e^-$

cátodo: $2e^- + NiO_2(s) + 2\,H_2O \longrightarrow Ni(OH)_2 + 2\,OH^-$

El potencial de cada pila de una batería de cadmio-níquel es aproximadamente de 1.4 V, y es recargable.

18.14 Pilas de combustible

En la producción de energía eléctrica, el calor de la combustión de un combustible (carbón, petróleo o gas natural) se usa para convertir el agua en vapor. El vapor se usa para accionar una turbina, la cual, a su vez, mueve un generador y produce corriente eléctrica. En cada etapa durante el proceso, se pierde energía en forma de calor. Como resultado, sólo cerca del 30% al 40% de la energía obtenida de la combustión del combustible se convierte en energía eléctrica.

Las pilas eléctricas que se han diseñado para convertir la energía de la combustión de combustibles, tales como hidrógeno, monóxido de carbono o metano, directamente en energía eléctrica, se llaman pilas de combustible. Puesto que, en teoría, el 100% de la energía liberada por una combustión (ΔG) debería de obtenerse de una pila de combustible eficiente, se está llevando a cabo extensa investigación sobre su mejoramiento. Aunque aproximadamente sólo se ha obtenido del 60 al 70% de la eficiencia, las celdas de combustibles actuales tienen cerca del doble de eficiencia que los procesos en los cuales el calor de combustión se utiliza para producir electricidad por medios mecánicos. En una típica pila de combustible, el hidrógeno y el oxígeno burbujean a través de electrodos de carbono poroso en hidróxido de sodio o potasio acuosos concentrados. Los catalizadores se incorporan en los electrodos:

$$C|H_2(g)|OH^-|O_2(g)|C$$

Los materiales gaseosos se consumen y se reponen continuamente. Las reacciones de los electrodos son:

ánodo: $2\,H_2(g) + 4\,OH^- \longrightarrow 4\,H_2O + 4e^-$

cátodo: $4e^- + O_2(g) + 2\,H_2O \longrightarrow 4\,OH^-$

La reacción completa de la pila es

$$2\,H_2(g) + O_2(g) \longrightarrow 2\,H_2O(l)$$

La pila se mantiene a una temperatura elevada y el agua producida por la reacción de la pila se evapora a medida que se forma. Aunque las pilas de combustible de hidrógeno-oxígeno se han utilizado para suministrar electricidad a las naves espaciales, las pilas de combustible existentes son costosas y no son comercialmente prácticas. Los problemas en su diseño incluyen el desarrollo de catalizadores para que las reacciones de

Pila de combustible para demostración, utilizada para generar potencia eléctrica mediante la oxidación al aire de un combustible de hidrocarburo enriquecido con hidrógeno. *U.S. Department of Energy.*

los electrodos se realicen más rápido; el diseño de pilas que actúen a menores temperaturas que las que se usan corrientemente; y el mejoramiento de métodos utilizados para manejar líquidos corrosivos (tales como el electrólito KOH) y gases bajo presión.

Resumen

Los temas presentados en este capítulo son:

1. Conducción eléctrica por metales y electrólitos.

2. Electrólisis; el uso de la electricidad para producir cambios químicos.

3. La relación cuantitativa entre electricidad y cambio químico.

4. Pilas voltaicas, en las cuales las reacciones químicas se utilizan para generar electricidad.

5. Fuerza electromotriz, la fuerza que produce corriente eléctrica en una pila voltaica y es una medida de la tendencia para que se efectúe la reacción de la pila.

6. Potenciales de los electrodos estándar, los cuales se usan para sistematizar e interpretar fenómenos de oxido-reducción.

7. La relación entre cambios de energía libre de Gibbs y fuerza electromotriz; el uso de datos electroquímicos para determinar valores de ΔG, ΔS y constante de equilibrio.

8. El efecto de los cambios de concentración sobre las fem de las pilas voltaicas, la ecuación de Nernst.

9. La concentración de las pilas, en las cuales la fem se produce por la combinación de dos medias pilas del mismo tipo, que difieren solamente en las concentraciones de los iones empleados.

10. El uso de los potenciales de los electrodos para pronosticar los productos de una electrólisis.

11. La corrosión del hierro, un proceso electroquímico.

12. Algunas pilas voltaicas comerciales.

13. Pilas de combustible, diseñadas para convertir la energía de una combustión directamente en energía eléctrica.

Glosario

A continuación aparecen algunos de los términos más importantes presentados en este capítulo. Las definiciones de los términos no incluidos en esta lista pueden localizarse usando el índice.

Ampere, A (Sección 18.1). Unidad básica del SI para la corriente eléctrica; una corriente de un colomb por segundo.

Ánodo (Sección 18.2). Electrodo en el cual ocurre la oxidación.

Cambio de energía libre de Gibbs, ΔG (Sección 18.6 y 18.8). Para una pila voltaica, medida del trabajo máximo que se puede obtener de la pila; $\Delta G = -nF\mathcal{E}$.

Cátodo (Sección 18.2). Electrodo en el cual se presenta la reducción.

Pila de concentración (Sección 18.10). Pila voltaica construida de dos medias pilas que están formadas de las mismas sustancias pero que difieren en la concentración de iones.

Conducción electrolítica (Sección 18.2). Conducción de electricidad por el movimiento de iones a través de una solución o una sal fundida. Una corriente sostenida requiere que también ocurran cambios químicos en los electrodos.

Conducción metálica (Sección 18.1). Conducción de electricidad a través de un metal por desplazamiento electrónico.

Coulomb, C (Sección 18.1). Unidad de carga eléctrica; la cantidad de electricidad transportada en un segundo por una corriente de un ampere.

Coulómetro de plata (Sección 18.4). Pila electrolítica en la cual la plata se deposita en el cátodo que está colocado en un circuito eléctrico para determinar el número de coulombios que han pasado a través del circuito (pesando la plata depositada)

Ecuación de Nernst (Sección 18.9). Ecuación utilizada para determinar la fem de una pila en la cual los constituyentes se hallan presentes en concentraciones diferentes de la estándar.

Electrodo (Sección 18.2). Ánodo o cátodo.

Electrodo estándar de hidrógeno. (Sección 18.7). Electrodo de referencia en el cual el hidrógeno, a 1 atm de presión, se hace burbujear sobre un electrodo de Pt que está sumergido en una solución ácida que contiene iones $H^-(ac)$ a una actividad de la unidad.

Electrólisis (Sección 18.3). Uso de la corriente eléctrica para producir cambios químicos.

Faraday, F (Sección 18.4). Carga total de 1 mol de electrones; 9.64846×10^4C.

Fuerza electromotriz, fem (Sección 18.6). Diferencia de potencial entre dos electrodos de una pila voltaica medida en voltios; medida de la tendencia para que se realice una reacción de oxido-reducción.

Fem estándar (Sección 18.6). Fem de una pila voltaica en la cual todos los reaccionantes y productos están en sus estados estándar; el estado estándar para un ion se aproxima a una concentración de 1 *M* y para un gas es aproximadamente 1 atm de presión.

Leyes de Faraday (Sección 18.4). Leyes desarrolladas por Michael Faraday que describen las relaciones cuantitativas entre la cantidad de electricidad usada y el cambio químico en una electrólisis.

Media pila (Secciónes 18.5 y 18.7). Mitad de una pila voltaica en la cual se realiza una oxidación o una reducción.

Pila de combustible (Sección 18.14). Pilas voltaicas que se han diseñado para convertir la energía obtenida de la combustión de un combustible directamente en energía eléctrica.

Pila de Daniell (Sección 18.5). Pila voltaica en la cual el Zn metálico se oxida a iones Zn^{2+} en el ánodo y los iones Cu^{2+} se reducen a Cu metálico en el cátodo.

Pila voltaica (Sección 18.5). Pila que utiliza una reacción química para producir energía eléctrica, también llamada **pila galvánica.**

Potencial del electrodo estándar, $\mathcal{E}^\circ_{red}$ (Sección 18.7). Potencial de media pila (medido en voltios) para una reducción relativa en el electrodo estándar que se le asigna un potencial de cero; medido a 25°C con todas las sustancias presentes en sus estados estándar.

Potencial de oxidación, $\mathcal{E}^\circ_{ox}$ (Sección 18.7). Potencial que corresponde a una oxidación de media reacción; un $\mathcal{E}_{ox}$ es el potencial inverso de un electrodo, $\mathcal{E}_{red}$ (que es un potencial de reducción) y los signos de los dos valores son diferentes.

Puente de sal (Sección 18.7). Tubo lleno de una solución concentrada de un electrólito que conecta dos medias pilas de una pila voltaica; transporta corriente eléctrica entre las medias pilas a la vez que impide que se mezcle su contenido.

Sobrevoltaje (Sección 18.11). Exceso de voltaje (del teóricamente calculado como necesario) que se debe aplicar en ciertas electrólisis, para que ocurran a velocidades apreciables.

Problemas *

Conducción

18.1 Describa el mecanismo de conducción metálica y el de conducción electrolítica.

18.2 ¿Cuál es el efecto de un aumento de la temperatura sobre la conductividad de los metales y sobre la conductividad de soluciones de electrólitos? Analice las causas de la resistencia al flujo de electricidad en estos dos tipos de conductores.

18.3 En una pila electrolítica: **(a)** ¿Qué tipo de iones se mueven hacia el ánodo? **(b)** ¿Qué tipo de media reacción ocurre en el ánodo? **(c)** ¿Cuál es el signo del ánodo? **(d)** ¿Entran los electrones en la pila o salen de la pila del ánodo?

Pilas electrolíticas, relaciones cuantitativas

18.4 Trace una pila para la electrólisis del $MgCl_2$ fundido entre electrodos inertes. Sobre el esquema, indique **(a)** los signos de los electrodos, **(b)** el cátodo y el ánodo, **(c)** las direcciones en que se mueven los iones, **(d)** la dirección en que se mueven los electrones, **(e)** las reacciones en los electrodos.

18.5 Trace el diagrama de una pila para la electrólisis de una solución de $CuSO_4$ entre electrodos de Cu. Sobre el diagrama, indique: **(a)** los signos de los electrodos **(b)** el cátodo y el ánodo, **(c)** la dirección en que se mueven los iones, **(d)** la dirección en que se mueven los electrones, **(e)** las reacciones de los electrodos.

18.6 Escriba las ecuaciones parciales para las reacciones de los electrodos que se presentan en la electrólisis de: **(a)** Na_2SO_4(ac), **(b)** NaCl(ac), **(c)** $CuCl_2$(ac), **(d)** $CuSO_4$(ac).

18.7 Una solución de Ni^{2+} se electroliza usando una corriente de 1.25 A. ¿Cuántos gramos de Ni se depositan en 25.0 minutos?

18.8 Una solución ácida que contiene el ion BiO^+ se electroliza utilizando una corriente de 0.750 A. ¿Cuántos gramos de Bi se depositan en 30.0 minutos? Escriba la ecuación de la reacción en el cátodo.

18.9 Una solución ácida que contiene iones Pb^{2+} se electroliza y el PbO_2(s) se deposita en el *ánodo*. **(a)** Escriba la ecuación química para la reacción en el ánodo. **(b)** Si una corriente de 0.500 A se utilizó durante 15.0 minutos; ¿cuántos gramos de PbO_2 se depositan? **(c)** Si una solución contiene 1.50 g de Pb^{2+}, ¿cuántos minutos demora la deposición del plomo, como PbO_2, usando una corriente de 0.500 A?

18.10 Una solución de Ag^+ se electrolizó utilizando una corriente de 2.50 A. ¿Cuántos gramos de Ag se depositan en 60 minutos?

18.11 ¿Cuántos minutos tomará depositar 3.00 g de Cd de una solución de Cd^{2+}, utilizando una corriente de 3.00 A?

18.12 ¿Cuántos minutos tomará depositar 5.00 g de Fe de una solución de Fe^{3+} utilizando una corriente de 1.50 A?

18.13 **(a)** Si se depositan 0.872 g de Ag en el cátodo de un coulómetro de plata, ¿cuántos coulombios han pasado a través del circuito? **(b)** Si el proceso toma 15.0 minutos, ¿cuál fue la velocidad de la corriente?

18.14 **(a)** ¿Cuántos gramos de Ni se depositan en la electrólisis de una solución de $NiSO_4$ en el mismo tiempo que toma depositar 0.575 g de Ag en un coulómetro de plata dispuesto en serie en una pila de $NiSO_4$? **(b)** Si se utiliza una corriente de 2.00 A, ¿cuántos minutos requerirá el procedimiento?

18.15 En un proceso de Hall, se produce aluminio mediante la electrólisis de Al_2O_3 fundido. Las reacciones de los electrodos son:

ánodo: $C + 2\,O^{2-} \longrightarrow CO_2 + 4e^-$

cátodo: $3e^- + Al^{3+} \longrightarrow Al$

En el proceso, el ánodo, que está compuesto de carbono es consumido gradualmente por la reacción anódica. ¿Cuántos gramos de C se pierden del ánodo durante el tiempo que toma depositar 1.00 kg de Al?

18.16 ¿Cuánto tiempo tomará producir suficiente aluminio por el proceso Hall (Problema 18.15) para hacer 24 latas de aluminio para envasar refrescos, si cada envase utiliza 5.00 g de Al y una corriente de 50,000 amperes y la eficiencia de la pila es 90.0%?

18.17 En la electrólisis del $MgCl_2$ fundido, ¿cuántos litros de Cl_2(g) medidos a TPE se producen en el mismo tiempo que toma depositar 10.0 g de Mg?

18.18 En la electrólisis de una solución de $CuSO_4$, ¿cuántos gramos de Cu se depositan en el cátodo en el tiempo que toma liberar 5.00 g de O_2(g) medidos a TPE en el ánodo?

18.19 ¿Cuál es la molaridad de H^+ en la solución después de la electrólisis descrita en el problema 12.18? El volumen final de la solución es de 750 ml.

18.20 **(a)** En la electrólisis de NaCl acuoso, ¿qué volumen de Cl_2(g) se produjo en el tiempo que toma liberar 5.00 litros de H_2(g)? Suponga que ambos gases son medidos a TPE **(b)** El volumen de la solución usada en la electrólisis es de 500 ml. ¿Cuál es la molaridad de NaOH después del proceso?

18.21 Si 125 ml de solución de $CuCl_2$ 0.250 *M* se electrolizan usando una corriente de 3.50 A durante un tiempo de 45.0 minutos, ¿cuáles son las concentraciones finales de los iones Cu^{2+} y Cl^-? Suponga que el volumen de la solución no cambia durante el transcurso de la electrólisis.

18.22 ¿Cuántas horas demorará depositar todo el Ni en 200 ml de una solución 0.350 *M* de Ni^{2+} utilizando una corriente de 0.650 A?

*Los problemas más difíciles están marcados por un asterisco. El apéndice G contiene las respuestas de los problemas codificados en color.

Pilas voltaicas, potenciales de los electrodos

18.23 Dibuje una pila voltaica en la cual la reacción de la pila sea

$$Mg(s) + 2Ag^{+}(ac) \rightarrow Mg^{2+}(ac) + 2Ag(s)$$

Sobre el trazado, indique: **(a)** los signos de los electrodos. **(b)** el ánodo y el cátodo, **(c)** las direcciones en las cuales se mueven los iones, **(d)** la dirección en la cual se mueven los electrones, **(e)** las reacciones del electrodo, **(f)** el voltaje de la pila.

18.24 Trace una pila voltaica en la cual la reacción sea $Cd + Cl_2 \rightarrow Cd^{2+} + 2Cl^{-}$. Sobre el trazado, indique: **(a)** los signos de los electrodos, **(b)** el cátodo y el ánodo, **(c)** las direcciones en que se mueven los iones, **(d)** la dirección en que se mueven los electrones, **(e)** las reacciones del electrodo, **(f)** el voltaje de la pila.

18.25 ¿Cuál es la $\mathcal{E}°$ para la pila

$$Mg|Mg^{2+}||Sn^{2+}|Sn$$

(b) Escriba la ecuación para la reacción de la pila. **(c)** ¿Cuál es el electrodo positivo?

18.26 **(a)** ¿Cuál es la $\mathcal{E}°$ para la pila

$$Ni|Ni^{2+}||Cu^{2+}|Cu$$

(b) Escriba la ecuación para la reacción de la pila. **(c)** ¿Cuál es el electrodo positivo?

18.27 **(a)** Escriba la notación para una pila que utiliza la reacción

$$Cl_2(g) + 2I^{-}(ac) \rightarrow 2Cl^{-}(ac) + I_2(s)$$

(b) ¿Cuál es $\mathcal{E}°$ para la pila? **(c)** ¿Qué electrodo es el cátodo?

18.28 **(a)** Dé la notación para una pila que utiliza la reacción

$$H_2(g) + Br_2(l) \rightarrow 2H^{+}(ac) + 2Br^{-}(ac)$$

(b) ¿Cuál es la $\mathcal{E}°$ para la pila? **(c)** ¿Cuál electrodo es el ánodo?

18.29 Para la pila

$$U|U^{3+}||Ag^{+}|Ag$$

$\mathcal{E}°$ es +2.588 V. Utilice la fem de la pila y $\mathcal{E}°$ para la pareja Ag^{+}/Ag para calcular $\mathcal{E}°$ para la media reacción de U^{3+}/U^{-}.

18.30 Para la pila

$$Cu|Cu^{2+}||Pd^{2+}|Pd$$

$\mathcal{E}°$ es + 0.650 V. Use la fem de la pila y $\mathcal{E}°$ para la pareja Cu^{2+}/Cu para calcular $\mathcal{E}°$ para la media reacción Pd^{2+}/Pd

18.31 Para la pila

$$Sn|Sn^{2+}||H^{+}, BiO^{+}|Bi$$

$\mathcal{E}°$ es +0.456 V. Use la fem de la pila y $\mathcal{E}°$ para la pareja Sn^{2+}/Sn para calcular $\mathcal{E}°$ para la media reacción BiO^{+}/Bi.

18.32 De la tabla de los potenciales de electrodos (solución ácida) que aparece en el apéndice, seleccione una sustancia para cada una de las siguientes transformaciones (suponga que todas las sustancias solubles están presentes a concentraciones de 1 *M*: **(a)** el agente oxidante capaz de oxidar Fe a Fe^{2+}, pero no Tl a Tl^{+}, **(b)** el agente oxidante capaz de oxidar Mn^{2+} a MnO_4^{-} pero no MnO_2 a MnO_4^{-}, **(c)** el agente reductor capaz de reducir Fe^{2+} a Fe pero no Mn^{2+} a Mn, **(d)** el agente reductor capaz de reducir PbO_2 a Pb^{2+} pero no MnO_2 a Mn^{2+}.

18.33 De la tabla de potenciales de electrodo (solución ácida) que aparece en el apéndice, seleccione una sustancia adecuada para cada una de las siguientes transformaciones. (suponga que todas las soluciones solubles se hallan presentes a concentraciones de 1 *M*): **(a)** un agente oxidante capaz de oxidar Hg a Hg_2^{2+} pero no Hg a Hg^{2+} **(b)** un agente oxidante capaz de oxidar Mn^{2+} a MnO_2 pero no el Cr^{3+} a $Cr_2O_7^{2-}$, **(c)** un agente reductor capaz de reducir Sn^{4+} a Sn^{2+} pero no Sn^{2+} a Sn, **(d)** un agente reductor capaz de reducir I_2 a I^{-} pero no Cu^{2+} a Cu.

18.34 Use valores $\mathcal{E}°$ para pronosticar si cada una de las siguientes ecuaciones básicas representa una reacción que ocurrirá en solución ácida con todas las sustancias solubles presentes en una concentración de 1 *M*. Complete y balancee la ecuación para cada reacción que se pronostica:

(a) $H_2O_2 + Cu^{2+} \longrightarrow Cu + O_2$
(b) $H_2O_2 + Ag^{+} \longrightarrow Ag + O_2$
(c) $Ag^{+} + Fe^{2+} \longrightarrow Ag + Fe^{3+}$
(d) $Au + Cl_2 \longrightarrow Au^{3+} + Cl^{-}$
(e) $H_2SO_3 + H_2S \longrightarrow S$

18.35 Use los valores $\mathcal{E}°$ para pronosticar si cada una de las siguientes ecuaciones básicas representa una reacción que ocurrirá en una solución ácida con todas las sustancias solubles presentes a una concentración de 1 *M*. Complete y balancee la ecuación para cada reacción que se pronostica:

(a) $PbO_2 + Cl^{-} \longrightarrow Pb^{2+} + Cl_2$
(b) $Co + Cd^{2+} \longrightarrow Co^{2+} + Cd$
(c) $I^{-} + NO_3^{-} \longrightarrow I_2 + NO$
(d) $Mn^{2+} + Cr_2O_7^{2-} \longrightarrow MnO_4^{-} + Cr^{3+}$
(e) $MnO_4^{-} + Mn^{2+} \longrightarrow MnO_2$

18.36 Use valores $\mathcal{E}°$ para pronosticar si cada una de las siguientes ecuaciones básicas representa una reacción que ocurrirá en una solución ácida con todas las sustancias solubles presentes a una concentración de 1 *M*. Complete y balancee la ecuación para cada reacción que se pronostica:

(a) $Hg + Hg^{2+} \longrightarrow Hg_2^{2+}$
(b) $Mn^{2+} \longrightarrow MnO_2 + Mn$
(c) $SO_4^{2-} + S \longrightarrow H_2SO_3$
(d) $Mn^{3+} + Mn \longrightarrow Mn^{2+}$
(e) $Sn^{4+} + Sn \longrightarrow Sn^{2+}$

18.37 Dado el siguiente diagrama para el potencial del electrodo estándar (en solución ácida:

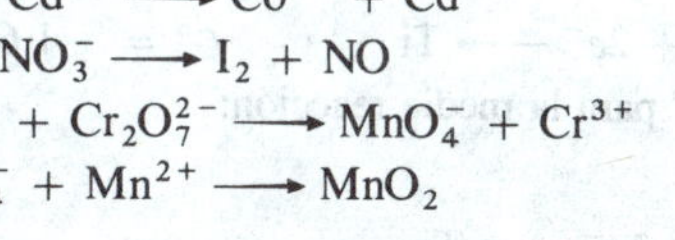

(a) ¿Es el ion In^{+} estable hacia la desproporcionación en solución acuosa? **(b)** ¿Qué ion se produce cuando el metal In reacciona con el $H^{+}(ac)$? **(c)** $\mathcal{E}°$ para Cl_2/Cl^{-} es + 1.36 V. ¿Reaccionará el In con el cloro? ¿Cuál es producto? **(d)**

Escriba las ecuaciones balanceadas para todas las reacciones.

18.38 Dado el siguiente diagrama para el potencial del electrodo estándar (en solución ácida):

$$Tl^{3+} \xrightarrow{+1.25\ V} Tl^{+} \xrightarrow{-0.34\ V} Tl$$
$$Tl^{3+} \xrightarrow{+0.72\ V} Tl$$

(a) ¿Es el ion Tl^+ estable hacia la desproporcionación en solución acuosa? **(b)** ¿Qué ion se produce cuando el metal Tl reacciona con H^+(ac)? **(c)** $\mathcal{E}°$ para Cl_2/Cl^- es +1.36 V. ¿Reaccionará el Tl con el Cl_2? ¿Cuál es el producto? **(d)** Escriba ecuaciones químicas balanceadas para todas las reacciones.

18.39 Las siguientes reacciones se efectuan a 25°C con todas las sustancias solubles presentes a una concentración 1 *M*:

$$Zn + Pb^{2+} \longrightarrow Zn^{2+} + Pb$$

$$Ti + Zn^{2+} \longrightarrow Ti^{2+} + Zn$$

$$2\,Lu + 3\,Ti^{2+} \longrightarrow 2\,Lu^{3+} + 3\,Ti$$

Utilizando sólo esta información, pronostique si las siguientes reacciones ocurrirán bajo condiciones similares:

(a) $Pb + Ti^{2+} \longrightarrow Pb^{2+} + Ti$
(b) $2\,Lu + 3\,Pb^{2+} \longrightarrow 2\,Lu^{3+} + 3\,Pb$
(c) $2\,Lu^{3+} + 3\,Zn \longrightarrow 3\,Zn^{2+} + 2\,Lu$

18.40 **(a)** Dados:

$$Ti^{3+} + e^- \longrightarrow Ti^{2+} \qquad \mathcal{E}° = -0.369\ V$$

$$Ti^{2+} + 2e^- \longrightarrow Ti \qquad \mathcal{E}° = -1.628\ V$$

Calcule $\mathcal{E}°$ para la media reacción:

$$Ti^{3+} + 3e^- \longrightarrow Ti$$

(b) ¿Se desproporcionará el ion Ti^{2+} en solución acuosa? **(c)** ¿Reaccionará el metal Ti con H^+(ac) y, si reacciona, ¿qué ion se produce?

18.41 **(a)** Dados:

$$Co^{2+} + 2e^- \longrightarrow Co \qquad \mathcal{E}° = -0.277\ V$$

$$Co^{3+} + 3e^- \longrightarrow Co \qquad \mathcal{E}° = +1.113\ V$$

Calcule $\mathcal{E}°$ para la media reacción:

$$Co^{3+} + e^- \longrightarrow Co^{2+}$$

(c) ¿Reaccionará el metal Co con H^+(ac)? Si reacciona, ¿qué ion se produce?

18.42 **(a)** Dados:

$$UO_2^+ + 4\,H^+ + e^- \longrightarrow U^{4+} + 2\,H_2O$$
$$\mathcal{E}° = +0.620\ V$$

$$UO_2^{2+} + 4\,H^+ + 2e^- \longrightarrow U^{4+} + 2\,H_2O$$
$$\mathcal{E}° = +0.330\ V$$

Calcule $\mathcal{E}°$ para la media reacción:

$$UO_2^{2+} + e^- \longrightarrow UO_2^+$$

(b) ¿Se desproporcionará el ion UO_2^+ en solución acuosa?

18.43 **(a)** Dados:

$$Au^+ + e^- \longrightarrow Au \qquad \mathcal{E}° = +1.691\ V$$

$$Au^{3+} + 3e^- \longrightarrow Au \qquad \mathcal{E}° = +1.495\ V$$

Calcule $\mathcal{E}°$ para la media reacción:

$$2e^- + Au^{3+} \longrightarrow Au^+$$

(b) ¿Se desproporcionará el ion Au^+ en solución acuosa? **(c)** ¿Reaccionará el metal Au con H^+(ac)? Si lo hace, ¿qué ion se produce?

18.44 **(a)** Dados:

$$Eu^{3+} + 3e^- \longrightarrow Eu \qquad \mathcal{E}° = -2.407\ V$$

$$Eu^{3+} + e^- \longrightarrow Eu^{2+} \qquad \mathcal{E}° = -0.429\ V$$

Calcule $\mathcal{E}°$ para la media reacción:

$$Eu^{2+} + 2e^- \longrightarrow Eu$$

(b) ¿Se desproporcionará el ion Eu^{2+} en solución acuosa? **(c)** ¿Reaccionará el Eu^{3+} y el Eu para dar Eu^{2+}? **(d)** ¿Reaccionará el metal Eu con H^+(ac)? Si lo hace, ¿qué ion se produce?

Energía libre de Gibbs y fem

18.45 Dados los siguientes:

$$PbSO_4 + 2e^- \rightleftharpoons Pb + SO_4^{2-} \qquad \mathcal{E}° = -0.359\ V$$

$$Pb^{2+} + 2e^- \rightleftharpoons Pb \qquad \mathcal{E}° = -0.126\ V$$

(a) Escriba la notación para la pila utilizando estas medias reacciones. **(b)** Escriba la ecuación para la reacción de la pila. **(c)** Calcule $\mathcal{E}°$ para la pila. **(d)** Determine $\Delta G°$.

18.46 Dados los siguientes:

$$AgI + e^- \rightleftharpoons Ag + I^- \qquad \mathcal{E}° = -0.152\ V$$

$$Ag^+ + e^- \rightleftharpoons Ag \qquad \mathcal{E}° = +0.799\ V$$

(a) Escriba la notación para la pila utilizando estas medias reacciones. **(b)** Escriba la ecuación para la reacción de la pila. **(c)** Calcule $\mathcal{E}°$ para la pila. **(d)** Determine $\Delta G°$.

***18.47** Dibuje la pila cuya reacción es:

$$H^+ + OH^- \longrightarrow H_2O$$

(b) Calcule $\mathcal{E}°$ para la pila y $\Delta G°$ para la reacción.

18.48 **(a)** Establezca un diagrama para la pila cuya reacción en solución ácida es:

$$2\,H_2 + O_2 \longrightarrow 2\,H_2O$$

(b) Cálcule $\mathcal{E}°$ para la pila y $\Delta G°$ para la reacción.

18.49 **(a)** Use potenciales de electrodos (vea el apéndice) para calcular la fem de una pila estándar utilizando la reacción

$$Cl_2(g) + 2Br^-(ac) \rightarrow 2Cl^-(ac) + Br_2(l)$$

(b) ¿Cuál es $\Delta G°$ para la reacción? **(c)** Si $\Delta H°$ para la reacción es −93.09 kJ, ¿cuál es $\Delta S°$?

18.50 **(a)** Use potenciales de electrodos (vea apéndice) para calcular la fem de una pila estándar utilizando la reacción

$$2H_2O_2\,(ac) \rightarrow O_2(g) + 2H_2O$$

(b) ¿Cuál es $\Delta G°$ para la reacción? **(c)** Si $\Delta H°$ para la reacción es -189.44 kJ, ¿cuál es $\Delta S°$?

18.51 Use potenciales de electrodos (vea apéndice) para calcular la fem de una pila estándar utilizando la reacción

$$I_2(s) + H_2S(ac) \rightarrow S(\text{rómbico}) + 2H^+(ac) + 2I^-(ac)$$

(b) ¿Cuál es $\Delta G°$ para la reacción? **(c)** Si $\Delta S°$ para la reacción es $+11.7$ J/K, ¿cuál es $\Delta H°$?

18.52 Para la media reacción

$$XeF_2(ac) + 2H^+(ac) + 2e^- \rightarrow Xe(g) + 2HF(ac)$$

Se ha informado que $\mathcal{E}°$ es igual a $+2.64$ V **(a)** Calcule $\Delta G°$ para la reacción.

$$XeF_2(ac) + H_2(g) \rightarrow Xe(g) + 2HF(ac)$$

(b) La energía libre de formación, $\Delta G_f°$ del HF(ac) es -276.48 kJ/mol. ¿Cuál es $\Delta G_f°$ del XeF_2(ac)?

18.53 De los siguientes potenciales de los electrodos

$$H_3BO_3(s) + 3H^+(ac) + 3e^- \longrightarrow B(s) + 3\,H_2O$$
$$\mathcal{E}° = -0.869 \text{ V}$$

$$4\,H^+(aq) + O_2(g) + 4e^- \longrightarrow 2\,H_2O$$
$$\mathcal{E}° = +1.229 \text{ V}$$

Calcule el valor de $\Delta G_f°$ para el H_3BO_3(s). Para el H_2O(l) $\Delta G_f°$ es -237.19 kJ/mol.

18.54 El perbromato se logró preparar sólo recientemente. Para la media reacción

$$BrO_4^-(ac) + 8H^+(ac) + 7e^- \rightarrow 1/2Br_2(l) + 4H_2O$$

se reportó que $\mathcal{E}°$ es $+1.59$ V. **(a)** Calcule $\Delta G_f°$ para BrO_4^-(ac). Para H_2O(l), $\Delta G_f°$ es -237.19 kJ/mol, y para H^+(ac), $\Delta G_f°$ es 0.0. **(b)** Calcule $\mathcal{E}°$ para la media reacción

$$BrO_4^-(ac) + 2H^+(ac) + 2e^- \rightarrow BrO_3^-(ac) + H_2O.$$

El valor de $\Delta G_f°$ para BrO_3^-(ac) es $+21.71$ kJ/mol. **(c)** ¿Qué agente oxidante de la lista de la tabla del apéndice, *sería* capaz de oxidar BrO_3^-(ac) a BrO_4^-(ac)?

18.55 Utilice potenciales de los electrodos (vea el apéndice) para calcular la constante de equilibrio para la reacción

$$Ni(s) + Sn^{2+}(ac) \rightleftharpoons Ni^{2+}(ac) + Sn(s)$$

18.56 Use potenciales de electrodos estándar (dados en el apéndice) para determinar la constante de equilibrio a 25°C para la reacción

$$Cl_2(g) + H_2O \rightleftharpoons H^+(ac) + Cl^-(ac) + HOCl(ac)$$

18.57 Dados los siguientes

$$2H_2O + 2e^- \rightarrow H_2(g) + 2OH^-(ac) \quad \mathcal{E}° = 0.828 \text{ V}$$

Calcule el valor de la constante del agua K_w

$$H_2O \rightleftharpoons H^+(ac) + OH^-(ac)$$

18.58 Use potenciales de electrodos estándar (dados en el apéndice) para calcular la constante de equilibrio a 25°C para la reacción

$$4H^+(ac) + 4Br^-(ac) + O_2(g) \rightleftharpoons 2Br_2(l) + 2H_2O$$

18.59 Calcule $\mathcal{E}°$ para la media reacción

$$PbBr_2(s) + 2e^- \rightarrow Pb(s) + 2Br^-(ac)$$

de los siguientes datos

$$PbBr_2(s) \rightleftharpoons Pb^{2+}(ac) + 2Br^-(ac),$$

$$K = 4.60 \times 10^{-6}$$

$$Pb^{2+}(ac) + 2e^- \rightarrow Pb(s)$$

$$\mathcal{E}° = -0.126 \text{ V}$$

La ecuación de Nernst

18.60 Sugiera el método para aumentar la fem de una pila que está basada en la reacción:

$$Fe(s) + 2H^+(ac) \rightarrow Fe^{2+}(ac) + H_2(g)$$

18.61 **(ac)** Calcule la fem de una pila formada por una media pila de Mg^{2+}/Mg, en la cual el $[Mg^{2+}]$ es 0.0500 M, una media pila de Ni^{2+}/Ni, en la cual el $[Ni^{2+}]$ es 1.50 M. **(b)** Escriba la ecuación para la reacción de la pila. **(c)** ¿Cuál es el electrodo positivo?

18.62 **(a)** Calcule la fem de una pila formada por media pila de Zn^{2+}/Zn en la cual el $[Zn^{2+}]$ es 0.0500 M y la media pila de Cl_2/Cl^-, en la cual el $[Cl^-]$ es 0.0500 M y la presión del Cl_2(g) es 1.25 atm. **(b)** Escriba la ecuación para la reacción de la pila. **(c)** ¿Cuál electrodo es el negativo?

18.63 **(a)** Calcule la fem de una pila formada por una media pila de Pb^{2+}/Pb, en la cual el $[Pb^{2+}]$ es 6.00 M y una media pila de H^+/H_2, en la cual el $[H^+]$ es 0.200 M, y la presión del H_2(g) es 2.00 atm. **(b)** Escriba la ecuación para la reacción de la pila. **(c)** ¿Cuál es el electrodo positivo?

18.64 ¿Cuál es la concentración de Cd^{2+} en la pila

$$Zn|Zn^{2+}(0.0900\ M)||Cd^{2+}(?\ M)|Cd$$

si la fem de la pila es 0.400 V?

18.65 ¿Cuál es la concentración de Ag^+ en la pila

$$Cu|Cu^{2+}(3.50\ M)||Ag^+(?\ M)|Ag$$

si la fuerza electromotriz de la pila es 3.50 V?

18.66 **(a)** De acuerdo al valor de $\mathcal{E}°$, ¿seguirá la siguiente reacción espontáneamente a 25°C con todas las sustancias solubles presentes a una concentración de 1.00 M?

$$MnO_2(s) + 4H^+(ac) + 2Cl^-(ac) \rightarrow Mn^{2+}(ac) + 2H_2O + Cl_2(g)$$

(b) Será la reacción espontánea si la concentración de H^+ y Cl^- fueran cada una aumentadas a 10 M?

18.67 Para la media reacción

$$Cr_2O_7^{2-} + 14\,H^+ + 6e^- \rightleftharpoons 2\,Cr^{3+} + 7\,H_2O$$

$\mathcal{E}°$ es $+1.33$ V ¿Cuál sería el potencial si la concentración de H^+(ac) se redujeran a 0.100 M?

18.68 Para la media reacción de la forma

$$M^{2+} + 2e^- \rightleftharpoons M$$

¿Cuál sería el efecto del potencial del electrodo si **(a)** la concentración de M^{2+} se duplicara **(b)** si la concentración de M^{2+} se redujera a la mitad?

18.69 Considere la siguiente pila estándar:

$Sn|Sn^{2+}||Pb^{2+}|Pb$

(a) Calcule el valor de $\mathscr{E}°$ para la pila. **(b)** Cuando la pila comienza a operar la concentración de Sn^{2+} aumenta y la concentración de Pb^{2+} disminuye. ¿Cuáles son las concentraciones de los iones cuando la fem de la pila es 0.0?

18.70 **(a)** Determine la fem de una pila que se elaboró de dos medias pilas de H^+/H_2, en una la $[H^+]$ es 0.0250 M, y en la otra $[H^+]$ es 5.00 M. La presión de $H_2(g)$ en ambas medias pilas es 1.00 atm. **(b)** Escriba una ecuación para la reacción de la pila. **(c)** Determine la fem de la pila si la presión de $H_2(g)$ se cambia a 2.00 atm en la media pila del ánodo y a 0.100 atm en la media pila del cátodo.

18.71 **(a)** Determine la fem de una pila que se formó con dos medias pilas de Ga^{3+}/Ga, en una (Ga^{3+}) es 2.00 M, y en la otra (Ga^{3+}) es 0.300 M. **(b)** Escriba una ecuación para la "reacción de la pila". **(c)** ¿Cuál es electrodo negativo?

18.72 ¿Por qué las medidas de la densidad del electrólito en el compartimiento de plomo de una batería indican el estado de la carga de la batería?

LOS NO METALES, PARTE I EL HIDRÓGENO Y LOS HALÓGENOS

CAPÍTULO 19

Dentro de un periodo de la tabla periódica, el carácter metálico *disminuye* de izquierda a derecha; dentro de un grupo, el carácter metálico *aumenta* de arriba hacia abajo. La línea diagonal escalonada indicada en la tabla periódica es la división aproximada entre metales (a la izquierda) y no metales (a la derecha). El primer elemento, el hidrógeno, se clasifica también como un no metal. En este capítulo se tratará la química del hidrógeno y de los halogenos (grupo VII A).

HIDRÓGENO

El hidrógeno no se ajusta bien en ningún grupo de la tabla periódica. El átomo de hidrógeno tiene solamente un electrón de valencia y, a este respecto, es como los átomos de grupo I A. Sin embargo, el grupo I A de elementos son metales y el hidrógeno es un no metal. El átomo de hidrógeno es deficiente en un electrón con respecto a la configuración del gas noble, como los átomos del grupo de elementos VII A. Sin embargo, el hidrógeno es menos electronegativo que el grupo de elementos VII A, y sus propiedades químicas se apartan en forma importante de las propiedades de esos elementos. La razón para el carácter único del hidrógeno se encuentra en su muy pequeño radio atómico.

19.1 Distribución y propiedades del hidrógeno

Los átomos de hidrógeno constituyen cerca del 15% de todos los átomos presentes en la corteza terrestre, cuerpos de agua y atmósfera de la Tierra. Sin embargo, sobre la base de las masas el porcentaje desciende a menos del 1%, puesto que el hidrógeno tiene una masa atómica muy baja. El compuesto de hidrógeno más importante en la naturaleza es el agua, que es la principal fuente del elemento. El hidrógeno también se encuentra en forma combinada en los hidrocarburos (compuestos de carbono e hidrógeno, que se hallan en el carbón, gas natural y petróleo), en algunos minerales (tales como arcilla y ciertos hidratos) y en los compuestos orgánicos que constituyen la parte principal de todas las plantas y el material animal (Capítulos 27 y 28). El hidrógeno libre solo se encuentra en la naturaleza en cantidades mínimas (por ejemplo, en gases volcánicos).

El hidrógeno es un gas incoloro, sin olor ni sabor. Tiene la densidad más baja de cualquier sustancia, a TPE, un litro de hidrógeno pesa 0.0899 g. Los dos átomos de hidrógeno de la molécula H_2 están unidos por un enlace covalente sencillo que da a cada átomo una configuración electrónica estable de helio. La molécula no es polar; la débil naturaleza de las fuerzas intermoleculares de atracción está indicada por el bajo punto normal de ebullición (−252.7°C); el punto normal de fusión (−259.1°C) y la temperatura crítica (240°C, la presión crítica de 12.8 atm). El hidrógeno es virtualmente insoluble en agua, aproximadamente dos moles de hidrogeno se disolverán en 1 litro de agua a temperatura ambiente y presión atmosférica.

Existen tres isótopos de hidrógeno. El isótopo más abundante, ${}^{1}_{1}H$, constituye el 99.985% del hidrógeno que se halla en forma natural; el deuterio, ${}^{2}_{1}H$ (también indicado como ${}^{2}D$), forma el 0.015%, y el tritio radioactivo, ${}^{3}_{1}H$ (también indicado como ${}^{3}_{1}T$), se encuentra sólo en trazas.

19.2 Producción industrial de hidrógeno

Se utilizan grandes cantidades de hidrógeno en la industria química. Las principales fuentes industriales son:

1. Proceso reformador de vapor. Este proceso es uno de los más ampliamente usados para producir hidrógeno en grandes cantidades. Un hidrocarburo, como el metano (CH_4), y vapor de agua pasan sobre un catalizador de níquel a 900°C. Las reacciones que ocurren son:

$$CH_4(g) + 2\,H_2O(g) \longrightarrow CO_2(g) + 4\,H_2(g)$$

$$CH_4(g) + H_2O(g) \longrightarrow CO(g) + 3\,H_2(g)$$

El gas que sale del horno del reformador consiste en H_2, CO, CO_2 y exceso de vapor. Esta mezcla gaseosa se pasa a un *convertidor de desplazamiento* a 450°C, en el cual el CO se convierte en CO_2:

$$CO(g) + H_2O(g) \longrightarrow CO_2(g) + H_2(g)$$

El CO_2 se extrae de la mezcla resultante de CO_2 y H_2 pasando la mezcla a través de agua fría bajo presión o a través de una solución de una amina (un compuesto básico que reacciona con el CO_2). En cada caso, el CO_2 se disuelve pero no el H_2.

2. El gas de agua. El coque es un carbón impuro que se obtiene de la hulla calentándola en ausencia del aire para eliminar los componentes volátiles. El coque y el vapor de agua reaccionan a altas temperaturas (1000°C) para producir una mezcla gaseosa conocida como gas de agua:

$$C(s) + H_2O(g) \longrightarrow CO(g) + H_2(g)$$

Puesto que el CO y el H_2 se queman, la mezcla se utiliza tanto como combustible como fuente de H_2.

Se obtiene hidrógeno del gas de agua licuando el CO (altas presiones, bajas temperaturas) y separando el H_2 gaseoso del CO líquido. Como una alternativa, el gas de agua puede pasarse a un convertidor de desplazamiento, el CO convertido a CO_2, y el CO_2 extraído como se describió para el proceso reformador del vapor.

3. Hierro y vapor de agua. El hierro y el vapor de agua reaccionan a temperaturas de 650°C o mayores ;

$$3\,Fe(s) + 4\,H_2O(g) \longrightarrow Fe_3O_4(s) + 4\,H_2(g)$$

Unidad de cracking catalítico. *Mobil Oil Corporation.*

4. Cracking. El hidrógeno se obtiene mediante la descomposición catalítica de los hidrocarburos a altas temperaturas. En la refinación de petróleo, los hidrocarburos de alto peso molecular se desintegran o rompen (sufren "cracking") en compuestos de menor peso molecular que son más valiosos. El hidrógeno es un producto secundario.

5. Electrólisis de la salmuera de cloruro de sodio El hidrógeno es un producto secundario (como lo es el cloro) en la preparación industrial del hidróxido de sodio mediante la electrólisis de soluciones concentradas de cloruro de sodio:

$$8Na^+(ac) + 2Cl^-(ac) + 2H_2O \xrightarrow{\textit{electrólisis}} 2\,Na^+(ac) + 20H^-(ac) + H_2(g) + Cl_2(g)$$

6. Electrólisis del agua Se obtiene hidrógeno muy puro, pero relativamente costoso, mediante la electrólisis del agua que contiene una pequeña cantidad de ácido sulfúrico o hidróxido de sodio:

$$2\,H_2O \xrightarrow{\textit{electrólisis}} 2\,H_2(g) + O_2(g)$$

19.3 Hidrógeno a partir de reacciones de desplazamiento

Las reacciones en las cuales un elemento (o un grupo de elementos) desplaza otro elemento (o grupo de elementos) de un compuesto se llaman **reacciones de desplazamiento.** el hidrógeno es un producto de varios tipos de reacciones de desplazamiento:

1. Los elementos muy activos (Ca, Ba, Sr y el grupo de elementos I A) reaccionan vigorosamente con el agua a temperatura ambiente para producir hidrógeno y soluciones de hidróxidos. Por ejemplo:

$$2Na(s) + 2H_2O \longrightarrow 2Na^+(ac) + 2OH^-(ac) + H_2(g)$$
$$Ca(s) + 2H_2O \longrightarrow Ca^{2+}(ac) + 2OH^-(ac) + H_2(g)$$

Estas reacciones pueden ser peligrosas.

2. Una larga lista de metales reaccionan con soluciones acuosas de ácidos para producir hidrógeno. Por ejemplo,

$$Zn(s) + 2H^+(ac) \longrightarrow Zn^{2+}(ac) + H_2(g)$$
$$Fe(s) + 2H^+(ac) \longrightarrow Fe^{2+}(ac) + H_2(g)$$
$$2Al(s) + 6H^+(ac) \longrightarrow 2Al^{3+}(ac) + 3H_2(g)$$

Por convención, el potencial del electrodo estándar de H^+/H_2 es cero.

$$2e^- + 2H^+(ac) \rightleftharpoons H_2(g) \qquad \mathcal{E}^\circ = 0.000 \text{ V}$$

Cualquier metal que tenga $\mathcal{E}^\circ_{ox}$ con valor positivo (el $\mathcal{E}^\circ_{Red}$ correspondiente tendrá un valor negativo) sería, por lo tanto, capaz de desplazar el hidrógeno de una solución acuosa de un ácido. Los metales muy activos (Ca, Ba, Sr y el grupo de metales I A) reaccionan violentamente y tales reacciones no se efectúan. Otros metales (Pb, por ejemplo,) reaccionan muy lentamente. Una preparación común de hidrógeno en el laboratorio comprende la reacción del cinc (un metal con un orden de reactividad satisfactoria) con ácido clorhídrico.

3. Ciertos metales y no metales desplazan el hidrógeno de los soluciones alcalinas. Los ejemplos son:

$$Zn(s) + 2OH^-(ac) + 2H_2O \longrightarrow H_2(g) + Zn(OH)_4^{2-}(ac) \quad \textit{ion cincato}$$

$$Al(s) + 2OH^-(ac) + 6H_2O \longrightarrow 3H_2(g) + 2Al(OH)_4^-(ac) \quad \textit{ion aluminato}$$

$$Si(s) + 2OH^-(ac) + H_2O \longrightarrow 2H_2(g) + SiO_3^{2-}(ac) \quad \textit{ion silicato}$$

El hidrógeno también se prepara convenientemente en el laboratorio mediante las reacciones de los hidruros metálicos con el agua. Estas reacciones se discutirán en la siguiente sección.

19.4 Reacciones del hidrógeno

La energía de enlace del enlace H—H es 431 kJ/mol. En el transcurso de la mayoría de las reacciones, este enlace se debe romper en forma tal que los átomos de H puedan formar nuevos enlaces con otros átomos. Debido a que esta energía de enlace es relativamente alta, la mayoría de las reacciones del hidrógeno ocurren a temperaturas elevadas.

El hidrógeno reacciona con los metales del grupo I A y los metales pesados del grupo II A (Ba, Sr y Ca), para formar **hidruros parecidos a sales.** El ion hidruro

(H⁻) de estos compuestos es isoelectrónico con el helio y obtiene esta configuración estable por la adición de un electron del metal. Puesto que la afinidad electrónica del ion es baja (−73 kJ/mol) el hidrógeno reacciona en esta forma sólo con los metales más activos:

$$2\,Na(s) + H_2(g) \longrightarrow 2\,NaH(s)$$
$$Ca(s) + H_2(g) \longrightarrow CaH_2(s)$$

Los hidruros parecidos a las sales reaccionan con el agua formando hidrógeno:

$$H^- + H_2O \longrightarrow H_2(g) + OH^-(ac)$$

Con otros metales, tales como platino, paladio y níquel, el hidrógeno forma **hidruros intersticiales.** Muchos de estos hidruros no son estequiométricos; sus fórmulas aparentes dependen de las condiciones bajo las cuales se preparan. El paladio puede absorber hasta 900 veces su propio volumen de hidrógeno. Los hidruros intersticiales se asemejan a los metales de los cuales se derivan. Las estructuras cristalinas de los metales no cambian o cambian sólo ligeramente a medida que se agrega hidrógeno. Es debatible considerar estas sustancias como compuestos. El nombre de hidruros intersticiales se origina de que el hidrógeno es absorbido solamente en los intersticios del cristal metálico.

Sin embargo, los estudios magnéticos indican que el apareamiento de electrones está involucrado de alguna forma en la formación de estos hidruros. Muchos de los metales tienen electrones no apareados y por esto son paramagnéticos. Se observa una pérdida gradual del paramagnetismo a medida que se forman los hidruros del metal. Debido a que los electrones del hidrógeno molecular están apareados, estos estudios indican que el hidrógeno está incorporado en el cristal en forma atómica, la cual justifica la actividad catalítica del Pt, Pd, Ni y otros metales ante muchas reacciones del hidrógeno. Si el enlace de H—H se rompe o incluso, sólo se debilita, el hidrógeno absorbido sería mucho más reactivo que el gas ordinario H_2.

Los **hidruros complejos** de boro y aluminio son compuestos importantes útiles para la síntesis química. Ejemplos importantes son los hidruros de boro, sodio, aluminio y litio:

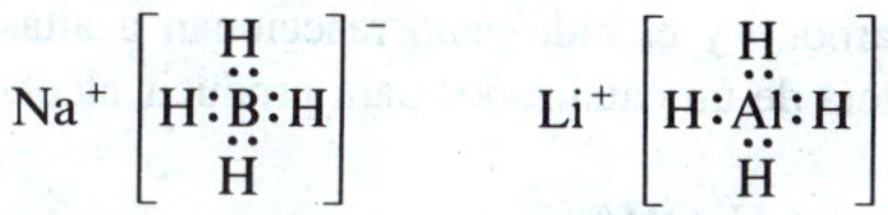

Puesto que estos compuestos, como también los hidruros parecidos a las sales, reaccionan con agua para liberar hidrógeno, se preparan mediante reacciones en éter:

$$4\,LiH + AlCl_3 \longrightarrow Li[AlH_4] + 3\,LiCl$$

El hidrógeno forma compuestos covalentes con la mayoría de los no metales. Reacciona con los halógenos para formar gases incoloros y covalente polares:

$$H_2(g) + Cl_2(g) \longrightarrow 2\,HCl(g)$$

Las reacciones con flúor y cloro se efectúan a temperatura ambiente o más baja, pero las reacciones con bromo o yodo, menos activos, requieren temperaturas más altas (400°C a 600°C)

La reacción del hidrógeno y oxígeno en la cual se forma H_2O es muy exotérmica y es la base de las elevadas temperaturas (aproximadamente 2,800°C) producidas por la llama oxhídrica. La reacción de hidrógeno con el azufre es más difícil y requiere altas temperaturas:

$$H_2(g) + S(g) \longrightarrow H_2S(g)$$

El hidrógeno reacciona con nitrógeno a altas presiones (300 a 1000 atm), a elevadas temperaturas (400°C a 600°C) y en la presencia de un catalizador para producir amoníaco (proceso Haber):

$$3\,H_2(g) + N_2(g) \rightleftharpoons 2\,NH_3(g)$$

El hidrógeno no reacciona fácilmente con el carbono, pero a altas temperaturas lo puede hacer catalíticamente para reaccionar con carbono finamente dividido (proceso Bergius); en estas reacciones se producen hidrocarburos:

$$2\,H_2(g) + C(g) \longrightarrow CH_4(g)$$

El potencial de ionización del hidrógeno es relativamente alto (1312 kJ/mol). En ninguno de los compuestos formados entre hidrógeno y los no metales existe hidrógeno como iones positivos, el enlace de todos estos compuestos es covalente polar. Debido a su gran relación carga-radio, el protón no asociado (H^+) no existe en sistemas químicos comunes. En ácidos puros, el átomo de hidrógeno está enlazado covalentemente unido al resto de la molécula, y en solución acuosa el protón está hidratado.

El hidrógeno reacciona con muchos óxidos metálicos para producir agua y el metal libre:

$$CuO(s) + H_2(g) \longrightarrow Cu(s) + H_2O(g)$$

$$WO_3(s) + 3\,H_2(g) \longrightarrow W(s) + 3\,H_2O(g)$$

$$FeO(s) + H_2(g) \longrightarrow Fe(s) + H_2O(g)$$

Algunos metales (por ejemplo, W) se producen comercialmente mediante reducción de los óxidos de los minerales por el hidrógeno. Sin embargo, el método es costoso, no se usa si se dispone de un método alterno.

El monóxido de carbono y el hidrógeno reaccionan a altas temperaturas y altas presiones en la presencia de un catalizador para producir alcohol metílico, CH_3OH:

$$CO(g) + 2\,H_2(g) \longrightarrow CH_3OH(g)$$

19.5 Usos industriales del hidrógeno

Los principales usos industriales del hidrógeno son:

1. La producción de amoníaco a partir de N_2 e H_2 por el proceso Haber.
2. La producción de cloruro de hidrógeno a partir de Cl_2 e H_2
3. Síntesis del alcohol metílico a partir de CO e H_2.
4. Refinación del petróleo.
5. Hidrogenación de aceites comestibles (de maíz, de semillas de algodón, soya, maní [cacahuate] y otros) para producir manteca vegetal y otros alimentos (Sección 27.3).

6. Reducción de oxidos para obtener metales.

7. Combustible para cohetes y misiles.

8. Combustible en la soldadura oxhídrica, soldadura atómica de hidrógeno, hornos de *templado* y fabricación de componentes electrónicos.

LOS HALÓGENOS

Los elementos de grupo VII A, flúor, cloro, bromo, yodo y astato, se llaman los **halógenos.** El nombre "halógeno" se deriva del griego y quiere decir "formador de sal". Estos elementos, con la excepción del astato, se encuentran extensamente en la naturaleza en la forma de sales haloides. El asblemente se encuentra en la naturaleza en catidades extremadamente pequeñas como un producto intermedio de corta vida de los procesos naturales de desintegración radioactiva. Sin embargo, la mayoría de la escasa información disponible acerca de la química del astato procede del estudio de pequeñas cantidades de un isótopo radioactivo de este elemento producido en las reacciones nucleares.

19.6 Propiedades de los halógenos

La configuración electrónica de los halógenos aparece en la Tabla 19.1. Cada átomo de halógeno tiene un electrón menos que el gas noble que sigue a éstos en la clasificación periódica. Hay, por lo tanto, una marcada tendencia por parte del átomo del halógeno para alcanzar la configuración de gas noble, mediante la formación de un ion uninegativo o un enlace covalente único. Existen estados de oxidación positivos para todos los elementos, excepto el flúor.

Algunas propiedades de los halógenos se resumen en la Tabla 19.2, el símbolo X representa cualquier halógeno. Observe lo siguiente:

1. Estado físico Bajo condiciones ordinarias, los halógenos existen como moléculas diatómicas con un enlace covalente sencillo que une los átomos de una molécula. Las moléculas se mantienen unidas en estados sólido y líquido debido a las fuerzas de London. De todas las moléculas de los halógenos, el I_2 es la más grande, tiene más electrones y es la más polarizable. Por lo tanto, no sorprende que las atracciones moleculares entre las moléculas de I_2 sean las más fuertes y que el I_2 tenga los puntos de fusión y ebullición mś altos. A temperatura y presión ordinaria, el I_2 es sólido, Br_2 es líquido y Cl_2 y F_2 son gases.

Tabla 19.1 Configuraciones electrónicas de los halógenos

Elemento	Z	1s	2s	2p	3s	3p	3d	4s	4p	4d	4f	5s	5p	5d	6s	6p
F	9	2	2	5												
Cl	17	2	2	6	2	5										
Br	35	2	2	6	2	6	10	2	5							
I	53	2	2	6	2	6	10	2	6	10		2	5			
At	85	2	2	6	2	6	10	2	6	10	14	2	6	10	2	5

2. Primera Energía de ionización Dentro del *grupo*, la energía de ionización disminuye con el aumento del radio atómico en la forma esperada. La primera energía de ionización del flúor es la más alta del grupo y la del yodo es la más baja del grupo. El halógeno de cada *periodo* tiene una energía de ionización relativamente alta, segunda sólo a la del gas noble del periodo. Por lo tanto, existe poca tendencia para que un átomo de un halógeno forme un ion positivo (aunque han sido identificados iones tales como I_2^+, Br_2^+, Cl_2^+ e I_3^+.

3. Electronegatividad Cada halógeno es el no metal más activo de su período, y el flúor es el más reactivo de todos los no metales. El flúor tiene la más alta electronegatividad de cualquier elemento y es uno de los agentes oxidantes más fuertes que se conocen. La electronegatividad de los halógenos disminuye en el orden F > Cl > Br > I, y el poder oxidante de los halógenos disminuye en el mismo orden.

4. Energía de enlace La energía de enlace disminuye del Cl_2 a Br_2 y a I_2, puesto que el tamaño en aumento del átomo halógeno facilita mucho más la ruptura del enlace entre los átomos de la molécula de X_2. Sin embargo, la energía de disociación de enlace de la molécula de F_2 es inusitadamente baja y no se compara con los otros valores. No se conoce bien la razón para este valor relativamente bajo, pero se adjudica al efecto de los electrones libres en la molécula de F_2. Se cree que una repulsión entre las nubes electrónicas altamente densas de los pequeños átomos de flúor debilitan el enlace y disminuyen la energía requerida para romperlo.

El enlace formado entre el flúor y otro elemento diferente al flúor siempre es más fuerte que los enlaces formados por cualquiera de los otros halógenos con el mismo elemento. Por ejemplo, las energías de enlace de los halogenuros de hidrógeno son: HF, 565 kJ/mol; HCl, 431 kJ/mol; HBr, 364 kJ/mol y HI, 297 kJ/mol. El elevado orden de reactividad química del F_2 en reacciones con otros metales es el resultado de la baja energía de enlace de la molecula de F_2 (energía *requerida*), unida a las altas energías de los nuevos enlaces (energía *liberada*).

5. Potenciales de los electrodos Los valores para los potenciales de los electrodos X_2/X^- se encuentran en el mismo orden que los valores de electronegatividad. El flúor es el halógeno más reactivo, y el yodo el menos activo. Puesto que los potenciales de los electrodos se refieren a procesos que ocurren en solución acuosa y puesto que el flúor reacciona con el agua, el potencial del electrodo F_2/F^- se obtiene más bien mediante el cálculo que por medidas directas.

Tabla 19.2 Algunas propiedades de los halógenos

Propiedad	F_2	Cl_2	Br_2	I_2
color	amarillo claro	amarillo-verde	rojo-café	violeta-negro
punto de fusión (°C)	−218	−101	−7	+113
punto de ebullición (°C)	−188	−35	+ 59	+183
radio atómico (pm)	72	99	144	133
radio iónico X^- (pm)	136	181	195	216
primera energía de ionización (kJ/mol)	1.68×10^3	1.25×10^3	1.14×10^3	1.00×10^3
electronegatividad	4.0	3.2	3.0	2.7
energía de enlace (kJ/mol)	155	243	193	151
potencial del electrodo patrón (V)	+ 2.87	+ 1.36	+ 1.07	+0.54

La relativa capacidad de oxidación de los halógenos se puede observar en las reacciones de desplazamiento. Así, el flúor puede desplazar al cloro, bromo y yodo de sus sales; el cloro puede desplazar al bromo y al yodo de sus sales; y el bromo puede desplazar el yodo de los yoduros:

$$F_2(g) + 2NaCl(s) \longrightarrow 2NaF(s) + Cl_2(g)$$

$$Cl_2(g) + 2Br^-(ac) \longrightarrow 2Cl^-(ac) + Br_2(l)$$

$$Br_2(l) + 2I^-(ac) \longrightarrow 2Br^-(ac) + I_2(s)$$

Puesto que el flúor oxida activamente el agua (produciendo O_2), las reacciones de desplazamiento que involucran F_2 no pueden realizarse en solución acuosa.

19.7 Distribución y preparación industrial de los halógenos

Las principales fuentes naturales de halógenos se hallan en la Tabla 19.3. Los halógenos son demasiado activos para hallarse en forma elemental. El estado más común en el cual se encuentran es como iones halogenuros.

Lon halógenos se producen comercialmente de las siguientes maneras:

1. Flúor. El flúor debe prepararse por un proceso electroquímico debido a que no existe un agente químico adecuado suficientemente capaz de oxidar el ion fluoruro. Además, puesto que es más fácil realizar la oxidación del agua que la del ion fuoruro, la electrólisis debe efectuarse bajo condiciones anhidras. En la práctica, se electroliza una solución de fluoruro de potasio en fluoruro de hidrógeno anhidro. El HF puro no conduce corriente eléctrica; el KF reacciona con el HF para producir iones (K^+ y HF_2^-) que pueden actuar como transportadores de carga. El ion HF_2^- se forma de un ion F^- unido a una molécula de HF(F—H···F^-); este enlace de hidrógeno es tan fuerte que el átomo de H está exactamente entre los dos átomos de F. El fluoruro de hidrógeno usado en la electrólisis se deriva comercialmente de la fluorita, CaF_2 (Sección 19.10):

$$2\,KHF_2(l) \xrightarrow[\textit{calor}]{\textit{electrólisis}} H_2(g) + F_2(g) + 2\,KF(l)$$

Tabla 19.3 Distribución de los halógenos

Elemento	Porcentaje en la corteza terrestre	Abundancia
flúor	6.5×10^{-2}	CaF_2(fluorita), Na_3AlF_6 (criolita) $Ca_5(PO_4)_3F$ (fluoroapatita).
cloro	5.5×10^{-2}	Cl^- (agua de mar, salmueras subterráneas) NaCl (sal de roca).
bromo	1.6×10^{-4}	Br^- (agua de mar, salmueras y depósitos de sal subterráneos)
yodo	2.0×10^{-5}	I^-(salmueras en pozos de petróleo, agua de mar) $NaIO_3$, $NaIO_4$ (impurezas en las sales de nitro de Chile, $NaNO_3$)

Pilas utilizadas para la electrólisis de salmuera de cloruro de sodio. *Hooker Chemical Company*.

2. Cloro. La principal fuente industrial del cloro es la electrólisis del cloruro de sodio acuoso, de la cual también son productos el hidróxido de sodio y el hidrógeno.

$$2Na^+(ac) + 2Cl^-(ac) + 2H_2O \xrightarrow{\textit{electrólisis}} H_2(g) + Cl_2(g) + 2Na^+(ac) + 2OH^-(ac)$$

También se obtiene cloro como un subproducto de los procesos industriales en los cuales se preparan los metales Na, Ca y Mg. En cada uno de estos procesos se electroliza un cloruro anhidro fundido y se produce el cloro gaseoso en el ánodo. Por ejemplo,

$$2\,NaCl(l) \xrightarrow{\textit{electrólisis}} 2\,Na(l) + Cl_2(g)$$

3. Bromo. El bromo se prepara comercialmente por la oxidación del ion bromuro de salmueras o agua de mar con cloro como agente oxidante:

$$Cl_2(g) + 2Br^-(ac) \longrightarrow 2Cl^-(ac) + Br_2(l)$$

El bromo liberado (Br_2) se extrae de la solución mediante una corriente de aire y, en pasos subsiguientes, se separa del aire y se purifica.

4. Yodo. En los Estados Unidos, la principal fuente de yodo es el ion yoduro hallado en los pozos de petróleo y salmueras. El yodo libre se obtiene por desplazamiento con cloro:

$$Cl_2(g) + 2I^-(ac) \longrightarrow 2Cl^-(ac) + \mathbf{I_2(s)}$$

Además, el yodo para uso comercial se obtiene de impurezas de yodato hallado en los nitratos de Chile. El bisulfito de sodio se utiliza para reducir el ion yodato:

$$2IO_3^-(ac) + 5HSO_3^-(ac) \longrightarrow I_2(s) + 5SO_4^{2-}(ac) + 3H^+(ac) + H_2O$$

19.8 Preparación de los halógenos en el laboratorio

Con excepción del flúor (el cual se debe preparar electroquímicamente), los halógenos libres generalmente se preparan en el laboratorio mediante la acción de agentes oxidantes en soluciones acuosas de los halogenuros de hidrógeno o en soluciones que contengan halogenuros de sodio y ácido sulfúrico.

De los potenciales de los electrodos estándar podemos obtener una idea aproximada de que los agentes oxidantes oxidarán satisfactoriamente un ion de un halogenuro dado. Así, cualquier par con un potencial de electrodo estándar más positivo de +1.36 V, debe oxidar el ion cloruro $\mathcal{E}^\circ_{red} = 1.36$ V) como también el ion bromuro ($\mathcal{E}^\circ_{red} = +1.07$ V) y el ion yoduro ($\mathcal{E}^\circ_{red} = +0.54$ V). Sin embargo, note que los potenciales de los electrodos estándar aparecen en la lista para las medias reacciones a 25°C con todos los materiales en sus estados estándar. Así, aunque el potencial del electrodo estándar de $MnO_2 \rightarrow Mn^{2+}$ es solamente +1.23 V, el MnO_2 es capaz de oxidar el ion cloruro si se utiliza HCl concentrado (en vez de HCl a una actividad unitaria) y si se le suministra calor a la reacción. En la práctica real, el $KMnO_4$, $K_2Cr_2O_7$, PbO_2 y MnO_2 se utilizan frecuentemente para preparar los halógenos libres a partir de iones halogenuro.

$$MnO_2(s) + 4H^+(ac) + 2Cl^-(ac) \longrightarrow Mn^{2+}(ac) + Cl_2(g) + 2H_2O$$

$$2MnO_4^-(ac) + 16H^+(ac) + 10Br^-(ac) \longrightarrow 2Mn^{2+}(ac) + 5Br_2(l) + 8H_2O$$

$$Cr_2O_7^{2-}(ac) + 14H^+(ac) + 6I^-(ac) \longrightarrow 2Cr^{3+}(ac) + 3I_2(s) + 7H_2O$$

19.9 Los compuestos interhalogenados

Algunas de las reacciones de los halógenos se resumen en la Tabla 19.4. Los halógenos reaccionan entre sí para producir un número de compuestos interhalógenos. Todos los compuestos con la formula XX′ (tal como BrCl) se conocen, excepto IF. Se han preparado cuatro compuestos XX'_3 (ClF_3, BrF_3, ICl_3 e IF_3) y se conocen tres compuestos XX'_5 (ClF_5, BrF_5 y ICl_5). El único compuesto XX'_7 que se ha preparado es IF_7.

Con excepción del ICl_3, todas las moléculas para las cuales *n* de la fórmula XX'_n es mayor de 1 son fluoruros halogenados, en los cuales los átomos de flúor (el más pequeño y más electronegativo de todos los átomos de los halógenos) rodean al Cl, Br, o átomo de I. La estabilidad de estos compuestos aumenta a medida que aumenta el tamaño del átomo central. Por tanto, ni el BrF_7 ni el ClF_7 se han preparado, aunque

Tabla 19.4 Algunas reacciones de los halógenos ($X_2 = F_2$, Cl_2, Br_2, o I_2)

Reacción general	Observaciones
$nX_2 + 2M \longrightarrow 2MX_n$	F_2, Cl_2 prácticamente con todos los metales; Br_2, I_2 con todos, excepto los metales nobles
$X_2 + H_2 \longrightarrow 2HX$	
$3X_2 + 2P \longrightarrow 2PX_3$	con exceso de P, reacciones similares con As, Sb y Bi
$5X_2 + 2P \longrightarrow 2PX_5$	con exceso de X_2, pero no con I_2; SbF_5, $SbCl_5$, AsF_5, $AsCl_5$ y BiF_5 pueden
$X_2 + 2S \longrightarrow S_2X_2$	prepararase similarmente con Cl_2, Br_2
$X_2 + H_2O \longrightarrow H^+ + X^- + HOX$	no con F_2
$2X_2 + 2H_2O \longrightarrow 4H^+ + 4X^- + O_2$	con F_2 rápidamente; Cl_2 y Br_2 lentamente en presencia de luz solar
$X_2 + H_2S \longrightarrow 2HX + S$	
$X_2 + CO \longrightarrow COX_2$	Cl_2, Br_2
$X_2 + SO_2 \longrightarrow SO_2X_2$	F_2, Cl_2
$X_2 + 2X'^- \longrightarrow X'_2 + 2X^-$	$F_2 > Cl_2 > Br_2 > I_2$
$X_2 + X'_2 \longrightarrow 2XX'$	formación de los compuestos interhalogehados (todos excepto IF)

se conoce IF_7; ClF_5 se descompone rápidamente en ClF_3 y F_2, mientras que el BrF_5 y el IF_5 son estables a temperaturas superiores a 400°C.

Las estructuras de los compuestos interhalogenados superiores han recibido considerable atención debido a que el enlace del átomo central en cada una de estas moléculas viola el principio del octeto (Figura 19.1).

El átomo central de cada molécula XX'_3 tiene tres pares de electrones enlazantes y dos pares de electrones no enlazados en su nivel de valencia y, por consiguiente las moleculas tienen forma de T. Las moléculas XX'_5 son piramidales cuadradas puesto que cada uno de los átomos centrales tiene cinco pares de electrones enlazantes y un par de electrones libres en su nivel de valencia. Los pares de electrones no enlazados de los átomos centrales de estos dos tipos de moléculas introducen alguna distorsión. El átomo de I de la molécula de IF_7 tiene siete pares de electrones enlazantes en su nivel de valencia. La molécula de IF_7 es bipiramidal pentagonal.

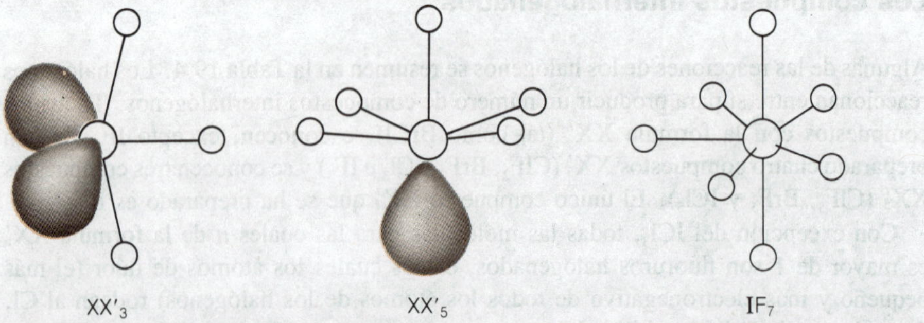

Figura 19.1. Estructuras de XX'_3, XX'_5 e IF_7. Los pares sin compartir en las moléculas XX'_3 y XX'_5 son los causantes de parte de la distorsión de la forma de las estructuras de T y piramidal cuadrada.

19.10 Los halogenuros de hidrógeno

Cada uno de los halogenuros de hidrógeno se pueden preparar por la reacción directa del hidrógeno con el halógeno libre correspondiente:

$$H_2 + X_2 \longrightarrow 2\,HX$$

El vigor de la reacción disminuye marcadamente del flúor al yodo. Las reacciones sirven como fuente industrial importante de HCl, HBr y HI.

Tanto el HF como el HCl pueden prepararse por la acción del ácido sulfúrico concentrado y caliente sobre el halogenuro natural correspondiente: CaF_2 y NaCl. Ambas reacciones sirven como fuentes industriales importantes de estos gases.

$$CaF_2(s) + H_2SO_4(l) \longrightarrow CaSO_4(s) + 2\,HF(g)$$

$$NaCl(s) + H_2SO_4(l) \longrightarrow NaHSO_4(s) + HCl(g)$$

Todos los halogenuros de hidrógeno son gases incoloros a temperatura ambiente: el ácido sulfúrico, por otra parte, es un líquido de alto punto de ebullición. Así, las siguientes reacciones son ejemplo de un método general para la preparación de un ácido volátil a partir de sus sales mediante un ácido no volátil. A temperaturas más elevadas (cerca de 500°C), tiene lugar una reacción posterior entre $NaHSO_4$ y NaCl:

$$NaCl(s) + NaHSO_4(l) \longrightarrow HCl(g) + Na_2SO_4(s)$$

El bromuro de hidrógeno y el yoduro de hidrógeno no pueden prepararse mediante la acción del ácido sulfúrico concentrado sobre los bromuros y yoduros porque, en caliente, el ácido sulfúrico concentrado oxida estos aniones a halógenos libres. Los iones bromuros y yoduros se oxidan más fácilmente que los iones fluoruro y cloruro:

$$2\,NaBr(s) + 2\,H_2SO_4(l) \longrightarrow Br_2(g) + SO_2(g) + Na_2SO_4(s) + 2\,H_2O(g)$$

Puesto que el ion yoduro es un agente reductor (se oxida fácilmente) más fuerte que el ion bromuro, el S y el H_2S, como también el SO_2, se obtienen como productos de la reducción de la reacción de NaI con ácido sulfúrico concentrado y caliente.

Pueden obtenerse HBr o HI puros mediante la acción de ácido fosfórico sobre NaBr o NaI; el ácido fosfórico es un ácido esencialmente no volátil y es un agente oxidante de escasa actividad.

$$NaBr(s) + H_3PO_4(l) \longrightarrow HBr(g) + NaH_2PO_4(s)$$

$$NaI(s) + H_3PO_4(l) \longrightarrow HI(g) + NaH_2PO_4(s)$$

Los halogenuros de hidrógeno se pueden preparar por la reacción del agua sobre el trihalogenuro de fósforo adecuado:

$$PX_3 + 3H_2O \longrightarrow 3HX(g) + H_3PO_3(ac)$$

Se han desarrollado adecuadas preparaciones de laboratorio para HBr y HI en las cuales se emplean el fósforo rojo, bromo o yodo y una cantidad limitada de agua, y en las cuales no se intenta aislar el trihalogonuro de fósforo intermediario.

Las moléculas de ácido fluorhídrico se asocian entre sí mediante el enlace de hidrógeno. El vapor consiste de agregados hasta $(HF)_6$ a temperaturas cercanas al punto de ebullición (19.4°C), pero se asocia menos a temperaturas más altas. El HCl,

HBr y HI gaseosos consisten en moléculas sencillas. El HF líquido y el sólido tienen muchos más puentes de hidrógeno que el HF gaseoso, y el punto de ebullición y el punto de fusión del HF son anormalmente elevados en comparación con los de otros halogenuros de hidrógeno.

Todos los halogenuros de hidrógeno son muy solubles en agua, y en soluciones se llaman ácidos halogenhídricos. El HI acuoso, por ejemplo, se llama ácido yodhídrico. El enlace H—F es más fuerte que cualquier otro enlace H—X; el HF es un ácido débil en solución acuosa, mientras que el HCl, HBr y HI se disocian completamente:

$$HF(ac) \rightleftharpoons H^+(ac) + F^-(ac)$$

Los iones F^- de esta disociación están considerablemente asociados con las moléculas de HF:

$$F^-(ac) + HF(ac) \rightleftharpoons HF_2^-(ac)$$

Las soluciones concentradas de HF son más fuertemente iónicas que las soluciones diluidas y contienen elevadas concentraciones de iones de este tipo HF_2^- y $H_2F_3^-$ y superiores.

El ácido fluorhídrico reacciona con la sílice, SiO_2, y vidrio, el cual se hace con la sílice.

$$SiO_2(s) + 6HF(ac) \longrightarrow SH^+(ac) + SiF_6^{2-}(ac) + 2H_2O$$

Cuando se calienta, la reacción es

$$SiO_2(g) + 4HF(ac) \longrightarrow SiF_4(g) + 2H_2O(g)$$

Por esta razón, el ácido fluorhídrico debe guardarse en recipientes de plástico o encerados, en vez de botellas de vidrio.

El ion fluorosilicato, SiF_6^{2-}, es un ejemplo de un gran grupo de iones complejos formados por los iones halogenuros. Los complejos *halo* son formados con la mayoría de los metales (con la notable excepción del grupo I A, grupo II A, y los metales lantánidos) y con algunos no metales (por ejemplo, BF_4^-). Las formulas de estos iones complejos son comúnmente de los tipos $(MX_4)^{(4-)+n}$ y $(MX_6)^{(6-)+n}$, donde *n* es el número de oxidación del átomo central del complejo.

19.11 Los halogenuros metálicos

Los halogenuros metálicos se pueden preparar mediante reacción directa de los elementos por las reacciones de los halogenuros de hidrógeno con hidróxidos u óxidos y por las reacciones de los halogenuros de hidrógeno con carbonatos:

$$K_2CO_3(s) + 2\,HF(l) \longrightarrow 2\,KF(s) + CO_2(g) + H_2O$$

El carácter del enlace en los halogenuros metálicos varía ampliamente, como también las propiedades físicas de estos compuestos. Un metal que tiene baja energía de ionización forma generalmente halogenuros que son altamente iónicos y, por lo tanto, tienen altos puntos de fusión y ebullición. Por otra parte, los metales que tienen energías de ionización comparativamente altas reaccionan, particularmente con bromo y yodo, para formar halogenuros en los cuales el enlace tiene un elevado grado de carácter covalente. Estos compuestos tienen puntos de fusión y ebullición comparativamente bajos.

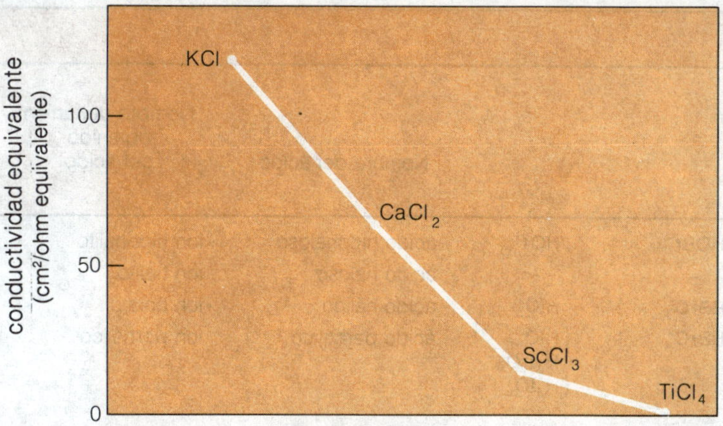

Figura 19.2 Conductancias equivalentes de algunos cloruros fundidos cerca del punto de fusión.

En general, los halogenuros de los metales I A, los metales II A (con la excepción de Be) y la mayoría de los metales de transición interna son en su mayoría iónicos, los halogenuros de los metales restantes son covalentes hasta cierto grado. Dentro de la serie de halogenuros metálicos del mismo período, el carácter iónico disminuye de un compuesto a otro a medida que aumenta el número de oxidación del metal y el tamaño del catión sufre una consiguiente disminución. El carácter iónico de un compuesto se refleja en su capacidad para conducir la corriente, medida por su conductividad. Las conductividades equivalentes de los cloruros fundidos de algunos metales del cuarto periodo se representan gráficamente en la Figura 19.2. Los "cationes" de los compuestos (K^+, Ca^{2+}, Sc^{3+} y Ti^{4+}) son isoelectrónicos. El cloruro de potasio es un sólido completamente iónico, y el KCl fundido tiene la conductancia más alta de los cuatro compuestos. El cloruro de titanio (IV), $TiCl_4$, es un líquido covalente no conductor.

Si un metal presenta más de un estado de oxidación, los halogenuros de los estados de mayor oxidación son los más covalentes. Así, el segundo miembro de cada uno de los siguientes pares es un líquido volátil altamente covalente (los puntos de fusión están en paréntesis): $SnCl_2$ (246°C), $SnCl_4$ (−33.4°C); $PbCl_2$ (501°C); $PbCl_4$ (−15°C); $SbCl_3$ (73.4°C); $SbCl_5$ (2.8°C).

Puesto que el flúor es el halógeno más electronegativo, los fluoruros son los halogenuros más iónicos; el carácter iónico disminuye en el orden: fluoruros > cloruros > bromuros > yoduros. Los halogenuros de aluminio son un excelente ejemplo de la relación entre el carácter iónico covalente y el tamaño del ion halogenuro. El fluoruro de aluminio es una sustancia iónica. El cloruro de aluminio es semicovalente y cristaliza en una red en la cual las capas eléctricamente neutras se mantienen juntas por las fuerzas de London. El bromuro de aluminio y el yoduro de aluminio son esencialmente covalentes; los cristales consisten en moléculas de Al_2Br_6 y Al_2I_6, respectivamente.

La solubilidad de los fluoruros en el agua es considerablemente diferente de la de los cloruros, bromuros y yoduros. Los fluoruros de litio, el grupo II A de metales y los lantánidos, son sólo ligeramente solubles, mientras que los otros halogenuros de estos metales son relativamente solubles.

La mayoría de los cloruros, bromuros y yoduros son solubles en agua. Los cationes que forman compuestos escasamente solubles con estos iones halogenuros incluyen plata (I), plomo (II), cobre (I) y talio (I).

La insolubilidad de las sales de plata de Cl^-, Br^- y I^- es la base de un ensayo común para los iones de estos halogenuros; el AgCl es blanco, el AgBr es crema y el AgI es amarillo. Se pueden preparar precipitados del halogenuro de plata añadiendo

Table 19.5 Ácidos oxihalogenados.

Estado de oxidación del halógeno	Fórmula del ácido				Nombre del ácido	Nombre del anión obtenido del ácido
1+	HOF	HOCl	HOBr	HOI	ácido hipohaloso	ion hipohalito
3+	–	$HClO_2$	–	–	ácido haloso	ion halito
5+	–	$HClO_3^a$	$HBrO_3^a$	HIO_3^a	ácido hálico	ion halato
7+	–	$HClO_4^a$	$HBrO_4^a$	HIO_4, $H_4I_2O_9$, H_5IO_6	ácido perhálico	ion perhálico

[a]Acidos fuertes

una solución de nitrato de plata a una solución que contiene el ion del halogenuro apropiado. El yoduro de plata es insoluble en exceso de amoníaco; sin embargo, el AgCl se disuelve fácilmente para formar el ion complejo $Ag(NH_3)_2^+$ y el AgBr se disuelve con dificultad. El fluoruro de plata es soluble. Los precipitados de MgF_2 o CaF_2 se usan generalmente para confirmar la presencia del ion fluoruro en solución.

Si el ion yoduro de una solución acuosa se oxida a yodo (el proceso general emplea cloro), el I_2 puede extraerse mediante ciclohexano, el cual forma un sistema líquido de dos capas con agua. La solución de I_2 en CCl_4 es de color violeta. En el correspondiente ensayo para el ion bromuro la solución de Br_2 en ciclohexano es color café.

19.12 Oxiácidos de los halogénos

Los oxiácidos de los halógenos aparecen en la Tabla 19.5. El único oxiácido del flúor que se ha preparado es el ácido hipofluoroso, HOF, un compuesto térmicamente inestable. Los ácidos de cloro y sus sales son los más importantes de estos compuestos.

Las fórmulas de Lewis para los ácidos oxiclorados aparecen en la Figura 19.3.

La extracción del H^+ de cada una de estas estructuras da la formula electrónica del anión correspondiente. Sin embargo, las estructuras de Lewis en las cuales cada átomo de Cl y O tiene un octeto de electrones de valencia, no muestran que en estos compuestos los enlaces Cl—O puedan tener considerable cantidad de carácter de doble enlace, debido al enlace pπ-dπ (Sección 7.6).

Los aniones oxhibromo y oxiyodo tiene configuraciones similares a los aniones

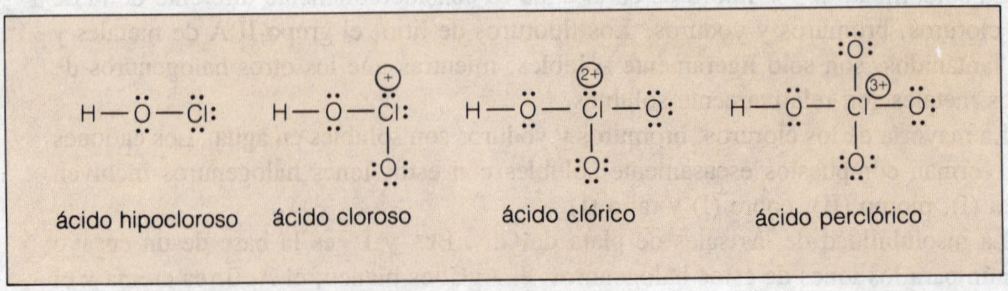

Figura 19.3 Fórmulas de Lewis para los ácidos oxiclorados

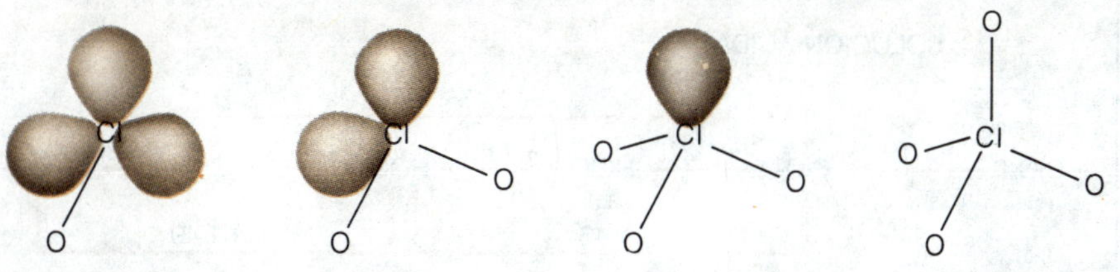

Figura 19.4 Estructura de los aniones de oxicloros.

análogos de los oxicloros indicados en la Figura 19.4. La molécula de H_5IO_6 es octaédrica, con cinco grupos OH y un átomo de oxígeno en las seis posiciones que rodean al átomo central I.

Los potenciales de los electrodos estándar para Cl_2, Br_2, I_2 y los compuestos de estos elementos en solución ácida o alcalina se resumen en la Figura 19.5.

El número indicado sobre cada flecha es el $\mathcal{E}^\circ_{red}$ en voltios, para la reducción de las especies de la izquierda hasta las de la derecha. Naturalmente, puede obtenerse un potencial de oxidación para una transformación de derecha a izquierda cambiando el signo de $\mathcal{E}^\circ_{red}$

El ácido perclórico ($HClO_4$), el ácido perbrómico ($HBrO_4$) y los ácidos hálicos ($HClO_3$, $HBrO_3$ y HIO_3) son ácidos fuertes, pero los óxidos restantes se disocian incompletamente en solución acuosa y existen principalmente en solución en la forma molecular. Por lo tanto, en la Figura 19.5 se presentan las fórmulas moleculares para los ácidos débiles en solución acuosa. En general, la fuerza ácida aumenta con el aumento del contenido de oxígeno.

La mayoría de la química de estos compuestos se correlaciona efectivamente mediante estos diagramas para potenciales de electrodos. Sin embargo, recuerde que los potenciales de los electrodos estándar se refieren a la reducción que tienen lugar a 25°C con todas las sustancias presentes en sus estados estándar. Los cambios de concentración y temperatura alteran los valores de $\mathcal{E}^\circ$. Además, le fem de una pila no nos dice nada acerca de la velocidad de transformación a la cual se aplica, algunas reacciones para las cuales la fem de la pila son positivas se realizan tan lentamente que carecen de importancia práctica. De acuerdo a los valores $\mathcal{E}^\circ_{red}$, la oxidación del agua (en ácido) y la del ion OH^- (en base) debe ocurrir acompañada por muchos compuestos oxihalogenados. Sin embargo, estas reacciones se realizan tan lentamente que es posible observar todos los compuestos oxihalogenados en solución.

Una de las características más sobresalientes de los compuestos oxihalogenados es su capacidad para actuar como agentes oxidantes; todos los valores de $\mathcal{E}^\circ_{red}$ son positivos. Los valores de $\mathcal{E}^\circ_{red}$ también indican que, en general, estos compuestos son agentes oxidantes más fuertes en solución ácida que en solución alcalina.

Muchos de estos compuestos oxihalogenados son inestables hacia la desproporcionación. Tales materiales se identifican fácilmente en los diagramas de la Figura 19.5. Por ejemplo, en solución alcalina

$$ClO^- \xrightarrow{+0.40} Cl_2 \xrightarrow{+1.36} Cl^-$$

Puesto que $+1.36$ V es más positivo que $+0.40$ V, el Cl_2 se desproporcionará.

$$4OH^- + Cl_2 \longrightarrow 2ClO^- + 2H_2O + 2e^- \qquad \mathcal{E}^\circ_{ox} = -0.40V$$
$$2e^- + Cl_2 \longrightarrow 2Cl^- \qquad \mathcal{E}^\circ_{red} = +1.36V$$
$$2OH^- + Cl_2 \longrightarrow ClO^- + Cl^- + H_2O \qquad \mathcal{E}^\circ_{fem} = +0.90V$$

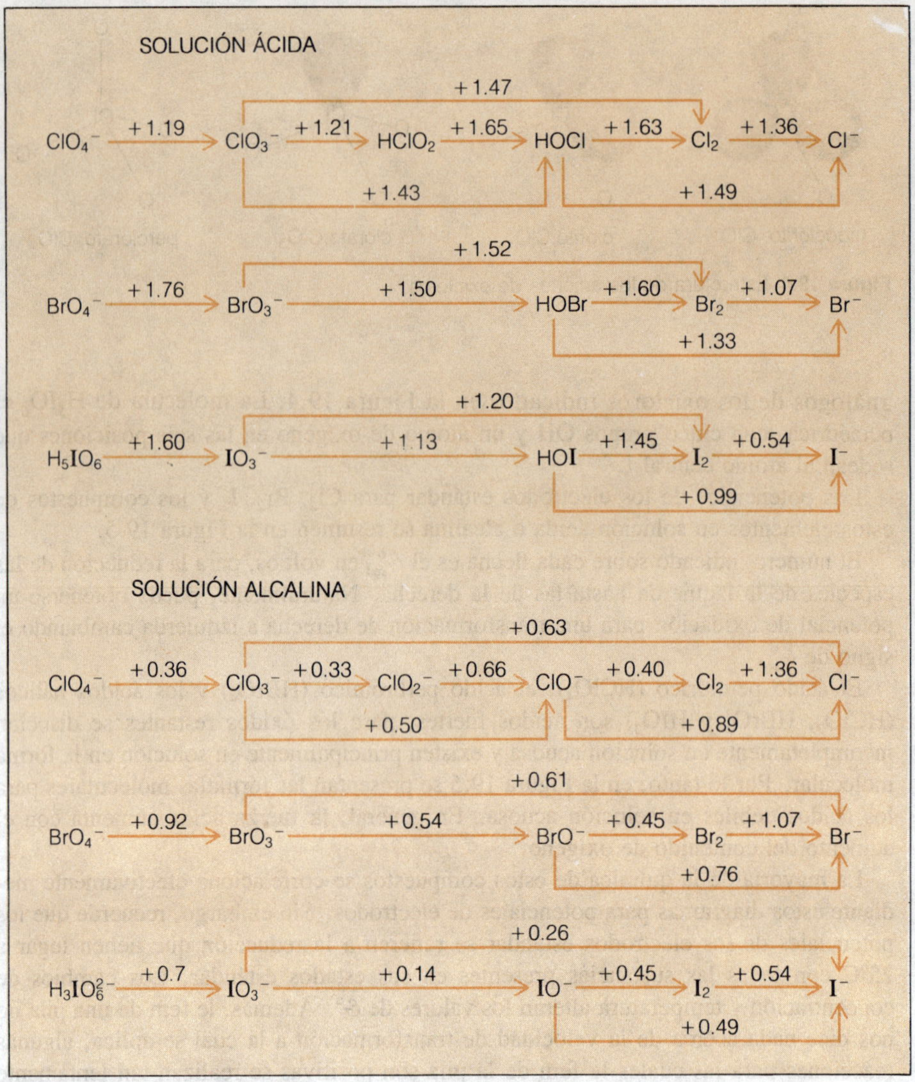

Figura 19.5 Diagramas de potenciales de electrodos estándar para cloro, bromo, yodo y sus compuestos.

Los valores de $\mathcal{E}^\circ_{\text{red}}$ indican que HOCl, HÒBr, HOI, HClO y ClO_3^-, deberían desproporcionarse en solución ácida. En solución alcalina, todas las especies deberían desproporcionarse excepto los iones halogenuros: ClO_4^-, BrO_4^-, y $H_3IO_6^{2}$.

1. Ácidos hipohalosos e hipohalitos. Los ácidos hipohalosos (HOX) son los oxiácidos halogenados más débiles. Existen en solución pero no pueden prepararse en forma pura. Cada uno de los tres halógenos es poco soluble en agua y reaccionan para producir una baja concentración del ácido hipohaloso correspondiente:

$$\rightleftharpoons X_2 + H_20 — H^+(ac) + X^-(ac) + HOX(ac)$$

Todos los potenciales estándar para estas reacciones son negativos, y las reacciones ocurren hasta cierto límite. Así, a 25°C, las soluciones saturadas de los halógenos contienen la siguiente concentración de HOX: HOCl, 3×10^{-2} *M*, HOBr 1×10^{-3} *M*, HOI,6×10^{-6}*M*

Las reacciones X_2- H_2O se pueden desplazar hacia la derecha, y aumentar la producción de HOX mediante la adición de Ag_2O ó MgO a la mezcla reaccionante. Estos óxidos precipitan el ión X^- y eliminan $H^+(ac)$

$$2X_2 + Ag_2O(s) + H_2O \longrightarrow 2AgX(s) + 2HOX(ac)$$
$$2X_2 + 4HgO(s) + H_2O \longrightarrow MgX_2{\cdot}3HgO(s) + 2HOX(ac)$$

Cada uno de los tres halógenos se disuelve en solución alcalina para producir un ion hipohalito y un ión halogenuro:

$$X_2 + 2OH^-(ac) \longrightarrow X^-(ac) + XO^-(ac) + H_2O$$

La fem para cada una de estas reacciones es positiva, y cada reacción es rápida. Sin embargo, los iones hipohalitos se desproporcionan en solución alcalina en los iones halato y haluro. Afortunadamente, las reacciones de desproporción de ClO^- y BrO^- son lentas a temperaturas alrededor de 0°C, de forma tal que estos iones se pueden preparar por este método. Sin embargo, el ion hipoyodito se desproporciona rápidamente aún a bajas temperaturas.

Las soluciones de hipoclorito de sodio utilizadas comercialmente para blanquear el algodón (por ejemplo el clorinol), se preparan electrolizando soluciones frías de cloruro de sodio tales como las utilizadas en la preparación del cloro (Sección 19.7). Sin embargo, en este proceso los productos de la electrólisis no se mantienen separados. Por el contrario, el electrólito se mezcla vigorosamente de forma tal que el cloro producido en el ánodo reacciona con el ion hidróxido producido en el cátodo:

anodo: $2Cl^- \longrightarrow Cl_2 + 2e^-$

cátodo: $2e^- + 2H_2O \longrightarrow 2OH^- + H_2$

$$Cl_2 + 2OH^- \longrightarrow OCl^- + Cl^- + H_2O$$

La ecuación general para el proceso completo es:

$$Cl^- + H_2O \xrightarrow[\textit{frío}]{\textit{electrólisis}} OCl^- + H_2$$

Los ácidos hipohalosos y los hipohalitos son buenos agentes oxidantes, especialmente en solución ácida. Los compuestos se descomponen no sólo por desproporción, sino también por la liberación del O_2 de las soluciones. Sin embargo, las reacciones en las cuales se libera el O_2 son lentas, están catalizadas por sales metálicas.

2. Ácidos halosos y halitos El único ácido haloso conocido es el ácido cloroso ($HClO_2$). Este compuesto no puede separarse en forma pura, y aún en solución acuosa se descompone rápidamente. El ácido cloroso es un ácido débil, pero es más fuerte que el ácido hipocloroso. La desproporción del HOCl en solución acuosa no produce $HClO_2$. Sin embargo, el potencial del electrodo indica que debería ser posible preparar el ion clorito por la desproporción del ion ClO^- en solución alcalina. Sin embargo, la desproporción del ClO^- en ClO_3^- y Cl^- es más favorable, y no puede obtenerse ClO_2^- del ClO^-.

Los cloritos son comparativamente estables en solución alcalina y pueden prepararse del ClO_2 gaseoso. El dióxido de cloro, una molécula impar muy reactiva, se prepara mediante la reducción de cloratos en solución acuosa utilizando dióxido de azufre gaseoso como agente reductor:

$$2ClO_3^-(ac) + SO_2(g) \longrightarrow ClO_2(g) + SO_4^{2-}(ac)$$

El ion clorito se prepara mediante la reacción de ClO_2 gaseoso con una solución alcalina de peróxido de sodio (el cual forma el ion hidroperóxido en solución alcalina):

$$2\,ClO_2(g) + HO_2^-(aq) + OH^-(aq) \longrightarrow 2\,ClO_2^-(aq) + O_2(g) + H_2O$$

Los cloritos solidos son compuestos químicos peligrosos; detonan cuando se calientan y son explosivos cuando se ponen en contacto con material combustible.

3. Ácidos hálicos y halatos. Hemos mencionado las reacciones de desproporción de los iones hipohalitos:

$$3\,XO^- \longrightarrow XO_3^- + 2\,X^-$$

Así, si se agrega un halógeno libre a una solución caliente de un álcali se producen los correspondientes iones haluro y halato, en vez de los de los iones haluro e hipohalito:

$$3X_2 + 6OH^-(ac) \longrightarrow 5X^-(ac) + XO_3^-(ac) + 3H_2O$$

Los cloratos se preparan comercialmente mediante la electrólisis de cloruros en soluciones concentradas y en caliente (en vez de las soluciones frías utilizadas para la preparación electroquímica de los hipocloritos). Se agita vigorosamente el electrólito de forma tal que el cloro producido en el ánodo reaccione con el ion hidróxido, que es el producto de la reducción en el cátodo.

ánodo: $$2\,Cl^- \longrightarrow Cl_2 + 2e^-$$

cátodo: $$2e^- + 2\,H_2O \longrightarrow 2\,OH^- + H_2$$

$$3\,Cl_2 + 6\,OH^- \longrightarrow 5\,Cl^- + ClO_3^- + 3\,H_2O$$

Si se suman las tres ecuaciones anteriores después que las dos primeras se han multiplicado cada una por tres, la ecuación obtenida para todo el proceso es:

$$Cl^- + 3\,H_2O \xrightarrow[\textit{calor}]{\textit{electrolisis}} ClO_3^- + 3\,H_2$$

El clorato cristaliza de la solución concentrada empleada como el electrodo de la pila. Aunque los cloratos generalmente son solubles en agua, son mucho menos solubles que los cloruros correspondientes.

Se pueden preparar soluciones de un ácido hálico añadiendo ácido sulfúrico a una solución de la sal de bario del ácido,

$$Ba^{2+}(ac) + 2XO_3^-(ac) + 2H^+(ac) + SO_4^{2-}(ac) \longrightarrow BaSO_4(s) + 2H^{2+}(ac) + 2XO_3^-(ac)$$

No se pueden aislar $HBrO_3$ ó $HClO_3$ puros de las soluciones acuosas debido a la descomposición. Sin embargo, puede obtenerse ácido yodico HIO_3 como un sólido blanco, este ácido se prepara generalmente por la oxidación del yodo con ácido nítrico concentrado. Todos los ácidos hálicos son fuertes. Los halatos, como también los ácidos hálicos, son agentes oxidantes fuertes, las reacciones de los cloratos con materiales fácilmente oxidables pueden ser explosivas.

Los cloratos se descomponen calentándolos de diversas maneras. A altas temperaturas, y particularmente en presencia de un catalizador, los cloratos se descomponen en cloruros y oxígeno:

$$2\,KClO_3(s) \xrightarrow[MnO_2]{calor} 2\,KCl(s) + 3\,O_2(g)$$

A temperaturas moderadas, en ausencia de un catalizador, la descomposición produce percloratos y cloruros:

$$4\;KClO_3(s) \xrightarrow{calor} 3\,KClO_4(s) + KCl(s)$$

4. Ácidos perhálicos y perhalatos. Las sales de perclorato se pueden obtener mediante la descomposición térmica controlada de un clorato o por la electrólisis de una solución fría de un clorato. El ácido libre es un líquido higroscópico claro. Puede prepararse destilando una mezcla de una sal de perclorato con ácido sulfúrico concentrado. Se conocen varios hidratos cristalinos de acido perclórico. El compuesto $HClO_4 \cdot H_2O$ es interesante: las posiciones de la red del cristal están ocupadas por iones H_3O^+ y ClO_4^- y el sólido es isomorfo (de la misma estructura cristalina) con NH_4ClO_4. El ácido perclórico es un ácido fuerte y un agente oxidante fuerte. El $HClO_4$ puede reaccionar violentamente cuando se calienta con sustancias orgánicas, las reacciones son frecuentemente explosivas.

Los perbromatos se preparan por la oxidación de bromatos en solución alcalina, usando F_2 como agente oxidante. Se han preparado varios ácidos peryódicos; el más común es el H_5IO_6. Los peryodatos se preparan por la oxidación de yodatos, generalmente mediante Cl_2 en solución alcalina. Se han obtenido las sales de los aniones de IO_4^-, $I_2O_9^{4-}$, IO_6^{5-} y IO_5^{3-}.

19.13 Usos industriales de los halógenos

Los usos industriales más importantes de los halógenos y los compuestos halogenados son:

1. Fluoruro Los fluoruros más importantes producidos comercialmente son la criolita sintética y los fluorocarburos. La criolita, Na_3AlF_6, se utiliza como un electrólito de soporte en la electrólisis de Al_2O_3 fundido, para la producción de aluminio (proceso Hall). Los fluorocarburos son notables por su inactividad química. Los freones (por ejemplo, CCl_2F_2) se usan como refrigerantes e impelentes para aerosoles. El politetrafluoroetileno ($F_2C=CF_2$ polimerizado, teflón) es un polímero de fluorocarburo sólido altamente resistente al ataque químico. Los fluorocarburos se usan como lubricantes químicos resistentes.

El uso principal del flúor elemental es en la separación de ^{235}U (el isótopo del uranio que sufre fisión atómica) de uranio natural (que es principalmente ^{238}U). El uranio metálico que contiene ambos isótopos se convierte en UF_6 (el cual se sublima a 56°C). Puesto que el $^{235}UF_6$ tiene un peso molecular más bajo que el $^{238}UF_6$, el $^{235}UF_6$ gaseoso se difunde a través de una barrera porosa más rápidamente que el $^{238}UF_6$ y por este medio se efectúa una separación de los dos isótopos.

Los usos de los fluoruros (principalmente NaF), aunque menores, son bien conocidos en la fluoración de aguas potables y en la pasta dentífrica para prevenir las caries.

2. Cloro Se produce comercialmente un gran número de compuestos que contienen cloro. La mayoría de estos compuestos son compuestos orgánicos que se preparan mediante el uso de cloro o cloruro de hidrógeno. Se utilizan, por ejemplo, como plásticos, disolventes, pesticidas, herbicidas, productos farmaceuticos, refrigerantes y colorantes. Se producen grandes cantidades de HCl para usarse no sólo en la síntesis de productos orgánicos, sino también en la tecnología del petróleo, la metalurgia, limpieza de metales (para eliminar los óxidos de los metales), en la elaboración de alimentos y en la preparación de cloruros inorgánicos. El cloro se usa en la elaboración de papel, rayón, cloruro de hidrógeno, bromo, yodo, hipoclorito de sodio y cloruros metálicos, en la desinfección de agua, y para blanquear textiles.

3. Bromo. El principal uso del bromo hasta el momento es la elaboración de dibromuro de etileno (CH_2BrCH_2Br), el cual se utiliza junto con el agente antidetonante tetraetilato de plomo en gasolinas que contienen plomo. El dibromuro de etileno suministra bromo para convertir el plomo en $PbBr_2$, el cual es volátil a los temperaturas del cilindro de combustión y es extraido del motor con los gases de escape. La importancia de este uso del bromo está en desuso, puesto que las leyes de anticontaminación prohiben el uso de gasolina con plomo en los autos nuevos.

Los compuestos orgánicos que contienen bromo se utilizan como intermediarios en las síntesis industriales, colorantes, fármacos, pesticidas y agentes a prueba de fuego. Los bromuros inorgánicos se utilizan en medicina, en el blanqueo de tejidos y en fotografía (AgBr).

4. Yodo. El yodo y sus compuestos no se usan tan extensamente como los otros halógenos y haluros. Los principales usos incluyen la producción de productos farmacéuticos, tinturas y yoduro de plata (para fotografía).

Resumen

Los temas discutidos en este capítulo son:

1. Distribución y propiedades físicas del hidrógeno.
2. Producción industrial de hidrógeno.
3. Reacciones de desplazamiento en las cuales se libera hidrógeno.
4. Reacciones del hidrógeno, los hidruros.
5. Usos comerciales del hidrógeno.
6. Los halógenos: propiedades físicas, distribución, preparaciones industriales y de laboratorio.
7. Compuestos de los halógenos: haluros de hidrógeno, haluros metálicos, oxiácidos y sus sales, diagramas de potencial de electrodos.
8. Usos industriales de los halógenos y sus compuestos.

Glosario

A continuación aparecen algunos de los términos más importantes presentados en este capítulo. Las definiciones de los términos no incluidos en esta lista pueden localizarse usando el Índice.

Compuesto interhalogenado (Sección 19.9): Compuesto formado por dos halógenos diferentes.

Cracking (Sección 19.20: Desintegración térmica, proceso en el cual hidrocarburos de alto peso molecular se descomponen en compuestos de peso molecular menor; se utiliza en la refinación del petróleo.

Halógeno (Sección 19.6): Elemento del grupo VII A, F, Cl, Br, I y At.

Proceso reformador de vapor 19.2): Proceso industrial utilizado para preparar hidrógeno mediante la reacción del vapor con un hidrocarburo.

Reacción de desplazamiento (Sección 19.3): Reacción en la cual un elemento (o grupo de elementos) desplaza a otro elemento (o grupo de elementos) de un compuesto.

Vapor de agua (Sección 19.2) Mezcla de monóxido de carbono e hidrógeno producida industrialmente por la reacción del vapor sobre el coque.

Problemas*

Hidrógeno

19.1 ¿Cuáles son las formas principales en las que se halla el hidrógeno en la naturaleza? Discuta tres métodos mediante los cuales se puede preparar industrialmente hidrógeno a partir del agua.

19.2 Escriba ecuaciones químicas para la preparación de hidrógeno de: **(a)** Na(s) y H_2O, **(b)** Fe(s) y vapor **(c)** Zn(s) y H^+(ac), **(d)** Zn(s) y OH^-(ac), **(e)** C(s) y vapor, **(f)** CH_4(g) y vapor, **(g)** CaH_2(s) y H_2O.

19.3 Escriba ecuaciones químicas para las reacciones del hidrógeno con: **(a)** Na(s), **(b)** Ca(s), **(c)** Cl_2(g), **(d)** N_2(g), **(e)** Cu_2O(s), **(f)** CO(g) y **(g)** WO_3(s).

19.4 Describa las propiedades y estructuras de **(a)** hidruros parecidos a sales, **(b)** hidruros intersticiales, **(c)** hidruros complejos, **(d)** hidruros covalentes

19.5 ¿Cómo reflejan las propiedades físicas del hidrógeno la naturaleza de las fuerzas de London entre moléculas de H_2?

19.6 ¿Qué justifica la actividad del Pd, Pt y Ni en muchas reacciones que involucaran hidrógeno?

19.7 ¿Qué masa de hidrógeno se puede obtener por la reacción de un exceso de agua con **(a)** 10.0 g de Ca(s), **(b)** 10.0 g de CaH_2(s)?

19.8 **(a)** ¿Cuál es la masa de 22.4 litros de H_2(g) a TPE? **(b)** Suponga que el aire es 22.0% de O_2(g) y 78.0% de N_2(g) y calcule la masa de 22.4 litros de aire a TPE. **(c)** Si un globo de 22.4 litros se llena con hidrógeno a TPE, la diferencia entre la masa de 22.4 litros de aire y la masa de 22.4 litros de hidrógeno sería el valor aproximado del poder de empuje del globo. Calcule este valor. Aproximadamente, ¿cuántas veces puede una muestra de hidrógeno levantar su propia masa?

19.9 Calcule la masa de **(a)** Al, **(b)** Zn y **(c)** Sn requerida para liberar 1.000 g de hidrógeno de un exceso de ácido.

19.10 Utilice las energías de enlace que se hallan en la Tabla 3.2 para calcular la entalpía estándar de formación de **(a)** HF(g), **(b)** H_2O(g), **(c)** NH_3(g). **(d)** Compare sus valores con los de la Tabla 3.1.

19.11 Use los siguientes datos para calcular la energía reticular de NaH(s). La entalpía de formación de NaH(s) es -57.3 kJ/mol. La entalpía de sublimación de Na(s) es $+108$ kJ/mol, y la primera energía de ionización de Na(g) es $+496$ kJ/mol. La energía de enlace de H_2(g) es $+435$ kJ/mol y la primera afinidad electrónica de H(g) es -73 kJ/mol. Compare el valor que usted obtuvo con la energía reticular de NaCl(s), la cual es -789 kJ/mol.

19.12 **(a)** ¿Qué masa de hidrógeno se requeriría teóricamente para reducir 1.00 kg de WO_3(s) para producir W(s)? **(b)** ¿Qué volumen ocuparía esta masa de H_2 a TPE.?

Los halógenos

19.13 Escriba ecuaciones químicas para demostrar cómo puede prepararse cloro de Cl^-(ac) mediante el uso de **(a)** MnO_2(s), **(b)** PbO_2(s), **(c)** MnO_4^-(ac), **(d)** $Cr_2O_7^{2-}$(ac). **(e)** ¿Pueden utilizarse reacciones análogas para preparar flúor, bromo, o yodo? Justifique su respuesta.

19.14 Escriba ecuaciones químicas para indicar cómo se preparan los siguientes: **(a)** F_2 de CaF_2, **(b)** Cl_2 de NaCl, **(c)** Br_2 de agua de mar, **(d)** I_2 de $NaIO_3$, **(e)** HBr de PBr_3.

19.15 Escriba ecuaciones químicas para las reacciones de Cl_2 con **(a)** H_2, **(b)** Zn, **(c)** P, **(d)** S, **(e)** H_2S, **(f)** CO, **(g)** SO_2, **(h)** I^-(ac), **(i)** agua fría.

19.16 Escriba ecuaciones químicas para las reacciones de HF con **(a)** SiO_2, **(b)** Na_2CO_3**(c)** KF, **(d)** CaO.

19.17 Escriba ecuaciones para demostrar por qué el HF(ac) concentrado es más iónico que el HF(ac) diluido.

19.18 Puesto que el HCl(g) puede prepararse del NaCl y H_2SO_4, ¿por qué no puede utilizarse la reacción de NaBr y H_2SO_4 para preparar HBr(g)?

19.19 De cada uno de los siguientes pares de compuestos, seleccione el compuesto que tendrá la conductividad eléctrica más alta en el estado fundido. Explique la base de su pronóstico en cada caso. **(a)** $FeCl_2$ ó $FeCl_3$, **(b)** RbCl ó $SrCl_2$, **(c)** BeF_2 ó $BeCl_2$.

19.20 Discuta la geometría molecular de los compuestos interhalógenos XX'_3, XX'_5 y XX'_7.

19.21 Escriba ecuaciones químicas para la electrólisis de **(a)** NaCl, seco y fundido **(b)** solución fría de NaCl, **(c)** solución fría de NaCl con agitación del electrólito, **(d)** solución caliente y concentrada de NaCl con agitación del Electrolito, **(e)** solución fría de $NaClO_3$.

19.22 ¿Cuál es mayor? **(a)** la fuerza del ácido del HF ó HCl, **(b)** el punto de fusión del F_2 ó del Cl_2. **(c)** el punto de ebullición del HF ó del HCl, **(d)** la primera energía de ionización del F_2 ó del I_2, **(e)** la energía de enlace del F_2 ó del Cl_2, **(f)** la energía de enlace del Cl_2 ó del I_2.

19.23 Escriba ecuaciones químicas para las reacciones utilizadas para identificar cada uno de los iones halogenuros en solución acuosa.

19.24 ¿Cuántos faradays de electricidad se necesitan para producir 1.000 kg de Cl_2(g) mediante la electrólisis de NaCl seco y fundido?

19.25 ¿Cuántos gramos de Cl_2(g) se producen en el mismo tiempo que toma preparar 2.000 kg de NaOH mediante la electrólisis de una solución acuosa de NaCl?

19.26 Cuántos gramos de Cl_2(g) se producen en una hora por la electrólisis de una solución acuosa de NaCl, si se suministran 1000 amperes de electricidad?

*Los problemas más difíciles están marcados por un asterisco. El apéndice G contiene las respuestas de los problemas codificados en color.

CAPÍTULO

20

LOS NO METALES, PARTE II: EL GRUPO VI A DE ELEMENTOS

El grupo VI A incluye oxígeno, azufre, selenio, telurio y polonio. El oxígeno es el más importante y abundante del grupo. Puesto que la química del oxígeno es diferente de la de los otros miembros, se considera el oxígeno separadamente antes que los otros. El polonio es el producto de la desintegración radioactiva del radio. El isótopo más abundante del polonio, ^{210}Po, tiene una vida media de sólo 138.7 días.

20.1 Propiedades de los elementos del grupo VI A

Las configuraciones electrónicas de los elementos del grupo VI A aparecen en la Tabla 20.1. Cada elemento tiene una deficiencia de dos electrones con respecto a la estructura del gas noble respectivo. Por esta razón, estos elementos obtienen la configuración electrónica de gas noble en la formación de compuestos iónicos al aceptar dos electrones por átomo:

$$2\,Na^+ \quad :\underset{\cdot\cdot}{\overset{\cdot\cdot}{S}}:^{2-}$$

Los elementos también adquieren configuración de gas noble mediante la formación de enlace covalente:

$$\begin{array}{c} \quad \cdot\cdot \\ H:\!Se\!: \\ \quad \cdot\cdot \\ \quad H \end{array}$$

Ciertas propiedades de los elementos del grupo VI A se resumen en la Tabla 20.2. Cada miembro del grupo es un no metal menos activo que el halógeno de su período. Las electronegatividades de los elementos disminuyen, en la forma esperada, con el aumento de número atómico. El oxígeno es el segundo elemento más electronegativo

Tabla 20.1 Configuraciones electrónicas de los elementos del grupo VI A.

Elementos	Z	1s	2s	2p	3s	3p	3d	4s	4p	4d	4f	5s	5p	5d	6s	6p
O	8	2	2	4												
S	16	2	2	6	2	4										
Se	34	2	2	6	2	6	10	2	4							
Te	52	2	2	6	2	6	10	2	6	10		2	4			
Po	84	2	2	6	2	6	10	2	6	10	14	2	6	10	2	4

Tabla 20.2 Algunas propiedades de los elementos del grupo VI A.

Propiedad	Oxígeno	Azufre	Selenio	Telurio
color	incoloro	amarillo	rojo a negro	blanco-plateado
Fórmula molecular	O_2	anillos de S_8	anillos de Se_n anillos de Se_8	cadenas Te_n
punto de fusión (°C)	−218.4	119	217	452
punto de ebullición (°C)	−182.9	444.6	688	1390
radio atómico (pm)	74	104	117	137
radio iónico (ion 2−) (pm)	140	184	198	221
primera energía de ionización (kJ/mol)	1312	1004	946	870
electronegatividad	3.4	2.6	2.6	2.1
energía de enlace (enlace sencillo) (kJ/mol)	138	213	184	138
$\mathcal{E}°$ para la reducción del elemento a H_2X en solución ácida (V)	+1.23	+0.14	−0.40	−0.72

(el flúor es el primero); el azufre es tan electronegativo como el yodo. Así, los óxidos de la mayoría de los metales son iónicos, mientras que los sulfuros, seleniuros y teleniuros de los metales más activos (tales como los metales de los grupos I A y II A) son verdaderos compuestos iónicos.

Los elementos del grupo VI A, son predominantemente no metálicos en el comportamiento químico; sin embargo, las características metálicas aparecen en los miembros más pesados del grupo. La tendencia al aumento del carácter metálico es paralela, como se esperaba, al aumento en número atómico, radio atómico y disminución del potencial de ionización. El polonio es el miembro más metálico del grupo, parece capaz de formar cationes que existen en solución acuosa y el estado 2− del polonio (en H_2Po, por ejemplo) es inestable. Aungue el telurio es esencialmente de carácter no metálico, se han reportado sales inestables de telurio con aniones de ácidos fuertes. La forma ordinaria del telurio es metálica. El selenio existe en modificaciones cristalinas metálicas y no metálicas.

Existen azufre, selenio y telurio en estado de oxidación positiva en compuestos en los cuales se combinan con los elementos más electronegativos (tales como oxígeno y los halógenos). Se considera que el oxígeno tiene un número de oxidación positivo sólo en los pocos compuestos que forma con el flúor. Para el azufre, el selenio y el telurio, los estados de oxidación de 4+ y 6+ son particularmente importantes.

Los potenciales de los electrodos que aparecen en la Tabla 20.2 dan una idea del poder oxidante de los elementos del grupo VI A. El oxígeno es un agente oxidante fuerte, pero existe una marcada disminución de esta propiedad partiendo del oxígeno al telurio. De hecho, H_2Te y H_2Se son mejores agentes *reductores* que el hidrógeno. Compare los valores de $\mathcal{E}°$ en la Tabla 20.2 con aquellos dados para los halógenos en la Tabla 19.2.

20.2 Distribucion y producción industrial del oxígeno

El oxígeno es el elemento más abundante (Tabla 1.2). El oxígeno libre constituye cerca del 21.0% del volumen ó 23.2% de la masa de la atmósfera. La mayoría de los

Tabla 20.3 Composición del aire seco.

Sustancia	Porcentaje por volumen	Sustancia	Porcentaje por volumen
N_2	78.00	CH_4	2×10^{-4}
O_2	20.95	Kr	1×10^{-4}
Ar	0.93	N_2O	5×10^{-5}
CO_2	0.03	H_2	5×10^{-5}
Ne	0.0018	Xe	8×10^{-6}
He	0.0005	O_3	1×10^{-6}

minerales contienen oxígeno. El SiO_2 es un ingrediente común de muchos minerales y el principal constituyente de la arena. El silicio es el segundo elemento en el orden de abundancia natural, debido a la extensa distribución de la sílica. Otros minerales que contienen oxígeno son los óxidos, sulfatos y carbonatos. El oxígeno es un constituyente de los compuestos que forman los animales y las plantas. El cuerpo humano tiene más de un 60% de oxigeno.

En la naturaleza existen tres isótopos del oxígeno: ^{16}O (99.759%), ^{18}O (0.204%) y ^{17}O (0.037%). Los isótopos ^{14}O, ^{15}O, ^{19}O y ^{20}O son artificiales e inestables.

La principal fuente comercial de oxígeno es la atmósfera. El aire es una mezcla. La composición del aire varía con la altitud y, en menor extensión, con el sitio. El análisis del aire se hace después de eliminar el agua y los partículas sólidas (tales como polvo y esporas). Algunos de los componentes del aire se hallan el la Tabla 20.3. Los porcentajes dados (en volumen) son para aire limpio, seco y al nivel del mar.

Más del 99% del oxígeno producido industrialmente se obtiene por la licuefacción y destilación fraccionada del aire. En el proceso, se licúa por compresión y enfriamiento el aire seco filtrado, del cual se extrae el CO_2. Cuando el aire se calienta, el nitrógeno (punto de ebullición: -196°C), hierve y se separa del oxígeno (punto de ebullición: -183°C). Los gases nobles se obtienen de las fracciones de nitrógeno y oxígeno, mediante destilaciones repetidas y otras técnicas de separación. Comercialmente, se produce una pequeña cantidad de oxígeno muy puro aunque costoso por la electrólisis del agua:

$$2\,H_2O \xrightarrow{\textit{electrólisis}} 2\,H_2(g) + O_2(g)$$

20.3 Preparación del oxígeno en el laboratorio

El oxígeno se prepara generalmente en el laboratorio mediante la descomposisión térmica de ciertos compuestos que contienen oxígeno. Se utilizan los siguientes:

1. Óxidos de los metales de baja reactividad. Los óxidos de plata (Ag_2O), mercurio (HgO) y oro (Au_2O_3), se descomponen por calentamiento dando oxígeno gaseoso y el metal libre:

$$2\,HgO(s) \longrightarrow 2\,Hg(l) + O_2(g)$$

2. Peróxidos El oxígeno y el ion óxido se producen cuando el ion peróxido O_2^{2-} se calienta:

$$2\left[:\ddot{\underset{..}{O}}:\ddot{\underset{..}{O}}:\right]^{2-} \longrightarrow 2\left[:\ddot{\underset{..}{O}}:\right]^{2-} + O_2$$

así,

$$2\,Na_2O_2(s) \longrightarrow 2\,Na_2O(s) + O_2(g)$$
$$2\,BaO_2(s) \longrightarrow 2\,BaO(s) + O_2(g)$$

El oxígeno se puede obtener de la reacción del peróxido de sodio y agua a temperatura ambiente. El otro producto es una solución acuosa de hidróxido de sodio:

$$2O_2^{2-}(ac) + 2H_2O \longrightarrow 4OH^-(ac) + O_2(g)$$

3. Nitratos y cloratos. Ciertos compuestos, por calentamiento, liberan total o parcialmente el oxígeno que contienen. Los nitratos y los metales del grupo I A forman nitritos:

$$2\,NaNO_3(l) \longrightarrow 2\,NaNO_2(l) + O_2(g)$$

El clorato de potasio pierde todo su oxígeno; un catalizador (MnO_2) se utiliza generalmente para disminuir la temperatura requerida para esta descomposición:

$$2\,KClO_3(s) \longrightarrow 2\,KCl(s) + 3\,O_2(g)$$

20.4 Reacciones del oxígeno

Las reacciones del oxígeno son más demoradas de lo que se pronosticaría del hecho de que el oxígeno es un elemento muy electronegativo (3.4), segundo en esta propiedad sólo al flúor (4.0). La razón de esta lentitud es que la energía de enlace del oxígeno es alta (494 kJ/mol); por consiguiente, las reacciones que requieren la ruptura del enlace oxígeno-oxígeno sólo ocurren a altas temperaturas. Muchas de estas reacciones son relativamente muy exotérmicas y producen suficiente calor para mantenarse ellas mismas después que se han iniciado por calentamiento externo. Sea que se mantengan por sí mismas o no, la mayoría de las reacciones del oxígeno ocurren a temperaturas considerablemente más altas que la temperatura ambiente.

El oxígeno forma cuatro tipos diferentes de aniones: superóxidos, peróxidos, iones óxidos y ozónidos. Los diagramas de orbitales moleculares para el oxígeno, el ion superóxido y el peróxido se presentan en la Figura 20.1. El **ion superóxido** O_2^-, se considera que se forma por la adición de un electrón al orbital π*2p de la molécula de oxígeno, lo cual reduce el número de electrones desapareados a 1 y el orden de enlace a 1½. El **ion peróxido** O_2^{2-}, contiene dos electrones más (en orbitales π*2p) que la molécula de O_2; por esto, el orden de enlace se reduce a 1 y el ion es diamagnético. El **ion óxido,** O^{2-}, es isoelectrónico con el neón y es diamagnético. El **ion ozónido** O_3^- es paramagnético con un electrón desapareado y se produce por la reacción del ozono, O_3, con hidróxidos de K, Rb y Cs (Sección 20.6).

Todos los metales excepto los metales menos reactivos (por ejemplo, Ag y Au) reaccionan con el oxígeno. Se conocen los óxidos de todos los metales, pero algunos deben prepararse indirectamente. Los metales no reactivos del grupo I A (y aquellos con el mayor radio atómico): —Cs, Rb y K reaccionan con el oxígeno a presión atmosférica para producir superóxidos. Por ejemplo:

$$Cs(s) + O_2(g) \longrightarrow CsO_2(s)$$

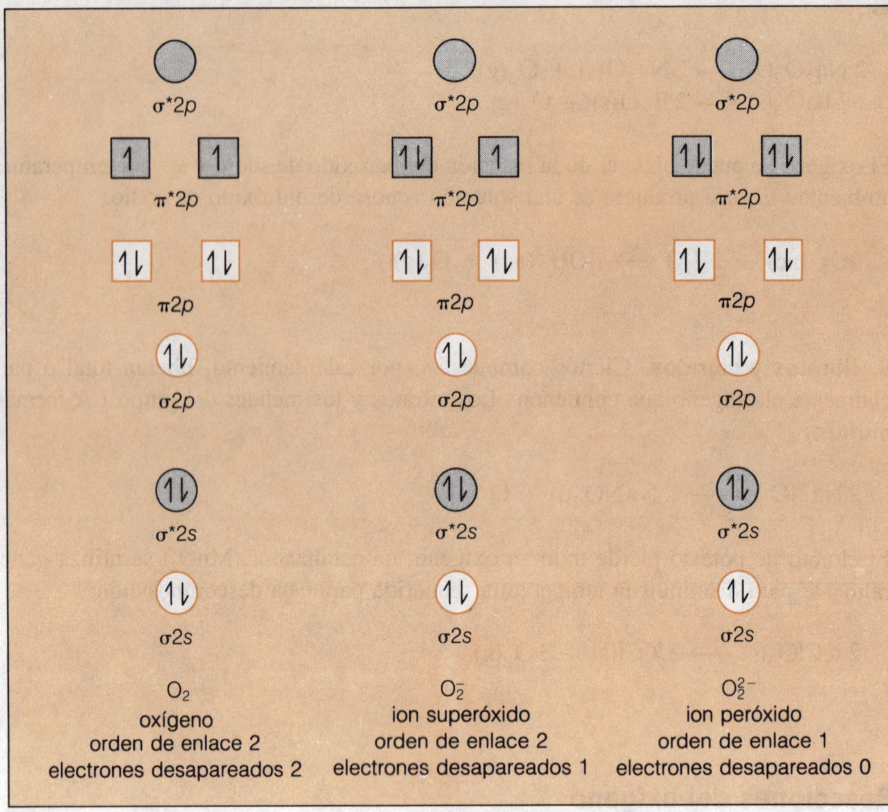

Figura 20.1 Diagrama de los niveles de energía de los orbitales para el oxígeno, el ion superóxido y el ion peróxido.

El peróxido de sodio se produce mediante la reacción del sodio con el oxígeno:

$$2\,Na(s) + O_2(g) \longrightarrow Na_2O_2(s)$$

El metal litio forma un óxido ordinario con el O_2 en vez de un peróxido o superóxido, debido a que el ion Li^+ no puede formar una retícula estable con los iones O_2^{2-} o O_2^-.

$$4\,Li(s) + O_2(g) \longrightarrow 2\,Li_2O(s)$$

Generalmente, los óxidos se forman a temperaturas mucho más elevadas que los peróxidos o superóxidos. Los óxidos ordinarios de Na, K, Rb y Cs pueden obtenerse calentando el oxígeno con un exceso del metal.

Con la excepción del bario (el cual reacciona con el oxígeno para producir peróxido de bario), los metales restantes producen generalmente óxidos normales en sus reacciones con el oxígeno:

$$2\,Mg(s) + O_2(g) \longrightarrow 2\,MgO(s)$$

$$4\,Al(s) + 3\,O_2(g) \longrightarrow 2\,Al_2O_3(s)$$

Se pueden escribir reacciones análogas para la preparación del CaO, CuO, ZnO, PbO y otros óxidos. La reacción del mercurio y el oxígeno es reversible:

$$2\,Hg(l) + O_2(g) \rightleftharpoons 2\,HgO(s)$$

Para metales que tienen más de un electrón de valencia, el óxido producido generalmente depende de la cantidad de oxígeno, la cantidad del metal y las condiciones de las reacciones. Así, se puede realizar la reacción del hierro y el oxígeno para producir FeO (a baja presión del oxígeno y temperatura por encima de 600°C), Fe_3O_4 (hierro finalmente dividido, calentado en el aire a 500°C), ó Fe_2O_3 (hierror calentado en el aire a temperaturas por encima de los 500°C). El Fe_2O_3 hidratado es hierro herrumbroso.

Excepto por los gases nobles y el grupo de elementos VII A, todos los no metales reaccionan con el oxígeno. Los óxidos de los halógenos y los de los miembros pesados de la familia de los gases nobles, se han preparado por medios indirectos. La reacción del oxígeno con el hidrógeno produce agua. El producto de la reacción del carbono con el oxígeno depende de la proporción de carbono y oxígeno empleada:

$$2\,C(s) + O_2(g) \longrightarrow 2\,CO(g)$$
$$C(s) + O_2(g) \longrightarrow CO_2(g)$$

En forma similar, el producto de la reacción del fósforo y el oxígeno depende de si el fosforo reacciona con una cantidad limitada de oxígeno (P_4O_6) o en exceso de oxígeno (P_4O_{10}). el azufre reacciona para producir SO_2:

$$S(s) + O_2(g) \longrightarrow SO_2(g)$$

La reacción del nitrógeno con el oxígeno requiere temperaturas extremadamente altas. La siguiente reacción ocurre en un arco eléctrico de alta energía:

$$N_2(g) + O_2(g) \longrightarrow 2\,NO(g)$$

Se preparan óxidos adicionales del azufre (por ejemplo: SO_3) y del nitrógeno (por ejemplo: NO_2 y N_2O_5) mediante otros procedimientos diferentes a la combinación directa de los elementos. Los óxidos inferiores pueden reaccionar con el oxígeno para producir óxidos superiores. Por ejemplo,

$$2\,Cu_2O(s) + O_2(g) \longrightarrow 4\,CuO(s)$$
$$2\,CO(g) + O_2(g) \longrightarrow 2\,CO_2(g)$$

La mayoría de las reacciones de los compuestos con el oxígeno forman los mismos productos que se obtendrían si los elementos que individualmente forman los compuestos reaccionaran directamente. Así,

$$2\,H_2S(g) + 3\,O_2(g) \longrightarrow 2\,H_2O(g) + 2\,SO_2(g)$$
$$CS_2(l) + 3\,O_2(g) \longrightarrow CO_2(g) + 2\,SO_2(g)$$
$$2\,C_2H_2(g) + 5\,O_2(g) \longrightarrow 4\,CO_2(g) + 2\,H_2O(g)$$
$$C_2H_6O(l) + 3\,O_2(g) \longrightarrow 2\,CO_2(g) + 3\,H_2O(g)$$

La reacción del sulfuro de cinc con el oxígeno ilustra un proceso metalúrgico conocido como *tostación*. Muchos minerales de azufre son sometidos a este procedimiento (Sección 23.5).

$$2\,ZnS(s) + 3\,O_2(g) \longrightarrow 2\,ZnO(s) + 2\,SO_2(g)$$

Los productos de la reacción de un hidrocarburo con el oxígeno dependen de la cantidad de oxígeno suministrada. Así, cuando el gas natural (metano, CH_4) se quema en el aire, se produce $H_2O(g)$, C(s), CO(g) y $CO_2(g)$ por la oxidación.

El combustible utilizado para impulsar este vehículo espacial Delta fue oxidado mediante oxígeno líquido. *NASA*.

Además del agua, el hidrógeno y el oxígeno forman un compuesto llamado peróxido de hidrógeno, H_2O_2, el cual es un líquido incoloro que hierve a 150.2°C y se congela a −0.41°C. Se puede preparar peróxido de hidrógeno tratando los peróxidos con ácidos:

$$BaO_2(s) + 2H^+(ac) + SO_4^{2-}(ac) \longrightarrow H_2O_2(ac) + BaSO_4(s)$$

En esta preparación, el sulfato de bario, que es insoluble, puede ser extraido por filtración.

El enlace del peróxido (—O—O—) se halla en compuestos covalentes e iónicos además del H_2O_2 y el ion O_2^{2-}. Por ejemplo, el ion peroxidisulfato, escrito $S_2O_8^{2-}$ ó $[O_3SOOSO_3]^{2-}$, contiene esta unión (Sección 20.12). El ion $S_2O_8^{2-}$ se produce mediante la electrólisis del ácido sulfúrico bajo condiciones adecuadas; la reacción de este ion con el agua sirve como una preparación comercial del peróxido de hidrógeno:

$$S_2O_8^{2-}(ac) + 2H_2O \longrightarrow H_2O_2(ac) + 2HSO_4^-(ac)$$

El peróxido de hidrógeno es un ácido débil diprótico en solución acuosa. Uno o dos hidrógenos pueden ser neutralizados con el hidróxido de sodio para producir hidroperóxido de sodio ($NaHO_2$) o peróxido de sodio (Na_2O_2). En el laboratorio, el H_2O_2 se utiliza como agente oxidante o reductor.

20.5 Usos industriales del oxígeno

La mayoría de los usos comerciales del oxígeno se originan de su capacidad para mantener la combustión y sostener la vida. En muchas aplicaciones, el uso del oxígeno o aire enriquecido con oxígeno en lugar del aire atmosférico aumenta la intensidad de la reacción y la acelera y, por consiguiente, disminuye los costos y aumenta la producción. Los principales usos del oxígeno son:

1. Producción de acero.
2. Procesamiento y fabricación de metales.
3. Producción de compuestos que contengan oxígeno, tales como el peróxido de sodio y compuestos orgánicos.
4. Oxidante para combustible de cohetes
5. La llama oxiacetilénica.
6. Tratamiento biológico de aguas de desecho.
7. Soporte de los sistemas vivos en medicina, viajes espaciales y submarinos.

20.6 El ozono

La existencia de un elemento en más de una forma en el mismo estado físico, se llama **alotropía,** y las formas se llaman **alótropos.** Varios elementos presentan alotropía, por ejemplo: el carbono, el azufre y el fósoforo. El oxígeno existe en una forma triatomica: el ozono, además de la usual modificación diatómica.

La molécula de ozono es diamagnética y tiene una estructura angular. Ambos enlaces oxígeno-oxígeno tienen la misma longitud (128 pm), que es intermedia entre la distancia del doble enlace (110 pm) y la distancia del enlace único (148 pm). La molécula puede representarse como un híbrido de resonancia:

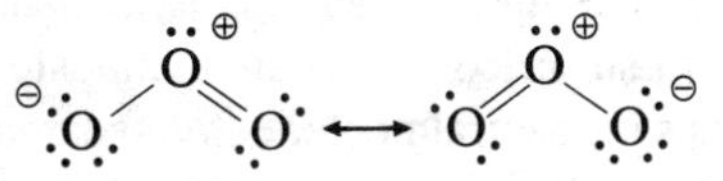

El ozono es un gas azul pálido con un olor característico; se puede pronosticar que su densidad es 1½ veces la del O_2. La temperatura normal de ebullición del ozono es $-112°C$, y la normal de fusión es $-193°C$. Es ligeramente más soluble en agua el O_2.

El ozono se produce pasando una descarga eléctrica silenciosa a través del oxígeno gaseoso. La reacción continúa mediante la disociación de una molécula de O_2 en átomos de oxígeno y la combinación de un átomo de O con una segunda molécula de O_2:

$$\tfrac{1}{2}O_2 \longrightarrow O \qquad \Delta H = +247 \text{ kJ}$$

$$O + O_2 \longrightarrow O_3 \qquad \Delta H = -105 \text{ kJ}$$

La energía liberada en el segundo paso, en el cual se forma un nuevo enlace, es insuficiente para compensar la energía requerida por el primer paso, en el cual se rompe un enlace. Por esto, la reacción general para la preparación de ozono es endotérmica:

$$\tfrac{3}{2}O_2 \longrightarrow O_3 \qquad \Delta H_f^\circ = +142 \text{ kJ}$$

El ozono es muy reactivo, es explosivo a temperaturas superiores a 300°C o en la presencia de sustancias que catalicen su descomposición. El ozono reacciona con muchas sustancias a temperaturas que no son lo suficientemente altas como para producir una reacción con el O_2. La mayor reactividad del O_3 en comparación con el O_2, es consistente con el contenido energético más alto del O_3.

20.7 Contaminación del aire

Varios óxidos, hallados en el aire en cantidades variables, son contaminantes del mismo. La civilización tecnológica moderna está introduciendo sustancias extrañas en la atmósfera a una velocidad progresiva. Los principales contaminantes del aire en términos de cantidades actuales son los siguientes:

1. *Monóxido de carbono*. Es producido por la combustión incompleta de los combustibles. La combustión interna del motor del automóvil es la principal fuente de contaminación. La masa de CO producido por este proceso es casi igual a la mitad de la masa de gasolina consumida.

El monóxido de carbono es tóxico debido a que se combina con la hemoglobina de la sangre y evita que transporte oxígeno a los tejidos (Sección 24.1). Sin embargo, en otras formas, el CO no es muy reactivo. La reacción con el oxígeno del aire para formar CO_2 ocurre, pero muy lentamente.

2. *Óxidos de azufre*. SO_2 y SO_3 resultan de la combustión del carbón, los procesos metalúrgicos y la combustión y refinación del petróleo. La mayor fuente es la combustión del carbón (el cual contiene del 0.5% al 3.0% de S) para producir electricidad. El tostado de minerales azufrados (Sección 23.5) también es una fuente importante de contaminación de SO_2:

$$2\,PbS(s) + 3\,O_2(g) \longrightarrow 2\,PbO(s) + 2\,SO_2(g)$$

El dióxido de azufre de estas fuentes se oxida lentamente a SO_3 mediante el O_2 en el aire. El SO_3 forma ácido sulfúrico con el agua atmosférica, y el SO_2 forma ácido sulfuroso. Estas sustancias son, naturalmente, extremadamente corrosivas. Los óxidos de azufre son, en cierta forma, los contaminantes más graves del aire. Son tóxicos, causan daños respiratorios y son una seria amenaza para la salud. Dañan la vida de las plantas, corroen los metales y atacan los mármoles y las calizas. Los monumentos antiguos (tales como el Partenón, en Atenas) que tienen siglos, están amenazados por la contaminación de la vida moderna.

3. *Óxidos de nitrógeno*. Se producen NO y NO_2 del N_2 y O_2 del aire a las altas temperaturas características de algunas combustiones. Se forman cantidades importantes de NO en las combustiones que se verifican en los motores de automotores y en las plantas que generan electricidad. El dióxido de nitrógeno se forma en el aire por la oxidación del NO.

Pequeñas cantidades de NO y NO_2 existen normalmente en el aire y forman una parte menor del ciclo del nitrógeno. El dióxido de nitrógeno es considerablemente más tóxico que el NO. sin embargo, los gases se presentan generalmente en concentraciones relativamente bajas, tal que el efecto *directo* de estos contaminantes no es grave. El significado de estos óxidos radica en el papel que desempeñan en la formación de otros contaminantes de mayor riesgo (vea *Hidrocarburos* más adelante).

4. *Hidrocarburos*. Son compuestos que contienen carbono e hidrógeno. Se hallan en el petróleo, gas natural y carbón. Los compuestos son liberados en la atmósfera por evaporación, refinación del petróleo y combustión incompleta de combustibles. Los hidrocarburos sin quemar del escape de los automotores constituyen la mayor fuente de este tipo de contaminación.

Pocos hidrocarburos son carcinogénicos (productores de cáncer). El peligro principal asociado con la contaminación de hidrocarburos radica, sin embargo, en los contaminantes que se producen de los hidrocarburos en el aire. El dióxido de nitrógeno se descompone en presencia de la luz solar para producir átomos de O:

$$NO_2(g) \longrightarrow NO(g) + O(g)$$

Estos átomos de oxígeno reaccionan con el O_2 para producir ozono, O_3:

$$O(g) + O_2(g) \longrightarrow O_3(g)$$

El ozono es altamente reactivo y reacciona con algunos hidrocarburos para producir compuestos orgánicos que contienen oxígeno. Puesto que el proceso es iniciado por la luz del sol, los productos son llamados algunas veces **contaminantes fotoquímicos.** Estas sustancias son tóxicas y muy irritantes para los ojos, piel y vías respiratorias. Causan extensos daños en las cosechas y destruyen los materiales. Constituyen lo que se llama niebla fotoquímica.

5. *Pequeñas partículas*. Suspendidas en el aire, son otro contribuyente importante a la contaminación del aire. Las partículas pueden consistir en líquidos o sólidos y varían en diámetro de 0.01 μm a 100 μm (el micrómetro μm, llamado antes micra, es 10^{-4} cm). Una fuente principal es el humo de la combustión del carbón. Los procesos

Tímpano del Partenón en Atenas, Grecia, que muestra el deterioro causado por la contaminación del aire. *Wide World Photos.*

industriales (por ejemplo, la elaboración del cemento) también introducen en el aire materia en forma de partículas. El escape de los automóviles contiene partículas en suspensión.

Las partículas reducen la visibilidad y constituyen una amenaza para la salud; causan daño a los pulmones y pueden ser tóxicas. Las sustancias carcinogénicas pueden estar contenidas en partículas muy diminutas de hollín. Las partículas en el escape de los automóviles contienen plomo, una sustancia tóxica que proviene de los compuestos de plomo y se añaden a la gasolina para aumentar la eficiencia del motor.

20.8 Modificaciones alotrópicas del S, Se y Te

Todos los miembros de este grupo existen en más de una modificación alotrópica. Para un elemento dado, la diferencia puede residir en la complejidad molecular (O_2 y O_3 para el oxígeno, Sección 20.6) en forma cristalina o en ambos.

Las modificaciones sólidas más importantes del azufre pertenecen a los sistemas cristalinos rómbico y monoclínico (Figura 20.2).

Los cristales de ambos alótropos están formados de moléculas de S_8. Estas moléculas tienen forma de anillo empaquetado de ocho miembros de anillos de átomos de azufre, en el cual los átomos están enlazados entre sí por enlaces covalentes sencillos y el angulo de enlace S—S—S es cerca de 105° (Figura 20.3).

Por lo tanto, en las ecuaciones químicas el azufre elemental debería indicarse por la fórmula S_8. Sin embargo, en la práctica se designa al azufre por el símbolo S. Esta práctica lleva a ecuaciones menos complicadas que son, a pesar de todo, estequiométricamente válidas.

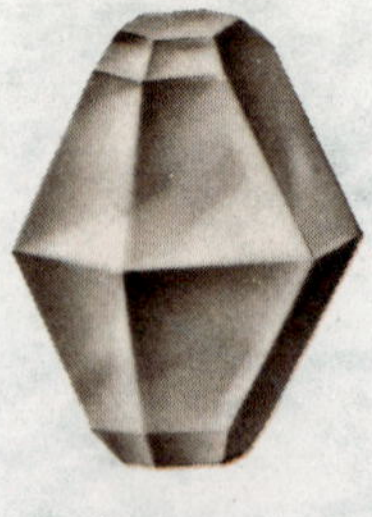

rómbico monoclínico

Figura 20.2 Cristales rómbicos y monoclínicos del azufre.

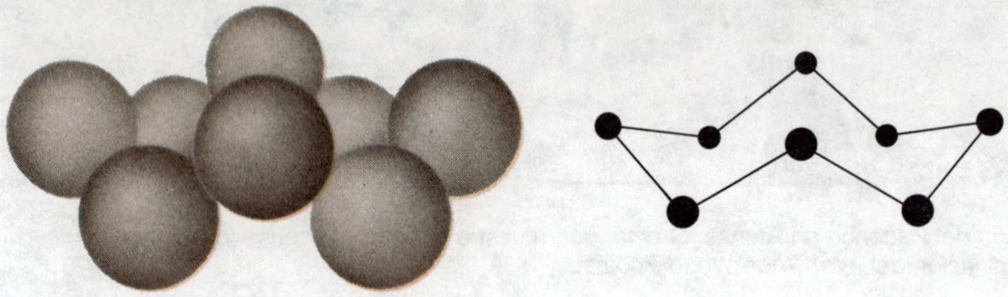

Figura 20.3 Estructura de la molécula de Si_8.

El azufre líquido experimenta una serie de cambios a medida que se aumenta su temperatura. En el punto de fusión, el azufre líquido es un líquido móvil, amarillo claro, que consiste principalmente en moléculas de S_8. Después de continuado calentamiento, el azufre cambia a una materia rojo-café altamente viscosa. La viscosidad alcanza un máximo entre 160°C y 200°C, después de incrementar el calentamiento (hasta la temperatura de ebullición a 444.6°C), disminuye la viscosidad del líquido. Se cree que el efecto de la viscosidad es causado por la disociación de los anillos de S_8 y la formación de largas cadenas de átomos; a temperaturas cercanas a la de ebullición, parece que estas cadenas se rompen en fragmentos. Si se calienta el azufre aproximadamente a 200°C y luego se vierte en agua fría, se obtiene una masa roje-café como caucho, llamado azufre plástico. Se supone que el azufre plástico consiste principalmente en grandes cadenas de átomos de azufre. El análisis por rayos X del azufre plástico ha demostrado que tiene una estructura molécular característica de las fibras. A temperatura ambiente, el azufre plástico, que es un líquido superenfriado, cristaliza y se vuelven a formar los anillos de S_8.

Se ha demonstrado que el azufre gaseoso consiste en moléculas del S_8, S_4 y S_2; el S_2 es paramagnético como el O_2.

La modificación estable del selenio a temperatura ambiente es una forma grisáceo-metálica hexagonal, los cristales de la cual están formados en cadenas escalonadas de átomos de selenio. Ésta es la forma que se utiliza en las pilas fotoeléctricas; la baja conductividad normal del selenio hexagonal aumenta hasta 1000 veces por exponer el elemento a la luz. Existen dos formas monoclínicas de selenio, ambas rojas; se ha demostrado que una de éstas está formada por anillos del Se_8 similares a los anillos del S_8. Además, se han descrito formas amorfas del selenio.

La forma común del telurio consiste en cristales hexagonales metálicos blanco-plateados construidos de cadenas en zig-zag de átomos de telurio. Existe una forma amorfa negra del telurio.

Las dos modificaciones del polonio que han sido descritas pertenecen a sistemas cúbicos y romboédricos.

20.9 Distribución y preparación industrial del S, Se y Te

Las principales formas en las cuales se encuentra el azufre, el selenio y el telurio en la naturaleza aparecen en la Tabla 20.4. El azufre se obtiene de grandes acumulaciones subterráneas del elemento libre mediante el **proceso Frasch** (Figura 20.4).

Tabla 20.4 Localización del azufre, selenio y telurio.

Elemento	Porcentaje en la corteza terrestre	Localización
azufre	0.05	natural FeS_2 (pirita), PbS (galena), HgS (cinabrio), ZnS (esfalerita), Cu_2S (calcocita), $CuFeS_2$ (calcopirita), $CaSO_4 \cdot 2H_2O$ (yeso), $BaSO_4$ (barita), $MgSO_4 \cdot 7H_2O$ (epsomita)
selenio	9×10^{-6}	pequeñas cantidades de Se en algunos depósitos de S; minerales raros: Cu_2Se, PbSe, Ag_2Se bajas concentraciones en minerales de sulfuros de Cu, Fe, Pb, Ni
telurio	2×10^{-7}	pequeñas cantidades de Te en algunos depósitos de S, minerales raros: $AuTe_2$, PbTe, Ag_2Te, Au_2Te y Cu_2Te Bajas concentraciones en minerales azufrados de Cu y Fe.

Azufre en forma líquida, procedente del proceso Frasch, es rociado en charcos para que se solidifique. *Freeport-McMoRan Inc.*

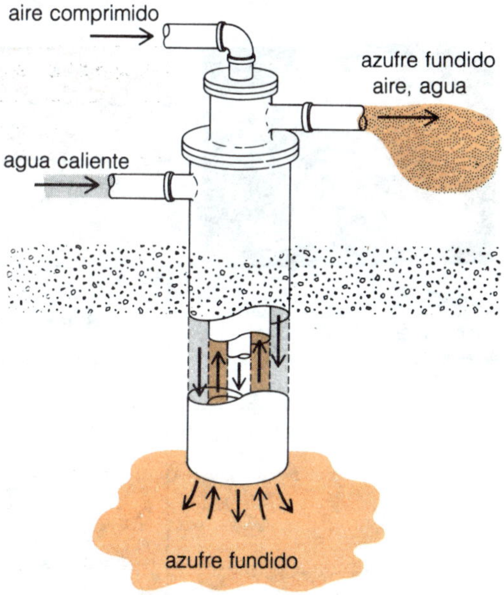

Figura 20.4 El proceso Frasch.

El azufre se funde bajo tierra mediante agua calentada aproximadamente a 170°C, bajo presión que es forzada dentro de los depósitos. Mediante aire caliente comprimido, una espuma de azufre, aire y agua se presiona hacia la superficie. El azufre así obtenido es puro en alrededor del 99.5%. La principal fuente comercial de selenio y telurio es el ánodo de lodo obtenido en la refinación electrolítica del cobre (Sección 23.7).

20.10 Compuestos hidrogenados de S, Se y Te

Algunas reacciones del azufre, selenio y telurio se resumen en la Tabla 20.5. Los compuestos hidrogenados del azufre, selenio y telurio se pueden preparar por combinación directa de los elementos a elevadas temperaturas. Sin embargo, la combinación directa no es una fuente satisfactoria de los compuestos. Además de la inconveniencia del método, el H_2S, H_2Se y H_2Te, son inestables a temperaturas elevadas y los productos están contaminados por los materiales iniciales. Los compuestos de hidrógeno se obtienen fácilmente por la acción de los ácidos diluidos sobre sulfuros, seleniuros y teluros. Por ejemplo,

$$FeS(s) + 2H^+(ac) \longrightarrow Fe^{2+}(ac) + H_2S(g)$$

Cristales rómbicos de azufre. *Fundamental Photographs, Nueva York.*

Tabla 20.5 Algunas reacciones del azufre, selenio y teluro

Reacciones del azufre	Observaciones
$nS + mM \longrightarrow M_mS_n$	Se, Te, reaccionan similarmente con muchos metales (no con los metales nobles).
$nS + S^{2-} \longrightarrow S_{n+1}^{2-}$	Para el S y Te, $n = 1$ a 5, para Se, $n = 1$ a 4
$S + H_2 \longrightarrow H_2S$	S > Se > Te; elevadas temperaturas, los compuestos se preparan mejor mediante la acción del HCl diluido sobre los sulfuros, seleniuros o teluros.
$S + O_2 \longrightarrow SO_2$	S > Se > Te; los dióxidos de Se y Te son fáciles de preparar con una mezcla de O_2 + NO_2
$S + 3F_2 \longrightarrow SF_6$	S, Se, Te con exceso de F_2.
$S + 2F_2 \longrightarrow SF_4$	S, Se, TeF_4 se prepara indirectamente (TeF_6 + Te).
$2S + X_2 \longrightarrow S_2X_2$	S, Se; $X_2 = Cl_2$ o Br_2
$S + 2X_2 \longrightarrow SX_4$	S, Se, Te con exceso de Cl_2; Se, Te con exceso de Br_2; Te con exceso de I_2
$S_2Cl_2 + Cl_2 \longrightarrow 2SCl_2$	SCl_2 solamente, SBr_2 desconocido; $SeCl_2$, $SeBr_2$ (sólo en vapor); $TeCl_2$, $TeBr_2$, se preparan por descomposición de halogenuros superiores.
$S + 4HNO_3 \longrightarrow SO_2 + 4NO_2 + 2H_2O$	Ácido nítrico concentrado y caliente; el S produce mezclas de SO_2 y SO_4^{2-}; el Se produce H_2SeO_3; ($SeO_2 \cdot H_2O$), el Te produce $2TeO_2 \cdot HNO_3$

La reacción de la tioacetamina con agua es una fuente adecuada para obtener H_2S en el laboratorio.

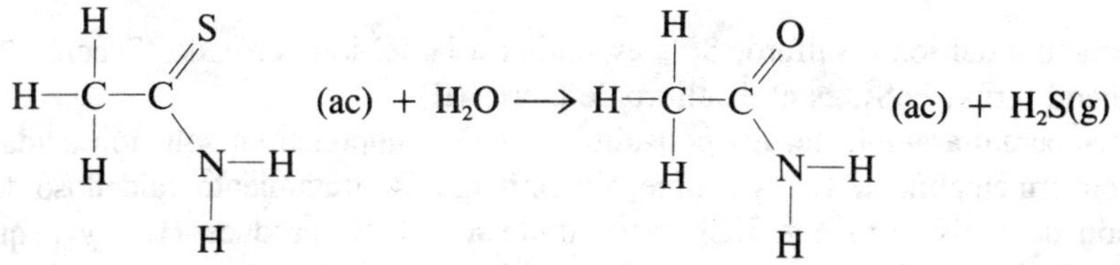

tioacetamida *acetamida*

El sulfuro de hidrógeno, seleniuro de hidrógeno y el teluro de hidrógeno son gases incoloros, de olor desagradable, altamente venenosos. Están compuestos de moléculas angulares, similares a la molécula del agua.

El sulfuro de hidrógeno reacciona con el oxígeno para producir agua y SO_2 ó S libre, dependiendo de la cantidad de oxígeno empleada. La combustión del H_2Se ó H_2Te en oxígeno produce agua y Se ó Te.

Los compuestos H_2S, H_2Se y H_2Te son moderadamente solubles en agua y son ácidos débiles en solución acuosa. La tendencia en la fuerza ácida es paralela con la de los halogenuros de hidrógeno —los elementos con los mayores números atómicos forman los ácidos más fuertes. Así, el H_2Te es el ácido más fuerte y H_2S es el ácido mas débil del grupo. Los ácidos son dipróticos y se ionizan en dos pasos:

$$H_2S(ac) \rightleftharpoons H^+(ac) + HS^-(ac)$$
$$HS^-(ac) \rightleftharpoons H^+(ac) + S^{2-}(ac)$$

El sistema del sulfuro de hidrógeno acuoso se presentó en la Sección 15.7. Los sulfuros de los grupos metálicos I A y II A son solubles en agua. Los sulfuros de los metales restantes son insolubles en agua o se descomponen en presencia del agua para formar hidróxidos solubles:

$$Al_2S_3(s) + 6\,H_2O \longrightarrow 2\,Al(OH)_3(s) + 3\,H_2S(g)$$

La precipitación de los sulfuros solubles, bajo variadas condiciones, es muy utilizada en procedimientos analíticos para la separación e identificación de cationes en solución (Sección 16.3). Un ensayo analítico para los iones sulfuros consiste en generar H_2S gaseoso mediante la adición de ácido al sulfuro, e identificando el H_2S por la formación del PbS negró insoluble sobre el papel del filtro húmedo con una solución de una sal de Pb^{2+} mantenida en el gas:

$$Pb^{2+}(ac) + H_2S(g) \longrightarrow PbS(s) + 2H^+(ac)$$

El azufre se disuelve en soluciones de sulfuros solubles y forma una mezcla de aniones de polisulfuros:

$$S^{2-}(ac) + nS(s) \longrightarrow S^{2-}_{n+1}(ac)$$

Los iones poliseleniuro y politeluro pueden prepararse mediante reacciones análogas. Para el azufre, se han preparado iones que varían en complejidad desde el S_2^{2-} al S_6^{2-}; Se_5^{2-} y Te_6^{2-} son los poliseleniuros y politeluros más grandes conocidos. Los átomos de un ion polisulfuro están unidos en cadenas por enlaces covalentes sencillos:

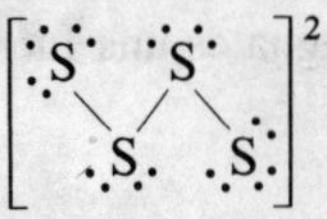

La estructura del ion disulfuro, S_2^{2-}, es similar a la del ion peróxido (Sección 20.4). El mineral pirita, FeS_2, es el disulfuro de hierro (II).

A temperatura ambiente, los polisulfuros se descomponen en solución ácida para producir principalmente H_2S y S libre; sin embargo, un tratamiento cuidadoso de una solución de polisulfuro con HCl concentrado a $-15°C$ produce H_2S_2 y pequeñas cantidades de homólogos superiores. Los polisulfuros de hidrógeno son aceites inestables y amarillentos.

20.11 El estado de oxidación 4+ del S, Se y Te

Los compuestos importantes en los cuales el azufre aparece con un estado de oxidación 4^+ son: el dióxido de azufre (SO_2), el ácido sulfuroso (H_2SO_3) y las sales del ácido sulfuroso: los sulfitos. Tanto el selenio como el teluro forman compuestos análogos a los del azufre. El dióxido de azufre se obtiene comercialmente mediante la combustión del azufre:

$$S(s) + O_2(g) \longrightarrow SO_2(g)$$

o tostando minerales sulfurados (como ZnS, PbS, Cu_2S y FeS_2) en presencia del aire (Sección 23.5).

$$2\,ZnS(s) + 3\,O_2(g) \longrightarrow 2\,ZnO(s) + 2\,SO_2(g)$$

El dióxido de azufre es un gas incoloro. Tiene olor fuerte e irritante y es venenoso. Las moléculas de SO_2 son angulares y la estructura de los compuestos puede representarse como un híbrido en resonancia:

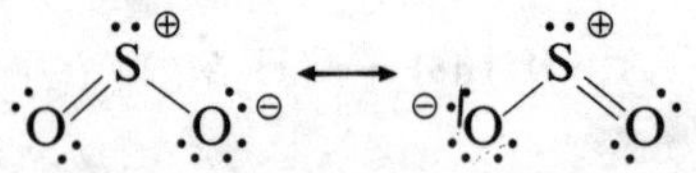

Los enlaces S—O tienen carácter adicional de doble enlace del tipo de enlace $p\pi - d\pi$.

La naturaleza polar de las moléculas de SO_2 se refleja en la facilidad con la cual puede licuarse el dióxido de azufre. El dióxido de azufre se licúa a $-10°C$ (el punto normal de ebullición) bajo la presión de 1 atm, y a 20°C una presión de 3 atmósferas licuará el gas. Es esta propiedad del SO_2 la que lo hace un compuesto útil como refrigerante. El dióxido de azufre es moderadamente soluble en agua, produciendo soluciones de ácido sulfuroso: H_2SO_3. El ácido no es muy estable, y no puede aislarse H_2SO_3 puro. No se conoce la magnitud de la reacción entre las moléculas de SO_2 disueltas en agua. Probablemente, las dos moléculas de H_2SO_3 y SO_2 existen en la solución en equilibrio:

$$SO_2(ac) + H_2O \rightleftharpoons H_2SO_3(ac)$$

El ácido sulfuroso es un ácido diprótico débil. La primera disociación es:

$$H_2SO_3(ac) \rightleftharpoons H^+(ac) + HSO_3^-(ac)$$

Lo que algunas veces se escribe como

$$SO_2(ac) + H_2O \rightleftharpoons H^+(ac) + HSO_3^-(ac)$$

La segunda disociación es

$$HSO_3^-(ac) \rightleftharpoons H^+(ac) + SO_3^{2-}(ac)$$

Por consiguiente, el ácido sulfuroso forma dos series de sales: sales normales, (por ejemplo, Na_2SO_3, sulfito de sodio) y sales ácidas (por ejemplo, $NaHSO_3$, bisulfito de sodio o sulfito de hidrogeno y sodio).

Los sulfitos se preparan a menudo haciendo burbujear SO_2 gaseoso a través de una solución de un hidróxido:

$$2OH^- + SO_2(g) \longrightarrow SO_3^{2-}(ac) + H_2O$$

Si se continua la adición, se producen sulfitos ácidos:

$$H_2O + SO_3^{2-}(ac) + SO_2(g) \longrightarrow 2HSO_3^-(ac)$$

Las sales del ácido sulfuroso pueden ser aisladas de la solución. Puesto que el ácido sulfuroso es inestable, la adición de un ácido al sulfito o al sulfito ácido libera SO_2 gaseoso, lo cual es una técnica conveniente para preparar el gas en el laboratorio:

$$SO_3^{2-}(ac) + 2H^+(ac) \longrightarrow SO_2(g) + H_2O$$

El dióxido de azufre, el ácido sulfuroso y los sulfitos pueden actuar como oxidantes moderados, pero las reacciones en las cuales estos compuestos reaccionan como agentes reductores (y se oxidan al ion sulfato, SO_4^{2-}) son más numerosas y más importantes. Muchas sustancias (tales como el permanganato de potasio, dicromato de potasio, cloro y bromo) oxidan el sulfito a sulfato. De hecho, los sulfitos están por lo general contaminados por trazas de sulfatos debido a la oxidación causada por el oxígeno del aire:

$$2SO_3^{2-} + O_2(g) \longrightarrow 2SO_4^{2-}$$

Los sulfitos se pueden identificar por la producción de SO_2 gas por acidulación y por oxidación del ion sulfato:

$$6\ OH^+(ac) + 5SO_3^{2-}(ac) + 2MnO_4^-(ac) \longrightarrow 5SO_4^{2-}(ac) + 2Mn^{2+}(ac) + 3H_2O$$

seguidos por la precipitación del sulfato como la sal insoluble de bario:

$$Ba^{2+}(sac) + SO_4^{2-}(ac) \longrightarrow BaSO_4(s)$$

Los dióxidos de selenio y telurio puede prepararse por combinación directa de los elementos con el oxígeno; sin embargo, SeO_2 y TeO_2 se preparan generalmente calentando el producto obtenido de la oxidación del selenio o telurio mediante el ácido nítrico concentrado (Tabla 20.5). Ambos, SeO_2 y TeO_2, son sólidos blancos.

El ácido selenioso, H_2SeO_3, se forma cuando el SeO_2 muy soluble se disuelve en agua dando un ácido diprótico débil y puede obtenerse en forma pura por la evaporación de una solución de SeO_2. El dióxido de teluro es sólo ligeramente soluble en agua, y el H_2TeO_3 puro nunca ha sido preparado. Por consiguiente, sólo se han estudiado soluciones muy diluidas del ácido teluroso. El dióxido de teluro, así como el dióxido de selenio, se disolverán en soluciones acuosas de hidróxido para producir teluritos y selenitos. Si se emplea exceso de dióxido, se obtiene la sal del ácido correspondiente. Los compuestos de selenio y telurio con estado de oxidación 4+ son mejores agentes oxidantes y pobres agentes reductores que los correspondientes compuestos de azufre. El dióxido de selenio, SeO_2, es un buen agente oxidante y se emplea en ciertas síntesis orgánicas.

20.12 El estado de oxidación 6+ del S, Se y Te

El trióxido de azufre se produce cuando reacciona el dióxido de azufre con el oxígeno atmosférico. Debido a que la reacción es muy lenta a temperatura ordinaria, la preparación comercial se realiza a elevadas temperaturas (400 a 700°C) y en la presencia de un catalizador (tal como pentóxido de divanadio o platino esponjoso):

$$2\,SO_2(g) + O_2(g) \longrightarrow 2\,SO_3(g)$$

El trióxido de azufre es un material volátil (punto de ebullición, 44.8°C). En la fase gaseosa consiste de moléculas sencillas de forma triangular plana con ángulos de enlace O—S—O de 120°. La estructura electrónica de la molécula se puede representar como un híbrido de resonancia:

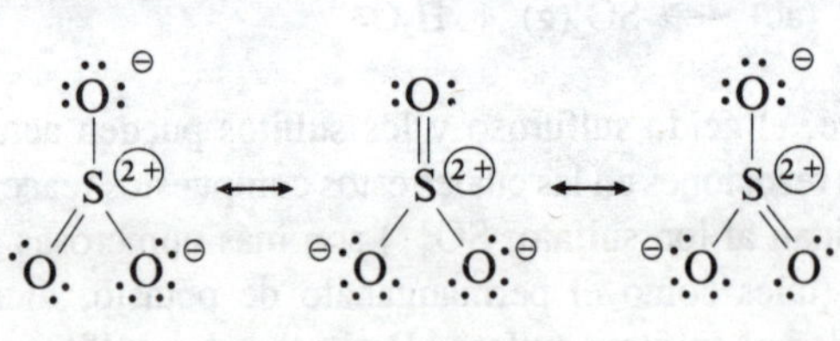

Del enlace *pπ-dπ* se origina doble enlace adicional, en exceso del representado por las formas de resonancia. El compuesto existe por lo menos en tres modificaciones sólidas que se forman por la condensación de unidades de SO_3 en moléculas más grandes llamadas polímeros.

El trióxido de azufre es una sustancia extremadamente reactiva y un fuerte agente oxidante. Es el anhídrido del ácido sulfúrico, H_2SO_4, y reacciona vigorosamente con agua para producir el ácido y con óxido metálicos para producir sulfatos (Sección 11.5).

El ácido sulfúrico es un producto químico industrial importante preparado por el **proceso de contacto,** en el cual el SO_2 es oxidado catalíticamente a SO_3 en la forma antes descrita. Los vapores de SO_3 se hacen burbujear a través de H_2SO_4 y se forma ácido pirosulfúrico ($H_2S_2O_7$):

$$SO_3(g) + H_2SO_4(l) \longrightarrow H_2S_2O_7(l)$$

Se le agrega luego agua al ácido pirosulfúrico para preparar el ácido sulfúrico de la concentración deseada:

$$H_2S_2O_7(l) + H_2O \longrightarrow 2\,H_2SO_4(l)$$

Este procedimiento, en el cual se forma el ácido pirosulfúrico, es más fácil de controlar que la reacción directa del SO_3 con el agua.

Planta de ácido sulfúrico. *Texasgulf, Inc.*

El ácido sulfúrico es un líquido aceitoso, incoloro, que se congela a 10.4°C y comienza a hervir aproximadamente a 290°C, con descomposición en H_2 y trióxido de azufre. La estructura electrónica del ácido sulfúrico se puede representar como:

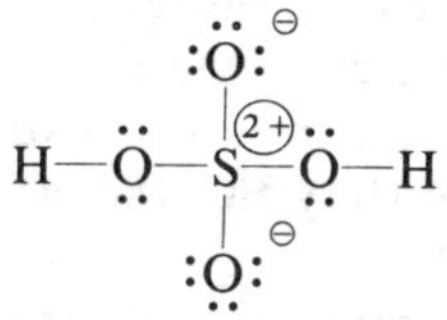

Sin embargo, los enlaces S—O tienen en grado considerable carácter de doble enlace a partir del enlace $p\pi$-$d\pi$ y se usa algunas veces la fórmula electrónica.

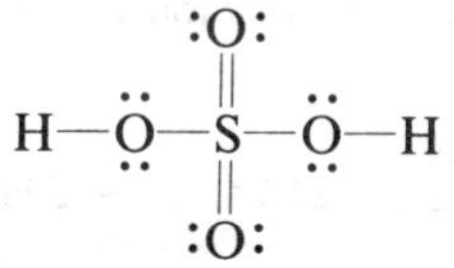

La molécula de H_2SO_4, al igual que el ion SO_4^{2-}, es tetraédrico.

Cuando se agrega ácido sulfúrico concentrado al agua, se desprenden grandes cantidades de calor. El ácido sulfúrico tiene una fuerte afinidad por el agua y forma una serie de hidratos (tales como $H_2SO_4 \cdot H_2O$, $H_2SO_4 \cdot 2H_2O$ y $H_2SO_4 \cdot 4H_2O$. Por lo tanto, se utiliza el ácido sulfúrico como agente secante. Los gases que no reaccionan con el H_2SO_4 pueden secarse haciéndolos burbujear a través del ácido. El poder dehidratante del ácido sulfúrico se observa también en la acción del ácido sobre los carbohidratos.

$$\underset{\textit{sacarosa}}{C_{12}H_{22}O_{11}(s)} \xrightarrow{H_2SO_4} 12\,C(s) + 11\,H_2O(g)$$

Tabla 20.6 Potenciales del electrodo estándar de los ácidos: sulfúrico, selenio y telurio.

Reacción	Potencial del electrodo estándar
$2e^- + 4H^+ + SO_4^{2-} \rightleftharpoons H_2SO_3 + H_2O$	$\mathscr{E}° = +0.17$ V
$2e^- + 4H^+ + SeO_4^{2-} \rightleftharpoons H_2SeO_3 + H_2O$	$\mathscr{E}° = +1.15$ V
$2e^- + 2H^+ + H_6TeO_6 \rightleftharpoons TeO_2 + 4H_2O$	$\mathscr{E}° = +1.02$ V

En solución acuosa, el ácido sulfúrico se ioniza en dos etapas:

$$H_2SO_4 \longrightarrow H^+(ac) + HSO_4^-(ac)$$

$$HSO_4^-(ac) \rightleftharpoons H^+(ac) + SO_4^{2-}(ac)$$

El ácido sulfúrico es un electrólito fuerte en cuanto se refiere a la primera disociación. Sin embargo, la segunda disociación es incompleta. El ácido forma dos series de sales: las sales normales (tales como sulfato de sodio, Na_2SO_4) y sales ácidas (tales como bisulfato de sodio, $NaHSO_4$). La mayoría de los sulfatos son solubles en agua. Sin embargo, el sulfato de bario ($BaSO_4$), sulfato de estroncio ($SrSO_4$), el sulfato de plomo ($PbSO_4$) y el sulfato de mercurio (I) (Hg_2SO_4) son prácticamente insolubles; el sulfato de calcio ($CaSO_4$) y el sulfato de plata (Ag_2SO_4) son escasamente solubles. La formación de sulfato de bario blanco insoluble, la menos soluble de las sustancias de la lista, se utiliza comunmente como una prueba de laboratorio para el ion sulfato.

Debido al punto de ebullición relativamente alto del ácido sulfúrico (o temperatura de descomposición) se utiliza para fijar más ácidos volátiles de sus sales. Este uso se ilustra mediante la preparación de HF y HCl (Sección 19.10) como también la preparación de HNO_3 (Sección 21.7).

El ácido sulfúrico a una concentración unitaria y a 25°C no es un buen agente oxidante (observe el bajo potencial relativo del electrodo estándar en la Tabla 20.6). Sin embargo, el ácido sulfúrico concentrado y caliente, es un agente oxidante efectivo y moderado. Ya se ha señalado la habilidad de oxidación del ácido sulfúrico concentrado y caliente sobre los bromuros y yoduros (Sección 19.10). Este reactivo también oxidará muchos no metales:

$$C(s) + 2H_2SO_4(l) \longrightarrow CO_2(g) + 2SO_2(g) + 2H_2O(g)$$

La mayoría de los metales son oxidados por el ácido sulfúrico concentrado y caliente, incluyendo aquellos metales de baja reactividad relativa que no son oxidados por el ion hidronio. Por ejemplo, el cobre no desplazará al hidrógeno de los ácidos acuosos. Sin embargo, el cobre metálico es oxidado por el H_2SO_4 concentrado y caliente, aunque no se produce hidrógeno gaseoso en la reacción:

$$Cu(s) + 2H_2SO_4(l) \longrightarrow CuSO_4(s) + SO_2(g) + 2H_2O(g)$$

El ácido selénico, H_2SeO_4, se prepara por la oxidación del ácido selenoso H_2SeO_3. Los selenatos se pueden preparar por la oxidación de los selenitos correspondientes. El trióxido de selenio, el anhídrido ácido del ácido selénico, no es muy estable y se descompone a SeO_2 y O_2 por calentamiento. Se obtiene baja producción de SeO_3 mezclado con SeO_2 cuando se pasa una descarga eléctrica a través de vapores de selenio y oxígeno. El trióxido también se puede preparar mediante la reacción del selenato de potasio, K_2SeO_4 y SO_3. El ácido selénico es muy similar al ácido sulfúrico. En solución acuosa, la primera disociación del H_2SeO_4 es fuerte y la segunda es débil. El ácido forma sales normales y ácidas. Como el ion sulfato, el ion selenato es tetraédrico.

El ácido telúrico se prepara por la acción de agentes oxidantes fuertes sobre teluro elemental. A diferencia del H_2SO_4 y H_2SeO_4, la fórmula del ácido telúrico es H_6TeO_6, la cual se puede considerar como una forma hidratada del H_2TeO_4 no existentes. No se ha preparado ningún compuesto de fórmula H_2TeO_4, aunque existen sales de un ácido correspondiente a esta fórmula. El telurio, como el yodo, es un átomo grande y puede acomodar seis átomos de oxígeno y el ácido telúrico, como el IO_6^{5-}, es octaédrico. El ácido telúrico no es muy similar al ácido sulfúrico y el H_6TeO_6 actúa en solución acuosa como un ácido diprótico muy débil. Si el H_6TeO_6 se calienta aproximadamente a 350°C, se elimina el agua y se obtiene trióxido de telurio. Este compuesto no es muy soluble en agua pero reacciona con álcalis para producir teluratos.

Los ácidos selénico y telúrico son agentes oxidantes más fuertes que el ácido sulfúrico (Tabla 20.6), aunque la reacciónes del H_2SeO_6 y del H_6TeO_6, a menudo ocurren lentamente.

Existen otros ácidos de azufre en los cuales el azufre (S) se halla en el estado de oxidación 6+. El ácido pirosulfúrico ($H_2S_2O_7$, también se llama ácido disulfúrico):

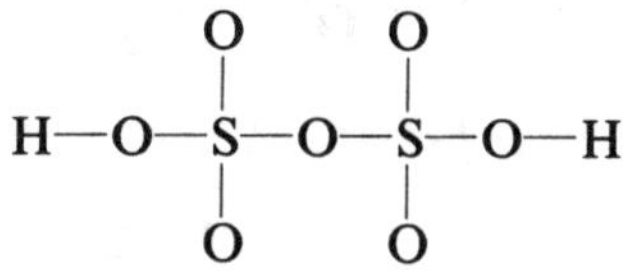

se ha mencionado como el producto de la reacción del SO_3 con el H_2SO_4 en la proporción molar de 1:1. El ion pirosulfato ha demostrado tener una estructura en la cual dos tetraedros de SO_4 están unidos por un átomo O común a ambos tetraedros: $(O_3SOSO_3)^{2-}$. El ácido pirosulfúrico es un agente oxidante fuerte y un agente deshidratante más fuerte que el H_2SO_4.

Un peroxiácido es un ácido que contiene un grupo peróxido (—O—O—) en algún sitio de la molécula. Existen dos peroxi-ácidos del azufre: ácido peroxidisulfúrico (H_2SO_5) y ácido peroxidisulfúrico ($H_2S_2O_8$):

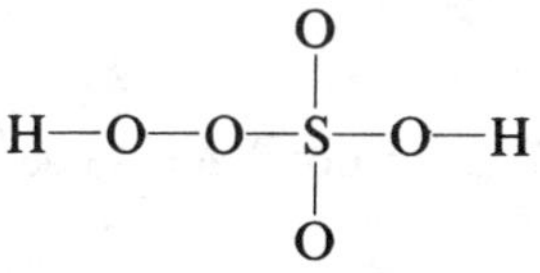
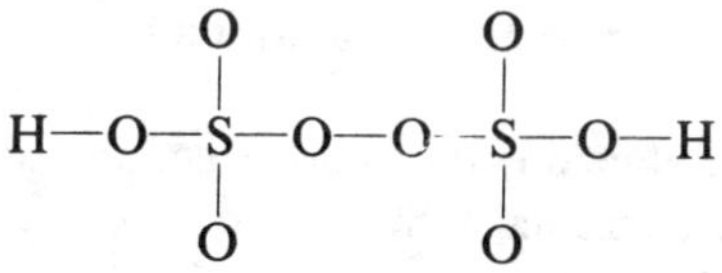

La estructura del ion peroxidisulfato consiste en dos tetraedros completos de SO_4 unidos por un enlace O—O.

El ácido peroxidisulfúrico se prepara por la electrólisis de soluciones de ácido sulfúrico moderadamente concentrado (50 a 70%) a temperaturas por debajo de la temperatura ambiente (5 a 10°C). Las sales de potasio y amonio de este ácido se preparan por la electrólisis de los correspondientes sulfatos ácidos. La reacción anódica en estos electrólitos se puede representar en la ecuación parcial:

$$2\,HSO_4^- \longrightarrow S_2O_8^{2-} + 2\,H^+ + 2e^-$$

La reacción del ácido peroxidisulfúrico con agua produce ácido peroximonosulfúrico:

$$H_2S_2O_8 + H_2O \longrightarrow H_2SO_5 + H_2SO_4$$

Después de una hidrólisis posterior, el H_2SO_5 se descompone en peróxido de hidrógeno y H_2SO_4:

$$H_2SO_5 + H_2O \longrightarrow H_2SO_4 + H_2O_2$$

Ambos ácidos, peroximonosulfúrico y peroxidisulfúrico, son sólidos con bajo punto de fusión. La primera ionización del ácido peroxidisulfúrico es fuerte. El ion peroxidisulfato es uno de los agentes oxidantes mas fuertes conocidos:

$$2e^- + S_2O_8^{2-} \rightleftharpoons 2\,SO_4^{2-} \qquad \mathscr{E}^\circ_{red} = +2.01 \text{ V}$$

Las oxidaciones, sin embargo, son lentas y usualmente son catalizadas por iones Ag^+. En ambos peroxi-ácidos, se supone que el azufre esta en su mas alto estado de oxidación (6+). Los átomos del grupo peróxido, sin embargo, se les asigna a cada uno un número de oxidación de 1—. En el curso de una oxidación es el oxígeno del peróxido el que cambia de estado de oxidación (de 1— a 2—).

Hay otro importante grupo de aniones que contienen azufre. El mas importante representantes de este grupo es el ion tiosulfato, $S_2O_3^{2-}$:

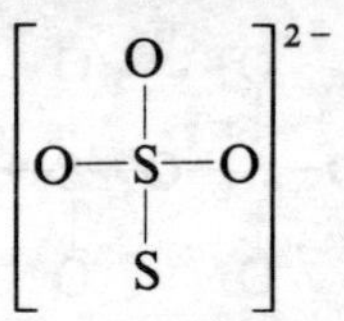

Este ion tetraédrico se puede considerar como un ion sulfato en el cual un átomo de oxígeno ha sido remplazado por un átomo de S. En realidad, el prefijo "tio" se usa para nombrar cualquier especie que pueda considerarse derivado de otro compuesto mediante sustitución de un átomo de oxígeno por un átomo de azufre; el prefijo se coloca antes del nombre base del compuesto que contiene oxígeno. Así, el OCN^- es el ion cianato y SCN^- es el ion tiocianato; $CO(NH_2)_2$ es la urea y $CS(NH_2)_2$ es la tiurea.

Los tiosulfatos se pueden preparar mediante la reacción del azufre con sulfitos en solución acuosa:

$$SO_3^{2-}(ac) + S(s) \longrightarrow S_2O_3^{2-}(ac)$$

No existe el ácido correspondiente. Por acidulación, los tiosulfatos se descomponen en azufre elemental y SO_2 gaseoso:

$$S_2O_3^{2-}(ac) + 2H^+(ac) \longrightarrow S(s) + SO_2(g) + H_2O$$

Los dos átomos de azufre del ion tiosulfato no son equivalentes. Esto ha sido demostrado por las reacciones de un compuesto derivado de un sulfito y el azufre radioactivo $^{35}_{16}S$. Cuando se descompone por acidulación un compuesto así preparado, toda la radioactividad termina en el azufre elemental:

$$SO_3^{2-}(ac) + {}^{35}S(s) \longrightarrow {}^{35}SSO_3^{2-}(ac)$$
$${}^{35}SSO_3^{2-}(ac) + 2H^+(ac) \longrightarrow {}^{35}S(s) + SO_2(g) + H_2O$$

Por esto, al átomo central de azufre se le asigna generalmente un número de oxidación de 6+ (como en el ion sulfato) y al azufre coordinado se le asigna un número de oxidación 2− (correspondiente al número de oxidación del oxígeno que remplaza. El promedio del estado de oxidación del azufre en el ion es 2+.

El ion tetrationato se puede considerar análogo al ion peroxidisulfato $S_2O_8^{2-}$, en el cual el grupo peróxido (—O—O—) se remplaza por un grupo (—S—S—). Existen otros iones tionato —por ejemplo, el ion ditionato, $S_2O_6^{2-}$, y el ion tritionato, $S_3O_6^{2-}$; éste es estructuralmente similar al ion pirosulfato $S_2O_7^{2-}$, con un átomo de azufre remplazando el átomo central de oxígeno.

20.13 Diagramas del potencial del electrodo para el S

Los diagramas para el potencial del electrodo del S y sus compuestos aparecen en la Figura 20.5. Con base en los valores de $\mathcal{E}^\circ_{red}$, estarían en capacidad de desproporcionarse varias sustancias presentadas en los diagramas. En solución alcalina (pero no ácida) el azufre mismo forma S^{2-} y $S_2O_3^{2-}$. El ion tiosulfato es estable en solución alcalina pero se desproporciona en S y SO_2 en medio ácido. Los potenciales de electrodo indican que ambos: el SO_2 en ácido y el SO_3^{2-} en base, son inestables hacia la desproporción. Sin embargo, las dos últimas reacciones son lentas bajo condiciones ordinarias.

A concentraciones estándar y en solución ácida, los compuestos de oxisulfuro indicados en el diagrama son sólo agentes oxidantes moderadamente fuertes. En solución alcalina, los compuestos oxisulfurados son pobres agentes oxidantes. De hecho, todos los iones, con excepción de SO_4^{2-}, son oxidados fácilmente en bases y pueden actuar como agentes reductores. El ion tiosulfato se oxida fácilmente a ion tetrationato $S_4O_6^{2-}$; $\mathcal{E}^\circ_{ox}$ para esta transformación es sólo −0.08 V.

20.14 Usos industriales del S, Se y Te

Los usos comerciales del azufre, selenio y telurio incluyen lo siguiente:

1. Azufre. Más del 80% del azufre extraido de las minas se utiliza en la preparación del ácido sulfúrico. La importancia industrial del H_2SO_4 se refleja en la importancia que se atribuye a las cifras de consumo anual del ácido. Estas cifras se utilizan para acelerar el estado de industrialización, el nivel de vida, la economía y el bienestar de un país.

El ácido sulfúrico se utiliza en muchos procesos industriales: en la producción de otros productos químicos, fertilizantes, pigmentos, hierro, acero y en la refinación del petróleo. Es el electrólito usado en acumuladores de plomo. El azufre elemental se utiliza en la vulcanización del caucho, en la producción de pigmentos, pinturas, papel, fungicidas, insecticidas y productos farmacéuticos.

2. Selenio El selenio se ha utilizado en pilas fotoeléctricas, aparatos que trasmiten la corriente eléctrica según la intesidad de la luz. La respuesta eléctrica a la luz del selenio gris también se tiene en cuenta para su uso en xerografía, el proceso de fotocopia en seco. El selenio se usa también en la producción de vidrio coloreado, cerámicas, pigmentos, aleaciones, aceros, inhibidores de la oxidación para aceites lubricantes y en la vulcanización del caucho.

3. Telurio. El telurio encuentra menos usos que los otros elementos de este grupo.

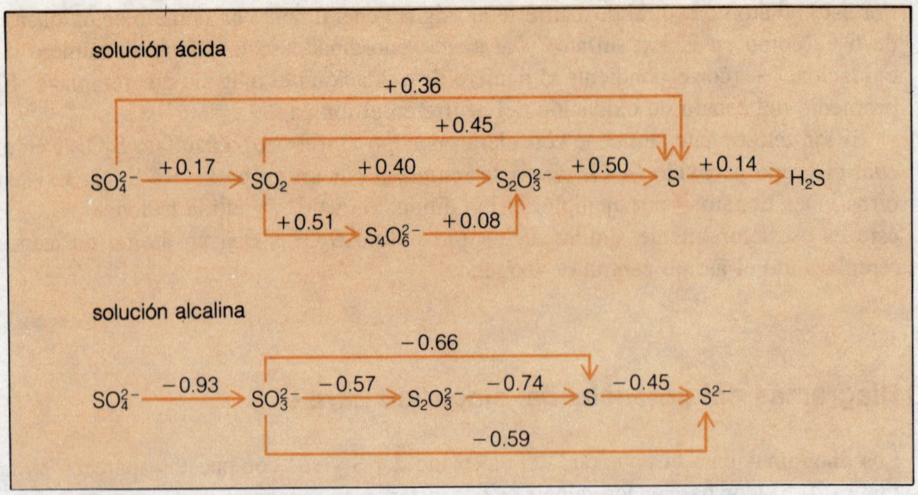

Figura 20.5 Diagramas del potencial del electrodo para el azufre y sus compuestos (los valores $\mathscr{E}^{\circ}_{red}$ aparecen en voltios).

Como el selenio, el telurio se usa también en la vulcanización del caucho, en la elaboración del vidrio, cerámicas, aleaciones y pigmentos para esmaltes.

Resumen

Los temas presentados en este capítulo son:

1. Las propiedades de los elementos del grupo VI A.
2. El oxígeno: localización, preparaciones industriales y de laboratorio.
3. Reacciones del oxígeno: óxidos, superóxidos, peróxidos y ozónidos.
4. Usos industriales del oxígeno.
5. Ozono, un alótropo del oxígeno.
6. Contaminación del aire.
7. Azufre, selenio y telurio: alótropos, localización, preparación industrial.
8. Compuestos de S, Se y Te: compuestos de hidrógeno, compuestos con el grupo de elementos VI A con estados de oxidación 4+, compuestos con los elementos del grupo VI A con estados de oxidación 6+, diagramas del potencial del electrodo del S.
9. Usos industriales del S, Se y Te y sus compuestos.

Glosario

A continuación aparecen algunos de los términos más importantes presentados en este capítulo. Las definiciones de los términos no incluidas en esta lista pueden localizarse usando el índice.

Alótropos (Sección 20.6). Dos o más formas del mismo elemento en el mismo estado físico.

Contaminantes fotoquímicos (Sección 20.7). Contaminantes producidos por una secuencia de reacciones que son iniciadas por la luz solar.

Peroxiácido (Sección 20.12). Ácido que contiene un grupo peróxido (—O—O—) en algún sitio de la molécula.

Proceso de contacto (Sección 20.12). Proceso para la preparación de ácido sulfúrico en el cual el SO_2 se oxida catalíticamente a SO_3, el SO_3 gaseoso se disuelve en H_2SO_4 y el H_2SO_4 y el $H_2S_2O_7$ resultante se diluye con agua para dar H_2SO_4.

Proceso Frasch (Sección 20.9). Proceso en el cual se obtiene el azufre fundido de depósitos subterráneos.

Problemas*

Oxígeno

20.1 Enumere las formas en las que se presenta el oxígeno en la naturaleza. ¿Cómo se produce el oxígeno industrialmente?

20.2 Escriba ecuaciones químicas para la preparación de oxígeno de: **(a)** $HgO(s)$, **(b)** $Na_2O_2(s)$ y H_2O, **(c)** $NaNO_3(s)$, **(d)** $KClO_3$, **(e)** H_2O.

20.3 Escriba ecuaciones para las reacciones del oxígeno con: **(a)** K(s), **(b)** Na(s), **(c)** Li(s),**(d)** Mg(s), **(e)** Hg(l), **(f)** Ba(s), **(g)** C(s), **(h)** S(s), **(i)** $CuO_2(s)$, **(j)** $P_4(s)$.

20.4 Escriba ecuaciones químicas para la combustión completa de oxígeno de: **(a)** C_4H_{10}, **(b)** $C_5H_{12}(S)$, **(c)** C_3H_8O, **(d)** ZnS, **(e)** PbS.

20.5 Los productos de la combustión de un hidrocarburo en oxígeno dependen de la cantidad de oxígeno suministrado. Escriba ecuaciones químicas para las reacciones del metano, $CH_4(g)$, con oxígeno que producen **(a)** C(s), **(b)** CO(g), **(c)** $CO_2(g)$.

20.6 Compare los óxidos de los elementos del grupo I A con los de los del grupo VI A con respecto a **(a)** sus estados físicos, **(b)** sus puntos de fusión, **(c)** la naturaleza del enlace, **(d)** los productos de sus reacciones con agua.

20.7 Represente en diagramas los niveles de energía para los orbitales moleculares de **(a)** O_2, **(b)** O_2^-, **(c)** O_2^{2-}. Establezca el número de electrones no apareados y el orden de enlace de cada uno.

20.8 Se conocen los compuestos que contiene el ion dioxigenilo, O_2^+. Represente diagramas de niveles de energía de los orbitales moleculares del ion dioxigenilo, O_2^+, y el ion superóxido, O_2^-. Compare los dos iones en: **(a)** orden de enlace, **(b)** número de electrones no apareados.

20.9 Debido a que el oxígeno del H_2O_2 se puede oxidar (a O_2) o reducirse (a H_2O), el peróxido de hidrógeno puede actuar como agente oxidante o reductor. Utilizando el método del ion-electrón, escriba ecuaciones químicas balanceadas para las siguientes reacciones del H_2O_2 **(a)** oxidación del Pb a $PbSO_4$ en solución ácida, **(b)** la oxidación del $Cr(OH)_3$ a CrO_4^{2-} en solución alcalina, **(c)** la reducción del MnO_4^- a Mn^{2+} en solución ácida, **(d)** la reducción del Ag_2O a Ag en solución alcalina.

20.10 Represente las formas en resonancia de la molécula de O_3. ¿Cuál es el orden de enlace? ¿Cuál es la forma de la molécula?

20.11 La entalpía estándar de formación del $H_2O(l)$ es -285.9 kJ/mol y la del $O_3(g)$ es $+142.3$ kJ/mol. ¿Cuál es el cambio entálpico cuando un mol de $H_2O(l)$ se prepara de **(a)** $H_2(g)$ y $O_2(g)$; **(b)** $H_2(g)$ y $O_3(g)$? En general, ¿cómo son los cambios de entalpía para las reacciones del ozono comparadas con las del oxígeno?

*__20.12__ La entalpía estándar de formación del ozono, O_3, es $+142$ kJ/mol. La energía de disociación de enlace del $O_2(g)$ es $+494$ kJ/mol. ¿Cuál es el *promedio* de la energía de enlace de los *dos* enlaces en el ozono?

Azufre, selenio y telurio

20.13 Describa los cambios que se presentan en el azufre a medida que aumenta la temperatura.

20.14 Describa el proceso Frasch para la explotación minera del S elemental.

20.15 Escriba ecuaciones químicas para las reacciones del azufre con **(a)** O_2, **(b)** $S^{2-}(ac)$, **(c)** $SO_3^{2-}(ac)$, **(d)** Fe, **(e)** F_2, **(f)** Cl_2, **(g)** HNO_3.

20.16 Escriba las ecuaciones para las reacciones del H_2SO_4 con **(a)** $C_{12}H_{22}O_{11}$, **(b)** $NaNO_3$, **(c)** Cu, **(d)** Zn, **(e)** ZnS, **(f)** Fe_2O_3.

20.17 Escriba una secuencia de ecuaciones que representen reacciones que pueden utilizarse para preparar cada uno de los siguientes y que comiencen con S elemental: **(a)** H_2S (no por unión directa de los elementos), **(b)** H_2SO_3, **(c)** $Na_2S_2O_3$, **(d)** $NaHSO_4$, **(e)** $H_2S_2O_7$.

20.18 Escriba ecuaciones para las reacciones del $SO_2(g)$ con **(a)** O_2 (Pt como catalizador), **(b)** $Cl_2(g)$, **(c)** H_2O, **(d)** $ClO_3^-(ac)$, **(e)** $OH^-(ac)$, **(f)** $SO_3^{2-}(ac)$ y H_2O.

20.19 Represente estructuras de Lewis para describir la estructura geométrica de **(a)** S_3^{2-}, **(b)** SO_3^{2-}, **(c)** SO_4^{2-}, **(d)** $S_2O_3^{2-}$, **(e)** $S_4O_6^{2-}$, **(f)** $H_2S_2O_7$, **(g)** $H_2S_2O_8$.

20.20 Escriba una ecuación para la reacción del agua con **(a)** $CH_3C(NH_2)S$, **(b)** SO_2, **(c)** SO_3, **(d)** Al_2S_3, **(e)** SeO_3, **(f)** TeO_3, **(g)** H_2SO_5, **(h)** $H_2S_2O_7$.

20.21 Escriba las ecuaciones químicas para las reacciones del $O_2(g)$ con **(a)** H_2S, **(b)** H_2Te, **(c)** PbS, **(d)** Na_2SO_3.

20.22 Escriba ecuaciones para las reacciones del HCl(ac) con **(a)** Na_2SO_3, **(b)** Na_2S, **(c)** $Na_2S_2O_3$.

*Los problemas más difíciles están marcados por un asterisco. El apéndice G contiene las respuestas de los problemas codificados en color

20.23 Escriba ecuaciones químicas balanceadas para la reacción de desproporción de **(a)** S(a S^{2-} y $S_2O_3^{2-}$) en solución alcalina, **(b)** $S_2O_3^{2-}$ (a S y SO_2) en solución ácida.

* **20.24** De acuerdo con los potenciales de los electrodos estándar, ambos el SO_2 (en solución ácida) y el SO_3^{2-} (en solución alcalina) se desproporcianarán. Sin embargo, estas reacciones son lentas. ¿Qué productos se obtendrían en cada una de estas reacciones de desproporción? Observe que es necesario tomar en cuenta todas las posibilidades dadas en la Figura 20.5.

20.25 Explique por qué no puede prepararse OF_4 pero sí se puede preparar SF_4.

20.26 ¿Cuál es la diferencia en significado entre los prefijos *per* y *peroxi* cuando se aplican para nombrar los ácidos?

20.27 Describa una prueba de laboratorio para: **(a)** S^{2-}(ac), **(b)** SO_3^{2-}(ac), **(c)** SO_4^{2-}(ac), **(d)** $S_2O_3^{2-}$(ac).

20.28 El ácido clorosulfónico $HOSO_2Cl$, es el producto de la reacción del SO_3 y el HCl. Los ácidos peroxisulfúricos (H_2SO_5 y $H_2S_2O_8$) se pueden preparar mediante la reacción de un mol de peróxido de hidrógeno, H_2O_2, con uno o dos moles de ácido clorosulfúrico. Escriba ecuaciones químicas para las reacciones mencionadas.

20.29 Describa las formas geométricas de los siguientes: **(a)** H_2S, **(b)** SO_2, **(c)** SO_3, **(d)** SO_3^{2-}, **(e)** $S_2O_3^{2-}$, **(f)** SO_4^{2-}, **(g)** SF_4, **(h)** SF_6, **(i)** H_6TeO_6.

20.30 Explique por qué **(a)** H_2Te es un ácido más fuerte que el H_2S, **(b)** H_2SO_4 es un ácido más fuerte que el H_6TeO_6.

LOS NO METALES, PARTE III: EL GRUPO V A DE ELEMENTOS

CAPÍTULO 21

El grupo V A incluye el nitrógeno, fósforo, arsénico, antimonio y bismuto. Conjuntamente, estos elementos muestran un nivel de propiedades más amplio que cualquiera de los elementos de los grupos VI A y VII A.

21.1 Propiedades de los elementos del grupo V A

Dentro de cualquier familia A de la clasificación periódica, el carácter metálico aumenta (y el carácter no metálico disminuye) al aumentar el número atómico, peso atómico y tamaño atómico. Esta tendencia es particularmente destacada en el grupo V A. Las primeras energías de ionización de los elementos del grupo, los cuales aparecen en la Tabla 14.1, disminuyen desde los valores típicos de un no metal (N) hasta los características de un metal (Bi). El nitrógeno y el fósforo se consideran generalmente como no metales, el arsénico y el antimonio como semimetales o metaloides, y el bismuto como un metal.

Las configuraciones electrónicas de los elementos se encuentran en la Tabla 21.2. Cada elemento tiene tres electrones menos que el gas noble del período correspondiente, y se puede esperar la formación de iones trinegativos. El nitrógeno forma el ion nitruro, N^{3-}, en combinación con ciertos metales reactivos, y el fósoforo forma el ion fosfuro P^{3-}, con menos rapidez. Sin embargo, los elementos restantes del grupo (As, Sb, y Bi) son más metálicos que el N y el P y no tienen tendencia a formar aniones comparables.

La pérdida de electrones y la consecuente formación de cationes, característica de los metales, se observa entre los miembros más pesados del grupo. Las altas energías de ionización prohiben la pérdida de los cinco electrones de valencia de cualquier elemento. Por consiguiente, no existen los iones 5^+ y el estado de oxidación 5^+ se obtiene sólo mediante enlace covalente. Además, la mayoría de los compuestos en cuales aparecen los elementos del grupo V A en el estado de oxidación 3^+ son covalentes. Sin embargo, el antimonio y el bismuto pueden formar iones $d^{10}s^2$, Sb^{3+} y Bi^{3+}, mediante de pérdida de electrones *p* de sus niveles de valencia. Los compuestos $Sb_2(SO_4)_3$, BiF_3 y $Bi(ClO_4)_3 \cdot 5H_2O$ son iónicos. Los iones 3^+ de antimonio y bismuto reaccionan con agua para formar iones antimonilo y bismutilo (SbO^+ y BiO^+), así como las formas hidratadas de estos iones (por ejemplo, $Bi(OH)^{2+}$).

$$Bi^{3+}(ac) + H_2O \rightleftharpoons BiO^+(ac) + 2H^+(ac)$$

El nitrógeno, fósforo y arsénico no forman cationes simples. Los óxidos del grupo de elementos V A se hacen menos ácidos y más básicos a medida que aumenta el carácter metálico de los elementos. Así, N_2O_3, P_4O_6 y As_4O_6 son óxidos ácidos; se disuelven

Tabla 21.1 Algunas propiedades de los elementos del grupo V A

Propiedad	Nitrógeno	Fósforo	Arsénico	Antimonio	Bismuto
color	incoloro	blanco, rojo negro	grisáceo metálico amarillo	grisáceo metálico amarillo	grisáceo metálico
fórmula molecular	N_2	P_4(blanco) P_n(negro)	As_n(metálico As_4(amarillo	Sb_n(metálico) Sb_4(amarillo)	Bi_n
punto de fusión (°C)	−210	44.1(blanco)	814 (36 atm) (metálica)	603.5 (metálica)	271
punto de ebullición (°C)	−195.8	280	633(se sublima)	1325	1560
radio atómico (pm)	74	110	121	141	152
radio iónico (pm)	140 (N^{3-})	185(P^{3-})		92(Sb^{3+})	108(Bi^{3+})
primera energía de ionización (KJ/mol)	1399	1061	965	830	772
electronegatividad	3.0	2.2	2.2	2.1	2.0

Tabla 21.2 Configuraciones electrónicas de los elementos del grupo V A.

Elemento	*Z*	1*s*	2*s*	2*p*	3*s*	3*p*	3*d*	4*s*	4*p*	4*d*	4*f*	5*s*	5*p*	5*d*	6*s*	6*p*
N	7	2	2	3												
P	15	2	2	6	2	3										
As	33	2	2	6	2	6	10	2	3							
Sb	51	2	2	6	2	6	10	2	6	10		2	3			
Bi	83	2	2	6	2	6	10	2	6	10	14	2	6	10	2	3

en agua para formar ácidos y se disuelven en soluciones alcalinas para formar sales de estos ácidos. El compuesto Sb_4O_6 es anfótero, se disuelve en ácido clorhídrico, y también en hidróxido de sodio. El óxido de bismuto, comparable, es estrictamente básico; Bi_2O_3 no es soluble en álcalis, pero el compuesto se disuelve en ácidos para producir sales de bismuto.

Todos los óxidos en los cuales los elementos exhiben un estado de oxidación 5+, son ácidos, pero la acidez disminuye marcadamente de N_2O_5 a Bi_2O_5. Además la estabilidad del estado de oxidación 5^+ disminuye con el aumento del número atómico; Bi_2O_5 es extremadamente inestable y nunca se ha preparado en estado puro.

Muchas de las propiedades del nitrógeno son anómalas en comparación con las de los otros elementos del grupo V A. Esta desviación es característica de los primeros miembros de los grupos de la clasificación periódica. El nitrógeno libre, sorprendentemente, no es reactivo, debido en parte a la gran fuerza de enlace de la molécula de N_2;

$$:N\equiv N:$$

Según la teoría de orbitales moleculares, dos enlaces π y uno μ unen los átomos de una molécula de N_2, y el orden de enlace es 3. La energía requerida para disociar al N molecular en átomos es muy elevada (941 kJ/mol).

Puesto que el nitrógeno no tiene orbitales *d* en su nivel de valencia ($n = 2$), el máximo número de enlaces covalentes formados por el nitrógeno es de cuatro (por ejemplo, en NH_4^+). En los niveles de los otros elementos del grupo V A, existen orbitales *d* vacíos, que pueden utilizarse en la formación de enlaces covalentes. Por esto, el P, el As, el Sb y el Bi forman alrededor de seis enlaces covalentes en las especies tales como PCl_5, PCl_6^-, AsF_5, $SbCl_6^-$ y $BiCl_5^{2-}$.

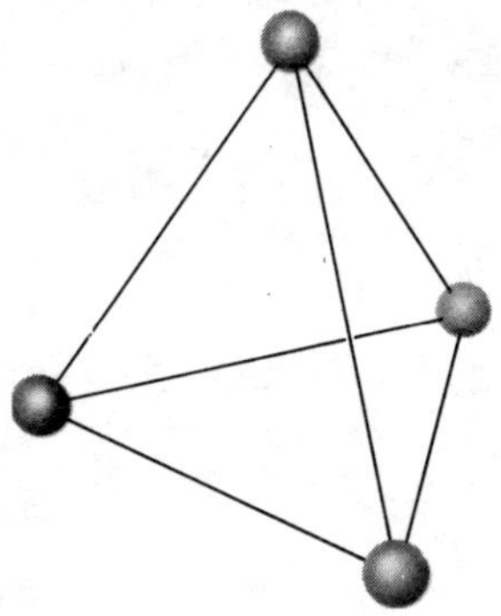

Figura 21.1 Estructura de la molécula del P_4.

Para el grupo como un todo, los estados de oxidación 3−, 3+ y 5+ son más comunes. La importancia y estabilidad de los estados 5^+ y 3^- disminuye desde el más ligero hasta los más pesados. Sin embargo, el nitrógeno aparece en cada estado de oxidación de 3− a 5+. El nitrógeno también tiene una tendencia hacia la formación de enlaces múltiples (por ejemplo, en el ion cianuro, $C \equiv N^-$). Los otros elementos del grupo V A no forman enlaces, con los orbitales *p*, pero puede originarse algún enlace de carácter multiple en los compuestos de estos elementos (particularmente los de P) por enlace *pπ* — *d*π.

El fósforo, arsénico y antimonio ocurren en formas alotrópicas. Existen tres formas importantes de fósforo: blanco, rojo y negro. El fósforo blanco, un sólido en forma de cera, se obtiene por condensación del fósforo gaseoso. Los cristales de fósforo blanco se forman de las moléculas de P_4 (Figura 21.1), en las cuales cada átomo de fósforo tienen un par de electrones sin compartir y completa su octeto formando enlaces covalentes sencillos con los otros tres átomos de fósforo de la molécula.

El fósforo blanco es soluble en varios disolventes no polares (por ejemplo, benceno y bisulfuro de carbono). En tales soluciones, en estado líquido (fósforo blanco) y fósforo en vapor, el elemento existe como moléculas de P_4. A temperaturas por encima de los 800°C, se observa una ligera disociación de las moléculas del vapor de P_4 a moléculas P_2. Se supone que estas últimas móleculas tienen una estructura similar a la de la molécula de N_2. El fósforo blanco es la forma más reactiva del elemento y se guarda en agua para protegerlo del oxígeno atmosférico, con el cual reacciona espontáneamente.

El fósforo rojo puede prepararse por calentamiento del fósforo blanco a unos 250°C en ausencia del aire. Es un material polimérico en el cual muchos átomos de fósforo se unen en una red, pero no se conocen los detalles de la estructura del fósforo rojo. El fósforo rojo no es soluble en disolventes comunes y es considerablemente menos reactivo que la variedad blanca. No reacciona con el oxígeno a temperatura ambiente.

El fósforo negro, un alótropo menos común, se prepara sometiendo el elemento a elevadas presiones o mediante una lenta cristalización del fósforo blanco líquido en presencia de mercurio como catalizador y con un cristal de fósforo negro. El fósforo negro cristalino consiste en capas de átomos de fósforo unidos covalentemente en una red (Figura 21.2). Las distancias entre los átomos de P de capas adyacentes son mayores que las distancias entre átomos de P de la misma capa, puesto que los átomos de P

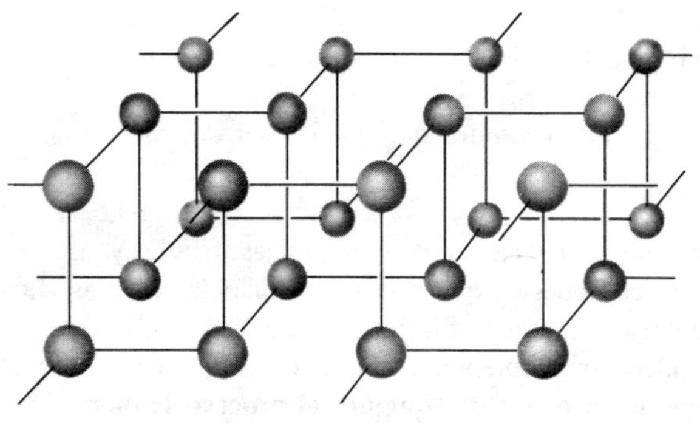

Figura 21.2 Estructura de una capa de fósforo negro cristalino.

de una capa dada están covalentemente unidos entre sí y las capas están sostenidas por las fuerzas de London, comparativamente débiles. Por esto, el fósforo negro es un material en hojuelas, parecido al grafito (el cual también tiene un cristal de tipo de capas, Sección 22.2) y, como el grafito, el fósforo negro es un conductor eléctrico. El fósforo negro es la forma menos soluble y menos reactiva de este elemento.

El arsénico y el antimonio se encuentran en modificaciones blandas, amarillas y no metálicas, que se suponen formadas por moléculas tetraédricas As_4 y Sb_4, análogas a las moléculas de P_4 del fósforo blanco. Estas formas amarillas pueden obtenerse por la condensación rápida de vapores y son solubles en bisulfuro de carbono. Son inestables y se convierten fácilmente en modificaciones metálicas estables y grisáceas.

El bismuto se encuentra generalmente como un metal grisáceo claro con algún recubrimiento rojizo; no existe en otras modificaciones. Las formas metálicas del arsénico, antimonio y bismuto son comparativamente blandas y frágiles y tienen lustre metálico. Sus estructuras cristalinas son similares a la estructura del fósforo negro, y son conductores eléctricos.

21.2 El ciclo del nitrógeno

En la naturaleza, el nitrógeno se extrae constantemente de la atmósfera y se reintegra a ella mediante varios procesos naturales y artificiales. Estos procesos, en conjunto, constituyen lo que se llama el **ciclo del nitrógeno.**

El nitrogeno es un elemento constituyente de todas las plantas y proteínas animales. Debido a que el nitrógeno es un elemento comparativamente poco reactivo, las células de los sistemas vivos no pueden asimilar directamente el nitrógeno del aire para utilizarlo en la síntesis de proteínas. Sin embargo, el nitrógeno del aire es convertido por varios *procesos de fijación de nitrógeno* en compuestos que pueden ser utilizados por las plantas. Estos **procesos de fijación de nitrógeno** constituyen la primera parte del ciclo del nitrógeno.

Durante las tormentas, las descargas eléctricas hacen que parte del nitrógeno y del oxígeno del aire formen monóxido de nitrógeno:

$$N_2(g) + O_2(g) \longrightarrow 2\,NO(g)$$

El dióxido de nitrógeno se produce por la reacción del NO con O_2 adicional del aire:

$$2\,NO(g) + O_2(g) \longrightarrow 2\,NO_2(g)$$

El NO_2 reacciona con el agua para formar ácido nítrico:

$$3\,NO_2(g) + H_2O(l) \longrightarrow 2\,HNO_3(l) + NO(g)$$

El ácido nítrico cae a tierra, donde forma nitratos que pueden ser utilizados por las plantas como nutrientes.

Ciertas bacterias del suelo, así como las bacterias fijadoras de nitrógeno en los nódulos de las raíces de las plantas leguminosas (tales como arvejas, frijoles y alfalfa), fijan el nitrogeno atmosférico en compuestos que pueden asimilar las plantas. Los fertilizantes se usan para aumentar o facilitar la fijación del nitrógeno en el terreno. Los fertilizantes que contienen nitrógeno se preparan partiendo del amoníaco, el cual se produce comercialmente por el **un proceso de fijación, el proceso Haber:**

$$N_2(g) + 3\,H_2(g) \rightleftharpoons 2\,NH_3(g)$$

En la segunda etapa del ciclo del nitrógeno, las plantas utilizan el nitrógeno fijado en el suelo para elaborar proteínas. La proteína de las plantas es a su vez ingerida por los animales y utilizada para elaborar la proteína animal. Es así que los humanos obtienen el nitrógeno fijado al ingerir la proteína animal y vegetal.

En la tercera parte de ciclo del nitrógeno, se completa el ciclo. La descomposición de los productos de desecho del metabolismo animal y la muerte y descomposición de plantas y animales, libera nitrógeno como producto final. Por consiguiente, se devuelve al aire el N_2.

21.3 Distribución y preparación de los elementos del grupo V A

Las principales fuentes naturales de los elementos del grupo V A aparecen en la Tabla 21.3. El nitrógeno, como el oxígeno (Sección 20.2) y los gases nobles (Sección 22.9), se producen comercialmente por el fraccionamiento del aire líquido. El nitrógeno de esta fuente, envasado en cilindros, se utiliza generalmente cuando se necesita en el laboratorio en forma gaseosa. Sin embargo, en ocasiones, pueden obtenerse pequeñas cantidades para uso de laboratorio calentando una solución acuosa saturada con cloruro de amonio y nitrato de sodio,

$$NH_4^+(ac) + NO_3^-(ac) \longrightarrow N_2(g) + 2H_2O$$

o calentando azida de sodio o azida de bario,

$$2NaN_3(s) \longrightarrow 2Na(l) + 3N_2(g)$$

El fósforo es el único miembro del grupo V A que no se presenta en la naturaleza como elemento libre. Se prepara industrialmente calentando una mezcla de roca fosfatada, arena y coque en un horno eléctrico:

Tabla 21.3 Distribución de los elementos del grupo V A

Elemento	Porcentaje en la corteza terrestre	Distribución
nitrógeno	0.0046 (0.03 incluyendo la atmósfera)	N_2 (atmósfera) $NaNO_3$ (nitro de Chile)
fósforo	0.12	$Ca_3(PO_4)_2$ roca fosfatada $Ca_5(PO_4)_3F$ y $Ca_5(PO_4)_3Cl$ (apatita)
arsénico	5×10^{-4}	FeAsS (arsenopirita) As_4S_4 (realgar), As_2S_3 (orpimento), As_4O_6 (arsenolita); As natural; en minerales de Cu, Pb, Co, Ni, Zn, Sn, Ag y Au
antimonio	5×10^{-5}	Sb_2S_3 (estibinita), Sb_4O_6 (senarmontita) Sb natural, en minerales de Cu, Pb, Ag y Hg
bismuto	1×10^{-5}	Bi_2S_3 (bismutinita), $B_1{}^2O_3$ (bismita); Bi natural; en minerales de Cu, Pb, Sn, Co, Ni, Ag y Au

Extracción en mina de roca de fosfato. *W. R. Grace & Co.*

$$2\,Ca_3(PO_4)_2(s) + 6\,SiO_2(s) \longrightarrow 6\,CaSiO_3(l) + P_4O_{10}(g)$$

$$P_4O_{10}(g) + 10\,C(s) \longrightarrow P_4(g) + 10\,CO(g)$$

El silicato de calcio se extrae de la base del horno como desperdicio o escoria fundido, y el producto gaseoso se pasa a través de agua, la cual condensa el fósforo gaseoso en fósforo blanco sólido.

Se obtiene arsénico, antimonio y bismuto mediante la reducción de sus óxidos con carbón a elevadas temperaturas:

$$As_4O_6(s) + 6\,C(s) \longrightarrow As_4(g) + 6\,CO(g)$$

Una fuente industrial importante de los óxidos es el hollín de la chimenea, que se obtiene de los procesos utilizados en la producción de ciertos metales, especialmente cobre y plomo. Además, se obtienen los oxidos tostando los minerales sulfurados de los elementos en el aire; por ejemplo,

$$2\,Sb_2S_3(s) + 9\,O_2(g) \longrightarrow Sb_4O_6(g) + 6\,SO_2(g)$$

Aunque el arsénico, el antimonio y el bismuto se encuentran como minerales naturales, solo los depósitos del bismuto natural son suficientemente grandes como para tener importancia comercial.

21.4 Nitruros y fosfuros

El nitrógeno elemental reacciona con varios metales a elevadas temperaturas para formar **nitruros iónicos,** sólidos cristalinos blancos de alto punto de fusión que contienen el N^{3-}. El grupo de metales II A, cadmio y cinc, forman nitruros iónicos con la fórmula M_3N_2 (donde M es Be, Mg, Ca, Sr, Ba, Cd o Zn) y el litio forma Li_3N. Los nitruros iónicos reaccionan con el agua para producir amoníaco e hidróxidos.

$$Ca_3N_2(s) + 6H_2O \longrightarrow 3Ca^{2+}(ac) + 6OH^-(ac) + 2NH_3(g)$$

Los **nitruros intersticiales** se preparan a elevadas temperaturas a partir de muchos metales de transición en forma pulverizada y nitrógeno o amoníaco. Un cristal de un nitruro intersticial (VN, Fe_4N, W_2N y TiN, son ejemplos) consiste en átomos del metal dispuestos en forma reticular con átomos de nitrógeno ocupando los intersticios de la red. Por consiguiente, estas sustancias se desvían frecuentemente de una estequiometría exacta. Parecen metales y son duros, de temperatura de fusión extremadamente alta, buenos conductores eléctricos y químicamente inactivos.

Los **nitruros covalentes** incluyen compuestos tales como S_4N_4, P_3N_5, Si_3N_4, Sn_3N_4, BN y AlN. Algunos de estos compuestos son de forma molecular. Otros, tales como BN y AlN, son sustancias en las cuales un gran número de átomos de los dos elementos están covalentemente unidos en una red cristalina. El BN y el AlN se preparan por la reacción de los elementos a elevadas temperaturas. Dos átomos de C juntos tienen el mismo número de electrones de valencia (8) que un átomo de B (3 electrones de valencia) y un átomo de N(5 electrones de valencia) combinados. Por consiguiente, puede considerarse que el compuesto BN es isoelectrónico con el carbono. Por otra parte, el BN se conoce en dos formas cristalinas: una se parece al grafito, y otra es extremadamente dura, se parece al diamante.

Muchos metales reaccionan con el fósforo blanco para formar fosfuros. El grupo II A de elementos forma fosfuros de fórmula M_3P_2 (donde M es Be, Mg, Ca, Sr o Ba); el litio forma Li_3P y el sodio forma Na_3P. Estos compuestos reaccionan fácilmente con agua para formar fosfina. Por ejemplo:

$$Ca_3P_2(s) + 6H_2O \longrightarrow 3Ca^{2+}(ac) + 6OH^-(ac) + PH_3(g)$$

Los fosfuros de los elementos del grupo III A (tales como BP, AlP y GaP) forman redes cristalinas covalentes similares a la de silicio y, como el silicio, estas sustancias son semiconductoras. Se conocen muchos fosfuros de los metales de transición (FeP, Fe_2P, Co_2P, RuP y OsP_2 son ejemplos). Estas sustancias son cristales semimetálicos negros grisáceos, que son conductores eléctricos.

Las reacciones de los metales con arsénico, antimonio y, en menor extensión, bismuto, producen arseniuros, antimoniuros y bismutiuros. Estos compuestos se tornan progresivamente más dificiles de preparar a medida que aumenta el número atómico de los elementos del grupo V A.

21.5 Compuestos con el hidrógeno

Los elementos del grupo V A forman compuestos con el hidrógeno, siendo el más importante el amoníaco, NH_3. Grandes cantidades de amoníaco se preparan comercialmente por la unión directa de los elementos **(proceso Haber)**:

$$N_2(g) + 3H_2(g) \rightleftharpoons 2NH_3(g)$$

El amoníaco es el único compuesto con hidrógeno de los elementos del grupo V A que puede prepararse directamente. La reacción se lleva a cabo a altas presiones (de 100 a 1000 atm), de 400° a 550°C y en la presencia de un catalizador. Un catalizador, así empleado, consiste en hierro finamente dividido y Fe_3O_4 que contienen pequeñas cantidades de K_2O y Al_2O_3.

Se producen menores cantidades de amoníaco como producto secundario en la preparación del coque por destilación destructiva del carbón. El amoníaco se preparó primero comercialmente mediante la reacción de la cianamida de calcio CaNCN, con vapor bajo presión:

$$CaNCN(s) + 3\,H_2O(g) \longrightarrow CaCO_3(s) + 2\,NH_3(g)$$

Sin embargo, el proceso Haber ha remplazado mayormente este método como fuente comercial de amoníaco, y la cianamida de calcio se produce principalmente como fertilizante y como materia prima en la preparación de ciertos compuestos orgánicos que contienen nitrógeno. La cianamida de calcio se produce en un proceso de dos etapas. El carburo de calcio, CaC_2, se prepara mediante la reacción del CaO y el coque en un horno eléctrico.

$$CaO(s) + 3\,C(s) \longrightarrow CaC_2(s) + CO(g)$$

y el carburo de calcio se hace reaccionar con nitrógeno relativamente puro a unos 1000°C, para producir cianamida de calcio:

$$CaC_2(s) + N_2(g) \longrightarrow CaNCN(s) + C(s)$$

En el laboratorio, el amoníaco se prepara comercialmente por la hidrólisis de los nitruros (Sección 21.4) o por calentamiento de una sal de amonio con un álcali fuerte tal como NaOH o $Ca(OH)_2$, en seco o en solución:

$$NH_4^+(ac) + OH^-(ac) \longrightarrow NH_3(g) + H_2O$$

La molécula de amoníaco

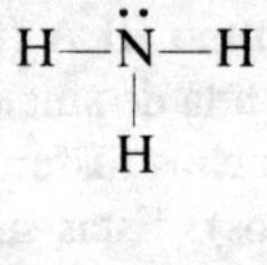

es trigonal piramidal con el átomo de nitrógeno en el ápice; este compuesto, en los estados líquido y sólido, está unido mediante enlace de hidrógeno. Las soluciones acuosas de amoníaco son alcalinas:

$$NH_3(ac) + H_2O \rightleftharpoons NH_4^+(ac) + OH^-(ac)$$

En solución o como gas seco, el amoníaco reacciona con ácidos para producir sales de amonio:

$$NH_3(g) + HCl(g) \longrightarrow NH_4Cl(s)$$

El ion amonio es tetraédrico. El nitrógeno se forma cuando el amoníaco se quema en oxígeno puro:

$$4\,NH_3(g) + 3\,O_2(g) \longrightarrow 2\,N_2(g) + 6\,H_2O(g)$$

Sin embargo, cuando se pasa una mezcla de amoníaco y aire sobre malla de platino a 1000°C, se produce óxido nítrico, NO:

$$4\,NH_3(g) + 5\,O_2(g) \longrightarrow 4\,NO(g) + 6\,H_2O(g)$$

Esta oxidación catalizada del NH_3 es una parte del proceso de Ostwald para la preparación de ácido nítrico (Sección 21.7).

La hidracina, N_2H_4, se puede considerar derivada del NH_3 por la sustitución de un átomo de H por un grupo —NH_2:

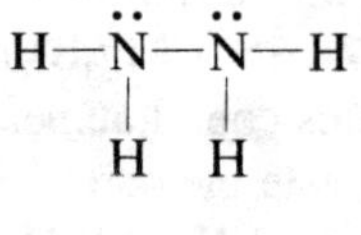

El compuesto, que es líquido, puede prepararse por la oxidación del NH_3 con NaOCl. La hidracina es menos básica que el NH_3, pero forma cationes en los cuales un protón o dos protones están enlazados a pares de electrones libres de la molécula. Por ejemplo:

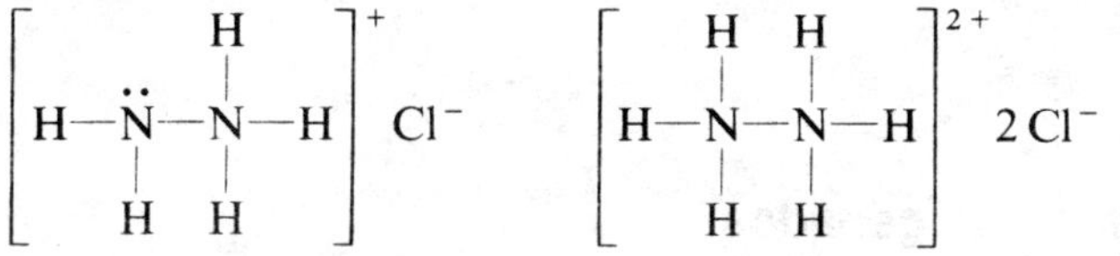

La hidracina es un agente reductor fuerte y ha encontrado uso como combustible de cohetes.

La hidroxilamina, NH_2OH, es otro compuesto el cual, como la hidracina, puede considerarse derivado de la molécula del NH_3:

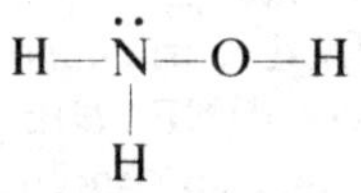

Como la hidracina, la hidroxilamina es una base más debil que el NH_3, pero pueden prepararse las sales que contienen el ion $[NH_3OH]^+$. El ácido HN_3 es otro compuesto de hidrógeno con nitrógeno. La estructura del ácido hidrazoico puede representarse como un híbrido en resonancia:

Las distancias de enlace N—N de la molécula no son las mismas; la distancia del N central al N que lleva el átomo de H (124 pm) es mayor que la otra (113 pm). El ácido hidrozoico puede prepararse por la reacción de la hidracina (la cual forma el ion $[N_2H_5]^+$ en solución ácida) con al ácido nitroso (HNO_2):

$$N_2H_5^+(ac) + HNO_2(ac) \longrightarrow HN_3(ac) + H^+(ac) + 2H_2O$$

El ácido libre, un líquido de bajo punto de ebullición, puede obtenerse mediante la destilación de la solución acuosa. El ácido hidrazoico es un ácido débil. Las sales de los metales pesados del ácido, tales como la azida de plomo, $Pb(N_3)_2$, explotan por percusión y se utilizan en detonantes.

La fosfina (PH_3) es un gas incoloro muy venenoso, que se prepara por la hidrólisis de fosfuros o por la reacción del fosforo blanco con soluciones concentradas de álcalis:

$$P_4(s) + 3OH^-(ac) + 3H_2O \longrightarrow PH_3(g) + \underset{\text{ion hipofosfito}}{3H_2PO_2^-(ac)}$$

La molécula de PH_3 es piramidal, similar a la molécula del NH_3. Sin embargo, a diferencia del NH_3, el compuesto no está asociado por enlaces de hidrógeno en el estado líquido.

La fosfina es mucho menos básica que el amoníaco. Los compuestos de fosfonio tales como $PH_4I(s)$, el cual puede prepararse de $PH_3(g)$ y HI(g), son inestables. Se descomponen a temperaturas relativamente bajas o en solución acuosa, para producir los gases componentes.

La arsina (AsH_3), la estibina (SbH_3) y la bismutina (BiH_3) son gases extremadamente venenosos que pueden producirse por la hidrólisis de los arseniuros, antimoniuros y bismutiuros (por ejemplo, Na_3As, Zn_3Sb_2 y Mg_3Bi_2). Los productos de los compuestos del hidrógeno se vuelven más pobres con el aumento del peso molecular. Se obtiene poca producción de bismutina por este método. La estabilidad de los compuestos de hidrógeno disminuye en las series del NH_3 al BiH_3. La bismutina es muy inestable y se descompone en sus elementos a temperatura ambiente. La arsina y la estibina pueden ser descompuestas similarmente por calentamiento.

La arsina, la estibina y la bismutina no tienen propiedades básicas y no forman sales con los ácidos.

21.6 Compuestos halogenados

Los halogenuros más importantes del grupo de elementos V A son los trihalogenuros (por ejemplo, NF_3) y los pentahalogenuros (por ejemplo, PF_5). Los cuatro trihalogenuros binarios de cada uno de los elementos del grupo V A han sido preparados, pero el tribromuro y triyoduro de nitrógeno pueden aislarse sólo en la forma de amoniatos ($NBr_3 \cdot 6NH_3$ y $NI_3 \cdot xNH_3$). Los trihalogenuros de hidrógeno se preparan por la halogenación de amoníaco gaseoso, (NF_3, NBr_3) de una sal de amonio en solución ácida (NCl_3, NBr_3) o de amoníaco acuoso concentrado (NI_3). Cada uno de los trihalogenuros de P, As, Sb y Bi, se preparan por halogenación directa de los elementos del grupo V A usando un exceso estequiométrico del elemento del grupo V A para evitar la formación del pentahalogenuro.

El trifluoruro de bismuto es un compuesto iónico pero los otros trihalogenuros son covalentes. En el estado gaseoso, los trihalogenuros covalentes existen como moléculas trigonales piramidales (Figura 21.3).

Esta forma molecular persiste en el estado líquido y en todos los sólidos, excepto AsI_3, SbI_3 y BiI_3, que cristalizan en capas covalentes de forma reticular.

El trifluoruro de nitrógeno es un gas incoloro muy estable, mientras que los otros trihalogenuros de nitrógeno son explosivamente inestables. Los trihalogenuros sufren hidrólisis:

$$NCl_3(l) + 3H_2O \longrightarrow NH_3(g) + 3HOCl(ac)$$

$$PCl_3(l) + 3H_2O \longrightarrow H_3PO_3(ac) + 3H^+(ac) + 3Cl^-(ac)$$

$$AsCl_3(l) + 3H_2O \longrightarrow H_3AsO_3(ac) + 3H^+(ac) + 3Cl^-(ac)$$

$$SbCl_3(s) + H_2O \longrightarrow SbOCl(s) + 2H^+(ac) + 2Cl^-(ac)$$

$$BiCl_3(s) + H_2O \longrightarrow BiOCl(s) + 2H^+(ac) + 2Cl^-(ac)$$

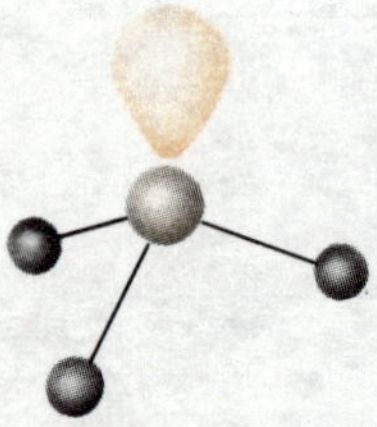

Figura 21.3 Estructura molecular de trihalogenuros covalentes de los elementos del grupo V A.

El nitrógeno es más electronegativo que el Cl, y en la hidrólisis del NCl_3, el N y el Cl aparecen en los estados de oxidación $3-$ y $1+$, respectivamente. En cada una de las otras reacciones de hidrólisis, los elementos del grupo V A aparecen en el estado de oxidación $3+$ y el cloro en $1-$. El carácter metálico de los elementos del grupo V A aumenta con aumento del número atómico, y el Sb y el Bi se presentan como oxo cationes (SbO^+ y BiO^+) en los productos de la hidrólisis del $SbCl_3$ y el $BiCl_3$.

Las series de los pentahalogenuros no son tan completas como la serie de los trihalogenuros, puesto que el N no tiene orbitales *d* en su nivel de valencia, el N no puede formar más de cuatro enlaces covalentes. Por consiguiente, no existen los pentahalogenuros de N. Todos los pentahalogenuros de fósforo se conocen, con la excepción del pentayoduro. Presumiblemente, no hay suficiente espacio alrededor del átomo de fósforo para acomodar cinco átomos grandes de yodo. Además, se han preparado AsF_5, SbF_5, BiF_5 y $SbCl_5$.

Los pentahalogenuros pueden prepararse por reacción directa de los elementos, usando un exceso del halógeno y por la reacción del halógeno con el trihalogenuro:

$$PCl_3(l) + Cl_2(g) \rightleftharpoons PCl_5(s)$$

La reacción anterior es reversible. En la fase gaseosa, los pentahalogenuros se disocian en diversos grados.

Los pentahalogenuros son moléculas trigonales bipiramidales en la fase gaseosa y en estado líquido (Figura 21.4). La red cristalina del $SbCl_5$ consiste en tales moléculas. Sin embargo, el PCl_5 sólido y el PBr_5 forman redes iónicas compuestas de PCl_4^+, PCl_5^-, PBr_4^+ y Br^-, respectivamente. Aparentemente, es imposible empacar seis átomos de bromo alrededor de un átomos de fósforo, puesto que no se forma PBr_6^-. Los cationes son tetraédricos y el ion PCl_6^- es octaédrico (Figura 21.5).

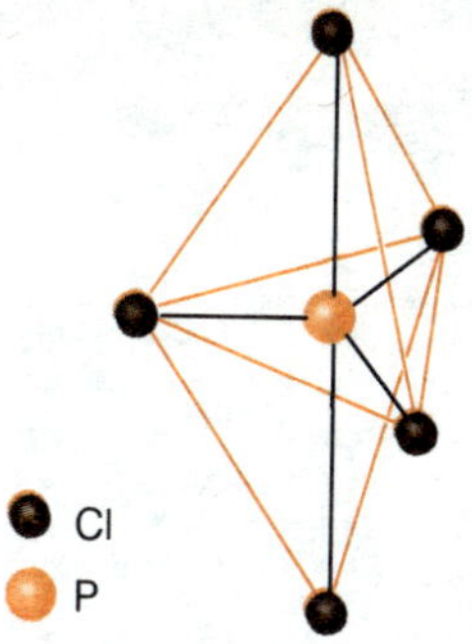

Figura 21.4 Estructura de una molécula de PCl_5 gaseoso.

Los pentahalogenuros de fósforo se hidrolizan en dos etapas. Por ejemplo:

$$PCl_5(s) + H_2O \longrightarrow POCl_3(l) + 2H^+(ac) + 2Cl^-(ac)$$

$$POCl_3(l) + 3H_2O \longrightarrow H_3PO_4(ac) + 3H^+(ac) + 3Cl^-(ac)$$

Los halogenuros de fosforilo, POX_3(X = F, Cl o Br), pueden prepararse mediante la hidrólisis de los pentahalogenuros adecuados en una cantidad limitada de agua o por la reacción del trihalogenuro con el oxígeno:

$$2\,PCl_3(l) + O_2(g) \longrightarrow 2\,POCl_3(l)$$

Las moléculas de los halogenuros de fosforilo tienen un grupo PX_3 dispuesto como una pirámide trigonal (Figura 21.3) con un átomo de oxígeno enlazado al átomo de fósforo, formando así un tetraedro distorsionado.

Se han preparado varios trihalogenuros mixtos (por ejemplo, NF_2Cl, $PFBr_2$ y $SbBrI_2$) y mezclas de pentahalogenuros (por ejemplo, PCl_2F_3, $PClF_4$ y $SbCl_3F_2$). Además, se conocen halogenuros que pertenecen a la fórmula general E_2X_4 : N_2F_4, P_2Cl_4, P_2I_4 y As_2I_4. Estos compuestos tienen estructuras moleculares similares a la estructura de la hidracina, N_2H_4.

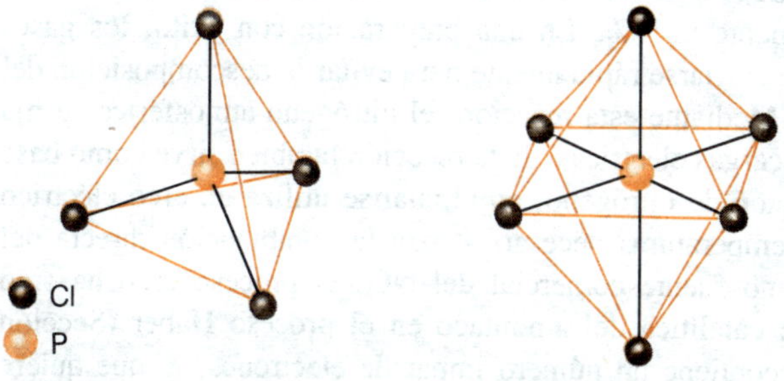

Figura 21.5 Estructura del PCl_4^+ y el PCl_6^-.

Los **isómeros** son sustancias que tienen la misma fórmula molecular pero difieren en la forma como los átomos constituyentes están dispuestos en las moléculas. El difluoruro de nitrógeno existe en dos formas isoméricas:

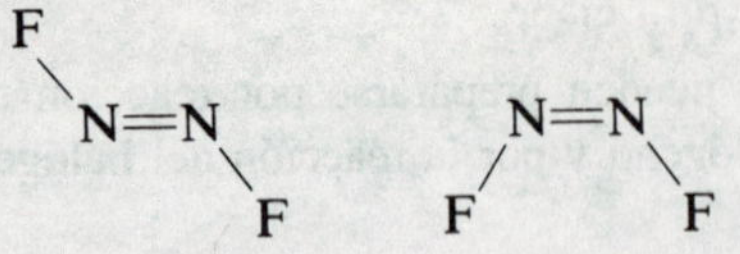

trans *cis*

El doble enlace, compuesto de un enlace σ y un enlace π, entre los dos átomos de nitrógeno, impide la libre rotación alrededor del eje nitrógeno-nitrógeno. En el isómero *cis*, ambos átomos de flúor se hallan en el mismo lado de los átomos de nitrógeno unidos por doble enlace; mientras que en el isomero *trans*, los átomos de flúor se hallan en lados opuestos. Ambas moléculas son planas.

21.7 Óxidos y oxiácidos del nitrógeno

Se conocen óxidos para cada estado de oxidación del nitrógeno de 1+ a 5+.

1. El estado de oxidación 1+. El óxido de nitrógeno (llamado también óxido nitroso), N_2O, se prepara por calentamiento suave del nitrato de amonio fundido:

$$NH_4NO_3(l) \longrightarrow N_2O(g) + 2\,H_2O(g)$$

Éste es un gas incoloro, relativamente poco reactivo. Sin embargo, a temperaturas alrededor de 500°C, el óxido de dinitrógeno se descompone en nitrógeno y oxígeno, puesto que el N_2O ayuda la combustión. Las moléculas de N_2O son lineales, y la estructura electrónica del compuesto puede representarse como un híbrido de resonancia:

$$:\overset{\ominus}{N}{=}\overset{\oplus}{N}{=}\ddot{O}: \longleftrightarrow :N{\equiv}\overset{\oplus}{N}{-}\overset{\ominus}{\ddot{\underset{..}{O}}}:$$

El óxido de dinitrógeno se llama comunmente "gas hilarante" debido al efecto que produce cuando se respira en pequeñas cantidades. El gas se utiliza como anestésico y, debido a su solubilidad en la crema, es el gas usado para cargar la crema de los recipientes aerosol de crema o nata.

2. El estado de oxidación 2+. El óxido de nitrógeno (también llamado óxido nítrico), NO, puede prepararse por la reacción directa de los elementos a elevadas temperaturas:

$$N_2(g) + O_2(g) \longrightarrow 2\,NO(g)$$

La reacción es endotérmica ($\Delta H = +90.4$ kJ/mol), pero aún a 3000°C, el rendimiento del NO es sólo aproximadamente un 4%. En una preparación con éxito, los gases calientes de la reacción deben enfriarse rápidamente para evitar la descomposición del NO en nitrógeno y oxígeno. Mediante esta reacción, el nitrógeno atmosférico se fija durante las tormentas con descargas eléctricas. Esta reacción también sirve como base para el **proceso arco** de fijación de nitrógeno, en el cual se utiliza un arco eléctrico para proporcionar las altas temperaturas necesarias para la combinación directa del nitrógeno y el oxígeno. Como fuente comercial del NO, el proceso arco ha sido remplazado por la oxidación catalítica del amoníaco en el proceso Haber (Sección 21.5). La molécula del NO contiene un número impar de electrones, lo que quiere decir que un electrón debe estar desapareado; por esta razón, el NO es paramagnético. La estructura electrónica de la molécula puede representarse por las formas en resonancia:

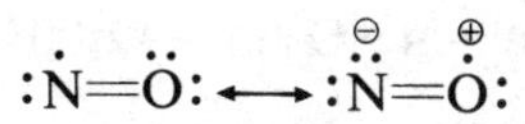

Sin embargo, la estructura se describe mejor mediante la teoría de orbitales moleculares, la cual asigna un orden de enlace de 2½ a la molécula e indica que el electrón impar está en un orbital π^*. La pérdida de un electrón del NO produce el ion nitrosonio, NO^+. Debido a que se pierde el electrón de un orbital antienlazante, el ion NO^+ tiene un orden de enlace de 3 y la distancia de enlace en NO^+ (106 pm) es más corta que la distancia de enlace en la molécula del NO (114 pm). Se conocen compuestos iónicos del NO^+ (por ejemplo: $NO^+ HSO_4^-$, $NO^+ ClO_4^-$ y $NO^+ BF_4^-$).

Mientras que las moléculas impares (número impar de electrones) son generalmente muy reactivas y altamente coloreadas, el óxido nítrico es sólo moderadamente reactivo y es un gas incoloro (condensándose a un líquido y sólido azul a bajas temperaturas). Además, el NO muestra poca tendencia a asociarse en moléculas de N_2O_2 mediante apareamiento de electrones. El óxido de nitrógeno reacciona instantaneamente con oxígeno a temperatura ambiente para formar dióxido de nitrógeno:

$$2\,NO(g) + O_2(g) \longrightarrow 2\,NO_2(g)$$

3. El estado de oxidación 3+. El trióxido de nitrógeno, N_2O_3, se forma como un líquido azul cuando se enfría a $-20°C$ una mezcla equimolecular de óxido nítrico y dióxido de nitrógeno:

$$NO(g) + NO_2(g) \longrightarrow N_2O_3(l)$$

El compuesto es inestable bajo condiciones comunes y se descompone en NO y NO_2. Ambos, NO y NO_2, son moléculas impares; el N_2O_3 se forma por apareamiento de electrones, y se cree que la molecula del N_2O_3 contienen un enlace N—N. El trióxido de dinitrógeno es el anhidrido del ácido nitroso, HNO_2, y se disuelve en soluciones acuosas alcalinas para producir el ion nitrito, NO_2^-.

4. El estado de oxidación 4+. El dióxido de nitrógeno, NO_2, y tetróxido de dinitrógeno, N_2O_4, existen en equilibrio:

$$2\,NO_2 \rightleftharpoons N_2O_4$$

El dióxido de nitrógeno consiste en moléculas impares; es paramagnético y de color café. El dímero, en el cual los electrones están apareados, es diamagnético e incoloro. En el estado sólido, el óxido es incoloro y consiste en N_2O_4 puro. El líquido es amarillo y consiste en una solución diluida de NO_2 en N_2O_4. A medida que se aumenta la temperatura, el gas contiene más y más NO_2 y se vuelve más y más color café oscuro. A 135°C, aproximadamente el 99% de la mezcla es NO_2.

Las moléculas del dióxido de nitrógeno son angulares:

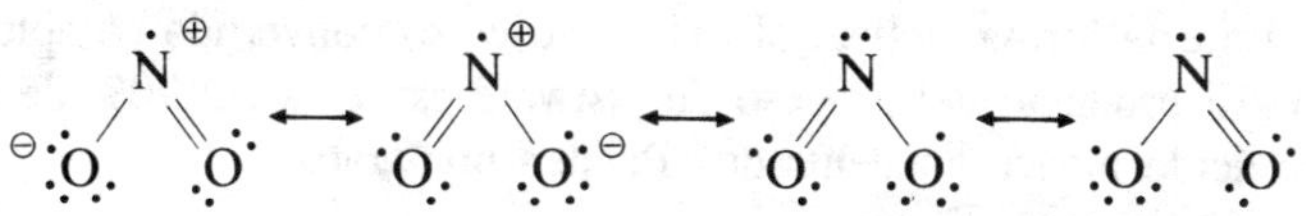

Se cree que la estructura del N_2O_4 es plana, con dos unidades del NO_2 unidas por un enlace N—N.

El dióxido de nitrógeno se produce por la reacción del óxido nítrico con el oxígeno. En el laboratorio, el compuesto se prepara convenientemente calentando el nitrato de plomo:

$$2\,Pb(NO_3)_2(s) \longrightarrow 2\,PbO(s) + 4\,NO_2(g) + O_2(g)$$

5. El estado de oxidación 5+. El pentóxido de dinítrógeno N_2O_5, es el anhidrido ácido del ácido nítrico; puede prepararse N_2O_5 de este ácido por deshidratación, usando óxido de fósforo (V):

$$4\,HNO_3(g) + P_4O_{10}(s) \longrightarrow 4\,HPO_3(s) + 2\,N_2O_5(g)$$

El compuesto es un material cristalino incoloro, que se sublima a 32.5°C. El vapor consiste en moléculas de N_2O_5, las cuales se cree que son planas con los dos átomos de nitrógeno unidos a través de un átomo de oxígeno (O_2NONO_2).

La estructura electrónica de la molécula puede representarse como un híbrido en resonancia de

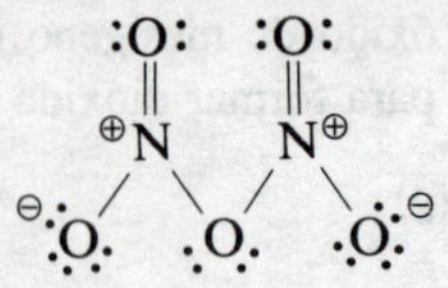

y otras estructuras equivalentes que tienen diferentes ordenamientos de los dobles enlaces. El compuesto es inestable en el estado de vapor y se descompone de acuerdo con la siguiente ecuación.

$$2\,N_2O_5(g) \longrightarrow 4\,NO_2(g) + O_2(g)$$

Los cristales del N_2O_5 están compuestos de iones, nitronio, NO_2^+, y nitrato, NO_3^-. El compuesto se disocia en estos dos iones en soluciones de ácido sulfúrico anhidro, ácido nítrico y ácido fosfórico. El ion nitrato es triangular planar. El ion nitronio es lineal, es isoelectrónico con el CO_2 y puede considerarse como una molécula de dióxido de nitrógeno sin el electrón impar. El ion es probablemente un intermediario de reacción en ciertas reacciones del ácido nítrico en la presencia de ácido sulfúrico (nitración). Se han preparado compuestos del ion nitronio (por ejemplo, $NO_2^+\,ClO_4^-$, $NO_2^+\,BF_4^-$ $NO_2^+\,PF_6^-$).

El oxiácido más importante del nitrógeno es el ácido nítrico, HNO_3, en el cual el nitrógeno exhibe un número de oxidación de 5+. Comercialmente, el ácido nítrico se produce mediante el **proceso Ostwald.** El óxido nítrico de la oxidación catalítica del amoníaco se hace reaccionar con el oxígeno para formar el dióxido de nitrógeno. Este gas, junto con un exceso de oxígeno, se pasa a una torre donde éste reacciona con agua caliente:

$$3NO_2(g) + H_2O \longrightarrow 2H^+(ac) + 2NO_3^-(ac) + NO(g)$$

El exceso de oxígeno convierte el NO en NO_2; este NO_2 reacciona luego con agua, como antes. En esta forma cíclica, el óxido nítrico es convertido completamente en ácido nítrico. El producto del proceso de Ostwald es cerca del 70% de HNO_3 y se conoce como ácido nítrico concentrado. Pueden prepararse soluciones más concentradas de éste mediante destilación.

El ácido nítrico puro es un líquido incoloro que hierve a 83°C. Puede prepararse en el laboratorio calentando nitrato de sodio con ácido sulfúrico concentrado:

$$NaNO_3(s) + H_2SO_4(l) \longrightarrow NaHSO_4(s) + HNO_3(g)$$

Esta preparación (de la sal de nitro de Chile) es una fuente comercial menor del ácido.

La molécula del HNO_3 es plana y puede representarse como un híbrido en resonancia:

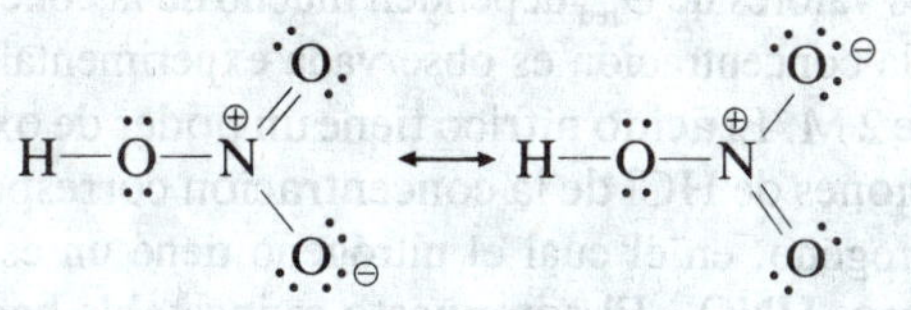

El ácido nitrico es un ácido fuerte y casi se disocia completamente en solución acuosa. La mayoría de las sales del ácido nítrico, llamadas nitratos, son muy solubles en agua. El ion nitrato es triangular plano:

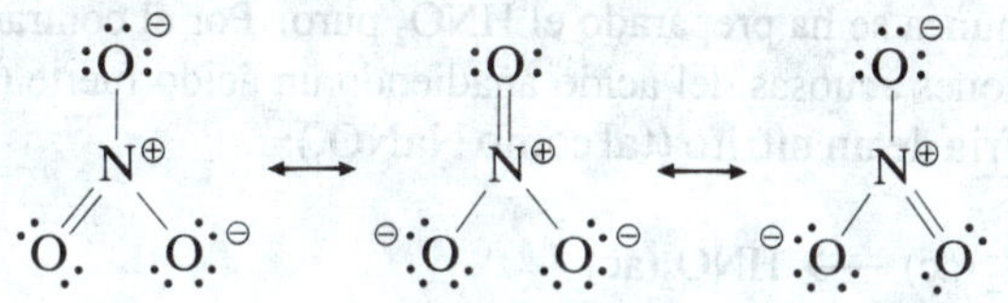

El ácido nítrico es un agente oxidante poderosísimo; oxida la mayoría de los no metales (generalmente a óxido u "oxiácidos" de su estado de oxidación más elevado) y todos los metales con la excepción de unos pocos metales nobles. Muchos metales no reactivos, tales como la plata y el cobre, que no reaccionan para producir hidrógeno con los ácidos no oxidantes, tales como HCl, se disuelven en ácido nítrico.

En las oxidaciones con ácido nítrico, casi nunca se obtiene hidrógeno; por el contrario, se producen varios compuestos que contienen nitrógeno, en los cuales el nitrógeno se encuentra en un estado de oxidación más bajo (Tabla 21.4). El producto al cual se reduce el HNO_3 depende de la concentración del ácido, la temperatura y la naturaleza del material que se ha oxidado. Por lo general, se obtiene una mezcla de los productos, pero el producto principal en muchos casos es NO, cuando se utiliza HNO_3 diluido y óxidos de nitrógeno (IV) cuando se emplea HNO_3 concentrado.

Diluido:

$$3Cu(s) + 8H^+(ac) + 2NO_3^-(ac) \longrightarrow 3Cu^{2+}(ac) + 2NO(g) + 4H_2O$$

Concentrado:

$$Cu(s) + 4H^+(ac) + 2NO_3^-(ac) \longrightarrow Cu^{2+}(ac) + 2NO_2(g) + 2H_2O$$

Table 21.4 Potenciales de electrodos estándar para las reducciones del ion nitrato.

Media reacción	Potencial del electrodo estándar ($\mathscr{E}^\circ_{red}$)
$e^- + 2H^+ + NO_3^- \rightleftharpoons NO_2 + H_2O$	+0.80 V
$8e^- + 10H^+ + NO_3^- \rightleftharpoons NH_4^+ + 3H_2O$	+0.88 V
$2e^- + 3H^+ + NO_3^- \rightleftharpoons HNO_2 + H_2O$	+0.94 V
$3e^- + 4H^+ + NO_3^- \rightleftharpoons NO + 2H_2O$	+0.96 V
$8e^- + 10H^+ + 2NO_3^- \rightleftharpoons N_2O + 5H_2O$	+1.12 V
$10e^- + 6H^+ + 2NO_3^- \rightleftharpoons N_2 + 6H_2O$	+1.25 V

Sin embargo, en algunos casos se sabe que los agentes reductores fuertes producen compuestos casi puros de nitrógeno en sus estados inferiores de oxidación. (Por ejemplo, la reacción del cinc y el ácido nítrico diluido produce amoníaco como producto de la reducción del HNO_3.)

Las medias reacciones para la reducción del ion nitrato en solución ácida (Tabla 21.4) muestran que los valores de $\mathcal{E}^\circ_{red}$ dependen mucho de la concentración del H^+(ac). Esta dependencia de la concentración es observada experimentalmente: por debajo de una concentración de 2 M. El ácido nítrico tiene un poder de oxidación ligeramente menor, que las soluciones de HCl de la concentración correspondiente.

El oxiácido de nitrógeno, en el cual el nitrógeno tiene un estado de oxidación de 3+, es el ácido nitroso, HNO_2. El compuesto es inestable hacia la desproporción (particularmente cuando se calienta):

$$3HNO_2(ac) \longrightarrow H^+(ac) + NO_3^-(ac) + 2NO(g) + H_2O$$

Como resultado, nunca se ha preparado el HNO_2 puro. Por el contrario, generalmente se preparan soluciones acuosas del ácido añadiendo un ácido fuerte (como HCl) a una solución acuosa fria de un nitrito (tal como $NaNO_2$):

$$H^+(ac) + NO_2^-(ac) \longrightarrow HNO_2(ac)$$

Tales soluciones se usan directamente, sin tratar de separar el HNO_2, en el laboratorio, procedimiento que requiere HNO_2. Las soluciones acuosas de HNO_2 pueden prepararse también añadiendo una mezcla equimolecular de NO(g) y NO_2(g) al agua:

$$NO(g) + NO_2(g) + H_2O \rightleftharpoons 2HNO_2(ac)$$

La reacción es exotérmica y reversible. Observe que el anhidrido ácido del ácido nitroso, N_2O_3, se prepara mediante la reacción de NO(g) y NO_2(g) a -20°C.

El ácido es débil y puede actuar como agente oxidante o como agente reductor. La estructura electrónica puede representarse como:

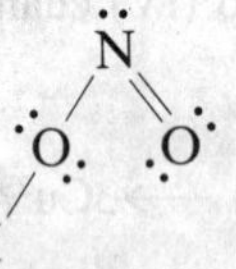

Los nitritos se preparan añadiendo NO(g) y NO_2(g) a soluciones de álcalis:

$$NO(g) + NO_2(g) + 2OH^-(ac) \longrightarrow 2NO_2^-(ac) + H_2O$$

Los nitritos de los metales del grupo I A se forman cuando se calientan los nitratos. También pueden prepararse calentando el nitrato con un agente reductor, tal como plomo, hierro o coque:

$$NaNO_3(l) + C(s) \longrightarrow NaNO_2(l) + CO(g)$$

El ion nitrito es angular:

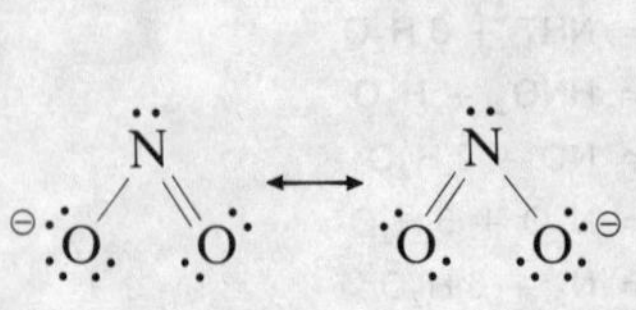

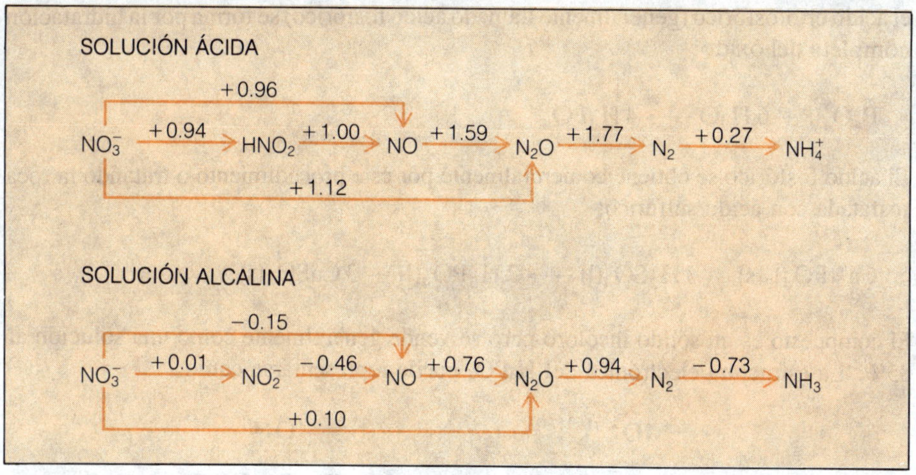

Figura 21.6 Diagramas de potenciales de electrodos para el nitrógeno y algunos de sus compuestos (en voltios).

Los diagramas de potenciales de electrodos para el N_2 y algunos de sus compuestos aparecen en la Figura 21.6. Los compuestos de nitrógeno indicados en el diagrama son agentes oxidantes más fuertes en solución ácida que en solución alcalina. De hecho, el ion NO_3^- es un oxidante muy débil en solución alcalina. Por el contrario, es más fácil a oxidar un compuesto dado de nitrógeno en solución alcalina que en solución ácida, con la excepción del NO_3^-, que no puede oxidarse. Los potenciales también indican que el HNO_2 es inestable hacia la desproporción a NO^+ y NO_3^- en ácidos, mientras que en solución alcalina, el ion NO_2^- es estable hacia tal desproporción.

21.8 Óxidos y oxiácidos del fósforo

Los dos óxidos importantes del fósforo contienen fósforo en los estados de oxidación 3+ (P_4O_6) y 5+(P_4O_{10}). El óxido de fósforo (III) P_4O_6, se llama frecuentemente trióxido de fósforo, nombre que se refiere a cuando sólo se conocía la fórmula empírica del compuesto, P_2O_3. El compuesto es una sustancia incolora que funde a 23.9°C y es el producto principal cuando el fósforo blanco se quema en cantidad limitada de aire. La estructura de la molécula P_4O_6 (mostrada en la Figura 21.7) se basa en un tetraedro de P_4 (Figura 21.1) y tiene un átomo de oxígeno insertado en cada una de las seis caras del tetraedro.

El óxido de fósforo (V), P_4O_{10}, se llama a menudo pentóxido de fósforo (basado en la fórmula empírica, P_2O_5). El óxido es el producto de la combustión del fósforo blanco en exceso de oxígeno. Es un polvo blanco que se sublima a 360°C. La estructura molecular del P_4O_{10} (Figura 21.7) se puede obtener de la estructura del P_4O_6, añadiendo un átomo de O extra a cada átomo de P.

El óxido de fósforo (V) tiene gran afinidad por el agua y es muy eficaz como agente secante. Pueden prepararse muchos y diferentes ácidos fosfóricos mediante la adición de agua al P_4O_{10}. El ácido de fósforo más importante en el estado de oxidación 5+, el ácido ortofosfórico (generalmente llamado ácido fosfórico) se forma por la hidratación completa del óxido:

$$P_4O_{10} + 6\,H_2O \longrightarrow 4\,H_3PO_4$$

El ácido fosfórico se obtiene comercialmente por este procedimiento o tratando la roca fosfatada con ácido sulfúrico:

$$Ca_3(PO_4)_2(s) + 3\,H_2SO_4(l) \longrightarrow 2\,H_3PO_4(l) + 3\,CaSO_4(s)$$

El compuesto es un sólido incoloro pero se vende generalmente como una solución al 85%. La estructura electrónica del H_3PO_4 puede representarse como:

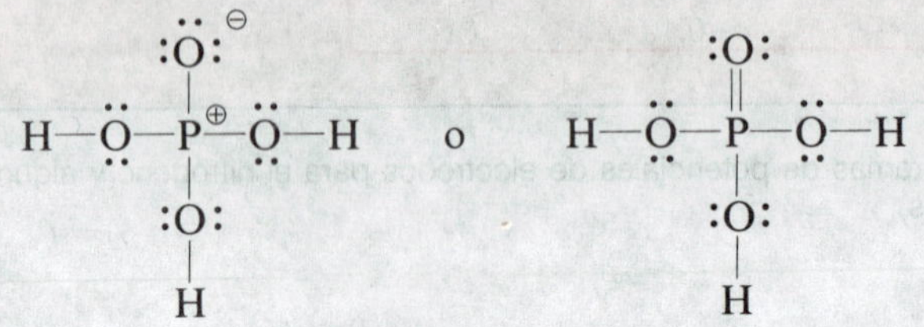

puesto que el enlace P—O tiene carácter de doble enlace del enlace $p\pi$-$d\pi$. La molécula y los iones derivados de éste son tetraédricos (Figura 21.8).

El ácido fosfórico es un ácido triprótico débil sin poder oxidante eficaz:

$$H_3PO_4(ac) \quad H^+(ac) + H_2PO_4^-(ac)$$

$$H_2PO_4^-(ac) \quad H^+(ac) + HPO_4^{2-}(ac)$$

$$HPO_4^{2-}(ac) \quad H^+(ac) + PO_4^{3-}(ac)$$

Pueden obtenerse tres tipos de sales del H_3PO_4 (las sales de sodio, por ejemplo son: NaH_2PO_4, Na_2HPO_4 y Na_3PO_4). El producto de una neutralización dada depende de la proporción estequiométrica de H_3PO_4 y alcali.

Los fosfatos son importantes ingredientes de los fertilizantes comerciales. La roca fosfatada es demasiado insoluble en agua para usarse directamente para este propósito. El fosfato dihidrógeno de calcio, más soluble, es un ingrediente satisfactorio de los fertilizantes y puede obtenerse tratando la roca fosfatada con un ácido;

$$Ca_3(PO_4)_2(s) + 2\,H_2SO_4(l) \longrightarrow Ca(H_2PO_4)_2(s) + 2\,CaSO_4(s)$$

La mezcla de $Ca(H_2PO_4)_2$ y $CaSO_4$ se llama un **fertilizante de superfosfato.** Se obtiene un alto rendimiento de fosfato de dihidrógeno si se utiliza ácido fosfórico en la reacción en vez del ácido sulfúrico:

$$Ca_3(PO_4)_2(s) + 4\,H_3PO_4(l) \longrightarrow 3\,Ca(H_2PO_4)_2(s)$$

Puesto que los nitratos también son constituyentes importantes de los fertilizantes, la mezcla obtenida por el tratamiento de la roca fosfatada con el ácido nítrico es altamente eficaz como fertilizante:

$$Ca_3(PO_4)_2(s) + 4\,HNO_3(l) \longrightarrow Ca(H_2PO_4)_2(s) + 2\,Ca(NO_3)_2(s)$$

Los **ácidos fosfóricos condensados** tienen más de un átomo de P por molécula. Los miembros de un grupo de ácidos fosfóricos condensados, **los ácidos polifosfóricos,** siguen la fórmula general $H_{n+2}P_nO_{3n+1}$, donde n es 2 a 10. Los ejemplos son:

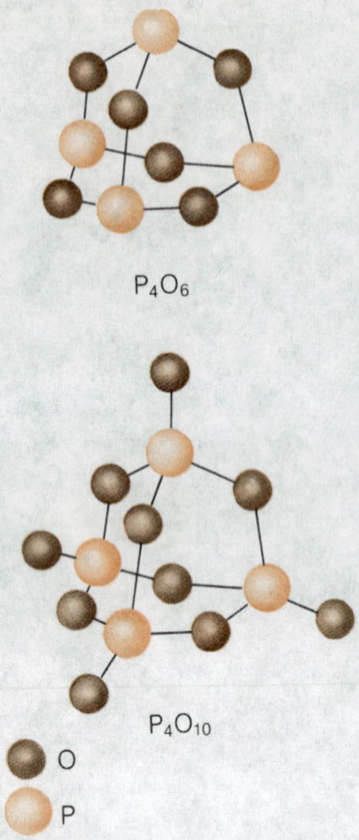

Figura 21.7 Estructuras del P_4O_6 y P_4O_{10}.

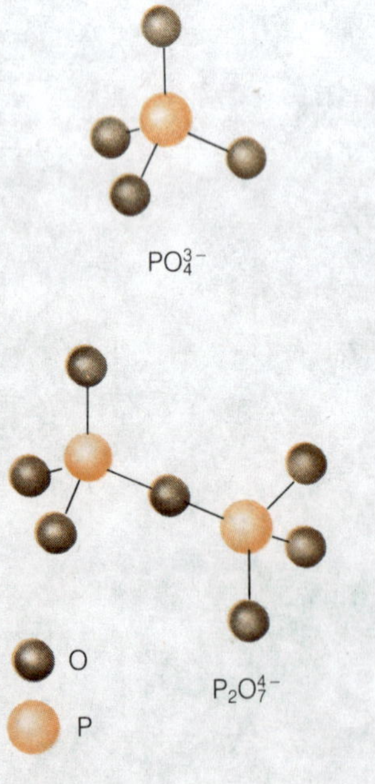

Figura 21.8 Estructuras de PO_4^{3-} y $P_2O_7^{4-}$

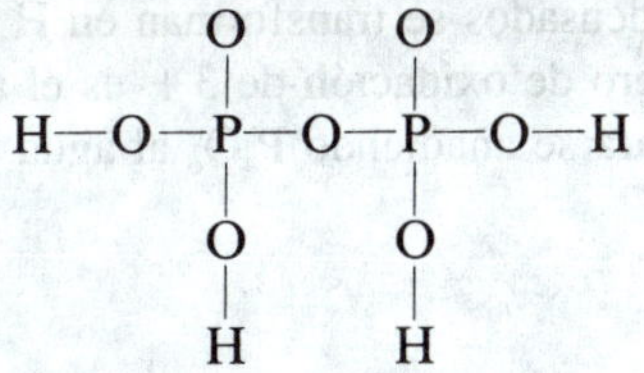

$H_4P_2O_7$ *ácido difosfórico*

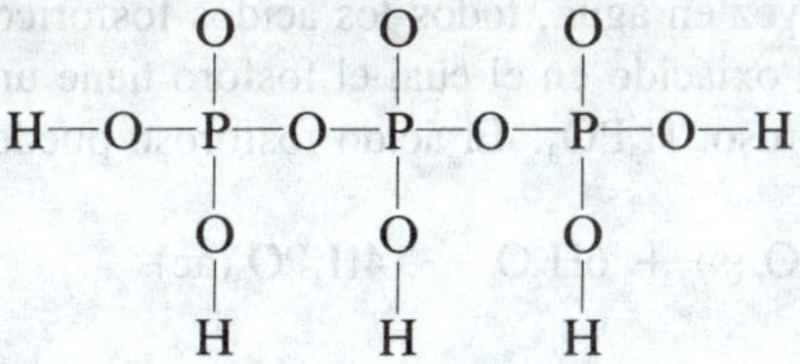

$H_5P_3P_{10}$ *ácido trifosfórico*

Los ácidos polifosfóricos y los polifosfatos tienen estructuras en cadena basadas en tetraedros PO_4 unidos a través de átomos de O comunes a tetraedros contiguos (Figura 21.8).

Los **ácidos metafosfóricos** constituyen otro grupo de ácidos fosfóricos condensados. Estos compuestos tienen la formula general $H_nP_nO_{3n}$, donde n es 3 a 7. Algunos de los ácidos metafosfóricos son cíclicos. Por ejemplo:

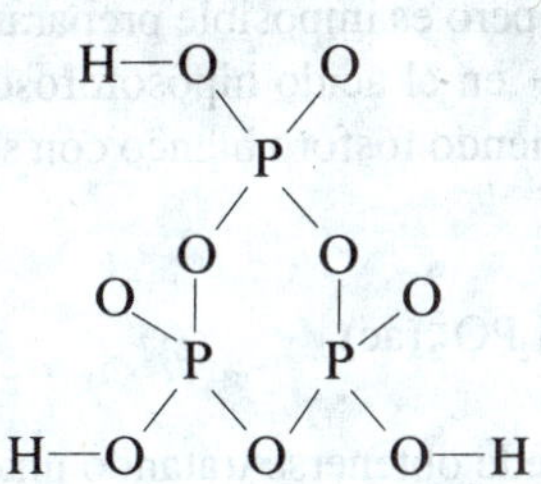

$H_3P_3P_9$ *ácido trimetafosfórico*

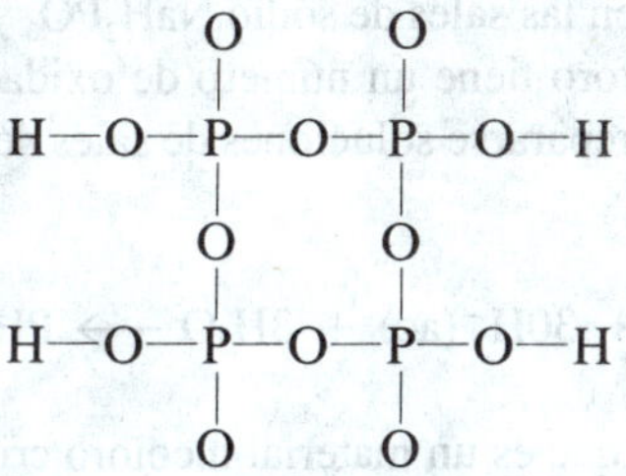

$H_4P_4O_{12}$ *ácido tetrametafosfórico*

Además, existen ácidos metafosfóricos de elevado peso molecular de largas cadenas, las cuales se obtienen siempre como mezclas complejas a las que se asigna la fórmula general $(HPO_3)_n$. Las moléculas de estas mezclas se basan en largas cadenas de

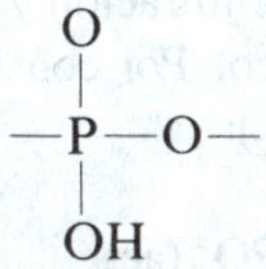

unidas en tal forma que cada átomo de P está tetraédricamente enlazado a cuatro átomos de O, pero las estructuras completas son muy complicadas e involucran unidades de fósforo-oxígeno que unan dos cadenas.

Los ácidos fosfóricos condensados se pueden obtener mediante la controlada adición de agua a P_4O_{10}. Por ejemplo:

$$P_4O_{10}(s) + 4\,H_2O \longrightarrow 2\,H_4P_2O_7(s)$$

ácido difosfórico

$$P_4O_{10}(s) + 2\,H_2O \xrightarrow{0°C} H_4P_4O_{12}(s)$$

ácido tetrametafosfórico

La deshidratación del H_3PO_4 por calentamiento produce también ácidos condensados. Por ejemplo:

$$2\,H_3PO_4(l) \xrightarrow{215°C} H_4P_2O_7(l) + H_2O(g)$$

ácido difosfórico

$$nH_3PO_4(l) \xrightarrow{325°C} (HPO_3)_n(l) + nH_2O(g)$$

mezcla de ácido metafosfórico

Una vez en agua, todos los ácidos fosfóricos condensados se transforman en H_3PO_4.

El oxiácido en el cual el fosfóro tiene un número de oxidación de 3+ es el ácido fosforoso, H_3PO_3. El ácido fosforoso puede prepararse añadiendo P_4O_6 al agua fría.

$$P_4O_6(s) + 6H_2O \longrightarrow 4H_3PO_3(ac)$$

También existen ácidos fosforosos condensados. A pesar de que la molécula de H_3PO_3 contiene tres átomos de hidrógeno, el ácido fosforoso es un ácido débil y *diprótico* que se formula mejor como $H_2(HPO_3)$:

$$H_2(HPO_3)(ac) \rightleftharpoons H^+(ac) + H(HPO_3)^-(ac)$$

$$H(HPO_3)^-(ac) \rightleftharpoons H^+(ac) + HPO_3^{2-}(ac)$$

Se conocen las sales de sodio NaH_2PO_3 y Na_2HPO_3 pero es imposible preparar Na_3PO_3.

El fósforo tiene un número de oxidación de 1+ en el ácido hiposoforoso, H_3PO_2. Pueden prepararse soluciones de sales de ácido hirviendo fósforo blanco con soluciones de álcalis:

$$P_4(s) + 3OH^-(ac) + 3H_2O \longrightarrow PH_3(g) + 3H_2PO_2^-(ac)$$

El ácido, que es un material incoloro cristalino, puede obtenerse tratando una solución de hipofosfito de bario con ácido sulfúrico:

$$Ba^{2+}(ac) + 2H_2PO_2^-(ac) + 2H^+(ac) + SO_4^{2-}(ac) \longrightarrow BaSO_4(s) + 2H_3PO_2(ac)$$

y extrayendo el precipitado $BaSO_4$ por filtración y evaporación de la solución. El ácido hipofosoforoso es débil y monoprótico. Por consiguiente, algunas veces se escribe la fórmula del elemento como $H(H_2PO_2)$:

$$H(H_2PO_2)(ac) \rightleftharpoons H^+(ac) + H_2PO_2^-(ac)$$

El número de protones liberados por los ácidos fosfórico (tres), fosforoso (dos) e hipofosoforoso (uno) puede explicarse sobre la base de las estructuras de las moléculas de estos compuestos:

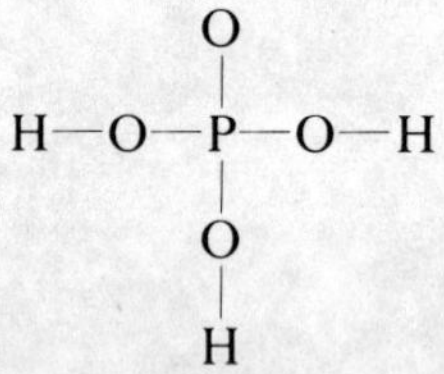

ácido fosfórico

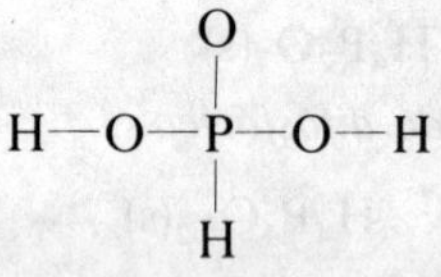

ácido fosforoso

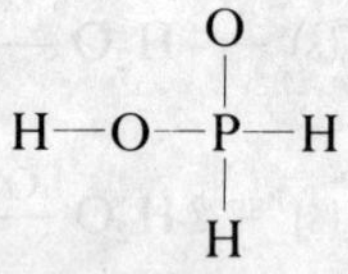

ácido hipofosforoso

Sólo los átomos de hidrógeno unidos a los átomos de oxígeno son ácidos; los unidos a los átomos de fósforo no se disocian como $H^+(ac)$ en agua. En cada una de estas moléculas, los enlaces P—O tienen carácter de doble enlace $p\pi$-$d\pi$.

Los potenciales de electrodos para el fósforo y algunos de sus compuestos se muestran en la Figura 21.9.

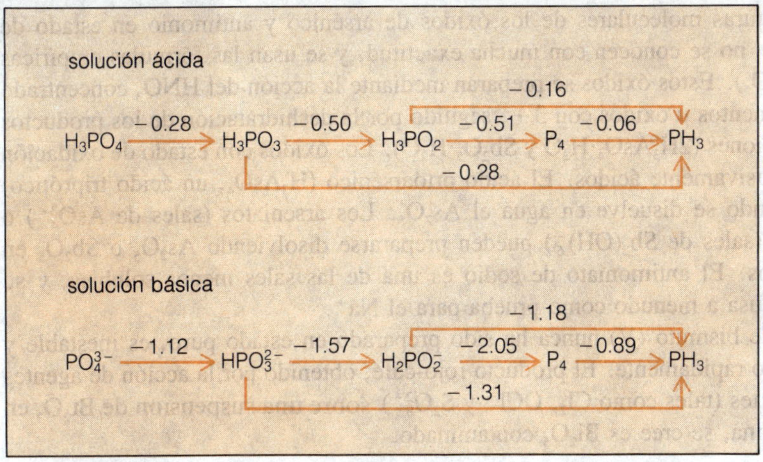

Figura 21.9 Diagramas del potencial de electrodos para el fósforo y algunos de sus compuestos.

La característica más destacada de los diagramas es que todos los potenciales son negativos —en contraste con los potenciales del diagrama del nitrógeno. Así, ninguna de las sustancias es buen agente oxidante, particularmente en solución alcalina. Más bien, el H_3PO_4, el H_3PO_2 y las sales de estos ácidos poseen fuertes propiedades reductoras; los ácidos se oxidan fácilmente a H_3PO_4 y los aniones a PO_4^{3-}. Con la excepción del HPO_3^{2-} en solución alcalina, todas las especies del estado de oxidación intermedia se desproporcionan; el PH_3 es uno de los productos de cada desproporción.

21.9 Óxidos y oxiácidos del arsénico, antimonio y bismuto

Cuando el arsénico, antimonio y bismuto se calientan en el aire, se forma un óxido 3+: As_4O_6, Sb_4O_6 o Br_2O_3. Estos óxidos sirven como un excelente ejemplo del cambio en carácter metálico que se observa dentro de un grupo de elementos de la tabla periódica. El elemento menos pesado del grupo es el más no metálico y su óxido, por consiguiente, es el más ácido. El miembro más pesado del grupo es el más metálico y su óxido, por consiguiente, es el más básico.

1. El óxido del elemento menos pesado de los tres, As_4O_6, es el más ácido de los tres. Las soluciones acuosas de As_4O_6 son ácidas y se cree que contienen ácido arsénico, H_2AsO_3. Cuando se disuelve el As_4O_6 en álcalis acuosos, se forman los arsenitos (sales de AsO_3^{3-} y otras formas de este anión). El óxido es exclusivamente ácido y no se disuelve en acidos acuosos.

2. El óxido del elemento intermedio de los tres, Sb_4O_6, es anfótero (tiene propiedades ácidas y básicas). El óxido no se disuelve en agua, pero se disolverá en soluciones alcalinas (para dar antimonitas, sales de SbO_2^-) y también en soluciones ácidas (para dar sales de SbO^+ ó Sb^{3+}).

3. El óxido del elemento más pesado de los tres, Bi_2O_3, es exclusivamente básico. No se disuelve en agua o en álcalis acuosos, pero se disuelve en ácidos (para dar sales de BiO^+ ó Bi^{3+}). El hidróxido de bismuto (III), $Bi(OH)_3$, es el único hidróxido verdadero del grupo V A. Cuando se añade OH^-(ac) a una solución de una sal de Bi^{3+}, se precipita el $Bi(OH)_3$.

Las estructuras moleculares de los óxidos de arsénico y antimonio en estado de oxidación 5+ no se conocen con mucha exactitud, y se usan las fórmulas empíricas (As_2O_5 y Sb_2O_5). Estos óxidos se preparan mediante la acción del HNO_3 concentrado sobre los elementos u óxidos con 3+, seguido por la deshidratación de los productos de estas reacciones ($2H_3AsO_4 \cdot H_2O$ y $Sb_2O_5 \cdot H_2O$). Los óxidos con estado de oxidación 5+ son exclusivamente ácidos. El ácido ortoarsénico (H_3AsO_4, un ácido triprótico) se forma cuando se disuelve en agua el As_2O_5. Los arseniatos (sales de AsO_4^{3-}) o antimoniatos (sales de $Sb_2(OH)_6^-$) pueden prepararse disolviendo As_2O_5 o Sb_2O_5 en álcalis acuosos. El antimoniato de sodio es una de las sales menos solubles, y su formación se usa a menudo como prueba para el Na^+.

El óxido de bismuto (V) nunca ha sido preparado en estado puro, es inestable y pierde oxígeno rápidamente. El producto rojo-café, obtenido por la acción de agentes oxidantes fuertes (tales como Cl_2, OCl^- y $S_2O_8^{2-}$) sobre una suspensión de Bi_2O_3 en solución alcalina, se cree es Bi_2O_5 contaminado.

21.10 Usos industriales de los elementos del grupo V A

Los usos industriales más importantes de los elementos del grupo V A y sus compuestos son:

1. Nitrógeno. La preparación del amoníaco constituye el uso principal del nitrógeno elemental. Se usan pequeñas cantidades de N_2 en la producción de cianamida de calcio ($CaCN_2$). Debido a que el N_2 es relativamente poco activo, se usa el nitrógeno gaseoso como atmósfera inerte en lugar del aire para procesos químicos y metalúrgicos que deben efectuarse en ausencia del oxígeno. El gas se utiliza en la elaboración y empacado de alimentos (café, por ejemplo) para evitar su descomposición y deterioro por exposición al oxígeno atmosférico. El nitrógeno líquido ha remplazado el aire líquido en trabajos criogénicos (trabajo a bajas temperaturas) para evitar el peligro asociado con el contacto entre el oxígeno atmosférico y el combustible. El nitrógeno líquido se usa para la preparación y transporte de alimentos congelados, como también para el transporte de alimentos que puedan dañarse.

Los nituros de los metales tienen un alto punto de fusión, son muy duros, químicamente inactivos y conductores eléctricos, y sus usos reflejan estas propiedades. Se usan para la fabricación de materiales refractarios (materiales resistentes al calor) abrasivos, instrumentos para moler y cortar, y semiconductores.

El principal uso industrial del amoníaco es la preparación del ácido nítrico. Grandes cantidades de amoníaco son convertidas en diversas sales de amonio, utilizadas principalmente como fertilizantes, y el amoníaco mismo se usa directamente como fertilizante. El compuesto se usa para preparar hidracina (H_2NNH_2, un componente del combustible de los cohetes) y urea (H_2NCONH_2, un fertilizante e ingrediente en la preparación de resinas plásticas). El amoníaco se emplea en el **proceso Solvay** (para preparar carbonato de sodio), en petróleo, papel, caucho y tecnología textil, y en la preparación de tintes, fármacos y explosivos.

El principal uso del ácido nítrico es la producción de nitratos, los cuales son usados principalmente en fertilizantes y explosivos. Las reacciones del ácido nítrico con ciertos compuestos orgánicos produce varios explosivos modernos (nitroglicerina, nitrocelulosa y trinitrotolueno, son ejemplos). El ácido nítrico tiene gran número de aplicaciones menores; todos los compuestos de nitrógeno comericales se producen del ácido nítrico o del amoníaco.

2. Fósforo. La mayoría del fósforo elemental se utiliza para preparar óxido de fósforo (V), ácidos fosfóricos y las sales de estos ácidos. Parte del fósforo se utiliza para hacer cerillos, productos de guerra y veneno para roedores. Los fosfuros metálicos y el fósforo mismo se utilizan como ingredientes de aleaciones en la metalurgia del acero y el cobre. Algunos fosfuros (GaP, BP, AlP y InP) son semiconductores.

El óxido de fósforo (V) se usa para preparar ácidos fosfóricos, fosfatos y materiales retardantes de fuego. El óxido funciona como catalizador para algunas reacciones, es un desecante (agente secante) y se usa como deshidratante en algunas reacciones orgánicas.

El ácido fosfórico se utiliza en la preparación de fertilizantes, así como también directamente como fertilizante. El ácido se usa en el proceso de fosfatización, que produce un recubrimiento resistente a la corrosión sobre los objectos de hierro que se aplica antes de pintarlos. El ácido fosfórico se usa para pulimentar los objetos de aluminio, en la electropulimentación de artículos de acero y en varias formas de la tecnología de los alimentos.

Los fosfatos se utilizan como fertilizantes y en la elaboración de alimentos, fármacos, detergentes, polvos y pastas dentífricas. El fosfato de amonio actúa como retardante de las llamas y se usa en la tecnología textil.

3. Arsénico, antimonio y bismuto. Estos elementos no se usan en las cantidades ni en la magnitud del nitrógeno y el fósforo. El arsénico, antimonio y bismuto se usan en la producción de una amplia gama de aleaciones. El antimonio o el bismuto es un componente común de las aleaciones usadas para tipos metálicos de imprenta. Las aleaciones de metal fundido para tipos se expanden por congelación. Cuando se usan para preparar los tipos de imprenta, las piezas moldeadas tienen crestas muy agudas. Las aleaciones de antimonio y bismuto de bajo punto de fusión se usan para llaves de seguridad de los calentadores, tomas de agua, soldadoras y fusibles eléctricos. El arsénico se utiliza en aleaciones de cobre y plomo como endurecedor, y los compuestos de arsénico se usan como insecticidas y veneno para roedores y herbicidas. Un uso importante de los tres elementos es la fabricación de semiconductores.

Resumen

Los temas presentados en este capítulo son:

1. El grupo de elementos V A: sus propiedades físicas, formas alotrópicas, distribución y preparación industrial.
2. El ciclo del nitrógeno.
3. Compuestos de los elementos del grupo V A: nitruros, fosfuros, compuestos de hidrógeno, compuestos halogenados, óxidos, oxiácidos y sus sales, diagramas de potencial de electrodo.
4. Usos industriales de los elementos del grupo V A y sus compuestos.

Glosario

A continuación aparecen algunos de los términos más importantes presentados en este capítulo. Las definiciones de los términos no incluidos en esta lista pueden localizarse usando el índice.

Ciclo del nitrógeno (Sección 21.2). Grupo de procesos naturales y artificiales mediante los cuales el nitrógeno se extrae constantemente de la atmósfera y regresa a ésta.

Fertilizante de superfosfato (Sección 21.8). Mezcla de $Ca(H_2PO_4)_2$ y $CaSO_4$ utilizados como fertilizante y producidos por la reacción del ácido sulfúrico y la roca fosfatada.

Fijación de nitrógeno (Sección 21.2). Proceso en el cual el nitrógeno elemental se convierte en un compuesto que contiene nitrógeno.

Isómeros (Sección 21.6). Sustancias que tienen la misma fórmula molecular pero difieren en la forma como están dispuestos sus constituyentes en la molécula.

Proceso de arco (Sección 21.7). Proceso de fijación del nitrógeno en el cual se produce el óxido de nitrógeno, NO, por la reacción del nitrógeno y oxígeno en un arco eléctrico.

Proceso de cianamida (Sección 21.5). Proceso de fijación del nitrógeno en el cual se prepara la cianamida de calcio, CaNCN, a partir del carburo de calcio, CaC_2, y nitrógeno.

Proceso Haber (Sección 21.2 y 21.5). Proceso de fijación del nitrógeno preparando amoníaco a partir de nitrógeno e hidrógeno.

Proceso Ostwald (Sección 21.7). Proceso comercial para la preparación del ácido nítrico; el amoníaco se oxida catalíticamente a NO, el NO se hace reaccionar con O_2 para formar NO_2, y el NO_2 reacciona con agua para formar HNO_3.

Problemas*

21.1. Discuta cómo las propiedades de los elementos del grupo V A y sus compuestos cambian al aumentar el número atómico.

21.2. Escriba todas las ecuaciones que pueda para las reacciones del nitrógeno elemental. Explique la baja reactividad química del N_2.

21.3. ¿Por qué es ventajoso para el agricultor alternar las cosechas en un mismo terreno?

21.4. En 1892, Lord Rayleigh observó que la densidad del nitrógeno preparado del aire (por extracción del H_2O, CO_2 y O_2) era diferente de la densidad del nitrógeno preparado del NH_4Cl y $NaNO_2$. Sobre las bases de esta observación, Rayleigh y William Ramsey separaron argón (1894). Suponga que el aire tiene 1.00% de Ar, 78.00% de N_2 y 21.00% de O_2 (en volumen). ¿Cómo pueden compararse las densidades de las dos muestras de "nitrógeno"?

21.5 El punto normal de ebullición del compuesto etilendiamina, $H_2NCH_2CH_2NH_2$, es 117°C, y el de la propilamina, $CH_3CH_2CH_2NH_2$, es 49°C. Sin embargo, las moléculas son similares en tamaño y peso molecular. ¿Qué razón puede darse para la diferencia en punto de ebullición?

21.6 Analice las reactividades, solubilidades y conductividades electrónicas comparativas de las tres formas alotrópicas del fósforo en términos de estructura molecular.

21.7 Escriba las ecuaciones químicas para las reacciones por separado de cada uno de los siguientes con H_2O, con NaOH acuoso y con HCl acuoso: **(a)** P_4O_6 **(b)** Sb_4O_6, **(c)** Bi_2O_3.

21.8 ¿Cuáles son las características de los tres tipos de nitruros?

21.9 El nitruro de boro, BN, existe en dos formas cristalinas, una se parece al diamante y otra al grafito. Utilizando gráficas, describa las estructuras de estas cuatro sustancias.

21.10 Discuta la preparación, estructura y propiedades del amoníaco. ¿Por qué el punto de ebullición del amoníaco es elevado en comparación con los puntos de ebullición del PH_3, AsH_3 y SbH_3?

21.11 Escriba las ecuaciones para las siguientes reacciones del amoníaco:

(a) $NH_3(ac) + Ag^+(ac) \rightarrow$
(b) $NH_3(ac) + H^+(ac) \rightarrow$
(c) $NH_3(ac) + H_2O + CO_2(ac) \rightarrow$
(d) $NH_3(g) + O_2(g) \xrightarrow{calor}$
(e) $NH_3(g) + O_2(g) \xrightarrow{Pt,\ calor}$
(f) $NH_3(g) + HCl(g) \rightarrow$
(g) $NH_3(g) + V(S) \xrightarrow{calor}$
(h) $NH_3(l) + Na(s) \rightarrow$

21.12 Escriba una serie de compuestos para la preparación del ácido nítrico comenzando con N_2 como fuente de nitrógeno.

21.13 Escriba una ecuación para la reacción del HNO_3 con **(a)** Cu, **(b)** Zn, **(c)** P_4O_{10}, **(d)** NH_3, **(e)** $Ca(OH)_2$.

21.14 **(a)** Escriba las fórmulas de los óxidos del nitrógeno. **(b)** Escriba una ecuación química para la preparación de cada uno de ellos. **(c)** Represente en un diagrama la estructura de cada ácido.

21.15 Establezca los productos de la descomposición térmica de **(a)** NH_4NO_3, **(b)** NH_4NO_2, **(c)** $Pb(NO_3)_2$, **(d)** $NaNO_3$, **(e)** NaN_3

21.16 Escriba las ecuaciones para las siguientes reacciones de oxido-reducción: **(a)** La reacción del NH_3 con OCl^- que produce N_2H_4 y Cl^-. **(b)** La reacción del NO_2 con H_2 en solución de HCl que produce $[NH_3OH]Cl$. **(c)** La electrólisis del NH_4F en HF anhidro que produce NF_3 y H_2.

21.17 Represente estructuras electrónicas para los ácidos ortofosfóricos, fosforosos e hipofosforosos. Explique cómo estas estructuras ilustran el número de $H^+(ac)$ disociados por mol, cuando cada uno de estos compuestos se disuelve en el agua.

21.18 Escriba ecuaciones para las preparaciones de todos los ácidos que pueden obtenerse por la hidrólisis del P_4O_{10}.

21.19 Escriba una ecuación para la reacción de cada uno de los siguientes compuestos con agua: **(a)** Li_3N, **(b)** AlN, **(c)** Ca_3P_2, **(d)** CaNCN, **(e)** NCl_3, **(f)** PCl_3, **(g)** PCl_5, **(h)** $H_4P_2O_7$, **(i)** NO_2.

21.20 ¿Cuál es el anhidrido ácido de cada uno de los siguientes compuestos: **(a)** $H_2N_2O_2$, **(b)** HNO_2, **(c)** HNO_3, **(d)** $H_4P_2O_7$, **(e)** $H_3P_3O_9$, **(f)** H_3PO_3, **(g)** H_3AsO_4?

* El apéndice G contiene las respuestas de los problemas codificados en color.

21.21 Represente en un diagrama las formas en resonancia de **(a)** NO_2^-, **(b)** NO_2, **(c)** NO, **(d)** NO_3^-, **(e)** HNO_3, **(f)** HN_3.

21.22 Escriba ecuaciones para las reacciones del HCl con **(a)** H_2NNH_2, **(b)** H_2NOH, **(c)** $NaNO_3$, **(d)** NH_2, **(e)** $(NH_4)_2CO_3$.

21.23 Escriba ecuaciones para las reacciones del O_2 con **(a)** As, **(b)** P_4, **(c)** PCl_3, **(d)** NO, **(e)** Sb_2S_3.

21.24 Escriba ecuaciones para las reacciones del agua con **(a)** Na_3As, **(b)** As_2O_5, **(c)** Mg_3Bi_2, **(d)** As_4O_6, **(e)** $SbCl_3$, **(f)** PH_4I.

21.25 Represente estructuras de Lewis para el N_2F_2 *cis* y *trans*.

21.26 Describa la forma de cada uno de los siguientes compuestos: **(a)** NH_3, **(b)** NH_2^-, **(c)** PCl_4^+, **(d)** PCl_6^-, **(e)** $SbCl_5$, **(f)** $Sb(OH)_6^-$.

21.27 Describa los procesos comerciales usados en la fabricación de **(a)** P_4, **(b)** NH_3, **(c)** H_3PO_4, **(d)** HNO_3, **(e)** fertilizante de superfosfato, **(f)** As_4.

21.28 Escriba ecuaciones para las reacciones del NaOH acuoso con **(a)** NH_4Cl, **(b)** P_4, **(c)** As_4O_6, **(d)** Sb_2O_5.

21.29 Describa la forma de las siguientes moléculas: **(a)** P_4, **(b)** $POCl_3$, **(c)** P_4O_6, **(d)** P_4P_{10}.

CAPÍTULO

22

LOS NO METALES, PARTE IV: CARBONO, SILICIO, BORO Y LOS GASES NOBLES

En este capítulo, se presentan los no metales del grupo IV A (carbono y silicio), los del grupo III A (solo boro) y el grupo 0 (los gases nobles). Esto completa el estudio de los no metales que empezó en el Capítulo 19.

CARBONO Y SILICIO

El carbono, silicio, germanio, estaño y plomo forman el grupo IV A. Los compuestos del carbono son más numerosos que los compuestos de cualquier otro elemento, con la posible excepción del hidrógeno. De hecho, se conocen aproximadamente diez compuestos que contienen carbono por cada compuesto que no lo contiene. La química de los compuestos del carbono (la mayoría de los cuales contienen hidrógeno) es el tema de la **química orgánica** (Capítulo 26).

22.1 Propiedades de los elementos del grupo IV A

La transición del carácter no metálico al carácter metálico con incremento del número atómico que exhiben los elementos del grupo V A, se evidencia también en la química de los elementos del grupo IV A. El carbono es estrictamente un no metal (aunque el grafito es un conductor eléctrico). El silicio es esencialmente un no metal en su comportamiento químico, pero sus propiedades eléctricas y físicas son las de un semimetal. El germanio es un semimetal, sus propiedades son más metálicas que no metálicas. El estaño y plomo son verdaderamente metálicos, aunque les quedan algunos vestigios del carácter no metálico (por ejemplo, los óxidos e hidróxidos de estaño y plomo son anfóteros).

El carbono existe en redes cristalinas con los átomos del cristal unidos por enlaces covalentes (Sección 22.2). Se requiere una gran cantidad de energía para romper algunos o todos estos enlaces en fusión o vaporización. Por consiguiente, el carbono tiene los puntos de fusión y de ebullición más altos de la familia (Tabla 22.1). El miembro más pesado de la familia, el plomo, existe en una red típicamente metálica. Las formas cristalinas de los miembros intermedios demuestran una transición entre los dos extremos representados por el carbono y el plomo, y esto explica la tendencia en los puntos de fusión y ebullición de los elementos (Tabla 22.1).

Las formas cristalinas del silicio y el germanio son similares al diamante. Sin embargo, los enlaces no son tan fuertes como los del diamante, y el silicio y el germanio

Tabla 22.1 Algunas propiedades de los elementos del grupo IV A.

Propiedad	Carbono[a]	Silicio	Germanio	Estaño	Plomo
punto de fusión (°C)	3570	1420	959	232	327
punto de ebullición (°C)	4827	2355	2700	2360	1755
radio átomico (pm)	77	117	122	141	154
energía de ionización (kJ/mol)					
primera	1090	782	782	704	714
segunda	2350	1570	1530	1400	1450
tercera	4620	3230	3290	2940	3090
cuarta	6220	4350	4390	3800	4060
electronegatividad	2.6	1.9	2.0	2.0	2.3

[a] *Diamante*

son semiconductores (el diamante no lo es). El silicio y el germanio se pueden utilizar para preparar semiconductores con impurezas (Sección 23.2) que se emplean en los transistores. Aunque una modificación del estaño tiene un tipo de estructura como la del diamante, la principal forma del estaño es metálica.

Las configuraciones electrónicas de los elementos aparecen en la Tabla 22.2. Con la posible excepción del carbono, la proposición de que la configuración de un gas noble por la formación de un ion 4−, por ganancia electrónica no se observa. Las electronegatividades de los elementos del grupo IV A son generalmente bajas (Tabla 22.1).

Las energías de ionización de los elementos (Tabla 22.1) indican que la energía requerida para la extracción de los cuatro electrones de valencia para cualquier elemento dado es extremadamente alta. Por consiguiente, no se conocen iones sencillos 4+ del grupo IV A. El germanio, estaño y plomo parecen estar en condiciones de formar iones $d^{10}s^2$ por la pérdida de dos electrones. Sin embargo, de estos iones 2+ sólo algunos de los compuestos de Pb^{2+} (tales como PbF_2 y $PbCl_2$) son iónicos, los compuestos de Ge^{2+} y Sn^{2+} son predominantemente covalentes, y los de Ge^{2+} son relativamente inestables hacia la desproporción a los estados 4+ y 0.

En la mayoría de sus compuestos, los elementos del grupo IV A están covalentemente enlazados. Mediante la formación de cuatro enlaces covalentes por átomo, un elemento del grupo IV A obtiene la configuración electrónica del gas noble de su período. Los compuestos del tipo AB_4 son tetraédricos. Todos los elementos IV A pueden formar tales compuestos, pero sólo se conocen unos pocos de este tipo para el plomo (PbF_4, $PbCl_4$ y PbH_4) y son térmicamente inestables, excepto el PbF_4.

El el caso del carbono, la formación de cuatro enlaces covalentes satura el nivel de valencia. Sin embargo, los otros miembros del grupo disponen en sus niveles de valencia de orbitales *d* desocupados y pueden formar especies en las cuales el átomo del elemento del grupo IV A exhibe una covalencia mayor de cuatro. Los iones SiF_6^{2-}, $GeCl_6^{2-}$, $SnBr_6^{2-}$, $Sn(OH)_6^{2-}$, $Pb(OH)_6^{2-}$ y $PbCl_6^{4-}$ son octaédricos.

La forma más importante en la cual difiere el carbono del resto de los elementos del grupo IV A (como también de los otros elementos) es la gran capacidad del carbono para formar compuestos en los cuales se enlazan entre sí muchos átomos de carbono en cadenas o anillos. Esta propiedad, llamada **concatenación,** es presentada por otros elementos cercanos al carbono en la clasificación periódica (tales como boro, nitrógeno, fósforo, azufre, oxígeno, silicio, germanio y estaño), pero en menor grado que el carbono; esta propiedad del carbono explica el gran número de compuestos orgánicos.

Tabla 22.2 Configuraciones electrónicas de los elementos del grupo IV A.

Elemento	Z	1s	2s	2p	3s	3p	3d	4s	4p	4d	4f	5s	5p	5d	6s	6p
C	6	2	2	2												
Si	14	2	2	6	2	2										
Ge	32	2	2	6	2	6	10	2	2							
Sn	50	2	2	6	2	6	10	2	6	10		2	2			
Pb	82	2	2	6	2	6	10	2	6	10	14	2	6	10	2	2

En el grupo IV A, la tendencia para la autounión disminuye marcadamente al aumentar el número atómico. Los hidruros, que tienen la fórmula general $E_n\ H_{2n+2}$ (en la que E es un elemento de grupo IV A), ilustran esta tendencia. Parece que no hay límite en el número de átomos de carbono que pueden enlazarse entre sí para formar cadenas y se conoce un gran número de hidrocarburos. Para los otros elementos del grupo IV A, los hidruros más complejos que se han preparado son Si_6H_{14}, Ge_9H_{20}, Sn_2H_6 y PbH_4. La energía del enlace sencillo carbono-carbono (347 kJ/mol) es mucho mayor que la energía del enlace silicio-silicio (226 kJ/mol), el enlace germanio-germanio (188 kJ/mol) o el enlace estaño-estaño (151 kJ/mol).

Además, el enlace C—C es casi tan fuerte como cualquier enlace que forma el carbono con cualquier otro elemento. Energías de Enlace típicas para el carbon son: C—C, 347 kJ/mo; C—O, 335 kJ/mol; C—H, 414 kJ/mol; y C—Cl, 326 kJ/mol. En comparación, el enlace Si—Si es mucho más débil que los enlaces que forma el silicio con otros elementos. Algunas energías de enlace para el silicio son: Si—Si, 226 kJ/mol; Si—O, 368 kJ/mol; Si—H, 328 kJ/mol y Si—Cl, 391 kJ/mol. El silicio, por consiguiente, tiene más tendencia a enlazarse con otros elementos que a formar enlaces con sí mismo.

Otra característica del carbono es su gran capacidad para formar enlaces múltiples entre sí y con otros no metálicos. Frecuentemente se encuentran grupos como

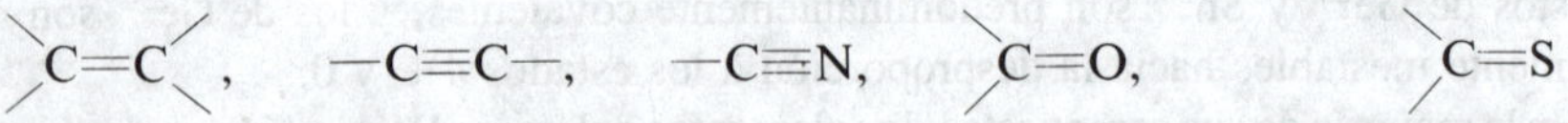

Ningún otro elemento del grupo IV A utiliza orbitales *p* para formar enlaces π. Sólo los verdaderos miembros no metálicos de la familia, carbono y silicio, son tratados en la siguiente sección.

22.2 Distribución y preparación del carbono y el silicio

El carbono constituye aproximadamente el 0.03% de la corteza terrestre. Además, la atmósfera contiene un 0.03% de CO_2 por volumen y el carbono también es un constituyente importante de toda la materia animal y vegetal. Los alótropos del carbono, diamante y grafito, así como también las formas contaminadas del elemento, tales como el carbón se hallan en la naturaleza. En la forma combinada, el elemento se halla en los compuestos con hidrógeno (los cuales se llaman **hidrocarburos** y se encuentran en el gas natural y el petroleo) en la atmósfera como CO_2, y en carbonatos minerales tales como piedra caliza ($CaCO_3$), dolomita ($CaCO_3 \cdot MgCO_3$), siderita ($FeCO_3$), witerita ($BaCO_3$) y malaquita ($CuCO_3 \cdot Cu(OH)_2$).

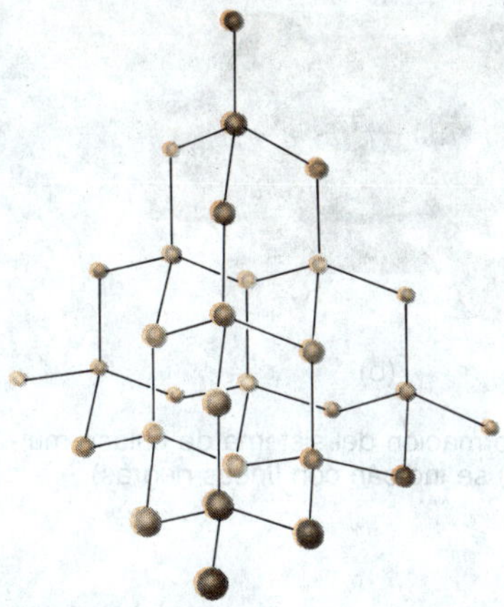

Figura 22.1 Disposición de los átomos en un cristal de diamante.

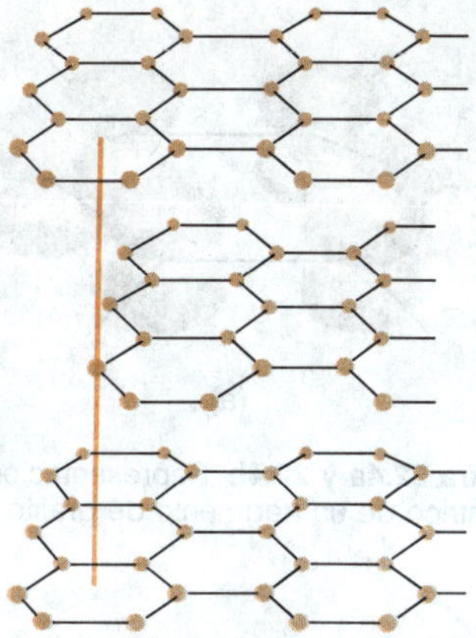

Figura 22.2 Disposición de los átomos en un cristal de grafito.

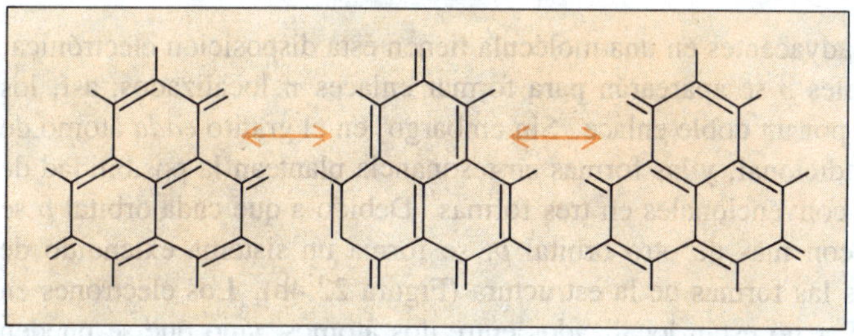

Figura 22.3 Formas en resonancia para un fragmento de una capa de grafito.

En el diamante, cada átomo de carbono está enlazado mediante orbitales híbridos sp^3 a los otros cuatro átomos de carbono dispuestos tetraédricamente (Figura 22.1). Los fuertes enlaces sostienen junta esta estructura cristalina. Además, todos los electrones de valencia de cada átomo de carbono están apareados en orbitales de enlace, el nivel de valencia de cada átomo de carbono no puede contener más de ocho electrones. Así, el diamante es extremadamente duro, de alto punto de fusión, estable y no conduce la electricidad.

Mientras que el diamante es incoloro, transparente y con alto grado de refractividad, el grafito es blando, sólido, negro, con un ligero lustre metálico. El cristal de gráfito está compuesto de capas formadas por anillos hexagonales de átomos de carbono (Figura 22.2). Las capas se mantienen unidas por fuerzas relativamente débiles de London; la distancia de un átomo de carbono a otro en planos adyacentes es 335 pm, comparada con la distancia de 141.5 pm entre átomos de carbono enlazados en un plano. Puesto que es fácil para las capas deslizarse una sobre otra, el grafito es blando y da sensación deslizante. Es menos denso que el diamante.

La naturaleza del enlace en las capas del cristal de grafito justifica algunas de las propiedades de esta sustancia. Cada átomo de carbono está unido a otros tres átomos de carbono y todos los enlaces son perfectamente equivalentes. La distancia de enlace C—C en grafito (141.5 pm) comparada con la del diamante (154 pm), sugiere que en el primero existe un grado de múltiples enlaces. El grafito puede representarse como un híbrido en resonancia (Figura 22.3), en el cual cada enlace es 1⅓ de enlace.

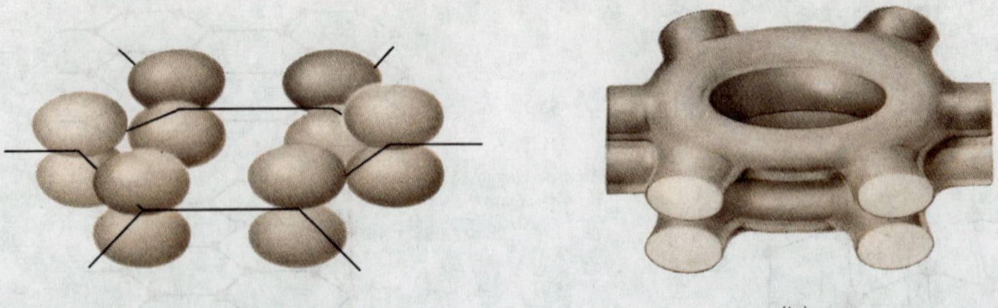

(a) (b)

Figura 22.4a y 22.4b Representación esquemática de la formación del sistema de enlace multicéntrico de un fragmento de grafito (los enlaces σ (sigma) se indican con líneas negras).

Cada átomo de C en el grafito forma enlaces σ con los otros tres átomos del carbono mediante el uso de orbitales híbridos sp^2. Por consiguiente, la estructura es plana con los tres enlaces σ de cada átomo dirigidos a las esquinas de triángulos equiláteros. Este enlace explica tres de los cuatro electrones de valencia de cada átomo carbono; el cuarto, un electrón *p*, no está involucrado en la formación del enlace sigma (Figura 22.4a).

Si sólo dos átomos adyacentes en una molécula tienen esta disposición electrónica, los electrones adicionales *p* se aparearán para formar enlaces π localizados; así, los átomos estarán unidos por un doble enlace. Sin embargo, en el grafito *cada* átomo de C tiene un electrón *p* adicional, y las formas en resonancia plantean la posibilidad de formar dobles enlaces convencionales en tres formas. Debido a que cada orbital *p* se suporpone o traslapa con más de otro orbital *p*, se forma un sistema extendido de enlace que cubre todas las formas de la estructura (Figura 22.4b). Los electrones en este sistema de enlace π no están localizados entre dos átomos, sino que se pueden mover por toda la capa. Por esto, el grafito posee brillo metálico y es conductor eléctrico. La conductividad es bastante grande en la dirección, paralela a las capas, pero es pequeña en la dirección perpendicular a los planos del cristal.

El silicio, que constituye aproximadamente el 28% de la corteza terrestre, es el segundo elemento más abundante (el oxígeno es el primero). El elemento no se encuentra libre en la naturaleza; por el contrario, se halla como dióxido de silicio (algunas veces llamado sílice) y en una enorme variedad de silicatos.

El silicio se prepara por reducción de dióxido de silicio con coque a elevadas temperaturas en un horno electrico:

$$SiO_2(l) + 2\,C(s) \longrightarrow Si(l) + 2\,CO(g)$$

Si se emplea una gran cantidad de carbono se produce carburo de silicio, llamado también ''carborundo'' (SiC) en vez del silicio. La única forma alotrópica del silicio que se conoce, posee una estructura similar a la del diamante. El silicio cristalino es un sólido grisacéo, lustroso, que es un semiconductor. Los enlaces del silicio no son tan fuertes como los del diamante, y los electrones de enlace no están tan firmemente localizados. Evidentemente, en el silicio, los electrones pueden ser térmicamente excistados a una banda de conducción que está energéticamente cercana la banda de valencia (Sección 23.2).

El silicio muy puro, que se usa en transistores, se prepara mediante una serie de pasos. Primero, se hace reaccionar el silicio contaminado con cloro para producir $SiCl_4$. El tetracloruro es un líquido volátil, se purifica por destilación fraccionada y luego se reduce con hidrógeno hasta silicio elemental. Este producto se purifica posteriormente por refinación de zona (Figura 23.7). En este proceso, se funde una parte corta del extremo de una varilla de silicio y esta zona fundida se hace mover lentamente a lo largo de la varilla hasta el otro extremo por el movimiento del calentador. El silicio puro se cristaliza de la fundición, y las impurezas son barridas a lo largo de la zona fundida hacia un extremo de la varilla, la cual seguidamente se recorta y se elimina.

22.3 Carburos y siliciuros

Se conoce un gran número de carburos. Estos compuestos pueden prepararse calentando el metal adecuado o su óxido con carbono, monóxido de carbono o un hidrocarburo.

Las **carburos tipo sales** se componen de cationes metálicos junto con aniones que contienen sólo carbono. Los metales I A y II A, así como también Cu^+, Ag^+, Au^+, Zn^{2+} y Cd^{2+}, forman carburos que algunas veces se llaman *acetiluros* debido a que contienen el ion *acetiluro* C_2^{2-}, el cual tiene la estructura:

$$[:C\equiv C:]^{2-}$$

Por hidrólisis, los acetiluros producen acetileno, C_2H_2,

$$H-C\equiv C-H$$

Por ejemplo:

$$CaC_2(s) + 2\,H_2O \longrightarrow Ca(OH)_2(s) + C_2H_2(g)$$

El carburo de calcio se utiliza en la producción comercial de cianamida cálcica, CaNCN (Sección 21.5).

El carburo de berilo, Be_2C, y el carburo de aluminio, Al_4C_3, contienen el ion *metanuro* C^{4-}, la cual por hidrólisis produce metano, CH_4:

$$\begin{array}{c} H \\ | \\ H-C-H \\ | \\ H \end{array}$$

en la que

$$Al_4C_3(s) + 12\,H_2O \longrightarrow 4\,Al(OH)_3(s) + 3\,CH_4(g)$$

Los **carburos intersticiales** se forman con los metales de transición y consisten en cristales metálicos con átomos de carbono en los espacios (los intersticios) entre los átomos del metal de la estructura cristalina. Ejemplos de este tipo de carburo incluye TiC, TaC, W_2C, VC y Mo_2C. Debido a que los carburos intersticiales son duros y de alto punto de fusión y químicamente no reactivos, se utilizan en la fabricación de instrumentos cortantes. Se parecen a los metales en apariencia y conductividad elétrica.

El enlace en los **carburos covalentes** SiC y Be_4C es completamente covalente. Estos compuestos son muy duros, químicamente no reactivos, y no se funden a elevadas temperaturas. Debido a estas propiedades, se utilizan como abrasivos (en lugar de los diamantes industriales). El carburo de silicio (carborundo) se produce por la reacción del SiO_2, y el C en un horno eléctrico. Los cristales del SiC consisten de una red tetraédrica parecida al diamante y formada alternadamente por átomos de C y Si. El carburo de boro, B_4C, que es más duro que el SiC, se prepara por la reducción del B_2O_3 mediante carbono en un horno eléctrico.

El silicio se disuelve en casi todos los metales fundidos y en muchos de estos casos, se producen compuestos finales, llamados siliciuros (Mg_2Si, $CaSi_2$, Li_3Si y FeSI, son ejemplos). Aunque probablemente ninguno de los siliciuros es verdaderamente iónico, algunos de ellos reaccionan con agua, produciendo compuestos de hidrógeno y silicio, que se llaman *hidruros de silicio* o *silanos*.

Los **silanos** son compuestos que pertenecen a la fórmula general Si_nH_{2n+2}; se conocen compuestos en los cuales *n* puede tomar valores de 1 a 6. Se parecen estructuralmente a los hidrocarburos que también pertenecen a la fórmula general C_nH_{2n+2} y se llaman alcanos (Figura 22.5). Aunque se supone que no existe límite para el número de átomos de C que pueden unirse para formar alcanos, el número de átomos de silicio que pueden combinarse para formar silanos parece estar limitado debido a la comparativa debilidad del enlace Si—Si (Sección 22.1). Además, los alcanos son mucho menos reactivos que los silanos, los cuales se inflaman espontáneamente en el aire:

$$2\,Si_2H_6(g) + 7\,O_2(g) \longrightarrow 4\,SiO_2(s) + 6\,H_2O(g)$$

Los enlaces C—C en los alcanos son todos enlaces sencillos, pero hay hidrocarburos (por ejemplo, el acetileno) que contienen enlaces múltiples entre los átomos de C. Se desconocen hidruros de silicio que contengan enlaces múltiples Si—Si. Los hidrocarburos serán tratados en el Capítulo 27.

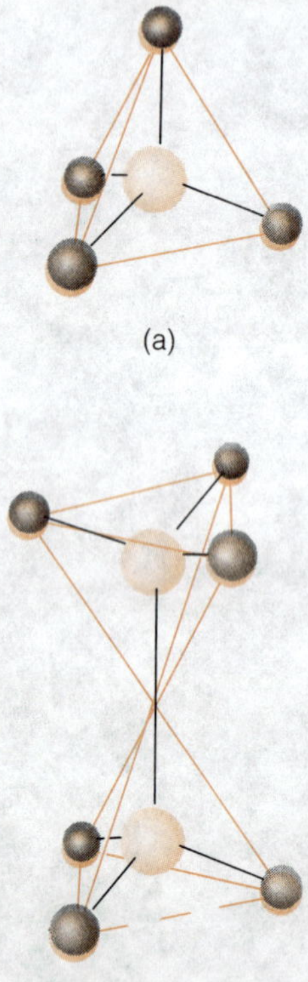

Figura 22.5 Disposición de los átomos en (a) CH_4 y SiH_4 y (b) C_2H_6 y Si_2H_6. Los esteras más grandes son C•Si, las más pequeñas son H.

22.4 Óxidos y oxiácidos del carbono y el silicio

El monóxido de carbono se forma por la combustión del carbono en una cantidad limitada de oxígeno a elevadas temperaturas (aproximadamente a 1000°C);

$$2\,C(s) + O_2(g) \longrightarrow 2\,CO(g)$$

También se produce por la reacción del CO_2 y C a elevadas temperaturas, y es un constituyente del gas de agua (Sección 19.2). El monóxido de carbono es isoelectrónico con la molécula de nitrógeno:

$$^{\ominus}{:}C{\equiv}O{:}^{\oplus}$$

y tiene dos enlaces π y uno σ (sigma) uniendo los átomos.

El monóxido de carbono arde en el aire:

$$2\,CO(g) + O_2(g) \longrightarrow 2\,CO_2(g) \qquad \Delta H = -283 \text{ kJ}$$

Debido a que esta reacción es altamente exotérmica, el monóxido de carbono puede utilizarse como combustible. El compuesto reacciona con los halogenuros a la luz solar para producir halogenuros de carbonilo (COX_2) y con vapor de azufre a elevadas temperaturas para formar sulfuros de carbonilo (COS).

El monóxido de carbono se usa como agente reductor en los procesos metalúrgicos. A elevadas temperaturas, reacciona con muchos óxidos metálicos para producir el metal libre y CO_2:

$$FeO(s) + CO(g) \longrightarrow Fe(l) + CO_2(g)$$

Las reacciones catalizadas de monóxido de carbono e hidrógeno son de importancia comercial para la producción de hidrocarburos y metanol (Sección 26.6).

Ciertos metales de transición y sales de metales de transición reaccionan con CO para producir **carbonilos metálicos** en los cuales la molécula de CO utiliza el par de electrones no compartidos del átomo de carbono para formar el enlace. Los ejemplos de los carbonilos metálicos incluyen $Ni(CO)_4$, una molécula tetraédrica; $Fe(CO)_5$, una molécula trigonal bipiradmidal; y $Cr(CO)_6$, una molécula octaédrica. El monóxido de carbono es venenoso debido a que se combina con el átomo de hierro de la hemoglobina de la sangre, evitando así que la hemoglobina se combine con el oxígeno (Sección 24.1 para una discusión más completa).

El dióxido de carbono se forma por la combustión completa del carbono o compuestos de carbono (notablemente hidrocarburos). Se produce también por la reacción de los carbonatos o carbonatos hidrogenados con ácidos,

$$CaCO_3(s) + 2H^+(ac) \longrightarrow Ca^{2+}(ac) + CO_2(g) + H_2O$$

y por calentamiento de carbonatos

$$CaCO_3(s) \longrightarrow CaO(s) + CO_2(g)$$

La molécula es lineal pero no polar:

$$:\ddot{O}=C=\ddot{O}:$$

En el **ciclo del dióxido de carbono-oxígeno** en la naturaleza, el oxígeno se extrae del aire y se incorpora el CO_2 al aire mediante la respiración de los animales, la combustión de combustibles y la descomposición de la materia orgánica. Se presenta el proceso inverso en la **fotosíntesis.** En la formación de carbohidratos por las plantas, el CO_2 se extrae del aire y se libera el O_2 al aire. La energía para la fotosíntesis se suministra mediante luz solar y el proceso es catalizado por la materia colorante verde de las plantas: la clorofila. El equilibrio entre el CO_2, H_2O y el carbonato cálcico, $CaCO_3$, también sirve para controlar el nivel de CO_2 en el aire:

$$CaCO_3(s) + CO_2(g) + H_2O \rightleftharpoons Ca^{2+}(ac) + 2HCO_3^-(ac)$$

En la actualidad, la rapidez a la cual se añade el CO_2 a la atmósfera excede la velocidad con la que se extrae por otros procesos. La concentración del CO_2 en la atmósfera, por consiguiente, aumenta constantemente. La concentración actual es alrededor del 10% más que hace un siglo.

El dióxido de carbono es moderadamente soluble en agua. Es el anhídrido ácido del ácido carbónico H_2CO_3. Sin embargo, el ácido nunca se ha obtenido en estado puro. Las soluciones de CO_2 en agua consisten principalmente en moleculas de CO_2 disueltas —menos del 1% del CO_2 disuelto está en forma de moléculas H_2CO_3. El ácido carbónico es un ácido débil y diprótico, y las ecuaciones para sus ionizaciones se escriben mejor:

$$CO_2(ac) + H_20 \rightleftharpoons H^+(ac) + HCO_3^-(ac)$$

$$HCO_3^-(ac) \rightleftharpoons H^+(ac) \; {}^+CO_3^{2-}(ac)$$

Se forman dos series de sales: los carbonatos normales, como Na_2CO_3 y el $CaCO_3$ y los carbonatos ácidos como $NaHCO_3$ y $Ca(HCO_3)_2$. La estructura del ion carbonato se presentó en las Secciones 7.1 y 7.6 (Figura 7.18).

Extracción de mineral trona en Green River, Wyoming. Este mineral es la principal fuente de carbonato de sodio, empleado en la manufactura de vidrio, jabón, detergentes, papel, y otros productos químicos. *Allied Corporation.*

El único óxido de silicio bien caracterizado es el SiO_2. En contraste con los óxidos de carbono que son especies moleculares volátiles, que se mantienen juntas por fuerzas de London en el estado sólido, las formas del SiO_2 son redes tridimensionales cristalinas muy estables, no volátiles, (punto de fusión, ~ 1700°C). Una de las tres modificaciones cristalinas del SiO_2 tiene una red que puede considerarse derivada de la del diamante con átomos de silicio remplazando los átomos de C y un átomo de oxígeno intermedio entre cada par de átomos de silicio.

La química del silicio es dominada por compuestos que contienen el enlace Si—O. El dióxido de silicio es el producto de la reacción de los elementos, también es producido por la reacción de los espontáneamente inflamables, hidruros de silicio con aire. El SiO_2 hidratado, es el producto de la hidrólisis de muchos compuestos de silicio. El dióxido de silicio se presenta en varias formas en la naturaleza; entre ellas se encuentran la arena, roca, ágata, jaspe, ónix y cuarzo.

Cristales de cuarzo. *U.S. Geological Survey.*

El dióxido de silicio es un óxido ácido; sin embargo, nunca se ha aislado ningún ácido del silicio. El óxido no reacciona directamente con agua; la acidificación de una solución acuosa de silicato soluble produce sólo SiO_2 hidratado. Los silicatos pueden prepararse por calentamiento de óxidos metálicos o carbonatos metálicos con SiO_2. Ciertos silicatos de los metales IA (con una proporción molar de dióxido de silicio a óxido metálico no mayor de 2 a 1) son solubles en agua.

En la naturaleza existe un gran número de silicatos de varios tipos. La unidad básica de todos los silicatos es el grupo tetraédrico SiO_4 (Figura 22.6). El ion simple SiO_4^{4-} se presenta en ciertos minerales (por ejemplo, en el zircón $ZrSiO_4$):

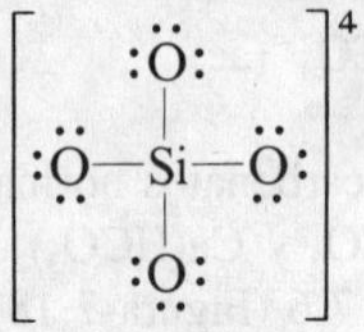

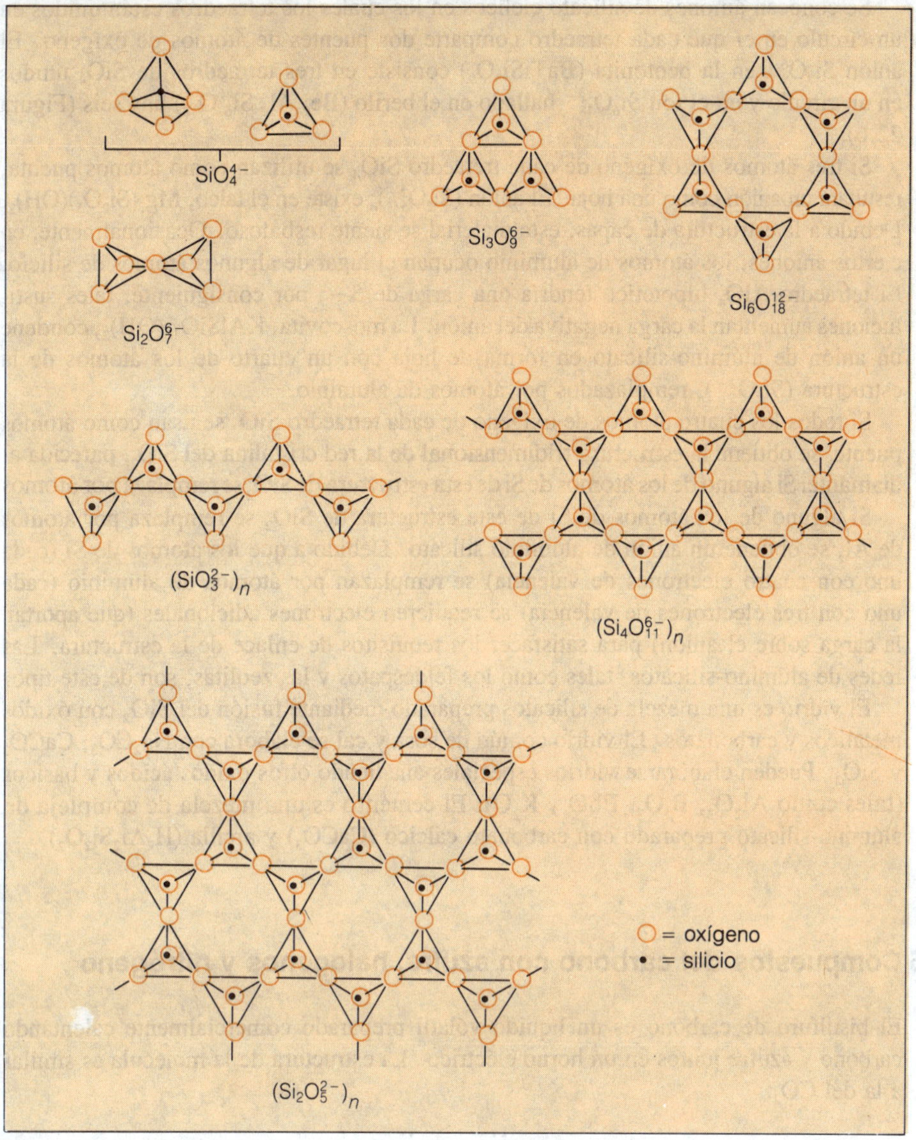

Figura 22.6 Representación esquemática de la disposición de los átomos en iones de silicatos.

Los cuatro pares de enlace del átomo de silicio están dispuestos en una forma tetraédica.

Los otros aniones de silicatos contienen más de un tetraedro SiO_4 unidos por puentes de átomos de oxígeno (esto es, átomos de oxígeno que son compartidos por dos tetraedros). El mineral torveitita ($Sc_2Si_2O_7$) contiene el ion $Si_2O_7^{6-}$, el cual está formado por dos tetraedros de SiO_4 unidos por puente de un átomo de oxígeno (Figura 14.15):

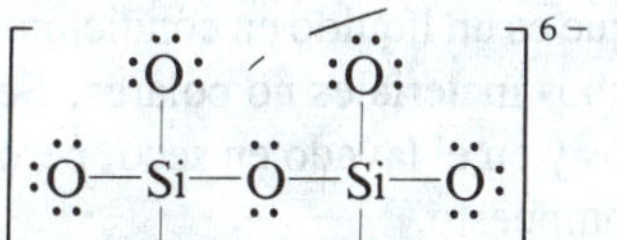

Se conocen aniones de silicato cíclicos en los cuales los tetraedros están unidos en un círculo en el que cada tetraedro comparte dos puentes de átomos de oxígeno. El anión $Si_3O_9^{6-}$ en la bentonita ($BaTiSi_3O_9$) consiste en tres tetraedros de SiO_4 unidos en un círculo y en el ion $Si_6O_{18}^{12-}$ hallado en el berilo ($Be_2\ Al_2\ Si_6\ O_{18}$) hay seis (Figura 22.6).

Si tres átomos de oxígeno de cada tretaedro SiO_4 se utilizan como átomos puente, resultará un anión como una hoja. El anión $(Si_2O_5^{2-})_n$ existe en el talco, $Mg_3(Si_2O_5)(OH)_2$. Debido a la estructura de capas, este material se siente resbaloso. Ocasionalmente; en ciertos aniones, los átomos de aluminio ocupan el lugar de algunos átomos de silicio. El tetraedro AlO_4 hipotético tendría una carga de 5 −; por consiguiente, tales sustituciones aumentan la carga negativa del anión. La moscovita, $KAlSiO_{10}(OH)_2$, contiene un anión de alúmino-silicato en forma de hoja con un cuarto de los átomos de la estructura $(Si_2O_5^{2-})_n$ remplazados por átomos de aluminio.

Si todos los cuatro átomos de oxígeno de cada tetraedro SiO_4 se usan como átomos puente, se obtiene la estructura tridimensional de la red cristalina del SiO_2, parecida al diamante. Si alguno de los átomos de Si de esta estructura de SiO_2 se remplaza por átomos

Si alguno de los átomos de Si de esta estructura de SiO_2 se remplaza por átomos de Al, se obtiene un anión de aluminio silicato. Debido a que los átomos de Si (cada uno con cuatro electrones de valencia) se remplazan por átomos de aluminio (cada uno con tres electrones de valencia) se requieren electrones adicionales (que aportan la carga sobre el anión) para satisfacer los requisitos de enlace de la estructura. Las redes de alúmino-silicatos, tales como los feldespatos y las zeolitas, son de este tipo.

El vidrio es una mezcla de silicatos preparado mediante fusión del SiO_2 con óxidos metálicos y carbonatos. El vidrio común de sosa y cal se elabora con Na_2CO_3, $CaCO_3$ y SiO_2. Pueden elaborarse vidrios especiales añadiendo otros óxidos ácidos y básicos (tales como Al_2O_3, B_2O_3, PbO y K_2O). El cemento es una mezcla de compleja de alúmino-silicato preparado con carbonato cálcico ($CaCO_3$) y arcilla ($H_2Al_2Si_2O_2$).

22.5 Compuestos del carbono con azufre, halogenos y nitrógeno

El bisulfuro de carbono es un líquido vólatil preparado comercialmente calentando carbono y azufre juntos en un horno eléctrico. La estructura de la molécula es similar a la del CO_2:

$$:\ddot{S}=C=\ddot{S}:$$

El compuesto es un buen disolvente para sustancias no polares tales como ceras y grasas. Sin embargo, su uso está limitado por su toxidad e inflamabilidad. Se usa comercialmente en la preparación del rayón y en la producción de tetracloruro de carbono.

El tetracloruro de carbono se prepara comercialmente calentando el bisulfuro de carbono con cloro:

$$CS_2(g) + 3\,Cl_2(g) \longrightarrow CCl_4(g) + S_2Cl_2(g)$$

El tetracloruro de carbono, que es un líquido en condiciones ordinarias, no es inflamable y es buen disolvente de muchos materiales no polares. Se utilizó durante algún tiempo en extinguidores de incendios y en el lavado en seco, pero estos usos son ahora ilegales debido a la toxicidad del compuesto.

El tetrafluoruro de carbono, CF_4, que puede obtenerse por la fluoración de casi cualquier compuesto que contenga carbono, es un gas muy estable. Las mezclas de los compuestos de cloro-flúor de carbono (en particular CCl_2F_2) se llaman "freones". Son gases no tóxicos muy estables, inoloros, que se utilizan principalmente como refrigerantes. El tetrabromuro de carbono, CBr_4, y el tetrayoduro de carbono, CI_4, son sólidos. Son térmicamente inestables, presumiblemente debido a la dificultad del átomo de carbono para acomodar cuatro átomos voluminosos a su alrededor. Otros compuestos de C que contienen halógenos se presentarán en la Sección 27.5.

Hay muchos compuestos en los cuales el carbono está unido al nitrógeno. El cianuro de hidrógeno, HCN, se prepara comercialmente por la reacción catalizada del metano (CH_4), amoníaco y oxígeno a elevadas temperaturas:

$$2\,CH_4(g) + 2\,NH_3(g) + 3\,O_2(g) \longrightarrow 2\,HCN(g) + 6\,H_2O(g)$$

El compuesto es un líquido altamente venenoso de bajo punto de ebullición, 26.5°C, y se utiliza en la industria de los plásticos.

El cianuro de hidrógeno se disuelve rápidamente en agua para producir soluciones de ácido cianhídrico, un ácido débil. Los cianuros, tales como el cianuro de sodio (NaCN), se producen por neutralización de este ácido. El ion cianuro es isoelectrónico con N_2 y CO:

$$[:C{\equiv}N:]^-$$

El ion tiene una fuerte tendencia para formar complejos covalentes con cationes metálicos, tales como $Ag(CN)_2^-$, $Cd(CN)_4^{2-}$, $Ni(CN)_4^{2-}$, $Hg(CN)_4^{2-}$, $Fe(CN)_6^{4-}$, $Fe(CN)_6^{3-}$ y $Cr(CN)_6^{3-}$.

La oxidación moderada del ion cianuro en solución acuosa produce el ion cianato OCN^-. El ácido correspondiente, el ácido ciánico (HOCN), no es estable en solución acuosa y se descompone en CO_2 y NH_3. Un ion análogo, el ion tiocianato, SCN^-, se prepara fundiendo una mezcla de cianuros de los metales IA con azufre.

BORO

De los elementos del grupo III A (boro, aluminio, galio, indio y talio), el boro es el único no metal.

22.6 Propiedades de los elementos del grupo III A

Las configuraciones electrónicas de los elementos se hallan en la Tabla 22.3, y las propiedades de los elementos en la Tabla 22.4. El átomo de boro es más pequeño que cualquiera de los otros elementos del grupo. Esta diferencia concuerda con la definida distinción entre las propiedades del boro no metálico y las de otros miembros del grupo que son metálicos. En general, los metales tienen radios átomicos mayores de 120 pm y los no metales tienen radios atómicos menores de 120 pm. Sobre los radios atómicos del Ga, In y Tl influye la configuración electrónica interna de los elementos que los preceden inmediatamente en la tabla periódica (particularmente en el caso del Tl, que sigue a los lantánidos). Por consiguiente, el radio atómico no aumenta regular y rápidamente cuando aumenta el número atómico en las series del Al al Tl.

Ninguno de los elementos del grupo III A muestra la más mínima tendencia para formar aniones simples. El estado de oxidación más importante de este grupo es 3+, como parecería razonable por la configuración electrónica ns^2np^1 del nivel de valencia. Las tres primeras energías de ionización del boro son relativamente altas, debido al pequeño tamaño del átomo de boro. Como resultado, nunca se forma el ion B^{3+}. La

Tabla 22.3 Configuraciones electrónicas de los elementos del grupo III A.

Elemento	Z	1*s*	2*s*	2*p*	3*s*	3*p*	3*d*	4*s*	4*p*	4*d*	4*f*	5*s*	5*p*	5*d*	6*s*	6*p*
B	5	2	2	1												
Al	13	2	2	6	2	1										
Ga	31	2	2	6	2	6	10	2	1							
In	49	2	2	6	2	6	10	2	6	10		2	1			
Tl	81	2	2	6	2	6	10	2	6	10	14	2	6	10	2	1

Tabla 22.4 Algunas propiedades de los elementos del grupo III A.

Propiedad	Boro	Aluminio	Galio	Indio	Talio
punto de fusión (°C)	2300	659	30	155	304
punto de ebullición (°C)	2550	2500	2070	2100	1457
radio atómico (pm)	80	125	125	150	155
radio iónico, M^{3+} (pm)	—	52	62	81	95
energía de ionización (kJ/mol)					
primera	801	579	579	560	589
segunda	2422	1814	1968	1814	1959
tercera	3657	2740	2953	2692	2866
potencial del electrodo $\mathscr{E}^{\circ}_{red}$ (M^{3+}/M)(V)	–	−1.67	−0.52	−0.34	+0.72

energía requerida para extraer tres electrones del átomo de boro no puede suministrarse ni por energías de red ni por entalpías de hidratación. Todos los compuestos del boro son covalentes. Los compuestos de los otros elementos en los cuales el elemento III A está con un estado de oxidación 3+ son iónicos o covalentes.

El galio, el indio y el talio pueden existir en el estado de oxidación 1+ (una configuratión $d^{10}s^2$). Dentro de un grupo, la importancia y establilidad de un estado de oxidación bajo aumenta a medida que se desciende en el grupo.

Para el Ga y el In, el estado de oxidación 1+ es menos importante y estable que el estado de oxidación 3+. Para el Tl, el más grande del grupo, es cierto lo opuesto, los compuestos de Tl^+ se parecen a los compuestos de metales del grupo I A.

Los óxidos e hidróxidos presentan la tendencia general a la disminución del carácter ácido con el aumento del número atómico. Así, el B_2O_3 y $B(OH)_3$ (que se escriben por lo general H_3BO_3) son ácidos; los compuestos de aluminio y galio son anfóteros y el In_2O_3 y el Tl_2O_3 son exclusivamente básicos.

El boro muestra una ligera tendencia hacia la concatenación (por ejemplo, los átomos de B_2Cl_4 están dispuestos como Cl_2BBCl_2), pero ningún otro miembro de este grupo muestra esta característica.

22.7 Boro

El boro (que forma el 3×10^{-4}% de la corteza terrestre) no se encuentra libre en la naturaleza. Los principales minerales de boro son los boratos, tales como la kernita ($Na_2B_4O_7 \cdot 4H_2O$), el bórax ($Na_2B_4O_7 \cdot 10H_2O$), la colemanita ($Ca_2B_6O_{11} \cdot 5H_2O$) y la ulexita ($NaCaB_5O_9 \cdot 8H_2O$). El boro puro y cristalino se puede obtener por reducción del BBr_3 mediante la acción del hidrógeno sobre un filamento de tungsteno caliente (aproximadamente a 1500°C):

$$2\,BBr_3(g) + 3\,H_2(g) \longrightarrow 2\,B(s) + 6\,HBr(g)$$

Los cristales que se condensan sobre el filamento son negros con lustre metálico.

Las estructuras de los tres tipos de cristales de boro han sido determinadas, y por lo menos se conoce un alótropo. En cada una de estas modificacaciones cristalinas (Figura 22.7) hay grupos de 12 átomos de B dispuestos en icosaedros regulares (figuras sólidas, cada una con 20 caras triangulares equiláteras). En la forma α romboédrica, cada átomo de boro participa no sólo en el enlace de su icosaedro, sino también en el enlace de ese icosaedro con otros. Los enlaces de pares electrónicos ordinarios no pueden justificar el gran número de interacciones boro-boro de la estructura, puesto que un átomo de boro sólo tiene tres electrones y cuatro orbitales en su nivel de valencia.

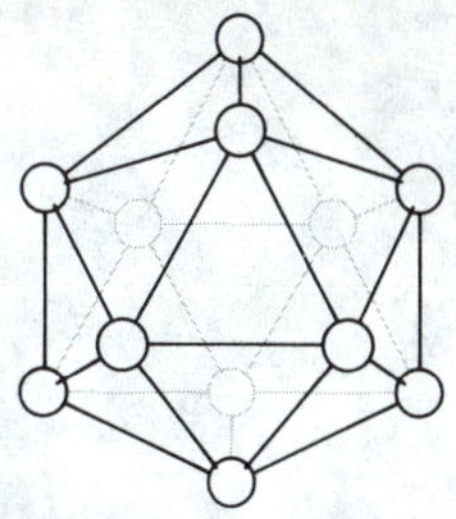

Figura 22.7 Disposición de los átomos en un icosaedro de B_{12}.

En los cristales metálicos, existen muy pocos electrones de valencia para formar enlaces covalentes entre átomos metálicos vecinos de la red cristalina; los electrones pertenecen al cristal como un todo y sirven para mantener muchos núcleos juntos. Sin embargo, el boro es un no metal y las propiedades del boro cristalino (baja conductividad eléctrica y extremada dureza, fragilidad y alto punto de fusión) son más típicas de un sistema cristalino covalente que de un cristal metálico.

Se ha interpretado el enlace en el boro elemental como que comprende **enlaces de tres centros**, como también como el más común enlace de dos centros. En un enlace de tres centros, tres átomos están unidos por un par de electrones en un solo orbital molecular sencillo. Se supone que el orbital molecular se origina de la superposición o traslape de tres orbitales atómicos, uno de cada uno de los tres átomos enlazados. Se han postulado varios tipos de enlaces de tres centros incluyendo el enlace BBB que se halla en el boro cristalino (Figura 22.8), y un enlace BHB hallado en los hidruros de boro (Sección 22.8).

22.8 Compuestos del boro

A elevadas temperaturas (cerca de 2000°C), el boro reacciona con muchos metales para formar boruros. Estas sustancias son muy duras y químicamente estables, poseen conductividad metálica. En los cristales de algunos boruros metálicos, los átomos de boro son intersticiales; en otros, se hallan presentes cadenas, octahedros o capas de átomos de boro. El boruro de magnesio, MgB_2, a diferencia de los otros boruros, se hidroliza fácilmente para producir una mezcla de hidruros de boro.

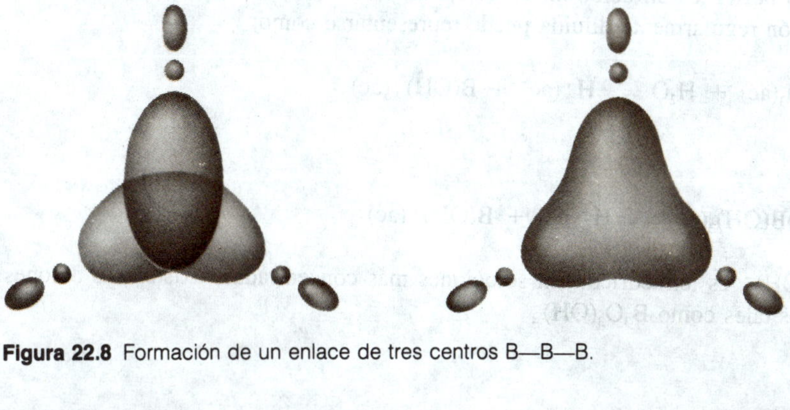

Figura 22.8 Formación de un enlace de tres centros B—B—B.

El boro reacciona con amoníaco o nitrógeno a elevadas temperaturas para producir nitruro de boro, BN. Este material es isoelectrónico con el carbono y tiene una estructura cristalina similar a la del grafito, pero con átomos de boro y nitrógeno alternos. A elevadas termperaturas y presiones, esta modificación del BN se convierte en otra forma que tiene una red del tipo del diamante y es casi tan dura como ésta.

A elevadas temperaturas, el boro reacciona con los halógenos para producir los trihalogenuros. BF_3 y BCl_3 son gases, BBr_3 es un líquido, y BI_3 es un sólido. Las moléculas de trihalogenuros son triangulares planas:

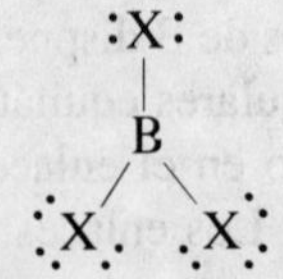

Puesto que el átomo de boro no tiene un octeto de electrones en cada una de estas moléculas, los trihalogenuros reaccionan como aceptores de electrones (ácidos de Lewis):

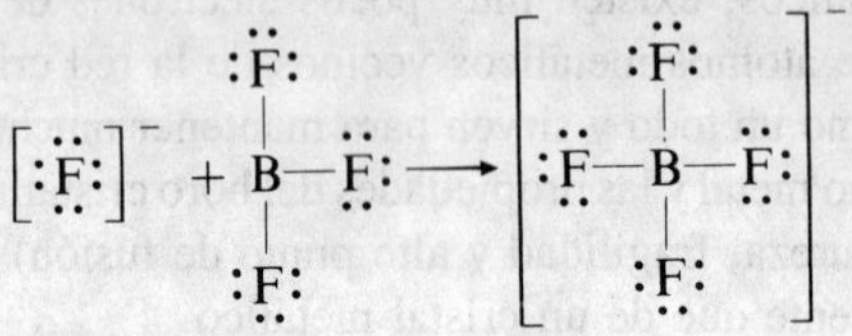

$$NH_3 + BF_3 \longrightarrow H_3N\!:\!BF_3$$

$$H_2O + BF_3 \longrightarrow H_2O\!:\!BF_3$$

El ion fluoroborato, BF_4^-, es tetraédrico.

Muchos boratos se encuentran en la naturaleza. Algunos pueden prepararse por fusión de los óxidos metálicos con B_2O_3 o ácido bórico. Los boratos hidratados pueden obtenerse por cristalización de la solución resultante de la neutralización de ácido bórico con un álcali acuoso. Se puede considerar que los aniones de boratos se forman de unidades triangulares de BO_3 con o sin tetraedros de BO_4 al compartir los átomos de oxígeno entre unidades en la misma forma que construyan los silicatos. El borax, $Na_2B_4O_5(OH)_4 \cdot 8H_2O$, que se puede preparar por neutralización del ácido bórico con NaOH en solución acuosa, contiene el ion $B_4O_5(OH)_4^{2-}$.

Al acidificar una solución acuosa de cualquier borato, se precipita el ácido ortobórico (también llamado ácido bórico), H_3BO_3 ó $B(OH)_3$, como cristales blancos y blandos. Este ácido, que también puede prepararse por la hidratación completa de B_2O_3, tiene una capa reticular cristalina en la cual existe extenso enlace del hidrógeno entre las moléculas de $B(OH)_3$ (Figura 22.9). La estructura cristalina del material explica la separación en láminas y el aspecto resbaloso. El ácido bórico y los boratos son tóxicos.

El ácido bórico es un ácido *monobásico* muy débil en disolución. Su ionización en disolución regularmente diluida puede representarse como:

$$B(OH)_3(ac) + H_2O \rightleftharpoons H^+(ac) + B(OH)_4^-(ac)$$

o

$$(H_2O)B(OH)_3(ac) \rightleftharpoons H^+(ac) + B(OH)_4^-(ac)$$

El ion $B(OH)_4^-$ es tetraédrico. En soluciones más concentradas, existen los aniones poliméricos tales como $B_3O_3(OH)_4^-$.

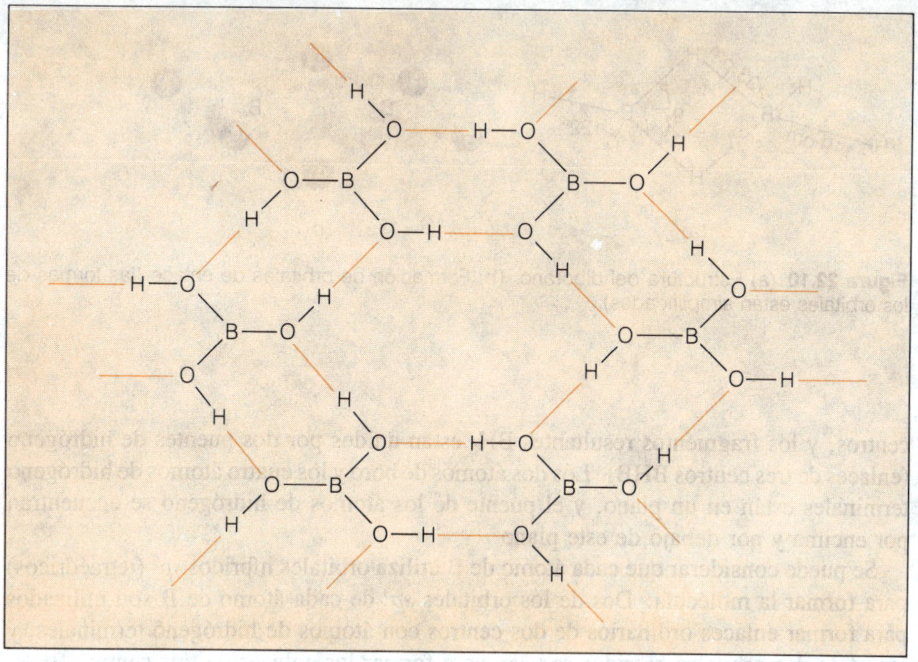

Figura 22.9 Disposición de los átomos en una capa de cristales de H_3BO_3 (las líneas coloreadas representan enlaces de hidrógeno).

Cuando el ácido bórico se calienta a unos 170°C, se obtiene ácido metabórico HBO_2. El ácido-meta se convierte en agua a la forma más altamente hidratada: el orto. Aunque se conocen las sales de muchos ácidos bóricos, éstos son los dos únicos que existen en condiciones puras.

El ácido metabórico puede deshidratarse por calentamiento formando óxido bórico, B_2O_3. El óxido también puede prepararse calentando el boro en el aire. Los cristales de B_2O_3 consisten en cadenas en espiral interconectadas de tetraedros de BO_4. Sin embargo, el material se obtiene como un vidrio.

El boro forma dos series de compuestos de hidruros: B_nH_{n+4}, donde $n = 2,5,6,8,10$ ó 18, y B_nH_{n+6}, donde $n = 4,5,6,9$, ó 10. Se ha reportado de unos pocos compuestos que no se conforman con ninguna de estas fórmulas. El hidruro más sencillo del boro es el diborano, B_2H_6. La molécula BH_3 no puede aislarse, pero se cree que es un intermediario transitorio en algunas reacciones de los hidruros de boro.

El diborano, que es gas bajo condiciones ordinarias, puede prepararse por la reacción del BF_3 e hidruro de litio en éter:

$$6\,LiH + 8\,BF_3 \longrightarrow 6\,LiBF_4 + B_2H_6$$

Se obtiene una mezcla de boranos superiores calentando el diborano. Los compuestos con la fórmula general B_nH_{n+4} son térmicamente más estables (con respecto a la descomposición hasta elementos) que el segundo grupo, B_nH_{n+6}. Los compuestos B_2H_6, B_4H_9 y B_5H_{11} son espontáneamente inflamables en el aire. Todos los boranos se hidrolizan a diferentes velocidades para producir ácido bórico e hidrógeno.

La estructura molecular del diborano se muestra en la Figura 22.10. En la molécula, cada átomo de boro tiene dos átomos de hidrógeno (llamados átomos de hidrógeno terminales) enlazados a éste por enlaces regulares de dos pares de electrones y de dos

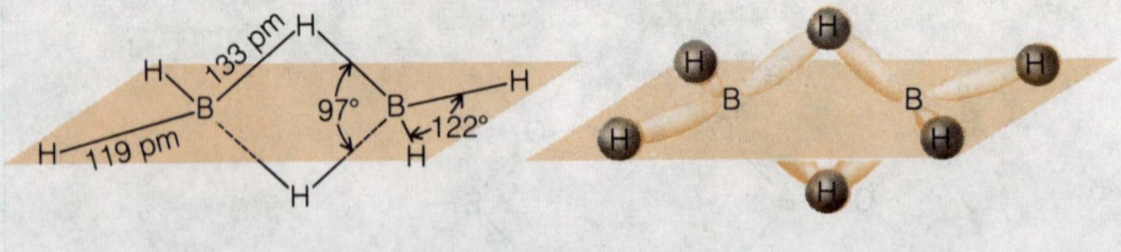

Figura 22.10 (a) Estructura del diborano. (b) Formación de orbitales de enlace (las formas de los orbitales están simplificadas).

centros, y los fragmentos resultantes BH_2 están unidos por dos puentes de hidrógeno (enlaces de tres centros BHB). Los dos átomos de boro y los cuatro átomos de hidrógeno terminales están en un plano, y el puente de los átomos de hidrógeno se encuentran por encima y por debajo de este plano.

Se puede considerar que cada átomo de B utiliza orbitales híbridos sp^3 (tetraédricos) para formar la molécula. Dos de los orbitales sp^3 de cada átomo de B son utilizados para formar enlaces ordinarios de dos centros con átomos de hidrógeno terminales, y los otros dos orbitales híbridos se usan para formar los enlaces de tres centros BHB. Cada enlace de tres centros consiste en un par de electrones en un orbital molecular de enlace formado por la superposición o traslape de un orbital 1*s* del átomo de H con los orbitales de los dos átomos de B (Figura 22.10). De los doce electrones de valencia en la molécula (seis de los dos átomos de boro y seis de los seis átomos de hidrógeno) se utilizan cuatro pares en los enlaces de dos centros para cuatro átomos de H terminales, y dos pares son utilizados en dos enlaces de tres centros BHB. La molécula es diamagnética. La distancia de enlace entre un átomo de B y un átomo de hidrógeno terminal H, es más corta que la distancia entre un átomo B y un átomo de H puente, indicando así el enlace mas fuerte en el primer caso.

La estructura de los boranos superiores comprende enlaces de tres centros BBB y también BHB. Varios de los boranos superiores tienen esqueletos de átomos de boro que son fragmentos del icosaedro B_{12} presente en el boro cristalino. El boro forma una serie de iones de borohidruros. El más importante es el BH_4^-, un ion tetraédrico que puede prepararse por la reacción del hidruro de litio y el B_2H_6 en éter:

$$2\,\text{LiH} + B_2H_6 \longrightarrow 2\,\text{LiBH}_4$$

El borohidruro de litio y los borohidruros alcalinos en general son importantes agentes reductores iónicos. Otros iones de borohidruros son conocidos, tales como $B_3H_8^-$, $B_{10}H^-{}_{13}$ y $B_{12}H_{12}^{2-}$. El esqueleto del ion del boro $B_{12}H_{12}^{2-}$ es un icosaedro de B_{12}.

GASES NOBLES

La característica más sobresaliente de los gases nobles (grupo 0) es su baja reactividad química. Hasta 1962, no se conocía ningún compuesto de estos elementos y se llamaban los "*gases inertes*". Desde 1962, se han preparado más de 30 compuestos de los elementos más pesados de este grupo.

22.9 Propiedades de los gases nobles

Las propiedades de los gases nobles reflejan sus configuraciones electrónicas tan estables. Los átomos no presentan tendencia para combinarse con los demás para formar moléculas; cada elemento se presenta como un gas monoatómico e incoloro. Cada gas noble tiene la más alta energía de ionización de cualquier elemento en su periodo (Tabla 22.5). Los bajos puntos de fusión y de ebullición de estos elementos son evidencias de la débil naturaleza de las fuerzas de atracción de London que actúan entre los átomos.

Al aumentar el número atómico, aumenta el tamaño atómico y los electrones exteriores son retenidos con menos fuerza. Por consiguiente, el potencial de ionización disminuye regularmente del helio al radón. Este factor (o sea, el aumento de tamaño de la nube electrónica) también contribuye a que las fuerzas de London aumenten y, por consiguiente, aumente el punto de ebullición y de fusión del helio al radón.

Todos los gases nobles se hallan en la atmósfera (Tabla 22.5) y Ne, Ar, Kr y Xe son productos secundarios de la destilación fraccionada del aire. Ciertos depósitos de gas natural (localizados principalmente en Kansas, Oklahoma y Texas) contienen un porcentaje de helio más alto del que se puede encontrar en el aire; estos depósitos constituyen la principal fuente comercial de helio. Los isótopos de radón se producen en la naturaleza por la descomposición de ciertos elementos radioactivos. Todos los isótopos del radón son radioactivos. El $^{222}_{86}Rn$ se produce por la descomposición radioactiva del $^{226}_{88}Ra$ y tiene una vida media de 3.82 días, la más larga de cualquier isótopo de radón.*

El argón se utiliza para llenar las bombillas eléctricas. El gas no reacciona con el filamento caliente, disipa el calor de éste, prolongando su vida. El argón se utiliza también como atmósfera inerte en soldadura y procesos metalúrgicos a elevadas temperaturas. El gas protege los metales calientes de la oxidación en contacto con el aire. El helio se utiliza en aeronaves que necesitan gases más ligeros que el aire (su densidad es cerca del 14% de la densidad del aire) y para trabajos a bajas temperaturas (tiene el punto de ebullición más bajo de cualquier sustancia conocida). Los anuncios de neón se hacen de tubos de descarga que contienen neón gaseoso a baja presión. El radón se ha utilizado como fuente de partículas α en la terapia del cáncer.

Tabla 22.5 Algunas propiedades de los gases nobles.

Gas	Punto de fusión (°C)	Punto de ebullición (°C)	Energía de ionización (kJ/mol)	Abundancia en la atmósfera (% volumen)[a]
He	–[b]	−268.9	2.37×10^3	5×10^{-4}
Ne	−248.6	−245.9	2.08×10^3	2×10^{-3}
Ar	−189.3	−185.8	1.52×10^3	0.93
Kr	−157	−152.9	1.35×10^3	1×10^{-4}
Xe	−112	−107.1	1.17×10^3	8×10^{-6}
Rn	−71	−61.8	1.04×10^3	trazas

[a]aire seco a nivel del mar

[b] −272.2°C a 26 atm de presión

*La vida media de un isótopo radioactivo es el tiempo necesario para que desaparezca la mitad de la muestra del isótopo.

Chorro de argón empleado para agitar acero derretido. *American Iron and Steel Institute.*

La primera reacción química de un gas noble que se observó fue la del xenón con hexafluoruro de platino (PtF_6) y fue reportada por Neil Bartlett en 1962. El hexafluoruro de platino es un poderoso agente oxidante, reacciona con el oxígeno para dar $[O_2^+][PtF_6^-]$. Puesto que la primera energía de ionización del O_2 *molecular*,

$$O_2 \longrightarrow O_2^+ + e^- \qquad \Delta H = +1180 \text{ kJ}$$

está cerca de la primera energía de ionización del xenón:

$$Xe \longrightarrow Xe^+ + e^- \qquad \Delta H = +1170 \text{ kJ}$$

Baertlett razonó que el xenón debería reaccionar con PtF_6. Los experimentos verificaron este pronóstico, y se reportó un sólido cristalino amarillo-naranja, originalmente como $[Xe]^+[PtF_6]^-$ y ahora, se cree que sea $[XeF]^+[Pt_2F_{11}]^-$, el producto de la reacción

Los compuestos de gases nobles mejor caracterizados son los fluoruros de xenón: XeF_2, XeF_4 y XeF_6. Cada uno de estos compuestos puede prepararse por reacción directa de Xe y F_2. La selección de las condiciones de la reacción, particularmente la

Tabla 22.6 Propiedades de algunos compuestos del xenón.

Estado de oxidación	Compuesto	Forma	Punto de fusión (°C)
2+	XeF_2	cristales incoloros	129
4+	XeF_4	cristales incoloros	117
6+	XeF_6	cristales incoloros	50
	$XeOF_4$	líquido incoloro	−46
	XeO_3	cristales incoloros	−
8+	XeO_4	gas incoloro	−
	$Na_4XeO_6 \cdot 8H_2O$	cristales incoloros	−

proporción de Xe a F_2 que debe usarse, determina qué fluoruro se obtiene. Los fluoruros de xenón son sólidos cristalinos incoloros (Tabla 22.6).

Los compuestos de xenón que contienen oxígeno se producen por reacciones de fluoruros de xenón con agua. La hidrólisis parcial del XeF_6 produce $XeOF_4$, un líquido incoloro:

$$XeF_6(s) + H_2O \longrightarrow XeOF_4(l) + 2\,HF(g)$$

La hidrólisis completa del XeF_6 o hidrólisis del $XeOF_4$, produce una solución que, por evaporación, da un sólido de XeO_3:

$$XeF_6(s) + 3H_2O \longrightarrow XeO_3(ac) + 6HF(ac)$$

$$XeOF_4(l) + 2H_2O \longrightarrow XeO_3(ac) + 4HF(ac)$$

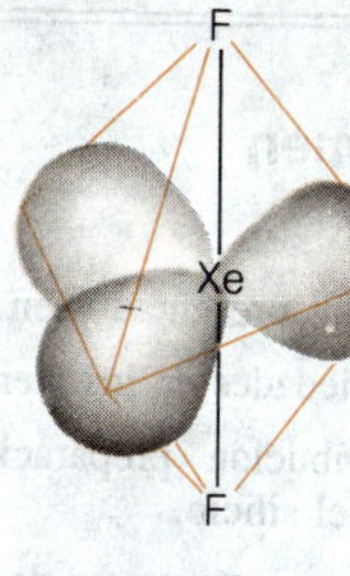

XeF_2

Figura 22.11 Estructura del XeF_2

Los compuestos del xenón en su estado de oxidación más alto 8+, incluyen XeO_4 y los perxenatos (compuestos del ion XeO_6^{4-}). El ácido perxénico puro, H_4XeO_6, no se ha preparado nunca. Las sales de este ácido pueden prepararse pasando ozono gaseoso a través de soluciones alcalinas del XeO_3:

$$12OH^-(ac) + 3XeO_3(ac) + O_3(g) \longrightarrow 3XeO_6^{4-}(ac) + 6H_2O$$

El anhídrido ácido del ácido perxénico, XeO_4, se prepara haciendo reaccionar el perxenato de bario, Ba_2XeO_6, con ácido sulfúrico a −5°C:

$$Ba_2XeO_6(s) + H_2SO_4(l) \longrightarrow 2\,BaSO_4(s) + XeO_4(g) + 2\,H_2O$$

El orden de los elementos del grupo 0, de acuerdo con su disminución de reactividad (aumenta la energía de ionización, Tabla 22.5), debe ser: Rn > Xe > Kr > Ar > Ne > He. Así, el radón debe ser el gas noble más reactivo. Existe evidencia de que el radón reacciona con el flúor. La desintegración radiactiva del rodon hace difícil su química.

El kriptón no es tan reactivo como el xenón, pero se han preparado algunos compuestos del Kr. El más importante de estos compuestos es el KrF_2, el cual se hace sometiendo una mezcla de Kr y F_2 a una descarga eléctrica. Aún no se han preparado compuestos de He, Ne o Ar.

Las estructuras de la mayoría de los compuestos del xenón han sido determinadas y puede interpretarse mediante un tratamiento de union valencia (Figuras 22.11 y 22.12).

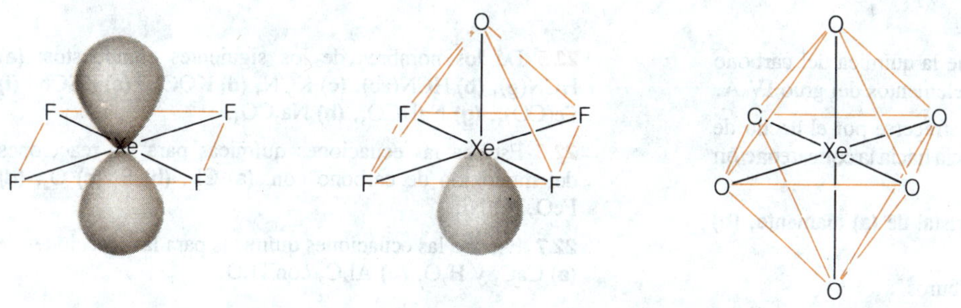

XeF_4 $XeOF_4$ XeO_6^4

Figura 22.12 Estructuras del XeF_4, $XeOF_4$ y XeO_6^{4-}

Resumen

Los temas presentados en este capítulo son:

1. Propiedades de los elementos del grupo IV A.

2. Distribución, preparación y formas alotrópicas del carbono y el silicio.

3. Ciertos compuestos de carbono y silicio: carbonos y siliciuros; óxidos; oxiácidos y sus sales; azufre, halógenos y compuestos de nitrógeno y carbono.

4. Propiedades de los elementos del grupo III A.

5. El boro: distribución, formas alotrópicas, compuestos y los enlaces de tres centros hallados en sus hidruros.

6. Los gases nobles: distribución, propiedades físicas, compuestos y usos.

Glosario

A continuación aparecen algunos de los términos más importantes presentados en este capítulo. Las definiciones de los términos no incluidos en esta lista pueden localizarse usando el índice.

Carbonilo (Sección 22.4). Compuesto que contiene un grupo carbonilo (CO) tal como sulfuro de carbonilo (COS); los halogenuros de carbonilo (COX_2) y los carbonilos metálicos.

Carburos intersticiales (Sección 22.3). Sustancias en las cuales los átomos de carbono ocupan espacios entre los átomos de un cristal metálico.

Concatenación (Sección 22.1) Formación de cadenas o anillos por átomos del mismo elemento unidos entre sí.

Ciclo del oxígeno-dióxido de carbono (Sección 22.4). Grupo de procesos naturales y artificiales mediante los cuales el O_2 y CO_2 se extraen constantemente de la atmósfera y se reintegran a ella.

Enlace de tres centros (Sección 22.7). Enlace en el cual tres átomos se unen mediante un par de electrones en un orbital molecular sencillo hallado en el boro y los hidruros de boro.

Fotosíntesis (Sección 22.4). Proceso mediante el cual las plantas elaboran carbohidratos, se toma del aire CO_2 y se devuelve el O_2 al aire, la energía para el proceso la suministra la luz solar.

Gases nobles (Sección 22.9). Elementos del grupo 0, He, Ar, Ne, Kr, Xe y Rn.

Química orgánica (Sección 22.1). La química de los hidrocarburos (compuestos de carbono e hidrógeno) y sus derivados.

Silanos (Sección 22.3). Compuesto que contiene sólo silicio e hidrógeno.

Problemas*

Carbono y silicio

22.1 Discuta las formas en las que la química del carbono difiere de la química de los otros elementos del gruo IV A.

22.2 ¿Qué explicaciones pueden ofrecerse por el hecho de que el carbono tiene mayor tendencia hacia la concatenación que cualquier otro elemento?

22.3 Describa la estructura del cristal de **(a)** diamante, **(b)** grafito, **(c)** SiC.

22.4 Discuta los tres tipos de carburos.

22.5 Dé los nombres de los siguientes compuestos: **(a)** HCN(g), **(b)** HCN(ac), **(c)** KCN, **(d)** KOCN, **(e)** KSCN, **(f)** $Fe(CO)_5$, **(g)** $NaHCO_3$, **(h)** Na_2CO_3.

22.6 Escriba las ecuaciones químicas para las reacciones del monóxido de carbono con: **(a)** Cl_2, **(b)** S, **(c)** O_2, **(d)** FeO, **(e)** Ni.

22.7 Escriba las ecuaciones químicas para las reacciones de **(a)** CaC_2 y H_2O, **(b)** Al_4C_3 con H_2O.

*Los problemas más difíciles están marcados por un asterisco. El apéndice G contiene las respuestas de los problemas codificados en color.

22.8 Dibuje las estructuras de Lewis para: **(a)** N_2, **(b)** CO, **(c)** CN^-, **(d)** OCN^-, **(e)** CS_2, **(f)** C_2H_2, **(g)** CCl_4, **(h)** CO_3^{2-}.

22.9 Escriba las ecuaciones químicas para las siguientes reacciones: **(a)** $CaCO_3$(s) y SiO_2(s) (calor), **(b)** $CaCO_3$(s) (calor), **(c)** $CaCO_3$(s) y H^+(ac).

22.10 En solución alcalina, $\mathcal{E}°$ para la reducción de OCN a CN^- es -0.970 V; y el $\mathcal{E}°$ para la reducción del PbO a Pb es -0.580 V. Escriba las ecuaciones parciales para estas medias reacciones. ¿Oxidará el PbO al CN^- a OCN^-? Si lo hace, escriba la ecuación química para la reacción.

Boro

22.11 Describa la estructura del B_2H_6.

22.12 Escriba las ecuaciones para demostrar cómo el ácido ortobórico se ioniza en solución acuosa.

22.13 Escriba las ecuaciones para las siguientes reacciones: **(a)** B_2O_3 y Mg (calor), **(b)** BBr_3 y H_2 (calor, **(c)** B y N_2 (calor), **(d)** B y Mg (caliente), **(e)** BF_3 y F^-, **(f)** B_2O_3 y H_2O, **(g)** $B(OH)_2$ y OH^-(ac), **(h)** $B(OH)_3$ (calor moderado), **(i)** $B(OH)_3$ (calor fuerte), **(j)** LiH y B_2H_6.

22.14 ¿Qué es el enlace de tres centros?

22.15 Un hidruro de boro tiene un 81.2% de boro. Una muestra de 25.0 mol del gas (medido a TPE) pesa 0.0594g. ¿Cuál es la fórmula molecular del compuesto?

Los gases nobles

22.16 Represente las estructuras de los siguientes, utilizando puntos para indicar los electrones de valencia. Utilice la teoría RPENV para pronosticar su configuración geométrica: **(a)** XeF_2, **(b)** XeF_4, **(c)** XeO_3, **(d)** $XeOF_4$, **(e)** XeO_4, **(f)** XeO_6^{4-}.

22.17 Escriba ecuaciones para indicar cómo preparar **(a)** XeF_2, **(b)** XeF_4, **(c)** XeF_6, **(d)** $XeOF_4$, **(e)** XeO_3.

22.18 ¿Qué razones se pueden dar para el hecho de que los únicos compuestos binarios conocidos para los gases nobles sean los fluoruros y óxidos de Kr, Xe y Rn?

22.19 **(a)** Use el método del ion electrón para escribir una ecuación para la oxidación, en solución ácida, de Mn^{2+} a MnO_4^- mediante el XeO_3, el cual se reduce a Xe(g). **(b)** En una reacción entre XeO_3 y Mn^{2+} que ocurre en una solución de 200 ml, el Xe(g) producido ocupa un volumen de 448 ml a TPE. ¿Cuál es la molaridad de la solución de MnO_4^- resultante de la reacción? ¿Qué peso de XeO_3 se consumió por la reacción?

22.20 ¿Qué razones pueden darse para el hecho de que el punto de ebullición del helio es más bajo que el punto de ebullición del hidrógeno?

CAPÍTULO 23

METALES Y METALURGIA

Varias propiedades físicas y químicas que son típicas de los metales son utilizadas para definir esta clasificación de los elementos —aunque la magnitud de cada una de estas propiedades varía ampliamente de metal a metal. Los metales tienen conductividades eléctricas y térmicas superiores, lustre característico y la capacidad de deformarse bajo presión sin romperse. La tendencia de estos elementos hacia la formación de cationes por pérdida de electrones y la formación de óxidos básicos están entre las caraterísticas químicas de los metales.

Más de las tres cuartas partes de todos los elementos conocidos son metales. La línea escalonada que aparece en la tabla periódica marca una división aproximada entre metales y no metales: los no metales aparecen en la parte superior derecha de la tabla. Sin embargo, la división es algo arbitraria; los elementos que aparecen cerca de la línea tienen propiedades intermedias.

23.1 El enlace metálico

Los metales tienen energías de ionización y electronegatividades comparativamente bajas. Por consiguiente, los electrones externos de los átomos metálicos son fáciles de separar por no estar tan fuertemente unidos. En un cristal metálico, los iones positivos (los cuales consisten en átomos metálicos menos los electrones externos) ocupan posiciones en la estructura del cristal. Los electrones externos se mueven libremente a través de esta estructura y mantienen el cristal unido.

La **teoría de las bandas** describe este enlace en términos de orbitales moleculares que se extienden sobre todo el cristal. Una idea general del modelo de bandas para el cristal de litio se puede desarrollar en la forma siguiente. En la molécula de Li_2, los orbitales 2*s* de un átomo de Li se superponen con el orbital 2*s* del otro y se forman orbitales moleculares $\sigma 2s$ y $\sigma^* 2s$ (Sección 7.4 y Tabla 7.3). En el estado fundamental de la molécula de Li_2, sólo el orbital molécular $\sigma 2s$ está ocupado por electrones. Sin embargo, la combinación de *dos* orbitales atómicos produce *dos* orbitales moleculares, aún si uno de ellos está desocupado.

Los orbitales 2*s* de dos átomos de Li separados tienen la misma energía de orbital y se dice que son **degenerados.** Cuando dos átomos de Li se juntan para formar la molécula de Li_2, la degeneración se rompe. El orbital molecular 2*s* tiene una energía de orbital menor que la que tiene el $\sigma^* 2s$.

Consideremos ahora que varios átomos de litio se colocan juntos en la distribución del cristal de litio. Los orbitales 2*s* de estos átomos de Li se superponen o traslapan y producen orbitales moleculares delocalizados que se extienden por toda la estructura. *El número de orbitales moleculares producidos iguala al número de orbitales atómicos utilizados para producirlos.*

Aún en una cantidad muy pequeña de litio metálico existe una cantidad extremadamente grande de átomos. Puesto que cada átomo de litio contribuye con un orbital 2*s* hacia la formación de los orbitales moleculares delocalizados, se forma un número extremadamente grande de orbitales moleculares.

Los orbitales atómicos 2*s* de los átomos de Li separados están degenerados, pero los orbitales moleculares del cristal de Li no (Figura 23.1).

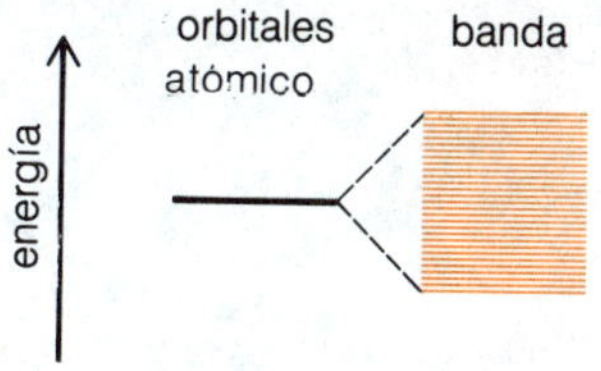

Figura 23.1 Formación de una banda por la interacción de los orbitales 2*s* del litio.

Los orbitales moleculares, en conjunto, forman lo que se llama una **banda**; cada orbital constituye un **nivel de energía** dentro de la banda. Estos niveles están espaciados muy cercanamente en términos de energía y, para todo propósito práctico, forman una banda continua de energía. Aún a bajas temperaturas, los electrones tienen suficiente energía para moverse de un nivel a otro dentro de una banda.

El electrón 2*s* en un átomo de litio (configuración electrónica $1s^2\ 2s^1$) es un electrón de valencia y la banda 2*s* de litio (Figura 23.1) algunas veces se llama la **banda de valencia.** Cada átomo de Li tiene *un* electrón en *un* orbital 2*s*. Si *N* átomos de litio forman una banda 2*s*, la banda contendría *N* electrones y consistiría en *N* orbitales moleculares. Un orbital molecular, como cualquier orbital, puede contener *dos* electrones con espines opuestos. Por consiguiente, la banda 2*s* puede contener un máximo de 2*N* electrones. Puesto que contiene sólo *N* ele[illegible]s, la banda de valencia del cristal de litio está ocupada hasta la mitad. La banda obtenida de los orbitales 2*p* del litio debe también tenerse en cuenta.

En un átomo de Li aislado existen tres orbitales desocupados 2*p* que están muy cerca en energía a los orbitales 2*s*. En el litio metálico, una banda 2*p* obtenida de estos orbitales 2*p* se superpone a la banda 2*s* (Figura 23.2). Una banda 2*p*, formada por *N* átomos de Li consistirá en 3*N* niveles de energía (puesto que cada átomo de litio tiene tres orbitales 2*p*) y estaría vacía. Esta banda 2*p* algunas veces se llama **banda de conducción,** puesto que los electrones pueden moverse libremente a través de ella y, por lo tanto, conducir electricidad. En el caso de cristal de Li, las bandas 2*s* y 2*p* se superponen o traslapan de tal forma que se puede considerar que forman una.

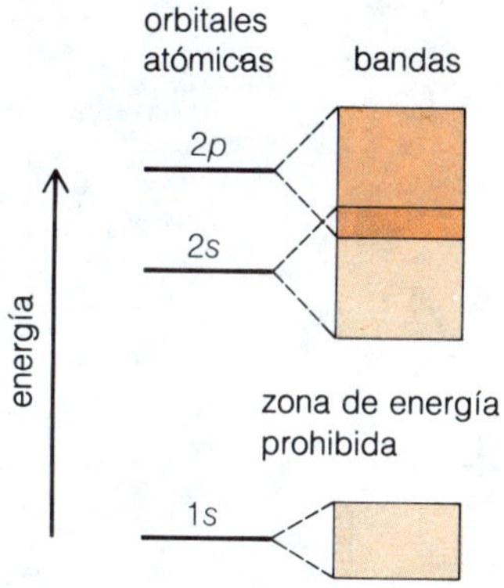

Figura 23.2 Superposición de las bandas 2*s* y 2*p* en el litio metálico.

La parte oscura de la Figura 23.2 muestra la superposición de las bandas y no la ocupación electrónica. De hecho, las bandas formadas por *N* átomos de Li consistirían de niveles de energía 4*N* (con una capacidad máxima de 8*N* electrones) y contendrían *N* electrones. Por consiguiente, la banda combinada estaría llena en un octavo.

Si no ocurriera la superposición de la banda, el berilio no conduciría la electricidad. La configuración electrónica del Be es $1s^2\ 2s^2$ y, por consiguiente, la banda 2*s* (la banda de valencia) del Be está llena. Sin embargo, la banda 2*s* del Be está cubierta por una banda vacía 2*p* (una banda de conducción). El berilio es un conductor metálico debido a que la banda combinada, resultante de la superposición de las bandas 2*s* y 2*p*, está llena sólo en una cuarta parte.

La Figura 23.2 también muestra una banda angosta producida por la interacción de los orbitales 1*s* del Li. Puesto que el orbital 1*s* está lleno en el átomo de litio, la banda 1*s* está llena. Estos electrones no afectan el enlace en forma apreciable. Están estrechamente unidos por el núcleo de litio y forman parte de los iones positivos que forman la estructura del cristal. La banda 1*s* no está superpuesta por otra banda en el cristal de Li. Por el contrario, ésta está separada de la banda 2*s*-2*p* por **una zona energética prohibida.** Ningún electrón en el litio tiene la energía que lo pueda colocar en esta zona prohibida. Los electrones en la banda llena 1*s* no tienen energías lo suficientemente altas como para atravesar la zona prohibida y entrar en la banda 2*s* - 2*p*, donde podrían contribuir al enlace y a la conductividad del Li.

Por consiguiente, en un cristal metálico los electrones de valencia están sostenidos por todos los átomos del cristal y son muy móviles. La banda de valencia que puede estar sólo parcialmente llena, está cubierta por una banda de conducción sin llenar. La transferencia de un electrón a un nivel superior dentro de una banda requiere la

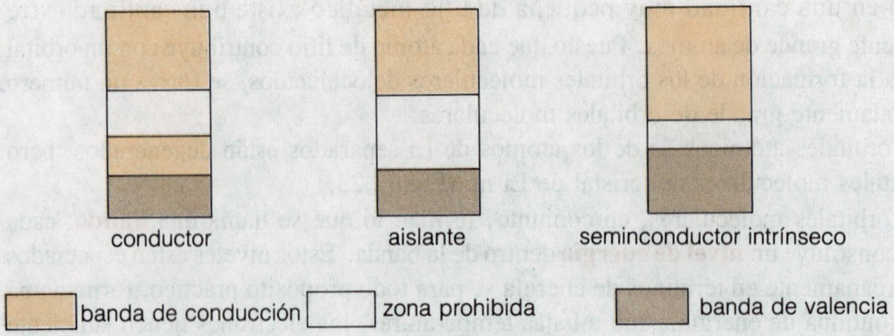

Figura 23.3 Diagrama de los niveles de energía de banda para tres tipos de sólidos.

adición de muy poca energía, puesto que los niveles están bastante juntos. Así, los electrones de valencia de un metal pueden desplazarse a niveles superiores absorbiendo luz de un amplio intervalo de longitudes de onda. Cuando estos electrones caen a niveles de menor energía, irradian luz. La apariencia lustrosa de los metales proviene de estas transiciones electrónicas.

Los electrones que se mueven libremente en un cristal metálico explican las altas conductividades térmicas y elétricas de los metales. Los electrones de valencia de un metal absorben calor como energía cinética y la transfieren rápidamente a todas las partes del metal, puesto que su movimiento es relativamente libre.

Los diagramas de los niveles de energía para *conductores, aislantes y semiconductores intrínsecos* se muestran en la Figura 23.3. En el diagrama para un **conductor** (tal como Li), la banda de valencia (de orbitales 2*s*) es superpuesta por una banda de conducción vacía (de orbitales 2*p*). Estas dos bandas están separadas de una vacía, la banda de conducción superior (derivada de orbitales de tercer nivel), por una zona de energía prohibida.

La conducción eléctrica ocurre debido al movimiento de los electrones dentro de la banda de conducción inferior. No hay necesidad de suministrar la energía requerida para unir la zona prohibida y usar la banda de conducción de arriba.

Sin embargo, el diagrama para el **aislante** muestra una banda de valencia completamente llena que está ampliamente separada de una banda de conducción por una zona de energía prohibida. El movimiento de los electrones y, por lo tanto, la conductividad eléctrica es sólo posible si se proporciona energía para promover los electrones a través de zonas comparativamente grandes a la banda de conducción. Normalmente, no ocurre tal promoción, y de ahí que las conductividades de los aislantes sean extremadamente bajas.

Un **semiconductor intrínseco** es un material que posee baja conductividad eléctrica que es intermedia entre la de un conductor y un aislante. Esta conductividad aumenta marcadamente con el aumento de la temperatura. Para un semiconductor, la zona prohibida es lo suficientemente estrecha como para que los electrones pueden ser promovidos de la banda de valencia a la banda de conducción mediante el calor (Figura 23.3). Los espacios dejados por la extracción de electrones de la banda de valencia permiten a los electrones permanecer en la banda de valencia para moverse bajo la influencia de un campo eléctrico. La conducción ocurre a través del movimiento de electrones de valencia, como también en la banda de conducción.

La conductividad eléctrica de un metal no depende de la excitación térmica de los electrones. Mientras que la conductividad de un semiconductor intrínseco aumenta con aumentos de temperatura, la conductividad eléctrica de un metal disminuye con el aumento de temperatura. Presumiblemente, el aumento de temperatura hace que aumenten las vibraciónes de los iones metálicos de la red cristalina, la cual a su vez impide el flujo de los electrones conducidos.

Partícula de silicio semiconductor. *Intel Corporation.*

23.2 Semiconductores

El silicio y el germanio puro actúan como semiconductores intrínsecos. Ambos elementos cristalizan en una estructura reticular del tipo del diamante, en la cual cada átomo está unido a otros cuatro (Figura 9.12). A temperatura ambiente, la conductividad del silicio o el germanio es extremadamente baja, puesto que los electrones están fijos por el enlace al cristal. Sin embargo, a elevadas temperaturas el enlace del cristal comienza a romperse; los electrones se liberan y están en capacidad de moverse a través de la estructura, haciendo por consiguiente que aumente la conductividad.

La adición de pequeñas trazas de ciertas impurezas al silicio o germanio favorece la conductividad de estos materiales y produce lo que se llaman **semiconductores extrínsecos** (o **con impurezas**). Por ejemplo, si se añade boro al silicio puro en la proporción de un átomo de B por un millón de átomos de silicio, la conductividad aumenta por un factor de aproximadamente cien mil (de $4 \times 10^{-6}/(\Omega\cdot\text{cm})$ a $0.8/\Omega\cdot\text{cm}$) a temperatura ambiente). Cada átomo de silicio tiene cuatro electrones de valencia que se utilizan en el enlace de la estructura reticular. Sin embargo, un átomo de boro tiene sólo tres electrones de valencia. Por esto, un átomo de B que asume una posición de un átomo de silicio en el cristal puede formar sólo tres de los cuatro enlaces requeridos para una red perfecta, y se introduce un vacío de un electrón (o hueco). Un electrón de un átomo cercano puede mudarse a este espacio, completando así los cuatro enlaces sobre el átomo de B, pero dejando al mismo tiempo un hueco en la posición original del electrón. En esta forma los electrones se mueven a través de la estructura y los huecos se orientan en la dirección opuesta a la de los electrones de conducción.

Este tipo de semiconductor extrínseco, en el cual los huecos facilitan el movimiento del electrón, se llama **semiconductor del tipo -p** y la *p* representa la parte positiva. Sin embargo, el término es algo confuso, puesto que el cristal, el cual se forma enteramente de átomos neutros, es eléctricamente neutro. La estructura es deficiente de electrones, sólo con respecto a los requerimientos de enlace covalente de la red; nunca tiene un exceso de carga positiva.

Además del boro, pueden agregarse otros elementos del grupo III A (Al, Ga o In) en pequeñas cantidades al silicio o al germanio puro para producir semiconductores

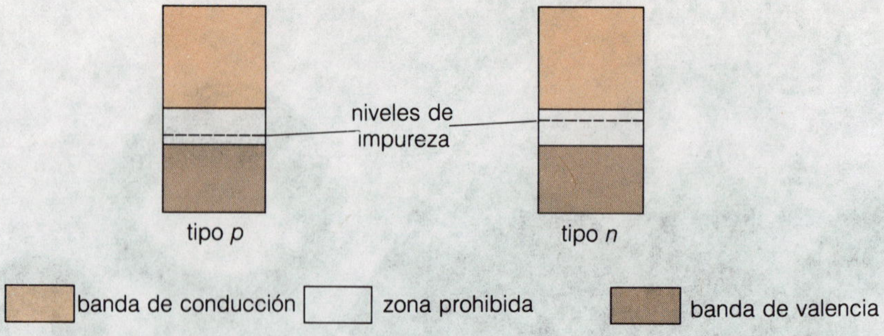

Figura 23.4 Diagramas de los niveles de energía de la banda para semiconductores extrínsecos.

de tipo *-p*. Las impurezas que deben su efecto a su capacidad para aceptar electrones mediante los orificios que producen en la red del cristal se conocen como **impurezas aceptoras.**

El diagrama para el nivel de energía de la banda para los semiconductores tipo *-p* aparece en la Figura 23.4.

Los espacios vacíos electrónicos son los responsables por la adición de niveles de impurezas *vacíos,* justamente por encima de la banda de valencia llena, a un diagrama que en otra forma sería característico de un semiconductor intrínseco. La promoción de electrones de la banda de valencia a los niveles desocupados de impurezas, requiere la adición de comparativamente poca energía, y la conducción ocurre en esta forma. Cuando se agregan trazas de los elementos del grupo V A (P, As, Sb, o Bi) al silicio o germanio, se produce un segundo tipo de semiconductor extrínseco conocido como un **semiconductor de tipo *-n*,** la *n* representa lo negativo. En este caso, cada átomo de impureza tiene cinco electrones de valencia —uno más que el requerido por el enlace del cristal huésped. El electrón extra puede moverse por la estructura y actúa como un electrón de conducción. Las impurezas de este tipo se conocen como **impurezas donadoras,** puesto que proporcionan electrones de conducción. El semiconductor de tipo *-n* es negativo sólo en el sentido peculiar de que están presentes más electrones de los que se requieren para el esquema de enlace del cristal; la sustancia es eléctricamente neutra.

El diagrama del nivel de energía para un semiconductor de tipo *-n* aparece en la Figura 23.4. Los niveles impuros llenos se introducen justamente debajo de la banda de conducción vacía añadiéndose impurezas donadoras. Los electrones de estos niveles son excitados fácilmente a la banda de conducción por calentamiento, y en esta forma se realiza la conducción. Los semiconductores se usan transistores y pilas fotoeléctricas.

23.3 Propiedades físicas de los metales

Las densidades de los metales muestran una amplia variación. De todos los elementos *sólidos,* el litio tiene la densidad más baja y el osmio la más alta. Sin embargo, la mayoría de los metales tienen densidades relativamente altas en comparación con las densidades de los sólidos no metálicos. Los metales de los grupos I A y II A que son llamados *metales ligeros,* son excepciones notables a esta generalización. La disposición en empaquetamiento de los átomos de la mayoría de los cristales metálicos ayuda a explicar las altas densidades relativas de la mayoría de los metales.

En la Figura 23.5, las densidades de los metales de cuarto, quinto y sexto periodo se representan en función del número del grupo. Cada curva alcanza un máximo aproximadamente en el grupo VIII (Fe, Ru y Os). Esta tendencia refleja la del radio

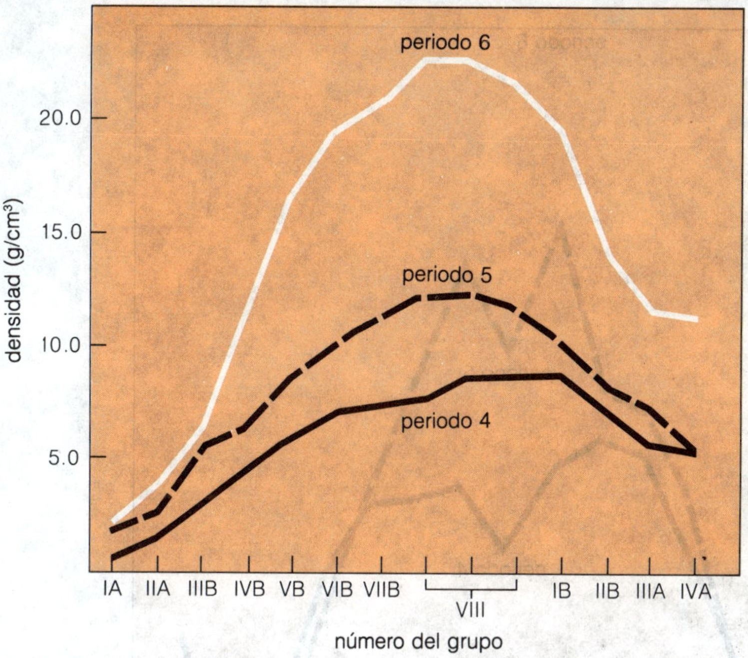

Figura 23.5 Densidades de los metales de los periodos cuarto, quinto y sexto.

atómico. El radio atómico de los metales de cada periodo alcanza un *mínimo* en este punto y las densidades alzanzan un **máximo.** Los metales del grupo I A tienen el mayor radio atómico y las masas atómicas más pequeñas de sus periodos; estos factores se acoplan con sus estructuras cristalinas para darles bajas densidades comparativas.

Los temperataras de fusión y ebullición de los no metales muestan variaciones extremas —desde los valores muy bajos de los elementos gaseosos (tales como el hidrógeno y el helio) hasta los valores extremadamente altos de los elementos que cristalizan en redes cristalinas covalentes (tales como el diamante y el boro). Existe considerable variación en los puntos de fusión y ebullición de los metales, pero, naturalmente, no se observan los bajos valores típicos de los no metales gaseosos. En general, la mayoría de los metales poseen puntos de fusión y de ebullición comparativamente altos.

En la Figura 23.6, se trazan los puntos de fusión de los metales del cuarto, quinto y sexto período contra el número atómico. La característica sobresaliente de las curvas es el máximo que aparece aproximadamente en el centro de cada uno. Las curvas para el punto de ebullición, la entalpía de fusión, la entalpía de vaporización y la dureza, tienen aproximadamente la misma apariencia. Para un periodo dado, la fuerza del enlace metálico debe alcanzar un máximo alrededor del centro de la serie de transición.

La fuerza del enlace metálico está, naturalmente, relacionada con el número de electrones delocalizados por átomos utilizados en el enlace. Si contamos solamente los electrones *ns*, *np* y los electrones impares $(n-1)d$ de un metal como los electrones de enlace, obtenemos un orden que se aproxima al de las propiedades que estamos considerando. Este análisis es una simplificación decidida. Están involucrados otros factores, tales como radio atómico, carga nuclear y tipo de cristalización.

La deformabilidad, el lustre, la conductividad térmica y eléctrica, son las propiedades más características del enlace metálico y del estado metálico. La alta conductividad eléctrica, la cual se mide en unidades de $1/(\Omega \cdot cm)$, es característica de los metales*.

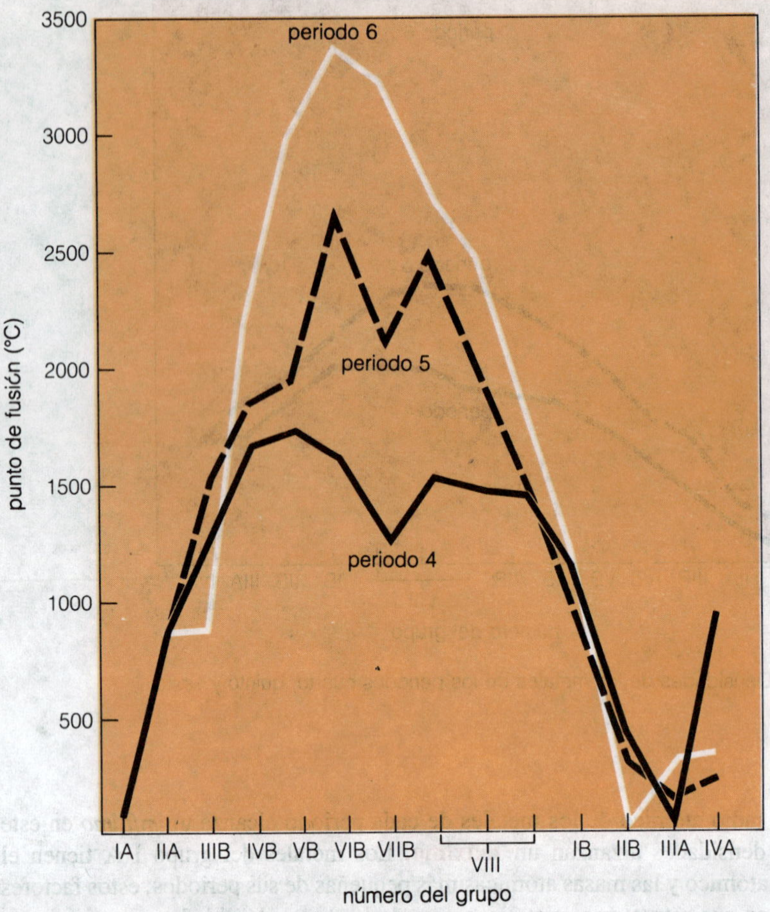

Figura 23.6 Punto de fusión de los metales del cuarto, quinto y sexto período.

Se han observado los siguientes intervalos de conductividades eléctricas, medidas a 25°C:

1. *Metales:* 10^4 a $10^6/(\Omega\cdot cm)$
2. *Semiconductores:* 10^{-5} a $10/(\Omega\cdot cm)$
3. *No metales o aislantes:* 10^{-12} a $10^{-10}/(\Omega\cdot cm)$

---

*Según la ley de Ohm, $\mathcal{E} = IR$, donde $\mathcal{E}$ es la diferencia de potencial en voltios (V), I es la corriente en amperes (A), y R es la resistencia en ohms (Ω). Por tanto $I = \mathcal{E}/R$, y cuando la diferencia de potencial es 1 V, la corriente eléctrica es igual a $1/R$, un valor llamado conductancia.

$$conductancia = 1/R$$

La conductancia de un alambre metálico varía directamente con el área de la sección transversal del alambre (a voltaje constante, fluirá más electricidad a través de un alambre más grueso que de uno más delgado) e inversamente a la longitud del alambre[1]:

$$conductancia = ka/l,$$

donde k es una constante de proporcionalidad, llamada constante de *conductividad,* y es igual a la conductancia de un centro de 1 cm^3 del metal (área de sección transversal de 1 cm^2 y 1 cm de longitud). Así:

$$conductancia = 1/R = ka/l,$$
$$k = l/Ra,$$

Si l se mide en cm y a en cm^2, k tiene las unidades de $1/(\Omega\cdot cm)$.

Tabla 23.1 Conductividades eléctricas de los metales a 0°C en unidades de $10^4/(\text{Ohm}\cdot\text{cm})$

Li 11.8	Be 18													
Na 23	Mg 25											Al 40		
K 15.9	Ca 23	Sc	Ti 1.2	V 0.6	Cr 6.5	Mn 20	Fe 11.2	Co 16	Ni 16	Cu 65	Zn 18	Ga 2.2		
Rb 8.6	Sr 3.3	Y	Zr 2.4	Nb 4.4	Mo 23	Tc	Ru 8.5	Rh 22	Pd 10	Ag 66	Cd 15	In 12	Sn 10	Sb 2.8
Cs 5.6	Ba 1.7	La 1.7	Hf 3.4	Ta 7.2	W 20	Re 5.3	Os 11	Ir 20	Pt 10	Au 49	Hg 4.4	Tl 7.1	Pb 5.2	Bi 1

Las conductividades de algunos metales aparecen en la Tabla 23.1. Los metales del grupo I B (cobre, plata y oro) son conductores eléctricos sobresalientes. Excepto por las similitudes en la posición relativa de los elementos del mismo grupo dentro de un periodo, las tendencias son difíciles de discernir. En general, las conductividades térmicas son paralelas a las eléctricas.

La mayoría de los metales son altamente deformables. Son **maleables,** capaces de ser convertidos en formas nuevas, y son **dúctiles,** se pueden convertir en alambres. El carácter no direccional de los enlaces metálicos explica la facilidad con la que los planos de los átomos del metal se desplazan uno bajo otro bajo la tensión, y así se explica por qué un cristal metálico puede deformarse sin destruirse. Cuando se desplazan los planos de un cristal iónico (Figura 9.11), la nueva alineación hace que los iones de la misma carga se aproximen, esto trae como resultado la ruptura del cristal. Las redes cristalinas covalentes son deformadas sólo por ruptura de los enlaces covalentes del cristal, proceso que también resulta en la fragmentación del cristal.

23.4 Distribución natural de los metales

Un mineral es un material que se halla en forma natural y del cual pueden extraerse uno o más metales para su utilización. Los principales tipos de minerales y ejemplos de cada uno aparecen en la Tabla 23.2. Unos cuantos de los metales menos reactivos se encuentran en la naturaleza en forma elemental; para muchos de estos metales los **minerales naturales** constituyen la fuente más importante. El mayor tonelaje de metales se obtiene de los óxidos: bien sea minerales de óxidos u óxidos metálicos que son producidos tostando minerales de carbonatos o de sulfuros.

Los minerales de silicatos abundan en la naturaleza. Sin embargo, la extracción de metales de los silicatos es difícil, y el costo de tales procesos puede ser prohibitivo. Por consiguiente, sólo los metales menos comunes se obtienen comercialmente de minerales de silicatos. En general, los minerales fosfatados son raros y se presentan en bajas concentraciones.

Varios metales se presentan como impurezas en los minerales de otros metales, así que ambos metales se obtienen de la misma operación comercial. Por ejemplo, el metal cadmio se obtiene como un subproducto en la producción del cinc.

Tabla 23.2 Distribución de los metales

Tipo de mineral	Ejemplos
metales naturales	Cu, Ag, Au, As, Sb, Bi, Pd, Pt
óxidos	Al_2O_3, Fe_2O_3, Fe_3O_4, SnO_2, MnO_2, TiO_2, $FeO \cdot Cr_2O_3$, $FeO \cdot WO_3$, Cu_2O, ZnO
carbonatos	$CaCO_3$, $CaCO_3 \cdot MgCO_3$, $MgCO_3$, $FeCO_3$, $PbCO_3$, $BaCO_3$, $SrCO_3$, $ZnCO_3$, $MnCO_3$, $CuCO_3 \cdot Cu(OH)_2$, $2\,CuCO_3 \cdot Cu(OH)_2$
sulfuros	Ag_2S, Cu_2S, CuS, PbS, ZnS, HgS, $FeS \cdot CuS$, FeS_2, Sb_2S_3, Bi_2S_3, MoS_2, NiS, CdS
haluros	NaCl, KCl, AgCl, $KCl \cdot MgCl_2 \cdot 6H_2O$, NaCl y $MgCl_2$ y agua de mar
sulfatos	$BaSO_4$, $SrSO_4$, $PbSO_4$, $CaSO_4 \cdot 2\,H_2O$, $CuSO_4 \cdot 2\,Cu(OH)_2$
silicatos	$Be_3AlSi_6O_{18}$, $ZrSiO_4$, $Sc_2Si_2O_7$, ($NiSiO_3$, $MgSiO_3$)[a]
fosfatos	[$CePO_4$, $LaPO_4$, $NdPO_4$, $PrPO_4$, $Th_3(PO_4)_4$][a], $LiF \cdot AlPO_4$

[a]Se presentan en un solo mineral y sin proporción fija.

Los minerales, tal como se extraen, contienen generalmente cantidades variables de materiales indeseables (tales como sílice, arcillas y granito) los cuales se llaman **ganga**. La concentración del metal deseado debe ser suficientemente alta como para hacer que su extracción sea químicamente posible y económicamente competitiva.

Los minerales de baja concentración se trabajan sólo si pueden ser elaborados con comparativa facilidad y poco costo, o si el producto metálico escasea y es valioso. La concentración requerida varía grandemente de un metal a otro. Para el aluminio o el hierro, debe ser del 30% o más, para el cobre puede ser del 1% o menos.

23.5 Metalurgia: tratamiento preliminar de los minerales

La metalurgia es la ciencia que trata sobre la extracción de los metales a partir de sus minerales y su preparación para ser usados.

Los procedimientos metalúrgicos se pueden dividir convenientemente en tres operaciones principales: 1. **Tratamiento preliminar,** en el cual el componente deseado del mineral se concentra, se eliminan las impurezas específicas y/o el mineral se coloca en un forma adecuada para su tratamiento subsiguiente. 2. **Reducción,** en cual el compuesto metálico se reduce a metal libre. 3. **Refinación,** en la cual el metal se purifica y, en algunos casos, se añaden sustancias para obtener ciertas propiedades deseadas en el producto final. Debido a los problemas que presenta cada etapa, varían de un metal a otro, existen muchos procesos metalúrgicos diferentes.

El procesamiento de muchos minerales requiere como primer paso la eliminación de la mayoría de la ganga. Tales procedimientos de **concentración,** los cuales por lo general se efectúan en minerales que se han triturado y pulverizado, se pueden basar en las propiedades físicas o químcas. Las **separaciones físicas** se basan en las diferencias entre las propiedades fisicas del mineral y la ganga. Así, mediante el lavado con agua, pueden separarse las partículas de impurezas de rocas de las partículas minerales más pesadas. Esta separación puede realizarse sacudiendo el mineral triturado en una corriente de agua sobre una mesa inclinada; las partículas minerales más pesadas se asientan en el fondo y se recogen. Existen adaptaciones para este proceso.

Flotación de espuma utilizada para concentrar el mineral de cobre. *Freeport-McMoRan Inc.*

La **flotación** es un método de concentración aplicado a muchos minerales, especialmente los de cobre, plomo y cinc. El mineral finamente triturado se mezcla con un aceite adecuado y con agua en grandes tanques. Las partículas del mineral son humedecidas por el aceite, mientras que las partículas de la ganga son humedecidas por el agua. La agitación de la mezcla con aire produce una espuma que contiene el aceite mineral y las partículas. Esta espuma flota sobre el agua y luego se separa y recoge.

Separación magnética, se emplea para separar el Fe_3O_4 (el mineral magnetita) de la ganga. El mineral se tritura y se usan electroimanes para atraer las partículas de Fe_3O_4, que son ferromagnéticas.

La separación de los metales libres de los minerales naturales puede considerarse un tipo de concentración. Ciertos metales, tales como bismuto y cobre naturales, se calientan a temperaturas ligeramente por encima del punto de fusión del metal y el metal líquido se vierte para separarlo de la ganga. El proceso se llama **licuación.**

El mercurio se disuelve en plata y oro para formar lo que se llaman **amalgamas.** Luego, los minerales nativos de plata y oro se tratan con mercurio, se recoge la amalgama líquida resultante y la plata o el oro son recuperados de la amalgama, destilando el mercurio.

Las propiedades químicas de los minerales son la base de las **separaciones químicas.** Un ejemplo importante es el **método de Bayer** para obtener óxido de aluminio puro del mineral bauxita. Debido a que el hidróxido de aluminio es anfótero, la alumina se disuelve separándose de las impurezas del mineral (principalmente el óxido férrico y los silicatos) por tratamiento del mineral triturado con solución de hidróxido de sodio caliente:

$$Al_2O_3(s) + 2OH^-(ac) + 3H_2O \longrightarrow 2Al(OH)_4^-(ac)$$

La solución de aluminato de sodio se filtra y se enfría, su pH se ajusta bajándolo por dilución y/o por neutralización con dióxido de carbono, de forma que se precipite el hidróxido de aluminio. El óxido de aluminio puro, listo para la reducción, se obtiene calentando el hidróxido de aluminio:

$$2\,Al(OH)_3(s) \longrightarrow Al_2O_3(s) + 3\,H_2O(g)$$

El primer paso en la extracción del magnesio del agua de mar es una concentración química. El Mg^{2+} en agua de mar (aproximadamente 0.13%) se precipita como hidróxido de magnesio tratando el agua de mar con una suspensión de hidróxido de calcio. El hidróxido de calcio se obtiene del CaO que se produce tostando caparazones de los ostras ($CaCO_3$):

$$CaCO_3(s) \xrightarrow{calor} CaO(s) + CO_2(g)$$
$$CaO(s) + H_2O \longrightarrow Ca(OH)_2(s)$$
$$Mg^{2+}(ac) + Ca(OH)_2(s) \longrightarrow Mg(OH)_2(s) + Ca^{2+}(ac)$$

El hidróxido de magnesio se convierte en cloruro de magnesio mediante la reacción con ácido clorhídrico y el cloruro de magnesio en solución se evapora para producir $MgCl_2$ seco, necesario para la reducción electrolítica.

Los componentes metálicos de algunos minerales se pueden obtener por **lixiviación.** Así, los carbonatos de bajo grado y los minerales de óxidos de cobre pueden tratarse con ácido sulfúrico diluido.

$$CuO(s) + 2H^+(ac) \longrightarrow Cu^{2+}(ac) + H_2O$$
$$CuCO_3(s) + 2H^+(ac) \longrightarrow Cu^{2+}(ac) + CO_2(g) + H_2O$$

y las soluciones de sulfato de cobre resultante pueden someterse directamente a electrólisis.

Los minerales de oro y plata son tratados con soluciones de cianuro de sodio en la presencia del aire, debido a que estos metales forman iones complejos muy estables con el ion cianuro. Para la plata nativa, la argentita (Ag_2S) y la cerargirita (AgCl), las reacciones son:

$$4Ag(s) + 8CN^-(ac) + O_2(g) + 2H_2O \longrightarrow 4Ag(CN)_2^-(ac) + 4OH^-(ac)$$
$$Ag_2S(s) + 4CN^-(ac) \longrightarrow 2Ag(CN)_2^-(ac) + S^{2-}(ac)$$
$$AgCl(s) + 2CN^-(ac) \longrightarrow Ag(CN)_2^-(ac) + Cl^-(ac)$$

Después de la concentración, muchos minerales se **tuestan** en presencia del aire. Los minerales de sulfuros de los metales menos reactivos se reducen directamente a metal libre calentándolos (Sección 23.6). Sin embargo, la mayoría de los minerales sulfurados, como también los minerales carbonatados se convierten en óxidos al ser tostados.

$$2\,ZnS(s) + 3\,O_2(g) \longrightarrow 2\,ZnO(s) + 2\,SO_2(g)$$

$$PbCO_3(s) \longrightarrow PbO(s) + CO_2(g)$$

Los metales libres se obtienen más rapido de los óxidos que de los sulfuros o carbonatos.

23.6 Metalurgia: reducción

Las mayores cantidades de metales, así como también el mayor número de metales, se producen por **operaciones de fusión** —proceso de reducción a altas temperaturas en los cuales el metal por lo general se recoge en estado fundido.

En la mayoría de estos procesos, se usa un **fundente** (tal como carbonato cálcico, $CaCO_3$) para remover la ganga que permanece después de la concentración del mineral. El fundente forma una **escoria** con el dióxido de silicio e impurezas de silicatos; las ecuaciones simplificadas para la caliza y el dióxido de silicio son:

$$CaCO_3(s) \longrightarrow CaO(s) + CO_2(g)$$

$$CaO(s) + SiO_2(s) \longrightarrow CaSiO_3(l)$$

La escoria, que es un líquido a las temperaturas de fusión, generalmente flota sobre el metal fundido y se separa fácilmente de él.

El agente reductor empleado para una operación de fusión es el material menos costoso pero capaz de dar un producto con la pureza requerida. Para los minerales de los metales de baja reactividad —por ejemplo, los minerales de sulfuros, de mercurio, de cobre y de plomo— no se requiere un agente químico. El mercurio se produce tostando el cinabrio en el aire (HgS).

$$HgS(s) + O_2(g) \longrightarrow Hg(g) + SO_2(g)$$

Los vapores de mercurio se condensan en un recipiente y no requieren más purificación.

Los minerales de sulfuro de cobre, después de la concentración por flotación, son convertidos en un material llamado **mata,** el cual es esencialmente sulfuro cuproso, Cu_2S. Después, la mata se reduce haciendo pasar aire a través del material fundido.

$$Cu_2S(l) + O_2(g) \longrightarrow 2\,Cu(l) + SO_2(g)$$

Cualquier óxido cuproso que se forme en estos procesos se reduce por agitación del metal fundido con postes de madera sin curar. El cobre producido por este método (cobre esponjoso) es cerca del 99% puro y se refina por electrólisis.

Los minerales del sulfuro de plomo (galena) están sometidos a la operación de tostado, en la cual una parte del sulfuro de plomo, PbS, se convierte en óxido y sulfato de plomo:

$$2\,PbS(s) + 3\,O_2(g) \longrightarrow 2\,PbO(s) + 2\,SO_2(g)$$

$$PbS(s) + 2\,O_2(g) \longrightarrow PbSO_4(s)$$

La mezcla resultante de PbS, PbO y $PbSO_4$, junto con los fundentes se funde en ausencia del aire. Las reacciones, en las cuales el azufre se oxida y el plomo se reduce, son:

$$PbS(s) + 2\,PbO(s) \longrightarrow 3\,Pb(l) + SO_2(g)$$

$$PbS(s) + PbSO_4(s) \longrightarrow 2\,Pb(l) + 2\,SO_2(g)$$

También se produce alguna cantidad de plomo por tostación del PbO con coque. El óxido de plomo se obtiene por tostación del mineral de sulfuro en un exceso de aire, de tal forma que se obtiene una conversión total hasa el óxido.

El hierro, cinc, estaño, cadmio, antimonio, níquel, cobalto, molibdeno, plomo y otros metales, se producen por **reducción de los óxidos con carbono,** los cuales se obtienen como minerales o como los productos de la operación de tostación.

Las reacciones que ocurren a una temperatura elevada por reducción con carbono son complejas. En la mayoría de los casos, la reducción se efectúa principalmente por el monóxido de carbono y no por el carbono. Puesto que ambos minerales y el coque son sólidos que no se funden fácilmente, el contacto entre ellos es pobre y la reacción directa lenta:

$$MO(s) + C(s) \longrightarrow M(l) + CO(g)$$

(M se refiere al metal). Sin embargo, un gas y un sólido facilitan mejor contacto y reaccionan con más facilidad:

$$2\,C(s) + O_2(g) \longrightarrow 2\,CO(g)$$

$$MO(s) + CO(g) \longrightarrow M(l) + CO_2(g)$$

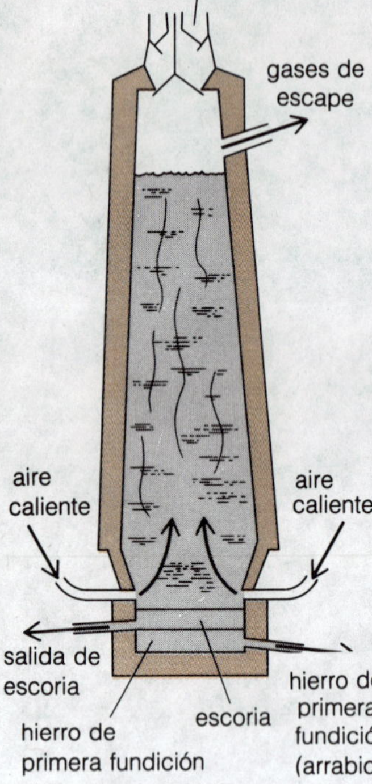

Figura 23.7. Diagrama de un horno de fundición (esquema).

El dióxido de carbono que se produce se convierte en monóxido de carbono mediante reacción con coque:

$$C(s) + CO_2(g) \longrightarrow 2\,CO(g)$$

El metal más importante comercialmente, el hierro, se produce por reducción con carbono en un **horno de fundición** diseñado para operar continuamente (Figura 23.7). El mineral, el coque y el carbonato cálcico se colocan en la parte superior del horno y se inyecta aire caliente, el cual algunas veces se enriquece con oxígeno, por la base del horno. El aire de entrada reacciona con el carbono para formar monóxido de carbono y liberar considerables cantidades de calor; en este punto, la temperatura del horno es la más elevada (aproximadamente 1500°C).

El mineral de hierro (generalmente Fe_2O_3) se reduce en etapas que dependen de la temperatura. Cerca de la parte superior del horno, donde la temperatura es la más baja, el producto de la reducción es Fe_3O_4:

$$3\,Fe_2O_3(s) + CO(g) \longrightarrow 2\,Fe_3O_4(s) + CO_2(g)$$

El Fe_3O_4 que desciende se reduce a FeO en la parte baja, la zona más caliente:

$$Fe_3O_4(s) + CO(g) \longrightarrow 3\,FeO(s) + CO_2(g)$$

En la zona más caliente tiene lugar la reducción a hierro metálico:

$$FeO(s) + CO(g) \longrightarrow Fe(l) + CO_2(g)$$

El hierro fundido se recoge en la base del horno. La escoria fundida, principalmente silicato de calcio producido por la acción del fundente sobre la ganga, también se recoge por la base. La escoria flota sobre el hierro fundido, protegiendo así el metal de la oxidación por la entrada de aire. La escoria y el hierro se extraen periódicamente. Los gases calientes del escape se utilizan para calentar el aire que entra.

El hierro impuro producido por el alto horno **(arrabio)** contiene hasta el 4% de carbono, 2% de silicio, algo de fósforo y trazas de azufre. En la preparación del acero (Sección 23.7), estas impurezas se eliminan o se ajustan sus concentraciones; además, se agregan ciertos ingredientes metálicos. La presencia de alguna cantidad de carbono en el acero es deseable y la cantidad de carbono en el producto final se controla fácilmente en el proceso de refinación.

La reducción de algunos óxidos mediante el carbono (por ejemplo, los de cromo, manganeso y tungsteno) forman productos que contienen una apreciable cantidad de carbono. Si estos metales se han de utilizar en la elaboración del acero, el contenido de carbono no interesa. Sin embargo, puesto que las impurezas de carbono son difíciles de extraer de muchos metales, la reducción con carbono no es un método satisfactorio para preparar éstos metales en forma pura. En tales casos, como también en aquellos en los que el carbono no afecte la reducción, los metales reactivos (tales como Na, Mg y Al) se pueden utilizar como agentes reductores. Los procesos que usan metales como agentes reductores son más costosos que los que emplean carbono, debido a que debe tenerse en cuenta el costo de producción de los metales usados como agentes reductores.

La reducción de un óxido mediante aluminio se llama **proceso de Goldschmidt** o **proceso termita:**

$$Cr_2O_3(s) + 2\,Al(s) \longrightarrow 2\,Cr(l) + Al_2O_3(l)$$

$$3\,MnO_2(s) + 4\,Al(s) \longrightarrow 3\,Mn(l) + 2\,Al_2O_3(l)$$

$$3\,BaO(s) + 2\,Al(s) \longrightarrow 3\,Ba(l) + Al_2O_3(l)$$

Las reacciones son muy exotérmicas y se producen metales fundidos. La reacción del Fe_2O_3 y el aluminio se utiliza a veces para la producción de hierro fundido en operaciones de soldadura, y es la base de las bombas incendiarias (termita). Otros óxidos reducidos comercialmente por metales incluyen: UO_3 (por Al ó Ca), V_2O_5 (por Al), Ta_2O_5 (por Na), MoO_3 (por Al), ThO_2 (por Ca), y WO_3 (por Al).

El **proceso Kroll** involucra la reducción de halogenuros metálicos (tales como $TiCl_4$, $ZrCl_4$, UF_4 y $LaCl_3$) por magnesio, sodio o calcio. En la producción del titanio, el tetracloruro de titanio se prepara por la reacción del dióxido de titanio, carbono y cloro. El cloruro es un líquido y se purifica fácilmente por destilación. El $TiCl_4$ purificado se pasa a través de magnesio o sodio fundido aproximadamente a 700°C bajo una atmósfera de argón o helio (lo cual evita la oxidación del producto):

$$TiCl_4(g) + 2\,Mg(l) \longrightarrow Ti(s) + 2\,MgCl_2(l)$$

La reacción de **desplazamiento de un metal** utiliza cinc para obtener plata y oro de las soluciones obtenidas de las operaciones de lixiviación :

$$2\,Ag(CN)_2^-(aq) + Zn(s) \longrightarrow 2\,Ag(s) + Zn(CN)_4^{2-}(aq)$$

La **reducción de hidrógeno** se usa para preparar algunos metales (a elevadas temperaturas) cuando la reducción con el carbono produce un producto no satisfactorio.

Los ejemplos son:

$$GeO_2(s) + 2\,H_2(g) \longrightarrow Ge(s) + 2\,H_2O(g)$$

$$WO_3(s) + 3\,H_2(g) \longrightarrow W(s) + 3\,H_2O(g)$$

$$MoO_3(s) + 3\,H_2(g) \longrightarrow Mo(s) + 3\,H_2O(g)$$

Pilas utilizadas para la producción de magnesio metálico mediante la electrólisis de $MgCl_2$ fundido. Las pilas funcionan a 700°C y con más de 100,000 A de corriente directa. Se requieren pesadas barras colectoras de cobre para suministrar energía eléctrica a las pilas, las grandes barras negras de grafito son ánodos. *Dow Chemical U.S.A.*

Los metales producidos por este método quedan como polvos. El germanio se funde y se convierte en lingotes, pero el tungsteno (wolframio) y el molibdeno tienen altos puntos de fusión. Se calientan y se golpean para que tomen forma compacta. El hidrógeno no puede utilizarse para reducir los óxidos de algunos metales debido a que se forman hidruros indeseables.

Los metales más reactivos se preparan por **reducción electrolítica** de compuestos fundidos. El sodio y el magnesio (como también otros metales I A y II A) se preparan por electrólisis de los cloruros fundidos. El cloruro de sodio se electroliza en una **pila de Downs** (Figura 23.8), la cual se ha diseñado para conservar los productos separados entre sí para que no reaccionen:

$$\text{ánodo:} \quad 2\,Cl^- \longrightarrow Cl_2(g) + 2e^-$$

$$\text{cátodo:} \quad e^- + Na^+ \longrightarrow Na(l)$$

El Al_2O_3 purificado se electroliza mediante el **proceso Hall** para producir aluminio (Figura 23.9). El óxido de aluminio se disuelve en criolita fundida, Na_3AlF_6, y conduce la corriente eléctrica. Las paredes o revestimientos de carbono de la pila sirven como cátodo y se usan ánodos de carbono. La reacción primaria en el ánodo puede considerarse la descarga de oxígeno de los óxidos iónicos. Sin embargo, el oxígeno reacciona con los ánodos de carbono de forma que las reacciones de la pila son:

$$\text{ánodo:} \quad C(s) + 2\,O^{2-} \longrightarrow CO_2(g) + 4e^-$$

$$\text{cátodo:} \quad 3e^- + Al^{3+} \longrightarrow Al(l)$$

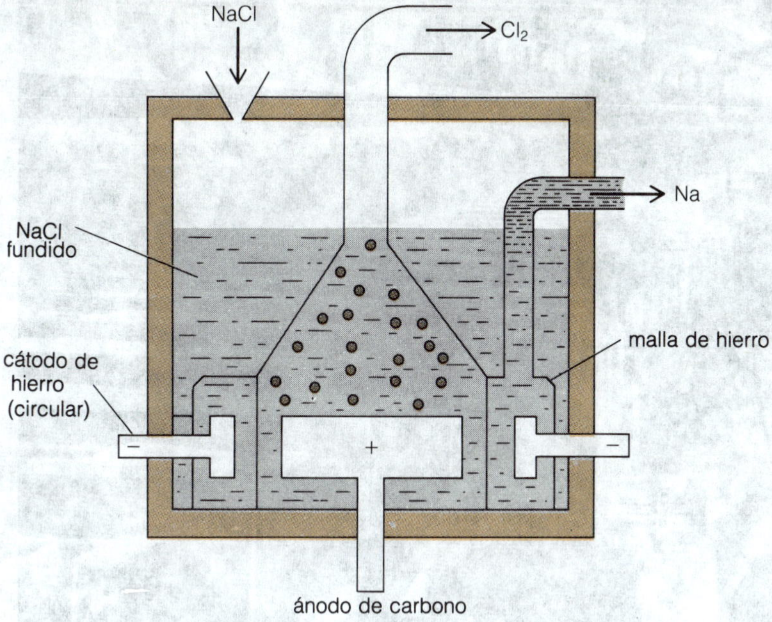

Figura 23.8 Diagrama esquemático de una pila Downs para la producción de sodio y cloro.

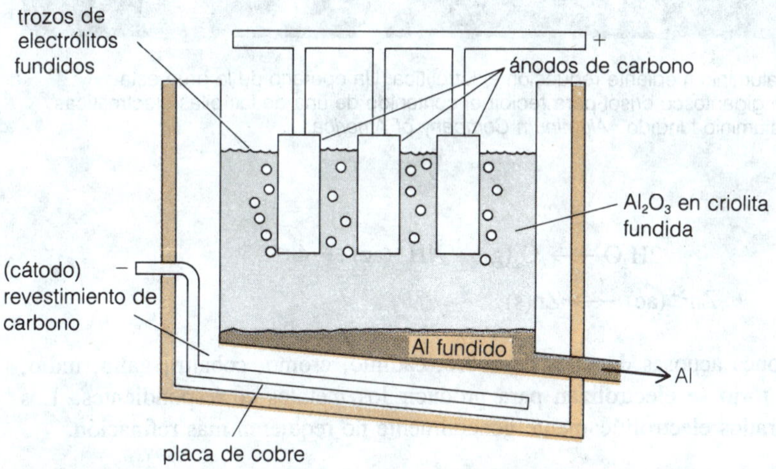

Figura 23.9 Diagrama esquemático de una pila electrolítica para la producción de aluminio.

El aluminio fundido recogido en la base de la pila se extrae periódicamente.

Algunos metales se preparan por la electrólisis de soluciones acuosas de sus sales. El sulfato de cinc muy puro se produce por la electrólisis de soluciones de sulfato de cinc. El sulfato de cinc se obtiene por tratamiento del óxido de cinc (obtenido de los minerales de sulfuro de cinc por tostación) con ácido sulfúrico. El ácido sulfúrico para el proceso se prepara del dióxido de azufre obtenido de la tostación del mineral de sulfuro:

Producción de aluminio mediante reducción electrolítica: Un operario de la grúa está manipulando un gigantesco crisol para recibir el contenido de una de las pilas electrolíticas que contienen aluminio fundido. *Aluminum Company of America.*

$$\text{ánodo:} \quad 2H_2O \longrightarrow O_2(g) + 4H^+(ac) + 4e^-$$

$$\text{cátodo:} \quad 2e^- + Zn^{2+}(ac) \longrightarrow Zn(s)$$

Las soluciones acuosas de sales de cobre, cadmio, cromo, cobalto, galio, indio, manganeso y torio se electrolizan para pròducir los metales correspondientes. Los metales preparados electrolíticamente generalmente no requieren más refinación.

23.7 Metalurgia: refinación

La mayoría de los metales obtenidos por operaciones de reducción requieren refinación para eliminar impurezas objetables. Los procesos de refinación varían mucho de un metal a otro, y para un metal dado el método empleado puede variar con el uso a que se destina el producto final. Junto con la eliminación de materiales que imparten propiedades indeseables al metal, la etapa de refinación puede incluir la adición de sustancias para dar al producto las características deseadas. Algunos procesos de refinación están destinados a recuperar impurezas metálicas valiosas, tales como oro, plata y platino.

El estaño crudo, el plomo y el bismuto se purifican por **licuación.** Los lingotes de los metales impuros se colocan encima de un fogón inclinado que se mantiene a temperatura ligeramente por encima del punto de fusión del metal. El metal funde y fluye hacia abajo por el fogón inclinado hacia un pozo, dejando atrás las impurezas sólidas. Algunos metales de bajo punto de ebullición, tales como el cinc y mercurio, se purifican por **destilación.**

El **proceso Parkes** para la refinación del plomo, que también es un método de concentración para la plata, depende de la selectiva disolución de la plata en cinc fundido. Se añade una pequeña cantidad de cinc (1 a 2%) al plomo fundido que contiene plata como una impureza. La plata es mucho más soluble en cinc que en plomo; el plomo y el cinc son insolubles entre sí. Por esto, la mayoría de la plata se concentra en el cinc, que asciende sobre el plomo fundido. La capa de cinc se solidifica primero por enfriamiento y es extraida. La plata se obtiene volviendo a fundir la capa de cinc y destilando el cinc, el cual se recoge y se vuelve a usar.

El **proceso Van Arkel,** se basa también en la descomposición térmica de un compuesto metálico. El método que se usa para la purificación del titanio, hafnio y circonio, comprende la descomposición de un yoduro metálico sobre un filamento metálico caliente. Por ejemplo, el circonio impuro se calienta con una cantidad limitada de yodo en un aparato de vidrio al vacío:

$$Zr(s) + 2\,I_2(g) \longrightarrow ZrI_4(g)$$

El tetrayoduro de circonio gaseoso se descompone por contacto con un filamento caliente y el circonio metálico puro se deposita sobre el filamento:

$$ZrI_4(g) \longrightarrow Zr(s) + 2\,I_2(g)$$

El yodo regenerado reacciona con mas circonio. El proceso es muy costoso y se emplea para la preparación de cantidades limitadas de metales muy puros para usos especiales.

Otro proceso capaz de producir metales de muy alta pureza es **la refinación en zona.** Se ajusta un calentador circular alrededor de una varilla de un metal impuro, tal como germanio (Figura 23.10). El calentador, que se mueve lentamente hacia bajo por la varilla, funde una banda del metal. A medida que se mueve el calentador, el metal puro cristaliza de la fundación y las impurezas son arrastradas junto con la zona fundida hasta un extremo de la varilla, hasta que finalmente se las descarta. El calentador puede pasar más de una vez sobre la misma varilla.

La refinación electrolítica es un método importante y muy usado para la purificación. Muchos metales, incluyendo el cobre, estaño, plomo, oro, cinc, cromo y níquel, se refinan electrolíticamente. Se usan láminas de metal impuro como ánodos y el electrólito es una solución de una sal del metal. El metal puro se deposita en el cátodo. Para el cobre, se emplea el sulfato de cobre como electrólito y las reacciones de los electrodos son:

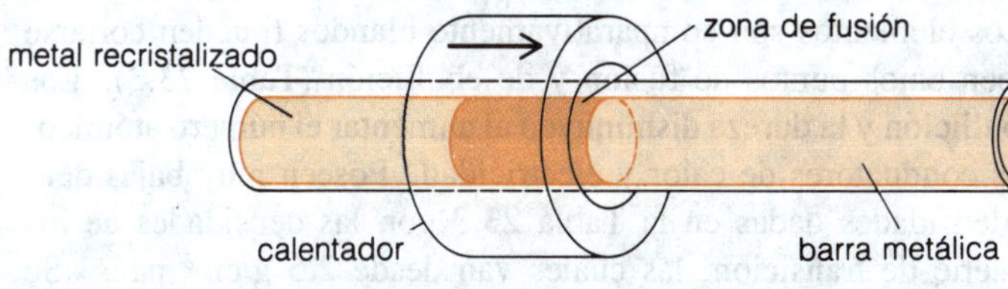

Figura 23.10 Diagrama esquemático de una refinación en zona

Hierro fundido procedente de un alto horno al ser vertido en un horno básico de oxígeno. *American Iron and Steel Institute.*

$$\text{ánodo:} \qquad Cu(s) \longrightarrow Cu^{2+}(ac) + 2e^-$$

$$\text{cátodo: } 2e^- + Cu^{2+}(ac) \longrightarrow Cu(s)$$

Los metales más reactivos que van en el ánodo de cobre crudo, tales como el hierro, se oxidan y pasan a la solución donde permanecen; ya que no son reducidos en el cátodo. Los metales menos reactivos, tales como la plata, el oro y el platino, no se oxidan. A medida que el ánodo de cobre se disuelve, caen a la base de la pila, donde se recupera como "lodos anódicos" muy valiosos.

Existen dos formas importantes para refinar el arrabio y convertirlo en acero. Las principales impurezas del arrabio son el carbono (procedente del coque añadido para reducir el mineral de hierro) y silicio, fósforo y azufre (del mismo mineral). En un proceso de refinación, estas impurezas se oxidan. El $CO(g)$ y el $CO_2(g)$ producidos del escape de C y los óxidos de Si, P y S (que son óxidos ácidos) son extraídos de la formación de escoria con óxido de calcio o mediante otros óxidos básicos:

$$CaO(s) + SiO_2(s) \longrightarrow CaSiO_3(l)$$

El óxido de calcio se forma por la descomposición del carbonato cálcico, $CaCO_3$, que se añade durante el proceso de refinación.

En el **proceso de fogón o solera abierto,** el arrabio, la escoria de hierro, el Fe_2O_3 y la piedra caliza son calentados en un horno poco profundo revestido con CaO ó MgO. Se hace pasar una corriente de aire caliente y combustible encendido por la carga derretida. Las impurezas son oxidadas por el óxido de hierro y el aire caliente. Como lleva de 8 a 10 horas producir una carga de acero, es fácil controlar la calidad del producto. Los metales de aleación (tales como el Mn, Cr, Ni, Mo, W y V) pueden ser añadidos antes de verter la carga.

La mayor parte del acero que se produce hoy en día se hace mediante el **proceso básico de oxígeno.** El arrabio fundido, la escoria y el $CaCO_3$ pulverizado se colocan en un convertidor revestido de óxidos básicos. Las impurezas son oxidadas por el oxígeno puro bajo una presión de 10 a 12 atm, que es suministrado a presión sobre la superficie de la carga fundida a través de una boquilla. La corriente de oxígeno y los productos de escape de la oxidación gaseosa mantienen la carga mezclada. Las reacciones son rápidas y altamente exotérmicas, de forma que no requiere calor externo para mantener la masa fundida. El proceso queda terminado en unos 20 a 50 minutos y rinde un producto de alta calidad.

23.8 Los metales del grupo I A

Los metales del grupo I A, llamados también **metales alcalinos** constituyen el grupo más reactivo de metales. Ninguno de estos elementos se halla libre en la naturaleza y todos pueden prepararse por la electrólisis de sales secas y fundidas. El elemento francio, $Z = 87$, se forma en ciertos procesos radioactivos naturales. Todos los isótopos del francio son radioactivos con vidas medias cortas y el elemento es extremadamente raro.

El grupo de elementos I A son metales plateados; el cesio tiene un ligero recubrimiento amarillo oro. Los elementos son comparativamente blandos (pueden cortarse con una navaja) y poseen bajos puntos de fusión y de ebullición (Tabla 23.3). Los puntos de fusión y de ebullición y la dureza disminuyen al aumentar el número atómico. Los metales son buenos conductores de calor y electricidad. Poseen muy bajas densidades. Compare las densidades dadas en la Tabla 23.3 con las densidades de los metales de la primera serie de transición, las cuales van desde 2.5 g/cm^3 para $_{21}$Sc hasta 8.9 g/cm^3 para $_{30}$Cu.

Tabla 23.3 Algunas propiedades de los metales del grupo I A.

	Litio	Sodio	Potasio	Rubidio	Cesio
configuración electrónica exterior	$2s^1$	$3s^1$	$4s^1$	$5s^1$	$6s^1$
punto de fusión (°C)	179	97.5	63.7	39.0	28.5
punto de ebullición (°C)	1336	880	760	700	670
densidad (g/cm$_3$)	0.53	0.97	0.86	1.53	1.90
radio atómico (pm)	123	157	203	216	235
radio iónico, M$^+$(pm)	60	95	133	148	169
energía de ionización (kJ/mol)					
primera	520	496	419	403	376
segunda	7296	4563	3069	2640	2258
potencial de los electrodos $\mathscr{E}°_{red}$ (M$^+$/M)(V)	−3.05	−2.71	−2.93	−2.93	−2.92

Los metales alcalinos emiten electrones cuando se irradian (efecto fotoeléctrico). El cesio, que emite electrones muy fácilmente, se usa en la preparación de pilas fotoeléctricas (empleadas en fotómetros y ojos eléctricos), los cuales convierten las señales de luz en señales eléctricas.

La configuración electrónica de cada uno de los metales alcalinos es la del gas noble precedente (configuración interna de gas noble) más un electrón de valencia *s* en el nivel exterior. Estos electrones de valencia se pierden fácilmente para dar iones 1+ que son isoelectrónicos con los gases nobles. Así, un elemento del grupo I A tiene la primera energía de ionización más baja de cualquier elemento de su período. La facilidad con que estos elementos pierden sus electrones los hacen agentes reductores extremadamente fuertes. Las segundas energías de ionización de los elementos metálicos I A son mucho mayores que las primeras energías, de forma que el estado de oxidación 1+ es el único observado para estos metales. Con pocas excepciones, los compuestos de metales alcalinos son iónicos.

En general, la reactividad de los elementos aumenta con el aumento de su número atómico, paralelamente con una disminución en la primera energía de ionización. Así, en la mayoría de los casos, el cesio es el elemento más reactivo del grupo y el litio el menos reactivo. Se espera este orden de reactividad, puesto que un átomo grande no mantiene sus electrones tan fuertemente unidos como un átomo pequeño. En un átomo grande, el electrón está más alejado del núcleo y es protegido de la carga nuclear positiva por un gran número de electrones de los niveles internos.

Cada elemento I A tiene el mayor radio atómico y el radio iónico más grande de cualquier elemento de su período. Este tamaño comparativamente grande, combinado con la baja carga de los iones I A, conduce a especies que tienen poca habilidad polarizante (y por esto forman compuestos iónicos muy fuertes) y que no forman fácilmente iones complejos.

Todos los hidróxidos de los metales alcalinos son electrólitos fuertes. Los compuestos de los metales alcalinos son generalmente muy solubles en agua. Sin embargo los hidróxidos, carbonatos, fosfatos y fluoruros de litio son menos solubles que las correspondientes sales de los otros metales del grupo I A. El ion sodio puede ser precipitado de la solución como acetato de uranilo de sodio y cinc, $NaZn(UO_2)_3(C_2H_3O_2)_9 \cdot 6H_2O$. El ion perclorato ClO_4^-, el ion hexacloroplatinato, $[PtCl_6]^{2-}$ y el ion cobaltonitrito, $[Co(NO_2)_6]^{3-}$, se pueden utilizar para precipitar K^+, Rb^+ y Cs^+.

El ion unipositivo amonio tiene un radio que está entre el del K^+ y el del Rb^+, y

Tabla 23.4 Reacción de los metales I A[a]

Reacción	Observaciones
$2\,M + X_2 \longrightarrow 2\,MX$	X_2 = todos los halógenos
$4\,Li + O_2 \longrightarrow 2\,Li_2O$	exceso de oxígeno
$2\,Na + O_2 \longrightarrow Na_2O_2$	
$M + O_2 \longrightarrow MO_2$	M = K, Rb, Cs
$2\,M + S \longrightarrow M_2S$	también con Se y Te
$6\,Li + N_2 \longrightarrow 2\,Li_3N$	Li solamente
$12\,M + P_4 \longrightarrow 4\,M_3P$	también con As y Sb
$2\,M + 2\,C \longrightarrow M_2C_2$	M = Li y Na; otros metales I A producen compuestos intersticiales no estequiométricos
$2\,M + H_2 \longrightarrow 2\,MH$	
$2\,M + 2\,H_2O \longrightarrow 2\,MOH + H_2$	temperatura ambiente
$2\,M + 2\,H^+ \longrightarrow 2\,M^+ + H_2$	reacción violenta
$2\,M + 2\,NH_3 \longrightarrow 2\,MNH_2 + H_2$	amoníaco líquido en presencia de catalizadores como Fe; amoníaco gaseoso caliente

[a]M = Cualquier metal I A, excepto donde se especifica.

las sales de amonio tienen solubilidades que se parecen a las de las sales de los metales alcalinos. El radio iónico del ion, Tl^+, es similar al del ion rubidio. No solamente los compuestos talosos se parecen a los compuestos de rubidio en solubilidad, sino que también el TlOH es un electrólito fuerte.

Algunas de las reacciones de los metales I A se resumen en la Tabla 23.4. Mientras que las propiedades del litio son similares en la mayoría de los aspectos a las de los otros miembros del grupo I A, existen algunas diferencias que pueden deberse al tamaño comparativamente pequeño del Li y Li^+. Los primeros miembros de los grupos de la tabla periódica a menudo se desvían ligeramente en carácter del resto de los miembros de sus grupos. Además pueden observarse semejanzas entre estos primeros miembros y los elementos diagonalmente adyacentes en la tabla periódica (relación diagonal):

Li Be B C
Na Mg Al Si

Así, el litio se parece al magnesio en algunas de sus propiedades. El ion magnesio tiene un radio iónico ligeramente mayor (65 pm) que el del ion litio (60 pm), pero la carga sobre el ion magnesio es 2+.

El litio se parece al magnesio y se diferencia de sus congéneres en la siguiente forma. El carbonato, el fosfato y el fluoruro de litio son sólo ligeramente solubles en agua. El litio forma un óxido ordinario en vez de un peróxido o superóxido por combustión con el oxígeno. Los iones de litio se hidratan más fuertemente que los de cualquier otro elemento I A. El litio reacciona directamente con el nitrógeno para dar un nitruro. El hidróxido de litio puede descomponerse en LiO y agua por calentamiento y el carbonato de litio se descompone en Li_2O y CO_2 por calcinación. El nitrato de litio se descompone por calentamiento:

$$4\,LiNO_3(s) \longrightarrow 2\,Li_2O(s) + 4\,NO_2(g) + O_2(g)$$

Los nitratos de los otros metales alcalinos forman nitritos por calentamiento:

$$2\,MNO_3(s) \longrightarrow 2\,MNO_2(s) + O_2(g)$$

y los hidróxidos y carbonatos de Na, K, Rb y Cs son térmicamente estables.

23.9 Los metales del grupo II A

El grupo de metales II A, llamados los **metales alcalino-térreos** son altamente electropositivos y constituyen el segundo grupo de elementos más reactivos. No se hallan libres en la naturaleza y se producen comunmente mediante la electrólisis de los cloruros fundidos. El radio es un elemento comparativamente escaso y todos sus isótopos son radioactivos.

Debido a su mayor carga nuclear, cada elemento II A tiene un radio atómico más pequeño que el del metal I A de su período. Puesto que los átomos de los elementos II A son más pequeños y tienen dos electrones de valencia en vez de uno, los metales II A tienen puntos de ebullición y de fusión más altos y densidades mayores que los metales I A (Tabla 23.5). Además, los metales alcalino-térreos son más duros que los metales alcalinos. El berilio es lo suficientemente duro como para rayar el vidrio y presenta una tendencia hacia la fragilidad; el grado de dureza disminuye al aumentar el número atómico. Los metales alcalino-térreos son blancos y con un lustre plateado. Son buenos conductores de la electricidad.

Cada uno de los metales del grupo II A tiene una configuración electrónica consistente de la configuración interna de un gas noble más dos electrones *s* en el nivel externo de valencia. La pérdida de los dos electrones de valencia produce un ion que es isoelectrónico no sólo con un gas noble sino también con el ion metálico del grupo I A del mismo período. Sin embargo, los iones de metales alcalino-térreos tienen una carga nuclear mayor que la de los iones de metales alcalinos y, por consiguiente, son considerablemente más pequeños. El ion berilio es un catión excepcionalmente pequeño.

En comparación con los iones de los metales I A, los iones de los metales II A tienen considerablemente mayores proporciones de carga iónica a radio iónico; hay varias consecuencias importantes de este hecho. La energía de hidratación de un ion alcalino-térreo es cerca de cinco veces la del ión del metal alcalino del mismo período. Además, los compuestos de algunos miembros del grupo, magnesio y berilio, presentan apreciable carácter covalente, debido a que los cationes de estos metales tienen fuertes efectos polarizantes sobre los aniones.

Esta tendencia hacia la formación de enlace covalente es particularmente pronunciada para el berilio. Todos los compuestos de este metal, aún aquellos con los elementos más electronegativos tales como oxígeno y flúor, tienen importante carácter covalente. El berilio tiene la mayor tendencia del grupo hacia la formación de iones complejos; los ejemplos son, $[Be(H_2O)_4]^{2+}$, $[Be(NH_3)_4)]^{2-}$, BeF_4^{2-} y $[Be(OH)_4]^{2-}$. El hidróxido de berilio es el único hidróxido anfótero formado por los metales del grupo II A.

Tabla 23.5 Algunas propiedades de los metales II A

	Berilio	Magnesio	Calcio	Estroncio	Bario
configuración electrónica externa	$2s^2$	$3s^2$	$4s^2$	$5s^2$	$6s^2$
punto de fusión (°C)	1280	651	851	800	850
punto de ebullición (°C)	1500	1107	1440	1366	1537
densidad (g/cm³)	1.86	1.75	1.55	2.6	3.59
radio atómico (pm)	89	136	174	191	198
radio iónico M^{2+}(pm)	31	65	99	113	135
energía de ionización (kJ/mol)					
primera	899	738	590	540	503
segunda	1757	1450	1145	1059	960
Potencial de electrodos $\mathcal{E}°_{red}$ (M^{2+}/M)(V)	−1.85	−2.36	−2.87	−2.89	−2.91

La naturaleza covalente del enlace de los halogenuros de berilio está indicada por la escasa conducción electrolítica de los compuestos anhidros fundidos; el NaCl generalmente se agrega al $BeCl_2$ anhidro fundido en la preparación electrolítica del berilio. Las moléculas gaseosas del $BeCl_2$ son lineales y presumiblemente del tipo híbrido *sp*. En la mayoría de los compuestos sólidos, el berilio está enlazado tetraédricamente mediante orbitales híbridos sp^3. Esta configuración se observa en los iones complejos de berilio. El cloruro de berilio es polímero; cada átomo de berilio está unido a cuatro átomos de cloro:

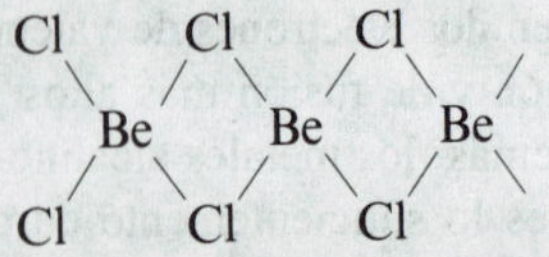

El cristal de BeO puede considerarse compuesto de tetraedros de BeO_4. Los potenciales de ionización de los metales II A son mayores que los de los metales I A, debido a las diferencias en tamaños atómicos y carga nuclear. Sin embargo, las energías de hidratación de los cationes II A son también mayores que las de los cationes I A, debido al tamaño pequeño y a la carga mayor de cationes II A. Por consiguiente, los potenciales de los electrodos de los metales II A son, en general, similares en magnitud a los de los metales I A.

La energía de hidratación para Be^{2+} es la más grande, y para el Ba^{2+}, la más pequeña, pero los potenciales del electrodo se hallan en el mismo orden que los potenciales de ionización; el Ba es el agente reductor más fuerte del grupo y el berilio es el más débil. Este orden de reactividad queda ilustrado por las reacciones de los metales alcalino-térreos con agua. El berilio no reacciona al rojo vivo. El magnesio reacciona con agua hirviente o vapor. El calcio, el estroncio y el bario reaccionan vigorosamente con agua fría. Algunas reacciones de los metales del grupo II A se resumen en la Tabla 23.6.

Tabla 23.6 Reacciones de los metales II A[a]

Reacciones	Observaciones
$M + X_2 \longrightarrow MX_2$	X_2 = todos los halógenos
$2\,M + O_2 \longrightarrow 2\,MO$	el Ba también da BaO_2
$M + S \longrightarrow MS$	también con Se y Te
$3\,M + N_2 \longrightarrow M_3N_2$	a elevadas temperaturas
$6\,M + P_4 \longrightarrow 2\,M_3P_2$	a elevadas temperaturas
$M + 2\,C \longrightarrow MC_2$	todos excepto Be, el cual forma Be_2C a elevadas temperaturas
$M + H_2 \longrightarrow MH_2$	M = Ca, Sr, Ba, elevadas temperaturas; Mg con H_2 bajo presión
$M + 2\,H_2O \longrightarrow M(OH)_2 + H_2$	M = Ca, Sr, Ba, vapor a temperatura ambiente, el Be no reacciona al rojo vivo
$Mg + H_2O \longrightarrow MgO + H_2$	
$M + 2\,H^- \longrightarrow M^{2-} + H_2$	
$OH^- + 2\,H_2O \longrightarrow Be(OH)_4^{2-} + H_2$	Be solamente
$M + 2\,NH_3 \longrightarrow M(NH_2)_2 + H_2$	M = Ca, Sr, Ba, amoníaco líquido en presencia de catalizadores
$3\,M + 2\,NH_3 \longrightarrow M_3N_2 + 3\,H_2$	NH_3 gaseoso, temperaturas elevadas

[a]M = cualquier metal II A, excepto donde se especifique

Tabla 23.7 Constantes del producto de solubilidad de algunas sales de los metales II A						
	OH^-	SO_4^{2-}	CO_3^{2-}	$C_2O_4^{2-}$	F^-	CrO_4^{2-}
Be^{2+}	1.6×10^{-26}	–	–	–	–	–
Mg^{2+}	8.9×10^{-12}	–	10^{-5}	8.6×10^{-5}	8×10^{-8}	–
Ca^{2+}	1.3×10^{-6}	2.4×10^{-5}	4.7×10^{-9}	1.3×10^{-9}	1.7×10^{-10}	7.1×10^{-4}
Sr^{2+}	3.2×10^{-4}	7.6×10^{-7}	7×10^{-10}	5.6×10^{-8}	7.9×10^{-10}	3.6×10^{-5}
Ba^{2+}	5.0×10^{-3}	1.5×10^{-9}	1.6×10^{-9}	1.5×10^{-8}	2.4×10^{-5}	8.5×10^{-11}

Casi todas las sales de los metales del grupo I A son muy solubles en agua. En contraste, varios de los compuestos de los metales del grupo II A no son apreciablemente solubles en agua, los productos de solubilidad de algunos de estos compuestos insolubles aparecen en la Tabla 23.7.

La solubilidad de una sal depende de la energía de la red de la sal (energía absorbida en el proceso de solubilidad):

$$MA(s) \longrightarrow M^{2+}(g) + A^{2-}(g)$$

y las energías de hidratación de los iones (energía liberada):

$$M^{2+}(g) \longrightarrow M^{2+}(ac)$$
$$A^{2-}(g) \longrightarrow A^{2-}(ac)$$

Cuando se comparan las solubilidades de las sales que contienen el mismo anión, la energía de hidratación del anión carece de importancia y las diferencias de solubilidad se pueden atribuir a la combinación de los otros dos factores.

La solubilidad de los sulfatos alcalino-térreos disminuye al aumentar el tamaño del catión, el $BeSO_4$ es muy soluble y el $BaSO_4$ es muy insoluble. Las energías reticulares de los sulfatos no cambian apreciablemente en la secuencia de $BeSO_4$ a $BaSO_4$, se supone que debido a que el anión es mucho más grande que cualquier catión del grupo II A. La tendencia de los sulfatos a la solubilidad es paralela a la tendencia de las energías de hidratación de los iones. La hidratación del pequeño ion Be^{2+} es la más exotérmica de la de cualquier ion del grupo y el $BeSO_4$ es el sulfato más soluble formado por cualquier ion del grupo.

La tendencia de los hidróxidos a la solubilidad es inversa a la de los sulfatos; $Be(OH)_2$ es el menos soluble de los hidróxidos alcalino-térreos, y la solubilidad aumenta hacia abajo en el grupo. Para los hidróxidos la energía reticular depende del tamaño del catión. La magnitud de las fuerzas del cristal disminuye al aumentar el tamaño del catión, el $Be(OH)_2$ tiene la mayor energía reticular cristalina de cualquier hidróxido alcalino-térreo. Aparentemente, la tendencia en la energía reticular (energía requerida) sobrepasa la tendencia de la energía de hidratación (energía liberada).

Los datos de solubilidad no pueden ser interpretados siempre tan simplemente. En las consideraciones anteriores sobre solubilidad se han ignorado los efectos de la entropía. Además, las energías reticulares y las energías de hidratación de un grupo de sales pueden variar regularmente; la suma de los dos efectos de energía y, por tanto, de las solubilidades de las sales, puede variar en una manera irregular.

Las energías reticulares de los óxidos de los metales del grupo II A disminuyen regularmente del BeO al BaO, y el efecto de esta tendencia se ve en la serie de reacciones de los óxidos alcalino-térreos con el agua. El óxido de berilio es insoluble y no reacciona con el agua. El óxido de magnesio reacciona muy lentamente con el agua. Sin embargo, el MgO que se ha calcinado a elevadas temperaturas es casi inerte. Los óxidos de calcio, estroncio y bario reaccionan rápidamente con el agua para formar hidróxidos:

$$MO + H_2O \longrightarrow M(OH)_2$$

Los carbonatos de los metales alcalinos-térreos se descomponen por calentamiento:

$$MCO_3(s) \longrightarrow MO(s) + CO_2(g)$$

La estabilidad térmica de los carbonatos varía directamente con el tamaño del catión. El carbonato de berilio es muy inestable y sólo puede prepararse en una atmósfera de dióxido de carbono, presumiblemente debido a la incrementada estabilidad del BeO sobre el $BeCO_3$.

La tendencia de los iones de los metales II A hacia la hidratación hace que varios de los compuestos de estos iones se hidraten con facilidad; $CaCl_2$, $CaSO_4$ y $Ba(ClO_4)_2$ se utilizan como desecadores.

El ion berilio se hidroliza en solución, pero otros cationes no:

$$[Be(H_2O)_4]^{2+} + H_2O \rightleftharpoons [Be(H_2O)_3(OH)]^+ + H_3O^+$$

Los hidróxidos de berilio y magnesio se pueden considerar como insolubles (Tabla 23.7). Aunque los hidróxidos de calcio, estroncio y bario son solubles limitadamente en agua, estos compuestos se disocian completamente en solución acuosa.

Los sulfuros del grupo son solubles en agua y las soluciones de estos compuestos son alcalinos debido a la hidrólisis del ion sulfuro. En las determinaciones cuantitativas del ion bario, usualmente se precipita éste como sulfato de bario; el ion estroncio como sulfato de estroncio u oxalato de estroncio; y el ion del calcio como oxalato de calcio. El ion magnesio se precipita como $Mg(NH_4)PO_4 \cdot 6H_2O$ mediante el ion HPO_4^{2-} en la presencia del amoníaco. El berilio puede determinarse como hidróxido.

Debido al tamaño extremadamente pequeño del Be y Be^{2+}, el berilio es aún más excepcional con respecto a los otros miembros del grupo II A que el litio con respecto a otros miembros del grupo I A. La relación diagonal entre el berilio y el aluminio es particularmente sorprendente. Aunque el Al^{3+} es mayor que el Be^{2+}, los dos iones tienen campos eléctricos similares debido a la mayor carga del Al^{3+}.

Ambos elementos poseen una fuerte tendencia para formar compuestos covalentes. Los halogenuros son de naturaleza extremadamente covalente, son solubles en disolventes orgánicos y son ácidos fuertes de Lewis. Ambos, el hidróxido de aluminio y el de berilio, son anfóteros, y ambos metales se disuelven en soluciones de hidróxidos desprendiendo hidrógeno. El potencial del electrodo estándar del berilio es similar en magnitud al del aluminio, pero más pequeño que los de los otros metales del grupo II. Los carburos de berilio y de aluminio producen metano, CH_4, por hidrólisis.

$$Be_2C(s) + 4\,H_2O \longrightarrow 2\,Be(OH)_2(s) + CH_4(g)$$

$$Al_4C_3(s) + 12\,H_2O \longrightarrow 4\,Al(OH)_3(s) + 3\,CH_4(g)$$

La hidrólisis de los otros carburos de los metales del grupo II A produce acetileno, C_2H_2.

El aluminio y el berilio (como también el magnesio) tienen recubrimientos protectores de óxidos, los cuales los hacen resistentes al ataque del ácido nítrico diluido. El óxido de berilio y de aluminio son sólidos insolubles duros, de puntos de fusión extremadamente altos. El berilio y el aluminio forman los aniones estables de fluoruro complejos, BeF_4^{2-} y AlF_6^{3-}. Los demás elementos metálicos del grupo II A no forman complejos de fluoruro que sean estables en solución. Normalmente, el carbonato de berilio es inestable y el carbonato de aluminio no puede prepararse en forma alguna.

23.10 Los metales de transición

Los metales de transición se hallan en los grupos III B a II B en la tabla periódica. Algunos químicos no incluyen el grupo II B (grupo del cinc) en esta clasificación, y algunos también excluyen el grupo I B (grupo del cobre). Sin embargo, existen ventajas en clasificar los grupos del cobre y el cinc como elementos de transición y seguiremos esta práctica.

En general, los metales de transición tienen altos puntos de fusión y de ebullición, elevados calores de fusión y calores de vaporización. Los elementos del grupo II B (cinc, cadmio y mercurio) son excepciones a esta generalización. El mercurio es un líquido en condiciones ordinarias, y todos los elementos II B tienen comparativamente bajos puntos de fusión y una relativa facilidad para volatizarse (la destilación es un método para refinar metales). La mayoría de los metales de transición son buenos conductores del calor y la electricidad; los elementos del grupo I B sobresalen en este aspecto (Tabla 23.1).

La característica de las configuraciones electrónicas de los elementos de transición (Tabla 23.8), es el crecimineto gradual de los subniveles *d* del nivel contiguo al exterior. Incluidos en el sexto y séptimo periodo, estan los lantánidos y actínidos, respectivamente. Éstos son los elementos de transición interna en los cuales se comienzan a llenar los orbitales internos *f* (Sección 21.11).

Los elementos de transición presentan una amplia variación en propiedades químicas. Muchos compuestos de los elementos de transición son coloreados y paramagnéticos debido a los electrones desapareados. Debido a que los orbitales internos *d* están energéticamente cercanos al orbital *s* del nivel exterior; los electrones n*s* y $(n - 1)d$ están involucrados en la formación de compuestos. Con excepción del cinc, el cadmio y los elementos del grupo III B, todos los elementos de transición presentan más de un estado de oxidación en la formación de los compuestos. El número más grande de estados de oxidación, como también el máximo número de oxidación, se observa para el quinto elemento de transición del cuarto período (Mn) y los seis elementos de los períodos 5 y 6 (Ru y Os, respectivamente). Para estos elementos y para los que los preceden en cada serie de transición, el máximo número de oxidación corresponde al número total de electrones *ns* y $(n - 1)d$ (Tabla 23.9). El número de oxidación más alto de un elemento dado se ve con más frecuencia en los compuestos que contienen elementos más electronegativos: flúor, oxígeno y cloro.

Tabla 23.8 Configuraciones electrónicas postuladas para los subniveles de valencia de los metales de transición

Sc	$3d^1\ 4s^2$	Y	$4d^1\ 5s^2$	La	$5d^1\ 6s^2$
Ti	$3d^2\ 4s^2$	Zr	$4d^2\ 5s^2$	Hf	$5d^2\ 6s^2$
V	$3d^3\ 4s^2$	Nb	$4d^4\ 5s^1$	Ta	$5d^3\ 6s^2$
Cr	$3d^5\ 4s^1$	Mo	$4d^5\ 5s^1$	W	$5d^4\ 6s^2$
Mn	$3d^5\ 4s^2$	Tc	$4d^6\ 5s^1$	Re	$5d^5\ 6s^2$
Fe	$3d^6\ 4s^2$	Ru	$4d^7\ 5s^1$	Os	$5d^6\ 6s^2$
Co	$3d^7\ 4s^2$	Rh	$4d^8\ 5s^1$	Ir	$5d^7\ 6s^2$
Ni	$3d^8\ 4s^2$	Pd	$4d^{10}$	Pt	$5d^9\ 6s^1$
Cu	$3d^{10}\ 4s^1$	Ag	$4d^{10}\ 5s^1$	Au	$5d^{10}\ 6s^1$
Zn	$3d^{10}\ 4s^2$	Cd	$4d^{10}\ 5s^2$	Hg	$5d^{10}\ 6s^2$

Tabla 23.9 Estado de oxidación de los elementos de transición (los estados menos comunes o inestables están entre parentesis).

Sc	Ti	V	Cr	Mn	Fe	Co	Ni	Cu	Zn
3+	(2+) 3+ 4+	(1+) (2+) 3+ 4+ 5+	(1+) 2+ 3+ (4+) (5+) 6+	(1+) 2+ (3+) 4+ (5+) (6+) 7+	2+ 3+ (4+) (5+) (6+)	(1+) 2+ 3+ (4+)	(1+) 2+ (3+) (4+)	1+ 2+ (3+)	(1+) 2+
Y	**Zr**	**Nb**	**Mo**	**Tc**	**Ru**	**Rh**	**Pd**	**Ag**	**Cd**
3+	(1+) (2+) (3+) 4+	(1+) (2+) (3+) (4+) 5+	(1+) (2+) 3+ 4+ 5+ 6+	(2+) (3+) 4+ 5+ (6+) 7+	(1+) 2+ 3+ 4+ (5+) (6+) (7+) (8+)	(1+) (2+) 3+ 4+ (5+) (6+)	2+ (3+) 4+	1+ (2+) (3+)	(1+) 2+
La	**Hf**	**Ta**	**W**	**Re**	**Os**	**Ir**	**Pt**	**Au**	**Hg**
3+	(1+) (3+) 4+	(1+) (2+) (3+) (4+) 5+	(2+) (3+) 4+ 5+ 6+	(1+) (2+) 3+ 4+ 5+ (6+) 7+	(1+) (2+) (3+) 4+ (5+) 6+ 8+	(1+) (2+) 3+ 4+ (5+) (6+)	2+ 4+ (5+) (6+)	1+ 3+	1+ 2+

Después que se alcanza el máximo estado de oxidación de un período en cada serie de transición, hay una disminución en el estado de oxidación más alto observado para cada elemento siguiente; estos estados de oxidación son, en general, difíciles de obtener e inestables. Los estados de oxidación menos comunes e inestables están entre paréntesis en la Tabla 23.9.

Los compuestos de Cu^{+}, Au^{+} y Hg_2^{2+} son los únicos compuestos en los cuales el estado de oxidación 1+, es importante. El mecurio (I) iónico es único; la evidencia de esta estructura dímera incluye lo siguiente. Las sales mercurosas son diamagnéticas en concordancia con la fórmula Hg_2^{2+}; el ion Hg^{+} tendría un electrón desapareado. Los estudios de rayos X de las sales mercurosas indican iones discretos de Hg_2^{2+}. Las interpretaciones de ciertos equilibrios que comprenden los iones mercurosos se encuentran en concordancia con los valores experimentales obtenidos para las constantes de equilibrio sólo si se usara la fórmula Hg_2^{2+}.

Dentro de cada grupo, los estados de oxidación superiores se vuelven más estables y más importantes con un aumento en el número atómico; también se observa una declinación correspondiente en la estabilidad e importancia de los estados bajos de oxidación. La ganancia en estabilidad de los estados superiores con aumento del número atómico puede atribuirse al aumento en el tamaño atómico, la cual hace que los electrones *d* estén más disponibles para la formación de compuestos.

Así, los iones 2+ de muchos elementos de transición del cuarto período son estables y característicos de los elementos, mientras que los estados 2+ de los elementos más pesados no son especialmente comunes o estables. Los estados de oxidación más importantes para el hierro son 2+ y 3+; para el osmio, el miembro más pesado del mismo grupo, los estados más importantes son 4+, 6+ y 8+. El máximo número de oxidación del manganeso (que es el primer miembro de su grupo) se alcanza en el ion permanganato MnO_4^-. Este ion es un fuerte agente oxidante en solución ácida:

$$5e^- + 8H^+ + MnO_4^- \longrightarrow Mn^{2+} + 4H_2O \qquad \mathcal{E}^\circ_{red} = +1.51 \text{ V}$$

En contraste, el ion análogo perrenato, ReO_4^-, formado por el miembro más pesado del grupo, no reacciona en esta forma bajo condiciones similares.

Los elementos de transición del grupo VI B forman series de oxi-aniones, en los cuales el ion metálico central está en un estado de oxidación de 6+; los miembros más sencillos de esta serie son el ion cromato, CrO_4^{2-}, el ion molibdato MoO_4^{2-}, y el ion tungstato, WO_4^{2-}. Sólo se han reportado unos pocos complejos polinucleares del cromo; el más importante de éstos es el ion dicromato, $Cr_2O_7^{2-}$, que se obtiene cuando se acidifican las soluciones.

$$2H^+ + CrO_4^{2-} \longrightarrow Cr_2O_7^{2-} + H_2O$$

El ion dicromato se reduce fácilmente en ácido y, por consiguiente, es un agente oxidante fuerte:

$$6e^- + 14H^+ + Cr_2O_7^{2-} \longrightarrow 2\,Cr^{3+} + 7H_20 \qquad \mathcal{E}^\circ = +1.33 \text{ V}$$

En contraste, el molibdeno y el tungsteno forman series muy extensas de molibdatos y tungstatos polinucleares y estos compuestos, así como los de los ácidos correspondientes, son muy estables y carecen de poder de oxidación significante. La formación de tales oxi-aniones polinucleares no es un fenómeno común en la química de los metales de transición.

Con un aumento en el número de oxidación, los óxidos de un elemento dado se hacen cada vez menos básicos y más ácidos. Así, el CrO es un óxido básico exclusivamente y se disuelve en ácidos para formar sales con Cr^{2+}; el Cr_2O_3 es anfótero y forma sales de $Cr_3{}^+$ con ácidos y el ion cromito, $Cr(OH)_4^-$, en solución alcalina; el CrO_3 es de carácter completamente ácido y produce los cromatos, CrO_4^{2-}, y los dicromatos, $Cr_2O_7^{2-}$

El radio atómico e iónico de los elementos de transición es en general más pequeño que los de los elementos representativos del mismo período, puesto que para los elementos de transición, los electrones se añaden a un subnivel interno *d*, donde el efecto de la carga nuclear es mayor que dentro del nivel externo. Este pequeño tamaño relativo hace que los iones de los elementos de transición tengan densidades relativamente altas. El tamaño pequeño y la disponibilidad de los orbitales *d* para enlace explica la pronunciada tendencia de la mayoría de los elementos de transición a formar numerosos iones complejos estables (Capítulo 24).

Existen semejanzas horizontales (o de periodo), como también verticales (o de grupo) entre los metales de transición. Puesto que los elementos del Cr al Cu que son parte de la primera serie de transición, tienen radios atómicos e iónicos muy similares para iones de la misma carga (Tabla 23.10); las similitudes horizontales se presentan (tales como la formación de compuestos de fórmula MO, MS, MCl_2 y otros). Entre los elementos más pesados, también son evidentes las horizontales (la formación de compuestos MO_2, por ejemplo). Las semejanzas de este tipo son particularmente sorprendentes entre las tríadas de transición de los grupos V III (Fe, Co y Ni; Ru, Rh y Pd; Os, Ir y Pt). Los elementos de las dos tríadas más pesadas son similares tanto física como químicamente.

Tabla 23.10 Radios atómicos e iónicos de los elementos de transición del cuarto período.

	Sc	Ti	V	Cr	Mn	Fe	Co	Ni	Cu	Zn
radios atómicos (pm)	144	132	122	117	117	117	116	115	117	125
radios iónicos (pm)										
M^{2+}	–	90	88	84	80	76	74	72	72	74
M^{3+}	81	76	74	69	66	64	63	–	–	–

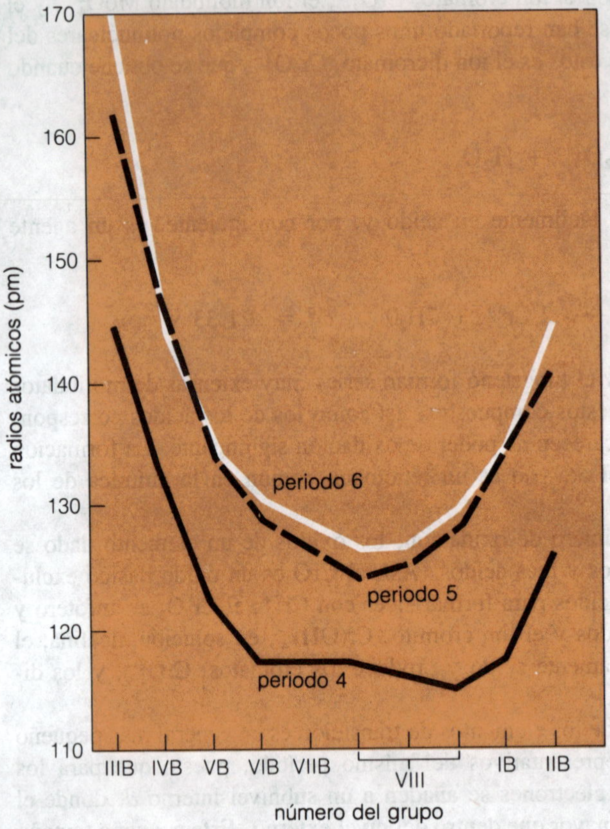

Figura 23.11 Radios atómicos de los elementos de transición.

Los lantánidos se hallan al comienzo de la serie de transición del sexto período. Para los lantánidos, los electrones se van añadiendo al subnivel $4f$ sin cambio significante en los subniveles $5s$, $5p$, $5d$ y $6s$. La carga nuclear aumenta a medida que comienza a llenarse el subnivel $4f$ (que se halla bien adentro del átomo y existe una disminución consiguiente del radio atómico e iónico de los lantánidos, lo que se conoce como la **contracción lantánida.**

La concentración lantánida tiene un efecto importante sobre las propiedades de los elementos de transición que siguen a los lantánidos en el sexto período. Debido a la contracción de los lantánidos, los radios atómicos de estos elementos no son tan diferentes de los elementos del quinto periodo (Figura 23.11). Por consiguiente, los

Tabla 23.11 Potenciales del electrodo estándar de los elementos de transición (V).

	Sc	Ti	V	Cr	Mn	Fe	Co	Ni	Cu	Zn
M^+/M	–	–	–	–	–	–	–	–	+0.52	–
M^{2+}/M	–	−1.63	−1.19	−0.91	−1.18	−0.44	−0.28	−0.25	+0.34	−0.76
M^{3+}/M	−2.08	−1.21	−0.88	−0.74	−0.28	−0.04	+0.42	–	–	–
	Y	**Zr**	**Nb**	**Mo**	**Tc**	**Ru**	**Rh**	**Pd**	**Ag**	**Cd**
M^+/M	–	–	–	–	–	–	+0.6	–	+0.80	–
M^{2+}/M	–	–	–	–	+0.4	+0.45	+0.6	+0.99	–	−0.40
M^{3+}/M	−2.37	–	−1.1	−0.2	–	–	+0.8	–	–	–
	La	**Hf**	**Ta**	**W**	**Re**	**Os**	**Ir**	**Pt**	**Au**	**Hg**
M^+/M	–	–	–	–	–	–	–	–	+1.69	+0.79
M^{2+}/M	–	–	–	–	–	+0.85	–	+1.2	–	+0.85
M^{3+}/M	−2.52	–	–	−0.11	+0.3	–	+1.15	–	+1.50	–

segundos y terceros miembros de cada grupo se parecen entre sí más de lo que se parecen al primer miembro del grupo; no existe un aumento regular en el tamaño con aumento del número atómico, tal como se observa para la familia A de elementos.

A pesar de que intervienen 32 elementos, el hafnio ($Z = 72$) es muy similar al circonio ($Z = 40$). Ambos elementos tienen aproximadamente el mismo radio atómico e iónico y las propiedades químicas de los dos elementos son muy similares; la separación de los dos elementos, que existen juntos en la naturaleza, es extremadamente difícil.

Algunos de los potenciales de electrodo estándar de los elementos de transición aparecen en la Tabla 23.11. En su mayor parte, los potenciales en lista para los elementos pesados, debido a estar en sus estados de oxidación bajos, no son particularmente importantes; sin embargo, sirven para ilustrar varias tendencias.

Muchos metales reaccionan con ácidos diluidos como también con agua o vapor de agua para liberar hidrógeno. Sin embargo, algunos de los metales son agentes reductores pobres, notablemente el mercurio, el grupo de elementos I B (cobre, plata y oro) y las tríadas de los periodos de transición quinto y sexto (rutenio, rodio, paladio, osmio, iridio y platino). Frecuentemente, estos seis elementos de las tríadas de transición, la plata y el oro, son llamados metales nobles.

Así, los elementos de baja reactividad parecen estar concentrados hacia la parte terminal de la serie de transición, particularmente aquellos de los períodos quinto y sexto. En general, existe una disminución en el carácter electropositivo (o fuerza de los metales como agentes reductores) a lo largo de un periodo y en el grupo. La disminución en el tamaño de los átomos a través de un periodo hace que los electrones sean retenidos más fuertemente. Para los elementos de *transición,* el aumento en la carga nuclear sobre los átomos en el grupo, no está acompañada por un gran aumento en el tamaño atómico y los electrones son sostenidos más fuertemente. En el caso de los elementos de transición del periodo sexto, que sigue a los lantánidos, el inusitado pequeño tamaño de los átamos hace que los electrones sean sostenidos más fuertemente. Con las excepciones del La y el Hf, el miembro menos electropositivo de cada grupo es el elemento del sexto periodo.

Aunque un potencial del electrodo puede indicar una tendencia termodinámica para que ocurra una reacción; a veces las velocidades a las cuales reaccionan algunos

Tabla 23.12 Productos de algunas reacciones de los elementos de transición del cuarto periodo.

	Sc	Ti	V	Cr	Mn
O_2	Sc_2O_3	TiO_2	V_2O_5, VO_2	Cr_2O_3	Mn_3O_4
X_2	ScX_3	TiX_4	VF_5, VCl_4, VBr_3, VI_3	CrX_3 (excepto CrI_2)	MnX_2
S	Sc_2S_3	TiS_2	V_2S_5, VS_2	CrS	MnS
N_2	ScN	TiN	VN	CrN	Mn_3N_2
HCl	$Sc^{3+} + H_2$	$Ti^{3+} + H_2$	–	$Cr^{2+} + H_2$	$Mn^{2+} + H_2$
H_2O	$Sc(OH)_3 + H_2$	$TiO_2 + H_2^a$	–	$Cr_2O_3 + H_2^a$	$Mn(OH)_2 + H_2$
NaOH	–	–	–	$Cr(OH)_6^{3-} + H_2$	–

	Fe	Co	Ni	Cu	Zn
O_2	Fe_3O_4, Fe_2O_3	Co_3O_4	NiO	Cu_2O, CuO	ZnO
X_2	FeX_3 (excepto FeI_2)	CoX_2	NiX_2	CuX_2 (excepto CuI)	ZnX_2
S	FeS	CoS	NiS	Cu_2S	ZnS
N_2	–	–	–	–	–
HCl	$Fe^{2+} + H_2$	$Co^{2+} + H_2$	$Ni^{2+} + H_2$	–	$Zn^{2+} + H_2$
H_2O	$Fe_3O_4 + H_2^a$	$CoO + H_2^a$	$NiO + H_2^a$	–	$ZnO + H_2^a$
NaOH	–	–	–	–	$[Zn(OH)_4]^{2-} + H_2$

[a]Vapor de agua.

elementos de transición son extremadamente lentas. Así, el cromo es un agente reductor moderadamente fuerte y reacciona con ácidos no oxidantes, tales como HCl, para liberar hidrógeno. Sin embargo, el cromo no reacciona con ácido nítrico, un fuerte agente oxidante. Se dice que el metal se torna pasivo por la acción del ácido nítrico. El fenómeno de pasividad, que exhiben muchos elementos de transición, no se comprende bien. En algunos casos, puede decirse que el metal está protegido por un delgado recubrimiento transparente de óxido impenetrable.

Los productos de algunas reacciones de los metales de transición del cuarto período, que son los más comunes de los metales de transición, aparecen en la Tabla 23.12.

23.11 Los lantánidos

Las configuraciones electrónicas postuladas para los lantánidos aparecen en la Tabla 23.13. Los electrones que diferencian de los lantánidos o elementos de transición interna están alojados en el tercer nivel desde el exterior en los orbitales 4*f*. Este factor justifica algunos de los aspectos poco comunes de la química de estos elementos. El radio atómico e iónico de los elementos muestra una disminución regular al aumentar el número atómico (la contracción lantánida).

La característica sobresaliente de la química de los lantánidos es su semejanza. Los electrones 4*f* que los diferencian se hallan dentro de los átomos de los lantánidos; así estos electrones *f* están protegidos de los alrededores del átomo y no causan profundas variaciones en las propiedades. En cambio, las propiedades de los metales de transición varían ampliamente. Los electrones *d* de los átomos e iones de los elementos de transición se proyectan e ineractúan con los alrededores (Capítulo 23).

Tabla 23.13 Algunas propiedades de los lantánidos.

	Z	Configuraciones electrónicas postuladas de los subniveles de valencia	Estados de oxidación	Radio atómico (pm)	Radio iónico M^{3+}, pm	$\mathcal{E}^\circ$ $3e^- + M^{3+} \rightarrow M$ (voltios)
La	57	$5d^1\,6s^2$	3+	169	106	−2.52
Ce	58	$4f^2\,6s^2$	3+, 4+	165	103	−2.48
Pr	59	$4f^3\,6s^2$	3+, 4+	165	101	−2.46
Nd	60	$4f^4\,6s^2$	2+, 3+, 4+	164	100	−2.43
Pm	61	$4f^5\,6s^2$	3+	–	98	−2.42
Sm	62	$4f^6\,6s^2$	2+, 3+	166	96	−2.41
Eu	63	$4f^7\,6s^2$	2+, 3+	185	95	−2.41
Gd	64	$4f^7\,5d^1 6s^2$	3+	161	94	−2.40
Tb	65	$4f^9\,6s^2$	3+, 4+	159	92	−2.39
Dy	66	$4f^{10}\,6s^2$	3+, 4+	159	91	−2.35
Ho	67	$4f^{11}\,6s^2$	3+	158	89	−2.32
Er	68	$4f^{12}\,6s^2$	3+	157	88	−2.30
Tm	69	$4f^{13}\,6s^2$	2+, 3+	156	87	−2.28
Yb	70	$4f^{14}\,6s^2$	2+, 3+	170	86	−2.27
Lu	71	$4f^{14}\,5d^1 6s^2$	3+	156	85	−2.26

Tabla 23.14 Reacciones de los lantánidos[a]

Reacción	Observaciones
$2M + 3X_2 \longrightarrow 2MX_3$	X_2 = todos los halógenos y el Ce dan CeF_4 con F_2
$4M + 3O_2 \longrightarrow 2M_2O_3$	el Ce da CeO_2
$2M + 3S \longrightarrow M_2S_3$	Eu no, las reacciones son similares a las de Se
$2M + N_2 \longrightarrow 2MN$	elevadas temperaturas, las reacciones con P_4, As, Sb y Bi son similares.
$2M + 6H^+ \longrightarrow 2M^{3+} + 3H_2$	
$2M + 6H_2O \longrightarrow 2M(OH)_3 + 3H_2$	lentas con agua fría

[a]M = cualquier lantánido, excepto donde se especifique.

Por esto, el número y disposición de los electrones *d* de los elementos de transición son importantes, mientras que el número y disposición de los electrones *f* de los elementos de transición interna sólo causan variaciones menores en las propiedades.

Todos los lantánidos forman iones con el estado de oxidación característico del grupo III B, 3+ (Tabla 23.14). Para algunos de los elementos, se conocen otros estados de oxidación, pero éstos son menos estables. Los iones 3+ se forman mediante la pérdida de los dos electrones 6*s* y uno 4*f* (o uno 5*d*, si está disponible).

Existe alguna evidencia de que los iones f^0, f^7 (medio lleno) y f^{14} (lleno) tienen configuraciones estables. Así el La^{3+} (f^0), Gd^{3+} (f^7), y Lu^{3+} (f^{14}) son los únicos iones que forman estos elementos. Los iones más estables 2+ y 4+ son Eu^{2+} (f^7), Yb^{2+} (f^{14}), Ce^{4+} (f^0), y Tb^{4+} (f^7). El ion cérico, Ce^{4+}, es un buen agente oxidante.

Los elementos se encuentran juntos en la naturaleza debido a su gran semejanza química. El prometio, que es radioactivo y probablemente sólo se encuentra en trazas, es una

Tabla 23.15 Las reacciones del aluminio, galio, indio y talio[a]

Reacción	Observaciones
$2M + 3X_2 \longrightarrow 2MX_3$	X_2 = todos los halógenos; Tl también da TlX; pero no yoduro de Tl^{3+}.
$4M + 3O_2 \longrightarrow 2M_2O_3$	altas temperaturas; Tl también da Tl_2O
$2M + 3S \longrightarrow M_2S_3$	altas temperaturas; Tl también da Tl_2S; también con Se y Te
$2Al + N_2 \longrightarrow 2AlN$	Al solamente; GaN y InN pueden prepararse indirectamente.
$2M + 6H^+ \longrightarrow 2M^{3+} + 3H_2$	M = Al, Ga e In; Tl da Tl
$2M + 2OH^- + 6H_2O \longrightarrow 2M(OH)_4^- + 3H_2$	M = Al y Ga

[a]M = Al, Ga, In y Tl, excepto donde se especifique.

excepción. Los elementos son extremadamente difíciles de separar; se ha empleado cristalización fraccionada repetida y técnicas de intercambios iónicos para efectuar las separaciones.

Todos los lantánidos son blanco-plateados y son metales muy reactivos. Los potenciales para el electrodo de reducción de los iones 3+ son sorprendentemente semejantes (Tabla 23.13). Algunas reacciones de los lantánidos aparecen en la Tabla 23.14; se conocen también varios metales que reaccionan con el carbono para producir carburos parecidos a sales y con el hidrógeno para dar hidruros parecidos a sales. Los óxidos M_2O_3 reaccionan con el agua para formar hidróxidos insolubles, $M(OH)_3$, que no son anfóteros. Los carbonatos insolubles, $M_2(CO_3)_3$, se pueden producir por las reacciones del dióxido de carbono con los óxidos o con los hidróxidos. Los halogenuros (con la excepción de los fluoruros), nitratos, cloratos, acetatos y sulfatos de los iones 3+ son solubles en agua; los fosfatos, fluoruros, oxalatos, hidróxidos y carbonatos son insolubles. La precipitación de los elementos como oxalatos sirve de base para las determinaciones analíticas. En general, los compuestos son paramagnéticos y muy coloridos.

23.12 Los metales del grupo III A

Las características de los elementos del grupo III A analizados en la Sección 22.6 y algunas propiedades de los metales aparecen en la Tabla 22.4.

El aluminio, el metal más abundante de la corteza terrestre (aproximadamente el 8%), se obtiene por la electrólisis del Al_2O_3 fundido (el proceso Hall, Sección 23.6). El galio, indio y talio se encuentran ampliamente distribuidos en la naturaleza pero existen sólo en cantidades de trazas; pueden prepararse mediante electrólisis de soluciones acuosas de las sales de los metales. Son metales blancos blandos, con puntos de fusión relativamente bajos (Figura 23.6). El galio tiene un punto de fusión inusitadamente bajo (30°C). Puesto que su punto de ebullición no es anormalmente bajo (2070°C), el galio tiene un intervalo en el estado líquido excepcional, y ha encontrado uso como fluido para termómetros. Los metales son bastante reactivos (Tabla 23.15). El aluminio, el galio y el indio (pero no el talio) tienen recubrimientos protectores de óxido y son inactivos en ácido nítrico. Sin embargo, todos los metales reaccionan con ácidos no oxidantes para liberar hidrógeno. Tal como se espera de sus configuraciones electrónicas

ns^2 y np^1, el estado de oxidación más importante es 3+. La mayoría de los compuestos de los metales en el estado de oxidación 3+ son covalentes. Sin embargo, en agua, los iones M^{3+} se estabilizan mediante hidratación, y las entalpías de hidratación son elevadas.

Los sulfatos, nitratos y halogenuros son solubles en agua, pero los iones M^{3+} se hidrolizan fácilmente:

$$M(H_2O)_6^{3+} + H_2O \longrightarrow M(H_2O)_5(OH)^{2+} + H_3O^+$$

Por esta razón, las sales de los ácidos débiles (tales como acetatos, carbonatos, sulfuros y cianuros) no existen en soluciones acuosas. Tales sales se hidrolizan completamente.

$$M(H_2O)_6^{3+} + 3\,C_2H_3O_2^- \longrightarrow M(OH)_3(s) + 3\,H_2O + 3\,HC_2H_3O_2$$

Además, los complejos con amoníaco no existen en agua:

$$M(H_2O)_6^{3} + NH_3 \longrightarrow M(H_2O)_5(OH)^{2+} + NH_4^+$$

Los hidróxidos, $M(OH)_3$, son insolubles en agua. El hidróxido de aluminio y el de galio son anfóteros:

$$Al(OH)_3 + OH^- \longrightarrow Al(OH)_4^-$$
$$Ga(OH)_3 + OH^- \longrightarrow Ga(OH)_4^-$$

El sulfato de aluminio forma una importante serie de sales dobles llamadas alumbres, $MAl(SO_4)_2 \cdot 12H_2O$ (o $M_2SO_4 \cdot Al_2(SO_4)_3 \cdot 24H_2O$), donde M puede ser casi cualquier catión univalente (Na^+, K^+, Rb^+, Cs^+, NH_4^+, Ag^+ y Tl^+) excepto Li^+ (el cual también es muy pequeño. Además del Al^{3+}, otras especies M^{3+} forman una serie de tales sulfatos dobles: Fe^{3+}, Cr^{3+}, Mn^{3+}, Ti^{3+}, Co^{3+}, Ga^{3+}, In^{3+}, Rb^{3+} e Ir^{3+}.

Los hidruros análogos a los de boro no se forman con el aluminio, galio, indio y talio. Sin embargo, se forman los iones MH_4^- los cuales son análogos al ion borohidruro. borohidruros.

Entre los miembros pesados del grupo se conocen los compuestos con el metal en el estado de oxidación 1+. El electrón np^1 se puede extraer con más facilidad que los electrones ns^2, los cuales algunas veces se llaman par inerte. Este efecto es observado también para los iones M^{2+} del grupo IV A. La baja reactividad del mercurio se explica por el par inerte $6s^2$ de su nivel de valencia.

A diferencia de los metales de transición, sin embargo, el estado de oxidación 1+ de los elementos III A (su estado más bajo) es el más estable entre los miembros más pesados del grupo. Se desconocen compuestos de aluminio 1+. El galio y el indio forman unos pocos compuestos (tales como Ga_2S, Ga_2O a elevadas temperaturas, InCl, InBr y In_2O). Los iones Ga^+ y In^+ no son estables en solución acuosa.

Sin embargo, para el talio el estado de oxidación 1+ es importante y estable. Por esta razón, el Tl^+ es más estable en el agua que el Tl^{3+} (el cual es un agente oxidante fuerte):

$$2e^- + Tl^{3+} \rightleftharpoons Tl^+ \qquad \mathcal{E}^\circ_{red} = +1.25\ V$$

El óxido Tl_2O se disuelve en agua para formar el hidróxido soluble TlOH. Mientras que el ion Tl^{3+} se hidroliza extensamente en solución acuosa, el ion Tl^+ no. Se conoce una gran variedad de compuestos de Tl^+. El sulfato, nitrato, acetato y fluoruro son solubles en agua; el cloruro, bromuro, yoduro, sulfuro y cromato son insolubles.

23.13 Los metales del grupo IV A

De los elementos del grupo IV A, el germanio, el estaño y el plomo se clasifican como metales. Las características del grupo como un todo se discutieron en la Sección 22.1, y algunas de las propiedades de los metales aparecen en la Tabla 22.1. Los metales no abundan en la naturaleza; el germanio es un elemento raro.

El germanio es un semiconductor y se utiliza en la elaboración de transistores. Es un metal blanco, duro, frágil y tiene el punto de fusión más alto de los metales del grupo. El estaño y el plomo tienen puntos de fusión bajos y resistencias a la tensión bajas. El plomo es especialmente blando y maleable.

Los metales son bastante reactivos (Tabla 23.16). El plomo frecuentemente parece menos reactivo de lo que indicaría el potencial del electrodo por la formación

$$2e^- + Pb^{2+} \rightleftharpoons Pb \qquad \mathcal{E}^\circ_{red} = -0.13\ V$$

de recubrimientos superficiales. Así, la reacción del plomo con el ácido sulfúrico o clorhídrico es impedida por la formación de sulfatos de plomo o cloruro de plomo insolubles sobre la superficie del metal.

Debido a que los elementos tienen configuraciones ns^2, np^2 en los niveles de valencia, se observan dos estados de oxidación: 4 + y 2 + (especies con par inerte). El estado 4+ pierde importancia y el estado 2+ se hace más importante a lo largo de la serie: Ge, Sn, Pb. Así, sólo son importantes unos pocos compuestos de germanio 2+ (GeO, GeS, $GeCl_2$, $GeBr_2$ y GeI_2) y sólo son importantes unos pocos compuestos del plomo 4+ [PbO_2, $Pb(C_2H_3O_2)_4$, PbF_4 y $PbCl_4$]. El Sn^{2+} [el ion estañoso o estaño (II)] y Pb^{2+} [ion plumboso o plomo (II)] son las únicas especies catiónicas del grupo que existen en agua; los iones 4+ probablemente no existen. La mayoría de los compuestos puros con 2+ y 4+ son covalentes, aunque se sabe que el PbF_2 es iónico.

Todos los metales forman dióxidos; el GeO_2 y SnO_2 son los productos de las reacciones de los metales con el oxígeno. El dióxido de plomo se puede preparar mediante la oxidación de sales de PbO o Pb^{2+} en solución alcalina:

$$Pb(OH)_3^-(ac) + OCl^-(ac) \longrightarrow PbO_2(s) + Cl^-(ac) + OH^-(ac) + H_2O$$

Tabla 23.16 Reacciones del germanio, estaño y plomo[a]

Reacción	Observaciones
$M + 2X_2 \longrightarrow MX_4$	X_2 = cualquier halógeno; M = Ge y Sn; Pb produce PbX_2
$M + O_2 \longrightarrow MO_2$	M = Ge y Sn; elevadas temperaturas; Pb produce PbO ó Pb_3O_4
$M + 2S \longrightarrow MS_2$	M = Ge y Sn; a elevadas temperaturas; Pb produce PbS
$M + 2H^+ \longrightarrow M^{2+} + H_2$	M = Sn y Pb
$3M + 4H^+ + 4NO_3^- \longrightarrow 3MO_2 + 4NO + 2H_2O$	M = Ge y Sn
$3Pb + 8H^+ + 2NO_3^- \longrightarrow 3Pb^{2+} + 2NO + 4H_2O$	M = Sn y Pb; lenta
$M + OH^- + 2H_2O \longrightarrow M(OH)_3^- + H_2$	
$Ge + 2OH^- + 4H_2O \longrightarrow Ge(OH)_6^{2-} + 2H_2$	

[a]M = Ge, Sn y Pb, excepto donde se especifique.

El dióxido de plomo es un agente oxidante fuerte:

$$2e^- + 4H^+ + PbO_2 \longrightarrow Pb^{2+} + 2H_2O \qquad \mathcal{E}^\circ_{red} + 1.46 \text{ V}$$

En solución ácida, el PbO_2 oxida el Mn^{2+} a MnO_4^- y el Cl^- a Cl_2. En contraste con el GeO_2 y SnO_2, el PbO_2 es térmicamente inestable. Por calentamiento suave, el PbO_2 se descompone en Pb_3O_4 (plomo rojo, minio); un calentamiento fuerte produce PbO (litargirio). El compuesto Pb_3O_4 contiene plomo en dos estados de oxidación y puede representarse como $Pb^{II}_2Pb^{IV}O_4$ tal como los compuestos Fe_3O_4 y Co_3O_4, los que corresponden a la fórmula $M^{II}(M^{III}O_2)_2$.

Los germanatos, estanatos y plumbatos pueden derivarse de los dióxidos mediante reacciones con álcalis acuosos o, en el caso del PbO_2, mediante fusión con óxidos metálicos alcalinos u óxidos alcalino-térreos. Los estannatos y plumbatos forman trihidratos, en los cuales el anión en un complejo octahedriohidroxo: $(M(OH)_6)^{2-}$; se conocen unos pocos germanatos de estructura similar (por ejemplo, $Fe(Ge(OH)_6)$). No existen hidróxidos de fórmula $M(OH)_4$, pero pueden prepararse óxidos hidratados MO_2.

El tratamiento de los iones Sn^{2+} y Pb^{2+} en solución acuosa con OH^- produce precipitados de óxidos hidratados a los que comunmente se les asignan las fórmulas $Sn(OH)_2$ y $Pb(OH)_2$. Calentando estos productos, se pueden preparar SnO y PbO; El PbO es también el producto de la reacción del plomo y el oxígeno, así como también el de la descomposición del Pb_3O_4 y el PbO_2. El compuesto GeO puede prepararse mediante la hidrólisis del $GeCl_2$.

Todos los monóxidos, así como también todos los óxidos hidratados (o hidróxidos) son anfóteros y se disuelven en soluciones ácidas o básicas. En exceso de álcali, se producen germanitos, estannitos y plumbitos. Por ejemplo:

$$PbO(s) + OH^-(ac) + H_2O \dashrightarrow Pb(OH)_3^-(ac)$$

El ion estannito es un agente reductor fuerte,

$$2e^- + Sn(OH)_6^{2-} \longrightarrow Sn(OH)_3^- + 3OH^- \qquad \mathcal{E}^\circ = -0.93 \text{ V}$$

Todos los metales forman monosulfuros, MS, pero sólo el germanio y el estaño forman disulfuros, MS_2. Los disulfuros de germanio y estaño pueden prepararse mediante las reacciones de los metales y el azufre y pueden precipitarse de soluciones de compuestos de Ge^{IV} o Sn^{IV} mediante H_2S. Los disulfuros, como los dióxidos, son anfóteros. En soluciones de sulfuros de metales alcalinos o sulfuro de amonio, el GeS_2 y el SnS_2 se disuelven para formar tioaniones. Los compuestos de los iones SnS_3^{2-} y SnS_4^{4-} han sido aislados de tales soluciones, pero los tiogermanatos no se han obtenido en forma pura:

$$SnS_2(s) + S^{2-}(ac) \longrightarrow SnS_3^{2-}(ac)$$

El PbS y el SnS insolubles pueden precipitarse en soluciones mediante el H_2S. El sulfuro de plomo (II) es también el producto de la unión directa de los elementos. El SnS puede prepararse por descomposición térmica del SnS_2. El sulfuro de germanio (II) puede obtenerse del disulfuro de germanio por la reacción

$$GeS_2 + Ge \longrightarrow 2\,GeS$$

Ninguno de los monosulfuros es soluble en soluciones de sulfuros.

Se conocen series completas de los tetrahalogenuros de germanio, estaño y plomo, excepto para el $PbBr_4$ y el PbI_4. El plomo 4+ tiene un fuerte poder oxidante y no puede existir en un compuesto con bromo y yodo en el estado de oxidación 1− (el cual tiene propiedades reductoras). El cloruro de plomo (IV) se descompone a 100°C:

$$PbCl_4(l) \longrightarrow PbCl_2(s) + Cl_2(g)$$

Los tetrahalogenuros en general son sustancias volátiles y covalentes. Reaccionan con agua fácilmente para producir dióxidos hidratados.

Se conocen todos los dihalogenuros de germanio, estaño y plomo. El halogenuro de germanio (II), como también el estaño (II), se pueden preparar mediante la reacción del tetrahalogenuro y el metal adecuados:

$$GeCl_4 + Ge \longrightarrow 2\,GeCl_2$$

Las reacciones del estaño y los ácidos halogenhídricos producen halogenuros de estaño (II). Los halogenuros de plomo (II) pueden producirse por reacción directa de los elementos. Debido a que todos los compuestos PbX_2 son insolubles en agua, pueden precipitarse de las soluciones que contienen Pb^{2+} añadiendo iones de halogenuros.

Los dihalogenuros son mucho menos volátiles que los tetrahalogenuros, un hecho que indica un crecido grado de carácter iónico; PbF_2, $PbCl_2$ y $PbBr_2$ son iónicos en el estado sólido. Los dihalogenuros de germanio no son particularmente estables. Se conocen aniones complejos, tales como $GeCl_3^-$, $SnCl_4^{2-}$; $PbCl_3$, $PbCl_4^{2-}$ y $PbCl_6^{4-}$. Ambos, Sn^{2+} y Pb^{2+}, forman tales iones en solución acuosa en la presencia de los iones halogenuros. En general, los iones MX^+ y MX_3^- son los más importantes. Los halogenuros insolubles de plomo (II) se disuelven en soluciones que contienen exceso de iones halogenuros debido a la formación de tales complejos.

Los tres metales forman hidruros covalentes volátiles, GeH_4, germano, SnH_4, estannano y PbH_4, plumbano. El hidruro del plomo es térmicamente inestable y se descompone en los elementos a 0°C; el SnH_4 se descompone aproximadamente a 150°C. Continuando la secuencia establecida por el carbono y el silicio, el germanio forma hidruros concatenados de fórmula Ge_nH_{2n+2}, donde n es cualquier número de 2 a 8. El estaño o el plomo forman sólo los hidruros simples.

Los iones Sn^{2+} y Pb^{2+} se hidrolizan extensamente en agua:

$$[Sn(H_2O)_6]^{2+} + H_2O \rightleftharpoons [Sn(H_2O)_5(OH)]^+ + H_3O^+ \qquad K_a \cong 10^{-2}$$

$$[Pb(H_2O)_6]^{2+} + H_2O \rightleftharpoons [Pb(H_2O)_5(OH)]^+ + H_3O^+ \qquad K_a \cong 10^{-8}$$

La reacción con agua es particularmente pronunciada en el caso de los compuestos de estaño (II); generalmente se agrega exceso de ácido a las soluciones acuosas de tales compuestos para inhibir esta reacción y evitar la precipitación de sales básicas tales como Sn(OH)Cl.

El nitrato de plomo (II) y el acetato de plomo (II) son insolubles en agua; el acetato se disocia sólo ligeramente. El sulfato, cromato, carbonato, sulfuro y todos los halogenuros del Pb^{2+} son ligeramente solubles en agua.

Resumen

Los temas presentados en este capítulo son:

1. La teoría de las bandas de enlace de los metales, conductores, aislantes y semiconductores.

2. Semiconductores extrínsecos.

3. Las propiedades físicas y distribución natural de los metales.

4. Operaciones metalúrgicas, las cuales se pueden agrupar en los procesos para el tratamiento preliminar de los minerales, para la reducción y para la refinación.

5. Estudios de la química de los metales de los grupos I A, II A, III A, IV A, elementos de transición y los lantánidos.

Glosario

A continuación aparecen algunos de los terminos más importantes presentados en este capítulo. Las definiciones no incluidas en esta lista pueden localizarse usando el indice.

Aislante (Sección 23.1). Sustancia en la cual una banda de valencia, completamente llena, está ampliamente separada de una banda de conducción por una zona de energía prohibida, de forma tal que los electrones de valencia no están normalmente en capacidad de conducir corriente eléctrica.

Alto horno (Sección 23.6). Horno para la reducción del mineral de hierro mediante carbono. Se obtiene como resultado arrabio que es hierro en forma impura.

Arrabio (Sección 23.6). Forma impura de hierro producido por el alto horno.

Banda de conducción (Sección 23.1). Banda vacía en un cristal metálico a través del cual se mueven libremente los electrones y, por consiguiente, conducen la electricidad.

Banda de valencia (Sección 23.1). Banda en un cristal metálico que contiene los electrones de valencia del metal.

Concentración de minerales (Sección 23.5). Procesos mediante los cuales los componentes deseados de los minerales se separan de la ganga.

Conductividad eléctrica (Sección 23.3). Medida de la capacidad de una sustancia para conducir la electricidad, medida en unidades de 1.0/(ohm·cm).

Conductor (Sección 23.1). Metal en el cual se superpone una banda de conducción a la banda de valencia, y los electrones de valencia se mueven libremente para conducir la electricidad.

Conductor de tipo *n* (Sección 23.2). Semiconductor extrínseco producido por la adición de una impureza (la cual tiene exceso de electrones de valencia con respecto al cristal donde se aloja) a un semiconductor intrínseco.

Escoria (Sección 23.6). Material que se forma de un fundente y ganga en una operación de fusión y, por consiguiente, sirve para remover la ganga.

Flotación (Sección 23.5). Método de concentración de un mineral, finamente pulverizado con un aceite adecuado y agua en un tanque bastante grande. La agitación de la mezcla con aire produce una espuma que contiene las partículas del mineral, el cual se extrae.

Fundente (Sección 23.6). Sustancia (generalmente caliza $CaCO_3$) utilizada para formar la escoria en una operación de fundición y así extraer la ganga.

Fusión (Sección 23.6). Proceso de reducción a elevada temperatura en el cual un metal libre se recupera de su mineral concentrado purificado.

Ganga (Sección 23.4). Materiales indeseables que se hallan con los minerales tal como se extraen de los depósitos.

Lantánidos (Sección 23.11). Los 14 elementos de transición interna (con números atómicos del 58 al 71) que siguen al lantano en la tabla periódica.

Lixiviación (Sección 23.5). Proceso de obtención del componente metálico de un mineral mediante el uso de una solución que contenga una sustancia con la cual el componente deseado reaccione para formar especies solubles.

Mata (Sección 23.6). Sulfuro cuproso impuro, Cu_2S, obtenido por fusión de los minerales de sulfuros de cobre.

Metal alcalino (Sección 23.8). Elemento del grupo I A; Li, Na, K, Rb o Cs.

Metales alcalino-térreos (Sección 23.9). Elemento del grupo II A; Be, Mg, Ca, Sr o Ba.

Metalurgia (Sección 23.5). Procedimiento científico de extracción de metales de sus minerales y preparación de estos metales para su utilización.

Mineral (Sección 23.4). Material que se encuentra en estado natural y del cual uno o más metales (u otras sustancias químicas) pueden extraerse en forma aprovechable.

Mineral nativo (Sección 23.4). Mineral en el cual un metal o un no metal (por ejemplo, Ag, Au, Bi y S) se encuentran en forma elemental.

Pila de Down (Sección 23.6). Pila electrolítica en la cual se produce un metal reactivo mediante la electrólisis de un cloruro metálico fundido.

Proceso Bessemer (Sección 23.7). Proceso en el cual el arrabio (hierro de primera fusión) se refina en acero. Se utiliza una corriente de aire para oxidar las impurezas presentes en el arrabio.

Proceso de Bayer (Sección 23.5). Proceso para obtener óxido de aluminio puro (para la producción de aluminio puro) del mineral bauxita. Se aprovecha la naturaleza anfótera del óxido de aluminio para disolverlo y separarlo de las impurezas mediante una solución de NaOH en caliente.

Proceso de solera abierta (Sección 23.7). Proceso en el cual el arrabio se refina a acero. La oxidación de las impurezas en el arrabio se efectúa mediante reacción con óxido de hierro y aire.

Proceso Hall (Sección 23.6). Proceso mediante el cual se obtiene el aluminio por electrólisis de una solución de óxido de aluminio en criolita fundida, Na_3AlF_6.

Proceso Kroll (Sección 23.6). Reducción de un halogenuro metálico mediante Mg, Na, o Ca.

Proceso Parkes (Sección 23.7). Proceso para remover plata del plomo impuro, la plata es disuelta selectivamente en cinc fundido.

Proceso termita (Sección 23.6). Reducción de un óxido de un metal mediante aluminio, también llamado **Proceso Goldschmidt.**

Proceso Van Arkel (Sección 23.7). Método para la purificación de ciertos metales por la formación y subsecuente descomposición térmica de un yoduro del metal.

Reducción de un mineral (Sección 23.5 y 23.6). Proceso en el cual se obtiene un metal libre de un compuesto metálico hallado en un mineral.

Refinación (Sección 23.5 y 23.7). Proceso mediante el cual un metal impuro se purifica y, en algunos casos, se añaden sustancias para dar las propiedades deseadas al producto final.

Semiconductor (Sección 23.1 y 23.2). Material con baja conductividad eléctrica que aumenta marcadamente con un aumento de temperatura. En cristales de semiconductores, la zona de energía prohibida es suficientemente reducida como para que los electrones pueden promoverse de la banda de valencia a la banda de conducción mediante el calor.

Semiconductores de tipo -*p* (Sección 23.2). Semiconductor extrínseco producido por la adición de una impureza aceptora (que posee menos electrones de valencia que los átomos de cristal huesped) a un semiconductor intrínseco.

Semiconductor extrínseco (o impureza) (Sección 23.2). Semiconductor cristalino al cual se la han agregado impurezas para aumentar su conductividad.

Semiconductor intrínseco (Sección 23.1 y 21.2). Sustancia cristalina pura que actúa como semiconductor.

Teoría de las bandas (Sección 23.1). Teoría que explica el enlace en metales en términos de orbitales moleculares que se extienden sobre todo el cristal y forman conjuntamente lo que se llama bandas.

Tostación de minerales (Sección 23.5). Proceso en el cual se calienta un mineral en el aire, para convertir los sulfuros y carbonatos a óxidos, los cuales se reducen más fácilmente a metal libre.

Zona de energía prohibida (Sección 23.1). Zona en un diagrama de bandas de un cristal; ningún electrón, puede tener una energía que lo coloque en esta zona.

Refinación en zona (Sección 23.7). Proceso utilizado para purificar ciertos metales, en el cual una zona caliente se desplaza a lo largo de una varilla del metal impuro. Las impurezas son arrastradas a lo largo de la zona de fusión a un extremo de la varilla.

Problemas*

El enlace metálico

23.1 ¿Cómo explica la teoría de las bandas, el lustre metálico, la conductividad térmica y eléctrica de los metales?

23.2 Explique por qué la conductividad eléctrica de un metal *disminuye* cuando la temperatura aumenta, y la conductividad eléctrica de un semiconductor *aumenta* cuando aumenta la temperatura.

23.3 Utilice diagramas de niveles de energía para explicar la diferencia entre conductores, aislantes y semiconductores.

23.4 Explique claramente el origen de las bandas en un cristal metálico. ¿Qué es una zona de energía prohibida?

Propiedades físicas y distribución de los metales

23.5 ¿Qué propiedades distinguen los metales de los nc metales?

23.6 ¿Qué evidencia confirma la creencia de que la fuerza del enlace metálico de los metales del cuarto y subsiguientes períodos alcanzan un máximo alrededor del centro de las series de transición? ¿Cómo puede explicarse esta tendencia?

***23.7** ¿Qué diámetro de un alambre de hierro debe utilizarse para que una longitud dada tenga una conductividad igual a la misma longitud de un alambre de cobre que tiene 1.0 cm de diametro? Las conductividades eléctricas se hallan en la Tabla 21.

23.8 ¿Cuáles son los principales tipos de minerales? Dé un ejemplo de cada tipo.

23.9 Explique por qué no es sorprendente que los minerales siguientes se encuentren en la naturaleza: **(a)** minerales de platino, oro y plata nativos; **(b)** minerales de sulfato de bario, estroncio y plomo; **(c)** Na^+ y MG^{2+} en agua de mar; **(d)** Minerales de sulfuro de plomo, bismuto y níquel.

Metalurgia

23.10 ¿Qué tipo de minerales se someten a tostación? Escriba una ecuación química para la tostación de un mineral de cada tipo. ¿Por qué se usa este procedimiento?

23.11 Describa los siguientes procesos metalúrgicos. Use ecuaciones cuando sea posible. **(a)** flotación por espumas. **(b)** Proceso Parkes. **(c)** Proceso Mond. **(d)** Proceso Van Arkel. **(e)** Proceso Kroll. **(f)** Licuación, **(g)** Refinación en zona, **(h)** Proceso termita.

23.12 Identifique los siguientes: **(a)** mineral, **(b)** ganga, **(c)** alumbre, **(d)** amalgama **(e)** lixiviación **(f)** escoria, **(g)** fusión.

23.13 Escriba ecuaciones para las reacciones que tienen lugar en un alto horno para la producción de arrabio.

*Los problemas más difíciles están marcados por un asterisco. El apéndice G contiene las respuestas de los problemas codificados en color.

23.14 ¿Qué procesos se utilizan para la refinación del arrabio y convertirlo en acero? ¿Cómo difieren?

23.15 ¿Por qué la reducción del carbono no se usa para obtener algunos metales de sus óxidos?

23.16 Escriba ecuaciones para la reducción con termita de **(a)** UO_3 (mediante Al), **(b)** V_2O_5 (mediante aluminio), **(c)** Ta_2O_5 (mediante Na), **(d)** ThO_2 (mediante Ca), **(e)** WO_3 (mediante Al).

23.17 Describa, con ecuaciones, los pasos en la producción del aluminio metálico a partir de la bauxita.

23.18 Utilice ecuaciones para indicar cómo se obtiene el magnesio del agua de mar.

23.19 ¿Qué metales se producen por la electrólisis de las sales fundidas? ¿Por la electrólisis de las soluciones de sales?

23.20 Compare los procesos metalúricos usados para obtener cobre de **(a)** minerales de $CuCO_3$ de bajo grado, **(b)** minerales de CuS.

23.21 Explique, utilizando ecuaciones, cómo puede refinarse electrolíticamente el cobre impuro. ¿Qué es el "*lodo anódico*"?

23.22 Explique, usando ecuaciones químicas, cómo se obtiene la plata de minerales de plata naturales de bajo grado.

23.23 Use ecuaciones para comparar los procesos utilizados para obtener plomo de **(a)** $PbCO_3$ por tostación y reducción del carbono, **(b)** PbS por tostación incompleta y fusión en ausencia del aire.

Los metales representativos

23.24 Escriba una ecuación para la reacción que ocurre entre Na y **(a)** H_2, **(b)** N_2, **(c)** O_2, **(d)** Cl_2, **(e)** S, **(f)** P_4, **(g)** C, **(h)** H_2O, **(j)** NH_3.

23.25 De acuerdo con los primeros potenciales de ionización, el elemento del grupo I A más activo es el Cs. De acuerdo con los potenciales de los electrodos, el metal más reactivo del grupo I A es el litio. Reconcilie estas observaciones.

23.26 Analice las formas por las cuales la química del litio y sus compuestos difieren de la química del sodio y sus compuestos.

23.27 Escriba una ecuación para la reacción que ocurre entre Ca y **(a)** H_2, **(b)** N_2, **(c)** O_2, **(d)** Cl_2, **(e)** S, **(f)** P_4, **(g)** C, **(h)** H_2O, **(i)** NH_3.

23.28 Los segundos potenciales de ionización de los metales II A son mayores que los primeros potenciales de ionización. ¿Por qué estos elementos no forman iones 1+ en vez de 2+ en sus reacciones?

23.29 Explique por qué los compuestos de berilio son más covalentes que los de cualquier otro elemento del grupo II A.

23.30 Escriba una ecuación para la reacción que ocurre entre el Al y **(a)** Cl_2, **(b)** O_2, **(c)** S, **(d)** N_2, **(e)** OH^-(ac), **(f)** H^+(ac).

23.31 ¿Por qué el Al y el Pb aparecen a veces ser menos reactivos de lo que indican los potenciales del del electrodo?

23.32 Existe una "relación diagonal" entre el Be y el Al. Explique las propiedades atómicas y ionicas que originan tal relación y cite evidencias para su existencia.

23.33 ¿Por qué es imposible precipitar Al_2S_3 de soluciones acuosas que contienen iones Al^{3+}(ac)?

23.34 Escriba una ecuación para la reacción que se realiza entre el Sn y **(a)** Cl_2, **(b)** O_2, **(c)** S, **(d)** H^+(ac), **(e)** OH^-(ac), **(f)** HNO_3.

23.35 Complete las siguientes ecuaciones:

(a) $PbO_2(s) + H_2O + OH^-(ac) \rightarrow$

(b) $PbO_2(s) \xrightarrow[\text{calor}]{\text{moderado}}$

(c) $PbO_2(s) \xrightarrow[\text{calor}]{\text{fuerte}}$

(d) $PbO(s) + H_2O + OH^-(ac) \rightarrow$

(e) $SnS(s) + S^{2-}(ac) \rightarrow$

(f) $SnS_2(s) + S^{2-}(ac) \rightarrow$

(g) $PbCl_2(s) + Cl^-(ac) \rightarrow$

(h) $SnF_4 + F^-(ac) \rightarrow$

Los metales de transición y los metales de transición interna

23.36 Escriba las ecuaciones para comparar las reacciones de Fe, Cr y Zn con **(a)** Cl_2, **(b)** O_2, **(c)** S, **(d)** N_2, **(e)** H_2O, **(f)** H^+(ac), **(g)** OH^-(ac).

23.37 ¿En qué forma difieren las propiedades de los metales de transición de las de la familia A de los metales?

23.38 El grupo IV B consiste en Ti, Zr y Hf. ¿Por qué se parecen más químicamente el Zr y el Hf que cualquiera de los dos y el titanio?

23.39 Escriba ecuaciones para las reacciones del CrO, Cr_2O_3 y CrO_3 con H^+(ac) y con OH^-(ac).

23.40 ¿Qué razones pueden darse para explicar el bajo grado de reactividad de los metales nobles?

***23.41** El potencial del electrodo estandar, $\mathscr{E}^\circ_{red}$, para la media reacción Hg_2^{2+}/Hg es +0.788 V. Para la pila

$$Pt|Hg|Hg_2^{2+}(10^{-3}\ M)||Hg_2^{2+}(10^{-2}\ M)|Hg|Pt$$

$\mathscr{E}$ es igual a + 0.0296 V. **(a)** ¿Cuál será la fuerza electromotriz(fem) de la pila a esa concentración si el ion mercurioso tiene la fórmula Hg^+? Observe que la concentración del ion mercurioso dado se aplica a la fórmula Hg_2^{2+}. **(b)** ¿Cuál sería el potencial del electrodo estándar de la pareja ion mercurioso/mercurio, si la fórmula del ion mercurioso fuese Hg^+? Observe que un litro de solución 1 *M* de Hg^+ contendría la mitad del peso del ion "mercurioso", comparado con lo que contendría un litro de solución 1 *M* de Hg_2^{2+}. **(c)** Explique qué medida de fem de la pila de concentración demuestra que la fórmula del ion mercurioso es Hg_2^{2+}, mientras que la medida del $\mathscr{E}^\circ$ para la pareja ion mercurioso/mercurio *no* establece la fórmula del ion.

23.42 Escriba una ecuación para cada reacción que ocurre entre el lantano y **(a)** Cl_2 **(b)** O_2, **(c)** S, **(d)** N_2, **(e)** H_2O, **(f)** H^+(ac).

23.44 Las propiedades químicas de los metales de transición varían ampliamente de un elemento a otro. Por el contrario, los metales de transición interna se parecen mucho entre sí químicamente. Explique por qué existe esta diferencia.

CAPÍTULO 24 COMPUESTOS COMPLEJOS

Alfred Werner, 1866–1919.
Edgar Faks Smith Collection.

A fines del siglo diecinueve los químicos tuvieron dificultades en comprender cómo se enlazan "los compuestos moleculares" o "compuestos de orden superior". La formación de un compuesto, tal como $CoCl_3 \cdot 6NH_3$ resultaba sorprendente —particularmente en este caso, debido a que no existía el $CoCl_3$. En 1893, Alfred Werner propuso una teoría para justificar los compuestos de este tipo. Werner escribió la fórmula del compuesto de cobalto como $[Co(NH_3)_6]Cl_3$. Supuso que las seis moléculas de amoníaco están simétricamente "coordinadas" al átomo central de Co por "valencias subsidiarias" de cobalto, mientras que las "valencias principales" de cobalto están compensadas por los iones cloruro. Werner dedicó más de veinticuatro años a preparar y estudiar los compuestos de coordinación y perfeccionar y probar su teoría. Aunque el trabajo moderno ha ampliado su teoría, ésta ha requerido escasas modificaciones.

Muchas aplicaciones prácticas se derivan del estudio de los compuestos complejos. Se han logrado avances en campos como la metalurgia, la química analítica, la bioquímica, purificación de aguas, industria textil, electroquímica y bacteriología. Además, el estudio de estos compuestos ha aumentado nuestro conocimiento del enlace químico, ciertas propiedades físicas (por ejemplo propiedades espectrales y magnéticas), minerales (muchos minerales son compuestos complejos) y procesos metabólicos (la hemoglobina de la sangre y clorofila de las plantas son compuestos complejos).

24.1 Estructura

Un ion complejo o compuesto complejo, consiste en un catión metálico central al cual se hallan unidos varios aniones y/o moléculas (llamados **ligandos**). Con pocas excepciones, los ligandos *libres* tienen por lo menos un par de electrones que no está involucrado en el enlace:

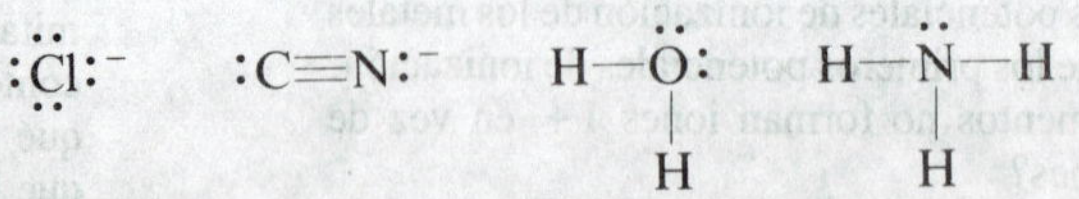

Se puede considerar que estos pares de electrones se donan a los iones metálicos deficientes en electrones para la formación de complejos. Por lo tanto, los ligandos son sustancias capaces de actuar como bases de Lewis. Sin embargo, el enlace de los complejos muestra una amplia variación en su caracter: de fuertemente covalente a predominantemente iónico (Sección 24.5).

Se dice que los ligandos están coordinados alrededor del catión central en la **primera esfera de coordinación.** En las fórmulas de los compuestos complejos, tales como

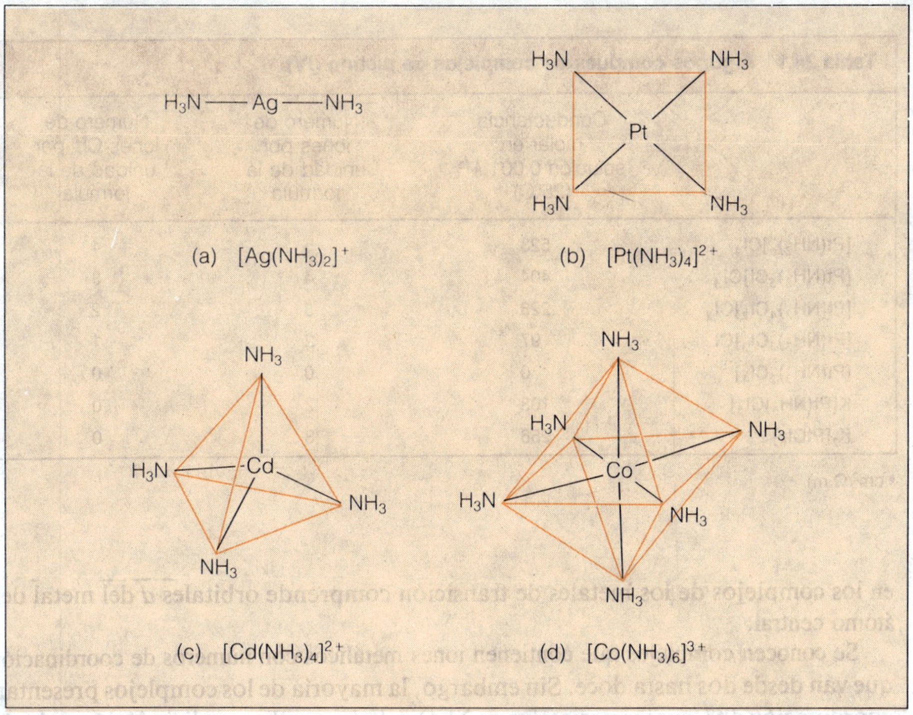

Figura 24.1 Configuraciones comunes de iones complejos: (a) lineal, (b) cuadrada plana, (c) tetraédrica, (d) octaédrica.

$K_3[Fe(CN)_6]$ y $[Cu(NH_3)_4]Cl$ la primera esfera de coordinación estas indicada por los paréntesis rectangulares. Los ligontes están dispuestos alrededor del ion central en una forma geométrica regular (Figura 24.1). El número de átomos enlazados *directamente* al ion metálico central o el número de posiciones coordinadas se llama el **número de coordinación** del ion central.

La carga de un complejo es la suma de las cargas de las partes constituyentes. Los complejos pueden ser cationes, aniones o moléculas neutras. En cada uno de los complejos de platino (IV) —$[Pt(NH_3)_5Cl]^{3+}$ $[Pt(NH_3)_2Cl_4]^0$ y $[PtCl_6]^{2-}$— el platino contribuye con 4+, cada cloro contribuye con 1−, y las moléculas de amoníaco coordinado no contribuyen a la carga del complejo.

En la Tabla 24.1 aparece una serie interesante de complejos de platino (IV). La lista está encabezada por el cloruro del ion $[Pt(NH_3)_6]^{4+}$ y en cada siguiente fórmula una molécula de amoníaco de la esfera de coordinación se reemplaza por un ion cloruro. Las moléculas de amoniaco *coordinado* y los iones cloruro del compuesto que están coordinados al platino, *son ionizables.* Las soluciones acuosas de los últimos tres estan fuertemente unidas y no se disocian en solución acuosa. Compuestos de la tabla no forman precipitado de cloruro de plata por adición de nitrato proporcionales a 4/4, 3/4, 2/4 y 1/4 respectivamente de su contenido total de cloro. En cada caso, el número total de iones por unidad de fórmula derivada de los datos de conductividad concuerda con las fórmulas de la Tabla 24.1;

En general, los compuestos más estables están formados por iones metálicos que tienen una alta carga positiva y un pequeño radio iónico. Los elementos de transición y los metales que les siguen inmediatamente (principalmente los metales III A y IV A) presentan marcada tendencia a formar complejos. Se conocen pocos complejos para los lantánidos y para los metales I A y II A (con excepción del berilio). El enlace

Tabla 24.1 Algunos compuestos complejos de platino (IV).	Conductancia molar en solución 0.001 M[a] (25°C)	Número de iones por unidad de la fórmula	Número de iones Cl^- por unidad de la fórmula
$[Pt(NH_3)_6]Cl_4$	523	5	4
$[Pt(NH_3)_5Cl]Cl_3$	404	4	3
$[Pt[NH_3)_4Cl_2]Cl_2$	228	3	2
$[Pt(NH_3)_3Cl_3]Cl$	97	2	1
$[Pt(NH_3)_2Cl_4]$	0	0	0
$K[Pt(NH_3)Cl_5]$	108	2	0
$K_2[PtCl_6]$	256	3	0

[a] $cm^2/\Omega \cdot m$).

en los complejos de los metales de transición comprende orbitales d del metal del átomo central.

Se conocen complejos que contienen iones metálicos con números de coordinación que van desde dos hasta doce. Sin embargo, la mayoría de los complejos presentan coordinación dos, cuatro y seis (Figura 24.1) y el número de coordinación 6, es el más común.

Los complejos con coordinación 6 son octaédricos. La disposición octaédrica regular de átomos, se representa frecuentemente por:

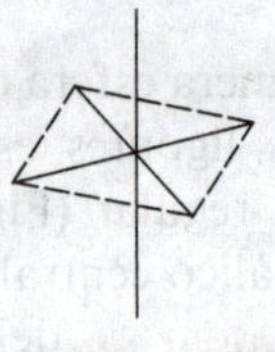

Esta representación es una forma conveniente para crear una ilusión tridimensional. Ninguna diferencia entre los enlaces del eje vertical y los otros enlaces debe deducirse de esta figura. *Todos* los enlaces son equivalentes. La geometría tetragonal es una forma distorsionada de la octaédrica, en la cual las distancias de enlace a lo largo de uno de los ejes son más largas o más cortas que los enlaces restantes:

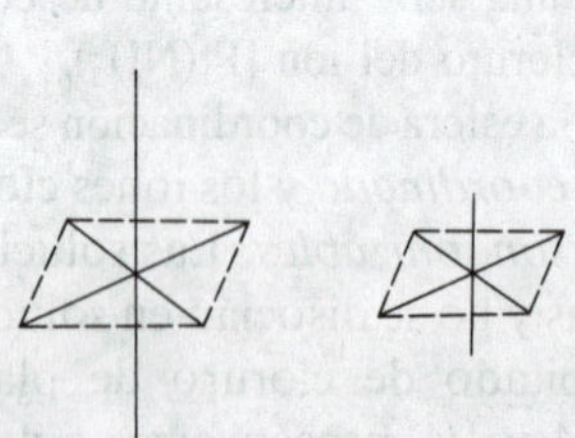

Se conocen complejos con coordinación de cuatro en configuraciones tetraédricas o cuadrado planas. La configuración cuadrada plana es la común para Pt^{II}, Pd^{II} y Au^{III} y se supone que para muchos complejos de Ni^{II} y Cu^{II}. Los ejemplos incluye $[Pt(NH_3)_4]^{2+}$, $[Pd(Cl_4)]^{2-}$, $[AuCl_4]^-$, $[Ni(CN)_4]^{2-}$ y $[Cu(NH_3)_4]^{2+}$. En algunos casos hay evidencia de que los complejos cuadrados pueden ser de forma tetragonal con dos ligantes, a lo largo de un eje vertical, localizados a mayor distancia del ion central que los ligantes del plano. Así, $[Cu(NH_3)_4]^{2+}$ en solución acuosa puede tener dos moléculas de agua coordinadas en la forma indicada en la Figura 24.2. Por esto, se puede considerar que se mezclan las geometrías cuadrada-plana y octaédrica.

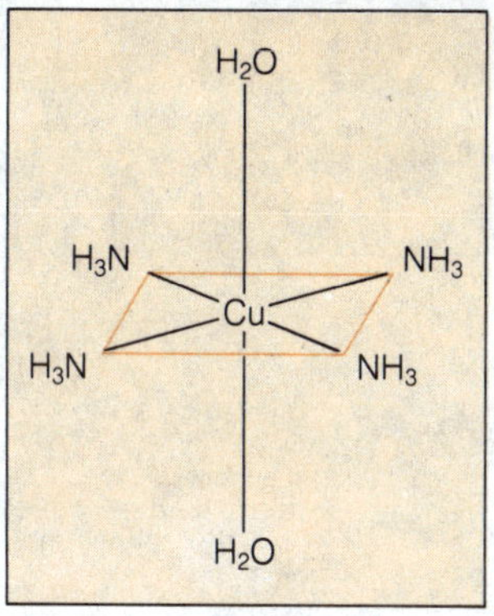

Figura 24.2 Configuración del $[Cu(NH_3)_4(H_2O)_2]^{2+}$

En los complejos con número de coordinación cuatro, la configuración tetraédrica se presenta más frecuentemente que la cuadrada plana y es particularmente común para los complejos de los elementos que no son de transición. Ciertos complejos de Cu^{I}, Ag^{I}, Au^{I}, Be^{II}, Zn^{II}, Cd^{II}, Hg^{II}, Al^{III}, Ga^{III}, In^{III}, Fe^{III}, Co^{II} y Ni^{0} son tetraédricos. Los ejemplos incluyen $[Cu(CN)_4]^{3-}$ $[BeF_4]^{2-}$, $[AlF_4]^-$, $[FeCl_4]^-$, $[Cd(CN)_4]^{2-}$, $[ZnCl_4]^{2-}$ y $[Ni(CO)_4]^0$. Los oxianiones de ciertos metales de transición (tales como VO_4^{3-}, CrO_4^{2-}, FeO_4^{2-} y MnO_4^-) son tetraédricos, se parecen a los oxianiones de los no metales (tales como SiO_4^{4-}, PO_4^{3-}, AsO_4^{3-}, SO_4^{2-} y ClO_4^-). Aunque se conocen varios complejos tetraédricos de los elementos de transición, la mayoría de los complejos de estos elementos son octaédricos.

Los complejos con coordinación dos ligantes y lineales no son tan comunes como las otras formas previamente mencionadas. Sin embargo, se conocen complejos bien caracterizados de este tipo para Cu^{I}, Ag^{I} y Hg^{II}; los ejemplos son $[CuCl_2]^-$, $[Ag(NH_3)_2]^+$, $[Au(CN)_2]^-$, $[Hg(NH_3)_2]$ y $[Hg(CN)_2]^0$.

En general, cada metal presenta más de un número de coordinación y geometría en sus complejos. Aunque todos los complejos conocidos de Co^{III} son octaédricos, la mayoría de los cationes forma más de un tipo de complejos. Por ejemplo, el Al^{III} forma complejos tetraédricos y octaédricos, el Cu^{I} forma complejos lineales y tetraédricos y el Ni^{II} forma complejos cuadrado plano, tetraédricos y octaédricos.

Los complejos de los elementos de transición frecuentemente son altamente coloridos. Ejemplos de los complejos que exhiben una amplia variedad de colores son $[Co(NH_3)_6]^{3+}$ (amarillo), $[Co(NH_3)_5(H_2O)]^{3+}$ (rosado), $[Co(NH_3)_5Cl]^{2+}$ (violeta), $[Co(H_2O)_6]^{3+}$ (púrpura) y $[Co(NH_3)_4Cl_2]^2$ (una forma violeta y otra verde —Sección 24.4). Los ligantes que hemos presentado hasta ahora son capaces de formar sólo un enlace con el ion central. Se conocen como ligandos **unidentados** (del latín, que significa un diente). Ciertos ligantes son capaces de ocupar más de una posición de coordinación a ion metálico. Los ligantes que se coordinan mediante dos enlaces de partes diferentes de la molécula o anión se llaman **bidentados.** Los ejemplos son:

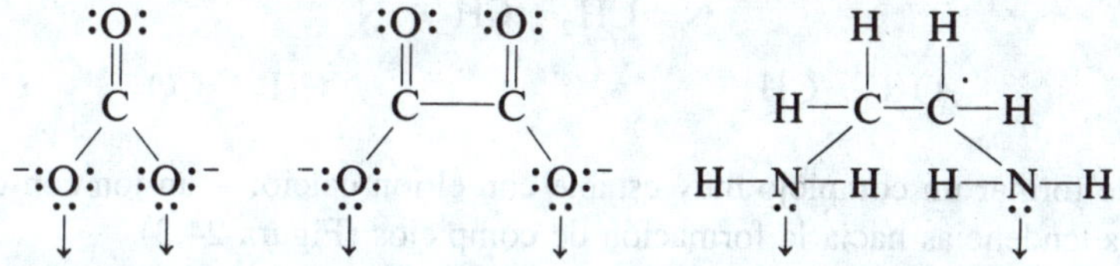

ion carbonato *ion oxalato* *etilendiamina*

Los iones carbonato y oxalato están coordinados mediante dos átomos de oxígeno. La molécula de etilendiamina (abreviada *en*) se coordina mediante ambos átomos de nitrógeno. Estas posiciones están indicadas con flechas. Los ligantes bidentados forman anillos con iones metálicos centrales.

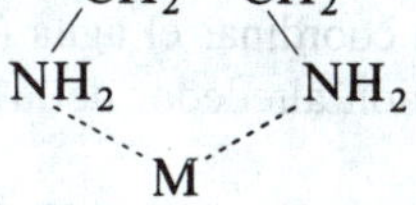

Los complejos metálicos resultantes se llaman **quelatos** (del griego, que quiere decir garra). Por lo general, se prefiere la formación de anillos de cinco o seis miembros.

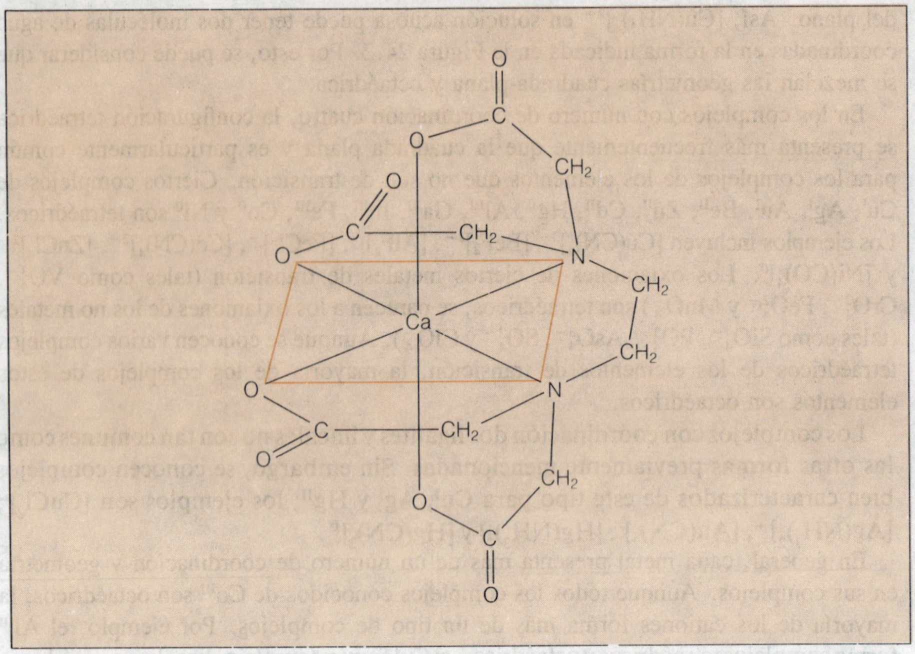

Figura 24.3. Complejo de etilendiaminote tracetato de calcio C^{2+}, ($[Ca(EDTA)]^{2-}$)

Se han preparado ligantes multidentados que pueden coordinar 2, 3, 4, 5 ó 6 posiciones. En general, los quelatos son más estables que los complejos que contienen sólo ligantes unidentados. Así, el agente complejante hexadentado, el ion etilendiaminotetraacetato (EDTA), es

$$\begin{matrix} {}^{-}O_2C-CH_2 & & & & CH_2-CO_2^{-} \\ & N-CH_2-CH_2-N & & & \\ {}^{-}O_2C-CH_2 & & & & CH_2-CO_2^{-} \end{matrix}$$

capaz de formar un complejo muy estable con el ion calcio: —un ion con una de las menores tendencias hacia la formación de complejos (Figura 24.3).

El hemo de la hemoglobina es un quelato de Fe^{2+}, y la clorofila es un quelato de Mg^{+2}. En ambas sustancias, el átomo metálico está coordinado al ligante tetradentado, el cual puede considerarse que se obtiene de la estructura de la porfirina (Figura 24.4) por la sustitución de varios grupos por los átomos de H de la porfina. Las porfinas sustituidas se llaman **porfirinas.**

La coordinación alrededor del átomo de hierro de la hematina es octaédrica. Cuatro de las posiciones coordinadas se utilizan en la formación de la hematina (esencialmente plana), el quinto se utiliza para enlazar la hematina a la molécula de la proteína (la globina), y el sexto se usa para coordinar el agua (de la hemoglobina) o el O_2 (de la oxihemoglobina). La coordinación alrededor de la sexta posición es reversible,

$$\text{hemoglobina} + O_2 \rightleftharpoons \text{oxihemoglobina} + H_2O$$

y depende de la presión del O_2. La hemoglobina toma el O_2 en los pulmones y lo libera en los tejidos del cuerpo, donde se utiliza para la oxidación de los alimentos.

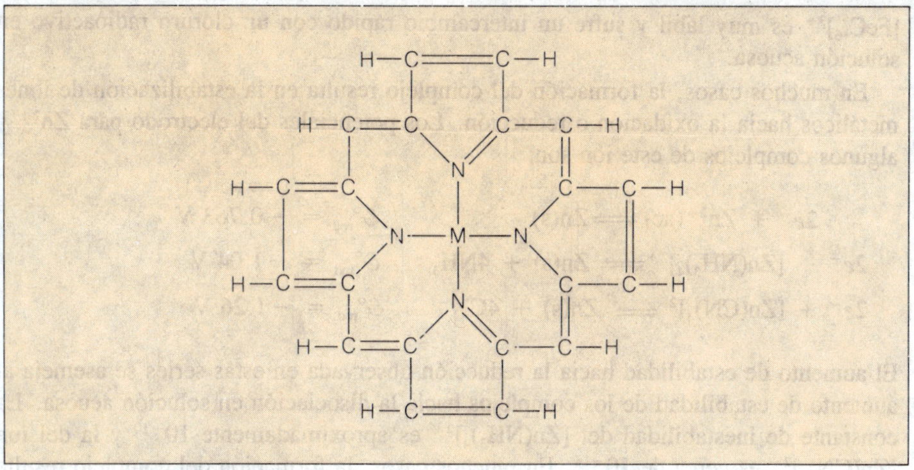

Figura 24.4 Porfirina metálica (M = catión metálico).

La hemoglobina reacciona con el monóxido de carbono para formar un complejo que es más estable que la oxihemoglobina y, por consiguiente, el CO es tóxico.

La clorofila, una porfirina de Mg^{2+}, el pigmento verde de las plantas, sirve como catalizador para el proceso de fotosíntesis en el cual el CO_2 y el H_2O se convierten en un carbohidrato (glucosa) y O_2. La energía para la fotosíntesis proviene de la luz solar y la molécula de la clorofila inicia este proceso por absorción de un cuanto de luz.

24.2 Complejos labiales e inertes

Ciertos complejos (que se llaman **lábiles** reaccionan rápidamente con la sustitución de los ligantes; otros complejos (**no lábiles** o **inertes**) no sufren estas reacciones de sustitución o lo hacen pero muy lentamente. Esta distinción se aplica a la *velocidad* con que se alcanza el equilibrio y no tiene influencia sobre la posición de equilibrio. Con la excepción de los complejos de Cr^{III} y Co^{III}, la mayoría de los complejos octaédricos de los metales de transición del cuarto periodo son muy lábiles, las reacciones de intercambio alcanzan el equilibrio casi tan pronto como se mezclan los reactivos. La razón por la cual los complejos de Co^{III} se han estudiado más que cualquier otro grupo de complejos, es debido a que estas sustancias realizan reacciones de intercambio de ligantes a menor o más conveniente velocidad.

No debe confundirse lo inerte de un complejo con su estabilidad termodinámica. Aunque $[Co(NH_3)_6]^{3+}$ es estable en solución acuosa:

$$[Co(NH_3)_6]^{3+} + 6\,H_2O \rightleftharpoons [Co(H_2O)_6]^{3+} + 6\,NH_3 \qquad K \cong 10^{-34}$$

el complejo es inestable en ácido acuoso

$$[Co(NH_3)_6]^{3+} + 6\,H_3O^+ \rightleftharpoons [Co(H_2O)_6]^{3+} + 6\,NH_4^+ \qquad K \cong 10^{22}$$

Sin embargo, el ion $[Co(NH_3)_6]^{3+}$ puede existir en ácidos diluidos por semanas: la última reacción tiene una alta energía de activación. Así, el complejo es termodinámicamente inestable y, al mismo tiempo, inerte.

También se conocen ejemplos de situaciones inversas. El complejo estable de

$[FeCl_6]^{3-}$ es muy lábil y sufre un intercambio rápido con un cloruro radioactivo en solución acuosa.

En muchos casos, la formación del complejo resulta en la estabilización de iones metálicos hacia la oxidación o reducción. Los potenciales del electrodo para Zn^{2+} y algunos complejos de este ion son:

$$2e^- + Zn^{2+}(ac) \rightleftharpoons Zn(s) \qquad \mathcal{E}^\circ_{red} = -0.763\ V$$

$$2e^- + [Zn(NH_3)_4]^{2+} \rightleftharpoons Zn(s) + 4NH_3 \qquad \mathcal{E}^\circ_{red} = -1.04\ V$$

$$2e^- + [Zn(CN)_4]^{2} \rightleftharpoons Zn(s) + 4CN^- \qquad \mathcal{E}^\circ_{red} = -1.26\ V$$

El aumento de estabilidad hacia la reducción observada en estas series se asemeja al aumento de estabilidad de los complejos hacia la disociación en solución acuosa. La constante de inestabilidad del $[Zn(NH_3)_4]^{2+}$ es aproximadamente 10^{-10} y la del ion $[Zn(CN)_4]^{2-}$ es cerca de 10^{-18}. En muchos casos, la formación del complejo resulta en la estabilización de un metal en un estado de oxidación raro o desconocido. Los complejos de Co^{III} suministran un ejemplo clásico. Los compuestos simples que contienen cobalto en el estado de oxidación 3+ son escasos. El potencial del electrodo

$$e^- + [Co(H_2O)_6]^{3+} \rightleftharpoons [Co(H_2O)_6]^{2+} \qquad \mathcal{E}^\circ_{red} = +1.81\ V$$

indica que el ion Co^{3+} hidratado es un agente oxidante fuerte capaz de oxidar el agua a oxígeno y por tanto incapaz de existir largo rato en agua. En la presencia de muchos agentes complejantes, tales como NH_3, el estado de oxidación 3+ del cobalto es mucho más estable hacia la reducción:

$$e^- + [Co(NH_3)_6]^{3+} \rightleftharpoons (Co(NH_3)_6)^{2+} \qquad \mathcal{E}^\circ_{red} = +0.11\ V$$

El ion $[Co(NH_3)_6]^{3+}$ puede existir en solución acuosa. No oxida el agua a oxígeno y, de hecho, se usa la reacción inversa: la oxidación de los complejos de Co^{II} por una corriente de aire, para preparar complejos de Co^{III}. El complejo de amoníaco del Co^{III}, que tiene una constante de inestabilidad de cerca de 10^{-34}, es mucho más estable hacia la disociación que el complejo de amoníaco del Co^{II}, que tiene una constante de inestabilidad de aproximadamente 10^{-5}.

La formación de un complejo puede evitar la desproporción de un catión metálico. Por ejemplo, el ion cobre (I), es inestable en solución acuosa:

$$2Cu^+(ac) \longrightarrow Cu^{2+}(ac) + Cu(s)$$

El complejo del amoníaco de este ion, $[Cu(NH_3)_2]^+$ es estable hacia la desproporción. Se observa una situación similar para los iones oro. El Au^+ es inestable teóricamente, inestable hacia la desproporción en Au^{3+} y oro metálico. Además, ambos iones oro son agentes oxidantes fuertes y son capaces de oxidar al agua. Sin embargo, se han preparado complejos estables de Au^I y Au^{III}.

24.3 Nomenclatura

Debido a que se conocen miles de complejos y el número aumenta constantemente, se ha adoptado un sistema de nomenclatura para estos compuestos. A continuación se resumen las reglas importantes del sistema. Son adecuadas para nombrar los complejos simples y los que se hallan con más frecuencia.

1. Si el compuesto complejo es una sal, se nombra primero el anión, sea o no que éste sea el ion del complejo.

2. Los constituyentes del complejo se nombran en el orden siguiente: aniones, moléculas neutras, ion metálico central.

3. A los ligantes aniónicos se les dan terminaciones en —*o*. Los ejemplos son: OH^-, hidroxo; O^{2-}, oxo; S^{2-}, tio; Cl^-, cloro; F^-, fluoro; CO_3^{2-}, carbonato; CN^-, ciano; CNO^-, cianato; $C_2O_4^{2-}$, oxalato; NO_3^-, nitrato; NO_2^-, nitro; SO_4^{2-}, sulfato; $S_2O_3^{2-}$, tiosulfato.

4. Los nombres de los ligantes neutrós no cambian. Las excepciones a esta regla son: CO, carbonilo, NO nitrosilo y NH_3 amino.

5. El número de ligantes de un tipo particular es indicado por un prefijo: di-, tri-, tetra-, penta- y hexa-- (para dos a seis). Para ligandos complicados (tales como etilendiamina), se emplean los prefijos bis-, tris-, y tetrakis- (de dos a cuatro).

6. El número de oxidación del ion central es indicado por un número romano, el cual se encierra en un paréntesis y se coloca después del nombre del complejo.

7. Si el complejo es un anión, se utiliza la terminación *-ato*. Si el complejo es un catión o una molécula neutra, el nombre no cambia.

Los ejemplos de las reglas de la nomenclatura son:

$[Ag(NH_3)_2]Cl$	Cloruro de diamino de plata (I)
$[Co(NH_3)_3Cl_3]$	Triclorotriaminocobalto (III)
$K_4[Fe(CN)_6]$	Hexacianoferrato (II) de potasio
$[Ni(CO)_4]$	Tetracarbonilo de níquel (0)
$[Cu(en)_2]SO_4$	Sulfato de bis(etilendiamina) cobre (II)
$[Pt(NH_3)_4][PtCl_6]$	Hexacloroplatinato (VI) de tetraminoplatino (II)
$[Co(NH_3)_4(H_2O)Cl]Cl_2$	Cloruro de cloracuatetramino cobalto (III)

Los nombres comunes o triviales se emplean frecuentemente cuando claramente son más convenientes que el nombre sistemático (por ejemplo, ferrocianuro en vez de hexacianoferrato (II) para $[Fe(CN)_6]^{4-}$) o cuando no se conoce bien la estructura del complejo (por ejemplo, el ion aluminato).

24.4 Isomería

Los compuestos con la misma fórmula molecular pero con diferente disposición de los átomos, reciben el nombre de **isómeros.** Tales compuestos difieren en sus propiedades físicas y químicas. La **isomería estructural** la exhiben compuestos que tienen diferentes ligantes dentro de sus esferas de coordinación. Se han identificado varios tipos de isómeros estructurales.

Los siguientes pares de compuestos de Co^{III} sirven como ejemplo de **isómeros de ionización:**

(a) $[Co(NH_3)_5(SO_4)]Br$

rojo

(b) $[Co(NH_3)_5Br]SO_4$

violeta

Los datos de conductividad indican que ambos compuestos se disocian en dos iones en solución acuosa. En el primer compuesto, el ion SO_4^{2-} es parte de la esfera de coordinación y el ion Br^- es ionizable. Una solución acuosa del compuesto (a) forma inmediatamente un precipitado de AgBr al adicionar $AgNO_3$, pero debido a que el ion SO_4^{2-} no está libre, no se forma precipitado por la adición de $BaCl_2$. Para el compuesto (b), lo inverso es cierto. Una solución acuosa de este compuesto forma un precipitado de $BaSO_4$, pero no de AgBr, puesto que el SO_4^{2-} es ionizable y el Br^- está coordinado. Observe que el SO_4^{2-} actúa como un ligante unidentado y que la carga sobre el ion complejo del compuesto (a) es 1+ y que el compuesto (b) es 2+. Existen varios ejemplos adicionales de isómeros de ionización, tales como

$[Pt(NH_3)_4Cl_2]Br_2$ $[Pt(NH_3)_4Br_2]Cl_2$

La **isomería de hidratación** es análoga a la isomería de ionización y probablemente se ilustra mejor por las siguientes series de compuestos que tienen la fórmula $CrCl_3 \cdot 6H_2O$:

(a) $[Cr(H_2O)_6]Cl_3$

violeta

(b) $[Cr(H_2O)_5Cl]Cl_2 \cdot H_2O$

verde

(c) $[Cr(H_2O)_4Cl_2]Cl \cdot 2\,H_2O$

verde

En un mol de cada uno de estos compuestos existen seis moles de agua. Sin embargo, en el compuesto (a), seis moléculas de agua están coordinadas; en el compuesto (b), cinco; y en el compusto (c), cuatro. Las moléculas de agua sin coordinar ocupan posiciones separadas en los cristales y se pierden fácilmente cuando los compuestos (b) y (c) se exponen a agentes secantes. Sin embargo, el agua coordinada no se elimina tan fácilmente. Los datos de conductividad suministran más evidencia acerca de la estructura de los compuestos (el compuesto está formado por cuatro, tres y dos iones, respectivamente) y la cantidad de AgCl precipitado (el compuesto tiene tres, dos y un ion cloruro ionizables, respectivamente).

Otro ejemplo de isomería de hidratación lo da el siguente par de compuestos:

$[Co(NH_3)_4(H_2O)Cl]Cl_2$ $[Co(NH_3)_4Cl_2]Cl \cdot H_2O$

Los **isómeros de coordinación** pueden existir en compuestos que tienen dos o más centros de coordinación. Los isómeros se forman mediante el intercambio de ligantes entre estos centros de coordinación. En los ejemplos simples, los cuales comprenden sólo dos iones complejos por compuesto, el ion metálico coordinado puede ser el mismo:

$[Cr(NH_3)_6][Cr(NCS)_6]$ $[Cr(NH_3)_4(NCS)_2][Cr(NH_3)_2(NCS)_4]$

o diferente

$[Cu(NH_3)_4][PtCl_4]$ $[Pt(NH_3)_4][CuCl_4]$

y el estado de oxidación de los metales puede variar

$[Pt(NH_3)_4][PtCl_6]$
tetraminoplatino (II)
hexacloroplatinato(IV)

$[Pt(NH_3)_4Cl_2][PtCl_4]$
diclorotetraminoplatino (IV)
tetracloroplatinato (II)

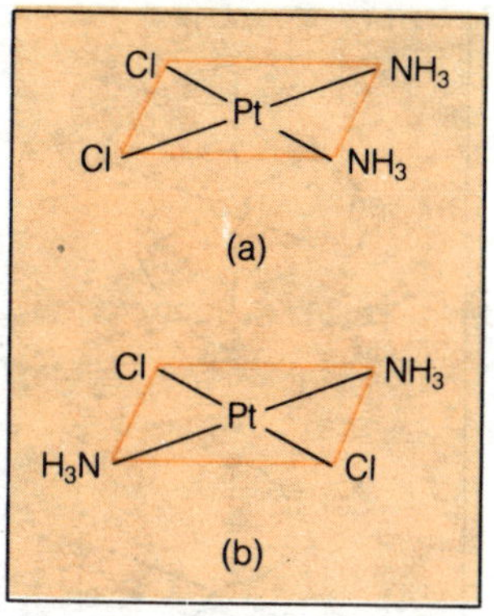

Figura 24.5 Isómeros (a) *cis* y (b) *trans* de dicloro-diaminoplatino (II)

La **isomería de unión,** se forma cuando los ligandos son capaces de coordinarse en dos formas. El ion nitrito, NO_2^-, por ejemplo, puede coordinarse mediante un átomo de oxígeno (—ONO, compuestos de nitrito) o a través del átomo de nitrógeno (—NO_2, compuestos de nitro):

$[Co(NH_3)_5(NO_2)]Cl_2$
(amarillo)
cloruro de nitropentamino-cobalto (III)

$[Co(NH_3)_5(ONO)]Cl_2$
(rojo)
cloruro de nitropentamino-cobalto (III)

Otros ligandos son capaces de formar isómeros de unión CN^- que pueden coordinarse a través del átomo de C o de N; SCN^-, que se puede coordinar mediante N o S; y el CO mediante el C o el O.

La **estereoisomería** es una segunda clasificación general de los isómeros. Los compuestos son estereoisómeros cuando ambos contienen los mismos ligandos en sus esferas de coordinación pero difieren en la forma en que estos ligandos están ordenados en el espacio. Un tipo de estereoisomería es **geometría** o **isomería cis-trans.** Un ejemplo de isomería geométrica lo suministran los isómeros *cis* y *trans* cuadrado plano de diclorodiaminoplatino (II); Figura 24.5. En el isómero *cis* los átomos de cloro están localizados en esquinas contiguas del cuadrado (a lo largo de una arista), mientras que el isómero *trans* ocupa esquinas opuestas (a lo largo de la diagonal).

Puesto que todos los ligandos de un compuesto tetraédrico tienen la misma relación entre sí, la isomería *cis-trans* no existe para esta geometría. Sin embargo, se conocen muchos isómeros geométricos para los complejos tetraédricos. Existen dos isómeros del ion diclorotetraminocobalto (III): una forma *cis* violeta y una forma *trans* verde (Figura 24.6).

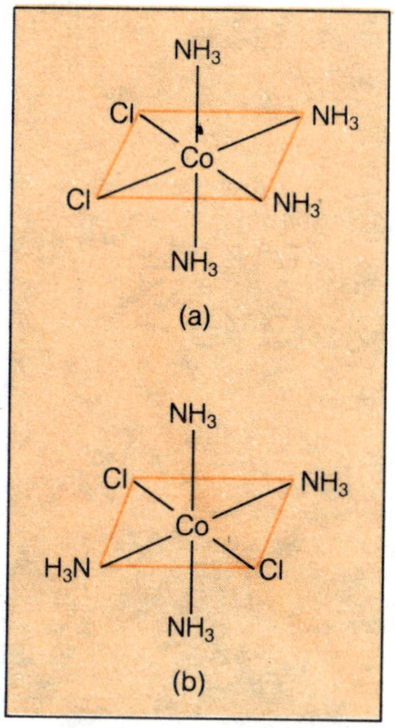

Figura 24.6 Isómeros (a) *cis* y (b) *trans* del ion diclorotetraminocobalto (III)

Un segundo tipo de estereoisomería es la **isomería óptica.** Algunas moléculas e iones pueden existir en dos formas que no pueden superponerse o traslaparse y tienen la misma relación que posee la mano derecha en relación con la izquierda. Es fácil demostrar que las manos no se superponen, intentando colocar un guante de la mano izquierda en la mano derecha. Se dice que tales moléculas e iones son **quirales** o **disimétricas,** y las formas se llaman **enantiomorfas** (del griego, que significa formas opuestas) o **imágenes de espejo** (imágenes especulares, puesto que una puede considerarse como una reflexión especular de la otra).

Los enantiomorfos tienen idénticas propiedades físcas, excepto por sus efectos sobre el plano de luz polarizada. La luz que ha pasado a través de un polarizador consiste en ondas que vibran en un solo plano. Un enantiomorfo (forma **dextro**), sea puro o en solución, girará el plano de luz polarizada hacia la derecha; el otro (forma **levo**) girará el plano una extensión igual hacia la izquierda (Figura 24.7).

Por esta razón, los enantiómeros se llaman isómeros ópticos o **antípodas ópticos.** Una mezcla equimolar de enantiomorfos, llamada *modificación racémica,* no tiene efecto sobre el plano de luz polarizada, puesto que contiene igual número de las formas *dextrorrotatorias* y *levorrotatorias*.

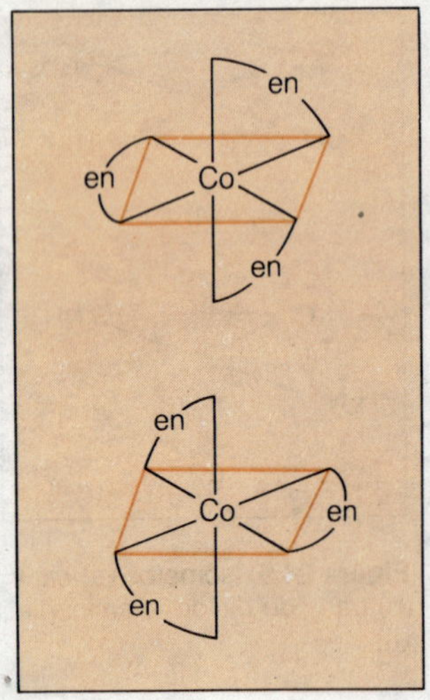

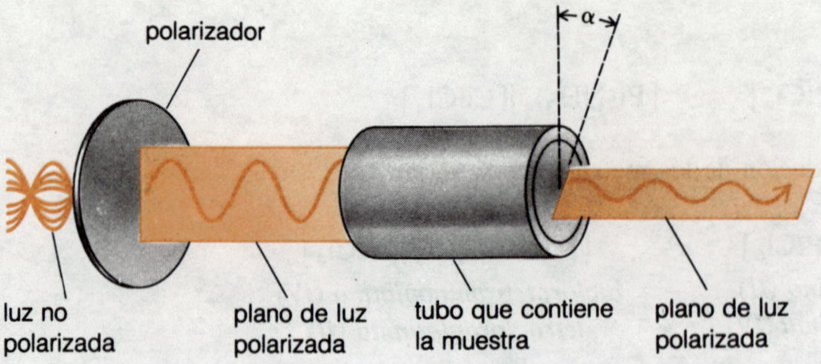

Figura 24.7 Rotación del plano de luz polarizada. El plano gira un ángulo después que la luz pasa a través de un isómero ópticamente activo en disolución. En este caso, la rotación es hacia la derecha y se dice que es dextrorrotatorio.

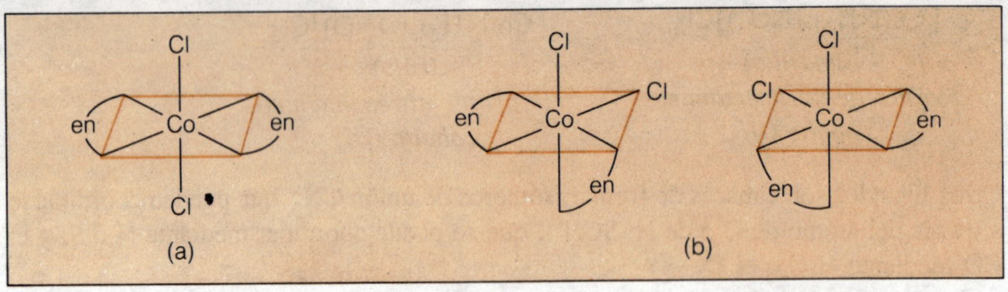

Figura 24.9 Isómeros del ion diclorobis (etilendiamino) cobalto (III). (a) Isómero *trans*, (b) Isómeros ópticos de la forma *cis*.

El ion de tris (etilendiamino) cobalto (III) existe en formas enantiomorfas. Un examen de los diagramas de la Figura 24.8 confirma que los enantiomorfos no se pueden superponer y que los iones son quirales. Observe que los agentes quelantes bidentados sólo pueden desplazar posiciones *cis*.

Ambos tipos de estereoisomería —geométrica y óptica— son ilustrados por los isómeros del ion diclorobis (etilendiamina) cobalto (III) (Figura 24.9.). La configuración *trans* de este ion es ópticamente inactiva y una imagen especular sería idéntica a la original. Sin embargo, la forma *cis* es quiral y existe en las formas *dextro* y *levo*. Se dice que la forma *trans* es un *diasteroisómero* de la forma *cis dextro* o *levo*.

24.5 El enlace en los complejos

La primera teoría utilizada para explicar el enlace en los complejos supone simplemente que los ligandos donan pares de electrones para formar enlaces covalentes con los iones metálicos centrales. Los enlaces formados en esta forma se llamaron enlaces covalentes coordinados.

Durante los años siguientes, se desarrolló la **teoría del enlace valencia** a partir de este sencillo concepto. Se supone que el ion metálico central suministra orbitales híbridos vacíos para la formación del complejo (por ejemplo, orbitales híbridos $d^2\,sp^3$ para la formación de un complejo octaédrico) y los ligantes suministran pares electrónicos para llenar estos orbitales y formar enlaces covalentes. La teoría del enlace valencia se ajusta bien a muchas observaciones experimentales, pero no explica

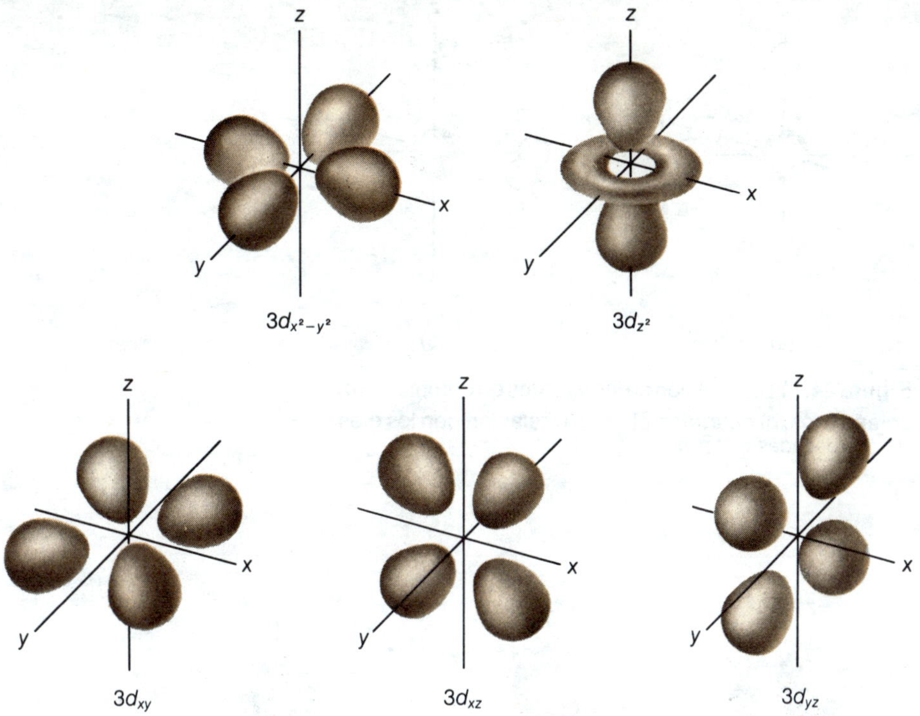

Figura 24.10 Diagramas de superficie límite para los orbitales *d*.

otras en forma satisfactoria (especialmente, los números de electrones desapareados en ciertos complejos) y no tiene nada que ver con otras observaciones (especialmente el color de los complejos).

Las teorías modernas sobre el enlace en los complejos se derivan de la **teoría del campo cristalino.** En su forma simple, esta teoría explica el enlace en términos de atracciones electrostáticas entre la carga positiva del catión metálico central y las cargas negativas de los pares de electrones de los ligantes. Un aspecto importante de esta teoría es el efecto que tiene el campo electrostático de los ligantes sobre los orbitales *d* del catión metálico central.

Los electrones exteriores de los iones metálicos de transición son electrones de los orbitales *d* (Tabla 5.4). En un ion libre de un metal de transición, los cinco orbitales *d* tienen igual energía; están degenerados. Sin embargo, todos los orbitales *d* no son de energía equivalente cuando están rodeados por el campo negativo creado por los ligantes.Considere la relación de los orbitales *d* (Figura 24.10) con respecto a la disposición de los ligantes de un complejo octaédrico (Figura 24.11a). Los orbitales d_{z^2} y $d_{x^2-y^2}$ tienen lóbulos que se dirigen hacia los ligantes, mientras que los lóbulos de los orbitales d_{xy}, d_{xz} y d_{yz} se hallan entre los ligandos. En esta forma, en el complejo existen dos conjuntos de orbitales *d*. Los orbitales d_{xy}, d_{xz} y d_{yz} (orbitales t_{2g}) son equivalentes entre sí, y los orbitales d_{z^2} y $d_{x^2-y^2}$ (orbitales e_g) son equivalentes entre sí, y diferentes de los tres primeros. Los símbolos t_{2g} y e_g se aplican a los conjuntos de tres orbitales degenerados y al de dos orbitales degenerados respectivamente.

No resulta inmediatamente obvio que el orbital d_{z^2} se perfectamente equivalente al orbital $d_{x^2-y^2}$. El orbital d_{z^2} puede ser considerado como una combinación de partes iguales de dos orbitales hipotéticos $d_{z^2-y^2}$ y $d_{z^2-x^2}$, los cuales tienen formas exactamente como las del orbital $d_{x^2-y^2}$ (Figura 24.12).

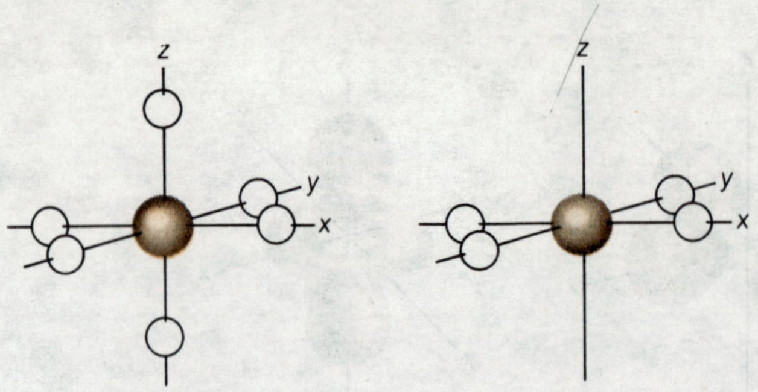

Figura 24.11 Disposición de los ligantes de complejos (a) octaédricos (b) cuadrado plano, en relación con los ejes de coordenadas cartesianas.

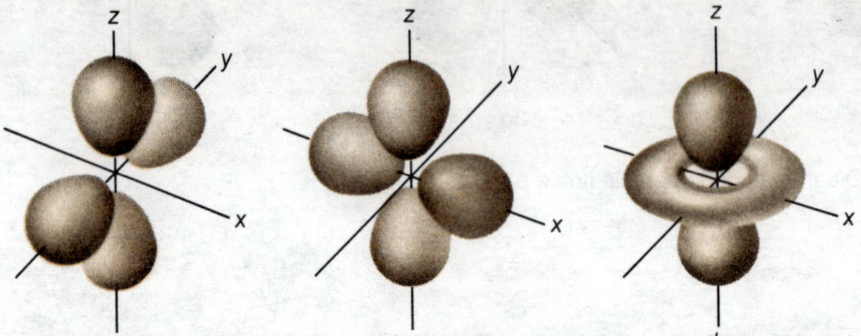

$d_{z^2-y^2}$ $d_{z^2-x^2}$ d_{z^2}

Figura 24.12 Diagrama que muestra que los orbitales d_{z^2} pueden considerarse como una combinación de los orbitales $d_{z^2-y^2}$ y $d_{z^2-x^2}$.

Puesto que el número de orbitales *d* está limitado a cinco, los orbitales $d_{z^2-y^2}$ y $d_{z^2-x^2}$ no tienen existencia independiente.

En la teoría del campo cristalino, se supone que el campo electrostático que rodea al ion metálico central se produce por los extremos negativos de las moléculas dipolares o por los aniones que actúan como ligantes. Un electrón de ion metálico de un orbital *d* que tiene los lóbulos dirigidos hacia los ligantes tiene una energía superior (debido a la repulsión electrostática) a un electrón en un orbital con los lóbulos dirigidos entre los ligantes. Por consiguiente, en los complejos octaédricos, los orbitales del grupo e_g tienen mayor energía que las energías del grupo t_{2g}. La diferencia entre las energías de los orbitales t_{2g} y e_g en un complejo octaédrico es identificada por el símbolo Δ_o.

En un complejo cuadrado plano (Figura 24.11b), los orbitales *d* presentan cuatro relaciones diferentes. Los lóbulos del orbital $d_{x^2-y^2}$ se dirigen hacia los ligantes, y este orbital es el orbital de más alta energía. Los lóbulos del orbital d_{xy} se hallan entre los orbitales pero son coplanares con ellos, y por esto este orbital es el siguiente orbital con la mayor energía. Los lóbulos del orbital d_{z^2} se dirigen fuera del plano del complejo pero el cinturón alrededor del centro del orbital (el cual contiene cerca de un tercio de la densidad electrónica) se halla en el plano. Por consiguiente, el orbital d_{z^2} es el siguiente orbital de energía más alta. Los orbitales d_{xz} y d_{yz}, que son degenerados, están menos afectados por el campo electrostático de los ligantes puesto que sus lóbulos se dirigen fuera del plano del complejo. Estos orbitales son los orbitales más bajos en energía.

El orden de separación de los orbitales d en un complejo tetraédrico aparece en la Figura 24.13, la cual indica la relación de la disposición tetraédrica de los ligantes a un sistema de coordenadas cartesianas y un hipotético cubo. Los lóbulos de los orbitales d_{xy}, d_{xz} y d_{yz} se dirigen hacia las aristas del cubo y los lóbulos de los orbitales d_{z^2} y $d_{x^2-y^2}$ se dirigen hacia el centro de las caras del cubo. Observe que la distancia del centro de la cara de un cubo a un ligante es mayor que la distancia del centro de la arista del centro a un ligante. El orden de energías del orbital, es, por consiguiente, el inverso del que corresponde a la coordinación octaédrica y el conjunto degenerado de tres orbitales t_{2g}, es de mayor energía que el conjunto degenerado de dos, e_g. La diferencia de energía es identificada por el símbol Δ_t.

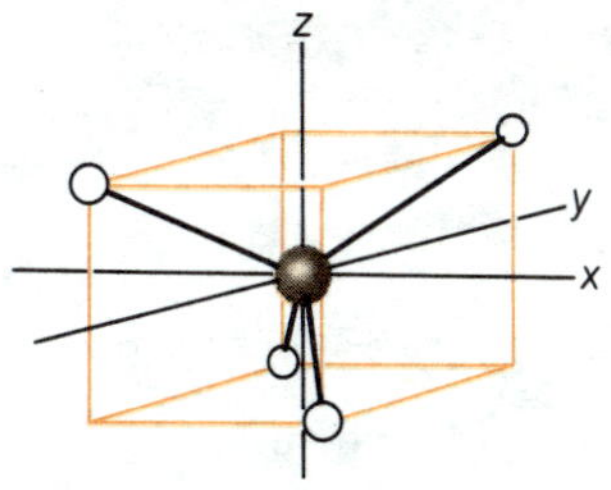

Figura 24.13 La relación de la disposición tetraédrica de los ligantes a un conjunto de ejes cartesianos.

La separación de las energías de los orbitales d en complejos tetraédricos, octaédricos y cuadrado plano se resume en la Figura 24.14. Un defecto de la teoría del campo cristalino es que se centra en los aspectos iónicos del enlace y falla por no tener en cuenta el carácter covalente del enlace. La **teoría del orbital molecular** está en el extremo opuesto; describe el enlace en términos de formación de orbitales moleculares enlazantes y antienlazantes. Sin embargo, desde cualquier punto de vista, se llega a las mismas conclusiones sin tener en cuenta la distribución de electrones en los orbitales d del ion metálico central. Los órdenes de separación del orbital d son los que aparecen en la Figura 24.14. La importancia de estos diagramas de separación se discutirá más adelante en esta sección.

En un complejo octaédrico, se supone que los orbitales $3d_{z^2}$ y $3d_{x^2-y^2}$, junto con los orbitales $4s$ y tres $4p$, se superponen a los orbitales de los seis ligantes con la consiguiente formación de seis orbitales moleculares de enlace. Los orbitales d_{xy}, d_{xz} y d_{yz} (el conjunto t_{2g}), los cuales no se superponen con los orbitales σ de los ligantes, son esencialmente de no enlace, (sin embargo, el conjunto t_{2g} puede utilizarse en enlaces tipo π.)

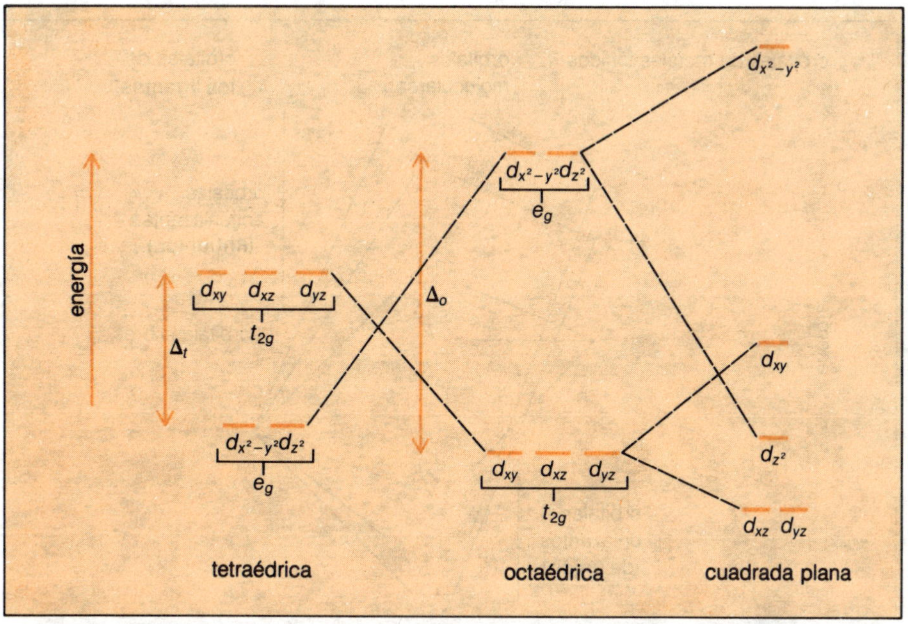

Figura 24.14 La separación de las energía del orbital d por los ligandos del campo de tres geometrías diferentes.

Un orbital molecular enlazante concentra su densidad electrónica entre los átomos y es de baja energía relativa en comparación con el orbital molecular antienlazante, el cual posee una baja densidad electrónica entre los átomos y actúa como una fuerza disruptiva. El diagrama de niveles de energía de un orbital molecular para un complejo octaédrico sin enlace π aparece en la Figura 24.15.

Siempre que se combinan dos orbitales atómicos de diferentes energías, el carácter del orbital molecular de enlace resultante es predominantemente el del orbital atómico de menor energía y el orbital molecular antienlazante tiene principalmente el carácter del orbital atómico de mayor energía. En un complejo octédrico, los orbitales enlazantes tienen predominantemente el carácter de los orbitales de los ligantes. Los orbitales antienlazantes se parecen más a los orbitales del metal que a los orbitales de los ligantes. El conjunto t_{2g}, que son no enlazantes, puede considerarse como orbitales puramente metálicos.

En un complejo octaédrico, los seis pares de electrones de los ligantes ocupan completamente los orbitales moleculares enlazantes. Los electrones *d* del ion metálico central se acomodan en los orbitales no enlazantes t_{2g} y$(e_g)_a$. La diferencia entre la energía de estos conjuntos es Δ_o. Los cuatro orbitales no enlazantes restantes no están ocupados en los estados fundamentales de cualquier complejo conocido.

La conclusión a la que se llega mediante este tratamiento es casi la misma que la postulada por la teoría del campo cristalino. En un complejo octaédrico, se puede considerar que se separa la degeneración de los orbitales *d* del metal en un conjunto triplemente degenerado, t_{2g} y en un conjunto doblemente degenerado, que se puede marcar $(e_g)_a$ o simplemente e_g, de mayor energía, como un metal.

El tratamiento de orbitales moleculares puede aplicarse a complejos tetraédricos y cuadra-plano, pero las aplicaciones son más complicadas. Las conclusiones a las que se llega están esencialmente de acuerdo con el diagrama de separaciones que aparece en la Figura 24.14.

Para los los complejos octaédricos de un ion metálico dado, la magnitud de Δ_o es diferente para cado conjunto de ligantes y las configuraciones electrónicas de muchos complejos dependen del tamaño de Δ_o.

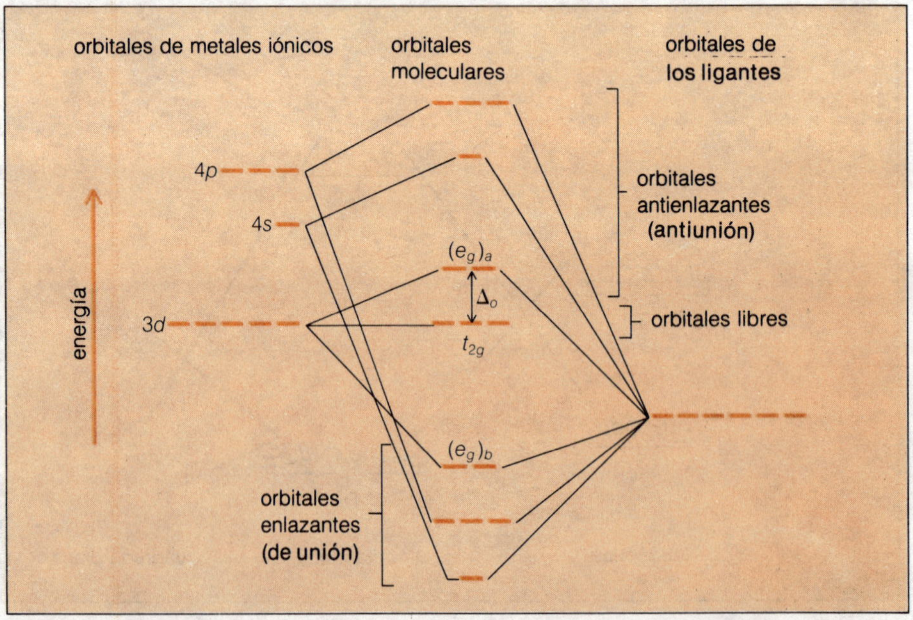

Figura 24.15 Diagrama que indica la formación de orbitales moleculares para un complejo octaédrico sin enlaces π.

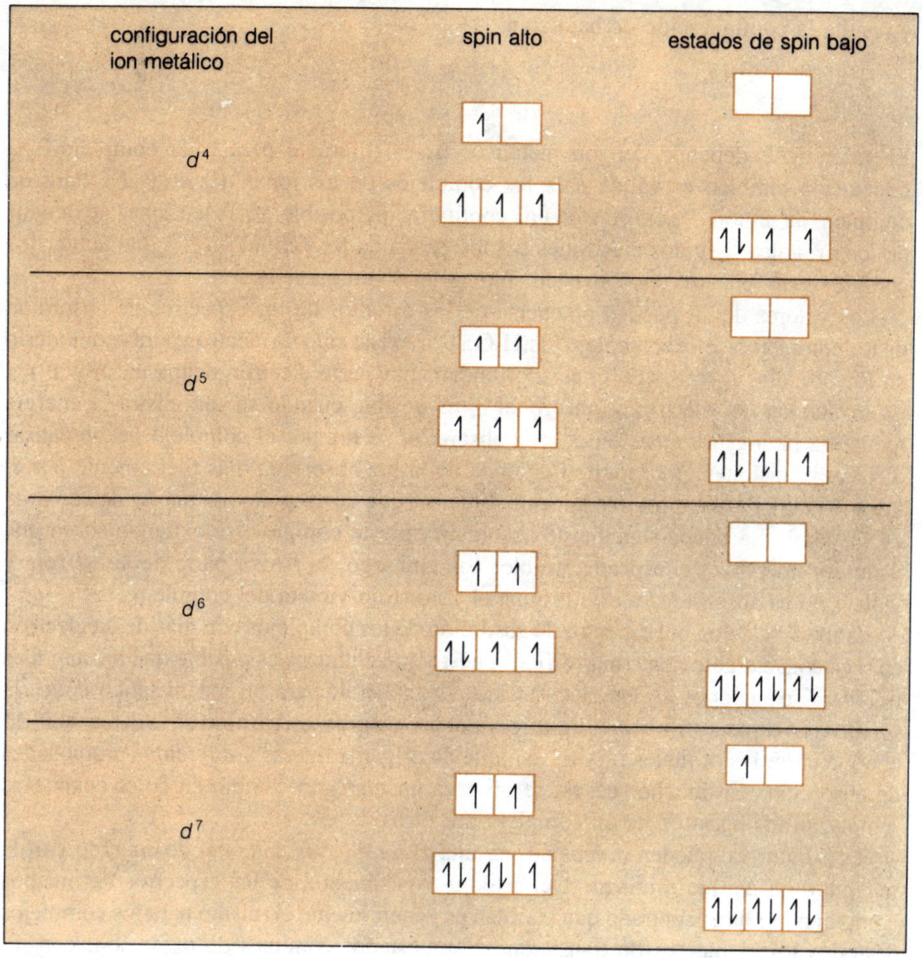

Figura 24.16 Disposición de los electrones con spin alto y espín bajo en complejos octaédricos de los iones d^4, d^5, d^6 y d^7.

Para complejos de los iones de los elementos de transición con uno, dos o tres electrones en los orbitales d (que se indican como iones d^1,d^2,d^3) la ocupación del orbital es cierta e independiente de la magnitud de Δ_o. Los electrones entran a los orbitales de menor energía t_{2g} de uno en uno con sus espines paralelos. Para los iones d^4,d^5, d^6 y d^7, es posible una selección de dos configuraciones (Figura 24.16).

En el caso de un complejo octaédrico de un ion d^4, el cuarto electrón puede ocupar un orbital solo, e_g, de mayor energía, o puede entrar a un orbital t_{2g} y aparearse con un electrón ya presente. La primera configuración tiene cuatro electrones desapareados y se llama **estado de alto spin.** La última configuración, que tiene dos electrones desapareados, se llama **estado de bajo spin.** La elección de configuración depende de cuál sea energéticamente mas favorable.

Si Δ_o es pequeño, el electrón puede promoverse al nivel e_g, donde ocupa un orbital solo. Sin embargo, si Δ_o es grande, el electrón puede ser forzado a aparearse con un electrón en un orbital t_{2g}, aunque este apareamiento requiere el gasto de la energía de apareamiento p, para vencer la repulsión interelectrónica. En esta forma, se obtiene la configuración de alto spin cuando

$$\Delta_o < P$$

y resulta la configuración de bajo spin

$$\Delta_o > P$$

El valor de P depende del ion metálico; Δ_o es diferente para cada complejo. Esta conclusión también es válida para los complejos de los iones d^5, d^6 y d^7. Para un complejo de un ión d^8, existe sólo una configuración posible: seis electrones apareados en los orbitales t_{2g} y dos electrones desapareados en los orbitales e_g. Igualmente, los complejos de iones d^9 y d^{10} existen sólo en una configuración.

Los valores de Δ_o pueden obtenerse de los estudios de los espectros de absorción de los complejos. En el complejo $[Ti(H_2O)_6]^{3+}$, existe sólo un electrón para acomodarlo en los orbitales t_{2g} o e_g. En el estado fundamental, este electrón ocupa un orbital t_{2g}. La excitación del electrón a un orbital e_g es posible cuando se suministra la energía requerida para esta transición Δ_o. La absorción de luz por el complejo puede causar dichas excitaciones. La longitud de onda de la luz absorbida más fuertemente por el ion $[Ti(H_2O)_6]^{3+}$ es aproximadamente 490 nm, que corresponde a una Δ_o de cerca de 243 kJ/mol. La banda sencilla de absorción de este complejo se extiende sobre una parte considerable del espectro visible. Sin embargo, la mayor parte de la luz roja y violeta no es absorbida, y esto origina el color rojo-violeta del complejo.

La interpretación del espectro de absorción de los complejos con más de un electrón en d es considerablemente más difícil, puesto que entonces es posible que existan más de dos disposiciones de los electrones d. En general, para un ion metálico dado, la sustitución de un conjunto de ligantes por otro origina un cambio en la diferencia de energía entre los orbitales t_{2g} y e_g, Δ_o, que da origen a ligeras y diferentes propiedades de absorción. En muchos casos, se observa un marcado cambio en color cuando se remplazan los ligantes de un complejo por otros.

Los ligantes pueden ordenarse en una *serie espectroquímica* de acuerdo con la magnitud de Δ_o que originen. Del estudio experimental de los espectros de muchos complejos, se ha encontrado que el orden es generalmente el mismo para los complejos de todos los elementos de transición en sus estados comunes de oxidación, con inversiones ocasionales de orden entre los ligandos que están cercanos entre sí en la lista. El orden de algunos de los ligandos más comunes es:

$$I^- < Br^- < Cl^- < F^- < OH^- < C_2O_4^{2-} < H_2O < NH_3 < en < NO_2^- < CN^-$$

Los valores de Δ_o producidos por los iones halogenuros son generalmente bajos, y los complejos de estos ligantes tienen generalmente configuraciones de alto spin. El ion cianuro que se halla en el lado terminal opuesto de la serie de los iones halogenuros induce las mayores separaciones del orbital d de cualquier ligante de la lista. Los complejos ciano tienen por lo general configuraciones de bajo spin.

Sin embargo, un ligando dado no siempre produce complejos del mismo tipo de spin. Así, el complejo hexamino de Fe^{II} tiene una configuración de alto spin, mientras que el complejo hexamino de Co^{III} (que es isoelectrónico con Fe^{II}) tiene una configuración de bajo spin.

Para cada ion metálico hay un punto en la serie que corresponde al cambio de ligantes que producen complejos de alto spin a ligantes que forman complejos de bajo spin. Por ejemplo, el Co^{II} forma complejos de alto spin con el HN_3 y etilendiamina, pero los complejos de Co^{II} con NO_2^- y CN^- tienen configuraciones de bajo spin. La posición real en la serie a la cual ocurre este cambio de formación de complejo de alto spin a bajo spin, depende de la energía de apareamiento electrónico, P, para el ion metálico, como también de los valores de Δ_o para los complejos bajo consideración.

En el caso de complejos tetraédricos, los dos orbitales del conjunto e_g tienen orbitales

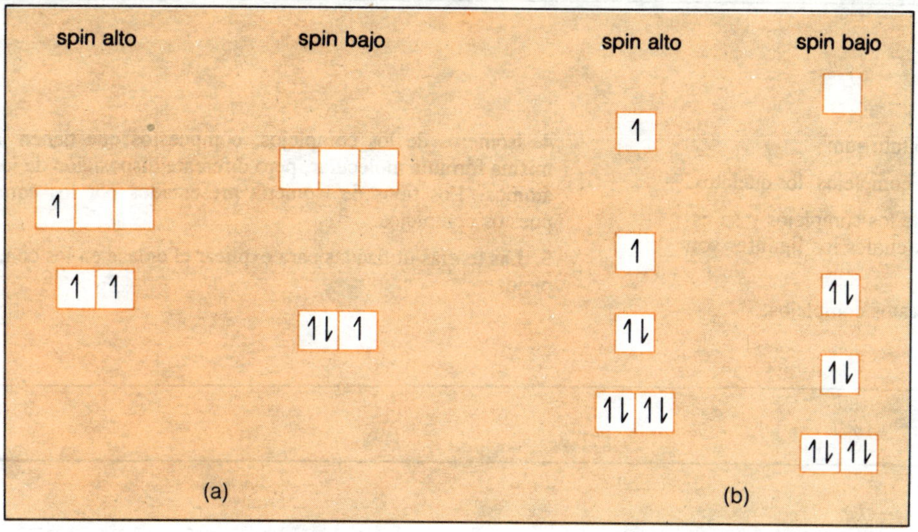

Figura 24.17 Disposición de los electrones *d* en los estados de alto spin y bajo spin en: (a) un complejo tetraédrico de un ion d^3 y (b) un complejo cuadrado plano de un ion d^8.

de energías más bajas que el conjunto de los tres orbitales t_{2g} (Figura 24.14). Sólo una configuración de spin es posible para un ion d^1 ó un ion d^2, cada uno con electrones que entran solos en los orbitales e_g. Sin embargo, en teoría, debe ser posible un estado de alto spin y un estado de bajo spin para un ion d^3 (Figura 24.17a), así como también para un ion d^4, d^5, ó d^6. No se conocen complejos tetraédricos del spin bajo.

En un complejo tetraédrico típico, la diferencia de energía entre los conjuntos t_{2g} y e_g es baja, cerca de la mitad de un valor de Δ_o típico. Para todos los complejos tetraédricos:

$$\Delta_t < P$$

Consecuentemente, después que se han introducido separadamente dos electrones en los dos orbitales del conjunto e_g, es mucho más fácil colocar el tercer electrón solo en un orbital del conjunto t_{2g} que suministrar la energía de apareamiento, P, y aparear este tercer electrón con uno ya presente en un orbital del conjunto e_g. Esta conclusión también es válida para los complejos tetraédricos de los iones d^4, d^5 y d^6. Por consiguiente, todos los complejos tetraédricos conocidos son complejos de alto spin. Sólo es posible teóricamente una configuración de spin para los complejos tetraédricos de los iones d^7, d^8, d^9 y d^{10}.

Los complejos cuadrado plano están formados algunas veces por iones d^8. En teoría, debe ser posible un estado de alto spin y un estado de bajo- spin para los complejos cuadrado plano de un ion d^8 (Figura 24.17b). Actualmente, todos los complejos cuadrado plano d^8 tienen configuraciones de bajo spin (y son diamagnéticos, puesto que todos los electrones están apareados). La energía de separación entre los orbitales más altos y los dos siguientes más altos es tan grande que no puede alcanzarse un estado de alto spin. Para los complejos cuadrado plano de iones d^7, la configuración es similar a la del estado de bajo spin indicada en la Figura 24.17, con la excepción de que sólo se halla un electrón (en vez de dos) en el orbital más alto ocupado.

Resumen

Los temas presentados en este capítulo son:

1. La estructura de los compuestos complejos, los quelatos.
2. La estabilidad termodinámica de los complejos y su estabilidad hacia reacciones en las cuales los ligantes son remplazados.
3. La nomenclatura de los compuestos complejos.
4. Isómeros de los complejos, compuestos que tienen la misma fórmula molecular, pero diferente disposición de los átomos. Los tipos de isomería presentados por los compuestos complejos.
5. Las teorías utilizadas para explicar el enlace en los complejos.

Glosarios

A continuación aparecen algunos de los términos más importantes presentados en este capítulo. Las definiciones para algunos términos no incluidos en esta lista pueden localizarse usando el índice.

Agente quelatante (Sección 24.1). Ligante capaz de ocupar más de una posición de coordinación sobre un ion metálico central en un complejo; un ligante multidentado.

Complejo inerte (Sección 24.2). Complejo en el que no ocurren reacciones en las cuales sus ligantes sean remplazados, o lo hacen sólo lentamente.

Complejo lábil (Sección 24.2). Complejo en el cual se remplazan sus ligantes en reacciones rapidísimas.

Enantiomero (Sección 24.4). Compuestos diferentes que son imágenes especulares entre sí, una puede considerarse la reflexión especular de la otra. La forma *dextro* gira el plano de luz polarizada hacia la derecha, la forma *levo*, hacia la izquierda.

Esfera de coordinación (Sección 24.1). Grupo de aniones o moléculas que están directamente coordinados al ion metálico central de un complejo.

Estado de alto spin (Sección 24.5). Estado en el cual la configuración electrónica de los electrones de los orbitales *d* del ion metálico central de un complejo tiene un número máximo de electrones desapareados.

Estado de bajo spin (Sección 24.5). Estado en el cual la configuración electrónica de los orbitales *d* del ion metálico central de un comlejo posee el mínimo número de electrones desapareados.

Estereoisómeros (Sección 24.4). Complejos que tienen la misma fórmula molecular y que están enlazados en la misma forma pero que difieren en formas en que los átomos constituyentes están dispuestos en el espacio.

Isomería de coordinación (Sección 24.4). Tipo de isomería en la cual dos compuestos complejos, cada uno con más de un centro de coordinación, varía en la forma en que el mismo conjunto de ligantes está distribuido entre los centros de coordinación.

Isomería de enlace (Sección 24.4). Tipo de isomería en la cual dos complejos difieren en la forma como un ligando dado (que está presente en ambos) se coordina al ion metálico central.

Isómeros estructurales (Sección 24.4). Isómeros que tienen la misma fórmula molecular pero difieren en la forma en que los átomos se enlazan entre sí.

Isomería de hidratación (Sección 24.4). Tipo de isomería en la cual dos compuestos complejos difieren como si las moléculas de agua estuvieran coordinadas u ocupasen posiciones separadas en la red cristalina del compuesto.

Isomería de ionización (Sección 24.4). Tipo de isomería en la cual dos complejos difieren en si un anión dado está dentro o fuera de la esfera de coordinación del complejo. complejo.

Isomería geométrica (Sección 24.4). Tipo de isomería en la cual los isómeros difieren en la disposición geométrica de los ligantes alrededor del ion metálico central.

Isomería óptica (Sección 24.4). Tipo de isomería en la cual los dos isómeros son imágenes especulares que no se superponen.

Molécula o ion quiral (Sección 24.4). Molécula o ion que puede existir en dos formas que son imágenes especulares que no se pueden superponer o traslapar.

Número de coordinación (Sección 24.1). Número de átomos directamente enlazados al catión metálico central de un complejo.

Orbitales e_g Sección 24.5). Conjunto de dos orbitales *d* degenerados de un ion metálico central de un complejo.

Orbitales t_{2g} Seccion 24.5). Conjunto de tres orbitales degenerados de un átomo metálico central de un complejo.

Porfirina (Sección 24.1). Quelatos derivados de un ligante cuadridentado que es un derivado de una estructura de porfina (Figura 24.4), los ejemplos incluyen la hemoglobina y la clorofila.

Quelato (Sección 24.1). Complejo metálico que contiene ligante multidentados coordinados.

Serie espectroquímica (Sección 24.5). Serie de ligante ordenados en orden ascendente por la separación de las energías de los orbitales d, Δ_o, que éstos producen.

Teoría del campo cristalino (Sección 24.5). Teoría que explica el enlace del ion metálico central con los ligantes de un complejo en términos de atracciones electrostáticas entre la carga positiva del ion metal y la carga negativa de los pares electrónicos de los ligandos.

Problemas*

Estructura de los complejos

24.1 Defina los siguientes términos: **(a)** número de coordinación, **(b)** ligante, **(c)** quelato, **(d)** enantiómero **(e)** complejo inerte, **(f)** estado bajo spin.

24.2 Establezca el número de oxidación del átomo central de cada uno de los siguientes complejos:

(a) $[Co(NO_2)_6]^{3-}$
(b) $[Au(CN)_4]^-$
(c) $[V(CO)_6]$
(d) $[Co(NH_3)_4Br_2]^+$
(e) $[Co(en)Cl_4]^{2-}$

24.3 ¿Qué tipos de iones metálicos forman complejos más rápidamente? ¿Qué configuraciones de los complejos son más comunes?

24.4 Interprete la formación de $Ag(NH_3)_2^+$ a partir de Ag^+ y NH_3 en términos de la teoría Ácido-Base de Lewis.

***24.5** Dados los datos siguientes, calcule la constante de inestabilidad, K_{inest}, del ion $Al(OH)_4^-$.

$$3e^- + Al(OH)_4^- \rightleftharpoons Al + 4OH^- \quad \mathscr{E}^\circ_{red} = -2.330 \text{ V}$$

$$3e^- + Al^{3+} \rightleftharpoons Al \quad \mathscr{E}^\circ_{red} = -1.662 \text{ V}$$

***24.6** Dados:

$$3e^- + AuBr_4^- \rightleftharpoons Au + 4Br^- \quad \mathscr{E}^\circ_{red} = +0.870 \text{ V}$$

$$3e^- + Au^{3+} \rightleftharpoons Au \quad \mathscr{E}^\circ_{red} = +1.498 \text{ V}$$

Calcule la constante de inestabilidad del ion $AuBr_4^-$

24.7 Escriba las fórmulas para

(a) pentacloroacuorrodiato (III) de potasio,
(b) nitrato de sulfato tetraminocobalto (III),
(c) dioxotetracianorrenato (V) de sodio,
(d) cloruro de diaminobis-(etilendiamina)-cobalto (III),
(e) tetracianoniquelato (O) de potasio,
(f) hexacianoniquelato (II) de potasio,
(g) hexaclorocromato-(III) de tetraamino cobre (II)

24.8 Escriba las fórmulas para:

(a) hexacarbonilvanadio (O),
(b) hexacloroplatinato (IV) de cinc,
(c) sulfato de cloronitratotetraminocobalto (III),
(d) ditiosulfatoargentato (I) de sodio,
(e) tricloroaminoplatinato (II) de tetraminoplatino, **(f)** tetraclorodiamino platino (IV),
(g) hexabromo aurato (III) de potasio,
(h) hexanitrocobaltato (III) de hexamino níquel (II)

24.9 Dé el nombre de los compuestos siguientes:

(a) $K_4[Ni(CN)_4]$
(b) $K_2[Ni(CN)_4]$
(c) $(NH_4)_2[Fe(H_2O)Cl_5]$
(d) $[Cu(NH_3)_4][PtCl_4]$
(e) $[Ir(NH_3)_5(ONO)]Cl_2$
(f) $[Co(NH_3)_6]_2[Ni(CN)_4]_3$

24.10 Dé el nombre de los compuestos siguientes:

(a) $[Co(NO)(CO)_3]$
(b) $[Pt(NH_3)_2Cl_4]$
(c) $K_4[Pt(CN)_4]$
(d) $[Co(NH_3)_6]_4[Co(NO_2)_6]_3$
(e) $Na[Au(CN)_2]$
(f) $[Co(en)_2(SCN)Cl]Cl$

Isomería de los complejos

24.11 La adición de una solución de hexacianoferrato (II) de potasio a Fe^{3+}(ac) produce un precipitado llamado azul a Prusia. La adición de una solución de hexacianoferrato (III) de potasio al Fe^{2+}(ac) también produce un precipitado azul (azul Turnbull). Ahora se sabe que los precipitados azules son idénticos y se llaman hexacianoferrato (II) de hierro y potasio (III). Escriba la fórmula para **(a)** el azul de Prusia, **(b)** hexacianoferrato (III): de hierro (III), un precipitado café, **(c)** nexacianoferrato (II) de cobre (II), un precipitado púrpura, **(d)** hexacianoferrato (II) de hierro (II) y potasio, un precipitado blanco.

24.12 Dos compuestos tienen la misma fórmula empírica: $Co(NH_3)_3(H_2O)_2ClBr_2$. Un mol del compuesto A pierde rápidamente un mol de agua en un desecador, mientras que el compuesto B no pierde agua bajo las mismas condiciones. Una solución acuosa de A tiene una conductividad equivalente a la del compuesto con dos iones por fórmula de la unidad. La conductividad de una solución acuosa de B corresponde a la de un compuesto con tres iones por unidad

*Los problemas más difíciles están marcados por un asterisco. El apéndice G contiene las respuestas de los problemas codificados en color.

mula unidad. Cuando se agrega $AgNO_3$ a una solución del compuesto A, se precipita un mol de AgBr por un mol de A. Una solución del compuesto B produce dos moles de AgBr por mol de B. **(a)** Escriba las fórmulas de A y B. **(b)** ¿Qué tipo de isomeros son A y B?

24.13 Escriba una fórmula para un ejemplo de **(a)** un isómero de ionización de $[Co(NH_3)_5(NO_3)]SO_4$, **(b)** un isómero de enlace de $[Mn(CO)_5(SCN)]$ que comprende el ion SCN^- **(c)** un isómero de coordinación de $[Pt(NH_3)_4][PtCl_4]$, **(d)** un isómero de hidratación de $[Co(en)_2(H_2O)_2]Br_2$.

24.14 Escriba una fórmula para un ejemplo de **(a)** un isómero de ionización de $[Pt(NH_3)_4(OH)_2]SO_4$, **(b)** un isómero de enlace de $[Pd(dipi)(SCN)_2]$ (dipi es un ligante bidentado 2,2′-dipiridina), **(c)** un isómero de hidratación de $[Co(NH_3)_4(H_2O)Cl]Cl_2$, y **(d)** un isómero de coordinación de $[Cr(NH_3)_4(C_2O_4)][Cr(NH_3)_2(C_2O_4)]$.

24.15 Identifique todos los posibles isómeros (estereoisómeros, así como también los isómeros de coordinación) del compuesto $[Pt(NH_3)_4][PtCl_6]$.

24.16 Realice un diagrama para las estructuras de todos los posibles estereoisómeros de cada uno de los siguientes complejos octaédricos. Clasifique las estructuras como isómeros ópticos o geométricos.

(a) $[Cr(NH_3)_2(NCS)_4]^-$
(b) $[Co(NH_3)_3(NO_2)_3]$
(c) $[Co(en)(NH_3)_2Cl_2]^+$
(d) $[Co(en)Cl_4]^-$
(e) $[Co(en)_2ClBr]^+$
(f) $[Cr(NH_3)_2(C_2O_4)_2]^-$
(g) $[Cr(C_2O_4)_3]^{3-}$

24.17 Represente en diagramas todos los estereoisómeros de cada una de las moléculas siguientes. En las fórmulas, pi representa piridina, C_5H_5N, ligante unidentado.

(a) $[Pt(NH_3)(pi)ClBr]$ (cuadrado plano)
(b) $[Pt(NH_3)(pi)Cl_2]$ (cuadrado plano)
(c) $[Pt(pi)_2Cl_2]$ (cuadrado plano)
(d) $[C_0(pi)_2Cl_2]$ (tetraédrico)

24.18 ¿Cómo pueden las medidas de momentos dipolares distinguir entre los isómeros *cis* y *trans* del $[Pt(NH_3)_2Cl_2]$ cuadrado plano?

24.19 Represente los cuatro estereoisómeros del $[Pt(en)(NO_2)_2Cl_2]$.

Enlace en los complejos

24.20 El complejo $[Ni(CN)_4]^{2-}$ es cuadrado plano y el complejo $[NiCl_4]^{2-}$es tetraédrico. Refiérase a la Figura 24.17 y al texto y pronostique el número de electrones desapareados en cada complejo.

24.21 Los complejos octaédricos $[Fe(CN)_6]^{3-}$ y $[FeF_6]^{3-}$ tienen uno y cinco electrones desapareados respectivamente. Presente una explicación para estas observaciones.

24.22 Para el Fe^{2+}, la energía de apareamiento electrónico, *P* es aproximadamente 210 kJ/mol. Los valores aproximados de Δ_o para los complejos $[Fe(H_2O)_6]^{2+}$ y $[Fe(CN)_4]^{4-}$ son 120 kJ/mol y 390 kJ/mol, respectivamente. **(a)** ¿Tienen estos complejos configuraciones de alto spin o bajo spin? **(b)** Represente un diagrama de separación de los orbitales *d* para cada uno.

24.23 Para $[Mn(H_2O)_6]^{3+}$, que es un complejo de alto spin, Δ_o es aproximadamente 250 kJ/mol. Para $[Mn(CN)_6]^{3-}$, que es un complejo de bajo spin, Δ_o es aproximadamente 460 kJ/mol. **(a)** ¿Qué conclusión puede obtenerse respecto a la magnitud de la energía de apareamiento electrónico, *P*, para Mn^{3+}? **(b)** ¿Esperaría usted que el complejo $[Mn(C_2O_4)_3]^{3-}$ fuera un complejo de alto spin o de bajo spin?

24.24 Represente los diagramas de separación de orbitales *d* para $[Co(NH_3)_6]^{2+}$ y $[Co(NH_3)_6]^{3+}$. Los valores de Δ_o para estos dos complejos son aproximadamente 120 kJ/mol y 270 kJ/mol, respectivamente. La energía de apareamiento del Co^{2+} es aproximadamente 270 kJ/mol y para Co^{3+} es aproximadamente 210 kJ/mol.

24.25 Represente los diagramas de separación de orbitales *d* para los complejos octaétricos de alto spin y bajo spin de **(a)** Zn^{2+}, **(b)** Cr^{2+}, **(c)** Ni^{2+}, **(d)** Ni^{3+}, **(e)** Mn^{2+}, **(f)** Fe^{3+}, **(g)** V^{2+}, **(h)** V^{3+}, **(i)** V^{4+}, **(j)** V^{5+}.

24.26 Represente los diagramas para la separación de los orbitales *d* de **(a)** los complejos octaétricos de Cr^{3+}, **(b)** complejos octaédricos Ni^{2+}, **(c)** complejos cuadrado plano de Ni^{2+} (todos éstos son diamagnéticos), **(d)** complejos cuadrado plano de Co^{2+} (todos tienen un electrón desapareado), **(e)** los complejos tetraédricos de Co^{2+}, **(f)** los complejos octaédricos de Ru^{2+} (todos son diamagnéticos), **(g)** los complejos octaédricos de Ir^{4+} (todos tienen un electrón desapareado).

***24.27** El complejo de $[Ti(H_2O)_6]^{3+}$ es rojo-violeta. ¿Qué cambio de color se esperaría si los ligantes de este complejo fuesen remplazados por ligantes que indujeran una Δ_o mayor? Observe que el color del complejo corresponde a la luz trasmitida y no absorbida.

QUÍMICA NUCLEAR

CAPÍTULO

25

Las reacciones químicas ordinarias sólo involucran electrones. En tales reacciones, el núcleo es importante sólo en la medida en que pueda influir sobre los electrones. Sin embargo, la materia sufre importantes transformaciones que involucran directamente el núcleo. El estudio de las transformaciones nucleares ha ampliado nuestro conocimiento acerca de la naturaleza de la materia y los mecanismos de muchos procesos biológicos y químicos; de estas investigaciones han resultado muchas aplicaciones tecnológicas.

Cuando Wilhelm Röntgen descubrió los rayos X en 1895, observó que estos rayos invisibles sensibilizaban las placas fotográficas y causaban el resplandor de las sales fluorescentes. En 1896, Henri Becquerel investigó la hipótesis de que las sales de este tipo emiten radiación invisible independiente de cualquier estímulo externo. Becquerel encontró que un sulfato doble de potasio y uranio (del cual disponía) emitía radiación capaz de sensibilizar una placa fotográfica bien protegida de la luz. Más tarde, identificó al uranio como la fuente de rayos "radioactivos". Poco después del descubrimiento de Becquerel, se identificaron y aislaron otros elementos radioactivos (principalmente por Marie y Pierre Curie) y fue dilucidada la naturaleza de los rayos (principalmente por Ernest Rutherford). Los rayos radioactivos se originan de las transformaciones que tienen lugar dentro del núcleo.

25.1 El núcleo

Se cree que los nucleos de los átomos contienen protones y neutrones, partículas que colectivamente se llaman **nucleones.** El número de protones en un núcleo atómico específico corresponde al número atómico (o carga nuclear), Z, y el número total de nucleones corresponde al número de masa, A. Así, el número de neutrones es igual a $(A - Z)$. Esta información aparece sobre el símbolo químico de un núcleo dado, colocando el número atómico como un indice y el número de masa como un exponente superior. Los símbolos para los dos isótopos naturales del litio son:

$${}^{6}_{3}\text{Li} \qquad \text{y} \qquad {}^{7}_{3}\text{Li}$$

Se cuenta con bastante información acerca de la estructura del núcleo, pero queda mucho más aún por aprender. La determinación de los radios de un gran número de núcleos atómicos indica que el radio de un núcleo dado, r, está directamente relacionado con la raíz cúbica de su número de masa:

$$r = (1.3 \times 10^{-13}\ \text{cm})A^{1/3} \qquad (25.1)$$

El volumen de una esfera es $(4/3)\pi r^3$ y si se supone un núcleo esférico, de esto se deduce que el volumen nuclear varía directamente con el número de masa. En otras palabras, la masa de un núcleo determina su volumen; la densidad nuclear es por lo tanto aproximadamente constante para todos los núcleos atómicos. Esta densidad es cerca de 2.44×10^{14} g/m^3 un valor sorprendentemente alto; 1 cm^3 de este material nuclear pesaría más de 250 millones de toneladas.

La densidad de un líquido es constante e independiente del tamaño de cualquier gota considerada. Puesto que todos los núcleos tienen aproximadamente la misma densidad, se ha propuesto un modelo de gota fluida del núcleo. Todavía no se comprende completamente la naturaleza de las fuerzas cohesivas que mantienen el núcleo dentro de un fluido nuclear.

Está claro, sin embargo, que existen poderosas fuerzas cohesivas entre los nucleones y que superan efectivamente las fuerzas electrostáticas de repulsión entre los protones del núcleo. Las fuerzas atractivas entre los nucleones son independientes de la carga, estc es, las atracciones protón-protón, protón-neutrón y neutrón-neutrón, son idénticas. Se cree que la fuerza es del orden de 2×10^{-13} cm, el diámetro de un nucleón.

En 1935, Hidekei Yakawa postuló que los neutrones y protones están unidos por el rápido intercambio de una partícula nuclear, la cual fue identificada como un mesón π o pion. Se sabe que existen tres tipos de piones: uno positivo, π^+; uno negativo, π^-; y uno neutro, π^0. De acuerdo con la teoría del intercambio, un neutrón n_A^0 se convierte en un protón, p_A^+, mediante la emisión de un pion negativo. El pion emitido π^- es aceptado por un protón, p_B^+, el cual se convierte en un neutrón, n_B^0:

$$n_A^0 \longrightarrow p_A^+ + \pi^-$$

$$\pi^- + p_B^+ \longrightarrow n_B^0$$

Si consideramos el núcleo de deuterio, que consiste en un protón y un neutrón, este intercambio luego se invierte, el neutrón n_B^0 se transforma en un protón p_B^+ y el protón p_A^+ se convierte en un neutrón, n_A^0 El intercambio es extremadamente rápido, aproximadamente 10^{24} transferencias se realizan en un segundo.

el mismo tipo de interacción puede postularse para el pion positivo:

$$p_A^+ \longrightarrow n_A^0 + \pi^+$$

$$\pi^+ + n_B^0 \longrightarrow p_B^+$$

o el pion neutro:

$$p_A^+ \longrightarrow p_A^+ + \pi^0$$

$$\pi^0 + n_B^0 \longrightarrow n_B^0$$

El intercambio de un pion neutro puede también utilizarse para justificar la existencia de fuerzas neutrón-neutrón y protón-protón.

En la Figura 25.1, el número de neutrones se compara con el número de protones para el núcleo no radioactivo que se halla en estado natural. Los puntos que representan combinaciones estables de protones y neutrones se hallan en lo que puede llamarse **zona de estabilidad.** Los núcleos que tienen composiciones representadas por puntos que se hallan fuera de esta zona, sufren espontáneamente transformaciones radioactivas que tienden a llevar a sus composiciones dentro o cerca de esta zona (Sección 25.2).

Los núcleos estables de los elementos ligeros contienen aproximadamente igual número de neutrones y protones, una razón de neutrón/protón de 1. Los núcleos pesados contienen más neutrones que protones. Con el aumento del número atómico, más y más protones se acumulan sobre un pequeño núcleo y las fuerzas electrostáticas de repulsión aumentan marcadamente.

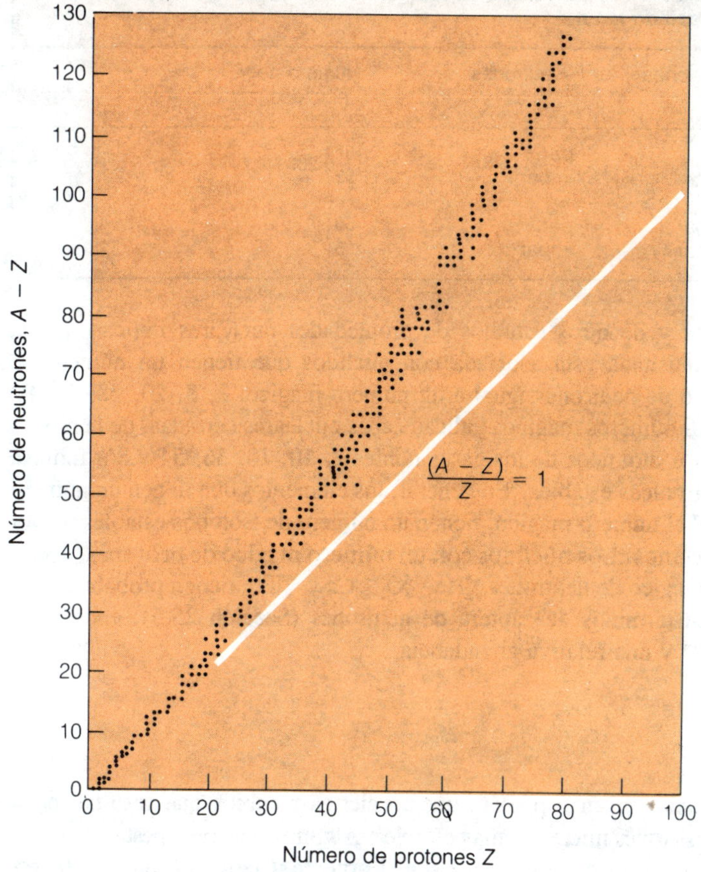

Figura 25.1 Proporción neutrón/protón.

Se requiere un exceso cada vez más grande de neutrones para disminuir el efecto de estas fuerzas de repulsión y aumenta la razón neutrón-protón con un aumento del número atómico, hasta que la razón es aproximadamente 1.5 al final de la curva de la figura 25.1.

Parece existir un límite superior del número de protones que pueden empacarse en un núcleo, sea cual fuere el número de neutrones presentes. El núcleo más estable y grande es $^{209}_{83}Bi$, existen núcleos más grandes que éste, pero todos son radioactivos.

La mayoría de los núcleos naturales estables tienen un número par de protones y un número par de neutrones; solo cinco ($^{2}_{1}H$, $^{6}_{3}Li$, $^{10}_{5}B$, $^{14}_{7}N$, y $^{180}_{73}Ta$) tienen un número impar de protones y un número impar de neutrones (Tabla 25.1). Para cada número atómico impar nunca existen más de dos núclidos estables, mientras que para un número atómico par, se pueden presentar hasta 10 núclidos. Los dos elementos de número atómico menor de 83 que nunca se ha probado que existan en la naturaleza ($_{43}Tc$ y $_{61}Pm$), tienen números atómicos impares. Observaciones empíricas tales como estas, sugieren que existe una periodicidad en la estructura nuclear similar a la periodicidad de la estructura atómica. Se ha propuesto un modelo de cubierta nuclear, aún incompleto.

Las variaciones periódicas se observan en muchas propiedades nucleares. Ciertos núcleos tienen energías de enlace relativamente altas (las que indican gran estabilidad; Sección 25.6), comparadas con las de los núcleos de número atómico o número de masa cercano. Ciertos núclidos que tienen pobre capacidad para capturar neutrones (Sección 25.5), también demuestran estabilidad nuclear excepcional. La comparación

Tabla 25.1 Distribución de los núclidos estables que se presentan en estado natural

Protones	Neutrones	Número de núclidos	
par	par	157	209
par	impar	52	
impar	par	50	55
impar	impar	5	

de los datos de éstos y de otros estudios de propiedades nucleares indican que la estabilidad nuclear inusitada está asociada con núclidos que tienen un número de protones o un número de neutrones igual a un número mágico: 2, 8, 20, 28, 50, 82 y 126. Se cree que los números mágicos indican capas nucleares cerradas, de la misma forma que los números atómicos de los gases nobles 2, 10, 18, 36, 54 y 86, indican configuraciones electrónicas estables. En general, los elementos que tienen un número atómico estable igual al número mágico, tienen un número de isótopos estables mayor que los elementos vecinos. Los núclidos con un número mágico de protones, como también un número mágico de neutrones, $^{4}_{2}He$, $^{16}_{8}O$, $^{40}_{20}Ca$ y $^{208}_{82}Pb$, tienen probablemente altas estabilidades en términos de captura de neutrones (Sección 25.5), energía de enlace (Sección 25.6) y una relativa abundancia.

25.2 Radioactividad

Los núcleos inestables, sufren espontáneamente ciertos cambios que resultan en la obtención de composiciones nucleares más estables. Algunos núclidos inestables se encuentran en la naturaleza, otros se obtienen sintéticamente. Ciertos núclidos sintéticos radioactivos sufren algunos tipos de desintegración radioactiva que no se han observado para ningún núclido inestable que se halle en estado natural.

La **emisión alfa** consiste en la emisión de partículas alfa, las que tienen un número atómico 2 y un número de masa 4 y pueden considerarse núcleos de $^{4}_{2}He$. Tanto los núclidos sintéticos como los naturales que sufren descomposición α, que es común sólo para los núclidos de número de masa mayor de 209 y número atómico mayor de 82. Los núclidos de este tipo tienen demasiados protones para tener estabilidad. Los puntos que indican la composición de estos núclidos quedan fuera de la Figura 25.1, hacia la parte superior derecha, más allá de la zona de estabilidad. La emisión de partículas α reduce el número de protones y de neutrones en dos y desplaza la composición del núcleo bajándola hasta cerca de la zona de estabilidad.

Un ejemplo de desintegración α es

$$^{210}_{84}Po \longrightarrow {}^{206}_{82}Pb + {}^{4}_{2}He$$

Observe que la ecuación indica la conservación del número de masa (los exponentes superiores) y el número atómico (los índices inferiores). Las ecuaciones tales como éstas se escriben solamente para indicar cambios nucleares; los electrones, por lo general, se ignoran. Una partícula α es emitida como un núcleo de $^{4}_{2}He$ sin electrones y con una carga 2^{+}. Sin embargo, después de su emisión la partícula atrae electrones de otros átomos (que se convierten en cationes) y la partícula α se convierte en un átomo neutro $^{4}_{2}He$. El plomo, $^{206}_{82}Pb$, queda por lo tanto con un exceso de dos electrones y una carga 2^{-}, estos electrones en exceso son cedidos rápidamente a los cationes vecinos.

La energía liberada por este proceso equivale a la diferencia en masa entre el núcleo reaccionante ($^{210}_{84}Po$) y los productos de la transformación (el núcleo producido $^{206}_{82}Pb$ y una partícula α). Las masas de los *átomos* neutros, en vez de las masas de los *núcleos*, se registran, pero esto no ocasiona problemas en el cálculo. Si se usa la masa del *átomo* de $^{210}_{84}Po$, la masa de 84 electrones está incluida; para los productos la masa del *átomo* $^{206}_{82}Pb$ incluye la masa de 82 electrones y la masa del *átomo* de $^{4}_{2}He$ incluye la masa de dos electrones. Así, las masas de los electrones se cancelan cuando se utilizan masas atómicas para los cálculos:

$$(\text{masa } ^{210}_{84}\text{Po}) \quad - \quad (\text{masa } ^{206}_{82}\text{Pb} + \text{masa } ^{4}_{2}\text{He})$$
$$209.98294 \quad - \quad (205.9745 \text{ U} + 4.0026 \text{ U}) = 0.0058 \text{ U}$$

La energía equivalente de una diferencia de masa puede calcularse mediante la ecuación de Einstein, $E = mc^2$. Puesto que 1 u es 1.6605×10^{-27} kg y la velocidad de la luz (c) es 2.9979×10^8 m/s, la energía equivalente de 1 u es:

$$\begin{aligned} E &= mc^2 \\ &= (1.6605 \times 10^{-27} \text{ kg})(2.9979 \times 10^8 \text{ m/s})^2 \\ &= 1.4924 \times 10^{-10} \text{ kg m}^2/\text{s}^2 \\ &= 1.4924 \times 10^{-10} \text{ J} \end{aligned}$$

La unidad de energía empleada por lo general es el MeV (un megaelectrón-voltio, que equivale a 10^6 electrón-voltio). Un electrón-voltio es la energía requerida por un electrón cuando se acelera a través de una diferencia de potencial de 1 V:

$$\begin{aligned} 1 \text{ eV} &= (\text{carga de electrón})\ (1 \text{ V}) \\ &= (1.6022 \times 10^{-19} \text{ coulombio})\ (1 \text{ V}) \\ &= (1.6022 \times 10^{-19}\text{J}) \\ 1\text{MeV} &= 1.6022 \times 10^{-13}\text{J} \end{aligned}$$

La energía equivalente de 1 u, por consiguiente, es

$$\frac{1.4924 \times 10^{-10} \text{ J/u}}{1.6022 \times 10^{-13} \text{ J/MeV}} = 931.47 \text{ MeV/u}$$

La energía liberada por la desintegración α del $^{210}_{84}Po$, por consiguiente, es

$$0.0058 \text{ u} \times 931 \text{ MeV/u} = 5.4 \text{ MeV}$$

Si el núcleo producido en una desintegración α permanece en el estado fundamental, la energía cinética de la partícula α emitida justifica la mayor parte de la energía emitida, y la energía cinética del retroceso del nulceo producido justifica el resto. Si todos los núcleos producidos quedan en el estado fundamental, todas las partículas α Emitidas tienen la misma energía. Sin embargo, son emitidos varios grupos con diferente valcr de energía de partículas α en algunos procesos de desintegración en estos casos, las partículas de más alta energía corresponden a los núcleos que quedan en el estado fundamental y las partículas α de bajas energías se origina en los núcleos que quedan en un estado excitado. Un núcleo en un estado excitado emite subsiguientemente energía en forma de radiación γ para alcanzar el estado fundamental la suma de la energía cinética de la partícula γ la energía de retroceso del núcleo producido, y la energía de la radiación γ equivalen a la energía de desintegración.

La **radiación gama** es una radiación electromagnética de muy corta longitud de onda, su emisión es originada por los cambios de energía dentro del núcleo. Su emisión sola, no produce cambios en el número de masa o en el número atómico del núcleo. A veces, se producen núclidos en estados excitados por reacciones nucleares (Sección

25.5) y regresan a sus estados fundamentales por la emisión del exceso de energía en forma de radiación γ:

$$[^{125}_{52}Te]^* \longrightarrow \; ^{125}_{52}Te \quad + \gamma$$

estado excitado *estado fundamental*

Los rayos γ emitidos por un núcleo específico tienen un valor de energía o conjunto de valores de energía definido debido a que corresponden a transiciones entre niveles discretos de energía del núcleo. Así, un espectro de emisión de una radiación γ es análoga al espectro de líneas que resulta de las transiciones de electrones entre los niveles de energía en un átomo excitado.

La radiación gama acompaña frecuentemente todos los otros tipos de desintegración radiactiva. El siguiente proceso de desintegración α es un ejemplo:

$$^{240}_{94}Pu \longrightarrow [^{236}_{92}U]^* + \, ^{4}_{2}He$$

$$[^{236}_{92}U]^* \longrightarrow \, ^{236}_{92}U + \gamma$$

En casos como este, se pueden hacer deducciones respecto a los niveles de energía del núcleo producido. La emisión de una partícula α de 5.16 MeV resulta directamente en la producción de $^{236}_{92}U$ en el estado fundamental; ninguna radiación α acompaña a tales partículas α. Sin embargo, para el proceso indicado por el conjunto de ecuaciones, una partícula α de 5.12 MeV es emitida junto con un rayo γ de 0.04 MeV. Se supone que la energía de un rayo γ corresponde a la diferencia de energía entre el estado fundamental y el primer estado excitado del $^{236}_{92}U$. Las partículas alfa de otras energías también son emitidas, y el análisis completo de estas energías resulta en una forma más detallada de los niveles de energía del núcleo de $^{236}_{92}U$.

Se observa la **emisión beta** para núclidos que tienen una razón neutrón/protón demasiado elevada para la estabilidad; los puntos que representan tales núclidos se hallan a la izquierda de la zona de estabilidad de la Figura 25.1 La partícula β es un electrón, indicado por el símbolo $^{0}_{-1}e$, que puede considerarse como resultado de la transformación de un neutrón nuclear en un protón nuclear. Los electrones como tales no existen en el núcleo. El efecto neto de una emisión β es que el número de neutrones disminuye en 1 y el número de protones aumenta en 1. Así, disminuye la razón neutrón/protón, el número de masa no cambia.

La desintegración beta es una forma común de desintegración radioactiva y se observa tanto entre núclidos naturales como sintéticos. Los ejemplos incluyen:

$$^{186}_{73}Ta \longrightarrow \, ^{186}_{74}W + \, ^{0}_{-1}e$$

$$^{82}_{35}Br \longrightarrow \, ^{82}_{36}Kr + \, ^{0}_{-1}e$$

$$^{27}_{12}Mg \longrightarrow \, ^{27}_{13}Al + \, ^{0}_{-1}e$$

$$^{14}_{6}C \longrightarrow \, ^{14}_{7}N + \, ^{0}_{-1}e$$

Observe que la suma de los índices y exponentes en la parte derecha de la ecuación es igual a los índices y exponentes de los núcleos progenitores de la izquierda.

La última ecuación representa la forma de desintegración del isótopo de carbono radioactivo que se halla presente en pequeñas cantidades en la atmósfera. La energía liberada por este proceso puede calcularse usando masas atómicas en vez de masas nucleares. Si se añaden seis electrones de orbital a ambos lados de la ecuación, se obtiene el equivalente de la masa *atómica* de $^{14}_{6}C$ (que incluye la masa de seis electrones) a la izquierda, teniendo en cuenta el electrón liberado como una partícula β, el equivalente de la masa *atómica* de $^{14}_{7}N$ (la cual incluye la masa de 7 electrones) a la derecha. Por consiguiente,

(masa $^{14}_{6}C$ - (masa $^{14}_{7}N$)
14.00324 u - 14.00307 u = 0.00017 u = 0.16 MeV

En la desintegración β, la energía de retroceso de los núcleos producidos no tiene casi valor, puesto que el electrón emitido tiene una masa pequeña. Se esperaría que la energía de desintegración fuera tomada para la energía cinética de la partícula β y que todas las partículas β emitidas tuvieran energías correspondientes a este valor. Sin embargo, por el contrario, se observa un espectro continuo de las energías de las partículas β siendo la energía más alta casi igual a la energía de desintegración. Se postula que cuando se libera una partícula β de menor energía que la máxima, se emite al mismo tiempo **neutrino** ν que elimina el exceso de energía.

$$^{14}_{6}C \longrightarrow {}^{14}_{7}N + {}^{0}_{-1}e + \nu$$

Se supone que el neutrino es una parícula sin carga de masa despreciable.

Los núclidos inestables que tienen una proporción neutrón/protón por debajo de la requerida para la estabilidad (puntos que caen hacia la derecha y por debajo de la zona de estabilidad de la Figura 25.1), no se encuentran en la naturaleza. Sin embargo, se conocen muchos de tales núclidos artificiales. Se observan dos tipos de procesos radioactivos que aumentan la proporción neutrón/protón de este tipo de núclido: emisión de positrón y captura de electrón.

La **emisión de un positrón,** o emisión β^+, consiste en la producción de un electrón positivo, el cual se llama positrón y se indica por el símbolo ${}^{0}_{1}e$, del núcleo. Un positrón tiene la misma masa que un electrón pero la carga opuesta. Se origina de la conversión de un protón nuclear en un neutrón. La emisión de un positrón resulta en una disminución de *uno* en el número de protones y en un aumento de *uno* en el número de neutrones; no ocurre ningún cambio en el número de masa. Por esto, la emisión del positrón aumenta el valor numérico de la proporción neutrón/protón.

Los ejemplos de esta forma de desintegración radioaciva incluyen:

$$^{122}_{53}I \longrightarrow {}^{122}_{52}Te + {}^{0}_{1}e$$

$$^{38}_{19}K \longrightarrow {}^{38}_{18}Ar + {}^{0}_{1}e$$

$$^{23}_{12}Mg \longrightarrow {}^{23}_{11}Na + {}^{0}_{1}e$$

$$^{15}_{8}O \longrightarrow {}^{15}_{7}N + {}^{0}_{1}e$$

Podemos utilizar masas atómicas para calcular la energía liberada por el proceso descrito por la última ecuación. Si añadimos ocho electrones de orbitales a ambos lados de la ecuación, el equivalente de la masa atómica de $^{15}_{8}O$ (ocho electrones) se indicaría a la izquierda. El equivalente de la masa atómica de $^{15}_{7}N$ (siete electrones) más la masa de un electrón de un orbital (completando los ocho agregados) más la masa del positrón liberado se indicaría a la derecha. Así, la diferencia de masa es

(masa $^{15}_{8}O$) − (masa $^{15}_{7}N$ + masa − ${}^{0}_{1}e$ + masa ${}^{0}_{1}e$)

Puesto que la masa de un positrón es idéntica a la de un electrón

(masa $^{15}_{8}O$) − [masa $^{15}_{7}N$ + 2(masa = ${}^{0}_{1}e$)]
15.00308 u − [15.00011 u + 2(0.00055 u)]
15.00308 u − 15.00121u + 0.00187u = 1.74 MeV

Para la emisión espontánea de un positrón, la masa atómica del núclido reaccionante debe exceder la masa atómica del núclido producido al menos en 0.00110 u, la masa de dos electrones.

En la emisión de un positrón se observa un espectro de las energías β^+, similar al observado para la emisión β y se postula la producción simultánea de neutrinos:

$$^{15}_{8}O \longrightarrow {}^{15}_{7}N + {}^{0}_{1}e + \nu$$

El positrón fue la primera **antipartícula** observada. Es similar al electrón en todos los aspectos excepto la carga. Cuando un positrón y un electrón chocan, se destruyen entre sí y se produce una radiación γ equivalente a las masas de las dos partículas. Se cree que existen antipartículas para todas las partículas excepto para el pion neutro, π^0, y el fotón. El protón negativo (antiprotón) ha sido detectado. La destrucción del protón con antiprotón produce generalmente varios piones de alta energía. Puesto que el antineutrón, como los neutrones, no tienen carga, su detección se fundamenta sobre el fenómeno de la destrucción.

La **captura del electrón** (ce), llamada algunas veces, captura *K*, es otro proceso a través del cual puede aumentar la proporción neutrón/protón de un núclido rico en protones. Al contrario de la emisión del positrón, la captura del electrón puede ocurrir cuando la diferencia de masa entre núclidos reaccionantes y producidos no excede 0.00110 u. En ese proceso, el núcleo captura un electrón de un orbital del nivel *K* o *L* y el electrón capturado convierte un protón nuclear en un neutrón. La transformación resulta en un núclido producido con *un* protón menos y *un* neutrón más. Por consiguiente, el número atómico del núclido producido es *uno* menos que el del núclido reaccionante y el número de masa no cambia. Los ejemplos son:

$$^{0}_{-1}e + {}^{197}_{80}Hg \xrightarrow{ec} {}^{197}_{79}Au$$

$$^{0}_{-1}e + {}^{106}_{47}Ag \xrightarrow{ec} {}^{106}_{46}Pd$$

$$^{0}_{-1}e + {}^{37}_{18}Ar \xrightarrow{ec} {}^{37}_{17}Cl$$

$$^{0}_{-1}e + {}^{7}_{4}Be \xrightarrow{ec} {}^{7}_{3}Li$$

$$^{0}_{-1}e + {}^{55}_{26}Fe \xrightarrow{ec} {}^{55}_{25}Mn$$

La energía liberada puede calcularse directamente de las masas atómicas de los núclidos reaccionantes y producidos. Para el último ejemplo:

$$(\text{masa } {}^{55}_{26}Fe) - (\text{masa } {}^{55}_{25}Mn)$$
$$59.93830 \text{ u} - 54.93805 \text{ u} = 0.00025 \text{ u} = 0.23 \text{ MeV}$$

La energía de retroceso de los núcleos producidos carece de importancia, y si el núcleo producido queda en el estado fundamental, toda la energía disponible es transportada por un neutrino que se lanza en el proceso. Además, la captura del electrón está acompañada por la producción de rayos X. La captura de un electrón de un orbital deja un espacio vacío en el nivel *K* o *L* (y cuando un electrón exterior llena este espacio, se produce la emisión de rayos X).

25.3 Velocidad de la desintegración radioactiva

Se han empleado muchas técnicas para estudiar las emisiones de sustancias radioactivas. Las radiaciones de estos materiales afectan las películas fotográficas en la misma forma

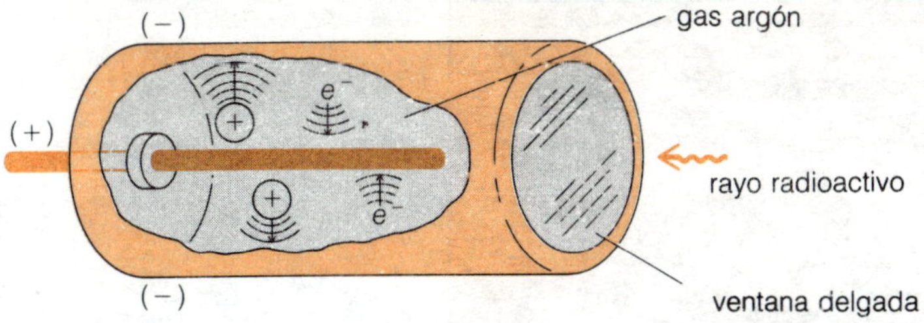

Figura 25.2. Aspectos fundamentales de un tubo contador Geiger-Müller.

que lo hace la luz ordinaria. Se han empleado las técnicas fotográficas para la localización cualitativa y cuantitativa de la radiación pero no son muy exactas ni son muy adecuadas para el análisis rápido.

La energía de emisión de fuentes radioacivas es absorbida por algunos materiales (por ejemplo, el sulfuro de cinc) y transformada en energía radiante de longitud de onda visible. El sulfuro de cinc se dice que **fluoresce,** y puede observarse un pequeño rayo de luz del impacto de cada partícula de la fuente radioactiva. Esa propiedad se ha usado en un instrumento conocido como **contador de centelleo.** La ventanilla de un tubo fotoeléctrico sensible se recubre con ZnS y los rayos de luz emitidos por el ZnS cuando inciden las emisiones radioactivas hacen que los pulsos de corriente eléctrica pasen a través del tubo fotoeléctrico. Estas señales se amplifican y accionan varias clases de aparatos de conteo.

La **cámara de niebla de Wilson** permite que se vea la trajectoria de la radiación ionizante. La cámara contiene aire saturado con vapor de agua Por el movimiento de un pistón, el aire en la cámara se expande y se enfría, de repente eso hace que se condensen gotas de agua sobre los iones que se forman por las partículas a medida que se mueven a través del vapor y hacen visibles las trayectorias de las partículas. Las fotografía de estas huellas de las nubes pueden realizarse y estudiarse. Tales fotografías proveen información sobre la longitud de las trayectorias, choques de las partículas, velocidad de las partículas y los efectos de fuerzas externas sobre el comportamiento de las partículas.

Los efectos más destacados de un **contador Geiger-Müller** aparecen en la Figura 25.2. La radiación penetra en el tubo a través de una ventana delgada. A medida que una partículaa o un rayo γ atraviesa el tubo que contiene argón gaseoso, libera electrones de los átomos de argón en su trayectoria y forma iones Ar^+. Se aplica un potencial de cerca de 1000 a 1200 V entre los electrodos del tubo y los electrones e iones Ar^+ originan un pulso de corriente eléctrica que fluye a través del circuito. Ese pulso se amplifica para producir un sonido o activar un aparato de conteo automático.

Se ha encontrado que las velocidades de desintegración de todas las sustancias radioactivas son de primer orden (Sección 12.2) e independientes de la temperatura. Esta falta de dependencia en la temperatura implica que la energía de activación de cualquier proceso de desintegración radioaciva es cero. Por consiguiente, la velocidad de desintegración depende sólo de la cantidad de material radioactivo presente. Si hacemos N igual al número de átomos del material radioactivo, ΔN es el número de átomos que se desintegran en un intervalo de tiempo, Δt:

$$-\frac{\Delta N}{\Delta t} = kN \qquad (25.2)$$

donde k es la constante de velocidad. La expresión de velocidad es negativa debido

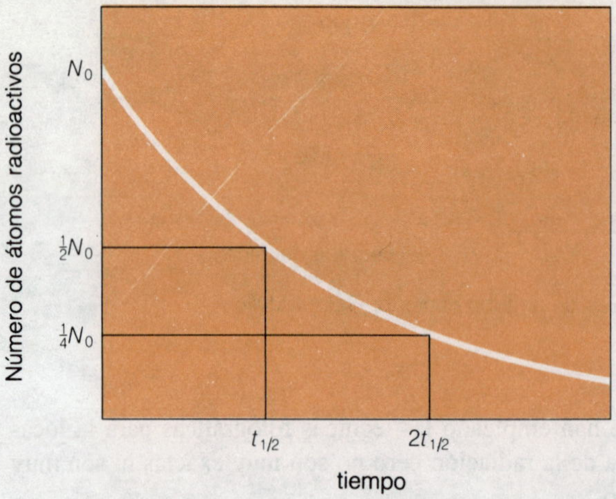

Figura 25.3 Curva que indica la velocidad de una desintegración radioactiva.

a que representa la desaparición de la sustancia radioactiva.

El reordenamiento de la expresión de velocidad da

$$-\frac{\Delta N}{N} = k\Delta t \qquad (25.3)$$

lo cual establece que la fracción perdida ($-\Delta N/N$) en un intervalo dado (Δt) es directamente proporcional a la longitud del intervalo. El tiempo requerido para que se desintegre la mitad de la muestra, depende de un intervalo de tiempo conocido como **vida media,** $t_{1/2}$, el cual es una constante.

La curva de la Figura 25.3, la cual muestra el número de átomos radioactivos contra tiempo, es típica de los procesos de primer orden. Sea N_0 igual al número de átomos radioactivos presentes al comienzo. Después que ha pasado un período sencillo de vida media, queda la mitad del número de átomos originales ($\frac{1}{2}N_0$). Este número se reduce a la mitad (a $\frac{1}{4}N_0$) cuando transcurre otro tiempo de vida media. Cada isótopo radioactivo tiene una vida media característica y éstas varían ampliamente. Por ejemplo, $^{5}_{3}Li$ tienen una vida media estimada en 10^{-21} segundos y $^{238}_{92}U$ tiene una vida media de 4.51×10^9 años.

La ecuación de velocidad puede escribirse en su forma diferencial:

$$-\frac{dN}{dt} = kN \qquad (25.4)$$

y mediante el cálculo esta ecuación puede integrarse,

$$-2.303 \log\left(\frac{N}{N_0}\right) = kt \qquad (25.5)$$

donde, N_0 es la cantidad presente en el tiempo cero y N es la cantidad presente en el tiempo t. La última ecuación puede reordenarse para dar

$$\log\left(\frac{N_0}{N}\right) = \frac{kt}{2.303} \qquad (25.6)$$

Después de un periodo de vida media, el número de átomos radioactivos que quedan es igual a $\frac{1}{2}N_0$:

$$N = \tfrac{1}{2}N_0$$

Por consiguiente,

$$\frac{N_0}{N} = 2$$

Susituyendo en la ecuación 25.6 da:

$$\log\left(\frac{N_0}{N}\right) = \frac{kt}{2.303}$$

$$\log 2 = \frac{kt_{1/2}}{2.303}$$

$$t_{1/2} = \frac{2.303 \log 2}{k}$$

$$t_{1/2} = \frac{0.693}{k} \qquad (25.7)$$

Según la ley de velocidad de reacción, una sustancia radioactiva nunca desaparece completamente. La ley de velocidad de reacción describe el comportamiento de una muestra que contiene un gran número de átomos. Cuando el número de átomos en la muestra disminuye hasta un valor muy pequeño, la ley de velocidad de reacción no se cumple exactamente. ¿Cómo puede desintegrarse una fracción de un átomo?

Ejemplo 25.1

El isótopo de $^{60}_{27}Co$ tiene una vida media de 5.27 años. ¿Qué cantidad de una muestra de 0.0100 g de $^{60}_{27}Co$ permanece después de un año?

Solución

La constante de velocidad para esta desintegración es

$$k = \frac{0.693}{t_{1/2}}$$

$$= \frac{0.693}{5.27 \text{ año}} = 0.132/\text{años}$$

La fracción que queda sin descomponerse al cabo de 1.00 año se puede calcular en la forma siguiente:

$$\log\left(\frac{N_0}{N}\right) = \frac{kt}{2.30}$$

$$= \frac{(0.132/\text{año})(1.00 \text{ año})}{2.30} = 0.0574$$

$$\left(\frac{N_0}{N}\right) = \text{antilog}\, 0.0574 = 1.14$$

$$\frac{N}{N_0} = \frac{1}{1.14} = 0.877$$

Por consiguiente, la cantidad que queda después de 1.00 año es

$$0.877 \times 0.0100 \text{ g} = 0.00877 \text{ g}$$

El isótopo radioactivo $^{14}_{6}C$ se produce en la atmósfera mediante la acción de neutrones de rayos cósmicos sobre $^{14}_{7}N$:

$$^{14}_{7}N + ^{1}_{0}n \longrightarrow ^{14}_{6}C + ^{1}_{1}H$$

El $^{14}_{6}C$ se oxida a CO_2 y este CO_2 radioactivo se mezcla con el CO_2 no radioactivo. El carbono radioactivo desaparece mediante desintegración radioactiva, pero también se produce constantemente. El estado intermedio se alcanza cuando la proporción es un átomo de $^{14}_{6}C$ a 10^{12} átomos ordinarios de C, que representan 15.3 ± 0.1 desintegraciones por minuto por gramo de carbono.

El CO_2 de la atmósfera es absorbido por las plantas a través del proceso de fotosíntesis, y la proporción de $^{14}_{6}C$ a carbono ordinario en materia vegetal viva y en crecimiento es la misma proporción que en la atmósfera. Cuando la planta muere, la cantidad de $^{14}_{6}C$ disminuye por desintegración radioactiva y no se reabastece porque la planta ya no asimila el CO_2 atmosférico.

La vida media del $^{14}_{6}C$, un emisor β, es de 5770 años. La edad de un objeto de madera puede determinarse comparando la actividad del carbono radioactivo del objeto con la de los árboles en crecimiento. Este método de determinación de la edad por carbono radioactivo se ha utilizado para determinar la edad de muchos hallazgos arqueológicos y objetos de interés histórico. Por este procedimiento, se determina que los papiros del Mar Muerto tienen 1917 ± 200 años.

Ejemplo 25.2

Una muestra de carbono de un artefacto de madera da 7.00 conteos de $^{14}_{6}C$ por minuto por gramo de carbono. ¿Cuál es la edad aproximada del artefacto? El $^{14}_{6}C$ de madera cortada recientemente se desintegra a una velocidad de 15.3 desintegraciones por minuto por gramo de carbono.

Solución

La vida media del $^{14}_{6}C$ es 5770 años. Por consiguiente,

$$k = \frac{0.693}{t_{1/2}} = \frac{0.693}{5770 \text{ años}} = 1.20 \times 10^{-4}/\text{año}$$

Puesto que el $^{14}_{6}C$ de madera cortado recientemente se desintegra a una velocidad de 15.3 desintegraciones por minuto por gramo de carbono,

$$\log\left(\frac{N_0}{N}\right) = \frac{kt}{2.30}$$

$$\log\left(\frac{15.3 \text{ desintegraciones/minuto}}{7.00 \text{ desintegraciones/minuto}}\right) = \frac{(1.20 \times 10^{-14}/\text{año})t}{2.30}$$

$$t = \frac{2.30 \log 2.19}{1.20 \times 10^{-4}/\text{año}}$$
$$= 6520 \text{ años}$$

La cantidad de radiación emitida por una fuente por unidad de tiempo se llama la **actividad** de la fuente.

$$\text{actividad} = -\frac{dN}{dt} = kN \qquad (25.8)$$

Las actividades se expresan generalmente en curies; 1 curie (Ci) se define como 3.70 $\times$ 10^{10} desintegraciones por segundo y 1 microcurie (μCi) es 3.70 $\times$ 10^4 desintegraciones por segundo.

Ejemplo 25.3

La vida media del $^{100}_{43}Tc$, un emisor β, es 16 segundos. ¿Cuántos átomos de $^{100}_{43}Tc$ se hallan presentes en una muestra con una actividad de 0.200 μCi? ¿Cuál es la masa de la muestra?

Solución

Para esta desintegración radioactiva, la constante de velocidad *k*, es

$$k = \frac{0.693}{t_{1/2}}$$

$$= \frac{0.693}{16 \text{ s}} = 0.0433/\text{s}$$

La actividad de la muestra en términos de desintegraciones por segundo es 0.200

$$(3.70 \times 10^4 \text{ desintegraciones/s}) = 7.40 \times 10^3 \text{ desintegraciones/s}$$

Este valor representa la desintegración de 7.40 $\times$ 10^3 átomos/s y

$$\text{actividad} = kN$$

$$(7.40 \times 10^3 \text{átomos/s}) = (4.33 \times 10^{-2}/\text{s})N$$

$$N = 1.71 \times 10^5 \text{ átomos}$$

La masa de la muestra puede derivarse del hecho de que el peso atómico del ^{100}Tc hasta tres cifras significativas es 100; así,

$$? \text{ g Tc} = 1.71 \times 10^5 \text{ átomosTc}\left(\frac{100 \text{ g Tc}}{6.02 \times 10^{23} \text{ atoms Tc}}\right)$$

$$= 2.84 \times 10^{-19} \text{ g Tc}$$

25.4 Serie de desintegración radioactiva

Los ejemplos de emisión α, β^- y β^+ y de la captura de electrones dados en la Sección 25.2, son procesos de un paso que conducen a núclidos estables. Sin embargo, frecuentemente el núcleo producido por un proceso radioactivo es en sí radioactivo. La repetición de esta situación origina una cadena o serie de procesos de desintegración que involucra muchos núclidos radioactivos y que conduce por último a la producción de un núclido estable. Tres **series de desintegración** tales, que comprenden sólo emisiones α y β, ocurren en la naturaleza:

La serie $^{238}_{90}Th$, $^{238}_{92}U$ y $^{235}_{92}U$. La serie $^{238}_{92}U$, que finalmente conduce al núclido estable $^{206}_{82}Pb$, se representa en la Figura 25.4. En varios lugares en la serie ocurren ramificaciones y la serie progresa por dos rutas diferentes. Sin embargo, las ramificaciones siempre se juntan en un punto subsiguiente y comunmente se prefiere una ramificación sobre la otra (observe los porcentajes en la Figura 25.4). Por cualquier ruta dada, la serie de $^{238}_{92}U$ consiste en 14 pasos —8 comprenden desintegración α y 6 comprenden desintegración β.

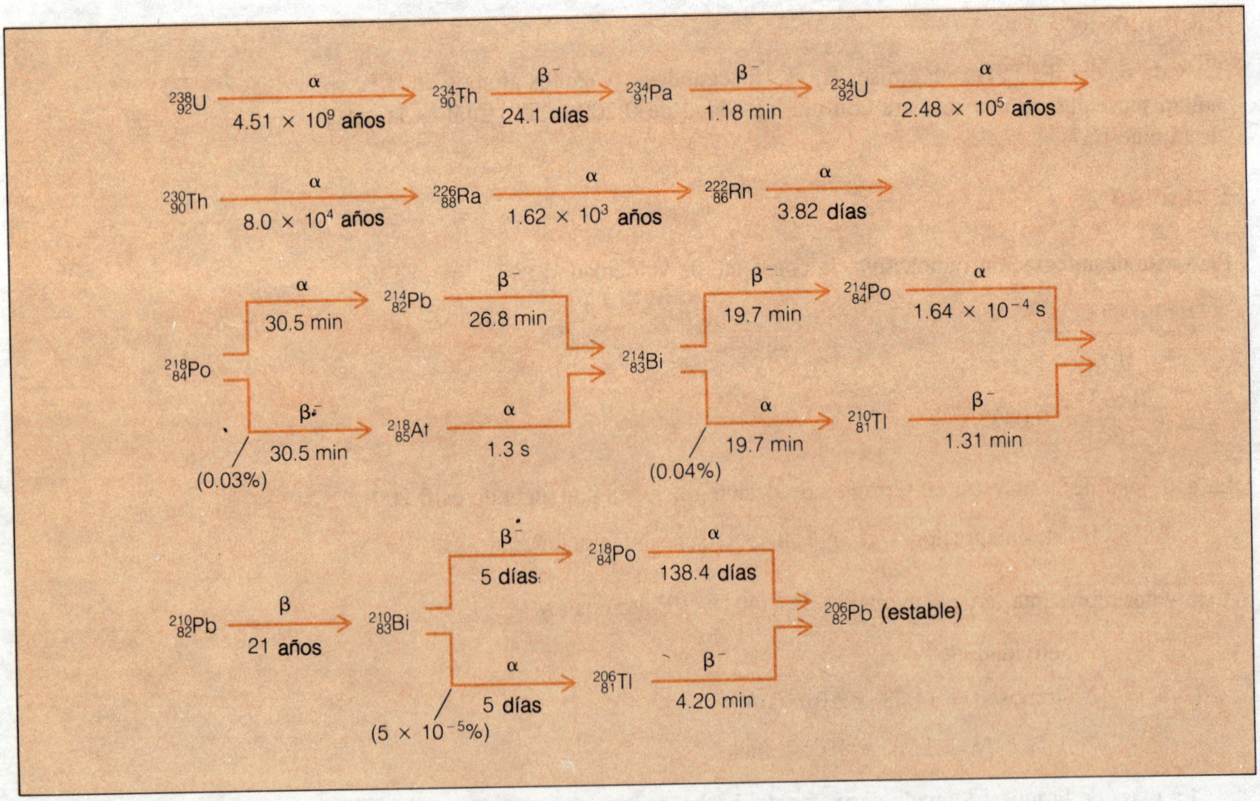

Figura 25.4 Serie de desintegración del $^{238}_{92}U$ (se indican las vidas medias de los isótopos).

Los núclidos radioactivos que se hallan en la naturaleza son aquellos que tienen vidas medias muy largas o los que se producen constantemente por la desintegración de otros núclidos. Este último tipo de los núclidos que se hallan en estado natural, existe generalmente en un estado intermedio en cuyo momento la cantidad del núclido permanece esencialmente constante debido a que el material se produce a la misma velocidad que se descompone.

La serie natural de desintegración sirve como base para un método que determina la edad geológica. Una muestra de una roca puede analizarse por su contenido en $^{206}_{82}Pb$ y $^{238}_{92}U$ y se puede calcular la cantidad de tiempo necesaria para producir esta proporción de plomo a uranio de las constantes de desintegración de la serie. Los resultados de estudios tales como estos determinan la edad de algunas rocas entre 3 a 3.5 miles de millones de años; la edad de la tierra se calcula en 4.5 mil millones de años.

Las series de desintegración, algunas más elaboradas que otras, se conocen por sus núclidos artificiales. Las emisiones de positrones y capturas K, se observan en algunas de estas series como también las de emisiones de α y β. A continuación se presentan tres ejemplos de series de desintegraciones simples de dos etapas de núclidos artificiales:

$$^{20}_{8}O \xrightarrow[14\ \text{seg.}]{\beta^-} {}^{20}_{9}F \xrightarrow[11\ \text{seg.}]{\beta^-} {}^{20}_{10}Ne$$

$$^{30}_{16}S \xrightarrow[14\ \text{seg.}]{\beta^+} {}^{30}_{15}P \xrightarrow[2.6\ \text{min}]{\beta^+} {}^{30}_{14}Si$$

$$^{76}_{36}Kr \xrightarrow[10\ \text{horas}]{\text{ec}} {}^{76}_{35}Br \xrightarrow[16.5\ \text{horas}]{\beta^+\ \text{o ec}} {}^{76}_{34}Se$$

25.5 Reacciones de bombardeo nuclear

En 1915, Ernest Rutherford informó que ocurre la siguiente transformación cuando pasan partículas α del $^{214}_{8}Po$ a través del nitrógeno:

$$^{14}_{7}N + {}^{4}_{2}He \longrightarrow {}^{17}_{8}O + {}^{1}_{1}H$$

Ésta fue la primera comunicación de una transformación de un elemento en otro que se reportó; en los años subsiguientes, se han estudiado miles de tales transformaciones nucleares. Se supone que el proyectil (en este caso, una partícula α) forma un núcleo compuesto con el blanco ($^{14}_{7}N$) y que el núcleo compuesto rápidamente emite una partícula subsidiaria ($^{1}_{1}H$) para formar el núcleo producto ($^{17}_{8}O$). Otros proyectiles tales como los neutrones, deuterones ($^{2}_{1}H$), protones e iones de bajo número atómico, se usan además de las partículas α.

Las reacciones partícula-partícula se clasifican generalmente de acuerdo al tipo de proyectil empleado y a la partícula secundaria emitida. Así, la reacción anterior se llama una reacción (α,p), y la transformación completa se indica por $^{14}_{7}N$ (α,p)($^{17}_{8}O$). En la Tabla 25.2 aparecen ejemplos de los varios tipos más comunes de transformaciones nucleares.

El primer núclido artificial radioactivo producido se obtuvo por la reacción (α, n):

$$^{27}_{13}Al + {}^{4}_{2}He \longrightarrow {}^{30}_{15}P + {}^{1}_{0}n$$

El producto, $^{30}_{15}P$, se desintegra por emisión de un positrón:

$$^{30}_{15}P \longrightarrow {}^{30}_{14}Si + {}^{0}_{1}e$$

Tabla 25.2 Ejemplos de reacciones nucleares		
Tipos	Reacción	Radioactividad del núcleo producido
(α, n)	${}^{75}_{33}As + {}^{4}_{2}He \longrightarrow {}^{78}_{35}Br + {}^{1}_{0}n$	β⁺
(α, p)	${}^{106}_{46}Pd + {}^{4}_{2}He \longrightarrow {}^{109}_{47}Ag + {}^{1}_{1}H$	estable
(p, n)	${}^{7}_{3}Li + {}^{1}_{1}H \longrightarrow {}^{7}_{4}Be + {}^{1}_{0}n$	c. e.
(p, γ)	${}^{14}_{7}N + {}^{1}_{1}H \longrightarrow {}^{15}_{8}O + \gamma$	β⁺
(p, α)	${}^{9}_{4}Be + {}^{1}_{1}H \longrightarrow {}^{6}_{3}Li + {}^{4}_{2}He$	estable
(d, p)	${}^{31}_{15}P + {}^{2}_{1}H \longrightarrow {}^{32}_{15}P + {}^{1}_{1}H$	β⁻
(d, n)	${}^{209}_{83}Bi + {}^{2}_{1}H \longrightarrow {}^{210}_{84}Po + {}^{1}_{0}n$	α
(n, γ)	${}^{59}_{27}Co + {}^{1}_{0}n \longrightarrow {}^{60}_{27}Co + \gamma$	β⁻
(n, p)	${}^{45}_{21}Sc + {}^{1}_{0}n \longrightarrow {}^{45}_{20}Ca + {}^{1}_{1}H$	β⁻
(n, α)	${}^{27}_{13}Al + {}^{1}_{0}n \longrightarrow {}^{24}_{11}Na + {}^{4}_{2}He$	β⁻

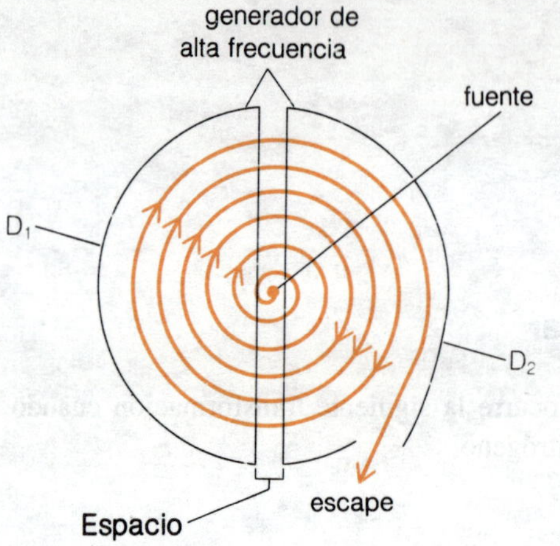

Figura 25.5 Trayectoria de una partícula en un ciclotrón.

Excepto por la naturaleza del producto, no existe diferencia alguna entre las reacciones nucleares que producen núclidos estables y aquellas que producen núclidos radioactivos.

Las partículas proyectiles que llevan una carga positiva son rechazadas por núcleos blanco; esto es particularmente cierto para los núcleos más pesados, los cuales tienen cargas elevadas. Por consiguiente, sólo un pequeño número de transformaciones puede efectuarse mediante las partículas positivas emitidas por las fuentes radioactivas. Varios aceleradores de partículas se han usado para producir protones, deutrones, partículas α y otros proyectiles catiónicos con energías cinéticas suficientemente altas para vencer las repulsiones electrostáticas de los núcleos blanco. El **ciclotrón** es uno de estos instrumentos (Figura 25.5).

La fuente iónica se localiza entre dos placas huecas en forma de D (D_1 y D_2) llamadas des, separadas por una abertura. Las des están encerradas en una cámara al vacío, localizada entre los polos de un poderoso electroimán (no indicado en la figura). Un generador de alta frecuencia mantiene a las des con cargas opuestas. Bajo la influencia de campos eléctricos y magnéticos, los iones se desplazan de la fuente en una trayectoria circular. Cada vez que llegan a la apertura entre las des, se invierte la polaridad de

Visión en conjunto del Super-HILAC (Acelerador Lineal de Acero Pesado) en el Lawrence Berkeley Laboratory. Este instrumento acelera los iones de todos los elementos de la tabla periódica. Universidad de California, *Lawrence Berkeley Laboratory*.

las des. Así, las partículas cargadas positivamente son sacadas de la de positiva y atraídas hacia una de negativa. Por consiguiente, cada vez que atraviesan la abertura son aceleradas. Debido a esto, las partículas se desplazan en una trayectoria espiral en aumento; eventualmente pasan una ventana del instrumento y se mueven a velocidades extremadamente elevadas para penetrar en el blanco.

El **acelerador lineal** (Figura 25.6) opera en gran medida en la misma forma, excepto que no se emplea campo magnético. Las partículas son aceleradas a través de una serie de tubos encerrados en una cámara al vacío. Un ion positivo de la fuente es atraído hacia el tubo 1, el cual está cargado negativamente. En este momento, los tubos de número impar tienen cargas negativas y los tubos de número par tienen cargas positivas. A medida que las partículas emergen del tubo 1, las cargas de los tubos se invierten de tal forma que los tubos de número par ahora están cargados negativamente. La partícula es expulsada fuera del tubo 1 (ahora positivo) y atraída hacia el tubo 2 (ahora negativo); como resultado, es acelerada.

Cada vez que la partícula abandona un tubo para entrar en otro, se invierten las cargas de los tubos. Puesto que la polaridad de los tubos se invierte en un intervalo constante de tiempo y puesto que la velocidad de la partícula aumenta constantemente, cada tubo debe ser más largo que el que le precede. Las partículas aceleradas abandonan el último tubo a alta velocidad y golpean el blanco.

Los neutrones son proyectiles particularmente importantes debido a que no portan carga y, por consiguiente, no son repelidos por la carga positiva del núcleo blanco. Una mezcla de berilio y un emisor α (tal como $^{222}_{86}Rn$) es una fuente adecuada de neutrones:

$$^{9}_{4}Be + ^{4}_{2}He \longrightarrow ^{12}_{6}C + ^{1}_{0}n$$

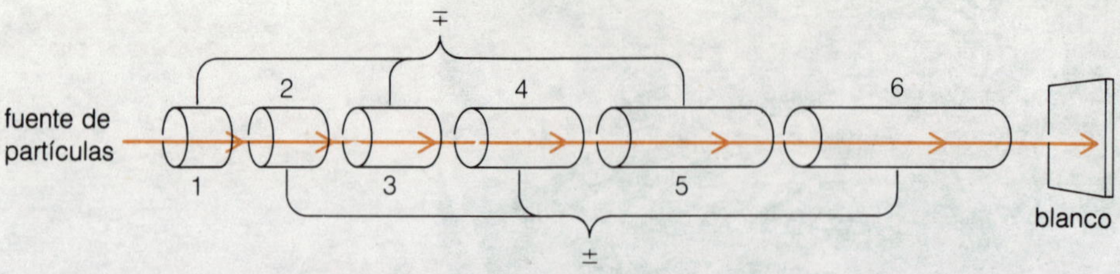

Figura 21.6 Representación esquemática de un acelerador lineal.

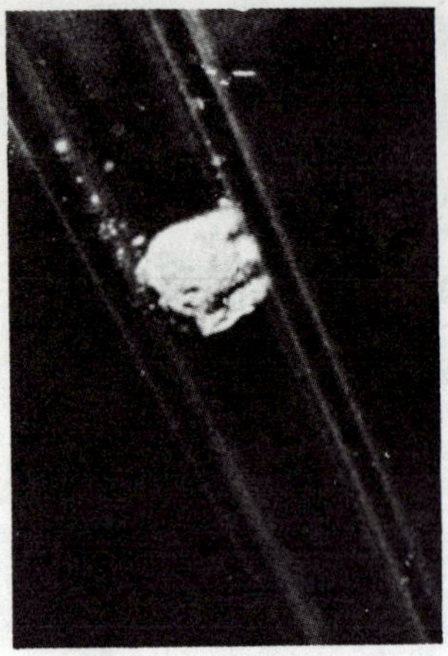

Muestra de 3×10^{-7} g de oxicloruro de californio, el primer compuesto de californio puro aislado en el laboratorio (aumentado 170 veces). El compuesto emite su propia luz como resultado de la desintegración radioactiva. Universidad de California, *Lawrence Berkeley Laboratory*.

Esta reacción fue utilizada por James Chadwick en sus experimentos que sirvieron para caracterizar el neutrón (1932). El bombardeo de berilio con deuterones acelerados de un ciclotrón es una fuente de neutrones más intensa:

$$^{9}_{4}\text{Be} + ^{2}_{1}\text{H} \longrightarrow ^{10}_{5}\text{B} + ^{1}_{0}\text{n}$$

Una fuente de neutrones muy importante es el reactor nuclear (Sección 25.6).

Los neutrones de las reacciones nucleares se conocen como **neutrones rápidos;** éstos causan reacciones en las cuales se emite una partícula secundaria [tal como las reacciones (n, α) y (n, p)]. Los **neutrones lentos** o **neutrones térmicos,** se producen cuando los neutrones obtenidos de una reacción nuclear se pasan a través de un moderador (tal como carbón, parafina, hidrógeno, deuterio u oxígeno). Mediante colisiones con los núcleos del moderador, disminuyen las energías cinéticas de los neutrones hasta valores aproximados a los de las moléculas gaseosas comunes. Los bombardeos que utilizando neutrones lentos producen reacciones (n, γ), las cuales se llaman también **reacciones de captura de neutrones,** puesto que no se producen partículas secundarias:

$$^{34}_{16}\text{S} + ^{1}_{0}\text{n} \longrightarrow ^{35}_{16}\text{S} + \gamma$$

Los isótopos de prácticamente todos los elementos han sido preparados por este tipo de reacción. Se han utilizado reacciones nucleares para preparar isótopos que pertenecen a elementos que no existen en la naturaleza o que existen en cantidades extremadamente pequeñas. Así, los isótopos del tecnecio y del astato se han preparado mediante las reacciones

$$^{96}_{42}\text{Mo} + ^{2}_{1}\text{H} \longrightarrow ^{97}_{43}\text{Tc} + ^{1}_{0}\text{n}$$

$$^{209}_{83}\text{Bi} + ^{4}_{2}\text{He} \longrightarrow ^{211}_{85}\text{At} + 2\,^{1}_{0}\text{n}$$

Los elementos que siguen al uranio en la tabla periódica se llaman **elementos transuránicos;** ninguno de estos elementos existe en estado natural, pero muchos se han preparado mediante reacciones nucleares. Algunas de estas reacciones utilizan blancos de núclidos artificiales y, en estos casos, los productos finales son por consiguiente el resultado de síntesis que consisten en varias etapas. Ejemplos de estas preparaciones son:

$$^{238}_{92}\text{U} + ^{1}_{0}\text{n} \longrightarrow ^{239}_{92}\text{U} + \gamma$$

$$^{239}_{92}\text{U} \longrightarrow ^{239}_{93}\text{Np} + ^{0}_{-1}e$$

$$^{239}_{93}\text{Np} \longrightarrow ^{239}_{94}\text{Pu} + ^{0}_{-1}e$$

$$^{239}_{94}\text{Pu} + ^{2}_{1}\text{H} \longrightarrow ^{240}_{95}\text{Am} + ^{1}_{0}\text{n}$$

$$^{239}_{94}\text{Pu} + ^{4}_{2}\text{He} \longrightarrow ^{242}_{96}\text{Cm} + ^{1}_{0}\text{n}$$

Además de los proyectiles comunes, los iones de los elementos de bajo número atómico se usan en algunas reacciones de bombardeo:

$$^{238}_{92}U + ^{12}_{6}C \longrightarrow ^{244}_{98}Cf + 6\,^{1}_{0}n$$

$$^{238}_{92}U + ^{14}_{7}N \longrightarrow ^{246}_{99}Es + 6\,^{1}_{0}n$$

$$^{238}_{92}U + ^{16}_{8}O \longrightarrow ^{255}_{100}Fm + 4\,^{1}_{0}n$$

$$^{252}_{98}Cf + ^{10}_{5}B \longrightarrow ^{257}_{103}Lr + 5\,^{1}_{0}n$$

25.6 Fisión y fusión nuclear

Las reacciones nucleares de fisión son más famosas e infames que las transformaciones partícula-partícula o partícula-captura. En un proceso de **fisión,** un núcleo pesado se separa en núcleos de elementos más ligeros y varios neutrones. La fisión de un núclido dado resulta en más que un conjunto de productos. Las dos reacciones posibles para la fisión lenta inducida por neutrones de $^{235}_{92}U$ son

$$^{235}_{92}U + ^{1}_{0}n \longrightarrow ^{93}_{36}Kr + ^{140}_{56}Ba + 3\,^{1}_{0}n$$

$$^{235}_{92}U + ^{1}_{0}n \longrightarrow ^{90}_{38}Sr + ^{144}_{54}Xe + 2\,^{1}_{0}n$$

Los núcleos pesados tienen relaciones mucho mayores de neutrón/protón que los núcleos de masa moderada (Figura 25.1). Los neutrones liberados en el proceso de fisión hacen descender las relaciones neutrón/protón de los núcleos producidos; sin embargo, estos núcleos son generalmente radioactivos y posteriormente tiene lugar el ajuste de la proporción neutrón/protón; por lo general, mediante la emisión β. Ciertas fisiones pueden inducirse mediante protones, deuterones o partículas α, pero las más importantes son las que se efectúan mediante neutrones. La **energía de enlace** de un núcleo puede ser considerada la energía *requerida* para separar los nucleones del núcleo o la energía *liberada* por la formación hipotética del núcleo por la condensación de nucleones individuales. La energía de enlace de un núcleo puede ser calculada de la diferencia entre la suma de las masas de los nucleones constituyentes y de la masa del núcleo correspondiente. La suma de las masas de los nucleones del núcleo de $^{35}_{17}Cl$ (17 protones más 18 neutrones) es 0.320 mayor que la masa real de este núcleo. La energía equivalente de esta masa es

$$0.320 \text{ u} \times 931 \text{ MeV/u} = 298 \text{ MeV}$$

La magnitud de la energía de enlace de un núcleo dado indica la estabilidad de ese núcleo hacia la desintegración radioactiva. Para propósitos de comparación, los valores estarán dados generalmente en términos de energía de enlace por nucleón, y los valores más grandes son característicos de los núcleos más estables. La energía de enlace por nucleón en caso del $^{35}_{17}Cl$ es:

$$\frac{298 \text{ MeV}}{35 \text{ nucleones}} = 8.51 \text{ MeV/nucleón}$$

En la Figura 25.7, el número de masa se traza en comparación con la energía de enlace por nucleón para los núclidos. La inspección de la curva muestra que los núclidos de masas intermedias tienen mayores valores de energía de enlace por nucleón

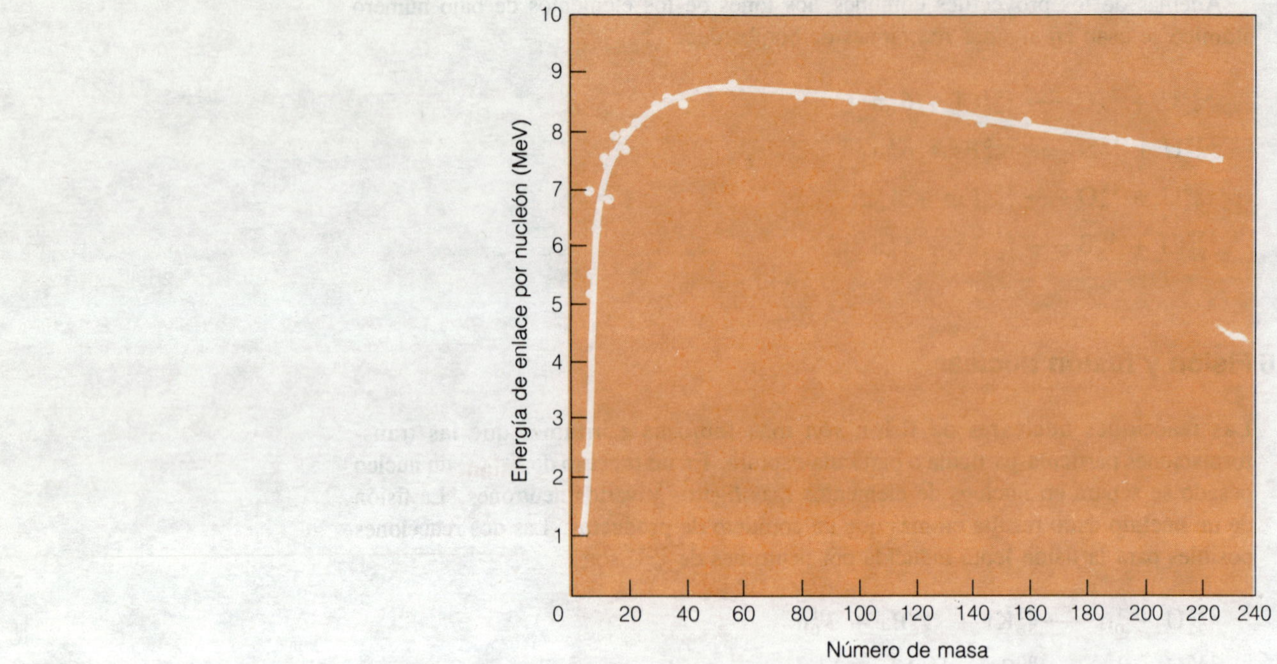

Figura 25.7 Energía de enlace por nucleón versus número de masa.

que los núclidos más pesados. Así, la fisión de $^{235}_{92}U$ produce núcleos ligeros con mayores valores de energía de enlace/nucleones y se libera energía. La suma de las masas de los productos de una reacción de fisión es menor que la suma de las masas de los reactivos. Una fisión típica de un núcleo sencillo de $^{235}_{92}U$ libera aproximadamente 200 MeV.

La fisión de cada núcleo de $^{235}_{92}U$ es inducida por un solo neutrón y produce varios neutrones; en todo el proceso se produce un promedio de aproximadamente 2.5 neutrones por fisión. Si cada neutrón causa la fisión de otro núcleo de $^{235}_{92}U$, se protagoniza una explosiva reacción en cadena. Utilizando un factor de reproducción de dos para más sencillez, la primera fisión originaría dos fisiones de primera generación. Cada una de éstas originaría 2 fisiones —un total de 4 fisiones de segunda generación; éstas serían seguidas por 8, 16, 32, .. fisiones en generaciones sucesivas. En la generación n, se producirían 2^n fisiones. Debido a que cada fisión es extremadamente rápida, resulta una explosión. Si cada fisión libera 200 MeV, se desprende una tremenda cantidad de energía. En una pequeña cantidad de $^{235}_{92}U$ que se fisiona, muchos de los neutrones producidos se pierden de la superficie de la masa antes de que puedan producir reacciones nucleares. Sin embargo, si el tamaño del material fisionable excede cierta masa, la **masa crítica,** los neutrones son capturados antes de que puedan abandonar la masa y resulta una explosiva reacción en cadena. Una bomba atómica se hace detonar juntando dos partes de material fisionable, cada una de tamaño subcrítico, en una parte de tamaño supercrítico. La reacción es iniciada por un neutrón suelto.

Varios núcleos tales como $^{238}_{92}U$, $^{231}_{91}Pa$, $^{237}_{93}Np$ y $^{232}_{90}Th$ sufren fisión con neutrones rápidos pero no con los lentos. Sin embargo, los neutrones lentos pueden inducir la fisión en $^{233}_{92}U$, $^{235}_{92}U$ y $^{239}_{94}Pu$. Los dos últimos núclidos son los utilizados comunmente como combustibles nucleares. El isótopo $^{235}_{92}U$, que constituye sólo cerca del 0.7% del uranio natural, fue empleado en la construcción de la primera bomba atómica. La separación del $^{235}_{92}U$ a partir del isótopo principal del $^{238}_{92}U$ se efectuó en diferentes formas; la más exitosa fue la separación del $^{235}UF_6$ gaseoso a partir del $^{238}UF_6$ mediante difusión térmica a través de barreras porosas (Sección 8.12). El núclido $^{239}_{94}Pu$ no ocurre libre en la naturaleza pero puede prepararse a partir del $^{238}_{92}U$ mediante la serie de reacciones nucleares que aparecen en la Sección 25.5.

La fisión controlada de combustibles nucleares en un **reactor nuclear** sirve como fuente de energía o como fuente de neutrones y radiación γ para investigación científica y para la producción de núclidos artificiales. En un reactor nuclear, los cilindros que contienen por lo menos la masa crítica del combustible nuclear ($^{235}_{92}U$, $^{233}_{92}U$, $^{239}_{94}Pu$, U natural o U natural enriquecido con $^{235}_{92}U$), están rodeados por un moderador (grafito, agua o agua pesada). El moderador sirve para frenar los neutrones producidos por la fisión, aumentando así la posibilidad de su captura.

El factor de producción de neutrones debe mantenerse en un valor cercano a 1. Si desciende por debajo de este valor, la reacción se detendrá al cabo y si aumenta demasiado por encima de este valor, la reacción puede tornarse explosivamente violenta. Barras de control de cadmio, acero al boro u otros materiales, que pueden insertarse dentro del reactor a cualquier profundidad deseada, sirven para capturar el exceso de neutrones y controlar la velocidad de la reacción:

$$^{113}_{48}Cd + ^{1}_{0}n \longrightarrow ^{114}_{48}Cd + \gamma$$

$$^{10}_{5}B + ^{1}_{0}n \longrightarrow ^{11}_{5}B + \gamma$$

Los núclidos $^{114}_{48}Cd$ y $^{11}_{5}B$ no son radioactivos. Se toma en cuenta la posible introducción dentro del reactor de muestras de investigación.

Los primeros reactores que utilizaron uranio natural como combustible y bloques de grafito como moderador eran grandes cubos del orden de 6 a 8 m de arista. La utilización de combustibles enriquecidos y moderadores diferentes del grafito ha reducido considerablemente el tamaño requerido. Los **reactores padre** producen un núclido fisionable (por ejemplo, $^{239}_{94}Pu$ a partir de $^{238}_{92}U$ dentro del reactor y así se asegura el mantenimiento del suministro de combustible nuclear. Los reactores nucleares diseñados como fuente de energía utilizan un sistema de refrigerante circulante para eliminar el calor del reactor hacia el exterior, donde se le utiliza en la producción de energía. Todos los reactores nucleares deben tener grueso recubrimiento.

La **fusión** nuclear es un proceso en el cual se fusionan los núcleos muy ligeros para formar núcleos más pesados. La curva de la Figura 25.7 indica que tales procesos deben liberar más energía que los procesos de fisión. La bomba de hidrógeno se basa en la fusión nuclear. Se requieren energías de activación extremadamente elevadas para las reacciones de fusión y, en la realidad, se utiliza una bomba de fisión para suministrar las elevadas temperaturas requeridas. Se cree que la energía solar proviene de la conversión de los núcleos de hidrógeno en helio mediante la fusión nuclear. Se han postulado reacciones como las siguientes:

$$^{1}_{1}H + ^{1}_{1}H \longrightarrow ^{2}_{1}H + ^{0}_{1}e$$

$$^{2}_{1}H + ^{1}_{1}H \longrightarrow ^{3}_{2}He + \gamma$$

$$^{3}_{2}He + ^{3}_{2}He \longrightarrow ^{4}_{2}He + 2\,^{1}_{1}H$$

El modelo de goteo líquido del núcleo interpreta la fusión y la fisión en términos de las fuerzas de repulsión y atracción entre los nucleones del núcleo. El tamaño del núcleo es crítico para determinar el efecto total de estas dos fuerzas opuestas. Los nucleones sobre la superficie del núcleo están sometidos a menos fuerzas de atracción que los nucleones que están rodeados por completo por otros nucleones en el centro del núcleo. Por consiguiente, el efecto total de las fuerzas de atracción aumenta cuando

En la investigación de la fusión nuclear se emplean los imanes de conductividad mayores del mundo. El fuerte campo magnético producido por estos imanes (150,000 veces el de la Tierra) se utilizará para confinar el combustible de fusión supercaliente. Los imanes son construidos hasta unos 4 K. Consumen menos del 0.003% de la energía eléctrica que consumirían imanes comunes de cobre enfriado por agua de tamaño similar. Universidad de California, *Lawrence Livermore National Laboratory*.

disminuye el área superficial. Una gota grande tiene una superficie más pequeña que varias gotas pequeñas que contienen la misma cantidad de fluido nuclear.

Al mismo tiempo, las fuerzas electrostáticas de repulsión entre protones tienden a separar una gota grande en gotas más pequeñas. El que el proceso de fusión o fisión se efectúe depende del equilibrio entre estos dos efectos, los que no varían con el tamaño de la gota en forma paralela. Puesto que el área de superficie de una esfera es $4\pi r^2$, el aumento o disminución en la energía de atracción originada por un cambio en el área superficial es proporcional al cuadrado del radio, r^2 (ó $A^{2/3}$). Las fuerzas de repulsión de Coulomb son, sin embargo, proporcionales al cuadrado de la carga nuclear dividida por el radio, Z^2/r ó ($Z^2/A^{1/3}$). Para núcleos ligeros, el aumento en el efecto de las fuerzas de atracción originado por la reducción de la superficie nuclear equilibra el aumento en el efecto de las fuerzas de repulsión y tiene lugar la fusión. Para núcleos pesados, se cumple lo contrario; tiene lugar la fisión debido a que ésta lleva la reducción en el efecto de las fuerzas de repulsión que es de más importancia que la reducción que acompaña el efecto de las fuerzas de atracción.

25.7 Usos de los núclidos radioactivos

Se ha desarrollado un gran número de usos para los núclidos que se obtienen como productos de los procesos realizados en los reactores nucleares. Se han desarrollado medidores de espesor en los cuales una fuente radioactiva se coloca de un lado del material a ensayarse (cigarrillos, placas metálicas, etc.) y un aparato medidor en el otro lado. La cantidad de radiación que llega al contador es una medida del espesor del material.

La eficacia de los aceites lubricantes se mide en una máquina construida de un metal en la cual se han incorporado núclidos radioactivos. Después que la máquina ha funcionado por una cantidad de tiempo determinada, se extrae el aceite y se ensaya para comprobar la presencia de partículas radioactivas acumuladas durante el uso de la máquina.

Cuando se usa un solo tubo para transferir más de un derivado del petróleo, se coloca una pequeña cantidad de un núclido radioactivo, en la última porción de una sustancia para señalar su fin y el comienzo de otra. La radiación puede utilizarse para activar un sistema de válvulas automáticas tal que los líquidos se repartan en tanques diferentes.

El uso de carbono radioactivo en la determinación de la edad de los materiales de origen vegetal ya ha sido mencionado. La fotosíntesis se ha estudiado determinando la absorción del CO_2 que contiene $^{14}_{6}C$ en las plantas. En esta forma, se ha aprendido mucho acerca de la conversión del CO_2 en azúcares, almidones y celulosas.

Los núclidos radioactivos han encontrado muchos usos en investigación médica, terapia y diagnóstico. La radiación del $^{60}_{27}Co$, un emisor β y γ, es utilizada en la terapia del cáncer. Los núclidos del $^{131}_{53}I$ se utilizan en el diagnóstico y tratamiento de los trastornos de la tiroides, puesto que esta glándula concentra el yodo ingerido.

Los trazadores radioactivos han encontrado amplio uso en los estudios químicos. La siguiente estructura del ion tiosulfato,

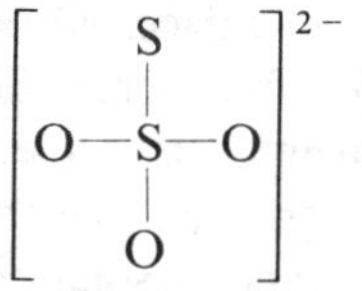

está indicada por estudios utilizando $^{35}_{16}S$. El ion tiosulfato se prepara calentando un sulfito con azufre radioactivo:

$$^{35}S(s) + SO_3^{2-}(ac) \longrightarrow [^{35}SSO_3]^{2-}(ac)$$

Después de la acidificación de esta solución de tiosulfato, el azufre radioactivo se precipita cuantitativamente; ninguno se halla en el SO_2 gaseoso resultante:

$$[^{35}SSO_3]^{2-}(ac) + 2H^+(ac) \longrightarrow {}^{35}S(s) + SO_2(g) + H_2O$$

Además, después de la descomposición del tiosulfato de plata obtenido de este ion, todo el azufre radioactivo termina como sulfuro de plata:

$$Ag_2[^{35}SSO_3](s) + H_2O \xrightarrow{calor} Ag_2{}^{35}S(s) + SO_4^{2-}(ac) + 2H + (ac)$$

Estos resultados indican que los dos átomos de azufre del ion tiosulfato no son equivalentes y que es probable la estructura propuesta.

Los núclidos radioactivos se han utilizado para estudiar la velocidad de las reacciones y mecanismos, como también la acción de catalizadores. Usando trazadores radioactivos es posible seguir el progreso de moléculas y átomos marcados en el transcurso de una reacción química. Por ejemplo el mecanismo de la reacción entre el ion sulfito y el ion clorato:

$$SO_3^{2-} + ClO_3^- \longrightarrow SO_4^{2-} + ClO_2^-$$

se ha demostrado que procede mediante el intercambio de un átomo de oxígeno. El ion So_3^{2-} utilizado contiene átomos de oxígeno ordinarios, pero el ion ClO_3^- se preparó con $^{18}_{8}O$, el cual no es radioactivo pero puede localizarse mediante un espectrógrafo de masas. El ion SO_4^{2-} producido por la reacción contiene $^{18}_{8}O$ en una cantidad que indicaría que un átomo de $^{18}_{8}O$ se ha adicionado a cada ion SO_3^{2-}.

Por lo tanto, el mecanismo propuesto es un desplazamiento nucleofílico de Lewis del ClO_2^- por el SO_3^{2-} sobre uno de los átomos de oxígeno del ion ClO_3^-. Los átomos de $^{18}_{8}O$ están marcados con asteriscos:

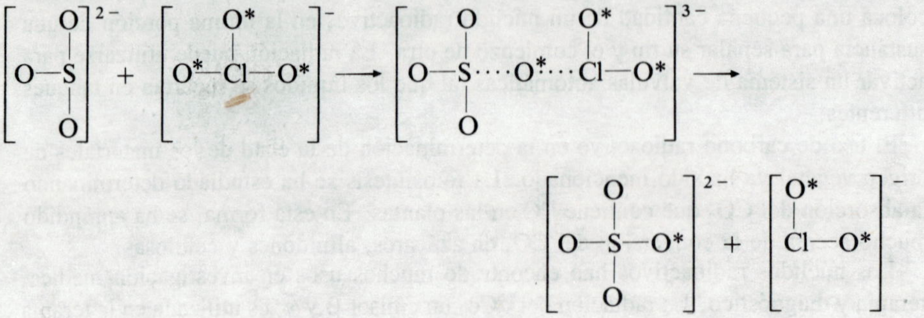

El análisis de activación es la determinación de la cantidad de un elemento presente en una muestra por bombardeo de la muestra con proyectiles nucleares adecuados y midiendo la intensidad de la radioactividad inducida en el elemento investigado. La actividad inducida no es influida por el enlace químico del elemento. Los neutrones son los proyectiles utilizados con más frecuencia. Se han desarrollado técnicas para la determinación de más de 50 elementos. Este método es particularmente útil para la determinación de los elementos presentes en concentraciones extremadamente bajas.

La determinación de presiones de vapor y solubilidades muy bajas se puede hacer convenientemente utilizando materiales marcados. Por ejemplo, la solubilidad del agua en benceno se puede determinar usando agua enriquecida con el $^{3}_{1}H$ radioactivo y midiendo la actividad del benceno saturado con agua.

Resumen

Los temas presentados en este capítulo son:

1. Algunas propiedades del núcleo, la teoría del intercambio del enlace nuclear y la estabilidad nuclear.

2. Tipos de desintegración radioactiva de ambos núclidos radioactivos, naturales y sintéticos, y los cambios de energía que acompañan estos procesos.

3. La determinación y medida de las emisiones radioactivas, la velocidad de la desintegración radioactiva, la vida media del núclido radioactivo, el uso del carbono radioactivo para determinar la edad.

4. Series de desintegración radioactiva naturales y artificiales.

5. Reacciones nucleares, la preparación de núclidos artificiales.

6. Usos de núclidos radioactivos.

Glosario

A continuación aparecen algunos de los términos más importantes presentados en este capítulo. Las definiciones para algunos términos no incluidos en esta lista pueden localizarse usando el índice.

Acelerador lineal (Sección 25.5). Instrumento en el cual una partícula cargada se acelera a lo largo de una trayectoria lineal y choca contra un núcleo blanco.

Antipartícula. (Sección 25.2). Una parte de un par partícula-antipartícula que se destruyen entre sí cuando se ponen en contacto y se convierten en una forma de energía. La antipartícula de una partícula cargada tiene la misma masa de la partícula pero una carga de signo opuesto (por ejemplo, el protón, p^+, y el antiprotón, p^-). Algunos pares partícula-antipartícula no tienen carga (por ejemplo, el neutrón y antineutrón).

Cámara de niebla de Wilson (Sección 25.3). Aparato que facilita que la trayectoria de la radiación ionizante se vea tal como una nube formada por la condensación del vapor de agua sobre los iones.

Captura de electrón (Sección 25.2). Proceso de desintegración radioactiva presentado por algunos núclidos artificiales en los cuales un núcleo captura un electrón de un nivel interno y el electrón capturado convierte un protón en un neutrón, llamado también **captura K.**

Carbono radioactivo para determinar la edad (Sección 25.3). Método de determinación de la edad de los objetos que contienen carbono, midiendo el número de desintegraciones radioactivas del $^{14}_{6}C$ presente en una muestra del objeto y calculando, mediante la vida media del núclido, la magnitud de tiempo necesitada por el objeto para alcanzar su condición actual.

Ciclotrón (Sección 25.5). Instrumento en el cual una partícula cargada se acelera a lo largo en una trayectoria en espiral y choca sobre un núcleo blanco.

Contador de centelleo (Sección 25.3). Aparato que se usa para la determinación cuantitativa de emisiones radioactivas que actúa por el conteo de radiaciones de luz producidas por una sustancia fluorescente cuando ésta es golpeada por estas emisiones.

Contador Geiger-Muller (Sección 25.3). Aparato que se usa para la determinación cuantitativa de las emisiones radioactivas y que actúa por conteo de los impulsos eléctricos originados por la ionización de un gas en una cámara a través de la cual pasa la emisión.

Curie, Ci (Sección 25.3). Unidad utilizada para medir la **actividad** de una fuente radioactiva (el número de desintegraciones por unidad de tiempo). Un curie equivale a 3.70×10^{10} desintegraciones por segundo.

Elemento transuránico (Sección 25.5). Elementos que siguen al uranio (número atómico, 92) en la tabla periódica.

Emisión alfa (Sección 25.2). Tipo de radioactividad en la cual se expulsan partículas alfa (cada una de las cuales consiste en dos neutrones y dos protones, dado el símbolo ($^{4}_{2}He$).

Emisión beta (Sección 25.2). Tipo de radioactividad en la cual se producen electrones (símbolo $_{-1}^{0}e$).

Emisión de positrón (Sección 25.2). Tipo de radioactividad exhibida por algunos núclidos artificiales en los cuales se producen positrones (electrones positivos, se les da el símbolo $_{1}^{0}e$).

Fisión nuclear (Sección 25.6). Proceso en el cual los núcleos pesados se dividen en núcleos livianos.

Fusión nuclear (Sección 25.6). Proceso en el cual los núcleos muy livianos se unen para formar núcleos más pesados.

Masa crítica (Sección 25.6). Cantidad de un material fisionable requerido para mantener una reacción nuclear en cadena.

Neutrino (Sección 25.2). Partícula sin carga de una masa extremadamente pequeña que se produce en el transcurso de algunos procesos radioactivos que desprenden energía.

Neutrón lento (Sección 25.5). Neutrón obtenido de una reacción nuclear que se ha disminuido por su paso por un *moderador*, llamado también **neutrón térmico.**

Neutrón rápido (Sección 25.5). Neutrón que se mueve rápidamente producido por una reacción nuclear.

Núclido (Sección 25.1). Término usado para referirse a las especies de un átomo, caracterizadas por su número atómico y número de masa para distinguirle del término **isótopo,** el cual se refiere a una especie de átomo de dos o más que son del mismo elemento y que tienen el mismo número atómico pero diferente número de masa.

Pion, π (Sección 25.1). Partícula que se cree se intercambia rápidamente por nucleones enlazándolos en un núcleo. Se conocen tres tipos de piones: positivo, π^+, negativo, π^-, y neutro, π^0.

Radiación gama (Sección 25.2). Radiación electromagnética de muy corta longitud de onda.

Reacción de captura de neutrón (Sección 25.5). Reacción nuclear en la cual un blanco nuclear se bombardea con neutrones lentos. Ninguna partícula secundaria se emite y el resultado neto es que el blanco nuclear captura un neutrón adicional.

Reacción partícula-partícula (Sección 25.5). Reacción nuclear en la cual un núcleo blanco y una partícula proyectil forman un núcleo compuesto que emite rápidamente una partícula secundaria y forma un núcleo producto. Se indican las reacciones: núcleo blanco núcleo producto (proyectil, partícula emitida) por ejemplo, $^{14}_{7}N\,(d, p)\,^{17}_{8}O$

Reactor nuclear (Sección 25.6). Reactor en el cual la fisión controlada de un combustible nuclear sirve como fuente de energía.

Reactor padre (Sección 25.6). Tipo de reactor nuclear que produce más combustible nuclear del que usa.

Series de desintegraciones radioactivas (Sección 25.4). Serie de desintegraciones radioactivas que producen sucesivamente nuevos núclidos radioactivos hasta que se obtenga un núclido no radioactivo.

Vida media (Sección 25.5). Tiempo que se requiere para que se desintegre la mitad de una muestra de un núclido radioactivo.

Zona de estabilidad (Sección 25.1). Zona de la gráfica del número de neutrones *contra* el número de protones, en la cual descienden los puntos que representan núclidos estables.

Problemas*

Radioactividad

25.1 Describa brevemente la teoría del intercambio del enlace nuclear.

25.2 Defina los siguientes términos: **(a)** núclido, **(b)** nucleón, **(c)** masa crítica, **(d)** neutrón térmico, **(e)** fisión, **(f)** elemento transuránico.

25.3 Escriba las ecuaciones para los siguientes ejemplos de desintegración radioactiva: **(a)** emisión alfa por $^{218}_{85}At$, **(b)** emisión beta por $^{198}_{79}Au$, **(c)** emisión de positrón por $^{25}_{13}Al$, **(d)** captura de electrón por $^{108}_{47}Ag$.

25.4 Escriba ecuaciones para los siguientes ejemplos de desintegración radioactiva **(a)** emisión alfa por $^{181}_{78}Pt$, **(b)** emisión beta por $^{25}_{11}Na$, **(c)** emisión de positrón por $^{62}_{29}Cu$, **(d)** captura de electrón mediante $^{37}_{18}Ar$.

25.5 Escriba ecuaciones para los siguientes ejemplos de desintegración radioactiva: **(a)** emisión alfa mediante $^{221}_{87}Fr$, **(b)** emisión beta por $^{66}_{29}Cu$, **(c)** emisión de positrón por $^{18}_{9}F$, **(d)** captura de electrón por $^{133}_{56}Ba$.

25.6 Escriba ecuaciones para los siguientes ejemplos de desintegración radioactiva: **(a)** emisión alfa por $^{227}_{91}Pa$, **(b)** emisión beta por $^{114}_{47}Ag$, **(c)** emisión de positrones por $^{39}_{20}Ca$, **(d)** captura de electrones por $^{55}_{26}Fe$.

25.7 El núclido $^{192}_{78}Pt$ se desintegra a $^{188}_{76}Os$ por emisión alfa. La masa del $^{192}_{78}Pt$ es 191.9614 u, y la masa del $^{188}_{76}Os$ es 187.9760 u. Calcular la energía liberada en este proceso.

25.8 El núclido $^{213}_{85}At$ se desintegra a $^{209}_{83}Bi$ mediante emisión alfa. La masa del $^{213}_{85}At$ es 212.9931 u, y la masa del $^{209}_{83}Bi$ es 208.9804 u. Calcule la energía liberada en este proceso.

25.9 Cuando el $^{221}_{87}Fr$ se desintegra, son emitidas partículas alfa 6.34 MeV y 6.12 MeV. ¿Cuál es la energía y la fuente de radiación γ que acompaña esta emisión alfa?

25.10 Cuando el $^{222}_{88}Ra$ se desintegra, son emitidas partículas alfa 6.56 MeV y 6.23 MeV. ¿Cuál es la energía y la fuente de radiación γ que acompañan esta emisión alfa?

25.11 La energía de desintegración es de 7.03 MeV para la desintegración β de $^{20}_{9}F$ a $^{20}_{10}Ne$ (masa, 19.99244 u). ¿Cuál es la masa del $^{20}_{9}F$?

25.12 La energía de desintegración para emisión β de $^{11}_{4}Be$ a $^{11}_{5}B$ es de 11.5 MeV (masa, 11.00931 u). ¿Cuál es la masa del $^{11}_{4}Be$?

25.13 El núclido $^{21}_{11}Na$ (masa, 20.99883 u) se desintegra a $^{21}_{10}Ne$ (masa, 20.99395 u) por emisión de positrones. ¿Cuál es la energía liberada por este proceso de desintegración radioactiva?

25.14 El núclido $^{18}_{10}Ne$ (masa, 18.00572 u) se desintegra a $^{18}_{9}F$ (masa, 18.00095 u) por emisión de positrón. ¿Cuál es la energía liberada por este proceso de desintegración radioactiva?

25.15 La energía liberada por la desintegración de $^{31}_{16}S$ por emisión de positrón es 5.40 MeV. El núclido producido, $^{31}_{15}P$, tiene una masa de 30.97376 u. ¿Cuál es la masa del $^{31}_{16}S$?

25.16 La energía liberada por la desintegración del $^{27}_{14}Si$ por emisión de positrón es 3.80 MeV. El núclido producido, $^{27}_{13}Al$ tiene una masa de 26.98154 u. ¿Cuál es la masa de $^{27}_{14}Si$?

25.17 El núclido $^{37}_{18}Ar$ (masa, 36.96678 u) se desintegra a $^{37}_{17}Cl$ (masa, 36.96590 u). ¿Es energéticamente posible que el proceso se realice por emisión de positrón o debe ocurrir por captura de electrón?

25.18 ¿Es energéticamente posible para el $^{41}_{20}Ca$ (masa, 40.96227 u) desintegrarse en $^{41}_{19}K$ (masa, 40.96183 u) por emisión de positrón o debe ocurrir el proceso por captura de electrón?

25.19 La energía de desintegración para la descomposición del $^{51}_{24}Cr$ por captura de electrón es 0.75 MeV, y la masa del núclido producido, $^{51}_{23}V$, es 50.9440 u. ¿Cuál es la masa del $^{51}_{24}Cr$?

25.20 ¿Por qué la captura de electrones está acompañada por la emisión de rayos X?

Velocidad de desintegración radioactiva

25.21 El núclido $^{76}_{35}Br$ tiene una vida media de 165 horas. ¿Qué cantidad de una muestra de 0.0100 g quedará al cabo de un día?

25.22 El núclido $^{198}_{79}Au$ tiene una vida media de 64.8 horas. ¿Qué cantidad de una muestra de 0.0100 g quedará al cabo de 1.00 día?

25.23 La vida media de la $^{35}_{16}S$ es 86.7 días. ¿Cuánto tiempo tomará para que desaparezca el 90.0% de una muestra?

25.24 La vida media de la $^{112}_{47}Ag$ es 3.20 horas. ¿Cuánto tiempo tomará para que desaparezca el 70.0% de la muestra?

25.25 La velocidad de desintegración del $^{18}_{9}F$ es tal que el 10.0% de la cantidad original permanece después de 369 minutos. **(a)** ¿Cuál es la constante de velocidad para esta desintegración radioactiva? **(b)** ¿Cuál es la vida media del $^{18}_{9}F$?

25.26 El núclido $^{22}_{11}Na$ se desintegra por emisión de un positrón. La velocidad es tal que 76.6% de la cantidad original permanece después de 1.00 años. **(a)** ¿Cuál es la cantidad constante de velocidad? **(b)** ¿Cuál es la vida media del $^{22}_{11}Na$?

25.27 Una muestra de un material radioactivo inicialmente produce 2500 conteos/minuto y 15 minutos más tarde produce 2400 conteos/minuto. ¿Cuál es la vida media del núclido?

25.28 El carbono del corazón de la madera del árbol gigante

* El apéndice G contiene las respuestas de los problemas codificados en color.

secoya dio 10.8 conteos de $^{14}_{6}C$ por minuto por gramo de carbono, mientras que la madera de la porción externa del árbol da 15.3 conteos de $^{14}_{6}C$ por minuto por gramo de carbono. ¿Cuál es la edad del árbol?

25.29 La vida media del $^{237}_{93}Np$ es 2.1×10^6 años y la edad de la tierra es aproximadamente 45×10^9 años. ¿Qué fracción de la cantidad de $^{237}_{93}Np$ que hubo al formarse la Tierra está presente ahora?

25.30 La vida media del $^{65}_{30}Zn$ es 243 días. ¿Cuál es la actividad en curies de una muestra de 0.000100 g de $^{65}_{30}Zn$? La masa atómica del $^{65}_{30}Zn$ hasta tres cifras significativas es 64.9 u.

25.31 la vida media del $^{59}_{26}Fe$ es de 45 días. **(a)** ¿Cuántos átomos hay en una muestra que tiene una actividad de 0.75 Ci? **(b)** ¿Cuál es el peso de la muestra?

Series de desintegración

25.32 Comenzando con $^{134}_{88}Er$, los pasos sucesivos en una desintegración artificial en cadena son: α, β^+, ec, α, α. ¿Cuáles son los miembros de esta cadena?

25.33 Una de las series de desintegración naturales es la del núclido $^{232}_{90}Th$. Las partículas sucesivamente emitidas en una ruta son: α, β, β, α, α, α, β, α, β, α. Determine el orden de los miembros de la cadena.

25.34 Se cree que la serie de desintegraciones del $^{237}_{93}Np$ existió en la naturaleza en algún momento. Los miembros de la serie (con excepción del núclido estable en que termina la serie) han desaparecido prácticamente mediante la desintegración radioactiva desde que fue creada la Tierra. Las partículas emitidas sucesivamente en la serie del $^{237}_{93}Np$ son: α, β, α, α, β, α, α, α, β, α, β. Determine el orden de los miembros de la cadena.

Reacciones nucleares

25.35 Escriba ecuaciones para las siguientes reacciones nucleares inducidas: **(a)** $^{82}_{35}Br$ (n,γ), **(b)** $^{10}_{5}B$ (n,α), **(c)** $^{35}_{17}Cl$ (n,p), **(d)** $^{7}_{3}Li$ (p,n), **(e)** $^{130}_{52}Te$ (d,2n), **(f)** $^{43}_{20}Ca$ (α,p), **(g)** $^{237}_{93}Np$ (α,n), **(h)** $^{238}_{92}U$ ($^{22}_{10}Ne$, 4n)

23.36 Escriba ecuaciones para las siguientes reacciones nucleares inducidas: **(a)** $^{10}_{5}B$ (α,n), **(b)** $^{6}_{3}Li$ (n,α), **(c)** $^{7}_{3}Li$ (d,n), **(d)** $^{12}_{6}C$ (p,γ), **(e)** $^{96}_{42}Mo$ (p,n), **(f)** $^{75}_{33}As$ (d,p), **(g)** $^{45}_{21}Sc$ (α,p), **(h)** $^{51}_{23}V$ (d,2n).

25.37 Algunos núclidos transuránicos y los tipos de reacciones nucleares inducidas que se han utilizado para prepararlas están en la lista. En cada caso, ¿qué isótopo se utiliza como material de partida? **(a)** (d,6n) $^{231}_{93}Np$, **(b)** (d,3n) $^{243}_{97}Bk$ **(c)** (α, $^{3}_{1}H$) $^{250}_{99}Es$, **(d)** ($^{12}_{6}C$, 4n) $^{245}_{99}Es$, **(e)** ($^{16}_{8}O$, 5n) $^{249}_{100}Fm$, **(f)** (α,2n) $^{255}_{101}Md$ **(g)** ($^{22}_{10}Ne$, 4n) $^{256}_{102}No$, **(h)** $^{10}_{5}B$, 3n) $^{257}_{102}Lr$.

25.38 Se preparó un isotopo del elemento 105 por bombardeo del $^{249}_{98}Cf$ como blanco con núcleos de $^{15}_{7}N$. Se emitieron 4 neutrones cuando un núcleo de $^{249}_{98}Cf$ absorbió un núcleo de $^{15}_{7}N$. Escriba una ecuación para la transformación.

Fisión y fusión nuclear

25.39 Calcule la energía de enlace por nucleón de $^{235}_{92}U$ (masa, 235.0439 u). Las masas del protón, neutrón y electrón son: 1.007277 u, 1.008665 u y 0.0005486 u, respectivamente.

25.40 **(a)** Calcule la energía liberada por la fisión:

$$^{235}_{92}U + ^{1}_{0}n \longrightarrow ^{94}_{38}Sr + ^{139}_{54}Sr + 3^{1}_{0}n$$

Las masas atómicas son $^{235}_{92}U$, 235.0439 u, $^{94}_{38}Sr$, 93.9154 u, $^{139}_{54}Xe$, 138.9179 u. La masa del neutrón es 1.0087 u. **(b)** ¿Qué porcentaje de la masa total de los materiales originales se convirtió en energía?

25.41 **(a)** Calcule la energía liberada por la fusión.

$$^{1}_{1}H + ^{2}_{1}H \longrightarrow ^{3}_{2}He$$

Las masas atómicas son: $^{1}_{1}H$, 1.0078 u, $^{2}_{1}H$, 2.0141 u. $^{3}_{2}He$, 3.0160 u, **(b)** ¿Qué porcentaje de la masa total de los materiales iniciales se convirtió en energía?

25.42 Cada uno de los siguientes núclidos representa uno de los productos de una fisión inducida por neutrones de $^{235}_{92}U$. En cada caso, se producen otro núclido y tres neutrones. Identifique los otros núclidos. **(a)** $^{148}_{58}Ce$, **(b)** $^{95}_{37}Rb$, **(c)** $^{134}_{52}Te$.

CAPÍTULO 26 QUÍMICA ORGÁNICA

El nombre química orgánica se deriva del concepto primitivo de que las sustancias de origen vegetal o animal (sustancias orgánicas) son diferentes de las de origen mineral (sustancias inorgánicas). Sin embargo se abandonó gradualmente la idea de que las sustancias orgánicas sólo podían ser sintetizadas por organismos vivos. No sólo un gran número de productos naturales se han sintetizado en el laboratorio, sin que también se han preparado un gran número de materiales que no se encuentran en la naturaleza. Todos estos compuestos contienen carbono. Se conoce más de un millón de compuestos de carbono.

Debido a que representa una división conveniente de la química, se conserva el término química orgánica pero ahora se define corrientemente como la química del carbono y sus compuestos. Sin embargo, puesto que algunos compuestos de carbono (tales como carbonatos, carburos y cianuros) se han clasificado tradicionalmente como compuestos inorgánicos, la química orgánica probablemente se define mejor como la química de los hidrocarburos (compuestos que contienen sólo carbono e hidrógeno) y sus derivados.

El carbono forma un número inusitadamente elevado de compuestos, debido a su excepcional capacidad para la concatenación (Sección 22.1). Además, el átomo de carbono puede formar cuatro enlaces covalentes sencillos muy estables; también, tiene la capacidad para formar enlaces múltiples con otros átomos de carbono o con átomos de otros elementos.

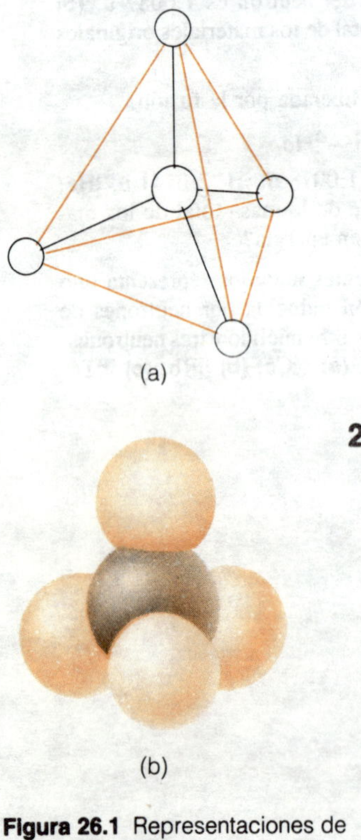

Figura 26.1 Representaciones de la estructura del metano, CH_4. Los enlaces en el diagrama (a) son de longitud exagerada en comparación con los tamaños atómicos.)

26.1 Los alcanos

En las primeras cuatro secciones de este capítulo, se caracterizan varios tipos de hidrocarburos. Las reacciones de los hidrocarburos es el tema de la Sección 26.5. El hidrocarburo más sencillo es el metano, CH_4. Esta molécula contiene cuatro enlaces equivalentes de carbono-hidrógeno dispuestos tetraédricamente (Figura 26.1). Se puede considerar que el enlace se origina mediante la utilización de orbitales híbridos sp^3 del átomo de carbono. Cada uno de los enlaces del metano tiene la misma longitud (109.5 pm), y cada uno de los ángulos de enlace H—C—H tiene 109°28′ (el llamado ángulo tetraédrico). La fórmula estructural comunmente utilizada para el metano:

```
    H
    |
H — C — H
    |
    H
```

no representa con exactitud la disposición tetraédrica de la molécula. Los **alcanos** son hidrocarburos en los cuales todos los enlaces carbono—carbono son enlaces sencillos; pueden considerarse derivados del metano por la adición sucesiva de unidades —CH_2—.

Se dice que dicha serie de compuestos es **homóloga** y se dice que los compuestos son **homólogos.** Así, la fórmula del segundo miembro de la familia, el etano:

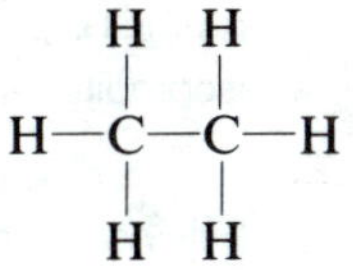

puede obtenerse formalmente mediante la introducción de una unidad —CH_2—, entre el carbono y un hidrógeno del metano. Esta molécula también se representa mediante la fórmula CH_3—CH_3.

Los alcanos pertenecen a la fórmula general C_nH_{2n+2}, donde n es el número de átomos de carbono en el compuesto. Algunos miembros de la familia son:

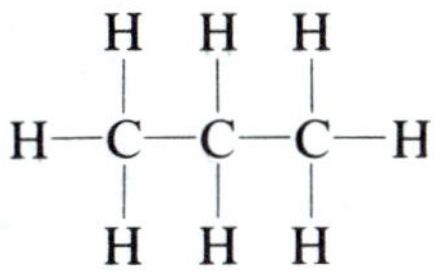

$CH_3CH_2CH_3$
propano

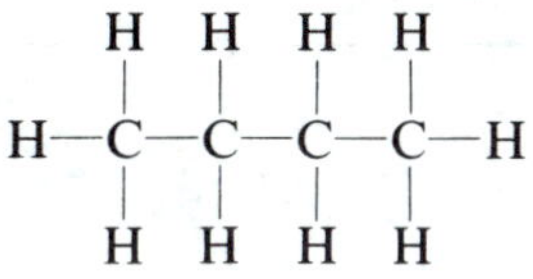

$CH_3CH_2CH_2CH_3$
butano

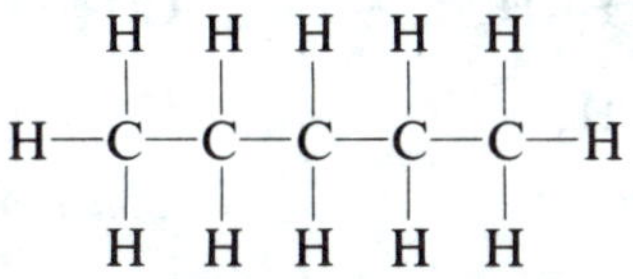

$CH_3CH_2CH_2CH_2CH_3$
pentano

Estos compuestos son llamados de **cadena abierta** aunque las cadenas de carbono no son nada lineales (Figura 26.2); todos los ángulos de enlace son aproximadamente tetraédricos, y es posible la rotación axial de cualquier átomo de carbono alrededor de un enlace sencillo de la cadena.

Existe sólo un compuesto para cada una de las fórmulas CH_4, C_2H_6 y C_3H_8. Sin embargo, existen dos compuestos con la fórmula C_4H_{10}: un compuesto con cadena abierta (butano) y otro con **cadena ramificada:**

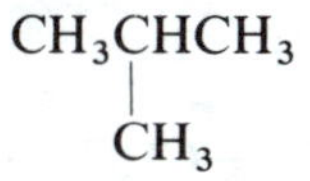

metilpropano

Los dos compuestos de fórmula C_4H_{10} son **isómeros estructurales** (compuestos con la misma fórmula molecular pero diferentes fórmulas estructurales); tienen además diferentes propiedades.

Existen tres isómeros estructurales del C_5H_{12}: el pentano (el compuesto de cadena abierta),

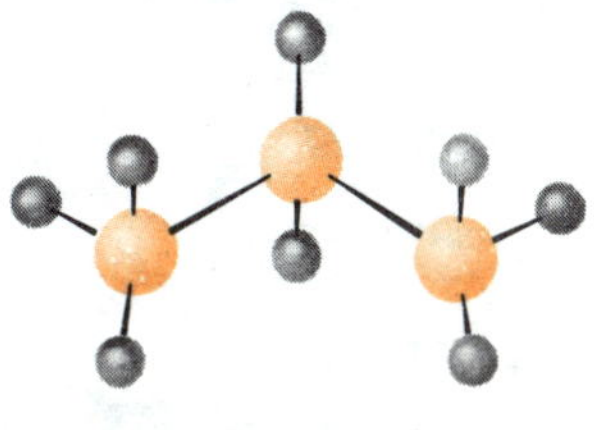

Figura 26.2 Representación de la estructura del propano, $CH_3CH_2CH_3$.

Tabla 26.1 Radicales alquílicos sencillos.

Fórmula	Nombre
$CH_3—$	metil
$CH_3CH_2—$	etil
$CH_3CH_2CH_2—$	*n*-propil o propil *normal*
$CH_3CH(CH_3)—$	isopropil
$CH_3CH_2CH_2CH_2—$	butil *normal* o *n*-butil
$CH_3CH(CH_3)CH_2—$	isobutil
$CH_3CH_2CH(CH_3)—$	butil *secundario* o *sec*-butil
$CH_3C(CH_3)_2—$	butil *terciario* o *ter*-butil

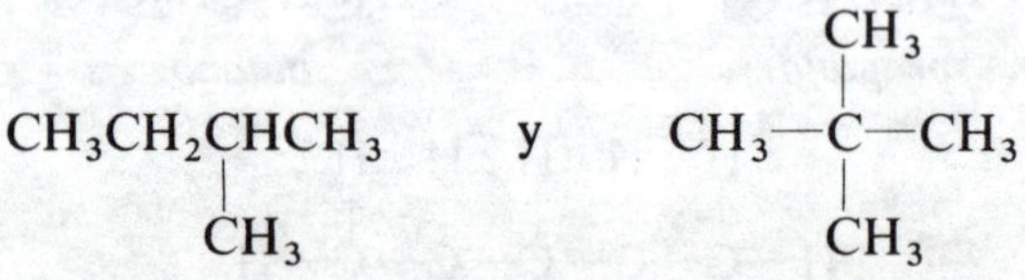

metilbutano y *dimetilpropano*

En la serie de los alcanos el número de isómeros estructurales posible aumenta rápidamente: existen cinco isómeros estructurales para C_8H_{14}, nueve para C_7H_{16} y 75 para $C_{10}H_{22}$. Se ha calculado que son posibles más de 4×10^9 isómeros para $C_{30}H_{62}$.

Un compuesto de cadena abierta puede nombrarse en términos de la cadena lineal más larga en la molécula. Las cadenas ramificadas se nombran como radicales alquílicos y sus posiciones sobre la cadena lineal generalmente se indican mediante un sistema de numeración. Los radicales alquílicos son fragmentos de moléculas de alcanos de las cuales se ha removido un átomo de hidrógeno; sus nombres derivan del nombre del alcano progenitor (cambiando la terminación en *-il*. Una lista de los radicales alquílicos comunes aparece en la Tabla 26.1.

Por ejemplo, la cadena más larga en la molécula:

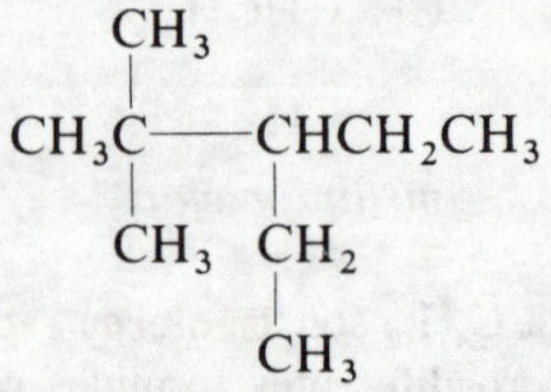

consiste en cinco átomos de carbono y el compuesto se nombra como un derivado del pentano. La cadena del pentano se numera comenzando por el extremo que proporcione a las cadenas ramificadas los números más bajos:

Tabla 26.2 Propiedades físicas de algunos alcanos de cadena lineal

Compuesto	Fórmula	Punto de fusión (°C)	Punto de ebullición (°C)
metano	CH_4	−183	−162
etano	C_2H_6	−172	−88
propano	C_3H_8	−187	−42
butano	C_4H_{10}	−135	1
pentano	C_5H_{12}	−131	36
hexano	C_6H_{14}	−94	69
heptano	C_7H_{16}	−91	99
octano	C_8H_{18}	−57	126
nonano	C_9H_{20}	−54	151
decano	$C_{10}H_{22}$	−30	174
hexadecano	$C_{16}H_{34}$	20	288
heptadecano	$C_{17}H_{36}$	23	303

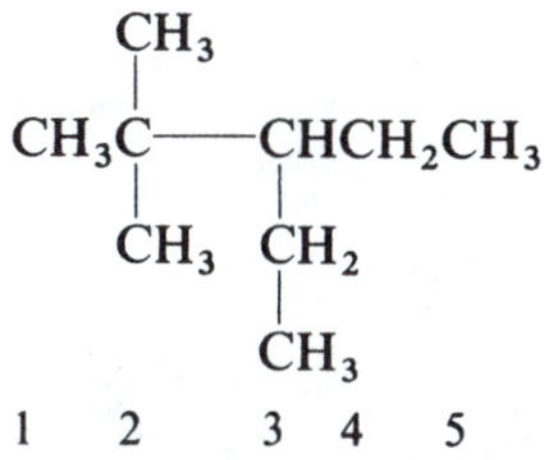

En el nombre, se utiliza un número para indicar la posición de cada radical sustituyente. Así, el nombre del compuesto es:

2,2-dimetil-3-etil-pentano

En los primeros ejemplos de isómeros estructurales no aparecen números en los nombres. El nombre metil-propano no requiere números para indicar la posición del radical metilo con respecto a la cadena del propano, puesto que hay una sola posición posible para el grupo metil (número 2). Si el grupo metil se colocase sobre cualquier átomo de carbono terminal (número 1 ó 3), el compuesto sería el isómero de cadena lineal, el butano. En forma similar, los nombres metilbutano y dimetilpropano no requieren el uso de números; existe sólo una posible estructura correspondiente a cada nombre.

Los nombres para algunos homólogos de cadenas lineales pueden obtenerse de la Tabla 26.2, la cual especifica los puntos de fusión y de ebullición de algunos alcanos de cadena lineal. Los puntos de fusión y de ebullición aumentan a medida que aumenta la longitud de la cadena (y por tanto su peso molecular) de los hidrocarburos. Los primeros cuatro compuestos son gaseosos bajo condiciones comunes; los homólogos superiores son líquidos (C_5H_{12} a $C_{15}H_{32}$) y sólidos (del $C_{16}H_{34}$ en adelante).

Además de los hidrocarburos de cadena abierta, se conocen también los **hidrocarburos cíclicos.** Los **cicloalcanos** son estructuras anulares que contienen sólo enlaces sencillos de carbono; tienen la fórmula general C_nH_{2n}. Los ejemplos son:

Tabla 26.3 Fracciones del petróleo			
Fracciones	Intervalo de punto de ebullición (°C)	Contenido de carbono en los compuestos	Usos
gas	Por debajo de 20	C_1–C_4	combustible
éter de petróleo	20–90	C_5–C_7	disolvente
gasolina	35–220	C_5–C_{12}	combustible para motores
querosén	200–315	C_{12}–C_{16}	combustible para aviones
petróleo combustible	250–375	C_{15}–C_{16}	combustible diesel
aceites lubricantes, grasas	350 en adelante	C_{16}–C_{20}	lubricantes
parafinas	50–60 (p.f.)	C_{20}–C_{30}	velas
asfalto	Líquido viscoso		pavimentos
residuos	Sólidos		combustible

Vista nocturna de una columna de destilación por fraccionamiento en una moderna refinería de petróleo. *American Petroleum Institute.*

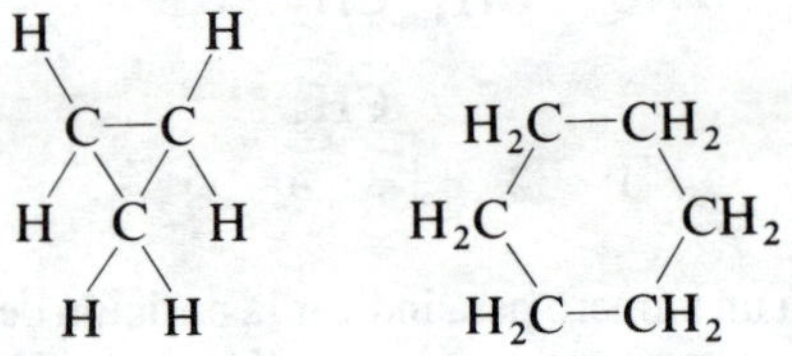

ciclopropano *ciclohexano*

El anillo de ciclohexano no es plano sino plegado, en tal forma que los ángulos de enlace C—C—C son de 109°28′, el ángulo tetraédrico. Los anillos de tres o cuatro miembros están tensionados debido a que los ángulos de enlace C—C—C se desvían significativamente del ángulo tetraédrico. La tensión es más grande en el ciclopropano, en el cual los átomos de C forman un triángulo equilátero y los ángulos de enlace son de 60°. Así, el anillo de ciclopropano se rompe fácilmente por el H_2 (usando Ni como catalizador) para dar propano. El ciclobutano reacciona con H_2 en una forma análoga (para dar butano), pero se necesita una temperatura superior.

El petróleo es la fuente principal de alcanos y cicloalcanos. En la refinación del petroleo, el crudo se separa primero en fracciones por destilación (Tabla 26.3). Algunas fracciones de punto de ebullición superior se someten a los **procesos de cracking** en los cuales las moléculas grandes se separan en moléculas más pequeñas, aumentando en esta forma el producto de una de las fracciones más valiosas: la gasolina. Además, pequeñas moléculas se convierten en moléculas más grandes en lo que se llama **proceso de alquilación**. Los gases obtenidos en estos procesos como subproductos, junto con otras sustancias obtenidas de las fracciones del petróleo, son importantes materiales de partida para la preparación de muchos productos químicos. Más de 2000 productos tales (tales como caucho, detergentes, plásticos y textiles) se derivan de las sustancias obtenidas del petróleo y el gas natural.

26.2 Los alquenos

Los alquenos, llamados también **olefinas**, son hidrocarburos que tienen un doble enlace carbono-carbono en alguna parte de su estructura molecular.

El primer miembro de la serie es el eteno (llamado también etileno):

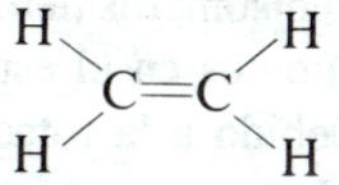

Cada átomo de carbono del eteno utiliza orbitales híbridos sp^2 para formar tres enlaces σ (sigma): uno con el otro átomo carbono y dos con átomos de H. Así, todos los seis átomos se hallan en un mismo plano y todos los ángulos de enlace son aproximadamente 120°. Además cada átomo de carbono tiene un electrón en un orbital p que no está compartido en la formación de enlaces σ sp^2. Estos dos orbitales p son coplanares y perpendiculares al plano de la molécula; se superponen para formar un orbital de enlace π con regiones de densidad de carga por encima y por debajo del plano de la molécula (Sección 7.6, Figura 7.17).

Los orbitales p pueden superponerse o traslaparse y formar un orbital de enlace π solamente cuando se encuentran en el mismo plano. Por consiguiente, la rotación libre alrededor del doble enlace carbono-carbono no es posible sin romper el enlace π. La distancia del enlace carbono-carbono en el eteno (133 pm) es menor que la distancia del enlace en el etano (154 pm) debido al doble enlace. El enlace π no es tan fuerte como el enlace σ; la energía del enlace carbono-carbono en el etano es aproximadamente 340 kJ/mol y la energía del doble enlace carbono-carbono en el eteno es cerca de 610 kJ/mol.

Los alcanos se llaman **hidrocarburos saturados**, debido a que todos los electrones de valencia de los átomos de carbono están involucrados en la formación de enlaces sencillos y no pueden asociarse más átomos de hidrógeno o átomos de otros elementos con los átomos de carbono de la cadena. Los **hidrocarburos no saturados** pueden **producir reacciones de adición** (Secciónа 26.5) debido a la disponibilidad de electrones π del enlace múltiple. En una reacción de este tipo, el hidrógeno se adiciona al eteno en presencia de un catalizador para formar etano:

$$CH_2{=}CH_2 + H_2 \xrightarrow{Ni} CH_3{-}CH_3$$

Los alquenos pertencen a la fórmula general C_nH_{2n}. El nombre de un alqueno se deriva del nombre del alcano correspondiente, cambiando la terminación-*ano* en-*eno*. Se utiliza un número cuando es necesario para indicar la posición del doble enlace. El segundo miembro de la serie es el propeno:

$$CH_2{=}CH{-}CH_3$$

Nuevos tipos de isomería se presentan en las series de los alquenos. El tipo de isomería presentado por los alcanos (por ejemplo butano y metilpropano) se conoce como **isomería de cadena.** Además de la isomería de cadena, la **isomería de posición** se presenta en la serie de las olefinas. Sólo existe una cadena lineal en butano. Existen, sin embargo, dos cadenas lineales de buteno que difieren en la posición del doble enlace:

$$\underset{1\text{-}buteno}{CH_2{=}CH{-}CH_2{-}CH_3} \qquad \underset{2\text{-}buteno}{CH_3{-}CH{=}CH{-}CH_3}$$

En el primer compuesto, el doble enlace se encuentra entre los átomos de carbono 1 y 2 y el número menor (1) se utiliza para indicar su posición. En forma similar, el número menor se usa para indicar la posición del doble enlace (que se encuentra entre los átomos de carbono 2 y 3) en el segundo compuesto. En cada caso, la cadena, se numera por la parte terminal que proporciona el número más bajo para nombrarla. El nombre de la cadena ramificada del alqueno se obtiene de la cadena lineal más larga que contiene el doble enlace.

Los alquenos también presentan **isomería geométrica** (o **cis-trans**), la cual es un tipo de **estereoisomería.** Los estereoisómeros tienen la misma fórmula estructural pero difieren en la disposición de los átomos en el espacio. Un ejemplo es suministrado por los isómeros del 2-buteno. Debido a la rotación restringida alrededor del doble enlace, existe un isómero con ambos grupos metilos sobre el mismo lado del doble enlace (el isómero *cis*) y el otro isómero existe con los grupos metilos en lados opuestos de doble enlace (el isómero *trans*). Todos los átomos de carbono de la molécula se encuentran en el mismo plano:

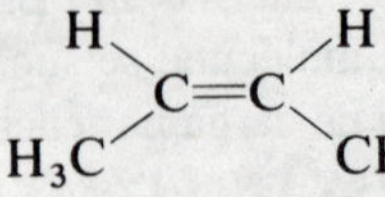

cis-2-buteno
punto de ebullición, 1°C

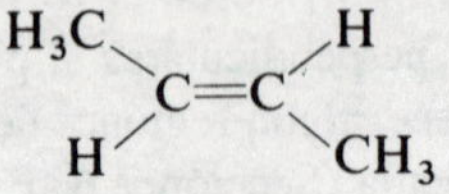

trans-2-buteno
punto de ebullición, 2.5°C

Las propiedades de los 2-butenos no difieren grandemente. Otros isómeros *cis-trans*, presentan una amplia variación en sus propiedades físicas:

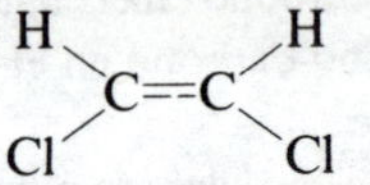

cis-1,2-*dicloroetano*
punto de ebullición, 60.1°C

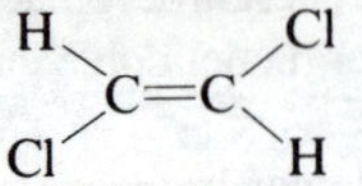

trans-1,2-*dicloroetano*
punto de ebullición, 48.4°C

Las propiedades físicas de los alquenos son muy similares a las de los alcanos. Los compuestos C_2H_4, C_3H_6 y C_4H_8 son gaseosos bajo condiciones ordinarias; los compuestos C_5H_{10} a $C_{18}H_{36}$ son líquidos y los alquenos superiores son sólidos. Todos los compuestos son ligeramente solubles en agua.

Las moléculas pueden contener más de un doble enlace. Por ejemplo:

$$CH_2{=}CH{-}CH{=}CH_2$$

1,3-*butadieno*

un **alcadieno,** que se utiliza para producir un tipo de caucho sintético (Sección 26.10). Se conocen también **cicloalquenos,** por ejemplo:

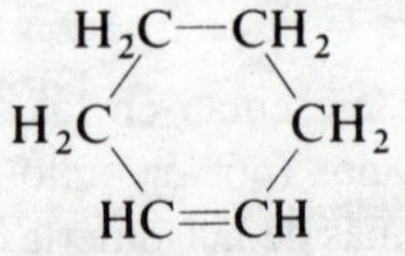

ciclohexeno

26.3 Los alquinos

Las moléculas que contienen triples enlaces carbono-carbono se conocen como alquinos. Estos hidrocarburos no saturados tienen la fórmula general C_nH_{2n-2} y constituyen la serie de los **alquinos o acetilénica.** El primer miembro de la serie es el etino o acetileno:

$H—C≡C—H$

En el acetileno, cada átomo de carbono usa orbitales híbridos *sp* para formar un enlace sigma (σ) con un átomo de hidrógeno y un enlace (σ) con el otro átomo de carbono. Por consiguiente, los cuatro átomos de la molécula se hallan en línea recta. Además del enlace sigma (σ) carbono-carbono, se forman dos enlaces π entre los átomos de carbono por superposición de orbitales *p* (Sección 7.6 y Figura 7.18). La distancia resultante carbono-carbono (121 pm) es más corta que la distancia del doble enlace (133 pm). Los enlaces π son más débiles que el enlace C—C σ; la energía de enlace del triple enlace es aproximadamente 830 kJ/mol (comparada con la energía de enlace sencillo de 340 kJ/mol). Los alquinos sufren fácilmente reacciones de adición a través del enlace triple debido a la disponibilidad de los cuatro electrones de los enlaces π.

Los alquinos se nombran en forma similar a los alquenos; se usa la terminación *ino* en vez de *eno*. Sus propiedades físicas son similares a las de los alcanos y alquenos. Se presentan en los alquinos ambos tipos de isomería: de cadena y de posición; pero la isomería *cis-trans* no es posible debido a la linealidad geométrica del grupo X—C≡C—X, donde X representa un átomo de carbono o un átomo de otro elemento. Obsérvese que un isómero ramificado del C_4H_6 es imposible; sólo existen dos isómeros del C_4H_6:

$HC≡CCH_2CH_3$	$CH_3C≡CCH_3$
1-*butino*	2-*butino*

Se conocen isómeros ramificados y lineales del C_5H_8:

$HC≡CCH_2CH_2CH_3$	$CH_3C≡CCH_2CH_3$	$HC≡C\underset{\large CH_3}{\underset{\vert}{C}}HCH_3$
1-*pentino*	2-*pentino*	1-*metilbutino*

26.4 Hidrocarburos aromáticos

Los hidrocarburos aromáticos son compuestos que tienen estructuras moleculares basadas en las del benceno, C_6H_6. Los seis átomos de carbono del benceno están dispuestos en un anillo al cual están radialmente unidos los átomos de hidrógeno (Figura 26.3). Toda la estructura es plana y todos los ángulos de enlace son de 120°. La distancia de enlace carbono-carbono es de 139 pm, la cual está entre la distancia de 154 pm del enlace sencillo y la del doble enlace, de 133 pm.

La estructura electrónica del benceno puede representarse como un híbrido en resonancia:

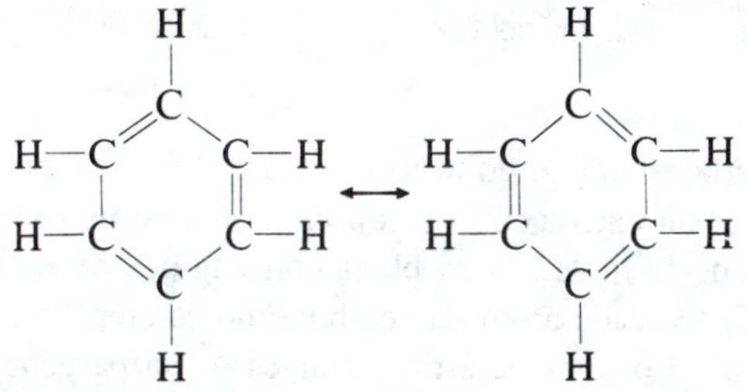

Esta representación indica correctamente que todos los enlaces carbono-carbono son equivalentes y que cada uno es intermedio entre un enlace sencillo y un enlace doble. doble.

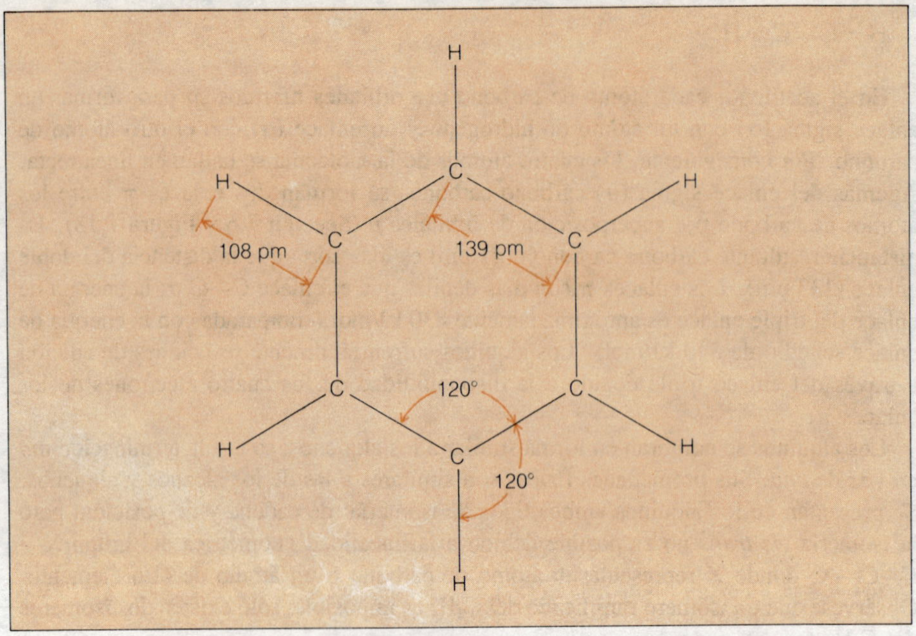

Figura 26.3 Geometría de la molécula de benceno.

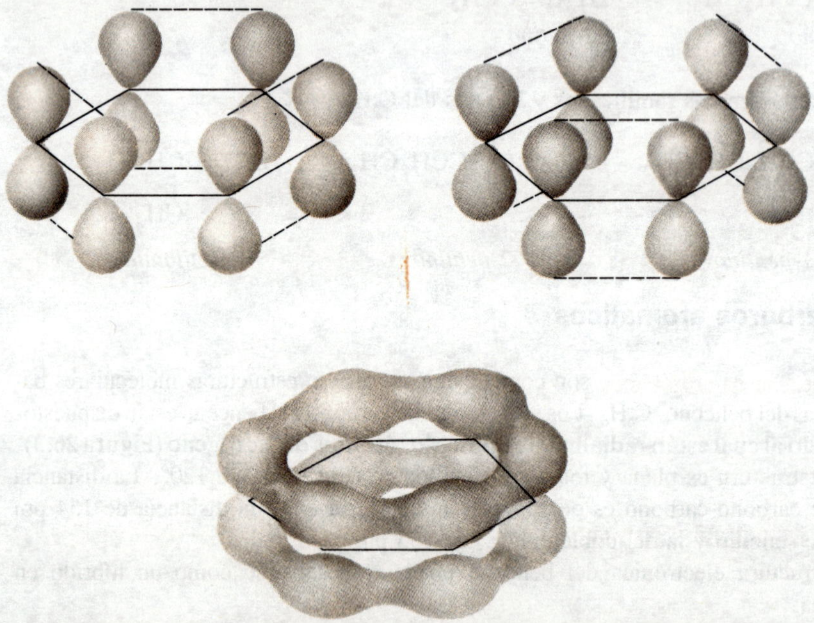

Figura 26.4 El sistema de enlace π del benceno; los enlaces σ están indicados por las líneas completas.

Cada átomo de carbono del anillo utiliza orbitales híbridos sp^2 para formar enlaces con los átomos de carbono adyacentes y con un átomo de hidrógeno. Por lo tanto, la estructura resultante de la molécula es plana con ángulos de enlace de 120° (Figura 26.3). Un electrón $2p$ de cada átomo de carbono no es empleado en la formación de enlaces σ híbridos sp^2. Los ejes de estos orbitales p son perpendiculares al plano de la molécula y cada orbital p puede traslapar o superponerse a dos orbitales p adyacentes. El resultado es la formación de un sistema de orbitales π con regiones de densidad de carga encima y debajo del plano del anillo (Figura 26.4).

Los pares de electrones de los enlaces σ de la molécula de benceno (como también el par de electrones del enlace π ordinario) están localizados con respecto a los dos núcleos para cuyo enlace sirven. Sin embargo, los seis electrones que ocupan el sistema de enlace π (uno aportado por cada átomo de carbono) están deslocalizados. En promedio, los electrones π tienden a distribuirse equitativamente alrededor del anillo bencénico, lo cual explica la longitud de enlace y la equivalencia de todos los enlaces C—C. Debido a que la deslocalización reduce al mínimo la repulsión electrón-electrón, la estructura, que es reminiscente de la del grafito (Sección 22.2), es muy estable y es responsable por las propiedades que son típicas de los compuestos aromáticos. El anillo bencénico no presenta fácilmente reacciones de adición en la forma que lo hacen los alquenos y alquinos.

Observe que la resonancia y las figuras de los orbitales moleculares del benceno son cualitativamente equivalentes. Si se cree que la superposición de orbitales *p* ocurre sólo entre orbitales adyacentes de átomos de carbono en forma tal que los pares de electrones tradicionales de enlace resulten solo entre dos átomos, se obtienen dos formas de resonancia (Figura 26.4). De acuerdo con la teoría de la resonancia, ninguna de estas formas es correcta; la estructura correcta es un híbrido de ambas.

El anillo bencénico generalmente se presenta como

Los átomos de carbono e hidrógeno del anillo no se indican. En las fórmulas para los derivados del benceno, tales como

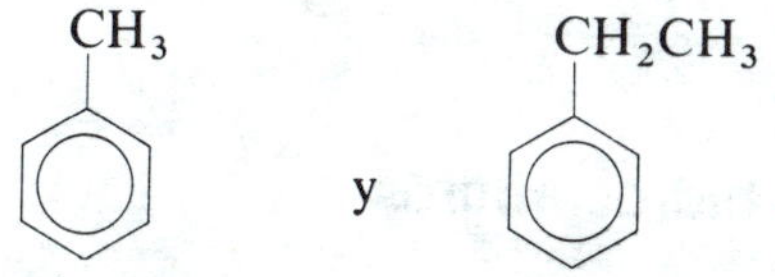

tolueno
metilbenceno

etilbenceno

se entiende que los sustituyentes remplazan los átomos de hidrógeno del anillo. El radical formado del benceno por separación de un átomo de hidrógeno se llama **radical fenilo**

El radical fenilo es un ejemplo de **radical arilo,** grupo producido por la remoción de un átomo de hidrógeno de un carbono del anillo bencénico de un compuesto aromático.

Existen tres isómeros de posición de cualquier derivado del benceno disustituido, por ejemplo:

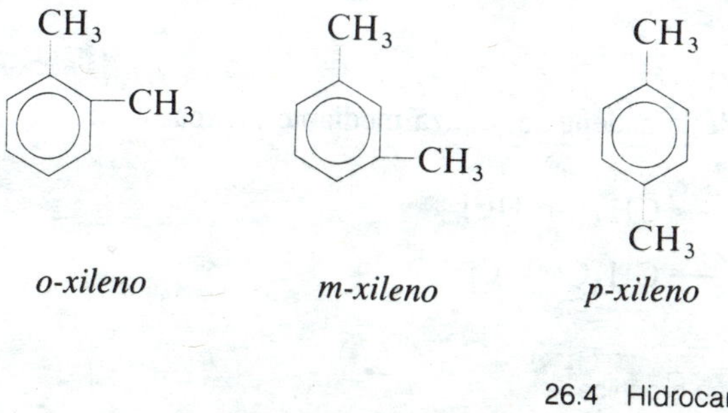

o-xileno *m-xileno* *p-xileno*

Los prefijos *orto*, (*o*), *meta* (*m*) y *para* (*p*) se usan para designar las posiciones de los dos grupos sustituidos. Se usan números cuando más de dos sustituyentes se hallan en el anillo:

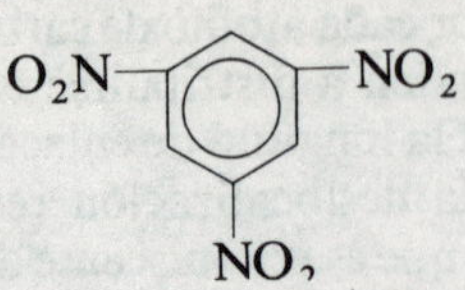

1,3,5-*trinitrobenceno*

Se conocen compuestos en los cuales se hallan juntos varios anillos. Por ejemplo, naftaleno, $C_{10}H_8$, es una molécula plana que es un híbrido en resonancia:

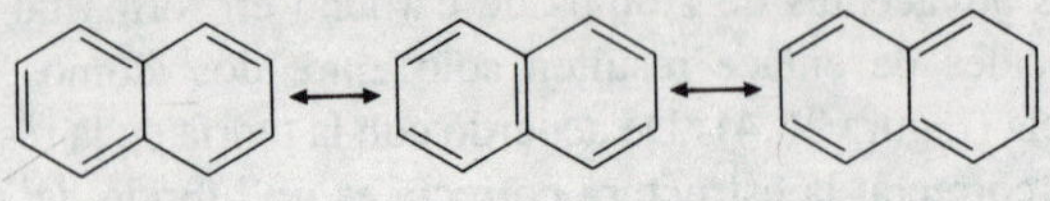

No existen átomos de hidrógeno enlazados a los átomos de carbono mediante los cuales se fusionen los anillos. Los compuestos aromáticos se obtienen de procesos que utilizan alcanos y cicloalcanos, derivados del petróleo. El carbón mineral también es una fuente de compuestos aromáticos. En la preparación del coque para usos industriales (principalmente para la reducción de mineral de hierro) el carbón bituminuso se calienta en retortas sin aire. El alquitrán de hulla, un producto secundario de este proceso, es un material negro, viscoso, del cual pueden separarse varios compuestos aromáticos.

26.5 Reacciones de los hidrocarburos

La combustión de cualquier hidrocarburo en exceso de oxígeno produce dióxido de carbono y agua:

$$CH_4(g) + 2\,O_2(g) \longrightarrow CO_2(g) + 2\,H_2O(g)$$

Las reacciones son altamente exotérmicas, un hecho que justifica el uso de los hidrocarburos como combustibles. Los compuestos de carbono existen en estados de oxidación intermedios entre los hidrocarburos y el dióxido de carbono. Estos compuestos se explicarán en la siguiente sección; generalmente no se preparan por reacción directa con el oxígeno.

La sustitución de un átomo de hidrógeno de una molécula de un hidrocarburo por otro átomo o grupo de átomos se llama **reacción de sustitución.**

Los alcanos reaccionan con el cloro o bromo en la presencia de la luz solar o ultravioleta mediante un mecanismo en cadena de radicales libres (Sección 12.5). La cadena es iniciada por la luz, que induce la disociación de la molécula de cloro en átomos:

$$Cl_2 \longrightarrow 2\,Cl\cdot$$

La propagación de la cadena se realiza mediante las reacciones

$$Cl\cdot + CH_4 \longrightarrow CH_3\cdot + HCl$$

$$CH_3\cdot + Cl_2 \longrightarrow CH_3Cl + Cl\cdot$$

La reacción en cadena se termina por las reacciones

$$CH_3\cdot + Cl\cdot \longrightarrow CH_3Cl$$

$$Cl\cdot + Cl\cdot \longrightarrow Cl_2$$

$$CH_3\cdot + CH_3\cdot \longrightarrow CH_3CH_3$$

Las reacciones que terminan la cadena se realizan en las paredes del recipiente. La energía liberada por la formación de un nuevo enlace se transfiere a las paredes del recipiente. En un choque entre radicales en la fase gaseosa, los fragmentos unidos se separan casi inmediatamente debido a que no está disponible un tercer cuerpo para transportar la energía liberada por la formación de un enlace. Por esto, las reacciones en que termina la cadena no se presentan con mucha frecuencia, y los reactivos iniciales se consumen rápidamente. La reacción general para el mecanismo que antecede es

$$CH_4 + Cl_2 \longrightarrow CH_3Cl + HCl$$

Además del clorometano, CH_3Cl, la reacción produce diclorometano, CH_2Cl_2, triclorometano (cloroformo), $CHCl_3$ y tetraclorometano (tetracloruro de carbono), CCl_4. En términos de mecanismo de cadena, estos compuestos se forman mediante colisiones de los átomos de cloro con las moléculas de clorometano ya formadas. Por ejemplo,

$$Cl\cdot + CH_3Cl \longrightarrow CH_2Cl\cdot + HCl$$

$$CH_2Cl\cdot + Cl_2 \longrightarrow CH_2Cl_2 + Cl\cdot$$

Se obtienen mezclas complejas de isómeros mono y polisustituidos como productos de la cloración de los alcanos superiores.

Las **reacciones de adición** son características de los hidrocarburos insaturados. Numerosos reactivos se adicionan a los enlaces múltiples de alquenos y alquinos. En la adición de Br_2 a eteno, por ejemplo, cada uno de los átomos de la molécula de Br_2 se une a un átomo de carbono del doble enlace del eteno, dejando un enlace sencillo entre los átomos de carbono.

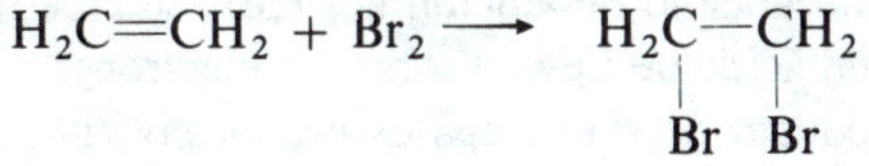

1,2-*dibromoetano*

Las moléculas de Cl_2, Br_2 y H_2 se llaman **reactivos simétricos.** En una reacción de adición que involucra cualquiera de estos reactivos, el mismo tipo de átomo se adiciona a ambos lados del enlace múltiple:

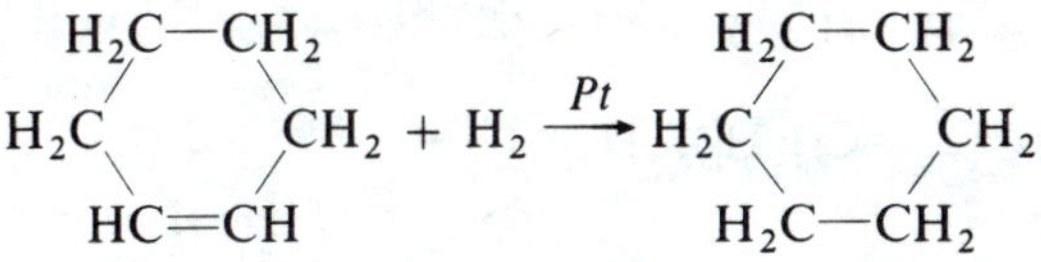

ciclohexano

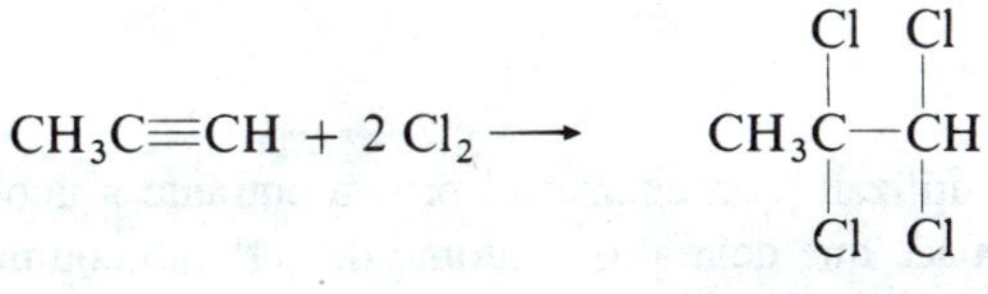

1,1,2,2-*tetracloropropano*

Las moléculas en un **compuesto reactivo no simétrico** (tal como HBr, HCl y HOH) consisten en dos pares diferentes. Por ejemplo, cuando el HCl se adiciona a un enlace múltiple, el H se adiciona a un lado y el Cl al otro:

$$HC\equiv CH + HCl \longrightarrow CH_2{=}CHCl$$

1-*cloroetano*

$$CH_2{=}CHCl + HCl \longrightarrow CH_3{-}CHCl_2$$

1,1-*dicloroetano*

$$CH_3CH_2C(CH_3){=}CH_2 + HOH \xrightarrow{H_2SO_4} CH_3CH_2C(CH_3)(OH)CH_3$$

2-*metil*-2-*butanol*

$$CH_3CH{=}CH_2 + HBr \longrightarrow CH_3CH(Br)CH_3$$

2-*bromopropano*

Cuando las moléculas asimétricas (tales como HBr) se adicionan al doble enlace de una olefina, se producen algunas veces dos compuestos isoméricos. Así, en la última reacción de la serie anterior, se obtienen dos compuestos:

$CH_3CH(Br)CH_3$ — 2-*bromopropano*

$CH_3CH_2CH_2Br$ — 1-*bromopropano*

Más del 90% del producto es el isómero 2-bromo. El producto principal de tal adición es aquel en que la parte positiva del agregado (un átomo de hidrógeno en estos casos) está unida al carbono que inicialmente tenía el mayor número de átomos de hidrógeno **(regla de Markovnikov)**.

El paso inicial del mecanismo de adición del HBr, se cree que es un ataque electrofílico de un protón (un ácido de Lewis) sobre los electrones π del doble enlace (una base de Lewis). El producto de esta etapa es un ion positivo llamado **carbocatión;** para el propeno, son posibles dos de tales iones.

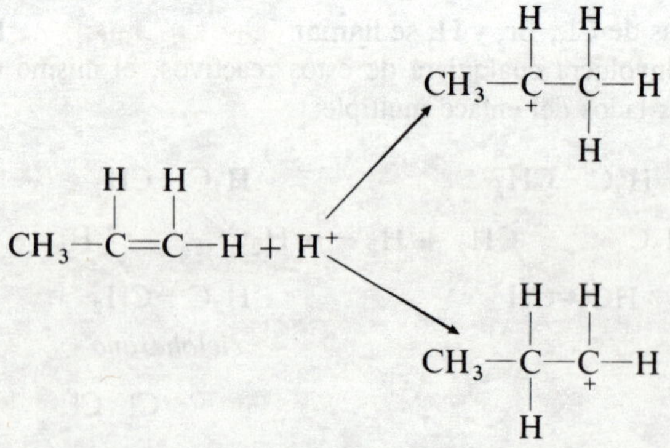

Los electrones π se utilizan para enlazar el protón entrante a uno de los átomos de carbono del doble enlace que deja al otro átomo de carbono con una carga positiva. La estabilidad de los carbocationes se sabe que disminuyen en el orden de

$$\mathrm{R-\underset{+}{\overset{\overset{R}{|}}{C}}-R > R-\underset{+}{\overset{\overset{H}{|}}{C}}-R > R-\underset{+}{\overset{\overset{H}{|}}{C}}-H}$$

donde R es un radical alquilo. Por consiguiente, en la reacción del propeno con HBr, el carbocatión producido en mayor cantidad es el indicado en la parte superior. Los carbocationes son ácidos de Lewis altamente reactivos; existen sólo transitoriamente y se combinan rápidamente con el ion bromuro (una base de Lewis).

$$\mathrm{CH_3\underset{+}{C}HCH_3 + Br^- \longrightarrow CH_3\underset{\underset{Br}{|}}{C}HCH_3}$$

$$\mathrm{CH_3CH_2CH_2^+ + Br^- \longrightarrow CH_3CH_2CH_2Br}$$

Así, las estabilidades relativas de los carbocationes son responsables por el hecho de que el 2-bromopropano sea el producto principal de la reacción.

En contraste con los hidrocarburos insaturados de cadena abierta, las principales reacciones del benceno son de sustitución y no de adición:

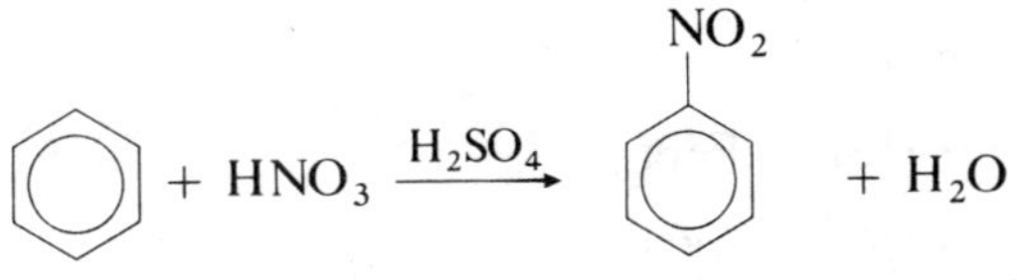

nitrobenceno

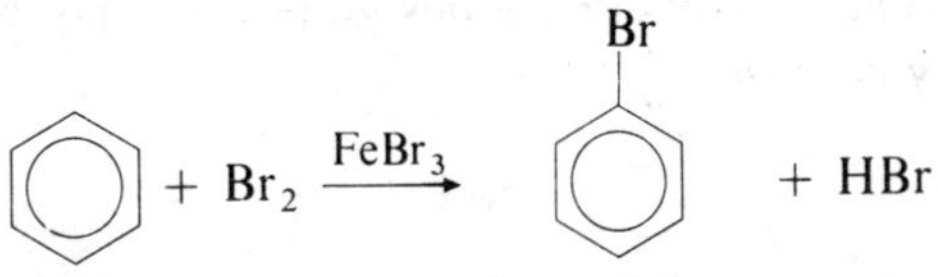

bromobenceno

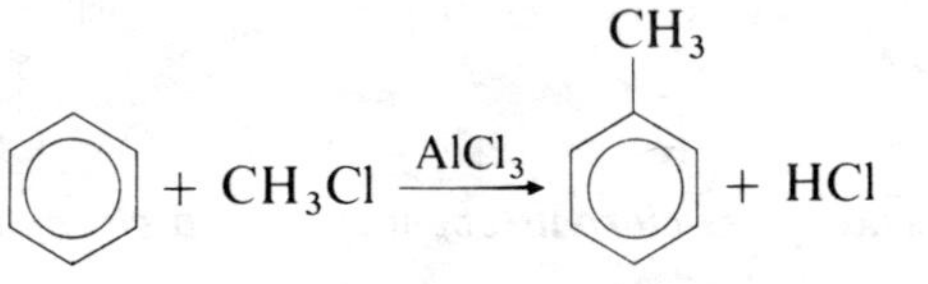

tolueno

La última reacción es la síntesis de Friedel-Crafts para la preparación de hidrocarburos aromáticos.

Los catalizadores, que se indican sobre las flechas en las ecuaciones anteriores, producen poderosos ácidos de Lewis (NO_2^+, Br^+ y CH_3^+) como sigue:

$$\mathrm{HNO_3 + 2\,H_2SO_4 \longrightarrow NO_2^+ + H_3O^+ + 2\,HSO_4^-}$$

$$\mathrm{Br_2 + FeBr_3 \longrightarrow Br^+ + FeBr_4^-}$$

$$\mathrm{CH_3Cl + AlCl_3 \longrightarrow CH_3^+ + AlCl_4^-}$$

Estos ácidos catiónicos de Lewis, que son intermediarios de reacción de corta existencia, son electrofílicos y los indicaremos como E^+ en el mecanismo siguiente.

El anillo bencénico es atacado por el grupo electrofílico E^+, el cual se enlaza al átomo de carbono mediante un par de electrones π y origina un complejo activado con una carga positiva:

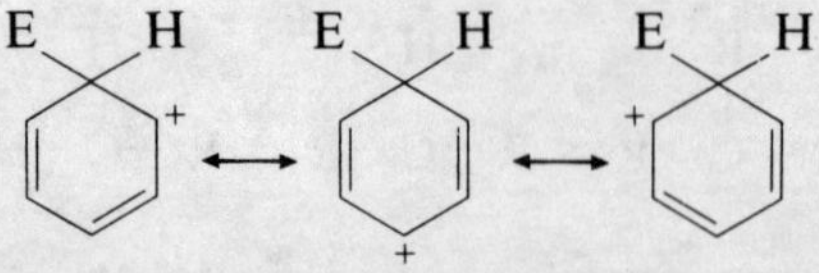

Observe que el átomo de carbono al cual E está enlazado sostiene dos grupos en el complejo, los restantes cinco carbonos sostienen sólo su acostumbrado número de átomos de hidrógeno. El complejo es un híbrido en resonancia y la carga está deslocalizada, suministrando así un grado de estabilidad. Sin embargo, el sistema de enlace π del benceno es más estable y se restablece por la pérdida de un protón:

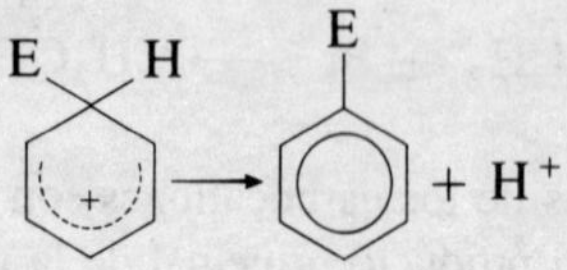

El protón se pierde para que el anión producido en la reacción genere el catión electrofílico:

$$H^+ + HSO_4^- \longrightarrow H_2SO_4$$
$$H^+ + FeBr_4^- \longrightarrow HBr + FeBr_3$$
$$H^+ + AlCl_4^- \longrightarrow HCl + AlCl_3$$

Cuando un anillo bencénico sostiene dos grupos, son posibles tres orientaciones: *orto* (*o*), *meta* (*m*) y *para* (*p*):

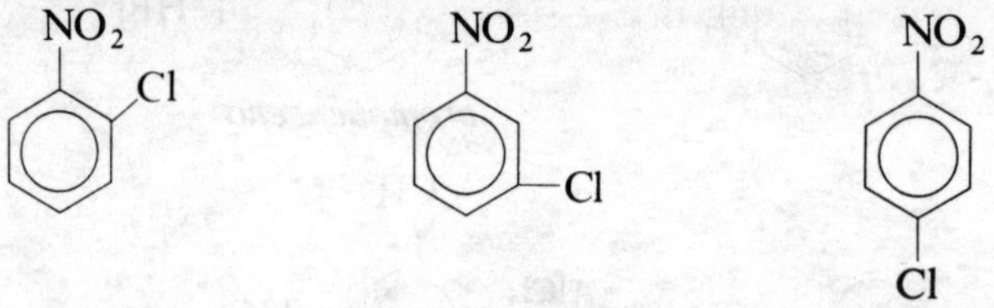

o-cloronitrobenceno *m*-cloronitrobenceno *p*-cloronitrobenceno

En una reacción en la cual se introduce un segundo grupo en un anillo bencénico, la orientación que asume el grupo entrante es dirigida por el grupo que se halla presente. El grupo cloro, por ejemplo, dirige un grupo que entra a las posiciones *orto* y *para*. Se obtiene una mezcla de isómeros *orto* y *para* y prácticamente ningún isómero *meta*:

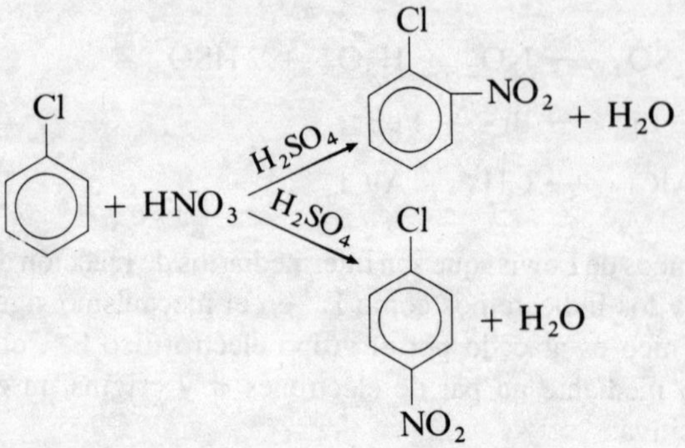

Tabla 26.4 Influencia orientadora de algunos grupos funcionales sobre las sustituciones aromáticas.

Orientadores *orto, para:*

$-F$, $-Cl$, $-Br$, $-I$, $-R$, $-OH$, $-OR$, $-NH_2$

Orientadores *meta:*

$-NO_2$, $-SO_2OH$, $-C{\equiv}N$, $-\overset{O}{\overset{\|}{C}}-OH$, $-\overset{O}{\overset{\|}{C}}-OR$, $-\overset{O}{\overset{\|}{C}}-R$, $-\overset{O}{\overset{\|}{C}}-NH_2$

En contraste, el grupo *nitro* es un director *meta*. La cloración del nitrobenceno produce casi exclusivamente el isómero *meta:*

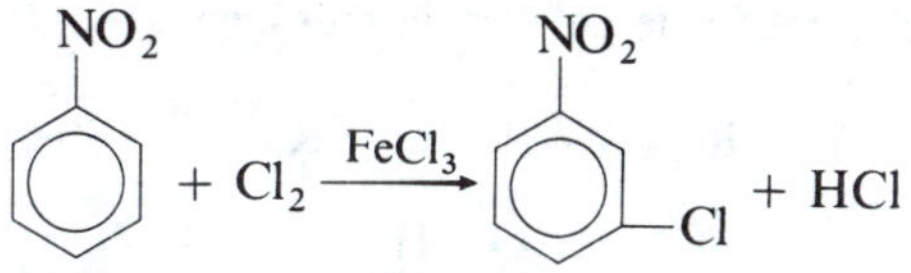

Los grupos son orientadores *orto-para* o *meta*. Se da una lista en la Tabla 26.4. En una sustitución aromática, el ataque por el grupo electrofílico, E^+, se presenta en un sitio sobre el anillo bencénico donde la densidad electrónica es alta. Se cree que la influencia orientadora de un grupo resulta de su efecto sobre la distribución de la densidad electrónica del anillo. Se cree que un orientador *orto-para* desarrolla una densidad electrónica en estas posiciones. Un director *meta,* por otra parte, se supone que remueve la densidad electrónica de las posiciones *orto* y *para,* dejando la posición *meta* relativamente negativa.

26.6 Alcoholes y éteres

Los alcoholes pueden ser considerados como derivados de hidrocarburos en los cuales un grupo hidroxilo, OH, remplaza a un hidrógeno. El grupo hidroxilo es uno de varios **grupos funcionales,** los cuales son grupos de átomos que comunican a los compuestos orgánicos que los poseen propiedades físicas y químicas características.

Los alcoholes se nombran como derivados de los hidrocarburos que consisten en la cadena lineal más larga que contiene el grupo OH. La terminación de hidrocarburo progenitor se cambia de *-ano* a *-anol,* y se usan números para indicar las posiciones de los sustituyentes, el número más pequeño se le asigna al grupo OH. Los alcoholes pueden clasificarse como *primarios, secundarios* o *terciarios,* de acuerdo con el número de radicales alquilo sobre el átomo de carbono que posee el OH. Así,

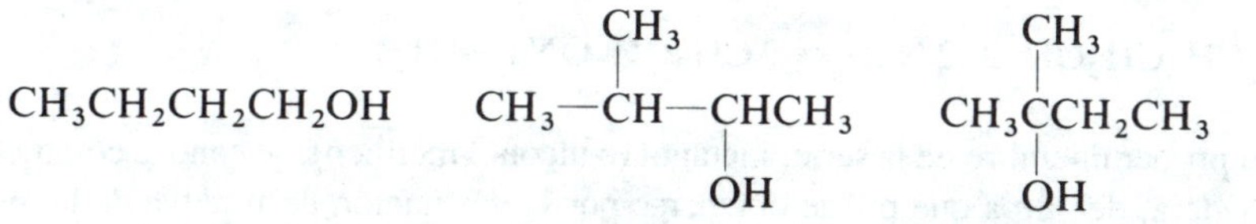

1-*butanol* *un alcohol primario* — 3-*metil*-2-*butanol* *un alcohol secundario* — 2-*metil*-2-*butanol* *un alcohol terciario*

Tabla 26.5 Propiedades físicas de algunos alcoholes.

Nombre	Fórmula	Punto de fusión (°C)	Punto de ebullición (°C)	Solubilidad en agua ($g/100\ g\ H_2O$, 20°C)
metanol	CH_3OH	−98	65	miscible
etanol	CH_3CH_2OH	−115	78	miscible
1-propanol	$CH_3(CH_2)_2OH$	−127	97	miscible
1-butanol	$CH_3(CH_2)_3OH$	−90	117	7.9
1-pentanol	$CH_3(CH_2)_4OH$	−79	138	2.4
1-hexanol	$CH_3(CH_2)_5OH$	−52	157	0.6

Los alcoholes se asocian mediante enlaces de hidrógeno.

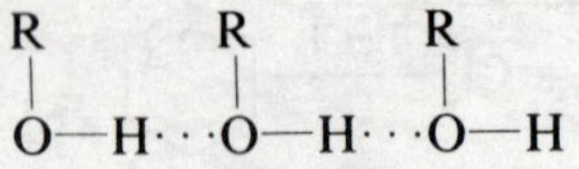

por esta razón, los puntos de fusión y de ebullición de los alcoholes son mayores que los de los correspondientes alcanos de pesos moleculares similares (Tabla 26.5). Los alcoholes inferiores son miscibles con agua en todas las proporciones debido al enlace de hidrógeno intermolecular.

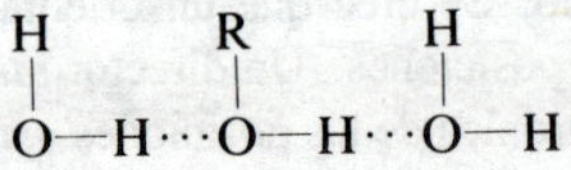

Sin embargo, a medida que el tamaño del radical alquilo aumenta, los alcoholes se parecen más a los alcanos en sus propiedades físicas y los alcoholes superiores son solo ligeramente solubles en agua.

Los alcoholes, como el agua, son sustancias *anfipróticas*. Pueden actuar como bases de Brønsted (aceptores de protones) con ácidos muy fuertes:

$$H_2SO_4 + ROH \rightleftharpoons ROH_2^+ + HSO_4^-$$

Con bases muy fuertes se comportan como ácidos de Brønsted (donadores de protones):

$$ROH + H^- \longrightarrow OR^- + H_2$$

Sin embargo, los alcoholes son débilmente ácidos y básicos comparados con el agua. Por consiguiente, los ácidos conjugados (ROH_2^+ y las bases conjugadas (OR^-) son más fuertes que el H_3O^+ y el OH^-. El anión OR^-, conocido como ion de alcóxido, resulta de la reacción de un alcohol con un metal activo (compare la reacción del sodio con el agua):

$$2\,CH_3CH_2OH + 2\,Na \longrightarrow 2\,CH_3CH_2ONa + H_2$$

El primer miembro de la serie, metanol (o alcohol metílico), se conoce como alcohol de madera, debido a que puede obtenerse por la destilación destructiva de la madera. La principal fuente comercial de este alcohol es la hidrogenación catalítica del monóxido de carbono:

$$CO + 2H_2 \longrightarrow CH_3OH$$

El alcohol de las bebidas alcohólicas es etanol o alcohol etílico. Se prepara por la fermentación de almidones o azúcares. El etanol también se prepara comercialmente a partir del eteno. La adición indirecta de agua a las olefinas mediante el ácido sulfúrico es un método general para la preparación de alcoholes. La síntesis del etanol procede mediante los siguientes pasos

$$CH_2{=}CH_2 + H_2SO_4 \longrightarrow CH_3CH_2OSO_2OH$$
$$CH_3CH_2OSO_2OH + H_2O \longrightarrow CH_3CH_2OH + H_2SO_4$$

Los alcoholes se pueden preparar de los halogenuros de alquilo mediante **reacciones de desplazamiento** o **reacciones de sustitución nucleofílicas:**

$$RX + OH^- \longrightarrow ROH + X^-$$

Ésta es una clasificación muy importante de las reacciones orgánicas. Incluye las reacciones de los halogenuros de alquilo, como también las de los alcoholes mismos, con una amplia variedad de sustancias nucleofílicas. Las reacciones son generalmente reversibles y se realizan bajo condiciones que favorecen la formación del compuesto deseado; se puede emplear un exceso de reactivo nucleofílico o el producto puede removerse de la mezcla reaccionante a medida que se forma (por ejemplo, por destilación).

Un mecanismo propuesto para justificar las reacciones de los halogenuros o alcoholes primarios o secundarios es el mecanismo S_N2, el cual puede ilustrarse por la reacción del ion hidroxilo con el bromuro de metilo. El ion hidroxilo, una base de Lewis, ataca el átomo de carbono y desplaza el ion bromuro (también una base de Lewis), que toma el par electrónico con el cual había estado enlazado:

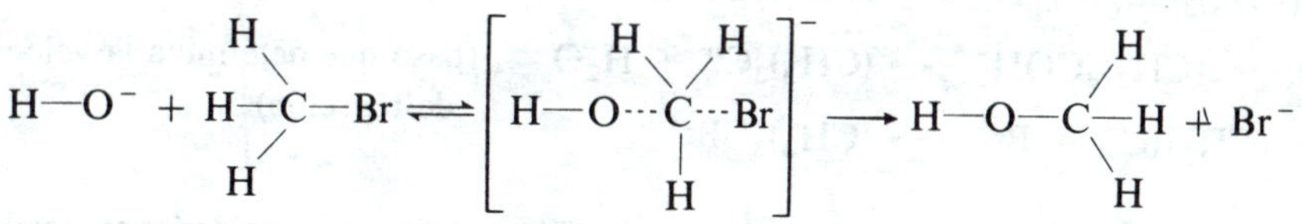

complejo activado

El ataque del ion OH^- se realiza sobre un lado del átomo de carbono que se halla opuesto al átomo de Br. A medida que el ion OH^- se acerca, empieza a formar un enlace covalente y el ion bromuro comienza a separarse. El complejo activado de la reacción es la forma en la cual ambos grupos nucleofílicos están parcialmente unidos al átomo de carbono. La reacción produce la inversión de la disposición geométrica de los grupos unidos al átomo de carbono, un proceso que de costumbre se compara a la inversión de un paraguas ante fuertes vientos. Al mecanismo se le designa S_N2 debido a que es la sustitución de un grupo nucleofílico por otro, y la etapa que determina la velocidad de reacción (la formación del complejo activado) es bimolecular. La reacción de sustitución nucleofílica del HBr con CH_3OH procede mediante la formación de $CH_3OH_2^+$ y el desplazamiento del H_2O de este ion por el Br^-.

En el caso de halogenuros de alquilo terciarios, los tres grupos alquilo unidos al átomo de carbono que tiene el halógeno inhiben el acercamiento por detrás del ion OH^-, y se cree que el halogenuro de alquilo terciario presenta reacciones de desplazamiento causadas por un mecanismo diferente. Se cree que la etapa determinante de la velocidad de reacción sea la formación de un carbocatión:

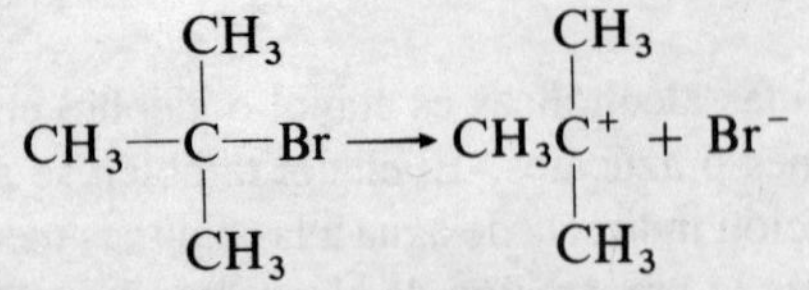

El carbocatión es un poderoso ácido de Lewis que reacciona rápidamente con agua, que actúa como una base de Lewis:

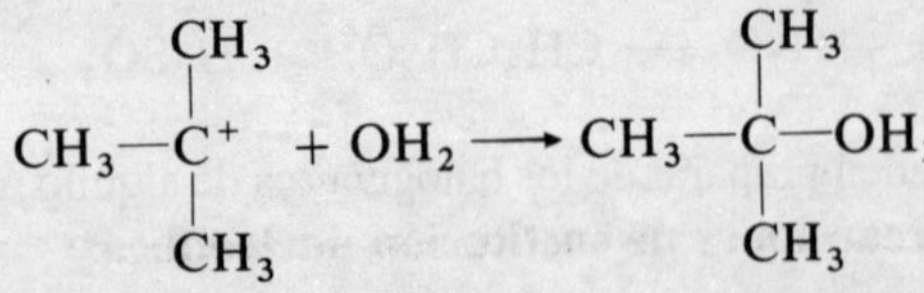

Este intermediario iónico pierde rápidamente un protón para convertirse en el alcohol terciario:

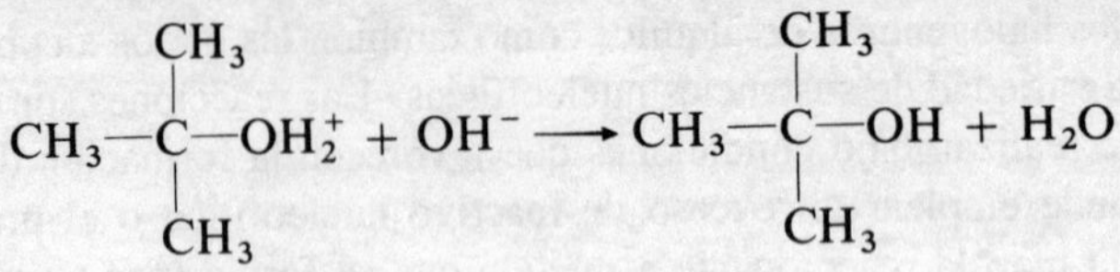

A este mecanismo se le da la designación S_N1 debido a que es una sustitución nucleofílica en la cual la etapa determinante de la velocidad de reacción es unimolecular. El mecanismo S_N1 está favorecido cuando la reacción se realiza en soluciones polares (tales como agua), que ayudan al primer paso de ionización del halogenuro. Los alcoholes terciarios también presentan reacciones S_N1. Las etapas de una sustitución típica que comprende HBr son

$$(CH_3)_3COH + H^+ \rightleftharpoons (CH_3)_3COH_2^+ \quad \text{(equilibrio rápido)}$$

$$(CH_3)_3COH_2^+ \longrightarrow (CH_3)_3C^+ + H_2O \quad \text{(paso que determina la velocidad de reacción)}$$

$$(CH_3)_3C^+ + Br^- \longrightarrow (CH_3)_3CBr$$

En todas estas reacciones de sustitución nucleofílica, se forman cantidades apreciables de olefinas junto con los productos de sustitución; esto es particularmente cierto en las reacciones de los compuestos terciarios. Se cree que la formación de olefinas procede por la eliminación de un protón contiguo a un carbocatión:

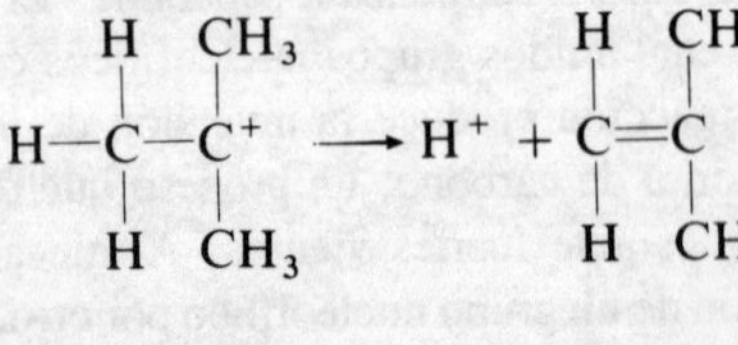

Los carbocationes terciarios se forman más fácilmente que cualquier otro tipo (Sección 26.5). Se cree que las reacciones de eliminación de alcoholes primarios y secundarios ocurren por un mecanismo que no involucra la formación de carbocationes. La eliminación de una molécula de agua de una molécula de un alcohol produce una olefina:

$$CH_3CH_2OH \xrightarrow[\textit{por encima de } 150°C]{H_2SO_4} CH_2{=}CH_2 + H_2O$$

Bajo condiciones más leves, sólo se remueve una molécula de agua de dos moléculas de alcohol, y se obtiene un éter:

$$CH_3CH_2OH + HOCH_2CH_3 \xrightarrow[130\text{–}140°C]{H_2SO_4} \underset{\textit{éter dietílico}}{CH_3CH_2OCH_2CH_3} + H_2O$$

Los éteres, ROR, pueden ser considerados como derivados del agua, HOH, en la cual ambos hidrógenos son remplazados por grupos alquilos R. Los grupos alquilos pueden ser iguales o diferentes. Los éteres también se producen por reacciones de sustitución nucleofílica que involucran iones alcóxido y halogenuros de alquilo:

$$CH_3CH_2O^- + CH_3CH_2CH_2Br \longrightarrow \underset{\textit{éter etilpropílico}}{CH_3CH_2OCH_2CH_2CH_3} + Br^-$$

A diferencia de los alcoholes, los éteres no se asocian por enlace de hidrógeno. Por consiguiente, los puntos de ebullición de los éteres son mucho más bajos que los de los alcoholes de peso molecular correspondiente:

CH_3CH_2OH	CH_3OCH_3
etanol	*éter dimetílico*
punto de ebullición, 78°C	*punto de ebullición,* −24°C

Observe que el etanol y el éter dimetílico son isómeros, el tipo de isomería presentado por este par de compuestos se conoce como **isomería de grupos funcionales.** Los polioxialcoholes contienen más de un grupo funcional. Los ejemplos incluyen el 1,2-etanodiol (etilenglicol):

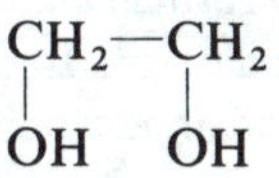

y 1,2,3-propanotriol (glicerol), el cual se obtiene de las grasas:

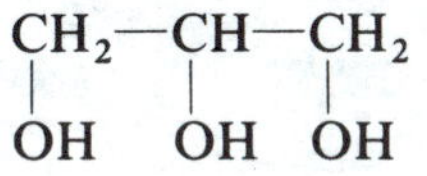

A diferencia de los alcoholes alifáticos, los cuales no se disocian en agua, los alcoholes aromáticos son ácidos débiles en agua:

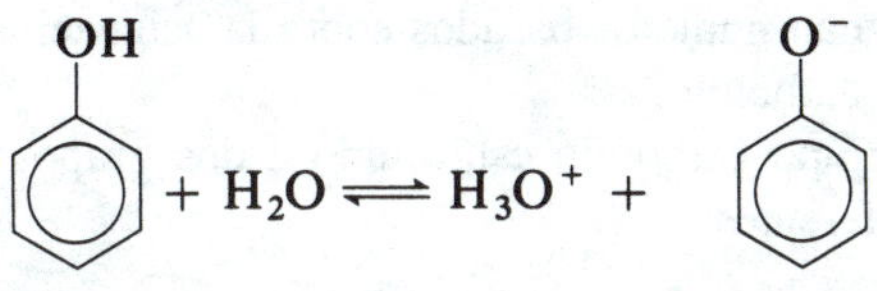

fenol *ion fenóxido*

La acidez del fenol (ácido carbólico) se atribuye a la estabilidad del ion fenóxido en el cual la carga está deslocalizada por el sistema de enlace π del anillo aromático:

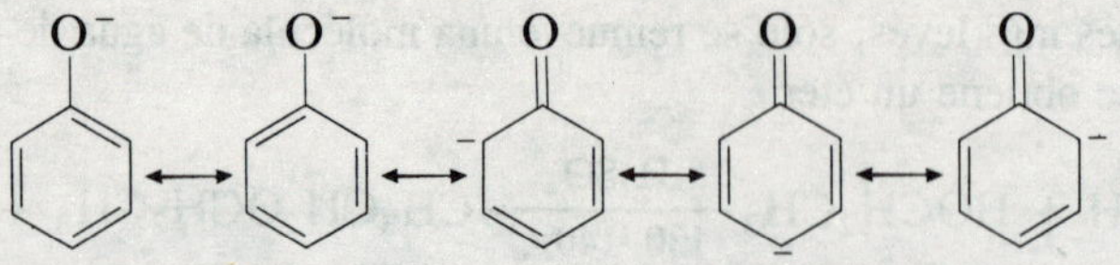

Los halogenuros aromáticos no presentan fácilmente reacciones de desplazamiento. El fenóxido de sodio se obtiene comercialmente del clorobenceno mediante reacción con NaOH a elevadas temperaturas y bajo alta presión:

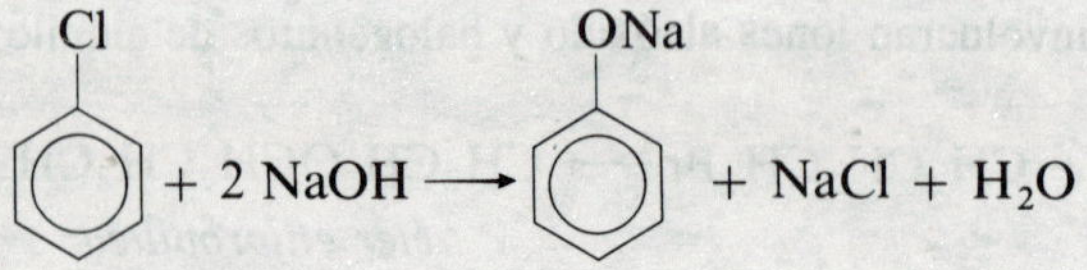

El fenol se obtiene por acidificación del fenóxido

26.7 Compuestos carbonilo

Un átomo de carbono puede formar un doble enlace con un átomo de oxígeno para producir lo que se llama un **grupo carbonilo.**

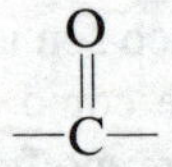

El doble enlace, como el doble enlace carbono-carbono, consiste en un enlace σ y un enlace π entre los átomos enlazados. El átomo de carbono del grupo carbonilo y los átomos unidos a éste son coplanares y forman ángulos de enlace de 120°, una geometría que es típica de las especies hibridizadas sp^2. El doble enlace del carbonilo difiere del doble enlace olefínico en que es marcadamente polar (el oxígeno es más electronegativo que el carbono).

Si el grupo carbonilo está enlazado a un hidrógeno o a dos hidrógenos, el compuesto es un **aldehído**:

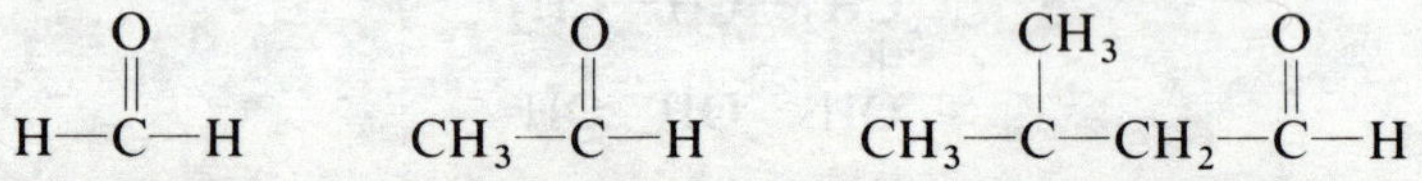

formaldehído (*metanal*) — *acetaldehído* (*etanal*) — 3-*metilbutanal*

La nomenclatura sistemática de los aldehídos emplea la terminación *-al*; a los grupos sustituyentes se les asignan números basados sobre la asignación del número 1 (que se entiende) al carbono carbonilo.

En una **cetona,** el grupo carbonilo está unido a dos grupos alquilo o arilo, que pueden ser iguales o diferentes:

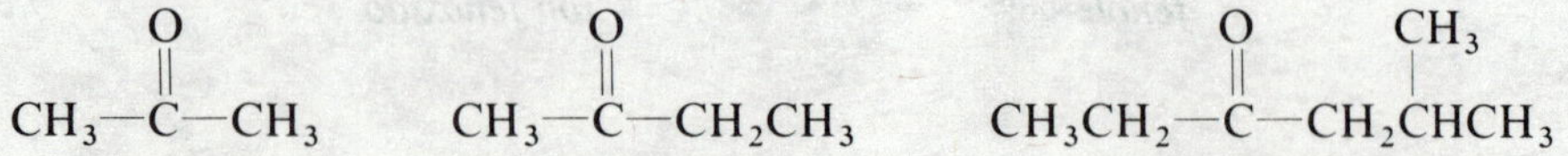

acetona (*propanona*) — *metil etil cetona* (*butanona*) — 5-*metil*-3-*hexanona*

La terminación *-ona,* se utiliza para designar una cetona. Se emplean números para indicar las posiciones de los sustituyentes sobre la cadena más larga y continua que contiene el grupo carbonilo, al cual se le asigna el menor número posible.

Los aldehídos se pueden preparar por oxidación moderada de alcoholes primarios. Un agente oxidante, tal como el dicromato de potasio en ácido sulfúrico diluido, puede ser usado:

$$3\,RCH_2OH + Cr_2O_7^{2-} + 8\,H^+ \longrightarrow 3\,R\overset{\overset{\displaystyle O}{\|}}{C}{-}H + 2\,Cr^{3+} + 7\,H_2O$$

Las ecuaciones para una reacción tal como ésta, se escriben generalmente indicando el agente oxidante sobre la flecha y sólo se indica el reactivo orgánico y el producto. Así,

$$CH_3CH_2OH \xrightarrow{Cr_2O_7^{2-}/H^+} CH_3\overset{\overset{\displaystyle O}{\|}}{C}{-}H$$

Cuando un aldehído se prepara por la oxidación de un alcohol primario, se debe prever evitar la destrucción del aldehído por oxidación posterior, debido a que los aldehídos se oxidan fácilmente a ácidos carboxílicos (Sección 26.8). Muchos aldehídos se pueden destilar de la mezcla reaccionante a medida que se forman.

Algunos aldehídos se preparan comercialmente haciendo reaccionar los vapores de alcohol con aire sobre un catalizador de cobre a elevadas temperaturas:

$$2\,CH_3OH + O_2 \xrightarrow{Cu} 2\,H{-}\overset{\overset{\displaystyle O}{\|}}{C}{-}H + 2\,H_2O$$

La oxidación de los alcoholes también puede realizarse haciendo pasar los vapores del alcohol caliente sobre un catalizador de cobre caliente y en ausencia de oxígeno. Este proceso resulta en la sustracción de una molécula de hidrógeno de una molécula de alcohol, y se le llama **deshidrogenación;** evitándose el peligro de una oxidación secundaria del aldehído producido.

$$CH_3CH_2CH_2OH \xrightarrow{Cu} CH_3CH_2\overset{\overset{\displaystyle O}{\|}}{C}{-}H + H_2$$

La oxidación de los alcoholes secundarios produce cetonas:

$$CH_3CH_2\overset{\overset{\displaystyle OH}{|}}{C}HCH_3 \xrightarrow{Cr_2O_7^{2-}/H^+} CH_3CH_2\overset{\overset{\displaystyle O}{\|}}{C}CH_3$$

La acetona (propanona) puede prepararse por la oxidación del 2-propanol con oxígeno o por la deshidrogenación del alcohol:

$$CH_3\overset{\overset{\displaystyle OH}{|}}{C}HCH_3 \xrightarrow{Cu} CH_3\overset{\overset{\displaystyle O}{\|}}{C}CH_3 + H_2$$

La oxidación de los alcoholes terciarios produce la destrucción del esqueleto carbonado de la molécula.

El doble enlace del grupo carbonilo sufre fácilmente muchas reacciones de adición. La reducción de aldehídos o cetonas con hidrógeno en la presencia de un catalizador de níquel o platino produce alcoholes primarios o secundarios:

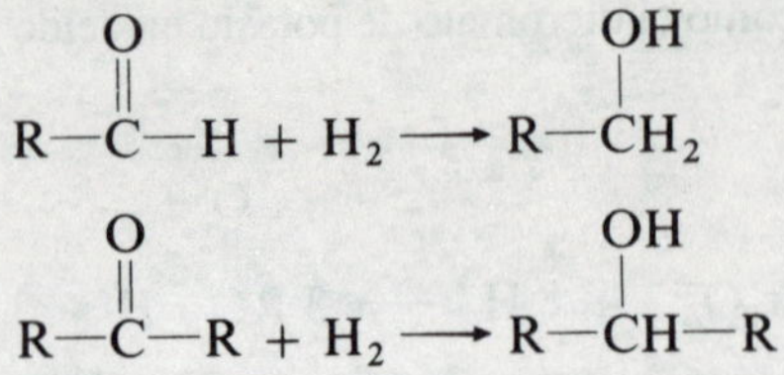

Cuando se añade un reactivo asimétrico (tal como HCN) al doble enlace, la parte positiva del adicionado (el hidrógeno) se une al oxígeno, y la parte negativa del adicionante (el grupo cianuro) se une al carbono. Esta forma de adición refleja la polaridad del doble enlace del carbonilo; el oxígeno es negativo con respecto al carbono:

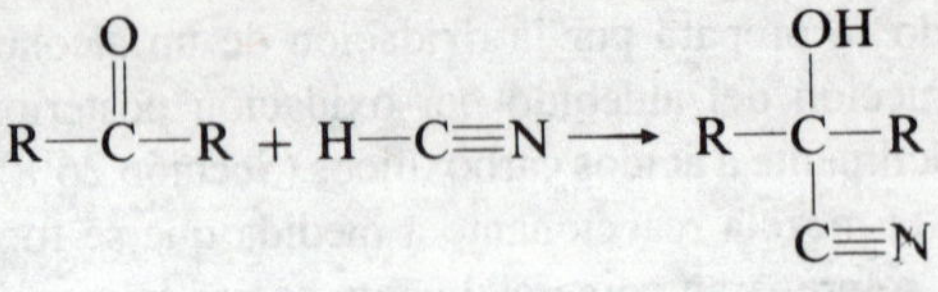

una cianohidrina

El mecanismo propuesto para las adiciones de este tipo consiste en ataque electrofílico de la base aniónica de Lewis:

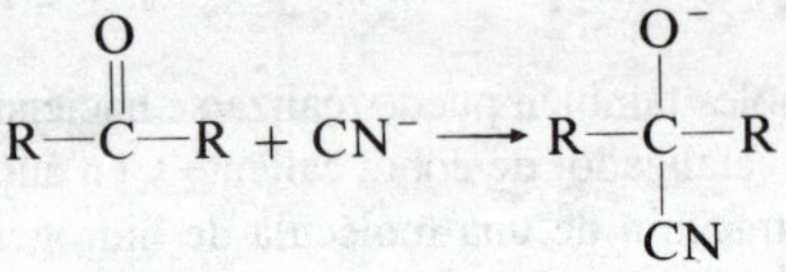

seguida por la combinación con un protón:

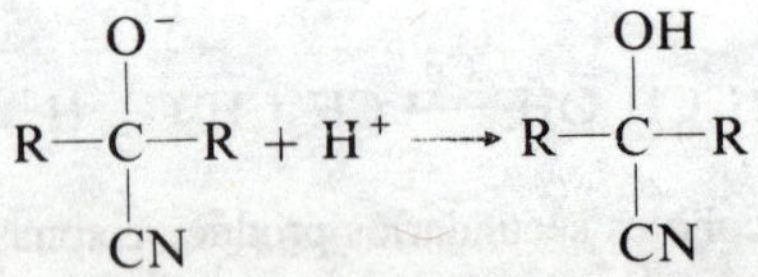

Victor Grignard, 1871–1934.
Burndy Library.

Una reacción importante de adición involucra los compuestos organomagnesianos, conocidos como **reactivos de Grignard.** Los halogenuros de alquilo reaccionan con magnesio metálico en éter dietílico.

$$R—X + Mg \longrightarrow R—Mg—X$$

Estas sustancias generalmene tienen la fórmula general RMgX. Los materiales, sin embargo poseen un alto grado de carácter iónico y pueden ser mezclas de halogenuros de dialquil magnesio (MgR_2) y halogenuros de magnesio (MgX_2). Se debe excluir el agua de una reacción de Grignard, debido a que estas sustancias reactivas se hidrolizan fácilmente:

$$R—Mg—X + HOH \longrightarrow R—H + Mg(OH)X$$

La fórmula Mg(OH)X se indica para mezclas equimoleculares de hidróxido de magnesio y halogenuros de magnesio.

Un reactivo de Grignard se adiciona a un aldehído en la siguiente forma:

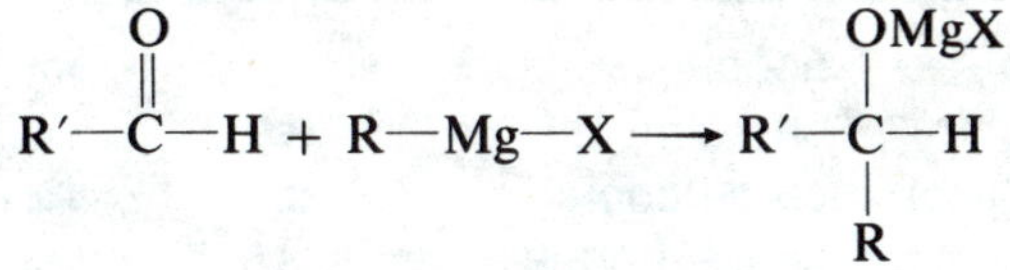

donde los grupos alquilo R y R′ pueden ser iguales o diferentes. El compuesto que se adiciona se descompone fácilmente mediante agua o ácido diluido.

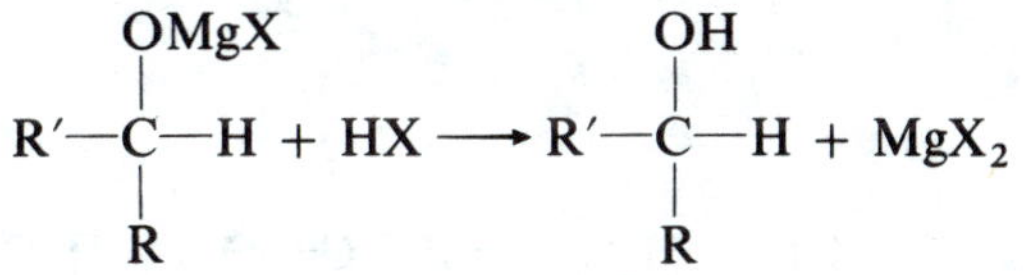

Así, el producto final de la reacción de un compuesto de Grignard y un aldehído es un alcohol secundario. La hidrólisis de un compuesto de adición formado por un reactivo Grignard y una cetona produce un alcohol terciario:

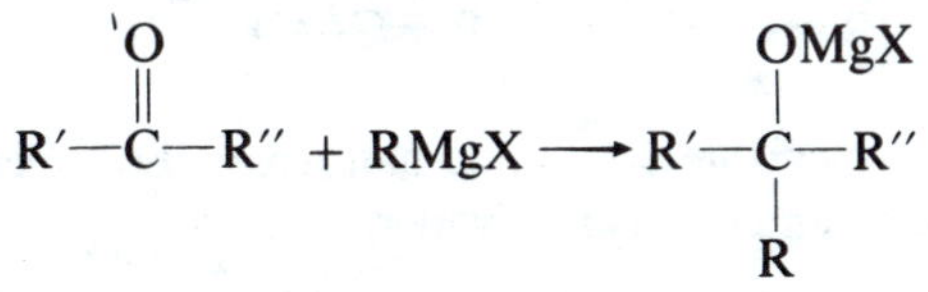

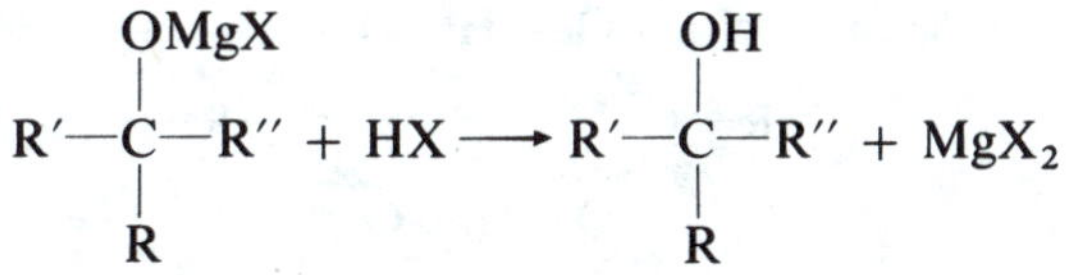

Los grupos alquilo puden ser semejantes o diferentes.

En estas reacciones de reactivos de Grignard, se forman nuevos enlaces carbono-carbono y las reacciones son frecuentemente útiles como etapas en síntesis orgánicas. Los alcoholes producidos pueden oxidarse a compuestos carbonilos, sujetos a reacciones de desplazamiento o a deshidratación a olefinas. Así, pueden emplearse una serie de reacciones para sintetizar un compuesto deseado a partir de compuestos de bajo peso molecular.

26.8 Ácidos carboxílicos y ésteres

La oxidación del grupo aldehído produce un **grupo carboxilo:**

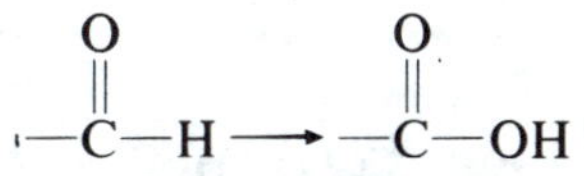

Los compuestos que contienen el grupo —COOH son ácidos débiles **(ácidos carboxílicos)**; las contantes de ionización para algunos de estos ácidos aparecen en la lista de la Tabla 26.6:

Tabla 26.6 Propiedades del algunos ácidos carboxílicos

Ácido	Fórmula	Punto de fusión (°C)	Punto de ebullición (°C)	Constante de ionización a 25°C
metanoico (fórmico)	$HCOOH$	8	101	1.8×10^{-4}
etanoico (acético)	CH_3COOH	17	118	1.8×10^{-5}
propanoico (propiónico)	CH_3CH_2COOH	−22	141	1.4×10^{-5}
butanoico (butírico)	$CH_3(CH_2)_2COOH$	−8	164	1.5×10^{-5}
pentanoico (valérico)	$CH_3(CH_2)_3COOH$	−35	187	1.6×10^{-5}
benzoico	C_6H_5COOH	122	249	6.0×10^{-5}

$$R-\overset{\overset{\displaystyle O}{\|}}{C}-OH + H_2O \rightleftharpoons R-\overset{\overset{\displaystyle O}{\|}}{C}-O^- + H_3O^+$$

La carga del anión carboxilato está deslocalizada:

$$R-\overset{\overset{\displaystyle O}{\|}}{C}-O^- \longleftrightarrow R-\overset{\overset{\displaystyle O^-}{|}}{C}=O$$

Los ácidos están asociados mediante enlaces de hidrógeno. Los miembros inferiores de las series forman dímeros en el estado de vapor:

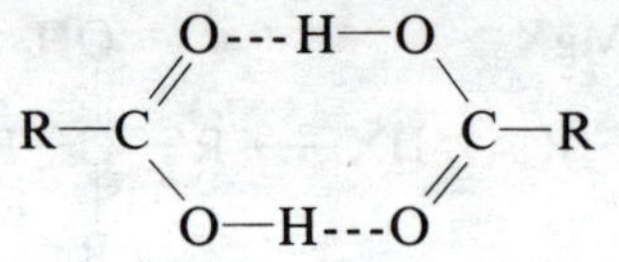

De acuerdo con la nomenclatura sistemática, el nombre de un ácido carboxílico se deriva del hidrocarburo progenitor suprimiendo la *-o* final y añadiendo por separado de la palabra ácido, y añadiendo la terminación *-oico*. Los números usados para designar las posiciones de los sustituyentes sobre la cadena de carbono se obtienen numerando la cadena inicial a partir del carbono del grupo carboxilo:

$$CH_3CH_2\overset{\overset{\displaystyle O}{\|}}{C}-OH \qquad CH_3\overset{\overset{\displaystyle CH_3}{|}}{C}HCH_2\overset{\overset{\displaystyle O}{\|}}{C}-OH$$

ácido propanoico   *ácido* 3-*metil butanoico*

Los ácidos carboxílicos pueden prepararse por la oxidación de alcoholes primarios o aldehídos. El dicromato de potasio o el permanganato de potasio se emplean frecuentemente como agentes oxidantes:

$$CH_3CH_2CH_2CH_2OH \xrightarrow{Cr_2O_7^{2-}/H^+} CH_3CH_2CH_2\overset{\overset{\displaystyle O}{\|}}{C}-OH$$

El ácido acético se prepara comercialmente mediante la oxidación del acetaldehído:

$$2\,CH_3\overset{\overset{\displaystyle O}{\|}}{C}{-}H + O_2 \xrightarrow{Mn(C_2H_3O_2)_2} 2\,CH_3\overset{\overset{\displaystyle O}{\|}}{C}{-}OH$$

La oxidación fuerte de un compuesto aromático con un sustituyente alquilo convierte la cadena lateral en un grupo carbonilo y así se produce el ácido benzoico:

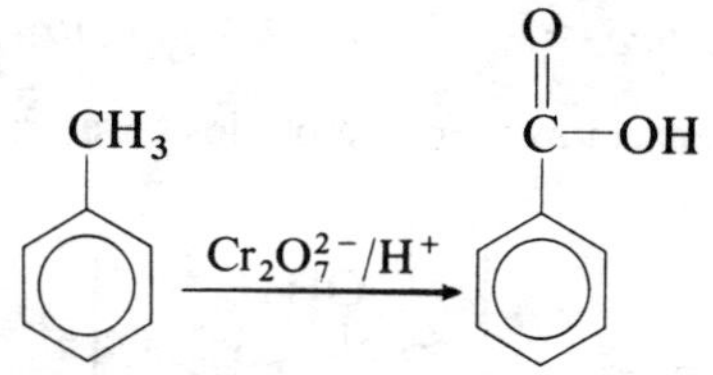

tolueno *ácido benzoico*

Estas oxidaciones no atacan el anillo aromático, y son una ilustración de la estabilidad de esta estructura.

La oxidación de un hidrocarburo insaturado produce diversos productos, incluyendo ácidos carboxílicos, dependiendo de las condiciones. El permanganato acuoso y diluido a temperatura ambiente oxida las olefinas a glicoles:

$$R{-}CH{=}CH{-}R \xrightarrow{MnO_4^-} R{-}\underset{\underset{\displaystyle OH}{|}}{CH}{-}\underset{\underset{\displaystyle OH}{|}}{CH}{-}R$$

Bajo condiciones más vigorosas (soluciones más concentradas, y calentamiento), la cadena carbonada se rompe por el doble enlace y se producen ácidos carboxílicos:

$$R{-}CH{=}CH{-}R \xrightarrow{MnO_4^-} R{-}\overset{\overset{\displaystyle O}{\|}}{C}{-}OH + HO{-}\overset{\overset{\displaystyle O}{\|}}{C}{-}R$$

Los alquinos también pueden romperse para producir ácidos:

$$R{-}C{\equiv}C{-}R \xrightarrow{MnO_4^-} R{-}\overset{\overset{\displaystyle O}{\|}}{C}{-}OH + HO{-}\overset{\overset{\displaystyle O}{\|}}{C}{-}R$$

La oxidación de algunas olefinas produce cetonas:

$$R{-}\underset{\underset{\displaystyle R}{|}}{C}{=}\underset{\underset{\displaystyle R}{|}}{C}{-}R \xrightarrow{MnO_4^-} R{-}\underset{\underset{\displaystyle R}{|}}{C}{=}O + O{=}\underset{\underset{\displaystyle R}{|}}{C}{-}R$$

Las sales de ácidos carboxílicos pueden producirse por la hidrólisis alcalina de los cianuros de alquilo; los cianuros son los productos de reacciones de sustitución nucleofílica del ion CN^- con halogenuros de alquilo:

$$CH_3CH_2Br + CN^- \longrightarrow CH_3CH_2CN + Br^-$$

$$CH_3CH_2CN + OH^- + H_2O \longrightarrow CH_3CH_2\overset{\overset{\displaystyle O}{\|}}{C}{-}O^- + NH_3$$

Algunos compuestos contienen más de un grupo carboxilo. Los ejemplos incluyen

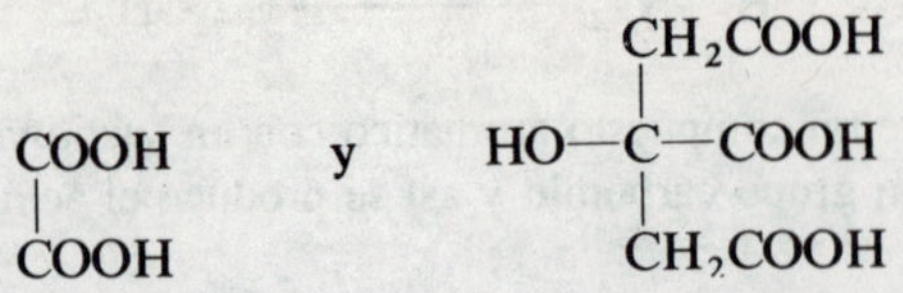

ácido oxálico *ácido cítrico*

Los ácidos carboxílicos reaccionan con alcoholes para producir compuestos conocidos como **ésteres:**

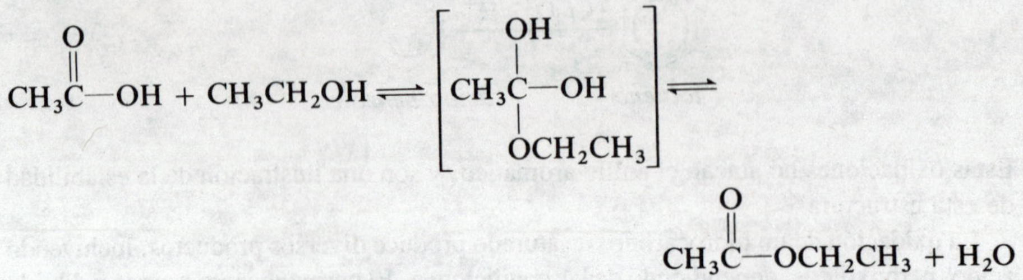

acetato de etilo

Las reacciones de esterificación son reversibles y alcanzan el equilibrio; pueden forzarse a su desplazamiento en cualquier dirección mediante la selección de las condiciones adecuadas. El nombre de un éster refleja la estructura del ácido y del alcohol del cual se deriva, la terminación *-ato* se emplea con la base del nombre del ácido para dar la primera parte del nombre del éster. Los ésteres de bajo peso molecular tienen olor agradable a frutas.

La hidrólisis alcalina de un éster produce un alcohol y una sal de un ácido carboxílico:

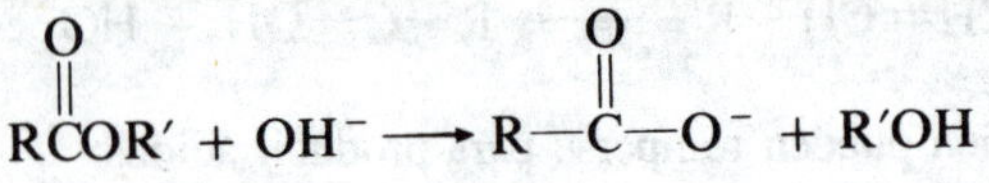

26.9 Aminas y amidas

Las **aminas** pueden considerarse como derivados del amoníaco con uno, dos o tres átomos de hidrógeno remplazados por grupos alquilo o arilo:

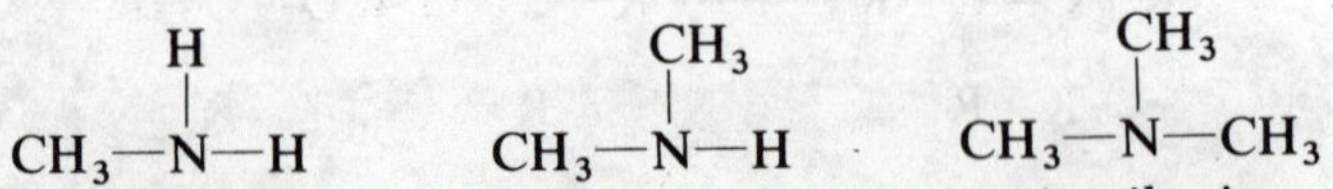

metilamina *dimetilamina* *trimetilamina*
una amina primaria *una amina secundaria* *una amina terciaria*

las aminas se parecen al amoníaco en que son bases débiles:

$$CH_3NH_2 + H_2O \rightleftharpoons CH_3NH_3^+ + OH^-$$

$$(CH_3)_2NH + H_2O \rightleftharpoons (CH_3)_2NH_2^+ + OH^-$$

$$(CH_3)_3N + H_2O \rightleftharpoons (CH_3)_3NH^+ + OH^-$$

Tabla 26.7 Propiedades de algunas aminas.

Amina	Fórmula	Punto de fusión (°C)	Punto de ebullición (°C)	Constante de ionización a 25°C
metilamina	CH_3NH_2	−93	−7	5×10^{-4}
dimetilamina	$(CH_3)_2NH$	−96	7	7.4×10^{-4}
trimetilamina	$(CH_3)_3N$	−124	4	7.4×10^{-5}
etilamina	$CH_3CH_2NH_2$	−81	17	5.6×10^{-4}
propilamina	$CH_3CH_2CH_2NH_2$	−83	49	4.7×10^{-4}
anilina	$C_6H_5NH_2$	−6	184	4.6×10^{-10}

Las constantes de ionización para algunas aminas aparecen en la Tabla 23.7. Las aminas forman sales iónicas con los ácidos:

$$CH_3NH_2 + HCl \longrightarrow CH_3NH_3^+ + Cl^-$$

los cuales se pueden descomponer mediante hidróxidos:

$$CH_3NH_3^+ + OH^- \longrightarrow CH_3NH_2 + H_2O$$

La última reacción es el inverso de la ionización de la metilamina en agua; se obliga a producir la amina libre mediante el uso de un exceso de OH^- o por calentamiento.

Las aminas se pueden preparar haciendo reaccionar halogenuros de alquilo con amoníaco. Estas reacciones son sustituciones nucleofílicas:

$$NH_3 + CH_3CH_2Br—CH_3CH_2NH_3^+ + B^-_r$$

El tratamiento de la sal de la amina con iones hidróxido produce la amina libre. Las mezclas de aminas primarias, secundarias y terciarias se producen mediante este tipo de reacción.

Las aminas primarias se puede producir por la hidrogenación catalítica de cianuros de alquilo:

$$CH_3CH_2C\equiv N + 2H_2 \longrightarrow CH_3CH_2CH_2—NH_2$$

La anilina se produce mediante la reducción del nitrobenzeno. El Hierro y vapor, con trazas de ácido clorhídrico, sirven como Agentes Reductores.

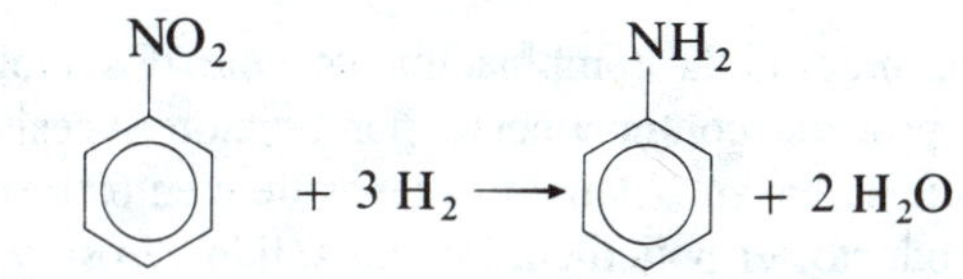

nitrobenceno *anilina*

Algunos compuestos que contienen más de un grupo amino son importantes. La etilendiamina (1,2-diaminoetano $H_2N—CH_2—NH_2$) es un agente quelante útil (Sección 24.1) y la hexametilendiamina (1,6-diaminohexano, $H_2N(CH_2)_6NH_2$) se utiliza en la fabricación de nylon.

Las **amidas** se pueden obtener a partir del amoníaco y los ácidos carboxílicos. La preparación procede mediante la formación de sales de amonio, las que eliminan agua por calentamiento:

$$CH_3\overset{\displaystyle O}{\overset{\|}{C}}{-}OH + NH_3 \longrightarrow CH_3\overset{\displaystyle O}{\overset{\|}{C}}{-}O^-NH_4^+$$

$$\underset{\textit{acetato de amonio}}{CH_3\overset{\displaystyle O}{\overset{\|}{C}}{-}O^-NH_4^+} \longrightarrow \underset{\textit{acetamida}}{CH_3\overset{\displaystyle O}{\overset{\|}{C}}{-}NH_2} + H_2O$$

Las amidas también pueden prepararse mediante reacción de sustitución nucleofílica del amoníaco sobre un éster:

$$NH_3 + CH_3\overset{\displaystyle O}{\overset{\|}{C}}{-}OCH_2CH_3 \longrightarrow CH_3\overset{\displaystyle O}{\overset{\|}{C}}{-}NH_2 + CH_3CH_2OH$$

Las aminas primarias y secundarias reaccionan con ácidos en forma similar para producir amidas sustituidas, compuestos en los cuales los radicales de alquilo o arilo remplazan los átomos de hidrógeno del grupo $-NH_2$.

26.10 Polímeros

El almidón, la celulosa y las proteínas son ejemplos de **polímeros** naturales —moléculas de elevado peso molecular que se forman de moléculas simples, llamadas **monómeros.** Los polímeros importantes o **macromoléculas,** que no se encuentran en la naturaleza se han sintetizado; la mayoría de éstos tienen estructuras lineales o de tipo de cádena, aunque algunos presentan enlaces cruzados.

Muchos polímeros se forman a partir de compuestos que contienen dobles enlaces carbono-carbono, mediante un proceso que se llama **polimerización por adición.** Por ejemplo, el eteno (etileno) se polimeriza por calentamiento (100°C-400°C) a presiones elevadas (1000 atm), el producto obtenido se llama polietileno:

$$\begin{array}{c}H\ \ H\\ |\ \ \ |\\ C{=}C\\ |\ \ \ |\\ H\ \ H\end{array} + \begin{array}{c}H\ \ H\\ |\ \ \ |\\ C{=}C\\ |\ \ \ |\\ H\ \ H\end{array} \longrightarrow \begin{array}{c}H\ \ \ H\ \ \ H\ \ \ H\\ |\ \ \ \ |\ \ \ \ |\ \ \ \ |\\ -C-C-C-C-\\ |\ \ \ \ |\ \ \ \ |\ \ \ \ |\\ H\ \ \ H\ \ \ H\ \ \ H\end{array}$$

La ecuación anterior muestra la combinación de sólo dos moléculas de eteno; la polimerización real procede continuamente por adición sucesiva de moléculas de $CH_2=CH_2$, hasta que se hayan obtenido cadenas de cientos o miles de unidades $-CH_2-CH_2-$. El producto, el polietileno, es un sólido ceroso y fuerte. Se cree que una polimerización de adición procede mediante un radical libre o por un mecanismo de cadena de un carbocatión. El tipo de radical libre puede ser iniciado por pequeñas cantidades de peróxido de hidrógeno o peróxidos orgánicos, los cuales se separan fácilmente en radicales libres (indicados por Z· en las ecuaciones siguientes):

$$Z_2 \longrightarrow 2Z\cdot$$

Un radical libre de un iniciador se combina con uno de los electrones π de una molécula del monómero para formar un nuevo radical libre:

$$Z\cdot + CH_2{=}CH_2 \longrightarrow Z{-}CH_2{-}CH_2\cdot$$

La propagación en cadena se presenta por la combinación de este radical libre con otra molécula del monómero:

$$Z{-}CH_2{-}CH_2\cdot + CH_2{=}CH_2 \longrightarrow Z{-}CH_2{-}CH_2{-}CH_2{-}CH_2\cdot$$

y la molécula crece mediante adiciones repetidas. La terminación de la cadena es originada por la combinación de dos radicales libres o mediante otros medios, tales como la eliminación de un átomo de hidrógeno.

Una cadena de polimerización de carbocatión es iniciada por un ácido de Lewis, tal como $AlCl_3$ o BF_3. En las ecuaciones que siguen, se utiliza el protón para indicar el ácido de Lewis o iniciador electrofílico, aunque se emplean frecuentemente ácidos de Lewis más fuertes. La combinación del iniciador con una molécula del monómero produce un carbocatión:

$$H^+ + CH_2{=}CH_2 \longrightarrow CH_3{-}CH_2^+$$

La propagación de la cadena se realiza mediante la combinación del carbocatión con ambos electrones π de una molécula del monómero:

$$CH_3{-}CH_2^+ + CH_2{=}CH_2 \longrightarrow CH_3{-}CH_2{-}CH_2{-}CH_2^+$$

La terminación de la cadena puede presentarse por eliminación de un protón de una cadena larga con un carbocatión:

$$CH_3{-}CH_2(CH_2{-}CH_2)_nCH_2{-}CH_2^+ \longrightarrow CH_3{-}CH_2(CH_2{-}CH_2)_nCH{=}CH_2 + H^+$$

Se han elaborado importantes polímeros de los derivados del eteno. El orlón y los acrílicos son polímeros del acrilonitrilo, $CH_2{=}CH{-}C{\equiv}N$; los polímeros tienen la estructura

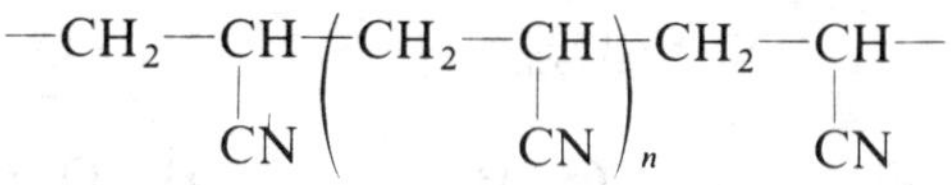

El teflón es un polímero de tetrafluoreteno, $CF_2{=}CF_2$. El cloruro de vinilo, $CH_2{=}CHCl$, y el acetato de vinilo,

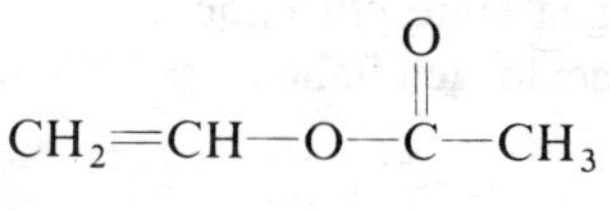

son importantes monómeros en la preparación de plásticos vinílicos. La lucita o plexiglas es un polímero del metacrilato de metilo, $CH_2{=}C(CH_3)COOCH_3$.

El caucho natural es un polímero de la diolefina 2-metil-1,3-butadieno o isopreno:

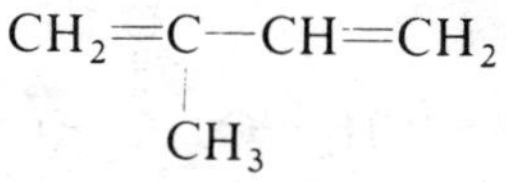

Tal sistema de enlaces dobles y sencillos alternos se llaman un **sistema conjugado.** Los cauchos (hules consisten en miles de estas unidades unidas en una cadena:

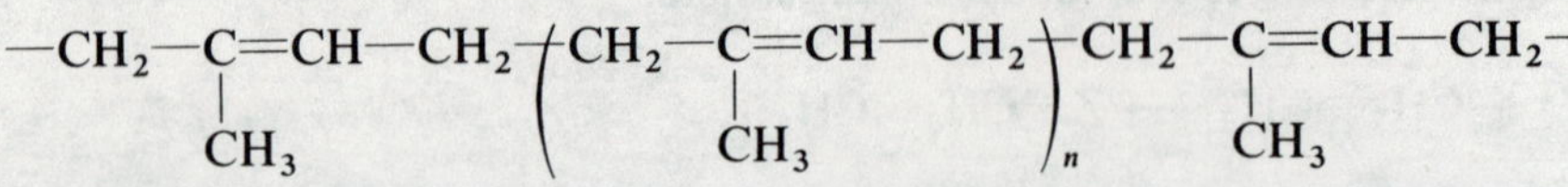

Obsérvese que el polímero contiene enlaces dobles. El caucho crudo se vulcaniza calentándolo con azufre. Se cree que los átomos de azufre se adicionan a algunos enlaces dobles, uniendo por consiguiente cadenas adyacentes en una red compleja. Este proceso le comunica consistencia al producto final.

Se han hecho varios cauchos sintéticos utilizando monómeros tales como 1,3-butadieno ($CH_2=CH—CH=CH_2$), 2-cloro-1,3-butadieno (cloropreno, $CH_2=C(Cl)—CH=CH_2$) y 2,3 dimetil-1,3-butadieno ($CH_2=C(CH_3)\text{-}C(CH_3)=CH_2$) solo o en combinación. El producto formado por la polimerización de dos monómeros diferentes se llama un **copolímero;** las estructuras moleculares y las propiedades de tales materiales dependen de las proporciones de los dos monómeros empleados. El caucho Buna S es un copolímero de 1,3-butadieno y estireno ($C_6H_5CH=CH_2$). Una sección de la cadena de este material tiene la estructura

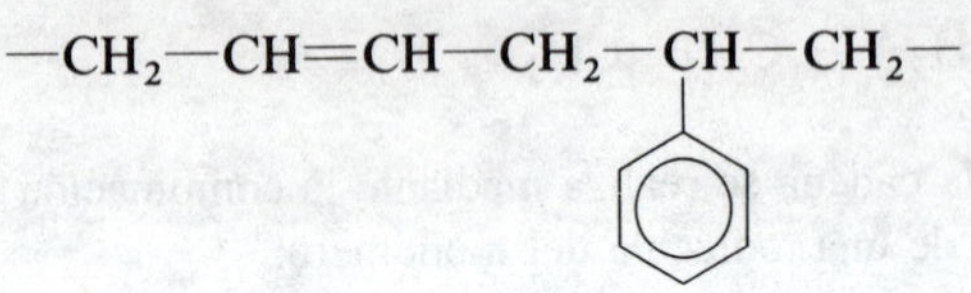

La **polimerización por condensación** ocurre entre las moléculas de monómeros por la eliminación de una molécula pequeña, generalmente agua. Las proteínas y los polisacáridos son polímeros condensados. El nylon, como las proteínas, es una poliamida. Se forma por la condensación de una diamina [tal como hexametilendiamina, $H_2N(CH_2)_6NH_2$] y un ácido dicarboxílico [tal como el ácido adípico $HOOC(CH_2)_4COOH$]. La polimerización ocurre mediante eliminación de moléculas de agua. La producción de una pequeña sección de la cadena puede ilustrarse como sigue:

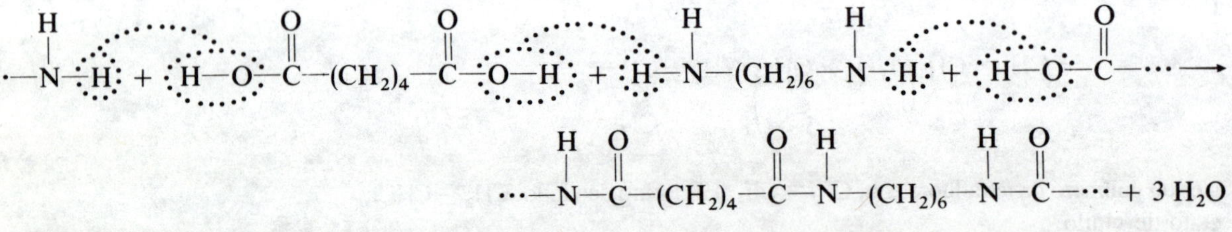

El dacrón es un poliéster formado por la eliminación de agua entre etilenglicol ($HOCH_2CH_2OH$) y un ácido dicarboxílico (tal como el ácido tereftálico, *p*-$HOOCC_6H_4COOH$).

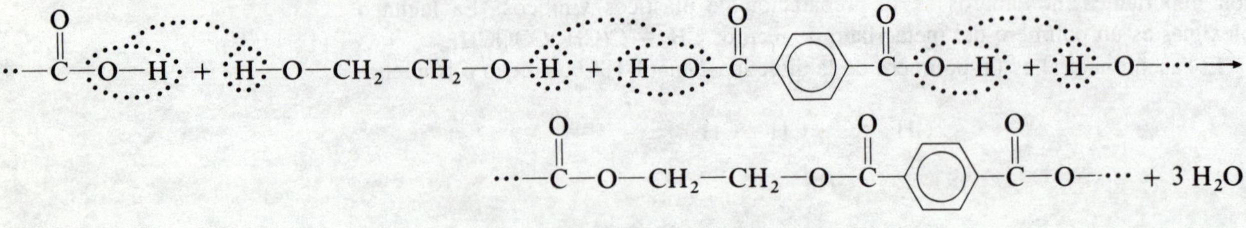

La baquelita es un polímero de uniones cruzadas formado del fenol (C_6H_5OH) y el formaldehído por eliminación de agua. Observe que las unidades de formaldehído se condensan en las posiciones *orto* y *para* del fenol:

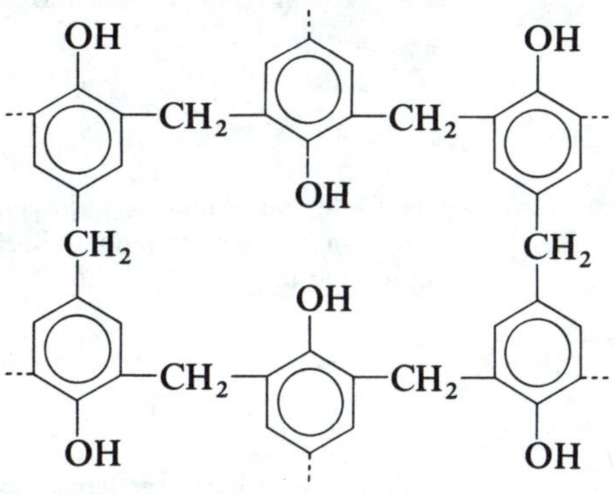

Resumen

Los temas presentados en este capítulo son:

1. La estructura, isomería, propiedades físicas y nomenclatura de los alcanos (hidrocarburos saturados), los alquenos (hidrocarburos que contienen un doble enlace carbono-carbono) y los alquinos (hidrocarburos que contienen un triple enlace carbono-carbono).

2. La estructura del benceno y sus derivados que se llaman compuestos aromáticos. La nomenclatura del benceno y sus derivados.

3. Las reacciones químicas de los hidrocarburos: reacciones de adición y sustitución.

4. Los alcoholes (compuestos que contienen un grupo hidroxilo), su estructura, nomenclatura y propiedades físicas y reacciones. Éteres, que se pueden obtener de los alcoholes.

5. Compuestos carbonilo: aldehídos y cetonas, su estructura, nomenclatura, preparación y reacciones.

6. Ácidos carboxílicos (ácidos orgánicos que contienen el grupo carboxilo), su estructura, nomenclatura y preparación.

7. Ésteres, que se obtienen a partir de los ácidos carboxílicos y alcoholes.

8. Aminas (bases orgánicas que se derivan del amoníaco), sus propiedades físicas y preparación.

9. Amidas, que se pueden producir de un ácido carboxílico y el amoníaco o una amina.

10. Polímeros, adición y polimerización por condensación.

Glosario

A continuación aparecen algunos de los terminos más importantes presentados en este capítulo. Las definiciones para algunos términos no incluidos en esta lista pueden localizarse usando el índice.

Ácido carboxílico (Sección 26.8). Ácido orgánico que tiene la fórmula general

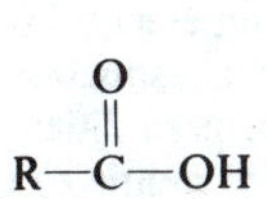

donde R puede ser un radical alquilo o arilo.

Alcadieno (Sección 26.2). Cadena abierta de hidrocarburos que contiene dos dobles enlaces carbono-carbono, los alcadienos pertenecen a la fórmula C_nH_{2n-2}.

Alcano (Sección 26.1). Cadena abierta de hidrocarburos en la cual todos los enlaces carbono-carbono son enlaces sencillos, los alcanos pertenecen a la fórmula general C_nH_{2n+2}.

Alcohol (Sección 26.6). Derivado de un alcano en el cual el grupo hidroxilo—OH, remplaza a un átomo de hidrógeno. Se clasifican de acuerdo al número de grupos de alquilo enlazados al átomo de carbono que sostiene el grupo —OH como un **alcohol primario** (un grupo R), **un alcohol secundario** (dos grupos R) y un **alcohol terciario** (tres grupos R).

Aldehído (Sección 26.7). Un compuesto que tiene la fórmula general

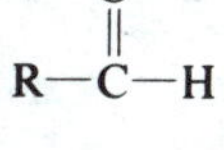

donde R puede ser un hidrógeno, un grupo alquílo o un grupo arilo.

Alqueno (Sección 26.2). Hidrocarburo de cadena abierta que contiene un doble enlace carbono-carbono, los alquenos pertenecen a la fórmula C_nH_{2n}.

Alquino (Sección 26.3). Hidrocarburo de cadena abierta que contiene un triple enlace carbono-carbono, los alquinos pertenecen a la fórmula general C_nH_{2n-2}.

Amida (Sección 26.9). Compuesto con la fórmula general

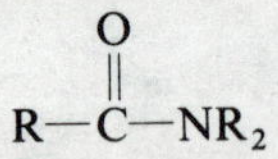

en la cual R puede ser un átomo de hidrógeno, un radical alquilo o un radical arilo, y los tres grupos R pueden ser parecidos o diferentes.

Amina (Sección 26.9). Base orgánica que se puede considerar un derivado del amoníaco (NH_3) con un hidrógeno sustituido (RNH_2, una **amina primaria**), dos hidrógenos sustituidos (R_2NH, una **amina secundaria**), o tres hidrógenos remplazados (R_3N, una **amina terciaria**). Un grupo R puede ser un radical alquilo o un radical arilo.

Carbocatión (Sección 26.5). Ion positivo formado por un grupo de átomos que contienen un átomo de carbono con sólo seis electrones de valencia.

Cetona (Sección 26.7). Compuesto carbonilo que tiene la fórmula general

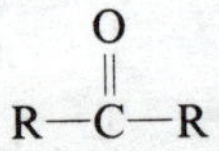

donde los grupos R pueden ser radicales alquilos o arilos, iguales o diferentes.

Cicloalcano (Sección 26.1). Hidrocarburo que contiene un anillo formado por átomos de carbono y que solo tiene enlaces sencillos carbono-carbono; los cicloalcanos pertenecen a la fórmula general C_nH_{2n}.

Cicloalqueno (Sección 26.2). Hidrocarburo que tiene un anillo compuesto de átomos de carbono que contiene un doble enlace carbono-carbono. Los cicloalquenos pertenecen a la fórmula general C_nH_{2n-2}.

Compuesto aromático (Sección 26.4) Benceno o un derivado del benceno.

Compuestos carbonilo (Sección 26.7). Compuesto que contiene un grupo carbonilo

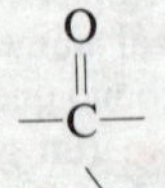

Copolímero (Sección 26.10). Polímero formado por la polimerización de dos monómeros diferentes.

Cracking* (Sección 26.1). Proceso industrial en el cual se fragmentan moléculas grandes para formar otras más pequeñas.

Deshidrogenación (Sección 26.7). Reacción en la cual dos átomos de hidrógeno se remueven de una molécula para formar un enlace doble.

Éster de un ácido carboxílico (Sección 26.8). Producto de la reacción de un ácido carboxílico

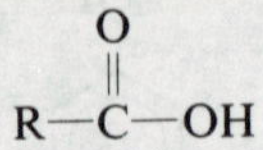

donde R es un átomo de hidrógeno, un radical alquilo o arilo) y un alcohol o un fenol (R'OH, donde R' es un radical alquilo o arilo);

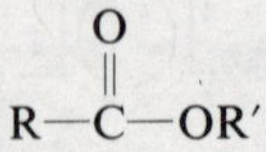

donde R y R' pueden ser iguales o diferentes.

Estereoisómeros (Sección 26.2). Compuestos que tienen la misma fórmula molecular y que están unidos en la misma forma, pero difieren en la forma como los átomos constituyentes estan orientados en el espacio. Los **isómeros geométricos** (Sección 26.2), en química orgánica, son compuestos que deben su existencia a la rotación restringida alrededor del doble enlace. Los **isómeros ópticos** (Capítulo 24, Sección 24.4; y Capítulo 27, Sección 27.1) son compuestos que son imagenes especulares y que no se pueden superponer o traslapar.

Éter (Sección 26.6). Compuesto que tiene la fórmula general ROR, donde los grupos R pueden ser radicales alquilo o arilo iguales o diferentes.

Grupo funcional (Sección 26.6). Átomo o grupo de átomos que comunican a los compuestos orgánicos que los poseen propiedades físicas y químicas características.

Halogenuro de alquilo (Sección 26.6). Compuesto formado por un radical alquilo (R) y un átomo de un halógeno (X), RX.

Hidrocarburo insaturado (Sección 26.2 y 26.3). Hidrocarburo que contiene uno o más enlaces múltiples carbono-carbono.

Hidrocarburo saturado (Sección 26.2). Hidrocarburo que sólo contiene enlaces sencillos entre los átomos de carbono-carbono, un alcano o un cicloalcano.

Isómeros estructurales (Sección 26.1). Compuestos que tienen la misma fórmula molecular pero diferen en la forma en que los átomos están unidos entre sí. Existen varios tipos: los **isómeros de cadena** (Sección 26.2) son compuestos que difieren en la disposición de las cadenas de carbono-carbono, los **isómeros de grupos funcionales** (Sección 26.6), son compuestos que difieren en sus grupos funcionales (por ejemplo, un alcohol y un éter) y los **isómeros de posición** (Sección 26.2) son compuestos que tienen las mismas cadenas carbono-carbono, pero difieren en la posición de un sustituyente (o un enlace múltiple) en esa cadena.

Isómeros orto, meta y para, (Sección 26.5). Los tres isómeros de un benceno disustituido. En el isómero *orto*, los dos sustituyentes se hallan sobre los átomos de carbono

*Desintegración térmica.

1 y 2 del anillo bencénico; en el isómero *meta* en los carbonos 1 y 3; y en el isómero *para* sobre los carbonos 1 y 4.

Macromolécula (Sección 26.10). Molécula grande de elevado peso molecular.

Olefina (Sección 26.2). Un alqueno.

Polimerización de adición (Sección 26.10). Formación de un polímero por la sucesiva adición de moléculas del monómero, que es un alqueno o un alcadieno conjugado.

Polimerización por condensación (Sección 26.10). Polimerización en la cual las moléculas del monómero se combinan con eliminación de una molécula pequeña, generalmente agua.

Polímeros (Sección 26.10). Las macromoléculas que se forman a partir de moléculas sencillas llamadas **monómeros.**

Radical alquilo (Sección 26.1). Fragmento de un alcano del cual se ha removido un átomo de hidrógeno.

Radical arilo (Sección 26.4). Radical formado por la reacción de un átomo de hidrógeno de un átomo de carbono del anillo bencénico de un compuesto aromático.

Reacción de adición (Sección 26.2 y 26.5). Reacción en la cual dos partes de un reactivo se adicionan a un enlace multiple, una parte a cada lado del enlace.

Reacción de desplazamiento (Sección 26.6). Reacción en la cual un grupo desplaza a otro de una molécula orgánica. También se llama una **reacción de sustitución nucleofílica,** puesto que involucra la sustitución de una sustancia nucleofílica (una base de Lewis) por otra. Si la etapa que determina la velocidad de reacción es unimolecular, la reacción se llama **S_N1** si es bimolecular, se llama una **reacción S_N2.**

Reacción de sustitución (Sección 26.5). Reacción en la cual un átomo o grupo de átomos se sustituye por otro átomo o grupo de átomos en una molécula.

Reactivo de Grignard (Sección 26.7). Compuesto organomagnésico, RMgX, donde R puede ser un radical alquilo o arilo.

Regla de Markovnikov (Sección 26.5). Producto principal de la adición de un ácido a un doble enlace de un alqueno, es el compuesto en el cual el átomo de hidrógeno del ácido se une al átomo de carbono del doble enlace que originalmente tenía el mayor número de átomos de hidrógeno.

Serie homóloga (Sección 26.1). Serie de compuestos que puede considerarse derivada del primer miembro por adiciones sucesivas de un número específico de átomos. Los miembros de una serie homóloga se llaman **homólogos** y todos tienen la misma fórmula general.

Síntesis de Friedel-Crafts (Sección 26.5). Reacción de un compuesto aromático con un halogenuro alguilo en el cual se elimina HCl y se introduce una nueva cadena lateral en el anilo bencénico del compuesto aromático.

Sistema conjugado de dobles enlaces (Sección 26.10). Compuesto con una cadena de carbono que contiene enlaces dobles y sencillos alternos.

Problemas*

Hidrocarburos

26.1 Escriba fórmulas estructurales para los siguientes compuestos **(a)** *trans*-hexeno-2 **(b)** 2,4-dimetil-3-etilpentano **(c)** 2,4-dimetil-1,4-pentadieno, **(d)** 3-isopropil-1-hexino **(e)** 2,2,3-triclorobutano **(f)** *p*-xileno**(g)** 2,3,6-trinitrotolueno**(h)** naftaleno

26.2 Escriba fórmulas estructurales para:

(a) 2,3-dimetil-pentano
(b) 3-etil-3-metil-1-penteno
(c) 2,5-dimetil-3-hexino
(d) 1,2,4-tribromobenceno
(e) *p*-dinitrobenceno

26.3 ¿Qué es incorrecto en cada uno de los siguientes nombres? **(a)** 3-penteno **(b)** 1,2-dimetilpropano **(c)** 2-metil-2-butino **(d)** 2-metil-3-butino **(e)** 3,3-dimetil-2-buteno **(f)** 2-etilpentano

26.4 La fórmula general para los alcanos es C_nH_{2n+2}. ¿Cuáles son las fórmulas generales para **(a)** alquenos, **(b)** alquinos, **(c)** alcadienos, **(d)** cicloalcanos?

26.5 Escriba las fórmulas estructurales para todos los derivados mono-, di- y tri-cloro sustituidos del propano.

26.6 Escriba fórmulas estructurales para todos los isómeros que tienen la fórmula C_4H_8.

26.7 Escriba fórmulas estructurales para todos los isómeros que tienen la fórmula $C_4H_8Cl_2$.

26.8 Escriba las fórmulas estructurales para todos los isómeros de **(a)** bromofenol, **(b)** dibromofenol, **(c)** tribromobenceno.

26.9 Los isómeros, *otro, meta,* y *para* se pueden identificar determinando el número de compuestos que pueden obtenerse de cada isómero cuando se introduce un tercer sustituyente en el anillo (método de Körner). Si un grupo nitro se introduce en el anillo bencénico de cada uno de los siguientes compuestos, ¿cuántos productos isoméricos se obtendrán de cada uno?

(a) *o*-dibromobenceno,
(b) *m*-dibromobenceno,
(c) *p*-dibromobenceno.

26.10 Escriba las fórmulas estructurales para los diez isómeros de dicloro sustituidos del naftaleno.

*Los problemas más difíciles están marcados por un asterisco. El apéndice G contiene las respuestas de los problemas codificados en color.

26.11 Se conocen los isómeros *cis-* y *trans-* para ciertos alquenos. ¿Por qué los alquinos no presentan este tipo de isomería?

26.12 ¿Para cuál de los siguientes compuestos son posibles los isómeros *cis* y *trans?*

(a) 2,3-dimetil-2-buteno.
(b) 3-metil-2-penteno.
(c) 2-metil-2-penteno.
(d) $CH(COOH)=CH(COOH)$

26.13 Defina los siguientes términos: **(a)** olefina, **(b)** serie homóloga, **(c)** cracking (fragmentación) **(d)** sistema conjugado, **(e)** reacción de adición, **(f)** reacción de sustitución.

26.14 Represente las formas en resonancia del **(a)** benceno, **(b)** naftaleno.

26.15 Escriba ecuaciones para las reacciones del: **(a)** H_2 con *cis*-2-penteno, **(b)** H_2 con 2-pentino, **(c)** HBr con $(CH_3CH_2)_2C=CH_2$ **(d)** HBr con $CH_3C\equiv CH$.

26.16 ¿Cuál es el (los) producto(s) de la reacción del bromo con cada uno de los siguientes? **(a)** metano, **(b)** 2-buteno, **(c)** 2-butino, **(d)** benceno (en presencia de $FeBr_3$).

26.17 Escriba ecuaciones para demostrar cómo pueden prepararse los siguientes compuestos mediante reacciones de adición: **(a)** 1,2-dibromoetano a partir de eteno, **(b)** 1,1-dibromoetano del acetileno, **(c)** ciclohexanol del ciclohexeno

26.18 **(a)** ¿En qué consiste la regla de Markovnikov? **(b)** ¿Cómo explica el mecanismo de adición del HBr a un alqueno por qué tal adición sigue la regla de Markovnikov?

26.19 Compare y contraste el mecanismo de una reacción de sustitución de un alcano con el mecanismo de una reacción de sustitución de un hidrocarburo aromático.

26.20 ¿Qué productos se esperarán de las siguientes reacciones? **(a)** nitración de fenol, **(b)** bromación de fenol, **(c)** nitración de nitrobenceno, **(d)** bromación de nitrobenceno, **(e)** nitración de ácido benzoico, **(f)** nitración de bromobenceno, **(g)** nitración de tolueno, **(h)** reacción del CH_3Cl con tolueno en presencia de $AlCl_3$.

Alcoholes, éteres, compuestos carbonilo, ácidos carboxílicos, ésteres

26.21 Escriba fórmulas estructurales para **(a)** butanol **(b)** 2-butanona **(c)** metil etil cetona **(d)** éter metil etil **(e)** etanoato de metilo **(f)** benzoato de sodio **(g)** ácido 3-metil hexanoico **(h)** 3-metil-2-hexanona **(i)** *o*-bromofenol

26.22 Dé el nombre de cada uno de los compuestos siguientes:

(a)
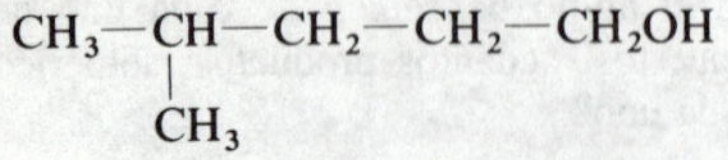

(b)
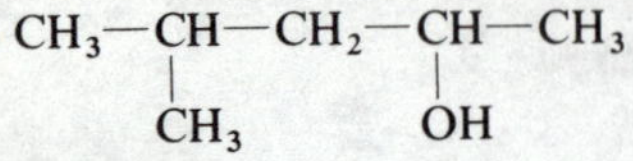

(c)
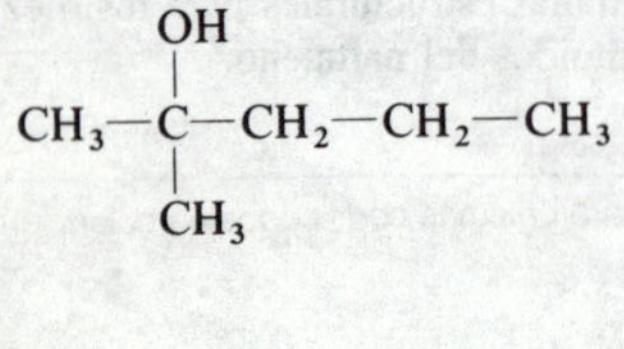

(d)
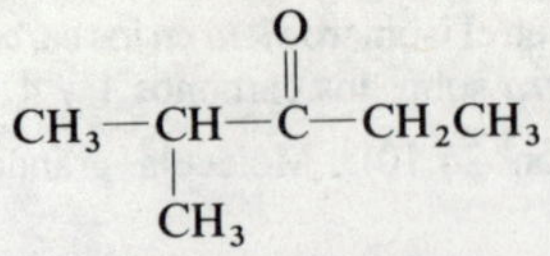

(e)
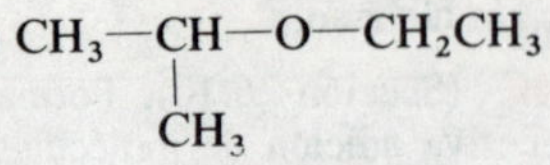

(f)
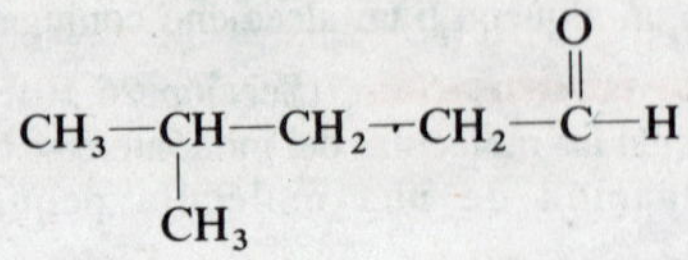

(g)
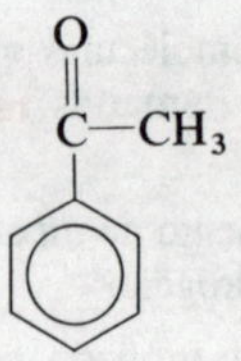

(h)
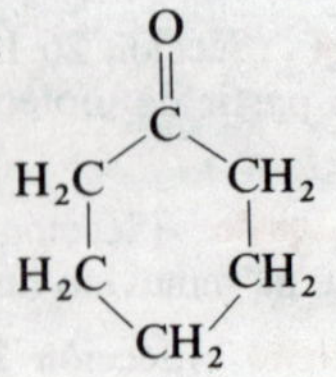

(i)
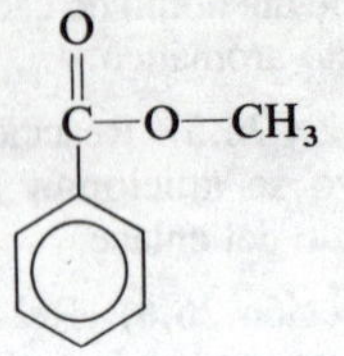

(j)
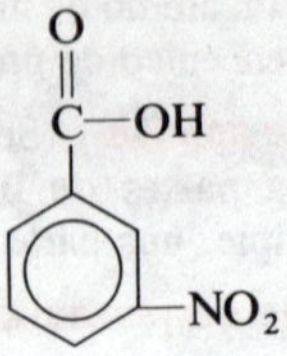

26.23 Escriba fórmulas estructurales para todos los isómeros que tienen la fórmula $C_4H_{10}O$.

26.24 Dé un ejemplo de un isómero de: **(a)** acetato de etilo, **(b)** éter dietílico, **(c)** acetona, **(d)** butanal, **(e)** 1-pentanol, **(f)** ácido butanoico.

26.25 ¿Por qué los alcoholes tienen punto de ebullición más elevado que los hidrocarburos de peso molecular correspondiente?

26.26 ¿Cuál es el producto de la reacción del 1-bromobutano con cada uno de los siguientes? **(a)** Mg, **(b)** NaCN, **(c)** OH^-(ac), **(d)** $NaOCH_2CH_3$.

26.27 ¿Cuál es el producto de la reacción del 2-propanol con cada uno de los siguientes? **(a)** Na, **(b)** H_2SO_4 (a elevada temperatura), **(c)** H_2SO_4 (a temperatura moderada), **(d)** ácido propanoico, **(e)** $K_2Cr_2O_7$ en solución ácida.

26.28 ¿Cuáles son los productos cuando los compuestos siguientes se oxidan bajo condiciones fuertes? **(a)** hexeno, **(b)** 2-metil-2-buteno, **(c)** 3-hexino, **(d)** 1-propanol, **(e)** 2-propanol, **(f)** propanal, **(g)** *p*-nitrotolueno.
¿Cuáles son los productos cuando los compuestos siguientes se oxidan bajo condiciones moderadas?
(h) 2-hexeno, **(i)** 1-propanol.

26.29 ¿Cuáles son los productos cuando los compuestos siguientes se hacen reaccionar con hidrógeno en presencia de un catalizador adecuado? **(a)** pentanal, **(b)** 2-pentanona, **(c)** 2-penteno, **(d)** 2-pentino.

26.30 Establezca las fórmulas de todos los productos formados por la reacción del HBr con cada uno de los siguientes, si se forma más de un compuesto, diga cuál se produce en mayor cantidad.

(a) CH_3CH_2OH

(b) CH_3CH_2MgBr

(c) $CH_3CH_2COO^-Na^+$

26.31 Determine el compuesto formado cuando cada uno de los siguientes compuestos se trata con NaOH acuoso:

(a) $(CH_3)_2CHOOH$

(b) $(CH_3)_2CHBr$

(c) $CH_3CH_2CH_2CN$

(d) $CH_3CH_2CH_2COOH_2CH_3$

26.32 ¿Cuál es el producto final (obtenido por la hidrólisis del producto inicial) de la reacción del bromuro de etil magnesio con **(a)** metanal, **(b)** butanal, **(c)** butanona?

26.33 ¿Qué reactivo de Grignard y qué compuesto carbonilo deben utilizarse para preparar los alcoholes siguientes? **(a)** 3-metil-2-butanol, **(b)** 2-metil-2-butanol, **(c)** 2-metil-1-butanol.

***26.34** Escriba ecuaciones para indicar cómo el etanol puede convertirse en las siguientes sustancias. Se requiere más de una etapa para una preparación dada. **(a)** eteno, **(b)** etanal, **(c)** éter dietílico, **(d)** etano, **(e)** ácido acético, **(f)** bromoetano, **(g)** cianuro de etilo, **(h)** ácido 2-oxipropanoico.

***26.35** Usando 1-propanol y 2-propanol como los únicos materiales, escriba una serie de ecuaciones para indicar cómo se preparan: **(a)** 3-hexanol, **(b)** 2,3-dimetil-2-butanol, **(c)** 2-metil-2-pentanol, **(d)** 2-metil-3-pentanol.
Utilice una reacción de Grignard como uno de los pasos en cada preparación.

***26.36** Indique mediante una serie de reacciones cómo se convierte 1-propanol en 2-propanol.

26.37 Interprete lo siguiente según la teoría de Lewis: **(a)** una reacción S_N1 de un halogenuro de alquilo, **(b)** una reacción S_N2 de un alcohol, **(c)** la adición de HCN a una cetona.

Aminas, amidas

26.38 Establezca fórmulas estructurales para: **(a)** difenil amina, **(b)** metil etilamina **(c)** 1,6-diamino-hexano, **(d)** benzamida, **(e)** *p*-nitroanilina.

26.39 Escriba fórmulas estructurales para todos los isómeros que tienen la fórmula $C_4H_{11}N$. Dé el nombre de los compuestos.

26.40 Dé un ejemplo de un isómero de: **(a)** trimetilamina, **(b)** ácido aminoacético, **(c)** propionamida.

26.41 ¿Cuáles son los productos de las siguientes reacciones? **(a)** H_2 y CH_3CN, **(b)** H_2 y *p*-nitrolueno, **(c)** 1-bromobutano y metilamina, **(d)** $CH_3COO^-NH_4^+$, calentando, **(e)** HBr y $CH_3CH_2CO_2^-NH_4^+$, **(f)** HBr y $(CH_3CH_2)_2NH$, **(g)** OH^- y CH_3CH_2CN, **(h)** OH^- y $CH_3CH_2NH_3^+Cl^-$.

26.42 Cuándo se aplican los terminos primario, secundario y terciario a las aminas, sus significados no son los mismos de cuando se aplican a los alcoholes. Explique la distinción.

26.43 Escriba ecuaciones para indicar las reacciones de NH_3 con **(a)** 2-bromopropano, **(b)** ácido propanoico **(c)** propanoato de metilo.

26.44 Ordene los siguientes compuestos en orden descendiente de intensidad como ácidos de Brønsted: CH_3CH_2OH, $CH_3CH_2OH_2^+$, H_2O, H_3O^+, CH_3COOH, $CH_3CH_2NH_2$.

26.45 Ordene los siguientes compuestos en orden descendiente de intensidad como bases de Brønsted: CH_3CH_2OH, $CH_3CH_2O^-$, OH^-, CH_3COO^-, $CH_3CH_2NH_2$.

26.46 **(a)** ¿Por qué es el fenol un ácido más fuerte que el metanol? **(b)** ¿Por qué la anilina es una base más débil que la metilamina?

Polímeros

26.47 Describa con ejemplos: **(a)** polímeros de adición, **(b)** copolímeros, **(c)** polímeros de condensación.

26.48 Compare la función del $AlCl_3$ en una reacción de Friedel-Crafts y una polimerización.

26.49 Qué monómeros se usan para preparar: **(a)** polietileno, **(b)** teflón, **(c)** poliestireno, **(d)** orlón, **(e)** nylon, **(f)** caucho, **(g)** baquelita, **(h)** dacrón.

26.50 Establezca la estructura de una sección de cada uno de los polímeros de la lista en el Problema 26.49.

CAPÍTULO 27 BIOQUÍMICA

La **bioquímica** es la ciencia que está relacionada con la composición y estructura de las sustancias que se encuentran en los sistemas vivos y las reacciones químicas que tienen lugar en estos sistemas. Se ha logrado un gran progreso en esta rama de la química durante los últimos treinta años. Actualmente es un área de intensa actividad de investigación. En este capítulo, examinaremos algunos aspectos de este campo.

El principal componente del material vivo es el *agua*. Constituye cerca del 60 al 90% de todas las plantas y animales. La cantidad de sustancias inorgánicas presentes es comparativamente pequeña, generalmente menos del 4%, la cantidad es mayor en organismos que tienen esqueleto. El resto consiste en compuestos orgánicos, la mayoría de los cuales tienen complicadas estructuras.

Los cuatro elementos más abundantes en los compuestos hallados en la materia viva son: oxígeno, carbono, hidrógeno y nitrógeno. Estos cuatro elementos constituyen aproximadamente el 96% de la masa del cuerpo humano.

27.1 Proteínas

Las proteínas son macromoléculas que tienen pesos moleculares entre 6000 a 1,000,000 o más. Están compuestas por compuestos más sencillos llamados **α-aminoácidos.** Un α-aminoácido es un ácido carboxílico que tiene un grupo amino, —NH_2, enlazado al átomo C unido a un grupo carboxílico, —COOH. La designación α (alfa) denota la posición del grupo amino. El átomo de C adyacente al grupo carboxílico se llama átomo de carbono α. La fórmula general de estos compuestos es:

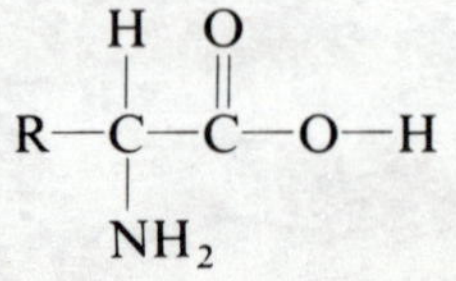

El grupo NH_2 es básico y reaccionará con ácidos para formar —NH_3^+. A bajos *p*H, por consiguiente, un aminoácido existe como un catión que se moverá hacia el polo negativo en un campo eléctrico:

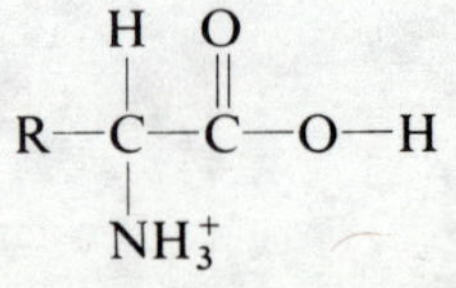

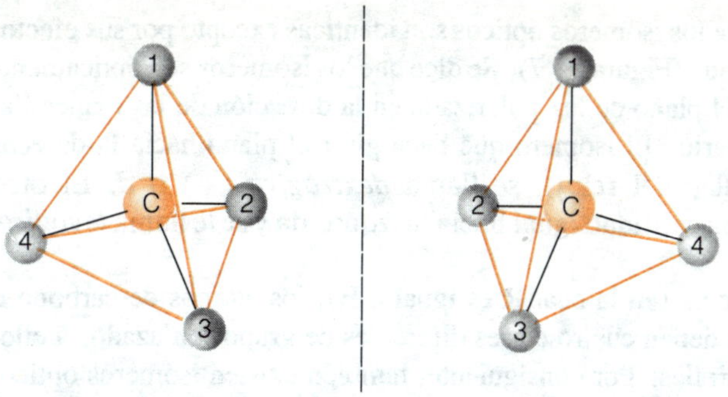

Figura 27.1 Isómeros ópticos de un compuesto que contiene un átomo de carbono quiral. (La línea punteada representa el plano de reflexión.)

El grupo —COOH es ácido y forma —COO$^-$ con bases. A *p*H elevado, por lo tanto, los aminoácidos son aniones y se desplazan hacia el polo positivo en un campo eléctrico:

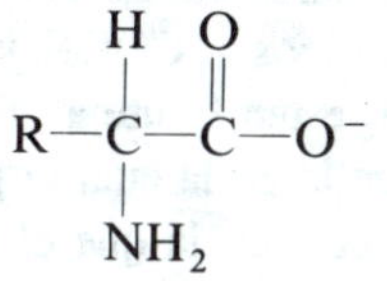

La neutralización interna, en la cual el protón del grupo —COOH se desplaza hacia el grupo —NH_2, produce un ion híbrido **zwitterión:**

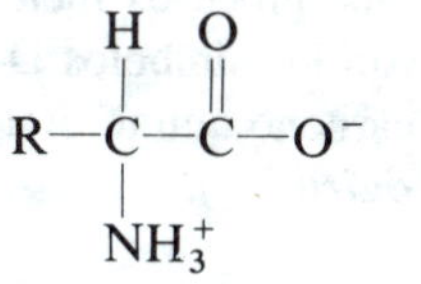

Los aminoácidos proveen ejemplos de un tipo de estereoisomería llamado **isomería óptica** (Sección 24.4). Los isómeros ópticos más sencillos son compuestos que contienen átomos de carbono quirales a los cuales están unidos cuatro clases de grupos diferentes (Figura 27.1). La imagen especular (llamada un **enantiomero)** de una molécula de este tipo no se puede traslapar o superponer a la molécula original.

Las estructuras que aparecen en la Figura 27.1 son imágenes especulares entre sí. La línea punteada representa el plano de reflexión. Comience con cualquier grupo (1, 2, 3, ó 4) de la estructura de la izquierda y trace la distancia más corta al plano de reflexión. Continúe hacia la derecha del plano de reflexión hasta la misma distancia, el mismo grupo se hallará en la estructura de la derecha.

Un estudio de esta figura revela que las dos estructuras no se pueden superponer Si los grupos 1 y 3 de las estructuras se superponen, el grupo 4 de una estructura coincide con el grupo 2 (y no el 4) del otro. Como quiera que giren las estructuras, es imposible hacer que los cuatro grupos de una estructura coincidan con los mismos cuatro grupos, respectivamente, de la otra estructura. Las dos configuraciones son isómeros.

Las propiedades físicas de los isómeros ópticos son idénticas excepto por sus efectos sobre el plano de luz polarizada (Figura 24.7). Se dice que los isomeros son ópticamente activos debido a que giran el plano de luz polarizada en la dirección de las manecillas del reloj o en sentido contrario. El isómero que hace girar el plano hacia la derecha (dirección de las manecillas del reloj), se llama *dextrógiro* (+) o *d*. El otro isómero gira el plano en una cantidad igual hacia la izquierda y se le llama *levógiro*, (—) *o l*.

Con excepción de la glicina (en la cual R es igual a H), los átomos de carbono α de todos los aminoácidos α tienen cuatro clases diferentes de grupos enlazados a ellos y son, por consiguiente, quirales. Por consiguiente, también existen isómeros ópticos para los α-aminoácidos. Las configuraciones de los isomeros por lo general se representan:

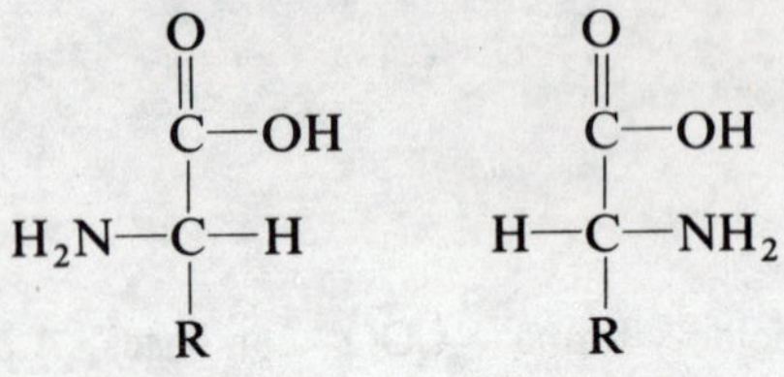

L-*aminoácido* D-*aminoácido*

Los diagramas representan estructuras en las cuales los átomos de carbono quirales están en el plano del papel; los grupos —COOH y —R se hallan detrás del plano del papel y los grupos —H y $—NH_2$ están frente al plano del papel. Con tal disposición de los grupos, la forma L es aquella en la cual el grupo amino se halla a la izquierda de la cadena y la forma D es la cual en la que el grupo amino se halla a la derecha. Las estructuras pueden relacionarse a los diagramas de la Figura 27.1. La forma L es la de la izquierda en la figura si el grupo 1 = —COOH, 2 = —R, 3 = —H y 4 = $—NH_2$.

Todos los aminoácidos obtenidos de las proteínas son L-aminoácidos. Sólo las formas L pueden utilizarse en los procesos metabólicos del cuerpo. El signo de la rotación no debe confundirse con los símbolos D- o L- que se utilizan para designar la configuración del átomo de carbono quiral. Así, el isómero L- de la alanina (ácido-2-aminopropanoico) es *dextrógiro* (+):

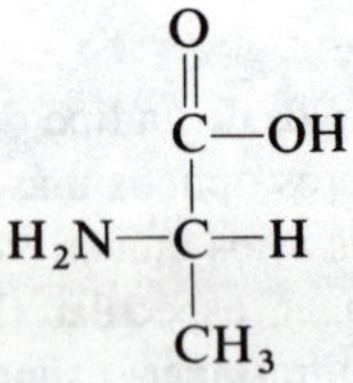

L-(+)-*alanina*

En las moléculas de proteínas, muchas unidades de aminoácidos se unen entre sí para formar largas cadenas. Cuando se combinan dos aminoácidos, los grupos amino de una molécula se unen al grupo carboxílico de la segunda molécula, con eliminación de agua. Se obtiene un **enlace peptídico:**

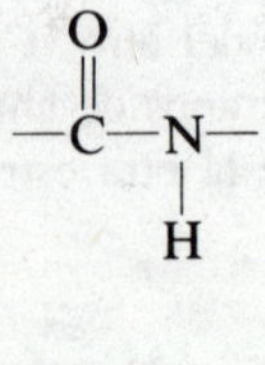

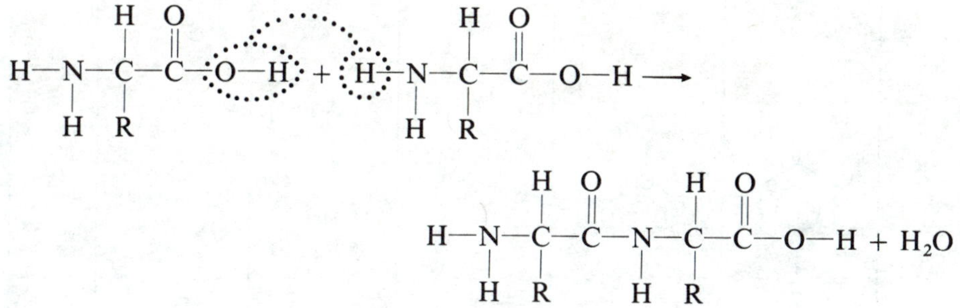

El producto, llamado un **dipéptido,** tiene un grupo amino libre en un extremo y un grupo carboxílico libre en el otro. Puede condensarse con otros aminoácidos para formar largas cadenas llamadas **polipéptidos.** las proteínas son polipéptidos. La hidrólisis de un polipéptido es lo inverso del proceso de condensación y produce aminoácidos.

Los radicales, R, en la fórmulas anteriores, varían considerablemente en sus estructuras. Algunas de ellas son hidrocarburos sencillos; algunas contienen anillos (incluyendo anillos aromáticos), algunas contienen grupos adicionales $—NH_2$ ó —COOH, y algunas incorporan grupos —SH ó —OH, en sus estructuras. Veinte α-aminoácidos diferentes se hallan regularmente en las proteínas. Otras pocas se hallan ocasionalmente como constituyentes menores.

Las proteínas contienen desde cerca de 50 a más de 10,000 residuos de aminoácidos en una cadena. El promedio de peso molecular de un residuo de aminoácido es cerca de 110 a 120. Por consiguiente, una proteína con un peso molecular de 300,000 contiene aproximadamente 3000,000/120 ó 2500 residuos de aminoácidos.

Los aminoácidos en una proteína dada se hallan en orden definido. El mismo tipo de aminoácido puede repetirse muchas veces en la cadena del polipéptido. Puesto que una proteína puede contener cientos o miles de residuos de aminoácidos, es posible un tremendo número de disposiciones aunque sólo se usan cerca de unos 20 aminoácidos diferentes.

La secuencia de los residuos de aminoácidos en una proteína se llama su **estructura primaria.** La estructura primaria de la insulina de bovinos fue determinada en 1945-1952 por Frederick Sanger. Un fragmento de la estructura aparece en la Figura 27.2. La estructura completa contiene 51 residuos de aminoácidos en dos cadenas: una de 21 residuos de aminoácidos y otra de 30.

La disposición espacial de la cadena polipéptida de una proteína se denomina **estructura secundaria** de la proteína. La disposición más importante es **alfa hélice.** En la forma α-helicoidal, la cadena está curvada en forma que parece espiral (Figura 27.3). Existen cerca de 36 residuos aminoácidos en cada espiral. La hélice es sostenida por enlaces de hidrógeno entre las salientes de la curvatura. Los enlaces de hidrógeno estan formados por el átomo H del N—H de un grupo peptídico con el átomo O del grupo C$=$O de otro grupo peptídico (Figura 27.3).

Cada grupo peptídico está unido mediante enlace de hidrógeno del tercer grupo peptídico de éste y al tercer grupo que sigue a éste.

Otro tipo de estructura secundaria es la disposición de **hoja plegada.** Las cadenas se mantienen juntas en forma de hojas plegadas mediante enlaces de hidrógeno entre cadenas adyacentes. Esta disposición no es tan común como la de hélice -α.

La **estructura terciaria** de una proteína es la disposición de las estructuras secundarias realizadas por interacciones entre los grupos R de los residuos de aminoácidos.

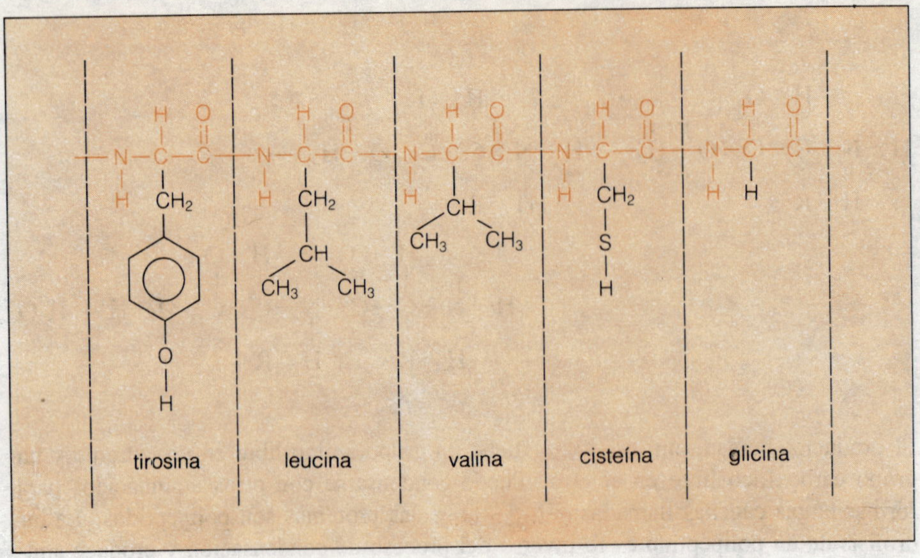

Figura 27.2 Fragmento de la cadena de proteína insulina de bovinos. La cadena polipeptídica se indica en gris. Los radicales R se indican en negro. Los nombres de los aminoácidos que forman la cadena aparecen en la parte inferior.

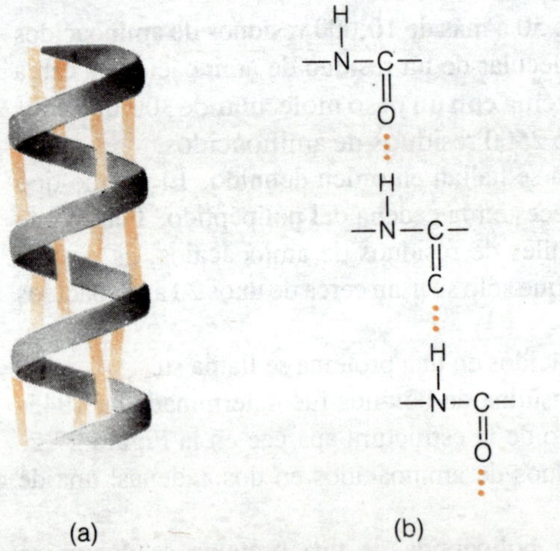

Figura 27.3 (a) Representación esquemática de una hélice α. Las líneas verticales entre la espiral son enlaces de hidrógeno. (b) Enlaces de hidrógeno entre las curvaturas de una hélice -α.

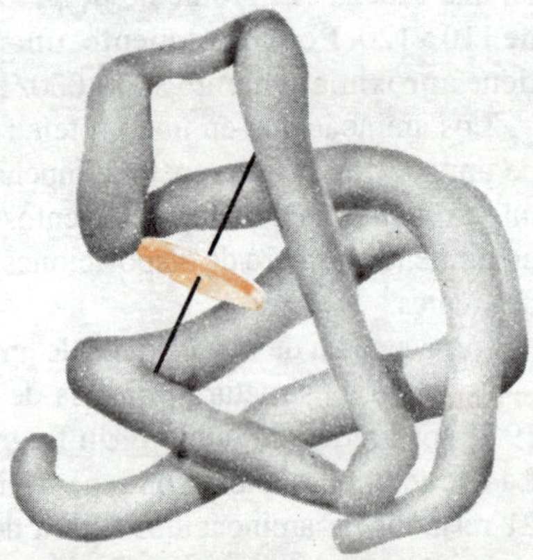

Figura 27.4 Estructura terciaria de una proteína globular. El disco es un grupo de hematina que contiene hierro.

La estructura de una proteína globular (así llamada debido a que estas proteínas son, por lo general, aproximadamente esféricas) se presenta esquemáticamente en la Figura 27.4.

Las interacciones que mantienen los segmentos de la espiral de la cadena en una forma terciaria compacta no involucran los enlaces peptídicos de la cadena. Por el contrario, estas interacciones tienen lugar entre los sustituyentes de los grupos R de los residuos de los aminoácidos.

1. Algunos radicales R contienen un grupo —COOH de más y fuera del involucarado en la formación peptídica. Otros radicales R contienen un segundo grupo $—NH_2$. Estos dos grupos funcionales —uno unido a un segmento de la espiral, el otro unido a otro segmento— pueden reaccionar:

$$-\overset{\overset{\displaystyle O}{\|}}{C}-O-H + H_2N- \longrightarrow -\overset{\overset{\displaystyle O}{\|}}{C}-O^- + {}^+H_3N-$$

2. Mediante oxidación moderada, se puede formar una unión de disulfuro entre dos grupos —SH unidos a diferentes sitios de la espiral

$$-S-H + H-S- \longrightarrow -S-S- + 2\,H^+ + 2e^-$$

3. Los grupos sustituyentes pueden unirse por enlace de hidrógeno entre sí:

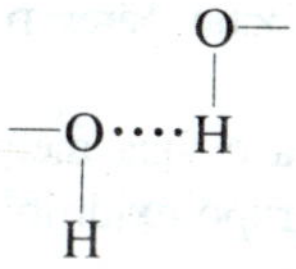

Estas interacciones tienen lugar en sitios donde las espirales se superponen o traslapan.

Las estructuras primarias, secundarias y terciarias describen la disposición de una cadena polipeptídica sencilla. Algunas proteínas contienen más de una cadena. El número de cadenas y la forma como están dispuestas en toda la proteína forman lo que se llama la **estructura cuaternaria** de la proteína. Por ejemplo, la hemoglobina, el medio de transporte del oxígeno en la sangre, está formada de cuatro cadenas de dos tipos diferentes. Dos de las cadenas contiene cada una 140 residuos de aminoácidos. Cada una de las otras dos contiene 146 residuos de aminoácidos. Cada una de las cuatro cadenas tiene un grupo hematina que contiene hierro (Sección 24.1) y tiene una estructura terciaria similar a la mostrada en la Figura 27.4.

27.2 Carbohidratos

Los azúcares, almidones y celulosas pertenecen a un grupo de compuestos orgánicos llamados **carbohidratos.** El nombre se derivó del hecho de que la mayoría (pero no todos) de los compuestos de este tipo tienen la fórmula general $(C_x(H_2O)_y$ y pueden, por consiguiente, parecer hidratos de carbono. Los carbohidratos, sin embargo, no contienen agua. Son oxi-aldehídos, oxicetonas o sustancias obtenidas de ellos. Los carbohidratos son las principales sustancias constituyentes de las plantas. Son alimento importante para animales: sirven como fuente de energía y proporcionan cadenas carbonadas para los compuestos que son sintetizados por los organismos vivientes.

Los carbohidratos más sencillos son los *monosácaridos* o azúcares simples. El monosácarido más importante es la *glucosa*. Es el azúcar más abundante que se encuentra en la naturaleza y en los animales, y es un constituyente normal de la sangre. Los dos isómeros ópticos de la glucosa son:

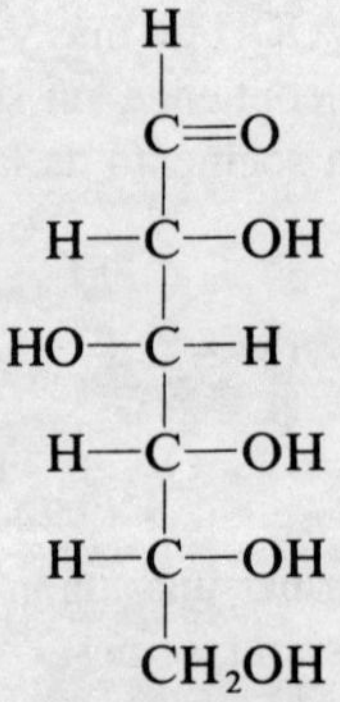

D-(+)-*glucosa*

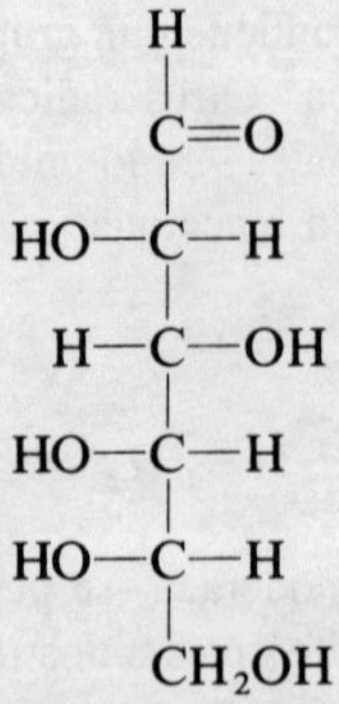

L-(−)-*glucosa*

Existen cuatro átomos de carbono quirales en la molécula. Los átomos de carbono en cada extremo de la molécula no tienen cuatro grupos diferentes y no son quirales. Existen dieciséis isómeros ópticos (ocho pares D, L) de esta fórmula. Sólo el par anterior se llama glucosa.

La D-glucosa forma una molécula cíclica mediante una reacción de adición que comprende el grupo carbonilo y el grupo oxidrilo:

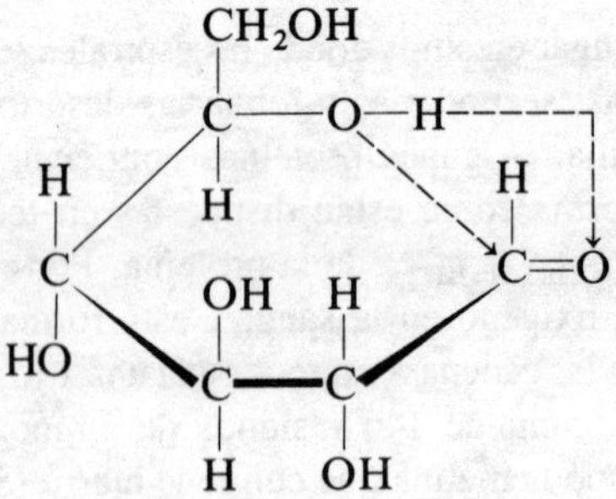

La formación de anillos produce un nuevo centro quiral, y hay dos isómeros cíclicos de la D-glucosa, los cuales difieren en la orientación del nuevo grupo OH:

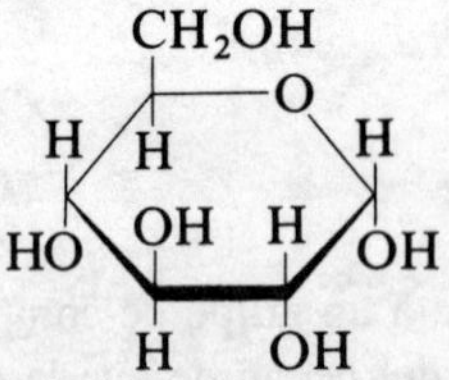

α-D-*glucosa*

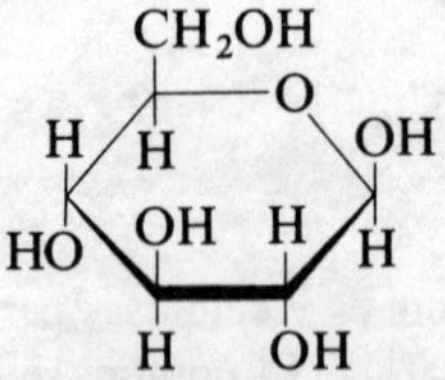

β-D-*glucosa*

En estos diagramas los átomos de carbono del anillo no se indican. Los anillos están realmente plegados y no son planos. Observe que en la forma α el grupo OH del átomo de carbono del extremo derecho está en el mismo lado del anillo que el grupo OH del átomo de carbono contiguo. Estos grupos OH pueden llamarse *cis* entre sí. En solución acuosa, existen en equilibrio las formas α y β de D-glucosa, junto con una baja concentración de la forma de cadena abierta.

La fructosa es una hidroxi-cetona:

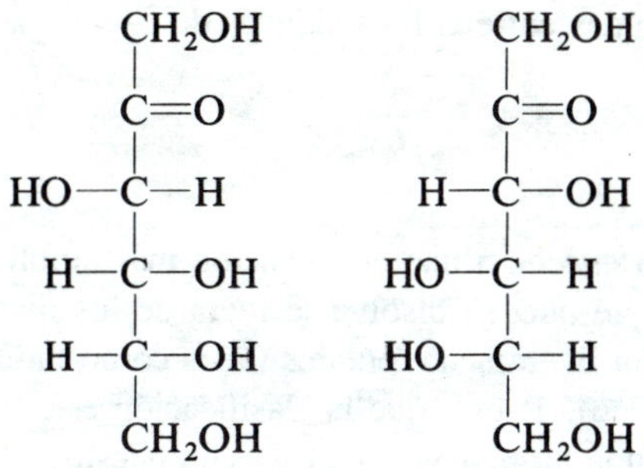

D-(−)-*fructosa* L-(+)-*fructosa*

Existen tres átomos de carbono quirales en esta molécula y se conocen ocho estereoisómeros (o cuatro pares, D, L de esta fórmula. Las formas cíclicas de la D-fructosa se conocen con anillos de cinco o seis miembros.

Los **disacáridos** están compuestos de dos unidades de monosacáridos. La *sacarosa,* que es azúcar de caña, es un disacárido. La hidrólisis ácida de la sacarosa produce los dos azúcares sencillos: D-glucosa y D-fructosa. En la molécula de sacarosa una unidad de α-D glucosa y la forma del anillo β de cinco miembros de una unidad de D-fructosa están unidas mediante dos grupos OH por la eliminación de una molécula de agua.

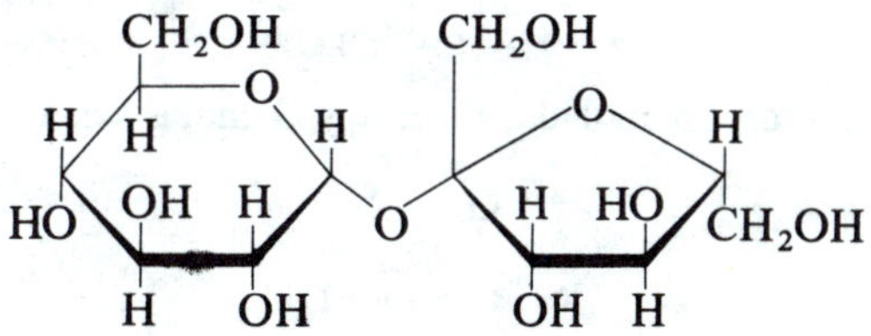

unidad de D-glucosa *unidad de D-fructosa*

La celulosa y las sustancias que forman el almidón son **polisacáridos** (carbohidratos que contienen muchas unidades de monosacáridos) y producen sólo D-glucosa por hidrólisis. Se calcula que el número de unidades de D-glucosa en las estructuras moleculares de estas sustancias puede ser tan elevado como de varios miles. Las unidades de D-glucosa de la celulosa están unidas en cadenas largas de combinaciones β:

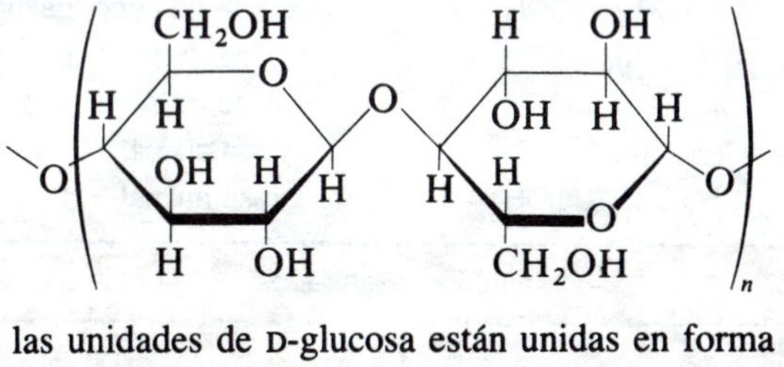

En el almidón las unidades de D-glucosa están unidas en forma diferente, existen unidades cruzadas entre las largas cadenas de las unidades de D-glucosa dispuestas en combinaciones α:

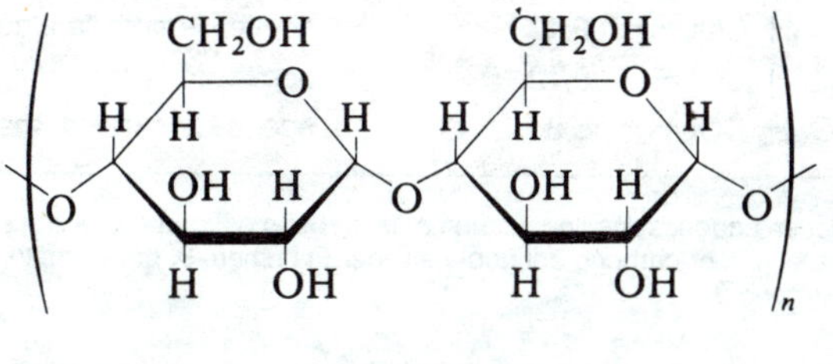

El almidón es una materia alimenticia muy importante; pero la celulosa no puede ser digerida por el hombre, una distinción importante presentada por la diferencia en la forma como están unidas entre sí las unidades de D-glucosa.

27.3 Grasas y aceites

Las grasas y aceites pertenecen a una clasificación más amplia llamada **lípidos.** Los lípidos son sustancias que pueden disolverse fuera de los materiales por disolventes que no son polares o son ligeramente polares (tales como hidrocarburos, tetracloruro de carbono y éter dietílico). Puesto que la clasificación está basada en la solubilidad y no en la estructura, una amplia variedad de compuestos son lípidos. Las grasas, aceites, algunas vitaminas y hormonas y ciertos constituyentes de las paredes celulares son ejemplos de algunas de las sustancias clasificadas como lípidos.

Las grasas y aceites son ésteres de ácidos grasos y glicerol. Los **ácidos grasos** son ácidos carboxílicos de largas cadenas lineales (Tabla 27.1). Algunos de ellos son saturados y algunos contienen uno o más dobles enlaces. Casi todos los ácidos grasos extraidos de fuentes naturales contienen un número par de átomos de carbono.

El glicerol es un trioxialcohol, 1,2,3-propanotriol.

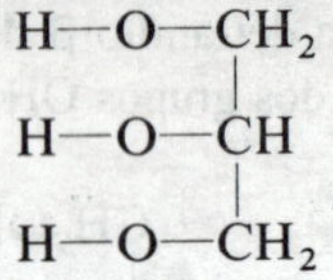

Los ésteres formados de un mol de glicerol y 3 moles de ácido graso se llaman

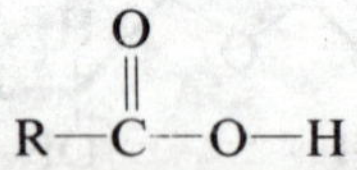

Tabla 27.1 Algunos ácidos grasos comunes

Ácido saturado			
Ácido	Fórmula		Fuentes
láurico	$CH_3(CH_2)_{10}COOH$		aceite de coco, palma y grasa animal
mirístico	$CH_3(CH_2)_{12}COOH$		aceite de coco, palma y grasa animal
palmítico	$CH_3(CH_2)_{14}COOH$		aceite de semilla de algodón, palma y grasa animal
esteárico	$CH_3(CH_2)_{16}COOH$		grasa animal
Ácidos insaturados[a]			
Ácidos	Fórmula	Posición de doble enlace	Fuentes
oleico	$C_{17}H_{33}COOH$	9	aceite de maíz, semilla algodón y oliva
linoleico	$C_{17}H_{31}COOH$	9,12	aceite de semilla algodón, maíz, linaza
linolénico	$C_{17}H_{29}COOH$	9,12,15	aceite de linaza
araquidónico	$C_{19}H_{31}COOH$	5,8,11,14	aceite de sardina, maíz, grasa animal

[a]Todos estos ácidos tienen cadenas lineales. El átomo de carbono del grupo COOH es el número 1. El número dado en la tabla indica el primer carbono del doble enlace. El número 9, por ejemplo, indica un doble enlace entre los átomos de carbono 9 y 10.

triglicéridos:

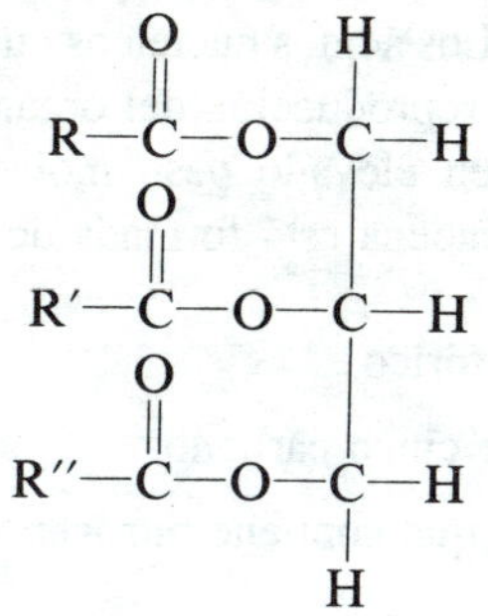

Una grasa o aceite natural es una mezcla de triglicéridos diferentes. De hecho, una molécula de un triglicérido sencillo puede formarse de tres ácidos grasos diferentes. Por esta razón, los radicales se indican en la fórmula anterior como R, R′ y R″. Los ácidos palmíticos y oléicos se encuentran en la mayoría de las grasas y aceites animales y vegetales (Tabla 27.1).

Las grasas son mezclas de triglicéridos que son sólidos a temperatura ambiente. Los aceites son mezclas que son líquidas a temperatura ambiente. Los aceites contienen mayor porcentaje de ésteres de glicerilo de ácidos instaurados que las grasas. Los aceites vegetales (tales como maíz y coco) se transforman en sólidos (manteca vegetal y margarina) mediante la reacción con hidrógeno. El hidrógeno se adiciona a algunos dobles enlaces de los triglicéridos insaturados. En la práctica, el proceso se continúa hasta que se obtenga un sólido de la consistencia deseada. No todos los dobles enlaces están saturados con hidrógeno.

Cuando las grasas y aceites se calientan con soluciones acuosas de bases, se obtiene el glicerol y las sales de los ácidos grasos:

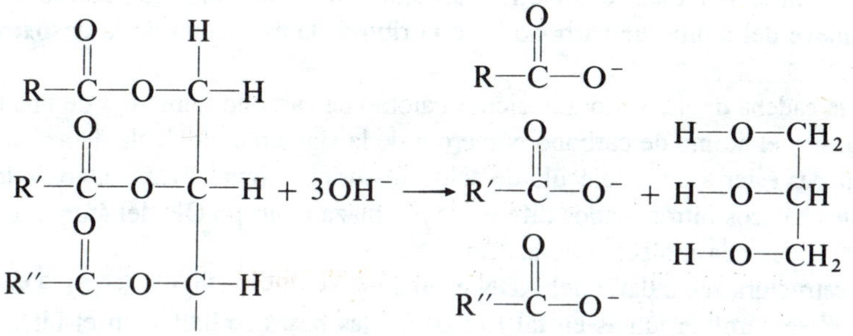

El proceso se llama **saponificación,** que significa *preparación de jabón*. Los jabones son sales de ácidos grasos. El tipo de jabón obtenido depende, naturalmente, de la base usada en la saponificación. Los jabones de sodio, $RCOO^-Na^+$, son los más comunes.

Las grasas y aceites son utilizados como combustibles por el cuerpo humano y el CO_2 y el agua son los productos de oxidación. Las grasas también se almacenan como una fuente de reserva de energía. Los carbohidratos pueden convertirse en grasas y también almacenarse. Las grasas y aceites son también utilizadas por el cuerpo en la síntesis de los tejidos constituyentes.

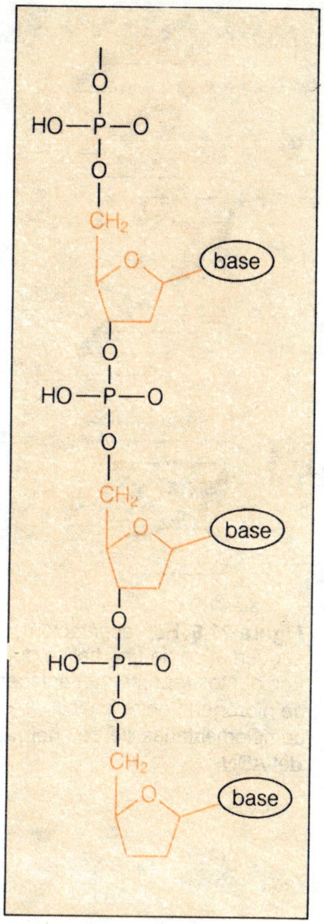

Figura 27.5 Diagrama esquemático de la estructura primaria de un ácido nucleico. Se indican tres unidades de nucleótidos.

27.4 Ácidos nucléicos

Los **ácidos nucleicos** fueron separados por primera vez del núcleo de la célula en la década de 1860, y el nombre se deriva del nombre de su fuente. Muchas proteínas diferentes deben ser hechas constantemente por el organismo para facilitarle su crecimiento, funcionamiento, renovación y reproducción. Los ácidos nucleicos dirigen la síntesis de estas proteínas. Los ácidos nucleicos guardan, usan y pasan a la siguiente generación el modelo para la reproducción del organismo.

Los ácidos nucleicos tienen elevado peso molecular y son polímeros de largas cadenas. Cada unidad de la cadena está formada de tres componentes.

1. una molécula de ácido fosfórico
2. una molécula de azúcar de cinco carbonos
3. una molécula de una base que contiene nitrógeno.

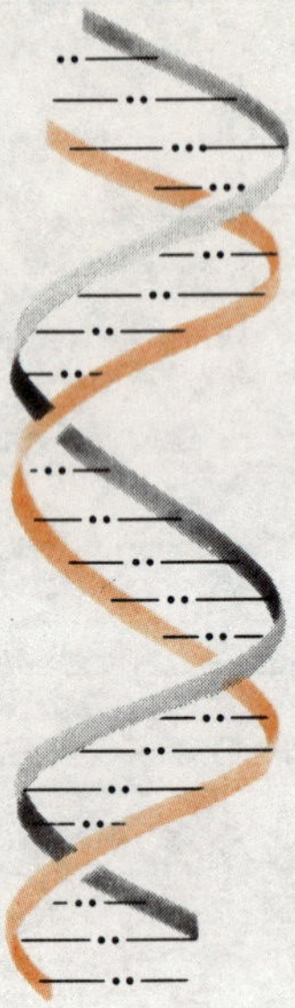

Figura 27.6 Representación esquemática de una hélice doble. Los puntos representan enlaces de hidrógeno entre bases complementarias de dos hebras del ADN.

Un diagrama esquemático de un fragmento de una cadena de un ácido nucleico que contiene solo tres unidades (llamadas **nucleótidos**) aparece en la Figura 27.5. Las moléculas reales de un ácido nucleico contienen cerca de 80 a 100 millones de nucleótidos.

Existen dos tipos de ácidos nucleicos: el **ácido desoxirribonucleico** (llamado **ADN**) y el **ácido ribonucleico** (llamado **ARN**). La diferencia principal entre los dos es la molécula de azúcar empleda. El ADN contiene desoxirribosa, el ARN contiene ribosa:

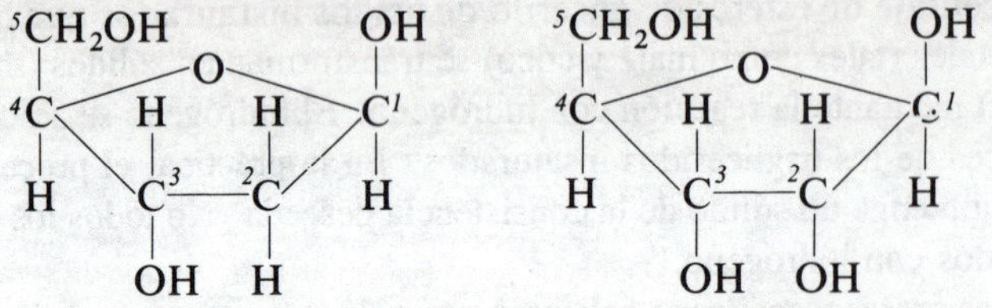

β-D-*desoxirribosa* β-D-*ribosa*

El prefijo *desoxi-* indica remoción de un átomo de oxígeno. Si un átomo de oxígeno se remueve del átomo de carbono 2 de la ribosa, la estructura de la desoxirribosa se obtiene.

En la cadena de un ácido nucleico, el átomo de carbono número 3 de una molécula de azúcar y el átomo de carbono número 5 de la siguiente molécula de azúcar se unen por enlaces éster a una molécula de ácido fosfórico (Figura 27.5). Uno de los cuatro radicales básicos nitrogenados diferentes remplaza el grupo OH del átomo de carbono número *1* de cada molécula de azúcar.

La estructura secundaria del ADN es una **hélice doble** (Figura 27.6). Dos cadenas de ADN se enrollan juntas en tal forma que las bases se hallan en el interior de las espirales. La estructura se mantiene junta mediante enlaces de hidrógeno entre las bases de una cadena y de la otra.

Las estructuras de los cuatro radicales básicos diferentes hallados en el ADN se indican en la Figura 27.7. Las fórmulas se representan por pares con los enlaces de hidrógeno indicados entre los pares. Observe que la **adenina** (abreviada **A**) y la **timina** (abreviada **T**) se complementan entre sí. La posición de los átomos hace posible que se formen dos enlaces de hidrógeno fuertes entre **A** de una cadena y **T** de la otra cadena de la doble hélice. La **guanina (G)** y la **citosina (C)** se complementan en la misma forma. Tres enlaces de hidrógeno fuertes se forman entre este par de bases.

En cualquier muestra del ADN existe la misma cantidad de A y de T y existe la misma cantidad de G y de C. Las bases unidas a una cadena del ADN complementan las bases unidas a otra cadena del ADN. Si existe A sobre la cadena 1, T se halla sobre la cadena 2 opuesta a ésta. Si T se halla sobre la cadena 1, A estará opuesta sobre la cadena 2. El mismo tipo de apareamineto de bases se presenta entre G y C.

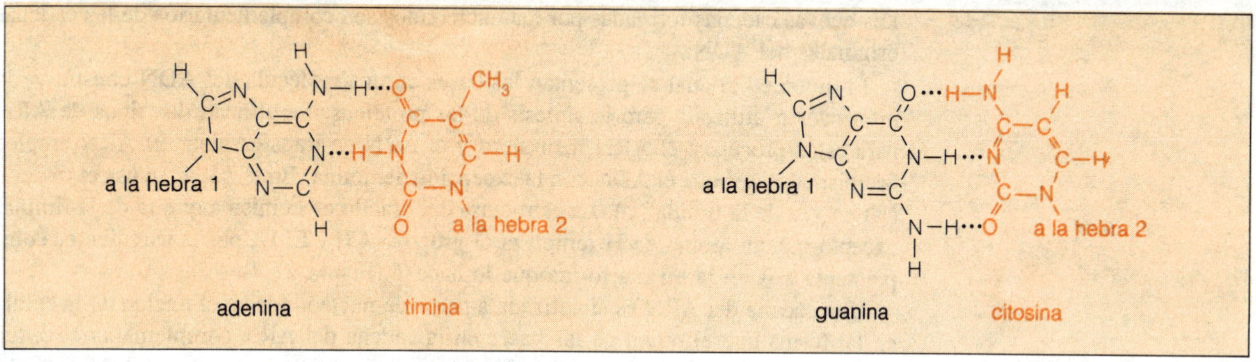

Figura 27.7 Los cuatro radicales básicos hallados en el ADN. Las fórmulas se dibujan en pares complementarios.

Figura 27.8 Replicación de una doble hélice del ADN. Las hebras separados sirven como molde para la síntesis de una nueva hebra complementaria.

Observe que en la Figura 27.7 aparecen dos pares de enlaces de hidrógeno aproximadamente de la misma longitud. Por consiguiente, los enlaces sostienen las dos cadenas de la doble hélice a una distancia uniforme.

Cuando se divide una célula, las dos cadenas de una doble hélice del ADN se separan. Cada cadena sirve como molde o modelo para la síntesis de una nueva cadena complementaria. Dos hélices dobles idénticas resultan del proceso: cada una contiene una de las cadenas de la doble hélice original (Figura 27.8).

Los nucleótidos de la solución circundante forman las nuevas cadenas. La base de un nucleótido se aparea con la base complementaria de la cadena del ADN mediante la formación de enlaces de hidrógeno. Por lo tanto, los nucleótidos se alinean en la forma indicada por el orden en el cual las bases se presentan en la cadena del ADN.

Las nuevas cadenas formadas por los nucleótidos son complementarios de las cadenas originales del ADN.

El orden en el cual se presentan las bases en una molécula del ADN constituye la información utilizada para la síntesis de las proteínas. Se utilizan dos tipos de ARN para estos procesos: el ARN mensajero y el ARN de transferencia. El ARN emplea las mismas bases que el ADN con la excepción de timina. En el ARN, se usa el **uracilo** (U) en vez de la timina (T). La estructura del uracilo es la misma que la de la timina, excepto que un átomo de H remplaza el grupo —CH_3. El U, por consiguiente, complementa a A en la misma forma que lo hace T (Figura 27.7).

Una cadena del ARN es sintetizada a partir de nucleótidos en el núcleo de la célula en tal forma que el orden de las bases en la cadena del ARN complementa el orden de una sección de la cadena del ADN. Por consiguiente, la cadena del ADN actúa como un molde. Suponga, por ejemplo, que el orden de las bases de una pequeña parte de la cadena del ADN es:

C—C—A—A—C—G

El orden de las bases en la cadena de ARN que se prepara utilizando esta parte de la cadena de ADN como patrón es:

G—G—U—U—G—C

puesto que G complementa a C y U complementa a A.

La cadena formada de esta manera se llama **ARN mensajero**. Una cadena del ARN mensajero puede contener cerca de 500 bases en un orden dictado por una *sección* de una cadena del *ADN*, la cual contiene un conjunto más de 100 millones de bases. La información en la sección de la cadena del ADN (el orden de las bases) se dice que es **transcrita** por el ARN mensajero. Esta información es el mensaje que el mensajero lleva del núcleo de las células a los ribosomas, donde se elabora la proteína.

El orden de las bases dirige el orden en el cual se asocian los diferentes aminoácidos para la formación de la proteína. Cada aminoácido de la proteína está especificado por un conjunto de tres grupos de bases (un triplete de bases) de la cadena del ARN mensajero. La secuencia

G—G—U—U—G—C

se refiere a dos aminoácidos. El código G—G—U especifica el aminoácido glicina. El código U—G—C especifica el aminoácido cisteína. La parte de la cadena del ARN mensajero que contiene las tres bases de un código se llama un **codón**. La secuencia anterior describe dos codones.

Un segundo tipo de ARN, llamado **ARN de transferencia**, se utiliza para descifrar el código y construir la proteína. Las cadenas de ARN de transferencia son la cadenas más pequeñas de los ácidos nucleicos. Consisten de aproximadamente 80 nucleótidos y pueden contener unas pocas bases diferentes de las acostumbradas cuatro.

Una molécula en particular de ARN de transferencia se une con un aminoácido específico y lo transporta al ARN mensajero, donde éste se inserta dentro de la proteína qué se está elaborando en la posición dirigida por el código del ARN mensajero. Se dice que el ARN de transferencia **interpreta** el código. Cada ARN de transferencia contiene una base triple (llamada **anticodón**) que complementa el triplete de un codón del ARN mensajero. El anticodón de un ARN de transferencia en particular corresponde al aminoácido específico que lleva.

Suponga, por ejemplo, que el codón de un ARN mensajero especifica el código GGU. El anticodón CCA que corresponde a este codón que se halla en el ARN de transferencia que lleva el aminoácido glicina.

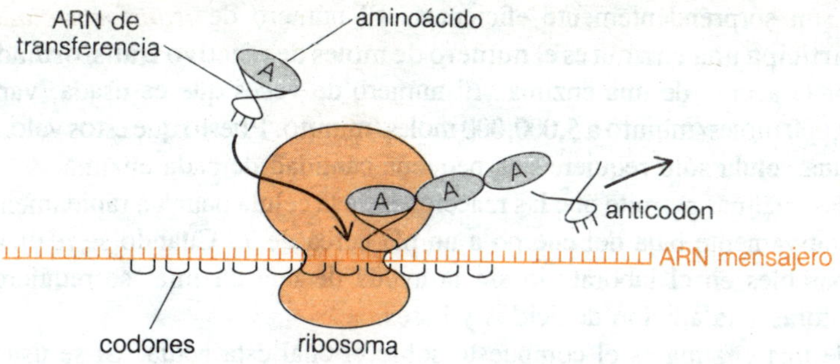

Figura 27.9 Síntesis de una proteína por el ARN de transferencia sobre el ARN mensajero.

Se cree que la síntesis de una proteína tiene lugar en etapas (Figura 27.9). El ARN de transferencia que lleva un aminoácido se une al ARN mensajero mediante apareamiento codón-anticodón. Un segundo ARN de transferencia se une al siguiente codón de la cadena del ARN mensajero.

Se forma un enlace peptídico entre los dos aminoácidos de los dos ARN de transferencia. El primer ARN de transferencia se libera luego y deja atrás su aminoácido unido ahora a un dipéptido. Un tercer ARN de transferencia de un tipo especificado por el codón siguiente se une al ARN mensajero. Tan pronto como un enlace péptido conecta el dipeptido al aminoácido del tercer ARN de transferencia, el segundo ARN de transferencia es liberado. El proceso se detiene cuando se encuentra un codón que no corresponde a ningún aminoácido. La síntesis de más de una proteína es controlada por un solo ARN mensajero.

Enzimas específicas catalizan cada paso del proceso completo incluyendo la formación del ARN mensajero y el enlace de un aminoácido al ARN de transferencia. La formación de los polipéptidos es rápida. Se calcula que se forman cientos de enlaces peptídicos en un minuto.

Cualquier cambio en el ADN de la célula resultará en un cambio en el ARN mensajero producido de éste y, por consiguiente, en una alteración en la proteína resultante. Tales cambios se llaman **mutaciones**. Los cambios pueden ser benéficos, triviales o perjudiciales. Los cambios pueden pasar de generación en generación. Las mutaciones son responsables de las enfermedades genéticas, tales como la enfermedad de Tay-Sachs, la anemia falciforme, la hemofilia y la enfermedad de Huntington.

27.5 Enzimas

Las **enzimas** son catalizadores biólogicos. El término se deriva de la palabra griega que significa *fermentación* debido a que la primera acción enzimática identificada fue la acción de la levadura en la fermentación. Las enzimas están involucradas en cada reacción que ocurre en una célula.

Una célula contiene más de 1000 enzimas. Se requiere un gran número, debido a que las enzimas son **específicas** en su acción. Algunas son tan específicas que sólo catalizan una reacción de un compuesto particular. Se conocen enzimas que sólo hidrolizan un tipo definido de enlace peptídico que involucra una clase particular de un residuo de aminoácido. Los enzimas que son menos específicas son probablemente aquellas que hidrolizan la mayoría de las enlaces de ésteres.

Algunas enzimas son **estereoquímicamente específicas**. Una enzima de este tipo puede actuar sólo sobre la forma L de un aminoácido y no sobre la forma D , o una enzima puede ser activa sólo sobre las uniones β entre unidades de glucosa de un carbohidrato y no sobre las enlaces α.

Los enzimas son sorprendentemente eficientes. El número de *transformaciones* totales en que participa una enzima es el número de moles de reactivo transformado en un minuto por la acción de una enzima. El número de veces que es usada, varía desde cerca de 10,000 moles/minuto a 5,000,000 moles/minuto. Puesto que estos valores son muy altos, una célula sólo requiere una pequeña cantidad de cada enzima.

La acción de las enzimas permite que las reacciones de la célula ocurran rápidamente a temperatura relativamente baja del cuerpo a un pH cerca de 7. Cuando se realizan reacciones comparables en el laboratorio sin la ayuda de una enzima, se requieren mayores temperaturas y la adición de ácidos y bases.

El **sustrato** de una enzima es el compuesto sobre el cual ésta actua. Si se usa E para designar la enzima, S el sustrato y P el producto de la reacción, el proceso total puede indicarse como sigue:

$$E + S \rightleftharpoons ES \longrightarrow E + P$$

El compuesto es, formado de la enzima y el sustrato, puede considerarse como el complejo activado para la reacción. El efecto catalítico se produce por el descenso significativo de la energía de activación para la reacción (Sección 12.7).

Los enzimas son catalizadores de superficie. Son proteínas globulares y son mucho mayores que el sustrato sobre el cual actúan. Las reacciones se realizan en un **sitio activo** en la superficie de la enzima. El sustrato se mantiene unido al sitio activo mediante enlaces de hidrógeno, atracciones iónicas u algún otro tipo de interacción química.

El contorno de un sitio activo se ajusta a la forma del sustrato exactamente o, probablemente, el sitio activo cambia su conformación para ajustarse al sustrato de la molécula una vez que se ha adherido. En el proceso, los enlaces dentro del sustrato son estirados y debilitados. En esta forma, se facilita la reacción. Después que salen los productos de la reacción, el sitio activo queda libre para unirse a otro sustrato de la molécula.

Las enzimas son específicas en su acción debido a que actúan mediante sitios activos que se han diseñado para ajustarse a sustratos o tipo de sustratos específicos. La especificidad estereoquímica de algunas enzimas es el resultado de la conformación de sus sitios activos: la forma L de una molécula puede acomodarse y la forma D puede que no.

Aunque la reacción ocurra sobre una parte relativamente pequeña de la superficie —el sitio activo— el resto de la molécula de la enzima es importante. Probablemente ayuda a formar el sitio activo en la conformación requerida y a sostenerla hasta que se halla realizado la reacción.

La mayoría de las enzimas son **proteínas conjugadas**; esto es, contienen partes de proteína junto con partes que no son proteínas. Si la parte no proteica no es fácil de eliminar, se le llama **grupo prostético** si es fácil de eliminar se le llama **coenzima.** Ni la coenzima ni la parte de la proteína de la cual ésta se remueve es activa cuando las dos se separan. Los grupos prostéticos y las coenzinas son importantes debido a que ayudan a formar los sitios activos de las enzimas. Muchas de las coenzimas son vitaminas o compuestos derivados de vitaminas. Algunas enzimas requieren la presencia de iones metálicos (tales como Co^{2+}, Fe^{2+}, Cu^{2+} y Mg^{2+}) para actuar.

La acción de las enzimas puede inhibirse o retardarse en varias formas. Un **inhibidor** es una sustancia que se combina con una enzima en el sitio activo e impide el funcionamiento de la enzima. En la **inhibición competitiva**, la enzima E y el inhibidor I se combinan reversiblemente:

$$E + I \rightleftharpoons EI$$

La combinación de la enzima y el sustrato también es reversible:

$$E + S \rightleftharpoons ES$$

Las concentraciones de S e I determinan las cantidades de ES e EI formados, puesto que la reacción deseada depende de la formación de ES, la reacción puede demorarse o detenerse por completo si la concentración de I es relativamente alta.

El producto de una reacción puede servir como un inhibidor. **La inhibición del producto** es importante pues sirve para controlar la extensión de la reacción que tiene lugar en la célula.

A medida que aumenta la concentración del producto de algunas reacciones, la inhibición del producto disminuye gradualmente la reacción y evita una indeseable acumulación del producto en la célula.

Si un proceso se realiza en una serie de etapas:

$$A \longrightarrow B \longrightarrow C \longrightarrow D$$

se puede lograr el control de toda la secuencia si el producto del último paso (D) inhibe una etapa anterior (por ejemplo, $A \rightarrow B$). Tal inhibición se llama **inhibición retroalimentadora***. También controla las cantidades de materiales producidos en la célula.

Si se combina un inhibidor con una enzima en forma irreversible, el efecto se llama **inhibición no competitiva:**

$$E + I \longrightarrow EI$$

El sustrato no puede desplazar este tipo de inhibidor del sitio activo. Muchos venenos actúan al inhibir las reacciones enzimáticas necesarios para los procesos vitales.

Algunas fármacos son inhibidores competitivos. Los antibióticos actúan probablemente inhibiendo las reacciones enzimáticas requeridas por los microorganismos. Se cree que la sulfanilamida actúa como un inhibidor de una enzima para la cual el sustrato es el ácido *p* -aminobenzoico.

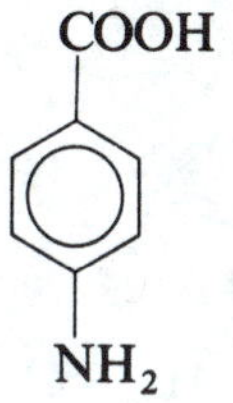

ácido-p-aminobenzoico

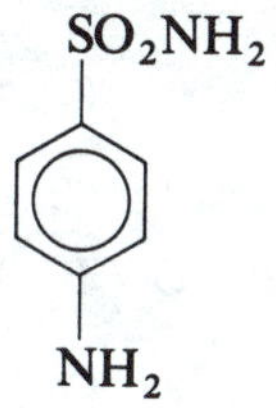

sulfanilamida

Observe la similaridad entre las estructuras de los dos compuestos, los cuales compiten por un sitio activo. Ciertos microorganismos utilizan la reacción enzimática del ácido *p*-aminobenzoico. La inhibición de la reacción por la sulfanilamida produce la muerte de estos microorganismos.

Muchos insecticidas y herbicidas son eficaces debido a que son inhibidores enzimáticos.

---

*"Feedback".

27.6 Metabolismo

El **metabolismo** es un término general que se refiere a todas las reacciones que ocurren en un organismo vivo. Las reacciones metabólicas se dividen en dos grupos:

1. **Los procesos catabólicos** son aquellos en los cuales las sustancias se separan en sustancias más sencillas. Estas reacciones proporcionan la energía requerida por el organismo. También producen compuestos simples de los cuales se preparan otros mayores.

2. **Los procesos anabólicos** son aquellos en los cuales se sintetizan moléculas más grandes a partir de otras más pequeñas. Estos procesos requieren energía y producen sustancias necesarias para la reproducción y supervivencia del organismo.

La principal fuente de energía para toda forma de vida es la luz solar. En la **fotosíntesis**, la clorofila de las plantas absorbe luz solar, la cual se usa como una fuente de energía para facilitar la elaboración de los carbohidratos a partir del CO_2 y el H_2O. En esta forma, la energía solar se almacena como energía química en las plantas. Los seres humanos obtienen la energía requerida para el sustento de la vida a partir de sus alimentos que provienen de las plantas o de animales que se han alimentado de plantas.

La oxidación de la glucosa y otras sustancias derivadas de los alimentos libera una gran cantidad de energía. Si un mol de glucosa se oxida a CO_2 y H_2O, cerca de 2,870 kJ de energía se liberan. En el cuerpo, la oxidación se efectúa gradualmente en una forma controlada, mediante una secuencia de etapas. Cada paso está catalizado mediante un enzima e involucra un efecto energético comparativamente pequeño. Las enzimas no pueden actuar a temperaturas mayores que las del cuerpo humano.

Una parte de la energía de la oxidación de la glucosa se disipa como calor, el cual mantiene la temperatura del cuerpo. Sin embargo, cerca del 44% de la energía total disponible es capturada y almacenada. La energía es almacenada en moléculas de alta energía. La molécula más importante de este tipo es el trifosfato de adenosina conocido comunmente por sus iniciales en inglés: **ATP**

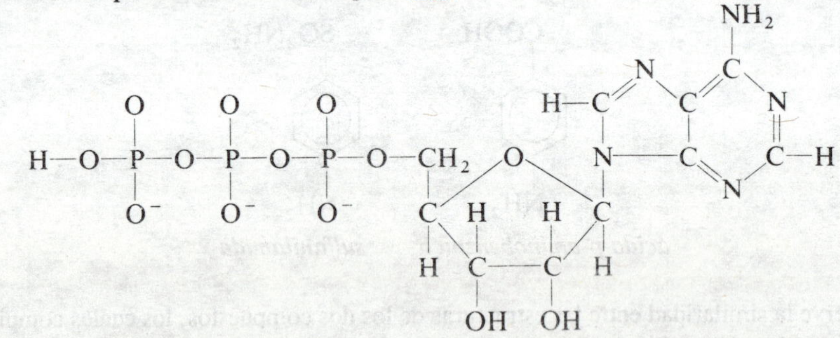

El ATP se prepara del difosfato de adenosina: ADP (conocido comunmente por sus iniciales en inglés: **ADP**). Las estructuras de los dos compuestos son las mismas, excepto que el ATP tiene tres grupos fosfato y el ADP tiene dos.

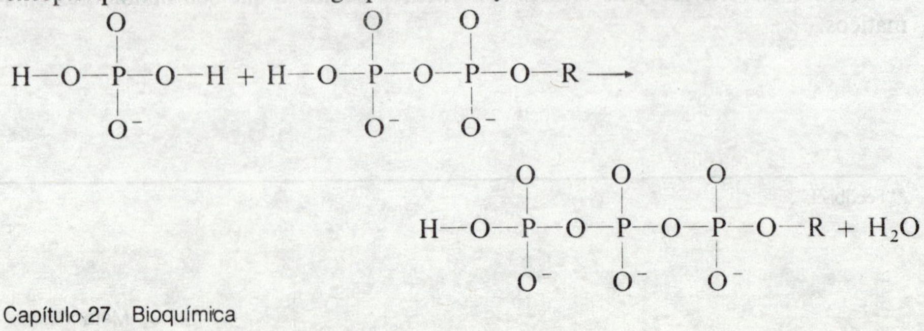

En esta ecuación, se utiliza R para indicar la parte orgánica de las moléculas.

El cambio de energía libre para la preparación del ATP a partir del ADP es cerca de +33 kJ/mol —lo cual significa que se requiere energía y que la reacción no ocurrirá por sí misma. En la celula, la reacción está **acoplada** con otra que libera más energía que la que requiere la preparación del ATP. El cambio total en energía libre de las reacciones acopladas es negativo. Los datos siguientes son típicos.

reacción de la célula	$\Delta G = -50\text{kJ}$
preparación del ATP	$\Delta G = +33\text{kJ}$ (almacenada)
reacciones acopladas	$\Delta G = -17\text{kJ}$ (perdida como calor)

La energía almacenada en el ATP se libera por el inverso de la reacción anterior. Cuando el ATP pierde un grupo fosfato, se produce el ADP y el cambio de energía libre es cerca de −33kJ. La energía liberada se usa mediante la reacción de acoplamienta para efectuar las reacciones en las cuales se sintetizan los componentes del organismo. Todas las reacciones de este tipo (reacciones anabólicas) requieren energía. La energía de la hidrólisis del ATP se usa también para producir contracciones musculares pero no se conoce el mecanismo del proceso.

La oxidación de glucosa en el cuerpo tiene lugar en muchos pasos. Varios de los pasos conducen a la produccion de una o más moléculas de ATP. En total, la oxidación de 1 mol de glucosa produce 38 moles de ATP. El proceso, por lo tanto, almacena 38×33 kJ $= 1254$ kJ de energía. Ya que la energía total liberada por la oxidación de 1 mol de glucosa es 2870 kJ

$$(1254 \text{ kJ}/2870 \text{ kJ})100 = 44\%$$

de la energía liberada se almacena.

Resumen

Los temas presentados en este capítulo son:

1. Los aminoacidos y las macromoléculas obtenidas de ellos: las proteínas. La estructura primaria, secundaria, terciaria y cuaternaria de las proteínas.

2. Las estructuras de los carbohidratos, los cuales son hidroxi-aldehídos, hidroxicetonas y sustancias obtenidas de ellos.

3. Los esteres de ácidos grasos y glicerol, grasas y aceites.

4. Los ácidos nucleicos, sus estructuras y papel en la síntesis biológica de las protenias.

5. Las enzimas, que son catalizadoras biológicas y cómo actúan: la inhibición enzimática.

6. Algunas consideraciones que involucran cambios de energía en reacciones metabólicas.

Glosario

A continuación aparecen algunos de los términos más importantes introducidos en este capitulo. Las definiciones para los términos no incluidos en estas listas pueden hallarse en el texto utilizando el índice.

Ácido desoxirribonucleico ADN (Sección 27.4). Ácido nucleico compuesto de nucleótidos que contienen unidades de desoxirribosa como el azúcar componente.

Ácidos grasos (Sección 27.3). Ácidos carboxílicos de cadenas largas, algunos son saturados y algunos contienen uno o más dobles enlaces carbono-carbono.

Acido nucleico (Sección 27.4). Polímeros de elevado peso molecular y largas cadenas formadas a partir de los nucleótidos.

Ácido ribonucleico, ARN (Sección 27.4). Ácido nucleico compuesto de nucleótidos que contienen unidades de ribosa, como el azúcar componente.

α-aminoácido (Sección 27.1). Ácido carboxílico con un grupo amino ($—NH_2$) en el átomo de carbono adyacente al grupo carboxilo (la posición α).

Anticodón (Seccion 27.4). Porción de una cadena de ARN de transferencia que contiene una secuencia de tres bases que complementan el triplete de bases de un codón de ARN mensajero. Un anticodón dado corresponde a un aminoácido específico que transporta particularmente el ARN de transferencia.

ARN de transferencia (Sección 27.4). El tipo más pequeño de un ácido nucleico hallado en la célula. Un tipo particular de ARN de transferencia lleva un aminoácido específico y tiene un anticodón que corresponde a este aminoácido.

ARN mensajero (Sección 27.4). Una cadena de ARN sintetizado en el núcleo de una célula en forma tal que el orden de las bases complementa el orden en una sección de la cadena del ADN. El ARN mensajero se desplaza del núcleo de la célula a los ribosomas, donde dirige, mediante su secuencia de codones, la síntesis de una proteína a partir de aminoácidos.

Átomo de carbono quiral (Sección 27.1). Átomo de carbono que tiene cuatro grupos diferentes unidos a él. Las moleculas que tienen un átomo de carbono de este tipo son **quirales** (sus imagenes especulares no se pueden superponer).

Carbohidratos (Sección 27.2). Oxi-aldehído, una oxicetona o una sustancia derivada de ellos.

Codón (Sección 27.4). Porción de un ARN mensajero que contiene una secuencia de tres bases que constituyen un código.

Disacárido (Sección 27.2). Molécula de un carbohidrato que está compuesta de dos unidades de monosacáridos.

Doble hélice (Sección 27.4). La estructura secundaria del ADN; una espiral hecha de dos cadenas de ADN.

El número de transformaciones (Sección 27.5). Número de moles de un reactivo transformadas por unidad de tiempo mediante la acción de la enzima.

Enzima (Sección 27.5). Un catalizador biológico.

Estructura cuaternaria de una proteína (Sección 27.1). Número de cadenas de proteínas y la forma como sus estructuras terciarias están dispuestas en la proteína completa.

Estructura primaria de una proteína (Sección 27.1). La secuencia de aminoácidos en la cadena de proteína.

Estructura secundaria de una proteína (Sección 27.1). Conformación espacial de una cadena de proteína, la cual incluye la helice α (una distribución en espiral semejante a un resorte) y la hoja plegada.

Estructura terciaria de una proteína (Sección 27.1). Disposición de las estructuras secundarias de las proteínas realizada por las interacciones entre los grupos (diferentes de las uniones peptídicas) en la cadena de proteína.

Grasas y aceites (Sección 27.3). Mezclas de ésteres de ácidos grasos y glicerol 1,2,3-propanotriol). Las grasas son sólidos a temperatura ambiente, los aceites son líquidos.

Inhibición Enzimática (Sección 27.5). Proceso en el cual la acción de una enzima se implide o retarda. En una **inhibición competitiva**, un inhibidor se combina reversiblemente con el sitio activo y, por lo tanto, compite con el sustrato. En una **inhibición no competitiva**, un inhibidor se combina en forma irreversible con el sitio activo. En una **inhibición del producto**, un producto de la reacción catalizada por la enzima actúa como inhibidor y controla la velocidad de reacción.

Lípidos (Sección 27.3). Sustancias que pueden extraerse de los materiales biológicos, por disolventes que no son polares o son ligeramente polares. La clasificación es grande e incluye las grasas, aceites, algunas vitaminas y hormonas y ciertos constituyentes de las paredes celulares.

Metabolismo (Sección 27.5). Todas las reacciones que ocurren en los organismos vivos.

Monosacárido (Sección 27.2). Azúcar simple, una molécula obtenida de la hidrólisis de un carbohidrato polímero.

Mutación (Sección 27.4). Un cambio en el ADN de una célula que finalmente resulta en una alteración de las proteínas sintetizadas por esa célula.

Nucleótido (Sección 27.4). Unidad de un ácido nucleico formada de una molécula de ácido fosfórico, una molécula de azúcar de cinco carbonos y una molécula de una base que contenga nitrógeno.

Polipéptido (Sección 27.1). Una proteína, una macromolécula formada por la condensación de varias moléculas de aminoácidos.

Polisacáridos (Sección 27.2). Una molécula de carbohidrato que contiene muchas unidades de monosacáridos; los ejemplos son almidón y celulosa, los cuales producen por hidrólisis D glucosa.

Proceso anabólico (Sección 27.6). Proceso biológico en el cual moleculas grandes se sintetizan a partir de otras pequeñas.

Proceso catabólico (Sección 27.6). Proceso biológico en el cual las sustancias se descomponen en sustacias más sencillas.

Proteína (Sección 27.1). Una macromolécula formada por aminoácidos, un polipéptido.

Reacciones acopladas (Sección 27.6). Un par de reacciones biológicas tal que una impulsa a la otra debido a que la primera reacción libera más energía de la que requiere la segunda.

Saponificación (Sección 27.3). Proceso en el cual un triglicérido o una mezcla de triglicéridos se calienta con una solución acuosa de una base para producir glicerina y las sales de los ácidos grasos (jabones)

Sitio activo (Sección 27.5). Posición sobre la superficie de una enzima en la cual se realiza la reacción.

Sustrato (Sección 27.5). Sustancia que reacciona con el sitio activo de una enzima.

Triglicérido (Sección 27.3). Grasa o aceite, un éster formado de 1 mol de glicerina y 3 moles de ácidos grasos (los cuales pueden ser iguales o diferentes).

Unión peptídica (Sección 27.1). Las uniones —CO—NH— formadas cuando los aminoácidos se combinan. El grupo amino de una molécula se une al grupo carboxílico de otra molecula con eliminación de agua.

Zwitterión, (Sección 27.1) Forma neutra de un aminoácido producido por la neutralización interna: el protón de un grupo —COOH se desplaza hacia el grupo $—NH_2$ para formar los grupos $—COO^-$ y $—NH_3^+$

Problemas*

Aminoácidos, proteínas

27.1 La alanina es el ácido 2-aminopropanoico. Escriba la estructura del polipéptido formado por tres moléculas de alanina.

27.2 Escriba una ecuación química para la reacción de valina, ácido 2-amino-3-metilbutanoico, **(a)** con H^+(ac) en solución acuosa, **(b)** con OH^-(ac) en solución acuosa, **(c)** en cual se preparó un ion anfótero (Zwitterión).

27.3 ¿Existen isómeros ópticos de la glicina (ácido 2-aminoacético)? ¿Por qué sí o por qué no?

27.4 ¿Qué quiere decir estructuras primarias, secundarias, terciarias, cuaternarias de una proteína?

27.5 ¿Qué tipos de interacciones mantienen a una proteína en sus estructuras secundaria y terciaria?

27.6 Aproximadamente, ¿cuántos residuos de aminoácidos están presentes en una proteína con un peso molecular de 1000000?

***27.7** Considere dos aminoacidos diferentes que llamaremos A y B. Si se prepara un dipéptido de estos aminoácidos, ¿cuántos ordenamientos (AA, AB, etc) son posibles? Si preparamos un polipéptido que contiene residuos de tres aminoácidos, ¿cúantos ordenamientos de estos dos aminoácidos (AAA, AAB, etc) son posibles? Si x es el número de aminoácidos diferentes usados y Y es el número de residuos de aminoácidos en un polipéptido, ¿cúal es la fórmula para el número posible de polipéptidos?

27.8 ¿Cuál es la diferencia en significado de los símbolos D y (+) aplicados a los aminoácidos?

27.9 Dé ejemplos de cada uno de los siguientes tipos de isómeros: **(a)** cadena, **(b)** posición, **(c)** grupo funcional, **(d)** geométrica, **(e)** óptica.

27.10 ¿Para cuál de los siguientes compuestos son posibles los isomeros ópticos?
(a) ácido 2-hidroxipropanoico,
(b) ácido hidroxiacético,
(c) 2-bromo-2-cloro-propano,
(d) 1 bromo-1-cloroetano,
(e) la cianohidrina preparada de la butanona?

Carbohidratos

27.11 ¿Qué es un carbohidrato?

27.12 ¿Qué es un monosacárido, un disacárido y un polisacárido?

27.13 El gliraceraldehído es el 2, 3-dihidroxipropanal. Establezca la estructura del compuesto. ¿Cuántos atomos de carbono quirales contiene la molecula? ¿Cuántos isómeros ópticos del gliceraldehído pueden existir?

27.14 El número de isómeros ópticos de un compueto es 2^n, donde n representa el número de átomos de carbono quirales en el compuesto. ¿Cuántos isómeros ópticos del 2,3,4 trihidroxibutanal deben existir? ¿Cuántos isómeros ópticos del 1,3,4-trihidroxi-2-butanona deben existir?

Grasas y aceites

27.15 Escriba una ecuación para indicar cómo puede prepararse un jabón a partir de un trigliceraldehído.

27.16 **(a)** Determine la estructura del trigliceraldehído preparado de 3 moles de ácido linolénico (Tabla 27.1) y un mol de glicerol, **(b)** describa una ecuación química para la hidrogenación de este compuesto.

27.17 **(a)** Establezca la estructura del trigliceraldehído preparado de 3 moles de ácido láurico (Tabla 27.1) y un mol de glicerina. **(b)** Escriba una ecuación química para la combustión de este compuesto en oxígeno.

27.18 ¿Cuál es la diferencia química entre una grasa y un aceite?

27.19 Si el ácido oleico, linoleico y linolénico se hidrogenasen completamente, ¿qué ácido graso resultaría? (Tabla 27.1)

Ácidos nucleicos

27.20 ¿Cuál es la diferencia entre una hélice α y una doble hélice?

27.21 ¿Son las dos cadenas de una doble helice del ADN identicas? Explique.

---

*Los problemas más difíciles están marcados por un asterisco. El apéndice G contiene las respuestas de los problemas codificados en color.

27.22 Describa el proceso mediante el cual una doble hélice del ADN se duplica en la división celular.

27.23 ¿Qué es una mutación?

27.24 Suponga que el promedio de peso molecular de un nucleótido del ARN es 340 y el promedio del peso molecular de un residuo de aminoácido hallado en una proteína es 120. ¿Cuál debe ser el peso molecular mínimo de una molécula de ARN mensajero si éste se usa para sintetizar una proteína que tiene un peso molecular de 90,000? El peso molecular es un mínimo puesto que se utiliza parte de las moléculas del ARN mensajero para sintetizar más de una proteína.

27.25 El anticodón de una molécula del ARN de transferencia que lleva el aminoácido serina es AGA **(a)** ¿Cuál es el correspondiente codón del ARN mensajero? **(b)** ¿Qué secuencia de bases sobre la cadena de ADN (pliegues) llevaría a la producción de este codón en la molécula del ARN? **(c)** ¿Qué secuencia de bases sobre el pliegue 2 del ADN de doble hélice se produciría en oposición a la porción descrita en la parte **(b)**?

Enzimas y metabolismo

27.26 ¿ Qué es el número de transformaciones de una enzima?

27.27 Compare la acción de los inhibidores competitivos y no competitivos.

27.28 Describa cómo opera la inhibición de un producto y la retroalimentación ("feedback") de inhibición. ¿Por qué son importantes para el funcionamiento de la célula?

27.29 ¿Mediante qué mecanismos se cree que funcionan las enzimas? ¿Por qué son de acción específica?

27.30 ¿Cuál es la diferencia entre procesos catabólicos y procesos anabólicos?

27.31 ¿Qué son reacciones acopladas?

27.32 ¿Qué propósito cumplen las moléculas de alta energía? ¿Cómo funcionan?

SISTEMA INTERNACIONAL DE UNIDADES (SI)

APÉNDICE A

Unidades fundamentales SI

Medidas	Unidad	Símbolo
longitud	metro	m
masa	kilogramo	kg
tiempo	segundo	[illegible]
corriente eléctrica	ampere	A
temperatura[a]	kelvin	K
cantidad de sustancia	mol	mol
intensidad lumínica	candela	cd

[a]La temperatura también puede expresarse en grados Celsius (Símbolo: °C)

Unidades suplementarias SI

Medidas	Unidad SI	
	Nombre	Símbolo
ángulo plano	radián	rad
ángulo sólido	estereorradián	sr

Prefijos SI

	Factor	Prefijo	Símbolo
10^{12}	1 000 000 000 000	tera	T-
10^{9}	1 000 000 000	giga	G-
10^{6}	1 000 000	mega	M-
10^{3}	1 000	kilo	k-
10^{2}	100	hecto	h-
10^{1}	10	deca	da-
10^{-1}	0.1	deci	d-
10^{-2}	0.01	centi	c-
10^{-3}	0.001	mili	m-
10^{-6}	0.000 001	micro	μ-
10^{-9}	0.000 000 001	nano	n-
10^{-12}	0.000 000 000 001	pico	p-
10^{-15}	0.000 000 000 000 001	fento	f-
10^{-18}	0.000 000 000 000 000 001	ato	a-

APÉNDICE B

VALORES DE ALGUNAS CONSTANTES Y FACTORES DE CONVERSIÓN

Constantes físicas

Constante	Símbolo	Valor
número de Avogadro	N_A	6.02205×10^{23}/mol
radio de Bohr	a_0	5.29177×10^{-11} m
masa del electrón en reposo	m	9.109535×10^{-28} g 5.485803×10^{-4} u
carga electrónica, unidad de carga	e	1.60219×10^{-19} C
Faraday	F	9.64846×10^{4} C
constante del gas ideal	R	8.2057×10^{-2} litro·atm/(K·mol) 8.31441 J/(K·mol)
volumen molecular del gas ideal a TPE	—	22.4138 litros
masa del neutrón en reposo	—	1.674954×10^{-24} g 1.008665 u
constante de Planck	h	6.62618×10^{-34} J·s
masa del protón en reposo	—	1.672649×10^{-24} g 1.007276 u
velocidad de la luz en el vacío	c	*2.997925×10^{8} m/s*

Factores de conversión

Unidad	Abreviatura	Definición o equivalente
Ångstrom	Å	10^{-10} m = 10^{-8} cm = 0.1 nm = 100 pm
atmósfera	atm	1.01325×10^{5} Pa(ó N/m^2) 760 torr (ó mm de mercurio)
caloría	cal	4.1840 J
coulomb	C	A·s
curie	Ci	37×10^{10}/s
electrón voltio	eV	1.6022×10^{-19} J
unidad electrostática	ues	3.33564×10^{-10} C
erg	erg	10^{-7} J
Joule	J	N·m = kg·m^2/s^2 = V·C 10^{7} erg
escala de temperatura Kelvin	K	K = °C + 273.15 punto triple del agua (0.001 °C) es 273.16 K punto de congelación del agua (0.°C) es 273.15 K
Newton	N	kg·m/s^2
Pascal	Pa	N/m^2 = kg/s^2·m
Tor (ó mm de mercurio)	tor	1.31579×10^{-3} atm 1.33322×10^{2} Pa
unidad de masa atómica unificada	u	1.660566×10^{-24} g 931.502 MeV
voltio	V	J/C = kg·m^2/(A·s^2)

NOTAS SOBRE OPERACIONES MATEMÁTICAS

APÉNDICE C

C.1 Exponentes

Un **exponente** es un superíndice adicionado a una **base.** Indica una operación matemática que se debe realizar sobre la base. En la expresión a^n, el exponente es n y la base a. Los siguientes tipos de exponentes se encuentran frecuentemente.

1. El exponente es un entero positivo. En la expresión a^n, el exponente n es el número de veces que la base a se toma como un factor en la expansión. Por consiguiente, $(n - 1)$ es el número de veces que la base se multiplica por sí misma. Por lo tanto.

$$a^4 = a \times a \times a \times a$$

2. El exponente es un entero negativo. La expresión a^{-n} es recíproca de a^n. Por ejemplo,

$$a^{-4} = \frac{1}{a^4} = \frac{1}{a \times a \times a \times a}$$

3. El exponente es una fracción del tipo 1/*n*. El valor de n es el índice de una raíz de la base. Así,

$$a^{1/2} = \sqrt{a}$$

$$a^{1/3} = \sqrt[3]{a}$$

4. El exponente es una fracción del tipo *m*/*n*. Este exponente indica dos operaciones (las de las partes 1 y 3). Por consiguiente $a^{m/n}$ es $\sqrt[n]{a^m}$

$$a^{3/2} = \sqrt{a^3} = \sqrt{a \times a \times a}$$

5. El exponente es cero. Si el valor de la base no es cero, el valor de la expresión es la unidad. Así,

$$a^0 = 1 \qquad (a \neq 0)$$

Algunas propiedades de los exponentes se resumen en las siguientes ecuaciones.

1. $a^m a^n = a^{m+n}$ Así, $a^4 a^2 = a^6$

2. $(a^m)^n = a^{mn}$ Así, $(a^4)^2 = a^8$

3. $(ab)^n = a^n b^n$ Así, $(ab)^3 = a^3 b^3$

4. $a^m/a^n = a^{m-n}$ Así, $a^5/a^2 = a^3$; $a^2/a^5 = a^{-3} = 1/a^3$ $/a^3$

5. $a^n/a^n = 1$ Así, $a^3/a^3 = 1$

C.2 Notación científica

Frecuentemente, en los estudios científicos se encuentran números muy grandes y pequeños. La velocidad de la luz en el vacío, por ejemplo, es 29,979,000,000 cm/s; y la distancia entre los centros de dos átomos de hidrógeno en una molécula de H_2 es 0.0000000075 cm. **La notación científica** se usa para simplificar el uso de cifras tan incómodas como éstas. Cuando se usa la notación científica, el valor se expresa en la forma

$$a \times 10^n$$

donde *a*, la parte decimal, es un número con un dígito a la izquierda del punto decimal y los demás a la derecha, y *n*, el exponente de 10, es un número entero positivo o negativo o cero.

Un número puede convertirse en esta forma moviendo el punto decimal hasta que haya un solo dígito sin ceros a la izquierda de ésta. Por cada sitio que el punto decimal se mueva hacia la izquierda, *n aumenta* en uno. Por cada sitio que el punto decimal se mueva hacia la derecha, *n disminuye* en uno. Por ejemplo,

$$29{,}979{,}000{,}000 \text{ cm/s} = 2.9979 \times 10^{10} \text{ cm/s}$$
$$0.0000000075 \text{ cm} = 7.5 \times 10^{-9} \text{ cm}$$

Las operaciones matematicas que comprenden números expresados en esta forma son llevadas de la siguiente manera:

1. Multiplicación. Las partes decimales se multiplican y los exponentes de 10 se suman algebraicamente.

$$(3.0 \times 10^5)(2.0 \times 10^2) = (3.0 \times 2.0) \times 10^{5+2}$$
$$= 6.0 \times 10^7$$

$$(4.0 \times 10^7)(5.0 \times 10^{-3}) = (4.0 \times 5.0) \times 10^{7+(-3)}$$
$$= 20 \times 10^4$$
$$= 2.0 \times 10^5$$

2. División. Las partes decimales se dividen y el exponente de 10 en el denominador se sustrae algebraicamente del exponente de 10 en el numerador.

$$\frac{6.89 \times 10^{-7}}{3.36 \times 10^3} = \left(\frac{6.89}{3.36}\right) \times 10^{(-7)-(+3)}$$
$$= 2.05 \times 10^{-10}$$

3. Adición y sustracción. Los números deben expresarse todos con la misma potencia de 10. La respuesta, que debe tener la misma potencia de 10, se halla sumando o sustrayendo las partes decimales.

$$\begin{aligned}(6.25 \times 10^3) + (3.0 \times 10^2) &= (6.25 \times 10^3) + (0.30 \times 10^3)\\ &= 6.55 \times 10^3\end{aligned}$$

4. Raíz cuadrada. Cuando se extrae la raíz cuadrada, el número se escribe en tal forma que el exponente de 10 es perfectamente divisible por 2. La respuesta se obtiene tomando la raíz cuadrada de la parte decimal y dividiendo la potencia de 10 por 2

$$\begin{aligned}\sqrt{2.21 \times 10^{-7}} &= \sqrt{22.1 \times 10^{-8}}\\ &= 4.70 \times 10^{-4}\end{aligned}$$

Cuando se saca la raíz cúbica, se obtiene la raíz cúbica de la parte decimal y el exponente de 10 se divide por 3:

$$\begin{aligned}\sqrt[3]{1.86 \times 10^8} &= \sqrt[3]{186 \times 10^6}\\ &= 5.71 \times 10^2\end{aligned}$$

5. Elevación a una potencia. Cuando un número se eleva al cuadrado, la parte decimal se eleva al cuadrado y el exponente de 10 se multiplica por 2.

$$\begin{aligned}(1.36 \times 10^4)^2 &= (1.36)^2 \times 10^{2(+4)}\\ &= 1.85 \times 10^8\end{aligned}$$

Cuando un número se eleva al cubo, la parte decimal se eleva al cubo y el exponente de 10 se multiplica por 3:

$$\begin{aligned}(2.06 \times 10^{-5})^3 &= (2.06)^3 \times 10^{3(-5)}\\ &= 8.74 \times 10^{-15}\end{aligned}$$

En general,

$$(a \times 10^n)^p = a^p \times 10^{p(n)}$$

C.3 Logaritmos

El logaritmo de un número es la potencia a la cual una base debe elevarse para obtener el número. Los logaritmos comunes (abreviados log) utilizan la base 10. Si

$$a = 10^n$$

$$\log a = n$$

y, por consiguiente,

$$\log 1000 = \log 10^3 = 3$$

$$\log 0.01 = \log 10^{-2} = -2$$

El logaritmo de un número que es solamente 10 elevado a una potencia es el exponente de 10. El logaritmo de un número tal como 3.540, sin embargo, no puede determinarse por inspección. Los logaritmos de los números del 1 al 10 pueden obtenerse de la tabla de logaritmos que se halla en el Apéndice D. Se han omitido los puntos decimales en esta tabla. Se supone que cada uno de los números de la lista tiene un punto decimal después del primer dígito. Cada uno de los logaritmos debe tener un punto decimal antes del valor que aparece en la tabla. El logaritmo de 3.540 es 0.5490.

El logaritmo de un número mayor de 10 o menor que 1 puede obtenerse de la siguiente forma. El número se expresa en notación científica. Por ejemplo, considere.

$$3.540 \times 10^{12}$$

puesto que los logaritmos son exponentes y puesto que $a^m a^n = a^{m+n}$, el logaritmo de este valor se obtiene sumando el logaritmo de 3.540 al logaritmo de 10^{12}. De donde,

$$\begin{aligned} \log (3.540 \times 10^{12}) &= \log 3.540 + \log 10^{12} \\ &= 0.5490 + 12 \\ &= 12.5490 \end{aligned}$$

otro ejemplo es:

$$\begin{aligned} \log (2.00 \times 10^{-5}) &= \log 2.00 + \log 10^{-5} \\ &= 0.301 + (-5) \\ &= -4.699 \end{aligned}$$

Observe que el número de digitos que siguen al punto decimal en el logaritmo escrito es igual al número de cifras significativas en el valor original.

Algunas veces es necesario hallar un **antilogaritmo**, el número que corresponda a un logaritmo dado. En tales casos, se invierte el procedimiento usado para hallar un logaritmo. El logaritmo dado se escribe en dos partes: una fracción decimal (llama **mantisa**) y un número entero positivo o negativo (llamado **característica**). Por ejemplo

$$\text{antilog}\,(3.740) = \text{antilog}\,(0.740 + 3)$$

El antilogaritmo de la mantisa (0.740) se obtiene hallando el número correspondiente a este logaritmo en la tabla (es 5.50) y el antilogaritmo de la característica (3) es simplemente 10^3. Por lo tanto,

$$\text{antilog}\,(3.740) = 5.50 \times 10^3$$

o

$$3.740 = \log (5.50 \times 10^3)$$

Todas las mantisas registradas en una tabla de logaritmos son *positivas.* Este hecho debe tenerse en cuenta cuando se halla un antilogaritmo de un número negativo. Por ejemplo, para tomar el antilogaritmo de -3.158, debemos escribir el número en forma tal que la mantisa sea positiva. Así,

$$\begin{aligned}\text{antilog}(-3.158) &= \text{antilog}(0.842 - 4)\\ &= 6.95 \times 10^{-4}\end{aligned}$$

o

$$-3.158 = \log(6.95 \times 10^{-4})$$

Puesto que los logaritmos son exponentes, las operaciones matemáticas que involucran logaritmos siguen las reglas para el uso de exponentes. Cuando se realiza cada una de las siguientes operaciones, se hallan los valores de los logaritmos en cuestión, los logaritmos se tratan como se indicó, y se obtiene como respuesta final el antilogaritmo del resultado.

1. *Multiplicación.*
2. *División.*
3. *Extracción de una raíz.*
4. *Elevación a una potencia.*

Los logaritmos que emplean la base 10 se llaman logaritmos comunes. Los **logaritmos naturales** (abreviados ln), emplean la base e, donde

$$e = 2.71828\ldots$$

La relación entre logaritmo natural y logaritmo común es

$$\ln a = 2.303 \log a$$

Así, para hallar el logaritmo natural de 6.040, multiplicamos el logaritmo común de 6.040 por 2.303:

$$\begin{aligned}\ln 6.040 &= 2.303 \log 6.040\\ &= 2.303(0.7810)\\ &= 1.7986\end{aligned}$$

Los logaritmos pueden usarse para evaluar una expresión del tipo e^n, donde e es la base del logaritmo natural. Puesto que

$$\ln a = 2.303 \log a$$

$$\log a = \frac{\ln a}{2.303}$$

y puesto que

$$\ln e^n = n$$

$$\log e^n = \frac{n}{2.303}$$

Por consiguiente,

$$e^n = \text{antilog}\,\frac{n}{2.303}$$

Por ejemplo, el valor de $e^{2.209}$ puede hallarse en la siguiente forma.

$$e^{2.209} = \text{antilog}\,\frac{2.209}{2.303} = \text{antilog}\,0.9590$$
$$= 9.100$$

C.4 Ecuaciones cuadráticas

Una ecuación algebraica de la forma

$$ax^2 + bx + c = 0$$

se llama una **ecuación cuadratica** de una variable. Una ecuación de este tipo tiene dos soluciones dadas por la **fórmula cuadrática.**

$$x = \frac{-b \pm \sqrt{b^2 - 4ac}}{2a}$$

Cuando la fórmula cuadrática se usa para hallar la respuesta a un problema químico, se obtienen dos soluciones. Una de ellas, sin embargo, debe ser desechada debido a que representa una imposibilidad física.

Suponga que x en la ecuación

$$x^2 + 0.50\,x - 0.15 = 0$$

es el número de moles de un gas que se disocia bajo un conjunto dado de condiciones. Los valores de los coeficientes son: $a = 1$, $b, = 0.50$ y $c = -0.15$; y

$$x = \frac{-0.50 \pm \sqrt{(0.50)^2 - 4(1)(-0.15)}}{2(1)}$$

$$x = \frac{-0.50 \pm 0.92}{2}$$

$$x = +0.21, -0.71$$

El valor -0.71 se desecha debido a que una cantidad negativa de una sustancia es físicamente imposible.

LOGARITMOS

APÉNDICE D

	0	1	2	3	4	5	6	7	8	9
10	0000	0043	0086	0128	0170	0212	0253	0294	0334	0374
11	0414	0453	0492	0531	0569	0607	0645	0682	0719	0755
12	0792	0828	0864	0899	0934	0969	1004	1038	1072	1106
13	1139	1173	1206	1239	1271	1303	1335	1367	1399	1430
14	1461	1492	1523	1553	1584	1614	1644	1673	1703	1732
15	1761	1790	1818	1847	1875	1903	1931	1959	1987	2014
16	2041	2068	2095	2122	2148	2175	2201	2227	2253	2279
17	2304	2330	2355	2380	2405	2430	2455	2480	2504	2529
18	2553	2577	2601	2625	2648	2672	2695	2718	2742	2765
19	2788	2810	2833	2856	2878	2900	2923	2945	2967	2989
20	3010	3032	3054	3075	3096	3118	3139	3160	3181	3201
21	3222	3243	3263	3284	3304	3324	3345	3365	3385	3404
22	3424	3444	3464	3483	3502	3522	3541	3560	3579	3598
23	3617	3636	3655	3674	3692	3711	3729	3747	3766	3784
24	3802	3820	3838	3856	3874	3892	3909	3927	3945	3962
25	3979	3997	4014	4031	4048	4065	4082	4099	4116	4133
26	4150	4166	4183	4200	4216	4232	4249	4265	4281	4298
27	4314	4330	4346	4362	4378	4393	4409	4425	4440	4456
28	4472	4487	4502	4518	4533	4548	4564	4579	4594	4609
29	4624	4639	4654	4669	4683	4698	4713	4728	4742	4757
30	4771	4786	4800	4814	4829	4843	4857	4871	4886	4900
31	4914	4928	4942	4955	4969	4983	4997	5011	5024	5038
32	5051	5065	5079	5092	5105	5119	5132	5145	5159	5172
33	5185	5198	5211	5224	5237	5250	5263	5276	5289	5302
34	5315	5328	5340	5353	5366	5378	5391	5403	5416	5428
35	5441	5453	5465	5478	5490	5502	5514	5527	5539	5551
36	5563	5575	5587	5599	5611	5623	5635	5647	5658	5670
37	5682	5694	5705	5717	5729	5740	5752	5763	5775	5786
38	5798	5809	5821	5832	5843	5855	5866	5877	5888	5899
39	5911	5922	5933	5944	5955	5966	5977	5988	5999	6010
40	6021	6031	6042	6053	6064	6075	6085	6096	6107	6117
41	6128	6138	6149	6160	6170	6180	6191	6201	6212	6222
42	6232	6243	6253	6263	6274	6284	6294	6304	6314	6325
43	6335	6345	6355	6365	6375	6385	6395	6405	6415	6425
44	6435	6444	6454	6464	6474	6484	6493	6503	6513	6522
45	6532	6542	6551	6561	6571	6580	6590	6599	6609	6618
46	6628	6637	6646	6656	6665	6675	6684	6693	6702	6712
47	6721	6730	6739	6749	6758	6767	6776	6785	6794	6803
48	6812	6821	6830	6839	6848	6857	6866	6875	6884	6893
49	6902	6911	6920	6928	6937	6946	6955	6964	6972	6981

	0	1	2	3	4	5	6	7	8	9
50	6990	6998	7007	7016	7024	7033	7042	7050	7059	7067
51	7076	7084	7093	7101	7110	7118	7126	7135	7143	7152
52	7160	7168	7177	7185	7193	7202	7210	7218	7226	7235
53	7243	7251	7259	7267	7275	7284	7292	7300	7308	7316
54	7324	7332	7340	7348	7356	7364	7372	7380	7388	7396
55	7404	7412	7419	7427	7435	7443	7451	7459	7466	7474
56	7482	7490	7497	7505	7513	7520	7528	7536	7543	7551
57	7559	7566	7574	7582	7589	7597	7604	7612	7619	7627
58	7634	7642	7649	7657	7664	7672	7679	7686	7694	7701
59	7709	7716	7723	7731	7738	7745	7752	7760	7767	7774
60	7782	7789	7796	7803	7810	7818	7825	7832	7839	7846
61	7853	7860	7868	7875	7882	7889	7896	7903	7910	7917
62	7924	7931	7938	7945	7952	7959	7966	7973	7980	7987
63	7993	8000	8007	8014	8021	8028	8035	8041	8048	8055
64	8062	8069	8075	8082	8089	8096	8102	8109	8116	8122
65	8129	8136	8142	8149	8156	8162	8169	8176	8182	8189
66	8195	8202	8209	8215	8222	8228	8235	8241	8248	8254
67	8261	8267	8274	8280	8287	8293	8299	8306	8312	8319
68	8325	8331	8338	8344	8351	8357	8363	8370	8376	8382
69	8388	8395	8401	8407	8414	8420	8426	8432	8439	8445
70	8451	8457	8463	8470	8476	8482	8488	8494	8500	8506
71	8513	8519	8525	8531	8537	8543	8549	8555	8561	8567
72	8573	8579	8585	8591	8597	8603	8609	8615	8621	8627
73	8633	8639	8645	8651	8657	8663	8669	8675	8681	8686
74	8692	8698	8704	8710	8716	8722	8727	8733	8739	8745
75	8751	8756	8762	8768	8774	8779	8785	8791	8797	8802
76	8808	8814	8820	8825	8831	8837	8842	8848	8854	8859
77	8865	8871	8876	8882	8887	8893	8899	8904	8910	8915
78	8921	8927	8932	8938	8943	8949	8954	8960	8965	8971
79	8976	8982	8987	8993	8998	9004	9009	9015	9020	9025
80	9031	9036	9042	9047	9053	9058	9063	9069	9074	9079
81	9085	9090	9096	9101	9106	9112	9117	9122	9128	9133
82	9138	9143	9149	9154	9159	9165	9170	9175	9180	9186
83	9191	9196	9201	9206	9212	9217	9222	9227	9232	9238
84	9243	9248	9253	9258	9263	9269	9274	9279	9284	9289
85	9294	9299	9304	9309	9315	9320	9325	9330	9335	9340
86	9345	9350	9355	9360	9365	9370	9375	9380	9385	9390
87	9395	9400	9405	9410	9415	9420	9425	9430	9435	9440
88	9445	9450	9455	9460	9465	9469	9474	9479	9484	9489
89	9494	9499	9504	9509	9513	9518	9523	9528	9533	9538
90	9542	9547	9552	9557	9562	9566	9571	9576	9581	9586
91	9590	9595	9600	9605	9609	9614	9619	9624	9628	9633
92	9638	9643	9647	9652	9657	9661	9666	9671	9675	9680
93	9685	9689	9694	9699	9703	9708	9713	9717	9722	9727
94	9731	9736	9741	9745	9750	9754	9759	9763	9768	9773
95	9777	9782	9786	9791	9795	9800	9805	9809	9814	9818
96	9823	9827	9832	9836	9841	9845	9850	9854	9859	9863
97	9868	9872	9877	9881	9886	9890	9894	9899	9903	9908
98	9912	9917	9921	9926	9930	9934	9939	9943	9948	9952
99	9956	9961	9965	9969	9974	9978	9983	9987	9991	9996

POTENCIALES DEL ELECTRODO ESTÁNDAR A 25°C

APÉNDICE E

Solución ácida	
Media reacción	$\mathcal{E}°$(voltios)
$Li^+ + e^- \rightleftharpoons Li$	−3.045
$K^+ + e^- \rightleftharpoons K$	−2.925
$Rb^+ + e^- \rightleftharpoons Rb$	−2.925
$Cs^+ + e^- \rightleftharpoons Cs$	−2.923
$Ra^{2+} + 2e^- \rightleftharpoons Ra$	−2.916
$Ba^{2+} + 2e^- \rightleftharpoons Ba$	−2.906
$Sr^{2+} + 2e^- \rightleftharpoons Sr$	−2.888
$Ca^{2+} + 2e^- \rightleftharpoons Ca$	−2.866
$Na^+ + e^- \rightleftharpoons Na$	−2.714
$Ce^{3+} + 3e^- \rightleftharpoons Ce$	−2.483
$Mg^{2+} + 2e^- \rightleftharpoons Mg$	−2.363
$Be^{2+} + 2e^- \rightleftharpoons Be$	−1.847
$Al^{3+} + 3e^- \rightleftharpoons Al$	−1.662
$Mn^{2+} + 2e^- \rightleftharpoons Mn$	−1.180
$Zn^{2+} + 2e^- \rightleftharpoons Zn$	−0.7628
$Cr^{3+} + 3e^- \rightleftharpoons Cr$	−0.744
$Ga^{3+} + 3e^- \rightleftharpoons Ga$	−0.529
$Fe^{2+} + 2e^- \rightleftharpoons Fe$	−0.4402
$Cr^{3+} + e^- \rightleftharpoons Cr^{2+}$	−0.408
$Cd^{2+} + 2e^- \rightleftharpoons Cd$	−0.4029
$PbSO_4 + 2e^- \rightleftharpoons Pb + SO_4^{2-}$	−0.3588
$Tl^+ + e^- \rightleftharpoons Tl$	−0.3363
$Co^{2+} + 2e^- \rightleftharpoons Co$	−0.277
$H_3PO_4 + 2H^+ + 2e^- \rightleftharpoons H_3PO_3 + H_2O$	−0.276
$Ni^{2+} + 2e^- \rightleftharpoons Ni$	−0.250
$Sn^{2+} + 2e^- \rightleftharpoons Sn$	−0.136
$Pb^{2+} + 2e^- \rightleftharpoons Pb$	−0.126
$2H^+ + 2e^- \rightleftharpoons H_2$	0.0000
$S + 2H^+ + 2e^- \rightleftharpoons H_2S$	+0.142
$Sn^{4+} + 2e^- \rightleftharpoons Sn^{2+}$	+0.15
$SO_4^{2-} + 4H^+ + 2e^- \rightleftharpoons H_2SO_3 + H_2O$	+0.172
$AgCl + e^- \rightleftharpoons Ag + Cl^-$	+0.2222
$Cu^{2+} + 2e^- \rightleftharpoons Cu$	+0.337
$H_2SO_3 + 4H^+ + 4e^- \rightleftharpoons S + 3H_2O$	+0.450
$Cu^+ + e^- \rightleftharpoons Cu$	+0.521
$I_2 + 2e^- \rightleftharpoons 2I^-$	+0.5355
$MnO_4^- + e^- \rightleftharpoons MnO_4^{2-}$	+0.564
$O_2 + 2H^+ + 2e^- \rightleftharpoons H_2O_2$	+0.6824
$Fe^{3+} + e^- \rightleftharpoons Fe^{2+}$	+0.771

Solución ácida (continuación)	
Media reacción	$\mathcal{E}°$(voltios)
$Hg_2^{2+} + 2e^- \rightleftharpoons 2Hg$	+0.788
$Ag^+ + e^- \rightleftharpoons Ag$	+0.7991
$2NO_3^- + 4H^+ + 2e^- \rightleftharpoons N_2O_4 + 2H_2O$	+0.803
$Hg^{2+} + 2e^- \rightleftharpoons Hg$	+0.854
$2Hg^{2+} + 2e^- \rightleftharpoons Hg_2^{2+}$	+0.920
$NO_3^- + 4H^+ + 3e^- \rightleftharpoons NO + 2H_2O$	+0.96
$Br_2 + 2e^- \rightleftharpoons 2Br^-$	+1.0652
$O_2 + 4H^+ + 4e^- \rightleftharpoons 2H_2O$	+1.229
$MnO_2 + 4H^+ + 2e^- \rightleftharpoons Mn^{2+} + 2H_2O$	+1.23
$Tl^{3+} + 2e^- \rightleftharpoons Tl^+$	+1.25
$Cr_2O_7^{2-} + 14H^+ + 6e^- \rightleftharpoons 2Cr^{3+} + 7H_2O$	+1.33
$Cl_2 + 2e^- \rightleftharpoons 2Cl^-$	+1.3595
$Au^{3+} + 2e^- \rightleftharpoons Au^+$	+1.402
$PbO_2 + 4H^+ + 2e^- \rightleftharpoons Pb^{2+} + 2H_2O$	+1.455
$Au^{3+} + 3e^- \rightleftharpoons Au$	+1.498
$Mn^{3+} + e^- \rightleftharpoons Mn^{2+}$	+1.51
$MnO_4^- + 8H^+ + 5e^- \rightleftharpoons Mn^{2+} + 4H_2O$	+1.51
$Ce^{4+} + e^- \rightleftharpoons Ce^{3+}$	+1.61
$2HOCl + 2H^+ + 2e^- \rightleftharpoons Cl_2 + 2H_2O$	+1.63
$PbO_2 + SO_4^{2-} + 4H^+ + 2e^- \rightleftharpoons PbSO_4 + 2H_2O$	+1.682
$Au^+ + e^- \rightleftharpoons Au$	+1.691
$MnO_4^- + 4H^+ + 3e^- \rightleftharpoons MnO_2 + 2H_2O$	+1.695
$H_2O_2 + 2H^+ + 2e^- \rightleftharpoons 2H_2O$	+1.776
$Co^{3+} + e^- \rightleftharpoons Co^{2+}$	+1.808
$S_2O_8^{2-} + 2e^- \rightleftharpoons 2SO_4^{2-}$	+2.01
$O_3 + 2H^+ + 2e^- \rightleftharpoons O_2 + H_2O$	+2.07
$F_2 + 2e^- \rightleftharpoons 2F^-$	+2.87

Solución alcalina	
Media reacción	$\mathcal{E}°$(voltios)
$Al(OH)_4^- + 3e^- \rightleftharpoons Al + 4OH^-$	−2.33
$Zn(OH)_4^{2-} + 2e^- \rightleftharpoons Zn + 4OH^-$	−1.215
$Fe(OH)_2 + 2e^- \rightleftharpoons Fe + 2OH^-$	−0.877
$2H_2O + 2e^- \rightleftharpoons H_2 + 2OH^-$	−0.82806
$Cd(OH)_2 + 2e^- \rightleftharpoons Cd + 2OH^-$	−0.809
$S + 2e^- \rightleftharpoons S^{2-}$	−0.447
$CrO_4^{2-} + 4H_2O + 3e^- \rightleftharpoons Cr(OH)_3 + 5OH^-$	−0.13
$NO_3^- + H_2O + 2e^- \rightleftharpoons NO_2^- + 2OH^-$	+0.01
$O_2 + 2H_2O + 4e^- \rightleftharpoons 4OH^-$	+0.401
$NiO_2 + 2H_2O + 2e^- \rightleftharpoons Ni(OH)_2 + 2OH^-$	+0.490
$HO_2^- + H_2O + 2e^- \rightleftharpoons 3OH^-$	+0.878

Datos de A.J. de Bethune y N.A. Swendeman Loud: "Tabla de potenciales de los electrodos y coeficientes de temperatura", págs. 414-424 en la *Enciclopedia de electroquímica* (C.A. Hampel, editor), Van Nostrand Reinhold New York, 1964; y de A.J. de Bethune y N.A. Swendeman Loud: *Potenciales de los electrodos acuosos estándar y coeficientes de temperatura*, pág. 19, C.A. Hampel, editor, Skokie, Illinois, 1964.

CONSTANTES DE EQUILIBRIO A 25°C

APÉNDICE F

F.1 Constantes de ionización

Ácidos monopróticos		
acético	$HC_2H_3O_2 \rightleftharpoons H^+ + C_2H_3O_2^-$	1.8×10^{-5}
benzoico	$HC_7H_5O_2 \rightleftharpoons H^+ + C_7H_5O_2^-$	6.0×10^{-5}
cloroso	$HClO_2 \rightleftharpoons H^+ + ClO_2^-$	1.1×10^{-2}
ciánico	$HOCN \rightleftharpoons H^+ + OCN^-$	1.2×10^{-4}
fórmico	$HCHO_2 \rightleftharpoons H^+ + CHO_2^-$	1.8×10^{-4}
hidrazoico	$HN_3 \rightleftharpoons H^+ + N_3^-$	1.9×10^{-5}
hidrociánico	$HCN \rightleftharpoons H^+ + CN^-$	4.0×10^{-10}
hidrofluórico	$HF \rightleftharpoons H^+ + F^-$	6.7×10^{-4}
hipobromoso	$HOBr \rightleftharpoons H^+ + OBr^-$	2.1×10^{-9}
hipocloroso	$HOCl \rightleftharpoons H^+ + OCl^-$	3.2×10^{-8}
nitroso	$HNO_2 \rightleftharpoons H^+ + NO_2^-$	4.5×10^{-4}

Ácidos polipróticos		
arsénico	$H_3AsO_4 \rightleftharpoons H^+ + H_2AsO_4^-$	$K_{a1} = 2.5 \times 10^{-4}$
	$H_2AsO_4^- \rightleftharpoons H^+ + HAsO_4^{2-}$	$K_{a2} = 5.6 \times 10^{-8}$
	$HAsO_4^{2-} \rightleftharpoons H^+ + AsO_4^{3-}$	$K_{a3} = 3 \times 10^{-13}$
carbónico	$CO_2 + H_2O \rightleftharpoons H^+ + HCO_3^-$	$K_{a1} = 4.2 \times 10^{-7}$
	$HCO_3^- \rightleftharpoons H^+ + CO_3^{2-}$	$K_{a2} = 4.8 \times 10^{-11}$
hidrosulfúrico	$H_2S \rightleftharpoons H^+ + HS^-$	$K_{a1} = 1.1 \times 10^{-7}$
	$HS^- \rightleftharpoons H^+ + S^{2-}$	$K_{a2} = 1.0 \times 10^{-14}$
oxálico	$H_2C_2O_4 \rightleftharpoons H^+ + HC_2O_4^-$	$K_{a1} = 5.9 \times 10^{-2}$
	$HC_2O_4^- \rightleftharpoons H^+ + C_2O_4^{2-}$	$K_{a2} = 6.4 \times 10^{-5}$
fosfórico	$H_3PO_4 \rightleftharpoons H^+ + H_2PO_4^-$	$K_{a1} = 7.5 \times 10^{-3}$
	$H_2PO_4^- \rightleftharpoons H^+ + HPO_4^{2-}$	$K_{a2} = 6.2 \times 10^{-8}$
	$HPO_4^{2-} \rightleftharpoons H^+ + PO_4^{3-}$	$K_{a3} = 1 \times 10^{-12}$
fosforoso (diprótico)	$H_3PO_3 \rightleftharpoons H^+ + H_2PO_3^-$	$K_{a1} = 1.6 \times 10^{-2}$
	$H_2PO_3^- \rightleftharpoons H^+ + H_2PO_3^{2-}$	$K_{a2} = 7 \times 10^{-7}$
sulfúrico	$H_2SO_4 \rightleftharpoons H^+ + HSO_4^-$	fuerte
	$HSO_4^- \rightleftharpoons H^+ + SO_4^{2-}$	$K_{a2} = 1.3 \times 10^{-2}$
sulfuroso	$SO_2 + H_2O \rightleftharpoons H^+ + HSO_3^-$	$K_{a1} = 1.3 \times 10^{-2}$
	$HSO_3^- \rightleftharpoons H^+ + SO_3^{2-}$	$K_{a2} = 5.6 \times 10^{-8}$

Bases		
amoníaco	$NH_3 + H_2O \rightleftharpoons NH_4^+ + OH^-$	1.8×10^{-5}
anilina	$C_6H_5NH_2 + H_2O \rightleftharpoons C_6H_5NH_3^+ + OH^-$	4.6×10^{-10}
dimetil-amina	$(CH_3)_2NH + H_2O \rightleftharpoons (CH_3)_2NH_2^+ + OH^-$	7.4×10^{-4}
hidracina	$N_2H_4 + H_2O \rightleftharpoons N_2H_5^+ + OH^-$	9.8×10^{-7}
metil-amina	$CH_3NH_2 + H_2O \rightleftharpoons CH_3NH_3^+ + OH^-$	5.0×10^{-4}
piridina	$C_5H_5N + H_2O \rightleftharpoons C_5H_5NH^+ + OH^-$	1.5×10^{-9}
trimetil-amina	$(CH_3)_3N + H_2O \rightleftharpoons (CH_3)_3NH^+ + OH^-$	7.4×10^{-5}

F.2 Productos de solubilidad

Bromuros	
$PbBr_2$	4.6×10^{-6}
Hg_2Br_2	1.3×10^{-22}
$AgBr$	5.0×10^{-13}

Carbonatos	
$BaCO_3$	1.6×10^{-9}
$CdCO_3$	5.2×10^{-12}
$CaCO_3$	4.7×10^{-9}
$CuCO_3$	2.5×10^{-10}
$FeCO_3$	2.1×10^{-11}
$PbCO_3$	1.5×10^{-15}
$MgCO_3$	1×10^{-15}
$MnCO_3$	8.8×10^{-11}
Hg_2CO_3	9.0×10^{-17}
$NiCO_3$	1.4×10^{-7}
Ag_2CO_3	8.2×10^{-12}
$SrCO_3$	7×10^{-10}
$ZnCO_3$	2×10^{-10}

Cloruros	
$PbCl_2$	1.6×10^{-5}
Hg_2Cl_2	1.1×10^{-18}
$AgCl$	1.7×10^{-10}

Cromatos	
$BaCrO_4$	8.5×10^{-11}
$PbCrO_4$	2×10^{-16}
Hg_2CrO_4	2×10^{-9}
Ag_2CrO_4	1.9×10^{-12}
$SrCrO_4$	3.6×10^{-5}

Fluoruros	
BaF_2	2.4×10^{-5}
CaF_2	3.9×10^{-11}
PbF_2	4×10^{-8}
MgF_2	8×10^{-8}
SrF_2	7.9×10^{-10}

Hidróxidos	
$Al(OH)_3$	5×10^{-33}
$Ba(OH)_2$	5.0×10^{-3}
$Cd(OH)_2$	2.0×10^{-14}
$Ca(OH)_2$	1.3×10^{-6}
$Cr(OH)_3$	6.7×10^{-31}
$Co(OH)_2$	2.5×10^{-16}
$Co(OH)_3$	2.5×10^{-43}
$Cu(OH)_2$	1.6×10^{-19}

Hidróxidos (continuación)	
$Fe(OH)_2$	1.8×10^{-15}
$Fe(OH)_3$	6×10^{-38}
$Pb(OH)_2$	4.2×10^{-15}
$Mg(OH)_2$	8.9×10^{-12}
$Mn(OH)_2$	2×10^{-13}
$Hg(OH)_2$ (HgO)	3×10^{-26}
$Ni(OH)_2$	1.6×10^{-16}
$AgOH$ (Ag_2O)	2.0×10^{-8}
$Sr(OH)_2$	3.2×10^{-4}
$Sn(OH)_2$	3×10^{-27}
$Zn(OH)_2$	4.5×10^{-17}

Yoduros	
PbI_2	8.3×10^{-9}
Hg_2I_2	4.5×10^{-29}
AgI	8.5×10^{-17}

Oxalatos	
BaC_2O_4	1.5×10^{-8}
CaC_2O_4	1.3×10^{-9}
PbC_2O_4	8.3×10^{-12}
MgC_2O_4	8.6×10^{-5}
$Ag_2C_2O_4$	1.1×10^{-11}
SrC_2O_4	5.6×10^{-8}

Fosfatos	
$Ba_3(PO_4)_2$	6×10^{-39}
$Ca_3(PO_4)_2$	1.3×10^{-32}
$Pb_3(PO_4)_2$	1×10^{-54}
Ag_3PO_4	1.8×10^{-18}
$Sr_3(PO_4)_2$	1×10^{-31}

Sulfatos	
$BaSO_4$	1.5×10^{-9}
$CaSO_4$	2.4×10^{-5}
$PbSO_4$	1.3×10^{-8}
Ag_2SO_4	1.2×10^{-5}
$SrSO_4$	7.6×10^{-7}

Sulfuros	
Bi_2S_3	1.6×10^{-72}
CdS	1.0×10^{-28}
CoS	5×10^{-22}
CuS	8×10^{-37}
FeS	4×10^{-19}
PbS	7×10^{-29}
MnS	7×10^{-16}

Sulfuros (continuación)	
HgS	1.6×10^{-54}
NiS	3×10^{-21}
Ag_2S	5.5×10^{-51}
SnS	1×10^{-26}
ZnS	2.5×10^{-22}

Otros	
$NaHCO_3$	1.2×10^{-3}
$KClO_4$	8.9×10^{-3}
$K_2[PtCl_6]$	1.4×10^{-6}
$AgC_2H_3O_2$	2.3×10^{-3}
$AgCN$	1.6×10^{-14}
$AgCNS$	1.0×10^{-12}

F.3 Constantes de inestabilidad

AlF_6^{3-}	1.4×10^{-20}
$Al(OH)_4^-$	1.3×10^{-34}
$Al(OH)^{2+}$	7.1×10^{-10}
$Cd(NH_3)_4^{2+}$	7.5×10^{-8}
$Cd(CN)_4^{2-}$	1.4×10^{-19}
$Cr(OH)^{2+}$	5×10^{-11}
$Co(NH_3)_6^{2+}$	1.3×10^{-5}
$Co(NH_3)_6^{3+}$	2.2×10^{-34}
$Cu(NH_3)_2^+$	1.4×10^{-11}
$Cu(NH_3)_4^{2+}$	4.7×10^{-15}
$Cu(CN)_2^-$	1×10^{-16}
$Cu(OH)^+$	1×10^{-8}
$Fe(CN)_6^{4-}$	1×10^{-35}
$Fe(CN)_6^{3-}$	1×10^{-42}
$Pb(OH)^+$	1.5×10^{-8}
$HgBr_4^{2-}$	2.3×10^{-22}
$HgCl_4^{2-}$	1.1×10^{-16}
$Hg(CN)_4^{2-}$	4×10^{-42}
HgI_4^{2-}	5.3×10^{-31}
$Ni(NH_3)_4^{2+}$	1×10^{-8}
$Ni(NH_3)_6^{2+}$	1.8×10^{-9}
$Ag(NH_3)_2^+$	6.0×10^{-8}
$Ag(CN)_2^-$	1.8×10^{-19}
$Ag(S_2O_3)_2^{3-}$	5×10^{-14}
$Ag(S_2O_3)_3^{5-}$	9.9×10^{-15}
$Zn(NH_3)_4^{2+}$	3.4×10^{-10}
$Zn(CN)_4^{2+}$	1.2×10^{-18}
$Zn(OH)_4^{2-}$	3.6×10^{-16}
$Zn(OH)^+$	4.1×10^{-5}

RESPUESTAS DE LOS PROBLEMAS CODIFICADOS EN COLOR

APÉNDICE G

Capítulo 1

1.5 **(a)** 137.0, **(b)** 10.00, **(c)** 0.900, **(d)** 5.0, **(e)** 112, **(f)** 0.00210

1.7 **(a)** 1×10^5 cm, **(b)** 1×10^{-6} kg, **(c)** 1.0×10^7 ns, **(d)** 1.00×10^{-16} μm

1.9 **(a)** 1×10^{-1} nm, **(b)** 1×10^2 pm, **(c)** 0.099 nm, 99 pm

1.11 1.21 km

1.13 0.954 m^3

1.16 **(a)** 1.00 m es 1.09 yardas (aumenta del 9%), **(b)** 1.00 litro es 1.06 cuartillos (aumento del 6%), **(c)** 1.00 kg es 2.20 libras (aumento del 10%)

1.18 **(a)** 200 g Pt, **(b)** 1.25×10^3 g de aleación

***1.21** **(a)** 2000 g de aleación, **(b)** 300 g Cu y 60 g Ni de residuo

1.23 89 km/hr

1.25 **(a)** 464.5 m/s, **(b)** 4.01×10^7 m, **(c)** 6.38×10^6 m

1.27 0.0570 cm^3

1.29 6.4×10^{12} g Au

1.31 **(a)** 0.858 g/cm^3, **(b)** flota

***1.33** 4.881×10^{27} g

Capítulo 2

2.8 4.480×10^{-23} g

2.10 **(a)** 4.6135 mol Pt y 0.52024 mol Ir, **(b)** 2.7783×10^{24} átomos Pt y 3.1329 $\times$ 10^{23} átomos de Ir

***2.12** Se extenderían 6.022×10^{18} km, más de 4×10^{10} veces la distancia.

2.14 **(a)** $H_3B_3S_6$, **(b)** $Na_2S_2O_4$, **(c)** V_3S_4, **(d)** $Na_8P_8O_{24}$, **(e)** C_4H_8

2.16 $LiBF_4$

2.18 C_2H_6N

2.20 $C_9H_8O_4$

2.22 $C_6O_7H_8$

2.24 **(a)** 0.210 mol C y 0.350 mol H, **(b)** C_3H_5, **(c)** 2.87 g

2.26 **(a)** 0.389 mol C, 0.389 mol H, y 0.0555 mol N, **(b)** 4.67 g C, 0.39 g H, y 0.78 g N, **(c)** 1.77 g O, **(d)** 0.111 mol O, **(e)** $C_7H_7NO_2$

2.28 $x = 3$

2.30 34.4% Ni

2.33 629 g Zn

2.35 0.6334 g Xe y 0.3666 g F

***2.38** 83.9% C, 12.0% H, y 4.1% O

2.41 **(a)** $V_2O_5 + 2H_2 \longrightarrow V_2O_3 + 2H_2O$,
(b) $2B_2O_3 + 7C \longrightarrow B_4C + 6CO$,
(c) $4Bi + 3O_2 \longrightarrow 2Bi_2O_3$,
(d) $CaC_2 + 2H_2O \longrightarrow Ca(OH)_2 + H_2C_2$,
(e) $Ba(NO_3)_2 + H_2SO_4 \longrightarrow BaSO_4 + 2HNO_3$

2.44 138.1 g H_3PO_4

2.47 3,26 g HI

2.49 73.7% Na_2SO_3

2.50 4.99 g NH_4SCN

2.53 1.29 g SF_4

2.55 **(a)** 0.2956 g Ti, **(b)** 3.807 g $TiCl_3$, **(c)** 78.80% producido

***2.57** 45.0% BaO

2.60 221 g H_2SO_4

2.63 16.0 ml de solución de H_3PO_4

2.66 0.842 g CaO

Capítulo 3

3.1 37°C

3.4 20°C

3.5 1.36 kJ/°C

3.7 139 kJ

3.9 144 J

3.11 26.7°C

3.13 873 kJ/mol

3.15 2.25 kJ/°C

3. $C_2H_6(l) + \frac{15}{2}O_2(g) \longrightarrow 6CO_2(g) + 3H_2O(l)$
$\Delta H = -3268$ kJ

3.20 19.42 kJ

3.22 +76.3 kJ

3.24 $+50.0$ kJ

3.27 -149.9 kJ

3.30 -1081.6 kJ

***3.32** -71.4 kJ

3.34 (a) $Ag(s) + \frac{1}{2}Cl_2(g) \longrightarrow AgCl(s) \quad \Delta H_f^\circ = -127$ kJ, **(b)** $\frac{1}{2}N_2(g) + O_2(g) \longrightarrow NO_2(g) \quad \Delta H_f^\circ = +33.8$ kJ, **(c)** $Ca(s) + C(grafito) + \frac{3}{2}O_2(g) \longrightarrow CaCO_3(s) \quad \Delta H_f^\circ = -1206.9$ kJ

3.36 -1125.2 kJ

3.40 (a) $CH_3OH(l) + \frac{3}{2}O_2(g) \longrightarrow CO_2(g) + 2H_2O(l)$, **(b)** -764.1 kJ

3.42 (a) $N_2H_4(l) + O_2(g) \longrightarrow N_2(g) + 2H_2O(l)$ $\Delta H = -622.4$ kJ, **(b)** $+50.6$ kJ/mol

3.45 -351.5 kJ/mol

3.48 $+96$ kJ/mol

3.51 132 kJ/mol

3.54 -23 kJ

3.58 (a) -150 kJ, **(b)** -159 kJ

Capítulo 4

4.2 (a) H^+, masa más pequeña, **(b)** Ne^{2+}, carga más elevada

***4.3 (a)** 1.82×10^{14} g/cm³, **(b)** 1.32×10^{18} g, no podría

***4.6** 2.7 cm

4.8 (a) 56 protones y 82 neutrones en el núcleo y 56 electrones fuera de el, **(b)** $^{209}_{83}Bi$

4.15 99.75% $^{51}_{23}V$ y 0.25% $^{50}_{23}V$

4.18 69.72

4.22 1.13×10^{15}/s

4.23 (a) 4.29×10^{14}/s, 2.84×10^{-19} J, **(b)** 7.50×10^{14}/s, 4.97×10^{-19} J

4.25 (a) 333 m, 5.97×10^{-28} J, **(b)** 250 nm, 7.96×10^{-16} J

4.26 251 fotones

***4.29 (a)** 4.97×10^{-19} J, **(b)** 3.59×10^{-19} J, **(c)** 5.41×10^{14}/s, 555 nm

4.31 97.24 nm

4.33 de $n = 6$ a $n = 2$

***4.37 (a)** 2.961×10^{16}/s, **(b)** 10.80 nm, **(c)** 72.93 nm y 54.02 nm

***4.42** 28, Ni

***4.46 (a)** 0.0243 nm, **(b)** 3.51×10^{-36} m

4.50 (a) 18, **(b)** imposible, **(c)** 10, **(d)** 2, **(e)** 2, **(f)** imposible, **(g)** 6

4.52 (a) 9, **(b)** 17, **(c)** 8

4.56 (a) Cl, **(b)** Mn, **(c)** Ca, **(d)** Zn, **(e)** Kr

4.59 (a) $1s^2\,2s^2\,2p^6\,3s^2\,3p^6\,3d^{10}\,4s^2\,4p^6\,5s^2$, **(b)** $1s^2\,2s^2\,2p^6\,3s^2\,3p^6\,3d^{10}\,4s^2\,4p^6\,4d^{10}\,5s^2\,5p^2$, **(c)** $1s^2\,2s^2\,2p^6\,3s^2\,3p^6\,3d^{10}\,4s^2\,4p^6\,4d^{10}\,4f^6\,5s^2\,5p^6\,6s^2$, **(d)** $1s^2\,2s^2\,2p^6\,3s^2\,3p^6\,3d^8\,4s^2$, **(e)** $1s^2\,2s^2\,2p^6\,3s^2\,3p^6\,3d^{10}\,4s^2\,4p^6\,4d^{10}\,4f^{14}\,5s^2\,5p^6\,5d^1\,6s^2$, **(f)** $1s^2\,2s^2\,2p^6\,3s^2\,3p^6\,3d^{10}\,4s^2\,4p^6\,4d^{10}\,4f^{14}\,5s^2\,5p^6\,5d^{10}\,6s^2$

4.60 (a) 0, **(b)** 2, **(c)** 6, **(d)** 2, **(e)** 1, **(f)** 0

Capítulo 5

5.4 (a) Si, **(b)** Sn, **(c)** Ga, **(d)** Al, **(e)** Mg, **(f)** Si, **(g)** Si

5.11 (a) Sr, **(b)** Sn, **(c)** Sb, **(d)** Sb, **(e)** Se, **(f)** S, **(g)** Ar

5.18 (a) Na, **(b)** Ar, **(c)** Na, **(d)** Cl, **(e)** Ar, **(f)** Na, Mg, Al

5.19 -824 kJ/mol

5.22 -603 kJ/mol

5.27 (a) $1s^2\,2s^2\,2p^6$, **(b)** $1s^2\,2s^2\,2p^6\,3s^2\,3p^6\,3d^4$, **(c)** $1s^2\,2s^2\,2p^6\,3s^2\,3p^6\,3d^7$, **(d)** $1s^2\,2s^2\,2p^6\,3s^2\,3p^6\,3d^{10}\,4s^2\,4p^6\,4d^8$, **(e)** $1s^2\,2s^2\,2p^6\,3s^2\,3p^6\,3d^{10}\,4s^2\,4p^6\,4d^{10}$, **(f)** $1s^2\,2s^2\,2p^6\,3s^2\,3p^6\,3d^{10}\,4s^2\,4p^6\,4d^{10}\,5s^2\,5p^6$

5.28 (a) 0, 4, 3, 2, 0, 0, **(b)** diamagnético: Mg^{2+}, Ag^+, I^-; paramagnético: Cr^{2+}, Co^{2+}, Pd^{2+}

5.31 (a) *Kr*: Se^{2-}, Br^-, Rb^+, Sr^{2+}, Y^{3+}, **(b)** Zn^{2+}: Cu^+, Ga^{3+}, **(c)** *Zn*: Ga^+, Ge^{2+}, As^{3+}, **(d)** O^{2-}: N^{3-}, F^-, Na^+, Mg^{2+}, Al^{3+}, **(e)** Ca^{2+}: P^{3-}, S^{2-}, Cl^-, K^+, Sc^{3+}

5.36 (a) Cs^+, **(b)** S^{2-}, **(c)** S^{2-}, **(d)** Cr^{2+}, **(e)** Ag, **(f)** Ag^+

5.38 (a) Cr_2O_3, **(b)** $Ca_3(PO_4)_2$, **(c)** $Ag_2Cr_2O_7$, **(d)** $Mg(ClO_3)_2$, **(e)** $Ni(NO_3)_2$, **(f)** $ZnCO_3$

5.40 (a) sulfato de manganeso (II), **(b)** fosfato de magnesio, **(c)** carbonato de plomo (II), **(d)** cloruro de mercurio (II), **(e)** peróxido de sodio, **(f)** sulfato de aluminio

Capítulo 6

6.3 (a) los átomos de la primera estructura no tienen cargas formales

(b)

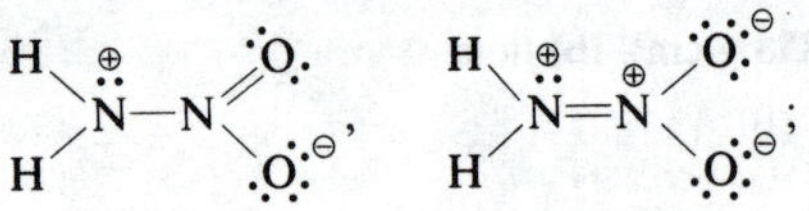

la segunda estructura viola la regla de la carga adyacente

6.4

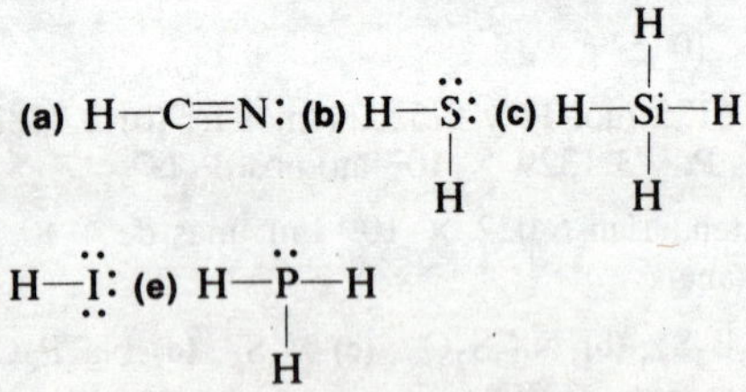

6.7

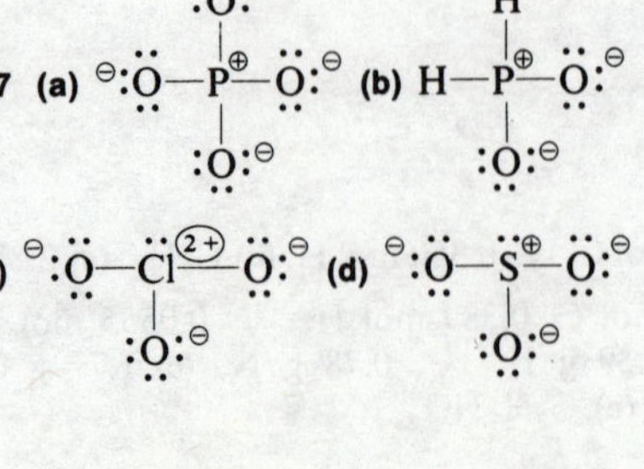

(e) 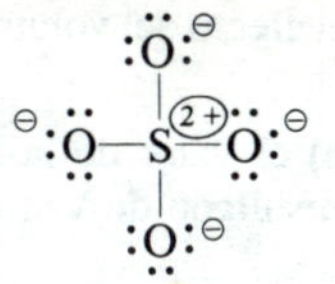

6.10 **(a)** 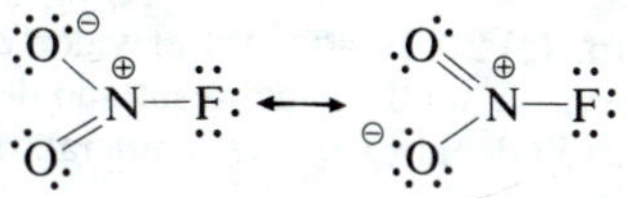

(b) 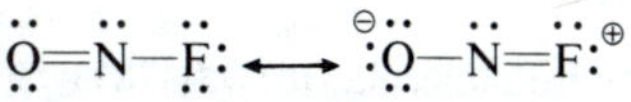

(c) 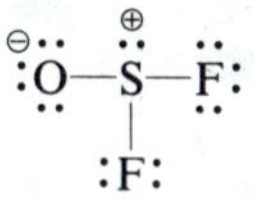 (no hay resonancia)

(d) 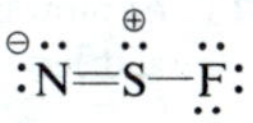 (no hay resonancia)

(e) 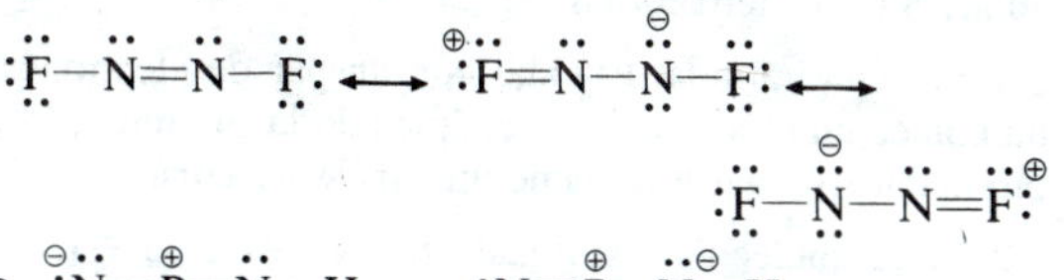

6.13 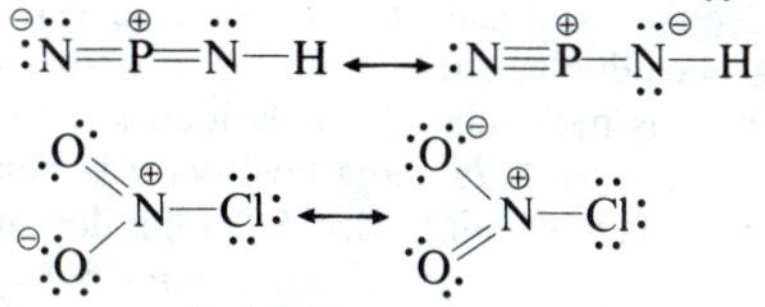

6.19 

6.24 **(a)** $CuCl_2$, **(b)** MgSe, **(c)** LiI, **(d)** $PbCl_4$, **(e)** CdI_2, **(f)** Al_2S_3, **(g)** SnI_2

6.26 5.86%

6.31 La diferencia en electronegatividad aparece entre paréntesis. **(a)** iónica (2.0), **(b)** covalente —muy baja polaridad (0), **(c)** covalente —polaridad moderada (0.8), **(d)** covalente —baja polaridad (0.4), **(e)** covalente —baja polaridad (0.4), **(f)** covalente —muy baja polaridad (0), **(g)** covalente —baja polaridad (0.2), **(h)** covalente —polaridad moderada (1.0), **(i)** iónica (2.1)

6.34 **(a)** BrF_5, **(b)** S_2Cl_2, **(c)** P_4N_4, **(d)** TeF_6, **(e)** S_5N_2

6.36 **(a)** pentacloruro fosforoso, **(b)** pentóxido de diyoduro, **(c)** tetrafluoruro de silicio, **(d)** trióxido de azufre, **(e)** tetranitruro de tetrasulfuro

Capítulo 7

7.3 Los números entre paréntesis son: número total de pares de electrones, número de pares de enlace y número de pares de no enlace. **(a)** BH_4^- (4,4,0) tetraédrico, **(b)** XeF_5^- (6,5,1) cuadrado piramidal, **(c)** $BeCl_2$ (2,2,0) lineal, **(d)** SbF_2^+ (3,2,1) angular, **(e)** $SnCl_3^-$ (4,3,1) trigonal piramidal, **(f)** AsH_3 (4,3,1) trigonal piramidal, **(g)** TeF_4 (5,4,1) irregular tetraédrico, **(h)** If_3 (5,3,2) en forma de T, **(i)** SiF_5^- (5,5,0) trigonal piramidal

7.4 **(a)** sp^3, **(b)** d^2sp^3, **(c)** sp, **(d)** sp^2, **(e)** sp^3, **(f)** sp^3, **(g)** dsp^3, **(h)** dsp^3, **(i)** dsp^3

7.7 Los números entre paréntesis son: número total de pares de electrones, número de pares de enlace y número de pares de no enlace. **(a)** $BiCl_5^{2-}$ (6,5,1) cuadrado piramidal, **(b)** SeF_5^- (6,5,1) cuadrado piramidal, **(c)** ClF_2^+ (4,2,2) angular, **(d)** $InCl_2^+$ (2,2,0) lineal, **(e)** BeF_3^- (3,3,0) triangular plano, **(f)** GeF_2 (3,2,1) angular, **(g)** AsF_4^- (5,4,1) tetraédrico irregular, **(h)** XeF_2 (5,2,3) lineal, **(i)** AsH_4^- (4,4,0) tetraédrico

7.8 **(a)** d^2sp^3, **(b)** d^2sp^3, **(c)** sp^3, **(d)** sp, **(e)** sp^2, **(f)** sp^2, **(g)** dsp^3, **(h)** dsp^3, **(i)** sp^3

7.11 **(a)** 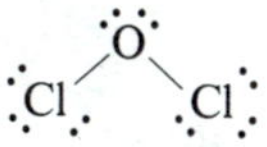 **(b)** 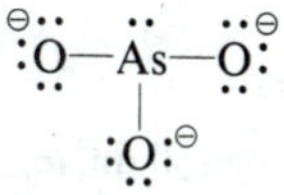

angular *trigonal piramidal*

(c) 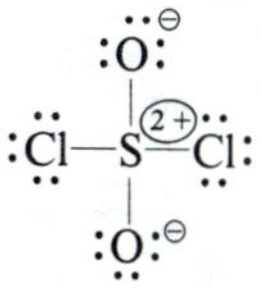 **(d)** 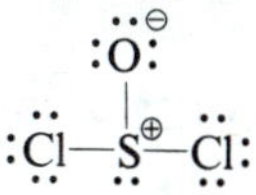

tetraédrico *trigonal piramidal*

(e) 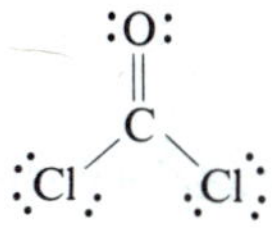 **(f)** 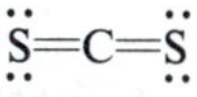

triangular plano *lineal*

7.15 **(a)** 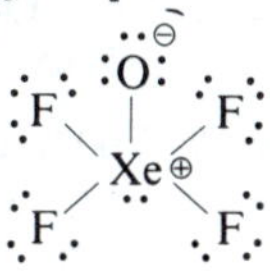 **(b)** 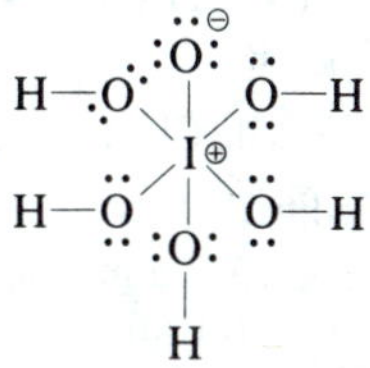

cuadrado piramidal *octaédrico*

(c) 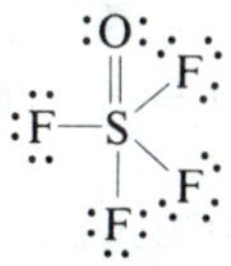 **(d)** 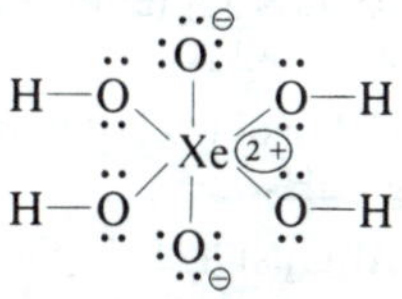

trigonal bipiramidal *octaédrico*

7.19

	H_2	H_2^+	HHe	He_2	He_2^+
σ^*1s			↑	↑↓	↑
$\sigma 1s$	↑↓	↑	↑↓	↑↓	↑↓
orden de enlace:	1	0.5	0.5	0	0.5

el He_2 no existe

7.22 **(a)**

	C_2	C_2^{2-}
σ^*2p		
π^*2p		
$\sigma 2p$		↑↓
$\pi 2p$	↑↓ ↑↓	↑↓ ↑↓
σ^*2s	↑↓	↑↓
$\sigma 2s$	↑↓	↑↓

(b) orden de enlace: C_2, 2; C_2^{2-}, 3; **(c)** C_2^{2-} es isoelectrónico con N_2

7.25 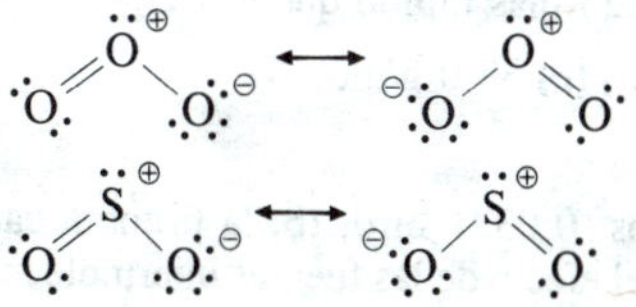

7.25 La resonancia explica las distancias de enlace en el O_3. Puesto que no existen orbitales *d* en el nivel de valencia del átomo de O, las interacciones $p\pi$-$d\pi$ son imposibles en el O_3. Existen orbitales *d* en el nivel de valencia del átomo de S, y el acortamiento extra de los enlaces en SO_2 es causado por las interacciones $p\pi$-$d\pi$.

Capítulo 8

8.3 **(a)** 750 ml, **(b)** 150 ml, **(c)** 1.50×10^3 ml

8.5 1.00×10^3 balones

8.7 **(a)** 4.04 litros,

8.10 **(a)** 2.34 atm, **(b)** 1.22×10^3°C, **(c)** -49°C

8.12 205 ml

8.14 346°C

8.17 5.97 litros

8.19 0.474 atm

8.21 34.1 g/mol

8.24 30.0 litros de CH_4, 45.0 litros de O_2, 30.0 litros de NH_3, 90.0 litros de H_2O

8.26 $4\,NH_3(g) + 5\,O_2(g) \longrightarrow 4\,NO(g) + 6\,H_2O(g)$, 40.0 litros de NO

8.28 0.50 litros de Cl_2, 1.50 litros de N_2, 9.00 litros de HCl

8.31 5.71 g/litro

8.34 **(a)** 8.0×10^{-5} g/m^3, **(b)** 1.2×10^{-6} mol SO_2/m^3, **(c)** 2.7×10^{-8} atm, **(d)** 2.7×10^{-6} %

8.36 **(a)** $10\,Na(s) + 6\,N_2O(g) + 2\,NH_3(l) \longrightarrow 4\,NaN_3(s) + 6\,NaOH(s) + N_2(g)$, **(b)** 6.20×10^3 ml N_2O, **(c)** 1.03×10^3 ml N_2

8.38 **(a)** $CaH_2(s) + 2\,H_2O(l) \longrightarrow 2\,H_2(g) + Ca(OH)_2(s)$, **(b)** 4.70 g CaH_2

8.40 **(a)** $Al_4C_3(s) + 12\,H_2O(l) \longrightarrow 3\,CH_4(g) + 4\,Al(OH)_3(s)$, **(b)** 1.00 litro de CH_4

8.42 0.507 litros de gas

8.45 **(a)** 0.125 mol de hidrocarburo, 0.8125 mol de O_2, 0.500 mol de CO_2, 0.625 mol de H_2O, **(b)** 2(hidrocarburos), 13 O_2, 8(CO_2), 10 (H_2O) **(c)** $2\,C_4H_{10}(g) + 13\,O_2(g) \longrightarrow 8\,CO_2(g) + 10\,H_2O(l)$

8.47 $p_{N_2O} = 0.194$ atm, $p_{N_2} = 0.306$ atm

8.49 **(a)** $X_{CO} = 0.250$, $X_{CO_2} = 0.750$, **(b)** 0.262 mol, **(c)** 1.83 g CO, 8.65 g CO_2

8.51 91.1 ml

***8.54** **(a)** 1.38 mol, **(b)** $(1 - x)$ mol de N_2O_4 no disociado, $2x$ mol NO_2 producido; por lo tanto, 0.62 mol de N_2O_4 y 0.76 mol de NO_2, **(c)** $X_{N_2O_4} = 0.45$, $X_{NO_2} = 0.55$, **(d)** $P_{N_2O_4} = 0.45$ atm, $p_{NO_2} = 0.55$ atm

8.58 279 m/s a 100 K, 624 m/s a 500 K

8.60 El CO fluye 1.25 más rápido que el CO_2

8.62 **(a)** 1.19 g/litro, **(b)** 58.0 g/mol

8.64 0.900 g/litro

8.68 **(a)** 0.514 litros, 0.0321 litro, **(b)** la primera causada principalmente por el efecto de las fuerzas intermoleculares, la segunda causada principalmente por el efecto del volumen molecular, **(c)** 0.611, 1.31

8.70 **(a)** 22.41 atm, **(b)** 21.94 atm, **(c)** el valor de la ley del gas ideal se desvía en un 2% del resultado de van der Waals.

8.72 **(a)** 30.62 atm, **(b)** 30.48 atm, **(c)** el valor de la ley del gas ideal se desvía en un 0.5% del resultado de van der Waals. Mejor acuerdo debido a que la temperatura es más elevada.

8.74 **(a)** 1.77×10^{-26} litro/molécula, **(b)** 0.0478%

Capítulo 9

9.2 **(a)** OF_2 es angular, BeF_2 es lineal, **(b)** PF_3 es piramidal trigonal, BF_3 es plano triangular, **(c)** SF_4 es tetraédrico irregular, SnF_4 es tetraédrico

9.5 PF_3 es piramidal trigonal con un par de electrones de no enlace en el átomo P en el ápice de la pirámide; PF_5 es piramidal trigonal y no tiene un par de no enlace.

9.7 Cada molécula es lineal: S$=$C$=$O, O$=$C$=$O, S$=$C$=$S. Ambos dobles enlaces son los mismos en CO_2 y en CS_2, y en estas moléculas, las polaridades del enlace se cancelan (los centros de la carga positiva y la negativa caen en el centro de la molécula). En el SCO, los dos enlaces no son idénticos (S$=$C es prácticamente no polar), las polaridades del enlace no se cancelan y la molécula tiene un dipolo.

9.9 Los fuerzas de London aumentan en el mismo orden; I_2 es la mayor molécula, tiene las fuerzas de London más fuertes y el punto de fusión más elevado.

9.12 El ion HF^- consiste en una molécula HF y un ion F^- unidos por un enlace de hidrógeno: F—H · · · F^-

9.14 El anión de una sal de ácido (por ejemplo HSO_4^-) contiene un átomo de H con el cual puede enlazarse mediante el H con las moléculas de H_2O.

9.16 Puesto que las moléculas son similares, las fuerzas de London de cada una son similares. Sin embargo, los átomos de H y los pares de electrones de los grupos —NH_2 pueden entrar al enlace de hidrógeno. Puesto que el $H_2NCH_2CH_2CH_2NH_2$ tiene *dos* grupos —NH_2, el enlace mediante hidrógeno es más extenso en este compuesto.

9.20 El punto de ebullición es la temperatura a la cual la presión de vapor de un líquido es igual a la presión del ambiente. La temperatura a la cual la presión de vapor de un líquido equivale a 1 atm se llama el punto de ebullición normal. A 0.50 atm, los puntos de ebullición son: éter dietílico, 15°C; alcohol etílico, 60°C; agua, 80.3°C.

9.24 **(a)** A -1°C: vapor $\rightarrow$ sólido a 5.5×10^{-3} atm, sólido $\rightarrow$ líquido a 33 atm, **(b)** a 50°C: vapor $\rightarrow$ líquido a 0.1 atm, **(c)** a -50°C: vapor $\rightarrow$ sólido a 4×10^{-5} atm

9.26 **(a)** A -60°C: vapor $\rightarrow$ sólido a 4.0 atm, **(b)** a 0°C: vapor $\rightarrow$ líquido a 34 atm

9.28 Un aumento en la presión sobre el equilibrio del sistema sólido-líquido hace que el equilibrio cambie a una forma más densa. Si el sólido es la forma más densa, la sustancia se congelará (la curva se inclina a la derecha); si el líquido es la forma más densa, la sustancia se derretirá (la curva se inclina a la izquierda).

9.31 **(a)** red, **(b)** metálica, **(c)** London, **(d)** iónica, **(e)** London, **(f)** London y dipolo-dipolo

9.33 **(a)** BrF. La diferencia en electronegatividad es mayor para el BrF que para el ClF; las fuerzas dipolo-dipolo son más fuertes. La nube de electrones del BrF es mayor que la del ClF; las fuerzas de London son más fuertes. **(b)** BrCl. Las fuerzas de London son más fuertes en el BrCl. Las fuerzas dipolo-dipolo existen entre las moléculas de BrCl pero no entre las moléculas de Cl_2. **(c)** CsBr. Las fuerzas iónicas son más fuertes que las de London o dipolo-dipolo. **(d)** Cs. El enlace metálico es más fuerte que las atracciones de London. **(e)** C (diamante). El enlace de red es más fuerte que las fuerzas de London.

9.36 1.45 g/cm^3

9.38 pila de 1 átomo/unidad, cúbica sencilla

9.40 55.8

9.42 316 pm

9.45 un cubo de 2.169 cm sobre un borde

9.46 128 pm

9.49 348 pm

9.51 70.8 pm

9.53 14.9°, 30.9°

9.55 **(a)** un ion de Cs^+, un ion de Cl^-, **(b)** 412 pm **(c)** 357 pm

***9.58** **(a)** 385 pm, **(b)** 6.98 g/cm^3

9.61 NiS, BaO, CaS, NaBr, AgCl, KCl

***9.63** **(a)** 0.5%, **(b)** 8.241 g/cm^3, **(c)** 8.235 g/cm^3

***9.65** **(a)** 58.41 g/mol, **(b)** 0.08%

Capítulo 10

10.2 **(a)** CH_3OH, **(b)** NaCl, **(c)** CH_3F

10.5 **(a)** Fe^{3+}, **(b)** Li^+, **(c)** F^-, **(d)** Sn^{2+}, **(e)** Al^{3+}, **(f)** Mg^{2+}

10.8 −47 kJ/mol

10.10 −785 kJ/mol; energía requerida para separar moléculas de agua entre sí y energía liberada cuando las moléculas de agua hidratan los iones.

10.12 4.81×10^{-2} mol CO_2, 2.12 g CO_2

***10.15** $m = 100\,M/(100x - xy)$

10.16 CH_3OH, 0.294; H_2O, 0.706

10.19 71.4% $C_6H_{12}O_6$

10.21 7.01 g KOH

10.23 **(a)** 50.6 g HBr conc, **(b)** 33.7 ml HBr conc.

10.25 **(a)** 5.51 *M*, **(b)** 6.93 *m*

10.27 3.35 *M* HCl

10.29 25.5 ml H_3PO_4 conc.

10.31 0.316 *M* HNO_3

10.35 0.264 atm

10.36 0.514

10.39 70 g/mol

10.42 **(a)** 0.434 atm, **(b)** negativo, **(c)** evolucionado, **(d)** ebullición máxima

10.45 333 g $C_2H_4(OH)_2$

10.47 −1.75°C

10.49 122 g/mol

***10.52** **(a)** N_2, 0.800 atm; O_2, 0.200 atm, **(b)** N_2, 1.49×10^{-5}; O_2, 7.97×10^{-6}, **(c)** −0.0024°C

10.54 27 g $C_3H_5(OH)_3$

10.56 62.0 g/mol

10.59 2.91 atm

10.61 6.70×10^3 g/mol

10.63 **(a)** 0.0106 atm, **(b)** 11.0 cm

10.65 27.1 atm

10.67 2.67

10.69 −0.242°C

Capítulo 11

11.1 **(a)** $Zn^{2+} + S^{2-} + 2H^+ + 2Cl^- \longrightarrow H_2S(g) + Zn^{2+} + 2Cl^-$,
(b) $2Na^+ + CO_3^{2-} + Sr^{2+} + 2C_2H_3O_2^- \longrightarrow SrCO_3(s) + 2Na^+ + 2C_2H_3O_2^-$,
(c) $Sn^{2+} + 2Cl^- + 2NH_4^+ + SO_4^{2-} \longrightarrow$ N.R.,
(d) $Mg^{2+} + 2NO_3^- + Ba^{2+} + 2OH^- \longrightarrow Mg(OH)_2(s) + Ba^{2+} + 2NO_3^-$, **(e)** $3Na^+ + PO_4^{3-} + 3H^+ + 3Br^- \longrightarrow H_3PO_4 + 3Na^+ + 3Br^-$

11.6 **(a)** 6+, **(b)** 6+, **(c)** 5+, **(d)** 1+, **(e)** 4+, **(f)** 2−, **(g)** 3+, **(h)** 5+

11.8 **(a)** 3+, **(b)** 3+, **(c)** 4+, **(d)** 5+, **(e)** 4+, **(f)** 5+, **(g)** 3+, **(h)** 5+

11.10 Oxidado (agente reductor): **(a)** Zn, **(b)** $SbCl_3$, Reducido (agente oxidante): **(a)** Cl_2, **(b)** $ReCl_5$, **(c)** $CuCl_2$

(d) O_2, **(e)** WO_3

11.12 **(a)** $H_2O + 4MnO_4^- + 3ClO_2^- \longrightarrow 4MnO_2 + 3ClO_4^- + 4OH^-$,
(b) $8H^+ + Cr_2O_7^{2-} + 3H_2S \longrightarrow 2Cr^{3+} + 3S + 7H_2O$,
(c) $6H_2O + P_4 + 10HOCl \longrightarrow 4H_3PO_4 + 10Cl^- + 10H^+$,
(d) $3Cu + 8H^+ + 2NO_3^- \longrightarrow 3Cu^{2+} + 2NO + 4H_2O$,
(e) $PbO_2 + 4HI \longrightarrow PbI_2 + I_2 + 2H_2O$

11.15 **(a)** $6H_2O + 4AsH_3 + 24Ag^+ \longrightarrow As_4O_6 + 24Ag + 24H^+$,
(b) $14H^+ + 2Mn^{2+} + 5BiO_3^- \longrightarrow 2MnO_4^- + 5Bi^{3+} + 7H_2O$,
(c) $4H^+ + 2NO + 4NO_3^- \longrightarrow 3N_2O_4 + 2H_2O$,
(d) $11H^+ + 2MnO_4^- + 5HCN + 5I^- \longrightarrow 2Mn^{2+} + 5ICN + 8H_2O$,
(e) $12H^+ + 3Zn + 2H_2MoO_4 \longrightarrow 3Zn^{2+} + 2Mo^{3+} + 8H_2O$

11.17 **(a)** $6H^+ + ClO_3^- + 6I^- \longrightarrow Cl^- + 3I_2 + 3H_2O$,
(b) $10H^+ + 4Zn + NO_3^- \longrightarrow 4Zn^{2+} + NH_4^+ + 3H_2O$
(c) $3H_3AsO_3 + BrO_3^- \longrightarrow 3H_3AsO_4 + Br^-$,
(d) $2H_2SeO_3 + H_2S \longrightarrow 2Se + HSO_4^- + H^+ + 2H_2O$,
(e) $4H_2O + 2ReO_2 + 3Cl_2 \longrightarrow 2HReO + 6Cl^- + 6H^+$

11.21 **(a)** $8OH^- + S^{2-} + 4I_2 \longrightarrow SO_4^{2-} + 4H_2O + 8I^-$,

(b) $H_2O + 3CN^- + 2MnO_4^- \longrightarrow 3CNO^- + 2MnO_2 + 2OH^-$,
(c) $2H_2O + 4Au + 8CN^- + O_2 \longrightarrow 4Au(CN)_2^- + 4OH^-$,
(d) $H_2O + Si + 2OH^- \longrightarrow SiO_3^{2-} + 2H_2$,
(e) $4OH^- + 2Cr(OH)_3 + 3BrO^- \longrightarrow 2CrO_4^{2-} + 3Br^- + 5H_2O$

11.23 **(a)** $OH^- + 5HClO_2 \longrightarrow 4ClO_2 + Cl^- + 3H_2O$,
(b) $8OH^- + 8MnO_4^- + I^- \longrightarrow 8MnO_4^{2-} + IO_4^- + 4H_2O$,
(c) $4OH^- + 2H_2O + P_4 \longrightarrow 2HPO_3^{2-} + 2PH_3$,
(d) $OH^- + SbH_3 + 3H_2O \longrightarrow Sb(OH)_4^- + 3H_2$,
(e) $CO(NH_2)_2 + 3OBr^- \longrightarrow CO_2 + N_2 + 3Br^- + 2H_2O$

11.26 **(a)** $Pbs + 4H_2O_2 \longrightarrow PbSO_4 + 4H_2O$,
(b) $4OH^- + 2Cr(OH)_3 + 3H_2O_2 \longrightarrow 2CrO_4^{2-} + 8H_2O$,
(c) $6H^+ + 2MnO_4^- + 5H_2O_2 \longrightarrow 2Mn^{2+} + 5O_2 + 8H_2O$,
(d) $Ag_2O + H_2O_2 \longrightarrow 2Ag + O_2 + H_2O$

11.32 **(a)** ácido hipobromoso, **(b)** bromato de potasio, **(c)** ácido hidrobrómico, **(d)** nitrato de sodio, **(e)** sulfato de hidrógeno y potasio, **(f)** sulfato de potasio, **(g)** carbonato de hidrógeno y sodio, **(h)** fosfato dihidrógeno de sodio, **(i)** nitrato de cobre (II)

11.35 **(a)** Cl_2O_7, **(b)** N_2O_3, **(c)** SO_2, **(d)** B_2O_3, **(e)** Al_2O_3, **(f)** ZnO, K_2O

11.38 0.3858 *M*

11.40 41.28% $Mg(OH)_2$

11.42 69.5% $KHC_8H_4O_4$

11.44 **(a)** 0.0448 g NaCl, **(b)** 0.895% NaCl

11.46 **(a)** $3N_2H_4 + 2BrO_3^- \longrightarrow 3N_2 + 2Br^- + 6H_2O$, **(b)** 24.0% N_2H_4

11.49 **(a)** 1/4, **(b)** 1/6, **(c)** 1/5, **(d)** 1/6, **(e)** 1/2, **(f)** 1/4

11.51 6.00 *M* HCl, 3.00 *M* H_2SO_4, 2.00 *M* H_3PO_4

11.53 0.409 *N*

11.55 **(a)** 90.0 g, **(b)** uno

11.57 **(a)** 0.1200 *N* $K_2Cr_2O_7$, **(b)** 0.0750 *N* $KMnO_4$, **(c)** 0.0150 *M* $KMnO_4$

Capítulo 12

12.2 **(a)** velocidad de formación de C = k[A][B], **(b)** 0.016 litros/(mol·s)

12.4 **(a)** k = 0.100 mol/(litro·s), velocidad = 0.100 mol/(litro·s), **(b)** k = 0.100/s, velocidad = 0.0050 mol/(litros·s), **(c)** k = 0.100 litros/(mol·s), velocidad = 0.00025 mol/(litros·s)

12.6 **(a)** 3/16 de la velocidad original, **(b)** cero, **(c)** 2/27 de la velocidad original, **(d)** 4 veces la velocidad original, **(e)** 8 veces la velocidad original

12.12 paso 1: ICl + $H_2 \rightarrow$ HCl + HI; paso 2: HI + ICl $\rightarrow$ HCl + I_2

***12.14** [A*] = (k_1/k_2)[A]; por lo tanto, la velocidad = (k_1k_3/k_2)[A]

12.18 cadena iniciadora: $Cl_2 \rightarrow 2Cl$; cadena propagadora: $Cl + CH_4 \rightarrow CH_3 + HCl$, $CH_3 + Cl_2 \rightarrow CH_3Cl + Cl$; cadena terminal: $2Cl \rightarrow Cl_2$, $2CH_3 \rightarrow C_2H_6$, $CH_3 + Cl \rightarrow CH_3Cl$

12.21 266 kJ/mol

12.24 7.9 × 10^5 litros/(mol·s)

12.26 4.7 × 10^{-3} litros/(mol·s)

12.28 668 K

12.30 52.3 kJ/mol

Capítulo 13

13.2 **(a)** izquierda, **(b)** izquierda, **(c)** izquierda, **(d)** izquierda, **(e)** izquierda

13.3 endotérmica

13.6 **(a)** disminución, **(b)** aumento, **(c)** aumento, **(d)** ningún efecto, **(e)** disminución, **(f)** disminución, **(g)** ningún efecto, **(h)** ningún efecto, **(i)** ningún efecto

13.8 61

13.10 **(a)** $[Cl_2]$ = 0.050 mol/litro, $[PCl_5]$ = 0.60 mol/litro, **(b)** 0.042 mol/litro

13.12 7.6 × 10^{-4} mol/litro

13.14 5.5 × 10^{-4} mol/litro

13.16 $[H_2] = [I_2]$ = 0.319 mol/litro, [HI] = 2.362 mol/litro

13.18 0.025 mol/litro

13.20 **(a)** [CO] = $[H_2O]$ = 0.0335 mol/litro, **(b)** 3.94, **(c)** 3.94

13.22 **(a)** 2.19 × 10^{-10} mol/litro, **(b)** 6.71 × 10^{-9} atm

13.24 **(a)** 0.563 mol²/litro², **(b)** K = 1.78 litro²/mol², K_p = 8.79 × 10^{-4} atm²

13.28 $p_{PCl_3} = p_{Cl_2}$ = 0.75 atm, presión inicial de PCl_5 = 1.00 atm, 75% se disocia

Capítulo 14

14.4 Sistema disolvente: el ácido (NH_4Cl) reacciona con la base ($NaNH_2$) para formar disolvente ($2NH_3$) y sal (NaCl). Brønsted: el ácido, (NH_4^+) reacciona con la base $_2(NH_2^-)$ para formar una base conjugada$_1$ (NH_3) y el ácido$_2$ (NH_3)—NH_3 es anfiprótico. Lewis: un desplazamiento nucleofílico del NH_3 causado por el NH_2^- sobre el NH_4^+.

14.6 **(a)** $H_2AsO_3^-$, **(b)** $HAsO_4^{2-}$, **(c)** NO_2^-, **(d)** S^{2-}

14.8 **(a)** H_3AsO_4, **(b)** PH_4^+, **(c)** $HC_2H_3O_2$, **(d)** HS^-, **(e)** HPO_4^{2-}

14.11 **(a)** $HOCl + OH^- \rightleftharpoons H_2O + OCl^-$,
(b) $H_2O + NH_2^- \rightleftharpoons NH_3 + OH^-$,
(c) $HCO_3^- + OH^- \rightleftharpoons H_2O + CO_3^{2-}$,
(d) $NH_3 + H^- \rightleftharpoons H_2 + NH_2^-$

14.16 **(a)** H_3O^+, H_3PO_4, HCN, H_2O, NH_3, **(b)** NH_2^-, OH^-, CN^-, $H_2PO_4^-$, H_2O

14.17 **(a)** sí, **(b)** no, **(c)** no, **(d)** sí

14.20 El HBr es un ácido fuerte, el H_2S es un ácido débil, y el AsH_3 no es ácido. La fuera de la acidez de los hidruros de los elementos de un periodo aumenta de izquierda a derecha (con el aumento en la electronegatividad).

14.22 **(a)** H_3PO_4, **(b)** H_3AsO_4, **(c)** H_2SO_4, **(d)** H_2CO_3, **(e)** HBr

*El apéndice G contiene las respuestas de los problemas codificados en color.

14.23 **(a)** P^{3-}, **(b)** NH_3, **(c)** SiO_3^{2-}, **(d)** NO_2^-, **(e)** F^-

14.26 **(a)** ácido: CS_2, básico: SH^-; **(b)** ácido: H^+, básico: $Fe(CO)_5$; **(c)** ácido: Ag^+, básico: NH_3; **(d)** ácido: H^+, básico: $Mn(CO)_5^-$; **(e)** ácido: HF, básico: F^-

***14.28** **(a)** nucleofílico: NH_2^- desplazado por H^-, **(b)** electrofílico: NO_2^+ desplazador por H^+ **(c)** nucleofílico: H_2O desplazado por Cl^-, **(d)** nueleofílico: GeS desplazado por Ge, **(e)** nucleofílico: OH^- desplazado por O^{2-}, **(f)** electrofílico: Br^+ desplazado por $FeBr_3$, **(g)** electrofílico: CH_3^+ desplazado por $AlCl_3$, **(h)** nucleofílico: I^- desplazado por OH^-

Capítulo 15

15.1 1.5×10^{-4}

15.4 2.3×10^{-5}

15.5 7.3×10^{-7}

15.7 4.4×10^{-4} *M*

15.9 **(a)** 1.8×10^{-3} *M*, **(b)** 0.72%

15.12 0.18 *M*

15.15 1.0×10^{-3} *M*

15.16 $[H^+] = 1.5 \times 10^{-5}$ *M*, $[N_3^-] = 0.13$ *M*, $[HN_3] = 0.10$ *M*

15.19 $[NH_4^+] = 2.7 \times 10^{-5}$ *M*, $[OH^-] = 0.10$ *M*, $[NH_3] = 0.15$ *M*

15.21 **(a)** $[H^+] = 0.020$ *M*, $[OH^-] = 5.0 \times 10^{-13}$ *M*, **(b)** $[OH^-] = 0.040$ *M*, $[H^+] = 2.5 \times 10^{-13}$ *M*

15.23 **(a)** 4.14, **(b)** 1.08, **(c)** 10.52, **(d)** 12.62

15.25 **(a)** 3.5×10^{-14} *M*, **(b)** 4.8×10^{-5} *M*, **(c)** 1.3×10^{-2} *M*, **(d)** 4.6×10^{-13} *M*

15.27 3.1×10^{-3} mol $HClO_2$

15.29 7.3×10^{-6}

15.32 6.57–8.35

15.35 **(a)** 3.80, **(b)** 0.46%

15.36 5.5×10^{-5}

15.38 0.70 *M*

15.40 4.85

15.41 0.045 *M*

15.44 $[NH_4^+]/[NH_3] = 0.56$

15.46 **(a)** $[H^+] = [HCO_3^-] = 1.2 \times 10^{-4}$ *M*, $[CO_3^{2-}] = 4.8 \times 10^{-11}$ *M*, $[CO_2] = 0.034$ *M*, **(b)** 3.92

15.48 **(a)** 4.9×10^{-21} *M*, **(b)** 7.4×10^{-8} *M*

15.50 1.9×10^{-3} *M*

15.51 8.18

15.52 2.82

15.55 0.59 *M*

15.57 4.3×10^{-7}

***15.59** 5.82

15.61 **(a)** 3.92, **(b)** 8.46, **(c)** 12.16

15.63 6.2×10^{-6}

Capítulo 16

16.1 2.0×10^{-14}

16.4 2.1×10^{-4} *M*

16.5 1.6×10^{-5} mol $CuCO_3$/litro menos que 1.3×10^{-4} mol de Ag_2CO_3/litro

16.8 3.3×10^{-13} mol $Ni(OH)_2$

16.10 $[Na^+]=0.16$ *M*, $[Cl^-]=0.30$ *M*, $[Ba^{2+}]=0.070$ *M*, $[C_2O_4^{2-}] = 2.1 \times 10^{-7}$ *M*

16.12 9.5×10^{-4} *M*

16.14 1.2 *M*

16.17 0.18 *M*

16.19 el ion producido (1.8×10^{-22}) más pequeño que K_{sp}, no

16.22 0.23 *M* (mínimo)

16.24 2.3×10^{-7} *M*

16.26 0.086 *M* (mínimo)

16.28 **(a)** 2.4×10^{-2} mol de AgCl/litro, **(b)** 1.4×10^{-3} mol de AgBr/litro, **(c)** 1.9×10^{-5} mol de AgI/litro

Capítulo 17

17.3 **(a)** −1364.3 kJ/mol, **(b)** −1366.8 kJ, **(c)** −277.9 kJ/mol

17.6 −5459.55 kJ

17.8 −66.58 kJ

17.10 −184.79 kJ/mol

17.14 **(a)** +103.0 J/K, **(b)** −587.6 kJ

17.16 +267.4 kJ, −207.0 kJ, H_2S(g) y H_2O(l)

17.18 Para BF_3, $\Delta G° = +12.09$ kJ; para BCl_3, $\Delta G° = -266.19$ kJ; BCl_3 hidrolizará a 25°C, BF_3 no.

17.21 −48.39 kJ, sí

17.23 **(a)** −101.01 kJ, **(b)** −120.6 J/K, **(c)** −120.6 J/K

17.25 **(a)** +38.3 kJ, no, **(b)** −11.8 kJ, sí

17.28 239.7 K, −33.4°C

17.30 +18.25 kJ/mol

17.32 208 J/(K · mol)

17.34 2.438 J(K·mol), diamante

17.35 −1095.02 kJ

17.36 5.12×10^{-4}

17.37 0.443

17.39 2.07

17.41 +38.5 kJ

17.43 +27 kJ

Capítulo 18

18.7 0.570 g Ni

18.9 **(a)** $Pb^{2+} + 2H_2O \longrightarrow PbO_2(s) + 4H^+ + 2e^-$, **(b)** 0.558 g PbO_2, **(c)** 46.6 min

18.11 28.6 min

18.13 **(a)** 780 C, **(b)** 0.867 A

18.15 333 g C

18.17 9.22 litros de Cl_2

18.20 **(a)** 5.00 litros de Cl_2, **(b)** 0.893 *M*

18.22 5.77 hr

18.25 **(a)** +2.227 V, **(b)** $Mg + SN^{2+} \rightarrow Mg^{2+} + Sn$, **(c)** el electrodo Sn^{2+}/Sn

18.27 **(a)** $Pt(s)|I_2(s)|I^-(ac)||Cl^-(ac)|Cl_2(g)|Pt(s)$, **(b)** +0.8240 V, **(c)** el electrodo Cl_2Cl^-

18.29 −1.789 V

18.32 **(a)** $PbSO_4$; Cd^{2+}; Cr^{3+}; **(b)** Au^+; PbO_2, SO_4^{2-}, H^+; HOCl, H^+; Ce^{4+}; **(c)** Ga; Cr; Zn; **(d)** Au^+; Cl^-; Cr^{3+}; Tl^+

18.34 **(a)** no, **(b)** $H_2O_2 + 2\,Ag^+ \longrightarrow 2\,Ag + O_2 + 2\,H^+$, **(c)** $Ag^+ + Fe^{2+} \longrightarrow Ag + Fe^{3+}$, **(d)** no, **(e)** $H_2SO_3 + 2\,H_2S \longrightarrow 3\,S + 3\,H_2O$

18.37 **(a)** In^+ desproporcionará, **(b)** In^{3+}, **(c)** sí, In^{3+}. In^{3+}
(d) $3\,In^+ \longrightarrow 2\,In + In^{3+}$, $6\,H^+ + 2\,In \longrightarrow 2\,In^{3+} + 3\,H_2$, $2\,In + 3\,Cl_2 \longrightarrow 2\,In^{3+} + 6\,Cl^-$

18.39 **(a)** no, **(b)** sí, **(c)** no

18.40 **(a)** −1.208 V, **(b)** no, **(c)** sí, Ti^{2+}

18.43 **(a)** +1.397 V, **(b)** sí, **(c)** no

18.45 **(a)** $Pb(s)|PbSO_4(s)|SO_4^{2-}\ (ac)||Pb^{2+}(ac)|Pb(s)$, **(b)** $Pb^{2+} + SO_4^{2-} \longrightarrow PbSO_4$, **(c)** +0.233 V, **(d)** −45.0 kJ

***18.47** **(a)** $Pt(s)|H_2(g)|OH^-(ac)||H^+(ac)|H_2(g)|Pt(s)$. **(b)** +0.828 V, −79.9 kJ

18.49 **(a)** +0.2943 V, **(b)** −56.79 kJ, **(c)** −121.7 J/K

18.52 **(a)** −509.5 kJ, **(b)** −43.5 kJ/mol

18.54 **(a)** +125.2 kJ/mol, **(b)** +1.76 V, **(c)** *teóricamente*, H_2O_2, Co^{3+}, $S_2O_8^{2-}$, O_3, y F_2

18.55 7.1×10^3

18.57 1.0×10^{-14}

18.59 −0.284 V

18.61 **(a)** +2.157 V, **(b)** $Mg + Ni^{2+} \rightarrow Mg^{2+} + Ni$, **(c)** el electrodo Ni^{2+}/Ni

18.64 2.04 *M*

18.66 **(a)** $\mathcal{E} = -0.13$ V, no, **(b)** $\mathcal{E} = +0.05$ V, sí

18.68 **(a)** aumenta por 0.00891 V, disminuye por 0.00891 V

18.69 **(a)** +0.010 V, **(b)** $[Sn^{2+}] = 1.37\ M$, $[Pb^{2+}] = 0.63\ M$

18.70 **(a)** +0.136 V, **(b)** $H_2 + 2\,H^+(5.00\ M) \longrightarrow H_2 + 2\,H^+(0.0250\ M)$, **(c)** +0.175 V

Capítulo 19

19.3 **(a)** $2\,Na(s) + H_2(g) \longrightarrow 2\,NaH(s)$, **(b)** $Ca(s) + H_2(g) \longrightarrow CaH_2(s)$, **(c)** $H_2(g) + Cl_2(g) \longrightarrow 2\,HCl(g)$, **(d)** $N_2(g) + 3\,H_2(g) \rightleftharpoons 2\,NH_3(g)$, **(e)** $Cu_2O(s) + H_2(g) \longrightarrow 2\,Cu(s) + H_2O(g)$, **(f)** $CO(g) + 2\,H_2(g) \longrightarrow CH_3OH(l)$, **(g)** $WO_3(s) + 3\,H_2(g) \longrightarrow W(s) + 3\,H_2O(g)$

19.5 El bajo punto de fusión, ebullición y temperatura crítica refleja la débil naturaleza de las fuerzas de London entre las moléculas de H_2. Las fuerzas son débiles porque la nube de electrones de la molécula es relativamente pequeña.

19.7 **(a)** 0.503 g H_2, **(b)** 0.958 g H_2

19.9 −805.8 kJ/mol

19.14 **(a)** $CaF_2(s) + H_2SO_4(l) \longrightarrow 2\,HF(g) + CaSO_4(s)$, $HF(l) + KF(s) \rightarrow KHF_2(s)$, $2KHF_2(l)_2(l) \xrightarrow[calor]{electrólisis} H_2(g) + F_2(g) + 2\,KF(l)$, **(b)** $2\,NaCl(l) \xrightarrow[calor]{electrólisis} 2\,Na(l) + Cl_2(g)$, **(c)** $Cl_2(g) + 2Br^-(ac) \rightarrow 2Cl^-(ac) + Br_2(l)$, **(d)** $2IO_3^-(ac) + 5HSO_3^-(ac) \rightarrow I_2(s) + 5SO_4^{2-}(ac) + 3H^+(ac) + H_2O$ **(e)** $PBr_3(l) + 3H_2O \rightarrow 3HBr(g) + H_3PO_3(ac)$

19.16 **(a)** $SiO_2(s) + 6HF(ac) \rightarrow 2H^+(ac) + SiF_6^{2-}(ac) + 2H_2O$, $SiO_2(s) + 4HF(ac)$ $SiF_4(g) + 2\,H_2O$, **(b)** $CO_3^{2-}(ac) + 2HF(ac) \rightarrow 2F^-(ac) +$ $CO_2(g) + H_2O$, **(c)** $KF(s) + HF(l) \longrightarrow KHF_2(l)$, **(d)** $CaO(s) + 2\,HF(aq) \longrightarrow CaF_2(s) + H_2O$

19.19 **(a)** $FeCl_2$, **(b)** RbCl, **(c)** BeF_2

19.22 **(a)** HCl, **(b)** Cl_2, **(c)** HF, **(d)** F_2, **(e)** Cl_2, **(f)** Cl_2

19.24 28.2 F

19.26 1324 g Cl_2

Capítulo 20

20.2 **(a)** $2\,HgO(s) \xrightarrow{calor} 2\,Hg(l) + O_2(g)$, **(b)** $2O_2^{2-}(ac) + 2H_2O \rightarrow 4OH^-(ac) + O_2(g)$, **(c)** $2\,NaNO_3(l) \xrightarrow{calor} 2\,NaNO_2(l) + O_2(g)$, **(d)** $2\,KClO_3(s) \xrightarrow[MnO_2]{calor} 2\,KCl(s) + O_2(g)$, **(e)** $2\,H_2O \xrightarrow{electrólisis} 2\,H_2(g) + O_2(g)$

20.4 **(a)** $2\,C_4H_{10} + 13\,O_2 \longrightarrow 8\,CO_2 + 10\,H_2O$, **(b)** $C_5H_{12}S + 9\,O_2 \longrightarrow 5\,CO_2 + 6\,H_2O + SO_2$, **(c)** $2\,C_3H_8O + 9\,O_2 \longrightarrow 6\,CO_2 + 8\,H_2O$, **(d)** $2\,ZnS + 3\,O_2 \longrightarrow 2\,ZnO + 2\,SO_2$, **(e)** $2\,PbS + 3\,O_2 \longrightarrow 2\,PbO + 2\,SO_2$

20.5 **(a)** $CH_4(g) + O_2(g) \longrightarrow C(s) + 2\,H_2O(g)$, **(b)** $2\,CH_4(g) + 3\,O_2(g) \longrightarrow 2\,CO(g) + 4\,H_2O(g)$, **(c)** $CH_4(g) + 2\,O_2(g) \longrightarrow CO_2(g) + 2\,H_2O(g)$

20.9 **(a)** $PbS + 4\,H_2O_2 \longrightarrow PbSO_4 + 4\,H_2O$, **(b)** $4\,OH^- + 2\,Cr(OH)_3 + 3\,H_2O_2 \longrightarrow 2\,CrO_4^{2-} + 8\,H_2O$, **(c)** $6\,H^+ + 2\,MnO_4^- + 5\,H_2O_2 \longrightarrow 2\,Mn^{2+} + 5\,O_2 + 8\,H_2O$, **(d)** $Ag_2O + H_2O_2 \longrightarrow 2\,Ag + O_2 + H_2O$

20.11 **(a)** -285.9 kJ,
(b) -333.3 kJ, son más exotérmicos

***20.12** $+299.5$ kJ/mol

20.15 **(a)** $S(s) + O_2(g) \longrightarrow SO_2(g)$,
(b) $S(s) + S^{2-}(ac) \rightarrow S_2^{2-}(ac)$,
(c) $S(s) + SO_3^{2-}(ac) \rightarrow S_2O_3^{2-}(ac)$,
(d) $S(s) + Fe(s) \longrightarrow FeS(s)$,
(e) $S(s) + 2\,F_2(g) \longrightarrow SF_4(g)$,
$S(s) + 3\,F_2(g) \longrightarrow SF_6(g)$,
(f) $2\,S(s) + Cl_2(g) \longrightarrow S_2Cl_2(l)$,
(g) $S(s) + 4H^+(ac) + 4NO_3^-(ac) \rightarrow SO_2(g) + 4NO_2(g) + 2H_2O$

20.17 **(a)** $Fe(s) + S(s) \longrightarrow FeS(s)$,
$FeS(s) + 2\,H^+(aq) \longrightarrow Fe^{2+}(aq) + H_2S(g)$,
(b) $FeS(s) + 2H^+(ac) \rightarrow Fe^{2+}(ac) + H_2S(g)$,
$SO_2(g) + H_2O \rightarrow H_2SO_3(ac)$,
(c) $H_2SO_3(ac) + 2OH^-(ac) \rightarrow SO_3^{2-}(ac) + H_2O$,
$S(s) + SO_3^{2-}(ac) \rightarrow S_2O_3^{2-}(ac)$
(d) $2\,SO_2(g) + O_2(g) \xrightarrow{V_2O_5} SO_3(g)$,
$SO_3(g) + H_2O \longrightarrow H_2SO_4(l)$,
$H^+(ac) + HSO_4^-(ac) + OH^-(ac) \rightarrow H_2O + HSO_4^-(ac)$,
(e) $SO_3(g) + H_2SO_4(l) \longrightarrow H_2S_2O_7(l)$

20.20 **(a)** $CH_3C(NH_2)S + H_2O \longrightarrow CH_3C(NH_2)O + H_2S$,
(b) $SO_2 + H_2O \longrightarrow H_2SO_3$,
(c) $SO_3 + H_2O \longrightarrow H_2SO_4$,
(d) $Al_2S_3 + 6\,H_2O \longrightarrow 2\,Al(OH)_3 + 3\,H_2S$,
(e) $SeO_3 + H_2O \longrightarrow H_2SeO_4$,
(f) $TeO_3 + 3\,H_2O \longrightarrow H_6TeO_6$,
(g) $H_2SO_5 + H_2O \longrightarrow H_2SO_4 + H_2O_2$,
(h) $H_2S_2O_7 + H_2O \longrightarrow 2\,H_2SO_4$

20.22 **(a)** $SO_3^{2-}(ac) + 2H^+(ac) \rightarrow SO_2(g) + H_2O$,
(b) $S^{2-}(ac) + 2H^+(ac) \rightarrow H_2S(g)$,
(c) $S_2O_3^{2-}(ac) + 2H^+(ac) \rightarrow S(s) + SO_2(g) + H_2O$

***20.24** SO_2 en solución ácida se convierte en SO_4^{2-} y $S_4O_6^{2-}$, SO_3^{2-} en solución alcalina se convierte en SO_4^{2-} y $S_2O_3^{2-}$

20.25 El átomo de S en SF_4 tiene cuatro pares de electrones de enlace y un par de electrones de no enlace (un total de cinco pares de electrones) en su nivel de valencia. El átomo de O está limitada a cuatro pares de electrones puesto que su nivel de valencia tiene sólo cuatro orbitales.

20.27 **(a)** la acidificación produce $H_2S(g)$, **(b)** La acidificación produce $SO_2(g)$, **(c)** $BaSO_4(s)$ precipita cuando se añade una disolución de $BaCl_2$, **(d)** la acidificación produce $S(s)$ y $SO_2(g)$

20.29 **(a)** angular, **(b)** angular, **(c)** triangular plano, **(d)** trigonal piramidal, **(e)** tetraédrico, **(f)** tetraédrico, **(g)** irregular tetraédrico, **(h)** octaédrico, **(i)** octaédrico

Capítulo 21

21.4 A TPE, la densidad de N_2 puro es 1.250 g/litro, la densidad de "N_2 del ambiente" es 1.257 g/litro.

21.7 **(a)** $P_4O_6(s) + 6H_2O \rightarrow 4H_3PO_3(ac)$,
$P_4O_6(s) + 8OH^-(ac) \rightarrow 4HPO_3^{2-}(ac) + 2H_2O$,
$P_4O_6(s) + 4OH^-(ac) + 2H_2O \rightarrow 4H_2PO_3^-(ac)$,
$P_4O_6(s) + H^+(ac) \rightarrow$ N.R.,
(b) $Sb_4O_6(s) + H_2O \rightarrow$ N.R., $Sb_4O_6(s) + 4OH^-(ac) \rightarrow 4SbO_2^-(ac) + H_2O$, $Sb_4O_6(s) + 4H^+(ac) + 4Cl^-(ac) \rightarrow 4SbOCl(s) + 2H_2O$,
(c) $Bi_2O_3(s) + H_2O$ N.R., $Bi_2O_3(s) +$
(d) $OH^-(ac) \rightarrow$ N.R., $Bi_2O_3(s) + 6H^+(ac)$
$2Bi^{3+}(ac) + 3H_2O$

21.11 **(a)** $2NH_3(ac) + Ag^+(ac) \rightarrow Ag(NH_3)_2^+(ac)$,
(b) $NH_3(ac) + H^+(ac) \rightarrow NH_4^+(ac)$,
(c) $NH_3(ac) + H_2O + CO_2(ac) \rightarrow NH_4^+(ac) + HCO_3^-(ac)$
(d) $4NH_3(g) + 3O_2(g) \rightarrow 2N_2(g) + 6H_2O(g)$,
(e) $4NH_3(g) + 5O_2(g) \rightarrow 4NO(g) + 6H_2O(g)$,
(f) $NH_3(g) + HCl(g) \rightarrow NH_4Cl(s)$,
(g) $2NH_3(g) + 2V(s) \rightarrow 2VN(s) + 3H_2(g)$,
(h) $2NH_3(l) + 2Na(s) \rightarrow 2Na^+ + 2NH_2^- + H_2(g)$

21.13 **(a)** $3Cu(s) + 8H^+(ac) + 2NO_3^-(ac)$
$3Cu^{2+}(ac) + 2NO(g) + 4H_2O$,
(b) $4Zn(s) + 9H^+(ac) + NO_3^-(ac) \rightarrow 4Zn^{2+}(ac) + NH_3(g) + 3H_2O$,
(c) $4HNO_3(l) + P_4O_{10}(s) \rightarrow 4HPO_3(s) + 2N_2O_5(s)$,
(d) $H^+(ac) + NH_3(ac) \rightarrow NH_4^+(ac)$,
(e) $2H^+(ac) + Ca(OH)_2(s) \rightarrow Ca^{2+}(ac) + 2H_2O$

21.15 **(a)** $N_2O(g) + H_2O$, **(b)** $N_2(g) + H_2O$,
(c) $PbO(s) + NO_2(g) + O_2(g)$, **(d)** $NaNO_2(s) + O_2(g)$,
(e) $Na(s) + N_2(g)$

21.16 **(a)** $2NH_3(ac) + OCl^-(ac) \rightarrow N_2H_4(l) + Cl^-(ac) + H_2O$,
(b) $2NO_2(g) + 5H_2(g) + 2H^+(ac)$
$2NH_3OH^+(ac) + 2H_2O$
(c) $NH_4F + 2HF(l) \rightarrow NF_3(g) + 3H_2(g)$

21.19 **(a)** $Li_3N(s) + 3H_2O \rightarrow 3Li^+(ac) + 3OH^-(ac) + NH_3(g)$,
(b) $2AlN(s) + 3H_2O \rightarrow Al_2O_3(s) + 2NH_3(g)$,
(c) $Ca_3P_2(s) + 6H_2O \rightarrow 3Ca^{2+}(ac) + 6OH^-(ac) + 2PH_3(g)$,
(d) $CaNCN(s) + 3H_2O \rightarrow CaCO_3(s) + 2NH_3(g)$,
(e) $NCl_3(l) + 3H_2O \rightarrow NH_3(g) + 3HOCl(ac)$,
(f) $PCl_3(l) + 3H_2O \rightarrow H_3PO_3(ac) + 3H^+(ac) + 3Cl^-(ac)$
(g) $PCl_5(s) + H_2O \rightarrow POCl_3(l) + 2H^+(ac) + 2Cl^-(ac)$, $PCl_5(s) + 4H_2O \rightarrow H_3PO_4(ac) + 5H^+(ac) + 5Cl^-(ac)$,
(h) $H_4P_2O_7(l) + H_2O \rightarrow 2H_3PO_4(ac)$,
(i) $3NO_2(g) + H_2O \rightarrow 2H^+(ac) + 2NO_3^-(ac) + NO(g)$

21.20 **(a)** N_2O, **(b)** N_2O_3, **(c)** N_2O_5, **(d)** P_4O_{10}, **(e)** P_4O_{10},
(f) P_4O_6, **(g)** As_2O_5

21.22 **(a)** $H_2NNH_2(l) + H^+(ac) \rightarrow H_2NNH_3^+(ac)$,
$H_2NNH_2(l) + 2H^+(ac) \rightarrow H_3NNH_3^{2+}(ac)$,
(b) $H_2NOH(s) + H^+(ac) \rightarrow H_3NOH^+(ac)$,
(c) $NO_2^-(ac) + H^+(ac) \rightarrow HNO_2(ac)$,
(d) $NH_3(ac) + H^+(ac) \rightarrow NH_4^+(ac)$,
(e) $(NH_4)_2CO_3(s) + 2H^+(ac) \rightarrow 2NH_4^+(ac) + CO_2(g) + H_2O$

21.23 **(a)** $4\,As(s) + 3\,O_2(g) \longrightarrow As_4O_6(s)$,
(b) $P_4(s) + 3\,O_2(g) \longrightarrow P_4O_6(s)$, $P_4(s) + 5\,O_2(g) \longrightarrow P_4O_{10}(s)$,
(c) $2\,PCl_3(l) + O_2(g) \longrightarrow 2\,POCl_3(l)$,
(d) $2\,NO(g) + O_2(g) \longrightarrow 2\,NO_2(g)$,
(e) $2\,Sb_2S_3(s) + 9\,O_2(g) \longrightarrow Sb_4O_6(s) + 6\,SO_2(g)$

21.24 **(a)** $Na_3S(s) + 3H_2O \rightarrow AsH_3(g) + 3Na^+(ac) + 3OH^-(ac)$, **(b)** $As_2O_5(s) + 3H_2O \rightarrow 2H_3AsO_4(ac)$, **(c)** $Mg_3Bi_2(s) + 6H_2O \rightarrow 2BiH_3(g) + 3Mg(OH)_2(s)$, **(d)** $As_4O_6(s) + 6H_2O \rightarrow 4H_3AsO_3(ac)$, **(e)** $SbCl_3(s) + H_2O \rightarrow SbOCl(s) + 2H^+(ac) + 2Cl^-(ac)$, **(f)** $PH_4I(s) \rightarrow PH_3(g) + H^+(ac) + I^-(ac)$

21.26 **(a)** trigonal piramidal, **(b)** angular, **(c)** tetraédrica, **(d)** octaédrica, **(e)** trigonal bipiramidal, **(f)** octaédrica

21.28 **(a)** $NH_4^+(ac) + OH^-(ac) \rightarrow NH_3(g) + H_2O$ **(b)** $P_4(s) + 3OH^-(ac) + 3H_2O \rightarrow PH_3(g) + 3H_2PO_2^-(ac)$, **(c)** $As_4O_6(s) + 12OH^-(ac) \rightarrow 4AsO_3^{3-}(ac) + 6H_2O$, $_2O$, **(d)** $Sb_2O_5(s) + 2Na^+(ac) + 2OH^-(ac) + 5H_2O \rightarrow 2NaSb(OH)_6(s)$

Capítulo 22

22.5 **(a)** cianuro de hidrógeno, **(b)** ácido cianociánico, **(c)** cianuro de potasio, **(d)** cianato de potasio, **(e)** tiocianato de potasio, **(f)** pentacarbonilirón, (0), Sección 24.3, **(g)** carbonato de hidrógeno de sodio, **(h)** carbonato de sodio **(g)** sodium hydrogen carbonate, **(h)** sodium carbonate

22.6 **(a)** $CO(g) + Cl_2(g) \longrightarrow COCl_2(g)$, **(b)** $CO(g) + S(s) \longrightarrow COS(g)$, **(c)** $2CO(g) + O_2(g) \longrightarrow 2CO_2(g)$, **(d)** $CO(g) + FeO(s) \longrightarrow Fe(1) + CO_2(g)$, **(e)** $4CO(g) + Ni(s) \longrightarrow Ni(CO)_4(g)$

22.10 $2e^- + H_2O + OCN^- \longrightarrow CN^- + 2OH^-$, $2e^- + H_2O + PbO \longrightarrow Pb + 2OH^-$, $PbO + CN^- \longrightarrow Pb + OCN^-$

22.13 **(a)** $B_2O_3 + 3Mg \longrightarrow 2B + 3MgO$, **(b)** $2BBr_3 + 3H_2 \longrightarrow 2B + 6HBr$, **(c)** $2B + N_2 \longrightarrow 2BN$, **(d)** $2B + Mg \longrightarrow MgB_2$, **(e)** $BF_3 + F^- \longrightarrow BF_4^-$ **(f)** $B_2O_3 + 3H_2O \longrightarrow B(OH)_3$, **(g)** $B(OH)_3 + OH^- \longrightarrow B(OH)_4^-$, **(h)** $B(OH)_3 \longrightarrow HBO_2 + H_2O$, **(i)** $2B(OH)_3 \longrightarrow B_2O_3 + 3H_2O$, **(j)** $2LiH + B_2H_6 \longrightarrow 2LiBH_4$

22.15 B_4H_{10}

22.17 **(a)** $Xe + F_2 \longrightarrow XeF_2$, **(b)** $Xe + 2F_2 \longrightarrow XeF_4$, **(c)** $Xe + 3F_2 \longrightarrow XeF_6$, **(d)** $XeF_6 + H_2O \longrightarrow XeOF_4 + 2HF$, **(e)** $XeF_6 + 3H_2O \longrightarrow XeO_3 + 6HF$

22.19 **(a)** $5XeO_3 + 6Mn^{2+} + 9H_2O \longrightarrow 5Xe + 6MnO_4^- + 18H^+$, **(b)** 0.120 M, 3.59 g XeO_3

22.20 Las fuerzas de London del He son más débiles que las del H_2. Mientras que el He y el H_2 tienen dos electrones, la nube de electrones del He es más pequeña y menos polarizable que la del H_2.

Capítulo 23

***23.7** 2.4 cm

23.9 **(a)** Pt, Au y Ag son elementos relativamente no reactivos, **(b)** $BaSO_4$, $SrSO_4$ y $PbSO_4$ son muy insolubles en agua, los menos solubles de los sulfatos. **(c)** Los principales aniones que se encuentran en el agua de mar son CO_3^{2-}, HCO_3^-, SO_4^{2-}, Cl^-, Br^-. Las sales de Na^+ y Mg^{2+} de todos estos aniones son muy solubles en agua, **(d)** Los sulfitos de Pb, Ni y Bi son muy insolubles en agua.

23.16 **(a)** $UO_3 + 2Al \longrightarrow U + Al_2O_3$, **(b)** $3V_2O_5 + 2Al \longrightarrow 6V + 5Al_2O_3$, **(c)** $Ta_2O_5 + 10Na \longrightarrow 2Ta + 5Na_2O$, **(d)** $ThO_2 + 2Ca \longrightarrow Th + 2CaO$, **(e)** $WO_3 + 2Al \longrightarrow W + Al_2O_3$

23.18 $CaCO_3(s) \xrightarrow{calor} CaO(s) + CO_2(g)$, $CaO(s) + H_2O \rightarrow Ca^{2+}(ac) + 2OH^-(ac)$, $Mg^{2+}(ac) + 2OH^-(ac) \rightarrow Mg(OH)_2(s)$, $Mg(OH)_2(s) + 2H^+(ac) + 2Cl^-(ac) \rightarrow Mg^{2+}(ac) + 2Cl^-(ac) + 2H_2O$,

$$MgCl_2(l) \xrightarrow[calor]{electrólisis} Mg(l) + Cl_2(g)$$

23.20 **(a)** La lixiviación del mineral carbonato mediante ácido sulfúrico diluido da una disolución de $CuSO_4$, de la cual se obtiene el Cu mediante electrólisis. **(b)** El mineral CuS es concentrado por flotación y derretido a Cu_2S (matta). El Cu_2S es reducido mediante una corriente de aire a través del material derretido y se obtiene Cu impuro ampollado. Este Cu impuro es refinado mediante electrólisis. El Cu impuro es hecho el ánodo de la pila, y el Cu puro se deposita en láminas sobre el cátodo.

23.23 **(a)** $PbCO_3(s) \longrightarrow PbO(s) + CO_2(g)$, $PbO(s) + C(s) \longrightarrow Pb(l) + CO(g)$, **(b)** $2PbS(s) + 3O_2(g) \longrightarrow 2PbO(s) + 2SO_2(g)$, $PbS(s) + 2O_2(g) \longrightarrow PbSO_4(s)$, $PbS(s) + 2PbO(s) \longrightarrow 3Pb(l) + SO_2(g)$, $PbS(s) + PbSO_4(s) \longrightarrow 2Pb(l) + 2SO_2(g)$

23.24 **(a)** $2Na + H_2 \longrightarrow 2NaH$, **(b)** $Na + N_2 \longrightarrow$ N.R., **(c)** $2Na + O_2 \longrightarrow Na_2O_2$, **(d)** $2Na + Cl_2 \longrightarrow 2NaCl$, **(e)** $2Na + S \longrightarrow Na_2S$, **(f)** $12Na + P_4 \longrightarrow 4Na_3P$, **(g)** $2Na + 2C \longrightarrow Na_2C_2$, **(h)** $2Na + 2H_2O \longrightarrow 2NaOH + H_2$, **(i)** $2Na + 2NH_3 \longrightarrow 2NaNH_2 + H_2$

23.25 Puesto que el Cs es el átomo metálico I A de mayor tamaño, el Cs es el átomo desde el cual es más fácil atraer un electrón (menor energía primera de ionización). Sin embargo, el ion Li^+ es el menor catión metálico I A y se libera más energía cuando se hidrata Li^+ en una disolución acuosa que cuando se hidrata cualquier otro catión I A. Los potenciales estándar de electrodos se refieren a procesos que ocurren en disolución acuosa. La gran cantidad relativa de energía liberada por la hidratación del ion Li^+ compensa la cantidad relativamente grande de energía requerida para la ionización de Li.

23.27 **(a)** $Ca + H_2 \longrightarrow CaH_2$, **(b)** $3Ca + N_2 \longrightarrow Ca_3N_2$, **(c)** $2Ca + O_2 \longrightarrow 2CaO$, **(d)** $Ca + Cl_2 \longrightarrow CaCl_2$, **(e)** $Ca + S \longrightarrow CaS$, **(f)** $6Ca + P_4 \longrightarrow 2Ca_3P_2$, **(g)** $Ca + 2C \longrightarrow CaC_2$, **(h)** $Ca + 2H_2O \longrightarrow Ca(OH)_2 + H_2$, **(i)** $Ca + 2NH_3 \longrightarrow Ca(NH_2)_2 + H_2$

23.30 **(a)** $2Al + 3Cl_2 \longrightarrow 2AlCl_3$, **(b)** $4Al + 3O_2 \longrightarrow 2Al_2O_3$, **(c)** $2Al + 3S \longrightarrow Al_2S_3$, **(d)** $2Al + N_2 \longrightarrow 2AlN$, **(e)** $2Al + 2OH^- + 6H_2O \longrightarrow 2Al(OH)_4^- + 3H_2$, **(f)** $2Al + 6H^+ \longrightarrow 2Al^{3+} + 3H_2$

*El apéndice G contiene las respuestas de los problemas codificados en color.

23.33 El ion Al^{3+} tiene una carga elevada y se hidroliza rápidamente. El ion S^{2-} también se hidroliza. Al_2S_3 es completamente hidrolizado en agua.

$$2Al_3{}^{+}(ac) + 3S^{2-}(ac) + 6H_2O \longrightarrow 2\,Al(OH)_3(s) + 3\,H_2S(g)$$

23.34 **(a)** $Sn + 2Cl_2 \longrightarrow SnCl_4$, **(b)** $Sn + O_2 \longrightarrow SnO_2$, **(c)** $Sn + 2S \longrightarrow SnS_2$, **(d)** $Sn + 2H^+ \longrightarrow Sn^{2+} + H_2$, **(e)** $Sn + OH^- + 2H_2O \longrightarrow Sn(OH)_3^- + H_2$, **(f)** $3Sn + 4H^+ + 4NO_3^- \longrightarrow 3SnO_2 + 4NO + 2H_2O$

23.35 **(a)** $PbO_2(s) + 2H_2O + 2OH^-(ac)$ $Pb(OH)_6^-(ac)$
(b) $3PbO_2(s) \rightarrow Pb_3O_4(s) + O_2(g)$,
(c) $2PbO_2(s) \rightarrow 2PbO(s) + O_2(g)$,
(d) $PbO(s) + H_2O + OH^-(ac) \rightarrow Pb(OH)_3^-(ac)$,
(e) $SnS(s) + S^{2-}(ac) \rightarrow$ N.R.,
(f) $SnS_2(s) + S^{2-}(ac) \rightarrow SnS_3^{2-}(ac)$,
(g) $PbCl_2(s) + Cl^-(ac) \rightarrow PbCl_3^-(ac)$,
(h) $SnF_4(s) + 2F^-(ac) \rightarrow SnF_6^{2-}(ac)$

23.36 **(a)** $2Fe + 3Cl_2 \longrightarrow 2FeCl_3$, $2Cr + 3Cl_2 \longrightarrow 2CrCl_3$, $Zn + Cl_2 \longrightarrow ZnCl_2$,
(b) $3Fe + 2O_2 \longrightarrow Fe_3O_4$, $2Cr + 3O_2 \longrightarrow 2Cr_2O_3$, $2Zn + O_2 \longrightarrow 2ZnO$,
(c) $Fe + S \longrightarrow FeS$, $Cr + S$ CrS, $Zn + S \longrightarrow ZnS$,
(d) $Fe + N_2 \longrightarrow$ N.R., $2Cr + N_2 \longrightarrow 2CrN$, $Zn + N_2 \longrightarrow$ N.R.,
(e) $3Fe + 4H_2O \longrightarrow Fe_3O_4 + 4H_2$, $2Cr + 3H_2O \longrightarrow Cr_2O_3 + 3H_2$, $Zn + H_2O \longrightarrow ZnO + H_2$,
(f) $Fe + 2H^+ \longrightarrow Fe^{2+} + H_2$, $Cr + 2H^+ \longrightarrow Cr^{2+} + H_2$, $Zn + 2H^+ \longrightarrow Zn^{2+} + H_2$,
(g) $Fe + OH^- \longrightarrow$ N.R., $2Cr + 6OH^- + 6H_2O \longrightarrow 2Cr(OH)_6^{3-} + 3H_2$, $Zn + 2OH^- + 2H_2O \longrightarrow Zn(OH)_4^{2-} + H_2$

23.39 $CrO + 2H^+ \longrightarrow Cr^{2+} + H_2O$,
$CrO + OH^- \longrightarrow$ N.R.,
$Cr_2O_3 + 6H^+ \longrightarrow 2Cr^3 + 3H_2O$,
$Cr_2O_3 + 2OH^- + 3H_2O \longrightarrow 2Cr(OH)_4^-$,
$CrO_3 + H_2O \longrightarrow H_2CrO_4$,
$CrO_3 + 2OH^- \longrightarrow CrO_4^{2-} + H_2O$

***23.41** **(a)** $+0.0592$ V, **(b)** $+0.770$ V

23.42 **(a)** $2La + 3Cl_2 \longrightarrow 2LaCl_3$,
(b) $4La + 3O_2 \longrightarrow 2La_2O_3$,
(c) $2La + 3S \longrightarrow La_2S_3$,
(d) $2La + N_2 \longrightarrow 2LaN$,
(e) $2La + 6H_2O \longrightarrow 2La(OH)_3 + 3H_2$,
(f) $2La + 6H^+ \longrightarrow 2La^{3+} + 3H_2$

Capítulo 24

24.4 Si la reacción se escribe $Ag^+ + 2NH_3 \rightarrow Ag(NH_3)_2^+$, Ag^+ funciona como un ácido Lewis y NH_3 como una base Lewis. Para la reacción que se escribe $Ag(H_2O)_2^+ + 2NH_3 \rightarrow Ag(NH_3)_2^+ + 2H_2O$, NH_3 (una base Lewis) está desplazando H_2O (otra base Lewis) de un complejo con ácido Lewis (Ag^+), la reacción es un desplazamiento de base (nucleofílica).

***24.5** 1.4×10^{-34}

24.7 **(a)** $K_2[Rh(H_2O)Cl_5]$, **(b)** $[Co(NH_3)_4(SO_4)]NO_3$, **(c)** $Na_3[ReO_2(CN)_4]$, **(d)** $[Co(NH_3)_2(en)_2]Cl_2$, **(e)** $K_4[Ni(CN)_4]$, **(f)** $K_4[Ni(CN)_4]$, **(g)** $[Cu(NH_3)_4]_3[CrCl_6]_2$

24.9 **(a)** tetracianoniquelato (0) de potasio, **(b)** tetracianoniquelato (II) de potasio, **(c)** pentacloroacuoferrrato (III) de amonio, **(d)** tetracloroplatinado (II) de tetraminocobre (II), **(e)** cloruro de nitritopentamineiridio (III), **(f)** tetracianoniquelato (II) de hexaminacobalto (III)

24.11 **(a)** $KFe[Fe(CN)_6]$, **(b)** $Fe[Fe(CN)_6]$, **(c)** $Cu[Fe(CN)_6]$, **(d)** $K_2Fe[Fe(CN)_6]$

24.13 **(a)** $[Co(NH_3)_5(SO_4)]NO_3$,
(b) $[Mn(CO)_5(NCS)]$,
(c) $[Pt(NH_3)_3Cl][Pt(NH_3)Cl_3]$,
(d) $[Co(en)_2(H_2O)Br]Br_2 \cdot H_2O$

24.15 Sea a = NH_3. Hay un estereoisómero de $[Pta_4][PtCl_6]$ y uno de $[Pta_3Cl][PtaCl_5]$. Para $[Pta_3Cl_3][PtaCl_3]$ existen dos:

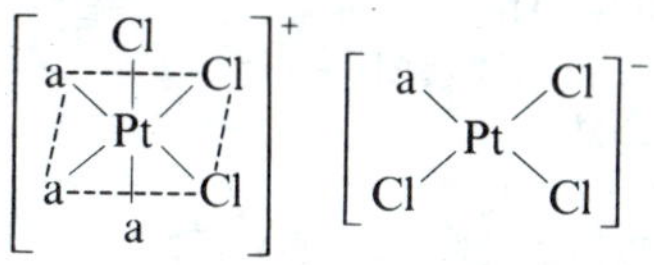

y

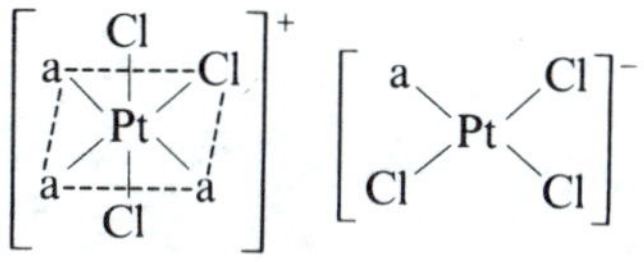

para $[Pta_4Cl_2][PtCl_4]$ hay dos:

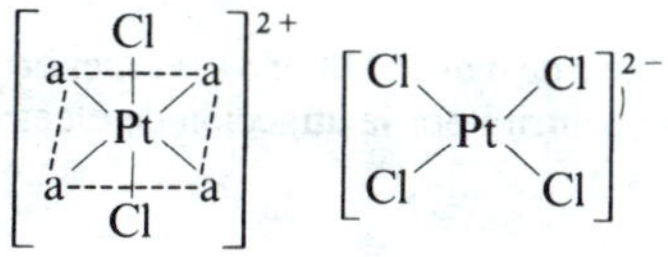

y

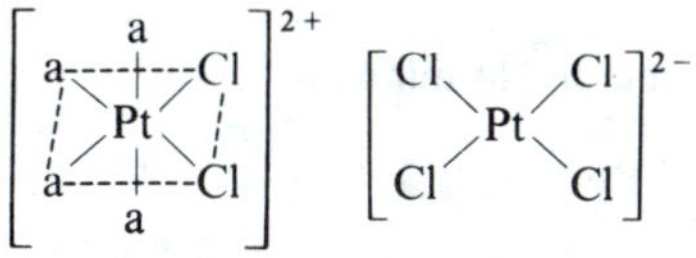

24.17 Sea a = NH_3 y py = piridina.

(a)
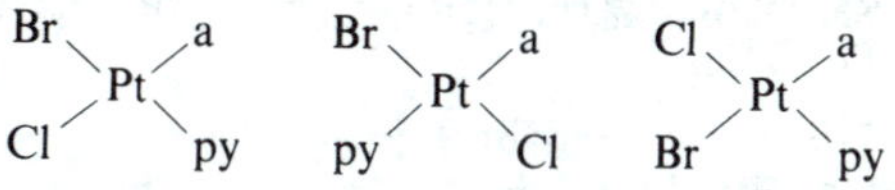

(b)
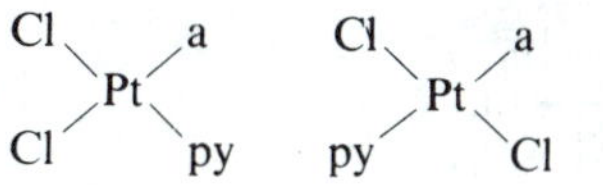

(c)
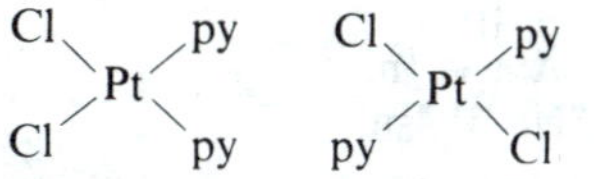

24.18 El momento dipolo del isómero *trans* es cero.

24.20 $[Ni(CN)_4]^{2-}$ no tiene electrones desapareados, $[NiCl_4]^{2-}$ tiene dos electrones desapareados.

24.23 (a) La energía de apareo debe ser superior a 460 kJ/mol y menor de 460 kJ/mol. En realidad, P es 335 kJ/mol. **(b)** Puesto que $C_2O_4^{2-}$ induce un Δ_o menor que H_2O (véase la serie espectroquímica), $[Mn(C_2O_4)_3]^{3-}$ deberá ser un complejo de alto spin.

24.24 $[Co(NH_3)_6]^{2+}$ es un complejo octaédrico de alto spin d^7, $[Co(NH_3)_6]^{3+}$ es un complejo octaédrico de bajo spin d^7. Véanse los diagramas de desapareamiento en la Figura 24.16.

***24.27** $[Ti(H_2O)_6]^3$ es un complejo d^1. La luz es absorbida por una transición electrónica de un orbital t_{2g} a un orbital e_g, (se debe suministrar Δ_o). La luz roja y violeta *no* es absorbida, que produce el color del complejo. Si se induce un Δ_o mayor, ocurre la absorbancia a longitudes de onda mayores (en el extremo rojo). Si aumenta gradualmente, el color trasmitido cambia de rojo a amarillo a anaranjado a verde y así por el estilo.

Capítulo 25

25.3 (a) $^{218}_{85}At \longrightarrow ^{214}_{83}Bi + ^{4}_{2}He$,
(b) $^{198}_{79}Au \longrightarrow ^{198}_{80}Hg + ^{0}_{-1}e$, **(c)** $^{25}_{13}Al \longrightarrow ^{25}_{12}Mg + ^{0}_{1}e$,
(d) $^{108}_{47}Ag + ^{0}_{-1}e \longrightarrow ^{108}_{46}Pd$

25.5 (a) $^{221}_{87}Fr \longrightarrow ^{217}_{85}At + ^{4}_{2}He$,
(b) $^{66}_{29}Cu \longrightarrow ^{66}_{30}Zn + ^{0}_{-1}e$, **(c)** $^{18}_{9}F \longrightarrow ^{18}_{8}O + ^{0}_{1}e$,
(d) $^{133}_{56}Ba + ^{0}_{-1}e \longrightarrow ^{133}_{55}Cs$

25.7 2.6 MeV

25.9 0.22 MeV

25.11 19.99999 u

25.13 3.52 MeV

25.15 30.98066 u

25.17 Puesto que la diferencia de masa (0.00088 u) es menor que 0.00110 u, el proceso ocurrirá por la atracción de electrones.

25.19 50.9448 u

25.21 0.00365 g

25.23 288 días

25.25 (a) 6.23×10^{-3}/min, **(b)** 111 min

25.27 256 min

25.29 $1/10^{645}$

25.31 (a) 1.6×10^{17} átomos, **(b)** 1.4×10^{-5} g

25.33 $^{228}_{88}Ra$, $^{228}_{89}Ac$, $^{228}_{90}Th$, $^{224}_{88}Ra$, $^{220}_{86}Rn$, $^{216}_{84}Po$, $^{216}_{85}At$, $^{212}_{83}Bi$, $^{212}_{84}Po$, $^{208}_{82}Pb$

25.35 (a) $^{82}_{35}Br + ^{1}_{0}n \longrightarrow ^{83}_{35}Br + \gamma$,
(b) $^{10}_{5}B + ^{1}_{0}n \longrightarrow ^{7}_{3}Li + ^{4}_{2}He$,
(c) $^{35}_{17}Cl + ^{1}_{0}n \longrightarrow ^{35}_{16}S + ^{1}_{1}p$,
(d) $^{7}_{3}Li + ^{1}_{1}p \longrightarrow ^{7}_{4}Be \longrightarrow ^{1}_{0}n$,
(e) $^{130}_{52}Te + ^{2}_{1}H \longrightarrow ^{130}_{53}I + 2^{1}_{0}n$,
(f) $^{43}_{20}Ca + ^{4}_{2}He \longrightarrow ^{46}_{21}Sc + ^{1}_{1}p$,
(g) $^{237}_{93}Np + ^{4}_{2}He \longrightarrow ^{240}_{95}Am + ^{1}_{0}n$,
(h) $^{238}_{92}U + ^{22}_{10}Ne \longrightarrow ^{256}_{102}No + 4^{1}_{0}n$

25.38 $^{249}_{98}Cf + ^{15}_{7}N \longrightarrow ^{260}_{105}? + 4^{1}_{0}n$

25.39 7.5915 MeV/nucleón

25.41 (a) 5.5 MeV, **(b)** 0.20%

Capítulo 26

26.2 (a) 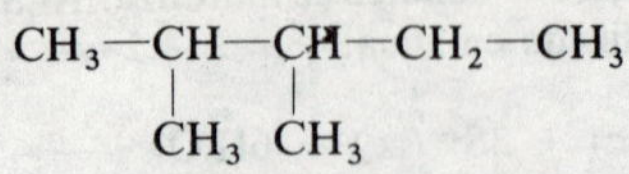

(b) 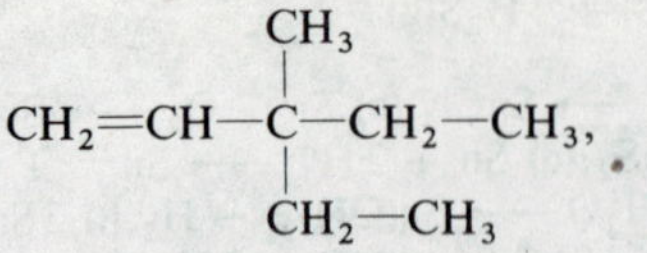

(c) 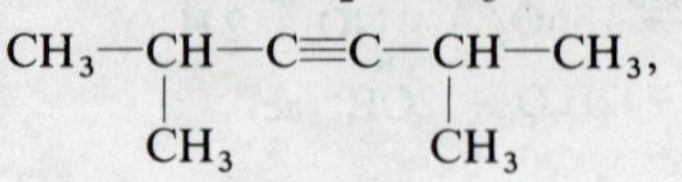

(d) 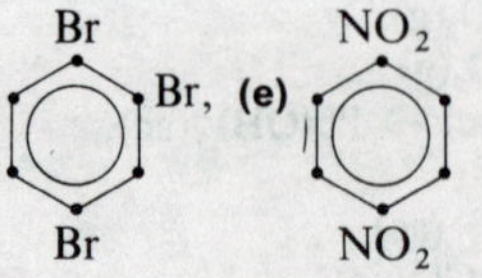

26.3 (a) Se deberá usar el número más bajo posible, deberá ser el penteno 2, **(b)** La cadena más larga consiste en 4 átomos, debe ser el 2-metilbutano, **(c)** El compuesto no existe, el número de C 2 es pentavalente, **(d)** Se deberán usar los números más bajos posibles, 3-metil-1-butino. **(e)** El compuesto no existe, el número de C 3 es pentavalente, **(f)** La cadena más larga consiste en 6 átomos, debe ser 3-metilhexano.

26.5 *monosustituido:* 1- y 2-clorpropano, *disustituido:* 1,1-; 2,2-; 1,2; y 1,3-dicloropropano, *trisustituido:* 1,1,1-; 1,12-; 1,13-; 1,2,2-; y 1,2,3-triclorpropano.

26.7 *diclorobutanos:* 1,1-; 2,2-; 1,2-; 1,2-; (par *l, d*); 1,3- (par *l, d*); 1,4-; 2,3- (par *l, d* y una forma ópticamente inactiva), *dicloro-2-metilpropanos:* 1,1-; 1,2-; 1,3-

26.9 (a) dos (2,3- y 3,4-dibromonitrobenceno), **(b)** tres (2,6-; y 3,5-dibromonitrobenceno), **(c)** un 2,5-dibromonitrobenceno)

26.11 Los *cuatro* átomos del grupo Z—C≡C—Z son lineales

26.12 (b) y (d)

26.16 (a) bromoetano, dibromoetano, tribromoetano y tetrabromoetano, **(b)** 2,3-dibromobutano, **(c)** 2,2,3,3-tetrabromobutano, **(d)** bromobenceno

26.20 (a) *o-* y *p*-nitrofenol,
(b) *o-* y *p*-bromofenol,
(c) *m*-bromonitrobenceno,
(d) *m*-bromonitrobenceno,
(e) ácido *m*-nitrobenzoico,
(f) *o-* y *p*-bromonitrobenceno,
(g) *o-* y *p*-nitrotolueno,
(h) *o-* y *p*-xileno

26.22 (a) 4-metil-1-pentanol, **(b)** 4-metil-2-pentanol, **(c)** 2-metil-2-pentanol, **(d)** 2-metil-2-pentanona, **(e)** éter etil isopropílico, **(f)** ácido 4-metilpentanoico, **(g)** metil fenil cetona, **(h)** ciclohexanona, **(i)** benzoato metílico, **(j)** ácido m-nitrobenzoico

26.23 1-butanol; 2-butanol (par *l, d*); 2-metil-1-propanol; 2-metil-2-propanol; éter metil *n*-propílico; éter metil isopropílico; éter dietílico

26.26 **(a)** bromuro de *n*-butil magnesio, **(b)** cianuro *n*-butílico, **(c)** 1-butanol, **(d)** éter etil *n*-butílico

26.28 ácido acético y ácido butanoico, **(b)** ácido acético y acetona, **(c)** ácido propanoico, **(d)** ácido propanoico, **(e)** acetona, **(f)** ácido propanoico, **(g)** ácido *p*-nitrobenzoico; **(h)** 2,3-hexandiol, **(i)** propanal

26.30 **(a)** CH_3CH_2Br, **(b)** CH_3CH_3 y $MgBr_2$, **(c)** CH_3COOH y NaBr

26.32 **(a)** 1-propanol, **(b)** 3-hexanol **(c)** 3-metil-3-pentanol

***26.35** Se pueden preparar dos reactivos de Grignard convirtiendo los dos alcoholes en compuestos de bromo y entonces haciendo reaccionar estos compuestos de bromo con Mg en éter seco: CH_3CH_2MgBr y $(CH_3)_2CHMgBr$. Además, se puede obtener propanol por la oxidación leve de 1-propanol, y se puede obtener acetona por la oxidación de 2-propanol. Se obtienen los productos deseados hidrolizando el producto de la reacción de:
(a) $CH_3CH_2CH_2MgBr$ y CH_3CH_2CHO,
(b) $(CH_3)_2CHMgBr$ y $(CH_3)_2CO$, $CH_3CH_2CH_2MgBr$ y $(CH_3)_2CO$,
(d) $(CH_3)_2CHMgBr$ y CH_3CH_2CHO

***26.36** Deshidratación de 1-propanol a propeno (con H_2SO_4), adición de HBr a propeno para producir 2-bromopropano, hidrólisis alcalina del bromuro par dar 2-propanol.

26.39 1-aminobutano, 2-aminobutano, 2-metil-1-aminopropano, 2-metil-2-aminopropano, 2-metil-2-aminopropano, metil *n*-propil amina, metil isopropil amina, dietilamina, dimetil etilamina.

26.41 **(a)** etilamina, **(b)** *p*-metilanilina, **(c)** metil *n*-butil amina, **(d)** acetamida, **(e)** ácido propanoico, **(f)** bromuro de dietil-amonio, **(g)** ácido propanoico, **(h)** etilamina

26.43 los productos son: **(a)** $(CH_3)_2CHNH_3^+Br^-$, **(b)** $CH_3CH_2COO^-NH_4^+$, **(c)** $CH_3CH_2CONH_2$ y CH_3OH

26.45 $CH_3CH_2O^-$, OH^-, $CH_3CH_2NH_2$, CH_3COO^-, CH_3CH_2OH

26.49 $CH_2=CH_2$; **(b)** $CF_2=CF_2$,
(c) $C_6H_5CH=CH_2$, **(d)** $CH_2=CHCN$,
(e) $H_2N(CH_2)_6NH_2$ y $HOOC(CH_2)_4COOH$,
(f) $CH_2=C(CH_3)CH=CH_2$, **(g)** C_6H_5OH y HCHO,
(h) $HOCH_2CH_2OH$ y *p*-$HOOCC_6H_4COOH$

Capítulo 27

27.1 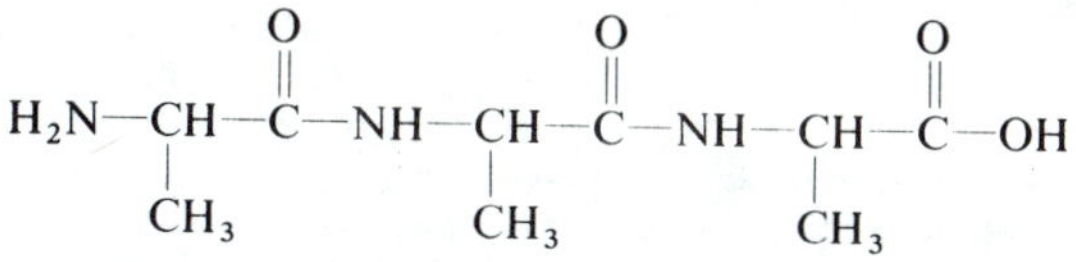

27.3 Puesto que ningún átomo de carbono de la glicina es quiral, no existen los isómeros ópticos de la glicina.

27.6 aproximadamente 8333

***27.7** 4, 8, x^y

27.10 (a), (d) y (e)

27.13 $CH_3CH(OH)CHO$, número átomico 2 del carbono es quiral, existen dos isómeros ópticos (un par *l, d*)

27.14 $CH_2(OH)CH(OH)CH(OH)CHO$, 2 átomos de carbono quiral (números 2 y 3), 4 isómeros ópticos (2 pares *l, d*); $CH_2(OH)CH(OH)C(O)CH_2OH$, un átomo de carbono quiral (número 3), 2 isómeros ópticos (un par *l, d*)

27.19 ácido esteárico

27.24 765,000

27.25 **(a)** U—C—U, **(b)** A—G—A, **(c)** T—C—T

INDICE TEMÁTICO

Abundancia de elementos, 7t
Aceites, 728, 729
Aceites y grasas vegetales, 728, 729, 737–738d
Acelerador lineal, 673–674, 673di, 674i, 680–681d
Acero, 614
Acetaldehído, 704
Acetamida, 712
Acetato de etilo, 710
Acetileno, 175–176, 176i, 690, 691
Acetiluros, 579
Acetona, 704–705
Ácido acético, 708t
  amortiguadores de, 397–398
  ionización de, 380–386, 385t, 395–396
  titulación de, 412–415, 414i
Ácido benzoico, 709
  constante de ionización, 708t
Ácido bórico, 588, 589i
Ácido brómico, 520–521, 516t, 518t
Ácido carbónico, 402–403, 403t
Ácido cítrico, 710
Ácido clórico, 516i, 516t, 518t, 520–521
Ácido cloroso, 516i, 516t, 518t, 519–520
Ácido fosfórico, 177, 565–566
  ionización de, 403, 404, 403t
Ácido fosforoso, 403t, 568–569
Ácido fórmico, 708t
Ácidos grasos, 728, 728t, 737–738d
Ácido hidrazoico, 557
  K_a de, 387t, 753
Ácido hidrociánico, K^a de, 387t, 753
Ácido hidrofluórico, K^a de, 387t, 753
Ácido hipobromoso, 518, 519, 518t
Ácido hipocloroso, 518, 519, 516i, 518t
Ácido hipofosforoso, 568–569
Ácido hipoyodoso, 518–519t
Ácido metabórico, 589
Ácido nítrico, 542–564, 563t
Ácido nitroso, 564, 753t
Ácido ortofosfórico, 565–566
Ácido perbrómico, 516t, 518t, 521
Ácido perclórico, 178, 516i, 516t, 521
Ácido peryódico, 516t, 518t, 521
Ácido prosulfúrico, 540
Ácido selénico, 543
Ácido selenioso, 539
Ácido sulfúrico, 178, 540–542, 541i
Ácido sulfuroso, 538, 539
Ácido telúrico, 543
Ácido teluroso, 540
Ácidos ternarios, 302t, 302–303
Ácido yódico, 520–521, 516i, 518t
Ácidos
  Arrhenius, 298–300, 302t, 309d, 363–364, 378d
  binarios, 301–302, 301t
  Brønsted-Lowry, 364–368, 378d
  carboxílicos, 707–709, 708t, 715–716d
  constantes de ionización, 380–386, 387t, 403t, 417d, 708t, 711t, 753t
  débiles, 286, 299, 302t, 380–387, 387t, 753t
  dexoxirribonucleicos, 730–733, 730i, 731, 737–738d
  en sistemas de solventes, 375–377, 375t, 378d
  fosfóricos condensados, 566–568
  fosforosos condensados, 568
  fuerza y estructura molecular, 368, 372
  fuertes, 299, 302t
  Lewis, 372–375, 377d
  metafosfóricos, 567–568
  monopróticos, 299, 309d
    constantes de ionización para, 753t
  nivelación de, 367–368, 378d
  nomenclatura de, 301–304, 302t
  nucleicos, 729–733, 729i, 730i, 733i, 731i, 737–738d
  oxihalógenos, 516–521, 516i, 517i, 518i
  pesos equivalentes de, 306, 309d
  polifosfóricos, 566–568
  polipróticos, 299, 309d
    ionización de, 402–406, 403t, 756t
  ribonucleicos, 730–733, 737–738d
  titulación de, 304–305, 309d, 411–417, 412t, 413i, 414i, 414t, 415i, 416i
Ácidos y bases conjugados, 364–368, 378d
Ácidos y bases de Arrhenius, 309d, 363–364, 378d
  neutralización de, 378d
Ácidos y bases de Brõnsted, 364–368, 378d
  fuerza de, 365–368, 366t
Ácidos y bases débiles, 286, 299, 302t, 309d, 753t, 380–387, 387t
Ácidos y bases fuertes, 299, 309d
Acrilán, 713
Acrilonitrilo, 713
Actínidas, 110
Actividad de fuentes radiactivas, 669–670
ADN, 730–733, 730i, 731i, 737–738d
ADP, 736–738
Adenina, 730–731i
Adenosina difosfato, 736–738
Adenosina trifosfato, 736–738
Adsorción química, 338–339, 342d
Afinidades electrónicas, 121–122, 121t, 135d
Agente cxidante, 292, 309d, 478
  pesos equivalentes de, 306–307
Agentes reductores, 292, 309d, 478
  pesos equivalentes de, 76–307
  en metalurgia, 607–612
Agua
  constante de disociación de, 388, 417d
  diagrama de fases para, 231–233, 232i
  en hidratos cristalinos, 257
  efecto nivelador de, 367
  enlace de hidrógeno en, 221–224, 222i
  gaseosa, 502, 522d
  geometría molecular de, 161, 161i
  ionización de, 387–389
  presión de vapor de, 204t, 231i
Aire
  composición del, 526t, 591t
  fraccionación del, 526
  licuefacción de, 213
  líquido, 213, 526, 553, 591
Aislantes, 598, 633d
Alcadieno, 690, 715–716d
Alcanos, 684–688, 684i, 687t, 688t, 715–716d
Alcanos
  nomenclatura de, 686–687
  propiedades de, 687–688, 688t
  reacciones de, 694–695
Alcohol etílico, 699t
Alcoholes, 699–704, 715–716d
  a partir de reacciones de Grignard, 706–707
  oxidación de, 705, 708
  polihídricos, 703
  primarios, 690, 715–716d
  preparación de, 701–703, 706–707
  propiedades de, 700, 700t
  reacciones de, 702–704, 705, 708, 710
  secundarios, 699, 715–716d
  ternarios, 699, 715–716d
Aldehídos, 704–707, 715–716d
  oxidación de, 708–709
Alfa aminoácidos, 723–726, 737–738d
Almidón, 727
Alótropos, 244, 546d
  de azufre, selenio y telurio, 533–534, 534i
  de boro, 587, 587t
  de carbono, 577–579, 577i, 759i
  de oxígeno, 530–531
  de fósforo, arsénico y antimonio, 551–552, 551i
Alquenos, 689 691, 71X–716d
  nomenclatura de 690, 691
  oxidación de, 709
  preparación de, 702
  propiedades de, 690
  reacciones de, 689, 695–697, 709
Alquilación, 688
Alquimista, 3i
Alquimia, 2–3
Alquinos, 690–691, 715–716d
  nomenclatura de, 691
  oxidación de, 709
  reacción de, 695–697, 709
Alto horno, 608–609, 608i
Alumbre, 629
Aluminio, 628–629
  metalurgia de, 605–606, 610–611, 611i, 612i
Amalgamas, 605
Amidas, 712, 715–716d
Aminas, 710–712, 711i, 715–716d
  primarias, 710, 715–716d
  secundarias, 710, 715–716d
  terciarias, 710, 715–716d
Aminoácidos, 720–723
Amoníaco
  amortiguadores, 389–390
  complejo con, 431–434
  enlace de hidrógeno en, 221t, 222–224, 224i

En este Índice Temático, las ilustraciones se marcan con una *i*, las tablas con una *t* y las definiciones con una *d*, después del número de página.

enlace en, 138, 161, 161i, 220i
geometría molecular de, 161, 161i, 220i
ionización acuosa, 386–388, 387t, 396
preparación de, 555–556
reacciones de, 556–557
sistema ácido-base, 375–377, 375t
titulación de, 415–416, 415i, 416i
Amortiguadores ácidos, 396–402
Ampère, 460, 495d
Amplitud, 84t
Análisis
activación, 680
por titulación ácido, 303–304
titulación por precipitación, 303–308, 427–428
volumétrico, 303–308, 411, 427–428
Anfoterismo, 434–436, 436d
Anhídridos de ácidos y bases, 300–301, 309d, 363
Anilina, 709, 709t
Aniones, 121, 131–132, 132t, 123, 133–134, 133t
distorsión de, 149
Ánodos sacrificiales, 491, 491i
Anticodón, 732, 738d
Antifluorita, Cristales, 246
Antilogaritmos, 746
Antimonio, 549–572. *Vea también* Elementos del Grupo V A
Antipartículas, 680–681d
ARN, 730–733, 737–738d
de transferencia, 732, 738d
mensajero, 732, 738d
Argón, 590–593
usos en metalurgia, 592
Arsénico, 549–572. *Vea también* Elementos del Grupo V A
Arrhenius, Svante, 276t
Atmósfera, 183, 214d
Átomo, 254
afinidades electrónicas de, 121–122, 121t
energías de ionización de, 118–120, 119i, 120i, 121i
estructuras de, 74–111
propiedades de, 116–135
radios de, 114–116, 115t, 116i, 116–118, 117t, 118t
Átomos de carbonos quirales, 721–722, 721i, 737–738d
Atracciones interiónicas en solución, 275–278, 277t, 278t
Avogadro, Amadeo 27, 198i
Azúcares, 725–727
Azeótropos, 275, 279d
Azidas, 553
Azufre, 524–525, 525t, 531–532, 533–546, 534i, 535i, 536i, 541i, 542t, 546i. *Vea también* Elementos del Grupo VI A
monoclínico, 533, 534i,
rómbico, 533–535, 534i, 536i

Bakelita, 706
Balanza analítica, 12i
Balance de ecuaciones químicas, 37–38, 291–298
de ecuaciones Redox, 291–298
Balón aforado, 261i
Banda de conducción, 597, 598i, 633d
Banda de valencia, 597, 598i, 634d
Bario, 617–621. *Vea también* Elementos del Grupo II A
Barómetro, 182, 183i, 214d
Bases
amortiguadores, 398–399, 298–300, 309d, 363–364, 378d
Arrhenius, 377d, 378d
Brønsted-Lowry, 364–368, 377–378d
constantes de ionización, 387t, 753t
débiles, 386–387, 387t, 753t
en sistemas de solventes, 375–377, 375t, 368–369d
Lewis, 372–375, 377–378d
nivelación de, 367–368, 377–378d
pesos equivalentes, 306–308, 309d
titulación de, 304–305, 309d, 411-415i, 417
Becquerel, Henri, 657
Benceno, 691–694, 692i
derivados del, 693–694, 697–699
reacciones del, 697–699
Berilio, 617–621. *Vea también* Grupo de elementos II A
Bertólido, 274, 248d
Bioquímica, 5, 720–739
Bismuto, 549–572. *Vea también* Grupo de elementos VA
Bohr, Niels, 86i
Bomba atómica, 675–677
Bomba de hidrógeno, 677
Boranos, 589–590
Boratos, 588
Boro, 585–590
abundancia de, 586–587
ácidos de, 588–589, 589i
alótropos de, 587
carburo de, 580
compuestos de, 587–590
forma cristalina de, 587, 587i
halogenuros de, 588
hidruros de, 589–590
nitruros de, 588
preparación de, 587
propiedades de, 586–587,586t
Boruros, 587
Boyle, Robert, 3, 181i
Bromatos, 520–521, 518t
Bromo, 507–522. *Vea también* Elementos del grupo VII A
Bromuros, K_{SP} de, 754t
Bureta, 295i
Butadieno, 714
Butano, 685

Cadmio, 621–626. *Vea también* Elementos de transición
Calcio, 617–621. *Vea también* Elementos del Grupo II A
Caliza en metalurgía, 607
Calor específico, 54, 69d
Caloría, 54–55, 69d, 785i
Calorímetro, 55–57, 57i, 69d
Cámara de niebla, 243i, 244t, 348–349d, 665
Cámara de niebla de Wilson, 665, 680–681d
Cambio espontáneo, 443–448, 455–456d
Cambio entálpicos, 56–68, 59i, 61i, 63t, 440–443
y equilibrio químico, 359
Cambios físicos, 8
Capacidad calorífica, 55
Captura *K*, 664
Captura electrónica, 664, 681d
Carácter iónico de los enlaces covalentes, 150
Carácter iónico parcial, 150, 151, 155d
Características de los logaritmos, 746
Carbocationes, 696–697, 715–716d
en reacciones de adición, 696–697
en reacciones de desplazamiento, 701, 702
en polimerizaciones, 713
Carbohidratos, 725–728, 737–738d
Carbonato de calcio como un flujo, 607
Carbonato de sodio, 581, 582i
Carbonatos, 581
K_{SP} de, 754t
óxidos de, 580, 581
carbonilos metálicos, 581, 594d
carbono, 574–585
abundancia de, 576–578
alótropos, 577–578, 577i, 579i
como agente reductor, 608
compuesto de nitrógeno, 585
disulfuro, 584
halogenuros de, 584–585
propiedades de, 574–576, 575t
química orgánica de, 684–712
radioactivo para determinar edad, 668–669, 681d
Carborundo, 578
Carburo de aluminio, 579
Carburo de calcio, 579
Carburos, 579–580
Carburos como sales, 579
Carburos intersticiales, 579, 594d
Carburos metálicos, 579–580
Carga nuclear efectiva, 116, 134d
Cargas formales, 140–142, 155d
y fuerza del acido, 370, 371
Catálisis, 336–341, 337i, 339i, 341d
y equilibrio químico, 359
Catalizadores hetereogéneos, 339, 340, 342d
Catalizadores homogéneos, 338, 339, 341–342d
Catenación, 575–576, 594d
Cátodo, 461, 463t, 494–495d
Cationes, 1222, 123, 132–133, 133t, 134–135d
Caucho, 713–714
Caucho Buna S, 714
Celulosa, 727
Cesio, 614–616. *Vea también* Grupo de elementos I A
Cetonas, 704–707, 717d
Cianamida de calcio, 656
Cianohidrina, 706
Cianuro de hidrógeno, 584, 606
Cianuros, 585
Cianuros alquílicos, 709–711
reducción de, 711
Ciclo de Born–Haber, 124–127, 125i, 134–135d
Ciclo de nitrógeno, 552–553, 572d
Cicloalcanos, 687–688, 715–716d
Cicloalquenos, 670, 715–716d
Ciclohexano, 688
Ciclopropano, 688
Ciclotrón, 672–673, 672i, 681d
Cifras significativas, 11–14, 21d
Cinc, 621–626. *Vea también* Elementos de transición
Cinética, 314–344
Cinética química, 314–344, 341–342d
Citosina, 730–731i
Cloratos, 520–521, 517i, 518t
Cloritos, 517i, 518t, 519–520
Cloro, 507–522. *Vea también* Grupo de elementos VIIA
a partir de reducción electrolítica de NaCl, 610, 611i
Clorofila, 641
Cloruro de sodio, 123
ciclo Born-Haber para, 124–125, 125i
electrólisis acuosa, 465, 465i, 503
electrólisis de cloruro de sodio fundido, 461–462, 461i
energía de red de, 125–127, 125i, 128t
estructura cristalina, 26i, 123i, 124i, 125i, 245, 245i
Cloruros, K_{PS}, 754t
Cobalto, 621–626. *Vea también* Elementos de transición
Cobre, 621–626. *Vea también* Elementos de transición
Metalurgia de, 466–468, 467i, 599–604, 603i, 605–606, 610
Electrólisis acuosa del cloruro de hierro (II), 466
Electrólisis acuosa del sulfato de hierro, 465–468, 466i
Codón, 732, 738d
Coenzima, 734
Colisiones efectivas, 321–322, 321i, 341d
Combustible, 493–495, 494i
Complejos, 641, 642, 644, 645, 646
activados, 323, 341d
cuadrados planos, 637i, 638–639, 639i
enlace en, 648, 649i, 653, 653i
de inestabilidad, 432, 436d, 753d
inertes, 641–642, 654–655d
octaédricos, 637, 638
enlace en, 647–652, 648i, 649i, 651i
reactivos, 641–642, 654–655d
tetraédricos, 637i, 638–639
enlace en, 649, 649i, 653, 653i
tio, 434
Compuesto, 7–8, 20d
binarios, 154, 155d
de cadena lineal, 685
de cadena ramificada, 685
de carbonilo, 704–707, 715–716d
de coordinación, 636–654
de interhalógenos, 511–512, 512i, 522–523d
en porcentajes de, 34–36
iónicos, 122–134
Compuestos complejos, 636–654
activos e inertes, 642–643, 654d
enlace en, 646–653, 649i, 650i, 651i, 653i
espin (spin) alto y bajo, 651–653, 651i, 653i, 654d
estructura de 636–641, 637i, 639i, 640i, 641i
isomería de 643–646, 645i, 646i
nomenclatura de 642–643
Concentración, 48d
potenciales de electrodo, 484–488
y equilibrio, 357–358
y velocidades de reación, 314–317, 315i, 316i
Concentración de las pilas, 488, 495d
Concentración de minerales, 604–607, 605i, 633d
Concentración de soluciones, 259–264, 262t, 306–308
Concepto de Lewis de ácidos y bases, 372–375, 377–378d
y polimerizaciones, 713
y reacciones de adición, 696–697
y reacciones de desplazamiento, 701–702

y sustituciones aromáticas, 697–698
Conducción electrolítica, 460–462, 495*d*
Conducción metálica, 459–460, 495*d*, 597–598, 597*i*, 598*i*, 603–604, 604*t*
Conductancia
de complejos, 637–638, 638*t*
de halogenuros metálicos, 515, 515*i*
Conductividad eléctrica, 633. *Vea también* Conductividad
Conductividad electrolítica, 460–462, 495*d*
de grafito, 578
de halogenuros, 515, 515*i*
de metales, 459–460, 495*d*, 597–598, 598*i*, 603, 603*t*
de semiconductores, 598–600, 598*i*, 599*i*, 600*i*
Conductor, 589, 633
Configuraciones electrónicas, 100–109, 100*t*, 102*t*, 106*t*, 107*t*, 111*d*
de iones, 127–130, 129*i*
por el método de aufbau, 102–109
Configuraciones isoelectrónicas, 135*d*
Constante de disociación de bases, 386–387, 387*t*, 417*d*, 753*t*
Constante de los gases, 191, 191*t*, 213–214*d*, 742*t*
Constante de Planck, 85, 742*t*
Constante de velocidad, 317, 341–342*d*
y temperatura, 331–336
Constante del gas ideal, 187, 187*t*, 214, 742*t*
Constantes, 742*t*, 733*t*, 754*t*
de ácidos carboxílicos, 708*t*
de ácidos polipróticos, 403*t*
de aminas, 711*t*
de aumento del punto de ebullición, 269*t*
de disociación del agua, 387–389, 417*d*
de disociación para ácidos–gases, 380–386, 387*t*, 417*d*, 708*t*, 711, 753*t*
de energía libre de Gibbs, 442–455, 455*t*
de equilibrio, 347–348, 348–353, 353–357, 360*d*, 753*t*, 754*t*
de formación, 432
de inestabilidad, 432, 754*t*
de ionización, 389, 753*t*
de Van der Waals, 211*t*
del punto molal de, 269*t*
K_a 380–386, 387*t*, 417*d*, 708*t*, 753*t*
K_b 380–386, 387*t*, 417*d*, 711*t*, 753*t*
K_P, 353–357
K_{PS}, 421–424, 754*t*
productos de solubilidad, 421–424, 754*t*
tablas de, 387*t*, 403*t*, 708*t*, 711*t*, 753*t*–754*t*
y mecanismos de reacción, 347–348
y potenciales de electrodos, 483–484
Contador de centelleo, 665, 681*d*
Contador Geiger-Muller, 665, 665*i*, 681*d*
Contaminación del aire, 531–533, 533*i*
Contaminantes fotoquímicos, 632, 546*d*
Contracción lantánida, 624, 624*i*
Convenciones para electrodos, 462, 462*t*
Convertidor catalítico, 340*i*
Copolímeros, 714, 716*d*
Corriente eléctrica, 459–462
Corrosión del hierro, 490–491
Coulombio, 460, 495*d*, 742*t*
Coulómetro de plata, 470–471, 470*i*, 495*d*
Cristales, 234–247
alotropía, 244
antifluorita, 246, 246*i*, 246*t*
azufre, 533–534, 534*i*, 536*i*
blenda de cinc, 245–246, 245*i*, 246*t*
boro, 587, 587*i*
cloruro de cesio, 245–246, 245*i*, 246*t*
cloruro de sodio, 245–246, 246*t*, 245*i*
cúbicos, 236–239, 237*i*, 238*i*, 240*i*
defectos de las estructuras, 246*i*, 247
diamante, 577, 577*i*
difracción con rayos X, 240–243, 241*i*, 242*i*
empaquetamiento, 236, 243–244, 244*t*, 248–249*d*
energía de red, 124–127, 125*i*, 128*t*
fluorita, 246, 246*i*
fósforo, 551–552, 551*i*
grafito, 577–578, 577*i*, 578*i*
haloideos, 124*i*
iónicos, 234, 235*i*, 244–246, 245*i*, 246*i*, 246*t*
metálicos, 243*i*, 235*t*, 236, 243, 243*i*, 244*t*
moleculares, 234, 235*t*
no estequiométricos, 247
propiedades de, 234–236, 234*i*, 235*t*
redes, 236, 235*i*, 235*t*
rutilo, 246*i*, 246*t*
tipos de, 234–236, 235*t*
Cromatos K_{PS} de, 754*t*
Cromo, 621–626. *Vea también* Elementos de transición
Curio, 701, 742*t*
Cuvas de titulación, 411–417, 413*i*, 414*i*, 415*i*, 416*i*, 417*d*
Chadwick, James, 77, 674

Dacrón, 714
Dalton, John, 23*i*
de Broglie, Louis, 93*i*
Defectos cristalinos, 246–247, 248–249*d*
Defectos de las estructuras, 246–248
Defectos de puntos, 247
Densidad, 18–19, 21*d*
de metales, 599, 601, 601*i*
Deshidrogenación, 705, 715–716*d*
Desproporciones, 296, 309*d*, 480
Destilación, 273–276, 279*d*
al vacío, 228–229
Destilación fraccionada, 274–275
de petróleo, 688, 688*i*
Desplazamiento electrofílico, 375, 377–378*d*
Desplazamiento nucleofílico, 375, 377–378*d*
Diagramas de fase, 231–235, 232*i*, 233*i*, 248–249*d*
Diagramas para potencial de electrodo, 480
Diamagnetismo, 100, 101, 111*d*
Diamante, 577, 577*i*
Diasteroisómeros, 646
Diborano, 589–590, 590*i*
Difracción de cristales, 240–243, 241*i*, 242*i*
Difracción de cristales con rayos X, 240–243, 244*i*
Difusión molecular, 207–209
Dilución infinita, 256
Dióxido de azufre, 147, 538–539
Dióxido de carbono, 581
diagrama de fase para, 234–235, 233*i*
soluciones acuosas de, 402–403
Dipéptidos, 723
Dipolos instántaneos, 220–221, 248–249*d*
Directores meta, 699, 700*t*
Disacáridos, 726, 738*d*
Disociación de electrólitos, 380–387, 385*t*
Disociación de los cristales, 246–247
Distancia de enlace, 134–135*d*
Distorsión iónica, 149
Distribución Maxwell-Boltzman
camino libre medio, 206, 214*d*
gases, 206–207, 206*i*, 214*d*
líquidos, 225–226, 225*i*
y velocidad de reacción, 322, 322*i*
Disulfuro de carbono, 584
Doble hélice, 730–731, 730*i*, 731*i*, 737–738*d*

e, 74, 75*i*
E, 438–439
&°, 473–489, 477*t*, 751*t*, 752*t*
EDTA, 640, 640*i*
Ebullición y punto de congelación, 279*d*
Ecuación de Arrhenius, 331
Ecuación de Bragg, 242, 248–249*d*
Ecuación de Henderson-Haselbalch, 399–400, 417*d*
Ecuación de Nernst, 484–488, 495*d*
Ecuación de Schrodinger, 93–95
Ecuación de Van der Waals, 211, 214*d*
Ecuaciones
cálculo de ecuaciones químicas, 38–44, 196–199, 199–203
completamente iónicas, 283–284, 308–309*d*
cuadráticas, 748
de oxidación-reducción, balance de, 290–298
de velocidad, 317–320, 341–342*d*
iónicas, 284
medias, 293–294, 309*d*
moleculares, 284
para reacciones de metátesis, 283–287
para reacciones de oxidación-reducción, 290–298
parciales, 293–294, 308–309*d*
químicas, 36–38, 48*d*, 290–297
termoquímicas, 57–62
Efecto del ion común, 395–396, 417*d*
y solubilidad, 425–427
Efecto nivelador, 367–368, 377–378*d*
Efecto Joule-Thomson, 213
Efecto Zeeman, 97
Electrodo, 495*d*
patrón de hidrógeno, 475, 476*i*
Electrólisis, 461–471, 495*d*
de cloruro de sodio acuoso, 465, 503
de cloruro de sodio fundido, 461–462, 461*i*
del agua, 503
del sulfato de cobre (II) acuoso, 465–468, 466*i*
del sulfato de sodio acuoso, 465, 503
estequiometría de, 468–471
y potenciales de electrodos, 489
Electrólitos, 275, 279*d*
débiles, 380–387
fuertes, 275–276
Electrón, 74–77, 111–112*d*
carga y masa en reposo de, 75–77, Apéndice B
naturaleza dual de, 92–93
voltio, Apéndice B
Electrones, 74–77, 111–112*d*
d, 96–98, 99*i*, 649*i*
de antienlace, 168–170, 169*i*, 170*i*, 179*d*, 652
de enlace, 159–165, 168–170, 169*i*, 170*i*, 179*d*
de valencia, 102, 112*d*
desapareados, 100–101
libres, 160–165
p, 96–97, 98*i*
s, 96–97, 98*i*, 100*i*
Electronegatividad, 152–154, 152*t*, 155*d*
de halógenos, 508, 508t
Electroquímica, 459–500
Elementos, 5–7, 20*d*
abundancia de, 6–7, 7*t*
configuraciones electrónicas de, 104–105t
diatómicos, 27*t*
e/m, 76–81
f.e.m., 473–475, 495*d*
Grupo 0, 590–593
Grupo I A, 614–616
Grupo II A, 617–621
Grupo III A, 585–590; 628, 629
Grupo IV A, 574–585, 630–632
Grupo V A, 549–572
Grupo VI A, 524–546
Grupo VII A, 507–522, 522*d*
representativos, 110, 112*d*
símbolos para, 6, 7*t*
tipos de, 109–110
transición, 105, 621–626
transición interna, 104–105, 626–628
transuránicos, 674–675, 681*d*
y concentración, 484–488
y energía libre de Gibbs, 480–484
Elementos de transición, 104–105, 110, 111–112*d*, 621–626
configuraciones electrónicas de, 621*t*
estados de oxidación de, 621–623, 622*t*
oxianiones de, 623
óxidos de, 623
potenciales de electrodo, 625*t*
radios atómicos, 624*i*, 624*t*
radios cónicos de, 624*t*
reacciones de, 625–627, 627*t*
Elemento de transición interna, 105, 110 111–112*d*, 626–628
propiedades de, 627*t*
reacciones de, 627*t*
Emisión alfa, 660–661, 680*d*
Emisión beta, 662–663, 681*d*
Emisión de positrones, 663–664, 681*d*
Empaquetamiento cristalino, hexagonal, 243, 243*i*, 244*t*
Enantiomorfos, 645–646, 646*i*, 654*d*, 721
Energía, 51–52, 68*d*
atómica, 675–678
de activación, 323–324, 331–336, 341–342*d*
y catalisis, 337, 337*i*
Energía de apareamiento, 651–653
de desintegración
alfa, 660–661
beta, 662–664
captura de electrones, 664
gama, 661–662
positrón, 663–665
de enlace, 65–67, 67*t*, 68*d*
de enlaces de carbono y silicio, 576

de halógenos, 508, 508t
nuclear, 675, 676, 676i
de ionización, 118–120, 119t, 120i, 120t, 134–135d
de separación, 649–649i
interna, 438–439, 455–456d
masa equivalente de, 661
radiante, 85–86, 85i, 86i
red, 124–127, 127–130, 128t, 134–135d
Energía libre de Gibbs, 445–449, 455–456d
de formación, 448–449, 449t
medida de, 480–482
y trabajo eléctrico, 474–475, 495d
y fem, 474–475, 480–484
y equilibrio, 452–455, 455t
Energía libre de formación-patrón, 448–449, 449t, 455–456d
Energías de ionización, 118–120, 119i, 120i, 134–135d
de halógenos, 503, 508t
Energías de redes, 124–127, 128t, 134–135d
y solubilidad, 257–258
Enlace
covalente coordinado, 139–140
covalente, 116, 137–154, 155
Enlace de hidrógeno, 221–224, 222i, 248–249d
en proteínas, 721–723, 722i
Enlace doble, 139–140, 175–176, 176i
en hidrocarburos, 688–690
Enlace electrovalente, 122–134
híbrido, 166–167, 167i, 167t
hidrógeno, 221–224, 222i
iónico, 116, 122–134, 134–135d
metálico, 116, 596–8, 597i, 598i
Pi, 170, 170i, 177–178, 179d
en ácido fosfórico, 566
en ácido sulfúrico, 541–543
polar, 150–151, 152–153
sigma, 168, 166i
tres centros, 587, 589–590
Enlazamiento, 150
en complejo, 646–653
multicentro, 176, 587, 589–590
$p\pi$-$d\pi$, 177–178, 179d
Entalpía, 57, 69d, 440–443, 455–456d
de cristalización, 229, 248–249d
de formación, 62–66, 63t, 68d
de fusión, 230, 230t, 248–249d
de hidratación, 256, 279d
de solución, 257–258, 271d
de solvatación, 258
de sublimación, 134–135d, 235
de vaporización, 226–227, 228–229, 228t
Entropía, 443–445, 444t, 455
absoluta, 449–452, 450t
medida de, 481–482
patrón absoluta, 450, 450t, 455–456d
y energía libre, 445–448
Enzimas, 341, 342d, 733, 735, 738d
Equilibrio iónico, 380–420, 421–437
de ácidos polipróticos, 402–406, 403t
de ácidos y bases débiles, 380–387
de agua, 387–389
de sustancias anfóteras, 434–436
de sustancias ligeramente solubles, 421–431
heterogéneo, 360d
homogéneo, 360d
involucrando iones complejos, 431–434
químico, 345–349, 360d, 380–417, 421–436. *Vea también*
Equilibrio
redox, 483–484
y el efecto del ion común, 395–396
y hidrólisis, 406–411
y oxidación-reducción, 483–484
Equilibrios, 248–249d. *Vea también* Equilibrios iónicos
heterogeneos, 349–350, 360d, 421–437
ión complejo, 431–434
iónicos, 380–417, 421–437
líquido-vapor, 430–431
molecular, 345–362, 360d
oxidación-reducción, 483–484
sólido-vapor, 230–231
solubilidad, 253–254, 258–259, 421–437
y el principio de Le Chatelier, 258–259, 357–359
y energía libre de Gibbs, 452–455
y potenciales de electrodos, 483–484
y velocidad de reacción, 345–348
Escala de temperatura Celsius, 52, 53i, 68d
Escala de temperatura Fahrenheit, 52–53, 53i, 68d
Escala de temperatura Kelvin, 186–188, 214d, 742t
Escandio, 621–626. *Vea también* Elementos de transición
Escoria, 567, 634d
Esfera de coordinación, 636–637, 654d
Espectro, 111–112d
continuo, 85–86
de hidrógeno, 86–87, 88i
de líneas, 85–88, 88i
de rayos X, 89–92, 93i
electromágnetico, 84–85, 86i
Espectrómetro de masas, 81–82, 82i, 111–112d
Espectros atómicos, 85–89
Espectros de absorción de los complejos, 742
Espectroscopio, 87i
Estabilidad nuclear, 648–660, 659i, 677–678
Estados de spin, 651–653, 651i, 653i, 654d
Estado de spin bajo, 651–653, 651i, 653i, 654d
Estado excitado, 86, 111–112d
del núcleo, 751–752
Estado fundamental, 86, 111–112d
Estado patrón, 62, 69d
Estaño, 574–585, 630–639. *Vea también* Elementos del grupo IV A
Estequiometría, 23–47, 48d, 199–201
de electrólisis, 468–471
Estereoisómeros, 690, 717d
de complejo, 645–646, 645i, 646i, 654d
Ésteres, 170, 716d
de glicerol, 728–729
Estroncio, 617–621. *Vea también* Elementos del grupo II A
Estructura
cristalina de la blenda de cinc, 245–246, 245i, 246t
cristalina del cloruro de sodio, 245, 246, 245i, 246t
cristalina del rutilo, 246i, 246t
cuaternaria de proteínas, 725, 738d
de Lewis, 138–139, 142–147, 155d
del cristal fluorita, 246, 246t
molecular y fuerza ácida, 368–372
primaria de las proteínas, 723, 724i, 737–738d
secundaria de las proteínas, 723, 724d, 737–738d
terciaria de las proteínas, 723–725, 724i, 738d
Etano, 181, 181i, 685
Etanol, 699t
Etapa que determina la velocidad de reacción, 327–328, 341–342d
Eteno, 175, 176i, 687–688
Éter dietílico, 703
Éter dimetílico, 703
Éteres, 703–704, 715–716d
Etilendiamina, 711
Etilendiamina tetracetato, 640, 640i
complejos, 640, 640i
Etilenglicol, 702
Etileno, 175, 176i, 687–688
Etino, 690
Explotación del mineral trona, 581i
Exponentes, 743–744
Evaporación, 225–226, 248–249d

F, 468, 495d, 742t
Factor de compresibilidad, 209–211, 210i, 214d
Factor de conversión, 14–20, 20d
Factor de frecuencia, 331
Factor de Van't Hoff, 275–278, 277t, 279d
Familia, 91–92, 111–112d
Faraday, 468, 495d, 746i
Faraday, Michael, 468i
Fase, 8, 21d
Fem de, 473–475
inversa, 474
patrón, 473, 495d
Fenol, 703–704
Fertilizante de superfosfato, 566, 572d
Fertilizantes, 566
Fijación del nitrógeno, 552–553, 572d
Físico-química, 5d
Fisión atómica, 675–677
Fisión nuclear, 675–677, 681d
Flogisto, 3–4
Flotación, 604–605, 605i, 633d
Flotación Froth, 604, 605, 605i, 633d
Flujo, 607, 633d
Flúor, 173i, 507–522. *Vea también* grupo de elementos VII A
Fluoruro de hidrógeno, 513–514
Fluoruros, K_{PS} de, 754t
Formaldehído, 704
Formas D, 722
Formas L, 722
Formas disimétricas, 645
Formas quirales, 645, 654d
Fórmula peso, 29, 48d
Fórmulas, 25–27
cálculos de, 34–36
derivación de, 30–34
empíricas, 26, 48d
derivación de, 31–32
moleculares, 26, 48d
derivación de, 32–34
químicas, 25–27, 30–34
empíricas, 26, 30–34, 48d
moleculares, 27, 32–34, 48d
Fórmulas simples, 26, 31–32
Fosfatos, K_{PS} para, 754t
Fosfina, 557, 558
Fosfóro, 549, 572. *Vea también* Elementos del grupo VA
fosfuros, 554, 555
Fotón, 85, 111–112d
Fotosíntesis, 581, 594d, 736
Fracción molar, 203, 214d, 260
Fraccionamiento, 503, 503i, 522d, 688, 715–716d
Frecuencia de radiación, 84, 111–112d
Freón, 584
Fructosa, 727
Fuerza, 51
Fuerzas
atracciones intermoleculares, 210–211, 219, 224, 248–249d
de London, 220–221, 221i, 221t
dipolo-dipolo, 219–220, 219i, 220i, 221t, 248–249d
dispersión, 220–221, 221i, 221t
electromotriz, 473–475, 495d
y energía libre de Gibbs, 480–484
nucleares, 658
Van der Waals, 220
Función de estado, 439, 455–456d
Función de onda, 93, 111–112d
Fundición, 607, 634d
Fusión atómica, 677–678, 678i
Fusión nuclear, 677–678, 678i, 681d

Galio, 628–629. *Vea también* Grupo de elementos III A
Ganga, 693–694, 633d
Gas ideal, 191–192
Gases, 182–214
constantes críticas de, 213t
licuefacción de, 212–213
nobles, 110, 111–112d, 590–593, 594d
compuestos de, 592–593, 592t, 593i
propiedades de, 591, 591t, 592i
preparación por metátesis, 285–286, 286t
teoría cinética de, 194–196
volumen molar de los gases a TPE, 191–742t
y estequiometría, 200–203
Gay-Lussac, Joseph, 197i
Geometría de las moléculas, 159–167
y orbitales híbridos, 166–167, 167i, 167t
y repulsión de pares electrónicos, 159–165, 160i, 161i, 162i, 164t
Germanio, 574–585, 630, 632. *Vea también* elementos del grupo IVA
Gibbs, J. Willard, 447i
Glicerol, 703, 728
Glicoles, 703
Glucosa, 726
oxidación de, 737
Grado de disociación, 381, 417d
Grafito, 517–518, 517i, 518i
Graham, Thomas, 208i
Grasas, 728–729, 738d
Grignard, Víctor 606i
Grupo carbonilo, 704
Grupo carboxilo, 707
Grupo prostético, 734
Grupo de elementos I A, 614–615
análisis para, 615
metalurgía de, 610, 611i
potencial de electrodo, 615t
propiedades de, 614–615, 615t
reacciones de, 616, 676t
reacciones con oxígeno, 527–528
Grupo de elementos II A, 617–621
análisis para, 620
metalurgía de, 610
potencial de electrodos, 617t
propiedades de, 617–618, 617t
reacciones de, 618–621, 618t
solubilidad de las sales de, 619, 619t
Grupos de elementos III A, 585–590, 628–629 *Vea también* Boro

configuraciones electrónicas, 586*t*
potenciales de electrodos, 586*t*
propiedades de, 585–586, 586*t*
reacciones de, 587–590, 628*t*
Grupo de elementos IV A, 574–585, 630–632 *Vea también* Carbono y silicio
configuraciones electrónicas, 576*t*
propiedades de, 574–576, 575*t*
reacciones de, 579–585, 630*t*
Grupo de elementos V A, 549–572
abundancia de, 553–554, 553*t*
alótropos, 551–552, 552*i*
configuraciones electrónicas, 550*t*
compuestos halogenados, 558–560, 558*i*, 559*i*
compuestos de hidrógeno, 555–558
óxidos y oxiácidos, 560–570, 566*i*
potencial de electrodos, 563*t*, 565*t*, 569*t*
producción industrial, 553–554, 554*i*
propiedades de, 549–552, 550*t*
usos industriales, 570–571
Grupo de elementos V A, 524–531, *Vea también* Oxígeno.
abundancia de, 535*t*
alótropos, 533–535, 534*i*, 536*i*
configuraciones electrónicas, 524*t*
compuestos de hidrógeno, 536–537
oxidos y oxiácidos, 527–530, 528*i*, 538–545, 541*i*
potencial de electrodos, 545, 546*i*
producción industrial, 536–538, 535*i*
propiedades de, 524–525, 525*t*
reacciones de, 536*t*, 536–545
usos industriales, 545–546
Grupo de elementos VII A, 507–522, 522*d*
abundancia de, 509, 509*t*
compuestos con metales, 514–516
compuestos de hidrogeno, 513—514
configuraciones electrónicas, 507*t*
halogenuro de, 513–516, 515*i*
inter-halógenos, 511–512, 512*i*, 522*d*
oxiácidos, 516–521, 516*i*, 516*t*
potencial de electrodos, 518*t*
producción industrial, 509–511, 510*i*
propiedades de, 507–509, 508*t*
reacciones de, 511–512, 512*t*
usos industriales, 521–522
Grupo O de elementos, 590–593
compuestos de, 592–593, 592*t*, 593*i*
propiedades, 591, 591*i*, 592*i*
Grupos, 92, 111—112*d*
Grupos funcionales, 699, 715–716*d*
Guanina, 730, 731*i*

h, 742*t*
Halogenuros, 513–516
alquílicos, 694–697, 701, 715–716*d*
de hidrógeno, 107*t*, 513–514
de nitrogeno, 558
metálicos, 514–516
Halógenos, 507–522, 522*d*. *Vea también* Grupo de elementos VII A
Heisenberg, Werner, 92
Hélice alfa, 723, 724*i*
Helio, 590–593. *Vea también* Grupo de elementos O
Hemoglobina, 740–741, 725, 724*i*
Hibridación, 179*d*
Hidracina, 557
K_b de, 387*t*, 753*t*
Hidratación, 279*d*
entalpía de, 256, 279*d*
Hidratos, 504–506
fuerza ácida de, 364, 369
de boro, 589–590
Hidrocarburos, 681–699
alifáticos, 684–691
aromáticos, 691–694
como contaminantes del aire, 532
oxidación de, 709
reacciones de, 694–699
Hidrocarburos acetilénicos. *Vea también* Alquenos y alquinos
Hidrocarburos aromáticos, 691–694, 715–716
oxidación de, 709
reacciones de, 697–699
Hidrocarburos cíclicos, 687–688
Hidrocarburos insaturados, 689, 709, 715–716*d*. *Vea también* Alquenos y alquinos
Hidrocarburos saturados, 689, 715–716*d*
Hidrogenación
cianuros de alquilo, 711
de aceites vegetales, 729
Hidrógeno, 501–507
abundancia de, 501–503
compuestos con boro, 589–590, 590*i*
compuestos con elementos del grupo VI A, 536–538
compuestos con silicio, 580, 580*i*
compuestos con los elementos del grupo V A, 555–557
de reacciones de desplazamiento, 503–504
en reducciones metalúrgicas, 609–610
enlace en moléculas, 137, 137*i*, 168–169
espectro de, 86–87, 87*i*
halogenuros de, 153*t*, 513–514
producción industrial de, 502–503, 503*i*
propiedades de, 501–502
usos industriales, 506–507, 609–610
Hidrolisis
de grasas, 729
de iones, 406–411, 417*d*
de proteínas, 723
halogenuros de fósforo, 513
Hidróxidos
anfóteros, 434–436
de los óxidos, 299–300
K_{PS} de, 754*t*
pesos equivalentes de, 306–308, 309*d*
Hidroxilamina, 557
Hidruro de aluminio y litio, 505
Hidruro de boro y litio, 505
Hidruros como sales, 504–505
Hidruros intersticiales, 505
Hierro, 621–626. *Vea también* Elementos de transición
Hierro colado, 609, 614, 634*d*
corrosión de, 490–492, 492*t*
metalurgía de, 608–609, 608*i*, 614, 614*i*

i, 276–278, 277*t*, 279*d*
Indicadores
acido-base, 393–395, 394*t*, 417*d*
precipitación, 428
Indio, 628–629. *Vea también* Grupo de elementos III A
Inercia, 5
Inhibición
competitiva, 734, 738*d*
de enzimas, 737–738*d*
de refuerzo, 735
enzimática, 734–735, 737–738*d*
no competitiva, 735
retroalimentadora, 735
Intermedios, 320–321
Imanes para reactor de fusión, 678*i*
Imágenes especulares, 645
Impurezas en cristales, 247
Impurezas y semiconductores, 599–600, 600*i*, 633*d*
Inhibición no competitiva, 735–738*d*
Ion, 47*d*
acetato, hidrólisis de, 388–408
alcóxido, 700
aluminato, 435–436
amonio, 139–140
hidrólisis de, 408–409
carbonato, enlace en, 176, 176*i*
cincato, 434–436
dicromato, 623
fosfato, 177–178
hidronio, 298, 309*d*
mercurioso, 622
peróxido, 526, 527, 528*i*
superóxido, 527, 528*i*
Iones, 122–134, 133*t*
como ácidos y bases, 406–411
configuraciones de, 123–124, 127–130, 129*t*, 130*t*
d^{10}, 129, 134–135*d*
$d^{10}S^2$, 129, 134–135*d*
hidratación de, 255–257
hidrólisis de, 406–411, 417*d*
radios de, 130–132, 131*i*, 132*i*, 134–135*d*, 624*t*, 627*t*
S^2, 123, 134–135*d*
S^2p^6, 123, 134–135*d*
tipos de, 127–130, 127*d*
Iones complejos
constantes de inestabilidad, 754*t*
equilibrios que comprenden, 431–434, 436*d*
espectadores, 283–284, 309*d*
poliatómicos, 133, 133*t*
Iones de los gases nobles, 123, 134–135*d*
Isóbaros, 81, 82, 111–112*d*
Isomería, 572*d*
cis-trans, 560, 645, 645*i*, 690
de cadena, 689, 715–716*d*
de compuestos aromáticos, 693
de enlace, 645, 654*d*
de hidratación, 644, 654*d*
de ionización, 643–644, 654*d*
estereoisómeros, 645, 645*i*, 646*i*, 654*d*, 690, 715–716*d*
Estructurales, 685–687
geométrico, 690, 715–716*d*
de complejos, 643–646
de coordinación, 644–645, 654*d*
de grupos funcionales, 653, 715–716*d*
óptico, 645–646, 645*i*, 645*i*, 646*i*, 654*d* 715–716*d*, 721–722, 721*i*
orto, *meta* y *para*, 698–699, 715–716*d*
posición, 689, 715–716*d*, 698–699
Isómeros
de coordinación, 644–646, 654*d*
de posición, 689, 715–716*d*
dextrorrotatorios, 722
estructurales, 643–645, 654*d*, 685–687, 715–716*d*
levorrotatorios, 645–646, 645*i*, 721–722, 721*d*
meta, 698–699, 699*i*, 715–716*d*
ópticos, 645–464, 645*i*, 646*i*, 654*d* 715–716*d*, 721–722, 721*i*
orto, 698–699, 699*t*, 715–716*d*
para, 698–699, 699*t*, 715–716*d*
trans, 560, 645, 645*i*, 690
Isopreno, 713–714
Isótopos, 80–81, 111–112*d*, 681*d*
producción de, 671–675, 672*i*, 672*t*, 673*i*, 674*i*, 677
usos de, 678–680
Jabón, 729
Julio, 52, 53–54, 68*d*, 742*t*
K_a, constantes, 386–387, 387*t*, 417*d*, 729*t*, 753*t*
agua, 388, 417*d*
K_P, 353–357
K_{PS}, constantes, 421–428, 436*d*, 754*t*
Kriptón, 591–593. *Vea también* Elementos del grupo 0

l, 96
Lantánidos, 110, 626–628m 633*d*. *Vea también* Elementos de transición interna
Lavoisier, Antoine, 4*i*
Le Chatelier, Henry, 357*i*
Ley de
Amontons, 188–189, 214*d*
Boyle, 184–186, 185*i*, 214*d*
Charles, 186–188, 214*d*
Dalton, 203–205, 214*d*
difusión de Graham, 207–209, 214*d*
difusión de los gases, 207–209, 214*d*
Faraday, 468–473
gas ideal, 189–195, 213–214*d*
desviaciones de, 209–212, 210*i*
Gay-Lussac, 197–199, 213–214*d*
Henry, 259, 279*d*
Hess, 60–62, 61*t*, 69*d*
la conservación de la energía, 438–439
la conservación de la masa, 5, 21*d*, 24
la suma calórica constante, 60–62, 61*i*, 69*d*
las presiones parciales de Dalton, 203–205, 213–214*d*
las proporciones definidas, 7–8, 21*d*, 24
las proporciones múltiples, 24
los volúmenes de combinación, 196–198, 213–214*d*
Ohm, 460
Raoult, 265–269, 279*d*
velocidad de reacción, 317–320
Ley de la termodinámica,
Primera, 438–439, 455*d*
Segunda, 443–445, 455–456*d*
Tercera, 449–452, 456*d*
Leyes de los gases
Amontons, 188–189, 213–214*d*
Boyle, 184–186, 185*i*, 213–214*d*
Charles, 186–188, 187*i*, 213–214*d*
ideales, 190–195, 213–214*d*
Van der Waals, 211, 213–214*d*
Ley periódica, 89–91, 111–112*d*
Licuación, 605, 613
Licuefacción de gases, 212–213
Ligandos, 431, 436*d*, 636
bidentados, 639
quelatantes, 639–641
series espectroquímicas de, 652
unidentados, 639
Lípidos, 728, 738*d*
Líquidos, 219–235
Litio, 614–616. *Vea también* Elementos del Grupo I A
Lixiviación de minerales, 606, 633*d*
Logaritmos, 745, 748, 749*t*–750*t*
Logaritmos naturales, 747–748
Longitud de onda, 85, 85*i*, 111–112*d*
Los alrededores en termodinámica,

438, 455–456*d*
Lucita, 713
Luz, 85–86, 86*i*
Llenado de subniveles, 109

m_l, 96–98, 111–112*d*
m_s, 98, 111–112*d*
Macromoléculas, 712, 715–716*d*
Magnesio, 617, 621. *Vea también* Elementos del grupo II A
de agua del mar, 287*i*, 606, 610*i*
Manganeso, 621–626. *Vea también* Elementos de transición
Manómetro, 182–184, 184*i*
Mantisa, 746
Masa, 5, 21*d*
Masa crítica, 676, 681*d*
Mate de cobre, 607, 633*d*
Materia, 5, 9*t*, 21*d*
Materia heterogénea, 8
Mecánica ondulatoria, 94–95
Mecanismos de reacciones, 327–331, 328*i*, 330*i*, 336–341, 337*i*, 341–342*d*
de polimerización, 712–715
de precipitaciones, 428–429
de reacciones de desplazamiento, 701–702
de reacciones en cadena, 330–331, 341–342*d*, 784–785, 712–713
de sustituciones aromáticas, 697–699
de trazadores radiactivos, 544–545, 679–680
S_N1, 703–705, 715–716*d*
S_N2, 702, 715–716*d*
y catalizadores, 336–341, 337*i*, 339*i*
y constantes de equilibrio, 347–348
y ecuaciones de velocidad, 328–331, 328*i*, 321*i*
Medias pilas, 475, 495*d*
Medias reacciones, 294, 309*d*
Medida del calor, 52–56, 53*i*, 56*i*
Medidor de *p*H (potenciómetro), 389*i*, 487–488
Membrana semipermeable, 272, 273*i*
Mendeleev, Dimitri, 90*i*
Mercurio, 621–626. *Vea también* Elemento de transición
metalurgia de, 607
Mesón, 658
Metabolismo, 735–737, 738*d*
Metales, 109–110, 111–112*d*, 596–632
abundancia de, 603–604, 604*t*
alcalinos, 614–616, 633*d*. *Vea también* Grupo de elementos I A
alcalinos térreos, 617–621, 633*d* *Vea también* Grupo de elementos
conducción de, 459–460, 495*d*, 597–598, 597*i*, 602–603, 603*t*
de transición interna, 626–628
estructuras cristalinas de, 234–235, 234*i*, 235*t*, 236–237, 237*i*, 238*i*, 239*i*, 243–244, 243*i*, 244*t*
Grupo I A, 614–616
Grupo II A, 617–621
Grupo III A, 628–629
Grupo IV A, 630–632
metalurgia de, 604–614, 633*d*
propiedades desde, 600, 603, 601*i*, 602*i*, 603*t*, 615*t*, 627*t*, 630*t*
reacciones de, 616, 616*t*, 626*t*, 627*t*
transición, 621–626
Metaloides, 110–111*d*
Metalurgia, 604–614, 633*d*
tratamiento preliminar de minerales, 604–607, 605*i*
reducción, 607–612
refinación, 612–614
Metano, 684, 684*i*
Metanol, 618*t*
Metilamina, 710, 711*t*
Metilmetacrilato, 713
Método de aufbau
para orbitales atómicos, 102–109, 103*i*, 104*i*, 11–112*d*
para orbitales moleculares, 171, 171*i*
Método del ion electrón, 294–298
MeV, 661
Mezclas, 8, 9*t*, 21*d*
Mezclas homogéneas, 8
Millikan, Robert A., 76
Mineral de bauxita, purificación de, 605–606
Minerales, 603–604, 604*t*, 633*d*
Minerales de carbonatos, 604*t*
tostación de, 606–607
Minerales de sulfatos, 604*t*
Minerales de sulfuros, 604*t*
tostación de, 606–607
Minerales fosfatados, 604*t*
Minerales naturales, 603–604, 604*t*, 633*d*
Modelo de nivel nuclear, 659–660
Modificaciones racémicas, 645–646
Mol, 27–28, 48*d*
Molalidad, 262–263, 279*d*
Molaridad, 45–47, 48*d*, 260–262, 269*t*
Moléculas, 48*d*
angular, 160, 161, 163, 164*t*
con electrones impares, 158, 174
cuadrada plana, 163, 163*i*, 164*t*
diatómicas, 27*t*, 48*d*, 137–138
orbitales moleculares en, 174*i*
homonucleares, 171–174, 171*i*, 172*i*, 173*i*
forma de T, 162–163*i*, 164*t*
iónica de helio, 169
iónica de hidrógeno, 169
lineal, 159, 162, 164*t*
octaédrica, 163, 163*i*, 164*t*
piramidal cuadrada, 163, 163*i*, 164
Moléculas polares, 151
Moléculas poliatómicas, 69*d*
tetraédrica, 160–161, 161*i*, 164*t*
tetraédricas irregulares, 162, 162*i*, 164*t*
triangular plana, 159–160, 164, 164*t*
Moléculas trigonales bipiramidales, 161–162, 162*i*, 164*t*
Moléculas trigonales piramidales, 161–164*t*
Molecularidad de las reacciones, 325–327, 341–342*d*
Momento dipolo, 150–151, 155*d*
Monómeros, 712, 715–716*d*
Monosacáridos, 725–727, 738*d*
Monóxido de carbono, 580–581
en aire, 531
enlace en, 174, 580
Moseley, Henry, 90*i*
Multiplicidad máxima, 98–102, 101*t*
Mutaciones, 733, 738*d*

n, 94–95
Naftaleno, 694
Neón, 590, 593. *Vea también* Elementos del Grupo 0
Nernst, Walther, 485*i*
Neutralización,
definición de Arrhenius, 298, 299, 300, 309*d*, 363–364, 377–378*d*
definición Brønsted-Lowry, 364–368
definición del sistema de solvente, 375–377, 375*i*, 378*d*
en el concepto de Lewis, 372–375
indicadores, 393–395, 385*t*, 417*d*
pesos equivalentes en, 307–309, 309*d*
Neutrino, 663, 681*d*
Neutrón, 78, 79, 111–112*d*
masa en reposo de, 742*t*
Neutrones lentos, 674, 681*d*
Neutrones rápidos, 674, 681*d*
Neutrones térmicos, 674, 681*d*
Newton, 10, 742*t*
Newton Lewis, Gilbert, 138*i*
Nilón, 714
Nitratos, 563–564, 563*t*
Nitritos, 564–565
Nitrógeno, 549–550, 550*t*, 552–565, 553*t*, 565*i*, 570. *Vea tambié*[n] Elementos del Grupo V A
enlace molecular en, 138, 171–173, 171*i*, 172*i*, 550
compuestos con carbono, 552–553, 571*d*
fijación de, 552–553, 572*d*
Nitruros, 554–555
Nitruros como sales, 554–555
Nitruros intersticiales, 555
Nitruros y fosfuros metálicos, 554–555
Níquel, 621–626. *Vea también* Elementos de transición
Nivel de energía, 111–112*d*
Nomenclatura
ácidos y sales, 302–304
ácidos carboxílicos, 708
alcanos, 686–687
alcoholes, 699
aldehídos, 704
alquenos, 689
alquinos, 691
cetonas, 705
compuestos aromáticos, 693–694
compuestos binarios covalentes, 154–155
compuestos iónicos, 132–134
ésteres, 710
Nomenclatura de, 132–134
propiedades de, 235, 234*i*, 235*t*
No metales, 109–110, 111–112*d*, 118, 119, 153*i*, 501–595
Normalidad, 264–265, 307–310, 309*d*
Notación científica, 744–745
Núcleo
atómico, 79, 111–112*d*, 657–660
enlace de, 657–658
redes de, 657–659
Nucleón, 80, 111–112*d*, 657
Nucleótidos, 730–738*d*
Núclidos, 681*d*
artificial, 671–675, 672*t*, 674*i*
distribución en la naturaleza, 640*t*
Número atómico, 80, 90–93, 111–112*d*
Número cuántico de spin, 97–98, 111–112*d*
cuántico de spin magnético, 97–98, 111–112*d*
cuántico orbital magnético, 95–97, 111–112*d*
cuántico principal, 94–96, 111–112*d*
cuántico subsidiario, 95, 111–112*d*
Número de Avogadro, 27, 48*d*, 242, 742*t*
Número de coordinación, 637, 654*d*
Número de inversión, 734, 739*d*
Número de masa, 79–80, 111–112*d*
Número de oxidación, 288–291, 309*d*
Números cuánticos, 95–98
Números mágicos, 659–660
Ohm, 460
Olefinas, 678–690, 702, 715–716*d*
oxidación de, 709
Operaciones matemáticas, 743–748
Órbita, 111–112*d*
Orbitales
antienlace, 168–170, 169*i*, 170*i*, 179*d*
atómicos, 94, 97*i*, 111–112*d*
d, 95–96, 95*t*, 99*i*, 647*i*
degenerados, 647
en complejo, 646–653
enlace, 168–169, 169*i*, 170*i*, 179*d*
híbridos, 166–167, 167*i*, 167*t*
híbridos dsp^3, 167*i*, 167*t*
híbridos d^2sp^3, 167*i*, 167*t*
híbridos, *sp*, 167, 167*i*, 167*t*
híbridos sp^2, 167, 167*i*, 167*t*
híbridos sp^3, 166–167, 167*i*, 167*t*
moleculares, 168–178, 179*d*, 587–598, 597*i*, 598*i*, 649–650, 650*i*
orden de llenado, 98–101, 101*i*
p, 96, 96*t*, 97*t*, 98*i*, 99*t*
p_i, 170, 170*i*
s, 95, 95*t*, 97*i*, 97*t*, 99*t*
sigma, 168, 169*i*, 179*d*
t_{2g}, 647–654, 654*d*
Orden de enlace, 169, 179*d*
Orden de una reacción, 318, 341–342*d*
Orlón, 713
Oro, 621–626. *Vea también* Elementos de transición
Ósmosis, 272–274, 273*i*, 279*d*
Ósmosis inversa, 272*i*, 272
Oxalatos, K_{PS} de, 754*t*
Oxiácidos, 302–303, 309*d*, 369–372
de arsénico, 569–570
boro, 588, 589*i*
carbono y silicio, 581–582
fósforo, 565–569, 569*i*
fuerza de, 369–371
halógenos, 516–521, 516*i*, 516*t*, 517*i*, 518*t*
nitrógeno, 560–565
nomenclatura de, 302*t*, 302–303
Oxicloruro de californio, 674*i*
Oxidación, 309*d*
aldehídos, 708–709
de alcoholes, 705
glucosa, 737
hidrocarburos, 694, 709
Óxidos, 527–530, 528*i*
ácidos y básicos, 300–302, 309*d*
anfóteros, 301, 309*d*
azufre, selenio y telurio, 538–541
azufre como contaminantes, 531–532
carbono y silicio, 580–582, 582*i*
como contaminantes del aire, 532
de aluminio, purificación de, 604–606
fósforo, 565–566, 566*i*
nitrógeno, 174*i*, 560–565
Oxígeno, 524–531
abundancia de 525–526, 526*t*
amortiguadores, 396–402
aniones de, 527, 528*i*
de sales en solución, 411
definición de, 389–393, 392*t*, 417*d*
determinación de, 389*i*, 393–395, 487–488
estructura molecular, 173*i*, 528
indicadores, 393–395, 394*t*, 417*d*
oxígeno-ciclo del dióxido de carbono, 581, 594*d*
ozono, 530–531
preparación de laboratorio, 526–527
preparación industrial, 526

propiedades de, 526, 526*t*
reacciones de, 527–530
titulación ácido-base, 411–417, 412*t*, 413*i*, 414*t*, 415*t*, 416*i*
usos industriales, 530, 530*i*

*p*K, 397, 417*d*
*p*OH, 390, 417*d*
Psi, 94, 111–112*d*
Paramagnetismo, 101, 111–112*d*
Pares de electrones enlazados, 159, 179*d*
Pares de electrones libres, 159, 179*d*
Partículas alfa, 111–112*d*
Partículas beta, 111–112*d*
Partículas subatómicas, 79*t*
Pascal, 182, 214, 741*t*
Pauli, Wolfgang, 98*i*
Pentano, 685
Péptidos, 722–723, 737–738*d*
Perbromatos, 518*t*, 521
Percloratos, 178, 517*i*, 518*t*, 521
Periodo, 91–92, 111–112*d*
Peroxiácidos, 546*d*
Peroxiácidos de azufre, 543–544
Peróxido de hidrógeno, 530
Peryodatos, 518*t*, 521
Peso, 21*d*
Peso molecular, 31, 48*d*
Pesos atómicos, 24–25, 48*d*, 82–84
Pesos equivalentes, 307–309, 309*d*
Petróleo
destilación fraccionada de, 688, 688*i*
fraccionamiento de, 503, 503*i*, 522*d*, 688, 716*d*
fracciones de, 688*i*
Pilas
comerciales, 491–493, 492*i*
concentración, 488
de almacenamiento níquel-cadmio, 493
de almacenamiento de plomo 492
de combustible, 493–494, 494*i*, 495*d*
de Down, 610, 611*i*, 633–634*d*
de Daniell, 472–473, 472*i*, 495*d*
de fem, 473–475
de plomo, 492
electrolíticas, 460–462, 461*i*, 624–468, 463*i*, 466*i*, 467*i*, 470*i*
galvánicas, 471–489, 472*i*, 476*i*
comerciales, 491–493, 492*i*, 493–494, 494*i*
termodinámica de, 480–484
níquel-cadmio, 493
seca, 491–492, 492*i*
unidad, 236, 236*i*, 248–249*d*
voltaicas, 471–473, 495*d*
comerciales, 491–494, 492*i*,493–494, 494*i*
Pion, 658, 681*d*
Plata, 621–626. *Vea también* Elementos de transición
Platino, 621–626
complejo de, 637–638*i*, 637*t*
Plexiglas, 713
Plomo, 574–585. *Vea también* Elementos del grupo IV A
metalurgia del, 607–608
Polarímetro, 646*i*
Polietileno, 712
Polimerización, 712–715
de adición, 712–714
de condensación, 714–715, 716*d*
Polímeros, 712–715, 714–715*d*
Polímeros de poliésteres, 714
Polímeros de vinilo, 713
Polipéptidos, 723, 724*i*, 738*d*
Polisacáridos, 727–728, 738*d*
Polisulfuros, 537, 538
Porcentaje en masa de las soluciones, 260
Porcentaje de productos, 44, 49*d*
Porfirinas, 640–641, 654*d*
Potasio, 614–616. *Vea también* Elementos del grupo I A
Potenciales
concentraciones, 484–488
constantes de equilibrio, 483–484
de electrodo, 475–480, 477*t*, 733*t*, 752*t*
de iones complejos, 642
de lantánidos, 627, 628
de los elementos de transición, 625, 626, 625*t*
de oxidación, 476, 477*d*, 751*t*, 752*t*
del grupo de elementos IA, 615*t*
del grupo de elementos IIA, 617*t*, 618
del grupo de elementos IIIA, 586*t*
del grupo de elementos VA, 563–564, 563*t*, 565, 565*t*, 568–569, 569*t*
del grupo de elementos VIA, 542–543, 542*t*, 545, 546*t*
del grupo de elementos VIIA, 517–518, 518*t*
electrólisis, 489
energía libre de Gibbs, 48–484
*p*H, 487–488
reacciones de oxidación-reducción, 478–481
Tablas de, 477*t*, 751*t*–752*t*
Potenciales de reducción, 476. *Vea también* Potenciales del electrodo
Potenciales del electrodo patrón, 475–480, 477*t*, 495*d*, 751*t*, 752*t*
Precipitación, 383, 309*d*
K_{PS}, 424–428
de sulfuros, 428–431
Precipitación de indicadores, 428
Prefijos métricos, 10*t*, 741*t*
para compuestos binarios covalentes, 154*t*
Presión, 182, 214*d*
atmosférica, 182–183
crítica, 212, 213*t*, 214*d*
equilibrio químico, 358–359
osmótica, 272–274, 273*i*
solubilidad, 259
Presión de vapor
de agua, 204*t*
de líquidos, 226–227, 227*i*
de sólidos, 230, 230*i*, 248–249*d*
de soluciones, 264–267, 265*i*, 266*i*, 269*i*
Presión-trabajo volumen, 440
Presión y temperatura patrón, 191, 214*d*
Presiones parciales, 203, 214*d*
Primera ley de la termodinámica 438–439, 455–456*d*
Principio
de Avogadro, 197–199, 214*d*
de exclusión, 98–99, 111–112*d*
de la incertidumbre de Heisenberg, 92–93, 111–112*d*
de Le Chatelier, 258–259, 279*d*, 357–359, 360*d*, 487
Proceso
básico para el oxígeno, 614, 614*i*, 633*d*
Bayer, 605–606, 633–634*d*
de arco, 560, 571–572*d*
de contacto, 540, 546*d*
Frasch, 535–536, 535*i*, 546–547*d*
Goldschmidt, 609
Haber, 552–553, 555–556, 571–572*d*
Hall, 610–611, 611*i*, 612*i*, 633*d*
Kroll, 609, 633*d*
Ostwald, 542, 571–572*d*
Parkes, 613, 634*d*
reformador de vapor, 502, 522–523*d*
solera abierta, 614, 633–634*d*
termita, 615, 633*d*
Van Arkel, 613, 633*d*
Procesos anabólicos, 736, 737
Procesos catabólicos, 735, 738*d*, 737
Procesos de cianamida, 556, 571*d*
Producción industrial
de cloruro de sodio, 465, 465*i*
de elementos V A, 553–555, 553*t*
de elementos VI A, 535–536, 535*i*
de hidrógeno, 502–503
de los halógenos, 509–511, 510*i*
de oxígeno, 526
Producto de inhibición, 735, 738*d*
Producto iónico, 424, 436*d*
Producto real, porcentaje teórico, 43, 8*d*
Producto teórico, 43, 48*d*
Productos de solubilidad, 421–428, 481*d*
Productos intermedios en una reacción 320–321, 341–342*d*
Promovedores catalíticos, 339
Propano, 685, 685*t*
Propiedades coligativas, 272, 279*d*
Proporción neutrón-protón, 475–480, 477*t*, 733*t*
Protección (apantallamiento), 117, 134–135*d*
Proteínas, 720–725, 737–738*d*
conjugadas, 734
estructura cuaternaria de, 725, 738*d*
estructura primaria de, 723, 724*i*, 737*d*, 738*d*
estructura secundaria de, 723, 724*i*, 737*d*, 738*d*
estructura terciaria de, 723–725, 724*i*, 737–738*d*
síntesis de, 733, 733*i*
Protón, 77–78, 111–112*d*
masa en reposo, 742*t*
Puente de sal, 475, 476*i*, 496*d*
Punto
de congelación, 229–230, 230*t*, 248–249*d*
de constantes de descenso, 269*t*
de ebullición, 227–228, 248–249*d*
de equivalencia, 417*d*
de soluciones, 268–270
de fusión, 230–231, 248–249*d*
de metales, 601–602
de soluciones, 270–271
de soluciones de electrólitos, 276–279, 277*t*, 278*t*
final, 417*d*
normal de ebullición, 229–239
triple, 233–248–249*d*
Purificación del circonio, 613

Quelato, 639–640, 654*d*
Quimiadsorción, 338–339, 341–342*d*
Química, 1, 20*d*
analítica, 5*d*
historia de, 1–5
inorgánica, 5*d*
nuclear, 657–680
orgánica, 5*d*, 594*d*, 684–717

R, 191, 191*t*, 213–214*d*, 746*d*
Radiación electromagnética, 84–86, 86*i*, 111–112*d*
Radical arilo, 693, 715–716*d*
Radical fenilo, 693
Radicales, 686, 693, 694, 712–713, 715–716*d*
alquílicos, 686*t*, 715–716*d*
libres, 694, 712–713
Radio de Bohr, 95, 742*t*
Radio iónico, 130–132, 131*i*, 132*i*, 134–135*d*
de iones de elementos de transición, 624*t*
de iones de elementos de transición interna, 627*t*
Radioactividad, 78–80, 79*t*, 111–112*d*, 660–664
tipos de, 660–664
velocidad de, 664–670, 666*i*
Radios
atómicos, 116–117, 117*i*, 118*i*, 131*i*, 132*i*, 134–135*d*
239–240, 240*i*
de núcleos atómicos, 657–658
iónicos, 132–132, 131*i*, 132*i*, 134–135*d*
Radios atómicos, 116–117, 117*i*, 118*i*, 131*i*, 132*i*, 134–135*d*
cálculo de, 239–240, 240*i*
de elementos de transición, 624*i*, 624*t*
de lantánidos, 627*t*
Rayos
alfa, 78–79, 79*t*
beta, 78–79, 79*t*
catódicos, 74–76, 76*i*
gama, 78, 79, 79*t*, 111–112*d*, 661–662, 676–677*d*
positivos, 77, 78, 77*i*
X, 90–91, 92*i*, 99*i*
Reacción, 320–382, 321*i*, 322*i*, 341–342*d*
Reaccionante límite, 42–44, 48*d*
Reacciones
acopladas, 736–737, 738*d*
bimoleculares, 325–326
de adición, 695–697, 715–716*d*
de bombardeo nuclear, 671–675, 672*t*
de captura neutrónica, 674, 681*d*
de deshidrogenación, 705, 715–716*d*
de desplazamiento, 374–376, 503–504, 522*d*, 609, 701–702,715–716*d*
de desproporcionación, 297, 309*d*, 480
de metátesis, 283–287, 309*d*
de Friedel-Crafts, 697, 715–716*d*
de Grignard, 706–707, 715–716*d*
de primer orden, 318, 325
de desintegración radioactiva, 665–670, 666*i*
de sustitución, 694–695, 697–699, 715–716*d*
de sustitución nucleofílicas, 701–702, 715–716*d*
de oxidación-reducción, 291–298
de potenciales de electrodo, 478–481
de pesos equivalentes, 306–307
de polimerización, 712–715
de una sola etapa, 320–325
en cadena, 330–332, 341–342*d*, 694–695, 712–713
nuclear, 675
endotérmicas, 58, 59*i*, 69*d*, 118, 324–325, 324*i*
espontáneas, 446–448, 448*t*
exotérmicas, 58, 59*i*, 69*d*, 118, 324–325, 324*i*
medias, 294, 309*d*
metátesis, 283–287, 309*d*
nucleares, 671–675, 672*t*
partícula-partícula, 671–675, 672*t*, 681*d*
redox, 291–298
potenciales de electrodos, 478–481

reversibles y equilibrio, 345–348
termoleculares, 325–326–327
Reactivos de Grignard, 706–707, 715–716*d*
Reactor atómico, 677
Reactor nuclear, 677, 681*d*
Reactores padres, 677, 681*d*
Red cristalina, 236, 237*i*, 348–349*d*
Red espacial, 236, 236*i*
Reducción, 236, 237*i*
de cianuros, 711
de compuestos carbonilo, 706
de minerales, 607–612, 607*i* 609*i*, 610*i*, 634*d*
del aluminio en metalurgia, 609
del carbono en fundición, 608
electrolítica en metalurgia, 610–612, 610*i*, 612*i*
Refinación de metales, 467*i*, 612–614, 613*i*, 614*i*, 634*d*
Refinación electrolítica, 613–614
Regla de carga adyacente, 141, 155*d*
Regla de Hund, 98–101, 101*i*, 111–112*d*
Regla de Markovnikov, 696, 715–716*d*
Reglas de solubilidad, 284–285, 285*t*
Relaciones en diagonal, 616, 621
Repulsiones de pares electrónicos, 159–165
Resonancia, 147–149, 155*d*
ácido nítrico, 148, 563
benceno, 691–693, 692*i*, 698
dióxido de azufre, 147, 538
En el ácido hidrazoico, 557
en el ozono, 561
en los óxidos de nitrógeno, 148–149, 164, 560–563
en el trióxido de azufre, 540
formas, 146–147, 155*d*
grafito, 577, 578, 577*i*
híbridos, 147–147, 155*d*
ion carbonato, 148, 176, 176*i*
ion carboxilato, 708
ion nitrato, 164, 563
ion nitrito, 164, 564
naftaleno. 694
teoría RPENV, 164–165
Rocas fosfatadas, 553, 554, 554*i*, 553*t*, 566
Rubidio, 614–616. *Vea también* Grupo de elementos I A
Rutherford, Ernest, 77, 78, 78*i*, 671

S, 443–445, 444*t*, 455*d*. *Vea también* Entropía
Sacarosa, 718
Sales, 299, 309*d*
nomenclatura de, 302–304
Sales ácidas, 300, 309*d*
nomenclatura de, 304
Sales normales, 300, 309*d*
Saponificación, 729–738*d*
Schrodinger, Erwin, 94*i*
Sedimentación de hidróxido de magnesio, 287*i*
Segunda ley de la termodinámica, 443–445, 455*d*
Selenio, 524–531. *Vea también* Grupo de elementos VI A
Semiconductor de tipo *n*, 600, 600*i*, 633*d*
Semiconductor de tipo *p*, 599, 600, 600*i*, 633*d*
Semiconductores, 598–601, 599*i*, 633*d*
extrínseco, 599–601, 600*i*, 633*d*
intrínseco, 598, 598*i*, 633*d*
Series de Balmer, 86
Series de desintegración, 670–672, 670*i*
de desintegración radioactiva, 670–671, 670*i*, 681*d*
Series de Lyman, 87–88, 88*i*
Series de Paschen, 88
Series espectroquímicas, 652, 654*d*
Series homólogas, 685, 715–716*d*
SI, 8–11
Silanos, 580, 580*i*, 594*d*
Silicatos, 582–584, 583*i*
Siliciuros, 580
Silicio, 574–585. *Vea también* Elementos del grupo IV A
abundancia de, 578–579
carburos, 578
dióxido, 582
hidruros de, 580, 580*i*
preparación de, 578–579
propiedades de, 574–575, 575*t*
Símbolos
a partir de los nombres en latín, 7*t*
atómicos, 78–79–80
químicos, 6–7, 20*d*
a partir de los nombres en latín, 7*t*
Síntesis Friedel-Crafts, 697, 715–716*d*
Sistema
cristalinos, 236, 235*i*, 235*t*
de enlace conjugados, 714, 715–716*d*
de solventes de ácidos y bases, 375–377, 376*t*, 378*d*
de solvente de neutralización, 378*d*
en termodinámica, 438
Internacional de Unidades, 8–11, 9*t*, 10*t*, 741*t*
métrico 8–11, 21*d*
Sitio activo, activado, 734, 737–738*d*
Sobrevoltaje, 489, 495*d*
Sodio, 614–616. *Vea también* Elementos del grupo I A
a partir de reducción electrolítica, 461–462, 461*i*, 610, 611*i*
Sol, energía del, 677
Sólidos, 230–247
Solubilidad, 253–254, 421–423
de sulfuros, 428–431
de las sales de los elementos del grupo II A, 619, 619*t*
del cloruro de plata, 421–422, 424–425, 427–428
del cromato de plata, 422–423, 427–428
y efecto del ion común, 425–427
y formación de iones complejos, 433–436
y presión, 258–259
y temperatura, 258–259
Soluciones, 253–279
atracciones interiónicas en, 276–278, 277*t*, 278*t*
concentraciones de, 259, 264
de electrólitos, 276–278, 277*t*, 278*t*
entalpía de, 257–258
fracción molar de, 260–261
ideales, 264–266
insaturadas, 254
molal, 263–264
molar, 44–46, 260–263
normal, 264, 306–308
patrón, 304, 309*d*
presión de vapor de, 264, 268–270, 265*i*, 266*i*
presión osmótica de, 272–274, 272*i*, 272*i*
punto de congelación de, 268–282, 269*i*, 269*t*, 278*t*
punto de ebullición de, 268–272, 269*i*, 262*t*
saturadas, 253–254
supersaturadas, 254
Solutos, 253
clasificación de, 278*t*
Solvente, 253
Sublimación, 234–235, 248–249*d*
Subniveles, 96–99*t*, 111–112*d*
llenos y semillenos, 109
notación para, 95*t*
Sulfanilamida, 735
Sulfatos, 178, 542
k_{PS} de, 754*t*
Sulfitos, 539
Sulfuros, 536–538
de hidrógeno, 536–537
ionización acuosa de, 404–406, 403*t*, 744*t*
disociación de bases de, 410
K_{PS} de, 745*t*
precipitación de, 428–431
reglas de solubilidad, 285*t*
Sustancia, 21*d*
Sustancias anfipróticas, 364, 365*t*, 377–378*d*
Sustrato, 734, 737–738*d*

TPE, 727–728
Tabla periódica de Mendeleev, 91*i*
Talio, 585–590, 628–629. *Vea también* Elementos del Grupo III A
Teflón, 713
Telurio, 524–531. *Vea también* Elementos del grupo VI A
Temperatura, 53–55, 69*d*
absoluta, 186–188, 187*i*
crítica, 212, 213*t*, 213–214*d*
escala de Celsius, 53–54, 54*i*, 69*d*
escala Fahrenhert, 53–54, 54*i*, 69*d*
escala Kelvin, 186–188, 213–214*d*, 742*t*
y equilibrio químico, 359
y velocidad de reacción, 331–336
y solubilidad, 258–259
Tensión superficial, 225–226, 225*i*,248–249*d*
Teoría
atomica de Dalton, 23–25
Teoría cinética de los gases, 194–196, 195*i*, 213–214*d*
Teoría cuántica de la energía radiante, 86, 111–112*d*
Teoría de banda de valencia, 179*d*
Teoría de Bohr, 85–88
Teoría de colisiones de las velocidades de 320–322, 321*i*, 322*i*, 341–342*d*
Teoría de las bandas
de metales, 596–598, 597*i*, 633*d*
de semiconductores, 600, 600*i*
Teoría de R.P.E.N.V., 159–165, 179*d*
Teoría del campo cristalino, 647–648, 654*d*
Teoría del estado de transición, 323–325, 341–342*d*
Teoría molecular orbital, 168–178, 179*d*
en compuestos complejos, 649–650*i*
en cristales metálicos, 596–598, 597*i*, 598*i*
Teoría ondulatoria de la luz, 85–86, 85*i*, 86*i*
Teoría sobre el intercambio de ligadura nuclear, 649
Termodinámica, 438–458, 456*d*
Primera ley de, 438–439, 455–456*d*
Segunda ley de, 443–445, 455–456*d*
Tercera ley de, 449–451, 455–456*d*
Termoquímica, 52–69, 69*d*
Tetrationatos, 545, 546*t*
Thomson Joseph J., 75*i*
Timina, 730, 731*i*
Tiosulfatos, 544–545
Titanio, 621–626. *Vea también* Elementos de transición
Titulaciones, 304–307, 303*i*, 309*d*
ácido-base, 304–305, 411–417
oxidación-reducción, 306–307
precipitación, 305, 428
Tolueno, 693
Torr, 183, 212–213*d*, 742*t*
Tostación de minerales, 606–607, 633–634*d*
TPA, 191
Trabajo, 51–52
Transmutaciones, 671–675, 672*i*, 672*t*, 673*i*, 674*i*
Tratamiento preliminar de minerales, 604–607, 605*i*
Trazadores radioactivos, 679–680
Triglicéridos, 729, 738*d*
Trióxido de azufre, 540

u, 80, 81, 742*t*
Unidad
angstrom, 742*t*
de carga, 77, 112–113*d*, 742*t*
de masa atómica unificada, 81, 742*t*
debye, 150–151
electrostática, 746*t*
Unidades
básicas, 9–10, 9*t*
derivadas 10–11
SI, 8–11, 9*t*, 10*t*, 21*d*, 742*t*
suplementarias, 9–10, 9*t*
Usos industriales
de los halógenos, 521–522
del azufre, selenio y telurio, 545–546
del grupo de elementos V A, 570–571
del hidrógeno, 506–507
del oxígeno, 530
Uracilo, 732

Vanadio, 621–626. *Vea también* Elementos de transición
Vaporización, 225–226, 248–249*d*
entalpía de, 226, 228–229, 228*t*, 248–249*d*
Velocidad cuadrática media, 206, 214*d*
Velocidad inicial, 316
Velocidad de la luz, 83, 110*d*, 733*t*
Velocidad de desintegración radiactiva, 664–670, 666*i*
Velocidad de reacción, 314–344, 341–342*d*
y catálisis, 336–341, 337*i*, 339*i*, 341–342*d*
y concentración, 314–320, 315*i*, 316*i*
y colisiones moleculares, 320–322, 321*i*, 322*i*, 341–342*d*
y equilibrio, 345–348
y temperatura, 331–336
Velocidades moleculares, 205–207, 206*i*
Vida media, 666, 681*d*
Vidrio, 584
Viscosidad, 224, 248–249*d*
Voltaica, 471–473, 472*i*, 475–479, 476*i*
Voltios, 460, 742*t*
Volumen excluido, 211–212, 212*i*
Volumen molar a TPE, 198–199, 213–214*d*
Volumen molar del gas ideal, 732*t*
Volumen molecular,

Werner, Alfred, 636, 636*i*

Xenon, 590–593
compuesto de, 592–594, 592*t*, 593*i*
Xilenos, 693

Yodatos, 520–521, 518*t*
Yodo, 507–522. *Vea también* Grupo de elementos VII A
Yoduros, K_{PS} de, 754*t*

Z, 79, 90–93, 111–112*d*
Zonas de energía prohibida, 597, 597*i*, 598*i*, 633–634*d*
Zona de estabilidad, 256–257, 677*d*

Zona de refinación, 613, 613*i*, 634*d*
Zwitterión, 721–739*d*

Constantes físicas

Constante	Símbolo	Valor
número de Avogadro	N	6.02205×10^{23}/mol
radio de Bohr	a_0	5.29177×10^{-11} m
masa en reposo del electrón	m	9.109535×10^{-28} g 5.485803×10^{-4} u
carga electrónica, carga por unidad	e	1.60219×10^{-19} C
Faraday	F	9.65846×10^{4} C
constante del gas ideal	R	8.2507×10^{-2} litro·atm/(K·mol) 8.31441 J/(K·mol)
volumen molar, gas ideal a TPE	—	22.4138 litros
masa en reposo del neutrón	—	1.674954×10^{-24} g 1.008665 u
constante de Planck	h	6.62618×10^{-34} J·s
masa en reposo del protón	—	1.672649×10^{-24} g 1.007276 u
velocidad de la luz en el vacío	c	2.997925×10^{8} m/s

Factores de conversión

Unidad	Abreviatura	Definición o equivalente
ångstrom	Å	10^{-10} m = 10^{-8} cm = 0.1 nm = 100 pm
atmósfera	atm	1.01325×10^{5}Pa (ó N/m^2) 760 torr (ó mm de mercurio)
caloría	cal	4.1840 J
coulomb	C	A·s
curie	Ci	3.7×10^{10}/s
electrón-voltio	eV	1.6022×10^{-19} J
unidad electrostática	ues	3.33564×10^{-10} C
ergio	erg	10^{-7} J
joule	J	N·m = kg·m^2/s^2 = V·C 10^7 erg
temperatura Kelvin	K	K = °C + 273.15 El punto triple del agua (0.01°C) es 273.16 K El punto de congelación del agua (0°C) es 273.15 K
newton	N	kg·m/s^2
pascal	Pa	N/m^2 + kg/(s^2·m)
torr (ó mm de mercurio)	torr	1.31579×10^{-3} atm 1.33322×10^{2} Pa
unidad de masa atómica unificada	u	1.660566×10^{-24} g 931.502 MeV
voltio	V	J/C + kg·m^2/(A·s^2)

Los elementos

	Símbolo	Número atómico	Peso atómico
actinio	Ac	89	227.0278[b]
aluminio	Al	13	26.98154
americio	Am	95	(243)[a]
antimonio	Sb	51	121.75
argón	Ar	18	39.948
arsénico	As	33	74.9216
astato	At	85	(210)[a]
azufre	S	16	32.06
bario	Ba	56	137.33
berquelio	Bk	97	(247)[a]
berilio	Be	4	9.01218
bismuto	Bi	83	208.9804
boro	B	5	10.81
bromo	Br	35	79.904
cadmio	Cd	48	112.41
calcio	Ca	20	40.08
californio	Cf	98	(251)[a]
carbono	C	6	12.011
cerio	Ce	58	140.12
cesio	Cs	55	132.9054
cinc	Zn	30	65.38
cloro	Cl	17	35.453
cromo	Cr	24	51.996
cobalto	Co	27	58.9332
cobre	Cu	29	63.546
curio	Cm	96	(247)[a]
disprosio	Dy	66	162.50
eistenio	Es	99	(252)[a]
erbio	Er	68	167.26
escandio	Sc	21	44.9559
estaño	Sn	50	118.69
estroncio	Sr	38	87.62
europio	Eu	63	151.96
fermio	Fm	100	(257)[a]
flúor	F	9	18.998403
fósforo	P	15	30.97376
francio	Fr	87	(223)[a]
gadolinio	Gd	64	157.25
galio	Ga	31	69.72
germanio	Ge	32	72.59
hafnio	Hf	72	178.49
helio	He	2	4.00260
hidrógeno	H	1	1.0079
hierro	Fe	26	55.847
holmio	Ho	67	164.9304
indio	In	49	114.82
iridio	Ir	77	192.22
iterbio	Yb	70	173.04
itrio	Y	39	88.9059
kriptón	Kr	36	83.80
lantano	La	57	138.9055
laurencio	Lr	103	(260)[a]
litio	Li	3	6.941
lutecio	Lu	71	174.967
magnesio	Mg	12	24.305
manganeso	Mn	25	54.9380
mendelevio	Md	101	(258)[a]
mercurio	Hg	80	200.59
molibdeno	Mo	42	95.94
neodimio	Nd	60	144.24
neón	Ne	10	20.179
neptunio	Np	93	237.0482[b]
níquel	Ni	28	58.69
niobio	Nb	41	92.9064
nitrógeno	N	7	14.0067
nobelio	No	102	(259)[a]
oro	Au	79	196.9665
osmio	Os	76	190.2
oxígeno	O	8	15.9994
paladio	Pd	46	106.42
plata	Ag	47	107.868
platino	Pt	78	195.08
plomo	Pb	82	207.2
plutonio	Pu	94	(244)[a]
polonio	Po	84	(209)[a]
potasio	K	19	29.0983
praseodimio	Pr	59	140.9077
prometio	Pm	61	(145)[a]
protactinio	Pa	91	231.0359[b]
radio	Ra	88	226.0254[b]
radón	Rn	86	(222)[a]
renio	Re	75	186.207
rodio	Rh	45	102.9055
rubidio	Rb	37	85.4678
rutenio	Ru	44	101.07
samario	Sm	62	150.36
selenio	Se	34	78.96
silicio	Si	14	28.0855
sodio	Na	11	22.98977
talio	Tl	81	204.383
tántalo	Ta	73	180.9479
tecnecio	Tc	43	(98)[a]
telurio	Te	52	127.60
titanio	Ti	22	47.88
terbio	Tb	65	158.9254
torio	Th	90	232.0381[b]
tulio	Tm	69	168.9342
tungsteno	W	74	183.85
uranio	U	92	238.0289
vanadio	V	23	50.9415
xenón	Xe	54	131.29
yodo	I	53	126.9045
zirconio	Zr	40	91.22

[a]Número de masa del isótopo más estable.

[b]Masa del isótopo más disponible de más larga duración.

Clasificación periódica de los elementos

I A	II A	III B	IV B	V B	VI B	VII B	VIII B	
1 H Hidrógeno 1.0079								
3 Li Litio 6.941	4 Be Berilio 9.01218							
11 Na Sodio 22.98977	12 Mg Magnesio 24.305							
19 K Potasio 39.0983	20 Ca Calcio 40.08	21 Sc Escandio 44.9559	22 Ti Titanio 47.88	23 V Vanadio 50.9415	24 Cr Cromo 51.996	25 Mn Manganeso 54.9380	26 Fe Hierro 55.847	27 Co Cobalto 58.9332
37 Rb Rubidio 85.4678	38 Sr Estroncio 87.62	39 Y Itrio 88.9059	40 Zr Zirconio 91.22	41 Nb Niobio 92.9064	42 Mo Molibdeno 95.94	43 Tc Tecnecio (98)[a]	44 Ru Rutenio 101.07	45 Rh Rodio 102.9055
55 Cs Cesio 132.9054	56 Ba Bario 137.33	57* La Lantano 138.9055	72 Hf Hafnio 178.49	73 Ta Tántalo 180.9479	74 W Tungsteno 183.85	75 Re Renio 186.207	76 Os Osmio 190.2	77 Ir Iridio 192.22
87 Fr Francio (223)[a]	88 Ra Radio 226.0254[b]	89** Ac Actinio 227.0278[b]	104 (261)[a]	105 (262)[a]	106 (263)[a]			

58 Ce Cerio 140.12	59 Pr Praseo-dimio 140.9077	60 Nd Neodimio 144.24	61 Pm Protoactinio (145)[a]	62 Sm Samario 150.36
90 Th Torio 232.0381[b]	91 Pa Prometio 231.0359[b]	92 U Uranio 238.0289	93 Np Neptunio 237.0482[b]	94 Pu Plutonio (244)[a]

[a]Número de masa del isótopo más estable.

[b]Masa del isótopo disponible de más larga duración.

	I B	II B	III A	IV A	V A	VI A	VIII A	0
								2 He Helio 4.00260
			5 B Boro 10.81	6 C Carbono 12.011	7 N Nitrógeno 14.0067	8 O Oxígeno 15.9994	9 F Flúor 18.998403	10 Ne Neón 20.179
			13 Al Aluminio 26.98154	14 Si Silicio 28.0855	15 P Fósforo 30.97376	16 S Azufre 32.06	17 Cl Cloro 35.453	18 Ar Argón 39.948
28 Ni Níquel 58.69	29 Cu Cobre 63.546	30 Zn Cinc 65.38	31 Ga Galio 69.72	32 Ge Germanio 72.59	33 As Arsénico 74.9216	34 Se Selenio 78.96	35 Br Bromo 79.904	36 Kr Kriptón 83.80
46 Pd Paladio 106.42	47 Ag Plata 107.868	48 Cd Cadmio 112.41	49 In Indio 114.82	50 Sn Estaño 118.69	51 Sb Antimonio 121.75	52 Te Telurio 127.60	53 I Yodo 126.9045	54 Xe Xenón 131.29
78 Pt Platino 195.08	79 Au Oro 196.9665	80 Hg Mercurio 200.59	81 Tl Talio 204.383	82 Pb Plomo 207.2	83 Bi Bismuto 208.9804	84 Po Polonio (209)[a]	85 At Astato (210)[a]	86 Rn Radón (222)[a]

metales ← → no metales

63 Eu Europio 151.96	64 Gd Gadolinio 157.25	65 Tb Terbio 158.9254	66 Dy Disprosio 162.50	67 Ho Holmio 164.9304	68 Er Erbio 167.26	69 Tm Tulio 168.9342	70 Yb Iterbio 173.04	71 Lu Lutecio 174.967
95 Am Americio (243)[a]	96 Cm Curio (247)[a]	97 Bk Berkelio (247)[a]	98 Cf Californio (251)[a]	99 Es Einsteinio (252)[a]	100 Fm Fermio (257)[a]	101 Md Mendelevio (258)[a]	102 No Nobelio (259)[a]	103 Lr Laurencio (260)[a]